# Guia da
# ENFERMAGEM
ROTINAS, PRÁTICAS E CUIDADOS FUNDAMENTADOS

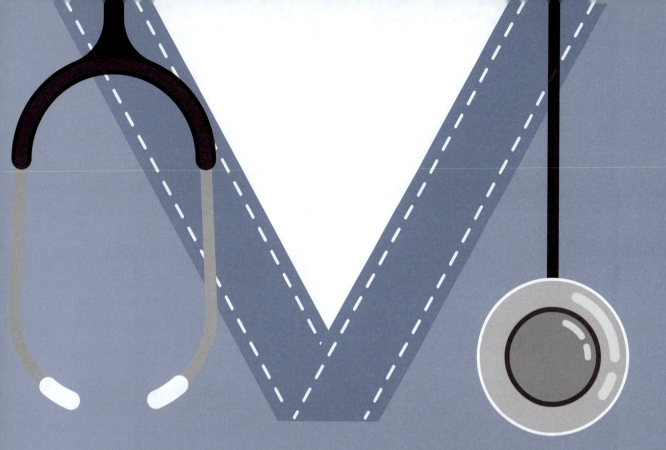

ANDREA BEZERRA RODRIGUES
MARIA ISIS FREIRE DE AGUIAR
MYRIA RIBEIRO DA SILVA
PATRÍCIA PERES DE OLIVEIRA
SOLANGE SPANGHERO MASCARENHAS CHAGAS

3ª EDIÇÃO

# Guia da ENFERMAGEM
ROTINAS, PRÁTICAS E CUIDADOS FUNDAMENTADOS

Av. Paulista, 901, 3º andar
Bela Vista - São Paulo - SP - CEP: 01311-100

**SAC** Dúvidas referentes a conteúdo editorial, material de apoio e reclamações:
sac.sets@somoseducacao.com.br

| | |
|---|---|
| Direção executiva | Flávia Alves Bravin |
| Direção editorial | Renata Pascual Müller |
| Gerência editorial | Rita de Cássia S. Puoço |
| Aquisições | Rosana Ap. Alves dos Santos |
| Edição | Paula Hercy Cardoso Craveiro |
| | Silvia Campos Ferreira |
| Produção editorial | Laudemir Marinho dos Santos |

| | |
|---|---|
| Preparação | Julia Pinheiro |
| Revisão | Gilda Barros Cardoso |
| Projeto gráfico e Diagramação | Ione Franco |
| Ilustrações | Eduardo Borges |
| Capa | Deborah Mattos |
| Imagem de capa | iStock/GettyImagesPlus/ma_rish |
| Impressão e acabamento | Corprint |

DADOS INTERNACIONAIS DE CATALOGAÇÃO NA PUBLICAÇÃO (CIP)
ANGÉLICA ILACQUA CRB-8/7057

Guia da enfermagem : rotinas, práticas e cuidados fundamentados / Andrea Bezerra Rodrigues...[et al]. – 3. ed. – São Paulo: Érica, 2020.

Bibliografia
ISBN 978-85-365-3353-7

1. Enfermagem - Técnicas 2. Enfermagem - Práticas I. Rodrigues, Andrea Bezerra

20-1878

CDD 610.73
CDU 616-083

Índice para catálogo sistemático:
1. Enfermagem : Guia

Copyright © Andrea Bezerra Rodrigues...[et al]
2020 Saraiva Educação
Todos os direitos reservados.

3ª edição
2020

Nenhuma parte desta publicação poderá ser reproduzida por qualquer meio ou forma sem a prévia autorização da Saraiva Educação. A violação dos direitos autorais é crime estabelecido na Lei n. 9.610/98 e punido pelo art. 184 do Código Penal.

| CO | 647085 | CL | 642520 | CAE | 728176 |

# AGRADECIMENTOS

O desenvolvimento desta obra contou com a participação de profissionais da área, que se dedicaram especialmente à elaboração dos capítulos, a fim de enriquecê-los cientificamente e torná-los compreensíveis para a prática clínica.

Aos nossos familiares, pelo amor e pelo incentivo a cada momento.

À Rosana Aparecida Alves dos Santos, pela confiança, pela parceria e pelas contínuas orientações durante a elaboração deste livro.

# SOBRE AS AUTORAS

Andrea Bezerra Rodrigues possui graduação em Enfermagem pela Universidade Federal do Rio de Janeiro (UFRJ), especialização (modalidade residência) em Enfermagem Oncológica pela Faculdade de Enfermagem do Hospital Israelita Albert Einstein, mestrado em Enfermagem na Saúde do Adulto pela Universidade de São Paulo (USP) e doutorado em Enfermagem na Saúde do Adulto pela USP. Atualmente, é professora na Universidade Federal do Ceará (UFC), coordenadora da Liga Acadêmica de Oncologia (LAON) da UFC e líder do Grupo de Pesquisa em Enfermagem Clínica e Cirúrgica (GEPECC) na UFC. Atua como orientadora de pesquisas no Instituto do Câncer do Ceará (ICC). Atuou como enfermeira assistencial na unidade de oncologia clínica e transplante de medula óssea do Hospital Israelita Albert Einstein. Fundou e coordenou do curso de pós-graduação em Oncologia do Instituto de Ensino e Pesquisa do mesmo hospital. É autora de livros na área de enfermagem, entre eles: *Oncologia para Enfermagem* (Editora Manole), *Hematologia e Hemoterapia* (Editora Rideel), *Oncologia Multiprofissional: Bases para Assistência, Oncologia Multiprofissional: Patologias, Assistência e Gerenciamento* (Editora Manole) e *Casos Clínicos em Oncologia* (Editora Érica). É, ainda, representante regional no Ceará e membro da Associação Brasileira de Enfermagem em Oncologia e Hematologia (ABRENFOH).

Myria Ribeiro da Silva é enfermeira graduada pela Universidade Estadual de Santa Cruz (UESC); especialista em Enfermagem em Infectologia pelo Instituto de Infectologia Emilio Ribas (IIER), em Administração Hospitalar pela Universidade de Ribeirão Preto (Unaerp) e em Epidemiologia Hospitalar pela Universidade Federal de São Paulo (Unifesp); e mestre e doutora em Ciências pela Unifesp. É professora adjunta da UESC; bem como coordenadora do Laboratório de Infectologia do Núcleo de Estudo, Pesquisa e Extensão em Metodologias na Enfermagem (NEPEMENF) da UESC; e docente do Programa de Pós-graduação em Enfermagem, modalidade Mestrado Profissional, na mesma instituição de ensino. É autora dos livros *Semiotécnica: Manual para Assistência de Enfermagem* (Editora Érica), *O Guia da Enfermagem: Fundamentos para Assistência* (Editora Érica) e *Semiotécnica: Fundamentos para a Prática Assistencial de Enfermagem* (Editora Elsevier).

Patrícia Peres de Oliveira é graduada em Enfermagem e Obstetrícia pela Universidade Federal de Juiz de Fora (UFJF), mestre em Gerontologia pela Pontifícia Universidade Católica de São Paulo (PUC-SP), doutora em Educação – Currículo pela PUC-SP e pós-doutora em Enfermagem pelo Programa de Pós-graduação em Enfermagem da Universidade Federal do Rio Grande do Norte (UFRN). É professora adjunta e docente do Programa de Pós-graduação em Enfermagem da Universidade Federal de São João del-Rei (UFSJ/MG) e líder do Grupo de Pesquisa Oncologia ao Longo do Ciclo de Vida (CNPq). Atuou como enfermeira na unidade de Internação Oncológica do Hospital Israelita Albert Einstein e na unidade de Hematologia do Hospital Brigadeiro (atualmente, Hospital de Transplantes do Estado de São Paulo Euryclides de Jesus Zerbini). Tem experiência na área de Enfermagem, com ênfase em oncologia, com atuação nos temas oncologia, hematologia, quimioterapia, radioterapia, emergências oncológicas e taxonomias de enfermagem. É, ainda, membro da NANDA-I.

Solange Spanghero Mascarenhas Chagas é enfermeira graduada pela Universidade de Taubaté (Unitau), especialista em Docência do Ensino Superior e mestre em Ciências da Saúde pela Universidade Cruzeiro do Sul (Unicsul). Atualmente, é professora assistente III da Unicsul. Tem experiência na área de Enfermagem, com ênfase em saúde da criança e adolescente, atuando principalmente nos seguintes temas: assistência de enfermagem, família, criança, enfermaria pediátrica, oncologia pediátrica e transplante de medula.

Maria Isis Freire de Aguiar é enfermeira, mestre e doutora em Enfermagem pela Universidade Federal do Ceará (UFC). É coordenadora didático-pedagógica do Programa de Residência Integrada Multiprofissional em Atenção Hospitalar à Saúde – Área Assistência em Transplante do Hospital Universitário Walter Cantídio (HUWC/UFC). É professora e vice-chefe do Departamento de Enfermagem, da UFC, atuando nas disciplinas Enfermagem no Processo de Cuidar do Adulto em Situações Clínicas e Cirúrgicas e Enfermagem Pré-hospitalar – Suporte Básico de Vida e Primeiros Socorros. É vice-líder do Grupo de Estudos e Pesquisas em Enfermagem Clínica e Cirúrgica (GEPECC) e coordenadora da Liga Acadêmica de Enfermagem no Transplante (LAET-UFC).

# SIGLAS UTILIZADAS NO LIVRO

AAS = ácido acetilsalicílico (aspirina®)

AGE = ácido graxo essencial

AVD = atividades da vida diária

AVE = acidente vascular encefálico

bpm = batimentos por minuto

CCIH = comissão de controle de infecção hospitalar

CME = centro de material e esterilização

CPK = enzima creatinofosfoquinase

DEA = desfibrilador externo automático

DM = diabetes *mellitus*

ECG = eletrocardiograma

EV = endovenoso

FALC = face anterolateral da coxa local utilizado para administração de medicamento intramuscular correspondente ao músculo vasolateral da coxa

HAS = hipertensão arterial sistêmica

IM = intramuscular

IRA = insuficiência renal aguda

IRC = insuficiência renal crônica

irpm = incursões respiratórias por minuto

IV = intravenoso

LCR = líquido cefalorraquidiano

MAPA = monitorização ambulatorial da pressão arterial

MID = membro inferior direito

MIE = membro inferior esquerdo

MMII = membros inferiores

MMSS = membros superiores

MSD = membro superior direito

MSE = membro superior esquerdo

PA = pressão arterial

PCR = parada cardiorrespiratória

PNI = Programa Nacional de Imunização

RN = recém-nascido

SAE = sistematização da assistência de enfermagem

SC = subcutâneo

SF 0,9% = soro fisiológico a 0,9%

SNE = sonda nasoenteral

SSVV = sinais vitais

SVD = sonda vesical de demora

TC = tomografia computadorizada

TCE = traumatismo cranioencefálico

TGI = trato gastrointestinal

TSH = hormônio tireoestimulante

UTI = unidade de terapia intensiva

## LISTA DE NOMENCLATURAS

Apneia = ausência de respiração

Bradipneia = diminuição das incursões respiratórias abaixo do valor considerado normal

Dispneia = dificuldade em respirar

Flebite = inflamação de uma veia, manifestada como hiperemia (vermelhidão da pele), edema e calor local

Nictúria = aumento da frequência de urinar à noite

Oligúria = diminuição do volume urinário

Ortopneia = dificuldade de respirar em decúbito dorsal horizontal

Paresia = diminuição da força motora

Parestesia = diminuição da sensibilidade

Plegia = perda da força motora

Polaciúria = aumento da frequência de urinar

Polidipsia = aumento da sede

Polifagia = aumento do apetite

Poliúria = aumento do volume urinário

Posição Fowler = posição com a cabeceira da cama elevada a 90 graus

Posição semi-Fowler = posição com a cabeceira da cama elevada a 45 graus

Presbiacusia = déficit de audição

Presbiopia = déficit visual

Radiografia de tórax P = radiografia de tórax perfil (paciente de perfil)

Radiografia de tórax PA = radiografia de tórax posteroanterior

Sialorreia = salivação excessiva

Taquipneia = aumento das incursões respiratórias acima do valor considerado normal

Tireoidectomia parcial = retirada de uma parte da glândula tireoide

Tireoidectomia total = retirada total da glândula tireoide

Toracocentese = punção realizada no tórax para drenagem

Xerostomia = ressecamento da mucosa oral

# APRESENTAÇÃO

Guia da Enfermagem – Rotinas, Práticas e Cuidados Fundamentados é uma obra revisada do livro *O Guia da Enfermagem – Fundamentos para Assistência*, o qual apresenta conteúdo atualizado e fundamentado nas melhores evidências consultadas, com base em diretrizes nacionais e internacionais, além de abordar as práticas de enfermagem em diferentes contextos do cuidar, com a proposta de servir de material didático e científico para o estudo dos temas essenciais da Enfermagem.

O livro está organizado em 25 capítulos, que abordam os aspectos fundamentais do cuidado em enfermagem, de maneira didática, contextualizada, prática e ilustrada. Apresenta desde noções de biossegurança, técnicas básicas de enfermagem, como aplicação de medicações e curativos, perpassando pelas diferentes áreas do conhecimento em enfermagem. Aborda a assistência perioperatória nos cenários do Centro de Material e Esterilização, Centro Cirúrgico e Recuperação Anestésica; a assistência ao adulto nas diversas situações clínicas, incluindo doenças neurológicas, gastroenterológicas, renais, endócrinas e cardiovasculares; assistência em ortopedia e traumatologia, e em situações de urgência e emergência.

Também discute a assistência na área da saúde coletiva e em diferentes momentos do ciclo vital, abrangendo a assistência em saúde da mulher, na saúde da criança e do idoso, além de abordar cuidados em cenários específicos, como assistência ao paciente oncológico, assistência em saúde mental e psiquiatria, cuidados paliativos e gestão em enfermagem.

Os capítulos apresentam casos que buscam aproximar os estudantes/leitores da realidade da prática profissional e desenvolver o raciocínio crítico, além de exercícios de aprendizagem como modo de testar os conhecimentos, desenvolver habilidades e favorecer o processo de ensino-aprendizagem.

Assim, considera-se que este *Guia* sirva de relevante ferramenta para o ensino e o estudo da Enfermagem, de maneira objetiva, fundamentada e direcionada à prática segura na perspectiva da qualidade da assistência de enfermagem.

*As autoras*

# SUMÁRIO

**Capítulo 1 – História, Ética e Processo de Trabalho**................ 11

1.1 Introdução..................................................................................23

    1.1.1 Idade Antiga – práticas mágico-sacerdotais (4000 a.C. até 476 d.C.).....23

    1.1.2 Idade Média ou Era Cristã (476 d.C. até 1453)...............................24

    1.1.3 Idade Moderna – Era Florence (1453 a 1789)................................25

    1.1.4 Idade Moderna no Brasil..........................................................28

1.2 Ética .........................................................................................28

1.3 Processo de trabalho .................................................................29

Exercite .........................................................................................31

**Capítulo 2 – Biossegurança na Enfermagem** ......................... 33

2.1 Introdução..................................................................................35

2.2 Histórico das Infecções Relacionadas à Assistência à Saúde.....................35

2.3 Legislação vigente para controle de infecção ..........................................36

2.4 Profissionais envolvidos nas Infecções Relacionadas à Assistência..............36

2.5 Infecções Relacionadas à Assistência à Saúde (IRAS) ...............................37

    2.5.1 Infecção de corrente sanguínea................................................37

    2.5.2 Infecções Primárias de Corrente Sanguínea (IPCS) ..................37

    2.5.3 Infecções Relacionadas ao Acesso Vascular (IAV) ....................37

2.6 Pneumonia hospitalar .................................................................38

2.7 Infecções do trato urinário...........................................................38

2.8 Infecções de sítio cirúrgico .........................................................39

2.9 Higiene das mãos ......................................................................40

2.10 Antissepsia ..............................................................................40

2.11 Precauções e isolamento ...........................................................41

    2.11.1 Precaução padrão .................................................................41

    2.11.2 Precauções específicas..........................................................41

2.12 Resíduos sólidos em serviços de saúde.........................................48

    2.12.1 Políticas de 5 Rs para minimizar a geração de resíduos ..............48

    2.12.2 Plano de Gerenciamento de Resíduos de Serviços de Saúde ........49

    2.12.3 Implicações e aspectos legais do gerenciamento
        de resíduos em saúde............................................................54

Exercite .........................................................................................55

**Capítulo 3 – Gestão de Enfermagem**...................... 57

3.1 Introdução..................................................................................59

3.2 Apontamentos ontológicos para a gestão em enfermagem .................59

    3.2.1 Organização de saúde e de enfermagem....................................59

    3.2.2 Processo administrativo ..........................................................60

    3.2.3 Eficiência, eficácia e efetividade ..............................................61

    3.2.4 Administração .......................................................................61

    3.2.5 Governança...........................................................................61

    3.2.6 Gerência...............................................................................62

    3.2.7 Gestão..................................................................................62

3.2.8 Gestão em enfermagem ................................................................63
3.3 Modelos de gestão ..........................................................................63
    3.3.1 Evolução dos modelos de gestão ...........................................64
3.4 Liderança em enfermagem ..............................................................70
3.5 Modelagem organizacional ..............................................................72
    3.5.1 Processo de organização ........................................................73
    3.5.2 Tipos de estruturas organizacionais formais ..........................76
    3.5.5 Instrumentos organizacionais .................................................78
3.6 Gestão de recursos humanos ..........................................................82
    3.6.1 Dimensionamento de pessoal de enfermagem .......................82
    3.6.2 Recrutamento ........................................................................83
    3.6.3 Seleção ..................................................................................84
    3.6.4 Alocação, movimentação, escalonamento de pessoal ...........84
    3.6.5 Retenção ...............................................................................84
3.7 Gestão da aprendizagem organizacional ..........................................85
3.8 Gestão de recursos materiais ..........................................................86
3.9 Processo de trabalho do enfermeiro ................................................87
    Exercite ................................................................................................94

# Capítulo 4 – Apoio Diagnóstico ........................................... 95

4.1 Introdução .......................................................................................97
4.2 Coleta de sangue .............................................................................98
4.3 Posição para exames .......................................................................99
4.4 Descrição dos procedimentos de coleta de exames laboratoriais ............ 100
    4.4.1 Urina ....................................................................................100
    4.4.2 Fezes ...................................................................................102
    4.4.3 Escarro .................................................................................103
    4.4.4 Exames citológicos ...............................................................104
    4.4.5 Gasometria arterial ..............................................................106
4.5 Exames de diagnóstico por imagem ...............................................106
    4.5.1 Ultrassom (USG) ..................................................................106
    4.5.2 Radiologia (raios X) ..............................................................108
    4.5.3 Tomografia computadorizada (TC) ........................................109
    4.5.4 Ressonância magnética (RM) ...............................................111
    4.5.5 Medicina nuclear (MN) .........................................................111
    Exercite ..............................................................................................112

# Capítulo 5 – Nutrição Aplicada à Enfermagem ..................... 115

5.1 Introdução .....................................................................................117
5.2 Nutrientes .....................................................................................117
    5.2.1 Macronutrientes ..................................................................117
    5.2.2 Micronutrientes ...................................................................118
5.3 Triagem nutricional ........................................................................119
    5.3.1 Avaliação do estado nutricional ...........................................119
5.4 Nutrição nos diferentes ciclos de vida ............................................120
    5.4.1 Gestantes .............................................................................120
    5.4.2 Crianças e adolescentes .......................................................121
    5.4.3 Idosos ..................................................................................121

5.5 Doenças nutricionais......................................................................122

    5.5.1 Desnutrição.......................................................................122

    5.5.2 Obesidade ......................................................................123

5.6 Diagnósticos e intervenções de enfermagem no Domínio Nutrição...................123

5.7 Nutrição no paciente hospitalizado ...................................................125

5.8 Terapia Nutricional....................................................................125

    5.8.1 Terapia Nutricional Enteral.....................................................125

    5.8.2 Terapia de Nutrição Parenteral ...............................................127

5.9 Aspectos farmacológicos em terapia nutricional......................................128

Exercite ...................................................................................129

## Capítulo 6 – Cuidados Paliativos............................................... 131

6.1 Introdução..............................................................................133

6.2 História dos cuidados paliativos ......................................................133

6.3 Questões éticas em cuidados paliativos................................................133

6.4 Epidemiologia dos cuidados paliativos ................................................134

6.5 Elegibilidade de pacientes aos cuidados paliativos ...................................134

6.6 Principais sintomas e condutas em pacientes em fase final de vida ........135

    6.6.1 Fadiga ............................................................................135

    6.6.2 Dispneia .........................................................................136

    6.6.3 Tosse .............................................................................137

    6.6.4 Náuseas e vômitos ..............................................................137

    6.6.5 Prurido ...........................................................................138

    6.6.6 Dor ...............................................................................138

    6.6.7 Infusão de fluidos e medicamentos na via subcutânea –
    hipodermóclise ........................................................................139

Exercite ...................................................................................141

## Capítulo 7 – Procedimentos Relacionados à Verificação dos Sinais Vitais ............................. 143

7.1 Introdução..............................................................................145

7.2 Sinais vitais............................................................................145

    7.2.1 Pressão arterial (PA)............................................................145

    7.2.2 Temperatura .....................................................................147

    7.2.3 Pulso (P)..........................................................................148

    7.2.4 Frequência respiratória (FR) ...................................................150

    7.2.5 Dor – o quinto sinal vital .......................................................151

Exercite ...................................................................................152

## Capítulo 8 – Procedimentos Relacionados à Administração de Medicamentos ..................... 153

8.1 Drogas e medicamentos................................................................155

    8.1.1 Receita médica ..................................................................155

    8.1.2 Componentes de uma receita médica (prescrição médica)............156

    8.1.3 Instruções verbais...............................................................156

    8.1.4 Sistema de distribuição de medicamentos ...................................156

    8.1.5 Armazenamento de medicamentos ...........................................156

8.2 Administração de medicamentos .......................................................157

8.2.1 Administração de medicamentos via oral (VO)................................157

8.2.2 Administração de medicamentos por sonda ................................158

8.3 Medicamentos tópicos e por inalação................................158

8.3.1 Administração de medicamentos nos olhos ................................158

8.3.2 Administração de medicamento nasal................................159

8.3.3 Via sublingual................................159

8.3.4 Via vaginal................................159

8.3.5 Aplicações retais ................................159

8.3.6 Via inalatória................................159

8.4 Administração de medicamentos parenterais ................................160

8.4.1 Aplicação de medicação subcutânea ................................160

8.4.2 Aplicação de medicação via intramuscular ................................161

8.5 Punção venosa................................166

8.5.1 Punção venosa com dispositivo para infusão com asas
(Scalp ou Butterfly)................................166

8.6 Administração de medicamentos via intravenosa ................................167

8.6.1 Tipos de administração................................167

8.7 Administração de medicamentos endovenosos................................168

8.8 Cálculo de medicamentos................................169

8.8.1 Cálculo de gotejamento ................................169

8.8.2 Cálculo para administração de medicamentos – regra de três.......170

8.8.3 Cálculo com penicilina cristalina ................................171

8.8.4 Cálculo de insulina ................................171

8.8.5 Transformação de soluções................................171

Exercite ................................172

## Capítulo 9 – Procedimentos Relacionados a Curativos......... 173

9.1 Introdução................................175

9.2 Integridade da pele ................................175

9.2.1 Estrutura da pele................................175

9.3 Feridas ................................176

9.3.1 Classificação das feridas ................................176

9.4 Processo de cicatrização da ferida................................177

9.5 Tipos de cicatrização de feridas................................177

9.6 Fatores que afetam a cicatrização das feridas ................................177

9.7 Lesão por pressão................................178

9.7.1 Estágios da lesão por pressão ................................178

9.8 Curativos................................179

9.8.1 Tipos de curativos ................................179

9.8.2 Técnica de curativos................................180

Exercite ................................183

## Capítulo 10 – Assistência em Saúde Coletiva ...................... 185

10.1 Introdução................................187

10.2 Desenvolvimento ................................187

10.2.1 Programa Nacional de Imunizações................................187

10.2.2 Imunização: conceito e ações ................................187

10.2.3 Cadeia de frio ................................187

10.2.4 Calendário básicos de vacinação ..............................189

10.2.5 Procedimentos em sala de vacinação ......................189

10.2.6 Resíduo infectante em sala de vacinação ................191

10.2.7 Eventos adversos pós-vacinação ............................192

10.2.8 Vigilância epidemiológica das doenças
imunopreveníveis de notificação compulsória ..........192

Exercite .............................................................................194

## Capítulo 11 – Assistência ao Paciente em Situações de Urgência e Emergência ................................... 197

11.1 Atendimento pré-hospitalar ...........................................199

11.2 Avaliação e atendimento inicial nas emergências traumáticas e clínicas... 199

11.3 Atendimento ao paciente vítima de traumas...........................201

11.3.1 Trauma Cranioencefálico (TCE) ..............................201

11.3.2 Trauma e lesão medular .........................................202

11.3.3 Trauma torácico......................................................204

11.3.4 Trauma abdominal ..................................................205

11.3.5 Trauma pélvico .......................................................206

11.4 Atendimento ao paciente vítima de agravos clínicos .....................208

11.4.1 Choque ...................................................................208

11.4.2 Infarto agudo do miocárdio ....................................210

11.4.3 Edema agudo de pulmão ........................................211

11.4.4 Parada cardiorrespiratória cerebral ........................212

Exercite .............................................................................214

## Capítulo 12 – Assistência à Saúde da Criança e do Adolescente........................................... 217

12.1 Crescimento e desenvolvimento da criança .............................219

12.2 Gerenciamento de enfermagem para criança e sua família .................219

12.2.1 Fatores que influenciam o crescimento e o desenvolvimento......220

12.2.2 Crescimento ...........................................................220

12.2.3 Desenvolvimento ....................................................222

12.3 Programa de Assistência Integral à Saúde da Criança (PAISC) .............223

12.3.1 Avaliação do Crescimento ......................................223

12.4 Programa de Saúde do Adolescente.....................................224

12.5 Principais acidentes da infância .......................................224

Exercite .............................................................................231

## Capítulo 13 – Assistência à Saúde da Mulher ....................... 233

13.1 Introdução...............................................................235

13.2 Políticas de atenção à saúde da mulher ................................235

13.3 Anatomia e fisiologia ..................................................235

13.3.1 Anatomia do aparelho reprodutor feminino ................236

13.3.2 Fisiologia do aparelho reprodutor feminino –
fases do ciclo reprodutivo.......................................237

13.4 Ciclo menstrual .........................................................237

13.5 Planejamento familiar e reprodutivo....................................238

13.5.1 Método de Ogino-Knaus (tabelinha) ........................238

13.5.2 Temperatura basal (térmico)......................................239

13.5.3 Billings (muco cervical)..............................................239

13.5.4 Método sintotérmico .................................................239

13.5.5 Preservativo masculino.............................................239

13.5.6 Preservativo feminino...............................................240

13.5.7 Diafragma...............................................................240

13.5.8 Anticoncepcionais orais ...........................................241

13.5.9 Métodos hormonais injetáveis ...................................241

13.5.10 Implantes subcutâneos ...........................................242

13.5.11 Contracepção de emergência....................................242

13.5.12  Adesivo combinado ...............................................243

13.5.13  Anel vaginal.........................................................243

13.5.14 Dispositivo intrauterino .........................................243

13.5.15  Métodos irreversíveis ............................................244

13.6 Climatério ..........................................................................246

13.7 Ciclo gravídico-puerperal ...................................................247

13.7.1 Pré-natal ...............................................................248

13.7.2 Confirmação do diagnóstico da gravidez.....................248

13.7.3 Períodos clínicos do parto .......................................248

13.8 Abortamento.......................................................................249

13.8.1 Classificação dos abortamentos................................250

Exercite .....................................................................................251

## Capítulo 14 – Assistência à Saúde do Idoso ......................... 253

14.1 Introdução...........................................................................255

14.2 Conceitos fundamentais da enfermagem gerontológica ......................255

14.2.1 Envelhecimento ......................................................255

14.2.2 Envelhecimento saudável .........................................256

14.2.3 Envelhecimento com fragilidade ...............................256

14.2.4 Senescência ou senectude .......................................256

14.2.5 Senilidade .............................................................257

14.2.6 Idade cronológica ...................................................257

14.2.7 Longevidade ..........................................................257

14.2.8 Velhice .................................................................257

14.2.9 Autonomia ............................................................257

14.2.10 Independência ......................................................257

14.2.11 Capacidade funcional (CF) ......................................258

14.2.12 Saúde .................................................................258

14.2.13 Doenças crônico-degenerativas...............................258

14.3 Algumas alterações fisiológicas do envelhecimento ..............................258

14.3.1 Sistema tegumentar.................................................259

14.3.2 Sistema nervoso e órgãos sensoriais .........................259

14.3.3 Sistema cardiovascular.............................................259

14.3.4 Sistema respiratório ................................................260

14.3.5 Sistema gastrointestinal ...........................................260

14.3.6 Sistema geniturinário ..............................................260

14.3.7 Sistema músculo esquelético.....................................261

14.3.8 Sistema imunológico................................................261

14.4 Farmacogeriatria ................................................................................261

14.5 Demência ........................................................................................262

14.6 Doença de Alzheimer .......................................................................263

14.7 Doença de Parkinson ........................................................................268

14.8 Osteoporose ...................................................................................271

Exercite .................................................................................................274

## Capítulo 15 – Assistência em Saúde Mental e Psiquiatria..... 277

15.1 Introdução ......................................................................................279

    15.1.1 Origem dos manicômios...........................................................279

    15.1.2 Reforma psiquiátrica ...............................................................279

    15.1.3 Louco no Brasil e o papel da enfermagem.................................279

    15.1.4 Reforma psiquiátrica brasileira e organização dos
    serviços de saúde mental...................................................................280

15.2 Processo de crise e adaptação .........................................................281

15.3 Avaliação do estado mental .............................................................282

15.4 Relacionamento e comunicação terapêutica.......................................283

15.5 Grupos terapêuticos ........................................................................285

15.6 Psicofármacos .................................................................................292

15.7 Emergências psiquiátricas.................................................................293

Exercite .................................................................................................295

## Capítulo 16 – Assistência ao Adulto com Doença Neurológica ......................................... 299

16.1 Anatomia e fisiologia do sistema neurológico......................................301

    16.1.1 Tecido nervoso .......................................................................301

    16.1.2 Neurônio ................................................................................301

    16.1.3 Bulbo raquidiano.....................................................................301

    16.1.4 Cérebro ..................................................................................301

    16.1.5 Cerebelo .................................................................................301

    16.1.6 Nervos raquidianos .................................................................301

    16.1.7 Tronco encefálico ....................................................................301

    16.1.8 Medula espinhal......................................................................302

    16.1.9 Hipotálamo .............................................................................303

    16.1.10 Artérias cerebrais ..................................................................303

16.2 Acidente vascular encefálico ............................................................304

    16.2.1 Acidente vascular encefálico do tipo isquêmico (AVEi) ...............304

16.3 Acidente vascular encefálico do tipo hemorrágico ...............................311

16.4 Reabilitação do paciente pós AVE......................................................314

Exercite .................................................................................................315

## Capítulo 17 – Assistência ao Adulto com Doença Cardiovascular ..................................... 317

17.1 Anatomia e fisiologia cardíaca...........................................................319

17.2 Hipertensão arterial sistêmica...........................................................320

17.3 Insuficiência cardíaca .......................................................................323

17.4 Síndromes coronarianas agudas ........................................................324

Exercite .................................................................................................328

## Capítulo 18 – Assistência ao Adulto com Doença Gastroenterológica .......................... 329

18.1 Anatomia e fisiologia do sistema gastrintestinal ....................................331
    18.1.1 Boca ....................................................................................331
    18.1.2 Faringe .................................................................................331
    18.1.3 Esôfago ................................................................................331
    18.1.4 Estômago ............................................................................331
    18.1.5 Intestino delgado .................................................................331
    18.1.6 Intestino grosso ...................................................................331
    18.1.7 Fígado ..................................................................................331
    18.1.8 Pâncreas ..............................................................................332
18.2 Apendicite ...............................................................................................332
18.3 Diverticulose e diverticulite......................................................................334
18.4 Doenças inflamatórias intestinais ...........................................................336
    18.4.1 Doença de Crohn..................................................................336
    18.4.2 Retocolite ulcerativa.............................................................336
18.5 Estomias.................................................................................................340
18.6 Hemorragia digestiva ..............................................................................341
18.7 Cirrose hepática ......................................................................................343
18.8 Distúrbios biliares: colelitíase e colecistite ..............................................345
18.9 Administração de enema..........................................................................346
    18.9.1 Administração de enema com solução salina hipertônica...........347
Exercite ..........................................................................................................348

## Capítulo 19 – Assistência ao Adulto com Doença Endócrina... 349

19.1 Anatomia e fisiologia endócrina ..............................................................351
    19.1.1 Pâncreas..............................................................................351
    19.1.2 Tireoide ...............................................................................352
19.2 Diabetes *mellitus* ..................................................................................*353*
19.3 Hipertireoidismo ......................................................................................357
19.4 Hipotireoidismo .......................................................................................359
Exercite ..........................................................................................................361

## Capítulo 20 – Assistência ao Adulto com Lesão Ortopédica e Traumatológica ............... 363

20.1 Introdução...............................................................................................365
20.2 Anatomia e fisiologia do aparelho musculoesquelético.............................365
    20.2.1 Sistema esquelético .............................................................365
    20.2.2 Tipos de ossos .....................................................................366
    20.2.3 Músculos .............................................................................366
    20.2.4 Articulação e suas estruturas................................................366
20.3 Avaliações primária e secundária no trauma ...........................................367
20.4 Principais traumas musculoesqueléticos..................................................368
    20.4.1 Fraturas ...............................................................................368
    20.4.2 Luxações e entorses.............................................................368
20.5 TratamEntos de lesões traumato-ortopédicas..........................................369
    20.5.1 Imobilização gessada ...........................................................369
    20.5.2 Tração esquelética ...............................................................370

20.5.3 Tratamento cirúrgico ..................................................................370

20.5.4 Fixador externo ...........................................................................373

Exercite ..........................................................................................................373

## Capítulo 21 – Assistência ao Adulto com Doença Oncológica... 375

21.1 Introdução ...............................................................................................377

21.2 Anatomia e fisiologia ............................................................................377

21.2.1 Anatomia e fisiologia das mamas ...........................................377

21.2.2 Anatomia e fisiologia dos pulmões.........................................378

21.2.3 Anatomia e fisiologia da próstata ...........................................379

21.3 Fatores de risco .....................................................................................380

21.3.1 Câncer de mama .........................................................................380

21.3.2 Câncer de pulmão.......................................................................380

Exercite ..........................................................................................................391

## Capítulo 22 – Assistência ao Adulto com Doença Urológica... 393

22.1 Anatomia e fisiologia do sistema urinário.........................................395

22.1.1 Rins................................................................................................395

22.1.2 Ureteres........................................................................................398

22.1.3 Bexiga ..........................................................................................398

22.1.4 Uretra ...........................................................................................398

22.2 Patologias renais ...................................................................................398

22.2.1 Injúria renal aguda .....................................................................398

22.2.2 Doença renal crônica ............................................................... 400

22.3 Hemodiálise............................................................................................402

22.3.1 Princípios de funcionamento da hemodiálise ......................403

22.3.2 Controle da ultrafiltração .........................................................403

22.3.3 Parâmetros de acompanhamento das pressões exercidas
pelo acesso venoso...................................................................404

22.3.4 Acessos vasculares para hemodiálise....................................405

22.3.5 Protocolo da terapia dialítica ..................................................409

22.3.6 Intercorrências dialíticas...........................................................410

22.4 Urolitíase ou cálculo renal ...................................................................411

Exercite ..........................................................................................................413

## Capítulo 23 – Procedimentos Relacionados às Eliminações... 415

23.1 Função do sistema urinário ..................................................................417

23.1.1 Controle do balanço químico e de líquido do corpo ...................417

23.1.2 Características da urina normal.................................................417

23.1.3 Padrão normal de eliminação urinária ...................................417

23.2 Infecções do trato urinário (ITU) ........................................................418

23.2.1 Classificação das infecções do trato urinário (ITU).........................418

23.2.2 Infecções do trato urinário inferior ........................................418

23.2.3 Indicadores importantes visando à prevenção de ITU
ligados a sondagem vesical ....................................................419

23.3 Sondagem vesical de alívio..................................................................419

23.4 Sondagem vesical de demora (SVD) ..................................................420

23.5 Irrigação vesical .....................................................................................422

23.6 Eliminação intestinal ................................................................423
    23.6.1 Função intestinal normal .................................................423
    23.6.2 Manifestações da função intestinal alterada ....................424
23.7 Enemas ....................................................................................424
Exercite ..........................................................................................426

## Capítulo 24 – Assistência Perioperatória ...................... 429

24.1 Centro de Material e Esterilização ...........................................431
    24.1.1 Classificação dos materiais ou artigos .............................431
    24.1.2 Áreas que compõem o CME .............................................431
    24.1.3 Equipe e atribuições no CME ...........................................432
    24.1.4 Processo de limpeza dos produtos para a saúde .............432
    24.1.5 Desinfecção ....................................................................433
    24.1.6 Preparo dos produtos para a saúde .................................436
    24.1.7 Esterilização ....................................................................436
24.2 Centro cirúrgico .......................................................................439
    24.2.1 Assistência de enfermagem perioperatória: transoperatório ........439
    24.2.2 Atribuições dos profissionais de enfermagem .................440
    24.2.3 Admissão do paciente no centro cirúrgico ......................440
    24.2.4 Protocolo de cirurgia segura ............................................440
    24.2.5 Principais cuidados de enfermagem ao
    paciente no Centro Cirúrgico ..........................................441
    24.2.6 Transporte do paciente para
    Sala de Recuperação Pós-Anestésica (SRPA) ................445
24.3 Recuperação anestésica ...........................................................445
    24.3.1 Período pós-operatório e recuperação anestésica ...........445
    24.3.2 Planejamento físico e equipamentos SRPA .....................446
    24.3.3 Recursos humanos na recuperação anestésica ...............446
    24.3.4 Assistência de enfermagem na SRPA ...............................447
    24.3.5 Principais desconfortos e cuidados de enfermagem na RA ........449
    24.3.6 Complicações no período pós-operatório imediato e
    intervenções de enfermagem ..........................................451
    24.3.7 Alta da SRPA ...................................................................452
Exercite ..........................................................................................453

## Anexo A – Terminologias Essenciais ............................ 455

A.1 Prefixos e sufixos utilizados na área de saúde ...........................456
A.2 Alguns termos técnicos utilizados na área de saúde ..................457

## Minicurrículo dos Colaboradores ................................. 459

## Bibliografia .................................................................. 465

## Índice Remissivo ......................................................... 493

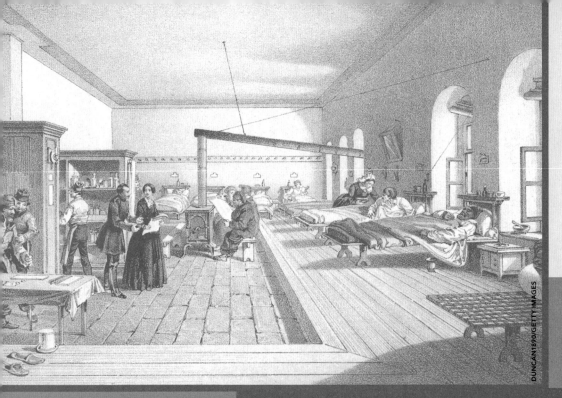

CAPÍTULO 1

MYRIA RIBEIRO DA SILVA

COLABORADORAS:
TALITA HEVILYN RAMOS DA CRUZ ALMEIDA
GISLEIDE LIMA SILVA

# HISTÓRIA, ÉTICA E PROCESSO DE TRABALHO

## NESTE CAPÍTULO, VOCÊ...

- ... aprenderá os aspectos históricos da enfermagem.
- ... conhecerá a relevância da ética na enfermagem.
- ... visualizará a evolução histórica do processo de trabalho de enfermagem.

## ASSUNTOS ABORDADOS

- O que é a enfermagem?
- Ética na enfermagem.
- Processo de trabalho em enfermagem.

# ESTUDO DE CASO

P.S.C., 50 anos, é técnico de Enfermagem da Equipe de Atenção Primária à saúde. Segundo o protocolo da unidade, realizou a triagem dos usuários da demanda programada e espontânea. Após concluir os curativos agendados para o dia, foi solicitada a realização do teste de diagnóstico rápido de HIV, hepatite B e sífilis. O procedimento foi realizado em uma gestante que compareceu para primeira consulta de pré-natal. O diagnóstico foi positivo para HIV e sífilis. A técnica de enfermagem realizou o procedimento dentro das normas e das técnicas preconizadas, no entanto, a forma de tratamento à gestante foi desumana e diferenciada após o diagnóstico do teste. Momentos depois, antes mesmo de registrar o procedimento e comunicar ao enfermeiro da Unidade, comentou sobre o diagnóstico positivo da usuária com outras pessoas que aguardava atendimento na sala de espera. Cinco dias depois, a paciente retorna à unidade com resultados de exames laboratoriais e se queixa do estigma que sofrera em sua comunidade após o episódio.

### Após ler o caso, reflita e responda:

1. A assistência prestada pelo técnico de Enfermagem da Unidade foi correta?
2. Quais irregularidades você pode observar neste caso?
3. Quais condutas deveriam ser implementadas considerando os preceitos éticos e morais?

# 1.1 INTRODUÇÃO

A história é caracterizada pela análise de fatos e acontecimentos que ocorreram em épocas passadas. É a ciência da investigação e do estudo de povos, culturas, sociedades, indivíduos, países, continentes ou determinado período específico – nesse caso, fazendo referência ao *cronos*, os acontecimentos em determinado tempo cronológico.

Um dia, nossas ações e nossas atitudes se tornarão parte da história, seja na vida profissional ou pessoal. A Enfermagem, ao longo dos anos, tem passado por várias transformações que estão diretamente relacionadas às mudanças sociais, tecnológicas e científicas. Conhecer a origem da profissão, sua consolidação enquanto ciência, bem como os aspectos éticos que estão atrelados à assistência ao paciente, ao indivíduo ou à comunidade, despertará nos profissionais de enfermagem o orgulho por sua classe e a necessidade de dar continuidade a essa história de maneira ética, respeitando as relações interpessoais por meio de práticas humanas pautadas no conhecimento científico.

Muitos autores descrevem a Enfermagem como a arte ou a ciência do cuidar. Essa arte de zelo para com os doentes nasceu a partir de atitudes e procedimentos instintivos e culturais desde a Idade Antiga. Surgiu de uma atitude simples – o ato de cuidar, zelar e dar atenção –, fundamentado no amor ao próximo e em sentimentos de caridade. Pode-se dizer que sua origem é o cuidar, que foi se consolidando até ser institucionalizada na Inglaterra no século XX por Florence Nightingale[1] e tornar-se uma ciência legal, baseada em evidências científicas, dados epidemiológicos e teorias próprias.[1]

A evolução e a consolidação da Enfermagem enquanto ciência foi um processo longo, que precisou vencer barreiras socioculturais e religiosas, uma vez que sua origem remonta a cuidados sacerdotais, místicos e de curandeiros, atrelados à caridade da Igreja Católica e à obrigatoriedade da subserviência ao profissional médico.

A maioria das pesquisas sobre a história da Enfermagem inicia cronologicamente a partir da Idade Média e da era Florence Nightingale, marco da Enfermagem Moderna. Por isso, traremos aqui relatos sobre a origem, desde a Idade Antiga, partindo do pressuposto que o ato de cuidar foi o percursor dessa profissão.

Os relatos a seguir serão descritos de acordo com os períodos históricos: Idade Antiga (4000 a.C. até 476 d.C.), Idade Média (476 d.C. até 1453), Idade Moderna a era Florence (1453 a 1789) e Idade Contemporânea.[2]

## 1.1.1 Idade Antiga – práticas mágico-sacerdotais (4000 a.C. até 476 d.C.)

É possível identificar por meio de relatos de historiadores, testificados pela ciência da Arqueologia, que o homem sempre foi um ser social. A exemplo disso, temos as tribos indígenas aqui brasileiras, bem como os Astecas, os Incas e os Maias, nas Américas Central e do Sul. Muitas dessas sociedades evoluíram em quesitos com arquitetura, cultura, língua, relações sociais e comerciais, e formaram grandes complexos. O fato em destaque, comum a esses grupos, é que tudo o que inicialmente não poderia ser explicado era atribuído aos deuses ou às forças sobrenaturais.

Desde a era Pré-Cristã até a Idade Média, de remotas tribos indígenas até sociedades mais estruturadas, as doenças e os males relacionados à saúde humana eram consideradas castigos impostos pelos deuses em decorrência de alguma atitude errada adotada pelo homem, que os desagradara, ou relacionada a algum tipo de "poder" demoníaco. Desde então, as funções de cuidar desses enfermos foram atribuídas aos sacerdotes, líderes religiosos e a feiticeiras.[2,3]

Durante todo o período da Idade Antiga, o tratamento adotado era fundamentado em orações para expulsar os maus espíritos e em procedimentos como banhos e ingestão de substâncias, que induziam o doente a náuseas e vômitos, com o objetivo de expelir o mau que estava causando a doença. O conhecimento sobre plantas medicinais era predominante nas tribos indígenas e utilizados para tratar os doentes, no entanto, essas práticas sempre estavam associadas a algum tipo de divindade. Esses ensinamentos eram passados verbalmente para outras pessoas, que, de acordo com as normas de cada sociedade, teriam aptidão para dar continuidade aos rituais.[2,3]

Na Índia, desde o período Pré-Cristão 4000 anos a.C., a sociedade já dominava conhecimentos sobre nervos, veias e vasos linfáticos e realizavam procedimentos como suturas, amputações e corrigiam fraturas. Os hindus tinham templos destinados ao tratamento dos doentes. Apesar do conhecimento sobre anatomia por esses povos, a religião Hindu proibia a dissecação de cadáveres.[2] Nesse mesmo período, na China, o cuidado dos doentes era destinado somente aos sacerdotes, que foram os primeiros a classificarem as doenças em benignas, médias e graves. Os chineses dominavam o uso de plantas medicinais e já tinham conhecimento e

---

1 Florence Nightingale foi uma enfermeira, estatística, reformadora social e escritora britânica (1820-1910). Em uma viagem ao Egito, visitando hospitais, descobriu sua vocação para a enfermagem, apesar de na época não ser uma atividade digna. É considerada a fundadora da Enfermagem moderna.

HISTÓRIA, ÉTICA E PROCESSO DE TRABALHO

tratavam doenças como sífilis, anemias, verminoses, dentre outras. Eles também dominavam o uso de anestésicos e já utilizavam o ópio. No entanto, as cirurgias não eram realizadas pelo fato de ser proibida a dissecação de cadáveres na sociedade chinesa. Havia templos, hospitais da época (onde eram tratados os doentes, com áreas de isolamento) e clínicas de repouso.[2]

Já no antigo Egito, 4000 anos a.C., uma prática bastante comum era o hipnotismo. Esse procedimento era realizado em templos específicos e durante o transe hipnótico as doenças eram tratadas. Existiam receitas elaboradas pelos médicos da época em que havia fórmulas ditas religiosas. O cuidado das gestantes durante o parto era feito por uma mulher, que poderia ser contratada ou da própria família. Além disso, era comum a interpretação de sonhos porque, por meio dele, acreditava-se ter respostas dos deuses e influência sobre a saúde. Nessa sociedade também havia ambientes destinados para hospitalizar os doentes. Na região do Oriente Médio, na Palestina, à época de Moisés, no Velho Testamento, o povo hebreu praticava desinfecção, higiene e normas rígidas quanto a objetos contaminados e sepultamentos. As mulheres desde esse período até toda a Idade Média, tinham o dever de cuidar da casa e dos enfermos e realizavam os partos.[2]

Na sociedade grega antiga, bem como nas demais, os sacerdotes eram os responsáveis por tratar os doentes. Eles utilizavam banhos termais, massagens, banho de sol, sedativos, vitaminas fortificantes, diversas ervas medicinais e retiravam corpos estranhos. Foram os pioneiros em orientar as pessoas quanto à importância da atividade física, da ginástica e das dietas mais específicas, incluindo a necessidade de beber água pura. Existiam casas de repouso destinadas aos doentes. Alguns autores abordam que a sociedade grega dava muito valor à beleza física e à cultura, de modo que eram proibidos estudos anatômicos. O nascimento e a morte eram considerados impuros. Apesar do cuidado excessivo com o corpo e da vaidade dos gregos, o progresso da medicina e os cuidados com os doentes só foram desenvolvidos de maneira mais intensa graças aos estudos de Hipócrates, considerado pai da medicina. Ele rompeu com os paradigmas religiosos de que as doenças eram causadas por demônios e iniciou suas pesquisas, que foram o marco inicial para o estudo do processo de saúde/doença e elaborava diagnósticos, tratamento prognóstico dos pacientes.[2]

Nesse contexto, Hipócrates (460 a 370 a.C.) rompeu com alguns aspectos mitológicos e proporcionou a abertura do pensamento crítico, inclusive das castas sacerdotais. Nasceram, então, os médicos não sacerdotais, também denominados Asclepíades,[2] e as primeiras escolas de medicina. Esses profissionais atuavam em domicílio e tinham um tipo de "ajudante" que atuava na preparação de raízes e medicamentos a serem administrado nos doentes.[3]

É importante destacar que, entre os povos antigos, a Enfermagem não era considerada uma profissão; apenas havia pessoas responsáveis pelo cuidado dos enfermos. No entanto, não havia uma denominação para a ocupação realizada. Além disso, nesse período e até mesmo na Idade Média, o ato de cuidar em si era visto como uma função doméstica ou de sacerdotes e curandeiros e, por vezes, realizada por escravos.[3]

## 1.1.2 Idade Média ou Era Cristã (476 d.C. até 1453)

Esse período ocorreu nos anos de 476 d.C. até 1453, contudo, alguns autores datam seu início em 313 d.C. É o marco do crescimento da religião cristã em diversos continentes. A Idade Média teve seu início marcado pela declaração de Constantino "o Grande", imperador romano. Ele tornou o Cristianismo a religião oficial de todo o vasto Império Romano e influenciou a consolidação e dominância da Igreja Católica em diversas outras regiões. A partir de então, muitas mudanças ocorreram e a história adentrou uma fase denominada Feudalismo, na qual a Igreja Católica contava com grande influência não apenas em assuntos religiosos, como também no aspecto econômico – posteriormente esse sistema caiu em decadência.[2,3]

A Igreja, a partir de então, adquiriu grande poder na sociedade e influenciou significativamente na prática da Enfermagem. Além disso, atuou na reforma de indivíduos e famílias, ampliando a moral e ética cristã. Nesse sentido, a implementação da "ética cristã" trouxe avanços na sociedade no que se refere ao cuidado com os doentes. Propagou-se a necessidade de se fazer caridade onde os pobres e enfermos eram cuidados por organizações da Igreja. É importante destacar que desde a fundação do cristianismo pelo apóstolo Pedro, a caridade e o cuidado com os enfermos eram estimulados a ser realizados pelos membros da Igreja Cristã recém-formada.[2,3]

A partir de então, com a Igreja Católica dotada de poder e influência, o cuidado aos enfermos se tornou algo cada vez maior, uma vocação sagrada, que poderia ser realizada por homens e mulheres,

---

2 Os asclepíades são médicos, seguidores de Asclepio, deus grego da medicina. Asclepio seria um hábil cirurgião, referido por Homero, na *Ilíada*, tendo sido fulminado por Zeus por pretender tornar os homens imortais.

no entanto, predominava o sexo feminino. Essa doutrina culminou na formação de organizações, denominada ordem cristã. No ano de 500 d.C., a primeira ordem cristã foi composta por diaconisas e viúvas e posteriormente foram inseridas outras mulheres da sociedade, como virgens, presbiterianas, irmãs de caridade e monjas.[1,2,3]

Sabe-se que determinadas organizações cristãs tinham o objetivo de exercer o cuidado com os enfermos e doentes. Influenciada por elas, anos mais tarde surgiu uma ordem que deixou um grande legado, a Companhia das Irmãs de Caridade[3], fundada em 1633, na França. Nesse período, a fome e as doenças assolavam a sociedade francesa. As irmãs eram orientadas e treinadas por meio de cartas, regulamentos e instruções verbais. Essas informações eram passadas de umas para as outras, dando origem posteriormente ao que denominamos técnicos de Enfermagem.[1]

É importante destacar que nesse período só quem tinha acesso aos médicos, que em algumas sociedades eram denominados boticários, eram pessoas de classe social elevada. Portanto, os pobres que adoeciam ficavam a mercê de cuidados de caridade. Pode-se dizer que as práticas de saúde relacionada à Enfermagem, de maneira bem primitiva, eram realizadas por essas organizações de caridade.[1,2,3]

A partir disso, apoiados pelas autoridades políticas da época, as lideranças cristãs assumiram a liderança na construção dos primeiros hospitais, sendo o primeiro deles destinado aos monges que, posteriormente, tornaram-se responsáveis pela assistência à saúde aos pobres, peregrinos e homens feridos das guerras. Nessa época, grandes epidemias assolavam a Europa.[1,2,3]

Os primeiros hospitais que se tem registro são o nosocômio fundado por São Basílio em Cesareia, na Capadócia, que data do período de 369 a 362; o Hôtel-Dieu, construído na França em 542 a 651; e um grande hospital fundado em Roma, entre os anos 380 a 400.[2]

É importante salientar que nessa época as cidades e as casas não possuíam estrutura de saneamento e higiene adequados. Assim, as condições físicas de higiene e organização dos primeiros hospitais eram precárias. Os recursos financeiros eram escassos e o pouco que tinham era obtido por meio de doações; o Poder Público ajudava na isenção de impostos. Destaca-se aqui o fato de que apesar do objetivo ser o cuidado ao doente, os hospitais não eram vistos como uma instituição médica. A prática médica hospitalar só veio ocorrer no século XVIII.[1,2,3]

Quanto à Enfermagem, foi a partir dessa motivação cristã que muitas mulheres passaram a assistir os enfermos, uma prática até então leiga, sem evidência científica. Desde esse tempo, a moral e a ética se mantiveram atreladas às boas condutas dentro da sociedade, como método de respeito ao próximo e ajuda mútua. Foi sob essa doutrina e as regras dos líderes religiosos que os jovens eram submetidos aos treinamentos de enfermagem. Praticamente, apenas as mulheres eram submetidas ao treinamento, em sua maioria de classe social elevada.[1,2,3]

Figura 1.1 - Representação da ala hospitalar do Hôtel-Dieu, em Paris, na França.

Com o decorrer dos anos, iniciou-se na Europa, em 1095 a 1492, um movimento liderado pela Igreja Católica chamado "Cruzada". Criaram-se, então, as ordens militares de Enfermagem de cunho militar religioso, trabalhando sob orientações da igreja. Apesar de muitas mortes e atrocidades realizadas nesse período em nome da religião, houve a expansão de muitos hospitais pela Europa.

A ideologia do cuidado de Enfermagem nesse período era centrada na disciplina e na submissão à Igreja. Pode-se inferir que esses fatos tenham contribuído para o atraso do desenvolvimento científico na área.

Os anos se passaram, e após atingir seu apogeu, o Feudalismo entrou decadência devido às mudanças na economia e o crescimento do comércio com o Oriente, bem como o desenvolvimento das cidades. Os camponeses ou servos que trabalhavam nos feudos tiveram a oportunidade de comprar a sua liberdade da servidão do senhor feudal, dono das terras, visto que a expansão marítima e das rotas de comércio proporcionaram ofertas de emprego.[1,3]

## 1.1.3 Idade Moderna – Era Florence (1453 a 1789)

A transição do modelo burguês para o capitalismo ocorreu entre 1517 e 1789. Com a queda do modelo antigo feudal e o início do Protestantismo, a Igreja Católica perdeu seus privilégios. Um exemplo disso foi o que ocorreu na Inglaterra, em que

---
3  Essa organização existe até os dias de hoje.

os religiosos foram expulsos dos cargos que exerciam nos hospitais. Nesse cenário, muitos hospitais e abrigos entraram em crise e ficaram sem recursos humanos para assistir os doentes. A solução encontrada foi o recrutamento de mulheres analfabetas de rua, prostitutas e prisioneiras para cuidar dos doentes. Esse foi denominado "período negro da Enfermagem" e os hospitais passam a ser depósitos de doentes.[2]

A ascensão da burguesia permitiu uma nova era, o Renascimento, caracterizado pelo avanço das artes, da literatura e da ciência. Dessa forma, proporcionou o estudo da anatomia, o processo de saúde/doença e as novas descobertas na área da saúde, tendo início as primeiras cirurgias com progresso. Impulsionou-se a partir desse movimento a criação de universidades por toda a Europa.[1,3,4]

É importante destacar que mesmo com a criação de novas universidades ainda não havia nesses espaços a preparação para o profissional enfermeiro. A classe de Enfermagem só foi estabelecida após a atuação de uma figura muito importante, Florence Nightingale. As práticas de saúde nesse período passavam das mãos dos clérigos para os leigos e somente quem dispunha de condição financeira elevada tinha acesso às universidades, dando início ao modelo vocacional.[4]

O crescimento do capitalismo e a Revolução Industrial iniciaram uma era de muitas descobertas na área da saúde e muitos hospitais foram criados, no entanto, em um modelo ainda primitivo medicalocêntrico, no qual a atuação era apenas curativa. Apesar dos avanços da medicina, os hospitais estavam mais insalubres do que antes, visto que, com a reforma protestante, houve a expulsão dos religiosos e os cuidados ficaram entregues a pessoas leigas e desqualificadas. Nesse contexto, os ricos eram tratados em casa, uma vez que tinham condições de pagar um médico particular, que geralmente assistia à família, e os pobres, sem outras opções, "serviam" de experiência nos hospitais. Esse tempo também foi marcado pelas pesquisas de Louis Pasteur[4] e Joseph Lister,[5] que culminaram na descoberta e no estudo do mundo microbiológico e da relação desses com o processo de saúde e doença, visto que, até então, não havia conhecimento sobre bactérias, fungos e protozoários, e a relação destes como causadores de doenças. A Teoria Miasmática era uma das hipóteses mais relevantes difundidas antes das novas descobertas. Foi diante desse cenário que Florence iniciou sua carreira.[4]

Florence nasceu em 1820 em Florença, oriunda de família nobre e influente na Inglaterra Vitoriana. Cresceu em um período de grandes mudanças sociais, marcada por ideais liberais e reformistas. Seu pai estudou na Universidade de Cambridge e, com seus ideais progressistas, defendia a educação da mulher e empenhou-se em educar suas filhas – destaca-se que, na sociedade desse período, a educação era destinada apenas aos homens. Estimulada pelos ideais do pai, Florence teve sua educação pautada no estudo de latim, grego, história, filosofia, matemática, línguas modernas e música. O conhecimento adquirido serviu de base para sua atuação futura. Quanto à sua vocação, em 1845 decidiu estudar a prática da Enfermagem. Sabe-se que naquele tempo a Enfermagem era vista como uma ocupação destinada a viúvas, prostitutas ou religiosas, fato que influenciou a opinião dos seus pais em serem contrários a essa decisão.

No auge dos seus 30 anos, em uma viagem cultural, conheceu um grupo de diaconisas, que assistiam doentes, da Igreja Luterana alemã. Indo contra a opinião de seus pais e motivada pelo que conhecera, Florence iniciou o treinamento de Enfermagem no Instituto Kaiserswerth, na Alemanha. Em 1853, conquistou seu primeiro emprego oficial como Lady Superintendent em uma instituição londrina chamada Institution for Sick Gentlewomen, onde trabalhou até o início da Guerra da Crimeia.[4,6,7]

Figura 1.2 - Florence Nightingale.

---

4 Louis Pasteur foi um cientista francês. Criou a Teoria Germinal das doenças infecciosas. Seus trabalhos iniciaram os estudos sobre a microbiologia e associação de doenças a microrganismos.

5 Joseph Lister foi um médico, cirurgião e pesquisador britânico. Criou as primeiras técnicas de antissepsia por meio de ácido carbólico para cirurgias, reduzindo drasticamente o índice de infecções e óbitos.

A Guerra da Crimeia ocorreu entre 1854 e 1859 e foi um conflito entre os povos russos e otomanos e, posteriormente, envolveu a França e a Inglaterra. Esse conflito levou muitos indivíduos e soldados à morte, grande parte por doenças infectocontagiosas dentro dos próprios hospitais. Isso se deu pela péssima assistência data aos soldados pelo exército britânico. Sabendo de tais informações e motivada em melhorar a qualidade da assistência prestada, Florence se dispôs, juntamente com 38 auxiliares, a ir à guerra e pediu solicitação ao seu amigo então secretário da guerra, Sidney Herbert, que prontamente aceitou e também já havia solicitado em carta sua atuação.[4,5,6,7]

As mudanças realizadas por Florence na Guerra da Crimeia foram notórias e de grande relevância epidemiológica. A mortalidade entre os soldados hospitalizados era de 40% e a partir das condutas adotadas pela enfermeira caiu para 2%. Mas como esse índice caiu drasticamente? Esse foi um questionamento de muitos na época. Condutas como organização do trabalho, disposição dos doentes de acordo com a patologia acometida e serviços de higiene e limpeza do chão, objetos e outros artigos, foram a base para reduzir a disseminação de doenças, e aos poucos foi revelando a relação entre as condições do ambiente e o processo de saúde/doença. Essa experiência culminou na primeira teoria de Enfermagem, a Teoria Ambientalista, escrita por Florence. Seu legado foi conhecido por todo o mundo e atualmente é imortalizada como a "Dama da lâmpada", porque com a lanterna na mão percorria as enfermarias para atender os doentes. Com o fim da guerra, essa figura ímpar da história da Enfermagem abriu várias escolas e dedicou-se ao ensino da profissão. Pela primeira vez na história, a Enfermagem tem seus fundamentos atrelados a evidências científicas, teorias próprias.[2,4,5,6,7]

Formiga e Germano em artigo publicado em 2005[6] referem-se a Florence como protagonista de um projeto social na saúde e que suas ideias modernas repercutiram em mudanças sociais. Sua atuação não foi apenas assistir diretamente o paciente, mas a administração, a organização e o funcionamento de instituições de saúde, inclusive a formação de recursos humanos e educação em Enfermagem. Assim, com base nas escolas implantadas por Florence, nasceu o modelo de ensino conhecido como Sistema Nightingale. Esse modelo foi difundido por todo o mundo. As enfermeiras formadas por esse modelo eram treinadas a treinar outras e já saíam das escolas como pioneiras e superintendentes. No que se refere à administração e à organização hierárquica da Enfermagem moderna, surgem a divisão técnica do trabalho em duas categorias: Lady Nurses (formadas para atuar no ensino, supervisão de pessoal e responsáveis por difundir o Sistema Nightingale na Europa e em todo mundo) e as Nurses (preparadas para assistir diretamente o paciente – durante o curso preparatório, elas moravam e trabalhavam nos hospitais, recebendo salário pelos serviços prestados). A partir desses novos modelos, a Enfermagem é institucionalizada enquanto profissão. Nightingale faleceu em 13 de agosto de 1910 e foi considerada a mãe da Enfermagem Moderna.[6,7]

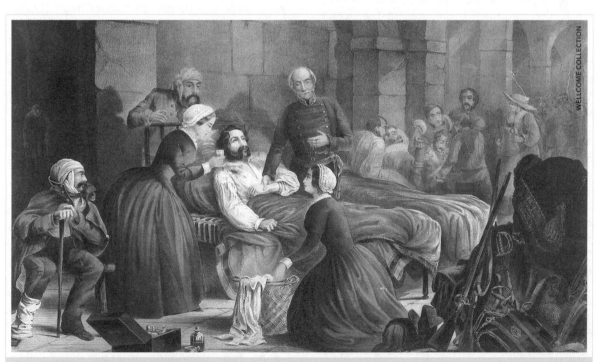

Figura 1.3 – Florence Nightingale no hospital militar em Scutari.

## 1.1.4 Idade Moderna no Brasil

Antes da Enfermagem moderna, os primeiros cuidados aos doentes no Brasil datam do período indígena e foram, e em algumas tribos, ainda são realizados pelos pajés. Com a colonização, essa função também passou a ser executada pelos padres jesuítas e posteriormente por outros religiosos e escravos. No século XVI, ainda no período colonial, surgiram as Santas Casas de Misericórdias, as primeiras foram fundadas em Olinda (PE), em 1539, e na cidade de Santos (SP), em 1543. Posteriormente, outras instalações foram executadas no Rio de Janeiro (RJ), em Vitória (ES) e em Ilhéus (BA). Mais tarde, já no período imperial, em 1880, foram construídas em Porto Alegre (RS) e Curitiba (PR). A terapêutica empregada era à base de plantas medicinais e a supervisão desses locais eram realizadas pelos jesuítas com destaque ao padre José de Anchieta.[2]

Um marco do período imperial, iniciado em 1822, foi a criação da primeira escola de medicina – Escola de Medicina do Rio de Janeiro – e atrelada a ela, a escola de parteira que diplomou a primeira parteira em território brasileiro, a Madame Durocher. Outro nome em destaque nesse período foi Ana Neri.[2,5]

Nascida na província de Cachoeira (BA), Ana Neri ficou viúva aos 30 anos, com dois filhos – um era médico militar e o outro era oficial do exército. Instaurada a Guerra do Paraguai, em 1864, seus filhos foram alistados e Ana, para não ficar distante da família, se disponibilizou a atuar na guerra e improvisou hospitais e assistiu os soldados feridos. Sua atuação foi tão relevante que ela recebeu medalhas humanitárias do império brasileiro. Faleceu em 1880 e, para sua homenagem, em 1923 foi fundada a Escola de Enfermagem Ana Neri.[2,5]

O século XIX é marcado politicamente pela transição do Reinado para a República. Uma vez proclamada a república brasileira, houve separação das relações que as irmãs de caridade tinham com o novo governo e elas deixaram de administrar os hospitais, havendo separação do Hospital de Alienados com a Santa Casa e os médicos assumem o poder. Isso levou a falta de mãos de obra qualificada o que levou os líderes políticos a solicitarem ajuda para as enfermeiras francesas que assumem a administração do hospital e estabelece uma escola de treinamento por meio de decreto do governo, anos depois essa escola recebeu o nome de Alfredo Pinto, atualmente uma unidade da Universidade Federal do Rio de Janeiro.[2,4,5,6]

No final desse século, havia crescente número de pessoas nas cidades de São Paulo e Rio de Janeiro e pela elevada incidência de doenças infectocontagiosas trazidas pelos europeus e outros povos. Essa situação começa então a interferir nas relações socioeconômicas e ameaçava a expansão do comércio brasileiro, uma vez que os portos brasileiros eram vistos como insalubres e fonte de doenças infectocontagiosas interferindo dessa forma nas relações de compra e venda, visto que outras nações resistiam a atracar seus navios em tais ambientes e adquirir doenças e transmiti-las para seu país de origem. Dessa forma, o governo brasileiro adota as primeiras medidas de vigilância em saúde, para combater doenças como febre amarela, varíola, por meio da criação do Instituto Oswaldo Cruz e várias reformas como a reforma Carlos Chagas, em 1920, que culminou na criação do Departamento Nacional de Saúde Pública (DNSP) na perspectiva de reformar o sistema de saúde.[2,5]

Nesse contexto, estimulado por condições político financeiras, em 1921, o DNSP fez um acordo com a Fundação Rockefeller e a enfermeira estadunidense Ethel Parsons chegou ao Brasil e estabeleceu um novo modelo, implantando o conceito de enfermagem moderna, o modelo de enfermeira trabalhadora qualificada com formação adequada indo contra ao antigo modelo estabelecido em 1920, o qual a enfermeira era denominada enfermeira visitadora, onde não havia reconhecimento nem qualificação profissional. Para fins didáticos, seguem as primeiras instituições hospitalares estabelecidas no Brasil:[2]

- Escola de Enfermagem Alfredo Pinto (1890) – antiga escola de treinamento vinculada ao Hospital de Alienados.
- Escola da Cruz Vermelha (1916) – curso de socorrista que objetivou treinar mão de obra para atuar na I Guerra Mundial.
- Escola Ana Neri (1923).
- Escola de Enfermagem Carlos Chagas (1933).
- Escola de Enfermagem Luisa Marillac (1939) – fundada pela freira francesa Luisa Marillac, vinculada a Igreja Católica.
- Escola Paulista de Enfermagem (1939) – fundada pelas Franciscanas Missionárias de Maria.

# 1.2 ÉTICA

A palavra ética é derivada do grego *ethos* e remonta à civilização grega anterior a Cristo. É entendida como a maneira de ser do indivíduo, o caráter, os valores, as motivações humanas e sociais. Desse modo, uma pessoa possui valores e princípios que norteiam seu comportamento. Podemos dizer que ética é a reflexão da moral; ela induz a análise do que se deve ou não fazer. A moral é uma palavra que sempre está atrelada a ética. O conceito de moral surgiu durante a Idade Média sob influência do cristianismo, derivada do latim, *mores,* que significa o conjunto de regras de determinada sociedade ou grupo. Esse conjunto de regras morais norteiam as ações do indivíduo sobre o que é certo ou errado.[8]

Assim, mesmo que instintivamente as sociedades ou grupos dentro dela possuam preceitos éticos e morais que fundamentam a organização e convívio social. Desde o início da sua institucionalização, a enfermagem era sustentada por preceitos éticos. Durante a Idade Média, esses pressupostos eram elaborados pela Igreja Católica, baseada fortemente pela caridade cristã, nas quais as beatas e a maioria das freiras e das mulheres religiosas da sociedade teriam que seguir regras rigorosas de funcionamento e assistência aos doentes. Mesmo fundamentado em um viés religioso, sem bases científicas, percebe-se que o funcionamento e a organização das primeiras instituições de assistência à saúde tinham princípios e normas éticas e morais a serem seguidas.[8,9]

Toda organização precisa ser fundamentada em normas e condutas para que todos os indivíduos que dela fazem parte possam coabitar em uma mesma cultura organizacional. Isso se faz necessário para que haja equilíbrio entre as partes e o crescimento, seja de uma sociedade ou classe profissional.

Como foi descrito anteriormente, a Enfermagem passou por uma longa trajetória para se consolidar enquanto profissão. Atualmente, possui um arcabouço próprio de conhecimentos técnicos científicos que crescem a cada dia por meio de pesquisas de campo e experimentos. O conjunto de práticas sociais e éticas da enfermagem envolve a assistência ao indivíduo, à família, à coletividade e ao ensino e à docência, que está atrelado à pesquisa científica e atividades de extensão. O Código de Ética dos Profissionais de Enfermagem (Cepe) permite o aprimoramento do comportamento ético desse profissional, de maneira que este tenha consciência de seu compromisso social, político e profissional. O Cepe mais atual foi aprovado pela resolução do Conselho Federal de Enfermagem (Cofen) nº 564/2017. Nessa resolução estão descritos um conjunto de normas que devem ser seguidas por todos os profissionais da classe com objetivo de assistir o indivíduo, a família e a coletividade, bem como assegurar os direitos desses profissionais. O CEPE está organizado por assuntos e inclui os princípios, os direitos, os deveres, as proibições, bem como as infrações e as penalidades pertinentes a conduta ética dos profissionais.[10]

É importante salientar que o compromisso ético vai além do que cumprir normas e condutas no ambiente de trabalho, mas se estende ao respeito ao próximo e às práticas pautadas na humanização da assistência.

Além do Código de Ética, a Enfermagem possui seu arcabouço legal, instituído pela Lei nº 7.498/1986, que é regulamentada pelo Decreto nº 94.406/1987. Essa lei dispõe sobre o exercício da profissão em todos os níveis no território brasileiro. O exercício da enfermagem é livre em todo território nacional, no entanto, para tal exercício, o indivíduo deve estar habilitado, ou seja, capacitado e diplomado por escolas técnicas e universidades preconizadas pelo Ministério da Educação, bem como estar inscrito nos devidos conselhos da categoria profissional. É importante destacar que a Enfermagem pode é exercida por enfermeiros, técnicos de enfermagem, auxiliares de enfermagem e parteiras. Cada categoria deve exercer suas atividades respeitando o grau hierárquico de habilitação.[11]

## 1.3 PROCESSO DE TRABALHO

O trabalho, como capacidade humana de produzir, de gerar transformações a si e à natureza pelas relações de trabalho, não deve ser visto como ação do homem na produção de sua subsistência, mas, sobretudo, realização humana geradora de valor.[12]

De acordo com Braverman[13], o modo capitalista de produção desenvolveu-se, tornando-se hegemônico, foi destruindo e substituindo as antigas formas de cooperação social, comunitária e familiar. Transformou em mercadoria praticamente toda atividade humana, inclusive aquelas que eram atendidas na forma tradicional pela própria família ou grupo comunitário, como as tarefas domésticas e os atos de cuidar.[13]

Segundo Pinho e Abrahão[14], ao longo do tempo o cuidado progressivamente foi sendo institucionalizado, apropriado e transformado tecnologicamente. Dessa maneira, o trabalho em saúde adquiriu o status de serviço a ser consumido e, para isso, comprado. Assim, quanto mais os membros da família exercem algum tipo de trabalho fora do lar, menos aptos e disponíveis para cuidarem uns dos outros se tornam. Nesse espaço é que se insere o trabalho dos profissionais da saúde, entre eles o dos profissionais de enfermagem, consoante as exigências e as necessidades geradas pelo progressivo avanço do modo de produção a que está submetida e se submete a maior parte da população.[14]

Para Braverman,[13] o cuidado humano em relação à saúde adquire características particulares, sendo desenvolvido por diferentes especialidades profissionais, cooperam entre si, determinando relações entre eles, em torno do objeto do cuidado, dos instrumentos de trabalho e dos produtos derivados dessas atividades. Nesse processo de trabalho em saúde mais amplo, as diversas atividades que o compõem são complementares, com maior ou menor grau de autonomia, mas de modo em que não haja o mesmo parcelamento hierárquico de autoridade e de poder entre os agentes.[13]

Marx[12] definiu processo de trabalho como a transformação de um objeto determinado ou ação em um produto determinado, por meio da intervenção do ser humano ou instrumentos diversos.

Ou seja, o trabalho é resultado das ações do ser humano, que o realiza conforme sua capacitação profissional, com o objetivo de produção de bens ou serviços, que tenha valor para o próprio ser humano ou para a sociedade.

Para compreender o processo de trabalho, será necessário entender seus instrumentos:[14]

- Objeto é algo que provém diretamente da natureza, que sofreu ou não modificação decorrente de outros processos de trabalho.
- Agentes são aqueles que realizam o trabalho; aqueles que, tomando o objeto de trabalho e nele fazendo intervenções, são capazes de alterá-lo, produzindo um material ou um serviço. Tem a função de transformar a natureza em algo que para ele tem significado especial.
- Instrumentos são o produto do trabalho de um ser humano. Pode ser o instrumento de trabalho de outro ser humano ou dele próprio em momentos diferentes. Esses instrumentos alteram a natureza no processo de trabalho. Portanto, não só os meios (materiais) de que se utiliza, mas também os conhecimentos, as habilidades e as atitudes de formas combinadas, voltados a uma necessidade específica, que determina como será feito esse trabalho.
- A finalidade do trabalho tem uma razão pela qual ele é feito. Vai ao encontro da necessidade humana, que dá significado à sua existência. As finalidades são compartilhadas por trabalhos diferentes e é isso que dá o sentido de se trabalhar em equipe multiprofissional.
- Os métodos de trabalho são ações executadas e organizadas pelos agentes sobre os objetos de trabalho, empregando instrumentos selecionados, de modo a produzir o bem ou o serviço que se deseja obter, de maneira a atender à finalidade.
- O produto de um trabalho representa os resultados do processo, podem ser artefatos, elementos materiais que se pode apreciar com os órgãos dos sentidos, e são percebidos pelo efeito que causam.

Em relação ao processo de cuidar em enfermagem, será necessário entender que ele se realiza como um trabalho que se constitui no interior do trabalho em saúde, produzindo-se em sua relação com a equipe multiprofissional da saúde, e reconhecendo sua complementaridade com outros.[14]

O processo do cuidar em Enfermagem tem sido contestado desde a década de 1950 e, por essa razão, a categoria de enfermagem avança com o crescimento da ciência buscando a valorização da profissão. A luta da categoria se reflete nas políticas de saúde, desde as décadas de 1960 e 1970, quando privilegiavam a prática curativa, individual

e especializada e a assistência previdenciária, acarretando a lógica da expansão, direcionando o mercado de trabalho e o ensino de enfermagem para a área hospitalar.[15]

Durante o período de ampliação da assistência hospitalar, com ênfase nas práticas curativas, estimulou a categoria de enfermagem pela valorização profissional, que se inseriu o planejamento da assistência, buscando o embasamento científico no processo de trabalho do enfermeiro. No contexto histórico e social do Brasil, a legitimação do exercício profissional que se deu a partir das demandas econômicas, sociais e políticas com pouca visibilidade da sociedade usuária desse atendimento de enfermagem e da enfermeira.[15]

As primeiras entidades profissionais, em nosso país, surgiram no final do século XIX e eram constituídas por membros da mesma ou de várias categorias profissionais. Localizavam-se no Rio de Janeiro e em São Paulo e tinham como principal fundamento o caráter assistencial.[15]

A criação da Associação Brasileiras de Enfermeiras Diplomadas (ABED) em 1926 foi muito importante no processo de profissionalização da enfermagem, pois "suas comissões tiveram papel relevante no desenvolvimento da Enfermagem brasileira, principalmente nos aspectos de legislação e educação".[16]

A criação dos conselhos de enfermagem partiu da necessidade de fiscalização do exercício profissional, sendo um grande avanço no processo de profissionalização que teve iniciativa primordial por parte de enfermeiras pioneiras da ABED hoje chamada de Associação Brasileira de Enfermagem (ABEn), que lutaram pela criação de um sistema que regulamentasse e inspecionasse o exercício da enfermagem. Depois de lutas enfrentadas pela classe, criaram-se os conselhos federal e regional de enfermagem por meio da Lei nº 5.905, de 12 de julho de 1973, dispondo sobre a criação dos conselhos de enfermagem como afirma Oliveira e Ferraz.[17]

Os esforços da categoria em validar seu processo de trabalho, resultando na aprovação da Lei nº 7.498, de 25 de junho de 1986, regulamentada pelo Decreto nº 94.406, de 1987, representou um grande marco para a categoria de enfermagem em termos de autonomia profissional, de maior clareza na definição de papéis e aceitação da sistematização da assistência de enfermagem como parte das atividades privativas da enfermeira. Os profissionais, ao perceberem em lei suas atribuições, sentiram-se responsáveis pela busca de subsídios que fornecessem o referencial para sua implementação.[18]

A organização da categoria de enfermagem no Brasil tem seu início em 1932, quando todos os profissionais estavam ligados ao Sindicato Nacional dos Enfermeiros da Marinha Mercante e o Sindicato dos

Enfermeiros Terrestre. No entanto, os enfermeiros sentiram necessidade de criar seus próprios sindicatos, pois acreditavam que poderiam encaminhar suas reivindicações de forma mais efetiva.[19]

Criam-se vários sindicatos de enfermeiros no Brasil e, mesmo com sindicatos próprios, a categoria enfrentava dificuldades em fortalecer suas entidades e encaminhar reivindicações de forma efetiva, especialmente pela pouca participação da própria categoria.

As enfermeiras venceram o desafio, representado pelas questões ideológicas, de gênero e operacionais, construíram sua instância sindical, congregaram-se e filiaram-se a uma vertente sindical de orientação esquerdista e combativa. O momento crucial foi no final da década de 1970 até 1988, muitos embates se colocaram para centrais e sindicatos, em defesa dos direitos trabalhistas e de cidadania, incluindo a luta pelo reconhecimento da Constituição promulgada em 1988.[20]

Nessa rota caminharam também a Federação Nacional dos Enfermeiros, quando foi criada em 1987, assim como os demais sindicatos criados depois desse período, até os dias atuais.[20]

Os sindicatos têm o objetivo principal de defender os interesses coletivos e individuais dos profissionais em questões trabalhistas, a exemplo de melhoria salarial e carga horária de trabalho, condições de trabalho, valorização profissional, celebram acordos coletivos de trabalho, bem como assistência jurídica. O sindicato presta, portanto, assistência aos filiados em defesa dos interesses econômicos e profissionais desses trabalhadores.[20]

O movimento sindical tem a responsabilidade de enfrentar o patronato na busca de melhores condições de vida e trabalho e para isso mobiliza os trabalhadores e as conquistas se estendem a todos, independentemente de filiação. No entanto, a razão sindical existe em função da existência do capitalismo.

### NESTE CAPÍTULO, VOCÊ...

... conheceu a trajetória da Enfermagem, sua consolidação e seu crescimento enquanto ciência, temas de grande relevância para estudantes e profissionais da área. É importante destacar que são as condutas éticas pautadas no conhecimento científico que gerarão crescimento a essa categoria, que infelizmente ainda não tem a devida valorização. Observa-se sobrecarga de trabalho e baixa remuneração. Contudo, apesar de todas as dificuldades enfrentadas, lentamente a profissão atende às necessidades da população sob o ponto de vista político e econômico no que tange aos programas de saúde pública, sendo considerada a grande força vital do sistema de saúde brasileiro.

### EXERCITE

1. Em qual período histórico a Enfermagem se consolida enquanto profissão?
   a) Idade antiga (período médico sacerdotal).
   b) Período Romano, juntamente com as pesquisas de Hipócrates.
   c) Idade Cristã.
   d) Idade Moderna – Era Florence Nightingale.

2. Qual foi a primeira Teoria de Enfermagem estabelecida por Florence Nightingale após sua atuação na Guerra da Crimeia?
   a) Teoria Miasmática.
   b) Teoria Ambientalista.
   c) Teoria das Necessidades Humanas Básicas.
   d) Teoria das Relações Interpessoais.

3. Quais são as legislações atuais referentes ao exercício dos profissionais de Enfermagem e o Código de Ética da categoria?
   a) Lei nº 8.080/1990 e Lei nº 8.142/1990.
   b) Lei nº 8.142/1990, Decreto nº 94.406/1987 e Resolução Cofen nº 564/2017.
   c) Lei nº 7.498/1986 e Decreto nº 94.406/1987.
   d) Lei nº 7.498/1986, Decreto nº 94.406/1987 e Resolução Cofen nº 564/2017.

### PESQUISE

- Com o objetivo de ampliar conhecimentos sobre as pesquisas de enfermagem e legislações atualizadas, a Biblioteca Virtual do Cofen disponibiliza links de conteúdos eletrônicos das áreas de enfermagem e saúde:
  - <http://cofen.gov.br/>.

- Para mais informações, acesse a Biblioteca Virtual do Cofen, acervos da Associação Brasileira de Enfermagem (ABEn), Federação Nacional de Enfermagem (FNE), Conselho Regional de Enfermagem (Coren) e Sindicato Estadual de Enfermagem (SEE) – estes dois últimos conforme a localização do seu Estado:
  - <http://biblioteca.cofen.gov.br/>;
  - <https://www.abeneventos.com.br/anais.html>;
  - <https://portal.coren-sp.gov.br/>;
  - <http://ba.corens.portalcofen.gov.br/>;
  - <https://seeb.org.br/>;
  - <http://www.portalfne.com.br/>.

- Consulte a Lei do Exercício Profissional de Enfermagem nº 7.498/86 e a Regulamentação do novo Código de Ética dos Profissionais de Enfermagem – Resolução nº 564/2017:
  - <http://www.planalto.gov.br/ccivil_03/LEIS/L7498.htm>;
  - <http://www.cofen.gov.br/resolucao-cofen-no-5642017_59145.html>.

# CAPÍTULO 2

MYRIA RIBEIRO DA SILVA

COLABORADORAS:
ALANA DO NASCIMENTO AZEVEDO
TALITA HEVILYN RAMOS DA CRUZ ALMEIDA

# BIOSSEGURANÇA NA ENFERMAGEM

## NESTE CAPÍTULO, VOCÊ...

- ... conhecerá o histórico das Infecções Relacionada à Assistência à Saúde (IRAS);
- ... aprenderá sobre as legislações vigentes;
- ... conhecerá os tipos de IRAS e as condutas preventivas;
- ... saberá quais são as principais condutas do gerenciamento de resíduos nos serviços de saúde.

## ASSUNTOS ABORDADOS

- Infecções Relacionadas à Assistência à Saúde.
- Legislação vigente para controle de infecção.
- Profissionais envolvidos.
- Higiene das mãos.
- Antissepsia.
- Precauções e isolamento.
- Resíduos sólidos em serviços de saúde.
- Políticas dos 5 Rs para minimizar a geração de resíduos.
- Plano de Gerenciamento de Resíduos de Serviços de Saúde.
- Implicações e aspectos legais do gerenciamento de resíduos.

# ESTUDO DE CASO

J.C.S., 35 anos, professora, casada, tem um filho e reside em casa própria de alvenaria com saneamento básico e água encanada. Foi admitida na emergência de um hospital público municipal com cefaleia intensa, rigidez de nuca, vômitos em jato e confusão mental. Ao exame físico: desorientada, eupneia, taquicárdica, normotensa, abdome distendido, sem anormalidades ou dor, membros superiores e inferiores simétricos e eutróficos. Segundo informações do acompanhante, ela apresentou quadro de cefaleia, náuseas, rigidez de nuca, febre e convulsão. Foi avaliada pela equipe de saúde e confirmou-se diagnóstico de meningite bacteriana. Após 14 dias de internação hospitalar, apresentou Infecção Primária de Corrente Sanguínea (IPCS) em cateter venoso central localizado em jugular esquerda.

**Após ler o caso, reflita e responda:**

1. Quais precauções a equipe de Enfermagem deve adotar diante do caso?
2. Quais condutas deveriam ser implementadas para evitar Infecções Relacionadas à Assistência à Saúde?

## 2.1 INTRODUÇÃO

A assistência à saúde é imprescindível para qualquer indivíduo – como consta na Constituição Federal de 1988, é direito de todos e dever do Estado – e, para tal, requer investimentos em estrutura e formação de recursos humanos.

Uma assistência de qualidade deve obedecer aos princípios da segurança do paciente e do trabalhador. Para que isso seja possível, cada setor e cada profissional da instituição prestadora do serviço de saúde – destacam-se neste capítulo a assistência direta ao paciente e os resíduos formados resultante do cuidado com o paciente – deve adotar condutas de acordo com as normas e os protocolos estabelecidos pela Agência Nacional de Vigilância Sanitária (Anvisa) e as políticas estabelecidas pelo Ministério da Saúde, para que haja controle de doenças e agravos tanto ao paciente, quanto aos trabalhadores e à comunidade.

## 2.2 HISTÓRICO DAS INFECÇÕES RELACIONADAS À ASSISTÊNCIA À SAÚDE

Uma assistência à saúde de qualidade demanda estudos e atualizações técnicas, científicas e mudanças de paradigmas e culturas institucionais estabelecidas, que muitas vezes divergem das boas práticas assistenciais. A segurança do paciente é de relevância mundial, por isso, é imprescindível que a equipe multidisciplinar tenha conhecimento científico e adote as atitudes corretas. A redução dos índices de Infecção Relacionada à Assistência à Saúde (IRAS), anteriormente denominada Infecção Hospitalar, é uma das estratégias primordiais para o cuidado com segurança ao paciente.[1-3]

A prevenção de IRAS teve início no século XIX a partir do pensamento, inovador para a época, do médico húngaro Ignaz Philipp Semmelweis (1818-1865), com seus ideais. Em meio ao conservador círculo de colegas em Viena, na Áustria, Semmelweis comprovou a hipótese de que doenças infecciosas, consideradas grave naquela época, eram decorrentes de procedimentos terapêuticos de contato direto com o paciente e seria necessária a padronização de condutas, com a finalidade de possibilitar a redução da incidência dessas infecções. Vale ressaltar que naquele período o conhecimento do mundo microbiológico, bem como a associação das doenças a fungos, bactérias ou vírus, ainda estava se iniciando, fato que tornou a hipótese de Semmelweis um grande achado.[1-3]

As pesquisas de Semmelweis tiveram início quando ele analisou a elevada mortalidade entre parturientes atendidas por médicos e estudantes de medicina. Ele observou que os índices eram três a dez vezes maiores do que os atendidos por parteiras. E verificou, ainda, que poderia estar associado ao fato de os estudantes de medicina e médicos, após realizarem manipulação de cadáveres e autópsias, irem diretamente atender as parturientes – muitas mulheres atendidas por eles desenvolviam o que ele denominou febre puerperal. Com base nessa análise, Semmelweis introduziu o procedimento de higienização das mãos dos profissionais com água, sabão, escova e ácido clórico, bem como a fervura de instrumentais. Essa conduta reduziu de maneira significativa a mortalidade das parturientes de um índice em torno de 18,3% para cerca de 3,0%. Essa medida foi iniciada em maio de 1847 e os resultados citados anteriormente foram obtidos no fim do mesmo ano.[1-3]

Além da participação desse importante médico húngaro no controle de infecções, a atuação da enfermeira inglesa Florence Nightingale, como voluntária na Guerra da Crimeia, em 1854, merece destaque. As condutas adotadas por ela, de medidas simples de higiene e de limpeza do ambiente, reduziram a ocorrência de infecções/doenças nos militares feridos.[3]

As condutas descritas por Semmelweis e Florence, bem como as descobertas dos micro-organismos, a partir dos estudos do médico britânico Joseph Lister (1827-1912) e do cientista francês Louis Pasteur (1822-1895), no final do século XIV e início do século XX, perpassam pelo mesmo período. Com a criação do primeiro microscópio pelo alemão Antony Van Leeuwenhoek (1632-1723), em 1674, a microbiologia nasceu e foi possível a descoberta dos micro-organismos. Iniciou-se, portanto, um novo período na medicina e os estudos de Pasteur (descoberta de leveduras e a associação delas com a decomposição orgânica e criação do método de pasteurização) e Lister (descoberta do ácido carbólico como antisséptico, atuando na redução de infecções de sítio operatório) corroboraram para comprovar a existência de infecções causadas por bactérias, fungos e vírus e a necessidade de controlá-las. No início do século XX, o cirurgião estadunidense William Stewart Halsted (1852-1922) introduziu o uso de luvas nos procedimentos hospitalares, contribuindo para uma melhoria na qualidade da assistência. Com base nesses estudos, o controle de infecção passou a tomar grandes proporções e surgiram novos conceitos e condutas para que a assistência e o cuidado em saúde fossem realizados de forma eficiente e eficaz.[2,3,4]

Nos anos 1970, o controle de infecções teve destaque em diversos países com a elevada incidência de doenças infectocontagiosas, que repercutiu na reformulação das ações de prevenção e controle. Vários estudos evidenciaram a necessidade de mudanças nas práticas do cuidar, sobretudo das técnicas de identificação e diagnóstico de infecções consideradas hospitalares, enfatizando a importância da busca ativa de casos suspeitos. Além disso, nos anos 1980, a epidemia do Vírus da Imunodeficiência Adquirida (HIV) e Aids levou as instituições de assistência à saúde a implementarem protocolos visando às práticas mais seguras de assistência. Apesar das condutas e evoluções históricas relatadas, as IRAS ainda são um problema de saúde pública e atualmente vem se tornando cada vez mais relevante, uma vez que novos desafios surgiram, como micro-organismos multirresistentes, atrelado a recursos humanos não qualificados. Enfatiza-se, então, a promoção de ações educativas de prevenção e controle de IRAS em todo o mundo.[5]

temática quanto às grandes consequências, o índice de morbimortalidade associado a essas infecções ainda é consideravelmente elevado, principalmente quando se trata de IRAS provocadas por micro-organismos multirresistentes aos antimicrobianos do mercado. Além das consequências de cunho social atrelado a disseminação de um patógeno muitas vezes resistente e que envolvem a família pela perda de um ente querido, as consequências perpassam pelo elevado custo financeiro necessário para tratar as complicações clínicas advindas, uma vez que demanda procedimentos mais complexos, medicações mais caras e leitos em Unidades de Tratamentos Intensivos (UTI). Portanto, considera-se que as IRAS são um problema de saúde pública a nível mundial.[2,3,6]

## 2.3 LEGISLAÇÃO VIGENTE PARA CONTROLE DE INFECÇÃO

A infecção hospitalar, atualmente conhecida como Infecção Relacionada à Assistência ao paciente, é definida pela Portaria MS n° 2.616, de 12 de maio de 1998, como "aquela adquirida após a admissão do paciente e que se manifeste durante a internação ou após a alta, quando puder ser relacionada com a internação ou procedimentos hospitalares".[3,6,]

Nenhuma instituição hospitalar pode funcionar se não houver meios de proteção para evitar efeitos nocivos à saúde dos pacientes e dos profissionais que ali atuam. Essa determinação foi adotada por uma das primeiras legislações brasileira, referente ao controle de infecções – Decreto n° 77.052, de 19 de janeiro de 1976, do Ministério da Saúde, artigo 2°, item IV. Corrobora também a edição da Portaria n° 196, de 24 de junho de 1983, com a determinação para todos os hospitais do país criarem e manterem a Comissão de Controle de Infecção Hospitalar (CCIH), independentemente da entidade mantenedora, sendo promulgada a Lei Federal n° 9.431, de 6 de janeiro de 1997, estabelecendo a obrigatoriedade da CCIH.[3,6,7,8,9]

No que se refere a organização, funcionamento e competências da CCIH, a Portaria n° 2.616/1998, estabelece como proceder, bem como os critérios utilizados para estabelecer o diagnóstico de IRAS, e as medidas de vigilância epidemiológica e biossegurança que devem ser adotadas. Essa portaria estabeleceu a obrigatoriedade de os gestores hospitalares instituírem as CCIHs, os componentes do setor e a implementação de seu Programa de Controle de Infecção Hospitalar (PCIH), de acordo com cada realidade e cultura local.[3,6]

Apesar das legislações vigentes para a prevenção e o controle das IRAS e dos debates sobre a

## 2.4 PROFISSIONAIS ENVOLVIDOS NAS INFECÇÕES RELACIONADAS À ASSISTÊNCIA

A assistência ao paciente perpassa a equipe de enfermagem e toda equipe multidisciplinar. Portanto, o controle e a prevenção das IRAS são de responsabilidade individual e coletiva. Cabe aos profissionais assumirem uma postura ética e adotarem condutas mais eficazes para melhoria dos atuais índices de IRAS encontrados em todo o país. É imprescindível que as equipes assistencial e administrativa atuem junto à CCIH e implementem as medidas estabelecidas por esse setor para que o resultado da prática clínica obedeça aos princípios da beneficência.[7]

É dever de cada profissional ter uma postura crítica e reflexiva na busca de adquirir e difundir conhecimentos já existentes, com práticas mais assertivas e, sobretudo, para o controle das IRAS. Além disso, para que haja eficiência e efetividade das práticas em saúde, é preciso que outras forças sociais se juntem aos profissionais, contribuindo para a produção integral do cuidado. Ademais, todas essas condutas devem estar atreladas a políticas públicas eficazes, bem como órgãos que atuem na fiscalização das instituições prestadoras de assistência à saúde. Dessa forma, garante-se a integridade e a valorização dos profissionais, usuários e cidadãos.[7]

Vale salientar que todo ambiente prestador de assistência à saúde do indivíduo e da coletividade devem seguir as normas de segurança do paciente, prevenção e controle de infecções, sejam eles clínicas, laboratórios, consultórios ou hospitais. Todos os profissionais atuantes nesses ambientes, desde a equipe de higienização, nutrição até as equipes que prestam intervenções diretas, como equipe médica, de enfermagem, fisioterapeutas, entre outros, assim como apontam o código de ética de cada categoria, tem o dever de implementar medidas de prevenção e controle, bem como de atualizarem seu conhecimento técnico científico para evitar o elevado índice de IRAs.[7]

Pelo fato de ter causas multifatoriais e que envolvem grande parte dos recursos humanos das instituições de assistência à saúde, o trabalho de controle e prevenção das IRAs deve ser realizado em forma de rede interdisciplinar, em que cabe à CCIH a organização e a orientação da rede, bem como da fiscalização desses órgãos pela Vigilância Sanitária, visto que, o trabalho desse setor, de maneira isolada, não será capaz de diminuir os índices de infecções.[7]

# 2.5 INFECÇÕES RELACIONADAS À ASSISTÊNCIA À SAÚDE (IRAS)

As IRAS são caracterizadas como todo tipo de infecção adquirida pelo paciente dentro da instituição hospitalar após 72 horas da sua admissão e tem como meios de aquisição de patógeno os procedimentos e a manipulação do paciente pelos profissionais de saúde. São classificadas de acordo com o sítio ou área afetada em:

- Infecção de Corrente Sanguínea, quando o meio de contaminação é via hematológica;
- Infecção Respiratória, das quais se destacam as pneumonias associada à ventilação invasiva;
- Infecções do Trato Urinário, muito comum em pacientes em uso, ou que fizeram uso, de cateter vesical;
- Infecções de Sítio Cirúrgico, caracterizada pela contaminação no sítio de operatório.[8]

## 2.5.1 Infecção de corrente sanguínea

Dentre as infecções hospitalares, essas infecções são uma das mais preocupantes e levam os profissionais, sobretudo os das CCIHs, a realizarem vigilância sistemática e contínua. As Infecções de Corrente Sanguínea (ICS) são multifatoriais e, a depender da sua origem, requerem tratamentos e condutas preventivas distintas. No entanto, uma das vias de contaminação mais comuns são as punções de cateteres ou a manipulação destes equipamentos sem técnica asséptica efetiva ou higiene das mãos.[8,9,10]

Para fins práticos, a Anvisa caracteriza esse tipo de infecção em dois tipos de síndromes, que requerem diagnósticos, tratamentos e prevenções específicas. São elas: Infecções Primárias de Corrente Sanguínea (IPCS) e Infecções Relacionadas ao Acesso Vascular.

## 2.5.2 Infecções Primárias de Corrente Sanguínea (IPCS)

A IPCS é uma condição que pode levar um indivíduo a óbito em pouquíssimo tempo, decorrente das consequências sistêmicas que são graves. Há bacteremia ou sepse sem identificação do seu foco primário. Estudos apontam que há dificuldade em determinar se o cateter central está associado à ocorrência de IPCS.

A IPCS é classificada de acordo com a confirmação laboratorial de hemoculturas positivas ou análise da clínica do paciente. Assim, pode-se ter IPCS com comprovação laboratorial, ou hemocultura positiva e IPCS clínica.[8,10]

As IPCS com hemocultura positiva são mais objetivas e fidedignas, porém a sensibilidade laboratorial da hemocultura pode variar de acordo com as práticas institucionais de hospitais e laboratórios. É importante salientar que a sensibilidade é baixa em pacientes que já estão em uso de antimicrobianos, o que pode mascarar o resultado do exame. Já as IPCS diagnosticadas clinicamente têm elevado índice de subjetividade. Diante disso, a Anvisa recomenda que sejam realizadas a análise clínica e laboratorial em adultos e crianças com mais de 30 dias de internação.[8,10]

## 2.5.3 Infecções Relacionadas ao Acesso Vascular (IAV)

A maioria das infecções de corrente sanguínea está relacionada à inserção de cateteres, sobretudo os centrais, e esses procedimentos devem ser executados e cuidados por profissionais capacitados, que implementem a técnica asséptica, bem como outras médicas preventivas de maneira efetiva.[8,9,10]

Essa infecção resulta da complexa relação entre o cateter, o hospedeiro e os micro-organismos. Por ser um acesso direto do meio exterior para o interior de grandes vasos, torna-se um meio de acesso direto tanto de medicações e soluções, como também de micro-organismo patogênicos, daí a sua relevância. Além disso, a própria estrutura do cateter é um corpo estranho e pode resultar em processo inflamatório no sítio de sua inserção. A contaminação do sítio de inserção do cateter pode apontar a necessidade de uma intervenção imediata específica.[8,9,10]

Essas infecções podem ser relacionadas ao acesso vascular central (sinais flogísticos, secreção purulenta) ou periférico (sinais flogísticos, secreções purulentas ou celulite, cordão infamatório). A cultura de cateter se configura um exame de baixa especificidade e não deve ser realizado para diagnóstico.[9]

A gravidade dessas infecções está no fato de que os patógenos podem migrar por meio de pequenos orifícios do local de inserção do cateter e resultar em infecções sistêmicas, que podem ser letais, principalmente se considerarmos o fato de o paciente ter outras comorbidades que elevam os fatores de risco e resultam em um pior prognóstico ICS.[9,10,11]

Pesquisas demonstram que a mortalidade geral por IPCS relacionada a cateter venoso central (CVC), em hospitais, varia entre 25% e 60%, o que ajuda a explicar o alto custo hospitalar, o tempo de permanência elevado e as perdas subjetivas dos sujeitos acometidos por este tipo de infecção.[9]

Dada à complexidade abordada, é de grande relevância que todos os profissionais adotem medidas preventivas e de controle, como a precaução padrão, a higienização das mãos, a técnica efetiva na inserção de cateteres e sua manipulação, bem como de outros dispositivos. Além de condutas de prevenção, é imprescindível identificar quais são os tipos de micro-organismos que estão provocando o quadro infeccioso, bem como identificar a microbiota presente no ambiente hospitalar, especificamente qual é o perfil de microbiota existente em cada unidade ao qual o paciente está exposto. Patógenos como *S. aureus, S epidermidis, Klebsiella sp, Pseudomonas spp, Enterobacter spp, Acinetobacter spp, Candida spp*, dentre outros, estão significativamente presentes nas IRAS.[9,10]

Além da virulência do próprio micro-organismo, outros fatores podem predispor a ICS, dentre os quais se destacam: o dispositivo intravascular e seu tempo de permanência, número de lúmens e local de inserção do cateter, medidas ineficazes de técnica asséptica e precaução padrão.[9,10]

É imprescindível que a equipe assistencial utilize a técnica correta de inserção e manipulação do dispositivo vascular, selecione adequadamente o tipo de cateter, local de inserção e tempo de permanecia do mesmo, bem como inspeção do sítio de inserção para avaliar qualquer sinal de infecção e adotar medidas rigorosas de precaução padrão. A mudança das práticas assistenciais e constante atualização dos profissionais, bem como a participação destes em programas de Educação Permanente têm sido fundamentais no controle das IRAS.[8]

## 2.6 PNEUMONIA HOSPITALAR

As infecções do trato respiratório se configuram como uma das principais causas relacionadas à morbimortalidade em pacientes internados, principalmente aqueles em uso de ventilação mecânica. A incidência dessas infecções nos Estados Unidos chega, em média, a 25% de todas as infecções adquiridas na Terapia Intensiva e corresponde a 15% das IRAS. Sabe-se que, como nos outros tipos de IRAS, essas ocorrências trazem alto custo hospitalar em razão da permanência em terapias de alta complexidade.[9,10]

No Estado de São Paulo, em 2015, a média de incidência de Pneumonia Associada a Ventilação Mecânica (PAV) foi de 9,87% casos a cada 1.000 dias de uso de ventilador em Unidades de Terapia Intensiva (UTI), sendo que esse número em hospitais-escolas variou para 13,40 casos. Infelizmente, no Brasil, dados de PAV são imprecisos; no entanto, a Anvisa publicou nota em 2017 tornando obrigatória a notificação de todos os casos de pneumonia associada à ventilação mecânica. O perfil delineado aponta a necessidade em se prevenir e se controlar eficientemente este tipo de infecção.[8,9,12,13]

A ventilação mecânica se configura o principal fator de risco para pneumonia relacionada à assistência. O uso desse dispositivo aumenta o risco, em média, de 3 a 21 vezes quando comparados aos pacientes que não são submetidos a esse procedimento. Além disso, o rebaixamento do nível de consciência, a higiene oral precária, o uso de sonda nasoenteral, as doenças pulmonares crônicas, o elevado tempo de internação, o uso prévio de antimicrobianos, os traumas graves e o tempo de troca do circuito ventilatório inferior a 48 horas são fatores predisponentes.[6] Além dos fatores descritos, estudos apontam a relação de aspiração de conteúdo gástrico, inalação de aerossol infectado, aspiração de secreções colonizadas da orofaringe e procedimentos realizados de forma inadequada pela equipe, com a evidência de pneumonias.[8,9]

É importante salientar que as causas da pneumonia hospitalar podem ser multifatoriais. Os principais micro-organismos identificados nesse tipo de infecção são: *Pseudomonas aeruginosas, Enterobacter spp., Klebsiella spp., Acinetobacter spp., Staphylococcus aureus.*[8,9,10]

Por apresentar sintomas subjetivos, o diagnóstico torna-se mais complexo e necessita de cautela na avaliação, sobretudo em paciente submetido à ventilação mecânica. Diante disso, foram elaborados critérios diagnósticos pela Anvisa e CDC para que erros no diagnóstico sejam reduzidos ao máximo.[15] Identificar o patógeno a partir de culturas e antibiograma para analisar a resistência aos antimicrobianos é de grande relevância para adotar medidas de controle específicas.[8]

## 2.7 INFECÇÕES DO TRATO URINÁRIO

A Infecção do Trato Urinário (ITU) configura-se a causa mais comum de IRAS responsáveis por 35 a 45% dos casos. Pesquisas apontam que cerca de 16 a 25% de todos os pacientes internados já foram submetidos a cateteres de alívio ou cateteres de demora tipo Foley. Oitenta por centos dos casos de ITU estão relacionados ao uso de Cateter Vesical de Demora

(CVD). O tempo de permanência com o CVD é um fator de elevado risco para a infecção, uma vez que o crescimento bacteriano cresce em uma proporção de 5% a 10% em cada dia de uso do dispositivo.[8,14]

O surgimento do cateter vesical data de 1927, criado por Frederic Foley, e, desde então, cerca de 5 milhões de pessoas o utilizam diariamente pelos mais diversos motivos. É importante destacar que as indicações para utilização do CVD devem ser obedecidas criteriosamente, visto que o percentual de risco para infecção é muito elevado. As principais indicações para o uso de CVD são: controle hídrico em pacientes graves, cirurgias de grande porte, cirurgias urológicas, pós-operatório de cirurgias urológicas e disfunções vesicais.[8,14]

O CVD deve ser inserido de acordo com as técnicas assépticas. O sistema de drenagem deve ser mantido fechado e deve ser esvaziada ao atingir um terço da capacidade da bolsa coletora; a coleta de urina para exames deve ser realizada por meio de uma agulha introduzida no local indicado após a realização de antissepsia com álcool 70%.[9]

A Anvisa destaca que o tempo em uso do dispositivo é o principal fator para infecções. Embora a técnica seja realizada de forma efetiva 50% dos pacientes após 10 a 14 dias de cateterização, terão colonização da urina em sua bexiga e, consequentemente, estarão sujeitos a ITU, com risco de desenvolverem bacteremia e terem seu quadro clínico agravado.[9]

Além de ser um corpo estranho instalado no meato uretral, a presença do CVD altera os mecanismos de defesa contra micro-organismos, uma vez que provoca dilatação uretral, bloqueio dos ductos das glândulas periuretrais, que normalmente secretam substâncias antimicrobianas; o balão de retenção impede o completo esvaziamento da bexiga, levando à proliferação microbiana; o cateter permanece continuamente aberto, possibilitando a migração bacteriana pelo seu lúmen.[9]

Além do uso de CVD, outros fatores podem predispor a ITU, como: idade avançada, o sexo feminino, o uso da sonda vesical de demora, doenças de base e instrumentação do trato urinário.[12,13] Os agentes etiológicos mais incidentes nas ITUs fazem parte da microbiota do próprio paciente, com destaque para as bactérias Gram negativas (enterobactérias e não fermentadoras); com menos predominância tem-se as Gram positivas, especialmente do gênero *Enterococcus*.[9]

As ações de controle e de prevenção devem ser adotadas por toda a equipe. Deve-se realizar uma avaliação criteriosa quanto ao uso dos cateteres urinários, o tempo de permanência deste, a técnica de inserção, a manipulação adequada bem como a manutenção do sistema sem obstruções, estabelecendo protocolos de padronização e normas para sua prevenção e seu controle.[14]

# 2.8 INFECÇÕES DE SÍTIO CIRÚRGICO

As infecções de sítio operatório surgem em consequência do elevado índice de traumas, neoplasias e doenças crônicas que sofrem agudização como o Infarto Agudo do Miocárdio e o Acidente Vascular Encefálico. Além disso, tem-se o aumento do índice de infecções. Dados apontam o índice de 3% a 16% de Infecção de Sítio Cirúrgico (ISC) e 5 a 10% de óbitos relacionados a essa IRA em países desenvolvidos.[9,15]

A ISC surge como mais uma das principais infecções que acomete o paciente internado. No Brasil, a ISC é a terceira IRA mais incidente, encontrada em 14 a 16% dos pacientes hospitalizados e considerada de maior custo. Estima-se que 60% das ISC são preveníveis. Esse tipo de infecção está diretamente relacionado ao ato cirúrgico, posto que, após a ruptura da pele, há a possibilidade de se desencadearem reações sistêmicas, favorecendo o surgimento da infecção.[9,15,16]

De acordo com protocolos da Anvisa, bem como os critérios do CDC, considera-se ISC toda infecção que ocorre após 3 ou 5 dias até 30 dias do ato cirúrgico, no local onde o procedimento foi realizado – com exceção daqueles procedimentos em que ocorreram implantações de próteses, cujo tempo pode se estender até um ano.[9,15,16]

De acordo com recomendações da Anvisa, as ISCs podem ser classificadas de acordo com a área afetada em:

- Infecção do Sítio Cirúrgico Superficial: a infecção acomete a pele ou o tecido celular subcutâneo no local da incisão.
- Infecção de Sítio Cirúrgico Profundo: quando envolve estruturas profundas da parede, fáscia e camada muscular.
- Infecção de Sítio Cirúrgico em um órgão/espaço (cavidade): quando envolve qualquer órgão ou cavidade aberto ou manipulada durante o procedimento cirúrgico.

Como toda IRA, a ISC possui fatores predisponentes dos quais se destacam aqueles relacionados ao indivíduo como: idade do paciente, obesidade, desnutrição, glicemia não controlada imunodepressão, uso de corticosteroides, doenças crônicas já instaladas, tabagismo, etilismo; além de fatores relacionados ao procedimento operatório, como potencial de contaminação das cirurgias (cirurgia limpa, contaminada, potencialmente contaminada, infectada), tempo de duração, ausência de antimicrobiano profilático, quebra de técnica asséptica, dentre outros.[9,15,16]

No que se refere aos agentes etiológicos mais incidentes na ISC, destacam-se o *S. aureus*, *E. coli*, *Enterobacter spp.*, e anaeróbios.[9,15,16]

BIOSSEGURANÇA NA ENFERMAGEM

A ISC é uma complicação com elevado risco de mortalidade, além de aumentar os custos hospitalares e trazer prejuízos físicos e emocionais ao paciente pelo afastamento do trabalho e do convívio social.[15]

Ressalta-se a necessidade de implementação nas instituições hospitalares do sistema de vigilância pós-alta. Essa conduta é imprescindível ao acompanhamento do paciente, visto que a infecção pode se tornar sintomática e se evidenciar no domicílio. A falta desse acompanhamento pode levar à subnotificação de casos de ISC e à privação de diagnóstico e tratamento efetivos, elevando os riscos de complicações.[15]

Com o objetivo de controlar e prevenir a incidência da ISC, com vistas à melhoria dos cuidados que são dispensados aos pacientes, é essencial que as CCIHs e suas equipes busquem esforços por meio do conhecimento técnico-científico e implementem protocolos para orientar os profissionais e reduzir os riscos de contaminações em sítio operatório.[15,16]

## 2.9 HIGIENE DAS MÃOS

As mãos dos profissionais de saúde se configuram uma das principais fontes de disseminação de patógenos. Nelas podem se fixar micro-organismos multirresistentes e, se não higienizadas adequadamente e sempre que necessário, podem transferir bactérias e outros tipos de micro-organismos de um paciente para outro ou até mesmo de um sítio contaminado para outro limpo em um mesmo indivíduo. A Higienização das Mãos (HM) é a medida mais simples e eficaz para se evitar essa transmissão e consequentemente as IRAS. O objetivo primordial da HM é a prevenção de infecções a partir da eliminação da transmissão cruzada.[2,12,17,18,19,20,21,22]

É importante entender que as mãos possuem a microbiota transitória, situada nas camadas superficiais da pele, e a microbiota residente, localizada em camadas mais profundas da pele. A HM com sabão comum é capaz de eliminar sujidades e a microbiota transitória. Sua finalidade é remover os micro-organismos que colonizam as camadas superficiais da pele, assim como o suor, a oleosidade e as células mortas, retirando a sujidade propícia à permanência e à proliferação de micro-organismos cruzada.[2,12,17,18,19]

Também se utiliza para a higiene das mãos soluções em gel a base álcool. Essa preparação demanda menor tempo para a higiene. A Anvisa preconiza 30 segundos de fricção e deve ser espalhada por toda a superfície das mãos. Esse método tem demonstrado eficácia, no entanto, para que seja efetivo, deve ser utilizado apenas quando não há sujidade visível, além de ser recomendado um produto de qualidade para promover o efeito antisséptico.[2,19]

Seguem os agentes utilizados e a técnica de higiene das mãos preconizadas pela Anvisa.[19]

### Agentes utilizados na higienização das mãos

■ Sabão/detergente comum: remove a sujidade e a microbiota transitória.

■ Clorexidina detergente: remove sujidades e possui ação antisséptica sobre a microbiota transitória e parte da residente. Age nas bactérias a partir da destruição da membrana citoplasmática e da coagulação de proteínas. Possui efeito residual.

■ Álcool gel (70%): possui ação germicida, porém sem efeito residual. Age nas bactérias a partir da lise celular e coagulação de proteínas.

### Técnica para higienização das mãos

■ Abrir a torneira e molhar as mãos, evitando encostar na pia.

■ Aplicar na palma da mão quantidade suficiente de sabonete líquido para cobrir todas as superfícies das mãos (seguir a quantidade recomendada pelo fabricante).

■ Ensaboar as palmas das mãos, friccionando-as entre si.

■ Esfregar a palma da mão direita contra o dorso da mão esquerda, entrelaçando os dedos e vice-versa.

■ Entrelaçar os dedos e friccionar os espaços interdigitais.

■ Esfregar o dorso dos dedos de uma mão com a palma da mão oposta, segurando os dedos, com movimento de vai-e-vem e vice-versa.

■ Esfregar o polegar direito, com o auxílio da palma da mão esquerda, utilizando-se movimento circular e vice-versa.

■ Friccionar as polpas digitais e unhas da mão esquerda contra a palma da mão direita, fechada em concha, fazendo movimento circular e vice-versa.

■ Esfregar o punho esquerdo, com o auxílio da palma da mão direita, utilizando movimento circular e vice-versa.

■ Enxaguar as mãos, retirando os resíduos de sabonete. Evitar contato direto das mãos ensaboadas com a torneira.

■ Secar as mãos com papel toalha descartável, iniciando pelas mãos e seguindo pelos punhos. No caso de torneiras com contato manual para fechamento, sempre utilize papel toalha.

## 2.10 ANTISSEPSIA

Esse termo refere-se ao processo de redução de micro-organismos em tecidos vivos (pele e/ou mucosa) utilizando produtos antissépticos. Para serem utilizados para essa finalidade, os antissépticos devem apresentar baixa toxicidade e o fator hipoa-lergênico.[2,8,12,17,18,19]

Tipos de soluções antissépticas:

- álcool a 70%;
- clorexidina;
- iodóforos (iodopovidona).

A antissepsia é comumente realizada antes de procedimentos invasivos, como a inserção de cateteres periféricos ou centrais, cateteres vesicais e outros. Além disso, é empregada no pré-operatório, na área em que será realizada a incisão, bem como para a higiene das mãos. Nesse caso, é recomendada utilizar esponjas para a antissepsia das mãos, uma vez que a escova pode agredir o epitélio e formar pequenas lesões.[2,19]

A clorexidina e o iodo possuem três formulações:[2,8,12,17,18,19,22]

- Degermante: as soluções tipo degermante tem a formulação associada a sabão.
- Tópica: a formulação tem como veículo a água é indicada para antissepsia de mucosas.
- Alcoólica: a tintura ou o alcoólico tem formulação cujo veículo é o álcool.

Para que um antisséptico tenha efeito desejado, deve possuir determinadas características como: amplo espectro de ação, ação rápida (preferencialmente nos primeiros 15 segundos), efeito residual (ação duradoura), efeito cumulativo (aumento da atividade após sucessivas aplicações), baixa toxicidade, baixa inativação na presença de matéria orgânica ter o odor agradável e ser de baixo custo.[2,17,18,19,22]

# 2.11 PRECAUÇÕES E ISOLAMENTO

Uma série de condutas preventivas devem ser adotadas para prevenir as IRAS. Essas medidas são denominadas de Precauções. O principal objetivo da precaução e isolamento é a prevenção da transmissão de patógenos de um paciente para outro ou até mesmo para o profissional de saúde.

De acordo com o Center for Disease Control and Prevention (CDC), dos Estados Unidos, existem dois tipos de precaução: as Precauções Padrão (PP) ou Precaução Específicas (PE). Essa classificação foi adotada de Anvisa e deve ser realizada em todas as instituições de assistência à saúde do território brasileiro.[4,5,10,11,17,20,21]

## 2.11.1 Precaução padrão

A Precaução Padrão (PP) são condutas preventivas que devem ser aplicadas no atendimento de todos pacientes, independentemente da presença ou não de doenças infectocontagiosas, na presença de risco de contato com sangue, fluídos corpóreos, secreções e excreções ou em contato com pele com solução de continuidade e mucosas.[11,10,17,20,21,22,23,24,25]

As medidas de PP devem ser adotadas por todos os profissionais. São elas:

- Higienização das mãos: deve ser realizada antes e após contato com o paciente e realização de procedimentos, bem como após contato com sangue, fluidos orgânicos ou qualquer objeto contaminado.
- Uso de luvas: deve-se calçar luvas limpas de procedimento sempre que houver possibilidade de contato com sangue ou outros fluídos corpóreos ou itens e superfícies contaminado. Orienta-se a troca de luvas entre um procedimento e outro e higienizar as mãos sempre após o uso.
- Máscara e óculos de proteção: são recomendados para evitar contaminação via ocular durante procedimentos que envolvam riscos de respingos.
- Uso de avental e sapato adequado: devem ser utilizados para evitar contato com qualquer material biológico e consequentemente contaminação.[11,10,17,20,21]
- Artigos e equipamentos de assistência ao paciente: devem ser limpos e desinfectados ou esterilizados, de acordo com a classificação do artigo, após o uso e entre pacientes.
- Ambiente: deve seguir os procedimentos de rotina para adequadas limpeza e descontaminação das superfícies ambientais.
- Roupas usadas e contaminadas: essas roupas devem ser ensacadas de acordo com a norma institucional de forma a prevenir exposição.[11,10,17,20]
- Descarte adequado de perfurocortante: é importante manusear com cuidado os materiais perfurocortantes. Proceder o descarte em recipientes rígidos e resistentes à perfuração. Seguir adequadamente as orientações para montagem e preenchimento desses recipientes, não ultrapassando o limite indicado.
- Quarto privativo: é indicado, conforme orientação da CCIH, nos casos em que o paciente não tem controle das eliminações de fezes ou urina.[11,10,17,20]

## 2.11.2 Precauções específicas

As PE levam em consideração a forma de transmissão de determinadas patologias que possuem alto grau de transmissibilidade e de relevância epidemiológica com base em três vias principais de transmissão: transmissão por contato, transmissão aérea por gotículas e transmissão aérea por aerossol.

As PE são empregadas em casos de pacientes com suspeita de infecção e aqueles casos já confirmados nos quais há colonização de micro-organismos altamente transmissíveis. Desse modo, há três tipos de PE: as precauções de contato, as precauções de via respiratória para aerossóis e a precaução de via respiratória para patógenos transmitidos por gotículas.[11,10,17,20]

### Precauções de contato

Essa precaução é indicada para casos confirmados ou suspeita de infecção ou contaminação por micro-organismos por micro-organismos multirresistentes ou aqueles relevantes epidemiologicamente, que podem ser transmitidos por contato direto.[11,10,17,19]

Na internação do paciente, é indicado o quarto privativo ou quarto com paciente que apresente infecção pelo mesmo micro-organismo. Ademais, deve-se adotar as medidas padrão de controle de infecção como a higienização das mãos, que deve ser enfatizada. Nesse caso, há indicações de utilizar antisséptico como o álcool-gel ou soluções degermantes (clorexidina a 2% ou PVPI 10%). O uso de luvas limpas, não estéreis, ao entrar no quarto durante tempo de atendimento e sempre atentar para trocar de luva após contato com material biológico, bem como retirar as luvas antes de deixar quarto. O avental deve ser limpo e deve sempre retirá-lo antes de deixar o quarto e entrar em contato com outros ambientes.[11,10,17,20]

Os equipamentos de cuidado ao paciente, como estetoscópio, esfigmomanômetro e termômetros, devem ser de uso individual, devem ser limpos e desinfetados com álcool a 70%. No que se refere ao ambiente, todos os itens com os quais o paciente teve contato e superfícies ambientais devem ser submetidos à desinfecção com álcool a 70%. As visitas são restritas e instruídas pelo enfermeiro. O transporte do paciente deve ser limitado; o profissional que transportar o paciente deve utilizar as precauções padrão e realizar desinfecção das superfícies após o uso do paciente.[4,9,10,11,17,20]

### Precauções respiratórias para aerossóis

Esse tipo de precaução é indicado para infecção respiratória suspeita ou confirmada por micro-organismos transmitidos por aerossóis caracterizados por partículas de tamanho menor ou igual a 5 micras. Essas partículas podem permanecer suspensas no ar e ser dispersadas a longas distâncias. Como exemplos desse tipo de transmissão temos: varicela, sarampo e tuberculose.[4,9,10,11,17,20]

O local de internação deve ser um quarto privativo com pressão negativa, e filtragem do ar com filtros de alta eficiência. Recomenda-se seis a doze trocas de ar por hora e manter as portas do quarto sempre fechadas. Caso a instituição não tenha quartos com essa estrutura, orienta-se manter o paciente em quarto privativo, com as portas fechadas e as janelas abertas, permitindo boa ventilação.[4,9,10,11,17,20]

Todos os profissionais devem adotar proteção respiratória, ou seja, utilizar máscaras com capacidade de filtragem e vedação lateral adequada (PFF2 – Proteção Facial Filtro 2, ou N95 – regulamentação por entidades estadunidenses). Essas máscaras podem ser reutilizadas pelo mesmo profissional por longos períodos, desde que se mantenham íntegras, secas e limpas. No transporte do paciente, deve-se utilizar máscara cirúrgica no paciente. As visitas são restritas e orientadas pelo enfermeiro.[4,9,10,11,17,20]

### Precauções respiratórias para gotículas

Esse tipo de precaução é indicado para pacientes com patologias de alta transmissão por gotículas, cujo tamanho das partículas é maior que 5 micras. As principais formas de contágio são: tosse, espirro e conversação.[11,20]

A internação de paciente deve ser em quarto privativo ou, caso não haja possibilidade internar em quarto de paciente com infecção pelo mesmo micro-organismo, deve-se sempre utilizar máscara cirúrgica quando a proximidade com o paciente for menor que um metro. Não é necessário usar máscaras tipo N95.[11,20,21]

O transporte de paciente deve ser limitado, mas, quando necessário, utilizar máscara cirúrgica no paciente. As visitas são restritas e orientadas pelo enfermeiro.

O Quadro 2.1 descreve as principais doenças infecciosas e o tipo de precaução que deve ser adotado, de acordo com o CDC.[22,23]

Quadro 2.1 – Doenças infecciosas e medidas de precaução

| Infecção/condição/micro-organismo | Tipo de precaução | Período |
|---|---|---|
| **Abscesso drenante** | | |
| Drenagem não contida pelo curativo | Contato | Durante a doença |
| Drenagem contida pelo curativo | Padrão | |
| Actinomicose | Padrão | |
| **Adenovírus, infecção por:** | | |
| Lactente e pré-escolar | Gotículas + contato | Durante a doença |
| Amebíase | Padrão | |
| Angina de Vincent | Padrão | |
| Antrax: cutâneo e pulmonar | Padrão | |
| Ascaridíase | Padrão | |
| Aspergilose | Padrão | |
| Blastomicose sul-americana | Padrão | |
| Botulismo | Padrão | |
| Brucelose | Padrão | |
| Candidíase | Padrão | |
| Caxumba | Gotículas | Até 9 dias após início tumefação |
| Celulite: drenagem não contida | Contato | Durante a doença |
| **Cancro Mole (*Clamydia trachomatis*)** | | |
| Conjuntivite, genital e respiratória | Padrão | |
| Cisticercose | Padrão | |
| Citomegalovirose: neonatal em imunossuprimido | Padrão | |
| *Clostridium botulinum* (botulismo) | Padrão | |
| *Clostridium difficile* (colite associada a antibiótico) | Contato | Durante a doença |
| *Clostridium perfringens* (gangrena gasosa e intoxicação alimentar) | Padrão | |
| *Clostridium tetanii* (tétano) | Padrão | |
| Cólera | Contato | Durante a doença |
| Colite associada a antibiótico | Contato | Durante a doença |
| **Conjuntivite** | | |
| Bacteriana, gonocócica e *Clhamydia trachomatis* | Padrão | Durante a doença |
| Viral aguda (hemorrágica) | Contato | Durante a doença |
| Coqueluche | Gotículas | Terapêutica eficaz 5 dias |
| *Creutzfeldt* – Jacob, doença | Padrão | |
| Criptococose | Padrão | |
| Dengue | Padrão | |
| Dermatofitose/micose de pele/tínea | Padrão | |
| Estrongiloidíase | Padrão | |
| **Difteria** | | |
| Cutânea | Contato | Terapêutica eficaz + 2 dias |
| Faríngea | Gotículas | Culturas negativas em dias diferentes |
| Donovanose (granuloma inguinal) | Padrão | |

| Infecção/condição/micro-organismo | Tipo de precaução | Período |
|---|---|---|
| Endometrite puerperal | Padrão | |
| Enterobíase | Padrão | |
| Enterocolite necrotizante | Padrão | |
| Enterocolite por *Clostridium difficile* | Contato | Durante a doença |
| **Enterovirose (*Coxackie* e *Echovirus*)** | | |
| Adulto | Padrão | |
| Lactente e pré-escolar | Contato | Durante a doença |
| Epiglotite (*Haemophylus influenzae*) | Gotículas | Terapêutica eficaz 24 horas |
| Escabiose | Contato | Terapêutica eficaz 24 horas |
| Esporotricose | Padrão | |
| Esquistossomose | Padrão | |
| Estafilococcia – *S. aureus* | | |
| **Pele, ferida e queimadura:** | | |
| Com secreção não contida | Contato | Durante a doença |
| Com secreção contida | Padrão | |
| Enterocolite | Padrão | |
| Pneumonia | Padrão | |
| Síndrome da pele escaldada | Padrão | |
| Síndrome do choque tóxico | Padrão | |
| *Estreptococcia – Streptococcus* Grupo A | | |
| **Pele, ferida e queimadura:** | | |
| Com secreção não contida | Contato | Durante a doença |
| Com secreção contida | Padrão | |
| Endometrite (sepse puerperal) | Padrão | |
| Faringite: lactante e pré-escolar | Gotículas | Terapêutica eficaz 24 horas |
| Escarlatina: lactante e pré-escolar | Gotículas | Terapêutica eficaz 24 horas |
| Pneumonia: lactante e pré-escolar | Gotículas | Terapêutica eficaz 24 horas |
| **Estreptococcia – Streptococcus Grupo B** | | |
| Neonatal | Padrão | |
| *Estreptococcia* (não A não B) | Padrão | |
| Mucocutâneo, disseminada ou primária, grave | Contato | Durante a doença |
| Mucocutâneo, recorrente (pele, oral e genital) | Padrão | |
| Estrongiloidíase | Padrão | |
| Exantema súbito (roséola) | Padrão | |
| Febre amarela | Padrão | |
| Febre por arranhadura de gato | Padrão | |
| Febre por mordedura de gato | Padrão | |
| Febre recorrente | Padrão | |
| Febre reumática | Padrão | |
| **Furunculose estafilocócica** | | |
| Lactente e pré-escolar | Contato | Durante a doença |

| Infecção/condição/micro-organismo | Tipo de precaução | Período |
|---|---|---|
| **Gastroenterite:** | | |
| *Campylobacter, Cholera, Criptosporidium spp* | Contato | Durante a doença |
| *Clostridium difficile* | Contato | Durante a doença |
| *Escherichia coli*: enterohemorrágica | Padrão | Durante a doença |
| Em incontinente ou uso de fralda | Contato | |
| Giardia lamblia | Padrão | |
| *Yersinia* enterocolítica | Padrão | |
| *Salmonella spp* (inclusive *S. typhi*) | Padrão | |
| *Shigella spp* | Padrão | |
| *Vibrio parahaemolyticus* | Padrão | |
| Rotavírus e outros vírus em pacientes incontinentes ou uso de fralda | Contato | Durante a doença |
| Gangrena gasosa | Padrão | |
| Gonorreia | Padrão | |
| Guillain-Barré | Padrão | |
| Hanseníase | Padrão | |
| Hantavírus pulmonar | Padrão | |
| *Helicobacter pylori* | Padrão | |
| **Hepatite viral** | | |
| Vírus A | Padrão | |
| Uso de fralda ou incontinente | Contato | Durante a doença |
| Vírus B (HBsAg +), vírus C e outros | Padrão | |
| **Herpes simplex** | | |
| Encefalite | Padrão | |
| Neonatal | Contato | Durante a doença |
| **Herpes zoster** | | |
| Localizado em imunossupremido ou disseminado | Contato + aerossóis | Até se tornarem crostas |
| Localizado em imunocompetente | Padrão | |
| Hidatidose | Padrão | |
| Histoplasmose | Padrão | |
| HIV | Padrão | |
| Impetigo | Contato | Terapêutica eficaz 24 horas |
| Infecção cavidade fechada | Padrão | |
| **Infecção de ferida cirúrgica** | | |
| Com secreção contida | Padrão | |
| Com secreção não contida | Contato | Durante a doença |
| Infecção do *Trato Urinário* | Padrão | |
| Influenza: A (H1N1), B e C | Gotículas | Durante a doença |
| **Intoxicação alimentar por:** | | |
| *C. botulinum, C. perfringens, C.welchii*, estafilocócica | Padrão | |
| *Kawasaki* | Padrão | |
| Legionelose | Padrão | |
| Leptospirose | Padrão | |

BIOSSEGURANÇA NA ENFERMAGEM

| Infecção/condição/micro-organismo | Tipo de precaução | Período |
|---|---|---|
| Listeriose | Padrão | |
| *Lyme* | Padrão | |
| Linfogranuloma venéreo | Padrão | |
| Malária | Padrão | |
| Melioidose | Padrão | |
| **Meningite** | | |
| Bacteriana Gram negativo, entéricos, em neonatos | Padrão | |
| Fúngica, viral | Padrão | |
| **Meningite** | | |
| *Haemophilus influenzae* (suspeita ou confirmada) | Gotículas | Terapêutica eficaz 24 horas |
| *Listeria monocytogenes* | Padrão | Terapêutica eficaz 24 horas |
| *Neisseria meningitidis* (suspeita ou confirmada) | Gotículas | |
| Pneumocócica | Padrão | |
| Tuberculosa | Padrão | |
| Outras bactérias citadas | Padrão | |
| Meningococcemia | Gotículas | Terapêutica eficaz 24 horas |
| **Micobacteriose atípica** | | |
| Não *M. tuberculosis*: pulmonar e cutânea | Padrão | |
| Molusco contagioso | Padrão | |
| Mononucleose infecciosa | Padrão | |
| Mucormicose | Padrão | |
| Nocardiose | Padrão | |
| Oxiúros | Padrão | |
| Parvovírus B19 | Padrão | |
| Doença crônica em imunossuprimido | Gotículas | Durante internação |
| Crise aplástica transitória ou de células vermelhas | Gotículas | Durante 7 dias |
| Pediculose | Contato | Terapêutica eficaz 24 horas |
| **Peste** | | |
| Bubônica | Padrão | |
| Pneumônica | Gotículas | Terapêutica eficaz 3 dias |
| **Pneumonia** | | |
| Adenovírus | Contato + gotículas | Durante a doença |
| Pseudomonas cepacia em fibrose cística | Padrão | |
| Incluindo colonização do trato respiratório | Padrão | |
| *Chlamydia, Legionella spp, S. aureus* | Padrão | |
| Fúngica | Padrão | |
| *Haemophilus influenzae* adultos | Padrão | |
| *Haemophilus influenzae* lactentes e crianças de qualquer idade | Gotículas | Terapêutica eficaz 24 horas |
| Meningocóccica | Gotículas | Terapêutica eficaz 24 horas |
| *Mycoplasma* (pneumonia atípica primária) | Gotículas | Durante a doença |
| Outras bactérias não listadas, incluindo Gram negativas | Padrão | |

| Infecção/condição/micro-organismo | Tipo de precaução | Período |
|---|---|---|
| Pneumocócica | Padrão | |
| *Pneumocystis carinii* | Padrão | |
| **Pneumonia** | | |
| *Streptococcus*, grupo A adultos | Padrão | |
| *Streptococcus* grupo A lactente e pré-escolar | Gotículas | Terapêutica eficaz 24 horas |
| Viral adultos | Padrão | |
| Viral lactente e pré-escolar | Contato | Durante a doença |
| Poliomielite | Padrão | |
| Psitacose (ornitose) | Padrão | |
| Raiva | Padrão | |
| Riquetsiose | Padrão | |
| Rubéola | Gotículas | Início do rash até 7 dias |
| Congênita | Contato | |
| Sarampo | Aerossóis | Durante a doença |
| Síndrome da pele escaldada | Padrão | |
| Síndrome respiratória aguda grave | Aerossóis + contato | Durante a doença |
| **Sífilis** | | |
| Pele e mucosa (incluindo congênita, 1ª e 2ª) | Padrão | |
| 3ª e soropositivo sem lesões | Padrão | |
| Teníase | Padrão | |
| Tétano | Padrão | |
| Tinea | Padrão | |
| Toxoplasmose | Padrão | |
| Tracoma agudo | Padrão | |
| Tricomoníase | Padrão | |
| Tricuríase | Padrão | |
| Triquinose | Padrão | |
| **Tuberculose** | | |
| Extra pulmonar, meningite e outras sem drenagem | Padrão | |
| Extra pulmonar com lesão drenando | Padrão | |
| Pulmonar (suspeita ou confirmada) | Aerossóis | 3 BAAR(-) e terapêutica eficaz |
| Laríngea (suspeita ou confirmada) | Aerossóis | 3 BAAR(-) e terapêutica eficaz |
| *Mantoux* (PPD): reator (> 5 mm) sem evidência de doença pulmonar ou laríngea atual | Padrão | |
| Tularemia: lesão drenando ou pulmonar | Padrão | |
| Tifo: endêmico e epidêmico | Padrão | |
| Varicela | Aerossóis + contato | Até todas as lesões tornarem-se crostas |
| Vírus parainfluenza | Contato | Durante a doença |
| Vírus sincicial respiratório | Contato | Durante a doença |
| Zigomicose (ficomicose/mucormicose) | Padrão | |

Fonte: CDC (2003).

## 2.12 RESÍDUOS SÓLIDOS EM SERVIÇOS DE SAÚDE

Falar sobre resíduos também se configura tratar da saúde humana, uma vez que ambas as temáticas estão intimamente relacionadas, pois o acondicionamento, bem como o descarte inadequado podem causar infecções e transmitir doenças aos funcionários que trabalham nas instituições de saúde, aos usuários do serviço e até mesmo à comunidade e ao meio ambiente.

Os Resíduos de Serviços de Saúde (RSS) são todos aqueles resultantes de atividades exercidas nos serviços à saúde humana e/ou animal, que, por suas características, necessitam de processos diferenciados em seu manejo, exigindo ou não tratamento prévio à sua disposição final.[26]

Assim, legislações ambientais e sanitárias garantem o manejo adequado desses resíduos a fim de reduzir o impacto à saúde humana, ocupacional e ambiental.[26]

A RDC nº 222/2018 regulamenta as Boas Práticas de Gerenciamento dos Resíduos de Serviços de Saúde (GRSS) e aplica-se aos geradores de RSS, cujas atividades envolvam qualquer etapa do gerenciamento, sejam eles públicos, privados, filantrópicos, civis ou militares, incluindo aqueles que exercem ações de ensino e pesquisa.[26]

> No 1º parágrafo, define como geradores de RSS todos os serviços cujas atividades estejam relacionadas com a atenção à saúde humana ou animal, inclusive os serviços de assistência domiciliar; laboratórios analíticos de produtos para saúde; necrotérios, funerárias e serviços onde se realizem atividades de embalsamamento (tanatopraxia e somatoconservação); serviços de medicina legal; drogarias e farmácias, inclusive as de manipulação; estabelecimentos de ensino e pesquisa na área de saúde; centros de controle de zoonoses; distribuidores de produtos farmacêuticos, importadores, distribuidores de materiais e controles para diagnóstico *in vitro*; unidades móveis de atendimento à saúde; serviços de acupuntura; serviços de piercing e tatuagem, salões de beleza e estética, dentre outros afins.[26]

A RDC nº 306/2004 dispõe sobre o Regulamento Técnico para o Gerenciamento de Resíduos de Serviços de Saúde (GRSS) e impõe que os serviços de saúde são os responsáveis pelo correto gerenciamento de todos os RSS por eles gerados, atendendo às normas e às exigências legais, desde o momento de sua geração até sua destinação final. Define o GRSS como um conjunto de procedimentos de gestão, planejados e implementados a partir de bases científicas, técnicas, normativas e legais, com o objetivo de minimizar a geração de resíduos e proporcionar um encaminhamento seguro, de modo eficiente, visando à proteção dos trabalhadores e à preservação da saúde pública, dos recursos naturais e do meio ambiente.[27]

### 2.12.1 Políticas de 5 Rs para minimizar a geração de resíduos

Para minimizar a geração de resíduos, cinco ações compõem a política dos 5 Rs. O princípio fundamental para alcançar tal objetivo é reduzir o consumo, entretanto, quando não for possível, medidas de gestão devem ser implementadas para que os RSS sejam reutilizados.[26]

Os 5 Rs do GRSS são:

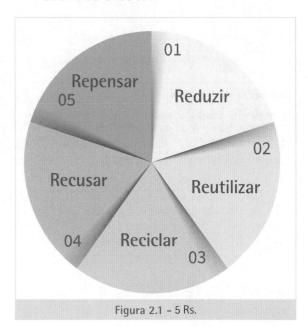

Figura 2.1 – 5 Rs.

- Reduzir: a redução dos RSS é caracterizada pela diminuição dos insumos utilizados na prestação de serviço a assistência à saúde eliminando a maior quantidade possível de resíduos ainda na unidade geradora, mediante gestão e logística, como: modificações de processo, substituição de matérias-primas e equipamentos mais eficientes, elaboração de protocolos que visem quantificar, controlar, gerenciar e inspecionar a geração de resíduos.[26]
- Reutilizar: consiste na reinserção de materiais – que seriam descartados – de volta à utilização, reduzindo o custo institucional com aquisição e quantidade de resíduo gerado. A reutilização pode ser realizada no próprio serviço ou em outro mediante permuta, doação ou venda. Para que os resíduos possam ser reutilizados, devem ser classificados e caracterizados de acordo com suas características conforme a Política Nacional dos Resíduos Sólidos (Lei nº 12.305/2010), garantindo a reutilização sem

perda importante da qualidade do resíduo e prolongando sua vida útil.[26]

- Reciclar: a reciclagem é o processo de transformação dos materiais que podem voltar para o seu estado original ou se transformar em outro produto. A reciclagem de materiais para a redução da geração de resíduos dá-se pela transformação química ou física dos resíduos. Nesse processo, existe a recuperação da matéria-prima e/ou a formação de um subproduto com valor comercial. Mais uma vez, ressalta-se que essa nova matéria-prima pode ser utilizada tanto pela empresa geradora quanto por uma empresa que realiza a compra do subproduto pelo mercado de resíduos. Tal processo gera receita para a instituição geradora e reduz a necessidade de produção e extração de recursos naturais. Os RSS recicláveis são: papéis, papelão, metais, plásticos, lixo eletrônico (e-lixo), vidros e resíduos orgânicos (utilizados em compostagem). Na política dos 5 Rs, o ato de reciclar deve ser o último procedimento adotado; o ideal é reduzir ao máximo a geração dos RSS.[26]
- Recusar: consiste na prática de recusar produtos que impactem negativamente o meio ambiente. Deve-se priorizar a aquisição de produtos biodegradáveis ou menos impactantes. Consumir produtos de empresas com certificações na ISO 14001, 14024 e FSC são medidas que incentivam essa prática. Outra medida de gestão nos serviços de saúde é recusar doações de material médico-hospitalares, equipamentos, medicação próximos à data de validade, pois estes poderão transformar-se em RSS. No caso de medicamento vencido, o custo institucional aumenta consideravelmente por ser classificado como Resíduo Perigoso de Medicamento (RPM) no art. 59 da Anvisa/RDC nº 222/18 e esses resíduos antes de serem incinerados devem ser tratados.[26]
- Repensar: reavaliar a necessidade do consumo colabora para a redução dos RSS. O consumo consciente é fundamental nesse processo. Quando o consumo for inevitável, deve-se considerar o impacto envolvido na produção do que está sendo consumido e qual é a melhor forma de reaproveitamento.[26] Os gestores dos serviços de saúde devem optar pelo consumo consciente e sustentável; para tal, devem basear-se em alguns questionamentos: o consumo é realmente necessário? Será possível reaproveitar insumos e/ou materiais para produção do cuidado? O produto possui vida útil prolongada? É feito de material sustentável? Como será descartado?

Para a operacionalização dos 5 Rs, faz-se necessária mudança de comportamento e atitude dos gestores e colaboradores acerca de valores e práticas no propósito de colaborar com a redução da produção dos RSS, custo institucional com o tratamento e destino adequado desses resíduos, extração de recursos naturais e do uso de energia além do incentivo à economia local (cooperativas de catadores).[26]

## 2.12.2 Plano de Gerenciamento de Resíduos de Serviços de Saúde

O gerenciamento deve abranger todas as etapas de planejamento dos recursos físicos e materiais e da capacitação dos recursos humanos envolvidos no manejo dos RSS. Segundo a Anvisa/RDC nº 222/2018, todo gerador deve elaborar e implantar o Plano de Gerenciamento de Resíduos de Serviços de Saúde (PGRSS), com base nas características dos resíduos gerados e em sua classificação, estabelecendo as diretrizes de manejo dos RSS.[26]

No Brasil, para classificar os RSS, foram estabelecidas legislações como a NBR 10004 e a NBR 12808/2016, que os classificam quanto à sua natureza e aos seus riscos, ao meio ambiente e à saúde pública, para que tenham gerenciamento adequado.[29].

Classificar corretamente os resíduos possibilita seu manejo adequado. Devido à diversidade de tipos de RSS no mundo, cada país estabelece seus sistemas. A classificação conforme a Anvisa/RDC nº 222/2018 apresenta-se no Quadro 2.2.[26,27,28,29]

Quadro 2.2 – Sistemas de classificação de Resíduos de Serviço de Saúde (RSS)

| Sistema de classificação | Grupos de RSS |
|---|---|
| Alemão | Tipo A – Dejetos comuns |
| | Tipo B – Dejetos potencialmente infecciosos |
| | Tipo C – Dejetos infectocontagiosos |
| | Tipo D – Dejetos orgânicos humanos |
| | Tipo E – Dejetos perigosos |
| OMS | Resíduos gerais |
| | Resíduos perigosos |
| | Resíduos radioativos |
| | Resíduos químicos |
| | Resíduos infecciosos |
| | Resíduos perfurocortantes |
| | Resíduos farmacêuticos |
| Britânico | Grupo A – Todos os resíduos gerados em área de tratamento de pacientes, materiais de pacientes portadores de doenças infecciosas e tecidos humanos infeccionados ou não |
| | Grupo B – Materiais perfurocortantes |
| | Grupo C – Resíduos gerados por laboratórios e salas de autópsia |

| Sistema de classificação | Grupos de RSS |
|---|---|
| | Grupo D – Resíduos químicos e farmacêutica |
| | Grupo E – Roupas de cama utilizadas, contentores de urina e recipientes para colostomia |
| Resolução Conama nº 5, de 05/08/1993 | Grupo A – Resíduos biológicos |
| | Grupo B – Resíduos químicos |
| | Grupo C – Rejeitos radioativos |
| | Grupo D – Resíduos comuns |
| EPA | Culturas e amostras armazenadas |
| | Resíduos perigosos |
| | Resíduos de sangue humano e hemoderivado |
| | Resíduos perfurocortantes |
| | Resíduos de animais |
| | Resíduos de isolamento |
| | Resíduos perfurocortantes não usados |
| | Tipo A – Resíduos infecciosos |
| | Tipo B – Especial |
| | Tipo C – Resíduos comuns |

Fonte: Silva (2001).

O PGRSS estabelecido pela Anvisa por meio da RDC nº 222/2018, no seu art. 3º, item XLL, refere-se a um documento que aponta e descreve todas as ações relativas à gestão de resíduos sólidos em saúde, destaca suas características e riscos, contemplando os aspectos referentes ao manejo desde a geração até o destino final ambientalmente adequada, objetivando ações de proteção à saúde pública, ocupacional e ambiental.[26]

O manejo dos RSS consiste na ação de gerenciar os RSS intra e extra estabelecimento, desde a sua geração até sua disposição final.[26]

As etapas são:

- Segregação: consiste na separação dos resíduos no momento e local de sua geração, de acordo com as características físicas, químicas, biológicas, seu estado físico e os riscos envolvidos[26].

- Acondicionamento: consiste no ato de embalar os resíduos segregados em sacos ou recipientes que evitem vazamentos e resistam às ações de punctura e ruptura. A capacidade dos recipientes de acondicionamento deve ser compatível com a geração diária de cada tipo de resíduo. Por isso, a necessidade de quantificação dos RSS pela gestão.[26]

- Identificação: consiste no conjunto de medidas que permite o reconhecimento dos resíduos contidos em sacos e recipientes, orientando quanto ao seu manejo adequado. A identificação deve estar disposta nos sacos de acondicionamento, nos recipientes de coleta interna e externa, nos recipientes de transporte interno e externo e nos locais de armazenamento, de modo acessível e visível, utilizando-se símbolos, cores e frases, estabelecidas.[26]

- Transporte interno: consiste no traslado dos resíduos dos pontos de geração até o local de armazenamento temporário ou armazenamento externo. O transporte interno de resíduos deve ser realizado com roteiro e horários pré-determinado. Os horários devem observar o menor fluxo de atividades e transeuntes, não devendo ser comitente ao horário de visita, distribuição de roupas, alimentos e medicamentos. Deve ser utilizado recipiente específico e separadamente para cada grupo de resíduo. O descritivo para aquisição dos recipientes para transporte interno dos RSS deve atender às especificações constantes na Anvisa/RDC nº 222/2018 e nas normas reguladoras do Ministério do Trabalho. Esses recipientes devem ser constituídos de material rígido, lavável, impermeável, provido de tampa articulada ao próprio corpo do equipamento, cantos e bordas arredondados, e serem identificados com o símbolo conforme a ABNT NBR 7500. Devem ainda ser providos de rodas revestidas de material que reduza o ruído não possibilite esforço excessivo ao colaborador responsável pela coleta. Os recipientes que possuírem capacidade superior a 400 L devem ter acoplado a válvula de dreno no fundo.[26]

- Armazenamento temporário: consiste na guarda temporária dos recipientes contendo os resíduos já acondicionados, em local próximo aos pontos de geração, a fim de agilizar a coleta e otimizar o deslocamento entre os pontos geradores e o ponto destinado ao armazenamento. O abrigo temporário deve ser sinalizado como "abrigo temporário de resíduo", a porta deve ser mantida fechada e seu acesso, restrito à equipe responsável pela assistência e pela higienização. O abrigo temporário deve conter coletores para resíduo infectante e comum.[26]

- Tratamento: consiste na aplicação de método, técnica ou processo que modifique as características dos riscos inerentes aos resíduos, reduzindo ou eliminando o risco de contaminação, acidentes ocupacionais ou dano ambiental. O tratamento pode ser aplicado no próprio estabelecimento gerador ou em empresa terceirizada, observadas, nesses casos, as condições de segurança para o transporte externo. Os sistemas para tratamento RSS devem estar de acordo com a Resolução do Conselho Nacional do Meio Ambiente (Conama) nº 237/1997 e são passíveis de fiscalização e controle pelos órgãos de vigilância sanitária e ambiental. Está dispensado da licença o processo de autoclavação realizado no serviço para redução de carga microbiana de culturas e estoques de micro-organismos, porém é de responsabilidade dos serviços que as possuírem a garantia da eficácia dos equipamentos mediante controles químicos e biológicos periódicos devidamente registrados. Os sistemas de tratamento térmico por incineração devem obedecer ao estabelecido na Resolução Conama nº 316/2002.

■ Armazenamento externo: consiste na guarda dos recipientes de resíduos até a coleta externa, em ambiente exclusivo com acesso facilitado para os veículos coletores. No armazenamento externo, não é permitida a manutenção dos sacos de resíduos fora dos recipientes ali estacionados e acima do limite. O abrigo externo de resíduos obedece a exigências legais.[26]

■ Coleta e transporte externos: consistem na remoção dos RSS do abrigo de resíduos (armazenamento externo) até a unidade de tratamento ou disposição final (terceirizadas), utilizando-se técnicas que garantam a preservação das condições de acondicionamento, da saúde ocupacional, pública e ambiental, em consonância com os órgãos de limpeza urbana, atendendo às exigências legais.[26]

■ Disposição final: consiste na disposição de resíduos no solo, previamente preparado para recebê-los, obedecendo a critérios técnicos de construção e operação, e com licenciamento ambiental de acordo com a resolução vigente. No Quadro 2.3 apresenta-se o manejo dos RSS.[26]

Quadro 2.3 – Manejo dos resíduos de acordo com a RDC nº 222/2018

| Classificação segundo a RDC – Anvisa 222/18 | Resíduo | Acondicionamento | Tratamento/ disposição final |
|---|---|---|---|
| GRUPO A1 | 1. Culturas e estoques de microrganismos: resíduos de fabricação de produtos biológicos, exceto os hemoderivados; descarte de vacinas de microrganismos vivos ou atenuados; meios de cultura e instrumentais utilizados para transferência, inoculação ou mistura de culturas; resíduos de laboratórios de manipulação genética.<br><br>2. Resíduos resultantes da atenção à saúde de indivíduos ou animais, com suspeita ou certeza de contaminação biológica por agentes classe de risco 4, microrganismos com relevância epidemiológica e risco de disseminação ou causador de doença emergente que se torne epidemiologicamente importante ou cujo mecanismo de transmissão seja desconhecido.<br><br>3. Bolsas transfusionais contendo sangue ou hemocomponentes rejeitadas por contaminação ou por má conservação, ou com prazo de validade vencido, e aquelas oriundas de coleta incompleta.<br><br>4. Unidades de sangue vencidas por validade, acidentada, sangria terapêutica e segmentos de unidades de sangue.<br><br>5. Sobras de amostras de laboratório contendo sangue ou líquidos corpóreos, recipientes e materiais resultantes do processo de assistência à saúde, contendo sangue ou líquidos corpóreos na forma livre. | ■ Devem ser submetidos a tratamento antes da destinação final e acondicionados em saco branco leitoso.<br><br>■ Saco vermelho.<br><br>■ Devem ser desprezados em recipiente de parede rígida, resistente a ruptura e vazamento, impermeável, com o símbolo de substância infectante de acordo com a norma da ABNT NBR 7500 (material infectante com rótulos de fundo branco, desenho e contornos pretos).<br><br>■ Posteriormente estes recipientes deverão ser acondicionados em saco plástico branco leitoso obedecendo a NBR 7500, identificado com o nome do gerador e a classificação (A1).<br><br>■ Devem ser substituídos pelo menos 1 vez a cada 24 horas, sendo proibido seu esvaziamento ou reaproveitamento.<br><br>■ Identificar os sacos com data e nome da instituição geradora. | ■ Incineração.<br><br>■ Tratado antes da incineração.<br><br>■ Descartadas diretamente no sistema de coleta de esgotos após tratamento de inativação microbiana. |

BIOSSEGURANÇA NA ENFERMAGEM

| Classificação segundo a RDC – Anvisa 222/18 | Resíduo | Acondicionamento | Tratamento/ disposição final |
|---|---|---|---|
| GRUPO A2 | 1. Carcaças, peças anatômicas, vísceras e outros resíduos provenientes de animais submetidos a processos de experimentação com inoculação de microrganismos, bem como suas forrações, e os cadáveres de animais suspeitos de serem portadores de microrganismos de relevância epidemiológica e com risco de disseminação, que foram submetidos ou não a estudo anatomopatológico ou confirmação diagnóstica. | ■ Saco branco leitoso. | ■ Incineração. |
| GRUPO A3 | 1. Peças anatômicas (membros) do ser humano; produto de fecundação sem sinais vitais, com peso menor que 500 g ou estatura menor que 25 cm ou idade gestacional menor que 20 semanas, que não tenham valor científico ou legal e não tenha havido requisição pelo paciente ou familiar. | ■ Saco branco leitoso (peça não infectada).<br>■ Saco vermelho (peça infectada). | ■ Devem ser encaminhados para tratamento antes da incineração com a inscrição "peças anatômicas".<br>■ Devem ser encaminhados para incineração com a inscrição "peças anatômicas". |
| GRUPO A4 | 1. Kits de linhas arteriais, endovenosas e dialisadores, quando descartados.<br><br>2. Filtros de ar e gases aspirados de área contaminada; membrana filtrante de equipamento médico-hospitalar e de pesquisa, entre outros similares.<br><br>3. Sobras de amostras de laboratório e seus recipientes contendo fezes, urina e secreções, provenientes de pacientes que não contenham nem sejam suspeitos de conter agentes Classe de Risco 4, nem apresentem relevância epidemiológica e risco de disseminação, ou microrganismo causador de doença emergente que se torne epidemiologicamente importante ou cujo mecanismo de transmissão seja desconhecido ou com suspeita de contaminação com príons.<br><br>4. Resíduos de tecido adiposo proveniente de lipoaspiração, lipoescultura ou outro procedimento de cirurgia plástica que gere este tipo de resíduo.<br><br>5. Recipientes e materiais resultantes do processo de assistência à saúde, que não contenha sangue ou líquidos corpóreos na forma livre.<br><br>6. Peças anatômicas (órgãos e tecidos) e outros resíduos provenientes de procedimentos cirúrgicos ou de estudos anatomopatológicos ou de confirmação diagnóstica.<br><br>7. Cadáveres, carcaças, peças anatômicas, vísceras e outros resíduos provenientes de animais não submetidos a processos de experimentação com inoculação de microrganismos.<br><br>8. Bolsas transfusionais vazias ou com volume residual pós-transfusão. | ■ Saco branco leitoso<br>■ Saco vermelho (peças infectadas) e branco leitoso (peças não infectadas e infectadas).<br>■ Acondicionar dois sacos identificadas como "peças anatômicas".<br>■ Saco branco leitoso. | ■ Incineração ou desativação eletrotérmica.<br>■ Incineração ou desativação eletrotérmica.<br>■ |

52 CAPÍTULO 2 ■ GUIA DA ENFERMAGEM – ROTINAS, PRÁTICAS E CUIDADOS FUNDAMENTADOS

| Classificação segundo a RDC – Anvisa 222/18 | Resíduo | Acondicionamento | Tratamento/ disposição final |
|---|---|---|---|
| GRUPO A5 | 1. Órgãos, tecidos, fluidos orgânicos, materiais perfurocortantes ou escarificantes e demais materiais resultantes da atenção à saúde de indivíduos ou animais, com suspeita ou certeza de contaminação príons. | ■ Saco vermelho. | ■ Incineração. |
| GRUPO B | 1. Resíduos contendo substâncias químicas: frascos e almotolias de materiais químicos (álcool, clorexidina, produto de limpeza etc.). <br><br> 2. Resíduos contendo substâncias químicas: medicamentos classificados como Tipo 1 -(antimicrobianos, citostático, antineoplásicos, digitálicos, imunossupressores, hormônios, antirretrovirais, imunomoduladores). | ■ Saco laranja. | ■ Incineração. |
| GRUPO C | 1. Material perfurocortantes contaminados com Tipo 1 (ampolas de plásticos, seringas) agulhas etc.). <br><br> 2. Resíduos Perigosos de Medicamentos (RPM): medicamentos vencidos ou sem condição de uso, sobras resultantes de seu preparo ou utilização, incluindo subprodutos, embalagens primárias, materiais e equipamentos descartáveis contaminados com esses medicamentos. <br><br> 3. Resíduos de equipamentos automatizados e reagentes de laboratório clínicos ou produtos para diagnóstico de uso in vitro. <br><br> 4. Resíduos líquidos contendo mercúrio (Hg). <br><br> 5. Rejeito radioativo, proveniente de laboratório de pesquisa e ensino na área da saúde, laboratório de análise clínica, serviço de medicina nuclear e radioterapia. | ■ Saco laranja. <br><br> ■ Recipiente rígido, com rosca, identificado como resíduo infectante conforme a NBR 7500. <br><br> ■ Recipiente rígido, com rosca, identificado como resíduo infectante conforme a NBR 7500. <br><br> ■ Recipiente sob selo d'água. <br><br> ■ Os RSS químicos radioativos devem ser acondicionados em coletores próprios, identificados quanto aos riscos radiológico e químico presentes, e armazenados no local de decaimento até atingir o limite de dispensa. | ■ Incineração. <br><br> ■ Tratamento ou aterro de resíduos perigosos Classe 1. <br><br> ■ Incineração. <br><br> ■ Tratamento antes da disposição final (vedado a disposição final dos resíduos líquidos em aterros sanitários conforme a RDC 222/18). |
| GRUPO D | 1. Papel de uso sanitário e fralda, absorvente higiênico, peças descartáveis de vestuário, gorros, máscaras descartáveis, restos de alimentos de pacientes (não isolados), material de antissepsia e homeostasia de venóclise, luvas sem contato com sangue ou fluidos corpóreos, frasco e equipo de soro, abaixador de língua, gesso. <br><br> 2. Sobras de alimentos ou preparo. <br><br> 3. Resto alimentar de refeitório. <br><br> 4. Resíduos de área administrativa. <br><br> 5. Resíduo de varrição, jardim e podas. <br><br> 6. Papelão, papel, vidro, plástico. | ■ Saco preto. | ■ Coleta seletiva para reciclagem ou compostagem. |
| GRUPO E | 1. Lâminas de bisturi e barbear, agulhas, escalpes, ampolas de vidro, brocas, lancetas, tubos capilares, ponteiras de micropipetas, lâminas e lamínulas, espátulas, vidros quebrados e similares. | ■ Caixa de perfurocortantes identificada, até atingir ¾ da capacidade ou conforme instrução do fabricante sendo proibidos seu esvaziamento manual e reaproveitamento. | ■ Incineração. |

Fonte: RDC – ANVISA 222/18 (Adaptado).

## 2.12.3 Implicações e aspectos legais do gerenciamento de resíduos em saúde

A Lei nº 12.305/2010, que instituiu a Política Nacional de Resíduos Sólidos, em seu Art. 64, que são considerados geradores ou operadores de resíduos perigosos empreendimentos ou atividades:

I – cujo processo produtivo gere resíduos perigosos, [...]

III – que prestam serviços que envolvam a operação com produtos que possam gerar resíduos perigosos e cujo risco seja significativo a critério do órgão ambiental.[30]

O Art. 65 impõe que as pessoas jurídicas que operam com resíduos perigosos, em qualquer fase do seu gerenciamento, são obrigadas a elaborar Plano de Gerenciamento de Resíduos perigosos e submetê-lo ao órgão competente do Sistema Nacional do Meio Ambiente (Sisnama) e, quando couber, do Sistema Nacional de Vigilância Sanitária (SNVS), observadas as exigências previstas nesse decreto ou em normas técnicas específicas.

O manejo dos RSS é a ação de gerenciar os resíduos em seus aspectos intra e extra estabelecimento, desde a geração até a disposição final. Essas etapas de manejo seguem legislações regulamentadoras específicas pontuadas a seguir:[30]

- Segregação: tem como base legal a Anvisa/RDC nº 222/18, que regulamenta as boas práticas de gerenciamento dos resíduos de serviços de saúde.[26]
- Acondicionamento: regulamentada pela ABNT/NBR nº 9191/2008 dispõe sobre os Símbolos de risco e manuseio para o transporte e armazenamento de materiais.[31]
- Transporte interno: normatizado pela Anvisa/RDC nº 306/04; nº 222/18 regulamenta as boas práticas de gerenciamento dos resíduos de serviços de saúde.[26,27]
- Armazenamento temporário: Anvisa/RDC nº 222/18 regulamenta as Boas práticas de gerenciamento dos resíduos de serviços de saúde.[26,27]
- Tratamento: tem como base legal o Art. 59 da Anvisa/RDC nº 222/18 que dispõe sobre o tratamento do "Resíduo Perigoso de Medicação (RPM)" a Resolução Conama nº 386/06, que dispõe sobre procedimentos e critérios para o funcionamento de sistemas de tratamento térmico de resíduos e a Resolução nº 283/01 dispõe sobre o tratamento e a destinação final dos resíduos dos serviços de saúde.[26,32]
- Armazenamento externo: fundamentado nas normas da Anvisa/RDC nº 50/02 que dispõe sobre o Regulamento Técnico para planejamento, programação, elaboração e avaliação de projetos físicos de estabelecimentos assistenciais de saúde. E a

Anvisa/RDC nº 189/03 altera a RDC nº 50/02 e dispõe sobre a regulamentação dos procedimentos de análise, avaliação e aprovação dos projetos físicos de estabelecimentos de saúde no Sistema Nacional de Vigilância Sanitária.[33,34]

- Coleta e transporte externos: normatizado pela Anvisa/RDC nº 306/04 e nº 222/18 que Regulamenta as Boas Práticas de Gerenciamento dos Resíduos de Serviços de Saúde a ABNT/NBR nº 12.810/16 Dispõe sobre procedimentos exigíveis para coleta interna e externa dos resíduos de serviços de saúde, sob condições de higiene e segurança a ABNT/NBR nº 14652/13 estabelece os requisitos mínimos de construção e de inspeção dos coletores transportadores de resíduos de serviço de saúde.[26,27]
- Disposição final: é fundamentada nas normas da Anvisa/RDC nº 306/04 e nº 222/18 que Regulamenta as Boas Práticas de Gerenciamento dos Resíduos de Serviços de Saúde e Conama nº 430/11 (art. 16) que complementa e altera a Resolução Conama nº 357/05 que trata sobre as condições e os padrões de lançamento de efluentes.[27,35]

A Resolução Conama nº 430/2011, em seu Art. 3º, impõe que os efluentes de qualquer fonte poluidora somente poderão ser lançados diretamente nos corpos receptores após o devido tratamento e desde que obedeçam condições, padrões e exigências dispostos nessa resolução. Os efluentes oriundos de RSS devem atender às condições e aos padrões estabelecidos no seu artigo 16.[35]

A NBR 12809/2013 estabelece os procedimentos necessários ao gerenciamento intraestabelecimento dos RSS os quais, por seus riscos biológicos e químicos, exigem formas de manejo específicos a fim de garantir condições de higiene, segurança e proteção à saúde e ao meio ambiente.[36]

Algumas normatizações referentes ao GRSS são específicas para alguns setores do serviço de saúde e devem ser consideradas no momento do planejamento da implantação do estabelecimento como:

- Resolução CNEN-NE-6.05: estabelece critérios gerais e requisitos básicos relativos à gerência de rejeitos radioativos em instalações radioativas.[37]
- NBR 15051/2004: estabelece as especificações para o gerenciamento dos resíduos gerados em laboratório clínico. Seu conteúdo abrange a geração, a segregação, o acondicionamento, o tratamento preliminar, o tratamento, o transporte e a apresentação à coleta pública dos resíduos gerados em laboratório clínico, bem como a orientação sobre os procedimentos a serem adotados pelo pessoal do laboratório.[38]

Independentemente do tipo de serviço de saúde ofertado, deve-se atender à Resolução Conama nº 237/1997, que dispõe sobre o licenciamento ambiental e é definida em seu Art. 1º como o procedimento administrativo pelo qual o órgão ambiental competente licencia a localização, a instalação, a ampliação e a operação de empreendimentos e atividades utilizadoras de recursos ambientais, consideradas efetiva ou potencialmente poluidoras ou daquelas que, sob qualquer forma, possam causar degradação ambiental, considerando as disposições legais e regulamentares e as normas técnicas aplicáveis ao caso. Com a licença, a o estabelecimento pode pleitear financiamento dos órgãos públicos estaduais e federais.[39]

A Lei nº 6.938/1981 dispõe sobre a Política Nacional do Meio Ambiente e indica, no Art. 14, § 1º, que o poluidor é obrigado, independentemente da existência de culpa, a indenizar ou reparar os danos causados ao meio ambiente e a terceiros afetados por sua atividade. O Ministério Público da União e dos Estados terá legitimidade para propor ação de responsabilidade civil e criminal por danos causados ao meio ambiente.[40]

A Lei nº 9.605/1998 dispõe sobre as sanções penais e administrativas derivadas de condutas e atividades lesivas ao meio ambiente. O Art. 3º afirma que as pessoas jurídicas serão responsabilizadas administrativa, civil e penalmente nos casos em que a infração seja cometida por decisão de seu representante legal ou contratual, ou de seu órgão colegiado, no interesse ou benefício da sua entidade.[41]

No Art. 54 define-se que a pena prevista por causar poluição de qualquer natureza em níveis tais que resultem ou possam resultar em danos à saúde humana, ou que provoquem a mortandade de animais ou a destruição significativa da flora é a reclusão, de um a quatro anos, e multa. No parágrafo 1º, afirma que se o crime for culposo, a detenção aumentará de seis meses a um ano, mais multa; o parágrafo 2º, inciso III, diz que se o crime causar poluição hídrica que torne necessária a interrupção do abastecimento público de água de uma comunidade, e no inciso V, se ocorrer por lançamento de resíduos sólidos, líquidos ou gasosos, ou detritos, óleos ou substâncias oleosas, em desacordo com as exigências estabelecidas em leis ou regulamentos a pena é a reclusão, de um a cinco anos.[41]

O Art. 56 diz que a pena prevista para produzir, processar, embalar, importar, exportar, comercializar, fornecer, transportar, armazenar, guardar, ter em depósito ou usar produto ou substância tóxica, perigosa ou nociva à saúde humana ou ao meio ambiente, em desacordo com as exigências estabelecidas em leis ou nos seus regulamentos é a reclusão, de um a quatro anos, e multa.[41]

A Lei nº 12.305/2010, em seu Art. 1º, institui a Política Nacional de Resíduos Sólidos, dispondo sobre as diretrizes relativas à gestão integrada e ao gerenciamento de resíduos sólidos, incluídos os resíduos perigosos, às responsabilidades dos geradores e do Poder Público e aos instrumentos econômicos aplicáveis. No parágrafo 1º, afirma-se que estão sujeitas à observância desta Lei as pessoas físicas ou jurídicas, de direito público ou privado, responsáveis, direta ou indiretamente, pela geração de resíduos sólidos e as que desenvolvam ações relacionadas à gestão integrada ou ao gerenciamento de resíduos sólidos.[30] A responsabilidade legal pelo GRSS é do gerador, porém a consciência ambiental deve ser uma realidade compartilhada a fim de que seja garantido o direito das futuras gerações.

### NESTE CAPÍTULO, VOCÊ...

... identificou que tanto a assistência direta ao paciente quanto o descarte e o tratamento dos resíduos resultantes desse cuidado podem levar à disseminação de doenças se não forem realizadas as medidas preconizadas pelas legislações vigentes e órgãos reguladores. É, portanto, um problema de saúde que infelizmente tem crescido nas instituições públicas, ora pela falta de recursos humanos qualificados, ora pelo subdimensionamento de pessoal e falta de recursos financeiros. Embora o cenário do sistema público de saúde brasileiro não seja o melhor, é de grande relevância que os profissionais atuantes nas instituições de saúde se atualizem e implementem as medidas de segurança e precaução padrão. A simples higiene das mãos antes e após realizar os procedimentos e visita aos pacientes é uma medida de baixo custo, que se realizada de acordo com a técnica, pode reduzir os índices de infecção e contaminação, bem como o descarte em lugar apropriado dos materiais perfurocortantes. Percebe-se que a aquisição do conhecimento teórico científico é de grande valor, uma vez que atua como um mecanismo propulsor das boas práticas assistenciais e administrativas. Portanto, destaca-se a magnitude que o conhecimento científico possui para a construção de novas condutas e mudanças de culturas institucionais inadequadas.

### EXERCITE

1. Com relação à Infecção Relacionada à Assistência ou Infecção Hospitalar, assinale a alternativa correta:
   a) É definida como toda infecção que ocorre no ambiente hospitalar após 72 horas da admissão do paciente e que pode ser manifestada após a alta.
   b) É definida como toda infecção que ocorre com o paciente no ambiente hospitalar, com exceção de qualquer processo infeccioso relacionado a procedimentos relacionados à assistência que ocorrer após a alta.
   c) Corresponde apenas a infecções adquiridas nas primeiras 24 horas de internação.

d) É todo processo infeccioso relacionado apenas à assistência do paciente em Unidades de Terapia Intensiva.
e) Todas as alternativas anteriores estão incorretas.

2. A precaução específica leva em consideração a forma de transmissão do micro-organismo. Assinale o tipo de precaução que deve ser adotado pelos profissionais em casos de tuberculose e meningite bacteriana:
a) Precaução padrão.
b) Precaução padrão e proteção de via aérea somente para gotículas.
c) Precaução de contato e proteção de vias aéreas para aerossóis e gotículas.
d) Precaução de contato.
e) Precaução de contato e proteção de via aérea para aerossóis para ambas as patologias.

3. Quais são as principais condutas que o profissional de saúde deve adotar para prevenção de Infecção Relacionadas à Assistência à Saúde?

4. Os resíduos são classificados de acordo com suas características com objetivo de reduzir os impactos biológicos, contaminação e transmissão de doenças. Descreva a classificação de acordo com o Conselho Nacional do Meio Ambiente (Conama).

  **PESQUISE**

A Agência Nacional de Vigilância Sanitária (Anvisa) disponibiliza em seu site conteúdos informativos, manuais, *guidelines* e portarias com objetivo de manter os gestores das instituições, profissionais da assistência à saúde, professores, estudantes e a própria comunidade atualizados quanto as principais condutas e normas a serem seguidas com objetivo de manter a segurança da população. Sites recomendados: <http://portal.anvisa.gov.br/> e <https://consultas.anvisa.gov.br/#/>.

# CAPÍTULO 3

COLABORADORES:
JOÃO LUIS ALMEIDA DA SILVA
RICARDO MATOS SANTANA

# GESTÃO EM ENFERMAGEM

## NESTE CAPÍTULO, VOCÊ...

- ... conhecerá os principais conceitos da área de gestão em enfermagem.
- ... identificará os modelos de gestão e sua influência na enfermagem.
- ... reconhecerá a liderança como elemento inerente aos processos de gestão do enfermeiro.
- ... compreenderá a modelagem organizacional no sistema de saúde.
- ... identificará as interfaces do processo de trabalho em enfermagem com os instrumentos da gestão de recursos humanos, da aprendizagem organizacional, dos recursos materiais e da informação.

## ASSUNTOS ABORDADOS

- Apontamentos ontológicos para a gestão em enfermagem.
- Modelos de gestão.
- Liderança em enfermagem.
- Modelagem organizacional.
- Gestão de recursos humanos, de aprendizagem organizacional e de recursos materiais.
- Processo de trabalho do enfermeiro.

# ESTUDO DE CASO

Você assume o cargo de enfermeiro em uma Instituição de Longa Permanência para Idosos (ILPI). A equipe de enfermagem é composta por 2 enfermeiros, que trabalham em turnos alternados (você pela manhã e outro colega à tarde; à noite não há enfermeiro), 6 técnicos de enfermagem e 6 cuidadores de idosos, que trabalham em plantões de 24 por 48 horas. Na ILPI, constam 72 idosos dispostos em 2 alas (feminina: 40 idosas; masculina: 32 idosos). Em seu primeiro dia de trabalho, constata que todos os curativos dos idosos estão prescritos para serem realizados 1 vez ao dia pelos técnicos de enfermagem. Contudo, nas pastas dos idosos, os prontuários não apontam a realização dos curativos e não consta a evolução das feridas, sua tipologia, cobertura e tempo de uso. Os técnicos relatam que o enfermeiro da tarde e a colega anterior nunca solicitaram os registros ou a evolução e que eles fazem os curativos na hora do banho, pela manhã. Quando não dá tempo, fica para o outro dia.

### Após ler o caso, reflita e responda:

1. Quais funções gerenciais do enfermeiro você identifica como necessárias na ILPI?
2. Defina, com base na leitura do capítulo, qual modelo de gestão você identifica na ILPI e qual você utilizaria na situação apresentada?
3. Com base nos pressupostos da liderança em enfermagem, como você agiria frente à equipe de enfermagem e de cuidadores?
4. Você concorda com o dimensionamento de pessoal nessa ILPI? Por quê?

# 3.1 INTRODUÇÃO

A proposição, desenvolvida neste capítulo, versa sobre elementos atuais que devem constituir o arcabouço de conhecimento do enfermeiro sobre gestão para atuar nas diferentes organizações de saúde.

Dessa forma, optou-se por não constituir dicotomias entre as organizações de saúde, mas abordar convergências e complementaridades que permeiam a gestão em enfermagem. Em alguns pontos apenas, no intuito didático e elucidativo, haverá comentários específicos que se fazem necessários à compreensão da diversidade da gestão nessas organizações.

# 3.2 APONTAMENTOS ONTOLÓGICOS PARA A GESTÃO EM ENFERMAGEM

Frequentemente, depara-se, na literatura científica e no cotidiano acadêmico e profissional, com os termos administração, gestão, gerenciamento e governança sendo utilizados como sinônimos.[1] Existe diferença entre gestão e administração? Gerente e administrador são a mesma coisa? Quais são as definições e as diferenças entre gerência, gestão, administração e governança? E entre administrador, gestor e gerente? O que é gestão em enfermagem?

Administração, gestão, gerenciamento, governança são vocábulos antigos, conhecidos e aplicados de longa data; referem-se ao processo dinâmico de tomar decisões sobre recursos para possibilitar a realização de objetivos, sendo, de forma geral, relacionado à necessidade de influenciar terceiros no alcance de objetivos.[2,3,4]

No cotidiano dos profissionais de saúde, o uso desses termos pode apresentar dúvidas sobre o papel dos profissionais que atuam como administradores, gestores e gerentes. Na literatura, cada autor nos oferece uma definição e não se chega a um consenso, conduzindo os profissionais de uma organização de saúde a normalmente utilizarem os termos da forma que os herdou.[5]

A falta de clareza sobre esses termos, além de outros frequentemente utilizados, como eficiência, eficácia, efetividade, organização, organização de saúde, planejamento, direção e controle, podem comprometer a efetividade do trabalho desse profissional.

Para atenuar esse problema e melhorar o entendimento, é importante enfatizar os conceitos desses termos amplamente adotados na área da saúde, que, apesar de serem parecidos, possuem suas especificidades, de modo a abranger mais adequadamente a evolução do sistema de saúde brasileiro e, notadamente, do desenvolvimento da construção do saber da enfermagem.

## 3.2.1 Organização de saúde e de enfermagem

Na Ciência da Administração, o termo organização se apresenta com dois significados distintos e muito importantes.

O primeiro diz respeito a qualquer ambiente ou instituição legalmente constituída, em que uma ou mais pessoas se reúnem com a finalidade de atingir objetivos comuns de oferecer produtos e/ou serviços para outras organizações e/ou para os clientes de uma forma geral.[6] Nesse sentido, a organização é essencialmente composta por pessoas, estrutura e tecnologia, os quais, atuando harmonicamente, dão-lhe forma e funcionalidade.[7] Em outras palavras, pode-se dizer que o termo organização é uma denominação genérica de empresas, entidades, instituições, firmas, associações, sociedades e outras formas de organismos públicos e privados, produtores de bens ou de serviços, com finalidades lucrativas ou não, personalidade jurídica e objetivos diversos, entretanto, sempre voltados ao desenvolvimento e ao bem-estar social.[8]

O segundo significado considera a organização enquanto um pilar da própria administração, sendo uma das funções do processo administrativo, denotando como o trabalho é estruturado, dividido e sequenciado, contribuindo o cumprimento das metas e o alcance dos objetivos propostos.[7]

Dessa forma, considerar-se-á como Organização de Saúde toda instituição legalmente constituída, pública ou privada, com finalidade lucrativa ou não, em que um ou mais profissionais de saúde, associados ou não com profissionais de outras áreas de conhecimento, reúnem-se com a finalidade de atingir objetivos comuns de oferecer serviços de saúde para outras organizações, de saúde ou não, e/ou para os clientes em geral, considerando as dimensões individual ou coletiva destes.

Nesse mesmo raciocínio, será considerada como Organização de Enfermagem toda instituição legalmente constituída, pública ou privada, com finalidade lucrativa ou não, em que um ou mais profissionais de enfermagem, associados ou não com profissionais de outras áreas de conhecimento, reúnem-se com a finalidade de atingir objetivos comuns de oferecer serviços de enfermagem para organizações de saúde e/ou para os clientes em geral, considerando as dimensões individual ou coletiva destes.

O Sistema Único de Saúde (SUS) prevê, desde sua criação na Constituição Federal de 1988 (CF/88) e em sua Lei Orgânica nº 8.080/1990, uma rede de serviços regionalizada e hierarquizada para prover as ações de saúde. Assim, a proposição é permitir que haja a comunicação entre seus pontos e a prerrogativa de continuidade do cuidado, formando, portanto, o que se denomina Redes de Atenção à Saúde (RAS).

As RAS são arranjos organizativos de ações e serviços de saúde, de diferentes densidades tecnológicas, que, integradas por meio de sistemas de apoio técnico, logístico e de gestão, buscam garantir a integralidade do cuidado.[9] Além das organizações de saúde, os pontos da RAS envolvem articulação intersetorial (escolas, espaços comunitários, segurança pública etc.), em que o enfermeiro deve ser um dos agentes articuladores conforme identifica necessidades individuais ou coletivas de seu público.

O Ministério da Saúde[10] define as organizações de saúde como estabelecimentos em que "o espaço físico é delimitado e permanente onde são realizadas ações e serviços de saúde humana sob responsabilidade técnica". Entre os critérios mínimos nessa consideração estão:

■ possuir espaço físico delimitado e permanente. Inclui-se nessa definição estabelecimentos móveis, como embarcações, carretas etc.; excluem-se as estruturas temporárias, como tendas ou atendimentos realizados em locais públicos do tipo mutirão;

■ que o estabelecimento de saúde realize ações de vigilância, regulação ou gestão da saúde e não somente estabelecimentos de caráter assistencial. Dessa forma, desconsidera-se estabelecimentos que não têm o foco direto na saúde humana, como os estabelecimentos que visam à saúde animal, os salões de beleza, as clínicas de estética, entre outros, mesmo estando sob a regulação da vigilância sanitária;

■ que o estabelecimento possua responsabilidade técnica, ou seja, que exista a figura de uma pessoa física legalmente responsável por elas;

■ que haja uma definição do Tipo de Estabelecimento de Saúde, Atividade Principal, Atividade Secundária e Atividade Não Permitida. Nesse critério, observa-se a identificação da oferta de ações e serviços pelos estabelecimentos de saúde, considerando infraestrutura existente, densidade tecnológica, natureza jurídica e recursos humanos.

A partir do conjunto de atividades, principal e secundárias, a organização de saúde será classificada de forma automática pelo Cadastro Nacional de Estabelecimentos de Saúde (CNES).

Entre as organizações de saúde mais comuns em que o enfermeiro pode atuar estão: Unidades Básicas de Saúde com Estratégia de Saúde da Família (UBS-ESF), hospitais, Instituições de Longa Permanência para Idosos (ILPI), entre outros.

As UBS-ESF são "porta de entrada" no SUS e estão em franco crescimento no intuito de aumentar a cobertura e o acesso ao sistema de saúde. Desenvolvem um conjunto de ações de saúde individuais, familiares e coletivas que envolvem promoção, prevenção, proteção, diagnóstico, tratamento, reabilitação, redução de danos, cuidados paliativos e vigilância em saúde, a partir de práticas de cuidado integradas e gestão qualificada, realizada com equipe multiprofissional e interdisciplinar dirigida à população em território definido, sobre as quais as equipes assumem responsabilidade sanitária.[11]

Os hospitais são instituições complexas, com densidade tecnológica específica, de caráter multiprofissional e interdisciplinar, responsável pela assistência aos usuários com condições agudas ou crônicas, que apresentem instabilidade potencial e complicações de seu estado de saúde, exigindo-se assistência contínua em regime de internação e ações que abrangem a promoção da saúde, a prevenção de agravos, o diagnóstico, o tratamento e a reabilitação.[12]

As ILPI são instituições "governamentais ou não governamentais, de caráter residencial, destinadas a domicílio coletivo de pessoas com idade igual ou superior a 60 anos, com ou sem suporte familiar, em condição de liberdade e dignidade e cidadania".[13]

A abordagem nesse capítulo enfocará as UBS-ESF, já que são as organizações de saúde que o Ministério da Saúde investe como reorientadoras da atenção primária à saúde brasileira nas RAS, e os hospitais, pela complexidade de sua infraestrutura e operacionalidade no sistema de saúde. As ILPI, as clínicas e os sistemas de internação domiciliar possuem características de gestão muito peculiares próximas das estruturas da atenção básica ou dos hospitais.

## 3.2.2 Processo administrativo

As funções básicas da administração que prevalecem na atualidade são planejar, organizar, dirigir e controlar, por meio das quais é possível realizar o processo administrativo ao operacionalizar o planejamento, a tomada de decisão, o desempenho eficiente e eficaz (ou efetivo), o acompanhamento e o controle produtivo, o estímulo e a motivação pessoal e grupal, bem como em treinamentos especializados. Essas funções constituem o processo administrativo.[7,8]

O planejamento aborda a determinação de objetivos e metas para o desempenho organizacional futuro, e decisão de tarefas e recursos utilizados para alcance daqueles objetivos.[3]

A organização é a ação de estruturar uma organização, com pessoas e equipamentos capazes da realização do trabalho, por meio do processo de designação de tarefas, de agrupamento destas em departamentos e de alocação de recursos para os departamentos,[3] ou seja, como o trabalho é estruturado, dividido e sequenciado.[7]

Por meio da direção influencia-se outras pessoas para que realizem suas tarefas de modo a alcançar os objetivos estabelecidos, envolvendo energização, ativação e persuasão. Atualmente, sob a influência dos trabalhos de Peter Drucker[1], essa função passou a dar mais ênfase à liderança, que é uma condição e/ou qualificação da direção, para torná-la mais eficaz.[3,7]

O controle é a função que se encarrega de comparar o desempenho atual com os padrões predeterminados, isto é, com o planejado, objetivando assegurar a realização dos objetivos e de identificar a necessidade de modifica-los.[2,3]

## 3.2.3 Eficiência, eficácia e efetividade

Na gestão de qualquer organização, é importante identificar se a mesma está indo em direção à realização de suas propostas/objetivos/metas ou se está fazendo outro caminho não especificado/não esperado,[14] o que implica desempenhos capazes de atender às necessidades dos clientes, assegurando simultaneamente o aumento da qualidade e da inovação, bem como a redução de custos. Dessa forma, o ato de verificar e mensurar os resultados da execução das operações organizacionais é chamado de gestão do desempenho[15] e, para isso, utiliza-se de três conceitos fundamentais: a eficiência, a eficácia e a efetividade.[14]

Toda organização, por meio de seus administradores, gestores e gerentes, busca ser eficiente e eficaz, tornando-se, assim, efetiva.[6]

O termo eficiência está relacionado à otimização de recursos, enquanto eficácia diz respeito ao resultado positivo alcançado. Em outras palavras, diz-se que eficiência é fazer bem o processo e eficácia é atingir os objetivos esperados.[6]

Quando uma organização consegue executar bem seus processos e atingir os objetivos almejados, que é a situação ideal, torna-se uma organização efetiva. Portanto, o termo efetividade é empregado ao

---

1 Peter Ferdinand Drucker (1909-2005) foi um visionário e estudioso austríaco considerado o pai da administração moderna. A sua atuação em diferentes profissões (jornalista, conferencista, escritor, economista, analista financeiro e professor) e em diferentes culturas permitiu a concepção de ideias inovadoras sobre gestão moderna, ampliando o campo de atuação da administração para além do âmbito organizacional, passando, também, a ser considerada ciência social e humanista, cujos pilares se relacionavam com a história, filosofia, psicologia, economia, matemática e teoria política. Outras informações consulte a página do Instituto Drucker <www.drucker.institute>.

estado alcançado pela organização que é eficiente e eficaz.[6]

## 3.2.4 Administração

A palavra administração vem do latim administrativo, de ad-ministro – auxílio, ajuda, assistência, direção, governo[16] – e é aplicada ao processo de comando dos diversos recursos (materiais, humanos, físicos e financeiros) de uma organização nas diversas atividades organizacionais, referentes à rotina da funcionalidade da organização, de ordem estratégica e/ou de cumprimento de objetivos e metas estipuladas, a partir da utilização dos pilares principais do processo de administrativo, quais sejam: planejamento, organização, direção e controle.[2,7]

O administrador tem o papel de tratar dos aspectos gerais de uma organização, com um olhar macro, levando em conta a organização como um todo integrado, assim como os rumos que esta deverá seguir. É necessário ter ampla visão de recursos humanos e financeiros, condições ambientais, produção, marketing, entre outros. Para exercer o papel de administrador é necessária a obtenção de um grau acadêmico em Administração, que o habilita a obter o licenciamento em órgão fiscalizador profissional, Conselho Regional de Administração.[4,5]

Resumindo, a administração é a responsável pelo destino da organização como um todo. Assim, engloba o que se chama de alta administração. Sem o apoio desta, os departamentos e/ou projetos ficam comprometidos.[5]

## 3.2.5 Governança

O termo governança surgiu a partir de reflexões conduzidas principalmente pelo Banco Mundial, na década de 1990, com o objetivo de aprofundar o conhecimento das condições que garantem um Estado eficiente. A partir de então, houve um deslocamento do foco da atenção das implicações estritamente econômicas da ação estatal para uma visão mais abrangente, envolvendo as dimensões sociais e políticas da gestão pública. Dessa forma, a competência governamental não seria avaliada apenas pelos resultados das políticas públicas, mas, também, pela forma pela qual o governo exerce seu poder.[7]

Segundo o Banco Mundial, a governança é o exercício do poder na administração dos recursos sociais e econômicos de um país, com vistas ao seu desenvolvimento. No entanto, esse termo tem sido utilizado na ciência da administração, por meio da variante governança corporativa, para designar um conjunto de regras, princípios, determinações e costumes, que funcionam como um marco regulatório para os conselhos administrativos, levando

GESTÃO EM ENFERMAGEM    61

em consideração os objetivos organizacionais, além dos diversos interesses dos acionistas, arbitrando os conflitos entre estes, os administradores, os auditores externos, os conselhos fiscais e os *stakeholders* (todos os públicos de interesse, como empregados, fornecedores, credores, clientes e autoridades).[7,8]

Assim, a governança corporativa tem o papel de balizar a credibilidade institucional, tendo o objetivo de recuperar e/ou garantir a confiança da organização para os acionistas e para o ambiente externo.[7]

No campo da saúde não foi muito diferente. Nos anos 1990, muitos profissionais de saúde da Inglaterra observaram que as discussões nas reuniões de gestão do sistema de saúde britânico eram dominadas por questões financeiras e metas de atividades, o que motivou a busca de um novo estilo de gestão que corrigisse esse desequilíbrio. A partir disso, as organizações de saúde tiveram o dever estatutário de buscar a melhoria da qualidade por meio dos princípios da governança. Nasceu, então, o conceito de governança clínica. Esta é conceituada como um sistema pelo qual as organizações de saúde são responsáveis por melhorar continuamente a qualidade de seus serviços e salvaguardar os altos padrões de atendimento, criando um ambiente no qual a excelência no atendimento clínico florescerá.[17]

Nesse sentido, a governança em enfermagem pode ser compreendida como um sistema, envolvendo a articulação entre os papéis de atenção, gestão, educação e de pesquisa do enfermeiro, na busca contínua da melhoria qualidade dos serviços prestados a clientela e das organizações de enfermagem, por meio do desenvolvimento sucessivo das suas ações.

## 3.2.6 Gerência

O termo gerência, que vem do latim *gestum*, de *gero* – assumir; encarregar-se de; fazer cumprir, exercer, realizar,[16] é empregada para designar ações setoriais, que ocorrem nas mais diversas áreas organizacionais, podendo acontecer em relação aos processos, às pessoas, aos projetos, às operações etc.[7,8] Nesse sentido, a gerência é a ferramenta específica, a função específica, o instrumento específico, para tornar as organizações capazes de produzir resultados.[4]

Dessa forma, o gerente, formado ou não em Administração, é aquele que desempenha funções restritas ao seu campo de atuação ou departamento, sendo, então, um dirigente departamental, podendo também acumular funções de gerenciais em outros setores, algo viável em pequenas e médias organizações. Assim, os gerentes são supervisores de primeira linha, não sendo comumente esperados que planejem e organizem. Deles, são esperados que atuem de acordo com os objetivos estabelecidos por outros. Os gerentes geralmente têm um relacionamento vertical com aqueles que gerenciam e com aqueles a quem obedecem, caracterizando um processo de trabalho com relações de subordinação.[5,18]

Essencialmente, o papel dos gerentes é orientar a equipe de trabalhadores para a realização das metas. Todas as organizações existem para algum propósito ou objetivo, e os gerentes têm a responsabilidade de usar recursos organizacionais para garantir que estas atinjam seus propósitos. Os gerentes, mantendo os objetivos organizacionais claros em todos os momentos, esforçam-se para incentivar a atividade individual que levará à um melhor desempenho de uma equipe, e, ao mesmo tempo, desencorajar atividades individuais que dificultam a realização dessas metas.[19]

O gerenciamento é amplamente transacional ou transformacional, de modo que o gerente normalmente informa ou incentiva os funcionários sobre a natureza do trabalho, a direção que esse trabalho deve tomar e como ele afeta a organização, e sobre as funções críticas para as atividades do trabalho. Utiliza a motivação do trabalhador, o treinamento necessário e as expectativas de desempenho para fazer bem o trabalho.[18]

## 3.2.7 Gestão

O termo gestão, que vem do latim *gestio*, também derivada de *gero* – mas no sentido de: ação de dirigir, administrar, gerenciar, produzir, criar, gerar[16] –, pressupõe a operacionalização de um conjunto de ações voltadas para a garantia da efetividade de todos os recursos disponibilizados pela organização, com vistas a atingir os objetivos organizacionais.[7]

Na visão sistêmica da organização, a gestão é um subsistema central que promove a integração funcional da organização e interliga os demais subsistemas, no qual o gestor gere mais do que "forças" ou "fatos", é mais do que ser o "responsável pelo trabalho de outras pessoas". É o processo de planejar, organizar, integrar, liderar, avaliar e desenvolver pessoas, usando os recursos organizacionais disponíveis para atingir as metas pré-definidas.[4,8]

Assim, gerir é atingir os objetivos da organização, da melhor forma possível, ao valorizar o conhecimento e as habilidades das pessoas que trabalham dentro da organização. Portanto, o gestor deve ter a capacidade de manter a sinergia entre o grupo, a estrutura e os recursos já existentes.[4]

Não seria, portanto, exagero ressaltar que o primeiro critério para identificar as pessoas dentro de uma organização que têm responsabilidade de gestão não é o comando sobre as pessoas, mas a responsabilidade pela contribuição. Função, ao invés de poder, tem que ser o critério distintivo e o princípio organizador da gestão, embora, dentro do grupo de gestão, haja pessoas cuja função inclui a função gerencial tradicional, responsabilidade pelo trabalho de outros.[4] Os gerentes têm subordinados; os líderes têm parceiros.[18]

O gestor, formado ou não em Administração, não faz nada de diferente do administrador ou do gerente, porém, tem a responsabilidade de exercer o papel com mais engenhosidade, ou seja, seu desempenho deve refletir uma prática permeada por inovação, empreendedorismo e criatividade. Dessa maneira, o gestor da atualidade deve ir mais além e compreender a parte técnica e a administrativa no que diz respeito ao planejamento e aos rumos da empresa.[4,5]

A gestão se concentra na análise e na síntese de problemas, decompondo-os em componentes ou elementos analisando-os, para, em seguida, fazer o movimento inverso de síntese ao combinar e integrar numerosos elementos ou componentes com o objetivo final de observar o sistema atuando e interagindo como um todo, de forma que represente o estado desejado.[18]

Na área de saúde, pode-se dizer que, quando o pessoal de setor de Recursos Humanos de uma organização coloca a folha de pagamento para rodar no sistema administrativo, está fazendo a administração pura, ou seja, atividades tecnicistas, legal e previamente determinadas, que não podem ser modificadas ou que não requerem maior adaptação a condições situacionais. Além disso, na língua portuguesa, o vocábulo administração parece impregnado de algo arcaico e pesado, enquanto o termo gestão soa como moderno e flexível.[5]

Por outro lado, quando o enfermeiro está desenvolvendo seus papéis educacionais de acordo com as necessidades específicas da sua equipe e da organização, quando está elaborando uma escala de pessoal, quando está fazendo o acompanhamento e a avaliação dos membros da equipe de enfermagem, ele está fazendo gestão de recursos humanos, gestão de pessoas.

Dessa forma, é possível inferir que gestão é algo superior à administração e essa afirmação pode ser apropriada no sentido ao qual o termo gestão vem sendo utilizado, ou seja, por envolver mais técnica, habilidade e engenhosidade. Contudo, considerando a estrutura hierárquica dentro das organizações, a administração permanece acima da gestão.[5]

Assim, no papel administrativo do enfermeiro, a função de gestor é mais coerente, não pelo nome ou pela impressão de que esse soa mais moderno, mas pela especialidade que o termo sugere, embora, na realidade, qualquer enfermeiro que tenha um papel de gestor tem de combinar os papéis de administração, gestão e gerência se quiser fazer seu trabalho com mais efetividade.[20]

De uma maneira compatível com os significados gerais dos termos expostos, na esfera do Sistema Único de Saúde, conforme a legislação vigente, são gestores do SUS os responsáveis pelo SUS em cada esfera de governo: sistemas de saúde municipais, estaduais, federal e do Distrito Federal. A partir da 11ª Conferência Nacional de Saúde, foram considerados gestores de saúde estaduais, municipais e de serviços de saúde os gestores de Unidades Básicas de Saúde, principalmente no que tange aos processos de planejamento local e gerenciamento participativo com trabalhadores e usuários, à luz do controle da sociedade sobre o SUS. Aos responsáveis por unidades ou estabelecimentos em qualquer grau de complexidade, que prestam serviços de saúde, foi atribuída a função de gerência, em conformidade com a NOB-SUS/96.[21]

## 3.2.8 Gestão em enfermagem

Diante do exposto, define-se a gestão em enfermagem como um papel do enfermeiro para a operacionalização engenhosa de um conjunto de ações (planejamento, organização, integração, liderança, avaliação e desenvolvimento de pessoas) voltadas à garantia da efetividade do cuidado profissional, promovendo a integração funcional da organização de saúde, interligando os demais papéis do enfermeiro (atenção, educação e pesquisa) e usando os recursos organizacionais disponíveis para atingir as metas pré-definidas.

## 3.3 MODELOS DE GESTÃO

A sociedade está institucionalizada e composta por organizações cada vez mais complexas. Todas elas, sejam de fins lucrativos ou não, são constituídas por pessoas e recursos não-humanos, nas quais tanto as pessoas necessitam do trabalho para melhor viver, como as empresas necessitam dessa força de trabalho para se manterem ativas.[22]

Nesse contexto, as organizações de saúde, assim como qualquer outra, precisam ser administradas, geridas e gerenciadas, exigindo profissionais cada vez mais capazes de analisar as demandas sociais e institucionais e otimizar os recursos disponíveis para atingir as metas pré-definidas. Dessa forma, o enfermeiro também deve incorporar os conhecimentos da ciência da administração no desenvolvimento da construção do seu saber.

Por ser uma ciência social aplicada, a Administração vem se desenvolvendo ao longo dos séculos, acumulando e praticando um cabedal de teorias que não foram criadas somente por importantes cientistas da administração e suas correntes de pensamento administrativo, mas como resultado histórico e integrado da contribuição de diversos

GESTÃO EM ENFERMAGEM 63

precursores, filósofos, físicos, economistas, estadistas e executivos que imprimiram enfoques diferenciados em função das épocas, das atividades e das necessidades das organizações.[3,22,23]

Em uma perspectiva histórica, o estudo das teorias administrativas foi organizado em quatro grandes fases distintas. A primeira é chamada de Fase Teocrática, na qual se acreditava que os administradores eram profetas ou considerados mandatários divinos.[24] A segunda é a Fase Empírico-Prática, pois os administradores agiam empiricamente, de acordo com o que consideravam correto e com as experimentações que realizavam. Procuravam repetir atos e fatos que apresentavam bons resultados, evitando aqueles cujos efeitos eram considerados ruins.[24] A terceira, Fase Científica Precursora, teve precursores no período da antiguidade, das idades média, moderna e contemporânea. Nessa fase, os administradores passaram a tomar consciência da relação causa e efeito do fenômeno administrativo, podendo, inclusive, prever as consequências e os resultados, bons ou maus, de sua atuação conforme a observância, sob determinadas condições, das leis e/ou princípios administrativos. Com isso, os administradores passaram a poder intervir no processo administrativo, a fim de buscar o melhor resultado.[24] E, finalmente, temos a Fase Científica. Nela, a administração definitivamente passa a ser tratada como ciência, partindo para a realização de experimentos e conclusões com base em estudos científicos. As variáveis tarefa, pessoas, estrutura, ambiente e tecnologia compõem todo o estudo das teorias dessa fase, na qual todas as escolas e as teorias se destacaram enfatizando uma dessas variáveis.[24]

Este capítulo não se propõe a expor as teorias administrativas de maneira individualizada e pormenorizada, sendo, portanto, apresentado o conhecimento teórico sobre a gestão de maneira integrada e agrupada por enfoques, aqui denominados Modelos de Gestão. Dessa forma, o arcabouço teórico da administração será exposto ao discutir a evolução desses modelos e compreendido na atualidade. Para isso, os escritos a seguir foram baseados pela obra *Becoming a master manager: a competing values approach*, de Robert Quinn e colaboradores.[25]

Além disso, no estudo dos modelos de gestão, deve-se sempre lembrar que não há uma teoria administrativa perfeita, o que torna esses modelos também imperfeitos, e exatamente por isso surgem novos estudos que se adaptam à realidade das organizações, conforme o momento vivido por elas.[6]

## 3.3.1 Evolução dos modelos de gestão

Nesta seção, abordaremos resumidamente os quatro principais modelos de gestão, considerando as teorias administrativas que os embasaram, sua ênfase, os processos e as atitudes adotadas quando o desempenho organizacional não é o esperado.

### Modelo de Meta Racional

Nesse modelo está a primeira teoria, a Teoria da Administração Científica, de Taylor, que tratou a administração como ciência, formando a chamada Escola Clássica da Administração. Sua abordagem foi quase exclusivamente voltada para a anatomia da organização formal, que, por sua vez, era vista como um meio racional para realizar as metas e os objetivos,[3] formando como critérios definitivos da eficácia organizacional a produtividade e o lucro. Para isso, os princípios foram voltados à estrutura formal e aos processos das organizações. Além disso, as pessoas eram vistas como instrumentos de produção e utilizadas para alcançar a maximização dos resultados no desempenho organizacional: o lucro.[24,25]

Para garantir que essas metas sejam alcançadas, espera-se que administradores, gestores e gerentes sejam decisivos e orientados a tarefas, considerando a organização como um mecanismo para controlar aquelas forças que desgastam a colaboração humana. Nesse contexto, se um funcionário, por exemplo, estiver produzindo com eficiência de apenas 80%, a decisão apropriada é substituir o funcionário por outro que seja 100% eficiente.[3,25]

Os preceitos do modelo de meta racional influenciaram densamente, e continuam influenciando, as organizações de saúde e particularmente o trabalho de enfermagem, o qual, segundo esse modelo, acontece de forma hierarquizada e considera muito pouco os elementos das relações interpessoais. Dessa forma, o trabalho torna-se rotineiro, pouco criativo e não contempla a satisfação dos profissionais.[26]

O exercício da gestão de enfermagem também foi fortemente influenciado por esse modelo de gestão, já que, ainda hoje, frequentemente encontramos práticas tayloristas de gestão do cuidado profissional, na qual o "como fazer" tem sido uma preocupação constante da enfermagem enquanto prática profissional, pois a divisão do trabalho, aliada à padronização das atividades, em que para cada elemento executor é determinado um ou mais tipos de tarefas, tem norteado o cotidiano da profissão, como:[27]

- divisão do trabalho aliada às padronizações das tarefas;
- escalas diárias por distribuição de atividades, que estabelecem um método de trabalho funcionalista, típica da fase mecanicista desse modelo.

Influenciado por esse modelo, o elemento executor se distancia do todo integrado para se ater a uma parte, que é a tarefa. Assim, esse elemento executor se afasta da assistência integral, caracterizada por planejamento, execução e avaliação das ações que integram a atenção à saúde, independentemente da gravidade do cliente.[27]

## Modelo de processo interno

Esse modelo é representado pela Teoria Administrativa, de Fayol, e pela Teoria da Burocracia, de Max Weber, que, em conjunto com a Teoria da Administração Científica, formam as três correntes da perspectiva clássica da administração. Surpreendentemente, essas três escolas se desenvolveram de maneira independente, nas quais as organizações têm sido vistas, em larga escala, como estruturas mecanicistas.[24]

Dessa forma, o modelo de processo interno é complementar ao modelo de meta racional. Sua abordagem foi direcionada pela crença de que a rotinização conduz à estabilidade. Para isso, a ênfase está nos processos como definição de responsabilidades, medição, documentação e manutenção de registros. Além disso, o clima organizacional é hierárquico e todas as decisões são permeadas por regras, estruturas e tradições existentes. Nesse contexto organizacional, espera-se que administradores, gestores e gerentes sejam especialistas técnicos e altamente confiáveis, utilizando a coordenação e o monitoramento dos fluxos de trabalho para alcançar a maximização da eficiência e da efetividade organizacional. Para garantir que essas metas sejam alcançadas, são aplicadas várias políticas e procedimentos para aumentar o controle se a eficiência de um funcionário diminuir.[25]

Os preceitos da Teoria Administrativa são reflexos da perseverança de Henri Fayol (1841-1925) de anotar tudo o que ocorria na organização em que trabalhou. Assim, foram elaborados os 14 princípios gerais da administração e as funções básicas da administração (planejar, organizar, dirigir e controlar), aplicáveis a qualquer organização para se obter mais eficiência organizacional.[3,28] As relações entre empregadores, administradores, gestores, gerentes e funcionários mudaram desde então, assim como a terminologia usada naquela época. No entanto, os *insights* de Fayol continuam relevantes até hoje.[20]

De acordo com os princípios gerais da administração, administradores, gestores e gerentes deverem:[20]

■ buscar eficiência por meio da divisão do trabalho;
■ exercitar a autoridade e a responsabilidade;
■ exercitar a disciplina da equipe;
■ assegurar-se de que a unidade de comando exista;
■ proporcionar unidade de direção para todos os funcionários;
■ subordinar suas necessidades e as de sua equipe às necessidades da organização;

■ garantir que os funcionários sejam remunerados de forma justa;
■ coordenar as principais atividades por meio da centralização;
■ assegurar-se de que haja uma cadeia de comando clara dentro da organização (hierarquia);
■ gerenciar o fornecimento de recursos humanos e outros (ordem);
■ garantir a equidade de tratamento para todo o pessoal;
■ proporcionar segurança de emprego, tanto quanto possível;
■ incentivar a iniciativa do pessoal;
■ estabelecer senso de espírito de equipe.

A defesa de que a eficiência organizacional somente seria um fato se existissem regras e normas a serem rigorosamente seguidas também foi compartilhada pelo sociólogo Max Weber (1864-1920), com a Teoria da Burocracia. Para Weber, a sociedade vive e segue um conjunto de regras em conformidade com os conceitos e a moralidade do próprio grupo social. Com efeito, para ele, as organizações, sendo um grupo social, também deveriam ter suas regras estabelecidas como um todo.[6]

Com os estudos sistemáticos da burocracia, Weber concebeu o que seria a burocracia ideal, cujas consequências desejadas se resumem na previsibilidade do seu funcionamento no sentido de obter a maior eficiência da organização. Procurou estabelecer estrutura, estabilidade e ordem às organizações por meio de uma hierarquia integrada de atividades especializadas e definidas por regras sistemáticas, contendo as seguintes características: divisão do trabalho, hierarquia de autoridade, racionalidade, regras e padrões, compromisso profissional, registros escritos e impessoalidade.[3]

No entanto, a burocracia apresentou consequências não previstas quando foi concebida, que levam a burocracia à ineficiência e às imperfeições, às quais nomeou disfunções da burocracia: internalização das regras e apego aos regulamentos, excesso de formalismo e papelório, resistência a mudanças, despersonalização do relacionamento, categorização como base do processo decisorial, super conformidade às rotinas e aos procedimentos, exibição de sinais de autoridade, dificuldade no atendimento a clientes e conflitos com o público. Com essas disfunções, a burocracia torna-se esclerosada, fecha-se ao cliente, que é seu próprio objetivo, e impede a mudança, a inovação e a criatividade.[23]

A partir do conhecimento dos preceitos do modelo de processo interno, observa-se que as organizações de saúde, notadamente os hospitais, acompanhando os princípios da administração científica, foram afetadas em seu processo de trabalho com a manutenção e o fortalecimento da separação entre concepção e execução. Ou seja, divisão entre o trabalho intelectual, que pode ser representado pelo trabalho médico perante a equipe de saúde, e pelo trabalho do enfermeiro diante da equipe de enfermagem, e entre o trabalho manual, representado pela equipe de enfermagem, notadamente pelos trabalhadores de nível médio.[26]

Ao considerar o modelo assistencial proposto pelo SUS, o modo de produção do trabalho organizado pelos preceitos do modelo de processo interno, bem como o de meta racional, observa-se fortes incompatibilidades, já que o trabalho proposto pelo SUS é acondicionado à integralidade e à equidade da atenção, pautado na subjetividade dos sujeitos e na participação social de cidadãos, não contemplando, assim, a divisão humana do trabalhador e do paciente.[26]

Na enfermagem, a valorização de normas e regras se apresenta como umas das maiores influências do modelo de meta racional. O que "constitui um dos fatores que tem contribuído para uma prática administrativa estanque, baseada em regras e normas obsoletas com poucas perspectivas de mudanças. Percebe-se que a administração na enfermagem sofre o mal de uma disfunção da Teoria Burocrática".[27]

## Modelo de Relações Humanas

Esse modelo surgiu com base na abordagem clássica da administração (modelos de meta racional e de processo interno) a partir de movimentos intitulados "enfoque no elemento humano", alicerçado na psicologia, e "enfoque no comportamento coletivo", de alicerce sociológico. Esses movimentos de predominância psicológica e os respectivos estudos de inter-relacionamento formaram a chamada Escola Neoclássica da Administração.[3]

Nesse modelo, a máquina e o método saem de cena, cedendo espaço à dinâmica de grupo.[6] Assim, a ênfase principal passa a ser o compromisso, a coesão e a moral, tendo como destaques a igualdade e a abertura, e como valores principais a participação, a resolução de conflitos e a criação de consenso. O clima organizacional passou a ser orientado à equipe, de uma maneira semelhante a dinâmica de um clã, na qual a tomada de decisão é caracterizada por um profundo envolvimento. Em um contexto organizacional com tais particularidades, quando a eficiência de um funcionário e/ou equipe diminui, assume-se uma perspectiva de desenvolvimento e analisa-se um conjunto complexo de fatores motivacionais para maximizar a eficiência e a efetividade organizacional. Assim, espera-se que administradores, gestores e gerentes sejam empáticos e abertos às opiniões dos funcionários, adotando como atividades principais, entre outras, orientar pessoas e facilitar os processos de grupos e equipes.[25]

Esse modelo das relações humanas é representado, inicialmente, pelas Teorias de Transição, tendo como principais autores Mary Parker Follet e Chester Irving Barnard, que anteciparam a compreensão de como a organização formal e a parte das relações humanas poderiam ser integradas. Assim, as Teorias de Transição precederam outras teorias do modelo das relações humanas: a Escola das Relações Humanas, a Escola Comportamentalista e a Teoria Estruturalista.[3,6]

Mary Parker Follet (1868-1933) discutia sobre a importância do trabalho em equipe e a gestão de conflitos nas organizações, partindo da premissa de que a interação entre as pessoas, no ambiente corporativo, é inevitável e essencial, e defendendo que o homem é movido por desafios, pois o desejo humano pelo desenvolvimento é proporcional às responsabilidades assumidas.[29]

Chester Irving Barnard (1886-1961), por sua vez, foi o criador da Teoria da Cooperação, como resultado dos seus estudos sobre a cooperação na organização formal. Partiu da premissa de que nenhum trabalhador é capaz de executar sozinho todas as atividades, a cooperação surge da necessidade humana de ajudar e obter ajuda com a finalidade de atender aos objetivos individuais e organizacionais. Dessa forma, defendeu ser fundamental a cooperação para a sobrevivência das organizações, que precisam equilibrar um conjunto complexo de forças físicas, biológicas e sociais.[30]

A Escola das Relações Humanas surgiu em decorrência das experiências de Hawthorne, desenvolvidas por Elton Mayo (1880-1949), com o intuito de humanizar o ambiente de trabalho, por meio da ênfase nos aspectos emocionais do comportamento das pessoas, promovendo a integração entre trabalhador e organização. Dessa forma, apresentou-se como uma oposição às demais teorias existentes, destacando que o funcionário necessita muito mais do que métodos científicos de trabalho para ser produtivo.[31]

Como resultado de seus experimentos, os investigadores de Hawthorne descobriram que não houve correlação entre produtividade e condições de trabalho, pois a produtividade não subiu nem diminuiu significativamente quando as condições foram degradadas ou melhoradas. Em contrapartida, o sentimento de pertencer a um grupo foi o fator motivacional mais importante dos trabalhadores. Eles temiam ser excluídos do grupo ou deixar seus companheiros de lado com trabalho de má qualidade e fizeram tudo o que puderam para ser vistos como bons. Frequentemente, esses grupos eram de natureza informal e, ainda assim, exerceram enorme influência sobre o comportamento dos membros. A produtividade aumentou como resultado de conversas entre pesquisadores e gestores com a equipe, pedindo seus pontos de vista e tratando-os como indivíduos e não apenas como contratados.[20,31]

A Escola Comportamentalista teve origem como um desdobramento de Teoria das Relações Humanas, surgindo como uma tentativa de consolidar o enfoque social nas teorias administrativas, ao trazer um novo direcionamento com maior valorização do comportamento das pessoas, ao considerar que um trabalhador satisfeito nem sempre seria um trabalhador produtivo. Teve como principais objetos de estudo a dinâmica de grupo (por Kurt Lewin), comportamento (por Hebert Simon), motivação (por Abraham Maslow e Frederick Herzberg), liderança (por Douglas McGregor), e a organização informal. Assim, estava fortemente envolvido com os preceitos do que hoje conhecemos como comportamento organizacional.[3,6]

A Teoria Estruturalista da administração considera que a alienação e o conflito são inevitáveis e ocasionalmente desejáveis. Surgiu a partir da crítica sobre as teorias da escola clássica e, principalmente, da Escola das Relações Humanas. Nesta última, ao analisar a visão de "harmonia" proposta por seus autores, os estruturalistas reconheceram, pela primeira vez, o dilema da organização:[32]

> [...] as tensões inevitáveis - que podem ser reduzidas, mas não eliminadas - entre as necessidades da organização e as necessidades de seu pessoal; entre a racionalidade e a irracionalidade; entre disciplina e autonomia; entre relações formais e informais; entre administração e trabalhadores ou, mais genericamente, entre posições e divisões. (p. 68)

Os estruturalistas, a fim de atender aos tipos existentes de organização, ampliaram o alcance da análise organizacional ao estudarem também hospitais, prisões, igrejas, exércitos, serviços de assistência social e escolas, diferentemente da Escola das Relações Humanas, que concentrava em organizações industriais e comerciais.[32]

Além disso, incorporaram ao estudo das organizações todos os fatos que influem em sua totalidade, tanto internos como externos, e submetendo-os a uma análise comparativa e global, reconhecendo sua interligação, interpenetração e interação. Qualquer modificação ocorrida em uma parte da organização afeta todas as outras, assim, foi a primeira abordagem a reconhecer o conceito de sistema aberto.[3]

Observa-se que a gestão em enfermagem foi influenciada pelos preceitos do modelo das relações humanas. A partir desse modelo, a liderança surge como forte estratégia de condução de grupo, a comunicação e a motivação do pessoal entre os membros da equipe de enfermagem e entre a equipe multiprofissional foi sendo evidenciada como fator relevante para a continuidade e a otimização da atenção de enfermagem.

Destacam-se as contribuições dos estudos de Maslow para o arcabouço teórico da enfermagem. A Teoria da Necessidades Humanas influenciou a elaboração e a organização de várias Teorias de Enfermagem. No tocante à gestão de pessoal, ainda encontramos a adoção de estilos de lideranças compatíveis com a Teoria X, de McGregor, com sistema coercitivo, ou seja, centralização das decisões, relacionamentos informais e comunicações verticalizadas, assim como a Teoria Y com sistema participativo, na qual as decisões são delegadas aos níveis hierárquicos e o trabalho é realizado em equipe.

## Modelo de Sistema Aberto

O modelo de sistema aberto mescla quatro teorias: a Teoria de Sistemas, a Teoria das Contingências, o Desenvolvimento Organizacional e a Administração por Objetivos. Essas teorias compõem a denominada "abordagem moderna da administração".

Nesse modelo, evidencia-se a necessidade da organização em competir em um ambiente ambíguo e competitivo. A ênfase está na responsabilidade e na flexibilidade organizacional, favorecendo mudanças rápidas em reação às mudanças ambientais. A organização tem um clima inovador, supondo que adaptação e inovação contínua levam à aquisição e manutenção de recursos externos. Do administrador, gestor e gerente, espera-se que sejam criativos e inovadores, usando poder e influência para iniciar e sustentar a mudança na organização, na qual os principais processos são adaptação política, resolução criativa de problemas, inovação e gerenciamento da mudança. Nesse contexto, se a eficiência de um funcionário diminuir, o fato pode ser considerado resultado de longos períodos de trabalho intenso, sobrecarga de estresse e, talvez, um caso de exaustão.[25]

A Teoria dos Sistemas é uma extensão da perspectiva humanista que descreve organizações como sistemas abertos caracterizados por entropia, sinergia e interdependência de subsistemas. Um sistema é um conjunto de partes inter-relacionadas que funcionam como um todo para alcançar um propósito comum; funciona adquirindo entradas do ambiente externo, transformando-as, de alguma forma, e descarregando-as como saídas de volta para o ambiente.[33]

Nas organizações, a Teoria dos Sistemas consiste basicamente em cinco componentes:

- Entradas são os recursos materiais, humanos, financeiros ou de informação usados para produzir bens e serviços.
- O processo de transformação é o uso da tecnologia de produção pela administração para transformar as entradas em saídas.

- As saídas incluem os produtos e os serviços da organização.
- O *feedback* é o conhecimento dos resultados que influenciam a seleção de insumos durante o próximo ciclo do processo.
- O ambiente que envolve a organização inclui as forças sociais, políticas e econômicas, observadas anteriormente neste capítulo.[33]

Algumas ideias na Teoria de Sistemas afetaram significativamente o pensamento de gerenciamento. Eles incluem:
- sistema aberto, que interage com o ambiente externo;
- sistema fechado, que não interage com o ambiente externo;
- sinergia, que é o conceito de que o todo é maior que a soma de suas partes; e
- interdependências do subsistema, partes de um sistema que dependem umas das outras para o seu funcionamento.[33]

Nas perspectivas da ciência clássica e gerencial, as organizações eram frequentemente vistas como sistemas fechados. Na perspectiva da ciência gerencial, suposições de sistemas fechados – a ausência de perturbações externas –, às vezes são usadas para simplificar problemas para análise quantitativa. Na realidade, no entanto, todas as organizações são sistemas abertos e o custo de ignorar o ambiente pode ser um fracasso.[33]

A Teoria das Contingências é uma extensão da perspectiva humanista em que se pensa que a resolução bem-sucedida de problemas organizacionais depende da identificação dos gestores das principais variações na situação em questão, na qual cada situação é considerada única e nada é absoluto, ou seja, as ações administrativas são dependentes de forças externas. Contingência é algo que pode acontecer ou não; em outras palavras, são imprevistos. A visão de contingência nos mostra que não se atinge a eficácia organizacional seguindo um único e exclusivo modelo organizacional, pois o que funciona em uma configuração pode não funcionar em outra, de forma que as organizações precisam se adaptar, continuamente, às forças externas para atingir seus objetivos. Nesse contexto, a resposta de um gerente a uma situação depende da identificação de contingências-chave em uma situação organizacional.[33]

O desenvolvimento organizacional pode ser definido como um processo de mudanças culturais e estruturais, de maneira que a organização se torne permanentemente capaz de diagnosticar, planejar e implementar essas mudanças. Busca ajudar os gerentes a alcançarem um grau de síntese da organização e a colocar as muitas peças de um sistema complexo juntas, em uma melhor configuração possível.[3]

A área de Desenvolvimento Organizacional emergiu de quatro fontes:
- desenvolvimento de grupos de treinamento, que cresceu ao que hoje é conhecido como formação de equipes;
- desenvolvimento de pesquisa de entrevista e *feedback*, que consistia em estudar pessoas nos vários níveis organizacionais para conhecer suas atitudes, suas condições de trabalho, sua supervisão, seus salários e benefícios, entre outros;
- produtividade e qualidade de vida no trabalho, integrando interesses existentes na satisfação humana no trabalho com os aspectos técnicos que aumentam a eficiência e produtividade;
- a pesquisa-ação, ao considerar que os achados da pesquisa poderiam ser combinados com ação e, assim, favorecer que os participantes se tornem mais eficazes.[3]

De forma geral, o processo de mudança do Desenvolvimento Organizacional é baseado no modelo de Kurt Lewin (1890-1947) e é composto por três momentos:
- diagnóstico, no qual ocorre o "descongelamento" da situação, a interpretação dos dados e o diagnóstico propriamente dito;
- intervenção, na tentativa sistemática de correção de uma deficiência organizacional descoberta durante o diagnóstico; e
- acompanhamento, perpassando os períodos de avaliação do Desenvolvimento Organiza-cional e de manutenção das mudanças positivas, em que se exige um período de "recongelamento" para assegurar que as mudanças se tornem duradouras.[3]

A Administração por Objetivos é o berço da Gestão Estratégica e, até os dias de hoje, sua essência é praticada com sucesso, em um grande número de organizações.[6] Tem como principal referência Peter Drucker e consiste no processo administrativo de criar objetivos organizacionais que necessitam ser desmembrados em objetivos departamentais e operacionais, determinando para cada objetivo estabelecido a área e os profissionais responsáveis pelo seu sucesso, bem como a mensuração e o controle. Drucker considera que se a organização definir somente os objetivos organizacionais, ela corre o risco de não conseguir fazer com que todos os trabalhadores "vistam a camisa" da organização.[4,6]

Na área de saúde, o modelo de sistema aberto se faz presente na própria criação e organização do SUS, continuando a contribuir para o desenvolvimento desse sistema. Neste, são desenvolvidos programas e ações levando em consideração a realidade local, ou seja, a variável ambiental determinando as ações de saúde e determinando o emprego das tecnologias disponíveis para a realização dessas ações, tendo o enfermeiro, nesse contexto, como agente planejador e executor de destaque nesse processo.

Além disso, para operacionalizar principalmente um dos princípios organizativos do SUS, o da integralidade, determina-se o estabelecimento das Redes de Atenção à Saúde (RAS), na perspectiva de organizar e favorecer a integração das organizações de saúde para a formação de uma rede de cuidados visando à superação da fragmentação da atenção e da gestão em saúde.[34]

Observa-se a integração dos preceitos do modelo de sistema aberto na formação e no cotidiano de enfermeiros, no qual o emprego da metodologia do Planejamento e Programação Local de Saúde (PPLS) e da Trilogia Matusiana de Planejamento Estratégico é presença constante como um dos instrumentos administrativos das organizações de enfermagem.

Podemos considerar o serviço de enfermagem como um subsistema das organizações de saúde, com uma interdependência entre os diversos elementos internos da enfermagem e seu ambiente, pois a organização depende deste ambiente para adquirir recursos e oportunidades necessários à sua existência. O intercâmbio de ideias, propostas e conhecimentos sobre as condições de saúde com o ambiente externo fará com que a organização de saúde e o serviço de enfermagem se tornem cada vez mais efetivos.

Outro ponto a ser considerado é que o próprio processo de enfermagem deve refletir a essência do modelo de sistema aberto. Notadamente, o processo de enfermagem é representado como um conjunto de elementos ou componentes que se organizam em três partes: entradas, constituídos por indivíduo, comunidade, unidade de saúde, informações ambientais etc. "com problemas"; processos, representado pele execução das ações inerentes de cada momento do processo de enfermagem (investigação, diagnóstico, planejamento, implementação e avaliação); e saídas, formadas por indivíduo, comunidade, unidade de saúde, informações ambientais etc., "modificado",[35] como demonstra a Figura 3.1.

## Abordagem dos valores concorrentes

A abordagem de valores concorrentes na administração ressalta que nenhum dos quatro modelos de gestão discutidos anteriormente oferecem respostas satisfatórias em um mundo tão complexo, cheio de paradoxos, conectividade, sustentabilidade e em rápida transformação como o mundo atual, no qual soluções simples tornam-se suspeitas, o que torna claro que nenhum dos modelos de gestão existentes era adequado.[25]

Essa abordagem não se apresenta como um modelo de ruptura com os modelos anteriormente expostos. Pelo contrário, prega a substituição progressiva do uso isolado de cada um dos quatro modelos precedentes, que apesar de serem antagônicos são inter-relacionados entre si, por um modelo orgânico formado pela interação dos diversos modelos, estando embasada na ideia de que, para ser efetivo, o administrador, o gestor e o gerente devem navegar em um mundo cheio de paradoxos,[25] como apresentado no Quadro 3.1.

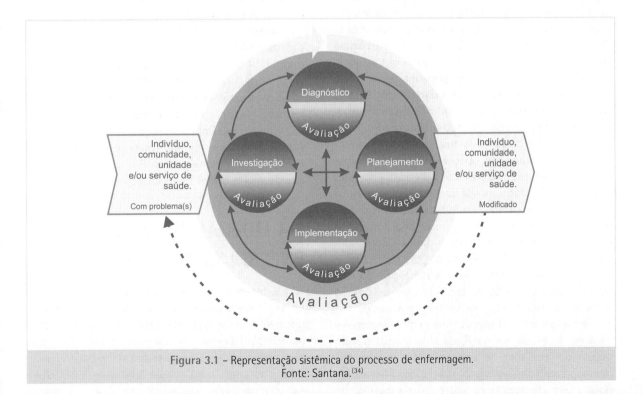

Figura 3.1 - Representação sistêmica do processo de enfermagem.
Fonte: Santana.[34]

**Quadro 3.1** – Integração e interrelação entre os modelos de gestão na abordagem dos valores concorrentes

| Evolução dos modelos de gestão | | | | | |
|---|---|---|---|---|---|
| Modelo | Meta racional | Processo interno | Relações humanas | Sistema aberto | Abordagem dos valores concorrentes |
| Foco | Tarefa | Estrutura | Pessoas | Tecnologia | |
| Bases teóricas | Teoria da Administração Científica | Teoria Administrativa Teoria da Burocracia | Teorias de Transição Escola das Relações Humanas Escola Comportamentalista Teoria Estruturalista | Teoria de Sistemas Teoria das Contingências Desenvolvimento Organizacional Administração por Objetivos | Ocorre a integração e a interrelação entre os elementos de todos os modelos de gestão |
| Ênfase | Busca por Resultados | Rotinização para produzir estabilidade | Compromisso Coesão Moral | Flexibilidade | |
| Valores | Lucro | Clima organizacional hierárquico | Participação Resolução de conflitos Criação de consenso | Responsabilidade | |
| Processos | Orientado à tarefas | Decisões por regras, estruturas e tradições | Promove desenvolvimento e motivação | Adaptação política Resolução criativa de problemas Inovação e gestão da mudança | |
| Quando eficiência diminui | Substitui | Aumenta o controle | Desenvolvimento e motivação | Resultado de longos períodos de trabalho intenso Sobrecarga Estresse, exaustão | |

Quinn[25] ressalta que situações complexas exigem respostas complexas e que, em geral, as organizações precisam tanto de estabilidade quanto de mudanças, sendo que estas não são consideradas mutuamente exclusivas. Essa conjectura foi, segundo o autor, a chave para desenvolver um modelo integrado, em que comportamentos contrastantes podiam ser necessários e desempenhados ao mesmo tempo. Dessa forma, a abordagem dos valores concorrentes considera cada um dos quatro modelos como elementos de um modelo integrado maior.

Nessa abordagem, os relacionamentos entre os modelos podem ser observados em dois eixos que se cruzam. Um eixo vertical, composto por dois valores: flexibilidade, na parte superior, e controle, na inferior; e outro eixo horizontal, com outros dois valores: um de foco organizacional interno, à esquerda, e um foco externo, à direita. Como demonstra a Figura 3.2, cada um dos quatro modelos de organização assume diferentes critérios de efetividade; no quadrante de cada modelo de gestão estão seus respectivos critérios de efetividade.[25]

Parafraseando Quinn,[25] na enfermagem, e na área de saúde em geral, os enfermeiros devem adotar um conjunto de valores diversificados que muitas vezes parecem ser contraditórios. Ao adotar abordagem de valores concorrentes na gestão em enfermagem, eles procuram maneiras de transcender o paradoxo e redefinir o que for possível. Dessa forma, deseja-se que as organizações de saúde sejam adaptáveis e flexíveis, mas também se deseja que sejam estáveis e controladas. Deseja-se que os processos internos sejam padronizados e eficientes, mas também se deseja que sejam capazes de mudar e inovar para que se possa adaptar as operações às condições externas em transformação. Deseja-se valorizar e respeitar os trabalhadores de saúde como os recursos mais importantes, mas também se deseja estabelecer planos e definir metas que provavelmente serão bastante exigentes. Em qualquer organização de saúde, todos esses interesses são válidos.

## 3.4 LIDERANÇA EM ENFERMAGEM

Liderança é um tópico enorme, que tem múltiplas interpretações e definições. Inicialmente, pode-se afirmar que liderança era frequentemente associada a figuras de autoridade individual, que exerciam o poder com base em sua posição hierárquica, ou com "heróis" que lideravam e obtinham muito impacto pessoal e organizacional. A liderança

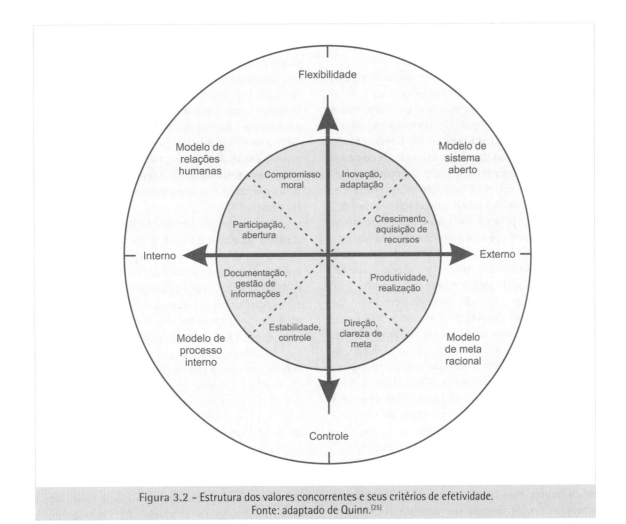

Figura 3.2 – Estrutura dos valores concorrentes e seus critérios de efetividade.
Fonte: adaptado de Quinn.[25]

também tem sido associada a traços, carisma, papéis, personalidade, comportamentos, ética e poder - a lista é quase infinita. Hoje, é vista de forma muito diferente, pois se dá muito mais ênfase em relacionamentos, influência, adaptabilidade e complexidade.[36]

A liderança é comumente definida como um processo de interação no qual o líder influencia os outros em direção à realização de metas. A influência é uma parte instrumental da liderança, pois os líderes influenciam os outros, muitas vezes inspirando, estimulando e engajando outras pessoas a participarem. Definir a liderança como um processo ajuda a entender melhor a liderança não tradicional, que é diferente de um líder em posição de autoridade, exercendo comando, controle e poder sobre os subordinados. O que isso significa para os enfermeiros como profissionais é que eles são líderes e exercem a liderança quando influenciam os outros em direção à realização de metas.[37]

O pensamento contemporâneo demonstra ênfase na liderança como uma atividade colaborativa e relacional, que gera abertura e confiança, com responsabilidade compartilhada, e não mais se concentra em uma pessoa como "chefe". Dessa forma, baseia-se em integridade, confiança, honestidade e colaboração com os outros profissionais da área da saúde para melhorar as organizações e o atendimento ao cliente.[36] Além disso, a liderança envolve o estabelecimento de uma direção, alinhando as pessoas por meio do empoderamento, motivando-as e inspirando-as a produzir mudanças úteis e alcançar as metas pessoais e organizacionais.[38]

Hoje em dia, a liderança eficaz se faz imprescindível para o sucesso do desenvolvimento de uma força de trabalho pronta para a concepção e a sustentabilidade de sistemas de saúde colaborativos. É por meio da aplicação de habilidades de liderança eficazes e comportamento de modelagem de papéis que os enfermeiros podem promover uma mudança de cultura dentro do sistema de saúde.[39]

A liderança pode ser formal, quando uma pessoa está em uma posição de autoridade ou em um papel sancionado e atribuído dentro de uma organização, como a de um especialista clínico em enfermagem;[40] como também pode ser informal, quando um indivíduo demonstra liderança fora do escopo de um papel de liderança formal, como um membro de um grupo e não o líder desse grupo. Os enfermeiros demonstram liderança informal quando defendem as necessidades do paciente ou quando tomam medidas para melhorar os cuidados de saúde.[41]

Em um ambiente de cuidados de saúde cada vez mais complexo e em constante evolução, nunca houve um momento mais crítico para analisar a eficácia da liderança. Nesse contexto, diversos autores sugerem que a necessidade de liderança nos cuidados de saúde se tornou agora uma prioridade, e vão mais além ao sugerir que não deve existir apenas a boa liderança, mas também é essencial um novo paradigma de liderança: um novo tipo de liderança que favoreça a construção culturas positivas no local de trabalho e que explorem o melhor das pessoas e apoiem a inovação, o empoderamento e o comportamento ético, de modo a assegurar o futuro dos cuidados de saúde com qualidade.[36]

Nos cuidados de saúde, isso provoca distanciamento de um modelo tradicional, de hierarquia e dominância, em direção a uma liderança compartilhada, colaborativa ou distribuída, respeitando e valorizando o papel que cada membro da equipe multiprofissional de saúde desempenha. Além disso, a liderança agora é menos sobre as capacidades de uma pessoa, e tornou-se de responsabilidade de todos os profissionais, independentemente de ocuparem ou não um papel formal de liderança ou diretivo.[36]

No atual ambiente de cuidados de saúde, a liderança da complexidade não é apenas uma nova maneira de liderar, mas também uma nova maneira de pensar, que é radicalmente diferente da abordagem linear, de cima para baixo, de comando e controle que muitas pessoas experimentaram na área da saúde e em outras organizações. Liderança da complexidade baseia-se na Teoria da Ciência da Complexidade e adota uma nova visão das organizações de saúde como sistemas adaptativos complexos.[42]

Os conceitos de ciência da complexidade informam uma nova visão de mundo de organizações e liderança não-linear, dinâmica, frequentemente incerta e com base em relacionamentos. Dessa forma, a liderança da complexidade defende que as pessoas, reunidas a partir de diversas disciplinas e modelos mentais, criarão as melhores estruturas para levar a organização à transformação. Como a prática de enfermagem é amplamente baseada em relacionamentos, muitos enfermeiros parecem entender isso intuitivamente.[42]

O enfermeiro líder de complexidade segue um estilo transformacional, autorreflexivo, colaborativo e com base em relacionamentos. Esse é o estilo que exemplifica a complexidade. Uma vez que a organização é vista sob uma perspectiva de complexidade, o enfermeiro líder não pode mais agir de maneira linear e autoritária; ao contrário, torna-se alinhado aos princípios da complexidade.[42]

Os líderes de enfermagem vêm desenvolvendo diagnósticos de enfermagem e uma taxonomia de intervenções de enfermagem desde a década de 1980, mas ainda estamos realizando prescrições médicas. O atual contexto complexo, dinâmico, imprevisível e caótico, no qual estão inseridas as organizações de saúde, oferece uma janela de oportunidade para a redefinição do papel da enfermagem. Assim, os enfermeiros encontram na Teoria do Caos um arcabouço teórico para nortear o novo estilo de liderança atualmente exigido, pois essa teoria alude que, escondidos dentro dessa desorganização aparentemente total, há padrões de ordem.[43]

Nesse contexto complexo, o enfermeiro, quando descobre que a maneira usual de pensar é deficiente, experimenta um desequilíbrio e é desafiado a pensar de novas maneiras, fazer novas perguntas e desenvolver novas estratégias. Portanto, o caos e o desequilíbrio com que os enfermeiros se deparam atualmente podem ser vistos como estímulo para o crescimento e o desenvolvimento.[43]

Diante do exposto, para a enfermagem prosseguir com uma participação de sucesso na área da saúde e ter uma prática mais autônoma e responsável, deverá continuar a evoluir com sabedoria, "reequipando-se" intelectualmente e encorajar a colaboração intra e interprofissional, além de integrar a avaliação dos resultados em seu trabalho diário. Isso exige que a enfermagem exercite a liderança de uma maneira inteiramente nova, indo de uma liderança baseada na Idade Científica (ou Newtoniana) para a Idade do Relacionamento (ou Nova Liderança).[43]

## 3.5 MODELAGEM ORGANIZACIONAL

Uma organização é um grupo de pessoas trabalhando juntas, sob regras formais e informais de comportamento, para alcançar um objetivo comum. A organização também se refere a procedimentos, políticas e métodos envolvidos para atingir esse propósito comum.[44] Assim, a organização é tanto uma estrutura quanto um processo.

Estrutura organizacional refere-se às linhas de autoridade, comunicação e delegação; pode ser formal ou informal.[45] Processo organizacional refere-se, por sua vez, aos métodos usados para atingir os objetivos organizacionais. A estrutura formal de uma organização é descrita em seu organograma, que fornece um "plano", descrevendo relações formais, funções e atividades.[33,46]

O desenho organizacional retrata a configuração estrutural da empresa, seu funcionamento e constitui uma das prioridades da administração. Serve como estrutura básica, como o conjunto de mecanismos de operação, de decisão e de coordenação. Em sentido mais restrito, a estrutura organizacional pode ser considerada a estrutura formal dentro da qual ocorrem as relações funcionais e pessoais da empresa, referindo-se à forma como um grupo é composto, suas linhas de comunicação e seus meios de canalizar a autoridade e tomar decisões.[48]

Para a elaboração de uma estrutura organizacional adequada, há necessidade de definir uma estratégia de ação, uma vez que existem muitas variáveis envolvidas no processo. Uma estrutura é mais bem desenvolvida quando temos em mente um modelo hipotético de organização. As principais variáveis que envolvem a definição de uma estratégia são: estabelecimento de objetivos, referencial hierárquico e as normas e os programas de ação.[33,46]

Como visto anteriormente, o modelo de gestão de meta racional e o modelo de processo interno se concentravam na organização formal; o modelo das relações humanas, somente na organização informal; e a partir do modelo de sistema aberto passou-se a se preocupar com uma abordagem múltipla, que busca estudar o relacionamento entre ambas as organizações: formal e informal.

A estrutura formal da organização é a planejada e formalizada oficialmente. Representa a tentativa de estabelecer relações entre os componentes que deverão alcançar os objetivos propostos, determinando quem faz o que e onde. Assim, como evidencia as relações de autoridade e poder existentes entre os componentes organizacionais, é um dos meios de que se utilizam as organizações para atingirem a efetividade.[23] Entretanto, qualquer pessoa que faça ou tenha feito parte de uma organização, verifica que numerosas interações que nela ocorrem não estão prescritas pela estrutura formal. Isso evidencia que as organizações, além da estrutura formal, também coabitam com a estrutura informal. Assim, a estrutura informal refere-se aos aspectos da organização que não foram planejados formalmente, mas que emergem espontânea e naturalmente de interações e relacionamentos sociais entre as pessoas que ocupam posições na organização formal.[23]

Considerando o serviço de enfermagem como um grupo organizado de pessoas, em que é grande a complexidade e a diversidade das atividades realizadas, é evidente a necessidade da divisão e da distribuição do trabalho entre seus elementos, bem como do estabelecimento do padrão de relações entre eles.[47] Com isso, os esforços são coordenados para o alcance do objetivo proposto, que é a prestação da assistência de enfermagem. Para tanto, precisa haver a definição da estrutura organizacional do serviço de enfermagem.[19]

# 3.5.1 Processo de organização

Conforme Maximiano,[2] o processo de organizar é uma sequência ou um conjunto de decisões ou procedimentos, que cria uma estrutura estável e dinâmica chamada estrutura organizacional. Essa estrutura define o trabalho que as pessoas, como indivíduos e integrantes de grupos, devem realizar.

As principais etapas (ou decisões) no processo de organizar consiste em:

- analisar os objetivos e os trabalhos a serem realizados;
- diferenciação do trabalho, de acordo com os critérios mais apropriados para a realização dos objetivos;
- definir as responsabilidades pela realização do trabalho;
- definir os níveis de autoridade;
- desenhar a estrutura organizacional.[2,23]

### Diferenciação do trabalho

Após a análise dos objetivos, procede-se a divisão do trabalho em departamentos ou subsistemas e em camadas de níveis hierárquicos. Podendo ser: diferenciação horizontal, em departamentos ou divisões a partir da departamentalização; e diferenciação vertical, em níveis hierárquicos a partir da criação de escalões de autoridade.[23]

Para se proceder à divisão do trabalho, primeiramente procura-se determinar as atividades necessárias ao alcance dos seus objetivos, para depois dividi-las, compondo unidades distintas para, em seguida, atribuir tarefas às pessoas ou grupos (Figura 3.3). Como forma de divisão do trabalho, encontra-se a especialização.[2]

### Definição de responsabilidade

Depois de identificados os departamentos, são definidas as responsabilidades de cada um deles. Responsabilidades são as obrigações ou os deveres das pessoas pela realização de tarefas ou atividades. Definir responsabilidade é deliberar sobre um cargo, que é o conjunto de tarefas pelas quais uma pessoa é responsável, sendo que um departamento é um agregado de cargos (Figura 3.4).[2]

A definição de responsabilidade nas organizações de enfermagem pode ser feita pela descrição de cargos, funções, normas e rotinas, da padronização de procedimentos e pelas escalas de distribuição de pessoal. É preciso considerar a forma de elaboração dos instrumentos utilizados para a definição de responsabilidade. Na maioria das vezes, as pessoas envolvidas não participam da sua elaboração, tornando a estrutura prescritiva e normativa, inibindo a criatividade e a participação dos elementos integrantes.[48]

GESTÃO EM ENFERMAGEM   73

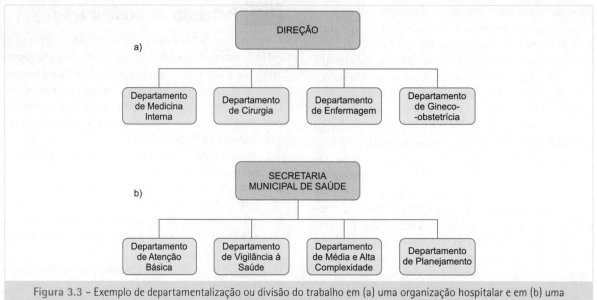

Figura 3.3 – Exemplo de departamentalização ou divisão do trabalho em (a) uma organização hospitalar e em (b) uma Secretaria Municipal de Saúde.

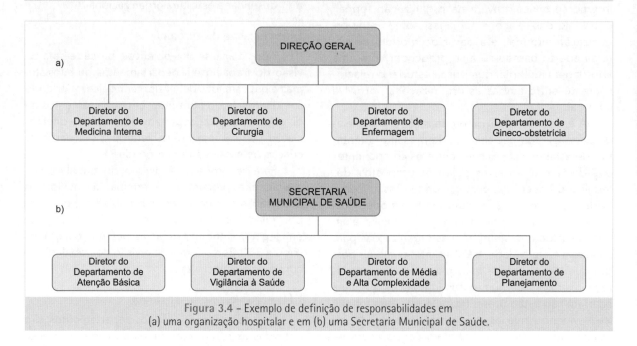

Figura 3.4 – Exemplo de definição de responsabilidades em (a) uma organização hospitalar e em (b) uma Secretaria Municipal de Saúde.

### Definição de autoridade

Após a definição das responsabilidades, é preciso atribuir autoridade a pessoas ou unidades de trabalho. Entende-se por autoridade o direito legal que os gestores têm de dirigir o comportamento dos integrantes de sua equipe e o poder de utilizar ou comprometer os recursos organizacionais. Para a atribuição de autoridade, é necessário compreender dois conceitos fundamentais do processo de organização: hierarquia e amplitude de controle.[2]

A hierarquia ou cadeia de comando é a divisão vertical da autoridade em níveis. Segundo esse princípio, as pessoas que estão em determinado nível têm autoridade sobre as que estão no nível mais baixo e, se houver um nível acima se reportam a estes. Na maioria das organizações, os gestores agrupam-se em três níveis hierárquicos principais: executivos (presidentes, superintendentes etc.), gestores (diretores), gerentes e supervisores (coordenadores) ou equipes autogeridas (líderes de equipe).

A amplitude de controle refere-se ao número de pessoas que um administrador/gestor/gerente efetivamente tem sob sua responsabilidade, principalmente, o executivo de alto escalão, que não consegue administrar o número de gerentes de muitos funcionários em níveis mais baixos.[44,46]

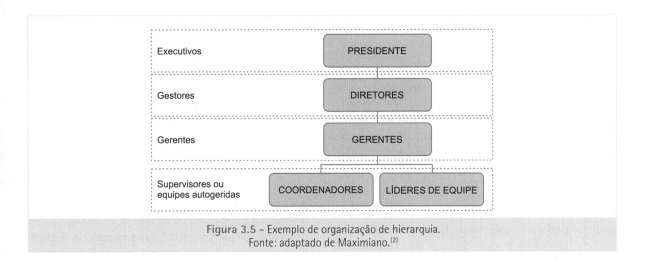

Figura 3.5 – Exemplo de organização de hierarquia.
Fonte: adaptado de Maximiano.[2]

Em uma estrutura achatada, quando o intervalo de controle é muito amplo, ou seja, com grande número de subordinados por chefes e um pequeno número de chefes, o administrador/gestor/gerente não tem tempo suficiente para observar e não pode avaliar o desempenho ou fornecer *feedback* (Figura 3.6). Em contrapartida, em uma situação inversa – conhecida como estrutura aguda (com grande número de chefes e pequeno número de subordinados por chefe), em um intervalo de controle muito estreito (Figura 3.6), existe a facilidade em acompanhar cada subordinado de perto.

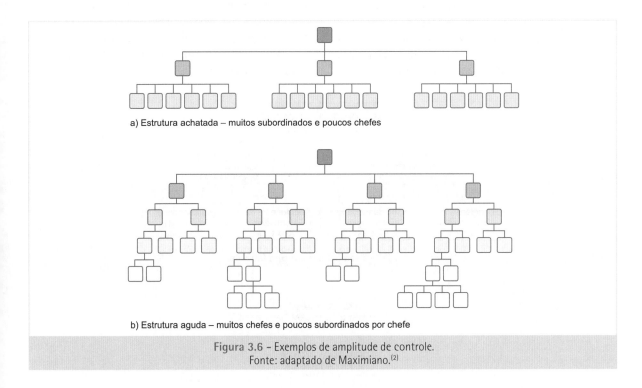

Figura 3.6 – Exemplos de amplitude de controle.
Fonte: adaptado de Maximiano.[2]

## Centralização e descentralização

Outra decisão importante que precisa ser tomada no processo de organização é o grau de centralização e descentralização de autoridade. Em uma organização centralizada, o executivo-chefe toma a maioria das decisões. Em uma situação oposta, em uma organização descentralizada, o poder de decisão está distribuído. A autoridade se descentraliza por meio de delegação.[2,23]

Descentralização é a atribuição de responsabilidade e autoridade para decisões de gestão descendente a partir da cadeia de comando. Na centralização, as decisões tomadas no ápice da organização levam mais tempo do que as decisões tomadas nos níveis mais baixos. Portanto, organizações altamente centralizadas demoram a se adaptar a grandes mudanças. Os trabalhadores de nível inferior tornam-se passivos, sem entusiasmo e mecânicos.[44,46]

## 3.5.2 Tipos de estruturas organizacionais formais

Como visto anteriormente, a estrutura formal retrata a configuração na qual ocorrem as relações funcionais e pessoais de uma organização. Desse modo, é oportuno conhecer as diversas formas estruturais que podem representar as linhas de autoridade, comunicação e delegação dentro de uma organização de saúde.

### Organização funcional

É o modo mais simples de departamentalização que pode ser usado tanto por organizações de grande quanto de pequeno porte. É o tipo de estrutura organizacional que tem como base a "supervisão funcional", proposta por Taylor, que aplica o princípio da especialização das funções.[2,23]

Em uma estrutura funcional, as atividades são agrupadas por função comum, de baixo para cima, até a parte superior da organização. Por exemplo, todos os enfermeiros estão localizados no departamento de enfermagem e o diretor de enfermagem é responsável por todas as atividades de enfermagem.[44]

Com uma estrutura funcional, todo o conhecimento e as habilidades humanas em relação a atividades específicas são consolidados, proporcionando uma valiosa profundidade de conhecimento para a organização. Essa estrutura é mais eficaz quando a especialização aprofundada é fundamental para atingir as metas organizacionais, quando a organização precisa ser controlada e coordenada pela hierarquia vertical e quando a eficiência é importante. A estrutura pode ser bastante eficaz se houver pouca necessidade de coordenação horizontal.[44]

### Organização territorial

Quando se usa o critério geográfico de departamentalização, cada unidade de trabalho corresponde a um território. Esse critério pode ser utilizado quando a organização opera em uma área grande ou em locais diferentes, e que em cada local é necessário disponibilizar certo volume de recursos ou certa autonomia. Desde que seja possível promover algum tipo de agregação de recursos ou de clientes, de acordo com a sua proximidade dentro dos territórios, o critério geográfico torna-se a base da divisão do trabalho.[2]

É isso que ocorre em um típico arranjo da atenção primária à saúde em um município, em que toda a área geográfica do município corresponde ao território da organização de municipal de saúde. Os diferentes locais desses territórios podem ser representados por zonas (sul, norte etc.), bairros, distritos etc. A Figura 3.8 exemplifica um organograma com critério geográfico.

Figura 3.7 - Exemplo de estrutura funcional.

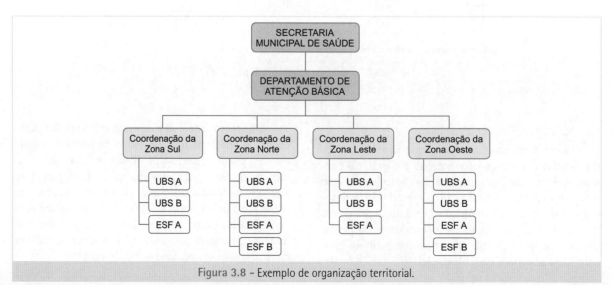

Figura 3.8 - Exemplo de organização territorial.

## Organização por cliente

Quando uma organização atende a diferentes tipos de clientes, com necessidades muitos distintas, ou quando os clientes são iguais, mas têm necessidades diferentes, é apropriado adotar o critério de organização por cliente, como forma de garantir um nível de qualidade específico para cada tipo de cliente e, consequentemente, sua satisfação. Esse tipo de organização pode ser utilizado em qualquer nível hierárquico e área funcional da estrutura, sempre que houver diferenças marcantes entre os clientes, que justifique algum tipo de tratamento especializado. A Figura 3.9 exemplifica um organograma com critério de organização por cliente.

## Organização matricial

Às vezes, a estrutura de uma organização precisa ser multifacetada, pois o programa e a função ou o programa e a geografia são enfatizados ao mesmo tempo. Uma maneira de conseguir isso é por meio da estrutura matricial. A matriz pode ser usada quando a especialização técnica, a inovação e a mudança em programas são importantes para atingir as metas organizacionais. Esse tipo de estrutura é frequentemente adotada quando as organizações descobrem que as estruturas funcionais, divisionais e geográficas, combinadas com mecanismos de ligação horizontal, não funcionarão.[44]

A matriz é uma forte forma de ligação horizontal. A característica única da organização matricial é que tanto as divisões de programa quanto as estruturas funcionais (horizontal e vertical) são implementadas simultaneamente, como mostra a Figura 3.10. Os gerentes de programa e os gerentes funcionais têm igual autoridade dentro da organização e os funcionários relatam a ambos. Na estrutura matricial, os gerentes de programa (horizontais) recebem autoridade formal igual à dos gerentes funcionais (vertical).[44]

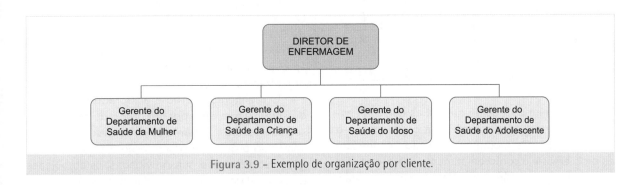

Figura 3.9 - Exemplo de organização por cliente.

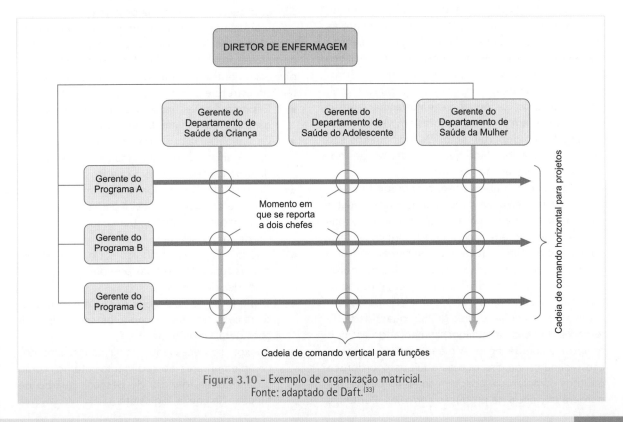

Figura 3.10 - Exemplo de organização matricial.
Fonte: adaptado de Daft.[33]

GESTÃO EM ENFERMAGEM

### Organização por equipes autogeridas

O desenho organizacional por equipes autogeridas se assenta em equipes e não em órgãos (Figura 3.11) pela necessidade de simplicidade e descomplicação, no sentido de proporcionar rápidas mudanças de configuração e de objetivos, sem prejudicar o desempenho e o alcance de resultados. Além disso, nessa estrutura, percebe-se uma autogestão por meio da interação e de tomada de decisões na equipe, além de ocorrer a "desespecialização" dos integrantes, que executam várias tarefas ao invés de uma. Dessa forma, as pessoas passam a desempenhar uma variedade de papéis e tornam-se multifuncionais.[2,23]

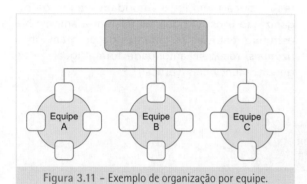

Figura 3.11 – Exemplo de organização por equipe.

O conceito de equipe quebra as barreiras entre os departamentos e melhora a coordenação e a cooperação. Os membros da equipe conhecem os problemas e o comprometimento uns dos outros em vez de perseguirem cegamente seus próprios objetivos. O conceito de equipe também permite que a organização se adapte mais rapidamente às solicitações dos clientes e às mudanças ambientais e acelere a tomada de decisões, pois as decisões não precisam ir para o topo da hierarquia para aprovação. Outra grande vantagem é o impulso moral. Os funcionários costumam se entusiasmar com o envolvimento em projetos maiores em vez de tarefas restritas ao departamento. Os funcionários são motivados pela liberdade que têm para propor novas ideias e colocá-las em prática.[33]

No entanto, a abordagem da equipe também tem desvantagens. Os funcionários podem estar entusiasmados com a participação da equipe, mas eles também podem experimentar conflitos e lealdades duplas. Uma equipe multifuncional pode fazer demandas de trabalho diferentes dos membros do que seus gestores de departamento, e os membros que participam de mais de uma equipe devem resolver esses conflitos. Uma grande quantidade de tempo é dedicada a reuniões, aumentando assim o tempo de coordenação. A menos que a organização realmente precise que as equipes coordenem projetos complexos e adaptem-se ao ambiente, ela perderá eficiência de produção com eles. Por fim, a abordagem da equipe pode causar muita descentralização. Gestores de departamento, que tradicionalmente tomam decisões, podem se sentir excluídos quando uma equipe avança sozinha. Os membros da equipe, muitas vezes, não veem o quadro geral da corporação e podem tomar decisões que são boas para o grupo, mas ruins para a organização como um todo.[33]

### 3.5.5 Instrumentos organizacionais

Para completar o processo de organização é necessário determinar quais instrumentos organizacionais serão utilizados no cotidiano das relações funcionais e pessoais de uma instituição de saúde. Serão abordados nessa seção o regimento interno, o organograma e o fluxograma.

#### Regimento interno

Toda organização de enfermagem deve elaborar seu regimento interno, a partir do regulamento da organização maior da qual faça parte.[49] O regimento interno é um ato normativo de caráter flexível, sendo o produto final de um trabalho de (re)organização administrativa e um documento aprovado pela diretoria ou o mais alto escalão da organização.[45]

O regimento interno é elaborado pelo gestor de enfermagem e/ou por um grupo de enfermeiros sob sua gestão.[49] e tem o objetivo descrever a finalidade do órgão, sua organização estrutural, os órgãos subordinados, suas atividades, as atribuições do pessoal de chefia e outros itens julgados necessários, segundo a política da organização.[45]

Normalmente, esse regimento é dividido em capítulos e pode comportar anexos, como organogramas, quadro de siglas dos órgãos, quadro de pessoal ou outro qualquer documento complementar. Sua estrutura é composta de:[45]

- Capítulo I – Das finalidades: no qual se expõe os objetivos, as finalidades e a filosofia.
- Capítulo II – Da organização: contém a posição da organização de enfermagem na estrutura da organização maior e o quadro de pessoal.
- Capítulo III – Das atividades das unidades componentes: descreve as atividades comuns a todas as unidades de trabalho, bem como as específicas de cada unidade.
- Capítulo IV – Das atribuições do pessoal: expõe as competências das pessoas alocadas nas unidades de trabalho.
- Capítulo V – Disposições gerais e transitórias: se necessário, incluir capítulos sobre disposições gerais e/ou transitórias.
- Anexos: se necessário, incluir os instrumentos complementares ao regimento interno, como organograma, quadro de pessoal, quadro de funções de chefia, siglas etc.

## Organograma

A estrutura organizacional é um conceito representado pelo gráfico chamado organograma,[2] que representa a estrutura formal da empresa, ou seja, a disposição e a hierarquia dos órgãos. Uma estrutura organizacional pode ser representada por diversos tipos de organograma, e que um mesmo tipo de organograma também pode ser expresso por várias maneiras de representação.[50]

O principal objetivo do organograma da organização é esclarecer a cadeia de comando, a amplitude do controle, os canais de comunicação oficiais e a vinculação de todo o pessoal do departamento. Retângulos contendo vários títulos de posição são posicionadas verticalmente para destacar as diferenças de status e responsabilidade. Retângulos de posição são conectadas com linhas para demonstrar o fluxo de comunicação e autoridade em toda a rede. Diferentes tipos de linhas de interconexão significam diferentes tipos de fluxos de relacionamento.[44]

Por exemplo, uma linha sólida entre duas posições indica autoridade direta ou comando dando relação. Uma linha tracejada ou pontilhada indica uma relação de consultoria para colaborar em planejamento ou controle.[44] A Figura 3.12 exemplifica um organograma básico.

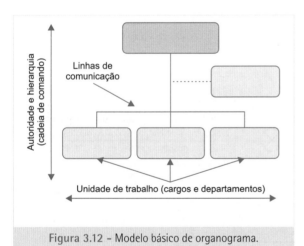

Figura 3.12 – Modelo básico de organograma.

## Fluxograma

Dentro do serviço de enfermagem, ao levarmos a efeito trabalhos de análise de processos em enfermagem, sentimos a necessidade de substituir os relatórios, expressos em palavras, por uma apresentação gráfica, que possibilite uma visualização dos eventos e que seja, ao mesmo tempo, racional e sistematicamente organizada. Esses gráficos são encontrados em vários tipos, contudo, o mais conhecido e mais utilizado no estudo de processos administrativos é o fluxograma, que, utilizando-se de símbolos previamente convencionados, apresenta a sequência de um trabalho de forma analítica, caracterizando as operações, os responsáveis e/ou as unidades organizacionais envolvidos no processo, permitindo, se a situação exigir, redesenhar o fluxo ou a sequência deste. O fluxograma é uma ferramenta potente quando utilizada no gerenciamento e na sistematização da análise dos processos executados pela enfermagem.[45]

Por serem instrumentos de ordenação dos eventos, os fluxogramas devem retratar uma situação de fato, portanto, procuram demonstrar como as coisas são realmente feitas, e não somente o modo pelo qual o chefe diz ou pensa que são feitas, tampouco da forma pela qual os manuais da empresa mandam que sejam feitas.[51]

Para elaborar um fluxograma, o enfermeiro, por meio de uma pesquisa sistematizada junto à equipe e à unidade organizacional, na fase de investigação do Processo de Enfermagem adaptado à prática administrativa, precisa definir um processo a ser diagramado e que tipo de fluxograma será criado, para, em seguida, fazer um levantamento dos passos que envolvem o trabalho, considerando desde fatores desencadeantes do processo, o operador inicial até o final e também os impressos envolvidos no processo (com seus destinos, inclusive suas vias, se houver).

Com base nos escritos de Cury,[45] sugerimos considerar as seguintes etapas como roteiro de elaboração do fluxograma de processos executados pela enfermagem: comunicação, coleta de dados, fluxogramação e avaliação.

Na primeira etapa – comunicação –, os enfermeiros responsáveis pelo gerenciamento de processos em enfermagem informam aos membros da equipe e a outros envolvidos fora da equipe de enfermagem sobre a realização do trabalho e seus objetivos. Na etapa de coleta de dados, seguindo um roteiro sistematizado, o processo é descrito passo a passo, podendo ser a descrição de um processo formal (expressados por normas e rotinas), a descrição de um processo informal (desenvolvidos pela equipe de forma independente) ou os dois. Na etapa de fluxogramação, o enfermeiro elabora o fluxograma do processo estudado. Existem diversos símbolos utilizados na construção de fluxogramas, mas a maioria dos fluxogramas é elaborada com os símbolos básicos apresentados no Quadro 3.2. Após a etapa de fluxogramação, o enfermeiro deve fazer uma avaliação do fluxograma elaborado e, não estando os eventos muito claros, estando o fluxo incompleto ou apresentando incoerências, deverá retornar às fontes de dados para se certificar da correção dos dados, colher informações adicionais, ouvir opiniões dos executores dos serviços, fazer observação pessoal das rotinas que apresentam incoerências, entre outros ajustes necessários.

## Quadro 3.2 – Simbologia comumente utilizada nos fluxogramas

| | | | |
|---|---|---|---|
| | O símbolo terminal é um retângulo com pontas arredondadas, que identifica o início e o fim do processo. "Início" e "Fim" são mostrados dentro do símbolo. | | O símbolo arquivo temporário é um triângulo com equilíbrio sobre seu ápice e identifica material armazenado ou estocado em caráter temporário ou indeterminado. |
| | O símbolo de atividade (ou operação) é um retângulo que indica um passo do processo. Uma breve descrição da atividade é descrita dentro do retângulo. | | O símbolo arquivo definitivo é um triângulo assentado sobre sua base e identifica material armazenado ou estocado. |
| | O símbolo de processo predefinido representa a existência de um processo/operação/atividade utilizada em outro fluxograma. | | O símbolo demora, representado pela letra D, indica uma espera para se iniciar ou sequenciar determinada atividade. |
| | O símbolo documento representa informação escrita pertinente ao processo. O título ou a descrição do documento é mostrado dentro do símbolo. | | O conector de página é usado para indicar a continuação do fluxograma em outra página. Uma letra ou um número é mostrado dentro do símbolo. |
| | O símbolo documentos representa informação escrita em múltiplas vias. O título ou a descrição e a quantidade de vias do documento é mostrado dentro do símbolo. | | O conector de rotina é um círculo usado para indicar a continuação do fluxograma na mesma página. Uma letra ou um número é mostrado dentro do círculo. |
| | O símbolo informação verbal representa comunicação verbal pertinente ao processo. O título ou a descrição da comunicação é mostrado dentro do símbolo. | | O símbolo ou é usado para indicar que o fluxo do processo se separa para dois ou mais caminhos divergentes. |
| | O símbolo decisão é um losango que designa checagem ou desdobramento de atividade. A descrição da decisão é escrita dentro do símbolo, geralmente na forma de uma pergunta. A resposta à pergunta determina o passo a ser tomado. Cada passo é intitulado para corresponder à resposta. | | O símbolo junção de soma é usado para indicar a existência de caminhos convergentes (quando mais de um subprocesso de mesclam em um único processo). |
| | O símbolo banco de dados (data base) representa informações armazenadas eletronicamente pertinentes ao processo. O título ou descrição do banco de dados é mostrada dentro do símbolo. | | Linhas de fluxo são usadas para representar o progresso dos passos em sequência. A seta da linha de fluxo indica a direção do fluxo do processo. A seta tracejada indica fluxo informal. Linhas sem seta (sólidas ou tracejadas) podem ser utilizadas para ligar um retângulo com comentários ou explicações a qualquer símbolo do fluxograma. |

Na literatura corrente, existem vários tipos de fluxogramas, no entanto, reconhecemos dois tipos básicos para a utilização no mapeamento dos processos executados pela enfermagem. Aqueles que são mais adequados para descrever pequenos processos ou processos executados em uma única unidade organizacional, os quais chamaremos fluxogramas rotina (Figura 3.13), pois apresentam poucos eventos que, em boa parte dos casos, podem ser tratados como sequências; e aqueles mais adequados para descrever processos mais complexos, envolvendo grande quantidade de ações, funções, decisões e unidades organizacionais, os quais denominaremos Fluxogramas global ou de colunas (Figuras 3.14 e 3.15).[45]

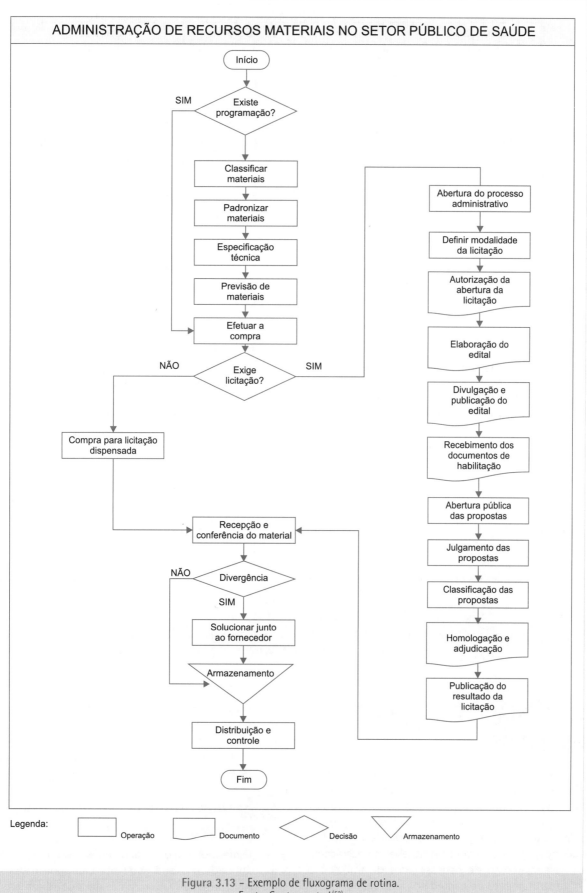

Figura 3.13 – Exemplo de fluxograma de rotina.
Fonte: Santana et al.[52]

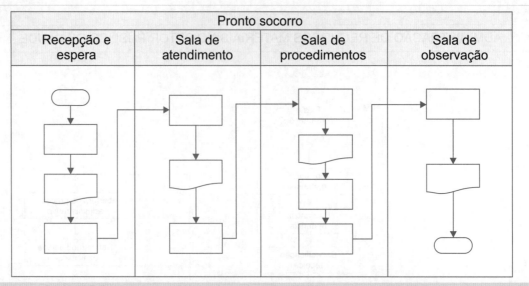

Figura 3.14 – Exemplo de fluxograma de coluna de um atendimento em pronto socorro.
Fonte: Santana et al.[52]

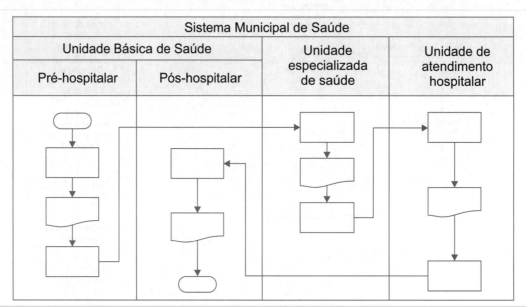

Figura 3.15 – Exemplo de fluxograma de coluna de um atendimento no Sistema Municipal de Saúde.
Fonte: Santana et al.[52]

## 3.6 GESTÃO DE RECURSOS HUMANOS

Compondo a gestão de estrutura, temos a gestão de recursos humanos, que é entendida como o processo de adquirir, capacitar, avaliar e compensar funcionários, além de cuidar de suas relações de trabalho, saúde, segurança.[53] Entre os diversos conceitos e técnicas que um gestor precisa saber, se destacam:
- planejamento de necessidades de trabalho e recrutamento de candidatos a trabalho;
- seleção de candidatos ao trabalho;
- admissão e capacitação de novos funcionários;
- movimentação interna de funcionários;
- desenvolvimento de pessoal;
- gestão de conflitos;
- avaliação das ações desenvolvidas pela equipe;
- demissão.

### 3.6.1 Dimensionamento de pessoal de enfermagem

Dimensionar o pessoal de enfermagem é prever a quantidade e a qualidade por categoria de profissionais da enfermagem para atender, direta e/ou indiretamente, às necessidades de assistência de enfermagem. A Resolução Cofen nº 0543/2017 traz os mais atualizados "parâmetros mínimos para dimensionar o quantitativo de profissionais das diferentes categorias de enfermagem para os serviços/locais em que são realizadas atividades de enfermagem".[54]

É por meio da relação entre clientela e enfermagem que podemos ter informações para justificar um quantitativo ideal de profissionais de enfermagem nas organizações de saúde públicas e privadas, pois a inadequação numérica e qualitativa de profissionais de enfermagem lesa a clientela no seu direito de assistência livre de riscos, além de comprometer legalmente a organização de saúde pelas falhas que possam ocorrer.[49]

Um dimensionamento adequado contribui positivamente para a organização de saúde, sendo crucial no mundo dos cuidados de saúde e em face da crescente escassez de recursos financeiros. Os custos diretos e indiretos de um dimensionamento inadequado são importantes de serem considerados devido a um desempenho insatisfatório da equipe de enfermagem serem caros e desnecessários, pois levam à má qualidade da atenção, perturbação da moral e sobrecarga de trabalho, insatisfação dos clientes, entre outros.[55]

Segundo a Resolução Cofen nº 0543/2017, o dimensionamento de pessoal de enfermagem deve se basear nas seguintes características:[54]

- Ao serviço de saúde: missão, visão, porte, política de pessoal, recursos materiais e financeiros; estrutura organizacional e física; tipos de serviços e/ou programas; tecnologia e complexidade dos serviços e/ou programas; atribuições e competências, específicas e colaborativas, dos integrantes dos diferentes serviços e programas e requisitos mínimos estabelecidos pelo Ministério da Saúde.
- Ao serviço de enfermagem: aspectos técnico-científicos e administrativos, dinâmica de funcionamento das unidades nos diferentes turnos, modelo gerencial, modelo assistencial; métodos de trabalho, jornada de trabalho, carga horária semanal, padrões de desempenho dos profissionais, índice de segurança técnica, proporção de profissionais de enfermagem de nível superior e de nível médio e indicadores de qualidade gerencial e assistencial.
- Ao paciente: grau de dependência em relação à equipe de enfermagem, por meio do sistema de classificação de pacientes e realidade sociocultural.

Tal resolução apresenta detalhadamente conceitos e metodologia de cálculo de pessoal de enfermagem para os seguintes serviços/locais em que a enfermagem se faz presente com seu trabalho:

- unidade de internação;
- unidades assistenciais, de apoio, diagnóstico e terapêutica;
- Centro Cirúrgico;
- área de saúde mental;
- unidades assistenciais especiais (pronto socorro, unidade de pronto atendimento, centro obstétrico, ambulatório, hematologia etc.);
- atenção primária à saúde.

Chama atenção o fato de que, mesmo com a existência de parâmetros específicos na Resolução Cofen nº 0543/2017, na atenção básica os critérios ainda seguem as determinações do Ministério da Saúde por meio da Política Nacional de Atenção Básica (PNAB), conforme adscrição de clientela em um território, que será abordada mais adiante. Dessa forma, cabe ao enfermeiro na UBS-ESF organizar a equipe de enfermagem de maneira que consiga manter a qualidade da atenção à saúde mesmo com número insuficiente de profissionais de nível técnico/auxiliar para compor as atividades nas unidades. Em contrapartida, o controle de férias, folgas e afastamentos na equipe é gerido pelo enfermeiro em comunicação com a gestão municipal do sistema de saúde, quando a UBS-ESF não possui um gerente administrativo.

## 3.6.2 Recrutamento

Com as mudanças ocorridas na atenção à saúde nas últimas décadas, esse tema deixou de ser simplesmente a contratação de pessoal para preencher vagas recém-criadas e/ou expandidas e a substituição de pessoal contratado, passando a se concentrar cada vez mais na identificação e no desenvolvimento de contratações pré-emprego.[56]

O recrutamento pode ser definido como a atração de candidatos; é o processo usado pelas organizações para procurar e identificar os candidatos para o potencial emprego e abastecer seu processo seletivo.[56] O recrutamento de pessoal de enfermagem é um processo realizado pelos gestores de enfermagem e equipe de recursos humanos da organização de saúde, sendo composto pelos seguintes subprocessos:[56]

- Postagem de vagas: a postagem de vagas para recrutamento começa após a determinação das vagas com base dimensionamento de pessoal para cada uma das áreas/unidades de serviço. A quantidade de vagas e as respectivas características necessárias ao seu preenchimento são enviadas para divulgação externa à organização. As agências de recrutamento podem ser contatadas nesse momento para realizar uma pesquisa regional, estadual ou nacional sobre o cargo. Em organizações públicas, esse subprocesso é tornado público via edital de concursos e processos seletivos.
- Publicidade: inclui o desenvolvimento de um anúncio institucional descrevendo as posições ou as oportunidades de emprego dentro de

uma organização. O anúncio aborda a área de necessidade e informações específicas que seriam susceptíveis de atrair um candidato para a posição. Os locais de publicidade podem incluir sites, rádio, jornais locais, regionais e/ou nacionais. Uma vantagem do anúncio on-line é que o processo de inscrição pode ser disponibilizado ao mesmo tempo, tornando-o um processo único para a pessoa que procura emprego.

## 3.6.3 Seleção

A seleção de pessoas funciona como um filtro, que permite que apenas algumas pessoas possam ingressar na organização, sendo, então, o processo de determinar o candidato mais qualificado para um trabalho. É um processo realizado pelos gestores de enfermagem, sendo composto pelos seguintes subprocessos: triagem, entrevista e seleção propriamente dita.[56,57]

De acordo com o prazo estipulado e divulgado nas etapas anteriores, realiza-se uma triagem dos candidatos inscritos. Esse é o processo no qual se verifica se o candidato atende aos critérios pré-estabelecidos para a vaga. Durante essa atividade, o revisor seleciona quem deve ser entrevistado. É importante lembrar que se o processo ocorrer em uma organização pública, os revisores devem seguir as diretrizes estabelecidas no edital.[56]

A entrevista é o momento de esclarecer as informações apresentadas no pedido e no currículo apresentado pelo candidato. A descrição do cargo é a base para uma entrevista de contratação. Esta pode ser realizada por telefone ou pessoalmente, em grupo ou individualmente. Para melhores resultados, perguntas pré-definidas devem ser usadas para entrevistar todos os candidatos para o cargo.[56]

A seleção é a determinação de quem será escolhido para preencher uma vaga oferecida e pode ser realizada por um comitê e/ou gestor de enfermagem. Para obter melhores resultados, os dados usados nas fases de triagem e entrevista devem ser usados ao comparar as respostas dos candidatos e outros dados relacionados.[56]

## 3.6.4 Alocação, movimentação, escalonamento de pessoal

A alocação é a distribuição dos trabalhadores nas respectivas áreas/unidades de trabalho da organização, de acordo com as necessidades específicas dessas unidades e dos próprios trabalhadores, e orientada pelo processo de dimensionamento do pessoal de enfermagem. A alocação pode acontecer conjuntamente com a movimentação de pessoal, que é a transferência de um funcionário de uma área/unidade para outra, dentro da mesma organização, de acordo com as necessidades de

desempenho do trabalhador nas áreas/unidades envolvidas.

A atuação da enfermagem em diferentes turnos de trabalho, conforme dinâmica e necessidade das áreas/unidades e da clientela, com períodos de trabalho que variam de 4, 6, 8 e 12 horas, representa um grande desafio para o gestor de enfermagem e as organizações de saúde. Tal situação requer que se organize um agendamento ou um cronograma de trabalho sob a forma de escala mensal, escala diária e escala de férias, sendo o escalonamento de pessoal o processo de designar pessoal individual para trabalhar horas, dias ou turnos específicos e em uma unidade ou área específica durante um período de tempo específico.[58]

Para a elaboração de escalas de pessoal de enfermagem, é importante levar em consideração o conhecimento:

- das leis trabalhistas que subsidiam a elaboração da escala;
- do regulamento da organização de saúde;
- do regimento interna da organização de enfermagem;
- das atribuições dos elementos da equipe de enfermagem;
- da duração mensal e semanal da jornada de trabalho do pessoal de enfermagem;
- das características da clientela;
- da dinâmica da unidade;
- das características da equipe de enfermagem;
- da humanização da assistência e do processo de trabalho.[59]

## 3.6.5 Retenção

A retenção é a capacidade de garantir a continuidade no emprego de indivíduos qualificados que, de outra forma, poderiam deixar a organização, impactando a estabilidade e a melhora na qualidade das ações de enfermagem, reduzindo ao mesmo tempo custos para a organização.[60]

É importante frisar que a retenção da força de trabalho qualificada também tem impacto na economia de recursos financeiros dentro da organização, pois o capital intelectual é o principal capital de toda organização, e isso não é diferente na área da saúde. Nesse sentido, o retorno negativo sobre o investimento da contratação da pessoa errada (com mau desempenho) é mais significativo do que apenas os custos da simples substituição de um trabalhador. Os custos de contratar a pessoa errada estão associados não apenas às despesas de recrutamento, substituição e contratação, mas também aos custos secundários. Os custos secundários da contratação de um trabalhador com desempenho fraco incluem o aumento de recursos financeiros desperdiçados em treinamento e desenvolvimento, orientação, capacitação, diminuição da produtividade e aumento de erros, além da perda de oportunidades para melhorar processos e/ou resultados, diminuição da moral da equipe e clientes insatisfeitos. Os custos secundários têm impacto significativo na organização e nos trabalhadores e são frequentemente muito maiores do que aqueles associados ao processo inicial de recrutamento.[60]

## 3.7 GESTÃO DA APRENDIZAGEM ORGANIZACIONAL

A Aprendizagem Organizacional é um processo contínuo e abrangente que envolve mudanças nos padrões de comportamento, cuja ênfase se dá na interação e no coletivo, permitindo a ação de questionar no intuito de promover inovações e, assim, a organização se redefine por meio da aprendizagem. A aprendizagem, nesse contexto, significa mudança sistêmica nas organizações, sendo a mudança concebida como uma crise não regressiva, superada pela consolidação de um novo sistema social com novos valores, práticas e hábitos. É importante ressaltar que o novo sistema deve ser construído a partir do construto anterior, que oferece a única experiência humana disponível para a consolidação do novo.[61]

Existem diversas premissas sobre aprendizagem organizacional. No entanto, sete características são comuns em todas as abordagens encontradas:[61]

- **Foco no processo:** a aprendizagem organizacional é um processo contínuo e abrangente.
- **Noção de mudança:** a aprendizagem organizacional envolve mudanças nos padrões de comportamento.
- **Natureza coletiva:** a aprendizagem organizacional enfatiza a interação e o coletivo.
- **Foco na criação e na reflexão:** a aprendizagem organizacional é o processo-base para o questionamento e para a inovação.
- **Foco na ação:** a aprendizagem organizacional tem foco na ação pela apropriação, disseminação do conhecimento e ênfase na interação social, na experimentação e no compartilhamento de experiências.
- **Abordagem contingencial:** a aprendizagem ocorre em função da situação e do contexto social, sendo imbuída de significações culturais.
- **Abordagem cultural:** a aprendizagem organizacional é um processo pelo qual são construídos os significados comuns à coletividade.

As organizações que usam práticas coletivas de aprendizagem estão bem preparadas para progredir, pois serão capazes de desenvolver qualquer habilidade necessária para ter êxito. Em outras palavras, a capacidade de efetividade de qualquer organização está relacionada diretamente com sua habilidade e sua capacidade de aprender coisas novas. Assim, caracterizam-se como "organizações inteligentes", que exploram a experiência coletiva, bem como talentos e capacidades das pessoas para aprender a ter êxito em equipe. Nessas organizações, o aprendizado se tornou um modo de vida e um processo contínuo, e não uma parte específica da carreira profissional de uma pessoa. Para as corporações, o aprendizado é fundamental para o sucesso futuro.[62]

Os preceitos da aprendizagem organizacional e dos diversos processos educacionais operados pela enfermagem, com destaque para a educação permanente, não se distanciam, ao contrário, estabelecem uma relação de complementaridade, com potencialização da inovação e gestão estratégica.

Em relação ao desenvolvimento profissional, uma das melhores estratégias é a utilização da Educação Permanente em Saúde (EPS). O enfermeiro é elemento agregador e mobilizador de atividades nas organizações de saúde, mas a equipe toda deve se envolver no processo e ser protagonista. A EPS, nessa dimensão, é uma prática de transformação da realidade; o ensino-aprendizagem produz conhecimento a partir do próprio cotidiano das organizações de saúde. Há a problematização da realidade e dos sentidos na aprendizagem, ou seja, valoriza os saberes e vivências de cada um frente a situação, buscando o aprendizado (ou solução de problemas) de maneira integrada.[63]

A EPS segue o arco de Maguerez[64] que, partindo da observação das necessidades do real, segue para a discussão tendo em consideração não os conhecimentos, mas a experiência de cada um para se chegar à solução do problema naquela realidade observada. Parte-se da observação da realidade e da definição de um problema, definem-se os pontos chave, teoriza-se, definem-se hipóteses de solução e aplica-se na realidade concreta, transformando-a.

Para que os preceitos da aprendizagem organizacional, agregando os diversos processos educacionais operados pela enfermagem, completem-se e potencializem-se, é necessário considerar também outros dois conceitos no cotidiano profissional das organizações de saúde: o clima organizacional e a cultura organizacional.

Entende-se como clima organizacional o conjunto de peculiaridades relativas ao bem-estar e ao conforto do ambiente de trabalho, que influencia e motiva positivamente as atitudes comportamentais e produtivas dos trabalhadores.[8] Assim como ocorre com o clima terrestre (no qual ocorrem frentes frias, tempestades, furacões etc.), o clima organizacional também envolve uma série de fenômenos que gravitam na órbita da organização, o que nos leva a simplificar o conceito de clima organizacional como atmosfera do ambiente de trabalho, ou seja, o clima organizacional pode ser bom ou ruim, instável ou estável, sujeito a tempestades ou a períodos de calmaria, com temperaturas que favoreçam a produtividade e a obtenção de melhores resultados.[7]

O clima organizacional, além de sujeitar-se às variações internas, está atrelado, de maneira também incontestável, ao modo de administrar de seus dirigentes. Entende-se como dirigentes não apenas a alta direção da organização, mas também todo o corpo de trabalhadores que constituem a média gerência organizacional, que, em última análise, comunicam para os colaboradores as diretrizes, as normas, as percepções, os desejos, os *insigths* motivacionais, os desafios e as recompensas organizacionais. Assim como ocorre com o homem em relação ao clima da terra, nas organizações as pessoas também preferem o clima ameno, estável, que facilite a realização das tarefas, mas também sobrevivem bem frente às intempéries, desde que sejam previsíveis, planejadas, de forma a se organizarem para isso.[7]

Além disso, o clima organizacional também está atrelado à cultura organizacional. Esta é constituída pelos valores éticos e morais, pelas crenças, pela política global, pelo clima, pelos hábitos e pelos princípios da organização, quer sejam estabelecidos em normas informais ou simplesmente compartilhados ao longo do tempo entre os membros de uma organização. Tais valores, crenças, princípios, hábitos etc. traduzem-se na forma como as organizações realizam suas atividades, na maneira como se relacionam com os todos os atores envolvidos.[7] Em outro nível de abstração, a cultura é o estilo ou o padrão de comportamento que os membros da organização usam para orientar suas ações.[8]

## 3.8 GESTÃO DE RECURSOS MATERIAIS

As organizações de saúde são complexas e nelas podemos encontrar diversas atividades que, por si só, caracterizam processos produtivos distintos – por exemplo, em uma unidade hospitalar temos um restaurante, um hotel, um laboratório clínico, um serviço de manutenção e reparos de equipamentos, uma marcenaria, uma farmácia, um hemocentro, um banco de leite, entre outros, que dependem de suprimentos. Dessa forma, requerem atenção e controle especializados quanto ao fluxo de materiais.[65]

A gestão de recursos materiais em organizações de saúde é muito importante, independentemente de seu porte ou tipo, sejam elas do setor público ou privado. No setor privado, por ser sujeito às regras do mercado, há necessidade de gerenciá-los considerando a busca de preços competitivos em relação às outras organizações. No setor público, devido a orçamentos restritos, precisam de maior controle no consumo e nos custos para que não privem trabalhadores e clientes do material necessário para que se operacionalize com qualidade a atenção a saúde.[65]

Entende-se por gestão de material como uma área da administração geral na qual o trabalho é realizado para entregar o material certo ao usuário certo, no momento e nas quantidades certos, observando as melhores condições para a organização. A efetividade da área de gestão de materiais depende do estabelecimento de diretrizes e ações, como planejamento, controle, organização e outras relacionadas com o fluxo de materiais dentro e fora da organização.[66]

A organização de enfermagem deve incluir no planejamento de suas ações a qualidade e a quantidade de materiais e equipamentos que julgar necessários às áreas/unidades, levando em consideração a quantidade e as especificidades dos clientes, os tipos de unidades, os custos e a durabilidade do material, o tipo de armazenamento, entre outros.[49]

A gestão de materiais nas organizações de saúde envolve as funções de:[67]

■ programação de materiais: na qual é feita a classificação, a padronização, a especificação dos materiais e o estabelecimento da quantidade a ser adquirida;

■ compras: na qual se realiza o controle de qualidade e operacionaliza-se a licitação, quando a organização for pública;

■ recepção e armazenamento: de reponsabilidade do almoxarifado, que confere os materiais entregues pelo fornecedor, verificando o prazo determinado e as especificações exigidas;

■ distribuição e controle: de reponsabilidade do almoxarifado, que dá baixa no estoque e aloca materiais e medicamentos para os usuários.

A Figura 3.13 mostra um fluxograma desse processo de gestão de recursos materiais.

Em relação à gestão de insumos para a atenção primária à saúde, não consta essa especificidade para o enfermeiro realizar nas diretrizes das políticas ministeriais; contudo, é prática recorrente o enfermeiro realizar as solicitações de materiais e de manutenções de estrutura das unidades.

Nessas unidades, há impressos para as solicitações ou as mesmas são realizadas à gestão municipal do sistema de saúde por meio eletrônico. O que o enfermeiro deve se ater é compartilhar esse "compromisso" com a equipe, envolvendo-os no processo de gestão. A exemplo, a sala de vacinas pode produzir as solicitações de insumos conforme os débitos de estoque e os prazos de validade dos imunobiológicos; a sala de procedimentos, em que é possível os técnicos/auxiliares mapearem os insumos, prevendo e antecipando a reposição para evitar a falta. Contudo, é importante que as solicitações possuam um responsável para cada item, de modo a evitar duplicidades de solicitações.

A responsabilidade pela quantidade e pela qualidade do material nas organizações de saúde, bem como sua conservação, deve ser assumida pelo gestor de enfermagem, que deverá verificar a média mensal de consumo, seguido de planejamento e reposição, sempre evitando o desperdício e a falta de material, pois a insuficiência e/ou inadequação do material e/ou equipamento conduz à equipe à improvisação, ao uso indevido, entre outras práticas viciosas, que colocam em risco a clientela e a própria equipe, e comprometem a qualidade da atenção à saúde.[49]

## 3.9 PROCESSO DE TRABALHO DO ENFERMEIRO

O trabalho de enfermagem, segundo Felli e Peduzzi,[68] integra a prestação de serviços à saúde, como parte do setor terciário da economia brasileira e, portanto, tem características distintas do trabalho agrícola ou industrial. Diferencia-se de outros trabalhos do mesmo setor terciário de prestação de serviços na medida que lidam com um objeto humano como clientela, individual e coletivamente, que demandam ações voltadas para atender às suas necessidades ou problemas de saúde. As referidas autoras esclarecem, ainda, que o trabalho em enfermagem e na saúde é um serviço consumido no ato da produção, no momento da assistência, seja ela coletiva, grupal ou individual.

Em função dessa especificidade na prática profissional, o enfermeiro demanda um papel preponderante nas múltiplas interfaces do cuidado, por ser um dos articuladores dos processos de trabalho, interagindo com todos os profissionais da saúde e não raramente coordenando a organização destes nas diferentes organizações de saúde,[69] o que possibilita a prática de ações independentes e interdependentes.

Tudo isso é fruto da construção social e histórica da enfermagem que, no decorrer de sua desenvolvimento, também se beneficiou da evolução teórica da ciência da administração, especificamente a partir da visão sistêmica e contingencial, surgindo a ideia de processos nos estudos organizacionais, com o objetivo de maximizar o valor ao usuário, entendendo que os processos devem ser estruturados para o pleno atendimento destes, mais precisamente com o surgimento dos programas de controle de qualidade que percebiam que esta precisava ser gerada a partir do processo produtivo.[70]

Esses processos, de acordo com os papéis do enfermeiro, são classificados em quatro tipos principais, a saber: os processos assistenciais, cujo produto é o cuidado direto ao usuário, tendo o conhecimento da clínica, nas suas diversas áreas, como principal norteador; os processos administrativos, embora pouco visíveis aos usuários, são essenciais para a organização das funções desempenhadas pela equipe de trabalhadores, incluindo as decisões que os enfermeiros devem tomar para apoiar os demais processos; os processos educacionais correspondem às atividades voltadas ao desenvolvimento humano, seja ele usuário, por meio da educação em saúde, seja profissional de saúde, por meio da educação permanente em serviço, além da formação de novos profissionais de saúde; já os processos de pesquisa dizem respeito aos métodos de estudo que contribuem para a base científica da prática de enfermagem, sejam elas assistenciais, administrativas ou educativas.[34]

Considera-se o processo de trabalho do enfermeiro uma ação articulada de todos os seus papéis, que formam uma rede de subprocessos - de assistência, gestão, educação e pesquisa - que não são dicotômicos nem isolados, mas conexos, interdependentes, complementares e, muitas vezes, imbricados, expressando assim as muitas faces do fazer e do saber de enfermagem. Dessa forma, os referidos processos estão presentes no cotidiano desse profissional e são organizados e operacionalizados de acordo com suas diferenças técnicas, não havendo um modus operandi integrador que uniformize o modo de operacionalizá-los, o que requer da enfermagem a estruturação de um modelo de processo de trabalho, cujo desafio é buscar outro modo de operar o trabalho em enfermagem e construir a relação do trabalhador com sua clientela interna (outros trabalhadores) e externa (usuários dos serviços oferecidos pelas organizações de saúde).

Além disso, as atuais discussões a respeito da governança clínica reforçam a ideia de se buscar um modus operandi para o processo de trabalho do enfermeiro com reflexos no próprio processo de trabalho da enfermagem, no geral, e com reflexos no processo de trabalho em saúde, consequentemente; um modo de trabalho que consolide e universalize as abordagens da profissão - representadas pelos papéis de atenção, educação, gestão e pesquisa -, frequentemente fragmentadas e distantes, para um modelo centrado no usuário, que favoreça a autonomia deste e do próprio enfermeiro, bem como o desenvolvimento profissional e organizacional.[17] Lembrando que consideramos a governança em enfermagem como um sistema, envolvendo a articulação entre os papéis de atenção, gestão, educação e pesquisa do enfermeiro, para busca contínua da melhoria qualidade dos serviços prestados à clientela e das organizações de enfermagem, por meio do desenvolvimento sucessivo das suas ações.

GESTÃO EM ENFERMAGEM

Nesse sentido, inspirados por Pereira e Galperim,[71] é defendida uma nova abordagem para o processo de trabalho do enfermeiro. É a interação quadriática entre cuidar/ensinar/gerir/pesquisar como um processo. Para tanto, requer do enfermeiro conhecimento de uma nova abordagem, com uma metodologia que permita processar a quadríade referida. Para tanto, embasado por Kletemberg,[72] o processo de trabalho do enfermeiro deve estar abalizado por uma metodologia científica, que privilegie cinco momentos: levantamento de dados, diagnóstico, planejamento, execução e avaliação. Nesse sentido, é pertinente afirmar que o processo de trabalho do enfermeiro pode ser sistematizado pelo processo de enfermagem, tornando-o um recurso com potência para a promoção da integração dos papéis de assistência, gestão, educação e pesquisa.

Ao afirmar que o processo de enfermagem pode sistematizar o processo de trabalho do enfermeiro, considera-se que esse método, que historicamente surgiu para sistematizar a prática assistencial (Figura 3.16), pode ser adaptado como modelo metodológico para também sistematizar as práticas administrativa (Figuras 3.17 e 3.18), educacional (Figura 3.19) e de pesquisa[35] (Figura 3.20), por ser efetivo em todas as abordagens de enfermagem.[73]

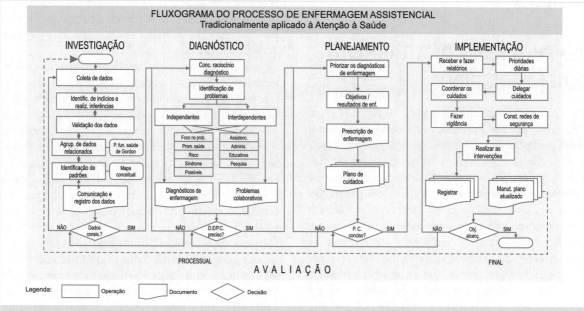

Figura 3.16 – Fluxograma do processo de enfermagem assistencial - tradicionalmente aplicado à atenção à saúde. Fonte: adaptado de Santana et al.[74]

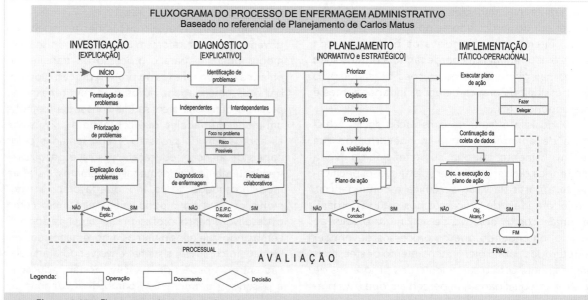

Figura 3.17 – Fluxograma do processo de enfermagem administrativo – com base no referencial teórico de Matus.[75] Fonte: adaptado de Santana e Tahara.[35]

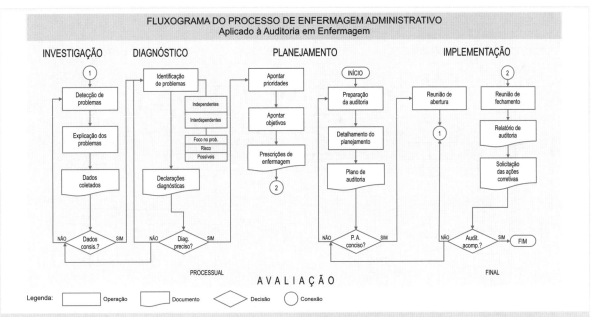

Figura 3.18 – Fluxograma do processo de enfermagem administrativo – aplicado à auditoria em enfermagem.
Fonte: adaptado de Santana e Silva.[76]

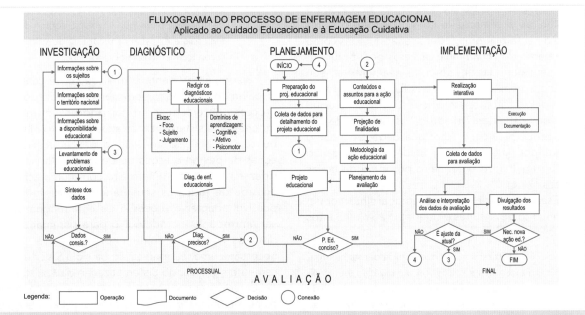

Figura 3.19 – Fluxograma do processo de enfermagem educacional – aplicado ao cuidado educacional e à educação cuidativa.
Fonte: adaptado de Bitencourt, Santana e Guerreiro.[77]

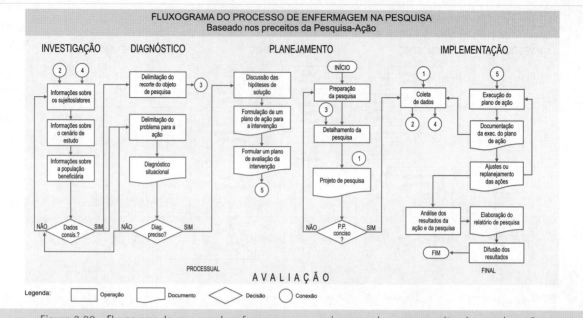

Figura 3.20 – Fluxograma do processo de enfermagem na pesquisa – com base nos preceitos da pesquisa-ação.
Fonte: adaptado de Santana.[34]

Além disso, as transformações no processo de trabalho, ao sistematizá-lo com o método do processo de enfermagem, podem ser apontadas como instrumento de encaminhar projetos de luta da enfermagem para dar um novo delineamento ao seu trabalho, como: tentativa de ampliação e superação do modelo anatomopatológico, com vistas à equidiversidade e extensividade da assistência de enfermagem e para dar melhor qualidade, bem como a busca por autonomia, legitimidade e valorização para o trabalho do enfermeiro por meio de novas práticas.[78]

Esse referencial permite compartilhar com o pensamento de Antunes e Guedes[79] ao citar Santos e Assis,[80] quando afirmam que

> Sistematizar a assistência implica pensar na organização dos serviços. Tal organização, em qualquer situação, deve ser percebida no contexto de um processo de trabalho que seja considerado eixo integrador dos diversos serviços de saúde, fazendo face aos problemas e às dificuldades do dia a dia da atenção à saúde em um sistema organizacional plural que envolve a equipe de profissionais e os usuários recuperando valores e o reconhecimento do trabalho.[79]

Assim, é pertinente afirmar que o processo de trabalho do enfermeiro pode ser sistematizado pelo processo de enfermagem, tornando-o um recurso potente para sistematizar as ações de enfermagem, ou seja, ações assistenciais, ações educacionais, ações de gestão e ações de pesquisa, por se considerar a prática do enfermeiro como uma ação articulada de todos os seus papéis. Dessa forma, é possível adaptar o processo de enfermagem para ser um modelo metodológico para sistematizar os diversos papéis do enfermeiro. Para tanto, faz-se necessária uma ressignificação da sigla SAE, historicamente significando Sistematização da Assistência de Enfermagem, compreendendo-a e adotando-a como acrônimo para a expressão Sistematização das Ações de Enfermagem.[35] Procurou-se representar essa concepção por meio da Figura 3.21.

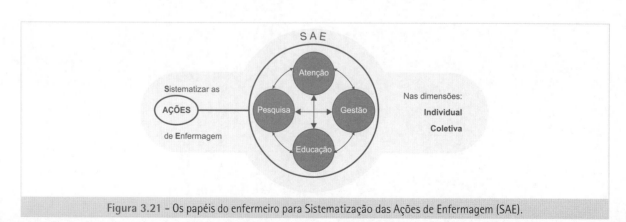

Figura 3.21 – Os papéis do enfermeiro para Sistematização das Ações de Enfermagem (SAE).

Da mesma maneira, é importante uma visão ampliada do processo de enfermagem. O raciocínio até aqui exposto está fundamentado, também, pelo princípio de que o processo de enfermagem é um modo especial de pensar e agir sistemático, usado para identificar, prevenir e tratar problemas atuais e potenciais de saúde e promover o bem-estar do ser humano; oferece uma estrutura científica, a qual os enfermeiros usam para coordenar e resolver problemas; que oferece uma direção para o planejamento, a implementação e a avaliação das ações; e envolve uma interação entre o usuário e o profissional;[81] é um sistema teórico para solucionar problemas e tomar decisões;[47] é um método efetivo em todas as abordagens de enfermagem;[73] é uma metodologia que sistematiza as atividades de enfermagem nos diversos papéis do enfermeiro, tanto em nível individual ou coletivo;[82] é a essência da prática de enfermagem;[83] é a dinâmica das ações sistematizadas e interrelacionadas.[84] Essas incursões às fontes bibliográficas a respeito do processo de enfermagem reforçam a ideia de que este deve sistematizar todas as ações de enfermagem e não as ações assistenciais somente.[35]

Um conceito que se alinha a esse pensamento é considerar o processo de enfermagem como um "método de planejamento para sistematizar o processo de trabalho da enfermagem que, por sua vez, é caracterizado pela articulação e encadeamento dos seus papéis e subprocessos - de assistência, gestão, educação e pesquisa -, na dimensão coletiva e individual, e nos diferentes níveis de complexidade e de densidade tecnológica da rede de atenção à saúde".[74]

Ainda sob o aspecto de ampliar a visão sobre o processo de enfermagem, pode-se tomar como referência as discussões no campo da micropolítica do trabalho em saúde sobre as tecnologias duras, leve-duras e leves que atravessam o processo de trabalho em saúde. Segundo Merhy e Franco,[85] o processo de trabalho em saúde é estruturado conforme o arsenal tecnológico utilizado por seus profissionais, que pode ser composto por tecnologias materiais e não-materiais. Para esses autores, as tecnologias duras são o conjunto de tecnologias materiais, e são compostas por instrumentos/artefatos (estetoscópio, esfigmomanômetro, termômetro etc). Dentre as tecnologias não-materiais, estão as tecnologias leve-duras, compostas pelo saber técnico estruturado (clínica, epidemiologia etc.) e, por último, as tecnologias leves, caracterizadas pelas relações entre sujeitos (trabalhador e usuário) que só têm materialidade em ato.

Mesmo apresentando perspectiva teórica diferente dos autores da enfermagem, esse referencial leva a reconhecer, ao olhar o processo de enfermagem, que nele se expressam os três elementos que compõem a tríade da tipologia tecnológica, arranjando de modo diferente uma com a outra, conforme seu modo de produzir o cuidado. Assim, ao considerar o processo de enfermagem como elemento sistematizador do processo de trabalho do enfermeiro, deve-se levar em consideração os textos[85-88] que abordam a tríade da tipologia tecnológica. Por meio deles, é possível apreender que no processo de enfermagem se faz presente principalmente as tecnologias duras e leve-duras, fato que reflete uma adaptação ao trabalho em saúde (predominantemente conformado por essas tecnologias) e com menor intensidade as tecnologias leves. Esse quadro é evidenciado pela forte presença do uso de protocolos e normas, em detrimento da escuta qualificada (em oposição à escuta com respostas pré-direcionadas pelos protocolos e pelas normas). Assim, pode haver a predominância da lógica instrumental.

Para que se possa ampliar a visão sobre o processo de enfermagem e, assim, poder enxergá-lo como um elemento organizador do processo de trabalho do enfermeiro, é preciso valorizar também uma produção do cuidado "em que os processos relacionais (intercessores) intervêm para um processo de trabalho com maiores graus de liberdade, tecnologicamente centrado nas tecnologias leves e leve-duras".[85]

Os escritos dos autores supracitados[85-88] norteiam na compreensão de que é importante o processo de enfermagem acontecer, principalmente no campo das tecnologias leve-duras e tecnologias leves, com a presença das tecnologias duras em menor intensidade: tecnologias leves, enquanto operado em processos de intervenções no encontro, servindo de mediação de relações, entre o trabalhador e o usuário (trabalho vivo em ato); tecnologias leve-duras, tomadas enquanto saber bem estruturado, que sistematiza o trabalho da equipe de enfermagem; tecnologias duras são percebidas pelo uso de instrumentos materiais do trabalho, como: equipamentos, insumos, normas e estrutura física.

A esse respeito, considera-se que as que as diversas tecnologias tratadas pelos autores citados não têm hierarquização de valor; a depender da situação, todas serão importantes, porém não se deve esquecer que em todas as situações as tecnologias leves precisam estar sendo operadas. É crível que hoje existe uma tendência muito acentuada de falar das tecnologias leves e tende a cristalizar que as outras deixam de ser importantes, em que, com uma cultura da fragmentação sempre presente, permanece o "pêndulo da saúde": uma hora supervaloriza a prevenção e outra hora só o tratamento, ou com muitos achando que a tecnologia leve é que resolve tudo e outros tantos se esquecendo ou não dão a mínima importância a tecnologia leve.[89]

No que diz respeito à estrutura metodológica do processo de enfermagem, este é constituído por momentos que envolvem a identificação de problemas, o delineamento do diagnóstico de enfermagem, a instituição de um plano de intervenções, a implementação das ações planejadas e a avaliação, sendo estruturado em cinco momentos inter-relacionados (Figura 3.1).[34]

No Momento Investigação, é possível reconhecer a presença dos três elementos formadores da tipologia tecnológica que atravessa o processo de trabalho em saúde, no qual as tecnologias leves são representadas por uma relação intercessora entre os sujeitos (trabalhador e usuário) e por uma escuta qualificada, servindo como um momento privilegiado para a mediação de relações que influenciarão o restante do processo. O saber estruturado da enfermagem, indispensável para a identificação das necessidades dos usuários, representa as tecnologias leve-duras. As tecnologias duras são representadas, por exemplo, pelos instrumentos/artefatos necessários para o exame físico, enquanto atividade característica desse momento.[34]

O Momento de Diagnóstico é caracterizado pelas tecnologias leve-duras próprias do saber da enfermagem. Nesse momento, dentro da função assistencial do enfermeiro, o saber estruturado da enfermagem (tecnologias leve-duras) pode ser legitimado pelo uso de tecnologias duras, composta não por recursos materiais, como estetoscópio, esfigmomanômetro, termômetro etc., mas por artefatos intelectuais materializados enquanto produto do trabalho morto, representados pelos sistemas de classificação que padronizam termos representativos e significativos dos fenômenos comuns na prática clínica da enfermagem.[34]

No Momento de Planejamento das ações idealizadas para prevenir, minimizar ou corrigir os problemas identificados no diagnóstico de enfermagem, existe o risco de o profissional supervalorizar as tecnologias leve-duras e duras a partir das ações instituídas tanto pela organização de saúde como da enfermagem, como normas, rotinas (formais e informais) e protocolos, bem como dentro da função assistencial do enfermeiro, pelos sistemas de classificação existentes na enfermagem. Para não supervalorizar, no sentido de ficar preso às tecnologias leve-duras e duras, o profissional deve sempre levar em consideração que o processo de enfermagem também é fundamentado pela criatividade, porque propicia encontrar soluções além do que é tradicionalmente feito.[34,90]

No Momento de Implementação, os três elementos da tipologia tecnológica também são reconhecidos. Esse momento é um espaço privilegiado para a utilização das tecnologias leves, já que é um momento caracterizado por uma forte interação entre os sujeitos envolvidos no processo, ou seja, entre os trabalhadores e os usuários e entre os trabalhadores de saúde, sem, no entanto, deixar de ser entremeado pelo saber técnico estruturado da enfermagem e da saúde (tecnologias leve-duras). Da mesma forma, as tecnologias duras se fazem presentes por meio do arsenal de artefatos que permeia o trabalho em saúde, correndo o risco, a depender do modo de produzir o cuidado, haver a predominância da lógica instrumental.[34]

No que diz respeito ao Momento de Avaliação, embora geralmente seja apontado como o último do processo de enfermagem, está presente em todos os outros momentos do processo. Esse momento consiste em um processo contínuo que determina a extensão pela qual os objetivos foram alcançados. Nele, os sujeitos, profissionais de saúde e usuário, avaliam o progresso das atividades realizadas e, se necessário, instituem modificações no que foi planejado anteriormente.[34]

Na composição do processo de trabalho em enfermagem, adota-se a noção da gestão do cuidado, que considera a capacidade técnica, política e operacional que a equipe de saúde possui para planejar a assistência com vistas à promoção da saúde, individual ou coletiva, considerando suas interfaces e diferentes dimensões.[91]

Além de outros elementos, é importante salientar que o processo de trabalho em enfermagem deve ser realizado no sentido de produção do cuidado em uma perspectiva interdisciplinar e focada em um conceito ampliado de saúde. Assim, o enfermeiro e os integrantes da equipe de saúde devem utilizar-se de dispositivos que possam permear essas relações. O Projeto Terapêutico Singular (PTS), por exemplo, é um recurso na gestão do cuidado com um olhar que transcende os limites biomédicos e dos próprios saberes profissionais particulares, proposto pela Política Nacional de Humanização (PNH).[92] Trata-se de um conjunto de propostas de condutas terapêuticas articuladas, para um sujeito individual ou coletivo, a partir da discussão entre uma equipe interdisciplinar para situações mais complexas. O PTS contém quatro momentos:

- Diagnóstico: deverá conter uma avaliação orgânica, psicológica e social, que possibilite uma conclusão a respeito dos riscos e da vulnerabilidade do sujeito a ser cuidado. Envolve as formas de enfrentamento diante da situação vivenciada de adoecimento, seus desejos, seus interesses ou mesmo seus ganhos secundários, permeados por seu trabalho, cultura, família, redes de apoio social etc.
- Definição de metas: após o diagnóstico, há a proposição de ações de curto, médio e longo

prazos, que serão negociadas com o usuário pelo membro da equipe que possuir maior vínculo.
- Divisão de responsabilidades: definição de tarefas de cada um, com clareza.
- Reavaliação: momento em que se discutirá a evolução e se farão as devidas correções.

Outro elemento na gestão do cuidado e da própria organização de saúde é o Acolhimento. Todos os integrantes da equipe devem desenvolvê-lo, com escuta qualificada e classificação de risco, de acordo com protocolos estabelecidos, bem como os profissionais de nível superior devem realizar estratificação de risco e elaborar plano de cuidados junto aos demais membros da equipe.[11]

O dispositivo do acolhimento também é oriundo da PNH[92] e prevê que para acolher não haja profissional específico para o fazer e que a qualquer hora o serviço de saúde deve estar apto para realizá-lo. A proposição é de redimir as "filas das madrugadas por fichas", no caso do acesso à atenção primária em saúde, e reorientar, por exemplo, os serviços de pronto atendimento hospitalar, urgência e emergência, o que não impede de ser utilizado em outros setores ou organizações de saúde. Implica na escuta do usuário em suas queixas, reconhecimento do seu protagonismo no processo de saúde-doença, na responsabilização pela resolução, com ativação de redes de compartilhamento de saberes. É um compromisso de dar resposta às necessidades de quem procura ou necessita dos serviços de saúde. Utiliza-se no acolhimento a classificação de risco para que aqueles que necessitam mais sejam atendidos com prioridade (princípio da equidade) e não por ordem de chegada – quem possui condições mais graves, maior risco de agravamento do seu quadro clínico, maior sofrimento, maior vulnerabilidade e que estão mais frágeis serão prioridades.

A classificação de risco é feita pelos enfermeiros, de acordo com critérios pré-estabelecidos em conjunto com os médicos e demais profissionais. A classificação de risco não tem como intuito a definição de atender ou não o usuário, mas definir a ordem de atendimento. Todos serão atendidos: dos casos prioritários, que serão atendidos no dia/hora, aos de menor risco, que podem ser agendados. Há a atenção ao grau de sofrimento físico e psíquico dos usuários e agilidade no atendimento a partir dessa análise.

No processo de trabalho, o enfermeiro pode se utilizar de instrumentos empregados na assistência, como a consulta de enfermagem na atenção primária à saúde ou as avaliações hospitalares sistemáticas nas internações, que perpassam a gestão do cuidado, pois cada caso necessita da construção conjunta com cada sujeito cuidado e a utilização da sistematização da assistência de enfermagem, como já abordado anteriormente, na constituição do plano terapêutico a partir de variáveis não só clínicas, mas socioeconômico, culturais, epidemiológicas, ambientais, políticas etc., em que aquela pessoa está inserida e é afetada nos seus modos de levar a vida.

As informações de cunho técnico e operacional devem ser abordadas de maneira que a pessoa compreenda todo o processo, bem como quaisquer orientações dentro de seu plano terapêutico para um efetivo impacto em sua situação de saúde. Essa condução desafia o processo de trabalho do enfermeiro no sentido da necessidade de este estar permeável às diversas conjunturas e conduzir os processos terapêuticos de modo a buscar a melhor resolutividade possível à situação de saúde, mas com a interação entre seu saber e os saberes dos outros membros da equipe.

### NOTA

No site do Núcleo de Estudos, Pesquisa e Extensão em Metodologias na Enfermagem (Nepemenf) estão disponibilizados diversos materiais educacionais desenvolvidos e publicados pelo Laboratório de Gestão em Enfermagem e Saúde do Nepemenf. Acesse o endereço eletrônico e baixe o material: <http://www.uesc.br/nucleos/nepemenf/>.

### NESTE CAPÍTULO, VOCÊ...

... aprendeu que a escolha pela não antagonização entre a gestão na atenção primária em saúde e na área hospitalar é desafiadora, mas permite que o enfermeiro a compreenda gestão com um enfoque mais amplo e não restritivo a demarcações que, a nosso ver, são impróprias, pensando-se um sistema de saúde que preza a integralidade e com prerrogativas em todas as suas políticas e estratégias que se faça saúde revertendo a noção fragmentadora.

... também compreendeu que o intuito deste capítulo foi apresentar aspectos mais pontuais e relevantes da gestão em enfermagem nas organizações de saúde, mas não esgota a abordagem e a discussão sobre outros temas e elementos constitutivos que permeiam esse universo. Ao contrário, a ideia é promover a abertura e a busca por mais componentes que possam auxiliar na atuação do enfermeiro quando se confronta com situações de gestão e suas múltiplas interfaces.

## EXERCITE

1. Do sistema solar à célula humana, o homem está cercado de sistemas complexos e instigantes. Defina, com suas palavras, o que é sistema.
2. Dada a complexidade da área da saúde, qual modelo de gestão é o mais adequado para ser utilizado nas organizações de saúde? Justifique sua resposta.
3. Explique a frase: "O processo de enfermagem deve sistematizar todas as ações de enfermagem e não somente as ações assistenciais".
4. O enfermeiro, no desenvolvimento da gestão do cuidado, pode valer-se do acolhimento, preconizado na Política Nacional de Humanização. Das alternativas a seguir, marque a afirmativa correta:
   a) O acolhimento só pode ser implementado na gestão de uma Unidade Básica de Saúde com Estratégia de Saúde da Família.
   b) O acolhimento constitui-se de um dispositivo que contribui para a análise e a revisão das práticas de atenção e de gestão.
   c) O acolhimento é sinônimo de agir com ética, respeito e cordialidade na gestão do cuidado.
   d) É viável apenas para o reordenamento da gestão das organizações de saúde, mas não do sistema de saúde como um todo.
5. Em relação à Educação Permanente em Saúde, é incorreto afirmar que:
   a) Baseia-se no princípio da aprendizagem significativa, com base no arco de Maguerez.
   b) Busca o desenvolvimento do trabalho em equipe matricial.
   c) É uma estratégia de continuidade das práticas de formação, atenção e gestão nas organizações de saúde.
   d) Promove a melhoria da gestão do cuidado, pois subsidia mudanças no processo de trabalho.

## PESQUISE

- Realize um estudo exploratório sobre a história da administração, desde os primórdios da humanidade até a contemporaneidade. Elabore um relatório sobre essa pesquisa.
- Realize um estudo em sua organização de saúde, que permita a identificação do modelo de gestão predominante. Elabore um relatório sobre essa pesquisa.

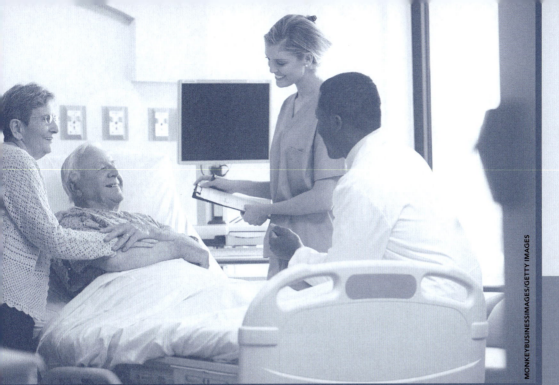

CAPÍTULO 4

ANDREA BEZERRA RODRIGUES
PATRÍCIA PERES DE OLIVEIRA

COLABORADORAS:
CÁSSIA MARIA DIAS
DEBORAH FRANSCIELLE DA FONSECA
MÁRCIA WANDERLEY DE MORAES
PATRÍCIA FARIA OLIVEIRA
ROSILENE APARECIDA COSTA AMARAL

# APOIO DIAGNÓSTICO

### NESTE CAPÍTULO, VOCÊ...

- ... aprenderá as noções básicas dos exames clínicos.
- ... verá as normas e as rotinas da coleta de materiais para exames.
- ... conhecerá as noções básicas e a assistência de enfermagem para pacientes submetidos a exames de diagnósticos por imagem.
- ... aprenderá sobre a assistência de enfermagem para os exames clínicos e de imagem e sua justificativa.

### ASSUNTOS ABORDADOS

- Noções básicas de exames clínicos.
- Descrição dos procedimentos na coleta de sangue, de urina, de fezes e de escarro, exames citológicos e gasometria arterial.
- Posição para exames e/ou exames de diagnóstico por imagem.

# ESTUDO DE CASO

J.C.C, 74 anos, natural do interior de Minas Gerais, residente em Belo Horizonte há 10 anos, viúvo há 10 anos, seis filhos, evangélico, possui aposentadoria rural. Internado na unidade de clínica médica de um hospital governamental por dispneia e edema em membros inferiores. Após levantamento da história clínica, ecocardiograma e radiografia de tórax, foi diagnosticado insuficiência cardíaca congestiva (ICC) de grau IV. Apresenta ainda pneumonia, identificada pela radiografia de tórax. Foi colhido hemograma completo que mostrou os seguintes resultados:

> **Dispneia**
> dificuldade em respirar

### HEMOGRAMA

| | | |
|---|---|---|
| Leucócitos | 13.250 | 4.000 a 10.000/mL |
| Neutrófilos | 12.500 | 3.000 a 7.000/mL |
| Eosinófilos | 50 | 50 a 250/mL |
| Basófilos | 500 | 15 a 100/mL |
| Monócitos | 100 | 100 a 500/mL |
| Linfócitos | 1.500 | 1.500 a 4.000/mL |
| Eritrócitos | $5,8 \times 10^6$/mm | $33,6$ a $5,0 \times 10^6$/mm$^3$ |
| Hemoglobina (Hb) | 21 g/dL | 12 a 16g/dL |
| Hematócrito (Ht) | 46% | 36 a 48% |
| VCM | 84 | 82 a 98 fl |
| CHCM | 33 | 31 a 37 g/dL |
| HCM | 28 | 26 a 34 pg |
| RDW | 19% | 11.8 a 15.6 |
| Plaquetas | 200.000 | 140.000 a 400.000 mL |

No momento, encontra-se no segundo dia de internação, consciente, orientado, acamado, dispneico aos mínimos esforços. Mantendo decúbito Fowler, cateter nasal de $O_2$ 2l/min. FR = 22 a 26 irpm nas últimas 24 horas. Ausculta respiratória com roncos e expansibilidade diminuída de ambos os pulmões. Apresenta tosse produtiva com secreção amarelo-esverdeada e espessa.

## Após ler o caso, reflita e responda:

1. O que significa hematócrito (Ht)? O que esse exame avalia?
2. O que significam as siglas VCM, CHCM, HCM e RDW? Para que servem?
3. Por que o paciente do caso apresenta leucocitose associada à neutrofilia?
4. Na insuficiência cardíaca congestiva (ICC), há má oxigenação dos tecidos em geral, pois o coração não consegue bombear o sangue adequadamente. O que é hemoglobina? Qual é a relação entre eritrocitose e elevação da hemoglobina com a ICC?

# 4.1 INTRODUÇÃO

Os principais objetivos dos testes ou exames de diagnóstico laboratorial e de imagem são confirmar, estabelecer ou complementar o diagnóstico clínico do paciente.[1,2] Os exames são instrumentos para obter informações adicionais sobre as condições de saúde do paciente, auxiliam na definição do diagnóstico e definem o melhor tipo de tratamento ou sua resposta.[3,4] Existem três fases para a realização desses testes:

- Fase pré-teste: é a primeira etapa de qualquer exame. Inicia-se com as orientações corretas para a realização do procedimento, visando diminuir os erros no preparo para o teste e possíveis falhas no resultado.[3] São coletadas informações sobre o perfil do paciente:[5,6]
  - contraindicações ao exame, como alergias (iodo, látex, medicações, meios de contraste);
  - medos e fobias (claustrofobia, ataques de pânico, medo de agulha e sangue);
  - uso de medicações, comprometimentos físicos e gravidez;
  - autorização para o procedimento;
  - todos os dados devem ser registrados de forma completa e legível na folha de anotação de enfermagem.

- Fase intrateste: é a segunda etapa do exame e consiste na obtenção do material. Nessa fase, as ações são direcionadas à coleta segura e adequada das amostras.[4] É importante observar:
  - o tipo de amostra e o método de obtenção (coleta de urina, punção venosa ou arterial, aspiração de medula óssea);
  - o material necessário (recipientes estéreis, kits especiais);
  - que o ambiente seja tranquilo e apropriado ao paciente;
  - precauções padrão e equipamentos de proteção individual, como luvas e óculos de proteção;
  - a realização do preparo correto, além da retirada de joias, próteses, óculos e outros itens, quando necessário;
  - que as amostras sejam obtidas, preservadas, manuseadas, identificadas e encaminhadas corretamente;
  - todos os dados devem ser registrados de forma completa e legível na folha de anotação de enfermagem.

- Fase pós-teste: é a última etapa do procedimento e consiste em acompanhamento, observação e monitorização do paciente depois do teste. Nessa etapa, é preciso prevenir ou minimizar complicações.[3,4] Os principais cuidados de enfermagem são:[3,5,6]

  - verificar alterações severas nos sinais vitais (SSVV);
  - observar presença de hemorragias, desconforto respiratório e retenção urinária;
  - atentar para efeitos adversos da sedação ou meios de contrate, como náuseas, vômito, diarreia, urticária e manchas na pele;
  - registrar a quantidade e a aparência de líquidos removidos, quando adequado;
  - realizar curativos e cuidados no local, se necessário;
  - orientar o paciente sobre os cuidados no pós-procedimento;
  - comunicar imediatamente qualquer alteração. Todos os dados devem ser registrados de forma completa e legível na folha de anotação de enfermagem.

Existem vários fatores do paciente que podem interferir nos resultados dos testes e devem ser identificados precocemente pela equipe de enfermagem.[3,4] Os principais fatores estão descritos no Quadro 4.1.

**Quadro 4.1** – Fatores que podem interferir no resultado dos exames

| Fatores que interferem | Motivo |
|---|---|
| Horário do dia | Significa a ocorrência de alteração cíclica na concentração de determinado parâmetro. Exemplo: a variação diurna acontece na concentração de ferro e cortisol sérico e no número de leucócitos no sangue periférico. |
| Atividade física | Provoca efeito transitório em decorrência da mobilização de água e outras substâncias. |
| Tempo de jejum | Rotina é de oito horas, podendo ser reduzida para quatro horas em situações especiais. Para dosagem de triglicérides, deve-se manter jejum de 12 a 16 horas; os períodos superiores a 24 horas causam elevação na concentração de bilirrubinas e triglicérides. |
| Tipo de dieta | Pode interferir na concentração de alguns componentes. As alterações bruscas da dieta exigem certo tempo para que alguns parâmetros retornem aos níveis normais. |
| Mudança de postura | Quando há mudanças de postura (em pé ou deitado), ocorre um afluxo de água e substâncias filtráveis do espaço intravascular para o líquido intersticial, como no caso de albumina, triglicérides, hematócrito, hemoglobina e número de leucócitos. |
| Administração de medicamentos | Pode causar reações pelo efeito fisiológico ou pela interferência analítica. |

APOIO DIAGNÓSTICO

## 4.2 COLETA DE SANGUE

O sangue é um dos principais líquidos do corpo que, bombeado pelo coração, circula pelos vasos sanguíneos, fornecendo material nutritivo para todas as partes do organismo. Produzido pela medula óssea, possui componentes celulares (glóbulos vermelhos ou células vermelhas, células brancas ou glóbulos brancos e plaquetas) e um componente líquido (plasma).[3,4]

Os glóbulos vermelhos, também denominados eritrócitos, transportam oxigênio dos pulmões para os tecidos e carregam gás carbônico para fora dos tecidos. As células brancas ou leucócitos protegem o organismo, destruindo os germes invasores. As plaquetas (ou trombócitos) são importantes no mecanismo de coagulação. O plasma é um líquido claro, com cor de palha, composto por proteínas, albumina, globulina e fibrinogênio.[3,4]

As amostras de sangue venoso podem ser obtidas por punção periférica ou aspiração, a partir de um dispositivo de acesso venoso central denominado cateter. O uso dos cateteres centrais evita uma punção venosa adicional em pacientes de risco (principalmente em idosos e crianças), porém, esse procedimento pode levar à obstrução do cateter e diminuir a vida útil do dispositivo, e só deve ser realizado por profissionais capacitados para esse tipo de coleta.[4,7]

A coleta de sangue venoso periférico ou central deve iniciar com a verificação dos exames solicitados, o preparo de todo o material necessário e a identificação dos tubos que possuem um código de cores que especificam a presença de aditivos (Figura 4.1).

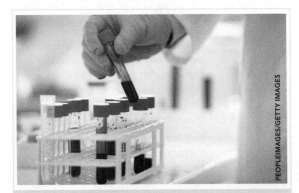

Figura 4.1 - Tubos para coleta de amostras de sangue.

Alguns testes necessitam de coagulação sanguínea, os quais exigem a utilização do frasco sem aditivos; para os demais, existem anticoagulantes específicos para cada tipo de exame, como o hemograma. Veja o Quadro 4.2.

Quadro 4.2 – Especificação dos frascos para coleta de sangue

| Cor da tampa | Aditivos | Teste |
|---|---|---|
| Vermelha Amarela Marrom | Nenhum | Exames sorológicos e bioquímicos em geral |
| Azul-real Roxa | EDTA* ou heparina sódica | Hemograma |
| Cinza | Oxalato de potássio e fluoreto de sódio | Glicemia e níveis de álcool |
| Azul-claro | Citrato de sódio | Testes de coagulação |
| *Etilenodiaminotetracético | | |

Após a etapa inicial, é importante a identificação correta do paciente, do tipo de preparo, do período de jejum, a escolha adequada do local (acesso venoso periférico ou central), bem como a realização de uma técnica segura e asséptica.[4,6,7]

No momento da coleta, deve-se prevenir a rejeição da amostra, que pode ocorrer por erros relacionados à própria amostra ou ao processo de coleta, conforme demonstra o Quadro 4.3.

Quadro 4.3 – Especificação dos problemas durante a coleta

| Possíveis problemas ||
|---|---|
| ... com as amostras | ... envolvendo o coletor |
| • Volume insuficiente<br>• Número de amostras insuficiente<br>• Transporte inadequado | • Técnica incorreta de coleta<br>• Erro na escolha do tipo de frasco<br>• Armazenamento inadequado da amostra<br>• Identificação incorreta dos dados do paciente |

As amostras de sangue devem ser isentas de resíduos de outras soluções que possam interferir no resultado do teste, como soro glicosado, drogas vasoativas e antibióticos. Por esse motivo, é necessário escolher acessos exclusivos. Quando não é possível, deve-se descartar a primeira amostra e, em seguida, aspirar o volume de sangue desejado para o exame.[3,4]

Exceto nos casos de coleta para hemocultura (cultura de sangue), utilize a primeira amostra de sangue, pois é mais provável coletar micro-organismos dentro do próprio cateter.[3]

As Tabelas 4.1 e 4.2 descrevem os valores normais dos exames de sangue (eritrograma e leucograma)[3,4]

Tabela 4.1 - Valores normais do eritrograma

| Idade | Eritrócitos (× 10⁶/mmm³) | Hb (g/dL) | Ht (%) | VCM (fl) | HCM (pg) | CHCM (g/dL) | RDW (%) |
|---|---|---|---|---|---|---|---|
| Do nascimento até 2 semanas | 4,1 a 6,1 | 14,5 a 24,5 | 44 a 64 | 98 a 112 | 34 a 40 | 33 a 37 | - |
| 2 a 8 semanas | 4,0 a 6,0 | 12,5 a 20,5 | 39 a 59 | 98 a 112 | 30 a 36 | 32 a 36 | - |
| 2 a 6 meses | 3,8 a 5,6 | 10,7 a 17,3 | 35 a 59 | 83 a 97 | 27 a 33 | 31 a 35 | - |
| 6 meses a 1 ano | 3,8 a 5,2 | 9,9 a 14,5 | 29 a 43 | 73 a 87 | 24 a 30 | 32 a 26 | - |
| 1 a 6 anos | 3,8 a 5,3 | 9,5 a 14,1 | 30 a 40 | 70 a 84 | 23 a 29 | 31 a 35 | - |
| 6 a 16 anos | 4,0 a 5,2 | 10,3 a 14,9 | 32 a 42 | 73 a 87 | 24 a 30 | 32 a 36 | - |
| 16 a 18 anos | 4,2 a 5,4 | 11,1 a 15,7 | 24 a 44 | 75 a 89 | 25 a 31 | 32 a 36 | - |
| Homem > 18 anos | 4,5 a 5,5 | 14,0 a 17,4 | 38,8 a 50 | 80 a 96 | 28 a 34 | 32 a 36 | 11,5 a 14,5 |
| Mulher > 18 anos | 4,0 a 5,0 | 12,0 a 16,0 | 36 a 48 | 80 a 96 | 28 a 34 | 32 a 36 | 11,5 a 14,5 |

Tabela 4.2 - Valores normais para leucograma

| Idade | Leucócitos (× 10³/mmm³) | Eosinófilos (%) | Basófilos (%) | Linfócitos (%) | Monócitos (%) |
|---|---|---|---|---|---|
| Do nascimento até 2 semanas | 9,0 a 30,0 | 0 a 2 | 0 a 1 | 26 a 46 | 0 a 9 |
| 2 a 8 semanas | 5,0 a 21,0 | 0 a 3 | 0 a 0 | 43 a 71 | 0 a 9 |
| 2 a 6 meses | 5,0 a 19,0 | 0 a 3 | 0 a 1 | 42 a 72 | 0 a 6 |
| 6 meses a 1 ano | 5,0 a 19,0 | 0 a 3 | 0 a 0 | 46 a 76 | 0 a 5 |
| 1 a 6 anos | 5,0 a 19,0 | 0 a 3 | 0 a 0 | 46 a 76 | 0 a 5 |
| 6 a 16 anos | 4,8 a 10,8 | 0 a 3 | 0 a 1 | 27 a 57 | 0 a 5 |
| 16 a 18 anos | 4,8 a 10,8 | 0 a 3 | 0 a 1 | 25 a 45 | 0 a 5 |
| Homem > 18 anos | 5,0 a 10,0 | 0 a 3 | 0 a 1 | 25 a 40 | 3 a 7 |
| Mulher > 18 anos | 5,0 a 10,0 | 0 a 3 | 0 a 1 | 25 a 40 | 3 a 7 |

**NOTA**

Quando se fala que no resultado do exame de sangue tem um desvio para a esquerda, isso consiste no aparecimento de elementos situados à esquerda dos bastonetes: formas imaturas, bastões e metamielócitos.[3] O desvio será mais intenso quanto maior for o número desses elementos imaturos no sangue periférico. Aparece principalmente nos processos infecciosos agudos e geralmente indica início do processo. Pode definir prognóstico, uma vez que a redução do desvio indica evolução favorável do processo.[4]

## 4.3 POSIÇÃO PARA EXAMES

O posicionamento adequado do paciente para a realização de exames visa evitar complicações respiratórias e vasculares, além de considerar a presença de dispositivos, como tubo orotraqueal, acessos endovenosos, monitorização ou presença de fatores de risco para queda ou lesões cutâneas.[4]

As posições podem exigir o uso de coxins ou mobiliário específico para o teste, e as mais utilizadas são:

- Sims;
- litotomia;
- genupeitoral;
- Trendelemburg;
- Fowler;
- supina;
- sentada;
- prona.

## 4.4 DESCRIÇÃO DOS PROCEDIMENTOS DE COLETA DE EXAMES LABORATORIAIS

Os exames laboratoriais que envolvem urina, sangue, fezes, escarro são exames muito utilizados na prática clínica. A seguir serão detalhados separadamente os principais exames que envolvem amostras dessas secreções.[3,4]

### 4.4.1 Urina

A urina é um líquido claro, de cor âmbar, secretado pelos rins e armazenado na bexiga até que seja eliminado. Sua análise é um recurso de diagnóstico laboratorial que fornece informações relevantes para detecção de problemas renais e vias urinárias, como processos inflamatórios e infecciosos; distúrbios metabólicos, como diabetes e acidose; e doenças não diretamente relacionadas aos rins, como hemólise e hepatite.[3,6,7]

O débito urinário varia de acordo com faixa etária, fatores ambientais, dieta, uso de medicação, tipo de patologia etc. Consideram-se valores normais um débito entre 50 e 100 mL/hora em adultos, ou seja, média de 1.600 mL/24 horas.[5,6] O exame inclui avaliação de diferentes aspectos, descritos no Quadro 4.4.

Quadro 4.4 – Principais características avaliadas no exame de urina

| Características avaliadas | Aspectos |
| --- | --- |
| Cor | O normal varia de amarelo-citrino a amarelo-avermelhado; algumas doenças, dietas e medicações podem causar alteração na tonalidade. Exemplo: vermelho: hematúria, hemoglobinúria, ingestão de beterraba. |
| Aspecto | É cristalina e translúcida. Em alguns casos, pode parecer turva devido à presença de ácido úrico, uratos, leucócitos, hemácias etc. |
| Odor | Possui odor com características próprias devido à presença de alguns ácidos orgânicos voláteis. |
| Volume | Altera-se conforme a ingesta de água, proteínas e cloreto de sódio, bem como pela prática de exercícios físicos em excesso, sudorese e algumas patologias, como choque, desidratação, vômito, diarreia etc. |
| Densidade | Depende da concentração de solutos e corresponde à concentração da urina. Pode variar em casos de insuficiência renal. |

| Características avaliadas | Aspectos |
| --- | --- |
| pH | Em adultos, a urina é ligeiramente ácida, modificada de acordo com a dieta. |
| Elementos anormais | Determina a presença de proteínas, glicose e corpos cetônicos na urina (proteinúria, glicosúria e cetonúria); realizada principalmente pelo uso de tiras reagentes. |

Os exames com fita reagente proporcionam um método rápido de triagem de pacientes sintomáticos quanto à determinação de constituintes, como hemoglobina, cetonas, proteínas e leucócitos.[3,4]

### Materiais

Para a realização de coleta de amostras de urina tipo I e 24 horas, são necessários os seguintes materiais:

- Recipiente para coleta.
- Luvas de procedimento e demais equipamentos de proteção individual (EPIs), como óculos de proteção, avental e máscara cirúrgica.
- Saco plástico e etiqueta de identificação.

Figura 4.2 – Recipiente para coleta de urina.

Coleta de amostra – Urina – Tipo I

### Procedimentos

- Lavar as mãos.
- Explicar procedimento ao paciente e, após seu consentimento, reunir o material e aproximar-se do leito.
- Orientar paciente para realizar higiene íntima com água e sabão e secar-se; desprezar o primeiro jato de urina no vaso sanitário e coletar cerca de 10 mL no frasco.

- Calçar as luvas e colocar os EPIs.
- Rotular a amostra com identificação do paciente e colocá-la no saco plástico.
- Retirar luvas e lavar as mãos.
- Encaminhar o exame o mais rápido possível ao laboratório.

Coleta de amostra – Urina – 24 horas

## Procedimentos

- Instruir o paciente a esvaziar a bexiga. Essa amostra deve ser descartada e o horário do início da coleta deve ser anotado.
- Armazenar em recipiente limpo e apropriado toda a urina eliminada durante as 24 horas subsequentes.
- Manter a urina em frasco tampado e refrigerado durante todo período de coleta.
- Comunicar ao paciente que a amostra será invalidada caso uma das amostras não seja coletada durante as 24 horas.

Em lactentes, crianças e idosos, as amostras devem ser coletadas com o uso de sacos coletores especiais ou métodos de contenção.[3,4,6] Não ocorrendo micção após uma hora da colocação do dispositivo, ele deve ser trocado após nova higienização.

Coleta de amostra – Urina – Jato médio

Também denominado estudo bacteriológico da urina ou cultura de urina, o exame de rotina é coletado pela manhã, pois a amostra obtida é mais volumosa e bem conservada, realizado com rigorosa técnica asséptica.[3,4]

As amostras eliminadas da forma usual são praticamente inúteis para estudo bacteriológico devido à contaminação inevitável por organismos residentes nas proximidades do meato uretral. Isso pode ser evitado por meio da sondagem vesical, considerada um procedimento de risco para infecções, devendo ser realizada apenas com indicação médica.[3-7]

## Materiais

- Frasco estéril.
- Luvas de procedimento e demais equipamentos de proteção individual (EPIs), como óculos de proteção, avental e máscara cirúrgica.
- Sabonete líquido.
- Frasco com água.
- Comadre/papagaio e papel higiênico.
- Biombo.
- Material para higiene (pinça e cubas com gazes).

## Procedimentos para pacientes do sexo masculino

- Lavar as mãos.
- Explicar procedimento ao paciente e, após seu consentimento, reunir o material e aproximar-se do leito.
- Usar biombos, se necessário.
- Calçar as luvas e colocar os EPIs.
- Expor a glande e limpar a área ao redor do meato com sabão; remover todo o sabão com compressas embebidas em água.
- Desprezar o primeiro jato de urina.
- Coletar o jato médio em recipiente estéril, de boca larga ou tubo de ensaio grande, protegido por tampa estéril.
- Não coletar as últimas gotas de urina, pois as secreções prostáticas podem ser introduzidas na urina ao final do jato urinário.
- Lavar as mãos e deixar a unidade em ordem.
- Rotular a amostra com identificação do paciente e colocá-la em saco plástico.
- Encaminhar o exame o mais rápido possível ao laboratório.

## Procedimentos para pacientes do sexo feminino

- Lavar as mãos.
- Explicar procedimento à paciente e, após seu consentimento, reunir material e aproximar-se do leito.
- Usar biombos, se necessário.
- Calçar as luvas e demais equipamentos de proteção individual (EPIs), como óculos de proteção, avental e máscara cirúrgica.
- Separar os grandes e pequenos lábios e expor o orifício uretral.
- Limpar ao redor do meato urinário com gaze não estéril embebida em sabão líquido.
- Limpar o períneo com movimentos da frente para trás.
- Remover todo o sabão com compressas embebidas em água, em movimentos da frente para trás.
- Manter os lábios separados, solicitar à paciente para urinar forçadamente. Não colher o primeiro jato de urina, já que a porção distal do orifício uretral é colonizada por bactérias.
- Coletar o jato médio do fluxo urinário e certificar-se de que o recipiente não está em contato com a genitália.
- Retirar as luvas.
- Lavar as mãos e deixar a unidade em ordem.
- Rotular a amostra com identificação do paciente e colocá-la em saco plástico.
- Encaminhar o exame o mais rápido possível ao laboratório.

## Procedimentos para pacientes sondados

- Lavar as mãos, calçar as luvas e colocar os EPIs.
- Fechar a sonda por, no máximo, quatro horas.
- Realizar desinfecção da extensão da bolsa com água e sabão e, depois, com álcool 70%.
- Puncionar a extensão com técnica asséptica, com agulha de calibre 21 a 25 G.
- Remover a agulha e limpar novamente o local.
- Encaminhar o exame o mais rápido possível ao laboratório.
- Pesquisa de glicose e outros açúcares na urina

Glicosúria é a eliminação de glicose pela urina e melitúria é a eliminação de qualquer açúcar. Antes da disponibilidade dos métodos de automonitorização da glicose sanguínea (AMGS) ou exame de glicemia capilar, o teste era o único método disponível para a monitorização diária do diabetes. Atualmente, ele tem seu uso limitado no tratamento dessa doença.[3,4]

Em alguns casos, utiliza-se o teste da glicosúria associado à glicemia capilar para detectar hiperglicemia acentuada, nos momentos em que o teste de glicose sanguínea não pode ser realizado. O procedimento consiste na aplicação da urina a uma fita reagente de tablete e a comparação da cor da fita com a da cartela. Os resultados são expressos em porcentagem ou em uma escala de +1 a +4.[4]

Na avaliação do paciente, é preciso observar o uso de medicamentos como ácido acetilsalicílico, vitamina C e alguns antibióticos, pois suas composições podem alterar os resultados.[3]

## Procedimentos

- Lavar as mãos.
- Preparar quatro recipientes, identificados com o nome do paciente e os horários de coleta.
- Explicar o procedimento ao paciente e instruí-lo para coleta.
- Realizar coletas com intervalos de seis horas entre cada amostra, manter os frascos fechados e refrigerados até o momento da análise. O ideal é realizar a análise imediatamente após a coleta da amostra.

### 4.4.2 Fezes

É o material excretado pelo intestino, consistindo em celulose não digerível, alimento não absorvido, muco, secreções intestinais, água e bactérias. Seu odor é característico, com volume aproximado de 150 g/dia, varia de acordo com a alimentação e sua coloração normal é amarronzada devido ao fracionamento da bile pelas bactérias intestinais.

Existem dois tipos de exame das fezes: o macroscópico, que visa identificar a olho nu possíveis alterações na amostra, e o microscópico, utilizado para diagnóstico de parasitas, protozoários e bactérias.[3,4] Observe o Quadro 4.5.

As principais características avaliadas no exame macroscópico das fezes são:
- aspecto geral;
- forma;
- volume;
- consistência;
- cor;
- cheiro;
- elementos estranhos, como muco, pus, sangue e parasitos.

A quantidade de amostra coletada deve ser suficientemente volumosa e colocada em recipiente limpo, seco e identificado. Caso haja necessidade de várias amostras, os frascos devem ser marcados com data e hora e mantidos em refrigerador apropriado.[3,4]

Quadro 4.5 - Principais características avaliadas no exame microscópico das fezes

| Exame microscópico das fezes ||
|---|---|
| Diagnóstico de parasitoses e protozoários | Exame bacteriológico das fezes ou cultura de fezes |
| • Os parasitos aparecem sob a forma de vermes adultos, segmentos de vermes, ovos e larvas.<br>• Os protozoários aparecem sob as formas de trofozoítos e cistos. | • Bactérias invasoras colonizam o trato gastrintestinal do hospedeiro.<br>• Bactérias toxigênicas atuam por meio de uma exotoxina, produzida nos alimentos e que será posteriormente ingerida pelo indivíduo. |

### Coprocultura

O exame bacteriológico de fezes (coprocultura) encontra sua utilização máxima no diagnóstico de gastroenterite aguda, porém, em situações menos frequentes, as bactérias que respondem por essa patologia podem ser responsáveis por diarreias de evolução crônica, o que amplia as indicações do teste.[3,4]

As bactérias capazes de provocar diarreia podem ser classificadas em dois grupos principais, de acordo com seu mecanismo básico de patogenicidade: invasor e toxigênico. As bactérias invasoras são aquelas que colonizam o trato gastrintestinal do hospedeiro, no qual crescem e podem invadir outros tecidos ou secretar toxinas. Esse grupo é exemplificado pela *Shigella, Salmonella, Yersinia enterocolitica, Campylobacter jejuni* e outros sorotipos de *Escherichia coli*.[3]

As bactérias toxicogênicas atuam por meio de uma exotoxina, que é produzida nos alimentos e será posteriormente ingerida pelo indivíduo, desencadeando atividade patogênica no organismo humano. Tal mecanismo poderia ser classificado com mais propriedade como "intoxicação", pois não requer a presença de bactérias vivas no trato gastrintestinal.[3,4] Exemplos desse tipo de bactéria: *Clostridium difficile*, *Clostridium perfringens*, *Vibrio parahemoliticus*, *Staphylococcus aureus* e *Escherichia coli enterotoxígena*.

## Materiais para coleta de amostra

- Recipiente estéril.
- Seringa ou espátula estéril.
- Comadre/papagaio estéril.
- Saco plástico.
- Luvas de procedimento e demais equipamentos de proteção individual (EPIs), como óculos de proteção, avental e máscara cirúrgica.

## Procedimentos

- Orientar paciente quanto ao procedimento.
- Lavar as mãos.
- Identificar o recipiente.
- Oferecer a comadre ao paciente.
- Proporcionar ambiente privativo.
- Calçar as luvas e demais EPIs, e coletar amostra com espátula, colocando o material no recipiente, fechando-o e lacrando-o.
- Lavar as mãos.
- Encaminhar para o laboratório imediatamente.

### 4.4.3 Escarro

O escarro pode ser obtido por expectoração espontânea ou induzido quando o paciente não consegue escarrar facilmente. Neste caso, a tosse pode ser produzida com o uso de aerossol irritante de soro fisiológico supersaturado ou após a nebulização com 20 a 30 mL de solução de NaCl 0,85% ou outros agentes.[3,4]

Com o material, é possível identificar micro-organismos patogênicos e determinar se existem bactérias, bacilos, fungos ou células malignas. Ele também pode ser utilizado na avaliação dos estados de hipersensibilidade (nos quais há aumento dos eosinófilos).[4]

Existem dois tipos de avaliação do escarro: o macroscópico, que visa identificar a olho nu possíveis alterações na amostra, principalmente em relação à quantidade, aspecto, cor e odor; e o microscópico, que pode ser utilizado para diferentes análises, descritas no Quadro 4.6.[3,4]

Quadro 4.6 – Exames microscópicos do escarro, suas finalidades e cuidados de enfermagem

| Tipo de exame microscópico | Finalidade | Cuidados de enfermagem |
|---|---|---|
| Bacteriológico | Determinar as bactérias | • Realizar bochecho com água morna à noite e antes de expectorar.<br>• Colher material pela manhã.<br>• Realizar higiene oral antes da coleta. |
| Baciloscopia | Pesquisar bacilos e fungos. | • Realizar coleta em três dias consecutivos ou em dois dias até completar três amostras. |
| Cultura | Identificar os germes e sua sensibilidade aos antibióticos (antibiograma). | • Realizar higiene oral antes da coleta.<br>• Colher amostra em recipiente estéril.<br>• Colher primeira amostra do dia.<br>• Enviar imediatamente ao laboratório. |
| Citológico | Pesquisar células neoplásicas, doenças como asma ou doenças inflamatórias. | • Colher o escarro após aspiração transtraqueal ou broncoscopia realizada pelo médico. |

Os métodos de coleta do escarro são aspiração endotraqueal, remoção broncoscópica, lavado brônquico, aspiração transtraqueal e aspiração gástrica, geralmente para micro-organismos da tuberculose.[3,5,6]

Em geral, as amostras devem ser obtidas pela manhã, após higiene bucal, com bochechos com água morna à noite e antes de expectorar para a coleta. O paciente também é orientado a realizar a limpeza nasal e da garganta, de modo a diminuir a contaminação do escarro. Em seguida, ele respira profundamente algumas vezes, tosse (em vez de cuspir) apoiando seu diafragma e expectora em recipiente estéril.[3,4]

A amostra deve ser enviada imediatamente ao laboratório, uma vez que a deixar algumas horas em ambiente aquecido resultará em crescimento excessivo de micro-organismos contaminantes e pode dificultar a análise.[4]

### Materiais para coleta de amostra

- Recipiente estéril.
- Saco plástico.
- Luvas de procedimento e demais equipamentos de proteção individual (EPIs), como óculos de proteção, avental e máscara cirúrgica.

### Procedimentos

- Lavar as mãos.
- Identificar recipiente estéril.
- Orientar paciente quanto ao procedimento.
- Calçar as e colocar os EPIs.
- Realizar coleta com paciente em jejum por meio de tosse produtiva.
- Colocar a amostra em saco plástico.
- Lavar as mãos.
- Encaminhar imediatamente para o laboratório.

## 4.4.4 Exames citológicos

O exame citológico ou a coleta de células ocorre quando as células são retiradas por meio da esfoliação de tecidos ou retirada de secreções orgânicas. É utilizado para determinar os tipos de células presentes e diagnosticar condições malignas e pré-malignas.[4,6]

A técnica desenvolvida pelo médico grego Georgios N. Papanicolaou (1883-1962) é utilizada na análise de diferentes tipos de amostra (esfregaço da boca, trato genital, secreção mamilar, líquido amniótico, líquido cefalorraquidiano etc.) para o diagnóstico de malignidade ou câncer, porém é popularmente conhecida como o exame preventivo para o câncer de colo do útero. Nesse caso, denominado esfregaço de Papanicolaou (PAP) do trato genital feminino ou colpocitológico.[3,4]

Este tópico aborda apenas os exames citológicos do trato genital feminino (PAP) e do líquido cefalorraquidiano (LCR).

### Exame citológico para o câncer de colo do útero

É realizado para detectar o câncer cervical. As secreções vaginais são aspiradas ou raspadas do orifício cervical e transferidas para uma lâmina de vidro e fixadas imediatamente. A coleta deve ser realizada por profissional treinado de acordo com as normas do Ministério da Saúde, o qual determina a faixa etária de 25 a 60 anos, com ênfase em mulheres que nunca realizaram o exame.[5,6]

Aquelas com idade entre 35 e 49 anos apresentam maior risco para o desenvolvimento do câncer de colo do útero e devem realizar o exame anualmente. Quando necessário, é realizado em mulheres com menos de 25 anos.[3,6]

As pacientes devem ser orientadas quanto aos cuidados para a realização do exame citológico do trato genital (colpocitológico) e às dúvidas quanto aos resultados:[3,4]

- não usar duchas vaginais ou cremes 48 horas antes do exame;
- evitar relações sexuais 48 horas antes;
- não estar no período menstrual;
- retirar o resultado na data marcada;
- realizar o tratamento prescrito após o resultado.

A paciente assume a posição de litotomia supina ou ginecológica.

### Materiais

- Avental para uso da paciente.
- Luvas de procedimento e demais equipamentos de proteção individual (EPIs), como óculos de proteção, avental e máscara cirúrgica.
- Espéculos de tamanhos pequeno, médio e grande.
- Pinça de Cherron.
- Espátula de Ayres.
- Escovinha do tipo Campos-da-Paz.

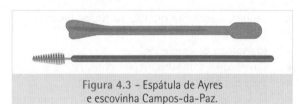

Figura 4.3 – Espátula de Ayres e escovinha Campos-da-Paz.

- Lâminas de vidro com extremidade fosca.

Figura 4.4 – Fixação do material da endocérvice na lâmina.

- Frasco porta-lâmina ou caixa para transporte.
- Requisição do exame.
- Lápis preto.
- Fixador para lâmina.

### Procedimentos

- Orientar a paciente sobre o procedimento.
- Verificar se as orientações para a realização do exame foram seguidas.

- Encaminhar a paciente ao banheiro para esvaziar a bexiga.
- Orientar a paciente para vestir o avental.
- Identificar a lâmina com as iniciais da mulher na parte fosca e o número do prontuário.
- Identificar o frasco ou a caixa com o nome completo e a data da última menstruação.
- Posicionar a paciente.
- Lavar as mãos.
- Calçar as luvas e colocar os EPIs.
- Colocar o espéculo adequado ao tamanho da mulher, de maneira que o colo uterino fique completamente exposto.
- Evitar o uso de lubrificantes; quando necessário, utilizar água ou soro fisiológico.
- Realizar coleta do material da ectocérvice com a espátula de Ayres, na parte com a reentrância, e girar 360 graus.
- Colocar o esfregaço ectocervical na porção superior da lâmina, próximo à parte fosca.
- Realizar coleta do material da endocérvice com a escovinha Campos-da-Paz, na parte central do colo do útero, e girar 360 graus.
- Colocar o esfregaço endocervical no espaço restante da lâmina, de maneira que não fique muito espesso (Figura 3.4).
- Fixar a lâmina.
- Retirar o espéculo e encaminhar a paciente para se vestir.
- Lavar as mãos.
- Observar e anotar a presença de lesões no colo do útero, secreções e suas características como cor, odor e quantidade.
- Encaminhar o material para o laboratório.

Exame citológico do líquido cefalorraquidiano (LCR)

Esse exame compreende o estudo da pressão, aspecto, dados químicos (glicose, glutamina, ácido lático, proteínas, albumina etc.), exame bacteriológico e sorologia do líquido cefalorraquidiano (LCR).[3,4]

O LCR é um líquido composto de água, materiais orgânicos como proteínas, glicose e minerais, que protegem o cérebro e o tecido espinhal de traumas. Está localizado no interior do espaço subaracnoideo e dos quatro ventrículos cerebrais.[4]

A coleta do exame deve ser realizada apenas pelo médico, utilizando rigorosa técnica asséptica. Compete à equipe de enfermagem providenciar a assinatura do Termo de Consentimento para o procedimento, orientar o paciente, preparar o material e observar o cliente na fase pós-teste.[3,4]

A técnica de punção mais utilizada é com o paciente na posição de decúbito lateral, em que a agulha é inserida na região lombar ou cervical (Figura 4.5). Também pode ser utilizada a posição sentada ou com o tórax inclinado para frente a partir da cintura.[4]

Figura 4.5 – Posição do paciente para punção lombar.

##  Materiais estéreis

- Pacote com campo cirúrgico.
- Pacote com pinça.
- Pacotes de gaze.
- Frasco com antisséptico.
- Frasco de anestésico local.
- Luvas estéreis e de procedimento.
- Lâminas de vidro.
- Frasco porta-lâmina.
- Seringas de 5 e 10 mL.
- Agulhas para punção lombar de diferentes calibres.
- Agulha 25 × 7.

##  Materiais

- Máscaras cirúrgicas e óculos de proteção.
- Saco para lixo.
- Etiquetas para identificação do frasco.
- Requisição do exame e Termo de Consentimento assinados.

##  Procedimentos

- Orientar o paciente sobre o procedimento.
- Encaminhar o paciente ao banheiro para esvaziar a bexiga.
- Posicionar o paciente em decúbito lateral, com os joelhos e o pescoço fletidos; ou sentado, com o tórax inclinado para frente a partir da cintura.
- Lavar as mãos.
- Auxiliar o médico na coleta e colocar a amostra em tubo estéril.
- Colocar um curativo pequeno no local da punção.
- Orientar o paciente quanto à necessidade de repouso por quatro horas e ingesta hídrica adequada.
- Identificar o recipiente estéril.

- Lavar as mãos.
- Encaminhar imediatamente ao laboratório.
- Verificar sinais vitais (SSVV) a cada 15 minutos, por quatro vezes.
- Observar e anotar por seis horas o local da punção e as alterações neurológicas, como tremores, parestesia e dor.

### 4.4.5 Gasometria arterial

A gasometria do sangue arterial (GSA) é obtida para avaliar principalmente a adequada oxigenação e a ventilação pulmonar, o equilíbrio acidobásico e monitorar pacientes críticos com alterações cardíacas, respiratórias, renais ou choque.[4]

Esse exame inclui a dosagem no sangue arterial da pressão parcial de oxigênio ($PaO_2$), pressão parcial de dióxido de carbono (PaCO), saturação de oxigênio (SaO), concentração de dióxido de carbono ($CO_2$), bicarbonato ($HCO_3$) e pH.[3]

A coleta do exame deve ser realizada apenas por médico ou enfermeiro treinado, utilizando rigorosa escolha do local. Compete à equipe de enfermagem providenciar o material, orientar o paciente e observar o cliente na fase pós-teste.[3,4]

A artéria radial geralmente é o local de escolha, mas as artérias braquial e femoral também podem ser usadas.[3,4] As amostras podem ser obtidas pela punção arterial ou a partir de cateteres arteriais de demora (Figura 4.6).

Figura 4.6 – Coleta de sangue para gasometria arterial.

### Materiais

- Seringa de 3 mL.
- Heparina.
- Agulha para punção.
- Luvas de procedimento e demais equipamentos de proteção individual (EPIs), como óculos de proteção, avental e máscara cirúrgica.
- Gaze.
- Atadura ou faixa elástica – de acordo com o protocolo institucional.
- Recipiente com gelo – de acordo com o protocolo institucional.
- Saco plástico.

### Procedimentos

- Orientar o paciente sobre o procedimento.
- Posicionar o paciente em decúbito dorsal.
- Lavar as mãos e colocar os EPIs.
- Auxiliar o médico ou enfermeiro na coleta e colocar amostra em seringa previamente irrigada com heparina.
- Comprimir o local com dois dedos por no mínimo dois minutos.
- Colocar curativo compressivo no local da punção com gaze, atadura ou faixa elástica.
- Tampar e identificar a seringa.
- Colocar em recipiente com gelo.
- Lavar as mãos.
- Encaminhar imediatamente ao laboratório.
- Verificar pulso e perfusão no local por seis horas.
- Observar e anotar o local da punção e alterações como sangramentos, calor, diminuição da sensibilidade, parestesia e dor.

## 4.5 EXAMES DE DIAGNÓSTICO POR IMAGEM

O Serviço de Apoio Diagnóstico e Terapêutico (SADT) é um setor relativamente novo dentro das instituições hospitalares, composto por diferentes modalidades de diagnóstico por imagem como ultrassom (USG), radiologia (raios X), tomografia computadorizada (TC), ressonância magnética (RM) e medicina nuclear (MN).[3,4]

Este tópico aborda os conhecimentos básicos para a atuação do técnico de enfermagem no SADT.

### 4.5.1 Ultrassom (USG)

O ultrassom pode ser definido como ondas acústicas imperceptíveis ao ouvido humano ou vibrações mecânicas que se propagam em determinado meio (ar, sangue, tecidos, materiais sólidos etc.).[3,4]

É utilizado como método de diagnóstico de rotina em obstetrícia, *check-up*, avaliação de pacientes de pronto atendimento e terapia intensiva. Atualmente, passou a fazer parte da rotina dos centros cirúrgicos com exames que acontecem no momento cirúrgico ou mesmo para orientar procedimentos como radioablações, drenagens e biópsias.[3,4]

Esse método de diagnóstico apresenta vantagens como: ausência de radiação ionizante (raios X), baixo custo em relação aos outros métodos, imagens geradas em tempo real e não é invasivo. Quanto à desvantagem, existe a dificuldade de visualizar os órgãos quando há presença de gases e de ossos na direção a ser pesquisada, pois nesses casos a transmissão das ondas fica prejudicada.[4]

### Noções básicas

Cada material apresenta propriedades acústicas características que propagam o retorno das ondas de formas diferentes (eco). Por isso, o ultrassom é também conhecido como ecografia.[3]

As ondas acústicas são refletidas, captadas e transformadas em várias formas de representação, que proporcionarão os diferentes ecos, gerando as imagens na tela. A peça usada como fonte emissora das ondas ultrassônicas é denominada transdutor.[3,4]

O transdutor, também denominado Probe, é a parte do equipamento de ultrassom que fica em contato com o paciente. Nele são colocados alguns cristais, como o quartzo, sal de Rochelle, titanato de bário (PZT-4) e titanato de chumbo (PZT-5).[4]

As ondas geradas pelo transdutor propagam-se pelo corpo e interagem com os diferentes órgãos e tecidos, gerando ecos ou imagens e possibilitando a visualização das estruturas internas e dos fluxos sanguíneos.[3,4]

O equipamento do ultrassom é composto por uma unidade de geração e transmissão de pulso elétrico para a excitação dos transdutores, uma unidade de recepção e amplificação dos sinais captados, outra de controle e processamento e uma unidade de visualização dos resultados do processamento e os transdutores[3,4] (Figuras 4.7 e 4.8).

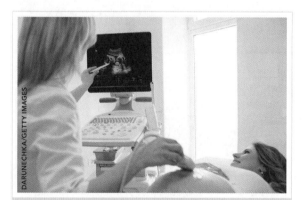

Figura 4.7 - Equipamento para realizar ultrassom.

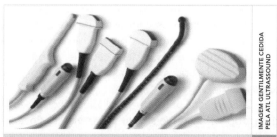

Figura 4.8 - Transdutores de diferentes modelos para realizar ultrassom.

As imagens podem ser visualizadas em segunda (2D), terceira (3D) e até quarta dimensão (4D). O recurso 4D só pode ser observado durante a realização do exame, e consiste na imagem 3D em tempo real (Figura 4.9).

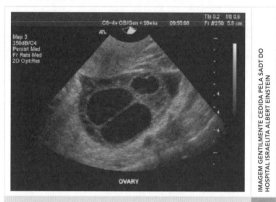

Figura 4.8 - Transdutores de diferentes modelos para realizar ultrassom.

### Cuidados de enfermagem pré-teste, intrateste e pós-teste

A equipe de enfermagem do ultrassom deve conhecer o equipamento, o procedimento, o paciente e a rotina do setor,[3,4] conforme destaca o Quadro 4.8.

Quadro 4.8 - Orientações de enfermagem para o exame de ultrassom

| Conhecer | Cuidados de enfermagem |
|---|---|
| Transporte do equipamento | • Verificar se fios serão desconectados, a voltagem utilizada, onde está a trava de fixação, como os fios e as extensões dos transdutores devem ser acomodados durante o transporte. |
| Limpeza do equipamento | • Utilizar os produtos aprovados para o uso.<br>• Aplicar os produtos conforme rotina do setor. |
| Transdutores | • Conectar o modelo adequado para a região estudada.<br>• Realizar manipulação, limpeza, desinfecção e preservação. |
| Identificação da tela do equipamento | • Identificar a tela do equipamento com os dados do paciente, conforme rotina do setor. |
| Sala do exame | • Verificar se o equipamento está funcionando, conforme rotina do setor.<br>• Manter os materiais necessários para realização do exame (roupas, medicamentos, gel lubrificante, preservativos, luvas de procedimento, compressa de gaze). |

APOIO DIAGNÓSTICO 107

| Conhecer | Cuidados de enfermagem |
|---|---|
| Tipo de exame | • Verificar com o paciente os preparos específicos (tempo de jejum, necessidade de repleção vesical, uso de medicações, os outros exames marcados para o mesmo dia que interferem na boa realização do procedimento).<br>• Posicionar o paciente na mesa de exame, de acordo com a área a ser estudada.<br>• Auxiliar o médico na realização de biópsias e drenagens guiadas pelo procedimento. |
| Tipo de paciente | • Verificar necessidades e limitações físicas e emocionais do paciente.<br>• Oferecer apoio emocional durante o exame.<br>• Atentar para possíveis reações aos contrastes.<br>• Preservar a privacidade durante o procedimento. |
| Atendimento | • Seguir o fluxo de atendimento aos clientes internos e externos do serviço.<br>• Consultar a chefia imediata diante de dúvidas que possam surgir. |

## 4.5.2 Radiologia (raios X)

A radiologia geral foi uma das primeiras técnicas de diagnóstico por imagem e continua sendo a modalidade diagnóstica mais utilizada. A imagem em radiodiagnóstico é obtida pela emissão de radiação, que é absorvida pelos tecidos.[3,4]

### Noções básicas

Raio X é um tipo de radiação ionizante, pertencente ao grupo da radiação eletromagnética, que é a mesma da luz visível, infravermelha, ultravioleta e raios gama. Sua propagação ocorre em forma de onda, em alta velocidade, e as imagens são obtidas pela interação da radiação com os tecidos. A imagem se forma e é captada por um detector (filme) ou na tela do computador, quando o sistema é digital.[3,4]

Os tecidos do corpo humano absorvem diferentes quantidades de radiação. Quanto maior for a diferença de absorção entre os tecidos, maior será o contraste da imagem. São considerados contrastes naturais: ar, sangue, músculos e ossos.[4]

A radiografia convencional oferece alto contraste entre ar, ossos e músculo, sendo muito eficiente na representação de estruturas ósseas ou em imagens do pulmão; no entanto, oferece pouco contraste na distinção entre os tecidos moles (sangue e músculos).[3,4] A Figura 4.10 mostra o alto contraste formado pelo tecido ósseo e o baixo contraste formado pelo tecido mole.

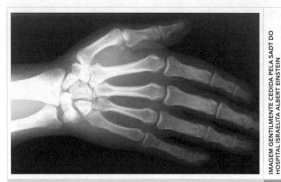

Figura 4.10 – Imagem de raios X de membro superior.

A exposição a grandes quantidades de radiação é considerada um fator de risco para o surgimento de câncer. Por isso, apenas as áreas de interesse devem ser expostas à radiação. A equipe de enfermagem, os técnicos de raios X, os radiologistas e o paciente devem utilizar equipamentos de proteção individual (EPIs), como aventais de chumbo, óculos plumbíferos, protetores de tireoide, luvas plumbíferas, protetores de gônadas, protetores do cristalino e dosímetros durante a realização do procedimento, para proteger as áreas que não serão expostas.[3]

Os cuidados adotados na manipulação do paciente, com os equipamentos que emitem radiação e com o ambiente, são denominados princípios da radioproteção.

A Figura 4.11 apresenta uma sala com o equipamento de raios X e o equipamento móvel.

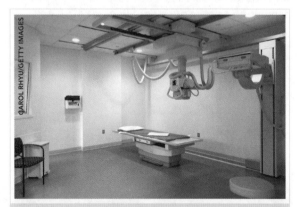

Figura 4.11 – Sala de raios X com equipamento fixo.

### Exames radiológicos contrastados

Os exames radiológicos podem ser simples, em que se utilizam os contrastes naturais, ou contrastados, que fazem uso de diferentes tipos de soluções, melhorando a definição de imagens do sistema circulatório e das partes moles, como o sistema gastrintestinal.[3,4]

O contraste utilizado no diagnóstico por imagem pode ser administrado pelas vias endovenosa, oral, intratecal, endocavitária e intracavitária (Quadro 4.9).

Quadro 4.9 – Vias de administração de contraste e tipos de exame

| Vias de administração | Tipos de exame |
|---|---|
| Endovenosa | • Urografia excretora<br>• Flebografia<br>• Angiografia |
| Oral | • Videodeglutograma<br>• Esôfago-estômago-duodenografia (EED) |
| Intratecal | • Mielografia |
| Endocavitária | • Enema opaco<br>• Uretrocistografia miccional e retrógrada<br>• Histerossalpingografia |
| Intracavitária | • Fistulografia<br>• Colangiografia |

Os contrastes comumente utilizados são os iodados (iônicos e não iônicos) e os baritados. Os pacientes com maior potencial para alergias podem manifestar reações leves, moderadas, graves ou fatais ao uso do contraste iodado.[3,4]

Os principais fatores de risco para a infusão dos contrastes iodados são: alergia ao iodo; hipertireoidismo e bócio nodular atóxico; desidratação; insuficiência cardíaca, pulmonar ou renal grave; doença autoimune; e idade avançada.[3]

O contraste baritado raramente provoca reações alérgicas. É utilizado apenas para a administração oral e retal, de acordo com a prescrição médica.[3,4]

Cuidados de enfermagem pré-teste, intrateste e pós-teste

A equipe de enfermagem da radiologia deve conhecer os princípios da radioproteção, o procedimento, o paciente e a rotina do setor conforme itens descritos no Quadro 4.9.

Na fase pré-teste, os principais cuidados são identificar os preparos específicos que antecedem os exames (tempo de jejum, dietas, preparos do cólon, uso de contraste) e as possíveis reações adversas aos meios de contraste.[3]

Na fase intrateste, é preciso observar o atendimento diante das reações adversas ao contraste, rotina de cuidado no caso de extravasamento do contraste endovenoso e necessidade de medicações, como analgésicos.[3,4]

No pós-teste, orienta-se quanto à necessidade da ingesta adequada, curativos e retornos, se necessário.[4]

### 4.5.3 Tomografia computadorizada (TC)

A tomografia computadorizada consiste no uso combinado de um computador digital com um dispositivo de radiografia giratório (gantry), gerando imagens seccionais transversais (fatias) de diversos ângulos do corpo humano[4] (Figura 4.12).

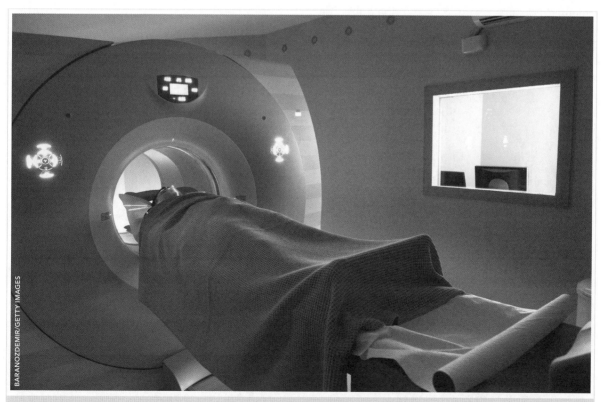

Figura 4.12 – Equipamento de tomografia computadorizada.

É um exame de fácil execução, não invasivo. Não causa incômodo ao paciente, oferece melhor definição das estruturas estudadas e torna as alterações patológicas mais evidentes.[4]

É utilizado como método de diagnóstico de rotina em *check-up*, avaliação de pacientes de pronto atendimento e terapia intensiva. Atualmente, passou a fazer parte da rotina dos planejamentos cirúrgicos e radioterápicos como guia em procedimentos, em casos de radioablações, drenagens, biópsias e infiltrações de raiz nervosa.[4]

### Noções básicas

Os cuidados com a tomografia são muito semelhantes aos observados na radiologia, pois se trata do uso da mesma radiação ionizante (raios X), inclusive no que se refere aos cuidados com a radioproteção.[4]

O princípio básico da TC é a reconstrução de uma fatia axial (*slice*), sem sobreposição de imagens, por meio de múltiplas radiografias planas tomadas ao redor da periferia do paciente, ou seja, pode-se analisar um pulmão sem a interferência dos arcos costais, ver um coração sem a interferência do pulmão e assim por diante.

São utilizadas diferentes posições no aparelho, denominadas planos de cortes: coronal, axial e sagital (Figura 4.13). No plano axial, são realizadas as aquisições das imagens em finas fatias para reconstruir em forma de imagens e estruturas.

A radiação na tomografia é emitida por meio do gantry, um orifício por onde o paciente é movimentado durante o exame, que abriga o tubo de raios X.[4]

A mesa de exames é controlada pelo computador e pode ser movida na vertical e horizontal. Durante o procedimento, o feixe de raios X gira em torno do paciente, promovendo os cortes no plano axial e gerando as imagens.

### Exames tomográficos contrastados

A administração dos meios de contraste faz parte da rotina do serviço de tomografia computadorizada e segue os protocolos definidos pela instituição. Os cuidados, as vias e os efeitos colaterais dos contrastes são os mesmos seguidos pelo serviço de radiologia, descritos anteriormente.[4,5]

A infusão de contraste endovenoso segue um protocolo de infusão que varia de acordo com o exame a ser realizado. Com o avanço tecnológico e a agilidade dos equipamentos, a infusão é cada vez mais rápida para acompanhar a aquisição das imagens.[4,6]

As punções venosas em adultos devem ser realizadas com cateteres periféricos de calibre maior ou igual a 20 G, em veia calibrosa que permita fluxo de contraste de 3,5 a 5 mL/seg, como nos casos da angiotomografia de coronárias.[4,5]

O contraste da tomografia é injetado de acordo com o peso, e varia de 70 a 120 mL conforme os protocolos institucionais e as concentrações necessárias para cada exame. Os riscos de extravasamento devem ser considerados em todos os pacientes. A enfermagem deve acompanhar o momento da infusão e observar o local da punção venosa a fim de evitar lesões nos tecidos e garantir a integridade do paciente.[4]

A tomografia computadorizada oferece melhor contraste em tecidos moles quando comparada à radiografia convencional (Figura 4.14).

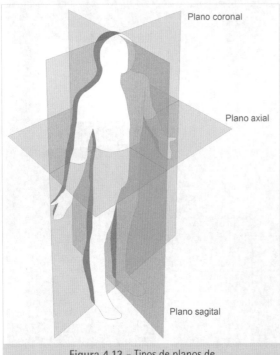

Figura 4.13 – Tipos de planos de cortes na tomografia computadorizada.

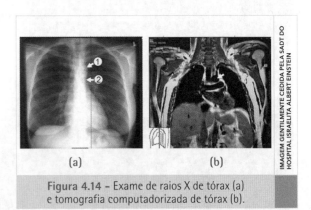

Figura 4.14 – Exame de raios X de tórax (a) e tomografia computadorizada de tórax (b).

### Cuidados de enfermagem pré-teste, intrateste e pós-teste

A equipe de enfermagem que realiza a tomografia computadorizada deve conhecer os princípios da radioproteção, o procedimento, o paciente e a rotina do setor, conforme os itens descritos nos cuidados em radiologia.[4,6]

## 4.5.4 Ressonância magnética (RM)

A obtenção das imagens por ressonância magnética acontece a partir de dois campos magnéticos: magneto e ondas de radiofrequência. Uma importante característica do corpo humano é ser constituído principalmente por água e gordura, que correspondem a uma concentração de 63% de hidrogênio no corpo.[4,5]

Os íons de hidrogênio são os responsáveis por gerar as imagens por ressonância magnética, ou seja, são semelhantes a um grande campo magnético ou ímã.

Faz parte do exame de ressonância magnética o uso de bobinas que captam os sinais magnéticos e enviam-nas ao computador, que forma as imagens com o uso de contraste endovenoso à base de gadolínio.[4,6]

O fato de o equipamento utilizar um poderoso magneto faz com que existam restrições para seu uso, as quais podem ser absolutas ou relativas.

As contraindicações absolutas impedem o paciente de realizar o exame, como o uso de marca-passo cardíaco, clipes metálicos, pós-cirurgia de aneurisma e uso de neuroestimuladores. Nesses casos, a energia magnética poderia atrair os metais e colocar a vida do paciente em risco.[4,5,6]

As contraindicações relativas consistem na presença de pinos, próteses e placas ortopédicas, projétil de arma de fogo, tatuagens, claustrofobia e alergias aos meios de contraste de gadolínio.[4,5]

As tatuagens, principalmente as coloridas, possuem minerais na composição das tintas e podem provocar queimaduras se não forem bem avaliadas, assim como as maquiagens definitivas. O contraste gadolínio pode ser usado em bomba de infusão com alto fluxo para as angiorressonâncias e injetado manualmente para os demais exames na razão de 0,5 mL/seg.[4]

Quanto à claustrofobia, acontece porque o paciente tem a necessidade de ficar deitado na mesa de exames, envolto pela bobina do equipamento e imóvel por cerca de 60 minutos, o que pode ocasionar uma sensação desagradável e desencadear uma crise de claustrofobia ou agitação. Nesse caso, é necessário o uso de anestesia.[4]

A ressonância magnética utiliza os mesmos planos da tomografia para gerar imagens. A principal diferença consiste na ausência do uso de radiação.[4,5]

### Cuidados de enfermagem pré-teste, intrateste e pós-teste

A equipe de enfermagem que realiza a ressonância magnética deve conhecer os princípios da radioproteção, o procedimento, o paciente e a rotina do setor conforme os itens descritos nos cuidados em radiologia.

## 4.5.5 Medicina nuclear (MN)

A medicina nuclear é um método diagnóstico que evoluiu muito nas últimas três décadas. Utiliza isótopos radioativos artificiais (radionuclídeos) conhecidos como radiofármacos, que possibilitam, além da aquisição de imagens coloridas e tridimensionais, a avaliação fisiológica dos órgãos em tempo real.[4,5]

Ao contrário do que acontece na tomografia e na radiologia, em que os equipamentos emitem a radiação, na medicina nuclear, é o paciente que emite a radiação após receber os radiofármacos por via endovenosa, oral ou inalatória.[4,5]

A Comissão Nacional de Energia Nuclear (CNEN) refere-se ao radiofármaco como uma substância radioativa cujas propriedades físicas, químicas e biológicas possibilitam o uso em seres humanos. Possui uma meia-vida curta, porém o suficiente para ser captado pelo aparelho e gerar as imagens. Por exemplo, o gálio possui uma meia-vida de 78 horas. Após esse período, não estará mais ativo no corpo do paciente e não emitirá nenhum tipo de radiação.[4]

O equipamento que realiza a leitura da emissão de radiação do paciente é denominado gama câmara (Figura 4.15).

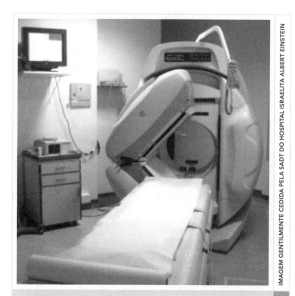

Figura 4.15 – Equipamento de gama câmara.

Os principais radionuclídios utilizados para finalidades clínicas são:[3,4]

- Iodo: é o mais indicado para o estudo da tireoide, utilizado para fins diagnósticos e terapêuticos.
- Gálio: utilizado na detecção de tumores de cólon, possui afinidade com tecidos inflamatórios e linfonodos, possibilitando também a localização de tecido maligno e/ou inflamatório em qualquer região do organismo; é excretado pelas fezes.

- Tálio: captado pela musculatura cardíaca, também pode ser captado pelos rins, baço e fígado.
- Tecnécio: o mais utilizado, pois com ele é possível marcar vários fármacos. Utilizado para exames de diferentes órgãos.

Todos os resíduos sólidos que tiveram contato com material radioativo, como os produzidos no serviço de medicina nuclear, devem passar por rigoroso controle antes de serem encaminhados para descarte.[4]

O período em que o radiofármaco perde a sua força radioativa e não emite mais radiação, sendo considerado lixo contaminado normal, é chamado decaimento.

O serviço de medicina nuclear deve contar ainda com uma equipe de física médica para a monitorização do uso dos radionuclídeos, a qual faz rotineiramente leituras dos níveis de radiação com um equipamento chamado Pancake (Figura 4.16) em todos os locais do setor que possam ter contato com material radioativo (balcões, mãos dos profissionais que manipulam o paciente, vasos sanitários, pisos, telefones etc.), a fim de detectar a contaminação e evitar que ela se estenda por outros locais. [3,4]

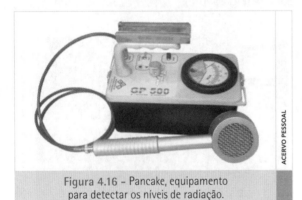

Figura 4.16 - Pancake, equipamento para detectar os níveis de radiação.

### Cuidados de enfermagem pré-teste, intrateste e pós-teste

A equipe de enfermagem da medicina nuclear deve conhecer os princípios da radioproteção, o procedimento, o paciente e a rotina do setor conforme os itens descritos nos cuidados em radiologia.[4]

Todos os profissionais que trabalham no Serviço de Apoio Diagnóstico e Terapêutico (SADT) devem passar por constantes reciclagens, exames médicos periódicos, uso constante de EPIs e nunca esquecer os cuidados na manipulação dos materiais radioativos ou princípios da radioproteção.[3,4]

## NOTA

O cuidar, em enfermagem, inclui planejar e realizar intervenções para melhorar as respostas das pessoas aos problemas de saúde e aos processos da vida. Requer a identificação de respostas funcionais e disfuncionais, a proposição de intervenções e a avaliação de resultados obtidos. A melhor forma de melhoria de processos e otimização do atendimento ao paciente na coleta de exames é a utilização de protocolos. Os protocolos são uma maneira estruturada de aprimorar os processos de atendimento e os resultados, ou seja, um conjunto de práticas baseadas em evidências, quando realizadas coletiva e confiavelmente, comprovadamente aperfeiçoam os resultados.[5-7]

## EXERCITE

Assinale a alternativa incorreta:

1. Quanto à importância dos exames laboratoriais na confirmação do diagnóstico, é possível afirmar que:
   a) Podem excluir outras avaliações do paciente, como anamnese e exame físico.
   b) São instrumentos usados para obter informações adicionais sobre as condições de saúde do paciente.
   c) Não são terapêuticos, porém auxiliam na definição do diagnóstico.
   d) Podem confirmar o diagnóstico e definir o melhor tipo de tratamento ou sua resposta.

2. Os cuidados de enfermagem considerados seguros e efetivos na fase pré-teste incluem:
   a) Dieta adequada.
   b) Manusear, identificar e preservar corretamente as amostras.
   c) Verificar que diferenças culturais podem prejudicar a obtenção de amostras.
   d) Ter conhecimento das implicações legais e obter consentimento do paciente e/ou familiares.

3. Na fase do conhecimento e informação do diagnóstico, faz parte da conduta de enfermagem:
   a) Procurar disponibilizar o resultado o mais rápido possível, quando necessário.
   b) Ajudar o paciente e a família a compreender e aceitar os resultados.
   c) Esclarecer as consequências dos resultados falso positivo e falso negativo.
   d) Atenuar as informações sobre o teste e não esclarecer as reações adversas.

4. Quanto ao exame de urina, assinale a alternativa incorreta:
   a) Uma das funções dos exames de urina consiste na possibilidade de detectar anormalidades em que o rim funciona normalmente, mas os catabólitos ultrapassam o limiar de excreção.
   b) A maioria dos exames de urina é realizada por fitas quimicamente impregnadas por reagentes.
   c) A primeira urina da manhã é a melhor amostra para os exames, já que é desprovida da influência alimentar e de alterações geradas pelas atividades físicas.
   d) A amostra de urina não deve ser refrigerada porque esse procedimento causa aumento na glicose e no número de bactérias.

5. Assinale V (verdadeiro) ou F (falso):
   (  ) Os testes que podem ser realizados no líquido cefalorraquidiano (LCR) incluem: pressão, coloração, glicose, glutamina, ácido lático, proteínas, albumina e sorologias.
   (  ) São cuidados seguros, conscientes e efetivos na fase pós-teste da coleta de LCR: orientar quanto à ingesta hídrica, manter repouso por quatro a oito horas se a punção for lombar, observar alterações neurológicas, manter curativo oclusivo no local da punção.
   (  ) São considerados exames citológicos: biópsia hepática, exame citológico do trato respiratório, exame de Papanicolaou, coprocultura.
   (  ) São orientações prestadas aos pacientes que farão coleta de escarro: explicar o procedimento, fornecer frasco com líquido fixador, solicitar ao paciente que beba o fixador do recipiente, orientá-lo a não escovar os dentes para a coleta da amostra, instruir o paciente a inspirar e expirar pelo nariz durante o procedimento.

Assinale a alternativa correta:

6. Quais orientações devem ser dadas aos pacientes e acompanhantes que ficarão na sala de realização da ressonância magnética?
   a) Solicitar a retirada de pertences como celular, cartão de banco e relógios.
   b) Deixar os pertences em cima do balcão da sala de exames.
   c) Pacientes que fazem uso de aparelhos dentários não devem entrar para a realização do exame.
   d) Não é necessária nenhuma orientação específica.

7. A rotina para a realização de exame de ressonância magnética por paciente que utiliza o acessório piercing é:
   a) Solicitar ao paciente que o retire.
   b) A enfermagem deve retirá-lo antes do exame.
   c) O médico deve retirá-lo antes do exame.
   d) O exame pode ser realizado com esse acessório.

8. Os pacientes que necessitam realizar o exame de ressonância magnética com anestesia são:
   a) Não colaborativos e claustrofóbicos.
   b) Portadores de marca-passo e claustrofóbicos.
   c) Portadores de marca-passo e internados em UTI.
   d) Não colaborativos e crianças.

9. Durante a infusão de contraste endovenoso, é preciso:
   a) Acionar a bomba injetora de contraste e retornar à sala de comando.
   b) Acionar a bomba injetora de contraste, permanecendo ao lado do paciente durante a infusão.
   c) Explicar ao paciente os sintomas que ele normalmente vai sentir com a injeção do contraste e aguardar na sala de comando.
   d) Pedir ao paciente que chame se achar necessário.

10. A identificação dos materiais contaminados até seu decaimento permite:
    a) Manter a ordem no setor de medicina nuclear.
    b) Que o material fique livre de micro-organismos nocivos.
    c) Seguir um plano de radioproteção específico.
    d) Controlar manipulação, armazenamento e descarte de materiais radioativos.

 **PESQUISE**

A Agência Nacional de Vigilância Sanitária (Anvisa) disponibiliza um manual sobre Acondicionamento, Transporte, Recepção e Destinação de Amostras para análises laboratoriais no âmbito do Sistema Nacional de Vigilância Sanitária. Consulte-o no portal da Anvisa: <http://portal.anvisa.gov.br/documents/10181/2957432/Guia+n.pdf/57dc0fbd-1bf2-4b41-b5c9-8f3a402f38da>.

CAPÍTULO

5

MYRIA RIBEIRO DA SILVA

COLABORADORAS:
KERLLY TAYNARA SANTOS ANDRADE
NATIANE CARVALHO SILVA

# NUTRIÇÃO APLICADA À ENFERMAGEM

### NESTE CAPÍTULO, VOCÊ...

- ... aprenderá os conceitos básicos de nutrição e as principais alterações nutricionais.
- ... identificará especificidades da nutrição nos diferentes ciclos de vida e no paciente hospitalizado.
- ... entenderá a importância da triagem e da avaliação nutricional.
- ... verá os principais aspectos da terapia nutricional.
- ... estudará sobre a assistência de enfermagem na nutrição enteral e parenteral.

### ASSUNTOS ABORDADOS

- Conceitos básicos de nutrição.
- Triagem e terapia nutricional.
- Aspectos farmacológicos em terapia nutricional.
- Nutrição nos diferentes ciclos de vida e no paciente hospitalizado.
- Diagnósticos e intervenções de enfermagem no domínio nutrição.

# ESTUDO DE CASO

J.M.S, 86 anos, sexo masculino, negro, casado, trabalhador rural aposentado, natural da Bahia, tem cinco filhos. Paciente admitido na emergência de um hospital municipal encaminhado pelo Serviço de Atendimento Móvel de Urgência (SAMU) com hipotensão (PA = 80 × 40 mmHg), hipertermia (Tax = 38,1 °C) e rebaixamento do nível de consciência (Glasgow = 9). Acamado, emagrecido, com lesões por pressão de grau indeterminado em região sacra e calcâneos, em uso de dentadura e sonda vesical de demora apresentando oligúria e hematúria. Paciente com histórico de câncer de próstata, hipertensão arterial sistêmica, diabetes *mellitus*, acamado há 8 meses. Após estabilização da pressão arterial, paciente mantém-se comatoso, sem condições de deglutição.

## Após ler o caso, reflita e responda:

1. Quais são as condições do paciente que favorecem a depleção nutricional?
2. Qual é a via mais indicada para instituir a dieta do paciente?

## 5.1 INTRODUÇÃO

O termo nutrição refere-se a um processo biológico no qual o organismo recebe e transforma os alimentos, de modo a utilizar os nutrientes necessários para a manutenção de suas funções vitais. É um estado fisiológico de transformação de substâncias em energia a nível celular.[1,2] Para tanto, é necessário equilíbrio entre a ingestão e a demanda de nutrientes para garantir um bom estado nutricional.[3]

Apesar de ser estabelecido um percentual diário de nutrientes suficientes para as necessidades básicas, sabe-se que para manter esse equilíbrio é preciso, para além da ingestão, estar atento a diversos fatores que o influenciam. Fatores que estão relacionados tanto às especificidades dos alimentos, quanto à digestão, absorção e diferentes atividades de cada indivíduo, podem estar associados às diferentes fases da vida (infância, adolescência, senescência), bem como a diferentes situações fisiológicas e patológicas (sexo, altura, peso, clima, estresse, gestação, doenças e condição física).[3-5]

Observa-se que a má nutrição pode ser tanto causa determinante ou favorável para que o indivíduo desenvolva outras afecções, como também uma manifestação clínica de outras doenças de base, considerando que nesse estado há um aumento considerável das necessidades nutricionais com objetivo de reparar danos teciduais.[6]

Nesse ponto, fica evidente a importância de voltar os olhos para os aspectos nutricionais de cada indivíduo, seja de forma a prevenir a deterioração do estado nutricional ou tratá-la, instituindo adequada e especificamente a terapia nutricional. Diante dessas considerações, ressalta-se o papel fundamental da enfermagem na identificação de sinais e sintomas que sugerem alterações nutricionais, na tomada de decisão, na execução e na avaliação da terapêutica.[7]

Faz-se necessário que o profissional de enfermagem adquira conhecimento e desenvolva habilidades referentes ao cuidado nutricional, reconhecendo sua complexidade e especificidades desde a identificação dos fatores de risco, da via escolhida e da administração de nutrientes até as complicações associadas e orientações para a promoção da saúde.[7,8] Este, portanto, constitui-se como objetivo final deste capítulo, que versa sobre os aspectos gerais da nutrição, descrevendo macro e micronutrientes, apresentando especificidades nutricionais, além de ações de enfermagem no âmbito da terapêutica nutricional, fornecendo subsídio para a atuação qualificada do profissional de enfermagem.

Figura 5.1 – Cuidados nutricionais na enfermagem.

## 5.2 NUTRIENTES

Os nutrientes são substâncias orgânicas e inorgânicas presentes nos alimentos, essenciais ao funcionamento do organismo. Possuem funções energéticas, construtoras dos tecidos ou reguladoras dos processos metabólicos. Não são produzidos pelo organismo, ou são produzidos em velocidade ou quantidade insuficientes, sendo necessário o fornecimento por fonte externa (alimentos) e podem ser classificados em macro e micronutrientes.[1,2,5]

### 5.2.1 Macronutrientes

Quando metabolizados, alguns componentes orgânicos fornecem calorias, ou seja, são fontes de energia para o indivíduo. Dentre estes, encontram-se carboidratos, proteínas e lipídios (gorduras) e são chamados de macronutrientes.[1,4]

#### Carboidratos

Também conhecidos como glicídios, os carboidratos são os nutrientes energéticos mais abundantes na natureza e fornecem a maior parte da energia necessária (quatro calorias a cada grama). Em sua maioria, são de origem vegetal, mas também podem ser encontrados na lactose do leite e no glicogênio do tecido animal, e apresentam funções como: fontes e reservas de energia, estrutural e matéria-prima para outras biomoléculas.[1,4]

Podem ser classificados, de acordo com sua estrutura química, em simples ou complexos. Os carboidratos simples são mais facilmente digeridos e de rápida absorção, podendo ser encontrados em açúcar, refrigerantes, doces e cereais refinados. Já os carboidratos complexos exigem mais trabalho digestivo e, por isso, absorção mais prolongada. São encontrados em cereais e derivados, tubérculos e leguminosas.[1,4]

### Proteínas

As proteínas são substâncias formadas por aminoácidos, indispensáveis ao corpo humano por serem responsáveis pelo crescimento (construção) e manutenção (renovação) do organismo, além de fornecerem energia, formarem enzimas, hormônios, anticorpos, neurotransmissores, células e tecidos, e transportarem substâncias orgânicas. As proteínas de origem animal apresentam melhor composição de aminoácidos, sendo consideradas, portanto, de alto valor biológico.[1,4,9]

### Lipídios

Dentre os três macronutrientes citados, os lipídios são os que apresentam maiores taxas de energia. Eles são atuantes no transporte de substâncias lipossolúveis como vitaminas A, D, E e K; no fornecimento de ácidos graxos essenciais; na síntese de hormônios; na formação da membrana celular; na propagação de impulsos nervosos; no bom funcionamento do sistema imunológico; e na proteção térmica e traumática do organismo.[1,4,9]

Os lipídios podem ser líquidos, chamados de óleos, presentes em alimentos de origem vegetal como soja, girassol, canola, milho e azeite de oliva; ou sólidos (gorduras), de origem animal, presentes na gordura da carne, banha de porco e no ovo.[9]

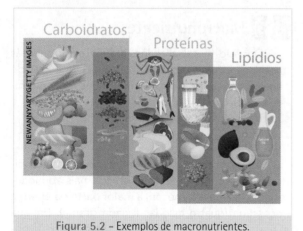

Figura 5.2 – Exemplos de macronutrientes.

### 5.2.2 Micronutrientes

Os micronutrientes podem ser orgânicos ou inorgânicos. Apesar de não fornecerem energia, são essenciais à manutenção do organismo, e incluem as vitaminas e os minerais.[1,4]

### Vitaminas

As vitaminas são substâncias orgânicas que têm ação reguladora, atuando na utilização de carboidratos, proteínas e lipídios, e em diversas ações metabólicas.[1,9] Podem ser lipossolúveis, quando solúveis em lipídios (vitaminas A, D, E e K e ácido fólico) ou hidrossolúveis, quando solúveis em água (complexo B e vitamina C).[1] Suas funções e suas fontes estão descritas no Quadro 5.1.

Quadro 5.1 – Vitaminas e respectivas funções e fontes alimentares

| Vitaminas | Funções |
|---|---|
| A (retinol) | • Crescimento e manutenção dos tecidos esqueléticos e moles. <br> • Manutenção da acuidade visual. <br> • Suporte na função reprodutiva. |
| B1 (tiamina) | • Metabolismo de carboidratos, proteínas e lipídios. <br> • Função neurológica, gástrica, cardíaca e musculoesquelética. |
| B2 (riboflavina) | • Metabolismo de carboidratos. <br> • Formação de hemácias. |
| B3 (niacina) | • Metabolismo de carboidratos, lipídios e proteínas. <br> • Função cutânea, neurológica e gastrointestinal. |
| B5 (ácido pantotênico) | • Formação de carboidratos, lipídios e proteínas. <br> • Produção de cortisona e ATP. <br> • Síntese de hemoglobina. |
| B6 (piridoxina) | • Metabolismo de proteínas. <br> • Função neurológica. <br> • Produção de hemácias. |
| B12 (cianocobalamina) | • Função neurológica. <br> • Síntese de hemoglobina. |
| Bc (ácido fólico) | • Produção de hemácias. <br> • Síntese de DNA e RNA. <br> • Prevenção de defeitos congênitos. |
| C (ácido ascórbico) | • Manutenção da matriz de cartilagem intercelular, do osso e da dentina. <br> • Síntese de colágeno. <br> • Cicatrização de feridas. <br> • Integridade capilar. <br> • Absorção de ferro não hematológico. |
| D (calciferol) | • Crescimento e remineralização dos ossos. <br> • Aumento da absorção de cálcio e fosfato. <br> • Função miocárdica. <br> • Sistema nervoso. <br> • Coagulação sanguínea. |
| E (tocoferol) | • Previne a lesão da membrana celular. <br> • Formação de hemácias. |
| K (naftoquinonas) | • Coagulação do sangue. |
| Vitamina H (biotina C) | • Metabolismo de carboidratos, lipídios e proteínas. |

Fonte: adaptado de Brasil[5] e Netinna[9].

## Minerais

Os minerais são substâncias inorgânicas necessárias para a contração muscular, regulação do ritmo cardíaco e respiratório, transmissão de impulsos neurais e equilíbrio hídrico[1,4,9] (Quadro 5.2). Tanto as vitaminas quanto os minerais podem ser encontrados em frutas, hortaliças, legumes, leite e derivados, carnes, castanhas, nozes e cereais integrais.[4]

Quadro 5.2 – Minerais e respectivas funções e fontes alimentares

| Minerais | Funções |
|---|---|
| Cálcio (Ca) | • Formação de ossos e dentes.<br>• Contração de fibras musculares.<br>• Atividade cardíaca.<br>• Coagulação sanguínea.<br>• Transmissão de impulsos nervosos.<br>• Ativação enzimática. |
| Cloro (Cl) | • Ativa as enzimas.<br>• Síntese proteica. |
| Cobre (Cu) | • Componente de enzimas associadas ao metabolismo do ferro.<br>• Síntese de hemoglobina. |
| Cromo (Cr) | • Níveis séricos de glicose.<br>• Metabolismo de lipídios. |
| Ferro (Fe) | • Componente da hemoglobina.<br>• Transporte de oxigênio. |
| Flúor (F) | • Importante na manutenção da estrutura óssea e dos dentes. |
| Fósforo (P) | • Formação de ossos e dentes.<br>• Equilíbrio acidobásico.<br>• Contração miocárdica.<br>• Função das hemácias.<br>• Função renal.<br>• Atividade nervosa e muscular. |
| Iodo (I) | • Síntese do hormônio tireoidiano. |
| Magnésio (Mg) | • Equilíbrio acidobásico.<br>• Ativação enzimática.<br>• Regulação do músculo liso.<br>• Metabolismo de carboidratos e proteínas. |
| Potássio (K) | • Equilíbrio hidroeletrolítico.<br>• Transmissão nervosa.<br>• Contração muscular.<br>• Função cardíaca.<br>• Transmissão de impulsos nervosos.<br>• Metabolismo dos carboidratos. |
| Selênio (Se) | • Funções associadas à vitamina E.<br>• Redução dos radicais livres. |
| Sódio (Na) | • Equilíbrio hídrico.<br>• Regulação da função renal e neuromuscular.<br>• Absorção da glicose.<br>• Função cardíaca. |
| Zinco (Zn) | • Componente de enzimas envolvidas na digestão.<br>• Cicatrização de queimaduras e feridas.<br>• Digestão de proteínas.<br>• Manutenção do paladar e do olfato. |

Fonte: adaptado de Brasil[5] e Netinna[9].

# 5.3 TRIAGEM NUTRICIONAL

Considerando a sobrecarga na rotina de trabalho da equipe multiprofissional, principalmente em unidades hospitalares, nem sempre é possível realizar uma avaliação nutricional minuciosa e detalhada em todos os pacientes sob os seus cuidados. Nesse sentido, a realização da triagem nutricional torna-se uma alternativa coerente e produtiva para identificar os pacientes que necessitam prioritariamente de uma investigação mais completa para quantificar o grau do agravo nutricional.[11,12]

A triagem nutricional tem como objetivo identificar o risco nutricional, ou seja, a vulnerabilidade do indivíduo à morbimortalidade devido ao estado nutricional sinalizando a necessidade de terapia.[11] É sugerido que sua aplicação seja realizada em até 24 horas após a admissão do paciente em unidade hospitalar ou na primeira consulta ambulatorial e domiciliar.[13]

Essa etapa é considerada um sistema de apoio profissional e é definida como um processo no qual se identificam as características definidoras de problemas nutricionais.[3]

Para facilitar a realização da triagem, há diversas ferramentas disponíveis na literatura, dentre elas a *Nutritional Risk Screening* (NRS-2002), que faz uso de alguns fatores indicativos de risco nutricional:[3,12]

■ perda ou ganho de peso não intencional nos últimos três meses;

■ índice de massa corporal (IMC) < 20,5 kg/m² ou circunferência do braço;

■ ingestão alimentar insuficiente nos últimos sete dias;

■ fator de estresse metabólico relacionado à presença de doença crônica ou saúde gravemente comprometida, que aumentam as necessidades nutricionais;

■ idade acima de 70 anos como fator adicional.

Não havendo nenhum desses fatores de risco, considera-se o paciente sem risco, sendo recomendada a reavaliação em intervalos regulares, podendo ser semanalmente. No entanto, na presença de pelo menos um desses fatores, indica-se a realização da avaliação do estado nutricional visando à definição de um diagnóstico para estabelecer uma intervenção individualizada e efetiva.[12,13]

## 5.3.1 Avaliação do estado nutricional

A avaliação do estado nutricional é um processo contínuo e sistemático, porém, dinâmico. Ou seja, dela partem todas as ações relacionadas à nutrição, estando presente em todos os momentos da assistência nutricional. Seu objetivo perpassa pelo subsídio à tomada de decisões a partir da obtenção de informações por meio da coleta, organização e

NUTRIÇÃO APLICADA À ENFERMAGEM

interpretação dos dados acerca da ocorrência, etiologia e magnitude de problemas associados à seleção de alimentos, à ingestão, à absorção, ao metabolismo e à excreção de nutrientes.[3,12,13]

Para isso, a avaliação nutricional baseia-se em comparações com padrões de normalidade, referências pré-estabelecidas, métodos de coleta e procedimentos que orientam o estabelecimento de diagnósticos e determinação das possíveis causas, bem como as intervenções adequadas.[12–14]

Podemos considerar que essa avaliação está inclusa no momento de Investigação do Processo de Enfermagem (PE). É realizada por meio de métodos diretos e indiretos que se referem à identificação das manifestações orgânicas dos problemas nutricionais evidenciados fisicamente e as causas desses problemas.[14] Os métodos diretos podem ser objetivos e subjetivos. Dados subjetivos incluem a obtenção do histórico nutricional (doenças e deficiências nutricionais atuais e prévias, ganho ou perda de peso) e histórico alimentar do paciente (hábitos e distúrbios alimentares), já os dados objetivos compreendem exame físico e exames antropométricos e laboratoriais.[13–15]

Quadro 5.3 – Modelo de avaliação
subjetiva do estado nutricional

| Indicador | Descrição |
|---|---|
| Informações gerais | Nome, idade, sexo, composição da família e papéis sociais, nível socioeconômico, ocupação |
| Estado de saúde geral | Patologias, distúrbios crônicos, restrições dietéticas |
| Fatores culturais e religiosos | Padrões alimentares associados |
| Histórico pessoal | Alergias, cirurgias prévias, histórico vacinal, atividade física |
| Histórico familiar | Doenças (diabetes, obesidade), óbitos por doenças |
| Medicamentos utilizados | Prescritos, automedicação e suplementos fitoterápicos e alimentares |
| Hábitos alimentares | Descrição das alimentações ingeridas, frequência das refeições, intolerância ou aversão aos alimentos, consumo de álcool, dietas específicas ou restrições dietéticas |
| Estado nutricional | Bem-estar geral, hábitos intestinais (frequência, consistência e quantidade das fezes), ganho ou perda de peso intencional ou não nos últimos 6 meses, inapetência, dificuldade em mastigar ou deglutir, uso de dentadura, alteração no paladar ou olfato, alterações gastrointestinais (vômitos e diarreias nos últimos 3 dias, constipação, dor, empachamento), presença de escaras, diagnósticos ou tratamentos recentes (infecções, traumas, doenças neurológicas, diálise, quimio e radioterapia, ventilação mecânica, cirurgias recentes) |

Quadro 5.4 – Modelo de avaliação
objetiva do estado nutricional

| Indicador | Descrição |
|---|---|
| Exame físico sistemático | Apatia, tônus muscular, aspecto dos cabelos, condições da pele, condições da mucosa oral e da gengiva, cáries, dentição, condições das unhas, deformidades ósseas. |
| Dados antropométricos | Altura, peso, IMC, espessura das pregas cutâneas e circunferências (braço, cintura, panturrilha) |
| Exames diagnósticos | Albumina sérica, hemoglobina, transferrina sérica, creatinina, ureia |

Fonte: adaptado de Nettina[9] e de Associação Brasileira de Nutição[13].

# 5.4 NUTRIÇÃO NOS DIFERENTES CICLOS DE VIDA

Uma boa nutrição, adequada às demandas de cada indivíduo, é fundamental para manutenção da saúde e do bem-estar. Há vários fatores que influenciam as necessidades básicas nutricionais, dentre eles encontram-se as fases da vida que conferem particularidades nutricionais relacionadas ao seu crescimento e desenvolvimento específicos.[3]

## 5.4.1 Gestantes

Durante a gestação, as necessidades nutricionais da mãe aumentam consideravelmente por conta de suas alterações fisiológicas e da necessidade de fornecer nutrientes para o feto. O estado nutricional da mãe antes e durante a gravidez influencia no prognóstico da gestação, sendo sua inadequação um risco para a saúde dela e da criança.[9,18]

A má nutrição nessa fase tem repercussões sobre o crescimento e o desenvolvimento, bem como sobre o curso da gestação. A inadequação nutricional inferior às necessidades pode resultar em prematuridade, restrição de crescimento intrauterino, recém-nascido com baixo peso, problemas no desenvolvimento mental e aumento das chances de morte perinatal.[9,18,19] Em contrapartida, a ingesta de nutrientes acima do recomendado eleva as chances de macrossomia na criança, diabetes gestacional e síndromes hipertensivas (pré-eclâmpsia e eclampsia).[19,20]

Nessa fase, as recomendações nutricionais perpassam pelo ganho de peso dentro de margens específicas, que indica o crescimento intrauterino e o desenvolvimento de placenta, útero, líquido amniótico, bem como expansão dos tecidos mamários e do volume sanguíneo. Dentre os nutrientes que a gestante apresenta maiores necessidades, destacam-se o ácido fólico, o ferro e o cálcio, com ações fundamentais para o crescimento e o desenvolvimento saudável do feto.[20]

Figura 5.3 – A nutrição adequada da gestante garante o crescimento e o desenvolvimento do bebê.

## 5.4.2 Crianças e adolescentes

Os hábitos alimentares na infância influenciam diretamente o ganho de peso na vida adulta, mediante modulação da expressão de genes pelos alimentos que direcionam hormônios e metabolismo dos indivíduos.[1] Nesse caso, compreende-se a importância da nutrição adequada de crianças e adolescentes, não apenas para o ganho de peso, mas para a prevenção de outras doenças.[9]

A avaliação nutricional de crianças e adolescentes baseia-se na mensuração de dados antropométricos de peso e estatura e na relação entre eles.[16] Vale ressaltar que até os 2 anos de idade, as necessidades nutricionais são influenciadas por idade, sexo e alimentação, sendo maior em meninos do que em meninas, e vai aumentando com o crescimento.[1] O acompanhamento nutricional é realizado pelo enfermeiro na Atenção Básica a partir da consulta de crescimento e desenvolvimento da criança e do adolescente, fazendo uso das cadernetas preconizadas pelo Ministério da Saúde, que apresentam parâmetros e sugestões de alimentação com base na faixa etária.

Até os 6 meses de idade, recomenda-se o aleitamento materno exclusivo, sem necessidade de complementação com água ou outros alimentos, pois o leite materno apresenta todos os nutrientes necessários para suprir as necessidades nutricionais e hídricas da criança. Além disso, esse leite fornece substâncias específicas que favorecem o crescimento e o desenvolvimento da criança, bem como previne doenças como verminoses, doenças respiratórias, doenças de pele, infecções e diarreia.[17]

A partir dos 6 meses, é necessária a introdução de alimentos complementares, sem obrigatoriamente suspender o aleitamento materno. Nesse caso, inicia-se a introdução de papas, sopas, frutas e cereais em poucas quantidades e várias vezes ao dia. A partir dos dois anos de idade, a criança pode se alimentar da refeição da família com os cuidados quanto ao excesso de sal, condimentos e alimentos industrializados, atentando para a variação do cardápio para facilitar a formação do paladar da criança.[17]

A adolescência – idade dos 10 aos 19 anos de idade – é considerada um período de vulnerabilidade nutricional, pois ocorrem intensas transformações de desenvolvimento e maturação sexual, e em velocidade acelerada, exigindo energia suficiente para manutenção da saúde, favorecer o crescimento e desenvolvimento e garantir atividade física.[1,2,9]

Nesse período, além das alterações fisiológicas como a aquisição intensa de peso e estatura, hipertrofia importante e hiperplasia de células adiposas, aumento de massa muscular, massa óssea e volume sanguíneo, ocorrem as alterações sociais como mudança no estilo de vida e hábitos alimentares influenciados pela convivência com outros adolescentes, podendo haver associações de condições específicas como início de prática intensa de esporte, gravidez, distúrbios alimentares e uso de álcool e drogas.[2]

Figura 5.4 – A aquisição de hábitos alimentares saudáveis deve começar na infância.

## 5.4.3 Idosos

O envelhecimento é um processo que acontece a todo ser humano e ocorre ao longo da vida, apesar de suas alterações serem evidenciadas quando o indivíduo se torna idoso. Inerentes ao processo de senescência, encontram-se várias alterações fisiológicas a nível celular, tecidual, orgânico e sistêmico, que tem sua velocidade e respostas individuais influenciadas por fatores intrínsecos e extrínsecos relacionados ao estresse que o indivíduo foi exposto ao longo da vida.[1]

Nesse momento da vida, ocorre uma redução da eficiência do trabalho digestivo, assim como do aproveitamento dos nutrientes. Sendo comum a sarcopenia, faz-se necessária uma alimentação adequada com consumo de proteínas de alto valor biológico, mas com equilíbrio para evitar o ganho de peso excessivo.[1,9]

Quadro 5.5 – Nutrientes que contribuem para a melhoria de condições específicas do idoso

| Condições clínicas | Nutrientes | Fontes alimentares | Benefícios |
|---|---|---|---|
| Produção do colágeno | Aminoácidos, vitamina C, cobre, manganês, silício, boro | Carnes, ovos, laticínios, cítricos, hortaliças, feijão, ervilha, lentilha, grãos integrais, nozes, aveia, salsa, nabo, avelã, frutos do mar | Minimizar lesões, manter flexibilidade e elasticidade articular |
| Declínio cognitivo | Glicose, carboidratos complexos, fibras, ômega 3, folato e riboflavina | Arroz integral, pão integral, aveia, quinoa, legumes, feijão, frutas, verduras, peixes, linhaça, folhas verde escuras | Prevenção da morte prematura de neurônios, preservação da memória |
| Gordura abdominal | Reduzir consumo de gordura saturada, gordura trans e açúcar. | Reduzir laticínios integrais, carnes, produtos industrializados e açúcar | Redução do risco cardiovascular |
| Sono | Evitar o consumo de quantidades excessivas de proteína animal à noite, e dar preferência a alimentos ricos em triptofano, aminoácido indutor do sono | Evitar, à noite o consumo de carne, café, chá preto, chá mate, chá verde, refrigerantes e bebida alcoólica | Melhoria do padrão de sono |
| Digestão | Magnésio, zinco | Folhas verde escuras, cereais integrais, feijões, nozes, sementes | Evitar distensão abdominal, flatulência, náuseas e má-digestão |
| Fadiga | Antioxidantes | Açaí, amora, couve, peixes, temperos como cúrcuma e alho, uvas, cogumelos, castanhas | Prevenção e melhora da fadiga |
| Osteopenia e osteoporose | Cálcio, magnésio, zinco, cobre, manganês, boro, vitamina D, potássio | Laticínios, vegetais folhosos verde escuros, o ovo, frutas e hortaliças | Fortalecimento dos ossos |
| Infecções do trato respiratório | Proteína, betacaroteno, vitamina C, zinco | Soja, feijão, castanhas, quinoa, alimentos amarelados e alaranjados (cenoura, abóbora, pimentão, melão, mamão, manga), vegetais verde escuros (brócolis, espinafre, couve, chicória), frutas cítricas. | Melhora do sistema imune |
| Diminuição da libido | Potássio, tiamina (vitamina B1), resveratrol | Frutas, verduras, legumes, cereais integrais e carnes, açaí, uvas, feijão azuki. Reduzir consumo de álcool. | Melhora produção de hormônios sexuais |

Fonte: adaptado de UnB[1].

# 5.5 DOENÇAS NUTRICIONAIS

É necessário que haja um equilíbrio entre a ingesta de nutrientes e as demandas nutricionais para estabelecer um estado nutricional saudável.[3] Dessa forma, quando esse equilíbrio é afetado, seja por estilo de vida ou por doenças de base, emergem os distúrbios nutricionais.

## 5.5.1 Desnutrição

A desnutrição, também chamada de subnutrição, é definida como um distúrbio do estado nutricional decorrente de uma má-nutrição, ou seja, é um desequilíbrio entre a demanda e a ingestão de nutrientes que resulta na deficiência de uma ou mais substâncias nutricionais.[3] Pode ser classificada quanto à origem (primária ou secundária) e quanto ao nutriente em deficiência (Kwashiorkor, Marasmo ou Kwashiorkor-Marasmático).[3,9]

- Desnutrição primária: tem sua origem na ingestão insuficiente de nutrientes, seja pela quantidade ou pela qualidade dos alimentos.
- Desnutrição secundária: é consequência de outras condições ou patologias que acometem o indivíduo como má-absorção, anorexia e alcoolismo.
- Kwashiorkor: corresponde à deficiência proteica. É tipicamente encontrado em crianças, comprometendo o crescimento e o desenvolvimento infantil e gera emagrecimento e perda de tecido muscular. Apresenta difícil diagnóstico devido à ingesta de carboidratos e água, que produz gordura subcutânea e edema,

122    CAPÍTULO 5 ▪ GUIA DA ENFERMAGEM – ROTINAS, PRÁTICAS E CUIDADOS FUNDAMENTADOS

mascarando a subnutrição. Os sinais incluem edema generalizado, lesões pele e cabelos quebradiços.

- Marasmo: estado avançado de desnutrição por deficiência carboidratos, seja por ingesta insuficiente ou por má absorção. A pessoa apresenta-se com redução de peso, músculo e tecido adiposo.

- Kwashiorkor-Marasmático: corresponde à combinação aguda da deficiência de carboidratos e proteínas, sendo comum em pacientes hospitalizados.

## 5.5.2 Obesidade

A obesidade é uma doença complexa e multifatorial, que também é resultado de uma má nutrição. No entanto, está relacionada ao armazenamento de gordura e a várias complicações metabólicas, sendo definida em termos de excesso de peso com base no Índice de Massa Corpórea (IMC).[10] Em termos de classificação, a obesidade pode ser diagnosticada de modo quantitativo ou qualitativo.[3]

- Quantitativo: consiste na medida da massa corporal por meio do IMC.

Quadro 5.6 – Classificação da obesidade com base no IMC

| Classificação | IMC |
|---|---|
| Normal | 18,5 – 24,9 kg/m² |
| Sobrepeso | 25,0 – 29,9 kg/m² |
| Obesidade leve | 30,0 – 34,9 kg/m² |
| Obesidade moderada | 35,0 – 39,9 kg/m² |
| Obesidade grave | < 40,0 kg/m² |

Fonte: adaptado de Martins[3].

- Qualitativo: método mais direto, que distingue a composição corporal (massa magra ou gorda).

Quadro 5.7 – Classificação da obesidade com base na composição corporal

| Classificação | Ginoide ou ginecoide | Androide |
|---|---|---|
| Descrição | Gordura concentrada nos quadris, coxas e glúteos | Gordura concentrada em tronco e abdome |
| Complicações | Vasculares periféricas e problemas ortopédicos | Doenças cardiovasculares, diabetes, hipertensão e morte |

Fonte: adaptado de Martins[3].

# 5.6 DIAGNÓSTICOS E INTERVENÇÕES DE ENFERMAGEM NO DOMÍNIO NUTRIÇÃO

O uso do processo de enfermagem na prática profissional é o fundamento para o raciocínio clínico, e fornece uma orientação cotidiana do pensamento do enfermeiro, organiza e prioriza o cuidado e ajuda na obtenção de confiança e habilidades nas situações clínicas. Consiste em cinco momentos que são contínuos e se sobrepõe entre si, a saber: investigação, diagnóstico, planejamento, implementação e avaliação.[25]

Na prática clínica, o enfermeiro usa a coleta de dados como base para o julgamento clínico, fazendo inferências, formulando hipóteses a fim de tratar respostas humanas e problemas de saúde.[26] Nesse sentido, o Quadro 5.8 apresenta alguns exemplos de diagnósticos de enfermagem, bem como suas intervenções específicas dentro do Domínio Nutrição, fazendo uso da Taxonomia de Diagnósticos de Enfermagem da NANDA International (NANDA-I),[26] Classificação dos Resultados de Enfermagem (NOC)[27] e Classificação das Intervenções de Enfermagem (NIC).[28]

Quadro 5.8 – Processo de enfermagem relacionado ao Domínio Nutrição

| 1. Padrão ineficaz de alimentação do lactente (00107) | |
|---|---|
| Resultado NOC: 1. Estabelecimento da amamentação: lactente | |
| **Intervenções** | **Atividades** |
| Controle da nutrição | • Determinar o padrão nutricional do paciente e a capacidade de atender às necessidades nutricionais.<br>• Fornecer um ambiente ideal para o consumo da refeição.<br>• Determinar o número de calorias e os tipos de nutrientes necessários para atender aos requisitos nutricionais.<br>• Monitorar as tendências de perda e ganho de peso.<br>• Identificar alergias alimentares ou intolerâncias do paciente. |
| Orientação aos pais: lactente | • Orientar os pais sobre a preparação de mamadeiras e a escolha das formulações. |
| Sucção não nutritiva | • Posicionar o bebê, permitindo que a língua fique no assoalho da boca.<br>• Posicionar o polegar e o indicador sob a mandíbula do bebê para auxiliar o reflexo de sucção, se necessário.<br>• Esfregar suavemente a bochecha do bebê para estimular o reflexo da sucção. |

NUTRIÇÃO APLICADA À ENFERMAGEM

## 2. Amamentação interrompida (105)

Resultado NOC:
1. Desmame da amamentação

| Intervenções | Atividades |
|---|---|
| Ensino: nutrição do lactente (7-9 meses) | • Fornecer aos pais, por escrito, materiais apropriados para as necessidades de conhecimento identificadas.<br>• Orientar os pais/cuidador a evitar sobremesas açucaradas e refrigerantes.<br>• Orientar os pais/cuidador a oferecer uma variedade de alimentos, de acordo com a pirâmide alimentar.<br>• Orientar os pais/cuidador a deixar o lactente começar a se alimentar e observá-lo para evitar asfixia. |

Resultado NOC:
2. Estado nutricional do lactente

| Intervenções | Atividades |
|---|---|
| Aconselhamento nutricional | • Determinar os hábitos de consumo alimentar e de alimentação. |

## 3. Nutrição desequilibrada: menor do que as necessidades corporais (00002)

Resultado NOC:
1. Estado nutricional: ingestão alimentar

| Intervenções | Atividades |
|---|---|
| Controle da nutrição | • Determinar o padrão nutricional do paciente e a capacidade de atender às necessidades nutricionais.<br>• Identificar alergias alimentares ou intolerâncias do paciente.<br>• Determinar as preferências alimentares do paciente.<br>• Orientar o paciente sobre as necessidades nutricionais (i.e., discutir as diretrizes dietéticas e a pirâmide alimentar).<br>• Auxiliar o paciente a determinar as diretrizes ou a pirâmide alimentar mais adequadas para alcançar as necessidades nutricionais e preferências.<br>• Determinar o número de calorias e os tipos de nutrientes necessários para atender aos requisitos nutricionais.<br>• Fornecer uma seleção de alimentos, enquanto oferece uma orientação sobre escolhas mais saudáveis, se necessário.<br>• Ajustar a dieta, se necessário (i.e., fornecer alimentos ricos em proteínas; sugerir o uso de ervas e especiarias como uma alternativa ao uso do sal; fornecer um substituto do açúcar; aumentar ou diminuir as calorias; aumentar ou diminuir vitaminas, minerais ou suplementos). |

| Intervenções | Atividades |
|---|---|
| Terapia nutricional | • Realizar uma avaliação nutricional completa, conforme apropriado.<br>• Determinar, em colaboração com a nutricionista, o número de calorias e os tipos de nutrientes necessários para atender aos requisitos nutricionais, como apropriado.<br>• Determinar as preferências alimentares, considerando a diversidade cultural e as preferências religiosas.<br>• Monitorar a ingestão de alimentos/fluidos e calcular a ingestão calórica diária, conforme apropriado.<br>• Monitorar a adequação da prescrição da dieta para atender diariamente as necessidades nutricionais, como apropriado. |

## 4. Obesidade

Resultado NOC:
1. Peso: massa corporal

| Intervenções | Atividades |
|---|---|
| Assistência para redução de peso | • Determinar o desejo e a motivação individual para reduzir o peso ou a gordura corporal.<br>• Determinar com o paciente a quantidade de perda de peso desejada.<br>• Estabelecer uma meta realista para redução de peso.<br>• Estabelecer um plano realista com o paciente, incluindo ingestão reduzida de alimentos e aumento do gasto energético.<br>• Encorajar a substituição de hábitos indesejados por hábitos favoráveis.<br>• Auxiliar na adaptação das dietas ao estilo de vida e ao nível de atividade do paciente. |
| Controle do peso | • Discutir com o paciente a relação entre ingestão de alimento, exercício, ganho e perda de peso.<br>• Discutir com o paciente os hábitos, os costumes e os fatores culturais e hereditários que influenciam o peso.<br>• Discutir os riscos associados ao fato de estar acima ou abaixo do peso.<br>• Determinar a motivação individual para mudar os hábitos alimentares.<br>• Determinar o peso corporal ideal do indivíduo.<br>• Determinar o percentual de gordura corporal ideal do indivíduo.<br>• Auxiliar na elaboração de planos alimentares bem balanceados, coerentes com o nível de gasto energético. |

| Resultado NOC: 2. Comportamento de perda de peso | |
| --- | --- |
| **Intervenções** | **Atividades** |
| Modificação do comportamento | • Determinar a motivação do paciente para mudar.<br>• Auxiliar o paciente a identificar pontos fortes e reforçá-los.<br>• Encorajar a substituição de hábitos indesejáveis por desejáveis.<br>• Reforçar decisões construtivas sobre necessidades de saúde.<br>• Oferecer reforço positivo para as decisões do paciente tomadas de maneira independente.<br>• Encorajar o paciente a examinar seu próprio comportamento.<br>• Identificar o problema do paciente em termos comportamentais.<br>• Identificar o comportamento a ser alterado (comportamento alvo), em termos específicos, concretos. |

# 5.7 NUTRIÇÃO NO PACIENTE HOSPITALIZADO

O paciente em internação hospitalar está vulnerável a ocorrência de desnutrição. Nesse grupo específico, a prevalência de desnutrição vai de 30% a 50%, com tendências de aumento proporcional ao tempo de internação, sendo muitos casos relacionados à negligência em instituir suporte nutricional.[21] Alguns pacientes dão entrada no hospital para internação já com algum grau de desnutrição, no entanto, no ambiente hospitalar há o desenvolvimento ou agravamento de alteração do estado nutricional devido à ingestão deficiente de nutrientes.[21,22]

Essa perda de peso durante o período de internação hospitalar resulta da elevação do estado hipermetabólico, causada pelas doenças de base. É um processo orgânico de intenso catabolismo lipídico e proteico, responsável pelo reparo tecidual, fornecimento de energia para a manutenção das funções orgânicas prioritárias e ativação do sistema imunológico.[22,23]

Quando não é compensado, o estado hipermetabólico tem sérias consequências sobre a recuperação do paciente, prolongando sua permanência no hospital, podendo, inclusive, levar a óbito. Daí a importância de monitorar a depleção nutricional e instituir a terapia nutricional específica para as necessidades de cada paciente, considerando patologias e condições digestivas.[22] A depleção nutricional no paciente hospitalizado pode prejudicar a resposta imunológica, aumentando o risco de infecções nosocomiais, hipoproteinemia, edema, retardo no processo de cicatrização de feridas e favorece o desenvolvimento de lesões por pressão.[22–24]

# 5.8 TERAPIA NUTRICIONAL

Segundo a Norma Técnica publicada pelo Conselho Federal de Enfermagem (Cofen),[29] o termo Terapia Nutricional (TN) refere-se ao "conjunto de procedimentos terapêuticos para manutenção ou recuperação do estado nutricional do paciente por meio da Nutrição Parenteral (NP) ou da Nutrição Enteral (NE)".

A instituição da TN adequada e individualizada resulta em redução de morbimortalidade e do período de internação ao melhorar as condições clínicas e fisiopatológicas, diminuir o risco de desenvolvimento de sepse, prevenir complicações do TGI e lesões por pressão, dentre outras.[21,22] Assim, a TN tem como objetivos:[21]

- correção da desnutrição prévia;
- manter ou recuperar o estado nutricional;
- corrigir desnutrição ou condições de excesso de peso e obesidade;
- prevenção da deficiência calórico-proteica;
- oferecer condições favoráveis ao estabelecimento do plano terapêutico;
- oferecer energia, fluidos e nutrientes em quantidades adequadas para manter as funções vitais e a homeostase;
- recuperar a atividade do sistema imune;
- reduzir os riscos da hiperalimentação.

É considerada uma terapia de alta complexidade, exigindo do enfermeiro conhecimentos científicos específicos e habilidade técnica na tomada de decisão. Dentre suas competências, estão incluídas desenvolvimento de protocolos, treinamento e capacitação da equipe de enfermagem e instituição de boas práticas de armazenagem, vias de acesso, manuseio, administração da nutrição e resposta rápida frente às intercorrências.[23,29]

## 5.8.1 Terapia Nutricional Enteral

A Terapia Nutricional Enteral (TNE) consiste em um conjunto de procedimentos terapêuticos por meio de dieta, industrializada ou não, com nutrientes controlados, administrada pelo trato gastrointestinal com vistas a substituir ou complementar a alimentação oral para recuperação ou manutenção do estado nutricional do paciente.[21,29]

Considerando que o trato digestivo esteja total ou parcialmente funcionante, as indicações para a TNE são várias, como:[21,30]

- ingestão via oral < 60% das necessidades nutricionais diárias por mais de 10 dias em pacientes bem-nutridos; por mais de 5 dias em

NUTRIÇÃO APLICADA À ENFERMAGEM 125

pacientes em risco de desnutrição e desnutridos, incluindo gestantes, sem expectativa de melhora; e imediatamente em paciente com desnutrição calórico-proteica;

■ comprometimento da deglutição (rebaixamento do nível de consciência, disfunção de orofaringe);

■ pacientes clínicos e cirúrgicos com: neoplasias orofaríngeas, gastrointestinais, pulmonares, esofágicas, cerebrais; inflamação; trauma; cirurgias gastrointestinais; cirurgia maxilo-facial; pancreatite; doenças inflamatórias intestinais; síndrome do intestino curto; fístula traqueoesofágica;

■ pacientes não cirúrgicos com anorexia grave, faringite, esofagite, caquexia cardíaca, doença pulmonar obstrutiva crônica;

■ paciente eutrófico com ingestão abaixo de 50% de suas necessidades e perda de peso > 2% em 1 semana;

■ disfagia grave secundária a processos neurológicos e megaesôfago;

■ queimaduras > 30 % e de terceiro grau;

■ depressão grave, anorexia nervosa;

■ doenças desmielinizantes;

■ trauma muscular extenso;

■ má absorção, alergia alimentar múltipla;

■ insuficiência hepática e grave disfunção renal;

■ pacientes em UTI que não tiverem atingido, no mínimo, 2/3 (67%) das necessidades nutricionais com alimentação oral em 3 dias de internação.

Quadro 5.9 – Vias de acesso

| Sondas de alimentação de poliuretano [21,29] | Ostomias [21,29] |
|---|---|
| • São nominadas de acordo com a posição em que são colocadas: Nasogástrica (SNG), Orográstrica (SOG) e Nasoenteral (SNE). <br> • Podem ser colocadas em posição gástrica, duodenal, jejunal ou gastrojejunal (duas vias separadas de calibres diferentes). <br> • Estão disponíveis em vários diâmetros (8, 10, 12, 14 e 16 french). | • Gastrostomias: colocação de uma sonda de silicone (14 a 26 french) no estômago, criando uma comunicação direta do estomago com o exterior. <br> • Jejunostomias: sonda de poliuretano com diâmetro de 8 a 10 french, colocada no jejuno através da parede abdominal. <br> • São colocadas por meio de procedimento cirúrgico. |

## Cuidados com o paciente em uso de sonda

Alguns cuidados que precisam ser tomados com as sondas NSG e NSE são a verificação do posicionamento correto antes da administração da dieta e medicamentos, a fixação da sonda a fim de evitar seu deslocamento inadvertido e, ainda, sua lavagem com água para prevenir obstruções.[23]

Apesar de ser uma prática comum para verificação do posicionamento da sonda à beira do leito, a ausculta gástrica é uma prática contraindicada pelo risco de regurgitação e aspiração do resíduo gástrico para o sistema respiratório. Para esse fim, a ferramenta que tem sido estimulada e mostrado maior eficiência é a pHmetria.[23]

No que se refere à fixação, recomenda-se manter a demarcação nas sondas para facilitar a observação do seu possível deslocamento e fixá-la à asa nasal, de maneira que não incomode o paciente nem haja tração, e realizar a troca da fixação a cada 24 horas. Outro ponto que merece atenção é a manutenção da cabeceira elevada entre 30° e 45°, para prevenir os riscos de refluxo gastroesofágico e broncoaspiração, principalmente em pacientes com ventilação mecânica associada.[23]

Quadro 5.10 – Procedimento de inserção da sonda nasogástrica/nasoenteral

| Procedimento |
|---|
| 1. Conferir o procedimento conforme prescrição médica. |
| 2. Certificar que o paciente esteja em jejum por, pelo menos, 4 horas antes da passagem da sonda enteral. |
| 3. Obter autorização do paciente ou do acompanhante e explicar o procedimento. |
| 4. Identificar dificuldade para respirar, desvio de septo, traumatismo ou cirurgia nasal prévia ou distúrbio hemorrágico. |
| 5. Organizar os materiais: <br> • equipamentos de proteção individual (EPI): óculos, máscara, avental e luvas de procedimento; <br> • sonda de nutrição enteral; <br> • toalha de rosto ou papel toalha; <br> • fita adesiva e cordonê para fixação; <br> • seringa de 20 mL; <br> • solução fisiológica de NaCl a 0,9%; <br> • lidocaína em gel; <br> • tesoura sem ponta; <br> • hastes flexíveis; <br> • lanterna clínica; <br> • estetoscópio; <br> • um pacote de compressa gaze; <br> • biombo. |
| 6. Lavar as mãos. |
| 7. Colocar o paciente em posição de Fowler a 45° com uma toalha sobre o tórax (se houver suspeita de lesão em coluna, manter o paciente em decúbito dorsal). |
| 8. Verificar o uso de prótese dentárias móveis, solicitando que as retire ou retirando. |
| 9. Colocar EPI. |
| 10. Medir o comprimento da sonda a ser introduzida: <br> • da ponta do nariz ao lóbulo da orelha até o apêndice xifoide; <br> • marcar com uma tira de fita adesiva; <br> • para sonda nasoenteral, estimar mais 15 cm. |

| Procedimento |
|---|
| 11. Pedir que o paciente assoe o nariz e realizar higiene com hastes flexíveis na narina mais pérvia. |
| 12. Lubrificar mais ou menos 10 cm da sonda com cloridrato de lidocaína gel 2%. |
| 13. Inclinar a cabeça do paciente para trás e introduzir a sonda por uma das narinas e, depois da introdução da parte lubrificada, flexionar o pescoço e orientar o paciente a deglutir, se possível. |
| 14. Testar se a sonda está no estômago: auscultar ruído com estetoscópio em região epigástrica, durante injeção de 10 a 20 mL de ar; aspirar o conteúdo gástrico até observar presença de secreção na sonda; medir o pH do líquido aspirado, que deve ser ≤ 4. |
| 15. Fixar a sonda com atenção para não tracionar a asa do nariz. |
| 16. Manter cabeceira elevada em pelo menos 30°. |
| 17. Registrar no prontuário. |

Fonte: adaptado de Silveira[5] e Nettina[31].

## Cuidados com o paciente em uso de gastrostomia

A gastrostomia (GTT) é indicada para pacientes que necessitam de alimentação via sonda nasoenteral a longo prazo (mais de 30 dias). Seus cuidados incluem a higienização e a inspeção diárias da sonda e de seus componentes, garantindo que esteja íntegra. Deve-se manter a sonda fechada quando não estiver sendo utilizada e verificar semanalmente o volume de água destilada contida no balão, a fim de identificar vazamento de líquido com esvaziamento e prevenir o deslocamento da sonda.[30]

Assim como a SNG/SNE, deve-se lavar a gastrostomia com 10 a 20 mL de água morna filtrada após administração de dieta ou medicamentos, bem como verificar o volume do resíduo gástrico antes de administração da nutrição. Além disso, é necessária a avaliação diária da pele periestomal com higienização diária com soro fisiológico e aplicação de creme de barreira para prevenir lesões e monitorar o local de inserção da sonda para sinais e sintomas de infecção e vazamento do conteúdo gástrico.[30]

## Administração da dieta

Sempre antes da administração da dieta, deve-se certificar do posicionamento adequado da sonda, além da verificação do resíduo gástrico por meio da aspiração, identificando se o volume residual é maior ou igual a 50% do volume administrado na infusão anterior ou nas últimas duas horas. Nesse caso, deve-se aguardar o próximo horário.[30]

A administração da nutrição enteral pode acontecer de forma contínua ou intermitente, por meio de seringa ou utilizando bomba de infusão, que possibilita uma infusão com fluxo uniforme.[5]

# 5.8.2 Terapia de Nutrição Parenteral

A Terapia de Nutrição Parenteral (TNP) refere-se aos procedimentos terapêuticos que envolvem a introdução de nutrientes em forma de solução ou emulsão estéril por meio de dispositivo intravenoso para manutenção ou correção do estado nutricional e funcionamento metabólico do corpo de forma a substituir ou complementar a nutrição enteral/oral.[5,21,29]

A TNP é indicada nos seguintes casos:
- não funcionamento do trato gastrointestinal;
- via enteral contraindicada ou sem sucesso nessa via de acesso (íleo paralítico, obstrução intestinal, fístula gastrointestinal; pancreatite aguda; Síndrome do Intestino Curto; colite ulcerativa complicada, período perioperatório, má absorção grave);
- desnutrição com mais de 10% a 15% de perda de peso;
- necessidades nutricionais maiores que a capacidade de oferta por via oral/enteral;
- hemorragia gastrointestinal persistente;
- trauma abdominal requerendo repetidos procedimentos cirúrgicos;
- estados hipermetabólico (queimaduras, traumatismo, sepse).[5,12]

Quadro 5.11 – Via de acesso da TNP é escolhida conforme a osmolaridade da solução[5,12]

| Via de acesso | |
|---|---|
| Via periférica | Via central |
| • Indicada para soluções com osmolaridade menor que 900 mOsm/L. <br> • Veia do braço ou da perna. | • Indicada para soluções com osmolaridade maior do que 900 mOsm/L. <br> • Veia central de grosso calibre e alto fluxo sanguíneo: veias subclávias e jugulares. <br> • Pode ser usado cateter central de inserção periférica (PICC). |

## Administração da dieta

A administração da nutrição parenteral ocorre de forma contínua, em fluxo constante em um período de 24 horas, sendo, portanto, utilizada a bomba de infusão. Deve-se ter o cuidado de não administrar a dieta parenteral gelada, retirando do refrigerador 30 a 60 minutos antes da administração. A fim de evitar contaminação, sempre se deve lavar as mãos antes e depois do procedimento e realizar a higienização com antisséptico na via de acesso e da bomba de infusão.[21]

NUTRIÇÃO APLICADA À ENFERMAGEM

# 5.9 ASPECTOS FARMACOLÓGICOS EM TERAPIA NUTRICIONAL

Sabe-se que na prática clínica, seja em ambiente hospitalar ou domiciliar, a administração de medicamentos já exige atenção especial do profissional de Enfermagem, exigindo cuidados específicos quando é realizada por meio das sondas enterais. Esse procedimento exige do enfermeiro conhecimento científico e habilidade técnica para manipular e administrar adequadamente esses medicamentos de modo a prevenir complicações e diminuição da eficácia tanto do fármaco quanto da nutrição.[32,33]

Dentre as principais complicações que resultam da utilização das sondas enterais para a administração de medicamentos, encontram-se: a possibilidade de obstrução da sonda, gerando desconforto para o paciente e aumentando os custos para a instituição; interações fármaco-nutriente ou fármaco-fármaco; alterações na farmacocinética; aumento dos efeitos adversos gastrointestinais; e diminuição da absorção do fármaco devido aos processos de diluição ou transformação do fármaco.[32,33]

Todas essas complicações ocorrem pelo fato de os medicamentos não terem sido formulados para essa via, exigindo adaptações como trituração e diluição dos mesmos para possibilitar sua administração.[33] A seguir, estão descritos alguns cuidados gerais:[32,33]

- conferir o posicionamento adequado da sonda;
- lavar a sonda com, no mínimo, 15 mL de água antes e após cada administração;
- administrar os medicamentos prescritos para o mesmo horário separadamente, com lavagem da sonda com 10 mL de água entre cada fármaco;
- não adicionar fármacos na nutrição;
- diluir soluções ou suspensões com alta viscosidade ou osmolaridade;
- triturar os comprimidos simples até torná-los um pó fino e diluí-los em água;
- retirar o conteúdo das cápsulas moles e diluir em água ou dissolver as cápsulas moles com água morna;
- alguns medicamentos exigem que a dieta enteral contínua seja interrompida 1 hora antes da administração do fármaco e reiniciada 1 hora depois.

Além dessas complicações, os medicamentos apresentam propriedades que podem causar alterações metabólicas, sendo eventualmente necessária a adaptação dos nutrientes ofertados na terapia nutricional.[30]

Quadro 5.12 – Alterações metabólicas causadas por medicamentos

| Hiperglicemia | | |
|---|---|---|
| Ácido valproico | Furosemida | Nistatina |
| Atenolol | Hidroclorotiazida | Pentamidina |
| Betametasona | Hidrocortisona | Prednisolona |
| Bisoprolol | Isoniazida | Prednisona |
| Carvedilol | Metoprolol | Ritonavir |
| Dexametasona | Metilpredinisolona | |
| Fenitoína | Nadolol | |
| **Hipertrigliceridemia** | | |
| Atenolol | Enalapril | Metoprolol |
| Betaxolol | Furosemida | Nadolol |
| Carvedilol | Hidroclorotiazida | Propranolol |
| Clortalidona | Itraconazol | Timolol |
| **Hiponatremia** | | |
| Ciclofosfamida | Clorpropamida | Tolbutamida |
| Clomipramina | Diuréticos | Vinscristina |
| **Hipernatremia** | | |
| Betametasona | Hidrocortisona | Prednisolona |
| Bicarbonato de sódio | Manitol | Prednisona |
| Cortisona | Metilprednisolona | Triancinolona |
| Dexametasona | | |

| Hipocalemia |||
|---|---|---|
| Albuterol | Dexametasona | Hidroclorotiazida |
| Betametasona | Digoxina | Hidrocortisona |
| Bisacodila | Dobutamina | Insulina |
| Bumetanida | Fluconazol | Lactulose |
| Cafeína | Fludrocortizona | Manitol |
| Clortalidona | Furosemida | Metilprednisolona |
| **Hipercalemia** |||
| Amilorida | Fosinopril | Pentamidina |
| Anfotericina b | Heparina | Ramipril |
| Benazepril | Ibuprofeno | Sulfametoxazol + trimetoprima |
| Captopril | Indometacina | Tacrolimus |
| Ciclosporina | Lisinopril | Trandolapril |
| Digoxina | Losartam | Valsartam |
| Enalapril | Manitol | |
| Espironolactona | Penicilina g | |

Fonte: adaptado de Caruso e Souza[30].

## NESTE CAPÍTULO, VOCÊ...

... conheceu a complexidade que permeia a terapia nutricional e o papel da enfermagem nesse processo, seja na prevenção de alterações nutricionais ou na recuperação do estado nutricional. Contudo, este capítulo não pretende esgotar o assunto, mas fornecer auxílio e subsídio para o pensamento clínico do enfermeiro diante do indivíduo com necessidades nutricionais, resgatando a atenção devida a esse tema.

## EXERCITE

1. Qual é a influência dos nutrientes para a cicatrização adequada das feridas?
2. De que forma o estado nutricional pode influenciar os fármacos administrados?

## PESQUISE

- Em 2016, o Ministério da Saúde publicou material instrutivo *Metodologia de trabalho em grupos para ações de alimentação e nutrição na Atenção Básica*, com vistas a orientar as ações coletivas de promoção da alimentação saudável. Sugerimos que escolha uma proposta de intervenção que mais se adeque à sua realidade e a implemente em a sua Unidade de Saúde da Família: <https://bit.ly/31Y4GMA>.

- Acesse o *Guia alimentar para a população brasileira* (2014) e o material *Desmistificando dúvidas sobre alimentação e nutrição* (2016), publicados pelo Ministério da Saúde, para saber mais sobre nutrição. Sites recomendados: <https://bit.ly/38trFkY> e <https://bit.ly/2vyYHRZ>.

CAPÍTULO 6

COLABORADORES:
ALEXANDRE ERNESTO SILVA
DANIELA MENDONÇA SACCHI
JOÃO PEDRO RODRIGUES VIEIRA
MARIA ADELAIDE JANUÁRIO DE CAMPOS

# CUIDADOS PALIATIVOS

### NESTE CAPÍTULO, VOCÊ...

- ... conhecerá a história dos cuidados paliativos.
- ... estudará os aspectos éticos da morte e o morrer.
- ... aprenderá sobre a epidemiologia e a elegibilidade em cuidados paliativos.
- ... compreenderá os principais sintomas e condutas em pacientes em fase final de vida: fadiga, tosse, dispneia, náusea e vômito, prurido e dor oncológica.
- ... conhecerá a técnica de administração de medicamentos por via SC (hipodermóclise).

### ASSUNTOS ABORDADOS

- História dos cuidados paliativos.
- Questões éticas, epidemiologia e elegibilidade dos cuidados paliativos.
- Principais sintomas e condutas em pacientes em fase final de vida: fadiga, tosse, dispneia, náusea e vômito, prurido e dor oncológica.
- Técnica de administração de medicamentos por via subcutânea (hipodermóclise).

# ESTUDO DE CASO

M.P.S., sexo feminino, 70 anos, aposentada católica, viúva, mora sozinha em sua residência na cidade de Divinópolis. Possui seis filhos, mas mantém boa relação somente com o segundo, que mora perto de sua casa. Ela é muito ativa, cuida de sua horta e dos animais em casa, faz crochê para vender, frequenta o grupo de oração de sua igreja às terças-feiras e canta no coral nas missas ao domingo.

Notou que, com o tempo, havia modificações em sua voz, até que há aproximadamente 11 meses começou a perdê-la. Comunicou ao seu filho, que a levou rapidamente ao serviço de saúde. Após a realização de exames, foi diagnosticada com neoplasia maligna na tireoide em estágio avançado, com metástase na região cervical, sem possibilidade de remissão. A paciente, nesse momento, encontrou-se muito fragilizada e chorosa. Relatou ao seu filho que não merecia isso e que não frequentaria mais a igreja. Após 2 dias, acordou com um quadro de dispneia intensa e foi hospitalizada. Relatou dor intensa nos membros inferiores, fraqueza e deambulava somente com ajuda do filho. Após exame físico da pele e aplicação da escala de Braden pela enfermeira, apresentava risco moderado de integridade tissular prejudicada (14 pontos). A paciente relatou não ter apetite, sentia dor ao engolir sólidos, engasgava-se com líquidos e sua dieta era pastosa devido à dificuldade de deglutição. Permanecia a maior parte do tempo calada, só tentava responder o necessário, pois se sentia envergonhada devido à perda da voz e não queria que seus outros filhos soubessem do seu quadro.

### Após ler o caso, reflita e responda:

1. De acordo com o caso exposto, identifique os problemas apresentados considerando as dimensões física, psicológica, espiritual e social.
2. Cite os cuidados da equipe de enfermagem que poderiam ser realizados juntamente à equipe multiprofissional.

# 6.1 INTRODUÇÃO

Os Cuidados Paliativos (CP), segundo a Organização Mundial da Saúde (OMS), ocorrem a partir de uma abordagem multiprofissional, que promove meios para melhorar a qualidade de vida de pacientes com sobrevida limitada, incluindo seus familiares. Os pacientes elegíveis aos CP são aqueles potencialmente incuráveis, com doenças graves, progressivas e que ameacem a continuidade da vida. Para que esse processo seja feito de maneira eficaz, os cuidados devem ser prestados desde o diagnóstico da doença, analisando e intervindo positivamente em seu curso, abordando o indivíduo de forma multidimensional e holística, ou seja, considerando as dimensões físicas, psicossociais e espirituais, estendendo-se para o processo do luto.[1,2]

Figura 6.1 - Comunicação profissional-paciente-família em cuidados paliativos.

Durante a doença e o processo de luto, paciente e família apresentam necessidades variáveis de cuidados, em conformidade com a intensidade dos problemas que surgem de forma dinâmica. Ou seja, é uma terapêutica que considera a essência e a singularidade do cuidado.[1,2]

Em 2002, a OMS estabeleceu princípios filosóficos no processo de aplicação dos cuidados paliativos, que são: aliviar a dor ou sintomas; afirmar que a morte é um processo natural; não apressar ou adiar a morte; integrar aspectos psicológicos e espirituais do paciente; oferecer um sistema de suporte que possibilite ao paciente viver tão ativamente quanto possível até o momento da sua morte; oferecer auxílio aos familiares durante a doença do paciente e o luto; proporcionar uma abordagem multiprofissional para focar as necessidades dos pacientes e de seus familiares, incluindo acompanhamento no luto; iniciar o mais precocemente o Cuidado Paliativo, juntamente com outras medidas de prolongamento da vida, como quimioterapia e radioterapia; e incluir todas as investigações necessárias para melhor compreender e controlar situações clínicas estressantes; e, por fim, melhorar a qualidade de vida e influenciar positivamente o curso da doença.

# 6.2 HISTÓRIA DOS CUIDADOS PALIATIVOS

A palavra paliativo deriva do latim *pallium*, que significa manto, sendo a vestimenta utilizada por papa e bispos, e que representa o Bom Pastor carregando seu rebanho. Dessa forma, os cuidados paliativos estão relacionados com a espiritualidade e o Sagrado.[1,2,3,4]

A prática dos cuidados paliativos iniciou-se com o surgimento dos hospices, que surgiram em 1842, na França, criados por madame Jeanne Garnier, desencadeando um processo de abertura de localidades para o cuidado de pacientes moribundos. Entretanto, esses eventos obtiveram pouca representatividade e impacto nos cuidados gerais desses pacientes, até que, em 1952, foi publicado pela Marie Curie Memorial Foundation um relatório sobre o sofrimento em pacientes que morriam de câncer, trazendo esse tema para discussão.[1,2,3,4]

O principal nome da história dos cuidados paliativos foi o da médica e enfermeira inglesa Dame Cicely Saunders (1918-2005), que começou seu trabalho em um hospice e durante 7 anos estudou o uso regular de opioides orais no tratamento da dor dos pacientes internados, gerando importantes considerações no âmbito dos cuidados paliativos. Em 1967, Cicely criou o Saint Cristopher's Hospice, primeiro hospice que integrava pesquisa, ensino e assistência em cuidados paliativos, com base em cuidados domiciliares, apoio aos familiares e seguimento pós-morte no processo de luto.[1,2,3,4]

# 6.3 QUESTÕES ÉTICAS EM CUIDADOS PALIATIVOS

Os profissionais de saúde devem conhecer e entender a legislação que regulamenta a profissão e seu exercício no país em que reside, para que todos os procedimentos sejam feitos de forma ética e legal. Segundo a Resolução do Conselho Federal de Enfermagem (Cofen) n° 564/2017, ao revisar o Código de Ética de Enfermagem, considera-se a profissão responsável pelo alívio do sofrimento, cuidado à pessoa, família e coletividade. O profissional da enfermagem deve prestar assistência com qualidade no nascer, viver, morrer e luto do paciente e seus familiares. Em casos de pacientes em cuidados paliativos, em parceria com a equipe multiprofissional, oferecer todos os cuidados disponíveis para assegurar o conforto e o bem-estar físico, psíquico, social e espiritual, respeitando a vontade da pessoa ou de seu representante legal. Para isso, em Cuidados Paliativos, cabe esclarecer alguns termos importantes, como eutanásia, ortotanásia e distanásia.[2,5,6]

A eutanásia é a prática que visa adiantar a morte do paciente mediante seu pedido, a fim de aliviar o sofrimento insuportável e sem perspectivas de cura. Ela pode ser classificada em: ativa, passiva e de duplo efeito.

A eutanásia ativa é negociada entre paciente ou familiar com o profissional de saúde; a passiva ocorre quando se interrompe o tratamento e o paciente chega ao óbito; e a de eutanásia duplo efeito ocorre nos casos em que a morte é acelerada, não visando ao êxito letal, mas ao alívio do sofrimento.

Ao contrário da eutanásia, a distanásia é o prolongamento da vida por meio da obstinação terapêutica. É um termo pouco conhecido, mas que representa um ato muito comum no campo da saúde, que ocorre quando há prolongamento somente de vida biológica, por meio de intervenções e condutas terapêuticas desnecessárias, que não prezam a qualidade de vida, possibilitando, por vezes, agonia e sofrimento do paciente e seus familiares.[2,5,6]

Já a ortotanásia preocupa-se com a dignidade do paciente enquanto houver vida, ou seja, durante o curso da doença são priorizadas ações que garantam a qualidade de vida, diminuindo sintomas, apoiando pacientes e familiares, trabalhando para que não haja recursos extraordinários e invasivos quando não há mais esperança de melhora do quadro.[2,5,6]

Vale ressaltar que a ortotanásia é o cerne em Cuidados Paliativos, pois não viola o direito à morte e à dignidade humana, mas valoriza esses direitos, enquanto exigência ética e moral. Viabiliza apoio para que o indivíduo tenha, além de uma morte digna, uma vida digna, poupando sofrimentos que geralmente antecedem o óbito.[2,5,6]

## 6.4 EPIDEMIOLOGIA DOS CUIDADOS PALIATIVOS

Segundo a OMS, dos 50 milhões de mortes por ano no mundo, 34 milhões são por doenças crônico-degenerativas incuráveis. No Brasil, há um milhão de óbitos por ano e, deste total, 650 mil são por doenças crônicas. Aproximadamente 70% desses óbitos ocorrem em Unidades de Terapia Intensiva (UTI) e esse grupo é composto principalmente por idosos. Sabe-se que a pirâmide etária brasileira está com sua base cada vez mais fina e a sua parte superior mais larga, ou seja, a população idosa cresce e, com isso, há mais doenças crônicas e maior necessidade de Cuidados Paliativos.[6]

Dados recentes de um estudo na atenção primária à saúde, após avaliar 238 pacientes, indicam que 73 necessitavam de cuidados paliativos. Houve 27% com quadro demencial, 26% com alterações cerebrovasculares, 12%, alterações de musculatura, 11% outras alterações neurológicas, 10% com insuficiência cardíaca, 8% câncer, entre outras alterações.[6,7]

Figura 6.2 – Paciente em cuidado paliativo.

A OMS pontua que o tratamento paliativo deve ocorrer da forma mais imediata possível, para que haja conforto e qualidade de vida com controle de sintomas e, assim, poder haver mais dias de vida sem sofrimento.[4]

## 6.5 ELEGIBILIDADE DE PACIENTES AOS CUIDADOS PALIATIVOS

Segundo dados da OMS, todos os doentes que apresentarem condições graves, progressivas e incuráveis, com chance de morte em decorrência dessa causa, devem ser abordados pela equipe de cuidados paliativos desde o diagnóstico. Entretanto, pela alta demanda e pelo baixo número de profissionais voltados para tal abordagem, não há tamanho compromisso com tal premissa. Para isso, criaram-se critérios de inclusão, abalizados no *Medcare*, um serviço suplementar estadunidense. São eles: expectativa de vida menor ou igual a seis meses, paciente deve abrir mão dos tratamentos de prolongamento da vida e iniciar os cuidados paliativos exclusivos, e ser beneficiário do *Medcare*.

Para melhor avaliação e mensuração da capacidade de vida, na tentativa da indicação de CP, foi criado a escala de *performance status* de Karnofsky, baseando-se em atividades diárias. Esse escore varia de 0 a 100%, sendo que o paciente com status de Karnofsky 100% possui capacidade de realização de atividades diárias preservadas, 70% possui indicação de início precoce em CP e 50% é um indicativo de risco iminente de morte.[1,2,4]

Além disso, há critérios clínicos individualizados para cada doença, que indicam critérios prognósticos e de gravidade, com o intuito de facilitar a indicação dos pacientes para os cuidados paliativos.[1,2,4]

Quadro 6.1 – Escala de performance de de Karnofsky

| | |
|---|---|
| 100% | Sem sinais ou queixas, sem evidência de doença. |
| 90% | Mínimos sinais e sintomas, capaz de realizar suas atividades com esforço. |
| 80% | Sinais e sintomas maiores, realiza suas atividades com esforço. |
| 70% | Cuida de si mesmo, não é capaz de trabalhar. |
| 60% | Necessita de assistência ocasional, capaz de trabalhar. |
| 50% | Necessita de assistência considerável e cuidados médicos frequentes. |
| 40% | Necessita de cuidados médicos especiais. |
| 30% | Extremamente incapacitado, necessita de hospitalização, mas sem iminência de morte. |
| 20% | Muito doente, necessita de suporte. |
| 10% | Moribundo, morte iminente. |

## 6.6 PRINCIPAIS SINTOMAS E CONDUTAS EM PACIENTES EM FASE FINAL DE VIDA

Os CP têm como uma de suas metas o controle de sintomas e, para que isso aconteça, os profissionais da equipe multidisciplinar devem realizar uma avaliação criteriosa do paciente, o que possibilita a identificação, discussão dos achados clínicos e definição de condutas.[4]

Devido ao comprometimento funcional e fisiológico desses pacientes, somado aos efeitos de tratamentos e influências dos aspectos psicossociais e espirituais, estes apresentam sintomas significativos, que os levam a experiências negativas de sofrimento. Dentre os sofrimentos, encontram-se: fadiga, dispneia, tosse, náusea e vômito, prurido e dor, que serão detalhados a seguir.[4]

### 6.6.1 Fadiga

A fadiga é a sensação de dificuldade de realização de atividades físicas ou intelectuais, cansaço e exaustão físico, emocional e cognitivo, sendo descrita pelos pacientes como "sensação de sufocamento", "medo de não conseguir respirar" ou "fome de ar". Tal sintoma é subjetivo e dividido quanto ao tempo de evolução em menos de 1 mês, mais de 1 mês e mais de 6 meses.[7,8,9,10]

Figura 6.3 – Paciente apresentando fadiga ao acordar.

A fadiga é o sintoma mais comum no tratamento de um paciente oncológico, pois quase todas as modalidades de câncer terão a fadiga como consequência. Apesar de tamanha prevalência, não se sabe seus mecanismos fisiopatológicos em pacientes terminais.[3,4]

Estudo realizado com pacientes em cuidados paliativos no Hospital das Clínicas de Rio Branco (AC) constatou que a fadiga relacionada ao câncer (CRF) esteve presente em 82% dos pacientes entrevistados, que a relataram em algum grau. As prevalências de fadiga intensa, moderada e leve foram de 44%, 28% e 10%, respectivamente. A CRF é subjetiva, multifatorial e engloba os âmbitos físico, emocional e cognitivo do doente, diferenciando-se da fadiga de pacientes sãos pelo fato de não melhorar com descanso ou sono, sendo descrita como algo que causa agonia.[3,4,8]

As causas físicas permeiam por questões imunológicas, do tratamento, alterações orgânicas diversas e efeitos colaterais de medicamentos. Já as variáveis psicológicas são resultantes dos sintomas atuais da doença, estigmas, também pela própria depressão e ansiedade.[3,4]

O sistema imunológico é um grande fator determinante na fadiga, pelo fato de o paciente em estado terminal ser imunodeprimido, deixando-o suscetível a infecções, a qual pode desencadear quadros fadigosos. Além disso, há a interação desse sistema com a anorexia e, por conseguinte, a caquexia, que por meio de liberação de citocinas inflamatórias no hipotálamo gera perda de apetite e diminuição no estoque de aminoácidos. Essa associação se dá o nome de síndrome anorexia-caquexia.[3,4]

Questões inerentes ao tratamento, como rádio e quimioterapia, podem originar anemia, diarreia, anorexia e perda de peso, contribuinte para a fadiga. Ademais, os medicamentos muitas vezes estão relacionados ao tratamento; assim, remédios como opioides, antidepressivos, ansiolíticos e corticoides podem ser possíveis causadores de fadiga. Entretanto, é uma linha tênue, por serem medicamentos com ação de diminuição de fadiga em muitos casos.[3,4]

As disfunções orgânicas envolvem alterações metabólicas e endócrinas, as quais estão relacionadas com diabetes *mellitus* e doença de Addison, além de alterações musculares, relacionadas com o estresse oxidativo. A produção aumentada de substâncias oxidativas gera lesão celular e tissular, por isso, pacientes em repouso excessivo no leito e imobilização tendem à perda de massa muscular.[3,4]

O tratamento da fadiga inclui tratamento de infecção, ou retirada ou diminuição de medicamentos causadores da fadiga, entre outros. Além disso, existem as medidas gerais, como o uso de corticoides por até 4 semanas, os quais demostram aumento do apetite e força muscular, transfusão sanguínea para combater a anemia, além de atividade física e exercícios físicos de baixa intensidade, os quais proporcionam conforto e melhoram a qualidade de vida do paciente.[3,4]

Quadro 6.2 – Assistência de enfermagem ao paciente em cuidados paliativos com fadiga[4]

| Assistência de enfermagem a pacientes com fadiga | Justificativa |
|---|---|
| Estimular a realização de exercício físico; discutir com a equipe a necessidade de terapias psicossociais; estimular a prática de atividades de lazer. | Trazem benefícios na funcionalidade e nos índices de qualidade de vida. |
| Suporte nutricional: administrar dieta e observar tolerância do paciente, bem como identificar sintomas como náuseas e vômitos e realizar exame físico para avaliação do estado nutricional. | Anorexia, náuseas e vômitos, má absorção, deficiências/ síndromes carenciais são possíveis causas de fadiga. |
| Prevenir infecção relacionada à assistência por meio da higienização das mãos e realização de procedimentos com técnica asséptica. | A infecção é uma possível causa de fadiga. |
| Monitorar oxigenação e respiração. | Identificar alterações que possam desencadear fadiga. |

## 6.6.2 Dispneia

Um dos principais sintomas apresentados pelos pacientes em cuidados paliativos é a dispneia, considerada um sintoma subjetivo, que é caracterizada pela percepção de dificuldade respiratória e busca incessante por ar. Acomete aproximadamente 21% a 90% dos pacientes e apresenta-se como tamanha complexidade, pois além de manifestar-se também em pacientes sem doenças cardiopulmonar, a avaliação da dispneia não é padronizada, exigindo uma boa discussão entre a equipe e a percepção acurada do médico.[4]

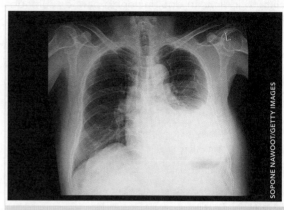

Figura 6.4 – Raio x de um paciente com dispneia mostrando derrame pleural.

Na avaliação desse sintoma, é importante observar além da classificação da intensidade, considerando também as características, o que leva ao seu desenvolvimento, conhecimento de comorbidades, o que alivia ou piora e o ritmo de evolução. Vale ressaltar que a avaliação do paciente deve ser singular e que o profissional tem como atribuição explicar a ele o sintoma apresentado e considerar o relato dele diante do que sente para que haja colaboração com a equipe, facilitando a identificação de condutas para melhora.[4]

Quanto mais precocemente a dispneia for identificada, melhores são as chances de reverter sua causa. O tratamento desse sintoma depende da fase em que se encontra a doença, mas se pauta na reversão das causas reversíveis, tratamento farmacológico ou sintomático.[4]

Quadro 6.3 – Assistência de enfermagem ao paciente em cuidados paliativos com dispneia[4]

| Assistência de enfermagem a pacientes com dispneia | Justificativa |
|---|---|
| Manter cabeceira a 45°, ofertar oxigênio e administrar medicamentos conforme prescrição. | Melhora a respiração, oxigenação e tratar por meio farmacológico, quando possível, o fator desencadeante. |
| Monitorar oxigenação e respiração: frequência respiratória, saturação de oxigênio. | Identificar alterações que possam ser corrigidas. |
| Oferecer apoio psíquico, social e espiritual por meio de atenção e escuta ativa. | Possibilita que o paciente fique calmo, reduzindo possivelmente a dispneia. |
| Auxiliar o paciente em suas atividades para que se esforce pouco e mantenha repouso. | Para não aumentar a demanda de oxigênio pelos tecidos. |

## 6.6.3 Tosse

A tosse é um reflexo de proteção desencadeado por corpos estranhos, gerando uma expiração explosiva, a qual, tornando-se constante e intensa, tem capacidade de desgastar o bem-estar do paciente e da família. Dentre os pacientes com câncer de pulmão, a prevalência é de 56% no último ano de vida; já na população total dos pacientes oncológicos, a prevalência é de 37%, apresentando-se como um sintoma comum.[3,4]

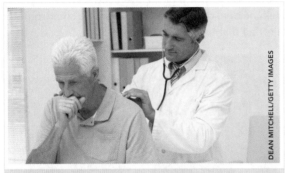

Figura 6.5 - Paciente apresentando tosse.

Na literatura médica, a tosse pode ser classificada em aguda (menos de 3 semanas), podendo ser causada por pneumonia, crise de insuficiência cardíaca congestiva, e em crônica (acima de 8 semanas), a qual pode ter causas cancerígenas, exposição a irritantes, asma, refluxo gastroesofágico e doença pulmonar obstrutiva crônica.[7,9]

A supressão da tosse é diferenciada em casos de tosse seca e, em casos de tosse produtiva noturna e/ou irritante em pacientes com doença terminal. Os antitussígenos mais eficientes são os opioides, tendo a codeína com meia vida média e a metadona com meia vida mais longa. Já os mucolíticos são benéficos para pacientes com tosse seca.[3,4]

Quadro 6.4 - Assistência de enfermagem ao paciente em cuidados paliativos com tosse[4]

| Assistência de enfermagem a pacientes com tosse | Justificativa |
| --- | --- |
| Manter cabeceira a 45° em casos de comorbidades, como refluxo gastroesofágico e hipersecreção das vias aéreas. | Reduz o refluxo de líquidos estomacais e sufocamento em casos de hipersecreção. |
| Administrar medicamentos prescritos como mucolíticos, opioides, broncodilatadores e realizar nebulização. | Reduz o acúmulo de secreções nas vias aéreas e agem nos receptores de tosse. |

## 6.6.4 Náuseas e vômitos

As náuseas e os vômitos são importantes fatores que interferem negativamente na qualidade de vida dos pacientes, além de diminuírem a adesão ao tratamento. No âmbito do paciente oncológico, essa entidade afeta cerca de 50% e 70% dos doentes no final de vida.[3,4]

As causas mais comuns são as gastrointestinais, que, no contexto de CP, os medicamentos, como opioides e aspirina, são os principais. Além disso, a demora do esvaziamento gástrico, cuja causa, seja constipação ou estresse, pode ser causadora de náuseas e vômitos. Por fim, a quimioterapia pode ser uma causa, apresentando-se de três formas: aguda (1 a 2 horas após o tratamento, resposta individual), tardia (início após 24 h do tratamento, origem desconhecida) e antecipatória (antes de iniciar a quimioterapia, relacionada a experiências de outros procedimentos).[3,4]

A avaliação do paciente quanto às náuseas é subjetiva, sendo embasada na experiência do paciente, enquanto a avaliação dos vômitos é objetiva. Dessa forma, a principal condição clínica que se deve ficar atento é a desidratação, avaliando-se o turgor, a hipotensão postural e a taquicardia.[3,4]

Os vômitos por tempo prolongado e em grande intensidade pode gerar desidratação, que deve ser rapidamente corrigida por reidratação venosa. Já para as náuseas, deve-se tirar o fator predisponente, se houver. Em casos de vômitos e náuseas causadas por quimioterapia (NVIQ), existem diretrizes específicas, que orientam o uso de antagonistas dos receptores de serotonina, como ondansetrona e corticoides.[3,4]

Quadro 6.5 - Assistência de enfermagem ao paciente em cuidados paliativos com náusea e vômito[4]

| Assistência de enfermagem a pacientes com náusea e vômito | Justificativa |
| --- | --- |
| Manter cabeceira a 45° e lateralizar a cabeça do paciente em caso de vômito. | Reduz refluxo gastroesofágico, se houver, e reduz o risco de aspiração em caso de vômitos. |
| Avaliar o sintoma por meio da escala numérica que varia de 0 a 10, em que 0 representa ausência de náusea e 10, náusea insuportável. | Manter registro sobre a náusea, facilitando a identificação de seu controle mediante as medidas implementadas. |
| Administrar medicamentos prescritos. | Agem em receptores responsáveis pela redução destes sintomas. |
| Oferecer alimentos à temperatura ambiente ou mais frios, evitando alimentos com odores fortes, como peixes e carnes vermelhas; evitar alimentos muito condimentados. | Evita o desencadeamento da náusea. |
| Utilizar terapias não farmacológicas, como terapia de imaginação dirigida, música, entre outros. | Terapias não farmacológicas são eficazes, principalmente na náusea associada à ansiedade. |

## 6.6.5 Prurido

O prurido é descrito como brando ou moderado e transitório, além de forte e constante. Muitas vezes, é entendido como sinônimo de coceira, que, em cuidados paliativos, é uma questão relativa, podendo ser utilizada na descrição dos sintomas.[3,4,9]

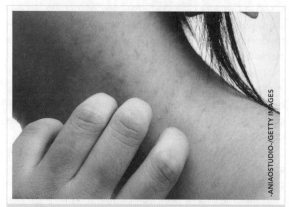

Figura 6.6 – Paciente apresentando prurido.

A prevalência é de 50% a 70% em pacientes com 70 anos, sendo conhecida como prurido senil. Entretanto, no âmbito oncológico, a coceira é infrequente, estando relacionada com a região de localização do tumor maligno.[3,4,7]

As causas de prurido são muito variadas, passado por causas hepáticas e biliares, drogas, doenças infecciosas, além das entidades malignas. As principais drogas relacionadas com o prurido são opioides, ácido acetilsalicílico, cocaína, entre outros. Infecções como HIV e sífilis, em seu estágio final, também são causadoras.[3,4,9]

O prurido pode ser primário ou secundário, sendo que a primária está relacionada com sintomas dermatológicos, enquanto a secundária são causas sistêmicas, que podem gerar uma manifestação dermatológica. O tratamento desse sintoma deve ser imediato, com a utilização de agentes tópicos antipruriginosos como anestésicos locais, anti-histamínicos e corticoides.[3,4,9]

Quadro 6.7 – Assistência de enfermagem ao paciente em cuidados paliativos com prurido[4]

| Assistência de enfermagem a pacientes com prurido | Justificativa |
|---|---|
| Não realizar banho em água quente e, sim, morna e utilizar cremes emolientes. | Reduzir o ressecamento e promover hidratação da pele. |
| Administrar medicamentos prescritos. | Tratar causas desencadeantes do prurido. |
| Realizar exame físico da pele. | Identificar alterações da pele, como dermatites. |

## 6.6.6 Dor

A dor no câncer é uma dor total, que ultrapassa a dimensão física e estende-se para as dimensões social e espiritual. Nesse quadro, são comuns a dor aguda e a dor crônica, a dor aguda está relacionada à existência de uma lesão e desaparece perante a cura de tal. Enquanto a dor crônica está relacionada ao próprio tratamento, metástases e duram meses, sendo uma dor de grande intensidade, diária, podendo ser contínua ou durar várias horas no dia. A dor crônica pode gerar alteração de humor, perda de funcionalidade do doente, além de comprometer a rotina diária.[3,4,10]

Figura 6.7 – Paciente apresentando dor.

Os meios de avaliação da dor baseiam-se no relato do paciente a colher a história prévia, conjugado com escalas de dor, podendo ser visual analógica, numérica, faces, copos e palavras. A investigação da dor deve compor-se de fluxo de comunicação, dando rapidez e agilidade na transmissão da informação e diminuir o sofrimento do paciente, além de trabalhar medos a respeito do morrer a partir das crenças do doente, não se esquecendo de investigar possíveis quadros depressivos.[3,4,10,11]

O controle da dor deve ter por base os princípios estabelecidos pela OMS, que são: tratar preferencialmente a causa da dor oncológica; escolher o analgésico de acordo com a intensidade da dor; utilizar métodos farmacológicos e não farmacológicos; priorizar a via de acesso oral; administrar medicamentos em horário fixo.[3,4,11] O tratamento farmacológico baseia-se no uso de nãoopioides, opioides e adjuvantes, sendo utilizados de acordo com a intensidade da dor e escala de potência entre os medicamentos. De acordo com as escalas de dor, em dores de 1 a 4, utiliza-se não opioides e adjuvantes; já em dores de 5 a 7, faz uso de opiáceos fracos e adjuvantes; por fim, em dores de 8 a 10, faz-se opiáceos fortes, de acordo com a tabela da OMS.[3,4,12]

O tratamento não farmacológico é embasado no apoio emocional, na tentativa de entender os desafios e os medos do paciente para que haja um atendimento multiprofissional para um manejo adequado da dor, tanto física como espiritual e psicológica. Além disso, há a necessidade do acompanhamento do terapeuta ocupacional, para que, a partir de técnicas cognitivo-comportamentais, o paciente aprenda comportamentos adaptativos, o qual trará maior funcionalidade e bem-estar.[3,4,11] Ademais, o tratamento físico não farmacológico utiliza-se do calor na diminuição de isquemia tecidual, melhora da rigidez articular e melhora da inflamação superficial, do frio na tentativa de redução do edema e da velocidade de condução nervosa. Enfim, a massagem realizada por profissionais capacitados tem grande capacidade de relaxamento muscular, além de trazer sensação de conforto e bem-estar.[3,4,11]

Quadro 6.8 – Assistência de enfermagem ao paciente em cuidados paliativos com dor[4,13]

| Assistência de enfermagem a pacientes com dor | Justificativa |
| --- | --- |
| Avaliar o sintoma por meio da escala numérica da dor que varia de 0 a 10, frequência, localização. | Avaliar a efetividade da terapêutica proposta e propor posições que aliviem. |
| Administrar medicamentos prescritos. | Promovem analgesia. |
| Propor métodos não farmacológicos como massagens, distrações (música, leitura), proximidade da família, estimular pensamento positivo, prática de rezar ou se conectar com o sagrado, entre outras. | Auxiliam no alívio da dor por promoverem conforto ao paciente. |
| Oferecer atenção e escuta ativa, orientar o paciente e acompanhantes, bem como realizar os desejos possíveis do paciente que tenham a ver com seus entes próximos e ao Sagrado. | Para aliviar a dor psicológica, social e espiritual. |

## 6.6.7 Infusão de fluidos e medicamentos na via subcutânea – hipodermóclise

Pacientes em fase final de vida encontram-se suscetíveis e fragilizados, podendo apresentar comprometimentos funcionais e fisiológicos, o que pode dificultar ou até mesmo tornar inviável a administração de medicamentos e fluidos pela via oral e endovenosa. Nessa perspectiva, a hipodermóclise é um procedimento compreendido pela infusão de fluidos e medicamentos na hipoderme, através da via subcutânea (SC).[11]

Esse é considerado um dos pilares de acesso em cuidados paliativos, possuindo indicações variáveis, sendo considerado de fundamental importância no controle farmacológico de sinais e sintomas no processo de morte, assim como em casos de náuseas e vômitos prolongados, desidratação moderada que não requeira reposição rápida de volume, intolerância gástrica, obstrução intestinal, diarreia, dispneia intensa, redução do nível de consciência, perda funcional da absorção pelo tubo digestório, entre outros. Essas condições podem levar à inviabilidade de administração de medicamentos pela via oral, que pode apresentar alterações na biodisponibilidade das drogas e também pela via endovenosa que se encontra fragilizada, principalmente em pacientes submetidos à quimioterapia, devido à perda de elasticidade da pele.[11]

A via SC apresenta vantagens em detrimento as outras vias de administração, principalmente a endovenosa, por apresentar baixo custo, menor incidência de infecção, possibilita maior conforto ao paciente e facilidade quanto à inserção e manutenção do cateter, pode ser realizada em qualquer ambiente inclusive no domicílio, possui baixo risco de efeitos adversos sistêmicos e reduz a flutuação das concentrações plasmáticas de opioides, possibilitando a alta taxa de absorção da morfina, importante medicamento no cuidado paliativo. Porém, suas desvantagens incluem a velocidade e o volume de infusão de líquidos limitados, permitindo até 1.500 mL/24 h por sítio de punção, apresenta absorção variável, pois deve ser considerado o aspecto fisiológico do indivíduo, que é influenciado por perfusão e vascularização e, por fim, limitação quanto a administração de alguns medicamentos e eletrólitos.[3,11,14,15]

Entretanto, há contraindicações quanto ao uso da via, como os decorrentes de edema generalizado (anasarca), porém, se o paciente não apresentar essa condição, outras regiões menos acometidas pelo edema podem ser puncionadas; problemas de coagulação; dor e edema durante a hipodermóclise; comprometimento da circulação linfática; áreas com hematomas; caquexia por hipotrofia do tecido subcutâneo que ocorre principalmente próximo a proeminências ósseas, local que não deve ser puncionado; desidratação grave; locais que apresentam lesões de pele ou próximos a sítios infectados; áreas submetidas a radioterapia; insuficiência cardíaca.[3,11,14,15]

## NOTA

Os principais sítios de punção e respectivos fluxos suportáveis são o tórax anterior (mais indicada aos homens), acima da mama, compreendendo a região subclavicular e deltoides (até 250 mL/24 h), regiões interescapulares e abdominal (até 1.000 mL/24 h) e, por fim, região anterolateral da coxa (até 1.500 mL/24 h).

Os locais de punção devem sofrer rodízio a cada 5 dias, ou na presença de sinais flogísticos, e vale ressaltar que os medicamentos podem ser administrados em bólus (utilizando seringa 13 × 0,45 mm, permitindo ângulo de 90°) ou por infusão contínua.[3,13,14,15]

Os materiais utilizados são: cateter agulhado (scalp) com calibres entre 21 G a 25 G, apresentando custo menor em relação ao não agulhado e punção menos dolorosa. Já o cateter não agulhado é ideal para punções de uso prolongado e o calibre deve estar entre os números 20 G a 24 G; bandeja; luvas de procedimento; solução antisséptica; gaze não-estéril ou bola de algodão; agulha para aspiração de medicação 40 × 12 mm; seringa de 1 mL; flaconete de 10 mL de soro fisiológico 0,9%; cobertura estéril, semipermeável e transparente para punção, esparadrapo ou fita adesiva hipoalergênica para fixação do circuito intermediário e identificação.[11]

Primeiramente, deve-se explicar o procedimento ao paciente e seus familiares, higienizar as mãos, separar os materiais na bandeja e, em seguida, preencher o circuito do cateter com soro fisiológico a 0,9%. Depois, deve-se avaliar as regiões anatômicas e selecionar o local da punção. Antes de iniciar, há a necessidade de calçar as luvas de procedimento e realizar a antissepsia do local da punção com álcool 70%. Após secar o local, deve-se fazer uma prega na pele e inserir o cateter com o bisel voltado para cima em um ângulo de 45° em relação à mesma. É importante realizar a aspiração para avaliar se nenhum vaso foi atingido, pois, se houver, deve-se fazer uma nova punção a uma distância de 5 cm do primeiro local puncionado. O cateter deve ser fixado com cobertura estéril e transparente, esparadrapo ou fita adesiva hipoalergênica, e identificado contendo data e hora da punção e o nome do responsável. Ao final do procedimento, este deve ser documentado em prontuário, descrevendo o tipo e o calibre do cateter, localização da punção e tipo do curativo.[3,11,14,15]

Não há a necessidade de lavar a extensão se a mesma medicação estiver sendo administrada; apenas há a necessidade de lavar com 1 mL de SF 0,9% para assegurar que o volume completo do medicamento foi administrado.[3,11,14,15]

De acordo com o parecer Coren-SP 031/2014, por ser uma via de menor complexidade, a equipe de enfermagem pode realizar tal procedimento, desde que sejam habilitados e haja supervisão do profissional enfermeiro. Além disso, a equipe de enfermagem deve também estar atenta a sinais de ansiedade e outros fatores psicológicos.[16]

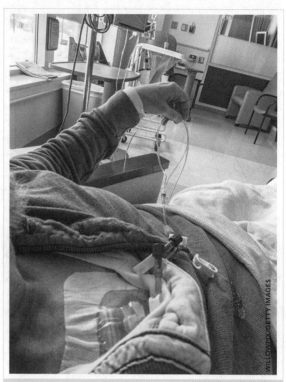

Figura 6.8 – Imagem de película transparente semipermeável sobre cateter totalmente implantado (port-a-cath).

## NESTE CAPÍTULO, VOCÊ...

... compreendeu que a equipe de enfermagem são os profissionais cujo contato com o paciente é intenso. Assim, tornam-se fundamentais no cuidado, o qual deve basear-se no conhecimento do histórico do paciente, compreendendo o contexto em que ele se encontra inserido, suas necessidades, seus medos, suas angústias, seus sofrimentos e seus sentimentos. A atenção também deve ser voltada para os familiares, acompanhantes que devem ser vistos como colaboradores e que também possuem suas necessidades, dificuldades e anseios.

... aprendeu que outra vertente importante a ser discutida é sobre a morte, dando ênfase a ela como um processo natural da vida e que precisa ser trabalhada com os pacientes e seus acompanhantes, para que sejam implementadas estratégias que visam reduzir o risco do desenvolvimento do luto patológico. Para isso, é fundamental que os profissionais que atuam nos CP conheçam e saibam intervir nas fases do luto, com a finalidade de oferecer um suporte adequado para o binômio paciente-família, seguindo os princípios da humanização e da bioética.

Portanto, oferecer os cuidados adequados e saber tomar as melhores decisões para o paciente e os familiares a cada fase do estágio da doença, promovendo a qualidade de vida e alívio do sofrimento, possibilitam a preservação e até mesmo a restauração da dignidade humana.[2]

## EXERCITE

1. Assinale V para as afirmações verdadeiras e F para as falsas:
   a) ( ) A fadiga é pouco prevalente. Dessa forma, há grande entendimento de sua fisiopatologia.
   b) ( ) Longos períodos de imobilização ou pouca movimentação podem ser causadores da fadiga.
   c) ( ) A causa mais comum de náuseas e vômitos em pacientes terminais são gastrointestinais relacionadas a medicamentos.
   d) ( ) Pacientes com classificação de dor de 1 a 4 devem usar preferencialmente opiáceos para o controle.
   e) ( ) O prurido em pacientes oncológicos em estado terminal generalizado tem pouca relação com o local da malignidade.
   f) ( ) A principal via de administração de medicações para alívio da dor em pacientes terminais é a endovenosa, por sua rápida ação.

2. Paciente, 60 anos, internado por câncer de esôfago em estágio final, triado para os cuidados paliativos, apresenta uma queixa de dor nível 8, sendo medicado com morfina, opioide de potência alta. Não apresentando nenhuma via de acesso prévia, qual seria a via de administração preferível para esse doente?
   a) Oral.
   b) Subcutânea.
   c) Endovenosa.
   d) Retal.
   e) Transdérmica.

3. De acordo com o tratamento não farmacológico da dor, assinalte a alternativa verdadeira:
   a) A massagem, para alívio de sintomas e relaxamento do paciente, pode ser feita pelo familiar do paciente ou por qualquer outro profissional de saúde capacitado.
   b) A terapia pelo calor está indicada em casos de edema e no controle da dor por retardo da condução nervosa.
   c) A terapia comportamental tem a função de aumento da funcionalidade do paciente. Assim, mesmo com aumento da debilidade, cria-se estratégias para manutenção das atividades diárias.
   d) A terapia pelo frio tem a função da diminuição da isquemia local, controlando a infecção e gerando o relaxamento muscular.
   e) O apoio psicológico em pacientes terminais tem pouco reflexo no controle da dor.

## PESQUISE

Leitura do artigo a seguir, que aborda o sofrimento dos familiares que acompanham o processo de adoecimento e tratamento do ente e as práticas de cuidar que aliviam o sofrimento, e responda as questões propostas.
SILVA, R. S.; SANTOS, R. D.; EVANGELISTA, C. L. S.; MARINHO, C. L. A.; LIRA, G. G.; ANDRADE, M. S. Atuação da equipe de enfermagem sob a ótica de familiares de pacientes em cuidados paliativos. Revista Mineira de Enfermagem, 2016, v. 20, e983.

- O diagnóstico de uma doença ameaçadora da continuidade da vida, como o câncer, impacta de forma significativa o paciente e seus familiares. Nesse contexto, o que significa o termo "claudicação familiar" e por que há a necessidade de estender os cuidados paliativos à família do paciente?

- Por que a comunicação é uma das ferramentas mais importantes na interface equipe de enfermagem-paciente-família, e é considerada um dos pilares dos cuidados paliativos?

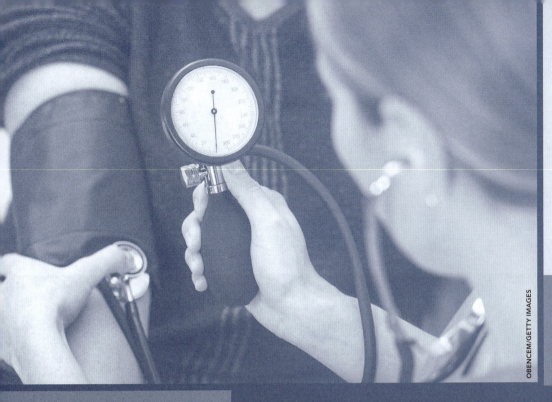

CAPÍTULO 7

MYRIA RIBEIRO DA SILVA
PATRÍCIA PERES DE OLIVEIRA
SOLANGE SPANGHERO MASCARENHAS CHAGAS

COLABORADORES:
GLAUTEICE FREITAS GUEDES

# PROCEDIMENTOS RELACIONSWADOS À VERIFICAÇÃO DOS SINAIS VITAIS

### NESTE CAPÍTULO, VOCÊ...

- ... conhecerá os sinais vitais.
- ... estudará a assistência de enfermagem para a verificação da pressão arterial, temperatura, frequências cardíaca e respiratória e dor.
- ... descreverá os valores dos sinais vitais de acordo com as mais novas diretrizes nacionais.

### ASSUNTOS ABORDADOS

- Sinais vitais.
- Pressão arterial (PA).
- Temperatura.
- Frequência cardíaca (FC).
- Frequência respiratória (FR).
- Dor – o quinto sinal vital.

# ESTUDO DE CASO

L.S., 67 anos, verificou a pressão arterial em uma feira de saúde e o valor aferido foi 168/94 mmHg. Diante do resultado, ela afirma que nunca foi hipertensa e que provavelmente o resultado está errado.

**Após ler o caso, reflita e responda:**

1. Identifique as possíveis interpretações de uma leitura isolada de pressão arterial e cite os fatores que podem interferir na exatidão da leitura.
2. Indique a educação em saúde sobre a pressão arterial que pode ser apropriada nesse momento.

# 7.1 INTRODUÇÃO

Os sinais vitais (SSVV) são indicadores importantes para avaliação do estado de saúde do paciente, e sua mensuração é frequentemente realizada pela equipe de enfermagem. Sua verificação periódica auxilia os profissionais de enfermagem no levantamento de problemas de saúde do paciente. Além disso, os dados ajudam o enfermeiro avaliar respostas da terapêutica implementada.[1,2]

Por ser uma ação de grande importância, torna-se necessário que o enfermeiro tenha conhecimento sobre as variáveis fisiológicas que influenciam os sinais vitais e saiba relacionar com outros achados que complementam os dados coletados do exame físico. Com isso, o profissional poderá determinar o estado geral do paciente e a rigorosidade na realização da técnica, que asseguram achados clínicos mais seguros, garantindo a qualidade da assistência de enfermagem.

# 7.2 SINAIS VITAIS

Os sinais vitais são os "sinais de vida", que indicam o funcionamento interno dos órgãos do paciente.[1] É a expressão aplicada à verificação da:

- pressão arterial (PA);
- temperatura (T);
- pulso (P);
- frequência respiratória (FR);
- dor.

Recomenda-se verificar os sinais na admissão hospitalar, no mínimo uma vez em cada turno de trabalho de 6 horas; sempre que a condição do paciente parecer ter se modificado; antes e após uma transfusão sanguínea; antes e após procedimentos cirúrgicos; nas consultas em ambulatórios ou consultórios particulares; antes e após administração de medicamentos que afetam as funções cardiovascular, respiratória e de controle da temperatura; sempre que o paciente relatar sensações incomuns, uma segunda vez; e quando houver discrepância em relação à medida anterior.[1,2]

## 7.2.1 Pressão arterial (PA)

A pressão arterial é a pressão exercida pelo sangue na parede das artérias, o que reflete a situação geral da circulação do sangue. É um ótimo parâmetro de avaliação do sistema cardiovascular, por isso é uma das práticas mais comuns na avaliação clínica.[3]

Figura 7.1 - Aferição de sinais vitais.

A pressão sanguínea de um indivíduo resulta da interação do débito cardíaco com a resistência periférica e depende da velocidade do fluxo sanguíneo arterial, do volume de sangue que está sendo fornecido e da elasticidade da parede arterial. Conforme o coração contrai e relaxa, pode-se mensurar a pressão arterial.[1]

A medida da pressão arterial é feita com a utilização de aparelhos específicos (esfigmomanômetro) e é expressa em mmHg (milímetros de mercúrio). Podem ser usados aparelhos com coluna de mercúrio (mais fidedignos), aneroides ou automáticos.[4]

Vários fatores podem influenciar no resultado da mensuração da pressão arterial. Existem, inclusive, pessoas que apresentam aumento do valor da pressão arterial, quando é verificada por um profissional da saúde. A pressão tende a aumentar com idade, exercício, emoções e estresse, dor, ansiedade, obesidade, falar durante a mensuração, determinadas patologias (doenças renais, cardíacas etc.), drogas etc.[4]

A seguir são apresentados alguns conceitos:

- Pressão diastólica (PAd): reflete a pressão remanescente no interior das artérias quando os ventrículos estão relaxados.
- Pressão sistólica (PAs): pressão no sistema arterial quando o ventrículo esquerdo se contrai.
- Pressão pulsar: diferença entre as medidas de PAs e PAd, pode variar de 30 a 50 mmHg.

## Assistência de enfermagem na verificação da pressão arterial

Realizar as medidas corretas para a aferição de sinais vitais evita interpretações errôneas quanto à saúde do paciente e consegue diagnosticar alterações imediatas de seu estado geral.

### Quadro 7.1 – Técnica de verificação da PA

| Assistência de enfermagem[1] | Justificativa |
|---|---|
| Verificar se o paciente/cliente não está com a bexiga cheia, praticou exercícios físicos, ingeriu bebidas alcoólicas, café, alimentos ou fumou até 30 minutos antes. | Evitar valores não reais, pois estimulantes, exercícios físicos e bexiga cheia podem aumentar a PA. |
| Manter pernas descruzadas e braço na altura do coração. | Evitar valor não fidedigno. Se estiver abaixo da altura do coração, resulta em valor maior, e se estiver acima, resulta valor menor do que o real. |
| Deixar o paciente/cliente descansar por 5 a 10 minutos. | Possibilitar o retorno da PA para os valores reais. |
| Usar manguito de tamanho adequado (bolsa de borracha com largura = 40% e comprimento = 80% da circunferência do braço). | Se o manguito for maior do que o recomendado para o diâmetro do braço, é obtido um valor abaixo do real, devendo ser acrescidos alguns mmHg conforme a tabela de correção. Se o manguito for menor, é obtido um valor acima do real, necessitando que sejam diminuídos alguns mmHg. |
| Posicionar a braçadeira cerca de 2 a 3 cm acima da fossa antecubital, com a borracha na altura da artéria braquial, com braçadeira não apertada ou frouxa. | A braçadeira não pode estar apertada (resulta em medida superior a real) nem frouxa (resulta em medida inferior). |
| Palpar o pulso radial e inflar até seu desaparecimento para estimar a pressão sistólica. | Possibilitar a verificação do quanto é necessário inflar. |
| Posicionar a campânula do estetoscópio sobre a artéria braquial. | Para auscultar os sons de Korotkoff (sons provocados durante a desinflação do manguito). |
| Inflar rapidamente até ultrapassar 20 a 30 mmHg o nível estimado da pressão sistólica. Desinflar lentamente. | Verificar a ausculta dos sons de Korotkoff. |
| Determinar a sistólica no aparecimento dos sons e a diastólica no desaparecimento dos sons. Não arredondar os valores para dígitos terminados em 0 ou 5. | Possibilitar a averiguação do real valor da PA. |
| Realizar no mínimo duas medidas da pressão por consulta, na posição sentada, e se as diastólicas apresentarem diferenças acima de 5 mmHg, fazer novas medidas até obter menor diferença. | Obter a menor diferença entre os valores da PA. |
| Verificar na primeira avaliação as medições em ambos os membros superiores. Em caso de diferença, utilizar sempre o braço de maior pressão. | Possibilitar a averiguação do real valor da PA. |

## NOTA

Não verifique a pressão arterial no membro envolvido nas seguintes situações:

- cirurgias que envolva seios, axilas, ombros, braço ou mão;
- membros com acesso venoso ou fístula arteriovenosa para diálise renal;
- membros queimados, com traumas ou aplicações de gesso e/ou curativos.
- em caso de pacientes/clientes com amputação bilateral de membros superiores ou mastectomia bilateral, verificar a PA na coxa, acima do joelho, utilizando a palpação da artéria poplítea. Para a realização desse procedimento, o paciente deve estar em decúbito ventral.

### Cuidados com o equipamento de aferição

É imprescindível certificar-se da qualidade do aparelho e se ele está apto a realizar a aferição com segurança.

### Quadro 7.2 – Cuidados com equipamentos de aferição de PA

| Assistência de enfermagem[1] | Justificativa |
|---|---|
| Limpar as olivas, o diafragma e a campânula com álcool a 70% antes e após cada uso. | Evitar infecções cruzadas. |
| Inspecionar diariamente o esfigmomanômetro em busca de alterações nas conexões, rachaduras ou posicionamento inadequado do ponteiro (aparelhos aneroides). | Manter o equipamento em condições de aferição correta da PA. |
| Lavar semanalmente a braçadeira. | Manter higiene do equipamento. |
| Calibrar o equipamento aneroide a cada 6 meses, o de coluna de mercúrio anualmente e os digitais devem ter certificação do Inmetro ou Ipem. | Manter o equipamento em condições de aferição correta da PA. |
| Encaminhar o aparelho para calibração ao serem verificadas alterações no equipamento. | Manter o equipamento em condições de aferição correta da PA. |

### Classificação da pressão arterial (> 18 anos)

As medidas da pressão arterial apresentam importante informação para avaliar a saúde do paciente. Reconhecer as alterações importantes dessas medidas é de fundamental importância para um atendimento com segurança.

Quadro 7.3 – Classificação da pressão arterial (adultos acima de 18 anos) das VII Diretrizes Brasileiras de Hipertensão Arterial[4]

| Classificação | PAS (mmHg) | PAD (mmHg) |
|---|---|---|
| Normal | Menor ou igual a 120 | Menor ou igual a 80 |
| Pré-hipertensão | 121-139 | 81-89 |
| Estágio 1 | 140-159 | 90-99 |
| Estágio 2 | 160-179 | 100-109 |
| Estágio 3 | Maior ou igual 180 | Maior ou igual a 110 |
| Quando a PAS e a PAD situam-se em categorias diferentes, a maior deve ser utilizada para classificação da PA. |||
| Considera-se hipertensão sistólica isolada se PAS ≥ 140 mmHg e PAD < 90 mmHg, devendo a mesma ser classificada em estágios 1, 2 e 3. |||

## 7.2.2 Temperatura

A temperatura verifica o equilíbrio entre produção e eliminação do calor. O centro regulador está localizado no hipotálamo. Grupos neuronais regulam a temperatura por meio de receptores térmicos (informações sensoriais e sistema de alerta inicial) e estimulação direta do hipotálamo (temperatura do sangue e células termostato).[1,2]

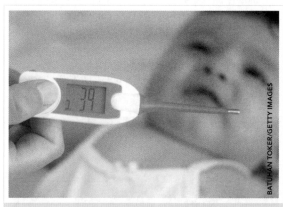

Figura 7.2 – Aferição da temperatura corporal.

Vários fatores elevam a temperatura corporal, como período de ovulação nas mulheres, exercícios, doenças ou lesões (lesão tissular, infecções, danos ao hipotálamo). O ritmo circadiano (redução das 24 horas até de madrugada), anestesia, desnutrição, desidratação e algumas drogas diminuem a temperatura.[1]

Locais de medida

É de suma importância que o enfermeiro tenha conhecimento sobre os locais possíveis na verificação da temperatura, pois pode se deparar em situações em que a temperatura axilar, por exemplo, não será possível de ser mensurada. O profissional terá que avaliar outras possibilidades nesses caso. Por isso, a seguir será apresentada as opções de locais:[1,2]

- Cavidade oral: abaixo da língua, próximo da artéria sublingual. O termômetro deve ser próprio (individualizado). O bulbo deve ser colocado sob a língua e posicionado na lateral da boca. Deixar o termômetro por três minutos.
Contraindicações: pacientes inconscientes, desorientados ou propensos a convulsões, bebês e crianças muito novas, após ingerir líquidos muito quentes ou gelados, pós-operatório de cirurgia bucal ou extração dentária, inflamação orofaríngea.
- Reto: local preciso (por ser considerada uma temperatura central), porém constrangedor para o paciente. A medida pode ser afetada pela presença de fezes. É geralmente 0,5 °C mais alta. O termômetro é específico (com bulbo arredondado) e deve ser de uso individual; o bulbo deve ser introduzido de 2 a 3 cm no reto. Deixar o termômetro por três minutos.
Contraindicações: diarreia, pós-cirurgias ou ferimentos retais ou de próstata recentes, após infarto agudo do miocárdio, pois aumentam a temperatura local.
- Axila: acessível, menor probabilidade de disseminação de microrganismos e requer um tempo maior para mensuração. A mais comumente utilizada nas unidades de internação e determinada como temperatura axilar. Nesse local, o termômetro precisa permanecer por cinco minutos.
Desvantagens: não reflete a temperatura central; sua exatidão é questionável em pacientes com hipotermia.
Contraindicações: queimaduras do tórax, furúnculos axilares, fraturas dos membros superiores (MMSS).
- Ouvido: temperatura que mais se aproxima da medida interna. O tempo de resposta é imediato, método não invasivo e indica com precisão casos de hipotermia. É determinada como temperatura timpânica e necessita de um termômetro específico para esse local.
Desvantagens: equipamento mais caro quando comparado com os demais, a imobilização cervical pode impossibilitar a mensuração e o cerúmen pode apresentar uma medida falsa.
Contraindicações: pacientes com fratura maxilofacial, fratura de base de crânio e otorragias.

Medidas equivalentes tomadas com termômetro a mercúrio

A realização da técnica adequada para a aferição da temperatura corpórea contribui para uma avaliação mais eficaz.

Quadro 7.4 – Medidas equivalentes tomadas com termômetro a mercúrio (conforme o local de aferição)[1]

| Local da medida | Centígrados |
|---|---|
| Oral | 37 °C |
| Equivalente retal | 37,5 °C |
| Equivalente axilar | 36,4 °C |
| Terminologias | Valores |
| Hipotermia | Abaixo de 36 °C |
| Normotermia | Entre 36 °C e 36,8 °C |
| Febrícula | Entre 36,9 °C e 37,4 °C |
| Estado febril | Entre 37,5 °C e 38 °C |
| Febre | Entre 38 °C e 39 °C |
| Pirexia ou hipertermia | Entre 39,1 °C e 40 °C |
| Hiperpirexia | Acima de 40 °C |

### Sinais e sintomas de febre

A identificação de sinais e sintomas das alterações de temperatura contribuem para um atendimento mais rápido e combate mais eficaz das alterações.

- Pele rosada, quente ao toque;
- inquietação ou sonolência excessiva;
- irritabilidade;
- anorexia;
- aumento da transpiração;
- cefaleia;
- frequências cardíaca e respiratória acima do normal;
- desorientação e confusão mental com temperaturas muito altas;
- convulsões em bebês e crianças.

### Sinais e sintomas de hipotermia

- Tremores;
- pele fria e pálida;
- apatia;
- frequências cardíaca e respiratória abaixo do normal;
- alteração do nível de consciência.

### Técnica de verificação da temperatura

**Materiais**

- Bandeja.
- Termômetro.
- Bolas de algodão com álcool a 70%.
- Recipiente para lixo.
- Papel toalha.

Quadro 7.5 – Técnica de verificação da temperatura[1]

| Método | Justificativa |
|---|---|
| Lavar as mãos e preparar o material. | Evitar infecções. |
| Explicar o procedimento ao paciente. | Obter a cooperação e diminuir a ansiedade. |
| Limpar o termômetro com o algodão com álcool 70%. | Evitar infecções. |
| Certificar-se de que a coluna de mercúrio esteja abaixo de 35 °C. | Medir de maneira exata a temperatura. |
| Secar as axilas do paciente. | Evitar possível alteração na temperatura. |
| Colocar o termômetro com o bulbo na axila do paciente, mantendo o braço dele encostado no corpo. | Evitar interferências da temperatura do ambiente na temperatura do paciente. |
| Anotar a temperatura no prontuário e verificar a prescrição. | Documentar o procedimento. |
| Preceder a desinfecção do termômetro após o uso com álcool a 70%. | Evitar infecção cruzada. |

**NOTA**

Em alguns países, a unidade de medida utilizada para a temperatura é Fahrenheit (F). Para converter F em graus Célsius (°C), basta subtrair 32 da temperatura F e multiplicar por 5/9. Veja o exemplo:

(temperatura F – 32) × 5/9 = °C
98,6 F – 32 = 66.6 × 5/9 = 37 °C

Figura 7.3 – Aferição de frequência cardíaca (pulso).

## 7.2.3 Pulso (P)

O pulso é a sensação ondular que pode ser palpada em uma das artérias periféricas. Toda vez que o sangue é lançado do ventrículo esquerdo para a aorta, a pressão e o volume provocam oscilações ritmadas em toda a extensão da parede arterial, evidenciadas quando se comprime moderadamente a artéria contra uma estrutura dura.[3]

Vários fatores afetam o valor do pulso, como idade, ritmo circadiano, exercícios físicos, dor, estresse e emoções, temperatura corporal, hipóxia, volume de sangue, drogas (como os digitálicos que diminuem a frequência cardíaca).[2,3]

### Locais de verificação do pulso

Os locais de verificação do pulso podem ser nas artérias:

- Temporal;
- carotídea;
- braquial;
- radial;
- femoral;
- poplítea;
- pediosa;
- maleolar;
- pulso apical – verifica-se o pulso apical no ápice do coração à altura do quinto espaço intercostal com o auxílio de um estetoscópio.

**NOTA**

Entende-se como déficit de pulso a diferença entre o pulso apical e o pulso periférico.

### Avaliações do pulso

Para que se faça uma avaliação adequada dos resultados encontrados é preciso conhecer os padrões de normalidade.

- Frequência cardíaca normal – normocardia: 60 a 100 bpm em adultos.
- Frequência cardíaca acelerada – taquicardia: acima de 100 bpm.
- Frequência cardíaca lenta – bradicardia: abaixo de 60 bpm.
- Verificar o ritmo:
  Rítmico: quando uma pulsação ocorre no mesmo intervalo de tempo de outra pulsação.
  Arrítmico: quando os intervalos de tempo entre uma pulsação e outra está irregular.
- Verificar o volume: ausente, normal, fino ou filiforme.
  ausente;
  normal;
  fino ou filiforme.

### Frequências de pulsação por minuto de acordo com a idade.

As medidas da frequência cardíaca modificam-se de acordo com a faixa etária. O conhecimento desses parâmetros faz com que a avaliação seja precisa e segura para o paciente.

Quadro 7.6 – Frequências normais de pulsação por minuto para várias idades

| Idade | Variação aproximada | Média aproximada |
|---|---|---|
| Recém-nascido | 120-160 | 140 |
| 1-12 meses | 80-140 | 120 |
| 1-2 anos | 80-130 | 110 |
| 3-6 anos | 75-120 | 100 |
| 7-12 anos | 75-110 | 95 |
| Adolescente | 60-100 | 80 |
| Adulto | 60-100 | 80 |

### Técnica de verificação do pulso

A realização da técnica adequada de aferição da frequência cardíaca contribui para uma avaliação segura do estado geral do cliente

 **Materiais**

- Relógio com ponteiro de segundos.
- Estetoscópio.

Quadro 7.7 – Técnica de verificação do pulso

| Método | Justificativa |
|---|---|
| Lavar as mãos e preparar o material. | Evitar infecções. |
| Explicar o procedimento ao paciente. | Diminuir a ansiedade. |
| Manter o paciente em posição confortável, com o local de verificação apoiado em posição anatômica. | Promover conforto e evitar alteração no pulso. |
| Colocar os dedos indicador e médio sobre a artéria, fazendo leve pressão. | Não usar o polegar sobre a artéria para não confundir com sua própria pulsação. |
| Contar os batimentos durante 1 minuto. | Em caso de dúvidas, repetir a contagem. |
| Anotar o valor e verificar a prescrição. | Documentar o procedimento. |

**NOTA**

Quando é avaliado um pulso fino e taquicárdico, pode-se utilizar a nomenclatura taquisfigmia. Quando o pulso estiver fino e bradicárdico, chama-se bradisfigmia.
Ao avaliar o pulso carotídeo, tenha os seguintes cuidados: verifique em apenas uma artéria por vez e faça uma leve pressão para evitar a interrupção do fluxo sanguíneo ao cérebro.

## 7.2.4 Frequência respiratória (FR)

A avaliação da frequência respiratória é feita por meio da observação da expansão da parede torácica e do movimento simétrico bilateral do tórax. Cada respiração inclui uma inspiração e uma expiração do paciente, que corresponde com a ventilação. Na inspiração, a pressão alveolar é menor do que a pressão atmosférica, enquanto na expiração, o diafragma relaxa e a pressão alveolar aumenta até se igualar à pressão atmosférica.[1,2]

Figura 7.4 – Monitores multiparamétricos.

Na respiração, ocorre a troca de oxigênio e dióxido de carbono. A frequência respiratória é a quantidade de ventilações que ocorre em um minuto.

### Avaliação da frequência respiratória

Há duas características importantes na avaliação da respiração: ritmo e amplitude. Em relação ao ritmo, é observada a frequência por minuto e sua regularidade entre as incursões respiratórias. Na amplitude, avalia-se a expansibilidade do tórax durante as inspirações e, ainda, se há simetria entre os hemitórax. Com base nessas características, algumas terminologias são adotadas:[1]

- Eupneia é a respiração normal – frequência, profundidade e ritmo normais para a idade. Valores de 14 a 20 irpm (ou rpm).
- Bradipneia é a respiração mais lenta do que o normal para a idade.
- Taquipneia é a respiração mais rápida do que o normal para a idade.
- Dispneia é a respiração difícil. Pode vir acompanhada de outros sinais de dificuldade respiratória, como batimento de asas nasais, tiragem intercostal, respiração ruidosa e aumento da frequência respiratória.
- Ortopneia é a respiração facilitada ao sentar-se ou levantar-se.
- Hiperventilação é o aumento da frequência e da profundidade das respirações.
- Hipoventilação é a diminuição da frequência e da profundidade das respirações.
- Apneia é a ausência de respiração.

### Valores de frequências respiratórias normais

- Para que se faça uma avaliação adequada dos resultados encontrados, é preciso conhecer os padrões de normalidade segundo cada faixa etária.

Quadro 7.8 – Frequências respiratórias normais para várias idades

| Idade | Variação média |
|---|---|
| Recém-nascido | 30-60 |
| Infância inicial | 20-40 |
| Infância final | 15-25 |
| Adulto | |
| Homens | 14-18 |
| Mulheres | 16-20 |

### Técnica de verificação da respiração

A realização da técnica e material adequado para a aferição da frequência respiratória contribui para uma avaliação segura do estado geral do cliente.

 Materiais

- Relógio com ponteiro de segundos.

Quadro 7.9 – Técnica de verificação da respiração

| Método | Justificativa |
|---|---|
| Lavar as mãos e preparar o material. | Evitar infecções. |
| Manter o paciente em posição confortável. | Evitar alteração na respiração. |
| Manter os dedos no pulso do paciente. | Evitar alteração voluntária na respiração. |
| Observar os movimentos respiratórios do tórax ou abdome do paciente durante 1 minuto. | Facilitar a contagem. Observar alterações da respiração e coloração das extremidades. |
| Anotar a frequência respiratória e verificar a prescrição do procedimento. | Documentar a verificação. |

 **NOTA**

Não fale ao paciente que você está verificando a frequência respiratória, pois poderá ter alteração do valor real com respirações voluntárias.

Os pacientes dispneicos devem ser mantidos em posição Fowler ou semi-Fowler, para obter o máximo da expansão pulmonar e uma boa avaliação da frequência.

## 7.2.5 Dor – o quinto sinal vital

A dor está relacionada com uma experiência individual e multidimensional, que pode indicar alterações importantes no organismo do indivíduo. É considerada o quinto sinal vital por ser um importante sinal de alteração das funções orgânicas do indivíduo. Por isso, deve ser registrada e jamais desconsiderada ou subjugada.[5]

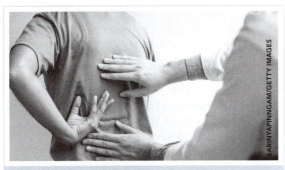

Figura 7.5 – Avaliação da dor.

De acordo com a Associação Internacional para o Estudo da Dor, a dor pode ser definida como uma experiência sensorial e emocional desagradável, associada a um dano real ou potencial dos tecidos, podendo ser descrita tanto em termos desses danos quanto por ambas as características.

A dor é considerada uma experiência pessoal e subjetiva, e sua percepção é caracterizada de forma multidimensional, diversa tanto na qualidade quanto na intensidade sensorial, sendo, ainda, afetada por variáveis afetivo-emocionais. A experiência da dor compreende os processos de nocicepção (detecção do dano tecidual seja ele mecânico ou químico), transdução (condução do estímulo doloroso da periferia a diversas estruturas do sistema nervoso central) e percepção dolorosa (consciência da dor).[5]

### Avaliação a dor

É de suma importância a avaliação da dor pelo profissional de enfermagem, uma vez que a dor pode indicar alterações orgânicas importantes. Além disso, direciona a um manejo mais adequado e individualizado, melhorando a qualidade do atendimento ao paciente. Sua avaliação deve ser sequencial, em intervalos regulares e registradas conforme suas características: intensidade, localização, padrão sensitivo, início e duração, fatores de melhora e piora.[1-5]

A escala mais apropriada para avaliar a dor e sua resposta ao tratamento depende muito do paciente, de sua capacidade de comunicação e da habilidade de comunicação do profissional de interpretar comportamentos e parâmetros fisiológicos de dor. Embora o melhor indicador de dor seja o autorrelato, no Quadro 7.10 são apresentados exemplos de escala que avaliam a intensidade da dor.[1-5]

**NOTA**

Ao avaliar a dor, sempre observe expressões faciais e corporais, gemidos, choros, inquietação, alteração dos sinais vitais, agitação etc. Essa avaliação deve ser sistemática e regular. Nunca ignore esses sinais; é importante saber interpretar o dado e encaminhar para uma solução.
Sempre utilize escalas de mensuração da dor e documente. Não esqueça: o controle e a avaliação da dor é de responsabilidade profissional.

Quadro 7.10 – Exemplos de escalas para avaliação da dor

| Tipos de escalas | Representação | Tipo de pacientes |
|---|---|---|
| Escala visual analógica (EVA) | Sem dor — Máximo de dor | Pacientes a partir de sete anos |
| Escala numérica de dor | 0 1 2 3 4 5 6 7 8 9 10<br>Nenhuma  Pouca  Razoável  Média  Excessiva | Pacientes a partir de sete anos |
| Escala de descritores verbais | Ausência de dor (zero); dor leve (1 a 3); dor moderada (4 a 6); dor intensa (7 a 10) | Pacientes a partir de sete anos |
| Escala de faces (Wong & Baker) | 0  2  4  6  8  10<br>0 = ausência de dor    10 = dor insuportável | Pacientes a partir de três anos |

### NESTE CAPÍTULO, VOCÊ...

... compreendeu que a verificação dos sinais vitais é uma atividade, em sua essência, predominantemente de toda a equipe de enfermagem. Um profissional capacitado torna-se apto a identificar precocemente qualquer alteração por meio da avaliação dos sinais vitais. Essa ação torna-se indispensável para o direcionamento de uma terapêutica mais assertiva e de qualidade. Por isso, esse cuidado deve ser embasado cientificamente, para que todos os profissionais envolvidos possam trabalhar de maneira uniforme em todas as áreas de atuação, seja ela na atenção básica ou em situações críticas, abrangendo dessa forma melhores práticas assistenciais.

### EXERCITE

1. O pulso corresponde com a expansão rítmica de uma artéria produzida quando uma massa de sangue é forçada para seu interior pela contração do coração. Para verificarmos esse sinal vital, temos várias opções de locais. Dos locais relacionados a seguir, qual corresponde à verificação do pulso localizado na parte posterior do joelho?
   a) Pulso carotídeo.
   b) Pulso apical.
   c) Pulso poplíteo.
   d) Pulso pedioso.
   e) Pulso radial.

2. Um enfermeiro recebeu um paciente de 23 anos, sexo masculino, vítima de acidente com motocicleta x poste. Ao avaliar o pulso do paciente, ela observou uma pulsação fina e taquicárdica. Tal aspecto o ajudaria na avaliação e na determinação do diagnóstico de enfermagem: risco de sangramento. Avalie as alternativas a seguir e assinale a que corresponde corretamente à terminologia das características do pulso destacadas anteriormente:
   a) Bradisfgmia.
   b) Bradicardia.
   c) Normocardia.
   d) Taquicardia.
   e) Taquisfgmia.

3. J.P.S. está sendo admitido em uma unidade hospitalar e os dados a seguir referem-se à coleta de dados realizada durante essa admissão: 40 anos, sexo masculino, natural de São Paulo, religião evangélica. Ao exame físico, o enfermeiro aferiu os SSVV com os seguintes resultados: PA 160 x 120 mmHg, P 55 btm, T axilar 36 °C, R 36 rpm. Considerando os resultados dos SSVV, assinale a alternativa que corresponde, respectivamente, à nomenclatura científica (destacado em azul):
   a) Hipertenso, bradicárdico, normocárdico e dispneico.
   b) Hipotenso, taquicárdico, normotérmico e taquipneico.
   c) Hipertenso, bradicárdico, normotérmico e taquicárdico.
   d) Hipotenso, taquicárdico, hipertérmico e taquicárdico
   e) Hipertenso, taquicárdico, hioptérmico e taquidispneico.

4. Um paciente de 50 anos foi admitido na unidade de internação com hipótese diagnóstica de empiema pleural. Na sua admissão, apresentava-se com dificuldade respiratória e pulso muito acelerado. Com base nestes dados, podemos dizer que o paciente encontra-se, respectivamente:
   a) Dispneico e bradicárdico.
   b) Dispneico e taquicárdico.
   c) Taquidispneico e taquicárdico.
   d) Taquicárdico e dispneico.
   e) Bradipneico e taquicárdico.

5. Um paciente deu entrada no pronto socorro com dor intensa na região esternal. Ao receber o paciente, o enfermeiro além de utilizar a escala de intensidade da dor, questionou sobre outros aspectos. São eles:
   I. Duração.
   II. Início da dor.
   III. Fatores de melhora.
   IV. Aspecto da dor.
   V. Causa

   Considerando as características da avaliação da dor, está correto o que se apresenta em:
   a) I, II, III, IV e V.
   b) I, II, III e IV.
   c) II, III, IV e V.
   d) I, III, IV e V.
   e) I, III e III.

### PESQUISE

Leia o artigo:
TEIXEIRA, C. C. et al. Aferição dos sinais vitais: um indicador do cuidado seguro em idosos. Texto Contexto Enferm., Florianópolis, 2015, v. 24, n. 4, p. 1071-1078.
Com base na leitura, responda:
1. Por que os autores afirmam que, quando se trata do atendimento de idosos, os indicadores dos sinais vitais merecem atenção especial?
2. Qual é o objetivo da avaliação seriada dos sinais vitais?
3. Por que a aferição e os registros completos continuam sendo um desafio para a equipe de enfermagem?
4. Qual é a importância atribuída às barreiras e os benefícios percebidos pela equipe de enfermagem, relacionados ao registro dos parâmetros dos sinais vitais em idosos hospitalizados?

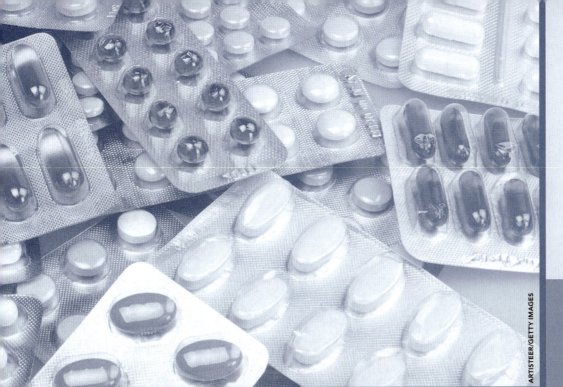

CAPÍTULO 8

ANDREA BEZERRA RODRIGUES
PATRÍCIA PERES DE OLIVEIRA

COLABORADORAS:
DEBORAH FRANSCIELLE DA FONSECA
CÁSSIA MARIA DIAS
PATRÍCIA FARIA OLIVEIRA
ROSILENE APARECIDA COSTA AMARAL

# PROCEDIMENTOS RELACIONADOS À ADMINISTRAÇÃO DE MEDICAMENTOS

### NESTE CAPÍTULO, VOCÊ...

- ... aprenderá sobre os procedimentos para administrar medicações por via oral, nasal, ocular, subcutânea, intramuscular e os locais exatos para sua aplicação.
- ... compreenderá a técnica de punção venosa e a administração de medicamentos por via intravenosa.
- ... aprenderá a calcular doses de medicamentos corretamente.

### ASSUNTOS ABORDADOS

- Drogas e medicamentos.
- Administração de medicamentos.
- Punção venosa.
- Cálculo de medicamentos.

# ESTUDO DE CASO

E.M., sexo masculino, negro, 60 anos, hipertenso, diabético e portador de insuficiência renal crônica (dialítico), foi encaminhado para o hospital por uma unidade satélite por estar há 14 dias cursando com edema em membro inferior direito, doloroso à palpação, com hiperemia e calor local. Sem demais queixas no momento da consulta. Nega alergias. Faz uso contínuo apenas de Cloridrato de Clonidina 0,2 mg/dia (anti-hipertensivo). Exame físico geral: lúcido e orientado no tempo e espaço, eupneico com padrão respiratório confortável, afebril, anictérico, acianótico, corado, tempo de enchimento capilar < 2 seg. Sinais vitais: pressão arterial – 120 × 80 mmHg, frequência cardíaca – 85 bpm, frequência respiratória – 18 ipm. Exame respiratório: murmúrio vesicular presente e bem distribuídos bilateralmente em todo hemitórax, sem ruídos adventícios, som claro pulmonar a percussão, expansibilidade preservada bilateralmente. Exame cardíaco: ritmo cardíaco regular em 2 tempos sem sopros, bulhas rítmicas e normofonéticas. Exame abdominal: sem dor a palpação superficial ou profunda. Sinal de Murphy, Rosving e Blumberg ausentes. Exame de membros inferiores: membro inferior direito com edema até joelho, doloroso, com hiperemia e empastamento. Ausência de varizes e circulação colateral. Exame de imagem: ultrassom com doppler de membro inferior direito com veia femoral comum incompressível, sem fluxo ao Doppler com trombo em sua luz. Foi prescrito Liquemine 7.500 UI EV 4/4 horas.

**Após ler o caso, reflita e responda:**

1. Na unidade, você tem ampola de Liquemine de 5.000 UI/0,25 mL. Como deve proceder?
2. Quais são as vias de administração de um medicamento?

## 8.1 DROGAS E MEDICAMENTOS

Medicamento é uma substância química que modifica uma função do organismo, ou seja, é um produto farmacêutico, tecnicamente obtido ou elaborado, com finalidade profilática, curativa, paliativa ou para fins de diagnóstico.[1] É administrado visando suas funções terapêuticas.[1,2]

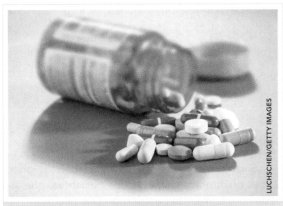

Figura 8.1 - Medicamentos orais.

Uma droga é qualquer substância que altera a função fisiológica, com o potencial para afetar a saúde, portanto, todos os medicamentos são drogas, mas nem todas as drogas são medicamentos.[3,4]

Medicamentos ou drogas podem ser conhecidos por vários nomes:[1,2]

- Nome químico: descreve os constituintes que formam sua estrutura molecular. Exemplo: ácido (2-4 isobutilfenil) propiônico.
- Nome oficial: atribuído pela United States Adopted Names Council. É o nome genérico ou nome sem marca. Exemplo: ibuprofeno.
- Nome comercial: nome registrado, atribuído pelo fabricante. A mesma droga pode receber vários nomes, pois pode ser elaborada por diversos fabricantes.

Produto é toda substância, mistura de substâncias, vegetais ou parte de vegetais, fungos ou bactérias, que sofreu ou não transformação, manipulação ou industrialização, e com possibilidade de ser ingerido ou administrado a homem ou animal.[3]

Substância é qualquer agente químico que afeta o protoplasma vivo.[2,3]

Psicotrópico é uma substância que pode determinar dependência física ou psíquica, e relacionada, como tal, nas listas aprovadas pela Convenção sobre Substâncias Psicotrópicas.[3]

Entorpecente é uma substância que pode determinar dependência física ou psíquica relacionada, como tal, nas listas aprovadas pela Convenção Única sobre Entorpecentes.[3,4]

### 8.1.1 Receita médica

É o documento oficial para prescrever a medicação e as orientações necessárias para o uso correto, escrita em língua portuguesa. Somente pessoas legalmente habilitadas podem prescrever receituários. As receitas apenas podem ser prescritas por médicos, dentistas ou outra pessoa designada por regulamentos em cada Estado, como o assistente de um médico ou uma enfermeira com certificado profissional.[2-4]

As prescrições de substâncias sujeitas a controle especial precisam ser realizadas em Receita de Controle Especial ou Notificação de Receita. Em hospitais e clínicas, pode-se utilizar receituário privativo do estabelecimento para pacientes internados (Portaria nº 344, de 12 de maio de 1998, da Secretaria de Vigilância Sanitária do Ministério da Saúde, Arts. 35, 51 e 56). A Receita de Controle Especial é utilizada para a prescrição de substâncias das listas C1 e C5 e adendos das listas A1, A2 e B1 (Portaria nº 344/1998, Art. 55). Ela deve ser preenchida em duas vias, de forma manuscrita, datilografada ou informatizada, e apresentar em destaque os dizeres: "1ª via – Retenção da Farmácia ou Drogaria" e "2ª via – Orientação ao Paciente" (Portaria nº 344/1998, Art. 52).[3,4]

Figura 8.2 - Prescrição de medicamento.

Notificação de Receita é o documento que, acompanhado de receita, autoriza a dispensa de medicamentos à base de substâncias sujeitas a controle especial. Essas listas (Anexo I da Portaria nº 344/1998) são atualizadas por meio de Resoluções de Diretoria Colegiada (RDC) da Agência Nacional de Vigilância Sanitária (Anvisa) e devem ser acessadas por todos os profissionais que trabalham com substâncias sujeitas a controle especial.[4]

As listas de substâncias sujeitas a controle especial já foram atualizadas 69 vezes até o início de 2020. Consulte sempre as listas atualizadas no endereço: <http://portal.anvisa.gov.br/lista-de-substancias-sujeitas-a-controle-especial>.

## 8.1.2 Componentes de uma receita médica (prescrição médica)

Devem apresentar oito componentes:[3,4]

1. Cabeçalho: impresso que inclui nome e endereço do profissional ou da instituição onde trabalha (consultório, clínica ou hospital), registro profissional e número de cadastro de pessoa física ou jurídica, podendo conter, ainda, a especialidade do profissional.
2. Nome do paciente: a identificação do paciente na prescrição médica deve ser realizada pelo nome completo, sem abreviatura. A abreviatura do nome do paciente aumenta os riscos de se medicar o paciente errado, pois não é muito incomum encontrarmos pacientes com o mesmo nome e algum sobrenome idêntico na instituição.
3. Nome do medicamento: a droga deve ser identificada pelo seu nome genérico, que é o princípio ativo e não é protegido pela marca registrada do fabricante.
4. Dose do medicamento: é a quantidade do medicamento prescrita, o quanto deve ser administrado. Os medicamentos são prescritos por meio de sistemas métricos, farmacêuticos ou domésticos. Exemplo: *Sistema métrico*: Captopril 25 mg – 1 comprimido a cada 8 horas.
5. Vias de administração: é a maneira como a droga é administrada. As vias mais comuns são oral (VO), tópica, inalante e parenteral. Dentro da via parenteral encontramos: subcutânea (SC), intradérmica (ID), intramuscular (IM) e endovenosa (EV) ou intravenosa (IV).
6. Frequência da administração: a duração e a frequência da dose também devem ser indicadas.
7. Indicação de alergia: alergias relatadas pelo paciente devem ser identificadas na prescrição. A fim de reduzir as chances de dispensação e administração do medicamento ao qual o paciente é alérgico, minimizando o risco de dano.
8. Assinatura: como a prescrição por escrito é uma solicitação legal, a assinatura da pessoa que prescreveu deve suceder à prescrição. Uma prescrição sem assinatura é inválida e não deve ser executada até que seja regularizada.

Quadro 8.1 – Vias de administração dos medicamentos

| Via | Método de administração |
| --- | --- |
| Oral | Deglutição<br>Instilação por meio de sonda nasoenteral ou nasogástrica |
| Tópica | Aplicação na pele ou na membrana mucosa |
| Inalante | Uso de aerossol |
| Parenteral | Injeção |

Quadro 8.2 – Rotinas comuns para a administração dos medicamentos

| Abreviatura | Significado |
| --- | --- |
| Agora | Imediatamente |
| 2x/dia | Duas vezes ao dia |
| 3x/dia | Três vezes ao dia |
| 4x/dia | Quatro vezes ao dia |
| h/h | De hora em hora |
| 4/4 h | A cada quatro horas |
| 8/8 h | A cada oito horas |
| 12/12 h | A cada doze horas |

## 8.1.3 Instruções verbais

São consideradas instruções verbais as orientações quanto aos cuidados dos pacientes, que são dadas em conversas pessoais ou por telefone. Esse tipo de orientação pode causar um número maior de interpretações errôneas quando comparado com as prescrições escritas. Caso seja feita uma prescrição médica por telefone, o enfermeiro deve registrar na folha de evolução as orientações recebidas e caracterizadas que foram "prescritas por telefone".[1,5,6]

O médico que prescrever deve validar a prescrição e assiná-la depois. Algumas instituições exigem esse procedimento em até 24 horas.[7,8]

## 8.1.4 Sistema de distribuição de medicamentos

Vários sistemas são empregados para o armazenamento e a distribuição de medicamentos. Eles incluem o suprimento de estoque e de dose unitária e individual. Um fornecimento individual é um único recipiente com suprimento para vários dias da droga receitada. O mais frequente é o fornecimento em dose única, que consiste em uma embalagem com um único comprimido ou cápsula, que é fornecida pelo farmacêutico para atender a apenas um dia de administração; o suprimento é repetido a cada dia.[3,4,8]

Um fornecimento em estoque consiste em drogas comumente prescritas ou necessárias em uma emergência. São substituídas à medida de seu uso.[4]

## 8.1.5 Armazenamento de medicamentos

Em todas as instituições de saúde, há uma área em que os medicamentos são armazenados. Cada paciente tem uma gaveta ou um compartimento em que são guardados os medicamentos receitados a ele.

# 8.2 ADMINISTRAÇÃO DE MEDICAMENTOS

A segurança é a maior preocupação quanto à administração de medicamentos. Desenvolvemos alguns cuidados antes, durante e depois da administração do medicamento para diminuir o potencial de erros.[5]

Para garantir a administração segura dos medicamentos, usamos o recurso dos 13 certos, que deve levar em consideração os seguintes critérios:[5]

1. prescrição correta;
2. paciente certo;
3. medicamento certo;
4. validade certa;
5. forma/apresentação certa;
6. dose certa;
7. compatibilidade certa;
8. orientação correta ao paciente;
9. via de administração certa;
10. horário certo;
11. tempo de administração certo;
12. ação certa;
13. registro certo.

## 8.2.1 Administração de medicamentos via oral (VO)

A administração via oral é uma das mais utilizadas pelos usuários dos serviços de saúde.

Quadro 8.3 – Técnica de administração de medicamentos via oral[5]

| Técnica | Justificativa |
|---|---|
| Escrever em uma etiqueta ou pedaço de fita crepe o nome do paciente, o nome do medicamento prescrito, a forma/apresentação certa, a dose certa, a via de administração, o horário certo e o tempo de administração certo. Conferir a data de validade da medicação. | Segurança do paciente; evitar erros na administração da droga. |
| Comparar a etiqueta que contém os certos com a prescrição médica. Ler e comparar o rótulo do medicamento com a prescrição médica pelo menos 3 vezes, sendo antes, durante e após o preparo. | |
| Revisar a droga, as alergias e o histórico do paciente. | Evitar complicações e garantir a administração adequada. |
| Higienizar as mãos e colocar a máscara cirúrgica. | Remover colônias de micro-organismos. |
| Realizar a desinfecção de uma bandeja com álcool 70%. | Organizar os medicamentos já identificados para levar até o paciente. |
| Iniciar o preparo do medicamento meia hora antes do horário da administração. | Demonstrar pontualidade e compromisso com o horário. |
| Calcular a dose, se houver necessidade. | Garantir que a dose certa seja administrada. |
| Colocar o medicamento com a dose única em um recipiente de papel ou de plástico sem o tocar. | Aplicar os princípios de assepsia. |
| As drogas que exigem técnicas especiais de administração devem ficar em recipiente separado. | Identificar as drogas que precisam de ações específicas. |
| Derramar os líquidos do lado contrário ao rótulo. | Evitar que o líquido escorra sobre o rótulo. |
| Ao colocar o líquido da medicação no recipiente, segure-o na altura dos olhos. | Controlar a medida exata. |
| Ajudar o paciente a sentar-se. | Facilitar a deglutição e evitar broncoaspiração. |
| Identificar o paciente (pulseira de identificação). | Garantir que o medicamento seja dado ao paciente certo. |
| Preparar água em um copo com ou sem canudo. | Facilitar a deglutição do medicamento. |
| Oferecer água antes de dar o medicamento sólido. | Hidratar as mucosas e evitar que os medicamentos grudem na mucosa oral. |
| Aconselhar os pacientes a ingerirem os medicamentos um de cada vez. | Evitar asfixia. |
| Manter a cabeça do paciente em posição normal ou com leve flexão do pescoço. | Proteger as vias aéreas. |
| Permanecer com o paciente até que o medicamento seja deglutido. | Garantir a administração adequada. |
| Recolocar o paciente em posição confortável. | Demonstrar atenção ao bem-estar do paciente. |
| Registrar o volume de líquido ingerido na folha de balanço hídrico, se houver. | Manter a avaliação precisa de líquidos ingeridos. |
| Avaliar o paciente dentro de 30 minutos, buscando efeitos desejados e indesejados da droga. | Avaliar a reação do paciente e o efeito da terapia medicamentosa. |

**NOTA**

Os quatro primeiros itens do Quadro 8.3 devem ser aplicados para administração de medicamentos por todas as vias descritas nas próximas páginas.

## 8.2.2 Administração de medicamentos por sonda

Em algumas situações, o paciente não consegue ou não pode deglutir, como em casos de cirurgias faciais ou em casos de demências. Nesses casos, uma sonda nasogástrica ou nasoenteral pode ser instalada para administração de medicamentos.[5,8,9]

Quadro 8.4 – Técnica de administração de medicamentos por sonda

| Técnica | Justificativa |
|---|---|
| Verificar o local da sonda, auscultando o ar instilado ou aspirando secreções. | Assegurar a proteção das vias aéreas. |
| Comparar o comprimento da sonda externa com sua medida no momento da inserção. | Determinar se a sonda migrou ou não. |
| Examinar a boca e a garganta do paciente. | Determinar se a sonda se deslocou e enrolou na porção de trás da garganta. |
| Começar a preparar a droga meia hora antes do horário da administração. | Pontualidade e atendimento à prescrição médica. |
| Usar o clampe em uma sonda gástrica durante 15 a 30 minutos se a droga for interagir com os alimentos. | Garantir que o estômago esteja relativamente vazio. |
| Higienizar as mãos e colocar a máscara cirúrgica. | Remover colônias de micro-organismos. |
| Ler e comparar os rótulos dos medicamentos pelo menos 3 vezes, sendo antes, durante e após o preparo do medicamento. | Garantir que a droga certa está sendo dada no horário certo e na dose certa. |
| Preparar cada medicamento separadamente. | Evitar potenciais mudanças físicas quando algumas drogas são combinadas. |
| Levar os recipientes com os medicamentos diluídos com água para a beira do leito. | Facilitar a administração. |
| Identificar o paciente (pela pulseira de identificação). | Garantir que seja o paciente certo. |
| Ajudar o paciente a ficar na posição Fowler. | Evitar refluxo gástrico. |
| Colocar luvas limpas. | Evitar contato com as secreções do corpo. |
| Adaptar a seringa na sonda e instilar de 15 a 20 mL de água. | Enxaguar a sonda. |
| Acrescentar o medicamento diluído na seringa devagar e administrar na sonda. | Evitar instilar ar. |

| Técnica | Justificativa |
|---|---|
| Enxaguar com um mínimo de 5 mL de água entre cada instilação de medicamento e até 30 mL após todas as drogas terem sido instiladas. | Evitar interações das drogas e obstrução da sonda, instilar completamente toda medicação prescrita. |
| Dobrar a sonda enquanto a seringa esvazia. | Evitar distensão do abdome com o ar, manter a permeabilidade da sonda. |
| Conectar o equipo usado para nutrição imediatamente, caso o medicamento e a fórmula não interajam. | Facilitar os procedimentos posteriores. |
| Manter a cabeceira da cama elevada por, no mínimo, 30 minutos após administração do medicamento. | Reduzir o potencial de aspiração. |

## 8.3 MEDICAMENTOS TÓPICOS E POR INALAÇÃO

Referem-se ao método de administração de medicamentos pela pele ou na mucosa. As drogas de aplicação tópica podem ter efeito local ou sistêmico, porém, a maioria delas busca resultado no local em que foram aplicadas.[5]

Quadro 8.5 – Vias comuns de administração tópica

| Vias | Local | Exemplos de veículos |
|---|---|---|
| Cutânea | Na pele | Unguento/creme/loção/emplasto/pasta |
| Sublingual | Sob a língua | Comprimido/spray |
| Bucal | Entre as maçãs do rosto e a gengiva | Pastilhas |
| Vaginal | Na vagina | Ducha/pomadas/óvulos |
| Retal | No reto | Supositório/irrigação |
| Auditiva | No ouvido | Gotas/irrigação |
| Oftálmica | No olho | Gotas/unguento |
| Nasal | No nariz | Spray/unguento/gotas |

## 8.3.1 Administração de medicamentos nos olhos

Trata-se da administração de medicamentos em pomadas (oftálmicas) ou em gotas (colírio) na região ocular, com os seguintes objetivos: prevenir, proteger, aliviar sintomas e tratar; anestesiar o olho para intervenções; auxiliar na investigação diagnóstica; lubrificar os olhos; evitar ulceração da córnea; provocar dilatação da pupila (midríase) ou constricção da pupila (miose).[5,9]

#### Quadro 8.6 – Técnica de administração de medicamentos nos olhos

| Técnica | Justificativa |
|---------|---------------|
| Identificar o paciente (pela pulseira de identificação). | Segurança do paciente. Garantir que seja o paciente certo. |
| Fazer uma bolsa na pálpebra inferior, puxando a pele sobre a órbita óssea para baixo. | Oferecer um reservatório natural para depositar o líquido terapêutico. |
| Segurar o recipiente acima do local da instilação, sem tocar na superfície do olho. | Evitar lesões e contaminações. |
| Instilar a quantidade receitada de gotas do medicamento no olho correto, na bolsa formada pela conjuntiva. Instile o líquido a partir do lado do olho. | Obedecer à prescrição médica, administrando a dose certa. |
| Se usar pomada, apertar uma camada sobre a margem da pálpebra inferior. | Aplicar a pomada na conjuntiva. |
| Pedir ao paciente que feche as pálpebras e depois pisque os olhos várias vezes. | Distribuir a droga. |
| Limpar os olhos com um lenço de papel limpo. | Remover o excesso de medicamento. |

## 8.3.2 Administração de medicamento nasal

É a instilação de medicamentos no orifício nasal. Podem ser instilados em forma de gotas, spray (com a utilização de um atomizador) ou aerossol (com a utilização de um nebulizador), visando prevenir, proteger, aliviar sintomas e tratar ou facilitar remoção de secreções e corpo estranho ou promover anestesia local para exames rinológicos, laringoscopia, broncoscopia e intubação nasotraqueal.[5]

#### Quadro 8.7 – Técnica de administração de medicamento nasal

| Técnica | Justificativa |
|---------|---------------|
| Identificar o paciente (pela pulseira de identificação). | Segurança do paciente. Garantir que o medicamento seja dado ao paciente certo. |
| Sentar o paciente com a cabeça inclinada para trás ou para o lado, caso a droga precise alcançar os seios da face. | Facilitar o depósito da droga onde seu efeito é desejado. |
| Retirar a tampa do medicamento, à qual costuma estar acoplado um gotejador (pipeta). | Meio para administrar o medicamento. |
| Colocar a ponta da pipeta na direção da passagem nasal e administrar a quantidade de gotas prescrita. | Depositar a droga na narina e garantir a administração da dose certa. |

| Técnica | Justificativa |
|---------|---------------|
| Orientar o paciente para respirar pela boca enquanto a droga é instilada. | Evitar a inalação de gotas maiores. |
| Se a droga estiver em spray, colocar a extremidade do recipiente exatamente dentro da narina. | Administrar o medicamento na passagem nasal. |
| Ocluir a narina oposta. | Administrar o medicamento em uma narina e depois em outra. |
| Pedir ao paciente que aspire à medida que o recipiente é apertado. | Distribuir o aerossol. |
| Repetir na narina oposta. | Depositar a droga bilateralmente. |
| Orientar o paciente para que fique na posição por cerca de 5 minutos. | Promover a absorção local. |

## 8.3.3 Via sublingual

O termo sublingual significa "embaixo da língua", que é onde ocorre a absorção sublingual. O comprimido é deixado ali para dissolver de forma lenta e ser absorvido, pois se trata de um local com grande suprimento sanguíneo.[8,9]

## 8.3.4 Via vaginal

Utilizada, entre outros, para o tratamento de infecção local. Se a paciente não consegue aplicar os medicamentos vaginais, deve-se utilizar luvas de procedimento para evitar o contato com secreções.[5,6]

## 8.3.5 Aplicações retais

A maioria das drogas administradas via retal vem em forma de supositórios, porém cremes e pomadas também podem ser prescritos. As aplicações internas exigem o uso de um aplicador.[8,9]

## 8.3.6 Via inalatória

Os pulmões proporcionam ampla área de tecido pela qual os medicamentos podem ser rapidamente absorvidos no sistema circulatório, por isso, a via inalatória pode ser utilizada. Para que o medicamento seja distribuído, o líquido deve ser transformado em aerossóis.[7]

O aerossol é o vapor que resulta após jogar um medicamento líquido através de um canal estreito, usando ar pressurizado ou gás inerte. Um método simples de administração de medicamento é o uso de um inalador.[8,9]

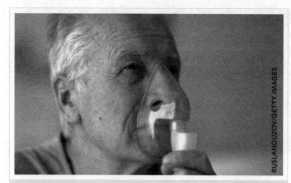

Figura 8.3 – Paciente segurando máscara de inalação.

## 8.4 ADMINISTRAÇÃO DE MEDICAMENTOS PARENTERAIS

É a administração do medicamento por meio dos injetáveis, incluindo as vias: intradérmica, intramuscular, subcutânea e endovenosa. Trata-se da via de administração na qual a medicação é absorvida mais rapidamente. Precisa-se manter o máximo de atenção, pois podem provocar lesões importantes quando aplicadas de maneira incorreta.[1,8]

### 8.4.1 Aplicação de medicação subcutânea

É a aplicação de medicamento no tecido subcutâneo, que como objetivos a absorção gradual e sistêmica de medicamentos por via parenteral e obter uma absorção mais rápida do que pela via enteral.[8,9]

Locais de aplicação de injeção subcutânea

As injeções subcutâneas envolvem a introdução de medicamentos no tecido conjuntivo frouxo, sob a derme. Os locais para a introdução do medicamento no tecido incluem as regiões superiores externas dos braços, o abdome, entre os rebordos costais e as cristas ilíacas, a região anterior das coxas e a região superior do dorso.[5,9]

**NOTA**

O local escolhido para a injeção não deve apresentar lesões cutâneas, proeminências ósseas ou lipodistrofias.

 **Materiais**

- Seringa com capacidade para 1 mL:
    - seringa de insulina, que tem capacidade para 1 mL e é calibrada em unidades. A maioria das seringas de insulina é de 100 U (unidades);
    - seringa de tuberculina, que tem um cilindro longo com uma agulha fina. A seringa é calibrada em centésimos de mililitro e tem capacidade de 1 mL.
- A agulha deve ser pequena (entre 13 e 20 mm de comprimento), fina (entre 4 e 6 dec/mm de calibre) e com bisel curto.[5] O profissional de enfermagem deve escolher o comprimento da agulha e o ângulo de introdução, baseando-se no peso do paciente.
- Agulha de calibre maior para aspirar o medicamento prescrito. A mais utilizada é a de calibre 40 × 12 mm.
    - Um par de luvas de procedimento e máscara cirúrgica.
    - Bolas de algodão embebidas em álcool 70% e outra seca.
    - Adesivo para identificação da medicação e do paciente (escrever em uma etiqueta ou em fita crepe o nome do paciente, o nome medicamento prescrito, a forma/apresentação certa, a dose certa, a via de administração, o horário certo e o tempo de administração certo).
    - Bandeja para organizar os medicamentos já diluídos e identificados.
    - Saco plástico para lixo.
    - Recipiente para descarte de material perfurocortante.

 **Procedimentos prévios à administração**

- Verificar a prescrição médica.
- Ler e comparar o rótulo do medicamento com a prescrição pelo menos três vezes, sendo antes, durante e após o preparo.
- Preparar a etiqueta de identificação (escrever em uma etiqueta ou em fita crepe o nome do paciente, o nome medicamento prescrito, a forma/apresentação certa, a dose certa, a via de administração, o horário certo e o tempo de administração certo). Conferir a data de validade da medicação.
- Colocar a máscara cirúrgica.
- Abrir o invólucro da seringa e da agulha que será utilizada para aspirar o medicamento. Conectar a agulha na extremidade da seringa.
- Realizar a desinfecção do frasco ou da ampola que contenha o medicamento prescrito com o uso das bolas de algodão embebidas em álcool 70%.
- Inserir a agulha na ampola, cuidando para evitar que a agulha toque a parte externa da ampola.
- Inverter a ampola e puxar o êmbolo para completar a seringa até a dose desejada.

- Retirar a agulha da ampola, girar o cilindro da seringa próximo ao eixo.
- Movimentar o ar em direção à agulha.
- Colocar a etiqueta na seringa (escrever em uma etiqueta ou em fita crepe o nome do paciente, o nome medicamento prescrito, a forma/apresentação certa, a dose certa, a via de administração, o horário certo e o tempo de administração certo), tomando cuidado para não ocluir a graduação da seringa que mostra a dose a ser administrada.
- Trocar a agulha que foi utilizada para aspiração pela agulha adequada para administração.
- Promover um ambiente bem iluminado e privativo (utilizar o biombo, se necessário).
- Explicar o procedimento ao paciente.
- Fixar o saco plástico à mesa auxiliar.

Quadro 8.8 - Técnica de administração de medicamentos por via subcutânea

| Técnica | Justificativa |
| --- | --- |
| Determinar o local em que foi administrada a última injeção, para que haja o rodízio dos locais aplicados. | Para evitar lesões nos tecidos. |
| Examinar os locais potenciais da injeção em busca de trauma, edema, rubor, calor ou sensibilidade. | Podem indicar lesão tissular. |
| Higienizar as mãos e calçar as luvas de procedimento. | Reduzir a transmissão de micro-organismos. |
| Confirmar o nome do paciente com a identificação da medicação. | Segurança do paciente; evitar erros. |
| Selecionar o local adequado. Realizar a antissepsia com bola de algodão embebida em álcool 70%. | Remover os micro-organismos colonizadores. |
| Deixar a pele secar. | Reduzir a irritação tissular. |
| Formar uma prega de pele no local. | Facilitar a colocação no nível de tecido subcutâneo. |
| Perfurar a pele a um ângulo de 90º (agulha 13 x 4,5). | Facilitar a colocação no nível do tecido subcutâneo, conforme o comprimento da agulha. |
| Liberar o tecido quando a agulha estiver inserida e usar a mão para apoiar a seringa em seu eixo. | Estabilizar a seringa. |
| Puxar suavemente o êmbolo de volta e observar a existência de sangue no cilindro. | Determinar se a agulha está em vaso sanguíneo. |
| Injetar o medicamento empurrando o êmbolo, caso não haja sangue após a aspiração. | Garantir uma administração subcutânea. |

| Técnica | Justificativa |
| --- | --- |
| Retirar a agulha rapidamente enquanto faz pressão no local do medicamento com bola de algodão seca. | Controlar o sangramento. |
| Desprezar a agulha e a seringa no recipiente para perfurocortantes, e o algodão e o invólucro da seringa no saco plástico para lixo. | Evitar acidentes posteriores com perfurocortantes. Evitar contaminação do ambiente. |
| Retirar as luvas de procedimento, desprezando-as no saco plástico para lixo e lavar as mãos. Verificar a prescrição médica e checar a medicação administrada. | Reduzir a transmissão de micro-organismos e manter registro preciso. |
| Avaliar a condição do paciente no mínimo 30 minutos após a injeção. | Auxiliar na avaliação da eficácia do medicamento ou presença de efeitos colaterais. |

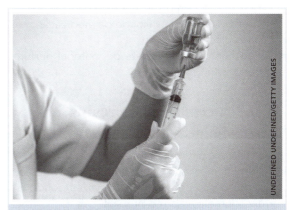

Figura 8.4 - Realização da aspiração do conteúdo da ampola.

## 8.4.2 Aplicação de medicação via intramuscular

É a aplicação de medicamento no tecido muscular. É preciso considerar: massa muscular para absorção da substância, espessura do tecido adiposo, idade do paciente, irritação ou reatividade intracutânea da droga e a distância em relação a vasos e nervos importantes, na escolha do local para a aplicação. Tem como metas a absorção sistêmica de medicamentos por via parenteral; a absorção mais rápida do que pelas vias enteral e subcutânea e quando a aplicação dos medicamentos contraindicados por outra via.

### Locais adequados para administração via intramuscular

Há cinco locais comuns para as injeções, a maior parte com nomes dos músculos nos quais os medicamentos são injetados. São eles: dorso glúteo, ventro glúteo, vasto lateral e anterior da coxa, deltoide.

## Materiais

- Seringa com capacidade para 3 ou 5 mL.
- Agulha com calibres variados de 25 × 7, 25 × 8, 30 × 7, de acordo com a avaliação do profissional de enfermagem em relação ao peso/massa corpóreo, do paciente e características da droga.
- Agulha de maior calibre para aspirar o medicamento prescrito. A mais utilizada é a de calibre 40 × 12.
- Um par de luvas de procedimento e máscara cirúrgica.
- Bolas de algodão embebidas em álcool 70% e outra seca.
- Adesivo para identificação da medicação e do paciente (escrever em uma etiqueta ou em fita crepe o nome do paciente, o nome medicamento prescrito, a forma/apresentação certa, a dose certa, a via de administração, o horário certo e o tempo de administração certo). Conferir a data de validade da medicação.
- Saco plástico para lixo.
- Recipiente para descarte de material perfurocortante.

## Procedimentos prévios à administração

- Verificar a prescrição médica.
- Ler e comparar o rótulo do medicamento com a prescrição pelo menos três vezes, sendo antes, durante e após o preparo.
- Preparar a etiqueta de identificação (escrever em uma etiqueta ou em fita crepe o nome do paciente, o nome medicamento prescrito, a forma/apresentação certa, a dose certa, a via de administração, o horário certo e o tempo de administração certo). Conferir a data de validade da medicação.
- Colocar a máscara cirúrgica.
- Abrir o invólucro da seringa e da agulha que será utilizada para aspirar o medicamento. Conectar a agulha na extremidade da seringa.
- Realizar a desinfecção do frasco ou da ampola que contenha o medicamento prescrito com o uso das bolas de algodão embebidas em álcool 70%.
- Inserir a agulha na ampola, cuidando para evitar que a agulha toque a parte externa da ampola.
- Inverter a ampola e puxar o êmbolo para completar a seringa até a dose desejada.
- Retirar a agulha da ampola e girar o cilindro da seringa próximo ao eixo.
- Movimentar o ar em direção à agulha.
- Colocar a etiqueta na seringa (escrever em uma etiqueta ou em fita crepe o nome do paciente, o nome medicamento prescrito, a forma/apresentação certa, a dose certa, a via de administração, o horário certo e o tempo de administração certo). Conferir a data de validade da medicação. Tomar cuidado para não ocluir a graduação da seringa que mostra a dose a ser administrada.
- Trocar a agulha que foi utilizada para aspiração pela agulha adequada para administração.
- Promover um ambiente bem iluminado e privativo (utilizar o biombo, se necessário).
- Explicar o procedimento ao paciente.
- Fixar o saco plástico à mesa auxiliar.

## Administração de medicação via intramuscular em dorso glúteo

O dorso glúteo localiza-se no quadrante externo superior das nádegas. O principal músculo dessa parte do corpo é o glúteo máximo, que é grande e capaz de suportar boa quantidade de medicamento injetado. O local deve ser evitado para pacientes com menos de três anos de idade (o músculo não está totalmente formado).[5,7]

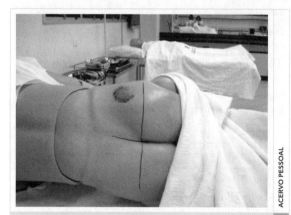

Figura 8.5 – Local adequado para aplicação em dorso glúteo (quadrante superior externo).

Quadro 8.9 – Técnica de administração de medicação intramuscular em dorso glúteo

| Técnica | Justificativa |
|---|---|
| Determinar o local em que deve ser administrado o medicamento. Dividir a nádega em quatro quadrantes imaginários da seguinte forma:<br>• palpar a espinha ilíaca posterior e o trocânter maior do fêmur;<br>• traçar uma linha imaginária diagonal entre os dois marcos;<br>• a agulha deve ser inserida no ponto intermediário superior e lateral da linha diagonal. | Para evitar danos ao nervo ciático, com paralisia subsequente da perna, bem como danos à artéria glútea. |

| Técnica | Justificativa |
|---|---|
| Examine o local da injeção em busca de sinais de trauma, edema, rubor, calor e sensibilidade ou endurecimento. | Podem indicar lesão tissular, contraindicação para a realização da técnica. |
| Calçar as luvas de procedimento e colocar a máscara cirúrgica. | Para reduzir a transmissão de micro-organismos. |
| Confirmar o nome do paciente com a identificação da medicação. | Evitar erros. |
| Realizar a antissepsia com bola de algodão embebida em álcool 70%. | Remover micro-organismos colonizadores. |
| Deixar a pele secar. | Reduzir a irritação tissular. |
| Apoiar com os dedos da mão não dominante o local a ser administrado. | Facilitar a localização do músculo. |
| Segurar a seringa como um lápis e perfurar a pele a um ângulo de 90º (de acordo com a massa muscular do paciente). | Reduzir o desconforto causado pela introdução da agulha. |
| Firmar a seringa e aspirar. | Determinar se a agulha está dentro de um vaso sanguíneo. |
| Instilar a droga, caso não haja sangue aparente. | Administrar o medicamento no músculo. |
| Retirar a agulha rapidamente, observando o mesmo ângulo de sua inserção ao mesmo tempo em que se aplica a pressão no local, com algodão seco, e aplicar um pequeno adesivo no local. | Reduzir o desconforto e controlar o sangramento. |
| Colocar a seringa e a agulha sem protetor em um recipiente perfurocortante. | Evitar lesões. |
| Retirar as luvas, descartando-as no saco plástico para lixo e lavar as mãos. | Reduzir a transmissão de micro-organismos e evitar contaminação do ambiente. |

## Aplicação de medicação via intramuscular em ventro glúteo

O ventro glúteo localiza-se na área do quadril. Ele engloba os músculos glúteo médio e glúteo mínimo para a injeção. Trata-se de um local com muitas vantagens se comparado ao dorso glúteo. Não há grandes enervações ou vasos sanguíneos na área da injeção. Também é seguro para uso em crianças.[5,6]

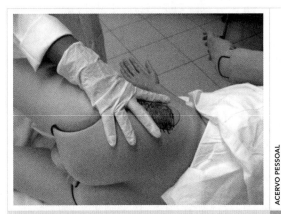

Figura 8.6 – Delimitação do local para aplicação em ventro glúteo.

Quadro 8.10 – Técnica de administração de medicação intramuscular em ventro glúteo

| Técnica | Justificativa |
|---|---|
| Determinar o local em que deve ser administrado o medicamento. Colocar a palma da mão sobre o trocânter maior e o dedo indicador sobre a espinha ilíaca superior anterior. Movimentar o dedo médio, fazendo-o afastar-se do indicador o máximo possível ao longo da crista ilíaca. Injetar no centro do triângulo formado pelos dedos indicador e médio e a crista ilíaca. | Assegurar que a medicação seja realizada corretamente no músculo. |
| Examinar o local potencial da injeção em busca de sinais de trauma, edema, rubor, calor e sensibilidade ou endurecimento. | Podem indicar lesão tissular, contraindicação para a realização da técnica. |
| Calçar as luvas de procedimento e colocar a máscara cirúrgica. | Para reduzir a transmissão de micro-organismos. |
| Confirmar o nome do paciente com a identificação da medicação. | Segurança do paciente; evitar erros. |
| Realizar a antissepsia com bola de algodão embebida em álcool 70%. | Remover micro-organismos colonizadores. |
| Deixar a pele secar. | Reduzir a irritação tissular. |
| Apoiar com os dedos da mão não dominante o local a ser administrado. | Facilitar a localização do músculo. |

| Técnica | Justificativa |
|---|---|
| Segurar a seringa como um lápis e perfurar a pele a um ângulo de 90°. | Reduzir o desconforto causado pela introdução da agulha. |
| Firmar a seringa e aspirar. | Determinar se a agulha está dentro de um vaso sanguíneo. |
| Instilar a droga, caso não haja sangue aparente. | Administrar o medicamento no músculo. |
| Retirar a agulha rapidamente, observando o mesmo ângulo de sua inserção, ao mesmo tempo em que se pressiona o local, aplicando um pequeno adesivo. | Reduzir o desconforto e controlar o sangramento. |
| Colocar a seringa e a agulha sem protetor em um recipiente perfurocortante. | Evitar lesões. |
| Retirar as luvas, descartando-as no saco plástico para lixo e lavar as mãos. | Reduzir a transmissão de micro-organismos e evitar contaminação do ambiente. |

## Aplicação de medicação via intramuscular em vasto lateral da coxa

O vasto lateral encontra-se na parte externa da coxa, no músculo que dá nome ao local. Grandes enervações e vasos sanguíneos estão ausentes nessa área, o que garante relativa segurança ao paciente. Local especialmente preferido para administrar injeções em bebês e crianças.[5]

Quadro 8.11 – Técnica de administração de medicação em vasto lateral

| Técnica | Justificativa |
|---|---|
| Determinar o local em que deve ser administrado o medicamento. Colocar uma mão exatamente abaixo do trocânter maior, na parte superior da coxa, dividir a coxa em três partes iguais. A agulha deve ser inserida no terço médio, na área lateral da coxa. | Assegurar que a medicação seja realizada corretamente no músculo. |
| Examinar o local potencial da injeção em busca de sinais de trauma, edema, rubor, calor e sensibilidade ou endurecimento. | Podem indicar lesão tissular, o que contraindica a realização da técnica. |
| Calçar as luvas de procedimento e colocar a máscara cirúrgica. | Para reduzir a transmissão de micro-organismos. |
| Confirmar o nome do paciente com a identificação da medicação. | Segurança do paciente; evitar erros. |

| Técnica | Justificativa |
|---|---|
| Realizar a antissepsia com bola de algodão embebida em álcool 70%. | Remover micro-organismos colonizadores. |
| Deixar a pele secar. | Reduzir a irritação tissular. |
| Apoiar com os dedos da mão não dominante o local a ser administrado. | Facilitar a localização no músculo. |
| Segurar a seringa como um lápis e perfurar a pele a um ângulo de 90°. | Reduzir o desconforto causado pela introdução da agulha. |
| Firmar a seringa e aspirar. | Determinar se a agulha está dentro de um vaso sanguíneo. |
| Instilar a droga, caso não haja sangue aparente. | Administrar o medicamento no músculo. |
| Retirar a agulha rapidamente, observando o mesmo ângulo de sua inserção, ao mesmo tempo em que pressiona o local, aplicando um pequeno adesivo. | Reduzir o desconforto e controlar o sangramento. |
| Colocar a seringa e a agulha sem protetor em um recipiente perfurocortante. | Evitar lesões. |
| Retirar as luvas, descartando-as no saco plástico para lixo e lavar as mãos. | Reduzir a transmissão de micro-organismos e evitar contaminação do ambiente. |

## Aplicação de medicação via intramuscular em deltoide

O deltoide encontra-se na face lateral da parte superior do braço. É o local menos usado por ser um músculo pequeno em comparação com os demais. Utilizado somente em adultos. O volume máximo a ser injetado é de 2 mL.[2,5]

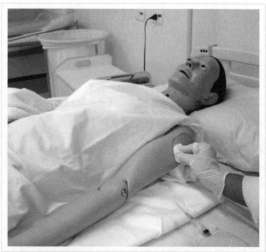

Figura 8.7 – Antissepsia para aplicação de injeção intramuscular em deltoide.

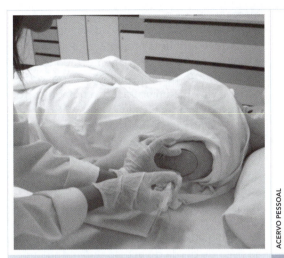

Figura 8.8 – Aplicação de injeção intramuscular em deltoide.

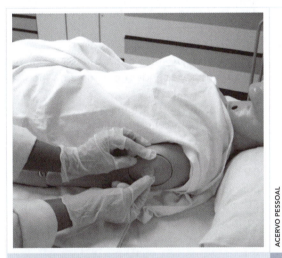

Figura 8.9 – Colocação de adesivo após aplicação de injeção intramuscular em deltoide.

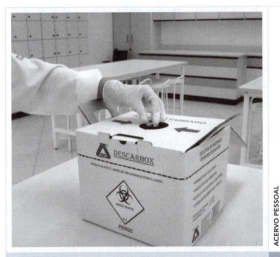

Figura 8.10 – Descarte de ampola na caixa de perfurocortante.

Quadro 8.12 – Técnica de administração de medicação intramuscular em deltoide

| Técnica | Justificativa |
|---|---|
| Determinar o local em que deve ser administrado o medicamento. Colocar o paciente deitado, sentado ou em pé, com o ombro bem exposto. Palpar a extremidade inferior do processo acrômio. Traçar uma linha imaginária na axila. A área a ser injetada é exatamente entre esses dois pontos. | Evitar danos ao nervo e à artéria radial. |
| Examinar o local potencial da injeção em busca de sinais de trauma, edema, rubor, calor e sensibilidade ou endurecimento. | Podem indicar lesão tissular, o que contraindica a realização da técnica. |
| Higienizar ar as mãos e calçar as luvas de procedimento. | Para reduzir a transmissão de micro-organismos. |
| Confirmar o nome do paciente com a identificação da medicação. | Segurança do paciente; evitar erros. |
| Selecionar o local adequado. Realizar a antissepsia com bola de algodão embebida em álcool 70%. | Remover micro-organismos colonizadores. |
| Deixar a pele secar. | Reduzir a irritação tissular. |
| Apoiar com os dedos da mão não dominante o local a ser administrado. | Facilitar a localização do músculo. |
| Segurar a seringa como um lápis e perfurar a pele a um ângulo de 90°. | Reduzir o desconforto causado pela introdução da agulha. |
| Firmar a seringa e aspirar. | Determinar se a agulha está dentro de um vaso sanguíneo. |
| Instilar a droga, caso não haja sangue aparente. | Administrar o medicamento no músculo. |
| Retirar a agulha rapidamente, observando o mesmo ângulo de sua inserção, ao mesmo tempo em que se pressiona o local, aplicando um pequeno adesivo. | Reduzir o desconforto e controlar o sangramento. |
| Colocar a seringa e a agulha sem protetor em um recipiente perfurocortante. | Evitar lesões. |
| Retirar as luvas, descartando-as no saco plástico para lixo e lavar as mãos. | Reduzir a transmissão de micro-organismos e evitar a contaminação do ambiente. |

**NOTA**

De acordo com memorando da Secretaria de Vigilância em Saúde do Ministério da Saúde (SEI/MS - 0014128030); anexo da Coordenação Geral do Programa Nacional de Imunização de 01/04/2020: "Não está mais indicada a aspiração no momento da administração do imunobiológico em tecido muscular, para verificar se foi atingido vaso sanguíneo, nas regiões deltoide, ventro glúteo e vasto lateral, com exceção da região dorso glútea". Esta recomendação estará na próxima edição do Manual de Normas e Procedimentos de vacinação.
Disponível em: <https://j.mp/2YWLYW0>. Acesso em: 27 abr. 2020.

## 8.5 PUNÇÃO VENOSA

A punção venosa periférica é a introdução de uma agulha em uma veia periférica para injetar medicamentos ou para extrair sangue. Podem ser utilizadas agulhas rígidas (Scalp ou Butterfly) para coleta de sangue ou medicação de uso único (como administradas em pronto atendimentos), ou flexíveis (como o Jelco ou o Intima®), utilizadas para permanecerem por período maior de tempo no paciente.[2,5]

### Materiais

- Dispositivo adequado para punção venosa, como o dispositivo para infusão (cateter sobre agulha – Jelco ou outro como Intima®) com calibre apropriado, previamente escolhido pelo enfermeiro, com base em sua avaliação das condições da rede venosa do paciente, na viscosidade do fluido, nos componentes do fluido e no tempo de terapia endovenosa. Para atender à necessidade da terapia intravenosa, devem ser selecionados cateteres de menor calibre e comprimento de cânula pois causam menos flebite mecânica (irritação da parede da veia pela cânula) e menor obstrução do fluxo sanguíneo dentro do vaso. Agulha de aço só deve ser utilizada para coleta de amostra sanguínea e administração de medicamento em dose única, sem manter o dispositivo no sítio. Atenção: um novo cateter periférico deve ser utilizado a cada tentativa de punção no mesmo paciente.
- Garrote.
- Bolas de algodão embebidas em álcool 70% ou clorexidina > 0,5%
- Um par de luvas de procedimento.
- 1 pacote de gaze estéril para possível compressão do local de punção no momento da retirada do mandril do Jelco.
- Máscara cirúrgica.
- Fita adesiva para identificação do medicamento (escrever em uma etiqueta ou em fita crepe o nome do paciente, o nome medicamento prescrito, a forma/apresentação certa, a dose certa, a via de administração, o horário certo e o tempo de administração certo). Conferir a data de validade da medicação.
- Cobertura estéril, podendo ser semioclusiva (gaze e fita adesiva estéril) ou membrana transparente semipermeável. Utilizar gaze e fita adesiva estéril apenas quando a previsão de acesso for menor que 48 horas. Caso a necessidade de manter o cateter seja maior que 48 horas não utilizar a gaze para cobertura devido ao risco de perda do acesso durante sua troca. A cobertura deve ser trocada imediatamente se houver suspeita de contaminação e sempre quando úmida, solta, suja ou com a integridade comprometida. Manter técnica asséptica durante a troca.[5]
- Equipo de duas vias.
- 2 seringas de 10 mL e outra seringa de calibre apropriado a depender do volume da medicação (5, 10 ou 20 mL).
- 2 ampolas de SF 0,9% (uma para teste do acesso e outra para o flush ao final da administração do medicamento, se houver).
- 3 agulhas de calibre maior (para aspirar o SF 0,9% e para o medicamento prescrito). A mais utilizada é a de calibre 40 × 12.
- Recipiente para descarte de material perfurocortante.

### Procedimentos

- Promover um ambiente bem iluminado e privativo (utilizar biombo, se necessário).
- Explicar o procedimento ao paciente.

**NOTA**

Os medicamentos administrados por via endovenosa devem ser cuidadosamente diluídos em quantidade de diluente e tempo de infusão de acordo com cada medicamento/condição clínica do paciente.[5]

### 8.5.1 Punção venosa com dispositivo para infusão com asas (Scalp ou Butterfly)

- Reunir o material necessário já descrito na técnica de punção venosa.

- O calibre do dispositivo depende da veia a ser puncionada. Quanto maior for o número do dispositivo, menor será o calibre.[5]

### Punção venosa com dispositivo de cateter sobre a agulha (Jelco)

- Reunir o material necessário já descrito na técnica de punção venosa. O número do dispositivo depende do calibre da veia a ser puncionada. Quanto maior for o número do dispositivo, menor será o calibre.
- Higienizar as mãos e calçar as luvas de procedimento.
- Realizar a escolha da veia periférica.
- Colocar o garrote a mais ou menos 5 cm do local a ser puncionado, protegendo a pele com um tecido para não causar desconforto.
- Realizar a antissepsia do local com bolas de algodão embebidas no antisséptico.
- Deixar a agulha alinhada ao eixo da veia. O bisel da agulha deve estar voltado para cima.
- Avisar o paciente sobre o momento exato da inserção do dispositivo.
- Posicionar o dispositivo no eixo da veia e realizar a punção.
- Caso a punção seja realizada com sucesso, o sangue aparece na área de escape. Retirar a agulha (mandril) e introduzir o cateter simultaneamente.
- Retirar o garrote.

- Após completar a introdução do cateter e retirar completamente o mandril, realizar uma leve pressão no cateter utilizando gaze estéril, para evitar a saída de sangue e colocar o equipo de soro.
- Abrir o soro para manter o cateter permeável.
- Fixar o dispositivo com a cobertura para cateter periférico (estéril), podendo ser semioclusiva (gaze e fita adesiva estéril) ou membrana transparente semipermeável.[5]
- Para evitar a tração e, com isso, a perda da punção, fixar o equipo de soro no braço do paciente, utilizando uma tira fina de adesivo.

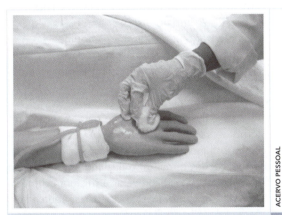

Figura 8.11 - Antissepsia para punção venosa.

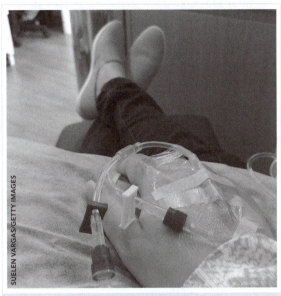

Figura 8.13 - Fixação do Jelco.

## 8.6 ADMINISTRAÇÃO DE MEDICAMENTOS VIA INTRAVENOSA

Inclui as vias venosas periféricas e centrais. Os medicamentos administrados intravenosamente possuem efeito imediato, por isso é a via mais perigosa de administração.[8]

### As finalidades da administração de medicamentos via intravenosa são:[5,7]

- necessidade de uma reação rápida durante uma emergência;
- administração de terapias com drogas durante um período prolongado;
- evitar desconforto de repetidas injeções;
- nutrição parenteral;
- manter os níveis das drogas no sangue para uma terapia eficaz.

### 8.6.1 Tipos de administração

A administração de medicamentos podem ser realizadas de forma não contínua (intermitente) ou

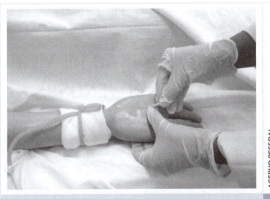

Figura 8.12 - Punção venosa com Jelco.

infundida em tempo superior a 60 minutos, ininterruptamente, ou seja, contínua.[8,9]

- Administração contínua: é aquela instilada durante várias horas e geralmente envolve a introdução de um grande volume de medicamentos. Pode ser controlada por um dispositivo localizado no equipo de soro, usando a lei da gravidade, ou um controlador do tipo bomba de infusão.[1,5]
- Administração intermitente: o medicamento endovenoso é administrado em um período relativamente curto. Os medicamentos podem ser administrados em infusão rápida (administração intravenosa realizada entre um e 30 minutos). Algumas podem ser realizadas com seringa, porém para infusões em tempo superior a 10 minutos recomenda-se a utilização de bureta; ou em infusão lenta (administração intravenosa realizada entre 30 e 60 minutos).[5]

Há três formas de administrar infusões intermitentes:

- Administração em bolus: substância administrada de uma só vez.
- Administração secundária: infusão de droga diluída em um volume pequeno de solução IV; normalmente de 50 a 100 mL, durante 30 a 60 minutos.
- Por dispositivo para controle de volume: bureta.

## Materiais

- Seringa apropriada para a medicação (5, 10 ou 20 mL).
- 2 seringas de 10 mL para aspirar SF 0,9% (uma para teste do acesso venoso antes da administração do medicamento e outra para o flush após o medicamento, caso o acesso venha sendo mantido salinizado).
- 2 ampolas de SF 0,9%.
- 3 agulhas 40 × 12 para aspiração.
- Frasco ampola ou ampola do medicamento prescrito.
- Soro fisiológico ou água destilada para diluição, caso a medicação precise ser reconstituída.
- Álcool a 70%.
- Algodão.
- Luva de procedimento e máscara cirúrgica.
- Escrever em uma etiqueta ou em fita crepe o nome do paciente, o nome medicamento prescrito, a forma/apresentação certa, a dose certa, a via de administração, o horário certo e o tempo de administração certo. Conferir a data de validade da medicação. Atenção: lembrar de identificar as seringas com SF 0,9%.
- Dispositivo para controle de volume (bureta).
- Conectores sem agulha. O uso de conectores sem agulhas é recomendado no lugar de dânulas (conhecidas como torneirinhas de três vias).[5]

## Procedimentos

- Verificar a prescrição médica.
- Ler e comparar o rótulo do medicamento com a prescrição pelo menos três vezes, sendo antes, durante e após o preparo.
- Preparar a etiqueta de identificação (escrever em uma etiqueta ou em fita crepe o nome do paciente, o nome medicamento prescrito, a forma/apresentação certa, a dose certa, a via de administração, o horário certo e o tempo de administração certo). Conferir a data de validade da medicação.
- Colocar a máscara cirúrgica.
- Abrir o invólucro da seringa e da agulha que será utilizada para aspirar o medicamento. Conectar a agulha na extremidade da seringa.
- Realizar a desinfecção do frasco ou da ampola que contenha o medicamento prescrito com o uso das bolas de algodão embebidas em álcool 70%.
- Inserir a agulha na ampola, cuidando para evitar que a agulha toque a parte externa da ampola.
- Inverter a ampola e puxar o êmbolo para completar a seringa até a dose desejada.
- Retirar a agulha da ampola, girar o cilindro da seringa próximo ao eixo.
- Movimentar o ar em direção à agulha.
- Colocar a etiqueta, tomando cuidado para não ocluir a graduação da seringa que mostra a dose a ser administrada.
- Verificar os cálculos da droga.
- Realizar o flushing e aspiração para verificar o retorno de sangue antes de cada infusão para garantir o funcionamento do cateter e prevenir complicações e realizar o flushing antes de cada administração para prevenir a mistura de medicamentos incompatíveis. Não utilizar água estéril para realização do flushing e lock dos cateteres.
- Promover um ambiente bem iluminado e privativo (utilizar o biombo, se necessário).
- Explicar o procedimento ao paciente.

## 8.7 ADMINISTRAÇÃO DE MEDICAMENTOS ENDOVENOSOS

No Quadro 8.13 encontra-se descrita a técnica de administração de medicamentos por via endovenosa, sendo divididos por administração em dispositivo de bureta e administração por meio de conector sem agulha

Quadro 8.13 – Técnica de administração
de medicação endovenosa[4,5]

| Técnica | Observações |
|---|---|
| Higienizar as mãos. Colocar máscara cirúrgica. | Reduzir transmissão de micro-organismos. |
| Administração por bureta: | |
| Soltar o clampe acima do recipiente calibrado da bureta. Encher a bureta calibrada com cerca de 30 mL de solução e reapertar o clampe. Abrir o clampe inferior até que o equipo esteja cheio de fluido. | Oferecer diluente para o medicamento. |
| Realizar a desinfecção do orifício de injeção no recipiente calibrado com bola de algodão embebida com álcool 70%. | Remover micro-organismos colonizadores. |
| Instilar o medicamento preparado no recipiente calibrado, tomando cuidado para que a medicação "escorra" pela lateral do dispositivo. | Evitar que haja quebra das moléculas da medicação. |
| Abrir o clampe de soro acima do recipiente calibrado de forma a diluir a medicação com o volume indicado para a mesma. Conectar o equipo ao cateter IV do paciente. | Possibilitar diluição correta da medicação. |
| Colocar uma etiqueta de identificação na bureta (escrever em uma etiqueta ou em fita crepe o nome do paciente, o nome medicamento prescrito, a forma/apresentação certa, a dose certa, a via de administração, o horário certo e o tempo de administração certo). Conferir a data de validade da medicação. | Oferecer informações aos outros profissionais de saúde. |
| Soltar o clampe superior quando a bureta estiver vazia e preencher com fluido IV. Abrir o clampe inferior e deixar o fluido retirar o excesso de medicamento existente no equipo. Fechar os dois clampes e retirar a etiqueta de identificação da bureta. | Preparar o dispositivo para a próxima infusão e garantir a infusão da dose total do medicamento. |

| Técnica | Observações |
|---|---|
| Administração por meio de conector sem agulha: | |
| Realizar a desinfecção do sistema fechado (tampa) com álcool 70% friccionando bem. | Obter acesso seguro sem necessidade de abertura do sistema (sistema fechado) e evitar contaminação por micro-organismos. |
| Conectar uma seringa de 10 mL preenchida com SF 0,9% adaptada ao conector sem agulha e proceder à lavagem da veia, testando refluxo e infusão. Remover a seringa do conector. | Garantir perviedade da veia para receber o medicamento. |
| Realizar nova desinfecção da tampa com álcool a 70% friccionando bem. Conectar a seringa com o medicamento. Administrar o medicamento na taxa de infusão recomendada para o mesmo. | Obter acesso seguro sem necessidade de abertura do sistema (sistema fechado) e evitar contaminação por micro-organismos. |
| Remover a seringa que continha o medicamento e abrir o soro, caso possua. Caso não possua soro em infusão contínua, será necessário realizar o flush com 10 mL de SF 0,9%, mantendo pressão positiva ao final. | Manter perviedade do acesso venoso. |

# 8.8 CÁLCULO DE MEDICAMENTOS

O cálculo de medicamentos faz parte do protocolo de segurança do paciente na administração de medicamentos. Envolve desde o cálculo da dose em si, quanto das taxas de infusão do mesmo. Estas serão descritas a seguir.

## 8.8.1 Cálculo de gotejamento

O cálculo gotejamento de infusões é um dos procedimentos mais comuns na prática profissional e faz parte dos protocolos de segurança do paciente.

1. Quantas gotas devem ser infundidas, em um minuto, para administrar 1.000 mL de soro glicosado (SG) a 5% de seis em seis horas?
Para fazer este cálculo, basta seguir a fórmula:

$$\text{N}^\circ \text{ de gotas/min} = \frac{V}{T \times 3}$$

PROCEDIMENTOS RELACIONADOS À ADMINISTRAÇÃO DE MEDICAMENTOS

V = 1.000 mL

T = 6 horas

Então: n° de gotas/min = 1.000 / 6 × 3 = 1.000 / 18 = 55, 5 = 55 gotas/min.

2. Quantas microgotas devem ser infundidas em um minuto, para administrar 300 mL de soro fisiológico (SF) a 0,9% em quatro horas?
Para fazer esse cálculo, siga a fórmula:

$$N° \text{ de gotas/min} = \frac{V}{T}$$

V = 300 mL

T = 4 horas

Resposta:
N° de microgotas/min = $\frac{300}{4} = 75$ microgotas/min

Podemos fazer o cálculo do número de microgotas de outra maneira. Como uma gota é igual a três microgotas, temos:

n° de microgotas = n° de gotas × 3

Resposta: para fazer o cálculo quando o tempo se apresenta em minutos, deve-se utilizar a seguinte fórmula:

n° gotas/min = V × 20 / n° min

3. Devemos administrar 100 mL de bicarbonato de sódio em 30 minutos. Quantas gotas devem ser infundidas por minuto?

N° de gotas/min = $\frac{100 \times 20}{30} = \frac{2000}{30}$ 66,6 = 67 gotas/min

E se fôssemos utilizar uma bureta em microgotas?

n° de microgotas = n° de gotas × 3

n° de microgotas/min = 67 × 3 = 201 microgotas/min

## 8.8.2 Cálculo para administração de medicamentos – regra de três

A regra de três simples é um processo prático para resolver problemas de razão e proporção, que envolvam quatro valores dos quais conhecemos três.[4]

1. Foram prescritos 125 mg de vitamina C VO às refeições. Temos na clínica comprimidos de 500 mg.

Diluiremos em 10 mL para facilitar a administração:

500 mg _____ 10 mL
125 mg _____ X
Resposta: X = 2,5 mL da diluição preparada

2. Foram prescritos 5 mg de Garamicina EV de 12/12 horas, diluídos em 20 mL de SG 5%. Temos na clínica apenas ampolas de 40 mg/mL.

## OBSERVAÇÃO

A ampola é de 1 mL e contém 40 mg.

Para facilitar a administração, vamos rediluir, ou seja, aspirar a ampola inteira e acrescentar água destilada (AD) e, com isso, aumentamos o volume e facilitamos a dose exata.

Em seringa de 10 mL, aspirar 1 mL da ampola de Garamicina e acrescentar 7 mL de água destilada (AD). Aumentamos o volume, mas a quantidade de Garamicina continua a mesma (40 mg agora em 8 mL).

Então: 40 mg _____ 8 mL
         5 mg _____ X mL

Resposta: devemos aspirar 1 mL da ampola de Garamicina com 40 mg, acrescentar 7 mL de AD e utilizar 1 mL dessa solução, colocando-a em uma bureta com 20 mL de SG 5%.

3. Foram prescritos: Mefoxin (cefaxitina) 100 mg EV de seis em seis horas. Temos na clínica frasco/ampola de 1 g. Quantos mL devemos administrar?

## OBSERVAÇÃO

Precisamos diluir o medicamento (há somente o soluto).

Quantidade de soluto é de 1 g.

Quantidade de solvente que vamos utilizar = 10 mL = 1.000 mg

Então: 1.000 mg _____ 10 mL
       X = 1 mL
       100 mg _____ X mL

Resposta: devemos injetar 10 mL de AD no fr/amp de Mefoxin contendo 1 g (1.000 mg) e aspirar 1 mL.

4. Foi prescrito: Fentanil (fentanila) – 75 mcg ou µg EV agora.

Temos ampolas com 0,05 mg/mL.

Primeiramente, temos de transformar 75 microgramas em miligramas. Então, como sabemos que 1 mg = 1.000 mcg, é só montar a regra de três:

1 mg _____ 1.000 mcg
X _____ 75 mcg

$$X = \frac{75}{1000} = 0,075 \, mg$$

Então, descobrimos que 75 mcg = 0,075 mg
Se 1 mL _____ 0,05 mg

Resposta:
$$X = \frac{0,075}{1000} = 1,5 \, mL \text{ de Fentanil EV}$$

### 8.8.3 Cálculo com penicilina cristalina

A penicilina cristalina é um antibiótico muito utilizado para tratar infecções causadas por bactérias sensíveis, administrada por via intramuscular. Há variações da penicilina, como: penicilina procaína, ampicilina, amoxacilina e oxacilina.[6] A penicilina possui o soluto e o solvente. Seu cálculo é realizado por meio da regra de três.

A penicilina cristalina apresenta-se em UI, podendo ser da seguinte maneira:
- frasco/ampola com 5.000.000 UI;
- frasco/ampola com 10.000.000 UI.

Temos de administrar 2.000.000 UI de penicilina cristalina EV de quatro em quatro horas. Há na clínica somente frascos/ampolas de 5.000.000 UI. Quantos mL devemos administrar?

**OBSERVAÇÃO**

Ao injetarmos o solvente no frasco de penicilina cristalina 5.000.000 UI, vamos observar que o volume total sempre ficará com 2 mL a mais (exemplo: se utilizamos 8 mL AD, o volume total será de 10 mL).

Então:
5.000.000 UI _____ 8 mL de AD + 2 mL do pó.
Assim:
5.000.000 UI _____ 10 mL
2.000.000 UI _____ X mL
Resposta:
$$X = \frac{20.000.000}{5.000.000} = 4 \, mL$$

### 8.8.4 Cálculo de insulina

A insulina é um hormônio produzido pelo pâncreas e tem como função primordial a manutenção da glicemia dentro dos limites da normalidade.[1]

Atualmente, só existem insulinas na concentração de 100 UI/mL e todas as seringas no Brasil são destinadas ao uso da insulina U-100, ou seja, seringas de 1 mL graduadas em até 100 UI.[8]

Foram prescritos 50 UI de insulina NPH por via subcutânea (SC) e não temos seringa própria em UI; só temos seringas de 3 mL. Como devemos proceder?
100 U _____ mL
50 U _____ X
Resposta:
$$X = \frac{50}{100} = 0,5 \, mL \text{ de insulina.}$$

### 8.8.5 Transformação de soluções

As soluções dos medicamentos se apresentam em concentrações variadas. São compostas por soluto e solvente. Podem ser hipotônica, isotônica ou hipertônicas. Portanto, em algumas prescrições médicas encontramos uma solução com sua concentração não disponível na farmácia da instituição de saúde, neste caso, necessitamos realizar a transformação dessa solução. Sua transformação deve ser feita corretamente, conforme prescrição médica.[1,5]

1. Foram prescritos SG 10% e não existe na clínica. Temos somente SG 5% – 500 ml e ampola de glicose 50% – 20 mL. Como proceder?

| Temos | Precisamos |
|---|---|
| SG 5% – 500 mL | SG 10% – 500 mL |
| 5% ⇒ 5 g – 100 mL | 10% ⇒ 10 g – 100 mL |
| Então:<br>5 g _____ 100 mL<br>X g _____ 500 mL | Então:<br>10 g _____ 100 mL<br>X g _____ 500 mL |
| $X = \frac{2.500}{100} = 25 \, g$ | $X = \frac{5.000}{100} = 50 \, g$ |
| Temos 25 g de glicose | Precisamos de 50 g de glicose |

Portanto, temos 25 g de glicose; é preciso acrescentar ao SG 5% 25 g de glicose. Temos na clínica ampolas de glicose a 50% – 20 mL e vamos retirar dessas ampolas a quantidade de glicose de que precisamos.

Então:
50% ⇒ 50 g _____ 100 mL
50 g _____ 100 mL
X g _____ 20 mL

$$X = \frac{1.000}{100} = 10 \, g$$

Se acabamos de descobrir que uma ampola de glicose a 50% – 20 mL tem 10 g de glicose de 25 g, então:

20 g _____ 10 mL
X g _____ 25 mL

$$X = \frac{500}{10} = 50\ g$$

Resposta: está pronto o SG 10% – 500 mL. É só acrescentar 50 mL de glicose 50% (2,5 ampolas) no SG 5% – 500 mL.

### NOTA

Recomenda-se que os medicamentos sejam prescritos sem o uso de abreviaturas, pois aumenta a chance de erro de medicação. Caso seja indispensável em meio hospitalar, a instituição deve elaborar, formalizar e divulgar uma lista de abreviaturas padronizadas, de modo a promover a adequada comunicação entre os membros da equipe de saúde. Essa lista não deve conter abreviatura de "unidades" (U) e "unidades internacionais" (UI), utilização de fórmulas químicas (KCl, NaCl, KMnO[4] e outras) e nomes abreviados de medicamentos (HCTZ, RIP, PEN BEZ, MTX, SMZ-TMP, entre outros).[5]

### NESTE CAPÍTULO, VOCÊ...

... reconheceu que não podemos eliminar todos os riscos. Foi enfatizada a atenção à segurança entre os funcionários das instituições de saúde, a fim de promover ainda mais a segurança e qualidade ao serviço. As situações que predispõem a redução da qualidade e o aumento do risco de eventos adversos incluem o avanço tecnológico com insuficiente educação em serviço, falha na aplicação do processo de enfermagem, desmotivação, delegação da assistência sem supervisão apropriada e sobrecarga de trabalho. No manejo de medicamentos, há medidas importantes a serem adotadas a fim de se prevenir agravos, como a execução dos 13 certos, por exemplo.

... compreendeu que é importante criar nos serviços de saúde a noção do pensamento sistêmico, em que a responsabilização pela ocorrência de eventos adversos seja direcionada ao sistema de prestação de cuidados, à sua organização e ao funcionamento. Isso contribui para a construção de uma postura diferenciada frente ao dano, além da visão crítica de situações que venham causá-la. A análise dos aspectos relacionados ao cuidado favorece a melhoria no processo de trabalho de enfermagem, com consequente estabelecimento de uma assistência mais segura e de qualidade.

### EXERCITE

1. Classifique as alternativas em verdadeiras (V) ou falsas (F):
   ( ) O volume máximo que pode ser aplicado por via intramuscular no deltoide é 2 mL.
   ( ) A aplicação no ventro glúteo promove menor risco de atingir nervos do que a aplicação no dorso glúteo.
   ( ) São locais para aplicação subcutânea: face posterior do antebraço, abdome e região escapular.
2. O protocolo de segurança na prescrição, no uso e na administração de medicamentos deverá ser aplicado em todos os estabelecimentos que prestam cuidados à saúde, em todos os níveis de complexidade, em que medicamentos sejam utilizados para profilaxia, exames diagnósticos, tratamento e medidas paliativas. Para garantir a administração segura dos medicamentos, usamos o recurso dos "13 certos". Quais são eles?
3. Quais vantagens da aplicação de medicação na região ventro glútea?
4. Descreva os componentes de uma receita médica (prescrição médica).
5. Descreva os tipos de administração de medicamentos.

### PESQUISE

A Agência Nacional de Vigilância Sanitária (Anvisa) disponibiliza um espaço no qual você pode encontrar diversas publicações, como textos técnicos, manuais, dentre outros, de interesse para o tema da segurança do paciente, vale a pena ler e inteirar-se do assunto.
Disponível nos sítios eletrônicos:
<https://bit.ly/2uAB4sq>;
<https://bit.ly/2wafmvv>;
<https://bit.ly/2SlOASD>.

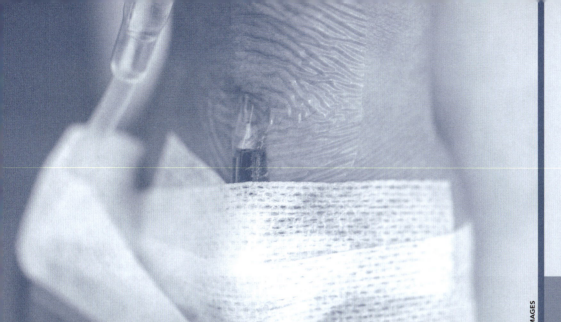

# CAPÍTULO 9

ANDREA BEZERRA RODRIGUES
PATRÍCIA PERES DE OLIVEIRA
SOLANGE SPANGHERO MASCARENHAS CHAGAS

COLABORADORA:
GLAUTEICE FREITAS GUEDES

# PROCEDIMENTOS RELACIONADOS A CURATIVOS

## NESTE CAPÍTULO, VOCÊ...

- ... estudará os conceitos referentes aos tipos de feridas e de cicatrização.
- ... conhecerá os estágios de lesão por pressão e a técnica de realização de curativo de úlceras.
- ... saberá quais são as indicações de cateteres venosos centrais, os cuidados, as técnicas de curativo e sua retirada.
- ... conhecerá os materiais de curativo mais utilizados na prática clínica, suas indicações, contraindicações e cuidados.
- ... classificará as feridas cirúrgicas e descreverá a técnica do curativo de incisão cirúrgica.

## ASSUNTOS ABORDADOS

- Integridade e estrutura da pele.
- Feridas e tipos de cicatrização de feridas.
- Estágios do processo de cicatrização.
- Fatores que afetam a cicatrização das feridas.
- Lesão por pressão.
- Curativos, curativo de cateter venoso central, curativo de incisão cirúrgica e curativo de úlceras.
- Cuidados na retirada do cateter venoso central.

# ESTUDO DE CASO

Em uma visita domiciliar, a enfermeira encontra um cliente com lesão por pressão (LPP) grau III em região seca. Ele está se recuperando de um acidente vascular cerebral e sua esposa está ativamente envolvida no cuidado.

**Após ler o caso, reflita e responda:**

1. Descreva a avaliação que deve ser realizada durante as visitas.
2. Explique os fatores que poderiam afetar a velocidade da cicatrização da ferida.

# 9.1 INTRODUÇÃO

A avaliação de feridas é uma prática muito frequente no cotidiano do enfermeiro, esteja ele na atenção primária ou no campo hospitalar. De acordo com a história clínica em que o paciente se apresenta, o enfermeiro pode se deparar com diversas situações e tipos de feridas. Essa prática exige do profissional competências necessárias para encontrar o manejo mais adequado no tratamento dessas lesões, com o objetivo de proporcionar melhores condições para o processo de cicatrização, além de identificar e prevenir o aparecimento de outras lesões e possíveis complicações.[1]

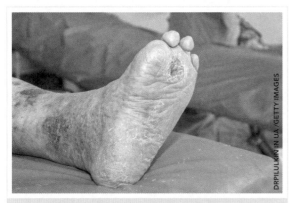

Figura 9.1 – Lesão em região plantar

Assim, torna-se necessário que o profissional de enfermagem adquira conhecimentos e desenvolva habilidades referentes ao cuidado com feridas, reconhecendo sua complexidade e suas especificidades desde a identificação dos tipos de lesões, dos fatores de risco e as complicações. Este, portanto, constitui-se como objetivo final deste capítulo, que versa sobre os aspectos gerais da avaliação de feridas e as ações de enfermagem que fornecem subsídios para a atuação qualificada do profissional de enfermagem.

# 9.2 INTEGRIDADE DA PELE

A pele, também chamada de tegumento, é o revestimento externo do corpo. É o maior órgão do corpo e possui as funções de proteção, sensorial e reguladora. Consequentemente, qualquer ruptura na integridade da pele pode interferir nessas importantes funções.[2]

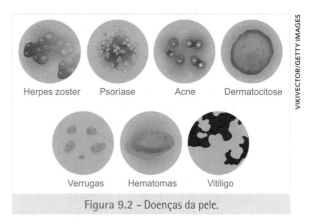

Figura 9.2 – Doenças da pele.

## 9.2.1 Estrutura da pele

A pele possui duas camadas de tecido principais: epiderme e derme.

A epiderme, camada externa da pele, é avascular e fundamenta-se na derme para sua nutrição. É na epiderme que se formam os pelos, as unhas e as estruturas glandulares. Sua principal célula é o queratinócito, que produz queratina, principal material na camada de descamação da célula. A camada basal da epiderme contém melanócitos, que produzem melanina (substância marrom que dá cor à pele).

A derme, que fica abaixo da epiderme, é a camada mais espessa da pele. É composta por tecido conjuntivo e bem vascularizada. Sua principal célula é o fibroblasto, que produz as proteínas

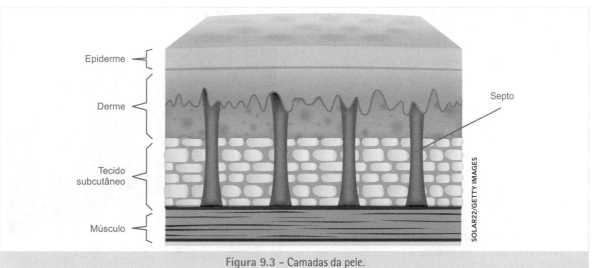

Figura 9.3 – Camadas da pele.

PROCEDIMENTOS RELACIONADOS A CURATIVOS

colágeno e elastina. Os vasos linfáticos e os tecidos nervosos também são encontrados na derme. O tecido subcutâneo fica abaixo da pele e consiste, principalmente, em tecido adiposo e tecido conjuntivo, que sustentam a pele.[2,3]

## 9.3 FERIDAS

Ferida é uma ruptura da estrutura anatômica e da função normais, que resulta de processos patológicos que podem ter início interna ou externamente ao órgão envolvido. Torna-se fundamental que a equipe de enfermagem saiba identificar e compreender a causa de uma ferida em evolução, pois a terapêutica pode variar de acordo com o processo de evolução da ferida. Para isso, é preciso conhecer a classificação das feridas descritas a seguir.[2]

### 9.3.1 Classificação das feridas

Para uma avaliação adequada e definição correta do tratamento é necessária uma classificação adequada.

#### Classificação segundo a integridade cutânea

A pele é uma barreira de proteção, portanto, a classificação segundo a sua integridade é fundamental para se definir o cuidado adequado:
- Feridas abertas: ferida envolvendo ruptura da pele ou mucosas. Exemplo: ferimento por arma branca e punção venosa.
- Feridas fechadas: quando não há rupturas que envolvam pele e mucosas. Exemplo: laceração de órgão visceral por contusão.
- Feridas agudas: apresentam um processo de cicatrização ordenado e sem complicações ou interferências. Exemplo: um ferimento corto-contuso, que é um corte ocasionado por uma contusão, que foi suturado, ou ferimento por objeto pontiagudo.
- Feridas crônicas: são aquelas que falharam no processo normal e na sequência ordenada e temporal da cicatrização ou as feridas que, apesar de passar pelo processo de reparação, não apresentaram restauração anatômica e resultados funcionais.

#### Classificação segundo a causa

Além da classificação quanto ao rompimento da pele, é importante conhecer a causa do ferimento para definir o cuidado adequado:
- Ferida intencional: ferida que se apresenta como o resultado de um tratamento. Exemplo: feridas cirúrgicas e punção venosa.
- Ferida não intencional: ferida que ocorre de forma não esperada. Exemplo: queimaduras e ferimento por arma branca.

#### Classificação segundo a gravidade

A classificação da lesão segundo a gravidade define o atendimento que deve ser prestado e a urgência em desenvolver um planejamento da assistência:
- Ferida superficial: envolve apenas a camada epiderme. Exemplo: abrasão, cisalhamento e queimadura de primeiro grau.
- Ferida penetrante: envolve as camadas epidérmicas, dérmicas, subcutâneo e tecidos mais profundos. Exemplo: ferimento por arma de fogo e por arma branca.
- Ferida perfurante: ferimento penetrante em que o corpo estranho entra e sai de um órgão interno. Exemplo: ferimento por arma de fogo e por arma branca.

#### Classificação segundo o potencial de contaminação

A contaminação existente na lesão define a gravidade e o tempo de cicatrização da lesão, assim como o tratamento e as coberturas que precisam ser utilizadas:
- Ferida limpa: a ferida não contém micro-organismos patogênicos. Exemplo: ferida cirúrgica fechada que não penetra em órgãos intestinais, respiratórios, genital ou urinário ou cavidade orofaríngea não infectada.
- Ferida limpa-contaminada: ferida sob condições assépticas, mas que envolve áreas corporais com micro-organismos. Exemplo: ferida cirúrgica fechada que penetra em órgãos intestinais, respiratórios, genital ou urinário ou cavidade orofaríngea infectada, sob condições controladas de assepsia.
- Ferida contaminada: ferida em que é provável a existência de micro-organismos. Exemplo: feridas abertas, traumáticas e acidentais.
- Ferida infectada: organismos bacterianos presentes no sítio da ferida. Exemplo: feridas que não cicatrizam, que apresentam drenagens purulentas e infecção.

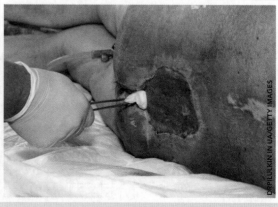

Figura 9.4 – Lesão aberta contaminada.

- Ferida colonizada: feridas que apresentam micro-organismos, geralmente de vários tipos. Exemplo: feridas crônicas como úlcera vascular e lesões por pressão.

## 9.4 PROCESSO DE CICATRIZAÇÃO DA FERIDA

É o próprio organismo que desencadeia e efetua todo o processo de cicatrização das feridas. O conhecimento das fases evolutivas do processo fisiológico cicatricial é fundamental para o tratamento adequado da ferida. Assim, temos três fases distintas:[2,3]

- Fase inflamatória: tem início quando ocorre a lesão, até um período de três a seis dias, e envolve três etapas importantes:
  - Etapa trombocítica, em que ocorre a ativação da cascata de coagulação levando à hemostasia.
  - Etapa granulocítica, em que há grande concentração de leucócitos que realizam a fagocitose das bactérias, promovendo a "limpeza do local da ferida".
  - Etapa macrofágica, em que os macrófagos liberam enzimas, substâncias vasoativas e fatores de crescimento.
- Fase de regeneração ou proliferativa: está caracterizada pela divisão celular e ocorre em aproximadamente três semanas. Nessa fase, o desenvolvimento do tecido de granulação é iniciado com o aparecimento das células endoteliais, dos fibroblastos e queratinócitos. Também há formação de colágeno gerado continuamente no interior da lesão.
- Fase de maturação: quando ocorre a diminuição da vascularização e dos fibroblastos e o aumento da força tênsil e reordenação das fibras de colágeno. Esse período ocorre em torno da terceira semana após o início da lesão, podendo se estender por até dois anos.

## 9.5 TIPOS DE CICATRIZAÇÃO DE FERIDAS

As feridas cicatrizam de modo diferente, dependendo da ocorrência ou não de perda tissular. Os principais tipos de cicatrização de feridas são classificados como:
- Intenção primária ou primeira intenção: ocorre quando as extremidades das feridas estão diretamente próximas. O tecido de granulação não é visível e a cicatriz geralmente é mínima. A maioria das feridas cirúrgicas que estão bastante aproximadas cicatriza por primeira intenção.
- Intenção secundária ou segunda intenção: acontece quando as extremidades da ferida estão bastante separadas. Pelo fato de as margens do ferimento não estarem em contato direto entre si, o tecido granular precisa formar-se das extremidades em direção ao centro, resultando em uma cicatriz maior e mais profunda. Esse processo pode ser prolongado pela drenagem de uma infecção ou de resíduos da ferida.
- Intenção terciária ou terceira intenção: ocorre quando uma ferida extensamente separada tem, posteriormente, as bordas unidas com algum tipo de material para sutura. Com frequência, esse tipo de ferida é bastante profundo, com probabilidade de conter muita drenagem e resíduos tissulares. Veja na Figura 9.5.

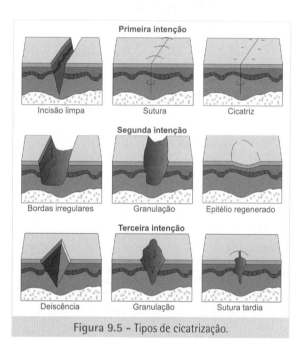

Figura 9.5 – Tipos de cicatrização.

## 9.6 FATORES QUE AFETAM A CICATRIZAÇÃO DAS FERIDAS

Muitas variáveis podem estimular ou retardar a cicatrização das feridas. Os fatores sistêmicos incluem nutrição, circulação, oxigenação e função imunológica. Os fatores individuais incluem idade, obesidade, história de fumo e terapia medicamentosa. Os fatores locais, por sua vez, incluem natureza e localização das lesões, presença de infecção e presença de tecido necrótico. O cuidado das feridas envolve técnicas que promovem a cicatrização. O método pode ser diferente, em se tratando de tecido danificado por pressão ou por feridas criadas cirurgicamente.[1,2,3]

## 9.7 LESÃO POR PRESSÃO

A lesão por pressão é um dano localizado na pele e/ou tecido mole subjacente, geralmente sobre uma proeminência óssea ou pode ainda estar relacionado a equipamentos médicos ou outro tipo de dispositivo.

Esse tipo de lesão pode apresentar-se como pele intacta ou como úlcera aberta e pode ser dolorosa. Esse tipo de lesão é decorrente de uma intensa e/ou prolongada pressão ou de pressão combinada com cisalhamento. Fatores como microclima, nutrição, perfusão, doenças associadas e situação do tecido mole são condições que contribuem para o surgimento das lesões por pressão.

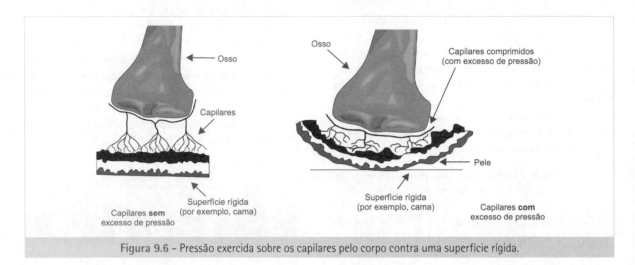

Figura 9.6 – Pressão exercida sobre os capilares pelo corpo contra uma superfície rígida.

Quadro 9.1 – Fatores de risco para o surgimento de lesões por pressão

| | |
|---|---|
| Incontinência fecal | Força de cisalhamento |
| Incontinência urinária | Atritos |
| Umidade | Infecção |
| Anemias | Idade |
| Deficiências nutricionais | Comprometimento circulatório |
| Alteração do nível de consciência | Imobilidade no leito |
| Uso de drogas vasoativas e corticoides | Diabetes *mellitus* |

### 9.7.1 Estágios da lesão por pressão

As lesões por pressão estão categorizadas em seis estágios, conforme a extensão da lesão ocorrida no tecido. Sem um cuidado de enfermagem efetivo, as úlceras podem evoluir facilmente para os estágios mais avançados.[1-4] Em 13 de abril de 2016, o National Pressure Ulcer Advisory Panel (NPUAP) anunciou a mudança na terminologia Úlcera por Pressão para Lesão por Pressão, e a atualização da nomenclatura dos estágios do sistema de classificação.

- Estágio I: lesão eritematosa não branqueável em pele intacta nas áreas de proeminências ósseas. Ocorre dano celular se a pele não consegue retomar sua cor normal, quando há alívio da pressão.
- Estágio II: lesão por pressão que se apresenta hiperemiada, estando acompanhada de flictena ou de ruptura não profunda da pele. O dano da pele pode levar à colonização e à infecção da ferida.
- Estágio III: são aquelas em que o dano superficial da pele evolui para uma abertura que atinge o tecido subcutâneo. Podem estar acompanhadas de drenagem sérica ou purulenta.

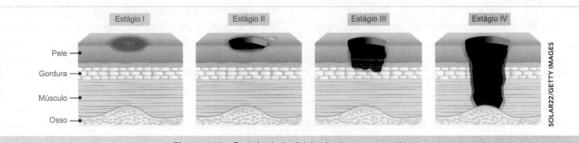

Figura 9.7 – Estágio de I a IV das lesões por pressão.

- Estágio IV: são as mais traumáticas e o tecido está profundamente lesionado, com músculos e ossos expostos. O tecido morto pode produzir odor desagradável. Uma infecção local pode se disseminar com facilidade para todo o organismo, evoluindo para uma septicemia.

Além dos quatro estágios citados, existem ainda mais duas classificações:

- Categoria não graduável: quando há perda total dos tecidos, com a profundidade preenchida por tecido necrosado.
- Categoria suspeita de lesão tissular profunda: quando apresenta lesões com áreas vermelha-escuras, flictema com sangue, provocadas por danos no tecido mole subjacente resultantes de pressão ou cisalhamento.
- Lesão por Pressão Relacionada a Dispositivo Médico: essa terminologia descreve a etiologia da lesão. A Lesão por Pressão Relacionada a Dispositivo Médico resulta do uso de dispositivos criados e aplicados para fins diagnósticos e terapêuticos. A lesão por pressão resultante geralmente apresenta o padrão ou forma do dispositivo. Essa lesão deve ser categorizada usando o sistema de classificação de lesões por pressão.
- Lesão por Pressão em Membranas Mucosas: a lesão por pressão em membranas mucosas é encontrada quando há histórico de uso de dispositivos médicos no local do dano. Devido à anatomia do tecido, essas lesões não podem ser categorizadas.

# 9.8 CURATIVOS

O uso de curativos exige compreensão sobre o processo de cicatrização, pois há muitos materiais e produtos disponíveis no mercado para os mais variados tipos e estágios de cicatrização das feridas. Se a escolha do produto não for adequada ao tipo da lesão, o curativo pode retardar o processo de cicatrização. Por isso, a indicação do curativo e a escolha do método que será aplicado influencia de maneira significativa na evolução da cicatrização da lesão.[1,2]

Os profissionais da enfermagem são responsáveis por realizar os curativos, cuja finalidade é garantir e auxiliar o tratamento da ferida, de modo a minimizar o risco de infecção e promover o ambiente favorável para que haja o processo de cicatrização. Além disso, eles atuam como barreira física, evitando a contaminação bacteriana e, também, auxiliando na contenção e/ou absorção do exsudato.[2,5]

## 9.8.1 Tipos de curativos

Os curativos disponíveis no tratamento das feridas variam muito de acordo com o tipo do material e a forma de aplicação. Eles precisam ser de fácil aplicação, que mantenham o leito da ferida úmido, confortáveis, impermeáveis e feitos de materiais que promovam a cicatrização da ferida.[5] A seguir serão mostrados alguns produtos e algumas terapias disponíveis nos serviços de saúde:

- Película transparente: consiste em uma fita autoadesiva transparente, que age como uma segunda pele e permite a visualização do leito da ferida. Às vezes, é utilizada como curativo secundário e está indicada em casos de lesões superficiais, sítios doadores para enxerto, queimaduras superficiais e sítios de punção venosa. Tem como vantagens ser impermeável e, ao mesmo tempo, permite a respiração da pele, pode ser removido sem lesionar tecidos adjacentes, funciona como barreira antimicrobiana e promove ambiente úmido que acelera a angioneogênese.[2,6]
- Ácidos graxos essenciais: são substâncias químicas compostas por dois tipos de ácido: linolênico e linoleico. Promovem aumento da resposta imune; mantém a lesão úmida acelerando o crescimento do tecido de granulação; estimulam o processo de cicatrização por meio da angiogênese e epitelização, além de ter ação bactericida. Dentre as principais funções dos ácido linoleico e linolênico, destacam-se o debridamento autolítico e a formação de uma barreira epidérmica, evitando o desenvolvimento de lesão por pressão. Dessa forma, esse produto pode ser aplicado na pele íntegra, em feridas abertas que apresentam tecido de granulação e não infectadas.[7]
- Hidrogel: são produtos encontrados em lâminas ou gaze impregnados com gel amorfo à base de glicerina e possuem elevado conteúdo de água. Pertence ao grupo de substâncias umidificantes e aceleradores do desbridamento autolítico. Está indicado a feridas secas e que apresentam exsudação moderada, com ou sem tecido de granulação, feridas limpas, superficiais, profundas, com deslocamentos e necróticas. Não pode ser utilizado em pele íntegra, pois pode macerar tecidos.[2,8]
- Hidrocoloides: consistem em polisorbutileno, carboximetilcelulose sódica, gelatina e pectina. Têm formulações complexas de coloide e componentes elastoméricos e adesivos. Essas substâncias absorvem o fluido da lesão transformando-o em gel e promovendo o meio úmido. Indicados para feridas limpas que apresentam tecido de granulação, podem ser utilizados para fazerem o debridamento autolítico das feridas necróticas, úlceras não profundas, queimaduras, lesão por pressão estágio II e III superficiais. É contraindicado em feridas infectadas exsudativas e profundas.[2,9]

- Papaína: uma substância proveniente do látex do fruto verde do mamoeiro (carica papaya). Contém enzimas proteolíticas e peroxidases, favorecendo a remoção do tecido desvitalizado. É considerado um debridante enzimático, bactericida, bacteriostático, anti-inflamatório, estimula a força tênsil, e, ainda, proporciona alinhamento das fibras de colágeno para obtenção de cicatrização mais uniforme. Pode ser encontrada em forma de pó, gel e creme. Por ser considerada uma substância instável e de fácil deterioração, ela dever armazenada em local seco, fresco e ventilado. Apresenta concentrações de 2%, 4%, 6% e 10%. Está indicado a feridas com tecido de granulação (concentrações de 2%), feridas com exsudato purulento (concentrações entre 4% a 6%) e feridas necróticas (concentrações de 10%).[10]
- Alginato de cálcio: uma substância derivada do extrato da alga marinha e biodegradável. Encontrada na apresentação de cordão ou placa de consistência frouxa e em gel. É indicada em lesões muito secretivas por ser altamente absorvente. Proporciona um ambiente úmido, permitindo a troca gasosa e provê uma barreira para a contaminação, além de promover a cicatrização e a formação de tecido de granulação. Necessita de um curativo secundário para manter o produto no leito da ferida.[9]
- Carvão ativado: o carvão ativado na concentração de 0,15% é envolvido em um tecido poroso selado nas quatro bordas. É indicado em feridas infectadas, pois o carvão atrai as bactérias e a prata promove a ação bactericida, controlando a infecção local. Esse tipo de produto pode ficar até sete dias no leito da ferida e precisa de um curativo secundário.[11]
- Oxigênioterapia hiperbárica: o paciente é encaminhado a uma câmara hiperbárica, na qual fica submetido a uma pressão maior do que a pressão atmosférica em uma concentração de oxigênio a 100%. Está indicado em situações que o paciente apresenta lesões graves, crônicas e infectadas por bactérias anaeróbias.[1]
- Laserterapia: é uma terapia que estimula estruturas cromóforas, afetando a célula de dentro para fora. É utilizada com laser de baixa intensidade e apresenta efeitos como melhoria da qualidade da cicatrização, estímulo a microcirculação, efeitos anti-inflamatórios, antiedematosos e analgésicos. A irradiação deve ser feita em duas etapas: a primeira consiste na aplicação de contato circundando a ferida; a segunda, a aplicação não tem contato com o leito da lesão.[1,12]
- Terapia a vácuo: é um curativo que ajuda a fechar feridas de difícil cicatrização; atua em uma força centrípeta, aplicando simultaneamente uma pressão negativa sob o leito da ferida. É realizada uma sucção contínua do exsudato, oferecendo uma pressão de 100 a 125 mmHg homogênea no leito da lesão, o que favorece a granulação, em que se requer uma técnica limpa. Apresenta importantes benefícios para o paciente, como redução de dor, exsudato, infecções e edema; angiogênese mais satisfatória; rápida cicatrização; presença de um leito propício para cicatrização; e maior conforto para o paciente.[1,11]

## 9.8.2 Técnica de curativos

A técnica adequada para o cuidado da lesão é um dos principais fatores para a cicatrização esperada. Uma técnica inadequada pode contribuir para uma maior contaminação e em atraso na recuperação ou no agravamento da saúde do cliente.

### Curativo de cateter venoso central

O cateter venoso central está ligado diretamente na corrente sanguínea, portanto, a responsabilidade em realizar uma técnica extremamente rigorosa é de grande importância para a segurança do paciente.

### Materiais

- Um par de luvas de procedimento.
- Pacote de curativo com uma pinça dente de rato, uma pinça anatômica e uma tesoura.
- Solução antisséptica, conforme o protocolo da instituição (clorexidina alcoólica) – por exemplo, clorexedina 2% aquosa ou alcoólica ou SF 0,9%.
- Bola de algodão embebida em álcool a 70%.
- Pacote de gaze estéril.
- Micropore® de 2,5 cm ou, preferencialmente, película transparente estéril semipermeável.
- Saco plástico para descarte dos materiais, com pedaços de fita adesiva para o prender.

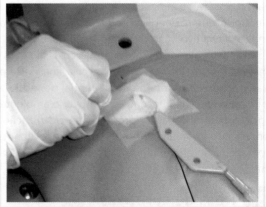

Figura 9.8 – Retirada do curativo de cateter venoso central.

## Procedimentos

- Lavar rigorosamente as mãos.
- Explicar o procedimento ao paciente e organizar o material.
- Calçar as luvas de procedimento e retirar o curativo anterior, desprezando no saco plástico.
- Cortar dois ou três pedaços de Micropore® na mesma medida, para fixação posterior.
- Observar os seguintes aspectos do local de inserção do cateter: presença de hiperemia, secreção, edema, sangramento e crostas.
- Abrir o pacote de curativo com técnica asséptica e dispor as pinças no campo.
- Abrir a solução antisséptica após desinfecção do frasco com o algodão embebido em álcool.
- Abrir o pacote de gaze estéril dentro do campo estéril.
- Formar uma "bonequinha" de gaze com o auxílio das pinças e umedecer com a solução antisséptica.

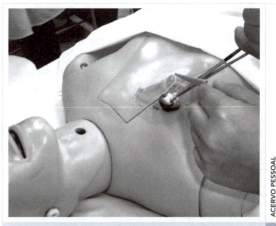

Figura 9.10 – Aplicação do antisséptico em movimentos circulares.

Figura 9.9 – Montagem das "bonequinhas" de gaze.

### NOTA

Caso a solução antisséptica já esteja aberta, desprezar o primeiro jato dentro do saco plástico antes de embeber a gaze com a solução.

- Aplicar a gaze com a solução na pele ao redor do cateter, partindo do ponto de inserção em direção à periferia com movimento circular. Executar esse movimento três vezes, do centro para a periferia, utilizando para cada movimento circular uma gaze, sem nunca retornar com a mesma gaze ao local já limpo.
- Limpar uma área de aproximadamente 10 cm de diâmetro ao redor da inserção do cateter.
- Com o auxílio de uma pinça, pegar uma lâmina de gaze dobrada ao meio e colocá-la pela parte inferior do ponto de inserção do cateter, fazendo um movimento em diagonal, de modo que o ponto de inserção do cateter fique coberto.
- Aplicar, preferencialmente, a película estéril semipermeável. Caso não possua, aplicar gaze estéril e adesivo hipoalergênico. Fixar também a extensão do cateter à pele do paciente para evitar tração acidental.
- No caso de utilizar película estéril semipermeável, o curativo deve ser trocado a cada sete dias ou antes, se houver sujidade, estiver com a adesão prejudicada ou houver sinais flogísticos.
- Recolher o material, desprezando-o na sala contaminada (expurgo), e deixar a unidade em ordem.
- Lavar as mãos e registrar a técnica em prontuário, anotando as características do local de inserção do cateter e os materiais utilizados.

### Curativo de ferida cirúrgica

A ferida cirúrgica é resultante de um corte no tecido produzido por um instrumento cirúrgico, criando uma abertura em uma área do corpo e com aproximação das bordas por meio de sutura. A técnica tem de ser adequada para não levar contaminação para a cirurgia e assim complicar o estado geral do paciente.

## Materiais

- Um par de luvas de procedimento.
- Pacote de curativo com uma pinça dente de rato, uma pinça Kelly e uma tesoura.
- Solução antisséptica, conforme o protocolo da instituição (por exemplo, clorexidina 2% aquosa ou alcoólica ou SF 0,9%).
- Pacote de gaze estéril (o número depende do tamanho da incisão).

- Película transparente estéril semipermeável para ocluir o curativo (não deve ser utilizada nas primeiras 24 horas de pós-operatório).
- Micropore®.
- Um saco plástico para descarte dos materiais, com pedaços de fita adesiva para o prender.

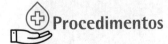
## Procedimentos

- Lavar as mãos.
- Explicar o procedimento ao paciente e organizar o material.
- Calçar as luvas de procedimento.
- Retirar o curativo anterior, utilizando soro fisiológico se houver aderência. Desprezar no saco plástico.
- Cortar pedaços de Micropore® na mesma medida.
- Observar os seguintes aspectos da incisão: hiperemia, presença de secreção, sangramento, característica dos pontos de incisão (por exemplo, deiscência).
- Abrir o pacote de curativo com técnica asséptica e dispor as pinças no campo (com a parte a ser manuseada para fora do campo).
- Abrir o pacote de gaze estéril dentro do campo estéril.
- Proceder à limpeza da incisão com a solução antisséptica em sentido único, sem retornar ao ponto inicial. Utilizar lâminas de gaze, de modo que atinja uma área de antissepsia de 10 cm ao redor da incisão.
- Proceder à "secagem" da incisão.
- Aplicar uma ou mais lâminas de gaze para ocluir a incisão ou película transparente estéril semipermeável.
- Recolher o material, desprezando-o na sala contaminada (expurgo), e deixar a unidade em ordem.
- Lavar as mãos e registrar a técnica em prontuário, anotando as características da incisão e materiais utilizados.

### Curativos em úlceras

A úlcera é definida como a solução de continuidade ou ruptura de uma superfície epitelial do organismo, que pode vir acompanhada de uma inflamação e/ou infecção. A escolha adequada do tratamento da lesão, assim como a cobertura escolhida vai definir a qualidade do cuidado.

## Materiais

- Um par de luvas de procedimento.
- Pacote de curativo com uma pinça dente de rato, uma pinça Kelly e uma tesoura.
- Um frasco de soro fisiológico 0,9% (o volume depende do tamanho da ferida).
- Uma agulha 40 × 12.

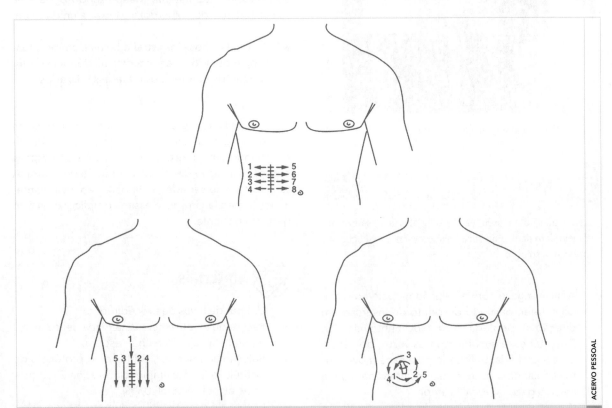

Figura 9.11 – Sentido de realização do curativo em incisão cirúrgica.

- Seringa de 20 mL.
- Uma bola de algodão embebida em álcool a 70%.
- Pacote de gaze estéril (o número depende do tamanho da ferida).
- Micropore®.
- Atadura de crepe caso a ferida seja em membros superiores ou inferiores.
- Um saco plástico para descarte dos materiais, com pedaços de fita adesiva para o prender.
- Um saco plástico para forrar a cama.
- Uma toalha de banho para sobrepor ao saco plástico.
- Cobertura escolhida para a ferida de acordo com as indicações.

## Procedimentos

- Lavar as mãos.
- Explicar o procedimento ao paciente e organizar o material.
- Calçar as luvas de procedimento e forrar a cama com o saco plástico e a toalha por cima.
- Retirar o curativo anterior, utilizando soro fisiológico se houver aderência. Desprezar no saco plástico.
- Cortar pedaços de Micropore® na mesma medida.
- Observar os seguintes aspectos da úlcera: presença de secreção, sangramento, tecido necrótico, esfacelo, tecido de granulação.
- Abrir o pacote de curativo com técnica asséptica e dispor as pinças no campo (com a parte a ser manuseada para fora do campo).
- Abrir o pacote de gaze estéril dentro do campo estéril.
- Abrir o frasco de soro fisiológico após sua desinfecção com o algodão embebido em álcool a 70%.
- Perfurar o frasco de soro fisiológico (SF 0,9%) com a agulha 40 × 12 e aspirar com a seringa de 20 mL.
- Proceder à limpeza da úlcera com a seringa, esguichando soro fisiológico.
- Aplicar o material escolhido para o tipo de úlcera (por exemplo: hidrogel, ácido graxo essencial, hidrocoloide), mantendo a ferida úmida).
- Aplicar gaze seca por cima (curativo secundário).
- Fixar o curativo com Micropore® ou enfaixar com atadura de crepe, caso a úlcera seja em membros inferiores ou superiores.
- Recolher o material, desprezando-o na sala contaminada (expurgo), e deixar a unidade em ordem.
- Lavar as mãos e registrar a técnica em prontuário, anotando as características da ferida e materiais utilizados.

### NOTA

Quando a ferida for infectada, deve-se iniciar a limpeza de fora para dentro. Nos pacientes que possuem mais de uma ferida, iniciar pelo curativo da ferida limpa e fechada, depois as abertas e não infectadas e, por último, as infectadas.

### NESTE CAPÍTULO, VOCÊ...

... compreendeu que a realização de curativos é uma prática muito comum no dia a dia do enfermeiro. Por isso, torna-se necessário que esse profissional adquira conhecimentos e esteja sempre se atualizando com esta temática. Atualmente, tem-se no mercado uma gama de produtos e terapia disponíveis para o tratamento dos mais variados tipos de lesões. Dessa forma, o enfermeiro precisa avaliar a ferida e associar com todos os dados coletados na anamnese e exame físico para poder indicar e aplicar o melhor tratamento no paciente, garantindo uma assistência segura e de qualidade.

### EXERCITE

1. M.A.C., 65 anos, sexo masculino, diabético, hipertenso, possui uma úlcera diabética em membro inferior direito (MID) que se encontrava infectada. Ao realizar esse curativo, devemos nos atentar quanto a técnica que consiste em:
   a) realizar o curativo limpando no sentido de dentro para fora da lesão para evitar piora da contaminação utilizando pacote de curativo.
   b) realizar o curativo limpando de fora para dentro da lesão para evitar piora da contaminação, utilizando pacote de curativo.
   c) realizar o curativo apenas usando a luva de procedimento limpando no sentido de dentro para fora.
   d) realizar o curativo apenas usando a luva de procedimento limpando no sentido de fora para dentro.
   e) orientar o paciente a lavar com água e sabão durante o banho e manter descoberto para facilitar a cicatrização.

2. Paciente de 57 anos em pós-operatório de cirurgia abdominal, que evoluiu para uma deiscência abdominal com exsudato purulento em grande quantidade de odor fétido. Das alternativas a seguir, qual é o método mais indicado para o paciente relatado?

a) Sulfadiazina de prata.
   b) Hidrogel.
   c) Hidrocoloide.
   d) Carvão ativado.
   e) Papaína.

3. O enfermeiro da UBS recebeu um paciente para fazer um curativo na úlcera venosa que apresentava tecido de granulação. Ao determinar o tipo de cobertura para esse tipo de ferida, o enfermeiro deve optar por um tipo de curativo que promova:
   a) A angiogênese.
   b) A remoção do tecido necrótico.
   c) A remoção de tecido desvitalizado.
   d) A antissepsia no leito da ferida.
   e) O desbridamento autolítico.

4. S.M. apresenta lesão em MID de aproximadamente 5 cm de diâmetro, cliente refere dor local. Frente a este quadro é fundamental a avaliação da lesão para determinar a conduta de tratamento da ferida. Em relação à avaliação, é CORRETO afirmar que os pontos a serem avaliados são:
   a) Devem ser avaliadas as características da secreção quando presente (quantidade, cor e odor).
   b) É de fundamental importância a avaliação do leito da feira, pois indica plenamente as condições da lesão.
   c) A avaliação da ferida deve ser feita observando-se o leito da ferida, as bordas da ferida, o tecido adjacente e as características da secreção drenada quando presente (quantidade, cor e odor), além da mensuração do tamanho da lesão.
   d) Para avaliação da ferida é necessário a realização das medidas (largura, comprimento e profundidade quando for o caso) que indicam plenamente condições de melhora ou piora da lesão.
   e) A avaliação da ferida se resume à avaliação das características do curativo e da secreção drenada.

5. Você está na UBS avaliando a lesão do MIE do sr. J.S.S. de 68. A lesão apresenta a seguinte característica: lesão de 3 cm de diâmetro, bordas da ferida integra, leito da ferida com tecido de granulação e sem secreção. Frente às características da lesão, é CORRETO afirmar que seria indicado proceder da seguinte forma na realização do curativo:
   a) Indica-se a irrigação da ferida com SF 0,9% e o uso do Saf-gel associado a gazes não aderente (curativo primário) e cobertura secundária com gaze almofadada ou gaze simples (depende da quantidade de secreção drenada) com troca do curativo primário após 72 horas.
   b) Indica-se a irrigação da ferida com SF 0,9%, no primeiro momento o uso de placas de carvão ativado por 72 horas e, posteriormente, após a melhora da secreção introduzir o uso do papaína associado a gazes não aderente (curativo primário) e a cobertura secundária com gaze almofadada ou gaze simples (depende da quantidade de secreção drenada) com troca do curativo primário após 72 horas.
   c) Indica-se a irrigação da ferida com SF 0,9%, no primeiro momento o uso de placas de carvão ativado por 24 horas para redução da secreção e, posteriormente, após a melhora da secreção introduzir o uso do Saf-gel associado a gazes não aderente (curativo primário) e a cobertura secundária com gaze almofadada ou gaze simples (depende da quantidade de secreção drenada) com troca do curativo primário após 72 horas.
   d) Indica-se a irrigação da ferida com SF 0,9%, no primeiro momento o uso de placas de carvão ativado por 72 horas para redução da secreção e, posteriormente, após a melhora da secreção introduzir o uso do Saf-gel associado a gazes não aderente (curativo primário) e a cobertura secundária com gaze almofadada ou gaze simples (depende da quantidade de secreção drenada) com troca do curativo primário após 72 horas.
   e) Indica-se a irrigação da ferida com SF 0,9% morno, secar pele adjacente à ferida e realizar massagem com Dersani ao redor da ferida por aproximadamente 5. Fazer curativo primário com Dersani e Adaptic ocluir com gaze e enfaixamento. Trocar a cada 24 horas.

## PESQUISE

Em 2012, a Secretaria Municipal de Saúde da Cidade de São Paulo criou o programa "Proibido Feridas", que visava atender a todos os pacientes, portadores de úlceras crônicas e do pé diabético, de forma humanizada e especializada, coordenando políticas, diretrizes, projetos e ações para promoção da saúde da pele, prevenindo, recuperando lesões e reabilitando a forma e as funções da mesma. Para isso, foi criado o Protocolo de Prevenção e Tratamento de Úlceras Crônicas e do Pé Diabético. Confira esse protocolo no link a seguir e pesquise sobre os diferentes tipos de úlceras: <https://bit.ly/38qbeWC>.

# CAPÍTULO 10

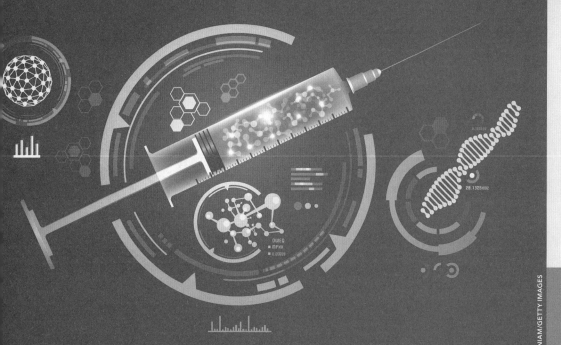

COLABORADORAS:
ELIETE ALBANO AZEVEDO GUIMARÃES
SELMA MARIA DA FONSECA VIEGAS
VALÉRIA CONCEIÇÃO DE OLIVEIRA

# ASSISTÊNCIA EM SAÚDE COLETIVA

## NESTE CAPÍTULO, VOCÊ...

- ... verá temas sobre vacinação e ações de imunoprevenção.
- ... conhecerá o Programa Nacional de Imunizações (PNI).
- ... estudará a cadeia de frio de conservação de imunobiológicos.
- .... aprenderá sobre os procedimentos em sala de vacinação.
- ... entenderá as ações da vigilância epidemiológica, os eventos adversos pós-vacinação e a notificação compulsória de doenças imunopreveníveis.

## ASSUNTOS ABORDADOS

- Vacinação.
- Programa Nacional de Imunizações (PNI).
- Imunização: conceito e ações.
- Rede de frio.
- Calendários básicos de vacinação.
- Procedimentos em sala de vacinação.
- Eventos adversos pós-vacinação.
- Vigilância epidemiológica e doenças imunopreveníveis de notificação compulsória.

# ESTUDO DE CASO

M.S.B. procura a Unidade Básica de Saúde próxima à sua residência para vacinar seu filho 13 meses. A mãe relata que a criança esteve internada com quadro grave de meningite bacteriana há 60 dias. Ficou no Hospital Manoel Gonçalves durante 12 dias. Atualmente, passa bem e seu estado vacinal é o seguinte:

- Ao nascer: BCG e 1ª hepatite B.
- 2 meses: 1ª DTP + HIB + hepatite B (pentavalente), 1ª vacina inativada contra poliomielite (VIP), 1ª rotavírus e 1ª pneumo 10 valente.
- 3 meses: 1ª meningo C.
- 4 meses: 2ª pentavalente, 2ª VIP, 2ª rotavírus e 2ª pneumo 10 valente.
- 5 meses: 2ª meningo C.
- 6 meses: 3ª pentavalente, 3ª VIP.
- 9 meses: febre amarela.

## Após ler o caso, reflita e responda:

1. Conferindo a carteira de vacinação, de acordo com o calendário básico de vacinação do Programa Nacional de Imunização do Brasil, quais vacinas essa criança deverá receber hoje?
2. Quando a criança deverá retornar para receber as próximas vacinas? E quais vacinas administrar no retorno?
3. A meningite bacteriana é uma doença de notificação compulsória? Justifique sua resposta.

# 10.1 INTRODUÇÃO

A vacinação é uma ação de relevância na prevenção de doenças imunopreveníveis. A equipe de enfermagem deve oferecer especial atenção e vacina segura, acolher as pessoas e propiciar construção de vínculo, estabelecendo confiança ao usuário ao realizar assistência na vacinação.[1]

Considerando a ação de vacinação como medida de prevenção primária, evidências demonstram ser uma das intervenções de maior sucesso e melhor custo-efetividade ao produzir impacto sobre as doenças imunopreveníveis, promovendo significativas mudanças no perfil epidemiológico em nível mundial.[2,3]

É fundamental que haja integração entre os profissionais que atuam na sala de vacina e os demais integrantes da equipe de saúde, no sentido de evitar as oportunidades perdidas de imunização. Essas perdas ocorrem quando o indivíduo é atendido em outros setores das unidades de saúdes sem que seja verificada sua situação vacinal ou haja encaminhamento à sala de vacinação.[4]

# 10.2 DESENVOLVIMENTO

## 10.2.1 Programa Nacional de Imunizações

O Programa Nacional de Imunizações (PNI), criado em 1973 no Brasil, organiza toda a política nacional de vacinação da população brasileira e tem como missão o controle, a erradicação e a eliminação de doenças imunopreveníveis. A vacinação, ao lado das demais ações de vigilância epidemiológica, vem ao longo do tempo perdendo o caráter verticalizado e incorporando-se ao conjunto de ações da Atenção Primária à Saúde (APS). As campanhas, as intensificações, as operações de bloqueio e as atividades extramuros são operacionalizadas pela equipe de enfermagem, como profissionais responsáveis pela vacinação. Entretanto, o êxito dos programas de imunização está condicionado ao alcance das metas vacinais.[4]

O Brasil, anualmente, disponibiliza na rede pública cerca de 300 milhões de doses de vacina, sendo um dos países que possui o maior número de vacinas ofertadas aos usuários do sistema público de saúde. No calendário básico de vacinação de 2020 constam 14 tipos de vacinas para crianças, 6 tipos de vacinas para adolescentes e 4 para adultos e idosos. Além disso, conta com calendário diferenciado para a população indígena e para grupos em condições especiais.[4]

## 10.2.2 Imunização: conceito e ações

Imunizar é o objetivo da vacinação, ou seja, confere ao indivíduo vacinado a imunidade contra as doenças, cujo imunobiológico administrado propiciará a proteção. A imunização pode ser ativa quando o próprio sistema imunológico do indivíduo, ao entrar em contato com uma substância estranha ao organismo (antígeno), responde produzindo anticorpos. Pode ocorrer quando o indivíduo contrai uma doença infecciosa ou recebe uma vacina. Já a imunidade passiva é transitória e é induzida pela administração de anticorpos contra uma infecção específica por meio dos soros ou imunoglobulinas. A passagem transplacentária de anticorpos para o recém-nascido é um tipo de imunização passiva natural.[4]

Para exemplificar os tipos de imunidade, vamos citar a vacina Difteria, Tétano e Coqueluche (*Pertussis Acelular*) Tipo adulto – dTpa, administrada nas gestantes a partir da 20ª semana de gestação com a finalidade de diminuir a mortalidade por coqueluche nos menores de 6 meses. O objetivo da vacina dTpa é induzir a produção de altos títulos de anticorpos contra a doença coqueluche na gestante (imunidade ativa), possibilitando a transferência transplancentária desses anticorpos para o feto (imunidade passiva), resultando na proteção do recém-nascido, nos primeiros meses de vida, até que se complete o esquema vacinal contra a coqueluche, preconizado no Calendário Nacional de Vacinação do PNI brasileiro.

## 10.2.3 Cadeia de frio

Os imunobiológicos são produtos termolábeis, isto é, deterioram-se depois de determinado tempo quando expostos às variações de temperaturas inadequadas à sua conservação. É necessário, portanto, mantê-los constantemente refrigerados, utilizando instalações e equipamentos adequados como orientado pelo PNI em seu Manual de Rede de Frio do Programa Nacional de Imunizações.

**NOTA**

Consulte o Manual de Rede de Frio do Programa Nacional de Imunização disponível no link: <https://bit.ly/2vyDF6k>.

O processo de conservação dos imunobiológicos, desde o laboratório produtor até a administração do imunobiológicos na pessoa, dá-se o nome de cadeia de frio. Compreende todo o trajeto que os imunobiológicos percorrem, desde sua fabricação até o momento de serem administrados nos usuários, sendo necessário um sistema de armazenamento e transporte efetivo a fim de manter os imunobiológicos nas temperaturas recomendadas de acordo com a termoestabilidade destes produtos (Figura 10.1).

Os imunobiológicos são conservados nos diversos níveis: Nacional (Central Nacional de Distribuição de Imunobiológicos – Cenadi), Estadual, Regional, Municipal e Local (sala de vacinação) em temperaturas específicas, levando em conta sua composição. Em nível nacional, alguns imunobiológicos são conservados em temperaturas negativas; já no nível local (sala de vacinação), são refrigeradas entre +2 °C a +8 °C, em refrigeradores exclusivos como mostra a Figura 10.2.

Em nível local (sala de vacinação), os imunobiológicos devem ser armazenados em câmaras refrigeradas cadastradas pela Agência Nacional de Vigilância Sanitária (Figura 10.2). A câmara permite controle preciso da temperatura, favorecendo a homogeneidade delas em todo seu interior e minimizando a influência das temperaturas externas. Esse equipamento também dispensa o uso de termômetro de máxima e mínima porque possui painel de controle para o monitoramento da temperatura.

Os refrigeradores domésticos, ainda que mais baratos, não foram projetados para manutenção da temperatura requerida para a manutenção dos imunobiológicos e não mantêm as temperaturas ideias necessárias aos imunobiológicos, o que pode levar a falhas no processo de conservação.[5]

No armazenamento dos imunobiológicos na sala de vacinação, a fim de manter a cadeia de frio, é importante estar atento aos seguintes itens:
- armazenar os imunobiológicos, no equipamento de refrigeração, em bandejas, sem que haja a necessidade de diferenciá-los por tipo ou compartimento;
- os produtos com prazo de validade mais curto devem ser dispostos na frente dos demais frascos para serem utilizados primeiro;
- tomada exclusiva e identificada;
- manutenção preventiva do equipamento;
- limpeza periódica de acordo com as normas do PNI;
- monitoramento contínuo da temperatura;
- afastado de fontes de calor;
- espaço de 20 cm entre os equipamentos.

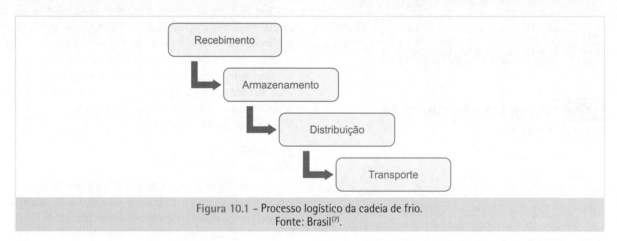

Figura 10.1 – Processo logístico da cadeia de frio.
Fonte: Brasil[7].

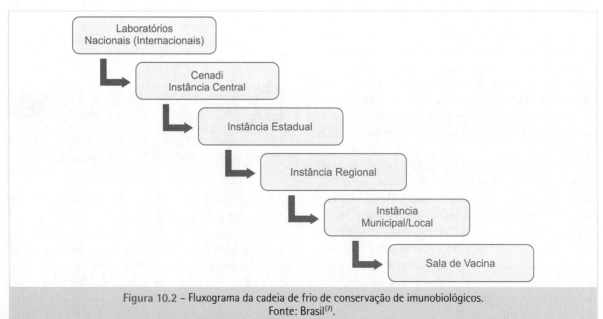

Figura 10.2 – Fluxograma da cadeia de frio de conservação de imunobiológicos.
Fonte: Brasil[7].

## 10.2.4 Calendário básicos de vacinação

O calendário básico de vacinação corresponde ao conjunto de vacinas, consideradas de interesse prioritário à saúde pública de um país, e serve de orientação para que todas as vacinas obrigatórias sejam tomadas. O PNI brasileiro disponibiliza diversos calendários de vacinação para as diversas faixas etárias.

Temos o calendário nacional de vacinação da criança, adolescente, adulto, idoso, gestante e indígena. Os calendários de vacinação frequentemente sofrem alterações. Para conhecer os diversos calendários do PNI, acesse o site do Ministério da Saúde no link: <https://bit.ly/2vxtPRS >.

Figura 10.3 - Frascos de vacinas

## 10.2.5 Procedimentos em sala de vacinação

A atividade de vacinação deve ser cercada de cuidados, adotando-se apropriada organização e funcionamento da sala de vacinação, além de procedimentos adequados antes, durante e após a administração do imunobiológico. A eficácia e a segurança dos imunobiológicos estão fortemente relacionadas ao seu manuseio e à sua administração. Portanto, cada imunobiológico demanda uma via específica para sua administração, a fim de se manter a sua eficácia plena.[4]

Os profissionais de saúde, em especial os da enfermagem que atuam em sala de vacinação, devem realizar a verificação da caderneta e da situação vacinal, e orientar as pessoas para iniciar ou completar o esquema vacinal, conforme os calendários de vacinação vigentes, disponibilizados pelo PNI.[2,4]

Para ação de vacinação eficaz e segura, é necessário que o profissional que atua em sala de vacina tenha uma comunicação eficiente e interativa com as pessoas a ser vacinadas para triagem, acolhimento, recomendações e indicações específicas de cada imunobiológico. Considera-se importante o acompanhamento sistemático da situação vacinal da população por parte das equipes de saúde,[6] especificamente dos profissionais de enfermagem que atuam em sala de vacinação.

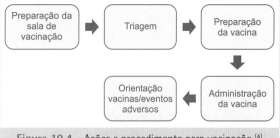

Figura 10.4 – Ações e procedimento para vacinação.[4]
Fonte: elaborada pelas autoras.

- Acolhimento do usuário: o acolhimento se configura como uma atitude de inclusão, caracterizada por ações que favorecem a construção de uma relação de confiança e compromisso dos usuários com as equipes e os serviços. É o ato de acolher e obter informações sobre o estado de saúde do usuário, avaliando as indicações e as possíveis contraindicações à administração dos imunobiológicos.
- Avaliação do cartão de vacina: se o usuário estiver comparecendo à sala de vacinação pela primeira vez, abra os documentos padronizados do registro pessoal de vacinação e cadastre-o no SI-PNI. No caso de retorno, avalie o histórico de vacinação, identificando quais vacinas devem ser administradas.
- Identificar pessoas que entram em alguma contraindicação.
- Registrar no cartão de vacina: as doses a ser administradas e fazer o aprazamento.
- Registrar as doses de vacina no Sistema do Programa Nacional de Imunizações (SI-PNI).
- Informar sobre o procedimento.
- Sanar dúvidas sobre a vacina e seus possíveis eventos adversos.
- Preparação da vacina: higienizar as mãos com água e sabão; dispor de algodão, seringa e agulha adequadas; identificar a vacina observando a aparência da solução, o estado da embalagem, o número do lote e o prazo de validade. Atentar para o volume da dose a ser administrada. Identificar o local para a administração da vacina, evitando locais com cicatrizes, manchas, tatuagens e lesões. Preparar a vacina conforme a sua apresentação. Colocar o usuário em posição confortável e segura. Na vacinação de crianças, solicitar ajuda do acompanhante na contenção para evitar movimentos bruscos.

Para a administração de vacinas, recomenda-se a assepsia da pele do usuário se houver sujidade perceptível. Nesse caso, a pele deve ser limpa utilizando-se água e sabão ou álcool a 70%, no caso de vacinação extramuro e em ambiente hospitalar. Quando usar o álcool a 70%, deve-se friccionar o algodão embebido por 30 segundos e, em seguida, secar com algodão ou esperar mais 30 segundos para permitir a secagem da pele, de modo a evitar qualquer interferência do álcool no procedimento.

- Administrar a vacina considerando a indicação do local e via de administração apropriada: a maior parte das vacinas ofertadas pelo PNI é administrada por via parenteral e se diferem em relação ao tipo de tecido em que o imunobiológico será administrado, considerando as vias intradérmica, subcutânea e intramuscular.
- Via intradérmica: na utilização da via intradérmica, a vacina é introduzida na derme, que é a camada superficial da pele. Essa via proporciona uma lenta absorção da vacina administrada. A vacina BCG e a vacina contra raiva humana em esquema de pré-exposição são administradas pela via intradérmica.

A seringa mais apropriada para a injeção intradérmica é a de 1,0 mL, que possui escalas com frações em mililitros (0,1 mL). A agulha deve ser entre 10 e 13 mm de comprimento e de 3,8, 4,0 ou 4,5 dec/mm de calibre.

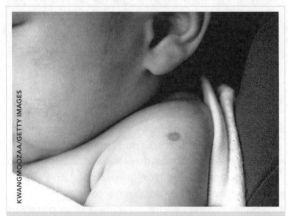

Figura 10.5 – Marca após aplicação de vacina BCG.

Para administração por via intradérmica, segure firmemente com a mão o local, distendendo a pele com o polegar e o indicador; a seringa deve ser posicionada com o bisel da agulha para cima. A agulha deve formar com o braço um ângulo de 15°. Deve-se introduzir a agulha paralelamente a pele, até introduzir totalmente o bisel e injetar a vacina lentamente, pressionando a extremidade do êmbolo com o polegar; em seguida, retirar a agulha da pele sem fazer compressão no local de administração da vacina. Desprezar a seringa e a agulha utilizadas na caixa coletora de material perfurocortante. Higienizar as mãos após a administração da vacina.

- Via subcutânea: na via subcutânea, a vacina é introduzida na hipoderme. São exemplos de vacinas administradas por essa via: vacina tríplice viral (sarampo, caxumba e rubéola); tetraviral (sarampo, caxumba, rubéola e varicela), vacina contra varicela e vacina contra a febre amarela. Os locais utilizados para a vacinação por via subcutânea são a região do deltoide no terço proximal; a face superior externa do braço; a face anterior e externa da coxa. A seringa mais apropriada é a de 3,0 mL ou 1 mL. A agulha deve ser entre 10 e 13 mm de comprimento e de 3,8, 4,0 ou 4,5 dec/mm de calibre. Deve-se pinçar o local da administração da vacina com o dedo indicador e o polegar, mantendo a região firme. A agulha deve ser introduzida com rapidez e firmeza, formando um ângulo de 90° com o local de escolha para administração e não aspirar. Injetar a solução lentamente, retirar a seringa com a agulha em movimento único e firme. Fazer leve compressão no local com algodão seco. Desprezar a seringa e a agulha utilizadas na caixa coletora de material perfurocortante. Higienizar as mãos após a administração da vacina.

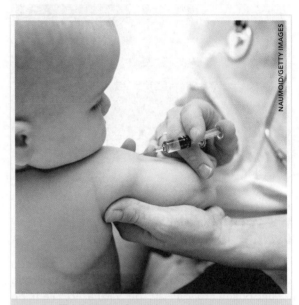

Figura 10.6 – Exemplo de administração de vacina por via subcutânea.

- Via intramuscular: o imunobiológico é introduzido no tecido muscular, sendo indicadas as regiões anatômicas do músculo vasto lateral da coxa e do músculo deltoide. A área ventroglútea é uma região anatômica alternativa para a administração de imunobiológicos. A administração de múltiplas vacinas em um mesmo músculo não reduz seu poder imunogênico nem aumenta a frequência e a gravidade dos eventos adversos. Se mais de uma vacina precisar ser administrada, no vasto lateral da coxa (terço médio) ou no deltoide, deve se manter uma distância de 2,5 cm entre os pontos de aplicação das vacinas. A seringa para a administração de vacina por via intramuscular é a de 3,0 mL, a agulha pode ser de 20 a 30 mm de comprimento e entre 5,5 a 8 dec/mm de calibre, considerando a massa muscular do usuário a ser vacinado. O bisel da agulha deve ser longo, introduzido lateralmente para facilitar a introdução e alcançar o músculo, considerando o ângulo reto (90°) e deve-se aspirar o local. Se houver retorno venoso, desprezar a dose (bem como a seringa e agulha utilizadas) e preparar uma nova dose. O ângulo de introdução da agulha pode ser ajustado conforme a massa muscular do usuário a ser vacinado. Injetar o imunobiológico lentamente, retirar a agulha em movimento único e firme, fazer leve compressão no local com algodão seco. Desprezar a seringa e a agulha utilizadas na caixa coletora de material perfurocortante. Higienizar as mãos após a administração da vacina.[1]

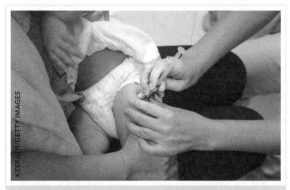

Figura 10.7 – Exemplo de administração de vacina por via intramuscular.

- Via oral: as vacinas administradas por via oral são contra a poliomielite 1 e 3 oral (VOP), e a vacina rotavírus humano. Higienizar as mãos antes e após a administração da vacina.

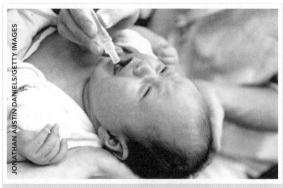

Figura 10.8 – Exemplo de administração de vacina por via oral.

---

[1] De acordo com o memorando da Secretaria de Vigilância em Saúde do Ministério da Saúde (SEI/MS - 0014128030); anexo da Coordenação Geral do Programa Nacional de Imunização de 01/04/2020: "Não está mais indicada a aspiração no momento da administração do imunobiológico em tecido muscular, para verificar se foi atingido vaso sanguíneo, nas regiões deltoide, ventroglúteo e vasto lateral, com exceção da região dorsoglútea". Esta recomendação estará na próxima edição do Manual de Normas e Procedimentos de vacinação. Disponível em: <https://j.mp/2YWLYW0>. Acesso em: 27 abr. 2020.

Vale ressaltar que as associações de vacinas podem ser simultâneas ou combinadas. A vacinação com vários agentes imunizantes é indicada e constitui-se em uma medida econômica e oportuna de aproveitar o contato com o usuário para imunizar contra o maior número de doenças, conforme indicativa dos calendários de vacinação disponíveis pelo PNI. A vacinação simultânea consiste na administração de duas ou mais vacinas em diferentes locais ou vias. Todas as vacinas de uso rotineiro podem ser administradas simultaneamente, sem que isso interfira na resposta imunológica. Também não intensifica os eventos adversos, sejam eles locais ou sistêmicos. Se mais de uma vacina precisar ser administrada no vasto lateral da coxa, deve-se manter uma distância de 2,5 cm entre os pontos de aplicação das vacinas. A vacinação combinada consiste na aplicação conjunta de vacinas diferentes, por exemplo, a dT/DT (difteria e tétano, adulto e infantil, respectivamente), DTP (difteria, coqueluche e tétano), tríplice viral (sarampo, caxumba e rubéola), vacina contra poliomielite inativada (cepas 1, 2 e 3), entre outras.

## 10.2.6 Resíduo infectante em sala de vacinação

Os resíduos oriundos da vacinação devem receber cuidados especiais nas fases de segregação, acondicionamento, coleta, tratamento e destino final. Para esse tipo de resíduo, o trabalhador da sala de vacinação deve: acondicionar em caixas coletoras de material perfurocortante os frascos vazios de imunobiológicos, assim como aqueles que devem ser descartados por perda física e/ou técnica, além dos outros resíduos perfurantes e infectantes (seringas e agulhas usadas).

O trabalhador deve observar a capacidade de armazenamento da caixa coletora, definida pelo fabricante, independentemente do número de dias trabalhados. Acondicionar as caixas coletoras em saco branco leitoso. Encaminhar o saco com as caixas coletoras para a Central de Material e Esterilização (CME) na própria unidade de saúde ou em outro serviço de referência, conforme estabelece a Resolução nº 358/2005 do Conselho Nacional do Meio Ambiente (Conama), a fim de que os resíduos sejam inativados.

A inativação dos resíduos infectantes ocorre por autoclavagem, durante 15 minutos, a uma temperatura entre 121 °C e 127 °C. Após a autoclavagem, tais resíduos podem ser acondicionados segundo a classificação do Grupo D e desprezados com o lixo hospitalar. Os resíduos provenientes de campanhas e de vacinação extramuros ou intensificações, quando não puderem ser submetidos ao tratamento nos locais de geração, devem ser acondicionados em caixas coletoras de materiais perfurocortantes e, para o transporte seguro até a unidade de tratamento, as caixas devem estar fechadas.

### 10.2.7 Eventos adversos pós-vacinação

A vacinação é uma medida de proteção específica efetiva para a prevenção de doenças e possui grande impacto nas condições de saúde e adoecimento da população. Apesar de seus benefícios, as vacinas não estão isentas de ocasionar reações indesejáveis.[7]

O Evento Adverso Pós-vacinação (EAPV) é todo evento não intencional, seja um sintoma ou desenvolvimento de uma doença ou alterações perceptíveis em exames laboratoriais após o indivíduo ser vacinado.[8]

A ocorrência do EAPV pode ser caracterizada em três categorias:
- Relacionada à produção da vacina: leva-se em consideração a cepa utilizada, os estabilizadores e os conservantes utilizados na confecção da vacina, o modo como a vacina foi manipulada e a forma como essa vacina foi conservada na rede de frio.
- Relacionado ao vacinado: leva-se em conta as características sociais e biológicas do vacinado.
- Relacionada à vacinação: refere-se às condutas do profissional de saúde que administrou a vacina, que podem ocasionar erros de técnica de aplicação e armazenamento, erro na dosagem e local da administração inadequado.[9]

Os EAPV mais comuns são os eventos locais, que, em sua maioria, são reações causadas por componentes da vacina e podem ocasionar elevação da temperatura, dor e vermelhidão no local de aplicação da vacina, entre outros, sendo mais facilmente tratáveis clinicamente. Já os eventos sistêmicos (anafilaxia, choro persistente, convulsão, encefalite, episódio hipotônico hiporresponsivo [EHH], invaginação intestinal, febre e diarreia) são mais graves e demandam assistência médica hospitalar, tratamento clínico e monitoramento.[10]

As reações adversas ocorrem, em sua maioria, 48 horas após a administração da vacina, sendo normalmente eventos benignos e de resolução espontânea. Entretanto, alguns eventos podem ocorrer mais tardiamente.[10]

A partir do momento em que é identificada a presença de um EAPV, é realizado pelo profissional de saúde local o preenchimento da ficha de notificação/investigação de eventos adversos pós-vacinação, que alimenta o Sistema de Informação de Evento Adverso Pós-Vacinação (SI-EAPV), que é um software do PNI.[10]

### 10.2.8 Vigilância epidemiológica das doenças imunopreveníveis de notificação compulsória

Vigilância epidemiológica é o conjunto de ações que proporcionam o conhecimento, a detecção ou a prevenção de qualquer mudança nos fatores determinantes e condicionantes de saúde individual ou coletiva, com a finalidade de recomendar e adotar as medidas de prevenção e controle das doenças ou agravos.[11] Sua finalidade é conhecer, detectar ou prever a ocorrência de doenças e outros agravos considerados prioritários, seus fatores de risco e suas tendências, além de planejar, executar e avaliar medidas de promoção, prevenção e de controle.[12,13]

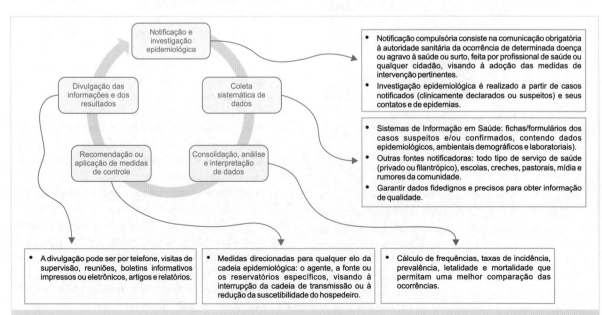

Figura 10.9 - As atividades do sistema de vigilância epidemiológica.
Fonte: elaborada pelas autoras.

As doenças prioritárias para a vigilância epidemiológica incluem aquelas que constituem problema de saúde pública por sua magnitude (alta incidência e prevalência, mortalidade), transcendência (severidade, relevância social e econômica), potencial de disseminação (transmissibilidade da doença), vulnerabilidade, compromissos internacionais, e para as quais existam medidas preventivas, principalmente as redutíveis por imunização.

Dentre as doenças imunopreveníveis de notificação compulsória e sujeitas à vigilância epidemiológica, destacam-se: poliomielite, sarampo, rubéola, caxumba, varicela, influenza, meningites, difteria, tétano, coqueluche, hepatites virais, febre amarela, tuberculose e diarreia por rotavírus. Outras doenças, agravos e eventos de saúde pública constam da lista de agravos de notificação compulsória publicada na Portaria nº 204, de 17 de fevereiro de 2016.

Destaca-se que com o conceito ampliado de vigilância foram incorporadas para além das antigas doenças de notificação compulsória, outras questões, como as nutricionais, os fatores ambientais, a saúde mental, as relações entre saúde e trabalho, a violência e a vigilância de fatores de risco.[14,15]

O conjunto de atividades de um Sistema de Vigilância Epidemiológica precisa resultar em um trabalho coletivo e integrado e deve levar em conta a complexidade dos agravos e seus determinantes no âmbito territorial para impulsionar a organização de competências e de estratégias de intervenção.[16]

No Sistema de Vigilância Epidemiológica, deve-se notificar a simples suspeita da doença/agravo/evento, sem aguardar a confirmação do caso, que pode significar perda de oportunidade de adoção das medidas de prevenção e controle indicadas. É fundamental que a notificação seja enviada dentro dos prazos estabelecidos (imediatamente ou uma vez por semana), mesmo que seja negativa, pois a notificação negativa demonstra que a vigilância está sendo realizada. As autoridades de saúde garantirão o sigilo das informações pessoais integrantes da notificação compulsória que estejam sob sua responsabilidade.[15]

A base do sistema de informação da vigilância epidemiológica é a notificação de casos e de óbitos. A definição de "caso" com o propósito de vigilância, é classificada em[14]:

■ Caso suspeito: indivíduo cuja história clínica e epidemiológica, sintomas e possível exposição a uma fonte de infecção/contaminação sugerem estar desenvolvendo ou em vias de desenvolver alguma doença.

■ Caso confirmado: indivíduo ou animal de quem foi isolado e identificado o agente etiológico ou de quem foram obtidas outras evidências epidemiológicas ou laboratoriais da presença do agente etiológico. A confirmação do caso está condicionada, sempre, à observância dos critérios estabelecidos, para sua definição, pelo sistema de vigilância.

■ Caso descartado: indivíduo que não preenche os critérios de confirmação e compatibilidade; ou para a qual é diagnosticada outra patologia que não aquela que se está apurando.

Para a detecção de casos, são utilizadas várias estratégias de vigilâncias, como:

■ Vigilância passiva: notificações voluntárias e espontâneas que ocorrem na rotina do serviço de saúde.

■ Vigilância ativa: utilizada na rotina das atividades de investigação epidemiológica quando da busca ativa de casos secundários de doenças de notificação compulsória e outros agravos inusitados ou na busca ativa de faltosos. Muito utilizado frente às situações alarmantes ou em programas de erradicação e/ou controle prioritários.

■ Fonte sentinela: seleção de um ou mais estabelecimentos de saúde, no qual se concentram os esforços para a obtenção das informações epidemiológicas desejadas. É uma estratégia indicada para situações que exigem preocupação especial ou, simplesmente, para complementar o sistema rotineiro de informações. A fonte sentinela pode ser constituída de profissionais de saúde em vez de estabelecimentos.

■ Vigilância epidemiológica em âmbito hospitalar: o serviço que tem como principal objetivo realizar ações de vigilância epidemiológica de doenças de notificação compulsória no ambiente hospitalar.

A vigilância epidemiológica depende da produção de dados e das informações geradas a partir dos Sistemas de Informação em Saúde. Estes são considerados uma ferramenta tecnológica de gestão capaz de processar, analisar, transmitir dados e disseminar informações. Seu uso possibilita o desencadeamento das ações de investigação dos casos suspeitos, de medidas de controle, de análise e de avaliação, de planejamento, bem como da sua divulgação.[14]

São vários os sistemas de informação em vigilância em saúde. Dentre eles, destacam-se:

■ Sistema de Informação de Agravos de Notificação (Sinan): as bases de dados são as fichas de notificação e investigação de casos de doenças e agravos que constam da lista nacional de doenças de notificação compulsória.

■ Sistema de Informação do Programa Nacional de Imunização (SIPNI): incorpora, em uma única base, subsistemas que fornecem informações sobre o registro individual de doses aplicadas, as coberturas vacinais, o controle do estoque de imunobiológicos e das indicações de imunobiológicos especiais e seus eventos adversos pós-vacinação.

ASSISTÊNCIA EM SAÚDE COLETIVA

- Sistema de Informação sobre Mortalidade (SIM): utiliza como instrumento de coleta de dados a Declaração de Óbito (DO), que dispõe de causas básicas codificadas e os dados criticados e processados por local de residência do falecido.
- Sistema de Informações sobre Nascidos Vivos (Sinasc): utiliza como documento a Declaração de Nascidos Vivos (DN), padronizada nacionalmente.
- Sistema de Informações Hospitalares (SIH-SUS): constitui importante fonte de informações das doenças que requerem internação e conta com dados sobre o atendimento, o diagnóstico da internação, a condição da alta e os valores pagos.
- Sistema de Informação da Atenção Básica (Sisab): sistema que disponibiliza indicadores sociais, permitindo aos gestores municipais a monitoração das condições sociodemográficas e ambientais das áreas cobertas.

O monitoramento e a avaliação das informações em saúde disponíveis nas bases de dados possibilitam a investigação epidemiológica de casos notificados (clinicamente declarados ou suspeitos), de óbitos e de epidemias e deve ser iniciada, imediatamente, após a notificação compulsória, ao aumento do número de casos que exceda à frequência habitual, à transmissão de fonte comum de infecção, na presença de evolução severa da doença e na ocorrência de doença desconhecida na região. O propósito final da vigilância é orientar medidas de controle e impedir a ocorrência de novos casos.

### NOTA

Consultar o link para conhecer as doenças de notificação compulsória: <https://j.mp/2Ln0zSD>.

### NESTE CAPÍTULO, VOCÊ...

... verificou que os constantes avanços na área de vacinação, com a inclusão de novas vacinas ofertadas pelo PNI e alterações frequentes nos calendários de vacina, exigem do profissional atualização e educação permanente, para que não haja comprometimento da assistência prestada ao usuário.

... foi estimulado a buscar pelo conhecimento e que possibilite direcionar os leitores na magnitude do tema vacinação.

... observou que sejam consultados o site e os manuais disponibilizados pelo Ministério da Saúde, a fim de subsidiar o trabalho em sala de vacinação.

### EXERCITE

1. Maria, 12 meses, recebeu as vacinas de um ano, tríplice viral (sarampo, caxumba e rubéola) e pneumo 10 valente, porém, não recebeu a vacina contra meningo C, porque estava em falta na sala de vacina. Depois de cinco dias, a mãe a levou novamente na Unidade Básica de Saúde para receber a vacina contra meningo C, porque ficou sabendo que já havia chegado. Diante disso, responda:
   a) Administrar a vacina contra meningo C e orientar a mãe a retornar com 15 meses.
   b) Não administrar a vacina meningo C e orientar a mãe a retornar após 30 dias de intervalo da vacina tríplice viral.
   c) Orientar a mãe a voltar após 15 dias de intervalo entre as vacinas que recebeu.
   d) Não administrar a meningo C, visto que já passou da data de receber a vacina.
   e) Nenhuma das respostas anteriores.

2. Classifique as alternativas em verdadeiras (V) ou falsas (F):
   (  ) A vacina contra hepatite B é administrada via intramuscular profunda, sendo o vasto lateral e o glúteo os principais locais de aplicação.
   (  ) A vacina BCG-ID é administrada a partir do nascimento na inserção inferior do deltoide direito.
   (  ) A pentavalente (DTP + HIB + hepatite B) é aplicada em dose de 0,5 mL intramuscular, aos dois, quatro e seis meses, com 1º reforço aos 15 meses e o 2º entre 4-6 anos, apenas com DTP.
   (  ) As vacinas Sabin e rotavírus, ao serem administradas e eliminadas pela criança, por meio de choro ou vômitos, devem ser administradas novamente.
   (  ) A vacina tríplice viral é de aplicação subcutânea e protege conta sarampo, rubéola e caxumba. É administrada aos 12 meses e deve ser aplicada mais uma dose da vacina aos 15 meses, com o componente varicela.

3. Uma mulher grávida, 23 semanas, procura a Unidade Básica de Saúde para o pré-natal. Verifica-se que na gestação anterior, há 11 anos, ela recebeu o esquema completo da vacina dupla tipo adulto (dT) e hepatite B. Nesse caso, a conduta para prevenção é:
   a) aplicar uma dose de reforço da dT hoje e após 30 dias fazer a vacina dTpa.
   b) não vacinar.
   c) agendar o retorno para uma dose de reforço com a vacina dTpa a partir da 27ª semana.

d) aplicar uma dose de reforço da dT hoje e revacinar a partir da 30ª semana.
e) aplicar uma dose de Difteria, Tétano e Coqueluche (Pertussis Acelular) Tipo adulto – dTpa hoje.

4. Sobre as vacinas, analise as afirmativas a seguir:
   I. Vacinas atenuadas são produzidas por cultivo e purificação de micro-organismos adaptados ou estruturados para eliminar sua patogenicidade, porém mantendo sua imunogenicidade.
   II. As vacinas contra sarampo, caxumba, rubéola, poliomielite oral (tipo Sabin), febre amarela e BCG são do tipo inativadas.
   III. As vacinas contra a poliomielite (tipo Salk), influenza, difteria, tétano, coqueluche e raiva são do tipo atenuadas.
   IV. A vacina pentavalente pode ser administrada até 6 anos, 11 meses e 29 dias.

   Assinale a alternativa correta:
   a) As afirmativas I e II estão corretas.
   b) As afirmativas II e III estão corretas.
   c) As afirmativas I e IV estão corretas.
   d) As afirmativas I, II e IV estão corretas.
   e) Todas as afirmativas estão corretas.

5. A cadeia de frio é o processo de armazenamento, conservação, manipulação, distribuição e transporte dos imunobiológicos do Programa Nacional de Imunizações (PNI) e deve ter as condições adequadas de refrigeração, desde o laboratório produtor até o momento em que a vacina é administrada. Com base nos dados referidos, analise as seguintes afirmativas:
   I. Na primeira prateleira da geladeira da sala de vacinação de unidades básicas de saúde não devem ser colocadas as vacinas.
   II. Em nível local, as vacinas devem ser mantidas numa temperatura entre +2 ºC e +8 ºC.
   III. Na arrumação do refrigerador, deve-se manter a gaveta de legumes e colocar garrafas com água, pois contribuem para manter a conservação da temperatura.
   IV. Não existe ordem de colocação das vacinas nas prateleiras da geladeira da sala de vacinação, pois nenhuma pode ser submetida a temperaturas negativas.
   V. As unidades de saúde que possuem refrigerador tipo doméstico devem fazer a substituição por câmaras refrigeradas, segundo orientação do Ministério da Saúde.

   Assinale a alternativa correta:
   a) As afirmativas I e IV estão corretas.
   b) As afirmativas I, II e III estão corretas.
   c) As afirmativas IV e V estão corretas.
   d) Todas as afirmativas estão corretas.
   e) As afirmativas I, III e V estão corretas.

6. Os soros devem ser administrados depois da ocorrência de exposição de pessoas suscetíveis a determinados agentes infecciosos, ou após acidentes causados por animais peçonhentos. Sua administração caracteriza qual tipo de imunização?
   a) Heteróloga.
   b) Homóloga.
   c) Ativa.
   d) Passiva.
   e) Ativa e Passiva.

7. Marcos, 8 meses e 17 dias, recebeu todas as vacinas até os 4 meses de idade. Hoje, seus pais procuraram a unidade de saúde para regularizar a situação vacinal. Assinale a alternativa que corresponda qual deve ser a conduta do enfermeiro neste caso:
   a) Administrar a 3ª dose de pentavalente (DTP + HIB + hepatite B), 3ª dose de vacina inativada contra poliomielite (VIP), 2ª dose de meningo C e agendar a febre amarela para daqui a 13 dias, quando completa 9 meses.
   b) Administrar a 3ª dose de pentavalente e a 3ª dose de VIP e após 30 dias administrar a 2ª dose de meningo C.
   c) Administrar a 3ª dose de pentavalente e a 3ª dose de VIP e após 30 dias administrar a 2ª dose de meningo C e febre amarela.
   d) Administrar a 2ª dose de meningo C, que deveria ser dada aos 5 meses, e após 30 dias a 3ª dose de pentavalente e a 3ª dose de VIP.
   e) Administrar a 3ª dose de pentavalente (DTP + HIB + hepatite B), 3ª dose de vacina inativada contra poliomielite (VIP), 2ª dose de meningo C e agendar a febre amarela para daqui a 60 dias.

## PESQUISE

- O Guia de Vigilância epidemiológica, do Ministério da Saúde, apresenta todas as doenças de notificação compulsória é e um material muito importante para aprofundar o conhecimento. Disponível no link: <https://bit.ly/39yvR38>.
  - Vídeo do Ministério da Saúde sobre *fake news* em vacinação. Disponível em: <https://bit.ly/2OSPivr>.
  - Leitura do Manual: BRASIL. Ministério da Saúde. Manual de vigilância epidemiológica de eventos adversos pós-vacinação. 3. ed. Brasília: MS, 2014. Disponível em: <https://bit.ly/3bAJe4q>.
  - Avalie seu cartão de vacina ou de algum familiar. Observe as vacinas administradas, busque conhecer a finalidade de cada uma delas, a via de administração e os possíveis eventos adversos. Identifique o próximo agendamento e qual vacina receberá.

# CAPÍTULO 11

# ASSISTÊNCIA AO PACIENTE EM SITUAÇÕES DE URGÊNCIA E EMERGÊNCIA

MARIA ISIS FREIRE DE AGUIAR

COLABORADORES:
EDUARDO RODRIGUES MOTA
JOSÉ ORIANO DA MOTA
JULYANA GOMES FREITAS
SÂMILA GUEDES PINHEIRO
VICENTE DE PAULO DA SILVA LOPES
VÍVIEN CUNHA ALVES DE FREITAS

### NESTE CAPÍTULO, VOCÊ...

- ... adquirirá embasamento teórico-prático na assistência de enfermagem nas diversas situações de emergência.
- ... reconhecerá sinais e sintomas de gravidade e realizará ações de suporte imediato à vida em emergências clínicas e traumáticas.
- ... discutirá os protocolos de atendimento às vítimas de emergências clínicas e traumáticas.

### ASSUNTOS ABORDADOS

- Atendimento pré-hospitalar.
- Avaliação e atendimento inicial nas emergências traumáticas e clínicas.
- Atendimento ao paciente vítima de traumas e de agravos clínicos.

# ESTUDO DE CASO

Durante caminhada em uma praça pública, um homem com 57 anos apresentou subitamente dor precordial e, em seguida, caiu no chão com perda da consciência. Uma ambulância de Suporte Básico de Vida do Serviço de Atendimento Móvel de Urgência (Samu) foi acionada por populares e, ao chegar ao local, um dos socorristas identificou ausência do pulso carotídeo, caracterizando parada cardiorrespiratória (PCR).

### Após ler o caso, reflita e responda:

1. Segundo as diretrizes atuais recomendadas em situação de PCR,[7] quais procedimentos deverão ser adotados pelos socorristas no caso apresentado?
2. Essa vítima também necessitará de Suporte Avançado de Vida?

# 11.1 ATENDIMENTO PRÉ-HOSPITALAR

As condutas de cuidados imediatos em situações de emergência, que recebem denominações como "suporte básico de vida" ou "primeiros socorros", devem ser ensinadas para o maior número de pessoas possível. Agrega-se o atendimento às situações de emergência a expressão "Suporte Imediato à Vida", correspondendo a todas as medidas iniciais que podem e devem ser realizadas a uma pessoa que necessite de cuidados de emergência.[1] Nesse contexto, emergiu o Atendimento Pré-Hospitalar (APH), que, no Brasil, é definido como o conjunto de medidas e procedimentos técnicos que objetivam o suporte de vida à vítima. Essa resposta pode variar de um simples conselho ou orientação médica até o envio de viatura móvel de Suporte Básico ou o Avançado de Vida ao local da ocorrência, visando à manutenção da vida e/ou a minimização das sequelas.[2]

Considera-se como nível pré-hospitalar móvel na área de urgência o atendimento que procura chegar precocemente à vítima, após ter ocorrido um agravo à sua saúde (de natureza clínica, cirúrgica, traumática, inclusive psiquiátrica), que possa levar a sofrimento, sequelas ou mesmo à morte, sendo necessário, portanto, prestar-lhe atendimento e/ou transporte adequado a um serviço de saúde devidamente hierarquizado e integrado ao Sistema Único de Saúde (SUS).

Pode-se chamar de atendimento pré-hospitalar móvel primário quando o pedido de socorro for oriundo de um cidadão ou de atendimento pré-hospitalar móvel; secundário, quando a solicitação partir de um serviço de saúde, no qual o paciente já tenha recebido o primeiro atendimento necessário à estabilização do quadro de urgência apresentado, mas necessite ser conduzido a outro serviço de maior complexidade para a continuidade do tratamento.[2]

As equipes de atendimento de urgência e emergência, no Brasil, são multidisciplinares. Incluem enfermeiros, médicos e técnico de enfermagem, podendo ser este o principal socorrista na ação. Como exemplo disso, tem-se as unidades básicas que contêm um técnico de enfermagem e um condutor socorrista.

De forma geral, os atendimentos pré-hospitalares são realizados em situações de urgência e emergência, no qual há a necessidade de um atendimento ágil e eficaz para suprir a necessidade do paciente, mantendo-o vivo e nas melhores condições possíveis até que ele seja atendido em uma unidade que possa realizar todo o cuidado necessário.

É interessante observar que o modelo pré-hospitalar instituído no Brasil mescla importantes características do modelo franco-germânico (com forte participação do profissional médico em todas as etapas de regulação e um modelo de Suporte Avançado de Vida [SAV] estruturado também com médicos) com a estruturação de equipes do modelo anglo-americano (com equipes de não médicos treinados que executam procedimentos a partir de protocolos).[3]

Destaca-se a atuação dos profissionais de enfermagem que trabalham em todas as linhas de atendimento pré-hospitalar, implicando em competências e atribuições em função de cada modalidade (Suporte Básico de Vida ou Suporte Avançado de Vida) mediante a legislação em cada país, além de protocolos e treinamentos. Somado a estes parâmetros, requer um perfil de profissional que reúna características como dinamismo, inteligência, assertividade e criatividade para potencializar e construir boas equipes de trabalho, tanto do ponto de vista técnico como comportamental.[4]

Portanto, os profissionais da enfermagem devem ter a preocupação de se manter atualizados no conhecimento científico, de modo que poderão prestar melhores cuidados às pessoas e às respectivas famílias, sobremodo, o desenvolvimento de julgamento clínico e pensamento crítico tão importante na tomada de decisão diante de uma emergência. Para a sociedade em geral, um profissional de enfermagem capacitado e treinado está diretamente relacionado à redução da mortalidade e morbidade das vítimas em situações de emergência.

Para executar o atendimento de forma ágil e eficaz, destaca-se o papel do técnico de enfermagem que deve estar devidamente capacitado, não apenas com toda a teoria, mas a prática é indispensável para melhor execução, pois, além da anatomia e fisiologia, há muitos equipamentos que são utilizados e há a necessidade de domínio do uso em cada situação. Somando o preparo teórico com o preparo prático, ao longo da experiência a equipe vai desenvolvendo toda uma estrutura psicológica para desenvolver o melhor atendimento.

# 11.2 AVALIAÇÃO E ATENDIMENTO INICIAL NAS EMERGÊNCIAS TRAUMÁTICAS E CLÍNICAS

A avaliação e o atendimento inicial do paciente são feitas de forma sistemática e simples para facilitar a agilidade do atendimento e consiste em etapas que visam solucionar e salvar a vida do paciente.

Ao chegar no local de atendimento, é considerado que a equipe já deva, por obrigação, estar paramentada com todos os Equipamentos de Proteção Individual (EPI) segundo as normas. Assim, a primeira ação de prestação de socorro é a análise da cena. Mas o que essa avaliação oferece de benefícios no socorro à vítima? Não seria mais um atraso na prestação do atendimento?

Figura 11.1 - Transporte de vítima em situação de emergência.

Por qual motivo a avaliação da cena é considerada a primeira ação na prestação de atendimento no pré-hospitalar?

A avaliação da segurança da cena é de suma importância, não apenas para a vítima, mas para a equipe que está prestando atendimento e à população que se aproximará do local.

Há inúmeros riscos para todos nessa situação, como: condições climáticas (chuva, por exemplo), estradas (risco de acidente de trânsito), incêndios, segurança local (há muitos atendimentos em áreas de risco), desabamentos e outros.

Levando em consideração o número elevado de riscos, é imprescindível que o profissional saiba solicitar alguns serviços como polícia e bombeiros, se necessário, e tenha todas as técnicas de prevenção de novos agravos, como sinalização de vias de trânsito.

Os técnicos de enfermagem, assim como toda a equipe, devem ter em mente que a segurança de quem socorre é a maior prioridade, pois não deve se tornar outra vítima.

Há uma divisão didática que busca enumerar as prioridades durante a prestação do socorro à vítima. O técnico pode e deve realizar todas as etapas para solucionar o problema. Seguem as etapas com base em protocolos de atendimento de emergência.[5]

Avaliação primária

A (*Airway*): atendimento das vias aéreas e controle da coluna cervical – é de suma importância que sejam realizadas as técnicas de abertura de vias aéreas de acordo com o agravo do paciente (clínico ou traumático) e que a coluna cervical seja estabilizada, inicialmente com as mãos até a colocação do colar cervical e *headblocks* na prancha longa, se indicado.

B (*Breathing*): respiração (ventilação) – verificar se a vítima está respirando e, se necessário, iniciar as ventilações com os dispositivos utilizados, como *pocketmask* ou Bolsa-Válvula-Máscara (BVM).

C (*Circulation*): avaliar a circulação de sangue no paciente, utilizando como parâmetro principal o pulso central. No adulto, recomenda-se palpação do pulso carotídeo em paciente irresponsivo. Em geral, é importante avaliar os pulsos radiais bilateralmente, perfusão capilar, temperatura da pele e pressão arterial, se possível.

D (*Disability*): deficiência/incapacidade – é a avaliação do estado neurológico do paciente segundo a escala de coma de Glasgow atualizada, que inclui a avaliação pupilar (ECG-P);

E (*Exposition*): exposição e ambiente – avaliação da vítima realizando exposição de todas as partes do corpo para análise de outras lesões ainda não vistas e controle da temperatura corporal.

A ordem da execução da avaliação pode ser alterada de acordo com o estado do paciente. Para isso, no decorrer do capítulo, será especificado o protocolo de atendimento em agravos clínicos e agravos no trauma.

Durante todo o processo de atendimento e transporte da vítima, os parâmetros utilizados para analisar a situação do paciente devem ser reavaliados devido ao risco de agravo. A monitorização e a reavaliação contínua são padrões que elevam a qualidade da assistência prestada.

### NOTA

Em casos de trauma com hemorragias exsanguinantes, o protocolo inicia com XABCDE, no qual X representa controle imediato da hemorragia, mudança recentemente implementada nos protocolos de atendimento às emergências traumáticas.(6) Em casos de parada cardiorrespiratória (PCR), o protocolo muda para CAB, que inicia com avaliação da responsividade, acionamento do Serviço Médico de Emergência (SME), checagem de pulso central e, na ausência, é iniciado o protocolo de Reanimação Cardiopulmonar (RCP).[7]

Ainda no contexto de avaliação do doente, soma-se uma avaliação secundária, que geralmente ocorre durante o transporte das vítimas para as unidades e é utilizada para levantar mais informações sobre o paciente e sua atual situação, além de realização do exame físico céfalo-podal. As informações adquiridas durante essa avaliação contribuem para evitar agravos e até mesmo a morte.[7]

Avaliação secundária

S (Sintomas): identificação de sinais e sintomas referidos pelo paciente até o momento.

A (Alergias): identificação de alergias, em especial por medicamento ou substância.

M (Medicamentos): uso de medicamentos pelo paciente, regularmente ou não, prescritos ou não.

P (Passado médico): identificação de patologias de base, cirurgias antigas.

L (Líquidos e alimentos ingeridos): alimentação recente pode representar um risco em caso da necessidade de cirurgias, anestesias, intubação e outros procedimentos.

E (Eventos que precederam o trauma ou mal súbito): compreender o ambiente e a situação em que o paciente estava faz com que a análise da situação seja mais precisa.

### NOTA

O exame céfalo-podal deve ser realizado de forma detalhada, precisa e ágil, assim como todo o atendimento. Deve seguir esta ordem: cabeça, cervical, tórax, abdome, pelve, dorso e extremidades.
Em muitos atendimentos, não é possível ser realizar a avaliação secundária, pois a prioridade é estabilizar o paciente de acordo com avaliação primária e isso pode durar todo o período de atendimento até entregar o paciente na unidade de referência, onde serão realizadas intervenções que não são possíveis no atendimento pré-hospitalar.

## 11.3 ATENDIMENTO AO PACIENTE VÍTIMA DE TRAUMAS

Segundo dados da Organização Mundial de Saúde (OMS) e do Centro de Controle de Doenças (CDC), mais de nove pessoas morrem a cada minuto por lesões ou violência, e 5,8 milhões de pessoas de todas as idades e grupos econômicos morrem a cada ano por lesões não intencionais e violência. Disso resulta ser o trauma caracterizado como uma epidemia.[8] Nesse contexto, define-se trauma como um evento nocivo produzido por um agente externo, oriundo da liberação de formas específicas de energia ou de barreiras físicas.[5]

### 11.3.1 Trauma Cranioencefálico (TCE)

Dentre os traumas, o TCE é o mais grave, uma vez que é o responsável por 10% das mortes ocorridas ainda fora do hospital. Pode incluir fraturas de crânio e lesões intracranianas, como contusões, hematomas, lesões difusas e edema resultante. As fraturas cranianas podem ocorrer na calota craniana, constituída pela parte superior do crânio, de forma convexa, formada pelo osso frontal (à frente), pelos dois parietais (na parte média) e pela parte superior do occipital (atrás), ou na base do crânio, que geralmente requerem tomografia computadorizada para fechar o diagnóstico, ainda que sinais bem característicos evidenciem esse tipo de fratura.[9]

Quanto à gravidade da lesão, podem ser classificados como: lesão cerebral traumática leve, que inclui 80% dos que chegam ao hospital; moderado ou intermediário, com 10%; e os casos graves, também com 10%.[9] Seguindo essa classificação, apresentam, na Escala de Coma de Glasgow, um escore de 13-15 para os casos leves; de 9-12 para os moderados, e com um ECG de 3-8, os pacientes de TCE grave. Pacientes que obtêm escore de 8 ou abaixo disso têm indicação de intubação orotraqueal (IOT), dado ao comprometimento do centro cardiorrespiratório.[8]

### Sinais e sintomas

Os TCE leves, também denominados concussão, são caracterizados por rápida perda de consciência, seguida por amnésia com duração aproximada de 1 hora; os moderados, por períodos médios de 1 hora ou mais; e os graves, podem apresentar esses sintomas posteriormente à lesão leve e moderada, configurando um quadro grave pelo potencial dano cerebral que pode resultar.

Podem, ainda, vir acompanhados de tontura, ansiedade, mal-estar geral, agitação, cefaleia e sonolência; nos casos graves, inconsciência profunda, coma, edema ou hemorragia cerebral (evidenciada por tomografia).[9]

### NOTA

Rinorreia (perda de líquor ou sangue pelas narinas); otorreia ou otoliquorreia (perda de líquor ou sangue pelos ouvidos); "olhos de guaxinim" (equimose ou hematoma periorbital); sinal de Battle (equimose ou hematoma atrás da orelha, na região mastoidea); sinal de duplo anel (líquor e sangue no nariz e/ou ouvidos), se observadas no exame físico imediato caracterizam fratura de base de crânio.[9]
As fraturas na base do crânio, com os sinais de Battle e guaxinim, contraindicam a instalação de sonda nasogástrica, indica-se somente a orogástrica.

### Condutas fora do ambiente hospitalar

Algumas condutas são essenciais para oferecer um atendimento adequado e garantir a segurança da equipe no local de atendimento:
- Verifique a segurança do local e use Equipamentos de Proteção Individual (luva e máscara).
- Peça ajuda especializada.

- Avalie a cena, observe a vítima e veja o que é possível fazer.
- Siga a sequência XABCDE do suporte básico de vida.
- Realizar estabilização manual da cabeça, alinhamento e imobilização adequada para remover a vítima do local.
- Observe o nível de consciência, faça perguntas que a localize no tempo e no espaço. Exemplo: Que dia é hoje? Qual é o seu nome? Onde você está?
- Geralmente, as vítimas de trauma craniano estão inconscientes, o que exige mais atenção. Esteja apto a realizar manobras de RCP ou de desobstrução de via aérea, caso necessário.

## Assistência de enfermagem

- Realizar avaliação neurológica precoce por meio da ECG-P.
- Movimentar a vítima somente o mínimo necessário e "em bloco".
- Administrar oxigênio sob máscara até 15 L/min, ou conforme necessidade.
- Puncionar acesso venoso de grosso calibre, colher amostra de sangue e manter hidratação conforme prescrição.
- Limpar a lesão com SF 0,9%.
- Verifique sinais vitais e instale oximetria de pulso.
- Observe o ferimento, se há corpo estranho ou se está sangrante.
- Fazer curativo local compressivo para proteger a lesão, se indicado.
- Auxiliar o enfermeiro assistente nos procedimentos mais complexos.
- Manter as grades de proteção elevadas. Paciente nesse estado pode apresentar agitação ou convulsões.
- Dar seguimento ao plano de cuidados traçado pelo enfermeiro responsável e pela equipe assistente.

## 11.3.2 Trauma e lesão medular

Lesão medular é toda agressão às estruturas contidas no canal medular, podendo levar a alterações de ordem motora, sensitiva, autonômica e psicoafetiva. Manifesta-se como paralisia (perda da capacidade de movimentação voluntária de um músculo) ou paresia (limitação dos movimentos de um ou mais membros). A lesão da medula espinhal causa sérios efeitos no organismo humano, no estilo de vida da pessoa e, também, reflete em sua situação financeira.[10]

A coluna vertebral é composta por 33 ossos, também chamados vértebras, que estão dispostas uma sobre as outras, separadas pelo disco intervertebral. As 33 vértebras são divididas em quatro regiões: cervical (7), torácica (12), lombar (5) e sacral (5 vértebras fundidas, formando o sacro e 4 vértebras coccígeas, também fundidas, formando o cóccix).[5]

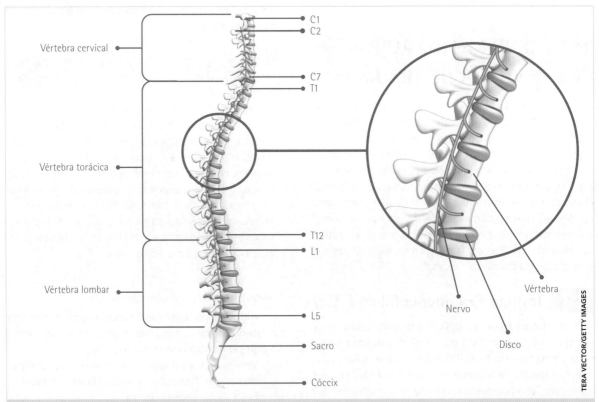

Figura 11.2 – Coluna vertebral e sua divisão.

### NOTA

Cinquenta e cinco porcento das lesões da coluna vertebral ocorrem na região cervical, 15% na torácica, 15% na junção toracolombar e 15% na região sacral.[5]

## Trauma

No Brasil, estima-se que o trauma medular atinja de 6 a 8 mil pessoas por ano, sendo que 80% são homens, principalmente na faixa etária de 10 a 30 anos. A causa mais comum de lesão na medula deve-se a lesões traumáticas: acidentes de trânsito, esmagamento, ferimento por arma branca, queda, mergulho, entre outras causas.[11]

## Fisiopatologia

Compreende as lesões primárias e secundárias. Lesões primárias são aquelas que ocorrem por dano mecânico direto às membranas celulares e aos vasos sanguíneos pertencentes à medula espinhal e que, consequentemente, gerará as lesões secundárias. Esses dois tipos de lesão impedem a transmissão de impulsos nervosos para o organismo, interrompendo total ou parcialmente os estímulos voluntários e involuntários de diversos sistemas do corpo, como o sistema musculoesquelético, sistema respiratório, digestório, nervoso etc.

## Lesão medular no Atendimento Pré-hospitalar (APH)

Uma avaliação clínica cuidadosa por parte dos profissionais do APH é imprescindível para a melhor conduta frente a cada caso (ou possível caso) de trauma medular. A imobilização da coluna vertebral em prancha rígida, com a colocação do colar cervical, é difundida há bastante tempo entre os socorristas. No entanto, publicações mais atualizadas sobre o tema desmistificam a necessidade de em toda ocorrência, sem um julgamento clínico prévio, imobilizar a vítima.

O foco principal no atendimento pré-hospitalar é reconhecer as indicações para imobilização da coluna vertebral.

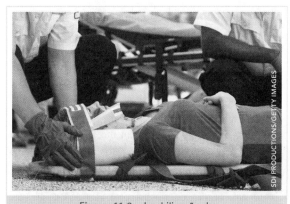

Figura 11.3 - Imobilização da coluna cervical em prancha rígida.

Quadro 11.1 - Indicações para imobilização da coluna[5]

| Sensibilidade à palpação da coluna vertebral | Escala de Coma de Glasgow < 15 |
|---|---|
| Estado mental alterado | Paralisia ou outro déficit neurológico |
| Comunicação ineficaz (idade e idioma diferente) | Presença de outra lesão que mascare a dor na coluna |
| Queixa de dor na coluna | |

Portanto, não havendo indicações de imobilização da coluna cervical após um exame clínico cuidadoso, o procedimento pode não ser realizado.

### NOTA

Existem critérios desenvolvidos para orientar a tomada de decisão quanto ao uso de restrição da coluna, a exemplo do NEXUS e do MARSHAL.[12]

O NEXUS é um critério utilizado em serviços estadunidenses, inicialmente criado para indicação de raios X na emergência, e posteriormente utilizado para indicar utilização de colar cervical. O mnemônico MARSHAL foi criado pelo serviço médico de emergência alemão e corresponde a:

**M** (*midline spine tenderness*): rigidez cervical.

**A** (*age*): idade acima de 65 anos.

**R** (*reduced sensibility or motor function*): redução da função sensitiva ou motora.

**S** (*supraclavicular injuries*): lesões supraclaviculares.

**H** (*high speed accident*, >100 km/h): acidentes com velocidade superior a 100Km/h.

**A** (*axial load to head, fall from ≥2 m*): mecanismo do trauma com carga axial sobre a cabeça, queda maior ou igual a 2 m.

**L** (*locomotive or bike collision*): colisão com automóvel ou bicicleta.

## Assistência de enfermagem

A equipe de enfermagem, integrante da equipe pré-hospitalar, deve estar inteirada dos procedimentos de imobilização com o colar cervical e restrição da coluna. A seguir é apresentado o passo a passo em como executar tais procedimentos:

- Colocação do colar cervical (para pacientes com suspeita de trauma e indicação de imobilização da coluna vertebral).[13]
  - Utilizar EPIs obrigatórios.
  - Selecionar colar cervical de tamanho apropriado.
  - Informe o procedimento ao paciente (caso seja viável).
  - O profissional 1 realiza a estabilização manual da cabeça com as duas mãos, colocando-a sensivelmente em posição neutra (esse alinhamento deve ser evitado caso o paciente sinta dor ou dificuldade respiratória).
  - O profissional 2 realiza a avaliação do pescoço (antes da colocação do colar) para identificar possíveis lesões. Em seguida, utiliza seus dedos para medir o pescoço do paciente (distância entre a mandíbula e o ombro).
  - Utilizando a medida, o profissional 2 instala corretamente o colar cervical. O profissional 1 não deve soltar, sob nenhuma hipótese, a cabeça da vítima, até que ela esteja com os estabilizadores manual de cabeça fixados ao lado.
  - A colocação do colar em vítima deitada se inicia com a passagem do colar por trás, entre o pescoço e a superfície, complementando-se pelo ajuste do apoio mentoniano à frente.
- Realizar restrição de movimento da coluna com técnicas apropriadas, considerando avaliação do paciente, cena e equipamentos disponíveis. A extração ou remoção da vítima pode ser realizada por meio da prancha Scoop, elevação à cavaleira ou rolamento 90 e 180 graus com posicionamento em prancha rígida. Contudo, o transporte deve ser realizado na maca simples da ambulância ou maca à vácuo, buscando evitar maiores danos à vítima.

A sequência de imobilização difere, dependendo da literatura que for utilizada. Minimizar lesões à coluna e a correta execução dos procedimentos melhora o prognóstico do paciente/vítima. No protocolo de Suporte Básico de Vida, do Serviço de Atendimento Móvel de Urgência (Samu), a ordem é a seguinte:[13]
  - A vítima/paciente, já com o colar cervical instalado, deve ter a cabeça imobilizada com os estabilizadores laterais de cabeça e com os tirantes fixados à prancha.
  - Em seguida, o tronco (tórax, membros superiores e pelve) devem ser fixados à prancha.
  - Por último, as pernas são fixadas.

Já para o PHTLS,[5] a ordem é:
  - Primeiramente, imobilização do tronco (tórax, membros superiores e pelve).
  - Imobilização da cabeça com os estabilizadores laterais de cabeça e com os tirantes fixados à prancha.
  - Imobilização dos membros inferiores.
  - Imobilização dos membros superiores.

### 11.3.3 Trauma torácico

Paciente vítima de um trauma de tórax deve ser recomendado como prioridade máxima para o atendimento, tanto em nível pré quanto extra-hospitalar, dada a grande possibilidade de um desfecho desfavorável. São traumas, geralmente, provenientes de mecanismos contusos ou penetrantes, como lesão por arma de fogo, arma branca, ou de politrauma, como em um acidente de trânsito em que o tórax do condutor pode se chocar contra a direção do veículo, por exemplo. Pode ser fatal, se não for identificado e tratado imediatamente, ainda na avaliação primária.[8]

O trauma torácico pode ser classificado em trauma fechado (contuso) ou aberto (penetrante). São considerados traumas torácicos: tamponamento cardíaco, hemotórax, contusão pulmonar, tórax instável, pneumotórax aberto e pneumotórax hipertensivo.

Tem-se um pneumotórax quando o ar, oriundo do pulmão, passa a invadir o espaço pleural pelo local da perfuração. Será classificado como pneumotórax aberto se essa lesão for grande o suficiente a ponto de os tecidos ao redor não conseguirem fechar o ferimento. A situação se agrava se esse ar, de forma contínua, invade todo o espaço da cavidade torácica ficando represado em grande quantidade na região pleural, exercendo forte pressão. Nesse caso, tem-se um pneumotórax hipertensivo e, como consequência, um colapso pulmonar, insuficiência respiratória, redução do débito cardíaco com hipotensão e/ou choque, e se não resolvido com uma descompressão imediata ou com drenagem de tórax, o paciente irá a óbito.[8]

**NOTA**

Se você estiver em um atendimento pré-hospitalar diante de um trauma perfurante de pulmão, seja rápido e aplique o curativo de três pontos. É simples: fixe sobre o ferimento um quadrado de saco plástico, ou um papel-alumínio ou, ainda, o lado de plástico da embalagem de um pacote de gaze 7,5 cm × 7,5 cm; fixe apenas em três pontos (lados), deixando livre um dos lados. Esse dispositivo funcionará como um sistema de válvula unidirecional; na inspiração, tamponará a ferida impedindo a entrada de ar; ao passo que, na expiração, o ar é liberado pelo ferimento. Preferencialmente, utilizar curativos valvulados disponíveis comercialmente. Finalidade: descompressão do pulmão atingido, evitando agravamento por pneumotórax hipertensivo.[5]

Tanto nas vítimas de trauma com vias aéreas pérvias quanto naquelas que necessitam de via aérea definitiva, deve-se administrar oxigênio em uma vazão de 12 L/min.[8]

Outro trauma importante é o tórax instável, decorrente de fratura de dois ou mais arcos costais consecutivos, sendo que cada arco se encontra fraturado em mais de um lugar. Compromete diretamente a função respiratória, devido a dor, defeito costal e movimentos paradoxos do tórax. O tratamento é voltado para o alívio da dor, suporte ventilatório e monitoramento de uma possível piora do quadro.[5]

### NOTA

**Atualização do ATLS 2018**
a) Profissionais de saúde devem ter parcimônia na associação de pneumotórax com drenagem de tórax imediata.
b) Tórax instável passa a ser considerado uma lesão potencialmente ameaçadora à vida.[8]

### Sinais e sintomas

São indicativos de insuficiência respiratória: batimento de asa de nariz, cianose, inquietação, dispneia, taquicardia e hipotensão.

Se o paciente apresenta dificuldade para respirar associado a um ou mais itens indicados a seguir, ele muito provavelmente está apresentando um pneumotórax hipertensivo e necessita de intervenção imediata:[5]
- desvio contralateral de traqueia;
- ausência ou diminuição de murmúrio vesicular no hemitórax acometido;
- turgência jugular (distensão da veia do pescoço);
- taquicardia;
- hipotensão ou choque.

### Assistência de enfermagem

- Faça as avaliações primária e secundária.
- Converse com a vítima. Finalidade: mantê-la calma e observar possíveis alterações do nível de consciência, respiração e pulso;
- Verifique os sinais vitais e anote-os para posterior comparação na reavaliação do paciente.
- Ofereça $O_2$ sob máscara não reinalante 10 a 15 L/min se Sat $O_2$ < 94%.
- Instale oxímetro de pulso e monitorização cardíaca, se disponível.
- Avalie a frequência ventilatória (importante parâmetro).
- Faça punção venosa única com jelco de grosso calibre. Finalidade: repor volume em caso de choque, administrar medicamentos, se prescrito.
- No momento do acesso, aproveite e colha amostras de sangue. Finalidade: possível transfusão e/ou cirurgia.
- Retire roupas molhadas da vítima, mantenha-a aquecida, providencie manta térmica ou cobertores (lembre-se: a hipotermia é condição de agravamento do quadro do paciente vítima de trauma).
- Controle sangramentos externos.
- Continuidade aos planos traçados pelo enfermeiro responsável e pela equipe médica.

### NOTA

**Atualização do ATLS 2018**
a) Punção venosa única com jelco 18.
b) A reposição volêmica deve ser feita com até 1 litro de cristaloide.
c) Uso do ácido tranexâmico para controle dos sangramentos.
d) Transfusão maciça: definido como 10 U de concentrado de hemácias em 24 horas ou 4 unidades em 1 hora.[8]

Ferimentos e objetos encravados ou empalados não devem ser movidos ou removidos no APH; devem ser fixados e imobilizados para evitar movimentação durante o transporte; se sangramento, fazer curativos ao redor do objeto.

## 11.3.4 Trauma abdominal

A incidência de lesões abdominais ocorre entre 15% a 20% dos traumas em geral. Basicamente, dois são os tipos de traumas abdominais: os contusos ou fechados (exemplo: um acidente de automóvel, uma queda) e os penetrantes ou abertos, quando um objeto estranho perfura a pele, sofrendo uma solução de continuidade. Estes podem ainda apresentar ou não lesão interna (exemplo: um ferimento por arma branca ou por arma de fogo).[5]

Os traumas abdominais contusos são de alta gravidade, pois há risco iminente de hemorragia interna, o que poderá levar a óbito por choque hipovolêmico ou, ainda, desencadear uma infecção por extravasamento de conteúdo de víscera oca, na cavidade, ou uma peritonite, que é a inflamação do peritônio. Nesse tipo de injúria, a dor pode estar ou não presente, o que dificulta o diagnóstico clínico.[5]

### NOTA

A lesão hepática é a lesão de órgão intra-abdominal mais comum.

Quadro 11.2 – Sinais e sintomas

| |
|---|
| • Equimose linear transversal na parede abdominal, sinal característico do cinto de segurança. |
| • Hematoma local. |
| • Contusões, escoriações e outras lesões na parede abdominal. |
| • Dor e sensibilidade à palpação abdominal. |
| • Rigidez (também conhecido como "abdome em tábua") ou distensão abdominal. |
| • Sudorese, palidez cutânea, pulso rápido e fino, cianose de extremidades. |
| • Alteração da pressão arterial para hipotensão sem causa aparente ou mais grave do que o explicado por outras lesões. |
| • Hematúria franca. |
| • Sangramento por via baixa. |

Quadro 11.3 – Condutas[6]

| |
|---|
| Realize avaliação primária e secundária. |
| Ofereça $O_2$ sob máscara não reinalante 10 a 15 L/min se Sat $O_2$ < 94%. |
| Monitorize a oximetria de pulso. |
| Controle sangramentos externos. |
| Providencie cuidados com os ferimentos e os objetos encravados ou empalados:<br>• não devem ser movidos ou removidos no APH;<br>• devem ser fixados e imobilizados para evitar movimentação durante o transporte;<br>• se ocorrer sangramento ao redor do objeto, fazer pressão direta sobre o ferimento ao redor do objeto (com a própria mão e/ou compressas); e<br>• não palpar o abdome para evitar maior laceração de vísceras. |
| Providenciar cuidados com a evisceração:<br>• não tentar recolocar os órgãos de volta na cavidade abdominal, manter como encontrado;<br>• cobri-los com compressas estéreis umedecidas com SF e plástico especial para evisceração, quando disponível. |

 **NOTA**

No trauma abdominal aberto, quando ocorre a evisceração, o atendimento deve ser apenas cobrir com tecido limpo ou gaze estéril umedecida com solução salina, de preferência, e não deve tentar colocar as vísceras para dentro da cavidade.[6]

 **Assistência de enfermagem**

- Preparar material (cateter, SF 0,9%, equipo para infusão).
- Explicar o procedimento.
- Posicionar o paciente adequadamente para os procedimentos necessários.
- Monitorizar a oximetria de pulso.
- Fazer curativos necessários.
- Manter a vítima informada sobre os procedimentos que serão realizados. Isso torna o atendimento mais humanizado e estabelece vínculo de confiança.
- Auxiliar nos trabalhos da equipe.

Percebe-se que a avaliação é o fator de sucesso para um bom atendimento. O tratamento eficaz vai acontecendo à medida que vamos identificando aquilo que é prioritário ao tratamento de vítima de trauma. Lembre-se de iniciar sempre a avaliação primária da vítima seguindo o novo método XABCDE.

## 11.3.5 Trauma pélvico

A pelve compreende uma junção dos dois ossos do quadril (ossos ilíacos) – sacro e cóccix –, sendo popularmente conhecida como "bacia" ou cintura. O anel pélvico, que é a parte central dessa região, contém órgãos urogenitais – reto, nervos e vasos sanguíneos.[14]

Trauma pélvico é uma lesão (ou fratura) provocada nessa região, decorrente de impactos de alta energia: compressão lateral, compressão anteroposterior ou cisalhamento (deslizamento em sentido contrário).[5]

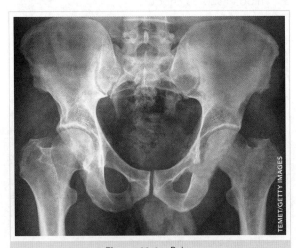

Figura 11.4 – Pelve.

## Epidemiologia

As fraturas/lesões da pelve são mais frequentes no sexo masculino. Geralmente, o acidente de trânsito é o mecanismo mais frequente, nos jovens. Em idosos, a queda banal torna-se o principal motivo. A zona urbana concentra os maiores índices de casos de queda.[15] De maneira geral, não são consideradas frequentes, representando apenas de 2% a 8% de todas as fraturas.[16]

Apesar de menos frequente, o trauma pélvico é uma das situações mais complexas de se resolver, sendo responsável por cerca de 3% das lesões esqueléticas. Estima-se que 10% a 15% dos pacientes cheguem à sala de reanimação das unidades hospitalares já em choque, e um terço delas morrerão.[10,17]

## Fisiopatologia

A perda sanguínea associada à fratura aqui descrita é a mais importante: o paciente tem uma perda de um ou mais litros de sangue. As fraturas, como já mencionadas, podem ocorrer devido à compressão lateral (lado direito ou esquerdo ou ambos) (exemplo: esmagamento, compressão anteroposterior (de frente para trás), arremesso da vítima para fora do carro, em um acidente de trânsito) e o cisalhamento, que é quando um osso se desloca para cima e o outro para baixo, no efeito de "esfregar" (exemplo: queda de altura). O sangramento intenso pode ocorrer de lesões venosas (80%) e arteriais (20%).[5]

## Lesão pélvica no Atendimento Pré-hospitalar (APH)

O tratamento dessas lesões graves e de pacientes com sangramento ativo constitui-se um desafio para os profissionais do APH, tendo em vista o contexto da cena na qual ocorreu o agravo, necessidade de insumos e a necessária capacitação de toda a equipe. Para o tratamento inicial de hemorragia externa, preconiza-se a aplicação de compressão direta sobre o ferimento (manualmente ou por meio de curativo compressivo). Caso a hemorragia não cesse pela compressão, um torniquete juncional deve ser aplicado. Se houver dificuldade na aplicação do torniquete na região sangrante, o médico da equipe pode considerar a aplicação de um agente hemostático tópico (se disponível) para a contenção de hemorragias.[5] Na suspeita de fratura, uma cinta pélvica deve ser posicionada para estabilização.

Como a lesão pélvica constitui-se como uma emergência traumática, umas das atualizações na literatura pertinente ao APH trouxe a contenção da hemorragia exsanguinante como prioridade na conduta de profissionais socorristas. Portanto, o foco inicial dos profissionais deve ser: conter a hemorragia externa intensa e, após, seguir o novo processo mnemônico XABCDE do trauma.[6] No entanto, se a equipe estiver em grande quantidade, os esforços de contenção sanguínea e de avaliação da via área (e demais passos) podem ser seguidos concomitantemente.

##  Assistência de enfermagem

- Avaliação da cena. Certificar-se que a cena está segura antes de chegar próximo à vítima/paciente.
- Certificar-se que você está munido com os devidos Equipamentos de Proteção Individual (EPIs).

X[6]

- Auxiliar o enfermeiro e médico na devida contenção da hemorragia exsanguinante,[6] por compressão direta, curativo compressivo, torniquete ou aplicação de agente hemostático tópico (solicitado pelo médico).

A[13]

- Certificar-se de via aérea pérvia ou obstruída. Se necessário, considerar abertura da via aérea por meio da técnica de *Chin Lift* (extensão da cabeça com elevação do mento) ou *Jaw Thrust* (elevação do ângulo da mandíbula).
- Auxiliar o enfermeiro na aspiração de secreção fluida em região oral.
- Auxiliar na aplicação da Cânula de Guedel (se for o caso).
- Auxiliar na preparação de medicações para via aérea definitiva (intubação orotraqueal ou cricotireoidostomia).

B

- Auxiliar o médico nos procedimentos de toracocentese e/ou da drenagem de tórax.
Monitoramento da oxigenação por meio da oximetria, capnografia e/ou gasometria.

C

- Compressão de todas as fontes externas de sangramento e auxílio na aplicação de curativo compressivo ou torniquete.
- Punção de dois acessos venosos calibrosos.
- Administração de fluidos (Ringer Lactato ou Soro Fisiológico a 0,9%, solicitado pelo médico da equipe).
- Avaliar coloração e temperatura da pele, pulso distal e tempo de reenchimento capilar.

D

- Auxiliar o enfermeiro e médico na avaliação neurológica do paciente/vítima, principalmente na aplicação da Escala de Coma de Glasgow.

E

- Exposição e controle da hipotermia:
  - retirada das roupas, cortando-as;
  - compressão dos sangramentos externos (se persistirem);
  - imobilização das fraturas;
  - aquecimento com cobertor ou mantas térmicas;
  - monitoração dos parâmetros hemodinâmicos, neurológicos e de saturação de $O_2$;
  - preparação da imobilização do paciente em prancha Scoop ou rígida.

## 11.4 ATENDIMENTO AO PACIENTE VÍTIMA DE AGRAVOS CLÍNICOS

Nesta sessão serão abordadas algumas das principais emergências clínicas que ameaçam a vida e demandam atenção imediata, incluindo choque, infarto agudo do miocárdio, edema agudo de pulmão e parada cardiorrespiratória cerebral.

### 11.4.1 Choque

O choque é definido como uma síndrome clínica caracterizada por desequilíbrio entre as variáveis de oferta e consumo de oxigênio e nutrientes. É decorrente de perfusão tissular ineficiente, induzindo processos de hipóxia celular, tissular e ocasionalmente, falência múltipla de órgãos e sistemas. A doença pode evoluir o paciente a óbito, exigindo um bom fluxo sanguíneo, um músculo cardíaco eficaz, um sistema circulatório pérvio e um volume corrente sanguíneo hábil.

O surgimento dessa condição clínica é complexa e imprevisível, porém, apresenta sinais, tidos como sinais de risco para o surgimento da doença. A equipe de enfermagem, que promove assistência aos pacientes vítimas de choque ou com suspeição clínica, precisa dominar o conhecimento sobre os vários tipos de choque (hipovolêmico, cardiogênico, distributivo, neurogênico, anafilático e séptico), para identificar sintomas e prover cuidados.[18]

#### Choque hipovolêmico

É derivado da diminuição do volume sanguíneo intravascular. É o tipo mais habitual de choque e pode ser causado por perda volêmica advinda de hemorragia traumática, edema, ascite, desidratação grave ou queimaduras de grande extensão. O volume intravascular sofre redução por meio da diminuição e do movimento de líquido corrente entre a seção intravascular e intersticial.[18]

A evolução do quadro de choque hipovolêmico inicia na diminuição de volume intravascular e finda na diminuição do volume da regressão venosa, diminuindo o volume de enchimento dos ventrículos do coração, acarretando na diminuição de sangue ejetado (volume sistólico), reduzindo o débito cardíaco. Débito cardíaco diminuído implica em diminuição dos níveis de pressão arterial, realizando má perfusão tecidual.[18]

Durante o choque, o corpo aciona mecanismos compensatórios ao evento clínico, causando mudanças nos sinais vitais.[6] Os sinais iniciais são taquipneia, taquicardia, aumento do tempo de enchimento capilar (>2 segundos), palidez e umidade cutânea. Hipotensão, oligúria ou anúria e alteração notável no nível de consciência compõem o quadro tardio de sinais da doença.[18]

#### Choque cardiogênico

É definido pela incapacidade apresentada pelo coração de contrair e bombear sangue, interferindo no aporte de oxigênio para o coração e demais tecidos. As causas do choque cardiogênico são divididas em coronarianas e não coronarianas. A causa coronariana é mais observada em pacientes com infarto agudo do miocárdio resultante em lesão significativa na parede ventricular esquerda, ocasionada por oclusão de artéria coronariana. As causas não coronarianas são definidas por circunstâncias que promovem estresse ao músculo cardíaco (exemplo: acidose, hipoglicemia, hipocalcemia, pneumotórax hipertensivo) e situações que findam em função miocárdica improdutiva (exemplo: arritmias, tamponamento cardíaco e lesão valvar).[18]

O quadro clínico presente no choque cardiogênico inclui hipotensão, taquicardia, palidez cutânea, enchimento capilar (>2 segundos), pulso fino, sudorese, pele fria, taquipneia, insuficiência respiratória e alteração no nível de consciência.[6]

#### Choque distributivo

Pode ser denominado como choque circulatório e é definido pelo represamento do sangue nos vasos periféricos, sem prejuízo ao volume sanguíneo corrente, causando hipovolemia relativa, sem retorno do sangue ao coração. Isso ocorre pela ausência de tônus simpático ou liberação de mediadores celulares que causam vasodilatação. No início, a redução da pós-carga promove aumento do débito cardíaco e taquicardia, na tentativa de compensar os efeitos da vasculatura ineficaz, havendo posteriormente uma redução no volume sistólico e no débito cardíaco, findando em hipotensão e má perfusão tecidual. O mecanismo do choque distributivo torna-se a base para as demais classificações de choque.[18]

### Choque neurogênico

Pode ser causado por uma lesão ou anestesia a nível medular com comprometimento inervatório e perda de equilíbrio entre estimulação simpática e parassimpática, promovendo uma vasodilatação com volume de líquido deslocado, resultando em hipotensão arterial. O quadro clínico inclui hipotensão associada a bradicardia e pele seca e quente.[18]

### Choque anafilático

O fator causal desse tipo de choque é a reação alérgica, com produção de anticorpos contra antígenos (substância estranha), gerando uma reação antígeno-anticorpo, que libera substâncias vasoativas. Tais substâncias ativarão citocinas inflamatórias, finalizando em uma reação de vasodilatação e permeabilidade capilar. As características definidoras de anafilaxia são: início súbito dos sintomas; presença de dois ou mais dos seguintes sintomas: comprometimento respiratório, hipotensão, desconforto gastrointestinal, irritação tecidual cutânea ou de mucosa; e comprometimento cardíaco pós-exposição ao antígeno (minutos até horas). O quadro clínico inclui dor ou desconforto abdominal agudo, náusea, vômitos, vertigem, cefaleia, prurido e sensação iminente de morte.[18]

### Choque séptico

É definido pela propagação da infecção ou sepse pelo sistema circulatório. Os estágios são classificados partindo de infecção sem disfunção a sepse, indo até o choque séptico. É extremamente importante que a equipe de enfermagem identifique a fonte da infecção e estabeleça uma ofensiva terapêutica agressiva, iniciando uma rápida resposta de perfusão para garantir boa perspectiva ao tratamento.[18]

## Tratamento

A identificação de sinais e sintomas é o passo inicial para o tratamento do choque, ao avaliar a causa e o tipo a equipe de enfermagem deve iniciar rápida reanimação, repondo a volemia necessária a cada classificação (Quadro 11.4).

## Assistência de enfermagem

- Manter vias aéreas pérvias e oxigenadas.
- Estabelecer duas vias venosas, uma para reposição volêmica com solução aquecida a 39 °C, se choque hipovolêmico.
- Promover controle rigoroso de pressão arterial, pressão venosa central, pulso, frequência respiratória e diurese para evitar sobrecarga hídrica.
- Controlar rigorosamente o uso de drogas vasoativas (Dopamina, Dobutamina e Noradrenalina).
- Instalar monitorização cardíaca no paciente para observação de alterações no traçado.
- Realizar balanço hídrico rigoroso.
- Registrar atendimentos em prontuário.
- Posicionar paciente em decúbito dorsal.
- Aquecer o paciente com o uso de mantas.
- Coletar sangue para tipagem sanguínea e demais exames laboratoriais.

Quadro 11.4 – Relação entre classificação, volemia, sintomatologia e tratamento no choque hipovolêmico[5]

| Classificação | Perda volêmica | Sintomatologia | Tratamento |
| --- | --- | --- | --- |
| I | < 750 mL | Leve ansiedade e taquicardia (<100 BPM) | Reposição de fluidos com cristaloide. |
| II | 750 mL a 1.500 mL | Taquicardia (>100 BPM), taquipneia (20 – 30 IPM), ansiedade leve a moderada, diurese reduzida para 20 a 30 mL/hora. | Reposição de fluidos com cristaloide, se necessário, reposição sanguínea. |
| III | 1.500 mL a 2.000 mL | Taquicardia, taquipneia (30 a 40 IPM), hipotensão, ansiedade e confusão mental, diurese reduzida para 15 a 20 mL/hora. | Reposição inicial de fluidos com cristaloide e reposição sanguínea. |
| IV | 2.000 mL a 2.500 mL | Taquicardia, taquisfigmia, taquipneia (> 35 IPM), sudorese, pele fria, pálida e pegajosa, confusão e letargia. | Reposição de fluidos com cristaloide e sangue. |

## 11.4.2 Infarto agudo do miocárdio

O infarto agudo do miocárdio (IAM) ocorre quando uma das artérias coronárias se torna totalmente ocluída. Assim, pode ser definido como uma lesão isquêmica que atinge o miocárdio (músculo cardíaco), consequente da cessação de fluxo sanguíneo em determinada área do coração. Os fatores de risco para o desenvolvimento da doença incluem prevalência ao sexo masculino com idade superior a 30 anos. Hábitos alimentares e comportamentais, tabagismo, hipertensão arterial sistêmica (HAS), diabetes *mellitus* (DM) e histórico familiar pregresso de IAM figuram como fatores de risco determinantes ao desenvolvimento da doença.[18]

Uma das causas do IAM é consequência de complicações da aterosclerose, uma doença inflamatória crônica, relacionada com fatores de risco clássicos, como dislipidemia, diabetes, tabagismo, entre outros, que ocorre em resposta à agressão endotelial, acometendo principalmente a camada íntima de artérias de médio e grande calibres.[19] Dentre outras causas de IAM, pode-se citar o espasmo arterial coronário, a diminuição da oferta e o aumento da necessidade de oxigênio. Em ambos os casos, percebe-se o desequilíbrio entre necessidade e oferta de oxigênio ao miocárdio, culminando em necrose.[18]

É usualmente utilizado como sinônimo da Síndrome Coronariana Aguda com supradesnivelamento do segmento ST (SCACSST) e responsável por uma das principais causas de morte no Brasil. É importante ressaltar que 40% a 68% dos óbitos ocorre na primeira hora após o início dos sintomas (principalmente por fibrilação ventricular) e 80% nas primeiras 24 horas, portanto, desassistida pelos médicos[20].

Nesse sentido, em ambiente extra-hospitalar, uma vez que o acesso à assistência especializada é demorado e trabalhoso, estudos recomendam a implantação de programas voltados para a população em geral, no sentido de disseminar conhecimentos básicos sobre IAM. Reconhecer uma parada cardíaca, buscar rapidamente auxílio médico, realizar compressões cardíacas de qualidade, ter à disposição e saber utilizar um desfibrilador externo automático (DEA) o mais rápido possível, fará toda a diferença no bom prognóstico do paciente vítima de Infarto. Estima-se que a desfibrilação salve cerca de seis vezes mais vidas que o tratamento trombolítico, mas depende de sua rápida aplicação ao paciente.[7,19]

## Manifestações clínicas

- Cardiovasculares: dor ou desconforto torácico persistente e não aliviado por repouso, normalidade ou elevação de pressão arterial (PA), pulso irregular, taquicardia ou bradicardia.
- Respiratórios: dispneia, taquipneia.
- Digestório: náusea, vômito.
- Pele: fria, pegajosa, palidez.
- Neurológicos: inquietação, ansiedade, confusão mental, sensação iminente de morte.

No ECG, a isquemia pode ser expressada pela inversão da onda T, causada pela alteração da repolarização. O segmento ST sofre alteração por ocasião de lesão ao miocárdio (supradesnivelamento), expressando essa informação. A zona de infarto é expressa pela onda Q, que se desenvolve por ausência de despolarização ventricular na área necrosada e de correntes opostas de outras áreas cardíacas.[18]

## Diagnóstico

O IAM tem seu diagnóstico confirmado mediante relato verbal de dor ou desconforto doloroso em região precordial, alteração característica da doença em ECG e elevação nos níveis séricos de Troponina isomérica I e T, biomarcadores mais sensíveis à determinação de lesão miocárdica.[18]

Uma vez confirmado o diagnóstico clínico, podemos classificar o infarto quanto ao tipo, o que pode ser útil para padronização de dados e avaliação da efetividade do atendimento. A terceira revisão universal dos critérios de infarto do miocárdio estabelece a seguinte classificação quanto aos tipos de infarto[20].

- Tipo 1: infarto do miocárdio espontâneo (ruptura de placa, erosão ou dissecção).
- Tipo 2: infarto do miocárdio secundário por desequilíbrio isquêmico (espasmo, embolia, taquiarritmia, hipertensão e anemia).
- Tipo 3: infarto do miocárdio resultando em morte, sem biomarcadores coletados.
- Tipo 4a: infarto do miocárdio relacionado à intervenção coronariana percutânea.
- Tipo 4b: Infarto do miocárdio relacionado a trombose de stent.
- Tipo 5: infarto do miocárdio relacionado a cirurgia de revascularização miocárdica.

### Fisiopatologia

A agressão do endotélio vascular ativa diversos processos inflamatórios, o que dá início ao surgimento de placas ateroscleróticas. Estas, ao se romperem, promove a ligação da massa lipídica, altamente trombogênica, com demais segmentos presentes no sangue, formando uma agregação plaquetária que dará origem a um trombo sobrejacente (rico em trombina e fibrina) e consequente oclusão sanguínea do vaso, interrompendo suprimento de oxigênio e causando necrose celular miocárdica.[18,19]

## Tratamento

Reconhecer a dor precordial e os demais sinais clínicos apresentados pelo paciente é essencial. O ECG deve ser realizado posteriormente ao reconhecimento, com interpretação rápida para até 10 minutos, buscando a elevação do segmento ST como informação essencial para o segmento do tratamento. Os exames laboratoriais devem ser solicitados, incluindo a Troponina.[18]

Deve-se iniciar as seguintes intervenções rotineiras:[20]

- Administração de morfina: recomendada para redução da dor, pois reduz o consumo de oxigênio pelo miocárdio isquêmico.
- Administração de oxigênio: realizada quando saturação de O2 for < 94%, congestão pulmonar ou desconforto respiratório.
- Administração de ácido acetilsalicílico (AAS): antiagregante plaquetário de eleição a ser utilizado no IAM.
- Administração de nitratos: reversão de espasmos e alívio da dor; podem ser utilizados na formulação sublingual (nitroglicerina, mononitrato de isossorbida ou dinitrato de isossorbida).
- Administração de heparina não fracionada: ação importante associada ao fibrinolítico.
- Administrar clopidogrel ou ticagrelor: o clopidogrel possui ação sinérgica com AAS e deve ser iniciada tão cedo quanto possível, com dose de ataque variável de acordo com a terapia e idade (75 mg, 300 mg ou 600 mg) e dose de manutenção de 75 mg ao dia por até 12 meses. O ticagrelor apresenta-se como uma opção em associação ao AAS na dupla antiagregação plaquetária em pacientes com SCACSST em programação de Intervenção Coronária Percutânea (ICP) primária. Recomenda-se como posologia a dose de ataque de 180 mg, seguida da dose de manutenção de 90 mg, duas vezes ao dia.
- Administração de betabloqueadores: via oral nas primeiras 24 horas do IAM. Na ausência de contraindicações, essa classe de medicamentos deve ser iniciada, de preferência após a admissão do paciente.

### NOTA

Quando utilizada de forma desnecessária, a administração de oxigênio por tempo prolongado pode causar vasoconstrição sistêmica e aumento da resistência vascular sistêmica e da pressão arterial, reduzindo o débito cardíaco, sendo, portanto, prejudicial.[20]

A reperfusão da área em isquemia deve ser precoce, podendo ser realizada por duas vias: trombólise química ou ICP, com ou sem implante do stent coronário.[18] A ICP primária constitui-se na opção preferencial para a obtenção da reperfusão coronária, se iniciada até 90 minutos após a confirmação do diagnóstico do IAM.[20]

## Assistência de enfermagem

- Avaliar paciente e identificar sinais e sintomas da doença com ausculta e busca ativa.
- Realizar ECG com 12 derivações.
- Administrar oxigênio por cateter ou máscara 5 litros/min. ou conforme saturação de $O_2$.
- Manter via aérea pérvia.
- Instalar monitorização cardíaca e de saturação de oxigênio.
- Puncionar acesso venoso periférico.
- Administrar medicações prescritas.
- Preparar material de intubação.
- Monitorar exames laboratoriais.
- Registrar cuidados no prontuário.
- Manter paciente em repouso no leito, com cabeceira elevada, acalmando-o e tranquilizando-o.

### 11.4.3 Edema agudo de pulmão

O Edema Agudo de Pulmão (EAP) é compreendido como uma síndrome caracterizada pelo acúmulo de líquido no espaço alveolar, no tecido pulmonar ou podendo afetar os dois. Esse acúmulo pode ocorrer por consequência cardiogênica ou não-cardiogênica.[18]

O EAP cardiogênico pode ocorrer devido a patologias de base como hipertensão arterial (HA), insuficiência cardíaca (IC) ou arritmias, que se dá pela não adesão ao tratamento. O acúmulo de líquido de consequência não cardiogênica é resultado de uma resposta inflamatória, gerando o aumento da permeabilidade dos vasos e, consequentemente, o extravasamento de líquido.[18,21]

O resultado é a hipóxia, maior esforço respiratório, aumento da frequência cardíaca com o objetivo de o coração suprir a demanda de oxigênio para as células.

#### Sinais e sintomas

A seguir são apresentados os principais sintomas e sinais do EAP:
- dispneia;
- taquipneia;
- hipóxia;
- cianose;
- agitação;
- angústia;
- fácies de dor;
- expectoração de secreção espumosa e com rajadas de sangue em alguns casos.

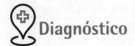
## Diagnóstico

O diagnóstico é clínico, dependendo também da quantidade de líquido acumulado, e por meio da anamnese, ou seja, a história prévia de outras patologias e exame físico baseado nos sinais e sintomas apresentados pelo paciente. A ausculta é primordial para o diagnóstico; alguns dos achados nesse exame são roncos, sibilos e estertores pulmonares.[18]

São necessários alguns exames complementares como:

- eletrocardiograma (ECG);
- radiografia de tórax;
- gasometria arterial;
- ecocardiograma.

## Tratamento

O tratamento dependerá da causa do EAP. No cardiogênico, o objetivo é a melhora da função cardíaca a partir de medicamentos inotrópicos e que ajudem na contratilidade cardíaca. Os de causa não-cardiogênica, a base do tratamento é diuréticos e a redução de ingesta hídrica.[18,21]

Medida inicial fundamental é manter o paciente sentado, pois ajuda na abertura de vias aéreas e melhora o fluxo de oxigênio.

Alguns medicamentos usados são:

- morfina;
- furosemida;
- nitroglicerina;
- nitroprussiato;
- dobutamina.

A cardioversão elétrica também pode fazer parte do tratamento com o objetivo de tratar a taquicardia.

### Cuidados

Os principais cuidados que devem ser tomados são:

- administrar medicação conforme prescrição;
- elevar cabeceira 45°;
- ofertar oxigênio;
- avaliar resposta do cliente após o tratamento.

**NOTA**

É necessário avaliar, principalmente, o padrão respiratório, e é de responsabilidade da equipe de enfermagem checar se a monitorização do paciente está conectada de maneira adequada.

## 11.4.4 Parada cardiorrespiratória cerebral

A parada cardiorrespiratória cerebral (PCRC) é compreendida como a cessação súbita do coração, tornando-o incapaz de executar seu papel, causando a interrupção da circulação sanguínea, e quando não se age rapidamente pode levar o paciente a lesões irreversíveis ou até mesmo a morte. Existem quatro tipos de modalidades na PCRC e cada uma delas podem ocorrer por diferentes fatores.[18] São elas:

- Assistolia: compreende-se na ausência de qualquer contratilidade ventricular em, pelo menos, duas derivações eletrocardiográficas.
- Atividade elétrica sem pulso (AESP): caracterizada pela ausência de pulso mesmo na atividade organizada do coração.
- Fibrilação ventricular (FV): a atividade elétrica do coração fica de maneira desorganizada, o que leva o coração a bater de forma desordenada causando sua falência total.
- Taquicardia ventricular sem pulso (TV): os ventrículos começam a bater de forma desregular, podendo atingir uma frequência superior a 100 batimentos por minuto, tornando o pulso incapaz de ser palpado.

Alguns estudos abordam que, em grande parte das PCRC que ocorrem no âmbito extra-hospitalar, o ritmo é fibrilação ventricular e taquicardia ventricular sem pulso; já no intra-hospitalar, tem-se assistolia e AESP. Na PCRC, é fundamental que o atendimento se inicie imediatamente, pois o cérebro não possui reserva de oxigênio, e quanto mais rápido o socorro chegar, mais chances o paciente tem de não desenvolver lesões.[7,8]

Nesse caso, existem duas formas de abordagem frente a uma PCRC, intra-hospitalar e extra-hospitalar:

### PCRC extra-hospitalar

- Avaliar o cenário, ou seja, onde o paciente "está", pois, antes de prestar algum tipo de socorro, é necessário avaliar a cena, certificando-se que o cenário está seguro e não lhe causará danos.
- É necessário reconhecer se o paciente se encontra em PCRC.
    - Avaliar a responsividade (estímulo verbal e tátil). Se irresponsivo, acionar Serviço Médico de Emergência (SME).
    - Checar pulso (carotídeo) e respiração simultaneamente durante 10 segundos.
- Sem pulso e sem respiração? Iniciar imediatamente as compressões torácicas. Posicionar o paciente em decúbito dorsal em superfície rígida, plana e seca.

## Características das compressões[6,7,8]

- É necessário de 100 a 120 compressões por minuto, na metade inferior do esterno, com profundidade de 5 cm sem ultrapassar 6 cm.
- É importante esperar o retorno do tórax.
- Realizar compressões durante 2 minutos e, em seguida, checar pulso novamente.
- Repetir sequência até a chegada do socorro.

**NOTA**

Esse tipo de atendimento não necessariamente precisa ser feito por um profissional da área da saúde; pessoas leigas treinadas também podem realizar. Contudo, leigos podem iniciar reanimação somente com compressões torácicas. Ao solicitar socorro pelo número telefônico 192, é necessário comunicar a necessidade do desfibrilador externo automático (DEA), que deve ser utilizado logo que esteja disponível.

## PCRC intra-hospitalar

- Avaliar a responsividade (estímulo verbal e tátil). Se irresponsivo, aciona o Time de Resposta Rápida (TRR).
- Solicitar carrinho de emergência.
- Checar pulso (carotídeo) e respiração simultaneamente durante 10 s.
- Sem pulso e sem respiração? Acionar equipe, posicionar o paciente em decúbito dorsal em superfície rígida, plana e seca. Se tiver tábua para reanimação, não esquecer de posicioná-la.
- Iniciar compressões torácicas e ventilações imediatamente:
  - é necessário de 100 a 120 compressões por minuto, com profundidade de 5 cm sem ultrapassar 6 cm;
  - é importante esperar o retorno do tórax;
  - para cada 30 compressões serão realizadas 2 ventilações, inicialmente com bolsa valva-máscara com reservatório e oxigênio adicional.
- Realizar rápida desfibrilação. Assim que o desfibrilador estiver disponível, posicionar as pás (aplicar gel) e realizar checagem do ritmo cardíaco.
- Se o ritmo for chocável (fibrilação ventricular ou taquicardia ventricular sem pulso), solicitar que todos se afastem para liberar o choque (se bifásico, de 120 J a 200 J). Em seguida, inicia-se imediatamente as compressões torácicas.
- Se o ritmo não for chocável (atividade elétrica sem pulso ou assistolia), reiniciar imediatamente as compressões e procurar corrigir a causa da parada.
- Preparar material de intubação (tubo orotraqueal-TOT; seringa, testar cuff; fixação); deixar aspirador preparado e posicionado caso necessite; testar ventilador mecânico e fluxo de $O_2$.
- Se o paciente estiver intubado, iniciar as compressões torácicas e ventilações simultaneamente (1 ventilação a cada 6 s).
- Avaliar pós-parada, junto à equipe de atendimento: sinais vitais e glicemia capilar; necessidade de antiarrítmico, reposição volêmica e de drogas vasoativas; monitorizar débito urinário; agilizar exames laboratoriais (enzimas cardíacas, gasometria, dentre outros).[6,7,8]

Quadro 11.5 - Principais causas de AESP e assistolia (mnemônico: 5H 5T)[21]

| 5 H | Conduta | 5 T | Conduta |
|---|---|---|---|
| Hipovolemia | Reposição volêmica | Trombose coronariana | Trombólise |
| Hipóxia | Ofertar $O_2$ | Tromboembolismo pulmonar | Trombólise e reposição volêmica |
| Hidrogênio (acidose) | Administrar bicarbonato | Pneumotórax (tensão de tórax) | Descompressão por punção |
| Hipo ou hipercalemia | Corrigir com reposição eletrolítica e medicamentosa | Tóxicos | Antídotos e reposição volêmica |
| Hipotermia | Aquecer | Tamponamento cardíaco | Pericardiocentese |

## NOTA

As medicações utilizadas na parada são de competência da equipe de enfermagem. Destacam-se os usos da adrenalina, vasopressor de primeira escolha e, em ritmos chocáveis, da amiodarona, além de outros fármacos que podem ser utilizados de acordo com a clínica do paciente (lidocaína, bicarbonato de sódio e gluconato de cálcio, dentre outros).

Não se esqueça de, antes de descarregar o choque, verificar se todos estão afastados do paciente.

O cérebro não tem reserva de $O_2$, logo, é necessário que se inicie as compressões o mais rápido possível para evitar ou minimizar os prováveis danos.

## NESTE CAPÍTULO, VOCÊ...

... percebeu que as situações de emergência envolvem a constatação de condições de agravo à saúde, que implicam em risco iminente de vida ou sofrimento intenso, exigindo tratamento médico imediato.

... aprendeu que, em situação de atendimento pré-hospitalar, é fundamental a análise da cena, evitando riscos para a equipe que socorrerá a vítima. A avaliação e o atendimento inicial do paciente são feitos de forma sistemática e simples e consiste nas seguintes etapas: X (hemorragia exanguinante), A (abertura das vias aéreas e estabilização da coluna cervical), B (respiração e ventilação), C (circulação), D (deficiência/incapacidade neurológica), E (exposição/ambiente), que incluem não somente a avaliação, mas as condutas iniciais que visam identificar situações de agravo à saúde, resguardar a vida do paciente e prevenir complicações e sequelas.

... compreendeu que assistência em urgência e emergência será direcionada de acordo com o tipo de situação apresentada, se clínica ou traumática, sendo recomendado o uso de protocolos que direcionem os cuidados com base em evidências científicas, facilitando a padronização e qualidade do cuidado.

## EXERCITE

1. Sobre o Protocolo de Avaliação Primária do Paciente em situação de agravos clínicos. Classifique os itens a seguir como verdadeiros (V) ou falsos (F):
   ( ) A responsividade é um fator importante, porém não é prioridade ao iniciar o atendimento à vítima.
   ( ) Quando as vias aéreas estão impermeáveis, deve-se corrigir por: hiperextensão da cabeça e elevação do queixo, cânula orofaríngea, aspiração e retirada de próteses, se necessário.
   ( ) Nesse protocolo, a respiração é avaliada através do padrão respiratório, da simetria torácica e da frequência respiratória.
   ( ) Como não é possível avaliar pulso central, utilizamos como base para avaliar o estado circulatório: pulso periférico, coloração da pele e temperatura, presença de hemorragias não traumáticas, sangramentos ativos e tempo de preenchimento capilar.
   ( ) Se não responsivo com movimentos respiratórios: garantir a permeabilidade de via aérea e considerar suporte ventilatório.

2. Sobre o protocolo de avaliação primária do paciente com suspeita de trauma ou em situação ignorada, classifique as afirmações em verdadeiras (V) ou falsas (F):
   ( ) Se a saturação de oxigênio for menor que 94%, deve instalar $O_2$ entre 10 e 15 L/min na máscara fácil.
   ( ) Logo após checar a responsividade, deve-se colocar o colar cervical com objetivo de reduzir possibilidade de movimento e, consequentemente, um possível agravo de lesão na coluna cervical.
   ( ) Deve-se realizar estabilização manual da cabeça com alinhamento neutro da coluna cervical.
   ( ) Deve-se considerar a necessidade de ventilação assistida através de bolsa-válvula-máscara com reservatório, caso a frequência respiratória seja inferior a 8 mrpm, ou não mantenha ventilação ou oxigenação adequadas.
   ( ) Na avaliação da respiração e da oxigenação, devemos avaliar o posicionamento da traqueia e a presença ou não de turgência jugular.
   ( ) Desligar o ar-condicionado da ambulância pode ser uma dos métodos de controle de temperatura do paciente.

3. O trauma cranioencefálico (TCE) é causado por uma agressão ou por uma aceleração ou desaceleração de alta intensidade do cérebro dentro do crânio. Esse processo causa comprometimento estrutural e funcional do couro cabeludo, crânio, meninges, encéfalo ou de seus vasos. Sobre o protocolo de trauma que aborda condutas de atendimento ao paciente vítima de traumatismo craniano, classifique as afirmações em verdadeiras (V) ou falsas (F):
   ( ) Na avaliação primária, não se deve realizar estabilização manual da coluna cervical.
   ( ) Deve-se considerar ventilação sob pressão positiva com BVM com reservatório, mesmo que mantenha ventilação ou oxigenação adequada.
   ( ) Deve-se controlar os sangramentos externos.

( ) A avaliação secundária não é realizada no local devido à gravidade dos casos, transportando a vítima imediatamente para um hospital referência.

( ) Na avaliação cabeça-pescoço, são sinais de agravo no quadro: sinais de perda liquórica, presença de fraturas abertas, exposição de tecido cerebral, ferimentos extensos de couro cabeludo e sinais de fratura de base de crânio.

4. Você encontra uma pessoa inconsciente e solicita que alguém telefone para o número local de resposta às emergências (SAMU 192). Após estabelecer a ausência de responsividade, qual das seguintes ações deve ser adotada?
   a) Realizar duas ventilações lentas de resgate em uma frequência de 12 a 20 ventilações/min.
   b) Realizar várias ventilações de resgate vigorosas o suficiente para atender a demanda metabólica basal da vítima.
   c) Checar o pulso e, se ausente, acionar o Serviço Médico de Emergência e iniciar as compressões torácicas e aplicar duas ventilações de resgate, com aproximadamente 1 segundo de duração, que provoque elevação visível do tórax.
   d) Acionar o Serviço Médico de Emergência; checar o pulso e, se o pulso estiver ausente, iniciar as compressões torácicas e aplicar duas ventilações de resgate, com aproximadamente 1 segundo de duração, que provoque elevação visível do tórax.
   e) Fornecer uma ventilação de resgate com aproximadamente 2 segundos de duração, sendo desnecessária elevação visível do tórax.

5. Você aplica um desfibrilador externo automático (DEA) no tórax desnudo de uma vítima de 60 anos, inconsciente, apneica e sem pulso. O DEA recomenda o choque e, após assegurar que todos estão afastados, você pressiona o botão descarga. O que você deve fazer a seguir?
   a) Reiniciar imediatamente a reanimação cardiopulmonar (RCP) pelas compressões torácicas.
   b) Retomar imediatamente a RCP pelas duas ventilações de resgate, pois as compressões torácicas feitas imediatamente após a desfibrilação bem-sucedida podem provocar fibrilação ventricular.
   c) Aguardar uma nova análise do equipamento para aplicação do segundo choque quando indicado.
   d) Checar a presença de pulso por 5 a 10 segundos e, na sua ausência, reiniciar compressões torácicas.
   e) Iniciar 2 ventilações de resgate e realizar 30 compressões torácicas.

6. Preservar a segurança da equipe de socorro e avaliar o local da cena quanto à presença de situações de risco. Estes são objetivos de qual situação?
   a) Abertura das vias aéreas.
   b) Avaliação da cena.
   c) Atendimento inicial do trauma.
   d) Avaliação da respiração.
   e) Segurança da cena.

7. Com base no quadro clínico descrito a seguir, assinale a opção em que é apresentado o principal diagnóstico para o paciente: mulher, 74 anos, foi atendida em pronto-socorro relatando ter acordado com dispneia intensa na noite anterior e sentir dispneia aos pequenos esforços há 2 dias. Ao exame físico, apresentou-se afebril, acianótica, com saturação de $O_2$ (88%), extremidades frias, sudorese profunda, frequência respiratória de 26 rpm, pressão arterial de 140 mmHg × 88 mmHg, frequência cardíaca de 121 bpm, turgência de jugular. AC: ritmo cardíaco regular em três tempos (terceira bulha), com sopro sistólico no 2° espaço intercostal à esquerda. AP: estertores crepitantes em ápice bilateralmente. Exame de eletrocardiograma, demonstrou taquicardia sinusal e sobrecarga ventricular esquerda.
   a) Edema agudo de pulmão.
   b) Emergência hipertensiva
   c) Tamponamento cardíaco.
   d) Cor pulmonar.
   e) Tromboembolismo pulmonar.

8. Parada cardiorrespiratória e cerebral (PCRC) é a cessação súbita, inesperada e catastrófica da circulação sistêmica, atividade ventricular útil e ventilatória em indivíduo sem expectativa de morte naquele momento, não portador de doença intratável ou em fase terminal (AHA, 2015).

   I – Em pacientes com reanimação cardiopulmonar (RCP) em curso e uma via aérea avançada instalada, recomenda-se uma frequência de 2 ventilações a cada 6 segundos.

   II – A qualidade das compressões torácicas externas (CTE) é enfatizada na RCP de qualidade com frequência entre 100 CTE e 120 CTE por minuto e uma profundidade de 5 a 6 cm no adulto.

   III – A desfibrilação precoce é indicada na RCP, sendo orientada a desfibrilação com a carga máxima do desfibrilador monofásico ou bifásico em casos de ritmos chocáveis (assistolia e fibrilação ventricular).

   IV – O uso de adrenalina é indicado em todos os ritmos de PCRC, além da via endovenosa, por ser um fármaco adrenérgico, antiasmático, vasopressor e estimulante cardíaco.

V – O uso da atropina era indicada apenas em caso de bradicardia refratária e desde 2010, em PCRC, não se utiliza mais, já a amiodarona é indicada em casos de PCRC com ritmos chocáveis refratários à desfibrilação.

Segundo as diretrizes da American Heart Association (2015), sobre PCRC, assinale a alternativa que contenha os itens corretos:
a) As afirmativas I, II e V estão corretas.
b) As afirmativas I, III e IV estão corretas.
c) As afirmativas II, III e IV estão corretas.
d) As afirmativas II, IV e V estão corretas.
e) As afirmativas III, IV e V estão corretas.

9. Um paciente jovem, com peso aproximado de 70 kg, foi vítima de acidente automobilístico com suspeita de trauma abdominal contuso. Apresentava-se taquicárdico (130 bpm), taquipneico (32 ipm), com pressão arterial 90/60 mmHg. Encontrava-se ansioso, inquieto, sem saber onde estava. Estava descorado, cianose em extremidades (TEC>2s) e com dor abdominal discreta à palpação. Considerando as classes do choque hipovolêmico, as manifestações clínicas e a perda volêmica do paciente pode ser estimadas em:
a) Menos de 750 mL.
b) Entre 750 mL e 1.500 mL.
c) Entre 1.500 mL e 2.000 mL.
d) Aproximadamente 2.000 mL.
e) Entre 2.000 mL e 2.500 mL.

  **PESQUISE**

- A sequência da avaliação primária passou mudanças recentes, segundo atualização do PHTLS. Assista ao vídeo do Instituto Brasileiro de APH, disponibilizado no link: <https://youtu.be/9A0cmIqlVtc>.

# CAPÍTULO 12

SOLANGE SPANGHERO MASCARENHAS CHAGAS

COLABORADORA:
ISABEL CRISTINA PALUMBO

# ASSISTÊNCIA À SAÚDE DA CRIANÇA E DO ADOLESCENTE

### NESTE CAPÍTULO, VOCÊ...

- ... estudará sobre o crescimento e o desenvolvimento infantil e do adolescente.
- ... aprenderá os principais acidentes da infância de acordo com a faixa etária.
- ... entenderá a assistência de enfermagem em suas diversas fases do crescimento e do desenvolvimento infantil.
- ... estudará os principais programas de assistência às crianças e aos adolescentes e sua justificativa.

### ASSUNTOS ABORDADOS

- Crescimento e desenvolvimento da criança.
- Programa de Assistência Integral à Saúde da Criança (PAISC).
- Programa de Saúde do Adolescente (Prosad).
- Riscos infantis.
- Assistência de enfermagem ao recém-nascido, ao lactante, ao Toddler, pré-escolar e ao escolar e ao adolescente.

# ESTUDO DE CASO

P.H.C. é enfermeira de uma Unidade Básica de Saúde (UBS) e recebe uma mãe com duas crianças para passar em consulta de rotina. A enfermeira avalia e determina os pesos e as estaturas das crianças, respectivamente:

- J.G. – 2 anos – Escore +2 (peso) – Escore 0 (estatura);
- N.G. – 4 anos – Escore 0 (peso) – Escore +2 (estatura).

**Após ler o caso, reflita e responda:**

1. Avalie o crescimento dessas crianças e forneça adequada orientação preventiva aos pais.

## 12.1 CRESCIMENTO E DESENVOLVIMENTO DA CRIANÇA

Quando chegam ao mundo, as crianças fazem parte de uma família e já foram influenciadas por vários fatores, como hereditariedade, genética e ambiente. Como membro de uma família, elas fazem parte de uma população, de uma comunidade, uma cultura e uma sociedade específica.[1]

Figura 12.1 - Desenvolvimento infantil.

A criança cresce e desenvolve-se em resposta a um plano estabelecido no momento da sua concepção.

O crescimento e o desenvolvimento são processos que envolvem inúmeros componentes sujeitos a uma grande variedade de influências. As crianças vivem, aprendem e crescem em um ambiente influenciados por fatores sempre mutáveis de ordem social, cultural, espiritual e comunitária.[1,2]

O cuidado da saúde é muito mais do que prevenir ou tratar doenças. A globalização levou a um foco na saúde das crianças em todo o mundo. O acesso aos serviços de saúde e os tipos de cuidados de saúde disponíveis também mudaram em razão das alterações na forma de prestação e financiamento dos serviços de saúde.[1]

As crianças estão na linha de frente de algumas dessas tendências e, em geral, recebem o impacto dos problemas e ressaltam essas alterações. Esses fatores podem afetar positivamente a criança ao promover seu crescimento e seu desenvolvimento saudável, ou negativamente quando as expõem a riscos sua saúde.[1,2]

Um dos objetivos em pediatria é favorecer o crescimento e o desenvolvimento da criança para que ela possa atingir seus potenciais.

Assim, é necessário que, com o tratamento, sejam empregados todos os esforços adequados e possíveis para proteger e beneficiar o progresso da criança, direcionando-a para a aquisição de seu potencial máximo. Desse modo, as enfermeiras podem desenvolver estratégias apropriadas e planejar intervenções visando ao alcance dos melhores resultados possíveis para as crianças e suas famílias.[2,3]

Figura 12.2 - Crescimento e desenvolvimento.

O profissional de enfermagem necessita ter conhecimento sobre crescimento e desenvolvimento infantil para:[3]

- entender as crianças e o que esperar delas em cada grupo etário;
- orientar os pais (responsáveis) quanto às suas expectativas em relação aos filhos;
- obter satisfação profissional por compreender os comportamentos e as reações das crianças e, assim, responder adequadamente a elas.

## 12.2 GERENCIAMENTO DE ENFERMAGEM PARA CRIANÇA E SUA FAMÍLIA

Os cuidados de enfermagem para as crianças e suas famílias incluem uma avaliação eficaz de todos os fatores que podem afetar a saúde da criança. Os enfermeiros devem desempenhar papel fundamental na determinação do impacto desses fatores nas crianças e suas famílias. Os enfermeiros devem ter uma base sólida de conhecimento sobre as famílias, inclusive as diferentes estruturas, os papéis e as funções encontradas na sociedade moderna. O reconhecimento de situações especiais é importante para a prestação de serviços individualizados.[1,3]

Figura 12.3 - Importância da família no desenvolvimento da criança.

Outras avaliações devem focar a genética, os papéis sociais, nível socioeconômico, cultura, etnia, espiritualidade e comunidade. As informações reunidas ajudam ao encaminhamento das famílias para recursos que possam auxiliá-la com estabilidade no atendimento das necessidades de saúde.[1,3]

- Crescimento: é o aumento do número (hiperplasia) e do tamanho (hipertrofia) das células. Refere-se ao aumento de tamanho (estatura) e de peso de todo o organismo ou de qualquer uma de suas partes. Ocorre maior velocidade nos períodos de 0 a 2 anos de idade e na adolescência. Pode ser medido em centímetros e gramas.[2,3]
- Maturação: os sistemas corporais do recém-nascido e do lactente passam por alterações significativas conforme o crescimento da criança. Entre os que passam por alterações expressivas estão os sistemas neurológicos, cardiovascular, respiratório, gastrointestinal, renal, hematopoético, imunológico e tegumentar.[1,2,3]
- Desenvolvimento: é um processo generalizado, integrado e organizado de aperfeiçoamento das funções dos órgãos, que adquirem habilidades cada vez mais complexas. Precisa ocorrer uma integração dos sistemas nervoso e músculo esquelético, que possibilite a interação com o meio ambiente.[2,3]
- Crescimento e desenvolvimento: correspondem a processos distintos, porém intimamente relacionados. Uma criança pode crescer e não se desenvolver e vice-versa.[2]

**NOTA**

As avaliações repetidas do crescimento são importantes para se detectarem precocemente os padrões de crescimento muito rapido ou inadequado. Com a detecção precoce, é possível descobrir a causa e maximizer o crescimento adicional apropriado.

Quadro 12.1 - Períodos etários da criança[1]

| Fase da vida | Período |
|---|---|
| Recém-nascido | 0 a 28 dias |
| Lactente | 1 mês a 12 meses |
| Toddler (infante) | 1 a 3 anos |
| Pré-escolar | 3 a 5 anos |
| Escolar | 6 a 12 anos |
| Adolescente | 10 a 19 anos (OMS) 12 a 24 anos (ONU) |

## 12.2.1 Fatores que influenciam o crescimento e o desenvolvimento[1,2,3]

Alguns fatores podem influenciar no crescimento e no desenvolvimento normal da criança, entre eles estão:

Fatores intrínsecos

- Fatores genéticos: genes herdados dos pais.
- Fatores neuroendócrinos: ação dos hormônios sobre o encéfalo, modificando suas atividades.

Fatores extrínsecos

- Pré-natal
  - Nutricionais: desnutrição materna, deficiência de vitaminas, iodo etc.
  - Mecânicos: posição anormal do feto.
  - Endócrinos: diabetes materna.
  - Actínicos: irradiações.
  - Infecciosos: rubéola, toxoplasmose, sífilis.
  - Imunitários: incompatibilidade sanguínea materno-fetal.
  - Anóxicos: função placentária deficiente.
- Pós-natais
  - Privação materna (ou cuidados maternos): age negativamente na capacidade de crescer e atraso severo no desenvolvimento neuropsicomotor e emocional.
  - Doença: poliomielite, raquitismo, febre reumática (repouso).
  - Nutricionais: no primeiro ano de vida, 40% das calorias são destinadas ao crescimento e, a partir do primeiro ano, apenas 20%.

## 12.2.2 Crescimento

Toda a criança saudável apresenta um crescimento progressive, pois as células estão constantemente em crescimento e multiplicação.

Mecanismos físico-químicos, tendo como base três fenômenos[2]

- Acúmulo ou aposição de material extracelular;
- aumento de tamanho da célula (hipertrofia);
- multiplicação celular (hiperplasia).

Tipos[2]

Cada órgão (ou sistema) cresce em grau, padrão e velocidade próprios. Existem quatro tipos fundamentais de crescimento:

- Geral somático: crescimento do corpo (exceto cabeça), dimensões externas, tecido muscular e ósseo, volume sanguíneo e vísceras. Representado pela curva de peso e estatura.

- Neural: crescimento do cérebro, cerebelo, estruturas finas e aparelho ocular. Caracteriza-se por intensa velocidade nos dois primeiros anos de vida.
- Linfoide: crescimento do timo, gânglios linfáticos, amígdalas, adenoides, folículos linfoides intestinais. Seu pico é atingido ao redor dos 12 anos.
- Genital: crescimento dos testículos, ovários, epidídimo, vesículas seminais, próstata e útero. Essas estruturas permanecem quiescentes até os dez a 12 anos para, a partir de então, apresentar crescimento rápido que corresponde à puberdade.

## Ritmos do crescimento

O crescimento processa-se em surtos de maior e de menor intensidade.

- Primeiro ano de vida: ritmo de crescimento acelerado tanto no peso quanto em estatura.
- Segundo ano de vida: desacelera e torna-se relativamente constante.

## Indicadores do crescimento[2,3,4]

- Peso (P): aumento da massa corporal. Sempre que verificado, devem-se considerar fatores relacionados (estados agudos) que afetam o peso temporariamente, como repleção.

Ao nascimento, é uma medida que varia mais do que a altura, refletindo muito o ambiente intrauterino.

Em geral, o peso médio ao nascer é de 3,100 kg a 3,400 kg e corresponde a um aumento aproximado de três bilhões de vezes o peso do óvulo fecundado. Ao atingir a maturidade, o peso de nascimento aumenta cerca de 20 vezes, pois duplica aos cinco meses de vida, triplica no final do primeiro ano, quadruplica no final do segundo ano e quintuplica entre quatro e cinco anos.

- Altura: crescimento linear do organismo, considerada uma medida estável do crescimento geral. No primeiro ano de vida, a criança cresce cerca de 25 cm. No segundo ano, cresce aproximadamente 50% da sua estatura adulta e no quarto ano duplica a estatura do nascimento. Dos 3 aos 12 anos, cresce aproximadamente 5 a 6 cm/ano.
- Perímetro cefálico (PC): indica crescimento cerebral. No nascimento, o PC varia entre 32 e 38 cm, com média de 34 cm. No primeiro ano de vida aumenta muito, sendo cerca de 10 cm. Já no segundo ano, atinge 75% do seu crescimento total e, acima de 15 anos, cresce os 10 cm restantes.

O Ministério da Saúde passou a adotar, a partir de 2016, novos parâmetros para medir o perímetro cefálico e identificar casos suspeitos de bebês com microcefalia. Para menino, a medida será igual ou inferior a 31,9 centímetros e, para menina, igual ou inferior a 31,5 centímetros.[5]

A mudança está de acordo com recomendação anunciada pela OMS. O objetivo da alteração é padronizar as referências para todos os países, valendo para bebês nascidos com 37 ou mais semanas de gestação.[5]

- Perímetro torácico (PT): indica crescimento (e funcionamento) dos órgãos torácicos. Relaciona-se com o perímetro cefálico da seguinte forma, aproximadamente: ao nascimento, o PT é 2 cm menor do que o PC. Aos 6 meses, o PT é igual ao PC e, a partir dos 12 meses, é 2 cm do maior que o PC. Na idade escolar, o PT é 5 a 7 cm maior do que o PC.
- Perímetro abdominal (PA): não é uma medida comumente usada para avaliação do crescimento. No entanto, é medido quando existe alguma patologia que aumente o seu perímetro, como hepatopatia.[2,3,4]
- Perímetro braquial: indica crescimento muscular. É muito sensível às alterações nutricionais.[2,3,4]
- Idade óssea: refere-se ao grau de maturação óssea. São verificados os núcleos secundários de ossificação por meio de raios X.
  - Crianças pequenas: mãos e punhos.
  - Puberdade: epífise dos ossos longos.
- Erupções dos dentes: existem diferenças individuais e até familiares. A ordem da erupção dos dentes é mais estável do que a época de erupção.[4]
- Fontanelas e suturas: são ligadas ao perímetro cefálico e a problemas de saúde que podem interferir no desenvolvimento. A criança nasce com seis fontanelas, mas, habitualmente, apenas duas são palpáveis.
  - Fontanela anterior: bregma ou bregmática.
  - Fontanela posterior: lambda ou lambdoide.
  - Fontanela bregmática: mede aproximadamente 2,5 × 2,5 ou 3,0 cm. Fecha entre o 9° e 16° mês de idade.
  - Fontanela lambdoide: mede aproximadamente 1,0 × 1,0 cm. Fecha entre o terceiro e o quarto mês.

As suturas podem ser salientes ao nascer (encavalgamento durante o parto). Três suturas são palpáveis e achatam-se, normalmente, até o sexto mês. São elas: coronária, sagital e lambdoide.[1,2,3,4]

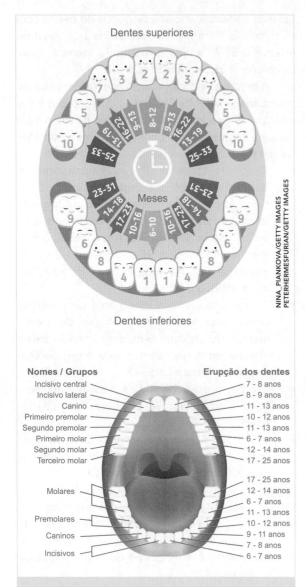

Figura 12.4 - Sequência de erupção dos dentes.

## 12.2.3 Desenvolvimento

O desenvolvimento infantil ocorre de maneira ordenada e com padrões previsíveis. Os estilos de criação e os comportamentos de promoção da saúde podem ser influenciados significativamente pela cultura. As crenças relativas à saúde podem ser influenciadas pela formação religiosa de um indivíduo. Em alguns casos, podem gerar conflitos no contexto de cuidado de saúde, pois o professional de saúde pode ter sistema de valor diferente daquele adotado pela familia da criança.[1,3,4]

Os princípios do desenvolvimento são:[1,2]

- As crianças são competentes e dotadas de qualidades e habilidades que asseguram sua sobrevivência e promovem seu desenvolvimento. As capacidades fundamentais para sobreviver, crescer e se desenvolver são repetidamente demonstradas por toda a infância e adolescência, se o ambiente for adequado.
- As crianças se parecem umas com as outras, pois as características físicas e comportamentais de cada idade, bem como as mudanças que ocorrem com o avanço da idade, são similares entre elas.
- Cada criança é única, embora possa apresentar aspectos comuns àquelas do mesmo grupo de idade. Cada criança possui características próprias, o que a difere das outras. Conforme a criança cresce e adquire mais experiências, as diferenças aumentam.
- Há de se considerar um desvio normal relacionado a padrão familiar; influências culturais, raciais e étnicas; história pregressa da criança; opinião de outros colegas.
- O crescimento e o desenvolvimento são direcionais, pois se processam em direções ou progressões regulares, que refletem o desenvolvimento físico e a maturação das funções neuromusculares.
- A atenção integral nessa faixa etária influencia no sucesso escolar, no desenvolvimento de fatores de resiliência e na auto-estima necessários para continuar a aprendizagem, na formação das relações e da autoproteção requeridas para independência econômica e no preparo para a vida familiar.

Figura 12.5 - Desenvolvimento infantil.

 **NOTA**

O crescimento e o desenvolvimento afetam todos os aspectos da vida da criança. À medida que os lactentes progridem pelos diversos estágios do desenvolvimento, o processo ocorre de modo previsível. São sequenciais e ordenados, embora algumas crianças se desenvolvam mais rapidamente do que outras. As consultas rotineiras de saúde enfatizam principalmente as instruções antecipadas.

# 12.3 PROGRAMA DE ASSISTÊNCIA INTEGRAL À SAÚDE DA CRIANÇA (PAISC)[6]

Foi implantado pelo Ministério da Saúde em 5 de agosto de 2015 com o objetivo de assegurar a integralidade na assistência prestada e o princípio da assistência multiprofissional, priorizando as ações preventivas, cujo eixo básico é garantir o crescimento e o desenvolvimento infantil.

As cinco ações básicas do PAISC são:
- incentivo ao aleitamento materno e orientações para o desmame adequado;
- assistência e controle das infecções respiratórias agudas;
- imunização para controle das doenças que podem ser prevenidas;
- controle das doenças diarreicas;
- acompanhamento do crescimento e do desenvolvimento infantil.

O acompanhamento da evolução das crianças é feito a partir das anotações na Caderneta de Saúde da Criança, as quais são realizadas do nascimento aos 10 anos de idade para monitorização do ganho ponderal, calendário vacinal, gráfico de perímetro cefálico e estatura.

A Caderneta de Saúde da Criança também oferece informações de identificação da criança, tipo de parto, índice de Apgar, local e data de nascimento. É válida em todo o território nacional como comprovação de vacinação e seu fornecimento é gratuito.

O Ministério da Saúde, a partir do PAISC, estabeleceu um calendário mínimo de consultas para atendimento às crianças,[6,7] conforme pode ser visto no Quadro 12.1.

Quadro 12.1 – Calendário mínimo de consultas para as crianças

| Idades | Nº de consultas | Época da consulta | Profissional que fez a consulta |
|---|---|---|---|
| Menor de um ano | Sete | 0-15 dias<br>1 mês<br>2 meses<br>4 meses<br>6 meses<br>9 meses<br>12 meses | Pediatra<br>Pediatra<br>Enfermeiro, pediatra<br>Enfermeiro, pediatra<br>Enfermeiro |
| 1 a 2 anos | Quatro | 15 meses<br>18 meses<br>21 meses<br>24 meses | Pediatra<br>Enfermeiro<br>Pediatra<br>Pediatra |
| 2 a 4 anos | Duas | 36 meses<br>48 meses | Pediatra |
| 5 a 9 anos | Duas | Sem previsão | Pediatra |

## 12.3.1 Avaliação do Crescimento[4,7]

Para a avaliação do crescimento, utilizamos gráficos pré-estabelecido, nos quais as curvas indicam o crescimento esperado para as diferentes faixas etárias. Utilizamos o padrão da OMS, que deve ser usado para avaliar crianças de qualquer país, independentemente de etnia, condição socioeconômica e tipo de alimentação.

- Curvas da OMS (2006)
  - Público: menores de 5 anos.
  - Visa estabelecer novo padrão internacional mediante a elaboração de um conjunto de curvas adequadas para avaliar o crescimento e o estado nutricional de crianças em idade escolar.

- Curvas da OMS (2007)
  - Público: crianças a partir dos 5 anos e adolescentes (até 19 anos).
  - Em janeiro de 2006 houve uma reunião de especialistas, com apoio da OMS para avaliar a viabilidade do desenvolvimento de uma referência nacional de crescimento para crianças em fase escolar e adolescente, devido à epidemia de obesidade no mundo.

Para que seja definido quando um parâmetro está ou não dentro do esperado, é preciso que sejam conhecidos os referenciais de comparação e estabelecido os pontos de corte.

São utilizados os percentis ou os escores, que representam uma maneira simples de triar os casos em risco nutricional.

### O que são pontos de corte?

Para ser feito um diagnóstico antropométrico, é necessária a comparação dos valores encontrados na avaliação com valores de referência que caracterizam a distribuição do índice em uma população saudável, como esse índice se distribuiria se não houvesse nenhuma interferência ambiental ou social que pudesse prejudicar o crescimento e o desenvolvimento da criança ou a saúde das pessoas em outras fases da vida.

- Pontos de corte
  - P/I: peso em relação à idade.
  - C/I: comprimento em relação à idade.
  - E/I: estatura em relação à idade.
  - P/C: peso em relação ao comprimento.
  - P/E: peso em relação à estatura.
  - PC/I: perímetro cefálico em relação à idade.

Os pontos de corte correspondem aos limites que separam os indivíduos que estão saudáveis daqueles que não estão.[4,7,8]

Quadro 12.2 – Pontos de corte de peso para idade em crianças

| Valores críticos | | Diagnóstico nutricional |
|---|---|---|
| < Percentil 0,1 | < Escore-z -3 | Peso muito baixo para a idade |
| ≥ Percentil 0,1 e < Percentil 3 | ≥ Escore-z -3 e < Escore-z -2 | Peso baixo para a idade |
| ≥ Percentil 3 e < Percentil 97 | ≥ Escore-z -2 e < Escore-z +2 | Peso adequado ou eutrófico |
| ≥ Percentil 97 | ≥ Escore-z +2 | Peso elevado para a idade |

Fonte: SISVAN (2011)[7].

Quadro 12.3 – Pontos de corte de estatura para idade em crianças

| Valores críticos | | Diagnóstico nutricional |
|---|---|---|
| < Percentil 3 | < Escore-z -2 | Baixa estatura para a idade |
| ≥ Percentil 3 | ≥ Escore-z -2 | Estatura adequada para a idade |

Fonte: SISVAN (2011).

## 12.4 PROGRAMA DE SAÚDE DO ADOLESCENTE[6]

Foi criado pelo Ministério Público, em 1989, com o objetivo de promoção da saúde, identificação dos grupos de riscos, detecção dos agravos à saúde e reabilitação do adolescente.

O Programa de Saúde do Adolescente (Prosad) possui como princípio básico a atenção integral à saúde a partir do atendimento multiprofissional na rede de atendimento primário, com foco na prevenção e na promoção da saúde do adolescente, bem como no seu contexto da família, da escola, do trabalho e da comunidade. O Prosad é dirigido a todos os jovens entre 10 a 19 anos.

Os objetivos do Programa são:
- Promover a saúde integral do adolescente, favorecendo o processo geral de seu crescimento e desenvolvimento, buscando reduzir a morbimortalidade e os desajustes individuais e sociais.
- Normatizar as ações consideradas nas áreas prioritárias.
- Estimular e apoiar a implantação e/ou implementação dos programas estaduais e municipais, na perspectiva de assegurar ao adolescente um atendimento adequado às suas características, respeitando as particularidades regionais e a realidade local.
- Promover e apoiar estudos e pesquisas multicêntricas relativas à adolescência.
- Contribuir com as atividades intra e interinstitucionais nos âmbitos governamentais e não governamentais, visando à formulação de uma política nacional para a adolescência e a juventude a ser desenvolvida nos âmbitos federal, estadual e municipal.
- Áreas como crescimento e desenvolvimento, sexualidade, saúde mental, reprodutiva, prevenção de acidentes, violência, maus-tratos e o convívio familiar são o eixo de sustentação desse projeto.

**NOTA**

Para que o atendimento ao adolescente seja completo, não podemos esquecer de investigar pontos chaves, como: comportamento de risco, levar em conta o egocentrismo natural dessa fase, conhecer o grupo de colegas que se relaciona, conhecer as etapas referentes à menarca, à puberdade e à sexualidade.

## 12.5 PRINCIPAIS ACIDENTES DA INFÂNCIA[1,3]

Os acidentes constituem uma importante causa de morbidade e mortalidade na infância em todo o mundo.

As crianças e os adolescentes são os grupos mais vulneráveis. As crianças pela sua limitação física, sensorial, psicomotora e cognitiva, aspectos desenvolvidos apenas com o tempo. Os adolescentes por assumirem atitudes arriscadas e irrefletidas, expondo-se ao acidente, como parte do comportamento próprio da idade. Os acidentes constituem a principal causa de óbito durante o primeiro ano de vida, especialmente em crianças de seis a 12 meses.[1,3]

Podemos agrupar os acidentes nas seguintes categorias:

| | | |
|---|---|---|
| Lactente até 6 meses | Figura 12.6 | • Quedas<br>• Sufocação |
| Lactentes de 7 a 12 meses | Figura 12.7 | • Queda<br>• Queimadura<br>• Envenenamento<br>• Sufocação<br>• Intoxicação<br>• Choque elétrico |
| Crianças de 1 a 2 anos | Figura 12.8 | • Quedas e ferimentos<br>• Afogamento<br>• Queimaduras e choque elétrico |
| Crianças de 2 a 6 anos* | Figura 12.9 | • Quedas, ferimentos e afogamentos<br>• Queimaduras<br>• Acidentes de automóveis<br>• Envenenamento<br>• Mordidas de animais<br>• Afogamento |

\* Essa criança corre, pula e já começa a entender, mas ainda não sabe o que é perigoso. A criança precisa de proteção, supervisão e disciplina firme. Crianças de mais de 3 anos já entendem, mas ainda precisam de proteção.

## Assistência de enfermagem

- Ao recém-nascido[1,2,8]

Quadro 14.2 – Cuidados rotineiros ao recém-nascido

| | |
|---|---|
| Cuidados básicos rotineiros | Primeira consulta na primeira semana de vida e o RN deve ser atendido pelo médico se:<br>• a temperatura axilar abaixo de 36 °C ou acima de 37,5 °C;<br>• padrão alimentar insatisfatório;<br>• apresentar vômitos, diarreia ou dificuldade respiratória. |
| Ganho/perda de peso | Perda de peso nos primeiros 5 a 10 dias; depois disso, deve ganhar peso regularmente. |
| Fralda molhada | No mínimo, 6 por dia. |
| Banho | Não deixe o RN ficar resfriado com o banho. Atenção à temperatura da água e do ambiente. |
| Cuidados com o cordão umbilical | Limpar a base do cordão umbilical com álcool 70%. O cordão ressecado cai depois de 1 a 2 semanas. Avaliar se tiver secreção, vermelhidão ao redor e odor fétido. |
| Prevenção de doenças | Cuidados com a lavagem de mãos. Limitar a exposição de pessoas portadoras de doenças infectocontagiosa. |
| Sono | Colocar o bebê em decúbito dorsal para reduzir o risco de síndrome da morte súbita em lactente. |

O recém-nascido é esperado e desejado na maioria das famílias e inaugura um momento importante no ciclo vital da mulher e do homem. Teoricamente, o recém-nascido de termo é aquele que está com 37 a 42 semanas ao nascer, com bom índice de Apgar e peso entre o percentil 10 e 90.

Figura 12.10 – Avaliação do recém-nascido.

É necessária uma avaliação criteriosa e detalhada do recém-nascido, que inclui a mensuração dos dados antropométricos e dos sinais vitais e outros cuidados imediatos, como clampeamento do cordão umbilical, prevenção da perda de calor e estabilização inicial.

Os valores normais dos sinais vitais do recém-nascido são:

- Temperatura axilar: 36,5 °C a 37 °C.
- Frequência cardíaca: 120 a 140 batimentos por minuto.
- Respiração: 30 a 60 incursões por minuto.
- Pressão arterial: 65/40 mmHg.

Quadro 12.3 – Dados avaliados no boletim de Apgar

| SINAL | NOTA | | |
|---|---|---|---|
| | 0 | 1 | 2 |
| Frequência cardíaca | Ausente | Inferior a 100/min | Superior a 100/mim |
| Esforço respiratório | Ausente | Lento, irregular, choro fraco | Choro forte |
| Tono muscular | Flácido | Alguma flexão de extremidades | Bem fletido, movimentação ativa |
| Irritabilidade reflexa | Nenhuma resposta | Algum movimento ou careta | Choro ou tosse |
| Cor | Cianose, palidez | Róseo, extremidades cianóticas | Completamente róseo |

A identificação do recém-nascido deve ser realizada na sala de parto logo após o nascimento, por meio de pulseira com o nome da mãe, registro hospitalar, sexo, data e hora do parto. A mãe deve receber uma pulseira de identificação com as mesmas informações.

A cada turno, a pulseira de identificação deve ser avaliada, se está devidamente presa e, toda vez que o RN for entregue aos pais, deve ser comparada com a da mãe.[1,2,8]

A profilaxia ocular tem o objetivo de prevenir a infecção oftálmica gonocócica. O RN deve receber solução de nitrato de prata a 1% instilado no saco da conjuntiva inferior; deve-se utilizar gaze para retirar o excesso e não lavar os olhos em seguida.[1,2,8]

É preciso administrar vitamina K devido à deficiência causada pela ausência de flora intestinal. É necessário administração intramuscular em músculo vasto lateral na dosagem de 0,5 mg a 1 mg.

Tomar os devidos cuidados com o coto umbilical. No início da respiração, o cordão umbilical é clampeado. O coto deve ser higienizado com uso de antisséptico tópico com o objetivo de minimizar colonização bacteriana.

A higiene deve ser realizada na região da base e em sua extensão com cotonete e álcool a 70%. O coto umbilical sofre um processo de mumificação e a queda ocorre no período de 10 a 14 dias.

O banho deve ser realizado após a estabilização da temperatura e na direção cefalopodal. Inicia-se a partir da limpeza dos olhos no sentido interno para o externo, seguindo para a face e para o couro cabeludo, mantendo coberto o restante do corpo.[1,2,8]

A cabeça deve ser enxuta e as orelhas limpas com compressas de algodão ou gaze. Deve-se realizar o banho do restante do corpo sem a necessidade de esfregar a pele do RN.

Deve ser utilizada vestimenta confortável e favorecer a estabilização da temperatura corporal.

A amamentação inicia-se nas primeiras horas de vida e deve ser encorajada e promovida. O benefício mais importante da amamentação é o vínculo entre mãe e filho, além da proteção contra infecção e outros.[1,2,8]

Figura 12.11 – Aleitamento materno.

O cuidar do RN de alto risco é um grande desafio para a equipe de saúde. Eles são classificados teoricamente de acordo com tamanho, idade gestacional, adaptação à vida extrauterina e problemas fisiopatológicos.

O RN de alto risco é admitido em unidade de tratamento intensivo devido às suas condições, sendo separado de seus pais e cuidado pela equipe de saúde, monitorado quanto à frequência cardíaca, respiratória e à temperatura. De acordo com a OMS, considera-se prematura a criança com menos de 37 semanas de gestação.

Os principais problemas que essas crianças apresentam são controle ineficaz da temperatura, da sucção, de deglutição, de respiração e hiperbilirrubinemia.

A equipe de enfermagem deve ser treinada e especializada para oferecer um cuidado adequado que favoreça o desenvolvimento do RN e minimize os índices de infecção.

O RN prematuro é homeotérmico imperfeito e apresenta variações importantes de temperatura, favorecendo o aumento da mortalidade. O uso de incubadora de parede dupla favorece a manutenção da temperatura do RN. A temperatura da incubadora deve ser regulada frente ao peso e à idade gestacional.[2,8]

O RN hipotérmico, ou seja, com temperatura axilar menor que 36 °C, apresenta sinais clínicos como palidez com cianose central, bradicardia, distensão abdominal, sucção débil, hipoglicemia, hipotensão, respiração lenta e acidose metabólica.

A nutrição do RN pode determinar a sua sobrevida, pois funções imunológicas, respiratórias, hepáticas e hemodinâmicas dependem de sua higidez nutricional. Os métodos de alimentação são sucção/deglutição por sonda nasogástrica em RN prematuro.[2,8]

- Hiperbilirrubinemia: é o aumento da taxa de bilirrubina no organismo. A bilirrubina é o produto final da degradação do grupo "heme", parte constituinte das hemácias, mioglobinas e enzimas respiratórias.[2,8]
- Icterícia neonatal
  - Fisiológica
    - Aparece após 36-48 horas de vida.
    - Pico de bilirrubina em torno do 3° - 5° DV.
    - Desaparece aproximadamente com 7 dias de vida.
    - Quadro clínico: pele amarelada.
  - Patológica
    - Aparece durante as primeiras 24 horas de vida.
    - Principais causas: incompatibilidade ABO/Rh, coleções sg extravascular.
    - Quadro clínico: sucção débil, hipoatividade, anemia e anasarca.

- Tratamento[2,8]
  - Fototerapia
    - Tratamento universal.
    - Mecanismos de fotoisomerização e fotoxidação.
    - Equipamentos: lâmpada fluorescente, bilispot, biliberço, bilitron.
    - Eficiência: somente com utilização do radiômetro.

Os cuidados com o RN em fototerapia são cobertura adequada dos olhos com material opaco, mudança de decúbito, distância entre as lâmpadas e o RN não deve ser inferior a 45 cm, medição fotométrica da intensidade da luz, controle do número e aspecto das evacuações, controle da temperatura axilar. Retirar a cobertura ocular no momento das mamadas e observar a presença de secreção na região.

- Ao lactente[1,2]

As diferentes faixas etárias requerem conhecimento e atendimento diferenciado. Precisamos conhecer cada etapa para atender adequadamente as necessidades de cada faixa etária.

Quadro 12.4 – Assistência de enfermagem
ao lactente e justificativa

| Assistência de enfermagem | Justificativa |
| --- | --- |
| Orientar a mãe quanto à puericultura. | Avaliar crescimento e desenvolvimento. |
| Avaliar a carteira de vacinação. | Promover a imunização. |
| Observar e comunicar alteração no ganho de peso da criança. | Minimizar índice de desnutrição. |
| Manter a criança na presença da mãe ou do cuidador. | Facilitar o contato e evitar o estresse da criança. |
| Orientar o cuidador sobre a importância de brincar. | Favorecer o desenvolvimento biopsicossocial da criança. |
| Cuidados com a dentição. | Prevenir aparecimento de cárie dentária. |
| Estimular vínculo entre os pais e os bebês. | Evitar distúrbios afetivos. |

O primeiro ano de vida é marcado pelo crescimento e pelo desenvolvimento rápido da criança, como também pelas aquisições de habilidades finas e grossas do Sistema Nervoso e da linguagem.

As mudanças nos sistemas imunológicos e de termorregulação são importantes para a maturação da criança.

Os primeiros dentes a surgir são os incisivos centrais na faixa etária entre os seis e oito meses de vida, exigindo o início da higiene bucal.

A promoção da nutrição ideal para o lactente pede introdução gradual de alimentos pastosos e sólidos e o desmame do leite materno.

O profissional de saúde deve respeitar as fases da criança, como o medo e a ansiedade diante de estranhos e a necessidade da presença dos pais. Deve cuidar da criança não como um adulto pequeno, mas como um indivíduo com todas as suas particularidades.[1,3] A imunização é um avanço da saúde pública de responsabilidade dos profissionais de saúde que visam à minimização de doenças da infância. O Ministério da Saúde garante a administração das vacinas em rede publica.[9,1]

Quadro 12.5 – Vacinas, idade e doenças evitadas

| Idade | Vacina | Doenças evitáveis | Dose |
|---|---|---|---|
| Ao nascer | BCG – ID | Formas graves de tuberculose | Dose única |
| | Hepatite B | Hepatite B | Dose única |
| 2 meses | Pentavalente (DPT + Hib. + hep. B) | Difteria, tétano, coqueluche, Hepatite B | 1ª dose |
| | Poliomielite inativada (VIP) | Poliomielite | |
| | Pneumocócica 10 - inativada | Pneumonia, otite e meningite | |
| | Oral contra rotavírus humano (VORH) | Diarreia por rotavírus | |
| 3 meses | Meningocócica C | Meningite, meningococcemia | 1ª dose |
| 4 meses | Pentavalente (DPT+ Hib+ Hep.B) | Difteria, tétano, coqueluche, hepatite B | 2ª dose |
| | Poliomielite inativada (VIP) | Poliomielite | |
| | Pneumocócica 10 - inativada | Pneumonia, otite e meningite | |
| | Oral contra rotavírus humano (VORH) | Diarreia por rotavírus | |
| 5 meses | Meningocócica C | Meningite, meningococcemia | 2ª dose |
| 6 meses | Pentavalente (DPT + Hib. + hep. B) | Difteria, tétano, coqueluche, hepatite B | 3ª dose |
| | Poliomielite inativada (VIP) | Poliomielite | |
| 12 meses | Meningocócica C | Meningite, meningococcemia | 1ª dose |
| | Pneumocócica 10 - inativada | Pneumonia, otite e meningite | Reforço |
| | Tríplice viral (SCR) | Sarampo, caxumba e rubéola | Reforço |
| 15 meses | Tríplice bacteriana (DPT) | Difteria, tétano, coqueluche. | 1º reforço |
| | Poliomielite oral (VOP) | Poliomielite | 1º reforço |
| | Hepatite A | Hepatite A | Dose única |
| | Tetraviral (SCRV) | Sarampo, caxumba, rubéola e varicela | Dose única |
| 4 anos | Tríplice bacteriana (DPT) | Difteria, tétano, coqueluche | 2º reforço |
| | Poliomielite oral (VOP) | Poliomielite | 2º reforço |
| | Varicela | Varicela | 2ª dose |
| *9 anos | Papiloma vírus humano (HPV) | Papiloma vírus humano | Duas doses com 6 meses de intervalo |

*Pode ser aplicada até 14 anos, 11 meses e 29 dias.
Fonte: Secretaria da Saúde da cidade de São Paulo.[10]

- Ao Toddler (Infante), pré-escolar e ao escolar[1,3]

É chamado de Toddler a criança na faixa etária de 1 a 3 anos de idade e de acordo com seu desenvolvimento apresenta necessidades especificas para crescer e se desenvolver adequadamente.

Quadro 12.6 – Assistência de enfermagem ao Toddler, pré-escolar, ao escolar e justificativa

| Assistência de enfermagem | Justificativa |
|---|---|
| Usar linguagem clara | Evitar interpretações irreais |
| Estimular treinamento | Até mielinização completa da medula espinhal. |
| Avaliar caderneta de vacinação | Promover imunização |
| Oferecer alimentos visualmente agradáveis | Prevenir anemia ferropriva |
| Observar sinais de infecção parasitária | Prevenção de complicações da saúde |
| Orientar cuidador sobre a importância de brincar | Favorecer o desenvolvimento biopsicossocial da criança |
| Apoiar início da vida escolar | Desenvolver raciocínio lógico implementado |
| Estimular participação dos pais na vida escolar | Solucionar os problemas de aprendizagem |
| Estimular atividade física | Promover desenvolvimento muscular, ganho de força física e habilidade para enfrentar desafios |
| Orientar os pais sobre a importância do diálogo | O desenvolvimento social pode ser marcado por comportamentos inadequados |

Define-se Toddler ou infante como a criança de 12 meses e 1 dia a 3 anos e pré-escolar a criança de 3 anos a 6 anos. As peculiaridades dessas duas fases é que o crescimento se torna mais lento, assim como o índice de perímetro cefálico. O perímetro torácico mantém o aumento de seu índice, tornando-se maior do que o cefálico e mudando o formato.[1,3,9,11]

Figura 12.12 – Pré-escolar.

O apetite diminui e pode aparecer a anemia ferropriva. É necessário oferecer à criança uma nutrição balanceada e nutritiva, que desperte seu interesse em se alimentar.

Aos 4 anos, o Sistema Nervoso Central encontra-se desenvolvido e a criança é mais independente em suas atividades. A linguagem oral está em plena transformação. A independência da criança a partir dos 2 anos inclui o controle esfincteriano diurno e o noturno está completo por volta dos quatro anos de idade.[1,3,9,11]

O brincar é uma atividade de lazer fundamental para o desenvolvimento biopsicossocial da criança que favorece suas habilidades e o sentido de segurança.

Figura 12.13 – Período escolar.

As infecções mais frequentes nessa faixa etária são as parasitárias, visto que o sistema imunológico já está desenvolvido e o calendário vacinal completo em relação às vacinas básicas. As doenças contagiosas ainda estão presentes, como varicela, eritema infeccioso, roséola, rubéola, caxumba, coqueluche e escarlatina.

As características psicológicas pertinentes a esse grupo são egocentrismo, centralização, pensamentos mágicos e animismo.

Denomina-se escolar a criança que está na faixa etária entre os 6 e 10 anos, marcada pelo início do aprendizado, por uma visão mais realista e um raciocínio mais lógico.

O desenvolvimento biológico é marcado pelo crescimento mais gradual, porém constante, melhora da postura, início das trocas dos dentes, diminuição do tecido adiposo e maturidade da visão.[1,3,9,11]

O desenvolvimento psicossocial dessa fase intermediária foi descrito pelo psiquiatra austríaco Sigmund Freud (1856-1939) como a fase de latência, ou seja, os grupos relacionam-se com membros do mesmo sexo.

O desenvolvimento social caracteriza-se por comportamentos inadequados como mentir e roubar. Os pais devem ser orientados sobre a importância do diálogo.

A promoção da saúde no escolar deve contemplar a nutrição balanceada com pouca oferta de gorduras e açúcares, que não favorecem o crescimento. A atividade física é importante para o desenvolvimento muscular, ganho de força física e habilidade para enfrentar desafios.

Dificuldade apresentada na escola é uma realidade na população e as causas podem ser identificadas quanto à criança, família ou escola. Um atendimento multiprofissional deve ser oferecido ao escolar e à família com o objetivo de descobrir as causas e minimizar a problemática.[1,3,9,11]

- Ao adolescente[1,3,6]

O adolescente apresenta características específicas dessa faixa etária e para que ultrapasse essa fase com tranquilidade, precisa ser atendido adequadamente em suas necessidades.

Quadro 12.7 – Assistência de enfermagem ao adolescente e justificativa

| Assistência de enfermagem | Justificativa |
|---|---|
| Usar linguagem objetiva e aberta | Formar vínculo com o adolescente |
| Propor condutas juntamente com o adolescente | Colaborar para desenvolvimento da responsabilidade |
| Orientar sobre DST e prevenção da gravidez na adolescência | Minimizar índices de contaminação e gravidez indesejada |
| Estimular atividade em grupo | Favorecer desenvolvimento social |
| Estimular atividade física | Prevenção de doenças crônicas e degenerativas |

A adolescência, segundo a OMS, é definida cronologicamente como a faixa etária dos 10 aos 19 anos.

É uma das fases mais importantes do ciclo de vida do indivíduo, pois nela se completa o período de desenvolvimento e crescimento.

A assistência à saúde do adolescente deve contemplar o indivíduo biopsicossocial como um todo, tendo como diretrizes a promoção da saúde e a prevenção dos agravos e acidentes.[1,3,6]

A relação entre o profissional de saúde e o adolescente requer discussões abertas e, gradativamente, o adolescente deve assumir responsabilidades sobre sua saúde.

Questões éticas como o direito à individualização no atendimento e ao sigilo profissional são importantes na relação de confiança, porém podem ser quebradas na vigência de doenças como a Aids, tentativas de suicídio, gravidez, aborto e recusa de tratamento e ou medicação.

A adolescência é marcada por alterações hormonais. Durante a infância, os hormônios são encontrados em pequena quantidade, iniciando a partir dos 11 anos o aumento gradual do estrógeno nas meninas, que permanece por toda a fase reprodutiva da mulher, e nos meninos apenas durante a fase de maturação. Os andrógenos, hormônios masculinos, são encontrados nos dois sexos, porém a testosterona encontra-se em maior quantidade nos meninos, atingindo o máximo na maturidade.[1,3]

A relação com o sexo oposto torna-se importante nessa fase, colaborando para o desenvolvimento social, da autoimagem, corporal, com os amigos e o início da atividade sexual.

Temas como prevenção de acidentes, saúde mental ruim, violência, drogas, doenças sexualmente transmissíveis e gravidez requerem ações importantes da equipe de saúde, como também a atualização das imunizações, nutrição adequada e atividade física.

Os acidentes são a principal causa de morbimortalidade na adolescência, entre eles acidente automobilístico, arma de fogo e traumatismos ligados aos esportes.

O adolescente deve ser orientado a incorporar um estilo de vida saudável para prevenção das doenças da fase adulta.[1,3,6]

Figura 12.14 – Adolescência.

Figura 12.15 – Consulta ao adolescente.

## NESTE CAPÍTULO, VOCÊ...

... percebeu que o crescimento e o desenvolvimento das crianças e dos adolescentes podem afetar seu cotidiano e de seus familiares. Sabe-se que algumas crianças podem crescer mais rapidamente ou vir a alcançar marcos do desenvolvimeto mais cedo do que outras, mesmo assim, o crescimento e o desenvolvimento são ordenados e obedece a uma sequência. Portanto, destacamos a importância do acompanhamento a partir de consultas que enfatizem esse crescimento e desenvolvimento adequado.

... percebeu a importância do conhecimento fundamentado que o enfermeiro deve possuir sobre as mudanças que aconteceram em cada faixa etária para que se antecipem e forneçam as orientações necessárias para dar o apoio para as famílias e ainda contribuir para a promoção da saúde e prevenção de doenças.

## EXERCITE

1. Sobre o crescimento e o desenvolvimento infantil, é correto afirmar que:
   a) Desenvolvimento infantil engloba a organização progressiva das estruturas morfológicas.
   b) Ao avaliarmos o crescimento infantil, verificamos o aumento da capacidade do indivíduo na realização de funções cognitivas cada vez mais complexas.
   c) O desenvolvimento infantil traduz aumento do tamanho da célula (hipertrofia) e do seu número (hiperplasia).
   d) Crescimento infantil é o processo de humanização que interrelaciona aspectos biológicos, psíquicos, cognitivos, ambientais, socioeconômicos e culturais.
   e) Crescimento infantil é o aumento físico do corpo, medido em centímetros ou gramas e ocorre em maior velocidade nos períodos de 0 a 2 anos de idade e na adolescência.

2. Para adquirirmos informações de uma criança em relação ao seu crescimento, vários fatores devem ser considerados, entre eles:
   I – Colher informações precisas da história materna e familiar.
   II – Colher informações sobre o contexto social em que vive essa criança.
   III – Peso atual, não sendo necessária a comparação com o aumento médio dos últimos meses.
   IV – O peso e a estatura são de fundamental importância, enquanto os perímetros cefálico e torácico não são tão relevantes.
   V – Índices de maturação, como avaliação da dentição também fazem parte do acompanhamento do crescimento infantil. De acordo com as afirmativas, podemos dizer que:
   a) As afirmativas I, II e V são corretas e uma completa a outra.
   b) As afirmativas I e IV são corretas, mas uma não completa a outra.
   c) Todas as afirmativas estão corretas e uma completa a outra.
   d) As afirmativas II, III e IV estão corretas e uma completa a outra.
   e) Todas as afirmativas estão corretas, mas não têm relação entre si.

3. Para uma avaliação adequada do crescimento infantil, utilizamos um instrumento padrão elaborado pela OMS, denominado curvas da OMS 2006 e 2007. Classifique as alternativas em verdadeiras (V) ou falsas (F) quanto à utilização desse instrumento de avaliação:
   ( ) Utiliza-se o padrão da OMS para avaliar crianças de qualquer país, independentemente de etnia, condições socioeconômica e tipo de alimentação.
   ( ) Curvas da OMS (2006) avaliam crianças a partir dos 5 anos e adolescentes (até 19 anos).
   ( ) A curva de crescimento OMS (2007) surgiu da necessidade da OMS em avaliar a viabilidade do desenvolvimento de uma referência nacional de crescimento para crianças em fase escolar e adolescente, devido à epidemia de obesidade no mundo.
   ( ) Para a definição se um parâmetro está ou não dentro do esperado, é preciso que sejam conhecidos os referenciais de comparação e estabelecido os pontos de corte.
   ( ) Os pontos de corte: peso/idade, comprimento/idade, estatura/idade, peso/comprimento, peso/estatura, e perímetro cefálico/idade são os únicos parâmetros utilizados para a avaliação de uma curva de crescimento.

4. Qual é o objetivo de se fornecer uma assistência integral a saúde da criança?

5. Vários fatores podem influenciar o crescimento e o desenvolvimento normal da criança. Quais seriam esses fatores?

6. Qual é a fase do crescimento e desenvolvimento mais propensa a sofrer asfixia e por quê?

 PESQUISE

- Leia o artigo indicado a seguir e faça uma reflexão sobre a importância da enfermagem para a promoção da saúde da criança.
- IWATA, A. M.; SANTOS, A. D. B.; MACEDO, I. P.; GURGEL, P. K. F.; CAVALCANTE, J. M. P. A expressão da autonomia do enfermeiro no acompanhamento do crescimento e desenvolvimento da criança Rev. Enferm. UERJ, jul./set. 2011, v. 19, n. 3, p. 426-431. Disponível em: <https://bit.ly/2HjvFZd>. Acesso em: 15 ago. 2019.

CAPÍTULO

# 13

COLABORADORAS:
VÂNIA APARECIDA DA COSTA OLIVEIRA
VIRGÍNIA JUNQUEIRA OLIVEIRA
WALQUÍRIA JESUSMARA DOS SANTOS

# ASSISTÊNCIA À SAÚDE DA MULHER

### NESTE CAPÍTULO, VOCÊ...

- ... conhecerá as políticas de atenção à saúde da mulher.
- ... revisará a anatomia e a fisiologia do aparelho reprodutivo feminino.
- ... estudará a assistência de enfermagem à mulher durante o ciclo gravídico-puerperal e climatério.
- ... reconhecerá os objetivos do planejamento familiar e os principais métodos contraceptivos.

### ASSUNTOS ABORDADOS

- Políticas de atenção à saúde da mulher.
- Anatomia e fisiologia do aparelho reprodutor feminino.
- Planejamento reprodutivo e planejamento familiar.
- Ciclo gravídico-puerperal.
- Abortamento.
- Climatério.

# ESTUDO DE CASO

A.M.S., 26 anos, procurou o centro de saúde para uma consulta ginecológica. Durante a consulta, realizada por um enfermeiro, a cliente relatou amenorreia há 8 semanas, acompanhada de maior sensibilidade mamária. O enfermeiro, ao realizar o exame físico, observou que as mamas estavam mais volumosas, que a aréola estava com uma coloração mais escura e que os órgãos genitais externos apresentavam o sinal de Chadwick.

### Após ler o caso, reflita e responda:

1. Podemos sugerir qual é diagnóstico clínico?
2. Esses são sinais clínicos de presunção, de probabilidade ou de certeza?
3. Quais exames devem ser solicitados para confirmar esse diagnóstico clínico?

## 13.1 INTRODUÇÃO

As mulheres são a maioria da população brasileira (50,77%) e as principais usuárias do Sistema Único de Saúde (SUS). Diferentes aspectos da vida da mulher, como acesso a serviços de saúde, condições de trabalho, moradia, renda e lazer influenciam diretamente o processo de saúde e doença dessas mulheres.[1]

Figura 13.1 – Humanizar e qualificar a atenção em saúde é aprender a compartilhar saberes e reconhecer direitos.

Apesar de as mulheres viverem mais do que os homens, elas adoecem mais frequentemente. Essa vulnerabilidade feminina frente a certas doenças está mais relacionada à situação de discriminação na sociedade, discriminação nas relações de trabalho e a sobrecarga com as responsabilidades com o trabalho doméstico, do que com fatores biológicos.[2]

A compreensão das condições de vida e de saúde das mulheres é de fundamental importância para uma adequada assistência de enfermagem. Para tanto, este capítulo descreverá as políticas de saúde da mulher, apresentará uma revisão da anatomia e da fisiologia do aparelho reprodutivo feminino, abordará o planejamento familiar e os principais métodos contraceptivos existentes na atualidade, e, por fim, descreverá a assistência de enfermagem no ciclo gravídico-puerperal e no climatério.

## 13.2 POLÍTICAS DE ATENÇÃO À SAÚDE DA MULHER

No Brasil, a saúde da mulher foi incorporada às políticas nacionais de saúde nas primeiras décadas do século XX, sendo limitada, nesse período, às demandas relativas à gravidez e ao parto. Os programas materno-infantis, elaborados nas décadas de 1930, 1950 e 1970, traduziam uma visão restrita sobre a mulher, com base em sua especificidade biológica e no seu papel social de mãe e doméstica, responsável pela criação, pela educação e pelo cuidado com a saúde dos filhos e demais familiar.

O Programa de Assistência Integral a Saúde da Mulher (PAISM), implementado na década de 1980, propunha uma abordagem global da saúde da mulher em todas as fases do seu ciclo vital, e não apenas no ciclo gravídico-puerperal.

Na atualidade, as mulheres ainda sofrem com a violência de gênero (sexual ou doméstica, na maioria dos casos), com o risco de contraírem doenças e infecções sexualmente transmissíveis, com a criminalização do aborto, com os transtornos mentais, uso abusivo de drogas e álcool, entre tantos outros casos e consequências sociais que incidem e são indicadores das políticas de saúde. Índices nacionais mostram que 18% da população de rua é feminina; no campo, esse número chega a 48%. O Sistema de Informação da Mortalidade (SIM), aponta que 60% das mortes maternas são de mulheres negras e 90% desses casos poderiam ser evitados com ações concretas na saúde pública.[3] O SIM foi criado pelo Ministério da Saúde e possui variáveis que permitem, a partir da causa mortis atestada pelo médico, construir indicadores e processar análises epidemiológicas que contribuam para a eficiência da gestão em saúde.

No que se refere à assistência ao ciclo gravídico/puerperal, pode-se afirmar que o modelo de assistência ao parto ainda é obsoleto e intervencionista, os resultados da pesquisa Nascer no Brasil.[4]

Evidenciam que 98% dos partos são hospitalares, que a razão de mortalidade materna é alta (68,2%/100.00 NV) e que se desconhece a frequência da utilização de boas práticas na condução do trabalho de parto e puerpério.

A Portaria nº 1.459, de 24 de junho de 2011, instituiu a proposta do Programa Rede Cegonha, que é uma rede de cuidados que assegura às mulheres o direito ao planejamento reprodutivo, a atenção humanizada na gestação, parto e puerpério e às crianças o direito ao nascimento seguro, crescimento e desenvolvimento saudáveis.

Acredita-se que é necessário feminizar o coletivo, construir uma nova ética e um novo paradigma de consciência, modificando a forma de fazer política, de considerar os espaços sociais e a cidadania.

## 13.3 ANATOMIA E FISIOLOGIA

O técnico de enfermagem integra a equipe de saúde[5], sendo corresponsável pela qualidade da assistência à saúde prestada por essa equipe. No contexto da assistência à mulher, o conhecimento da fisiologia e das estruturas anatômicas que compõem o aparelho reprodutor feminino, bem como da relação existente entre elas, das suas localizações e das suas funções é essencial para o alcance de uma assistência segura e de qualidade.

## 13.3.1 Anatomia do aparelho reprodutor feminino

A genitália feminina é constituída por órgãos externos e órgãos internos.

- Genitália externa ou vulva: constituída por monte pubiano, grandes e pequenos lábios, vestíbulo, clitóris, introito vaginal, meato uretral e pelas glândulas vestibulares maiores e menores.
- Genitália interna: constituída pela vagina, pelos ovários, pelas tubas uterinas e pelo útero.
- Órgãos genitais externos
    - Monte pubiano: coxim de tecido adiposo e conjuntivo que reveste a sínfise púbica. Sua pele contém glândulas sebáceas e é recoberta por pelos após a puberdade.
    - Grandes lábios: são duas pregas cutâneas que se estendem do monte pubiano ao períneo. Possuem a função de proteger a abertura da vagina e da uretra contra os diversos microrganismos. Embora o tamanho e a aparência dos grandes lábios sejam diferentes de uma mulher para outra, as faces laterais dos grandes lábios têm a pele parecida com a do escroto, sendo pigmentadas e cobertas de pelos. Já as faces mediais são róseas, úmidas, lisas e sem pelos.
    - Pequenos lábios: finos folhetos cutâneos situados entre os grandes lábios. Contêm numerosas glândulas sebáceas, vasos sanguíneos e são bastante inervados. O espaço entre os lábios menores compreende o vestíbulo da vagina, no qual se apresentam o meato uretral, o introito vaginal e os orifícios das glândulas vestibulares.
    - Vestíbulo: é o espaço circundado pelos pequenos lábios. Corresponde a uma área triangular cujo ápice é o clitóris e a base é a fúrcula.
    - Clitóris: pequeno corpúsculo cilíndrico com 2 cm a 3 cm, localizado na porção superior da vulva. É similar ao pênis por conter tecido erétil, vasos sanguíneos e nervos. O clitóris é uma estrutura extremamente sensível e ligada à excitabilidade sexual feminina.
    - Meato uretral: está situado abaixo do clitóris e acima do orifício vaginal. O meato uretral não é um órgão reprodutivo, mas é considerada aqui devido à sua localização.
    - Introito vaginal (e hímen): situa-se na porção inferior do vestíbulo e é parcialmente recoberto pelo hímen (tecido membranoso de diferentes formatos).
    - Glândulas vestibulares maiores: são em número de duas, situadas profundamente e em cada lado do introito da vagina e têm como função lubrificação durante o ato sexual.
    - Glândulas vestibulares menores: são em números variáveis e seus minúsculos ductos se abrem no vestíbulo da vagina, entre o meato uretral e o introito vaginal.[6,7,8]

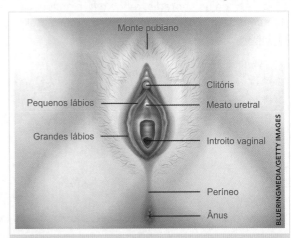

Figura 13.2 - Anatomia dos órgãos genitais externos.

- Órgãos genitais internos: os órgãos genitais internos ficam na cavidade abdominal e são compostos por vagina, útero, ovários, tubas uterinas.[6,7,8]
    - Vagina: estrutura tubular, com cerca de 10 cm de comprimento e 4 cm de diâmetro, que se estende da vulva até o útero e repousa entre a bexiga e o reto. A vagina funciona como órgão feminino da copulação, permite o escoamento do fluxo menstrual e a passagem do bebê no parto normal.
    - Ovários: órgãos pares que têm como função a produção de óvulos e, por conseguinte a ovulação e a produção de hormônios, como os estrógenos e a progesterona.
    - Tubas uterinas ou trompas de Falópio: são dois canais que transportam os óvulos que romperam a superfície do ovário para a cavidade do útero. Por eles, também passam, em direção oposta, os espermatozoides e a fecundação ocorrem habitualmente dentro da tuba. Variam de 8 cm a 14 cm de comprimento.
    - Útero: órgão muscular oco, que mede aproximadamente 8 cm de comprimento e pesa 60 gramas. Tem o formato de uma pera invertida. É dividido em colo, corpo e fundo. A parede uterina é constituída por três camadas: o endométrio (camada interna), que sofre modificações com a fase do ciclo menstrual ou com a gravidez, o miométrio (camada muscular) e o perimétrio (camada externa). É no útero que ocorre a recepção, a implantação, a retenção e a nutrição do ovo fertilizado que aí de desenvolve até o nascimento.

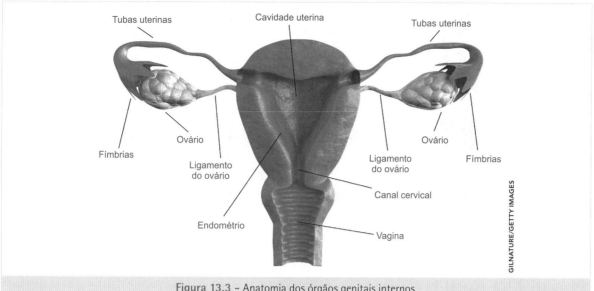

Figura 13.3 – Anatomia dos órgãos genitais internos.

## 13.3.2 Fisiologia do aparelho reprodutor feminino – fases do ciclo reprodutivo

O início do período reprodutivo da mulher é marcado pela menarca ou primeira menstruação, que ocorre entre 10 e 16 anos. Todo o período reprodutivo da mulher é denominado menacme.

O ciclo menstrual se dá pela ação ordenada de hormônios produzidos pela hipófise e pelos ovários. A hipófise é responsável pela produção do hormônio foliculestimulante (FSH) e o hormônio luteinizante (LH). Já os ovários são responsáveis pela produção do estrogênio e da progesterona.

## 13.4 CICLO MENSTRUAL

O ciclo menstrual é composto por duas fases principais: a fase folicular e a fase lútea. Ainda se pode reconhecer uma terceira fase, a ovulatória, caracterizada pelo momento da ovulação.

A fase folicular dura em média 14 dias e tem início no primeiro dia da menstruação e término com a ovulação.

Nesta fase, ocorre um aumento da produção do FSH, que faz com que os folículos que contêm os óvulos se desenvolvam. Esses folículos também produzem estrogênio, que será responsável pelo espessamento do endométrio e formação de vasos, tornando o útero preparado para receber o óvulo fecundado e iniciar a gravidez. Em torno de 15 ou mais folículos iniciam o processo de desenvolvimento em cada ciclo, mas apenas um madura por completo.

No final da fase folicular, o principal folículo continua seu desenvolvimento e crescimento, secretando estrogênio cada vez mais rápido, garantindo condições para que o óvulo seja liberado. Além disso, o estrogênio ativa a liberação do LH. Uma onda acentuada do LH e um pico menor de estrogênio precedem a expulsão do óvulo do folículo de Graaf e consequentemente a ovulação. Com a ovulação, ocorre a formação do corpo lúteo, também conhecido por corpo amarelo, que terá a função de aumentar a produção de progesterona. Esta, por sua vez, preparará ainda mais o endométrio para uma possível fertilização. Se não ocorrer a fertilização do óvulo ou fecundação, ocorrerá a queda nos níveis de LH, que mantém o corpo lúteo ativo e, consequentemente, queda nos níveis de estrogênio e progesterona. Dessa forma, o endométrio é parcialmente destruído sob a forma de menstruação.

Se houver a fertilização e a implantação do óvulo fecundado na cavidade uterina, a progesterona continuará sendo produzida pelo corpo lúteo até a formação da placenta, que passa a assumir sua produção até o final da gestação.

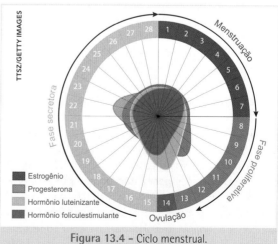

Figura 13.4 – Ciclo menstrual.

Figura 13.5 – Sintomas da menstruação.

## 13.5 PLANEJAMENTO FAMILIAR E REPRODUTIVO

A atenção em planejamento familiar e reprodutivo inclui, além da oferta e da escolha de métodos contraceptivos de forma livre e informada, a oferta de informações e acompanhamento para a vivência da sexualidade de forma livre e segura.

A atuação dos profissionais de saúde no que se refere à saúde reprodutiva envolve três tipos de atividades: aconselhamento, atividades educativas e atividades clínicas.

O aconselhamento pressupõe o acolhimento das demandas do casal, relacionadas às questões de sexualidade, planejamento reprodutivo e prevenção de IST/HIV/Aids e visa proporcionar às pessoas condições para avaliação de suas vulnerabilidades, tomada de decisões sobre ter ou não filhos e o momento de tê-los, além de recursos para concretizar suas escolhas e a prática de sexo seguro.

As atividades educativas devem ser desenvolvidas com o objetivo de oferecer aos clientes conhecimentos necessários para a escolha e posterior utilização do método anticoncepcional mais adequado, e propiciar o questionamento e reflexão sobre temas que estão relacionados com a anticoncepção.

Elas devem ser realizadas em grupos, com caráter participativo, permitindo troca de informações e experiências entre os integrantes do grupo.

As atividades clínicas voltadas para a saúde sexual e reprodutiva devem incluir a anamnese e o exame físico e visam identificar as necessidades individuais e/ou do casal, permitir a expressão de dúvidas ou sentimentos, além da orientação, da oferta e do acompanhamento do uso de métodos contraceptivos e possibilitar ações para prevenção de IST/HIV/Aids e de controle de cânceres de colo do útero, mamas e próstata. Na atenção em anticoncepção, é importante oferecer diferentes opções de métodos anticoncepcionais para todas as etapas da vida reprodutiva para que as pessoas possam escolher os métodos mais adequados às suas necessidades.

A seguir, serão apresentados os principais métodos anticoncepcionais.

### 13.5.1 Método de Ogino-Knaus (tabelinha)

Baseia-se no fato da ovulação ocorrer entre 11 e 16 dias antes da próxima menstruação. O cálculo do período fértil da mulher deve ser feito mediante análise do seu padrão menstrual prévio, durante pelo menos seis ciclos menstruais. Registrar sempre o primeiro dia da menstruação, durante pelo menos 6 meses.

 Técnica de uso

- Verificar a duração de cada ciclo, contando do primeiro até o último dia de cada mês, de 6 a 12 meses consecutivos.
- Verificar o ciclo mais curto e o mais longo.
- Calcular a diferença entre eles. Se a diferença for de 10 dias ou mais, a mulher não deve usar esse método.
- Determinar a duração do período fértil:
  - subtraindo 18 do período mais curto;
  - subtraindo 11 do período menos curto.

Exemplos:
- Primeiro dia das menstruações: 5/3 – 31/3 – 29/4 – 25/5 – 23/6 – 25/7 – 27/8 – 23/8 – 22/9 – 24/10.
- Duração dos ciclos: 26 29 26 29 32 33 27 30 32 Diferença entre o maior e o menor ciclo: 32 – 26 = 6
A diferença menor que 10, portanto, pode usar o método.

Determinação do período fértil

- Subtrair 18 do ciclo mais curto e obtém-se o dia do início do período fértil.
  Exemplo: 26 – 18 = 8° dia do ciclo
- Subtrair 11 do ciclo mais longo e obtém-se o último dia do período fértil.
  Exemplo: 32 – 11 = 21° dia do ciclo
- Orienta-se o casal a abster-se das relações sexuais no período fértil que tem início no 8° dia do ciclo e término no 21° dia do ciclo.
- Índice de falha: 9 a 20 gravidezes por 100 mulheres por ano.

## 13.5.2 Temperatura basal (térmico)

Esse método fundamenta-se nas alterações da temperatura basal (temperatura do corpo em repouso) que acontecem na mulher durante o ciclo menstrual. Após a ovulação, a temperatura se eleva ligeiramente até a próxima menstruação. Ação da progesterona que tem efeito termogênico.

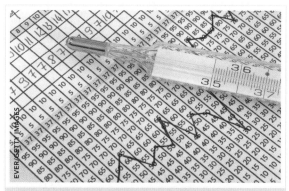

Figura 13.6 – Curva da temperatura basal.

 Técnica de uso

- Verificar diariamente a temperatura com uso de termômetro comum, a partir do 1° dia do ciclo, pela manhã, antes de qualquer atividade, após um período de repouso mínimo de 5 horas.
- Pode-se verificar a temperatura por via retal, oral e axilar. A via de escolha deve ser mantida por todo ciclo.
- Registrar a temperatura em papel quadriculado, ligando os pontos e formando uma linha.
- Para não engravidar, a mulher deve evitar relação sexual durante toda a primeira fase do ciclo, fase pré-ovulatória, que termina no 4° dia em que se observa a elevação de temperatura.
- Índice de falha: 6 a 20 gravidezes por 100 mulheres por ano.

## 13.5.3 Billings (muco cervical)

Baseia-se na identificação do período fértil a partir da observação do muco cervical, que sofre alterações nesse período, o qual fica transparente, elástico, escorregadio e fluido (semelhante à clara de ovo). Produz sensação de umidade e lubrificação e facilita a penetração do espermatozoide no colo do útero.[9]

 Técnica de uso

- Observar diariamente a presença ou não de muco (sensação de molhado indica começo do período fértil).
- Abster-se das relações sexuais no mínimo após três dias do início das modificações do muco. As relações podem ser retomadas no 4° dia.
- Índice de falha: 3 a 20 gravidezes por 100 mulheres por ano.

## 13.5.4 Método sintotérmico

Trata-se de um método que tem como base a combinação de múltiplos indicadores da ovulação e como finalidade a determinação do período fértil com maior precisão e confiabilidade. Ele combina a observação de sinais e sintomas relacionados ao muco cervical e à temperatura basal do corpo e parâmetros subjetivos que podem ser indicadores de ovulação, como dor abdominal, sensação de mamas inchadas e doloridas, enxaqueca, variações de humor e da libido, entre outros.

 Técnica de uso

- Registrar diariamente dados sobre as características do muco cervical, as temperaturas e os sintomas que possam aparecer.
- Identificar o período fértil associando os métodos de Billings e da temperatura basal.
- Abster-se das relações sexuais durante o período fértil.
- Índice de falha: 6 a 19 gravidezes por 100 mulheres por ano.

## 13.5.5 Preservativo masculino

Envoltório de látex que recobre o pênis durante a relação sexual. Além de evitar a gravidez, reduz o risco de transmissão do HIV e de outras infecções sexualmente transmissíveis.[8] Os efeitos secundários são alergia ao látex e irritação vaginal quando o preservativo não for lubrificado.

Figura 13.7 – Preservativo masculino.

 **Técnica de uso**

- Colocar no pênis ereto antes de qualquer contato com a vagina, o ânus ou a boca. Segurar a ponta do preservativo com os dedos para retirar o ar e desenrolar da ponta até a base do pênis.
- Imediatamente após a ejaculação, retirar o preservativo com o pênis ainda ereto e descartá-lo no lixo.
- Recomenda-se guardar os preservativos em lugar fresco, seco e de fácil acesso e usar lubrificantes à base de água, pois o uso de lubrificantes oleosos aumenta o risco de ruptura.
- Índice de falha: 14 gestações a cada 100 mulheres por ano.

## 13.5.6 Preservativo feminino

Trata-se de um tubo de poliuretano, para uso vaginal, constituído de dois anéis flexíveis em cada extremidade. Forma uma barreira entre o pênis e a vagina, evitando a gravidez e a transmissão de HIV e outras infecções sexualmente transmissíveis. Já vem lubrificado e de uso único.[9]

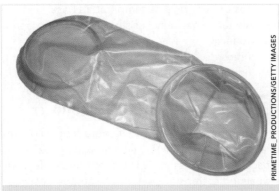

Figura 13.8 – Preservativo feminino.

 **Técnica de uso**

- Pode ser colocado em qualquer momento antes da penetração e ser retirado com calma após o término da ejaculação.
- Para o colocar, a mulher deve ficar na posição que achar mais confortável: de pé, com um pé apoiado em uma cadeira, sentada com os joelhos afastados, agachada ou deitada de costas com os joelhos dobrados.
- Com os dedos polegar e médio, apertar a camisinha pela parte de fora do anel móvel interno, formando um oito.
- Com a outra mão, afastar os grandes lábios e introduzir a camisinha na vagina empurrando com o dedo indicador até atingir o colo do útero.
- O anel externo deve ficar cerca de 3 cm fora da vagina e o pênis deve ser direcionado para dentro do preservativo.
- Para retirar o preservativo, deve-se torcer o anel externo e puxar delicadamente para fora da vagina e desprezá-lo no lixo.
- Não deve ser usado junto com o preservativo masculino pelo aumento do risco de rompimento.
- Índice de falha: 21 gestações por 100 mulheres por ano.

## 13.5.7 Diafragma

Método de uso feminino que consiste em um anel flexível coberto por uma delgada membrana de látex ou silicone em formato de cúpula, que é colocada pela vagina e forma uma barreira sobre o colo do útero.

Esse método é reutilizável, devendo ser lavado, e pode ser usado por até dois anos.

Figura 13.9 – Diafragma.

### Técnica de uso

- Existem diafragmas de tamanhos diferentes, sendo necessária a medição por um profissional de saúde.
- O diafragma pode ser colocado antes da relação sexual ou ser utilizado de forma contínua. Nesse caso, recomenda-se que seja retirado uma vez ao dia para ser lavado com água e sabonete neutro e no período menstrual para evitar acúmulo de sangue.
- Ao usar, é importante a lavagem das mãos, encontrar a posição mais adequada, segurar o diafragma com a parte côncava virada para cima e introduzi-lo até o colo do útero.
- O diafragma não deve ser retirado antes de seis horas após a relação sexual.
- Índice de falha: 2,1 a 20 gravidezes por 100 mulheres por ano.

## 13.5.8 Anticoncepcionais orais

São métodos contraceptivos à base de hormônios esteroides, que podem ser utilizados isoladamente (minipílula) ou em associação (pílulas combinadas) com a função de impedir a concepção.[9]

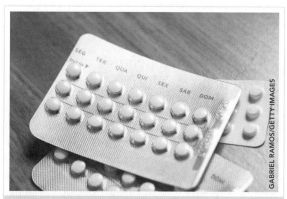

Figura 13.10 – Anticoncepcional oral.

### Contraindicações:

- Hipertensão grave ou moderada.
- Diabetes insulinodependente grave.
- Doenças do fígado.
- Câncer suspeito ou declarado.
- Hemorragia genital de causa desconhecida.
- Doenças da coronária.
- Tromboembolismo.
- Epilepsia, entre outras.

### Pílulas combinadas

- Atuam inibindo a ovulação, alteram a motilidade das tubas uterinas, o muco cervical e o endométrio.[9;10]
- Geralmente, são 21 comprimidos e no 1º mês deve ser tomada no 1º dia da menstruação e seguir tomando uma por dia, preferencialmente no mesmo horário, até o término da cartela. Pode ser dada uma pausa de sete dias e reiniciar outra cartela no 8º dia.
- Em caso de esquecimento de uma pílula, ela deve ser ingerida assim que lembrada ou ainda ingerir duas no mesmo horário.
- Em caso de esquecimento de duas ou mais pílulas, deve-se continuar o uso, mas usar algum método de barreira para proteção.
- Pode ter interação medicamentosa como uso de anticonvulsivantes, antibióticos e antirretrovirais.
- Principais efeitos secundários: alterações de humor, náusea, vômito, dor nas mamas, cefaleia, leve ganho de peso, melasma.[9;10]
- Principais complicações: acidente vascular cerebral, infarto do miocárdio e trombose venosa profunda.
- Índice de falha: 0,1%, ou seja, 1 gravidez em cada 1.000 mulheres por ano.

### Minipílulas

- Atuam alterando a motilidade das tubas uterinas, no muco cervical e no endométrio.
- Possuem 35 comprimidos e seu uso é contínuo, não devendo haver intervalo entre as cartelas, e a pílula deve ser tomada todos os dias, sempre no mesmo horário.
- Podem ser utilizadas por lactantes a partir de seis semanas pós-parto.
- Se a mulher estiver menstruando normalmente, pode iniciar o uso da minipílula a qualquer momento, desde que tenha certeza de que não esteja grávida, ou iniciar nos cinco primeiros dias da menstruação.[9;10]
- Principais efeitos secundários: alterações no fluxo menstrual, cefaleia, sensibilidade mamária.
- Interação medicamentosa com anticonvulsivantes e alguns antibióticos.
- Índice de falha: 0,5 a cada 100 mulheres por ano.

## 13.5.9 Métodos hormonais injetáveis

Podem conter progesterona associada ao estrogênio ou apenas progesterona. São usados por via intramuscular e podem ser mensais ou trimestrais. É importante aspirar todo o conteúdo da ampola. Recomenda-se não massagear o local após aplicação da injeção nem colocar bolsa de água quente, em função de não acelerar a liberação do hormônio.

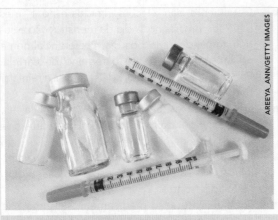

Figura 13.11 – Anticoncepcionais injetáveis.

### Injetável mensal

- Composto à base de hormônios esteroides (estrógeno e progestogerona);
- a primeira dose deve ser dada entre o 1° e 5° dias do ciclo menstrual;
- as doses subsequentes são aplicadas mensalmente;
- seu uso em lactantes deve ser evitado, pelo menos nos primeiros seis meses após o parto.

### Contraindicações

- São as mesmas dos hormônios orais.

### Principais efeitos secundários

- Alterações menstruais;
- cefaleia;
- náuseas e/ou vômitos;
- aumento do peso.

### Injetável trimestral

- Método injetável trimestral composta apenas por progestogênio semelhante ao produzido pelo organismo feminino.
- Age inibindo a ovulação e espessa o muco cervical, dificultando a passagem de espermatozoides pelo canal cervical.
- A 1° dose deve ser aplicada até o 7° dia do ciclo menstrual. As doses subsequentes devem ocorrer a cada 90 dias, podendo ser realizadas até duas semanas antes ou depois a data prevista.
- A droga é apresentada sob a forma de ampola e deve ser aplicada por via intramuscular profunda, preferencialmente em região glútea.(9; 10)
- Principais efeitos secundários: alterações menstruais (os mais comuns são manchas ou sangramentos leves e amenorreia), aumento de peso, cefaleia, sensibilidade mamária.

## 13.5.10 Implantes subcutâneos

São métodos contraceptivos constituídos por um sistema de silicone polimerizado com um hormônio em seu interior, responsável pelo efeito anticoncepcional quando liberado na corrente sanguínea. O implante é acondicionado em embalagem estéril, com um aplicador pré-carregado, contendo um implante. O implante de etonorgestrel está aprovado para três anos de uso.

### Mecanismo de ação

- Inibição da ovulação;
- aumento do muco cervical;
- diminuição da espessura do endométrio.

##  Técnica de uso

- Os implantes deverão ser inseridos por profissional devidamente treinado, com técnica de assepsia adequada e bloqueio anestésico local.
- A inserção é feita no subcutâneo da face interna do braço, no esquerdo das mulheres destras e no direito das canhotas, acerca de quatro dedos acima da prega do cotovelo.
- O implante é acondicionado em embalagem estéril com um conjunto de trocater e êmbolo, podendo ser feita pequena incisão para a troca do trocater com lâmina de bisturi ou com o próprio trocater.

## 13.5.11 Contracepção de emergência

Também conhecida como "pílula do dia seguinte", é utilizada para evitar a gravidez após uma relação sexual não protegida, em falha presumida do método contraceptivo usado ou em situação de estupro. Não deve ser utilizada de rotina, mas em emergências. Age interferindo na ovulação, na migração do espermatozoide, no transporte e/ou nutrição do ovo e na implantação. Não tem nenhum efeito após a implantação do ovo, portanto, não interrompe a gravidez.

- Início do uso: até 72 horas após a relação sexual desprotegida (tem maior eficácia quando usada mais próxima possível da relação sexual). A segunda dose deve ser tomada 12 horas após a primeira dose. A menstruação pode ocorrer em até dez dias antes ou depois da data esperada. É importante ressaltar que após tomar as pílulas de emergência deve-se usar método de barreira. A probabilidade média de uma gravidez acontecer de uma única relação sexual desprotegida é de 8% se ocorrer na 2° ou 3° semana do ciclo. Com o uso dessa pílula, a taxa cai para 2%.

### 13.5.12 Adesivo combinado

Um pequeno e fino quadrado de plástico flexível que é usado em contato com o corpo. Libera continuamente dois hormônios – estrógeno e progesterona – semelhantes aos existentes no corpo da mulher. Usa-se um novo adesivo a cada semana durante três semanas. Não se usa nenhum adesivo na quarta semana. Ao longo dessa semana, a mulher ficará menstruada. Funciona impedindo a ovulação.

### 13.5.13 Anel vaginal

Um anel flexível que é inserido na vagina. Libera continuamente dois hormônios (estrógeno e progesterona) semelhantes aos produzidos pelo corpo da mulher. Os hormônios são absorvidos pela parede vaginal e vai direto para a corrente sanguínea. O anel é mantido no lugar por três semanas e retirado durante a quarta semana.

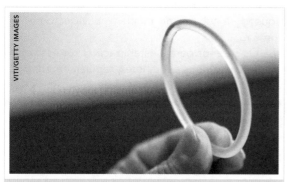

Figura 13.12 – Anel vaginal.

### 13.5.14 Dispositivo intrauterino

É um objeto pequeno de plástico flexível, ao qual pode ser adicionado cobre ou hormônios, sendo inserido dentro da cavidade uterina. Pode ser de dois tipos: de cobre ou com hormônios.

#### DIU de cobre

Atua causando uma reação inflamatória no endométrio, que interfere na espermatomigração, na fertilização do óvulo e na implantação dos blastocistos. O DIU Tcu-380 A é o modelo mais eficaz e seu efeito após inserção dura aproximadamente 10 anos.

 **Técnica de uso**

Pode ser inserido a qualquer momento do ciclo menstrual, desde que haja certeza de ausência de gestação, de malformações uterinas e sinais de infecção.

- Preferencialmente inserido durante a menstruação, por algumas vantagens, como possibilidade de gravidez descartada, inserção mais fácil devido dilatação cervical, menos dor durante inserção.

#### Após o parto

- O DIU pode ser inserido durante a permanência no hospital se a mulher já havia tomado essa decisão antecipadamente.

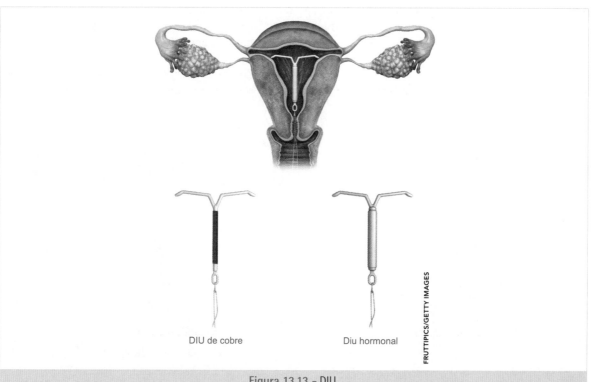

Figura 13.13 – DIU.

ASSISTÊNCIA À SAÚDE DA MULHER

- O momento mais indicado é logo após a expulsão da placenta, mas pode ser inserido a qualquer momento até 48 horas após o parto. Passado esse período, recomenda-se esperar quarta semanas.

#### Após aborto

- Imediatamente, se não houver infecção.
- Se houver infecção, tratar e orientar para a escolha de outro método. O DIU pode ser inserido após três meses se não houver mais infecção e a mulher não estiver grávida.
- Taxa de falha: 0,6 a 0,8 por 100 mulheres.

#### DIU com hormônios

- É feita de polietileno e a haste vertical é envolvida por uma cápsula que libera continuamente pequenas quantidades de levonorgestrel. Contém 52 mg de levonorgestrel e libera 20 µg de levonorgestrel por dia, o que acrescenta ação progesterônica à reação de corpo estranho provocada pelo DIU de cobre.

### Técnica de uso

#### Mulher menstruando regularmente

- Entre o 1° e 7° dia do ciclo menstrual.

#### Após o parto

- Recomenda-se a inserção após seis semanas pós-parto nas mulheres que estão amamentando.
- Sem amamentação, pode ser inserido imediatamente após o parto ou nas primeiras 48 horas. Após esse período, esperar 4 semanas.

#### Após aborto

- Mesmas recomendações para DIU de cobre.

A inserção do DIU deve ser realizada preferencialmente até o 5° dia da menstruação, pois se tem certeza de que a mulher não está grávida e o colo uterino está dilatado. É importante também que o exame ginecológico e o exame de Papanicolau estejam normais. O prazo de validade vai de um a dez anos.

- Efeitos secundários: alterações do ciclo menstrual e cólica para o DIU de cobre e sangramento irregular ou *spoting*, amenorreia, cefaleia e ganho de peso para o DIU com hormônio.
- Índice de falhas:
  - DIU de cobre: 0,6 a 0,8 gravidez por 100 mulheres por ano.
  - DIU de levonorgestrel: 0,1 gravidez por 100 mulheres por ano.

### 13.5.15 Métodos irreversíveis

São métodos contraceptivos definitivos – esterilização, que podem ser realizados por meio da laqueadura tubária na mulher, ou vasectomia, no homem.

Os critérios para a esterilização cirúrgica voluntária, para homens e mulheres, regulamentados pela Lei n° 9.263, de 12 de janeiro de 1996 são:[11]

- Homens e mulheres com capacidade civil plena e maiores de 25 anos de idade ou, pelo menos, dois filhos vivos, desde que observado o prazo mínimo de 60 dias entre a manifestação da vontade e o ato cirúrgico, período em que será propiciado à pessoa interessada acesso ao serviço de regulação da fecundidade, incluindo aconselhamento por equipe multidisciplinar, visando desencorajar a esterilização precoce.
- Quando há risco para a saúde da mulher ou do futuro concepto, testemunhado em relatório escrito e assinado por dois médicos.
- Em casos de união conjugal, dependem do consentimento expresso de ambos os cônjuges.

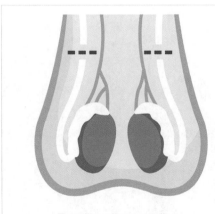

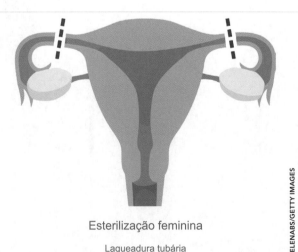

Figura 13.14 – Esterilização masculina e feminina.

## Laqueadura

Método contraceptivo definitivo que consiste na secção das tubas uterinas. É um procedimento cirúrgico que necessita de internação e anestesia. Pode ser realizada por pequena incisão no abdome, por via vaginal e por laparoscopia.

- Possíveis complicações: hemorragia, infecção, perfuração uterina, lesão da bexiga, esgarçamento das tubas uterinas e embolia pulmonar.
- Índice de falhas: 0,5 gravidez por 100 mulheres por ano.

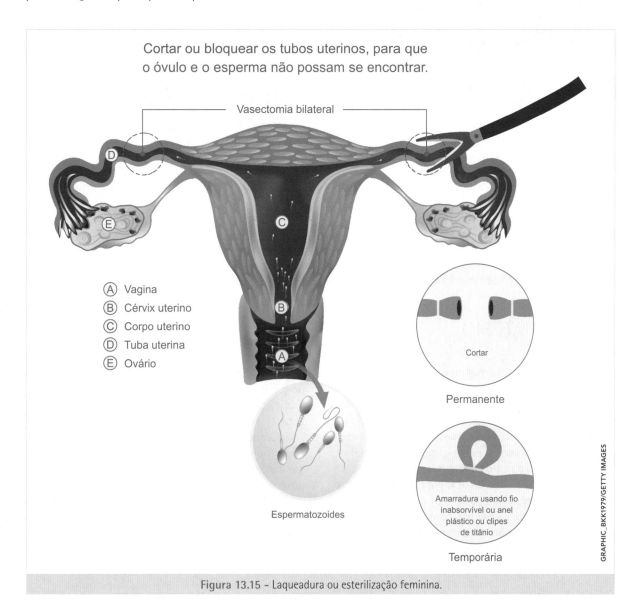

Figura 13.15 – Laqueadura ou esterilização feminina.

## Vasectomia

É uma cirurgia simples e rápida realizada por meio do fechamento dos canais deferentes do homem, bloqueando o trajeto dos espermatozoides até o esperma ou sêmen, impedindo seu encontro com o óvulo e evitando a gravidez/concepção. É um procedimento realizado em nível ambulatorial ou hospitalar, que demora cerca de 20 a 30 minutos, com anestesia local. Não interfere no desempenho nem no desejo sexual, pois estes são regulados pela testosterona, o hormônio sexual masculino. Não garante efeito imediato nas primeiras ejaculações, pois ainda pode haver espermatozoides no esperma por alguns dias, existindo o risco da concepção. É necessário acompanhamento por meio do espermograma (exame do líquido ejaculado), comprovando a ausência de espermatozoides. Esse exame deverá ser realizado após, pelo menos, 30 ejaculações ou três meses depois do procedimento. Deve-se utilizar preservativo durante esse período.

- Possíveis complicações: hematomas e infecção local.
- Índice de falhas: 0,1 a 0,15 gravidez por 100 mulheres por ano.

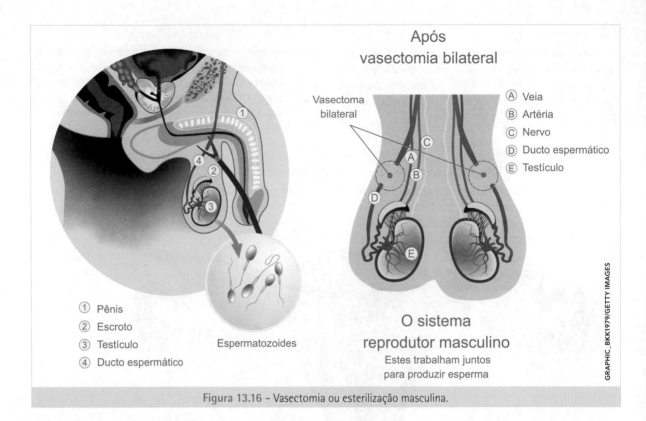

Figura 13.16 – Vasectomia ou esterilização masculina.

## 13.6 CLIMATÉRIO

A fase de transição entre o período reprodutivo e o não reprodutivo da mulher é denominada climatério, que tem início por volta dos 40 anos e termina por volta dos 64 anos. A menopausa constitui-se em um evento dentro do climatério e corresponde ao último ciclo menstrual. Assim como a menarca, a menopausa é um marco na fase reprodutiva da mulher, sendo considerada após a ocorrência de 12 meses consecutivos de ausência de menstruação e ocorre em 50% dos casos entre os 50 e 51 anos de idade.[12]

No climatério, os ovários começam a entrar em falência e a produção de hormônios importantes, como o estrogênio, vai diminuindo progressivamente. Em decorrência disso, vários sintomas aparecem, dentre eles: alterações do ciclo menstrual, ondas de calor (fogachos), sudorese fria e calafrios, aumento do peso, insônia, depressão, cefaleia, perda da memória, diminuição da elasticidade da pele, atrofia vaginal, secura vaginal e incontinência urinária.

Como os hormônios ovarianos possuem funções importantes relacionadas à proteção de doenças cardiovasculares, como a manutenção dos níveis de colesterol, durante o climatério há um aumento da incidência dessas doenças, como o infarto agudo do miocárdio (IAM) e o acidente vascular encefálico (AVE).

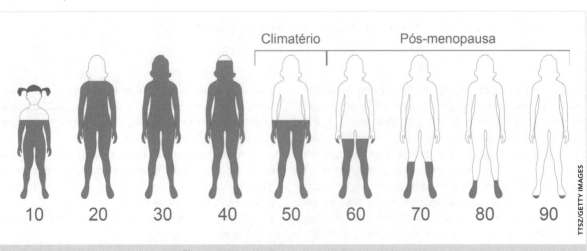

Figura 13.17 – Nível de hormônio de estrogênio.

## Assistência de enfermagem

A assistência de enfermagem está relacionada à ampla compreensão do climatério e da menopausa como ocorrências naturais ao longo da vida das mulheres e não como doenças. Assim, é importante a realização de medidas de promoção da saúde e de prevenção de agravos. É fundamental que a mulher seja orientada a adotar um estilo de vida mais saudável, que contemple uma alimentação equilibrada, atividade física regular (caminhada, hidroginástica, natação, entre outras) e atividades que promovam o crescimento intelectual e o estímulo de novas experiências. Além disso, é importante que a mulher faça acompanhamento médico regularmente. O profissional médico poderá avaliar a necessidade da terapia de reposição hormonal, contraindicada para mulheres com histórico familiar de câncer de mama.

### NOTA

O climatério e a menopausa não significam o término da vida sexual; ao contrário disso, nessas fases, a sexualidade pode ser vivida com maior desprendimento. Além disso, são fases que podem ser aproveitadas para muito aprendizado, como aprender a dançar, tocar instrumentos musicais, reviver velhas amizades e fazer novas.

## 13.7 CICLO GRAVÍDICO-PUERPERAL

O período pré-natal é dividido em três fases:
- Fase germinativa: da fecundação à implantação na cavidade uterina.
- Fase embrionária: até a 8ª semana.
- Fase fetal: até o parto.

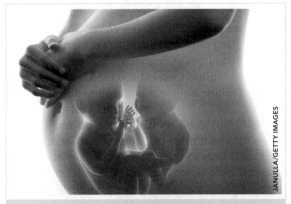

Figura 13.18 - Durante a gestação, o corpo se modifica lentamente, preparando-se para o parto e para a maternidade.

Uma gestação dura em média 40 semanas, 9 meses ou 280 dias. No ciclo gravídico puerperal, o corpo da mulher passa por inúmeras modificações fisiológicas e psíquicas. Influências determinadas por aspectos culturais e ambientais, superstições e crenças muitas vezes induzem as pacientes a se sentirem preocupadas, hipervalorizando alguns desconfortos, que acabam aflorando como queixas graves.[13]

Considerando todo o período de vida extra-uterina, nenhuma alteração fisiológica se compara à constatada durante a gravidez.

Algumas das principais modificações da gravidez são:

- O útero aumenta certa de 20 vezes durante a gravidez, passando a pesar de 60 a 100 gramas para 1.000 a 1.200 gramas.
- O volume sanguíneo aumenta de 1.000 mL a 1.500 mL a partir da 10ª semana de gestação.
- A distensão abdominal pode provocar diástese (separação dos músculos retos), sendo visível no puerpério.
- Coloração violácea da cérvice, vagina e vulva causada por congestão venosa que é definida como sinal de ChadwicK) e os sinais de Hegar e Godel que compreende o amolecimento do istmo e do colo do útero que pode ser percebido a partir da 8ª semana de gestação.
- Aumento do volume das mamas.
- A hipertrofia dos alvéolos, aparecimento das glândulas areolares ou glândulas de Montgomery.
- Sensação de formigamento da mama.
- A frequência cardíaca aumenta 15 bat/min.
- O diafragma eleva-se até 4 cm.
- Diminuição da extensão dos pulmões. Alargamento do tórax em 2 cm.
- A respiração é mais diafragmática e menos costal.
- Aumentam as necessidades maternas de $O_2$. As gestantes hiperventilam com o nível normal de $CO_2$; 60 a 70% das gestantes desenvolvem dispneia.
- Hipervascularização gengival devido à ação estrogênica.

As medidas de conforto para tais alterações são:
- deitar em decúbito lateral esquerdo quando em repouso;
- realizar a reposição de ferro se a hemoglobina tiver abaixo de 11 mg/dL;
- não permanecer muito tempo em pé ou sentada;
- repousar com as pernas elevadas;
- usar roupas leves e de algodão;
- fazer atividades físicas de baixo impacto;
- manter o ciclo regular de sono;
- acentuar a higienização bucal mesmo na presença de sangramento; utilizar escova de dente de cerdas macias e arredondadas.

### 13.7.1 Pré-natal

Acredita-se que o principal indicador do prognóstico ao nascimento seja o acesso à assistência pré-natal.

O número adequado de consultas deve ser igual ou superior a seis. As consultas deverão ser mensais até a 28ª semana, quinzenais entre as 28ª e 36ª semanas e semanais no termo. Não existe alta do pré-natal.[14]

A consulta deve ser iniciada imediatamente ao diagnóstico, para não se perder a oportunidade de captação precoce.

### 13.7.2 Confirmação do diagnóstico da gravidez

O diagnóstico de gravidez tem sinais de presunção (amenorreia, abdome volumoso), sinais de probabilidade (formigamento da mama, alteração hormonal) e sinais de certeza, que compreende a visualização do embrião ou a ausculta do BCF.

O exame de diagnóstico é feito pela dosagem de BHCG (dosagem de gonadotrofina coriônica humana) e TIG (teste imunológico de gravidez).

Na gestação, a anotação da paridade é feita utilizando a seguinte legenda:
- G = gestação/gestações
- P = parto(s)
- A = aborto(s)

Exemplo:
Se a mulher teve 2 gestações, 1 parto normal e nenhum aborto, o registrado será: G2, P1, A0.

Exames de rotina no PN
- Glicemia de jejum: um exame na primeira consulta e outro entre a 24ª e 28ª semanas de gestação.
- HC: hemoglobina/hematócrito, na primeira consulta.
- ABO-Rh (Coombs).
- VDRL: um exame na primeira consulta e outro próximo à 30ª semana de gestação.
- Urina tipo 1: um exame na primeira consulta e outro próximo à 30ª semana de gestação.
- Testagem anti-HIV: um exame na primeira consulta e outro próximo à 30ª semanas de gestação.
- Sorologia para hepatite B (HBsAg): um exame, de preferência, próximo à 30ª semana de gestação, se disponível.
- Sorologia para toxoplasmose: na primeira consulta (avaliar sorologia).
- Mulher com fator Rh negativo com parceiro Rh positivo ou desconhecido: solicitar teste de Coombs indireto e repeti-lo em torno da 30ª semana.
- Coombs positivo: referir pré-natal de alto risco.

Se recém-nascido(RN) for Rh positivo, a mãe deverá receber isoimunização com imunoglobulina anti-D o mais precoce possível e até 72 horas do pós-parto.

Sinais de início do trabalho de parto
- Contrações regulares;
- perda do tampão mucoso;
- dilatação e/ou apagamento do colo (3/4 cm);
- perda de líquido amniótico.

### 13.7.3 Períodos clínicos do parto

No final da gravidez, a gestante pode ter dificuldade de diferenciar o falso trabalho de parto ou fase latente prolongada da fase ativa, considerando que 1,3% das mulheres pode apresentar uma fase latente prolongada. Essa fase pode durar, em média, 22 horas. Deve-se evitar a internação nessa fase, o que pode ser um fator determinante para uma cesárea desnecessária.[13]

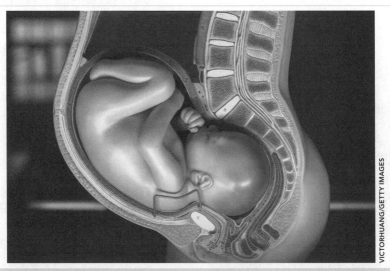

Figura 13.19 - O final da gravidez é cercado de correria com preparativos, incômodos pelo corpo e de ansiedade.

Didaticamente o parto é dividido em 4 períodos:

1º. Período de dilatação: começa com a dilatação de 4 cm, com as contrações efetivas (no mínimo 2 contrações em 10 minutos) e termina com a dilatação completa e com a presença dos puxos.
2º. Período expulsivo: começa com a dilatação completa com a presença dos puxos e termina com o nascimento do bebê.
3º. Período de dequitação: começa com o nascimento do bebê e termina com a saída da placenta.
4º. Período de Greemberg ou de observação: compreende as primeiras duas horas após a saída da placenta.

## Assistência de enfermagem

### Durante o 1º período do trabalho de parto

- Auscultar o BCF a cada 30 minutos.
- Fazer a dinâmica uterina a cada 1 hora.
- Verificação dos sinais vitais.
- Utilização dos métodos não farmacológicos de alívio da dor (banho de chuveiro, massagens na região sacral e lombar).
- Estimular a livre movimentação da gestante e as diferentes posições.
- Exercícios ativos na bola suíça (bola do nascimento).
- Estimular a participação ativa do acompanhante no plano de cuidados.
- Oferecer dieta líquida açucarada para a mulher em trabalho de parto.
- Orientar a mulher a ficar em decúbito lateral esquerdo.

A avaliação da progressão do trabalho de parto é feita a partir do registro no partograma, no qual é observada a descida do feto e a dilatação da cérvice durante a evolução do parto.

Um processo lento deveria ser um motivo para avaliação, e não para intervenção.

### Durante o 2º estágio do trabalho de parto

- Incentivar a mulher a ficar na posição que for mais confortável.
- Posição verticalizada – causa menos desconforto e dificuldades do puxo, menos dor, menos traumatismo vaginal e infecções, menos dor lombar.
- Atentar para o fato de que, em multíparas, a duração média do 2º estágio é de 45 minutos e em primíparas pode chegar a 3 horas.
- Adotar práticas como o hands off (técnicas de massagem e compressas para reduzir o trauma perineal).
- Evitar a episiotomia de rotina – está só é indicada em casos de sofrimento fetal, progressão insuficiente do parto, ameaça de laceração de 3º grau ou parto pré-termo.
- Clampeamento tardio do cordão.

Esperar em torno de 1 minuto:
- Cuidados imediatos com o bebê (retirar campos úmidos, promover o estímulo tátil).
- Estímulo ao contato pele a pele.
- Garantir a amamentação na primeira hora de vida.
- Administrar a ocitocina 2 ampolas IM – Intramuscular no primeiro minuto.

### Durante o 3º estágio do trabalho de parto

- Esse período dura em média 30 minutos.
- Verificar o sangramento.
- Avaliar a involução uterina.
- Verificar a formação do globo de segurança (Globo de Pinard). O fundo do útero deve estar ao nível da cicatriz umbilical.
- Verificação dos sinais vitais.
- Manter o bebê no colo da mãe.

Hora de ouro:
- Observar a integridade da placenta.
- Observar a laceração.
- Auxiliar na amamentação.

### Durante o período de observação

- Priorizar o alojamento conjunto.
- Observar o local da episiorrafia ou rafia.
- Avaliar o sangramento (leve, moderado ou volumoso).
- Avaliar a pega do bebê durante a amamentação.
- Oferecer alimento a puérpera.
- Monitorar os sinais vitais.
- Promover um ambiente tranquilo e aconchegante a tríade (mãe, bebê e companheiro).

## 13.8 ABORTAMENTO

O abortamento representa um grave problema de saúde pública, com maior incidência em países em desenvolvimento, sendo uma das principais causas de mortalidade materna. Aspectos culturais, religiosos, legais e morais inibem as mulheres a declararem seus abortamentos, dificultando o cálculo de sua magnitude. A inclusão de um modelo humanizado de atenção às mulheres em situação de abortamento é um propósito do Ministério da Saúde.[15]

A definição de abortamento é baseada na idade gestacional e no peso fetal.

- Abortamento: é a interrupção da gravidez até a 20ª ou 22ª semana e com o produto da concepção pesando menos que 500 g.
- Aborto: é o produto da concepção eliminado no abortamento.[5]

## 13.8.1 Classificação dos abortamentos

O aborto é caracterizado de acordo com sinais e sintomas apresentados e com a sua evolução.[16]

### Ameaça de abortamento

- O sangramento genital é de pequena a moderada intensidade, podendo existir dores, tipo cólicas, geralmente pouco intensas.
- O colo uterino (orifício interno) encontra-se fechado, o volume uterino é compatível com o esperado para a idade gestacional, e não existem sinais de infecção.
- O exame de ultrassom mostra-se normal, com feto vivo, podendo encontrar pequena área de descolamento ovular.
- Não existe indicação de internação hospitalar; a mulher deve ser orientada para ficar em repouso, utilizar analgésico se apresentar dor, evitar relações sexuais durante a perda sanguínea, e retornar ao atendimento de pré-natal.

### Abortamento completo

- Geralmente, ocorre em gestações com menos de oito semanas.
- A perda sanguínea e as dores diminuem ou cessam após a expulsão do material ovular.
- O colo uterino (orifício interno) pode estar aberto e o tamanho uterino mostra-se menor do que o esperado para a idade gestacional.
- No exame de ultrassom, encontra-se cavidade uterina vazia ou com imagens sugestivas de coágulos.
- A conduta, nesse caso, é de observação, com atenção ao sangramento e/ou à infecção uterina.

### Abortamento inevitável/incompleto

- O sangramento é maior do que na ameaça de abortamento, que diminui com a saída de coágulos ou de restos ovulares, as dores costumam ser de maior intensidade do que na ameaça, e o orifício cervical interno encontra-se aberto.
- O exame de ultrassom confirma a hipótese diagnóstica, embora não seja imprescindível.

### Abortamento retido

- Em geral, o abortamento retido cursa com regressão dos sintomas e sinais da gestação; o colo uterino encontra-se fechado e não há perda sanguínea.
- O exame de ultrassom revela ausência de sinais de vitalidade ou a presença de saco gestacional sem embrião (ovo anembrionado).
- Pode ocorrer o abortamento retido sem os sinais de ameaça.

### Abortamento infectado

- Com muita frequência, está associado a manipulações da cavidade uterina pelo uso de técnicas inadequadas e inseguras.
- Essas infecções são polimicrobianas e provocadas, geralmente, por bactérias da flora vaginal.
- São casos graves e devem ser tratados, independentemente da vitalidade do feto.
- As manifestações clínicas mais frequentes são: elevação da temperatura, sangramento genital com odor fétido acompanhado de dores abdominais ou eliminação de secreção purulenta por meio do colo uterino.
- Na manipulação dos órgãos pélvicos, a partir do toque vaginal, a mulher pode referir bastante dor e deve-se sempre pensar na possibilidade de perfuração uterina.

### Abortamento habitual

- Caracteriza-se pela perda espontânea e consecutiva de três ou mais gestações antes da 22ª semana.
- É primário quando a mulher jamais conseguiu levar a termo qualquer gestação, e secundário quando houve uma gravidez a termo.
- Essas mulheres devem ser encaminhadas para tratamento especializado, no qual seja possível identificar as causas e realizados tratamentos específicos.

### Abortamento eletivo previsto em lei

- Nos casos em que exista indicação de interrupção da gestação, obedecida a legislação vigente e, por solicitação da mulher ou de seu representante, deve ser oferecida à mulher a opção de escolha da técnica a ser empregada: abortamento farmacológico, procedimento aspirativo (AMIU) ou a dilatação e curetagem.
- Tal escolha deverá ocorrer depois de adequados esclarecimentos das vantagens e desvantagens de cada método, suas taxas de complicações e efeitos adversos.
- Legislação: no Brasil, o Código Penal de 1940 permite o abortamento nos casos de estupro e na existência de risco de morte materna. Para as situações de diagnóstico de anomalia fetal letal, é necessária a autorização judicial para a interrupção da gestação por anomalia fetal letal.

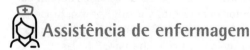 Assistência de enfermagem

### À mulher hospitalizada

Acolher a mulher, ouvindo suas queixas e angústia, e procurar entender o significado daquele abortamento para ela e sua família.

- Em casos de abortamento completo, inevitável ou incompleto, orientar e preparar a mulher para a Aspiração Manual Intrauterina (AMIU) ou curetagem uterina, conforme prescrição médica.
- Em caso de abortamento retido, é indicado o uso de dilatadores por via vaginal (misoprostol) ou infusão endovenosa de ocitocina, conforme prescrição médica.
- Em casos de abortamento infectado, preparar a mulher para exames de sangue, infusões parenterais, hemotransfusão e antibioticoterapia, conforme prescrição médica.
- Orientar sobre a coleta de sangue para a determinação da tipagem sanguínea. Se for Rh negativo e não houver ainda sensibilização, faz-se obrigatória a administração da imunoglobulina anti-D.
- Orientar sobre a coleta de sangue para sorologias de HIV, hepatite B, sífilis e outras IST, se necessário.
- Orientar a observação de sintomas e manifestações clínicas de infecção, como sangramento com odor fétido, dor abdominal e febre.
- Acolher e apoiar familiares e acompanhantes.

No cuidado ambulatorial

- Orientar abstinência sexual enquanto houver sangramento.
- Esclarecer, orientar e ofertar a mulher e ao seu companheiro métodos contraceptivos.
- Aconselhar a dupla proteção com o uso de preservativos, tendo em vista o crescimento das IST e HIV/Aids em mulheres.
- Orientar a mulher no sentido de esclarecer as causas do abortamento caso esta deseje engravidar imediatamente após a prática do aborto.
- Informar sobre a rotina do seguimento ambulatorial com a equipe multidisciplinar e agendar retornos quando necessário com enfermeiro, ginecologista, infectologista, psicólogo e assistente social.
- Orientar sobre o exame ginecológico, a coleta de secreção vaginal e de sorologias para HIV, hepatites B e C e sífilis durante o atendimento.

### NOTA

No Brasil, a legislação sobre abortamento, constante no Código Penal de 1940, permite o abortamento nos casos de estupro e na existência de risco de morte materna. Em relação às situações de diagnóstico de anomalia fetal letal, é necessária autorização judicial para a interrupção da gestação.

### NESTE CAPÍTULO, VOCÊ...

... viu uma breve apresentação das políticas públicas de saúde voltadas para as mulheres. Verificou-se que nas décadas de 1950 e 1970 tais políticas foram formuladas a partir de uma visão restrita sobre a mulher, focada em aspectos puramente biológicos e no papel social de mãe e doméstica. Na década de 1980, o PAISM propôs uma abordagem global da saúde da mulher em todas as fases do seu ciclo vital, e não apenas no ciclo gravídico-puerperal. Apesar disso, grandes problemas ainda precisam ser enfrentados, como a violência de gênero e os elevados índices de mortalidade materna na raça negra, o que mostra a necessidade de uma assistência voltada para a equidade social.

... fez uma revisão da anatomia e da fisiologia do aparelho reprodutor feminino, facilitando a compreensão do funcionamento dos principais métodos contraceptivos, suas indicações e contraindicações. O capítulo também descreveu a assistência de enfermagem nos diferentes ciclos de vida da mulher, como na gestação, no parto, no puerpério, em situação de abortamento e no climatério.

### EXERCITE

1. Em relação ao planejamento familiar, assinale a opção que está incorreta:
   a) Homens e mulheres com capacidade civil plena e maiores de 25 anos ou, pelo menos, dois filhos vivos, desde que observado o prazo mínimo de 60 dias entre a manifestação da vontade e o ato cirúrgico, podem realizar vasectomia ou laqueadura tubária respectivamente.
   b) As lactantes não podem fazer uso de nenhum contraceptivo oral.
   c) Mulheres com histórico de tromboembolismo não devem fazer uso de contraceptivo hormonal.
   d) O diafragma consiste em um método reutilizável, devendo ser lavado, e pode ser usado por até dois anos.
   e) O uso da camisinha masculina ou feminina não tem nenhuma restrição na adolescência.
2. Qual dos itens a seguir não representa um cuidado de enfermagem durante o primeiro período do parto?
   a) Auscultar o BCF a cada 30 minutos.
   b) Verificar dos sinais vitais.
   c) Estimular a participação ativa do acompanhante no plano de cuidados.
   d) Oferecer dieta líquida açucarada para a mulher em trabalho de parto.
   e) Orientar a mulher a manter repouso no leito.

3. Durante o Período de Greemberg ou de observação, a enfermagem deve monitorar as condições de saúde da mãe e do bebê. Qual das alternativas a seguir está incorreta?
   a) Manter mãe e filho em alojamento conjunto.
   b) Administrar imunoglobulina anti-D o mais precoce possível e até 72 horas do pós-parto, para todas as gestantes que forem Rh negativas.
   c) Verificar a formação do globo de segurança (Globo de Pinard).
   d) Verificar sinais vitais.
   e) Estimular o aleitamento materno.

## PESQUISE

- O Ministério da Saúde disponibiliza Protocolos da Atenção Básica, dentre eles, o protocolo com foco na saúde das mulheres. Vale a pena ler e estar sempre bem informado: <https://bit.ly/2HqdxgC> e <https://bit.ly/31SwCBr>.

# CAPÍTULO 14

ANDREA BEZERRA RODRIGUES
PATRÍCIA PERES DE OLIVEIRA

COLABORADORA:
MARIA DE FÁTIMA CORRÊA PAULA

# ASSISTÊNCIA À SAÚDE DO IDOSO

### NESTE CAPÍTULO, VOCÊ...
- ... compreenderá os conceitos fundamentais da enfermagem gerontológica.
- ... reconhecerá a assistência de enfermagem para as doenças mais prevalentes no idoso.

### ASSUNTOS ABORDADOS
- Conceitos fundamentais da enfermagem gerontológica.
- Algumas alterações fisiológicas do envelhecimento e implicações para cuidados de enfermagem preventivos.
- Assistência de enfermagem ao idoso/família nas situações de doenças crônicas (farmacogeriatria; demências; doença de Alzheimer e de Parkinson e osteoporose).

# ESTUDO DE CASO

J.F.B., 72 anos, sexo masculino, natural de Piracema (MG), casado, seis filhos e 11 netos que não residem em seu domicílio, aposentado, recebe um salário mínimo e sua esposa também recebe um salário mínimo. Trabalhou por 28 anos em uma siderúrgica no alto forno de carvão mineral. Tem Ensino Fundamental incompleto e é católico. Tabagista por 50 anos, parou de fumar há 10 anos, quando foi diagnosticado o câncer de pulmão. Antecedentes clínicos: exérese do adenocarcinoma primário em lobo superior direito (LSD) do pulmão, fez segmentectomia de LSD e toracotomia em julho de 2014. Em 26 de maio de 2019 foi diagnosticado com comprometimento pleural e da coluna vertebral (T10, T11 e T12), ambas metástases do adenocarcinoma pulmonar. História da doença atual: encontra-se em controle ambulatorial semestral paliativo, utiliza exclusivamente hospital conveniado do Sistema Único de Saúde. Reside com a esposa em casa própria de alvenaria, com saneamento básico, com degraus da sala para a cozinha e para o banheiro e quintal com árvores frutíferas e horta, que fornece parte dos alimentos para a família. Durante a visita domiciliar (VD), o idoso estava consciente, orientado, emagrecido, peso corporal 25% abaixo do ideal, apresentou aumento de dois quilos entre a primeira e a última VD. Dorme por cinco horas contínuas após tomar clonazepam 2 mg à noite, sempre em decúbito lateral direito. Apresentou ingestão hídrica e apetite diminuídos, aceitando somente alimentos pastosos. Higiene corporal e oral preservadas. Dispneico aos médios esforços, referiu cansaço e fadiga ao deambular pela casa, com expansão torácica normal, ausculta pulmonar murmúrios vesiculares presentes sem ruídos adventícios, frequência respiratória de 16 ipm a 20 ipm, presença de tosse durante as 24 horas do dia com secreção esbranquiçada, pulso de 79 bpm a 86 bpm, perfusão periférica preservada, pressão arterial dentro dos parâmetros normais. Eliminação vesical espontânea com característica e frequência normal, eliminação intestinal presente em dias alternados, deambula sem ajuda, apresenta nódulos visíveis e palpáveis em coluna vertebral onde referiu dor moderada constante há 5 anos, tipo queimação que irradia para região lombar e membros inferiores.

## Após ler o caso, reflita e responda:

1. Realize um plano de cuidados de enfermagem para esse paciente.

## 14.1 INTRODUÇÃO

Estudos demonstram que o envelhecimento populacional é um fenômeno mundial, notadamente acentuado na América Latina e, especialmente, no Brasil, onde, segundo a Organização Mundial de Saúde (OMS), a população com mais de 60 anos crescerá de forma a colocá-lo em sexto lugar em número de idosos no mundo no ano de 2025.

O aumento dessa população no Brasil trouxe consequências e mudanças significativas na sociedade e nos planos político, econômico, cultural, técnico-científico e social. Os reflexos dessas mudanças são percebidos no cotidiano, expressos nos modos de viver, pensar e agir dos idosos. Nesse contexto, emerge a necessidade precípua de investigar as condições de saúde desse segmento populacional e as várias faces que envolvem o processo de envelhecimento.

Figura 14.1 - A população idosa do Brasil tem crescido bastante nos últimos anos.

Gerontologia é uma palavra de origem grega (*gero* = envelhecimento + *logia* = estudo); é a ciência que estuda o processo de envelhecimento em suas dimensões biológica, psicológica e social. Geriatria, por sua vez, é o ramo da medicina que se dedica ao idoso, ocupando-se não apenas da prevenção, do diagnóstico e do tratamento das suas doenças agudas e crônicas, mas da sua recuperação funcional e reinserção na sociedade.

A gerontologia destaca-se como campo da ciência humana que busca estudar o envelhecimento, fundamentada na interdisciplinaridade e na visão global do idoso enquanto pessoa. A enfermagem é essencial nessa equipe de saúde, pois emprega conhecimento técnico-científico centrado no cuidado ético e humano.

A enfermagem gerontológica utiliza o conhecimento do processo de envelhecimento para o planejamento adequado da assistência com objetivo de promover a saúde e qualidade de vida dos idosos. Os técnicos são profissionais que integram a equipe de enfermagem e, portanto, devem desenvolver seu conhecimento sobre o contexto atual de saúde da população idosa para o exercício competente.

Prestar cuidado de enfermagem ao idoso inclui o entendimento das mudanças fisiológicas do processo de envelhecimento e consequente reconhecimento de alterações na ocorrência de doenças. Em conjunto com a equipe multidisciplinar, a enfermagem contribui ajudando o idoso e sua família a adaptar-se nesse processo de mudanças, a fim de que não se tornem adversas e agressoras ao seu equilíbrio biopsicossocial.

O cuidado de enfermagem ao geronte requer mais do que uma habilidade técnico-científica; exige uma postura profissional de paciência, carinho, muita atenção, compreensão e respeito por suas limitações físicas e/ou mentais, encorajando e elogiando suas conquistas. Para tanto, é necessário visualizar a pessoa que envelhece sem preconceitos, considerando o contexto de sua vida e de seu habitat. Trata-se de entender a fase da velhice como mais uma fase do processo de desenvolvimento humano, carregada de peculiaridades, assim como em todas as outras fases da vida, que sofrem influência do ambiente cultural ao qual cada pessoa pertence. Acreditamos que só nessa perspectiva de idoso, como ser humano cultural, biográfico, integral e indissolúvel, é que poderemos identificar suas reais necessidades e intervir de forma adequada nos vários níveis de sua dimensão: biológica, psicológica e social.

## 14.2 CONCEITOS FUNDAMENTAIS DA ENFERMAGEM GERONTOLÓGICA

Serão apresentados a seguir alguns conceitos relevantes no contexto da enfermagem gerontológica.

### 14.2.1 Envelhecimento

É atribuído ao processo de mudanças e alterações fisiológicas, psicológicas e sociais que ocorrem com cada pessoa com o passar dos anos. Embora universal, o envelhecimento é um processo individual, manifestando-se de forma diferente em cada indivíduo e diretamente relacionado ao envelhecimento biológico, às enfermidades apresentadas, à perda de capacidade e às alterações sociais importantes ocorridas no decorrer da vida.

O declínio de alguns órgãos varia de um indivíduo para outro com a mesma idade. Admite-se que fatores extrínsecos podem influenciar de maneira positiva ou negativa no modo como cada pessoa envelhece. Tipo de alimentação, prática de exercício físico, ambiente psicossocial seguro (casa, família, amigos, trabalho), entre outros, são elementos que favorecem o envelhecimento saudável. O contrário, como dieta inadequada, sedentarismo, alcoolismo, tabagismo e isolamento social, são exemplos de condições que podem intensificar efeitos adversos na velhice.

É uma fase caracterizada por três fatores fundamentais:

- estresse relacionado a acontecimentos que alteram e perturbam a sequência e o ritmo dos ciclos vitais;
- "balanço" caracterizado por maior interiorização, com reexame e reavaliação de competências e prioridades;
- alteração na perspectiva temporal, na qual se começa a pensar em termos de vida restante e não mais em tempo vivido e, assim, torna a confrontação com a morte algo mais presente e próximo.

## 14.2.2 Envelhecimento saudável

É aquele em que o indivíduo experimenta condições de uma velhice bem-sucedida, ou seja, mantêm um excelente funcionamento mental e físico, com participação ativa na sua vida e na sociedade. São idosos que apresentam baixo risco para desenvolver doenças e incapacidades funcionais (físicas e cognitivas).

Figura 14.2 – O envelhecimento saudável é um dos principais objetivos.

## 14.2.3 Envelhecimento com fragilidade

A fragilidade pode ser abrangida como uma condição sindrômica, multifatorial, dinâmica e multifacetada, resultante da acomodação existente entre aspectos sociais, biológicos, ambientais e psicológicos, que interatuam no transcorrer da vida do indivíduo e das relações que são processadas em seu interior. Assim, as vulnerabilidades relacionadas à saúde devem extrapolar a dimensão física e não podem ser desvinculadas de domínios como cognição, humor e suporte social.

O envelhecimento com fragilidade é caracterizado pela vulnerabilidade, ou seja, maior suscetibilidade do indivíduo para desenvolver doenças ou dependências. Seria aquele idoso que tem pouca reserva biológica ou mesmo psicossocial, com baixa capacidade de suportar fatores de estresse. Isso significa dificuldade do geronte em se ajustar ou mesmo reagir aos imprevistos biológicos (quedas, cirurgias) ou do ambiente social, como uma situação de viuvez, mudança do domicílio ou aposentadoria. A ocorrência de eventos inoportunos pode levar esse grupo a desenvolver doenças e até mesmo conduzir a instalação de dependências (necessidade de ajuda para o desempenho de tarefas do cotidiano).

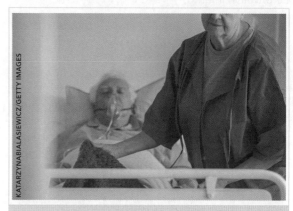

Figura 14.3 – Idoso hospitalizado recebendo oxigenioterapia.

O reconhecimento dos grupos mais vulneráveis e a compreensão dos fatores associados à fragilidade, considerando sua natureza multifatorial, são ferramentas primordiais para a elaboração e a implementação de ações e de estratégias de prevenção, reabilitação e promoção da saúde. Servem também para o planejamento de modelos de atenção à saúde, coerentes com o enfrentamento dos principais problemas que atingem a população idosa.

## 14.2.4 Senescência ou senectude

A senescência ou senectude são as mudanças que ocorrem no organismo apenas pela passagem dos anos, correspondentes aos efeitos naturais do processo de envelhecimento, ou seja, termos utilizados para designar as alterações orgânicas, funcionais e psicológicas próprias do envelhecimento normal, como os cabelos ficarem brancos, a pele enrugada, a marcha mais lenta, a audição pode diminuir, a visão fica prejudicada, entre outras mudanças morfofisiológicas.

Figura 14.4 – Idoso apresentando alterações próprias do envelhecimento.

Figura 14.5 – É essencial difundir os direitos previstos no Estatuto do Idoso e a Política Nacional de Saúde do Idoso.

## 14.2.5 Senilidade

É caracterizada por alterações orgânicas ou comportamentais decorrentes de afecções patológicas que acometem o indivíduo na velhice.

> Delimitar os limites entre senescência e senilidade é difícil para os profissionais que atendem idosos, por isso há necessidade de uma atenção especial aos sinais e sintomas para que eventos patológicos possam ser identificados e tratados adequadamente.[8]

## 14.2.6 Idade cronológica

É o termo utilizado para se determinar o limite entre o indivíduo adulto e idoso. A idade cronológica atribuída aos idosos nos países desenvolvidos é de 65 anos e nos países em desenvolvimento como o Brasil é de 60 anos.

## 14.2.7 Longevidade

Refere-se ao número de anos vividos por um indivíduo ou ao número de anos que pessoas de uma mesma geração viverão.

## 14.2.8 Velhice

É a fase do desenvolvimento humano vivenciado por quem envelheceu. A velhice é construída, pode ser modificada e reelaborada, pois se inter-relaciona com outras fases da vida. Para muitos brasileiros, velhice ainda é sinônimo de sofrimento, marginalização e dor. Atualmente, a sociedade brasileira parece buscar saídas para diminuir o preconceito e oferecer condições dignas para aqueles que envelhecem, como a criação do Estatuto do Idoso e a Política Nacional de Saúde do Idoso. Essas medidas procuram proteger os direitos dos idosos, bem como incentivar o envelhecimento saudável para uma velhice ativa, em que sua autonomia e sua independência mantenham-se preservadas o maior tempo possível.

## 14.2.9 Autonomia

Refere-se à capacidade do indivíduo em autogerir, ou seja, comandar e tomar suas próprias decisões, de forma consciente. Implica no exercício de ter escolha. Não está relacionada restritamente à condição física, mas à dimensão psicossocial. As variáveis para o exercício da autonomia são: capacidade mental (cognitiva) para escolha e respeito representado pela permissão do grupo social envolvido (familiares, cuidadores, equipe multiprofissional e/ou comunidade).

> A enfermagem tem importante papel na preservação e estímulo ao exercício da autonomia dos idosos, especialmente daqueles institucionalizados (hospitalizados ou vivendo em instituições de longa permanência - ILP).[2]

## 14.2.10 Independência

É definida como estado ou condição de quem é livre de qualquer dependência ou sujeição, que tem meios próprios. Como parâmetro de saúde, são considerados independentes aqueles idosos que não necessitam de ajuda de outra pessoa na execução de suas tarefas. Um idoso pode ser independente para algumas atividades na dimensão física, porém pode ser dependente em outras dimensões, como as psicológicas (afetivas e/ou cognitivas) e sociais.

Figura 14.6 – Idoso com independência física.

ASSISTÊNCIA À SAÚDE DO IDOSO

### 14.2.11 Capacidade funcional (CF)

Termo que expressa a capacidade do idoso em manter-se independente na execução de habilidades cotidianas e, ainda, adaptar-se as situações de infortúnios físico, mental ou social. São definidas como "atividades de vida diária" divididas em: Atividades Básicas de Vida Diária (ABVD) e de Atividades Instrumentais de Vida Diária (AIVD).

As ABVD são aquelas executadas pelo idoso, na manutenção de seu autocuidado como: alimentar-se, banhar-se, vestir-se, arrumar-se, mobilizar-se e controlar suas eliminações fisiológicas (evacuação e diurese). As AIVD indicam a capacidade do idoso em levar uma vida independente no ambiente onde vive, sendo capaz de fazer compras, cuidar de suas finanças, preparar seu alimento, organizar sua casa, executar determinadas tarefas domésticas, tomar seus medicamentos corretamente, utilizar o transporte para se deslocar, entre outras. Para tanto, são utilizados instrumentos padronizados a fim mensurar quantitativamente a capacidade funcional em dois domínios: o motor (Escala de Katz) e o cognitivo (Escala de Lawton). O resultado final da CF indica o grau de dependência do idoso favorecendo intervenções que visam à preservação do controle do seu corpo, de sua mente e prevenção de complicações.

Figura 14.7 – Casal de idosos com capacidade funcional preservada.

### 14.2.12 Saúde

A saúde de idosos não está centrada na ausência de doenças e, sim, na manutenção da sua capacidade funcional, ou seja, na capacidade de preservar competências para se manter ativo no seu ambiente físico e social. Isso significa que o idoso, mesmo portando uma ou mais doenças, pode sentir-se saudável, pois consegue manter seu tratamento adequado e sua integridade como pessoa estará conservada, alicerçada na sua independência, sua autonomia e seu sentimento de pertencimento. Quando falamos de sentimento de pertencimento, isso quer dizer aquela sensação de sentir-se parte do grupo, de manter sua identidade, de ser respeitado pela família, pela comunidade e poder dar sua contribuição à sociedade.

Figura 14.8 – Idosos ativo e independente interagindo com a rede ao lado de seu pet.

### 14.2.13 Doenças crônico-degenerativas

São doenças que, com frequência, acometem o idoso. São aquelas doenças de curso prolongado, com evolução lenta e que podem comprometer a qualidade de vida do indivíduo durante longos anos. Podem gerar incapacidades, dependência e perda da autonomia. São citadas como exemplo: diabetes, hipertensão, demência, entre outras.

## 14.3 ALGUMAS ALTERAÇÕES FISIOLÓGICAS DO ENVELHECIMENTO

As alterações fisiológicas do envelhecimento podem ocorrer a nível biológico em diversos sistemas do corpo humano, como o tegumentar, cardiovascular, neurológico, entre outros.

As mudanças biológicas são:

- Redução da função celular: pouca liberação de adenosina trifosfato (ATP) e grande produção de radicais livres.
- Redução na função metabólica: diminuição de proteínas, gordura, cálcio, zinco; redução de magnésio (70% são combinados com cálcio e fósforo no osso e 30% fazem parte do processo de contração muscular e transmissão dos impulsos nervosos); diminuição de fibras (importante para o funcionamento intestinal); redução de vitaminas C e D, principalmente nos idosos institucionalizados.

A redução da função celular e na função metabólica pode resultar em:

- Desnutrição: fatores fisiológicos × fatores mórbidos × fatores neuropsiquiátricos.
- Perda de peso.

## 14.3.1 Sistema tegumentar

A pele do idoso sofre significativa perda de tecido, com diminuição da espessura da derme e epiderme. Com isso, ficam prejudicados as funções de barreira protetora, termorregulação (retenção e perda de calor) e comprometimento dos receptores sensoriais. Ocorrem diminuições da massa muscular e a espessura da dobra da pele (rugas) e o aparecimento de manchas senis (manchas planas, com borda irregular e de coloração acastanhada). Apresentam alterações do cabelo e unhas: os cabelos finos e brancos, pelos finos na axila e região pubiana, pelos mais espessos no nariz e orelhas, calvície nos homens, unhas quebradiças e espessas, unhas dos pés mais grossas.

Figura 14.9 – Arco senil, rugas faciais e cabelo branco.

O cuidado de enfermagem com a pele do idoso visa prevenir o surgimento de lesões indesejáveis como:
- lesão por pressão devido ao tempo prolongado na mesma posição e o intenso ressecamento da pele (xerose), acompanhado de prurido (coceira) devido à diminuição do conteúdo de água e à redução do conteúdo das glândulas sebáceas e sudoríparas;
- no caso de idosos acamados, são utilizados produtos hidratantes e colchão piramidal;
- evita-se banhos excessivamente quentes;
- remove-se a umidade do leito (troca de fraldas);
- intensificam-se medidas de posicionamento no leito, com mudança de decúbito a cada 2 horas.

## 14.3.2 Sistema nervoso e órgãos sensoriais

Com o envelhecimento, ocorre significativa perda neuronal (células do sistema nervoso – neurônios) não resultando necessariamente em alteração do estado mental, contribuindo para:
- presbiacusia – diminuição a capacidade auditiva;
- presbiopia – diminuição da capacidade visual para perto;
- redução do olfato, tato, capacidade de termorregulação e sensação de dor diminuída devido à lentidão na velocidade de condução somada às alterações degenerativas da pele;
- a diminuição da capacidade sensorial contribui para quadros de perda do equilíbrio do corpo (dificuldade em manter a postura) e resposta mais lenta e retardada à estímulos externos, ou seja, os reflexos diminuem e, em consequência, os movimentos tornam-se mais lentos.
- o reflexo pupilar também se torna lentificado, comprometendo a capacidade de reação ao estímulo luminoso, as pupilas podem apresentar-se mais mióticas (fechadas);
- no olho envelhecido ocorre um acúmulo de lipídios na camada mais externa da córnea, denominado de arco senil, sendo comum nos idosos e não significa doença;
- número de neurônios é reduzido principalmente no córtex cerebral;
- diminuição da liberação de neurotransmissores;
- redução das sinapses nervosas;
- diminuição da condução nervosa;
- o tremor essencial benigno também é comum entre os idosos; afeta principalmente as mãos e a cabeça; está mais presente durante a realização de atividades que requeiram precisão e normalmente desaparece durante o repouso, não significando existência de doença neurológica. Em geral, esse tipo de tremor não compromete a capacidade funcional do idoso, mantendo um bom desempenho de suas tarefas;
- a memória imediata, ou seja, a curto prazo como repetir o número de um telefone não é afetada. A capacidade de aprendizagem também não é comprometida.

A enfermagem tem como meta manter e estimular a memória do idoso, estabelecendo rotinas para a execução de tarefas. Respeite o tempo do idoso. É importante compreender e sensibilizar-se com as dificuldades de comunicação verbal, fadiga e medo apresentados durante a execução das tarefas relacionados à capacidade física prejudicada e déficits neurológicos.

Uma das principais complicações decorrentes da soma de alterações neurológicas é o elevado índice de quedas com idosos. A enfermagem cuida para prevenção de tal evento.

## 14.3.3 Sistema cardiovascular

São diversas as alterações que ocorrem no sistema cardiovascular, levando a alterações que variam de leves a significativas.
- Diminuição da complacência ventricular com consequente hipertrofia ventricular esquerda.
- Aorta mostra-se mais dilatada e alongada.

- As válvulas tornam-se espessas, calcificadas e rígidas, perdendo sua elasticidade.
- O débito cardíaco diminui.
- Frequência cardíaca diminui em repouso e pode ocorrer irregularidade no pulso devido à diminuição da atividade do nódulo sinoatrial (SA).
- Vasos – aumento do componente colágeno e perda do componente elástico, ocasionando maior rigidez da parede.
- As veias tornam-se menos eficientes aumentando o risco para varizes e úlceras de estase.
- O declínio da elasticidade arterial associado ao aumento da resistência periférica favorece o quadro de hipertensão arterial.
- Ocorre uma circulação colateral no coração para compensar o efeito da aterosclerose.

## 14.3.4 Sistema respiratório

As alterações no sistema respiratório no idoso são descritas a seguir.
- Redução da expansibilidade da caixa torácica.
- Diminuição da elasticidade pulmonar.
- Diminuição do volume residual.
- As paredes dos alvéolos tornam-se mais finas, diminuindo a área de superfície para a troca gasosa (entrada de oxigênio e saída de gás carbônico).
- As cartilagens costais ficam mais rígidas, dificultando a capacidade de distensão pulmonar (complacência), sendo necessária a utilização dos músculos acessórios para respirar.
- Há uma tendência a acumular secreções nas bases dos pulmões, diminuição da capacidade de tossir e eliminar secreções pela diminuição da ação ciliar dentro dos brônquios.

Alterações na funcionalidade do sistema respiratório colocam o idoso acamado com maior risco para desenvolver quadros de pneumonia. A enfermagem deve ficar atenta a quadros de febre, dispneia (falta de ar), taquipneia (FR > 20 rpm), tosse intensa e características das secreções expectoradas (aspecto, frequência e coloração).

## 14.3.5 Sistema gastrointestinal

As alterações no sistema gastrointestinal do idoso levam a alterações secundárias. Como exemplo, tem-se a alteração da peristalse com consequente tendência a constipação.
- A perda de dentes pode comprometer a capacidade de mastigar.
- Perda do paladar.
- Perda dentária.
- Redução da inervação do esôfago.
- No estômago, há diminuição da produção de suco gástrico.

- Alteração de peristalse.
- Redução na secreção de lípase e insulina pelo pâncreas.
- Diminuição da metabolização de medicamentos pelo fígado.
- A vesícula biliar tem maior dificuldade em eliminar a bile, havendo tendência a desenvolver cálculos biliares.
- Fígado diminui de tamanho, reduzindo a produção de enzimas e comprometendo o metabolismo das drogas.
- Enfraquecimento muscular do cólon.
- A musculatura do intestino enfraquece diminuindo a peristalse (movimentos intestinais) podendo ocorrer quadros de constipação (ausência de evacuação).

Disfagia se refere à dificuldade de deglutir estando relacionada a problemas patológicos e não faz parte do processo de envelhecimento normal. A enfermagem deve observar essa dificuldade certificando-se de que o idoso deglutiu todo o alimento. No caso de suspeita de disfagia, o enfermeiro deverá ser comunicado.

## 14.3.6 Sistema geniturinário

O sistema geniturinário sofre alterações anatômicas e funcionais durante o envelhecimento, conforme descritas a seguir.

### Alterações fisiológicas
- Atrofia senil.
- Número de néfrons diminui (50% até os 80 anos), o que não compromete necessariamente a função renal do idoso em situações de homeostase.
- Menor taxa de filtração glomerular, excreção e absorção diminuindo a capacidade de eliminação de medicamento pelo rim e favorecendo níveis tóxicos.
- Distúrbios eletrolíticos.
- O prejuízo da filtração glomerular pode levar a quadros de hipercalemia (elevados níveis de potássio [K] no sangue) e de hiponatremia (baixos níveis de sódio [Na] no sangue).
- Bexiga menos elástica.
- Enfraquecimento da musculatura pélvica e do assoalho pélvico.
- Perda de elasticidade uretral e de colo:
  - incontinência urinária;
  - incontinência urinária de urgência (incapacidade de controlar a bexiga);
  - incontinência urinária de esforço (escapamento da urina por pressão abdominal)
- Hiperplasia prostática (crescimento da próstata causando compressão na uretra).

A incontinência urinária (perda involuntária de urina) ocorre em 50% dos idosos institucionalizados (hospitalizados e moradores de ILP). É decorrente da capacidade insuficiente da bexiga em reter a urina por prejuízo da sua capacidade de contração muscular, podendo ocorrer o esvaziamento incompleto dela. Essa condição justifica quadros de infecção urinária, situação patológica frequente do sistema urinário. A enfermagem estabelece horários regulares para realização da higiene íntima e trocas de fraldas quando adequadas para diminuir o risco de infecções urinárias.

## 14.3.7 Sistema músculo esquelético

O sistema músculo esquelético sofre mudanças durante o processo de envelhecimento que podem interferir na capacidade funcional e desempenho das atividades de vida diária.

- As mudanças ocorridas nesse sistema afetam a aparência física, a deambulação (caminhada) e a velocidade dos movimentos que fica diminuída.
- Perda óssea, colocando o idoso propenso a ocorrência de fraturas.
- A altura diminui devido ao achatamento dos discos vertebrais, causando alteração da postura.
- O idoso tende a encurvar-se para frente devido ao encurtamento da coluna.
- Com o avançar da idade, há diminuição do líquido sinovial (líquido que lubrifica as cartilagens) ocorrendo um desgaste dela, tornando-a mais fina. Isso interfere na flexibilidade e amplitude dos movimentos das articulações acometidas.
- Os músculos tornam-se mais finos e flácidos nos braços e nas pernas, a contração muscular se torna mais lenta.
- As fibras musculares diminuem com a idade (cerca de 50% acima de 80 anos).
- As fibras elásticas perdem elasticidade, sofrem fragmentação, desgaste e calcificações.
- A massa óssea diminui após a terceira década de vida (mais acentuado após menopausa).
- Cartilagens, tendões e ligamentos tornam-se rígidos e espessos.

Todos esses fatores contribuem para a diminuição do movimento e aumentam as chances de o idoso cair.

A enfermagem deve prevenir situações que expõe o idoso ao risco de quedas como: retirar obstáculos à deambulação, manter a cama baixa, manter utensílios de uso pessoal próximo ao idoso, orientar o familiar e equipe multiprofissional sobre o risco, deixar a campainha de comunicação ao alcance do idoso.

## 14.3.8 Sistema imunológico

O sistema imunológico é um dos sistemas que também sofre alterações significativas durante o processo de envelhecimento, são elas:

- encolhimento do timo;
- diminuição do funcionamento das células T;
- risco de infecção;
- processo de cicatrização lento;
- distúrbios autoimunes;
- dificuldade de combater doenças.

## 14.4 FARMACOGERIATRIA

Múltiplas morbidades crônicas indicam 80% ao menos uma doença e 15% com até cinco doenças crônicas não transmissíveis (DCNT). Cerca de 72% dos idosos usam algum tipo de medicamento de forma crônica; 32% observam-se a polifarmácia. Estima-se que em idosos institucionalizados o consumo é em média de 7 drogas, e em pacientes hospitalizados, de 10 medicamentos/dia.

No Brasil, alguns estudos de base populacional descreveram a prevalência de polifarmácia na população idosa (variando entre 25% e 36%) e sua associação positiva com sexo feminino, idade igual ou superior a 75 anos, baixa escolaridade, viuvez, autoavaliação de saúde regular ou negativa, viver com companheiro, possuir plano de saúde privado e hospitalização nos 12 meses anteriores a entrevista.[9,13]

A importância da farmacogeriatria são:
- diferentes especialidades no mesmo indivíduo;
- declínio cognitivo;
- alterações osteoarticulares e visuais;
- comorbidades;
- polifarmácia e interação medicamentosa;
- aspectos sociais;
- farmacodinâmica e farmacocinética;
- participação do cuidador e orientação.

### Orientação adequada ao idoso e familiar/cuidador

A Enfermagem tem importante papel na supervisão e controle na administração de medicamentos aos idosos. O familiar/cuidador são essenciais no processo educativo e aderência as doses corretas. Segue algumas orientações ao idosos e familiar/cuidador:
- Manter consultas médicas periódicas e informar o médico sobre todos os tratamentos utilizados.
- Utilizar somente remédios recomendados pelo médico.
- Levar às consultas todos os remédios utilizados.
- As doses recomendadas devem ser seguidas rigorosamente, não podendo ser aumentadas ou diminuídas sem orientação médica.

- Procurar saber quais são os remédios que toma e para que serve.
- Procurar observar possíveis alterações ou efeitos que possam ser causados pelos remédios e comunique ao médico.
- Colocar rótulos com letras maiores para visualizar o nome dos remédios ou utilize uma lupa, se necessário.
- Programar em horários relacionados com refeições.
- Colocar a medicação em local visível.
- Solicitar, se possível, que alguém o lembre.
- Mínimo de drogas prescritas.
- Facilidade de horário e individualização da dosagem.
- Calendário de dosagens e horários de fácil visualização.
- Embalagens com manuseio prático.
- Código de cores para idosos analfabetos.
- Atendimento interdisciplinar sempre que possível.

## 14.5 DEMÊNCIA

A demência é uma síndrome devido a uma doença cerebral, frequentemente de natureza crônica ou progressiva, na qual há comprometimento de múltiplas funções corticais superiores, como a memória, o pensamento, a orientação, a compreensão, o cálculo, a capacidade de aprendizagem, a linguagem e o julgamento.

A síndrome não se acompanhada de uma obnubilação (estado de alteração da consciência, caracterizado por ofuscação da vista e obscurecimento do pensamento) da consciência. O comprometimento das funções cognitivas se acompanha habitualmente e é, por vezes, precedida por uma deterioração do controle emocional, do comportamento social ou da motivação.

A síndrome ocorre na doença de Alzheimer, em doenças cerebrovasculares e em outras afecções que atingem primária ou secundariamente o cérebro.

Quadro 14.1 - Demência

| Envelhecimento normal | Transtorno cognitivo leve | Demência |
|---|---|---|
| Memória episódica | Queixa em relação à memória | Perda da memória de forma recorrente |
| Memória não declarativa | Alteração objetiva da memória | Agnosia - incapacidade de reconhecer objetos/pessoas |
| Redução leve da fluência verbal, nomeação, capacidade de compreensão | Função cognitiva geral normal | Afasia – acentuada incapacidade de estabelecer a linguagem falada, escrita, de compreensão ou expressão |
| Leitura preservada | Atividades diárias preservadas | Apraxia – incapacidade de realizar atividades procedimentais previamente aprendidas |
|  | Não preenche critérios para demência |  |

As causas de demência são:
- neurodegenerativas;
- corpúsculos de Lewy, frontotemporal, Parkinson, Huntington, outras;
- vascular;
- distúrbios endócrinos;
- déficits de vitaminas;
- quadros infecciosos;
- doenças sistêmicas;
- traumatismo craniano;
- toxinas.

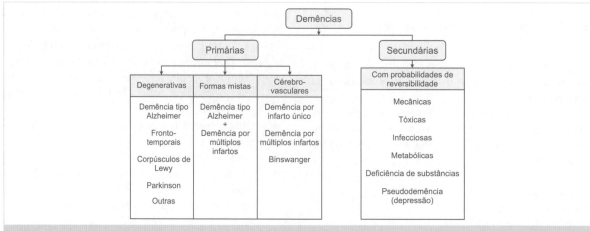

Figura 14.10 - Classificação das demências.

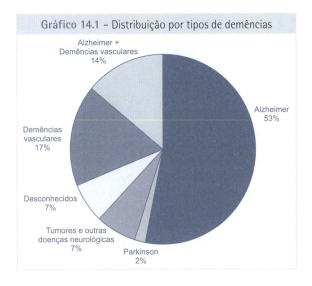

Gráfico 14.1 – Distribuição por tipos de demências

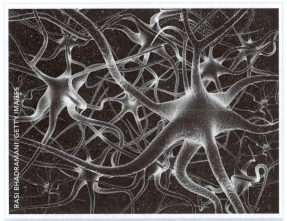

Figura 14.11 – Processo de neurotransmissão de um mecanismo unidirecional.

## 14.6 DOENÇA DE ALZHEIMER

A doença de Alzheimer (DA) é um distúrbio neurológico frequente na população geriátrica, sendo a causa mais comum de demência respondendo por mais de 50%. Foi descoberta em 1907 pelo cientista alemão Alois Alzheimer (1864-1915).

- Considerada uma doença neurodegenerativa progressiva do córtex cerebral comprometendo a memória, o raciocínio e alterações de comportamento.
- Caracterizada pelo declínio funcional, com prejuízo da autonomia e instalação de dependências. Sua incidência e sua prevalência aumentam com a idade.
- A partir dos 60 anos, as chances de um idoso apresentar DA é de 5% a 10% e após os 75 anos, essa relação aumenta para 15% a 20%.
- A doença pode ter um curso de 8 a 12 anos de forma gradual e contínua.

### Descrição da fisiopatologia

Ainda não está clara a causa dessa doença. Existe uma correlação com fatores neuroquímicos. Sabe-se que as informações são transmitidas de um neurônio a outro por um mecanismo unidirecional na forma de impulsos nervos. Para que ocorra a transmissão nervosa são necessários dois neurônios.

O primeiro neurônio, chamado pré-sináptico, é responsável em secretar uma substância química que atua sobre a membrana receptora do segundo neurônio, tanto para o excitar como para o inibir. Esse fenômeno é conhecido como sinapse.

Pesquisas têm demonstrado que na doença de Alzheimer existe uma deficiência dessas substâncias neurotransmissoras (acetilcolina, serotonina, norepinefrina) que causa lentidão no estímulo nervoso.

O exame neuropatológico (após a morte) de pacientes portadores de DA identificou importante morte dos neurônios e intensa degeneração sináptica, decompostas no córtex cerebral na forma de placas senis ou neuríticas e de emaranhados neurofibrilares.

São consideradas a localização, a distribuição e a quantidade das placas senis, pois estão presentes no cérebro normal de pessoas idosas em menor quantidades do que em um idoso com DA.

Outros fatores que têm sido considerados como causa da DA são: virais, traumatismo, fatores genéticos ligados principalmente ao cromossomo 21. A aparência morfológica do cérebro é de uma perda de parênquima cerebral (córtex) e alargamento dos ventrículos.

Produção e acúmulo de beta-amiloide

Inflamação, oxidação, hiperexcitabilidade glutamatérgica

Apoptose celular de neurônios colinérgicos

Figura 14.12 – Fisiopatologia da doença de Alzheimer.

- Fatores de risco
    - Idade – quanto mais idoso, maior é a chance de desenvolver a doença.
    - História familiar (início precoce).
    - Pessoas portadoras da síndrome de Down (relação com cromossoma 21).
    - Outros defeitos genéticos.
    - Trauma crânio encefálico.
    - Falta de estimulação.
    - APOE ε4.

Apolipoproteína E (APOE) está envolvida no transporte de colesterol e outros lipídios entre as estruturas celulares. Está geneticamente associado a dois polimorfismos de nucleotídeo único que marcam três alelos, ε2, ε3 e ε4. O ε4, em particular, tem uma taxa mais alta de depuração de lipoproteínas, alterando tanto o nível de colesterol plasmático como perturbando os processos de reinervação cerebral, que dependem de lipídios.

APOE também está envolvida na eliminação de beta-amiloide do cérebro, e o alelo ε4 pode ser menos eficiente. O efeito combinado de mudanças nesses mecanismos significa que indivíduos heterozigotos para o genótipo ε4 da APOE têm três vezes mais risco de desenvolver a doença de Alzheimer (DA) esporádica, aumentando para 14 vezes o risco de homozigotos.[12]

### Fatores protetores

■ Vitaminas E e C.
■ Vitamina B12 e ácido fólico.
■ Sinvastatinas.

■ AINE (anti-inflamatório não esteroidal).
■ Atividade física e intelectual.
■ Reposição hormonal.

## Manifestações clínicas

■ Perda gradual da memória.
■ Declínio no desempenho de tarefas cotidianas.
■ Diminuição do senso crítico.
■ Desorientação no tempo e no espaço.
■ Mudança de personalidade.
■ Dificuldade no aprendizado.
■ Dificuldade de comunicação.

É uma doença de início impreciso e com grande variabilidade entre os indivíduos na forma como progride, podendo evoluir em 2 anos ou durar até 25 anos com completa deterioração intelectual. É classificada em quatro estágios, conforme apresentado no Quadro 14.2.

Quadro 14.2 – Estágios da doença de Alzheimer

| Inicial (após 60 anos) | Intermediário | Avançado | Terminal |
|---|---|---|---|
| Duração 2 a 3 anos | Duração 2 a 10 anos | Duração 8 a 12 anos | Duração > 12 anos |
| Comprometimento da memória episódica: dificuldade para lembrar de acontecimentos recentes, como datas, compromissos, nomes de familiares e fatos recentes. | Piora acentuada dos déficits de memória. Ocorre maior declínio na capacidade de decisão, concentração e habilidade para o trabalho. | Avançada perda cognitiva com dificuldade para reconhecer a si mesmo, familiares, amigos e o próprio espaço domiciliar. | Total perda cognitiva. |
| Perde-se com frequência objetos pessoais, como chave ou carteira de dinheiro, ou guarda um objeto e não sabe onde. Acontece ainda de esquecer alimentos preparados no fogão. Podem apresentar dificuldade para encontrar as palavras. | Intensifica-se o completo déficit cognitivo: Afasia: distúrbio da fala, incapacidade em se comunicar não conseguindo construir a sequência adequada das palavras para expressar o pensamento. Agnosia: incapacidade em reconhecer os objetos e sua utilidade. Apraxia: incoordenação motora, incapacidade de executar movimentos dirigidos, executar gestos ou mesmo manipular objetos. Pode apresentar alteração da postura e marcha. | Dificuldade para falar frases completas. Dificuldade para compreender ordens simples. Com a redução da fluência das palavras, começam a utilizar jargões semânticos e comunicar-se com sons incompreensíveis. | Completo mutismo. Não se comunicam verbalmente. |
| Os familiares podem ser os únicos a perceberem essas alterações. | Apresenta dificuldade de reconhecer-se, o julgamento torna-se alterado e frequentemente subestima situações de risco para sua saúde, pois se considera capaz para a realização das tarefas, como dirigir o carro. | Incapacidade para execução das atividades básicas de vida diária. Instala-se total dependência. | Acamados com total imobilidade. Incontinência urinária e fecal. |
| Gera ansiedade, irritação e retraimento. O idoso tem consciência de seu declínio e começa a esquivar-se do ambiente social, isolando-se. | Importante perda funcional para as atividades instrumentais e para executar atividades de vida diária. Podem ocorrer agitação, vagância e comportamento de agressividade. | Podem ocorrer alucinações, *delirium* ou pensamentos paranoicos como perseguição ou desconfiança, sensação de que alguém roubou seu dinheiro. | Morte em decorrência de septicemia causada por pneumonia, infecção urinária e úlceras de pressão. |
| Muitas vezes, o paciente com DA vê o mundo como ameaçador e, por isso, reage com comportamentos inaceitáveis, como tirar a roupa, berrar, gritar ou mesmo bater nos outros. Esses comportamentos podem indicar alguma necessidade afetada e precisam ser valorizados e investigados. | | | |

## Investigação

- História clínica detalhada.
- Avaliação funcional.
- Exame físico e neurológico.
- Avaliação do estado mental (MEM).
- Avaliação neuropsicológica.
- Exames complementares (RNM, EEG, SPECT, função tireoidiana, renal e hepática, glicemia, hemograma, dosagem de vitamina B12, ácido fólico, HIV, VDRL).
- Avaliação multimensional do idoso (Quadro 14.3).

Quadro 14.3 - Avaliação multidimensional do idoso

| Identificação | Atividades de vida diária | Mobilidade | Cognição/humor | Comunicação | Nutrição |
|---|---|---|---|---|---|
| Revisão dos sistemas fisiológicos principais | Básicas (autocuidado) Instrumentais | Equilíbrio Marcha Postura Quedas | Memória Linguagem Função executiva Praxia Gnosia Função viscoespacial Humor | Acuidade visual Acuidade auditiva Fala | Avaliação de medicamentos História pessoal (atual e pregressa) Avaliação sociofamiliar Indicadores de violência Avaliação ambiental |
| DIAGNÓSTICO FUNCIONAL GLOBAL E ETIOLÓGICO |||||||
| PLANOS DE CUIDADOS |||||||
| Ações preventivas; promocionais/curativas; paliativas e reabilitadoras. |||||||

## Tratamento

Atualmente, não há cura para a Doença de Alzheimer ou medicamentos que possam interromper, modificar ou mesmo impedir o desenvolvimento da doença. Porém, há muito que se fazer para o paciente portador de DA, seus familiares e seus cuidadores. A abordagem é multidisciplinar, com a participação do paciente, dos familiares e do cuidador, tendo como metas: melhorar o desempenho funcional e na qualidade de vida dos pacientes promovendo o mais alto grau de autonomia possível. O tratamento farmacológico restringe-se às reações sintomáticas, com efeito benéfico sobre os aspectos cognitivos, comportamentais e funcionais do indivíduo.

A abordagem multidisciplinar do idoso é:
- retardar a progressão da doença;
- promover a autonomia e maximizar o desempenho funcional do idoso;
- intervir nas alterações cognitivas, do humor e do comportamento;
- controlar as condições clínicas associadas;
- manter o estado nutricional adequado;
- melhorar a qualidade de vida.

O tratamento farmacológico é a principal classe terapêutica utilizada (inibidores da acetilcolinesterase [IAChE]), conforme mostrado no Quadro 14.4.

Quadro 14.4 - Fármacos utilizados no tratamento da Doença de Alzheimer

| Drogas | Dose | Efeitos colaterais |
|---|---|---|
| Tacrina (Cognex): inibidor reversível da acetilcolinesterase. Atualmente, com uso reduzido devido à toxicidade hepática em 30% a 40% dos pacientes. | 4 vezes/dia | Náuseas e vômitos. |
| Donepezil (Aricept): inibidores da colinesterase. Vantagem de mais tolerância e de efeitos colaterais, além de poder ser administrado em dose única. Utilizada nas formas leve a moderado. Desvantagem: meia vida longa, alcançando até 73 horas no plasma. | Via oral 5 a 10 mg/dia Dose diária 1 vez/dia | Eliminação hepática: atenção quando utilizado concomitante a outras drogas. Náuseas, diarreia, vômitos, insônia, fadiga e perda do apetite. |

| Drogas | Dose | Efeitos colaterais |
|---|---|---|
| Rivastigmina (Exelon): inibidores da colinesterase. Utilizada nas formas leve a moderado. Vantagem de meia vida plasmática curta de 1 a 2 horas, mas mantendo sua ação por pelo menos 10 a 12 horas. | Solução oral Cápsula 6 a 12 mg/dia Administrada 1 vez/dia com alimento | Náuseas, vômitos, dor abdominal e perda do apetite. Podem exacerbar úlceras e sangramentos digestivos Bradicardia, arritmias e retenção urinária. Eliminação renal. |
| Galantamina: inibidores da colinesterase. Utilizada nas formas leve a moderado. Meia vida de 4 a 6 horas, vantagem em retardar o distúrbio de comportamento. | 16 a 24 mg/dia 2 vezes/dia | Eliminação hepática e renal. |
| Memantina: antagonista do receptor NMDA. Primeira droga aprovada para tratamento nos estágios graves. | 5 a 20 mg/dia Administrada 2 vezes/dia | Tonturas (6,3%), cefaleias (5,2%), constipação (4,6%), sonolência (3,4%) e hipertensão (4,1%). |

O cuidado de enfermagem, de modo geral, durante a administração dessas drogas, inclui a vigilância dos efeitos colaterais e das reações adversas.

## Assistência de enfermagem

O planejamento da assistência de enfermagem ao idoso portador da Doença de Alzheimer visa melhorar as condições de comunicação, comportamento, segurança na prevenção de acidente, memória e no controle da terapia medicamentosa para alcance de seu melhor desempenho e independência durante a prática de suas atividades de vida diária.

Quadro 14.5 – Assistência de enfermagem ao paciente com Doença de Alzheimer

| | Assistência de enfermagem | Justificativa |
|---|---|---|
| C O M U N I C A Ç Ã O | • Ao interrogá-lo, prepare o ambiente: limite o número de pessoas no quarto, solicite autorização para desligar ou abaixar o volume da televisão, desligue seu celular etc. | • Eliminar condições de distrações externa que possam comprometer o diálogo com o idoso. |
| | • Posicionar e falar de frente ao idoso. | • Facilitar a concentração e a compreensão do que está sendo comunicado. |
| | • Chamar pelo nome, apresente-se. Toque-o com gestos e voz suaves. | • Criar um ambiente calmo, agradável e seguro. O toque é uma forma proposital de estabelecer o contato pelo tato. Devem-se considerar os aspectos culturais aceitos em cada sociedade, ao se estabelecer o toque como: segurar a mão, oferecer um abraço confortador, colocar a mão no ombro, aplicar suave pressão no punho, entre outros. |
| | • Utilizar diálogo simples, perguntas objetivas e de forma pausada, uma de cada vez. Use frases curtas. | • Facilitar a compreensão e favorece respostas ao nível da capacidade do idoso. |
| | • Aumentar o volume da voz quando apropriado. Evite gritar com o paciente. Ouça-o com atenção. | • Embora possa apresentar déficit auditivo, o volume excessivo da voz pode provocar desconforto ou ser interpretado como uma agressão. Deve-se ouvir o idoso atentamente e evitar repetições. |
| | • Prestar atenção à linguagem corporal. Procure acompanhar o que ele quer dizer e não o que as palavras dizem. | • A linguagem não verbal pode indicar mais do que a verbal, pois ele tem dificuldade de pronunciar as palavras adequadas ao seu pensamento. |
| | • Ao repetir instruções, utilize sempre as mesmas palavras | • Reafirmar a orientação e facilita a compreensão. |
| | • Manter atitude respeitosa e paciente. | • Favorecer o estabelecimento de uma relação de confiança. |
| | • Não faça comentários sobre o paciente na frente dele. | • Ele mantém sua capacidade de percepção maior do que a de expressão. |

| | Assistência de enfermagem | Justificativa |
|---|---|---|
| **C O M P O R T A M E N T O** | • Agir com naturalidade diante das situações constrangedoras, como tirar a roupa em público.<br>• Retirar o idoso do ambiente. Oriente as outras pessoas. Vista-o novamente. | • Controlar o emocional e o bom humor favorecem as relações. O idoso não tem consciência do que está fazendo, pois sua capacidade de julgamento está prejudicada. |
| | • Evitar situações de confronto, procurando identificar os geradores de conflitos. Desconverse ou aguarde e volte mais tarde. | • Confronto podem desencadear crises com gritos e agressão física. |
| | • Procurar identificar as causas de estados confusionais agudos. | • Monitorar sinais fisiológicos: temperatura, pulso, respiração pressão arterial. Comunicar ao enfermeiro seus resultados. |
| | • Durante as crises de agressividade ou de acusação de roubo, não se ofenda ou leve a sério. Procure nos prováveis locais que ele tenha guardado o objeto. Procure conhecer seus esconderijos. | • Não é uma implicância pessoal e, sim, um prejuízo da memória curta. Procurar tranquilizá-lo, mostrando onde realmente o objeto está guardado. |
| | • Evitar a contenção física. Se ele estiver muito agitado, informe o enfermeiro da unidade. | • Pode desencadear crises. O idoso pode sentir-se inferiorizado pela necessidade de contenção física e reagir com agressão e agitação psicomotora. |
| **A U T O C U I D A D O** | • Manter, sempre que possível, as rotinas dentro da normalidade. | • Facilitar a execução e a organização do pensamento. |
| | • Auxiliar na execução das atividades de vida diária (AVD) com paciência e atenção, mas não execute as ADV por ele. | • Manter a autoestima, proporcionar segurança e favorecer a manutenção de suas atividades. |
| | • Posicionar o alimento próximo ao idoso. Ajude-o a se alimentar, se necessário. Preocupe-se em deixar que ele leve o alimento à boca, sempre que possível. | • O idoso com DA não lembra de alimentar-se e não sabe para que serve os utensílios na mesa. Pode ter comprometimento motor para a execução da tarefa, necessitando de auxílio. |
| | • Evitar distraí-lo durante a refeição.<br>• Observar a deglutição. Ofereça alimentos fracionados, com o idoso sentado, e certifique-se que foram deglutidos completamente antes de oferecer novamente. | • Prevenir que ele mantenha o alimento por muito tempo na boca.<br>• Prevenir aspiração de alimento para a árvore respiratória. |
| | • Registrar a aceitação alimentar e de líquidos diariamente. Controle do peso conforme rotina institucional. | • Favorece a identificação de quadro de desnutrição e de desidratação. Estabelece a comunicação interdisciplinar para conduta terapêutica. |
| | • Permitir que ele realize sua higiene. Coloque-o para higienizar a prótese dentária; caso não consiga, faça-o você. | • Reforçar a manutenção de independência para higiene corporal e da boca. |
| | • Ajudar a vestir-se com roupas confortáveis e adequadas ao clima e ao ambiente. Estimule suas preferências, mostrando seu vestuário e dando opções. | • A perda da capacidade de julgamento impede a escolha da vestimenta adequada.<br>• Sempre favorecer a autonomia. |
| | • Lembrar de ir ao banheiro e de lavar as mãos após utilizar o sanitário. Não o acomode com fraldas descartáveis a não ser que seja imprescindível. | • Favorecer o controle do esfíncter e o comportamento de higiene pessoal.<br>• Estimular e preservar o controle de esfíncter. |
| **R I S C O L E S Õ E S** | • Manter os ambientes iluminados, livres de objetos no chão, móveis e tapetes que sejam obstáculos à deambulação do idoso. | • Evitar quedas e traumas devido à desorientação e confusão. |
| | • Manter o idoso sob sua vigilância | • Evitar quedas e traumas devido à desorientação e confusão. |
| | • Retirar objetos perfurocortantes de seu alcance como: facas, alicates de unha, garfos, tesouras etc., bem como substâncias tóxicas. | • Evitar traumas e intoxicação exógena devido à desorientação e confusão. |

| Assistência de enfermagem | Justificativa |
|---|---|
| **MEMÓRIA**<br>• Estimular a mente do idoso diariamente com lembranças e imagens do cotidiano. | • Manter a capacidade de execução das atividades básicas de vida diária, oportunizando o uso da memória para eventos recentes, como um passeio recente. |
| • Não mude a arrumação de móveis e pertences. | • Favorecer a organização do pensamento. Deixá-lo tranquilo quanto à segurança de onde encontrar seus pertences pessoais. |
| • Utilizar relógio, calendário e placas de identificação no quarto e nos corredores. | • Manter a orientação temporal e espacial. |
| • Estimular a memória, repetindo o último pensamento que o paciente expressou. | • Ajudar a recordar e retomar o diálogo. |
| • Oportunizar o uso da memória por meio de jogos, reconhecimento de figuras e fotos, quando adequado. | • Otimizar o tempo ocioso. Encorajar o aprendizado de novas experiências e reforçar experiências passadas.<br>• Favorecer a relação interpessoal. |
| • Favorecer a integração com outros idosos e estimular a participação em festas temáticas, feiras de artesanato, teatro e coral. | • Oferecer subsídios para sua reinserção cultural por meio de atividades lúdicas.<br>• Promover a comunicação com outros idosos. |
| **ADM. DE MEDICAMENTOS V O**<br>• Obedecer sempre aos cincos certos: medicamento certo, na dose certa, na via certa, no horário prescrito, para o paciente certo. | • Garantir a segurança na administração da droga. |
| • Respeitar a forma de administração conforme recomendado: com alimentos, em jejum misturado com produtos aromatizantes (sucos ou gelatina) para mascarar sabor amargo. | • A forma de administração interfere na capacidade de absorção da droga.<br>• O sabor desagradável de alguns medicamentos pode dificultar ou impedir sua ingestão. |
| • Observar a capacidade do idoso para engolir o medicamento e, se necessário, macerá-lo antes.<br>• Comunicar ao enfermeiro na vigência de dificuldade para deglutir. | • Identificar risco para aspiração. |
| • Oferecer o medicamento por via oral com o paciente sentado. Se necessário, posicionar a cabeça do idoso para frente ao engolir. | • Evitar aspiração. |
| • Olhar a boca do idoso procurando identificar a presença do medicamento. | • Garantir a ingestão do medicamento e prevenir aspiração. |
| • Observar efeitos colaterais ou tóxicos decorrentes das drogas utilizadas como: náuseas, vômitos, diarreia, dor abdominal, inapetência, fadiga, sonolência entre outros. | • A presença de efeitos colaterais poderá determinar a necessidade de diminuição da dose ou mesmo de suspensão dela. Na vigência dessas alterações, comunicar imediatamente o enfermeiro. |

Atenção à Síndrome do Sol Poente: essa síndrome caracteriza-se pelo aumento na mudança de comportamento, como perambulação, agitação e desorientação à medida que o dia vai escurecendo. Está ligada às mudanças no ritmo circadiano, relógio biológico de cada pessoa. As medidas que podem ser implementadas para prevenir e controlar tal síndrome incluem: acender as luzes antes de escurecer, colocar objetos familiares e pertences próximos ao campo de visão dos idosos, usar o toque no momento que for orientá-lo, evitar atividades que estimulem o paciente no período da tarde, realizar higiene durante o final da tarde e, à noite, oferecer líquidos à vontade (se não for contra indicado).

## 14.7 DOENÇA DE PARKINSON

Foi descoberta em 1817 pelo farmacêutico inglês James Parkinson (1755-1824). É o resultado de uma ampla destruição da substância negra do cérebro, responsável pelo controle dos movimentos. A substância negra é responsável em mandar fibras nervosas secretoras dopaminas (principal neurotransmissor para execução dos movimentos). Afeta principalmente a capacidade do indivíduo em controlar os movimentos do corpo.

■ Incidência: 50 a 60 anos, mais comum em homens.

Trata-se de uma doença neurodegeneretiva com redução de neurônios dopaminérgicos, levando a uma tríade clássica de sintomas:

■ tremor em repouso assimétrico;
■ rigidez muscular (hipertonia);
■ diminuição dos movimentos (bradicinesia).

Quadro demencial instala-se em fases mais tardias da doença, com maior acometimento da memória de procedimento.

## Descrição da fisiopatologia

Resulta da despigmentação da substância negra dos gânglios basais, com consequente perda substancial dos neurônios, o que leva à diminuição da produção do neurotransmissor dopamina, causando déficit nos centros de coordenação e controle do tônus muscular, tanto para a iniciação quanto para a inibição dos movimentos. Estudos anatomopatológicos evidenciaram a presença de corpos de Lewy (substância encontrada dentro do citoplasma de neuronônios da substância negra) no cérebro de pessoas portadoras da doença.

- Fatores de risco
  - Hereditariedade;
  - antecedentes de acidentes vasculares encefálicos e encefalites;
  - exposição a fatores ambientais que destroem as células da substância negra do cérebro (toxinas como o pó de manganês e monóxido de carbono).

## Manifestações clínicas

- Tremor em repouso (60% dos casos): um leve tremor regular, rítmico e de baixa amplitude, que inicia em uma das mãos, mais frequentemente nos dedos, assumindo um movimento contínuo de dedilhar do dedo polegar contra o indicador (como se tivesse contanto dinheiro) e, posteriormente, estende-se para a cabeça. Piora quando a pessoa fica ansiosa.
- Bradicinesia: lentidão ao iniciar o movimento, causando comprometimento do equilíbrio e da coordenação corporal.
- Rigidez de grande parte do corpo: ocorre principalmente durante a execução de movimentos. É comum a presença de sialorreia (intensa salivação) causada pela dificuldade de deglutir por conta da rigidez muscular dos músculos da face e do pescoço. A expressão facial fica quase inalterada devido à dificuldade de piscar ou franzir a testa, assumindo uma aparência como se fosse de uma máscara (sem expressão facial = hiponímia). A fala tornar-se lenta, monótona e de baixa sonoridade (hipofonia). A escrita torna-se difícil e a letra fica pequena (micrografia). Apresenta dificuldade para executar movimentos simultâneos.
- Instabilidade postural (Figura 14.13): o caminhar tornar-se difícil, com os pés arrastados e inclinando o corpo para frente em busca de equilíbrio (movimento de propulsão), por vezes apresenta incapacidade de mover-se (congelamento). Os braços rígidos não se movimentam ao lado do corpo durante a marcha. Ocorre maior demora no desempenho das atividades básicas de vida diária, como banhar-se, vestir-se, arrumar-se ou alimentar-se.

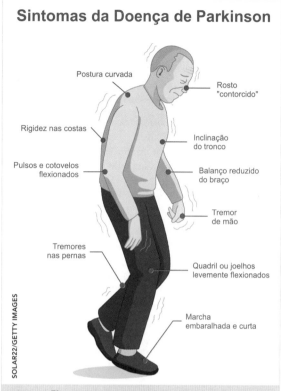

Figura 14.13 – Instabilidade postural do paciente portador de doença de Parkinson.

## Diagnóstico

É embasado nas alterações clínicas e nos exames complementares para exclusão de outras patologias.

## Tratamento

- Visa ao controle de sinais e sintomas, não havendo, até o momento, cura para a doença.
- O tratamento medicamentoso de escolha tem sido a Levodopa (substância precursora da dopamina – Sinemet) em associação com o inibidor da dopadescarboxilase (carbidopa), reduzindo em 80% a quantidade necessária para produzir um efeito clínico e melhorando os efeitos colaterais (náuseas e vômitos).
- Entre as medidas de tratamento não farmacológico incluem-se: a prática de exercícios físicos, uma boa nutrição, atendimento multidisciplinar e orientação do paciente, familiares e cuidadores sobre a evolução da doença.

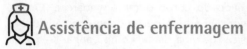

## Assistência de enfermagem

O planejamento da assistência de enfermagem para o idoso portador de doença de Parkinson visa melhorar as condições de mobilidade, equilíbrio e prevenção de lesões para alcance de seu melhor desempenho e independência durante a prática de suas atividades de vida diária.

Quadro 14.6 – Assistência de enfermagem ao idoso portador de doença de Parkinson

|  | Assistência de enfermagem | Justificativa |
|---|---|---|
| **MOBILIDADE** | • Auxiliar na deambulação (caminhar). | • Devido aos distúrbios de marcha e rigidez corporal aumentando o risco para quedas. |
| | • Estimular a andar de maneira apropriada, ajudando-o no ato de caminhar consciente, mantendo o corpo ereto, ampliando os passos e balançando os braços. | • Aumentar e manter a força e a coordenação muscular durante a deambulação. A comunicação com o fisioterapeuta responsável contribuirá para o planejamento adequado dessa atividade. |
| | • Permitir que o paciente descanse durante a caminhada. | • Pode ocorrer fadiga. |
| | • Estimular e garantir a participação do idoso nas atividades físicas, como fisioterapia motora. | • Conservar a atividade muscular e flexibilidade articular para expressão de gestos e movimentos do corpo. |
| | • Vestir o idoso com roupas confortáveis e folgadas. | • Favorecer o movimento do corpo. |
| | • Controlar a dor. | • Devido tanto a efeitos adversos das drogas antiparkinsonianas, que podem induzir a contrações musculares, quanto à sensibilidade alterada pela rigidez excessiva. |
| **AUTOCUIDADO** | • Auxiliar na execução das atividades de vida diária (AVD) com paciência e atenção, mas não executar as ADV por ele. | • Manter a autoestima, proporcionar segurança e favorecer a manutenção de suas atividades. |
| | • Posicionar o alimento próximo ao idoso. Ajude-o a alimentar-se, se necessário. Preocupe-se em deixar que ele leve o alimento à boca, sempre que possível. | • O idoso com Parkinson apresenta comprometimento motor para a execução da tarefas simples, como levar o garfo à boca, necessitando de auxílio. |
| | • Planejar a oferta da refeição; o idoso estiver descansado. | • Sonolência e cansaço podem concorrer com o interesse e capacidade de execução da atividade. |
| | • Observar a deglutição.<br>• Oferecer alimentos fracionados, com o idoso sentado e certifique-se que foram deglutidos completamente antes de oferecer novamente. | • Podem ter dificuldade para deglutir devido à rigidez muscular<br>• Previne aspiração de alimento para a árvore respiratória. |
| | • Registrar a aceitação alimentar e de líquidos diariamente. Controle do peso conforme rotina institucional. | • Favorecer a identificação de quadro de desnutrição e de desidratação. Estabelecer a comunicação interdisciplinar para conduta terapêutica. |
| | • Permitir que ele realize sua higiene concedendo o tempo necessário para seu desempenho. | • Reforçar a manutenção de independência para higiene corporal. |
| | • Elogiar seu sucesso alcançado após o desempenho das atividades propostas. | • Dar reforço positivo estimula sua perseverança e manutenção da autoestima. |
| | • Ajudar a vestir-se com roupas confortáveis e adequadas ao clima e ao ambiente. Estimular suas preferências, mostrando seu vestuário e dando escolhas. | • A perda da capacidade de julgamento impede a escolha da vestimenta adequada.<br>• Favorecer a autonomia sempre. |
| | • Lembrar de ir ao banheiro e de lavar as mãos após utilizar o sanitário. Não o acomode com fraldas descartáveis, a não ser que seja imprescindível. | • Favorecer o controle do esfíncter e comportamento de higiene pessoal.<br>• Estimular e preservar o controle de esfíncter. |
| | • Registrar as informações na anotação de enfermagem. | • Compartilhar as informações com a equipe multidisciplinar para adequação terapêutica e alcance do melhor atendimento ao idoso. |

| | Assistência de enfermagem | Justificativa |
|---|---|---|
| **R I S C O L E S Õ E S** | • Manter os ambientes iluminados, livres de objetos no chão, móveis e tapetes que sejam obstáculos à deambulação do idoso. | • Evitar quedas e traumas devido ao prejuízo da força muscular incoordenação motora. |
| | • Manter o idoso sob sua vigilância. | • Evitar quedas e traumas devido ao prejuízo da força muscular incoordenação motora. |
| | • Orientar o idoso a chamar ajuda quando for se movimentar. | • Evitar quedas e traumas devido ao prejuízo da força muscular incoordenação motora. |
| | • Responder imediatamente ao chamado de ajuda. | • A demora no atendimento poderá implicar na tentativa de o idoso em levantar-se sozinho e sofrer a queda. |
| | • Manter grades do leito elevadas quando indicado pelo enfermeiro responsável. | • Evitar quedas e traumas devido ao prejuízo da força muscular incoordenação motora. |
| | • Colocar os itens pessoais próximos ao idoso. | • Evitar deslocamento do corpo e risco de queda. |

# 14.8 OSTEOPOROSE

Trata-se de uma doença crônica, assintomática, causada pelo aumento da reabsorção óssea, levando à diminuição progressiva da massa óssea, tornando os ossos frágeis e propensos a sofrer fraturas. Acomete pessoas idosas de ambos os sexos, porém com incidência maior a partir dos 80 anos, sendo 50% mais frequente nas mulheres. São classificadas em primária e secundária:

■ Primária tipo I: acomete mulheres com idade superior a 50 anos, caracterizada pela perda de osso trabecular, sendo mais frequente fraturas vertebrais (coluna).

■ Primária tipo II: ocorre em ambos os sexos, comprometendo tanto osso cortical quanto trabecular, presença de fraturas vertebrais e de fêmur.

■ Secundária: consequente de outras causas, como doenças endócrinas, drogas (corticoides), doença genética, artrite, doenças gastrintestinais e imobilização prolongada, entre outras.

## Descrição da fisiopatologia

■ Osso é formado por três tipos de células: osteócitos, osteoblastos e osteoclastos mergulhados em uma matriz proteica de fibras colágenas (que dão elasticidade) e sais minerais, especialmente o cálcio (que dá resistência).

■ Há dois tipos de osso: cortical ou compacto, que é aquele que dá maior resistência, e osso trabecular mais frágil, responsável pela função metabólica. Os osteócitos e os osteoblastos têm a função de formar a matriz óssea, enquanto os osteoclastos são responsáveis pela reabsorção óssea.

■ Na osteoporose, ocorre um desequilíbrio no processo de remodelação óssea. Além disso, na matriz óssea da pessoa idosa, há maior predominância de minerais do que de fibras colágenas, o que aumenta a fragilidade do osso e diminui sua flexibilidade.

■ Um importante estímulo para a remodelação óssea é o oferecido pelas forças mecânicas existentes durante a realização de exercícios físicos.

■ Existem fatores hormonais que concorrem nesse controle, que são: calcitonina (hormônio produzido pela tireoide) responsável pela redução da atividade dos osteoclastos, hormônio paratireoide (produzido pela glândula paratireoide) que, ao contrário, estimula e favorece a reabsorção óssea e nas mulheres, o estrogênio é importante para favorecer a absorção de cálcio e também age inibindo a reabsorção óssea.

■ Na velhice, esses hormônios estão inversamente presentes concorrendo para maior absorção do que produção.

■ Fatores de risco
  ▫ Sexo feminino;
  ▫ baixa massa óssea;
  ▫ ocorrência de fratura prévia;
  ▫ etnia asiática ou caucásica;
  ▫ idade avançada para ambos os sexos;
  ▫ história materna de fratura de fêmur e/ou de osteoporose;
  ▫ menopausa precoce (antes dos 40 anos) não tratada e uso de corticoides.

Existem outros fatores de riscos classificados como menores:
■ imobilização prolongada;
■ dieta pobre em cálcio;
■ doenças que induzem à perda óssea;
■ hábitos sociais de tabagismo e alcoolismo;
■ baixo índice de massa corpórea;
■ amenorreia primária ou secundária, entre outros.

## Manifestações clínicas

A ocorrência de fratura de baixo impacto, como no punho e na coluna vertebral. A dor pode surgir em consequência de fratura. Cifose, perda de altura e protusão do abdome podem prejudicar a autoimagem do idoso e levar a problemas de convívio social.

## Diagnóstico

Procuram excluir outras causas de doenças ósseas, como câncer e tumores. Exames complementares mais comumente utilizados são raio X e densitometria óssea (método capaz de medir a densidade óssea, a quantidade de osso em uma área definida).

## Tratamento

As medidas preventivas e não farmacológicas incluem:
- prática de exercício físico;
- adequada nutrição a base de cálcio;
- hábito social saudável (evitando o fumo e abuso de álcool);
- controle do ambiente para evitar quedas.

O tratamento farmacológico é a base de medicamentos que atuam no metabolismo ósseo, como os biofosfonados (Quadro 14.7). Também é utilizado na reposição de vitamina D (responsável pela absorção do cálcio e de seu transporte até os ossos) na dose de 400 a 800 UI/dia.

Quadro 14.7 - Fármacos utilizados no tratamento da osteoporose e seus cuidados na administração

| Drogas | Cuidados | Efeitos colaterais |
|---|---|---|
| Alendronato: disponível nas doses de 10 mg e 70 mg. Dose de até 10 mg/dia.<br>Resedronato: disponível em comprimidos de 35 mg.<br>Dose 1 vez/semana.<br>Ibandronato: disponível na dose de 150 mg.<br>Dose 1 vez/mês. | Deve ser ingerido com água, em jejum 30 minutos antes do café.<br>O idoso deverá ser recomendado a ficar sentado ou de pé até a primeira refeição, para evitar irritação esofágica. | Pirose, sensação de plenitude gástrica, desconforto retroesternal e dor. |
| Terapia hormonal: age com efeito antiabsortivo dos ossos, na produção de calcitonina e de osteoblastos. Disponível na forma oral e transdérmica.<br>Estrogênios conjugados: 0,625 mg/dia.<br>Valerato de estradiol: 1 mg a 2 mg/dia.<br>Estradiol micronizado: 1 mg a 2 mg/dia.<br>Estradiol transdérmico: 25 mg a 50 mg/3 dias. | Respeitar a técnica de aplicação de medicamentos por via transdérmica, observando e alternando os locais de aplicação quanto a lesões indesejáveis. | Queixas de mastalgia (dor nas mamas), retenção de líquidos, dor abdominal e cefaleia (dor de cabeça). |
| Raloxifeno: modulador seletivo dos receptores de estrogênio, age como agonista estrogênico. Disponível na apresentação oral. Dose 60 mg/dia. | Respeitar a técnica de aplicação de medicamentos por via subcutânea, alternando os locais de aplicação. | Câimbras nos membros inferiores. Trombose venosa. |
| Calcitonina: inibe a reabsorção óssea. Disponível na forma injetável subcutânea e spray nasal. Dose Sc 100 UI. Spray 200 UI por jato borrifado. | Respeitar a técnica de aplicação de medicamentos por via subcutânea, alternando os locais de aplicação. Na forma nasal, ter atenção às possíveis lesões da mucosa, presença de sangramento local (epistaxe). | Náuseas, reações inflamatórias locais e rubor facial (vermelhidão). Epistaxe, rinite. |
| Teriparatida: age como osteoformador, atuando sobre os osteoblastos. | Atenção à via e dose corretas. | Hipercalcemia (aumento dos níveis séricos de cálcio), náuseas, cefaleia e câimbras. |
| O cuidado de enfermagem, de modo geral, durante a administração dessas drogas, inclui a vigilância dos efeitos colaterais e reações adversas. | | |

## Assistência de enfermagem

O planejamento da assistência de enfermagem ao idoso portador de osteoporose visa melhorar as condições para o controle do risco de lesões relacionadas à queda, incentivo a uma dieta balanceada e, também, à vigilância e ao alívio da dor para alcance de seu melhor desempenho e independência durante a prática de suas atividades de vida diária.

Quadro 14.8 – Assistência de enfermagem ao idoso portador de osteoporose

| | Assistência de enfermagem | Justificativa |
|---|---|---|
| **RISCO DE LESÕES** | • Manter os ambientes iluminados, livres de objetos no chão, móveis e tapetes que sejam obstáculos à deambulação do idoso. | • Evitar quedas e traumas (fraturas). |
| | • Encorajar o idoso a caminhar e o auxiliar, se necessário. | • Pode apresentar insegurança para caminhar pelo medo de cair. |
| | • Orientar o idoso a pedir ajuda quando for executar tarefas que coloquem em risco sua segurança física (como subir escadas para alcançar objetos). | • Evitar quedas e traumas (fraturas). |
| | • Orientar familiares quanto ao risco para quedas. | • Evitar quedas e traumas (fraturas). |
| | • Orientar sobre o uso de calçados adequados (presos aos pés, de número adequado, planos e de sola emborrachada) | • Evitar quedas e traumas (fraturas). |
| | • Manter óculos e aparelho auditivo próximo do idoso. | • Déficit sensório perceptivo compromete a segurança e expõe o idoso ao risco de quedas. |
| **NUTRIÇÃO** | • Encorajar a aceitação de alimento ricos em vitamina D e cálcio, como verduras, leite e derivados. | • Manter uma dieta que ofereça a reposição de cálcio. |
| | • Observar a aceitação alimentar e/ou oferecer (se necessário) os alimentos selecionados por um nutricionista. | • Manter a dieta balanceada de acordo com a necessidade. |
| | • Registrar no prontuário intolerância à aceitação alimentar quanto: quantidade e frequência. | • Compartilhar as informações com a equipe multidisciplinar para adequação terapêutica e alcance do melhor atendimento ao idoso. |
| **DOR** | • Observar indicadores não verbais de desconforto, principalmente nos idosos com déficit de comunicação. | • A dor pode se manifestar por meio de inquietude, mudança frequente de posição, olhar preocupado, impaciência ou mesmo alterações dos sinais vitais (PA, FC e FR). |
| | • Registrar as características da dor quanto: local, intensidade, duração e frequência. Utilizar escala de avaliação da dor de acordo com o padrão institucional. | • A frequência da dor pode indicar possível fratura. A dor causa alteração de humor e indisposição para execução das atividades de vida diária. |
| | • Ajudar o idoso a manter o alinhamento corporal. | • Reduzir os fatores que precipitam ou aumentam a dor. |
| | • Favorecer um ambiente tranquilo para conforto e alívio da dor (iluminação discreta, ausência de ruídos, temperatura do ambiente agradável). | • Fatores ambientais promovem relaxamento e conforto. |
| | • Manter os lençóis esticados e o leito arrumado nas situações do idoso acamado. | • Favorecer o conforto e previne pontos de pressão. |
| | • Avaliar e registre na anotação de enfermagem a resposta do idoso às medidas de controle da dor. | • Compartilhar informações para adequada terapêutica medicamentosa e não medicamentosa. |

### NOTA

Existem várias formas de agredir os idosos (negligência, abandono, agressão física, sexual, psicológica etc.). Se você estiver sofrendo ou conhecer alguém que esteja sofrendo qualquer forma de violência, conte o que está acontecendo para um profissional de saúde. Disque 100 ou busque ajuda no Conselho dos Direitos do Idoso, Ministério Público ou Delegacia do Idoso.

### NESTE CAPÍTULO, VOCÊ...

... compreendeu que o idoso passa por inúmeras mudanças durante o processo de envelhecimento, que podem expô-lo em maior ou menor grau a eventos patológico. A enfermagem gerontológica tem como princípio ajudá-lo a adaptar-se da melhor maneira possível a esse processo de mudanças, tanto nos planos biológico como no psicossocial. As orientações dadas neste capítulo não esgotam de forma alguma o universo da assistência de enfermagem aos idosos. Reportam-se como informações mínimas para o desempenho do exercício de enfermagem ético e humano. Cabe a cada profissional ampliar seu conhecimento conforme literatura recomendada.

### EXERCITE

1. O envelhecimento é um processo normal que acomete a todos, e associadas a tal processo estão as sucessivas perdas em função do declínio do ritmo biológico. É considerado ainda como uma série de alterações fisiológicas que ocorrem em indivíduos multicelulares, sendo um processo gradual, caracterizado por mudanças estruturais e funcionais dos órgãos. Assinale a alternativa incorreta sobre as alterações fisiológicas do envelhecimento:
    a) Uma das características marcantes no processo de envelhecimento é o declínio da capacidade funcional. Força, equilíbrio, flexibilidade, agilidade e coordenação motora constituem variáveis afetadas diretamente por alterações neurológicas e musculares. O comprometimento no desempenho neuromuscular, evidenciado por incoordenação motora, lentidão e fadiga muscular, constitui um aspecto marcante nesse processo.
    b) Com o avançar da idade, ocorrem alterações oculares, como catarata e glaucoma, responsáveis por levar a um decréscimo da acuidade visual e que acabam por contribuir, por consequência, na instabilidade estática e dinâmica do corpo. A visão tende a "operar" lentamente e o reflexo visual não reage adequadamente, favorecendo a queda da pessoa idosa.
    c) A água é o principal componente da composição corporal na criança, correspondendo a 70% do seu peso. Com o envelhecimento, há redução de 20% a 30% da água corporal total e 8% a 10% do volume plasmático.
    d) Aumento nos botões e nas papilas gustativas sobre a língua, aumentando nas terminações nervosas gustativas e olfatórias, ambos aguçando a palatabilidade dos alimentos.
    e) As glândulas sudoríparas diminuem sua capacidade secretoras favorecendo uma pele menos úmida e mais ressecadas. Isso é um dado importante porque em processo patológicos como a hipoglicemia o idoso pode não apresentar sudorese intensa como ocorre com os adultos.

2. "O envelhecimento biológico é inexorável, dinâmico e irreversível, caracterizado pela maior vulnerabilidade às agressões do meio interno e externo e, portanto, maior suscetibilidade nos níveis celular, tecidual e de órgãos/aparelhos/sistemas. Entretanto, não significa adoecer. [7] Analise as sentenças a seguir:
    I. Felizmente, a maioria dos idosos apresenta o envelhecimento considerado bem-sucedido, ou seja, mantém todas as funções fisiológicas de forma robusta, semelhante à idade adulta.
    II. Senilidade é caracterizada por alterações orgânicas ou comportamentais decorrentes de afecções patológicas que acometem o indivíduo na velhice; promoção da formação de grupos socioeducativos e de autoajuda entre os indivíduos idosos.
    III. O envelhecimento fisiológico pode ser subdividido em dois tipos: bem-sucedido e usual. No envelhecimento bem-sucedido, o organismo mantém todas as funções fisiológicas de forma robusta, semelhante à idade adulta. No envelhecimento usual, observa-se uma perda funcional lentamente progressiva, que não provoca incapacidade, mas que traz alguma limitação à pessoa.
    IV. Senescência é o termo utilizado para designar as alterações orgânicas, funcionais e psicológicas próprias do envelhecimento normal; reconhecimento do risco social da pessoa idosa como fator determinante de sua condição de saúde.
    Assinale a alternativa correta:
    a) As afirmativas I e III estão corretas.
    b) As afirmativas I e II estão corretas.
    c) As afirmativas II, III e IV estão corretas.

d) A afirmativa IV está correta.
e) Todas as alternativas estão corretas.

3. O processo de envelhecimento predispõe uma serie de alterações que quando desequilibradas, põe em risco a saúde do idoso. Considerando esta afirmação, é correto dizer que:
   a) Há uma diminuição do número de glândulas sudoríparas tornando a pele mais seca e mais áspera, no verão o uso do protetor solar e ingestão de líquidos é prática frequente entre os idosos.
   b) Com envelhecimento da pele, torna-se mais seca e rugosa por causa do maior número de glândulas sebáceas.
   c) O aumento da espessura da derme e da epiderme aliada ao processo de desidratação favorece a formação de fissuras na pele.
   d) Menor estímulo sensitivo e diminuição da elasticidade da pele favoreceram a prevenção de lesões por pressão.
   e) Idosos sentem menos sede quando comparado a pessoas adultas – promover um ambiente de oferta e estímulo à hidratação, facilitando o acesso do idoso a bebedouros nos variados ambientes.

4. O envelhecimento provoca alterações no ser humano, afetando as funções da pele de proteção, regulação de temperatura, sensibilidade e excreção. Dentre essas mudanças, está excluída a possibilidade de:
   a) a gordura subcutânea diminuir especialmente nas extremidades.
   b) o suprimento sanguíneo sofrer decréscimo.
   c) a epiderme e a derme tornarem-se mais delgadas.
   d) as glândulas sebáceas e sudoríparas diminuírem a atividade.
   e) o colágeno tornar-se mais macio e aumentado.

5. O crescimento benigno da próstata (HBP) é o crescimento tumoral mais comum do homem. De evolução lenta, associa-se fortemente à idade, estando relacionada ao aparecimento progressivo de sintomas urinários como a nictúria e ao esvaziamento da bexiga, afetando 3 em cada 4 homens na 8° década de vida (após 70 anos). Sobre a nictúria, é correto afirmar:
   a) Está relacionada à diminuição da micção noturna.
   b) Está relacionada à diminuição da micção diurna.
   c) Está relacionada ao aumento da micção diurna.
   d) Está relacionada ao aumento da micção noturna.
   e) Está relacionada à dificuldade da micção noturna.

## PESQUISE

- A Coordenação de Saúde da Pessoa Idosa do Ministério da Saúde, publicou, em 2013 e 2014, o documento Diretrizes para o cuidado das pessoas idosas no SUS: proposta de Modelo de Atenção Integral. Leia e fique sempre bem informado:
- <http://www.saude.gov.br/saude-de-a-z/saude-da-pessoa-idosa> e
- <http://bvsms.saude.gov.br/bvs/publicacoes/diretrizes_cuidado_pessoa_idosa_sus.pdf>.

# CAPÍTULO 15

COLABORADORES:
ÂNGELA MARIA ALVES E SOUZA
JAMINE BORGES DE MORAIS
LIANA MARA ROCHA TELES
MAIRA DI CIERO MIRANDA
MICHELL ÂNGELO MARQUES ARAÚJO
RACHEL GABRIEL BASTOS BARBOSA
ROBERTA MENESES OLIVEIRA

# ASSISTÊNCIA EM SAÚDE MENTAL E PSIQUIATRIA

### NESTE CAPÍTULO, VOCÊ...

- ... conhecerá a história da loucura e as políticas de saúde resultando dos processos de luta e movimentos sociais.
- ... entenderá os processos de crise e adaptação e a avaliação do estado mental.
- ... aprenderá acerca da comunicação e do relacionamento terapêutico.
- ... compreenderá a proposta de grupos terapêuticos como ferramenta de cuidado.
- ... entenderá os principais transtornos mentais, bem como a assistência de enfermagem.

### ASSUNTOS ABORDADOS

- História da loucura, o processo de crise e adaptação e avaliação do estado mental.
- Relacionamento e comunicação terapêutica e grupos terapêuticos.
- Assistência de enfermagem a pessoas com transtornos de ansiedade, de pensamento, de humor e afeto e na dependência química.
- Psicofármacos e cuidados de enfermagem e emergências psiquiátricas.

# ESTUDO DE CASO

J.O.D., 43 anos, solteira, mãe de uma menina de 10 anos, costureira, residente em um bairro periférico, compareceu à emergência de um hospital municipal encaminhada pela Unidade Básica de Saúde (UBS), apresentando choro fácil, sensação de desmaio, aperto no peito e dificuldade respiratória. Refere que vem sentindo esses sintomas após seu namorado ter sido baleado em uma briga de bar, fato ocorrido três semanas atrás. Realizada avaliação pelo médico plantonista, sendo prescrito Diazepam injetável. Após observação, foi encaminhada ao Centro de Atenção Psicossocial (CAPS) para tratamento psiquiátrico.

### Após ler o caso, reflita e responda:

1. Diante da situação apresentada, faça avaliação do caso e da conduta terapêutica realizada.
2. Quais cuidados de enfermagem deveriam ser prescritos nessa situação?

# 15.1 INTRODUÇÃO

Houve um tempo em que a loucura não incomodava a sociedade e o louco circulava livremente nas ruas das cidades. Em outro momento, entretanto, a figura do louco aparece como a de alguém desajustado, descontrolado e perigoso, capaz de cometer atos violentos e insanos. Foi essa ideia que deu origem ao significado de louco e de loucura no século XIX. Mas, quando a loucura passou a ser uma patologia, um problema social? Que mudanças ocorreram na sociedade que ocasionaram a transmutação da palavra loucura em alienação, depois em doença mental?

pelo discurso médico, alienista, que passou a conceber a loucura como ausência de sentido, como desordem da razão, "desrazão" e, portanto, alienação. O alienado é o indivíduo que está fora de si, fora da realidade, é incapaz do juízo, incapaz da verdade e, por isso, perigoso para si e para os outros.[3]

Figura 15.2 – Em 18 de julho de 1841, foi assinado o decreto de fundação do primeiro hospício brasileiro (Hospício Pedro II, nome dado em homenagem ao príncipe regente).

Figura 15.1 – A atenção à saúde mental é tão importante quanto à saúde física, porque vê-se o homem em sua totalidade (biopsicossocial).

## 15.1.1 Origem dos manicômios

No sistema mercantilista, no qual ao louco não foi atribuído nenhum papel, nem como produtor, nem como consumidor, a loucura passou a ser alvo de intervenção e o único destino só poderia ser o exílio da sociedade a partir da internação. Com a lepra controlada, os leprosários começaram a ser utilizados para tratamento das doenças venéreas no fim do século XV. Logo, esses espaços também passaram a ser usados para abrigar os loucos. Tratava-se de um espaço moral de exclusão e não propriamente de tratamento.[1]

Em fins do século XVIII e no século XIX, surgiram os asilos com objetivo de tratamento e não apenas de exclusão, e a loucura passou a ser definida como "alienação mental", como proposto pelo médico Philippe Pinel (1745-1826), na França, sendo integrada ao campo da Medicina.[2]

O confinamento da loucura nos manicômios produziu uma nova experiência da loucura, capturada

## 15.1.2 Reforma psiquiátrica

A superlotação dos manicômios, a ineficiência dos tratamentos direcionados aos loucos e as marcas deixadas pela Segunda Guerra Mundial, no que concerne ao extermínio em massa de pessoas, obrigaram as democracias ocidentais a repensarem suas práticas, dentre elas o "isolamento terapêutico" destinado aos loucos. Foi nesse contexto que o psiquiatra italiano Franco Basaglia (1924-1980) implementou a Reforma Psiquiátrica na Itália, implantando Comunidades Terapêuticas e, posteriormente, negando a instituição psiquiatria.[4]

## 15.1.3 Louco no Brasil e o papel da enfermagem

No Brasil, a loucura fazia parte do convívio social desde o século XVI até o início do século XIX. Com a vinda da família real, houve mudanças nos hábitos e nos costumes, e a loucura começou a ser reconhecida como desordem e perturbação da paz social, passando a ser apropriada pelo discurso religioso. Progressivamente, os loucos foram sendo retirados do contexto social e isolados nos porões das Santas Casas de Misericórdia e nas prisões públicas. Posteriormente, sob a influência dos médicos recém-formados nos moldes da psiquiátrica europeia de Pinel, prestando uma assistência pautada na moral e na custódia, foi criado um instrumento terapêutico específico para os loucos, o hospício.

Em 1852, foi inaugurado o Hospício Pedro II, considerado marco da Psiquiatria no Brasil. O modelo da psiquiatria tradicional, que perdurou até a segunda metade do século XX no país, teve como característica principal a manutenção da pessoa com transtorno mental excluída da sociedade. Nesse modelo, o papel da enfermagem era manter a ordem asilar por meio de vigilância, repressão, coerção, violência e ordem disciplinar.[5]

Figura 15.3 – Hospício Pedro II, na cidade do Rio de Janeiro.

No século XIX, a enfermagem psiquiátrica brasileira ainda se encontrava dentro dos manicômios, e os cuidados prestados eram direcionados às questões físicas e fundamentais, como alimentação, higiene e administração de medicamentos.[6] Nessa fase, tida com pré-profissional, não havia cuidados de enfermagem psiquiátrica voltados para a reabilitação da pessoa com transtorno mental, como práticas terapêuticas específicas para a reabilitação psicossocial.[7]

## 15.1.4 Reforma psiquiátrica brasileira e organização dos serviços de saúde mental

No Brasil, a reforma psiquiátrica iniciou seu processo concomitantemente ao processo de democratização do país e de reformulação no seu sistema de saúde, por meio da reforma sanitária, e passou a questionar saberes e práticas psiquiátricos, além de fazer uma crítica radical ao hospital psiquiátrico como local de tratamento.[3]

A reforma psiquiátrica brasileira teve seu início ainda nos anos 1970 e foi desencadeado por um movimento social protagonizado por trabalhadores, familiares, usuários, políticos, artistas, dentre outros, que reivindicavam uma transformação na assistência psiquiátrica dispensada aos considerados "doentes mentais".[4]

Em virtude desse movimento, em 2001 foi promulgada, após 12 anos de tramitação no Congresso Nacional, a Lei Federal nº 10.216, também conhecida como Lei Paulo Delgado ou Lei da Reforma Psiquiátrica. Essa lei dispõe sobre a proteção e os direitos das pessoas com transtornos mentais, na qual se incluem os dependentes de substâncias psicoativas. Essa política reverteu o Modelo Manicomial para o de Atenção Psicossocial, no qual o acesso, o acolhimento, o vínculo e o acompanhamento das pessoas em situações-limite têm sido por serviços territorializados.[8]

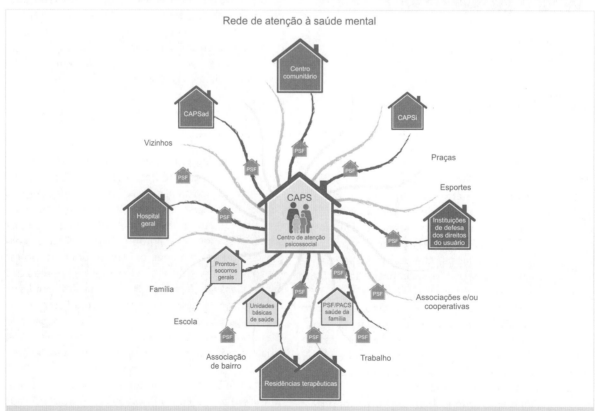

Figura 15.5 – Uma das diretrizes da RAPS é atenção humanizada e centrada nas necessidades das pessoas.

Em consonância com a Lei nº 10.216, entrou em vigor a Portaria nº 336 de fevereiro de 2002, que estabelece as funções, as modalidades e a composição das equipes dos Centros de Atenção Psicossocial (CAPS).[9] Os CAPS são serviços de saúde de caráter aberto e comunitário constituído por equipe multiprofissional e que atua sobre a ótica interdisciplinar e realiza prioritariamente atendimento às pessoas com sofrimento ou transtorno mental, incluindo aquelas com necessidades decorrentes do uso de álcool e outras drogas, em sua área territorial, seja em situações de crise ou nos processos de reabilitação psicossocial e são substitutivos ao modelo asilar, manicomial.[9]

Para atender a essa lógica, foi instituída, em 2011, no âmbito do Sistema Único de Saúde (SUS), por meio da Portaria nº 3.088, de 23 de dezembro de 2011, a Rede de Atenção Psicossocial (RAPS) para pessoas com sofrimento ou transtorno psíquico.[10]

Quadro 15.1 – Componentes da RAPS[8]

| | |
|---|---|
| Atenção básica em saúde | 1. Unidade Básica de Saúde:<br>a) Equipes de atenção básica.<br>b) Equipes de atenção básica para populações específicas.<br>c) Equipe de consultório na rua.<br>d) Equipe de apoio aos serviços do componente atenção residencial de caráter transitório.<br>e) Núcleos de Apoio à Saúde da Família (NASF).<br>2. Centros de convivência e cultura. |
| Atenção psicossocial | Centros de atenção psicossocial, nas suas diferentes modalidades. |
| Atenção de urgência e emergência | SAMU 192.<br>Sala de estabilização.<br>UPA 24 horas.<br>Portas hospitalares de atenção à urgência/pronto socorro em hospital geral.<br>Unidades básicas de saúde, entre outros. |
| Atenção residencial de caráter transitório | Unidade de acolhimento.<br>Serviços de atenção em regime residencial. |
| Atenção hospitalar | Leitos de psiquiatria em hospital geral.<br>Serviço hospitalar de referência para atenção às pessoas com sofrimento ou transtorno mental, incluindo aquelas com necessidades decorrentes do uso de crack, álcool e outras drogas. |
| Estratégias de desinstitucionalização | Serviços residenciais terapêuticos. |
| Estratégias de reabilitação psicossocial | Iniciativas de trabalho e geração de renda, empreendimentos solidários e cooperativas sociais. |

Com o surgimento dos serviços abertos de saúde mental, foi necessário reorganizar os processos de trabalho e, consequentemente, o projeto terapêutico institucional. Nesse sentido, coube também à enfermagem assumir atitude terapêutica, crítico-reflexiva, em uma perspectiva humanista e de autonomia profissional, aprendendo a lidar com técnicas grupais e valorizando o relacionamento interpessoal.

**NOTA**

O Ministério da Saúde lançou a Portaria de Consolidação nº 3 de 28 de setembro de 2017, que reúne as leis e as portarias referentes as Redes de Atenção à Saúde do Sistema Único de Saúde (SUS), dentre elas a RAPS.

## 15.2 PROCESSO DE CRISE E ADAPTAÇÃO

Conhecer a teoria da crise e da adaptação é importante para compreender o processo saúde/doença mental, tendo em vista que o adoecimento não acontece de forma instantânea ou simples. Antes de qualquer coisa, é preciso conceituar a crise, pois é comumente utilizada como qualquer alteração de humor ou desconforto. Entretanto, a crise é um processo que pode ter consequências graves e irreversíveis se não for bem conduzida.[11]

A crise é o estado de desequilíbrio de uma pessoa, na qual há uma ansiedade difusa e maciça, em resposta a um evento traumático e significativo. A pessoa percebendo-se incapaz de lidar com a situação, tem a sensação que pode enlouquecer ou morrer, devido aos mais diversos e intensos sintomas de ansiedade, que vão desde sintomas físicos (tremores, tontura, diarreia ou constipação intestinal, sudorese, taquicardia, insônia, rubor ou palidez e outros) a sintomas emocionais (choro fácil, irritabilidade, desmaios, falta de concentração ou de raciocínio lógico, desorientação e outros).[12]

As crises podem ser de dois tipos:[11,12]:

- Desenvolvimental ou evolutiva: é toda crise que acontece de algum acontecimento próprio do desenvolvimento humano; podem ser bons ou maus, mas que trazem mudança e geram desequilíbrio.
- Crise acidental ou situacional: é inesperada na maioria dos casos e mais intensa e potencialmente mais adoecedora que a desenvolvimental.

Veja no Quadro 15.2 exemplos de dois tipos de crise e suas diferenças.

Quadro 15.2 – Tipos de crise

| Tipos de crise | Exemplos | Características |
|---|---|---|
| Crises desenvolvimentais ou evolutivas | 1. Saída da casa dos pais para estudar ou casar. 2. Nascimento do primeiro filho. 3. Morte de avós idosos. | 1. Relativamente esperada. 2. Elaboração prévia. 3. Necessário ao indivíduo. |
| Crises acidentais ou situacionais | 1. Fim de um casamento. 2. Morte de um filho. 3. Demissão de um emprego. 4. Doença ou acidente grave. | 1. Inesperada. 2. Intensa. 3. Potencialmente desestruturadora. 4. Caráter duradouro ou prolongado. |

Fonte: elaborado pelos autores.

As crises apresentam fases que demonstram a complexidade do processo, são elas:[12]

- Fase de negação: mecanismo automático e inconsciente no qual a pessoa se recusa a acreditar que o evento tenha acontecido, criando subterfúgios para negar a situação.
- Fase de enfrentamento: uma vez que não se pode negar, a pessoa enfrentará a ansiedade de forma intensa, esmagadora e desestruturante.
- Fase de desorientação: fase em que a pessoa não tem condições de realizar suas atividades cotidianas, devido à desorientação e à perda temporária de habilidades comuns.
- Fase de mecanismos de resolução: são utilizados mecanismos diversos, fisiológicos, psicológicos e psicopatológicos para se reorganizar.
- Fase de reorganização: a pessoa se reorganizará de qualquer forma, de forma saudável ou não tão saudável assim, ou o que chamamos de desenvolvimento de transtornos mentais.

Devido à intensidade da sintomatologia, a pessoa que passa por esse processo desenvolve outro processo, agora de adaptação. Sendo a ansiedade maciça e difusa, a pessoa precisa encontrar mecanismos de enfrentamento e resolução, todo o processo de crise durará em média de 4-6 semanas, sendo assim autolimitada, pois, após esse período, a pessoa terá pelo menos três consequências ou resultados do processo:[6]

- Fortalecimento: a pessoa sairá mais forte e com mais habilidades para lidar com as possíveis crises no futuro.
- Fragilidade: aparentemente, a pessoa sai da crise sem nenhum prejuízo, porém as próximas crises têm um potencial adoecedor.
- Adoecimento: devido à intensidade da crise e da inabilidade de lidar com a situação, a pessoa encontra uma forma que altera suas funções psíquicas para se adaptar a situação, causando maior sofrimento a si e aos que convivem com ela.

A equipe de enfermagem tem papel importante no cuidado de pessoas em crise, sobretudo ao saber que se o processo for conduzido adequadamente a pessoa sairá mais fortalecida. Alguns cuidados podem ser descritos como imprescindíveis nessa condução:[13]

- Desenvolver uma relação terapêutica: diversas interações entre paciente e profissional, em que o encontro possibilita o levantamento de dados necessários para o entendimento da situação, identificar problemas e prioridades, intervir e avaliar essas intervenções. Tudo isso mediado pela comunicação terapêutica, verbal e não verbal.
- Estimular a expressão de sentimentos: a equipe sabe que, se a pessoa expressar seus sentimentos, a ansiedade e os sintomas são mitigados. A presença, a aceitação sem julgamentos e o enfrentamento desses sentimentos ajudarão a pessoa a lidar melhor com a situação e suas consequências.
- Solicitar e articular a rede de apoio: encontrar pessoas, instituições e grupos que ajudem e deem suporte nesse processo é importante, pois, sozinho, o profissional não terá condições de ajudar diante da complexidade da situação.
- Encaminhar e orientar o uso de psicofármacos: nesse período, não se recomenda o uso de psicofármacos, mas o caso precisa ser avaliado por uma equipe interdisciplinar e alguns encaminhamentos podem ser necessários, como ao psicólogo, ao psiquiatra, ao assistente social ou aos demais profissionais da equipe.

## 15.3 AVALIAÇÃO DO ESTADO MENTAL

Para que possamos realizar a avaliação ou exame do estado mental, é necessário usar um roteiro de entrevista, isto é, um instrumento que pode ser o prontuário do serviço que seja preenchido e atualizado pelo enfermeiro e da equipe de enfermagem.

Figura 15.6 – A avaliação de Enfermagem.

Exame do Estado Mental é a parte da avaliação clínica que descreve a soma total das observações do examinador e suas impressões, sobre o cliente/usuário no momento da entrevista. Compreende funções psíquicas que devem ser observadas e/ou deduzidas, as quais serão fundamentais para a realização de um diagnóstico. Enquanto a história do cliente/usuário permanece estável, seu estado mental pode mudar, de um dia para outro ou de uma hora para outra, mesmo quando o cliente está mudo ou incoerente ou se recusa a responder. Esse preenchimento sobre a vida do cliente/usuário/paciente pode ter essa sequência:[14]

- identificação;
- histórico do cliente.
    - Queixas principais: colocar nas próprias palavras do cliente os problemas que o levaram a procurar o serviço de saúde mental.
    - História da doença mental (HDM): quando os sintomas começaram, local onde os sintomas ocorreram, o que agrava os sintomas e o que os alivia, gravidade dos sintomas, eventos de vida ocorrendo na época dos sintomas.
- Antecedentes pessoais
    - Gestação: história pré-natal, parto, desenvolvimento motor do bebê.
    - Primeira infância: até 3 anos.
    - Infância intermediária: 3 a 11 anos.
    - Adolescência.
    - História adulta e sexual.
    - Marcos do desenvolvimento: menarca, puberdade, menopausa.
    - Histórias de abuso sexual.
- Relacionamentos significativos: heterossexuais e homossexuais.
    - Atividades sexual, incluindo masturbação, beijos e carícias.
    - História de doenças sexualmente transmissíveis e seus tratamentos.
    - Relacionamentos (afetivo, trabalho, outros).
- Antecedentes familiares
Pai, mãe, irmãos, relacionamento familiar; distúrbios clínicos/distúrbios psiquiátricos – história de álcool e drogas.
    - Antecedentes psicossociais
Vida adulta, hábitos, personalidade pré-mórbida.
    - Antecedentes patológicos
Primeira vez que os sintomas ocorreram, hospitalizações psiquiátricas anteriores, natureza e extensão de avaliações anteriores e resultados, tipos de respostas aos tratamentos, histórias de hospitalizações clínicas e/ou cirurgias, medicamentos atuais, especialistas aos quais buscou atendimento nos últimos anos.

### NOTA

Durante a entrevista, considerar alguns aspectos – sempre usar de franqueza e cortesia; demonstrar interesses, compreensão e respeito. Manter autoestima e permitir iniciativa ao relatar a sua história; demonstrar flexibilidade e estimular a espontaneidade; ter habilidade em saber questões, conduzindo melhor a entrevista. Quanto às anotações, pedir permissão, fazendo-as rápidas durante o processo; complementar informações coletadas logo após o término da entrevista.

Quadro 15.3 - Resumo do exame do estado mental[14]

| | |
|---|---|
| Descrição geral | • Aparência. <br> • Comportamento e atividade psicomotora. |
| Humor e afeto | • Humor. <br> • Afeto. |
| Fala | • Conteúdo da fala. <br> • Forma de expressão. |
| Pensamento | • Processo ou forma de pensamento. <br> • Conteúdo do pensamento. <br> • Perturbações da percepção. |
| Sensopercepção | • Atenção e nível da consciência. <br> • Orientação. <br> • Memória. <br> • Inteligência. <br> • Julgamento e insight. |

Sempre que descrever um registro de atividade desenvolvida como integrante da equipe de enfermagem, colocar a data/hora. Descrever a assistência de enfermagem durante o período, a atenção no final do registro, assinar seu nome e carimbar.

## 15.4 RELACIONAMENTO E COMUNICAÇÃO TERAPÊUTICA

O relacionamento terapêutico é uma série de interações entre o profissional e o paciente, no qual o primeiro usa a si próprio como instrumento de cuidado e o paciente está disposto a desenvolver uma relação de experiência mútua e significativa.[15]

Os três aspectos imprescindíveis para o profissional estabelecer o relacionamento terapêutico são: autoconhecimento, comunicação terapêutica e escuta terapêutica.[16]

O autoconhecimento evitará que o profissional confunda seus conteúdos com os do paciente. Os desejos, os sonhos, as crenças, os valores, os sentimentos, as necessidades e as emoções precisam ser encarados, assumidos e aceitos pelo profissional, do contrário o levaria a fazer interpretações equivocadas.[17]

A comunicação é o aspecto da relação terapêutica que concretiza o cuidado de enfermagem. Toda ação profissional se concretiza na comunicação, que pode ser verbal e não verbal. Para isso, o profissional precisa manejar adequadamente a comunicação para possibilitar as descobertas, os insights e as resoluções.[18]

A escuta terapêutica faz parte da comunicação, mas destacamos a importância de escutar qualificadamente o paciente. Todos nós, profissionais de saúde, somos tentados a achar que temos explicações, interpretações e prescrições a fazer, mas a escuta, porém, ensina-nos que o paciente tem as próprias saídas – basta ficar atento ao que ele diz, pontuar e chamar atenção ao que foi dito. O relacionamento terapêutico só terá sucesso se os profissionais forem bons ouvintes.[17,18]

Os principais objetivos da relação terapêutica são:[6,17]

- aliviar a dor ou diminuir as emoções destrutivas;
- mostrar exemplos práticos, que chamamos de espelhos objetivos;
- favorecer a tomada de decisão;
- melhorar as relações com familiares e comunidade;
- construir em conjunto mudanças efetivas;
- ajudar a entender o papel das necessidades e das frustrações;
- apoiar, acompanhar, sobretudo nos tempos de crise e sofrimento.

Destacamos que há técnicas de comunicação que devem ser conhecidas e utilizadas pelos profissionais na relação terapêutica. A forma como são empregadas é que configurará se a comunicação é terapêutica, porque o emprego das técnicas possibilitará o alcance desses objetivos descritos anteriormente. O Quadro 15.4 apresentará os grupos de técnicas, as principais técnicas e os respectivos comentários:[6,18]

Quadro 15.4 – Técnicas de comunicação terapêutica[18]

| Grupos de técnicas | Técnicas | Comentários |
| --- | --- | --- |
| Expressão | • Ouvir reflexivamente.<br>• Verbalizar interesse e aceitação.<br>• Uso terapêutico do humor.<br>• Dizer não.<br>• Pedir que escolha o assunto.<br>• Manter o foco da conversa.<br>• Fazer perguntas.<br>• Repetir as últimas palavras. | • Permanecer em silêncio e ouvir atenta e reflexivamente possibilitará a demonstração de interesse e aceitação, bem como perceber as resoluções de problemas.<br>• Usar o humor pode diminuir a ansiedade e tornar o momento mais leve.<br>• Impor limites, sem ser hostil.<br>• Escolha do assunto pelo paciente tornará a interação mais interessante para o paciente.<br>• Voltar ao assunto não permitirá divagações ou perda de tempo com assuntos de pouca importância.<br>• Estimula a expressão de pensamentos e sentimentos, elas são esclarecedoras e nunca curiosas.<br>• Possibilitará a retomada da conversa caso tenha sido interrompida. |
| Clarificação | • Estimular comparações.<br>• Esclarecer termos em incomuns.<br>• Precisar o agente da ação.<br>• Descrever os fatos em sequência cronológica. | • Permitirá encontrar parâmetros de comparação e estabelecer o nível das situações.<br>• Palavras desconhecidas, regionalismos e neologismos são esclarecidos com essa técnica.<br>• Definir claramente quem realizou o ato.<br>• Organizará as ideias e situará a história no seu devido tempo. |
| Validação | • Resumir o que foi dito na interação.<br>• Solicitar ao paciente que faça uma síntese da conversa. | • Permitirá que o paciente avalie se o profissional compreendeu corretamente a situação.<br>• O profissional avaliará se o aquilo que compreendeu está correto. |

Precisamos esclarecer que o relacionamento terapêutico e a comunicação terapêutica exigem uma postura e um manejo do processo terapêutico no que tange aos aspectos que confundem e que o profissional precisa evitar.[18]

O que a comunicação terapêutica não é:

- uma troca de opinião ou conselho sobre todo tipo de assunto;
- um debate apaixonado com argumentos e objeções;
- uma confissão;
- um monólogo;
- um interrogatório.

O que os profissionais precisam evitar:
- falar;
- justificar;
- explicar;
- convencer;
- responder.

## 15.5 GRUPOS TERAPÊUTICOS

Os grupos são espaços de encontros humanos, os quais podem se tornar operativos (para realizar alguma tarefa específica) ou terapêuticos dependendo de quem os coordena. Para que o grupo aconteça com funcionamento adequado, faz-se necessário organizar em fases, o que acontecerá de acordo com o que os coordenadores se propõem. Existem vários tipos de grupos, como grupos de sala de espera, grupo terapêutico, grupo de apoio, grupo de autoajuda, grupo de meditação grupo reflexivo, grupo de narcóticos anônimos, entre outros.[19]

Figura 15.7 - Grupos terapêuticos.

Para que aconteça um grupo, podemos descrevê-lo em três fases ou momentos:[19]
- 1ª fase: apresentação de cada participante. Fase de aquecimento, chamada técnica do "quebra gelo". Nessa fase, entrega-se um crachá que tenha o nome pelo qual o participante gosta de ser chamado.
- 2ª fase: operacional; objetivos do grupo. É a fase na qual o coordenador expõe a atividade que deseja realizar com os membros, em que pode ser usada técnica de relaxamento, meditação, exercícios corporais, arteterapia e todas as atividades que estejam disponíveis para que aquele grupo possa fazer expressão verbal dos sentimentos. A última fase, e uma das mais importantes, é quando se avalia o que aconteceu nas fases anteriores.
- 3ª fase: avaliação do grupo. Essas fases foram mostradas para que fique claro que se pode usar quantas fases forem precisas, de acordo com os objetivos do grupo.

Como coordenadores de grupos, descreveremos neste tópico como um grupo terapêutico desenvolve suas atividades. Apresentaremos um modelo do um grupo terapêutico e mostraremos que cada sessão passa por quatro momentos distintos.

Os principais objetivos do grupo terapêutico de apoio são receber orientações adequadas, reduzir o isolamento, descobrir meios para a recuperação, facilitar a elaboração dos sentimentos, incentivar a ajuda mútua e continuar a viver. Os quatro momentos são:
- 1º momento: acolhimento de grupo se inicia com abraços individuais demorados e afetuosos em cada participante.
- 2º momento: relaxamento induzido ou meditação com visualização criativa, finalizado com abraço pessoal/individual a si mesmo e à vida.
- 3º momento: compartilhar o luto. Cada participante é convidado a expressar a situação da perda que está vivenciando. Nessa ocasião são acolhidos com o aconselhamento do luto e abraços, com choro e todas as expressões que necessitam naquela situação. É como se os participantes sentissem livres de seus próprios "casulos" para se transformarem em alguém que conhece a partir daquele momento, o que está passando em sua vida. Cada participante pode falar sobre o que está sendo expresso por aquele que está em foco no grupo.

É nessa fase que é possível observar os fatores terapêuticos na condução do grupo terapêutico, quando acontece o compartilhar a expressão de experiências semelhantes.

"Nenhum vento sopra a favor de quem não sabe para onde ir" segundo Sêneca, filósofo do século 54 d.C. em seu livro Aprendendo a viver. Essa frase é vivenciada em sua plenitude quanto aos objetivos do grupo. Ao se chegar no grupo terapêutico de apoio ao luto, cada participante é questionado qual é o caminho que se quer seguir para se curar.
- 4ª fase: último momento do grupo, no qual todos são abraçados entre si e pela coordenação do grupo. Em um abraço coletivo, em roda, com todos se entreolhando, cada participante avalia o que está levando daquela experiência de grupo e, assim, é realizada a avaliação da sessão terapêutica.

O abraço é um dos atos humanos universais, repleto de carinho, consolo, acolhimento e conforto. Quando oferecemos e nos entregamos em um abraço, estabelecemos um laço único de confiança, apreço e respeito por nós e pela pessoa abraçada. Esse gesto simples mostra a importância de vencermos crenças limitantes e nos permitirmos abraçar, tanto para acolher quanto para sermos acolhidos pelo outro.

Figura 15.8 – A interação no grupo terapêutico.

## Assistência de enfermagem

### Pessoas com transtornos de ansiedade

A alta incidência de transtornos de ansiedade na população adulta em geral, nos últimos anos, tem se tornado uma questão preocupante para os profissionais de saúde. Em vista desse crescimento, surge a necessidade de melhor compreensão de suas causas, suas manifestações e suas consequências para os sujeitos.

A ansiedade é um estado emocional que possui componentes psicológicos e fisiológicos. Representa-se por meio de um conjunto de emoções, que funcionam de forma positiva quando nos alertam para algo que necessita de preocupação. Além disso, ajuda o indivíduo a responder de modo mais adequado a estímulos, uma vez que acelera os reflexos e concentra a atenção.[20]

A Associação Médica Americana aborda a ansiedade como "Preocupação (apreensão expectante) exagerada acerca de um conjunto de acontecimentos ou atividades que ocorrem em mais de metade dos dias por um período de pelo menos seis meses. São acompanhadas de pelo menos três sintomas adicionais de uma lista que inclui: inquietação, fatigabilidade, dificuldade em concentrar-se, irritabilidade, tensão muscular e perturbação do sono".[21]

Por sua vez, a ansiedade pode manifestar-se em níveis distintos, de leve a grave.[22-23] O Quadro 15.5 resume os diferentes níveis de ansiedade e sintomas associados.

Os transtornos de ansiedade são diagnosticados quando a ansiedade não funciona mais como um sinal de perigo nem motivação para uma mudança necessária, mas se torna crônica e resulta em comportamentos mal adaptativos e inabilidades emocionais.[22-23]

O Quadro 15.6 reúne os principais transtornos de ansiedade, suas características principais e seus sintomas associados.

Quadro 15.5 – Níveis de ansiedade e sintomas associados[23]

| Nível de ansiedade | Respostas psicológicas | Respostas fisiológicas |
|---|---|---|
| Leve | Campo perceptivo amplo; sentidos aguçados; solução eficaz de problemas. | Inquietação; dificuldade para dormir; excesso de sensibilidade a ruídos. |
| Moderada | Campo perceptivo voltado para uma tarefa intermediária; atenção seletiva; dificuldade para conectar pensamentos/problemas. | Tensão muscular; cefaleia; pulso palpitante; boca seca; micção frequente; discurso rápido; incômodo gastrointestinal. |
| Grave | Campo perceptivo voltado a um detalhe; incapacidade para concluir tarefas, aprender ou resolver problemas; choro; sensação de terror/medo. | Cefaleia severa; náusea, vômito e diarreia; tremores; vertigem; palidez; taquicardia; dor no peito. |
| Pânico | Campo perceptivo reduzido a foco em si mesmo; percepções distorcidas; perda do pensamento lógico; dificuldade para se comunicar; possiblidade de delírio, alucinação e suicídio. | Fuga ou congelamento; pupilas dilatadas; aumento da PA. |

Quadro 15.6 – Principais características dos transtornos de ansiedade[23,24]

| Transtorno | Característica | Sintomas |
|---|---|---|
| Agorafobia | Ansiedade em locais ou situações de onde possa ser difícil escapar ou onde possa não haver auxílio disponível. | Evita estar sozinho, longas viagens; habilidade de trabalho prejudicada; dificuldade de fazer compras, comparecer a encontros etc. |

| Transtorno | Característica | Sintomas |
|---|---|---|
| Transtorno de pânico | Ataques de pânico inesperados e recorrentes. Surgimento súbito de apreensão intensa, temor ou terror associado a uma sensação de evento negativo iminente. | Episódio de pânico que alcança um pico em 10 minutos, com 4 ou + dos seguintes sintomas: palpitações, parestesias, sudorese, tremores, dispneia, sensação de sufocamento, náusea, desrealização ou despersonalização, calafrios, dor/desconforto no peito, medo de morrer ou enlouquecer. |
| Fobia específica | Ansiedade significativa provocada por um objeto ou situação fóbica específica que leva a um comportamento de esquiva. | Angústia; problemas na rotina diária ou profissional. Reconhece o próprio erro como excessivo ou irracional. |
| Fobia social | Ansiedade provocada por certos tipos de situações sociais ou de desempenho. | Medo de embaraço ou incapacidade de desempenho; esquiva ou sustentação aterrorizada do comportamento ou da situação; reconhecimento de que a resposta é irracional ou excessiva. |
| Transtorno obsessivo--compulsivo | Envolve obsessões que causam notável ansiedade e/ou compulsões (comportamentos) que tentam neutralizar a ansiedade. | Pensamentos, impulsos ou imagens recorrentes, persistentes, indesejados e intrusivos e que não consistem em meras preocupações com problemas reais da vida; tentativas de ignorar são ineficazes; reconhece como absurdas/irracionais. |
| Transtorno de Ansiedade Generalizada (TAG) | Pelo menos seis meses de preocupação e ansiedade excessivas ou persistentes. | Preocupação incontrolável; angústia significativa; problemas no funcionamento social/profissional; 3 ou + dos sintomas: inquietação, "brancos mentais", fadiga fácil, dificuldade de concentração, irritabilidade, tensão muscular, perturbação do sono. |
| Transtorno de estresse agudo | Desenvolvimento de ansiedade, dissociação e outros sintomas até um mês após exposição a um estressor traumático; 2 dias a 4 semanas. | Angústia significativa com reviver persistente do evento; 3 ou + dos sintomas: sentimento de "estar em um sonho", desrealização, sensação de ausência de resposta emocional ou distanciamento, amnésia dissociativa (não recorda um aspecto importante do evento). |
| Transtorno de estresse pós--traumático | Repetição da vivência de um evento e esquiva de estímulos associados a tal evento; inicia 3 meses a um ano após o evento e pode durar por meses ou anos. | Reviver do evento (sonhos, recordações, angústia física e psicológica); esquiva de estímulos que provocam lembranças (conversas, pessoas, locais); amnésia; diminuição do interesse em eventos da vida; maus pressentimentos; excitação aumentada; hipervigilância; resposta de sobressalto exagerada. |

## Ansiedade leve

- Não exige intervenção direta: focar no aprendizado da pessoa.

## Ansiedade moderada

- Conferir se está acompanhando o que foi dito (concentração dispersa).
- Utilizar frases curtas, simples e de fácil compreensão.

## Ansiedade grave

- Buscar reduzir o nível de ansiedade para moderada/leve.
- Permanecer ao lado da pessoa.
- Estratégias de respiração.
- Utilizar voz baixa, calma e suave.

## Pânico

- A prioridade é a segurança (dificuldade de perceber danos potenciais e de pensamento racional).
- Promover ambiente silencioso.

- Transmitir segurança.
- Permanecer ao lado da pessoa até que ceda o pânico (dura cerca de 5 a 30 minutos).
- Discutir estratégias positivas de enfrentamento.
- Estimular a prática regular de exercícios.
- Incentivar adesão ao regime terapêutico.
- Descrever técnicas de administração de tempo: prazos estimados realistas para cada atividade.
- Enfatizar importância de manter contato com a comunidade e de participar de grupos de apoios.

## Ansiedade generalizada

- Identificar precocemente as manifestações de ansiedade para prevenir progressão.
- Ensinar o cliente a identificar sinais e sintomas indicativos de aumento da ansiedade.
- Transmitir atitude de aceitação positiva e incondicional.
- Diminuir os estímulos ambientais.
- Saber ouvir, demonstrar empatia e compreensão.

- Encorajar a verbalização de sentimentos, percepções e medos.
- Ajudar a identificar áreas da situação de vida que o cliente consiga controlar.
- Apoiar os esforços do cliente.
- Discutir acerca dos agentes estressores.

## TOC

- Deixar claro que você acredita que a pessoa pode mudar.
- Encorajar a pessoa a verbalizar detalhadamente seus sentimentos, obsessões e rituais.
- Reduzir aos poucos o tempo gasto em comportamentos ritualísticos.
- Ajudar a utilizar técnicas comportamentais de exposição e prevenção de respostas.
- Controle da ansiedade.
- Ajudar a completar a rotina e as atividades diárias dentro de limites de tempo combinados.

## Estresse e ansiedade

- Manter uma atitude positiva e acreditar em si mesmo.
- Aceitar que há eventos que você não pode controlar.
- Comunicar-se de modo assertivo com outras pessoas (falar sobre seus sentimentos).
- Aprender a relaxar.
- Exercitar-se com regularidade.

- Alimentar-se de modo balanceado.
- Limitar ingesta de cafeína e álcool.
- Descansar e dormir bem.
- Estabelecer expectativas e metas realistas.
- Aprender técnicas de controle do estresse (exemplo: meditação; imagens orientadas etc.).

## Pessoas com transtornos de pensamento

Os transtornos do pensamento são caracterizados pela incapacidade de distinção entre a experiência subjetiva e a realidade externa, podendo apresentar alterações em áreas como cognição, percepção, emoção e socialização.[22] Dentre os transtornos psicóticos, destaca-se a esquizofrenia que, de acordo com o *Relatório Mundial sobre a Deficiência*, publicado pela Organização Mundial de Saúde (OMS) em 2011, apresenta a nova posição entre as doenças mais incapacitantes do mundo entre pessoas menores de 60 anos provenientes de países em desenvolvimento.[25]

De acordo com o manual diagnóstico e estatístico de transtornos mentais (DSM-V),[21] o indivíduo com esquizofrenia pode apresentar dois tipos de sintomas. Os sintomas positivos são aqueles presentes na pessoa com esquizofrenia, mas ausente na população geral; já os sintomas negativos são aqueles que estão presentes na população geral, mas ausentes ou reduzidos na pessoa com esquizofrenia.

Quadro 15.7 – Sintomas positivos e negativos na esquizofrenia[23]

| Sintomas positivos | |
| --- | --- |
| Delírios | Crenças falsas fixas, sem base na realidade.<br>• Persecutório/paranoide: envolve a crença de que "outras pessoas" estão planejando prejudicá-lo, ou espionando, seguindo, ridicularizando ou diminuindo de alguma maneira. Exemplo: comida foi envenenada, dispositivos de escuta no quarto.<br>• Grandeza: crença de que é famoso ou pode fazer grandes realizações. Exemplo: ser um artista, ter descoberto a cura do câncer.<br>• Religioso: costuma associar-se a uma segunda vinda de Cristo, a um profeta ou a figura religiosa importante. Exemplo: ser o Messias, Deus se comunica diretamente com ele.<br>• Somático: crença imprecisa e irreal sobre a saúde ou as funções corporais do cliente. Exemplo: cliente do sexo masculino está grávido, intestinos estão se deteriorando.<br>• De referência: crença de que as transmissões da televisão, músicas ou jornais possuem um sentido especial para ele. Exemplo: presidente estava falando diretamente para ele, mensagens especiais são enviadas por meio de artigos de jornais. |
| Alucinações | Percepções sensitivas sem estímulos externos.<br>• Auditivas: geralmente, demandam do cliente alguma ação, podendo causar danos. Exemplo: uma ou múltiplas vozes, voz familiar ou não.<br>• Visuais: ver imagens que não existem. Exemplo: luzes, pessoas, distorções, monstros etc.<br>• Táteis: sensações como descarga elétrica, animal rastejando pela pele.<br>• Gustativas: sabor prolongado na boca ou alimento com sabor de outra coisa. Exemplo: gosto metálico/amargo.<br>• Cenestésica: relato de sentir funções corporais. Exemplo: impulsos nervosos, trânsito intestinal.<br>• Cinestésica: o cliente está imóvel, mas revela sensação de movimento. Exemplo: voar, flutuar. |
| Desorganização do pensamento | • Dificuldade de expressar seus sentimentos, ideias ou de narrar uma situação. Possui dificuldade na resolução de problemas. |
| Comportamento motor alterado | • Pode variar desde uma agitação psicomotora (movimentos repetitivos, andar inquieto) até à imobilização (estado de catatonia), não realizando nenhum tipo de movimento, mesmo os mais simples como se alimentar. Pode ainda apresentar negativismo (fazer o oposto do que está sendo solicitado). |

| Sintomas negativos | |
|---|---|
| Expressão emocional diminuída | • Pouca expressão facial ou expressão facial de resposta lenta. |
| Avolia | • Redução da vontade, não se sente motivado a realizar as atividades cotidianas. |
| Alogia | • Redução da fala/significado. A pobreza de discurso faz com que ele tenha dificuldade de encontrar as palavras adequadas e, consequentemente, de se expressar. |
| Anedonia | • Dificuldade de encontrar atividades prazerosas ou que lhe proporcione alegria. |
| Falta de sociabilidade | • Tendência a isolamento social, dificuldade de inserção no mercado de trabalho. |

A esquizofrenia é classificada de acordo com os sintomas predominantes, podendo ser:

- Paranoide: delírios e alucinações grandiosos e persecutórios e, ocasionalmente, religiosidade excessiva e comportamento hostil e agressivo.
- Desorganizada: afeto hipomodulado/inapropriado, incoerência de ideias, associações soltas e comportamento extremamente desorganizado.
- Catatônica: perturbação psicomotora marcante, variando da ausência de movimentos à atividade motora excessiva, além de mutismo, ecolalia (repetição das falas) e ecopraxia (repetição dos movimentos).
- Indiferenciada: sintomas esquizofrênicos mistos, além de perturbação do pensamento, afeto e comportamento.
- Residual: sintomas crônicos deficitários, como embotamento afetivo e pobreza de discurso.[23]

O tratamento farmacológico inclui medicações como clorpromazina e haloperidol (mais antigos) e dopamina e serotonina (mais novos).

A equipe de enfermagem possui notória importância na assistência ao cliente com esquizofrenia, podendo contribuir positivamente para a qualidade do cuidado e de vida do indivíduo e de seus familiares. São ações da equipe de enfermagem a serem implantadas:

- Promover a escuta ativa, dar tempo para responder, auxiliar no vocabulário.
- Controle de alucinações: ajudar o cliente a identificar as necessidades contidas nas alucinações (ansiedade). Se questionado, afirmar que não está experimentando; contribuir com a equipe interdisciplinar no desenvolvimento de atividades com base na realidade (jogos, música, dramatização etc.).
- Manejo dos delírios: não confrontar; avaliar e registrar intensidade, frequência e duração.
- Controle de medicamentos: facilitação do uso seguro e eficaz; monitoramento de efeitos colaterais como convulsões, movimentos involuntários/anormais, rigidez muscular, dentre outros.
- Promover ambiente seguro, minimizando o risco de agressões contra si e contra os outros.
- Favorecer atividades de integração social através de estratégias grupais.
- Juntamente com a família, verificar fatores que desencadeiam as crises, evitando a exposição os mesmos.
- Orientar cliente e familiares quanto à patologia e questões como tratamento, autocuidado, nutrição e não consumo de álcool e drogas.[26]

O cliente com esquizofrenia sofre grande fardo de estigma e discriminação, o que torna ainda mais relevante a prestação de um cuidado integral e qualificado, priorizando um modelo inclusivo, descentralizado e de base comunitário para atenção à saúde do cliente com transtorno/sofrimento mental.

## Pessoas com transtorno de humor e afeto

Atualmente, observa-se uma intensa preocupação com o número crescente de pessoas que têm sofrendo com transtornos de humor (TH), assim chamados por afetar o humor, o estado emocional interno de uma pessoa; que incluem os transtornos depressivos e bipolares. A Organização Mundial da Saúde revela que os transtornos de humor são os principais responsáveis pelas maiores causas de incapacidades pelo mundo e mostra que o transtorno depressivo está em 1º lugar (10,7%) e o transtorno bipolar em 6º com 3% dos casos.[27]

Transtornos de humor são definidos como um grupo de condições clínicas caracterizadas por uma perturbação no humor, uma perda do senso de controle e uma experiência subjetiva de grande sofrimento.[28] Dessa forma, os indivíduos diagnosticados com transtorno de humor experimentam um grau profundo de alegria ou tristeza aparentemente não relacionado com estímulos externos, de longa duração, podendo, assim, interferir seriamente no dia a dia e na qualidade de vida dessas pessoas.

A depressão é um dos transtornos de humor mais sérios já escritos. Caracteriza-se por um predomínio anormal de tristeza, com perda do interesse por atividades anteriormente consideradas prazerosas. O humor pode ser normal, exaltado ou deprimido; os indivíduos diagnosticados clinicamente como tendo transtorno depressivo sofrem de humor deprimido abrangente.

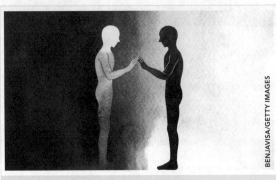

Figura 15.9 - Humor e afeto.

As causas de depressão são múltiplas, de maneira que, somadas, podem iniciar a doença. Deve-se a questões constitucionais da pessoa, como fatores genéticos, biológicos (anormalidades de sono, desregulação neuroendócrina), neuroquímicos somados a fatores ambientais, sociais e psicológicos como estresse, estilo de vida, acontecimentos vitais, como crises e separações conjugais, morte na família, climatério, entre outros.

Além do tratamento medicamentoso, o apoio da família também é importante para ajudar o cliente a aceitar a necessidade de tratamento contínuo com medicamentos. A dinâmica e a atitude familiar desempenham papel fundamental no resultado da recuperação do cliente. As intervenções com os familiares devem incluir:

- promover a compreensão de que parte do comportamento depressivo do cliente deve ser atribuída a uma doença que precisa de gerenciamento e que não é um comportamento deliberado;
- melhorar a comunicação no seio familiar, ensinar a família a reconhecer os primeiros sinais de aviso de uma recidiva;
- ensinar a família a como responder a esses sinais e orientá-la com relação aos tratamentos necessários.

A assistência de enfermagem ao cliente com manifestações de agitação, euforia e agressividade decorrentes do TH deve ser centrada na proteção do cliente, seja em relação à autoagressão e a agressão a outras pessoas, seja na prevenção da exaustão e do risco de morte por doenças cardíacas em decorrência de agitação e euforia, além do risco de suicídio.

Já a assistência de enfermagem ao cliente com transtorno de humor e afeto devem estar centrada na proteção da vida do cliente em decorrência de suas ideias de morte e tentativa de suicídio.

Quadro 15.8 - Tipos de transtornos de humor e afeto[6]

| | |
|---|---|
| Transtorno depressivo maior | O indivíduo apresenta humor deprimido ou perda do interesse ou do prazer em atividades cotidianas, podendo levar a comprometimento no funcionamento social e ocupacional e com sintomas que não podem ser atribuídos ao uso de substâncias ou a uma condição clínica geral. |
| Transtorno distímico | O indivíduo descreve seu temperamento como triste ou "para baixo", sem sintomas psicóticos. A característica essencial é um humor cronicamente deprimido (humor irritável em crianças e adolescentes) na maior parte do dia. |
| Depressão pós-parto | O indivíduo apresenta TH associado a alterações hormonais que ocorrem em mais de um quarto das mulheres brasileiras durante o período de 6 a 18 meses após o parto. A gravidade da depressão no período puerperal varia de uma sensação de tristeza a uma depressão moderada, até depressão psicótica ou melancolia. |
| Transtorno bipolar | Transtorno afetivo no qual o indivíduo experimenta uma rápida alternância de humor acompanhada por sintomas que configuram episódios maníaco-depressivos. Nos episódios maníacos, o indivíduo apresenta humor anormal e persistentemente elevado, expansivo ou irritável e aumento persistente da atividade ou da energia. |

Quadro 15.9 - Descrição das ações de enfermagem[6]

| Assistência de enfermagem | Justificativa |
|---|---|
| Desenvolver relacionamento terapêutico | Utilizar-se de estratégias de comunicação terapêutica para ajudar o cliente a verbalizar suas ideias e seus sentimentos, mantendo-se atento ao conteúdo expresso para avaliar o potencial tanto para o ato suicida como para o início à sua reintegração na família e na comunidade, caso o cliente esteja internado em algum serviço de saúde mental. |
| Estimular expressão de sentimentos | Estar atento para perceber e valorizar os esforços para mudanças de comportamento para o desenvolvimento da autoestima. |
| Encorajar a percepção de pontos positivos e habilidades | Estimular atividades sociais, esportivas e de lazer, incentivar o autocuidado (ajudando, apoiando e fazendo) e ajudar o paciente a perceber suas próprias potencialidades. |

| Assistência de enfermagem | Justificativa |
|---|---|
| Manter vigilância | Manter constante e discreta vigilância do cliente quando começar a remissão dos sintomas, porque a energia para atos ocorre mais precocemente do que o alívio de sentimentos e ideias depressivas, incluindo o suicídio. |
| Administrar medicação prescrita | Ressaltar a importância do tratamento e da sua continuidade evitando recaídas. |
| Estimular a aceitação de limites | A autoaceitação pode favorecer o encontro do sentido, como sentimentos de amor, realizações e sofrimento. |
| Solicitar engajamento familiar e comunitário | Estimular e orientar sobre a utilização dos sistemas de apoio familiar e comunitário, como associações, grupos de ajuda mútua e programas psicoeducacionais. |

A promoção de cuidados centrados no paciente, o trabalho em equipe multiprofissional e o emprego de uma prática com base em evidências são fundamentais para que tanto o enfermeiro assistencial quanto o aluno de graduação em Enfermagem possam desenvolver o conhecimento, as habilidades e as atitudes necessárias para a qualidade da assistência de enfermagem e a melhoria da qualidade de vida do indivíduo com transtorno de humor.

## Pessoas com dependência química

As substâncias psicoativas com potencial de abuso são alvo de preocupação da sociedade brasileira, devido ao aumento considerável do seu consumo nas últimas décadas, tornando-se cada vez mais precoce entre adolescentes e crianças.

Assim, faz-se necessário que os profissionais de enfermagem realizem atividades de promoção à saúde e em consonância com ações interdisciplinares, contribuindo para um padrão de vida mais saudável e minimização dos riscos associados. Devem, ainda, estar atentos aos seus próprios valores e crenças na tentativa de que estes não causem impacto indesejado no cuidado.

## Conceitos[29]

- Droga: toda substância que, introduzida no organismo vivo, modifica uma ou mais das suas funções, independentemente de ser lícita ou ilícita.
- Substâncias com potencial de abuso: são aquelas que podem desencadear no indivíduo a autoadministração repetida, que geralmente resulta em tolerância, abstinência e comportamento compulsivo de consumo. São agrupadas em oito classes: álcool, nicotina, cocaína, anfetaminas e êxtase, inalantes, opioides, ansiolíticos benzodiazepínicos e maconha.
- Tolerância: necessidade de crescentes quantidades da substância para atingir o efeito desejado.
- Dependência química: uma síndrome determinada a partir da combinação de diversos fatores de risco, aparecendo de maneiras distintas em cada indivíduo.
- Fissura: desejo quase que incontrolável de consumir a droga, podendo causar alterações de comportamento e pensamento.
- Uso nocivo: padrão de uso de substâncias psicoativas que está causando dano à saúde física ou mental.

## Elementos para o cuidado

- Pessoa: ser amplo, integral, composto por diversas esferas que compõem as vivências, os planos, os papéis da vida, o afeto, a sexualidade, o trabalho, a escolaridade e vários outros itens que podem variar de tamanho e dimensão para cada sujeito. Essas esferas podem se complementar, serem concorrentes, sinérgicas, antagônicas, alimentarem-se mutuamente etc.
- Sofrimento: ameaça ou ruptura do sentimento de unidade e identidade da pessoa, uma ameaça de desintegração.

## Importante para o processo de trabalho

- O acolhimento deve ser entendido como grande possibilidade (janela de oportunidades) para a atenção e o cuidado, podendo esse usuário retornar várias vezes.
- Deve ser realizado sem demora, evitando-se procedimentos burocráticos na chegada do usuário. É preciso facilitar que o usuário apresente sua demanda ou solicitação.
- Não condicionar oferta de cuidados à exigência de frequência diária, à abstinência, respeitando o momento e o desejo do usuário, utilizando estratégias de redução de danos e baixa exigência.
- A falta do cartão do SUS não deve inviabilizar a acessibilidade e, portanto, o acolhimento do usuário ao serviço. Posteriormente ao acolhimento, o cartão deve ser confeccionado.
- É válido criar um fluxo de rodízio entre os profissionais para a realização do acolhimento, assim como, quando possível, realizá-los em dupla.
- É importante preservar o lugar de fala para o usuário, garantindo, ao máximo, a privacidade, lembrando-se de respeitar o sigilo, a individualidade. Algumas vezes, pode acontecer de chegar só a família do usuário para ser acolhida, ou

a família com o usuário. Se for necessário o acolhimento junto à família, isso deve ser respeitado.

### Redução de danos[29]

Trata-se da utilização de medidas que diminuam os danos provocados pelo uso das drogas, mesmo quando os indivíduos não pretendem ou não conseguem interromper o uso dessas substâncias. Algumas medidas são: não dirigir se fizer uso de álcool, consumir bastante água, optar por bebidas fermentadas ao invés de destiladas, não compartilhar cachimbo, não consumir a droga em latas coletadas na rua, não compartilhar agulhas e seringas, entre outras possibilidades.

É uma ação dirigida que foca em riscos e consequências adversas bem específicas. Políticos, responsáveis por elaboração de políticas públicas, comunidades, pesquisadores, redutores de danos e pessoas que usam drogas devem estar certos sobre: quais são os riscos específicos e as consequências associadas ao uso de cada tipo de droga? O que causa esses riscos e as possíveis consequências? O que pode ser feito para reduzir esses riscos e consequências?

### Em nível individual

- Apoio na inserção no mercado de trabalho e profissionalização;
- apoio na elevação da escolarização;
- apoio na emissão dos documentos civis (carteira de identidade, carteira de trabalho, certidão de nascimento);
- suporte medicamentoso;
- intervenção breve (estratégia de atendimento com tempo limitado, cujo foco é a mudança de comportamento do paciente);
- articulação com outros serviços de saúde para consultas em outras especialidades de cuidado no SUS.

### Em nível coletivo

- Sensibilização da comunidade para diminuição do preconceito e estigma com relação ao usuário de drogas;
- articulação com serviços intersetoriais para participação em outras atividades (exemplos: práticas corporais/atividade física, atividades de cultura e lazer);
- estimular a inserção dos usuários em espaços de convivência com a comunidade;
- apoio à criação de cooperativas de trabalho e de associação de familiares e usuários;
- apoio nos trâmites relacionados aos processos no âmbito do judiciário;
- atenção às famílias com orientações e suporte em como lidar com o processo de adoecimento.

É indispensável que as políticas públicas e as medidas de prevenção do uso e abuso das drogas estejam relacionadas e envolvam tanto a atenção básica como a sociedade, considerando ações interprofissionais e intersetoriais (saúde, educação, segurança, trabalho).

## 15.6 PSICOFÁRMACOS

Os psicofármacos são medicamentos que atuam sobre o Sistema Nervoso Central (SNC), gerando alterações na conduta, na percepção e na consciência do indivíduo. A depender da patologia de base, os psicofármacos utilizados no tratamento terão o papel de estimular ou inibir determinadas áreas do SNC. A seguir, apresentam-se as principais classes de psicofármacos.

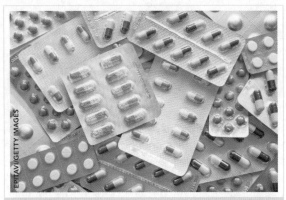

Figura 15.10 – Exemplos de psicofármacos.

### Medicamentos

#### Utilizados nos transtornos de pensamento

São aqueles utilizados, predominantemente, em pessoas com transtornos do pensamento (como esquizofrenia), nos quais o cliente possui dificuldade de distinção entre o real e o imaginário, quase sempre estando presentes quadros de delírios e alucinações. Nessa classe, tem-se os medicamentos mais antigos (exemplos: clorpromazina e haloperidol) e os mais novos (exemplos: clozapina, quetiapina e risperidona). Tais medicamentos visam organizar a atividade mental, reduzindo os sintomas positivos (como delírios e alucinações) e, no caso dos medicamentos novos, também reduzindo os sintomas negativos (isolamento social, dificuldade de se expressar e de encontrar prazer ou disposição para realizar as atividades diárias).

A equipe de enfermagem deve estar atenta à ocorrência de efeitos colaterais a esses medicamentos. Como efeitos colaterais em nível de SNC, tem-se: convulsão, movimentos repetitivos, espasmos musculares (língua, face ou pescoço), pernas inquietas ou rigidez muscular. Outros efeitos colaterais são: ganho de peso, sonolência, fotossensibilidade, aumento da prolactina (com ou sem falha no ciclo menstrual), boca seca, constipação e hipotensão ortostática.[22,23]

### Utilizados nos transtornos de ansiedade

Os transtornos de ansiedade acontecem quando esta não funciona mais como um sinal de perigo nem motivação para uma mudança necessária, mas se torna crônica e resulta em comportamentos mal adaptativos e inabilidades emocionais, tendo sempre presente um sentimento de medo, de apreensão e insegurança, bem como dificuldade de conciliar sono e repouso.

No tratamento da ansiedade, algumas classes medicamentosas são utilizadas, como:

- **Barbitúricos:** representados principalmente pelo Fenobarbital, o qual possui ação longa, demorando de dias a semanas para iniciar seu efeito terapêutico. Devido ao alto risco de dependência física e psicológica, essa classe medicamentosa está em crescente desuso. Além disso, a equipe de enfermagem deve monitorar a ocorrência de efeitos adversos, como náuseas, tremores, vertigens e sinais de insuficiência hepática.
- **Benzodiazepínicos:** são representados, principalmente, por Diazepam, Lorazepam, Clorazepato, Alprazolam e Bromazepam. Essa classe medicamentosa não é utilizada somente para o tratamento de transtornos de ansiedade; a depender da dose e do tipo de medicamentação, os benzodiazepínicos podem atuar também como anticonvulsivantes, relaxantes musculares e, até mesmo, provocar coma induzido. Tais medicamentos podem trazer efeitos colaterais como cansaço, sonolência, ganho de peso, erupção cutânea, disfunção sexual e irregularidade menstrual. Um dos principais cuidados de enfermagem é auxiliar o cliente na retirada gradual da medicação, já que a retirada abrupta pode causar confusão mental, turvação visual, diarreia, perda de apetite, perda de peso, ansiedade e insônia rebote. Outro cuidado de enfermagem é atentar para a interação medicamentosa dos benzodiazepínicos com o álcool e com os contraceptivos orais.
- **Azaspironas:** classe medicamentosa relativamente nova, representada principalmente pela Buspirona. Possui ação diretamente sobre o estado de ansiedade, não causando sedação ou comprometimento psicomotor.[30]

### Utilizados nos transtornos de humor

- **Antidepressivos:** podem ser classificados de acordo com a estrutura química ou as propriedades farmacológicas. A seguir estão descritos os principais representantes de cada classe.

- **Tricíclicos:** Imipramina (Tofranil, Imipra), Desimipramina, Clomipramina (Anafranil, Clomipran), Amitriptilina (Amytril, Limbitrol), Nortriptilina (Pamelor), Doxepina (Silenor), Maprotilina (Ludiomil).
- **Inibidores seletivos da receptação de serotonina:** Citalopram (Alcytam, Cipramil, Citta), Fluoxetina (Prozac, Daforin, Depress), Paroxetina (Aropax, Arotin, Parox, Ponderar), Sertralina (Assert, Dieloftr, Zoloft). Atentar para o quadro de síndrome serotoninérgica, quando ocorre uma superdosagem dessa classe medicamentosa, com quadro de confusão mental, agitação, tremores, espasmos musculares, falta de coordenação motora, diarreia, febre e vômitos.
- **Inibidores da receptação da serotonina e noradrenalina:** Venlafaxina, Desmetil, Venlafaxina, Duloxetina.
- **Inibidores da receptação de catecolaminas:** Bupropriona, Mirtazapina, Amoxapina, Maprotilina.
- **Antagonistas dos receptores de serotonina:** Trazadona, Nefazodona.
- **Inibidores da monoaminoxidase:** degradam monoaminas como a noradrenalina, tiramina, dopamina e serotonina. Exemplo: Mocolobemida (Aurorix), Fenelzina.
- **Fitoterápicos:** folhas verdes e suco verde (aumentam a energia), sal marinho (calmante), exercício físicos (redução da ansiedade).

### Utilizados no transtorno bipolar

Na fase maníaca, a conduta terapêutica medicamentosa mais eficaz é a associação de um estabilizador de humor (carbonato de lítio, ácido valproico ou carbamazepina) com um antipsicótico. Atentar para a mensuração das doses sanguíneas de lítio, pois a intoxicação por lítio pode causar risco de arritmias cardíacas, estados confusionais, ataxia (incoordenação dos movimentos), convulsão, rebaixamento do nível de consciência e coma.

- **Anticonvulsivantes:** representados, principalmente, pela fenitoína, carbamazepina, valproato de sódio, barbitúricos e lamotrigina.

## 15.7 EMERGÊNCIAS PSIQUIÁTRICAS

A crise representa um estado de inabilidade para resolver uma situação considerada pelo sujeito como estressora, como a perda de um ente querido, desemprego, separação conjugal, entre outras. É, portanto algo subjetivo, uma situação pode ser considerada estressora para uma pessoa e não para outra.

Essa inabilidade para a resolução de problemas ou situações leva a um aumento da ansiedade, o que pode tornar a pessoa vulnerável ou, por outro lado, pode fornecer uma oportunidade de crescimento a partir da elaboração de mecanismos de enfrentamento.

A intervenção na crise tem por finalidade ajudar a pessoa a retornar ao seu nível de funcionamento anterior a crise ou chegar próximo do equilíbrio. Para intervenção, é necessário reconhecer o evento estressor. A partir do evento estressor, podemos classificar a crise em três tipos, de acordo com o Quadro 15.10.

Quadro 15.10 – Tipos de crise[6]

| Tipos de crise | Características | Exemplos |
|---|---|---|
| Crise maturacional | Os estágios de transição podem ser estressantes ou opressores, e por causarem perturbação no equilíbrio emocional da pessoa podem provocar a crise. | Transição da infância para adolescência, desta para a fase adulta, e desta para velhice. |
| Crise situacional | Qualquer situação do meio pode influenciar o comportamento das pessoas em diferentes graus, isso depende do estado mental, das atitudes e do ponto de vista de cada pessoa. | Desemprego e mudança de status ou papel, morte de pessoa significativa, gravidez indesejada, doença grave, divórcio. |
| Crise acidental | É uma situação que não faz parte da vida da pessoa diária da pessoa. Desafia todos os mecanismos de enfrentamento. Resulta em múltiplas perdas | Incêndio, terremoto, inundação, acidentes aéreos. |

Como características de emergência psiquiátricas, podemos destacar: comportamento agressivo, agitado, tentativa de suicídio e abuso de substâncias

A equipe de enfermagem pode atuar em situações de comportamento agressivo e agitado, devendo evitar que maiores danos sejam causados ao cliente e aos outros a sua volta. Em casos em que o paciente represente risco para sua própria integridade física e para outras pessoas, dependendo do grau de agitação e agressividade, pode realizar contenção verbal, física, mecânica e/ou química.

Quadro 15.11 – Tipos de contenção[31]

| Tipos de contenção | Características |
|---|---|
| Verbal | O profissional deve utilizar a comunicação firme, clara e objetiva para evitar que o paciente cause danos a si e aos outros. |
| Física | É a técnica utilizada para adequadamente segurar, conduzir e restringir os movimentos físicos do paciente. Indicada para pacientes agitados e/ou agressivos. |
| Mecânica | Uso de faixas de contenção, sendo indicada para pacientes com risco de fuga e suicídio. |
| Química | Uso de medicação para a obtenção de redução significativa dos sintomas de agitação e agressividade sem a indução de sedação mais profunda ou prolongada, mantendo-se o paciente tranquilo, mas completa ou parcialmente responsivo. |

Porém, é importante salientar que a contenção física e mecânica é um recurso que deve ser utilizado em último caso, usada somente na falha de todos os recursos, visando sempre à segurança do usuário e das pessoas do local. Após as crises, as pessoas que passaram por esse tipo de sofrimento mental podem ser encaminhadas a terapeutas que utilize de técnicas como relaxamento e meditação.

## Assistência de enfermagem

### Emergência psiquiátrica – tentativa de suicídio

A promoção de um ambiente de cuidado que seja seguro e favorável à sua plena recuperação é condição indispensável no exercício do cuidado integral em saúde mental. O primeiro passo é a escuta qualificada, mas ela não pode estar imersa em um discurso preconceituoso, repleto de julgamentos. Deve-se levar em consideração que nem sempre a pessoa está disposta a expressar ou exteriorizar o que realmente sente, surgindo um novo desafio para o profissional da saúde, que se constitui na observação atenta da realidade de quem é atendido e na escuta do silêncio, quando a pessoa não está disposta a falar. Para que haja assistência humanizada, é indispensável que os profissionais de enfermagem tenham preparo e habilidade técnica para o atendimento das emergências de pessoas que tentaram suicídio, realizando uma abordagem empática com competência em lidar com esse tipo de ocorrência.

O atendimento humanizado ao paciente é aquele em que há a permeabilidade do técnico e do não técnico. Para que seja possível uma sabedoria prática, é necessária a abertura de interesse em escutar o outro e em encontrar-se com o outro. Na maioria das vezes, a primeira dificuldade encontrada no pronto socorro de um hospital é a insensibilidade da equipe de saúde quanto aos aspectos emocionais do paciente que tentou suicídio.

Assim, existem alguns comportamentos indispensáveis de que a enfermagem pode se apropriar ao atender a pessoa que tentou suicídio ou que possui ideação suicida, a saber: ouvir atentamente, ser empático, passar mensagens não verbais de aceitação, expressar respeito pela opinião do outro, conversar honestamente, mostrar preocupação e focar nos sentimentos da pessoa. A simples interação com o paciente tem grande potencial para acalmar, prevenir ou minimizar a agressão e a intensidade dos sintomas. Ainda, a equipe deve tentar estabelecer um vínculo de confiança desde o começo, enquanto, por outro lado, a ideia de que o paciente tentou suicídio para manipular os outros deve ser abandonado.

## NESTE CAPÍTULO, VOCÊ...

... verificou que o cuidado de enfermagem em saúde mental perpassa uma atenção biopsicossocioespiritual, tendo em vista que a pessoa possui as mais diversas necessidades de saúde e cuidado que exigem do profissional uma assistência sobre todos os aspectos do sujeito. Uma assistência que seja humana, empática e resolutiva, que não traga danos às pessoas, mas que melhorem sua qualidade de vida, mesmo que a cura não seja alcançada.

## EXERCITE

1. Discorre acerca do cuidado ofertado ao louco antes da Reforma Psiquiátrica. Quais são as principais mudanças alcançadas com a reforma no cuidado a pessoa em sofrimento psíquico ou transtorno mental?

2. Um paciente relata que, de repente, sentiu uma tremenda onda de medo por nenhuma razão aparente. Seu coração estava batendo forte, o peito doía e foi ficando mais difícil de respirar. Ele pensou que iria morrer. Com base no caso apresentado, é correto afirmar que esses são sintomas de:
   a) Transtorno de estresse pós-traumático.
   b) Síndrome do pânico.
   c) Transtorno bipolar.
   d) Agorafobia.
   e) Esquizofrenia.

3. Claudia trabalhava há 10 anos como secretária executiva em uma indústria automobilística. Pela manhã, ao entrar nos corredores da empresa rumo à sua sala, tinha o hábito de cumprimentar sorrindo os demais funcionários em torno de sua passagem, pois a todos conhecia após tantos anos. Sentia como se as pessoas no trabalho formassem uma grande família profissional. Certo dia, quando cumprimentava uma das funcionárias, a funcionária virou de costas consternada, desmaiou caindo no chão, teve um mal súbito e faleceu. Claudia, desesperada, fez o que pode para socorrer a funcionária, mas não houve meio de salvá-la. A partir dessa data, a chegada à empresa que antes lhe era tão prazerosa passou a significar-lhe uma grande tormenta. Ia trabalhar sempre muito exausta, pois há 2 meses passou a ter seu sono perturbado por insônia ou pesadelos, apresentava semblante assustado, havia perdido sua conhecida calma para solucionar problemas no trabalho e, às vezes, com questões bem mais simples, explodia em raiva, o que era novo para os demais funcionários, tão queridos por ela. Assumiu uma postura mais vigilante e quando alguém no corredor, ao acaso, virava-se de costas, Claudia mostrava sinais de tensão e feição angustiada. Se alguém no ambiente de trabalho tentava conversar com ela sobre seu comportamento, Claudia evitava o assunto. Há indícios de que o transtorno desenvolvido por ela corresponde ao transtorno de:
   a) Ansiedade social.
   b) Ansiedade generalizada.
   c) Pânico e agorafobia.
   d) Estresse pós-traumático.
   e) Fobia simples.

4. Devido aos sintomas físicos e emocionais apresentados após ter sido vítima de estupro, R.L.J., 34 anos, sexo feminino, recebeu o diagnóstico de transtorno do estresse pós-traumático e foi temporariamente afastada do trabalho. Ao retornar da licença, compareceu à consulta de enfermagem para acompanhamento de sua saúde. Após realizar a coleta de dados, utilizando a classificação NANDA 2015-2017, o enfermeiro estabeleceu como um dos diagnósticos de enfermagem "síndrome pós-traumática relacionada a evento desconfortável, considerado fora da gama de experiências habituais, evidenciado por *flashbacks* e pesadelos". Para esse diagnóstico, a intervenção de enfermagem adequada é:
   a) Discutir com a paciente os estressores identificados e a conexão de cada um deles com a ansiedade quando o nível dela estiver elevado.
   b) Dar reforço positivo a comportamentos ritualísticos, ajudando a paciente a aprender maneiras de interromper os pensamentos obsessivos.
   c) Desestimular a tomada de decisão quando evidenciado um baixo nível de ansiedade por parte da paciente.

**d)** Apoiar a paciente e tranquilizá-la quanto ao fato de esses sintomas serem comuns após um trauma da magnitude que vivenciou.

**e)** Frequentar atividades de grupo com a paciente se isso for assustador para ela.

5. Leia o caso a seguir e responda às perguntas que seguem: um senhor com 65 anos, que faz uso abusivo e diário de bebidas alcoólicas, foi levado, contra a sua vontade, pela sua esposa a um Centro de Atenção Psicossocial de Álcool e Drogas. Ao ser atendido, o paciente disse ao enfermeiro que o atendeu no acolhimento que não tem nenhum problema e que pode parar de beber quando quiser. A esposa relatou que ele justifica o fato de beber dizendo que é a forma como encontra para lidar com a perseguição feita pelo chefe e por colegas no seu trabalho. A esposa relatou que ele tem apresentado alteração do comportamento, mostrando-se irritadiço, insone e violento e que a proíbe de conversar com qualquer outro homem ou de sair na rua sozinha. A esposa afirmou ainda que ele quase não se tem alimentado e queixa-se de mal-estar, além de ter faltado muito ao serviço. O paciente referiu que vem sentindo fortes dores musculares.

A partir da situação clínica apresentada, classifique as afirmativas a seguir em verdadeiras (V) ou falsas (F):

( ) Nessa situação clínica, os grupos de autoajuda, como os alcoólicos anônimos, não teriam nenhum efeito coadjuvante no tratamento e na recuperação do paciente, considerando os comprometimentos físico e social já apresentados por ele.

( ) O acompanhamento desse paciente não deve contemplar a estratégia de redução de danos, pois esta reconhece que a continuidade do consumo de álcool não permite a integração do indivíduo na comunidade.

6. Sobre tratamento e a prevenção da dependência química, assinale a alternativa correta:

**a)** Um aspecto central envolvido no atendimento a dependentes químicos é a desintoxicação, cujo foco e objetivo principal é a reorganização da vida do indivíduo sem o uso da droga.

**b)** Na atualidade, a discussão e o cuidado em termos de dependência química dão-se a partir do modelo cartesiano de saúde, segundo o qual o paciente dependente é considerado um ser ativo no processo saúde/doença.

**c)** O diagnóstico de um quadro de dependência química exige a avaliação de diversos aspectos, uma vez que os padrões de consumo de drogas na atualidade são

diversificados, sendo a dependência o último estágio.

**d)** A dependência química, segundo a OMS, deve ser tratada como um problema social e não como uma doença crônica que requer cuidados médicos e/ou medicamentosos, já que é a sociedade que gera os quadros de dependência.

**e)** A internação compulsória deve ser indicada nas primeiras recusas de realização de tratamento.

7. A utilização de drogas psicotrópicas é bastante difundida em rituais, sendo um meio privilegiado de transcendência e de buscar a totalidade ou, no caso dos rituais de passagem, marcando etapas de transição da vida: a criança torna-se homem em um processo marcado por morte e renascimento. Aqui pode estar a chave da compreensão do abuso de drogas na sociedade contemporânea. Procura-se obter prazer imediato, a frustração não é tolerada. A tensão decorrente de conflitos inerentes à existência humana não é suportada, sendo imperativo seu alívio instantâneo, dificultando ou impedindo transcendência ou transformação. Caracterizada fundamentalmente pelo consumismo, a sociedade atual não permite espaço para a falta. Diante do exposto, e considerando a atuação do enfermeiro em casos de dependência química, assinale o item incorreto:

**a)** Prevenção do uso indevido de drogas é, na verdade, toda e qualquer ação que contribua para que o indivíduo possa caminhar, fazendo escolhas mais conscientes, sem interromper sua jornada em decorrência do abuso de uma substância.

**b)** Partindo do tripé drogas, indivíduo e sociedade, podemos pensar em ações preventivas em três dimensões. Em uma primeira dimensão, a atenção volta-se para a droga, englobando medidas que visam à diminuição e regulamentação da oferta do produto, bem como a discussão sobre legalização e descriminalização das substâncias psicoativas.

**c)** O enfermeiro precisa identificar e analisar o contexto sociocultural onde se dá o encontro do indivíduo com a substância. A falta de perspectiva de trabalho, condições de vida precárias, violência e tráfico são fatores que aumentam a vulnerabilidade à expansão do uso indiscriminado de drogas. A dependência está relacionada à marginalização, frequentemente ao crime, de modo que muitos usuários de drogas acabam excluídos de todo o sistema de serviços que a administração pública propicia.

d) Prevenir significa formar jovens menos vulneráveis à dependência. O indivíduo em crescimento adquirirá um sentido de poder e de eficácia de suas ações. Dessa maneira, pode-se afirmar que a prevenção começa não na primeira infância, mas, sim, na adolescência.

e) A equipe de Enfermagem deve participar ativamente dos cuidados e de seu planejamento, como parte integrante da equipe de saúde mental nos diversos serviços da rede psicossocial.

## PESQUISE

- Assista ao filme Nise: o coração da loucura (2016) e reflita sobre os conceitos de loucura e normalidade e compreender a importância da arte nos cuidados em saúde mental e os aspectos que levaram a Reforma Psiquiátrica.

1. Como se tratava a loucura no hospital antes de Nise propor novos métodos?
2. De acordo com a experiência relatada no filme, qual seria a importância da arte?

CAPÍTULO

# 16

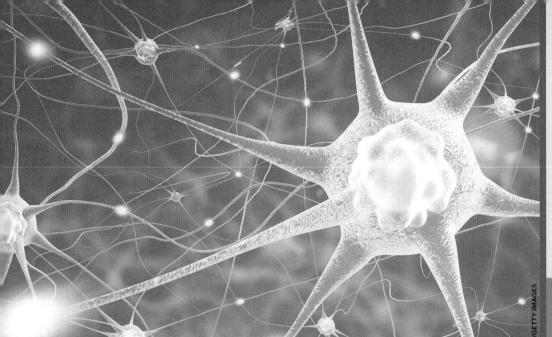

ANDREA BEZERRA RODRIGUES
PATRÍCIA PERES DE OLIVEIRA
MARIA ISIS FREIRE DE AGUIAR

COLABORADORAS:
MARIANA ALVES FIRMEZA
MEIRIANE LOPES XIMENES

# ASSISTÊNCIA AO ADULTO COM DOENÇA NEUROLÓGICA

## NESTE CAPÍTULO, VOCÊ...

- ... revisará a anatomia e a fisiologia do sistema neurológico.
- ... conhecerá a epidemiologia, os fatores de risco, as manifestações clínicas, os exames diagnósticos e o tratamento do acidente vascular encefálico do tipo isquêmico e acidente vascular encefálico do tipo hemorrágico.
- ... estudará a assistência de enfermagem para o acidente vascular encefálico do tipo isquêmico e o acidente vascular encefálico do tipo hemorrágico, e sua justificativa.

## ASSUNTOS ABORDADOS

- Revisão da anatomia e da fisiologia do sistema neurológico.
- Doenças do sistema neurológico (acidente vascular encefálico do tipo isquêmico, acidente vascular encefálico do tipo hemorrágico, reabilitação do paciente pós-AVE).

# ESTUDO DE CASO

J.F.C., sexo masculino, 62 anos, negro, apresentou às 9h30 diminuição de força no hemicorpo direito e dificuldade para falar. Chegou à emergência às 10h30, e o exame físico evidenciou pressão arterial igual a 170 × 100 mmHg. A partir do exame neurológico, verificaram-se hemiparesia direita de predomínio braquiofacial e afasia predominantemente expressiva. Os antecedentes clínicos foram hipertensão arterial sistêmica não tratada, tabagismo, dislipidemia, obesidade e sedentarismo. Os resultados dos exames laboratoriais evidenciaram: glicose = 147 mg/dL, hemograma normal. Por meio da tomografia computadorizada (TC) de crânio, realizada às 11h30, identificou-se áreas hipotensas, com sugestão de provável acidente encefálico do tipo isquêmico.

**Após ler o caso, reflita e responda:**

1. Realize um plano de cuidados de enfermagem completo para esse paciente.

# 16.1 ANATOMIA E FISIOLOGIA DO SISTEMA NEUROLÓGICO

O sistema neurológico é um dos sistemas mais complexos do corpo humano. O sistema nervoso é uma rede de comunicações do organismo, que tem como principal função transportar mensagens do cérebro e medula espinhal para várias partes do corpo, dividindo-se em: sistema nervoso central (SNC) e sistema nervoso periférico (SNP).[1]

## 16.1.1 Tecido nervoso

Além de elementos conjuntivos comuns, entram, na formação do tecido nervoso, duas espécies de células: as células nervosas, ou neurônios, e as células de neuroglia. Estas últimas representam simples substância intersticial, entre os elementos nervosos.

## 16.1.2 Neurônio

A célula nervosa apresenta-se munida de prolongamentos de vários tipos, e que dela fazem parte integrante. Ao conjunto formado pela célula e seus respectivos prolongamentos, dá-se o nome de neurônio. Distinguem-se neste, portanto, o corpo celular e os prolongamentos (dentritos e axônios, respectivamente).[2]

Figura 16.1- Neurônio.

## 16.1.3 Bulbo raquidiano

O bulbo é o órgão condutor de impulsos nervosos. Ele é ligado diretamente a medula espinhal. É a porção inferior do tronco encefálico.

## 16.1.4 Cérebro

O cérebro é considerado um dos órgãos mais importantes da vida humana. Encontra-se no interior do crânio, pesando aproximadamente 3 kg. Ele controla todas as funções do corpo, interpreta informações do mundo exterior e incorpora a essência da mente humana.

## 16.1.5 Cerebelo

O cerebelo, que ocupa as partes posterior e inferior da cavidade craniana, está situado atrás da protuberância, acima do bulbo e abaixo do cérebro. Comparado, na forma, a copas de baralho, compreende três lobos: um lobo médio, chamado verme cerebelar, e dois lobos laterais. A superfície exterior desses lobos apresenta numerosos sulcos, mais ou menos concêntricos, que os dividem em lóbulos. No sistema nervoso, o cerebelo não se relaciona com as funções sensitivas nem com as funções intelectuais, estando apenas relacionado com a motricidade. A função do cerebelo é tríplice:[3]

- Função estênica, ou de avigorar os músculos.
- Função estática, ou de concorrer para o equilíbrio.
- Função tônica, ou de enviar aos músculos excitações que lhes dão tonicidade.

## 16.1.6 Nervos raquidianos

Os nervos raquidianos, em 31 pares, são todos mistos. Nasce cada um por duas raízes, na medula espinhal: a raiz anterior, ou motora, e a raiz posterior, ou sensitiva. Esta última distingue-se da primeira por apresentar uma dilatação, o gânglio raquiano, constituído de células nervosas. Unidas, as duas raízes formam o nervo, que sai do canal medular pelo orifício de conjugação. Na periferia, os filetes nervosos se distribuem, indo aos músculos e às glândulas por terminações centrífugas, provenientes da raiz anterior, e à pele, às mucosas e outros tecidos sensíveis, por terminações centrípetas, provenientes da raiz posterior. Se a raiz anterior do nervo raquiano for secionada, paralisam-se os músculos inervados pelos seus filetes; e se seccionada a raiz posterior, torna-se insensível a região de onde provêm as fibras constitutivas da referida raiz.

Ao saírem do canal medular, os nervos raquidianos não guardam, em regra, a sua individualidade: estabelecem-se, entre eles, anastomoses e trocas de fibras, dando origem a redes mais ou menos intrincadas, ou plexos, como o plexo cervical, o plexo lombar, etc.[3]

## 16.1.7 Tronco encefálico

As centrais de comando instaladas no crânio são múltiplas. Todas elas desempenham importantes funções na manutenção da vida humana. Da mesma forma que na medula espinhal, também no tronco cerebral – constituído por bulbo, ponte de varólio e mesencéfalo – existem núcleos de células nervosas (neurônios), de onde partem prolongamentos chamados fibras nervosas. Os prolongamentos, revestidos pela substância branca (mielina), e os corpos celulares, com sua coloração característica, formam igualmente no tronco cerebral as típicas substâncias branca e cinzenta.

Muitas ordens que comandam o funcionamento de diversos órgãos e músculos do corpo provêm de alguns núcleos do tronco cerebral e são conduzidas por meio de fibras motoras (descendentes). De todo o corpo chegam "mensagens" através de fibras sensitivas (ascendentes). Os vários agrupamentos de células nervosas não funcionam sozinhos, mas em estreita colaboração uns com os outros. Por isso, mesmo no interior do tronco cerebral, as mensagens e as ordens precisam ser retransmitidas de um núcleo para outro ou para outros pontos do encéfalo e da medula espinhal. Essa tarefa é cumprida pelas chamadas fibras de associação.

As fibras nervosas sensitivas e motoras unem-se para formar nervos. A porção do sistema nervoso central situada no interior da caixa craniana está relacionada a 12 pares de nervos (nervos cranianos). Dez deles emergem aparentemente do tronco encefálico. As fibras nervosas chegam ou partem através de orifícios ou canais situados nos ossos do crânio ou, ainda, através de espaços por eles delimitados.[4]

## 16.1.8 Medula espinhal

A medula espinhal é uma haste nervosa mais ou menos cilíndrica, que ocupa o canal raquiano, desde o orifício occipital até a segunda vértebra lombar. Seu comprimento regula em 45 cm; e o diâmetro, na porção mais dilatada, pouco mais de 1 cm.

A medula apresenta duas dilatações (uma cervical, outra lombar) nos pontos correspondentes à origem dos nervos que se distribuem, respectivamente, aos membros superiores e inferiores. Na sua extremidade inferior, há um filamento nervoso, o *filum terminale*, que a prolonga até a base do cóccix. O *filum terminale* e os últimos nervos raquianos formam um conjunto denominado cauda equina, pela semelhança com as crinas do cavalo. De um lado e de outro da medula nascem 31 pares de pequenos cordões, as raízes raquianas, que, duas a duas, formam os nervos raquianos. Cada nervo resulta, pois, de duas raízes; uma, anterior ou motora; outra, posterior ou sensitiva, esta última facilmente distinguível da primeira por apresentar uma dilatação, o gânglio raquiano.

Percorrem a medula, de alto a baixo, dois sulcos longitudinais – um anterior, outro posterior – que a dividem superficialmente em metades simétricas. O sulco anterior é mais acentuado do que o posterior e mede 2 ou 3 mm de profundidade. Cada metade da medula é, por sua vez, dividida longitudinalmente em três cordões: um, anterior, entre o sulco mediano anterior e a emergência das raízes anteriores; outro, lateral, entre a emergência das raízes anteriores e a das raízes posteriores; e o terceiro, posterior, entre a emergência das raízes posteriores e o sulco mediano posterior. A medula é ainda atravessada, em todo o comprimento, por um canal, o canal do epêndimo, aberto superiormente no quarto ventrículo e atingindo, inferiormente, a parte média do *filum terminale*.[4]

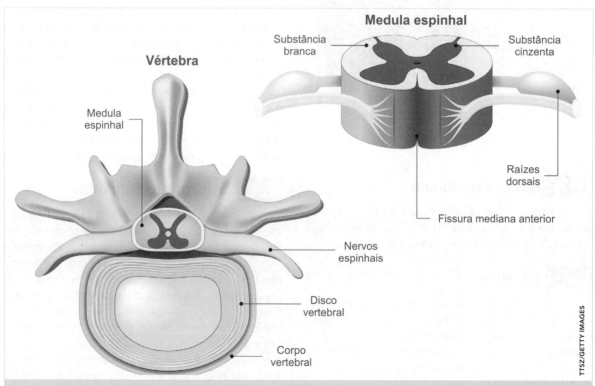

Figura 16.3 – Medula espinhal.

## Meninges

A medula possui invólucro ósseo, representado pelas vértebras, e uma proteção especial, as meninges. As meninges são três membranas dispostas em torno do eixo nervoso cérebro-espinhal (abrangendo, portanto, também, o encéfalo), e assim denominadas, a começar pela mais externa:
- a dura-máter, de natureza fibrosa, muito, resistente;
- a aracnoide, membrana delgadíssima, comparável a uma teia de aranha e formada de duas lâminas: uma externa, ou parietal, outra interna, ou visceral;
- a pia-máter, a mais interna das meninges, de estrutura conjuntiva, diretamente pousada sobre a medula espinhal.

Entre a lâmina interna, ou visceral, da aracnoide, e a pia-máter, há um intervalo, denominado espaço subaracnoide, preenchido pelo líquido céfalorraquiano. Este líquido, transparente, claro, levemente amarelado, banha todo o sistema nervoso central, protegendo-o contra os abalos exteriores ou contra as mudanças de pressão, que resultariam das variações circulatórias.[1]

### 16.1.9 Hipotálamo

O hipotálamo compreende estruturas e formações intracranianas: corpos mamilares, tuber cinéreo, infundíbulo, neuroipófise, tratos ópticos, quiasma óptico e lâmina terminal.

É considerado o mais elevado dos centros vegetativos do cérebro. Dele partem impulsos que influenciarão as células nervosas (neurônios) do sistema neurovegetativo, regulador de tecidos viscerais, como a musculatura lisa das vísceras e dos vasos, a musculatura cardíaca, todas as glândulas do organismo e os rins, entre outros órgãos.[1]

### 16.1.10 Artérias cerebrais

O encéfalo é vascularizado a partir de dois sistemas: vértebro-basilar (artérias vertebrais) e carotídeo (artérias carótidas internas). Na base do crânio, essas artérias formam um polígono anastomótico, o polígono de Willis, de onde saem as principais artérias para vascularização cerebral. As artérias vertebrais se anastomosam originado a artéria basilar, alojada na goteira basilar. Ela se divide em duas artérias cerebrais posteriores, que irrigam a parte posterior da face inferior de cada um dos hemisférios cerebrais.

As artérias carótidas internas originam, em cada lado, uma artéria cerebral média e uma artéria cerebral anterior. As artérias cerebrais anteriores se comunicam por meio de um ramo entre elas, que é a artéria comunicante anterior. As artérias cerebrais posteriores se comunicam com as artérias carótidas internas através das artérias comunicantes posteriores.[5]

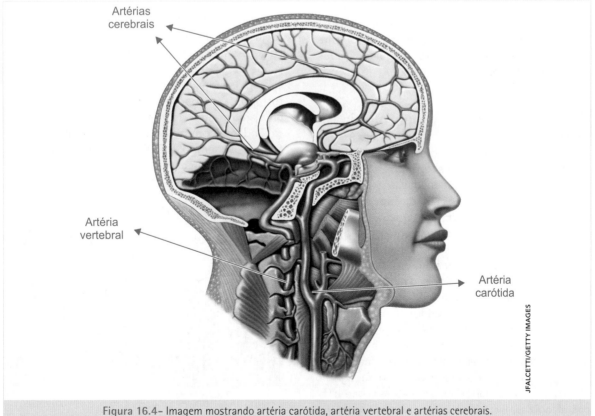

Figura 16.4- Imagem mostrando artéria carótida, artéria vertebral e artérias cerebrais.

# 16.2 ACIDENTE VASCULAR ENCEFÁLICO

O acidente vascular encefálico (AVE) é clinicamente definido como uma síndrome de início abrupto de sintomas ou sinais de perda focal da função encefálica, em que nenhuma outra causa é aparente, além da provável origem vascular. Essa síndrome é muito heterogênea; logo, numerosos fatores influenciam no prognóstico, no tratamento e nas estratégias preventivas. Classifica-se em AVE do tipo isquêmico (AVEi) e AVE do tipo hemorrágico (AVEh).

O AVE é a terceira causa mais frequente de morte, depois das doenças coronarianas e das neoplasias. O número de mortes por acidente vascular encefálico vem diminuindo nas últimas décadas. Esse declínio é atribuído a um decréscimo na incidência dos AVE em decorrência de um melhor controle da hipertensão e a uma redução dos casos fatais devido a um tratamento rápido e especializado. Dos que sobrevivem ao acidente vascular encefálico, até 30% tornam-se dependentes e improdutivos. A grande incidência do AVE e as extensas sequelas produzidas determinam um alto custo para a sociedade. Os homens têm maior incidência de AVE.[6]

## 16.2.1 Acidente vascular encefálico do tipo isquêmico (AVEi)

O AVEi pode ser classificado com base no mecanismo determinante do fenômeno isquêmico. O dano é causado pela redução da oferta tissular de oxigênio e do suprimento energético decorrentes do comprometimento do fluxo sanguíneo (isquemia) para aquela respectiva região.

### Descrição da fisiopatologia

Os mecanismos mais comuns de AVEi são a trombose de grandes vasos, a embolia de origem cardíaca e a oclusão de pequenas artérias. Dentre as causas de AVEi, até 20% são devidos a êmbolos de origem cardíaca. O AVE lacunar (25% dos casos) ocorre em razão do comprometimento de pequenas artérias ou arteríolas cerebrovasculares, determinando lesões de pequeno tamanho (3-20 mm). As regiões mais afetadas nesse tipo são o tronco cerebral, núcleos da base, tálamo e cápsula interna. A lipo-hialinose da parede dessas arteríolas, frequentemente relacionada à hipertensão arterial crônica, é provavelmente o mecanismo que determina a obstrução destes vasos.[1] Outros fatores podem favorecer a formação da placa de ateroma, como tabagismo, obesidade, má alimentação, uso excessivo de bebidas alcoólicas, história de doença vascular anterior e sedentarismo. Logo, ter uma vida saudável, com alimentação equilibrada e pobre em gorduras, incluindo a prática regular de atividades físicas, é possuir mais qualidade de vida e prevenir o AVEi.[7]

Outros mecanismos de menor frequência na patogênese dos AVEi são as vasculopatias inflamatórias e não inflamatórias e as coagulopatias. A vasculopatia inflamatória pode estar relacionada às seguintes doenças: Takayasu, doença infecciosa (tuberculose, sífilis, zoster oftálmico, síndrome da imunodeficiência adquirida), mucormicose e arterites (poliarterite nodosa e granulomatose de Wegener), além das vasculites das diferentes doenças autoimunes (lúpus eritematoso sistêmico, artrite reumatoide, síndrome do anticorpo antifosfolípide). Na vasculopatia não inflamatória, as principais etiologias são a displasia fibromuscular e a dissecção de artéria pós-trauma. Policitemia, trombocitose, deficiência de proteína C ou S, deficiência de anti-trombina III, anticorpos anti-cardiolipina, púrpura trombocitopênica trombótica também se constituem em causas possíveis de AVE. Apesar da evolução na investigação dos AVEi, 30% dos casos ainda permanecem sem etiologia definida (criptogênico).[6]

Com a obstrução ao fluxo sanguíneo ocorre redução do fluxo sanguíneo para a área acometida (Figura 16.5). O fluxo sanguíneo cerebral (FSC) representa 15% a 20% do débito cardíaco total, o que significa um fluxo de 50-55 mL/100 g de cérebro por minuto. Este permanece constante em função de um mecanismo de autorregulação, que tende a desaparecer quando a pressão arterial média estiver abaixo de 60 mmHg ou acima de 150 mmHg. O fluxo abaixo de 20-25 mL/100 g/min já determina prejuízo funcional. A reversibilidade destas alterações permanece diretamente relacionada ao tempo de duração desta queda do fluxo sanguíneo. A cascata isquêmica inicia-se com segundos a minutos após a queda de perfusão e rapidamente cria uma área central de infarto irreversível e uma área circundante com potencial de reversibilidade ("penumbra isquêmica"). O fluxo em níveis inferiores a 10 mL/100 g/min causa alterações no transporte da membrana celular e morte celular.[1]

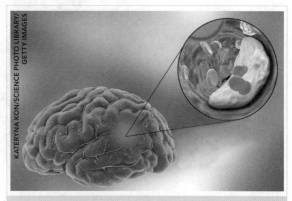

Figura 16.5 – Desenho esquemático de trombo formado a partir de formação de placa de ateroma em artéria cerebral.

# Manifestações clínicas

A seguir serão apresentadas as manifestações clínicas do AVEi:[8]
- desvio de rima labial, dificuldade para falar (articulação, expressão ou compreensão);
- confusão mental;
- perda visual em um ou ambos os olhos;
- crise convulsiva;
- perda de força em um ou ambos lados do corpo (paresia);
- tontura de instalação súbita com perda de equilíbrio, dificuldade para deambular, associado a náuseas e vômitos;
- cefaleia súbita intensa.

# Diagnóstico

O diagnóstico do AVEi baseia-se em dados da avaliação clínica, neurológica e do exame radiológico.
- Avaliação clínica: a história clínica deve ser obtida com o paciente ou familiares, especialmente quanto à forma de instalação, aos sintomas e sinais associados, à doença pregressa e à presença de fatores de risco e causas para o AVEi, infecção, uso de drogas ilícitas, trauma ou gravidez. Essas informações são de fundamental importância no esclarecimento diagnóstico, bem como na tentativa de estabelecer o tipo clínico do distúrbio circulatório. Além da referência de algum desses sinais de alerta por parte do paciente ou de seu acompanhante, a aplicação de escalas desenvolvidas para a pesquisa de algumas alterações neurológicas, como a Escala de Cincinnati (Quadro 16.1), que pode auxiliar no reconhecimento da suspeita de AVE. Esse instrumento pode ser facilmente aplicado, utilizando apenas três parâmetros: paresia facial (pedindo ao paciente para mostrar os dentes ou sorrir), déficit motor dos membros superiores (paciente deve fechar os olhos e manter os braços estendidos) e fala (pedindo para que o paciente fale "não se pode ensinar novos truques a um cachorro velho").

Os tipos clínicos básicos são o AVEi completo (deficiência neurológica de início abrupto ou progressivo, que atinge seu máximo e se estabiliza), a deficiência neurológica isquêmica reversível (deficiência neurológica que se resolve em até uma semana) e o ataque isquêmico transitório (AIT) (sinais e sintomas que desaparecem em até 24 horas). A possibilidade de classificar os casos dentro de um desses quadros será de extrema utilidade na escolha dos exames complementares e das medidas terapêuticas a serem adotadas.[7] O exame físico de rotina deve ser acrescido de uma avaliação cuidadosa do sistema vascular. O exame neurológico deve ser rápido (5 a 10 minutos), mas preciso. Esses dados são essenciais para distinguir entre um episódio isquêmico ou hemorrágico, para estabelecer o território vascular afetado e para definir a gravidade do AVE.[8]

**Quadro 16.1 – Escala de Cincinnati**

Paresia facial (pedir ao paciente para mostrar os dentes ou sorrir)
- Normal: ambos os lados da face se movem simetricamente.
- Anormal: um lado da face não se move tão bem quanto o outro.

Déficit motor dos membros superiores (paciente deve fechar os olhos e manter os braços estendidos)
- Normal: ambos os braços se movem simetricamente ou ambos não se movem (outros achados, como pronação distal, podem ser úteis).
- Anormal: um membro superior não se move ou apresenta queda.

Fala (pedir que o paciente fale "não se pode ensinar novos truques a um cachorro velho")
- Normal: paciente usa corretamente as palavras, sem alteração.
- Anormal: paciente apresenta dificuldade para falar, usa as palavras de forma inadequada ou é incapaz de falar.

- Avaliação laboratorial: deve incluir hemograma com contagem de plaquetas, coagulograma completo com RNI, glicose, ureia, creatinina, sódio, potássio, cálcio, magnésio, marcadores cardíacos, colesterol total e frações, provas de função hepática. Quando houver suspeita de distúrbios nas trocas gasosas e de alterações do equilíbrio ácido-básico, é necessário realizar uma gasometria arterial.[8]
- Avaliação de imagens: tomografia computadorizada cerebral (TCC) sem contraste é, na fase inicial, o mais importante e útil meio diagnóstico. Esta pode excluir um AVE hemorrágico e outras patologias que podem simular um AVEi, como tumores e abscessos. Sua alta sensibilidade permite detectar 100% das hemorragias intracerebrais e 95% das hemorragias subaracnoides. As lesões isquêmicas agudas são caracterizadas como áreas com mudança de densidade com margens borradas, que aparecem 6 horas após o início dos sintomas. Infartos completos são geralmente vistos depois de 24 horas. Na tomografia, os sinais indiretos de isquemia podem ser detectados em uma fase muito precoce da evolução e, com esses sinais, é possível prever a gravidade do AVE e

o tamanho da área comprometida. A TCC frequentemente confirma a suspeita de infarto isquêmico, exceto em alguns casos em que esta é realizada muito precocemente (horas) ou o AVE seja muito pequeno (principalmente na região do tronco cerebral). A ressonância magnética (RM) não é um teste diagnóstico prático na emergência, pois depende da cooperação do paciente e tem um tempo de execução mais prolongado. Em comparação com a TCC, a RM é mais sensível especialmente entre 8 e 24 horas após o íctus, principalmente para infartos de tronco cerebral e cerebelo. As novas técnicas de RM introduziram a possibilidade de acessar a viabilidade do tecido cerebral. No futuro, provavelmente, a rígida janela de tempo para início da terapêutica (reperfusão) seja menos relevante do que a presença de tecido isquêmico reversível na avaliação radiológica.[8]

■ Outros exames de imagem: ultrassonografia com doppler é uma técnica muito útil para uma rápida avaliação das artérias intracranianas e extracranianas na fase aguda do AVE. Em artéria carótida com estenose superior a 40%, a ultrassonografia tem sensibilidade de 92% a 100% e especificidade de 93% a 100%, semelhante à da arteriografia. Na avaliação de estenose maior que 50% das artérias vertebrais, o doppler tem baixa sensibilidade e especificidade. O doppler transcraniano permite o exame das artérias intracranianas de modo não invasivo. Esse exame pode detectar estenoses ou oclusões de artérias intracranianas, alterações na circulação colateral e vasoespasmo. Angiografia por ressonância magnética (ARM) é um exame útil e um método não invasivo, que possibilita avaliar grandes artérias e veias. Quando associada à ultrassonografia com doppler, a ARM tem é considerada como um exame efetivo na avaliação das estenoses arteriais. Arteriografia cerebral é o exame preferencial para demonstrar doenças vasculares intra e extracranianas e auxilia na identificação da causa do AVE. A arteriografia requer um período relativamente longo para ser obtida. Esse exame deve ser evitado em pacientes com déficit neurológico severo ou instáveis, devido ao risco de ele poder agravar o quadro.

■ Eletrocardiograma de 12 derivações e ecocardiografia transtorácica: permitirá detectar a presença de alterações no ritmo cardíaco (especialmente fibrilação atrial). Já a ecocardiografia transtorácica em pacientes com doença cardíaca conhecida é um exame normalmente suficiente para detectar anormalidades cardíacas responsáveis por uma embolia cerebral (trombo ventricular, infarto do miocárdio, endocardite, valvulopatia). Nos pacientes com fibrilação atrial sem valvulopatia, o achado na ecocardiografia transtorácica de átrio esquerdo aumentado e disfunção do ventrículo esquerdo é um preditor para tromboembolismo cerebral. A ecocardiografia transesofágica é recomendada para pacientes sem história de doença cardíaca (principalmente em jovens). Nesse grupo de pacientes, deve ser investigada a presença de forame oval patente ou defeito no septo atrial. A ecocardiografia transesofágica tem maior resolução na avaliação do átrio esquerdo e do arco aórtico. Invariavelmente, a radiografia dos campos pulmonares deve ser realizada.(9)

Além dos exames mencionados, podemos ressaltar também a escala de AVE do National Institute of Health (NIH), que se caracteriza pelo instrumento mais utilizado para avaliação da gravidade e para acompanhamento da evolução clínica do acidente. Enfatiza os mais importantes tópicos do exame neurológico e tem como objetivo uniformizar a linguagem dos profissionais de saúde e tem sido relacionada com gravidade, definição de tratamento e prognóstico. Varia de 0 a 42 pontos e deve ser aplicada na admissão do paciente e a cada hora nas primeiras 6 horas, a cada 6 horas nas primeiras 18 horas.[8,10]

## Tratamento

■ Abordagem inicial do AVE isquêmico
Muitas instituições já trabalham com código de AVE, que se refere a um protocolo de diagnóstico e tratamento precoces, interligando os diferentes setores da instituição envolvidos nesse processo, visando melhores prognósticos. Todo paciente com suspeita de AVE com até 24 horas do último momento que foi visto bem devem ser incluídos no protocolo de AVE.[8]
O manejo do paciente com AVEi consiste no tratamento de suporte e do tratamento específico.

■ Terapia trombolítica (rTPA)
O uso da terapia trombolítica é abalizado no fato de que muitos dos AVEi são decorrentes da oclusão arterial trombótica ou tromboembólica. As arteriografias demonstraram a presença de coágulos oclusivos em mais de 80% dos pacientes. A estratégia terapêutica visa restaurar a perfusão cerebral dentro de um período em que se tenha o potencial para limitar as consequências bioquímicas e metabólicas da isquemia, que induzem a lesão

cerebral irreversível. O National Institute of Neurological Disorders and Stroke (NINDS – em tradução livre, Instituto Nacional de Desordens Neurológicas e Acidentes Encefálicos Cerebrais), no estudo do ativador do plasminogênio tecidual recombinante (rtPA) para AVEi, demonstrou melhor evolução dos pacientes com administração da droga em até 3 horas após início dos sintomas. Em 24 horas, o escore médio do NIH era significativamente melhor no grupo do rtPA (8 rtPA × 12 placebo; p < 0,02). Em 3 meses, o tratamento resultou em um aumento de 11% a 13% dos pacientes com excelente evolução neurológica. A mortalidade era semelhante após 3 meses (17% rtPA × 21% placebo; p = 0,30). O risco de hemorragia intracerebral era maior no grupo da trombólise (6,4% rtPA × 0,6% no placebo; p < 0,001).[11]

São candidatos à terapia trombolítica:

- Tempo de evolução até 270 minutos (cautela para tempo de evolução 180-270 minutos em pacientes >80 anos, com história de diabetes *mellitus* e AVE prévio, pontuação na Escala de AVE do NIH ≤25, uso de quaisquer anticoagulantes orais, e imagem isquêmica envolvendo mais de um terço do território da artéria cerebral média). Para pacientes que não apresentam tempo de evolução bem documentado, o mesmo deve ser estimado a partir do último horário em que o paciente foi visto normal.
- Idade ≥18 anos.
- Exame de neuroimagem sem outros diagnósticos diferenciais (particularmente hemorragias) e sem sinais de franca alteração isquêmica recente (hipoatenuação marcante no caso da tomografia de crânio), podendo apresentar sinais de alteração isquêmica precoce de extensão leve a moderada.

As recomendações da American Heart Association para o uso de trombolíticos no AVEi são as seguintes:

- Administrar rtPA endovenoso (dose de 0,9 mg/kg, para um máximo de 90 mg, e dessa, 10% em bólus e o restante em 60 minutos) em pacientes com início do íctus < 180 minutos. O tratamento não é indicado quando não existe uma clara definição do tempo de evolução.
- Administração endovenosa da estreptoquinase não é indicada no manejo do AVEi.
- Terapia trombolítica só é indicada quando o diagnóstico é estabelecido por um médico experiente no diagnóstico de AVEi e a TCC é avaliada por um médico experiente nesse exame de imagem.

Os pacientes que devem ser excluídos do protocolo da terapia trombolítica:[11,12]

- TCC com alterações compatíveis com infarto extenso (apagamento de sulcos, efeito de massa, edema) ou possível hemorragia.
- Hemorragia intracraniana prévia.
- Trauma cerebral severo nos últimos 3 meses.
- PA sistólica (PAS) >185 mmHg sem possibilidade de redução e/ou estabilidade em valores abaixo desses, com tratamento anti-hipertensivo, antes do início do tratamento.
- História de hemorragia do sistema gastrointestinal ou urinário nos últimos 21 dias.
- Uso de anticoagulante oral ou INR > 1,7.
- Uso de heparina nas últimas 48 horas e/ou um prolongado KTTP.
- Plaquetas < 100 000/mm³.
- Convulsões no início do AVE.
- Sintomas sugestivos de hemorragia subaracnoide (HSA).
- Cirurgia maior nos últimos 14 dias.
- Outro AVE nos últimos 3 meses.
- Glicose < 50mg/dL ou > 400 mg/dL.
- Rápida melhora dos sinais neurológicos (como nos casos de AIT); pacientes com pequenos déficits isolados (escore NIH < 4) geralmente não são candidatos a trombólise devido ao risco superar um provável benefício.
- A trombólise nos pacientes com grave AVE (NIH > 22) deve ser cautelosa.

- Tratamento dos pacientes não candidatos à trombólise

Alguns pacientes, como aqueles descritos anteriormente, não são candidatos à trombólise. Para eles, o tratamento é apresentado a seguir.

- Anticoagulação (heparina de baixo peso molecular): não existe nenhuma evidência de benefício dessa droga no AVEi, em termos de redução da morbimortalidade. A heparina em baixas doses (5.000 UI via subcutânea de 12/12 horas) é efetiva e segura na prevenção de complicações tromboembólicas de pacientes imobilizados na fase aguda do AVEi.
- Antiagregante plaquetário: na avaliação conjunta dos resultados dos estudos do International Stroke Trial (IST) e do Chinese Acute Stroke Trial (CAST), a aspirina tem o benefício de evitar 10 mortes ou recorrência do AVEi para cada 1.000 pacientes tratados. O uso precoce da aspirina

(nas 48 horas iniciais) deve ser considerado em todos os pacientes, a menos que exista uma clara contra-indicação (trombólise, anticoagulação plena). Não deve ser utilizada em caso da anticoagulação plena, e no caso da trombólise, deve ser utilizada após 24 horas da realização do evento terapêutico. A aspirina em baixas doses (50-325 mg/dia) é efetiva e determina menores efeitos adversos (hemorragia TGI, dor abdominal, náuseas, vômitos). Outros agentes antiplaquetários que provaram ser efetivos na prevenção da recorrência do AVEi são: clopidogrel (75 mg 1 vez/dia), aspirina combinada com dipiridamol de liberação lenta (25 mg + 200 mg 2 vezes/dia) e ticlopidina (250 mg 2 vezes/dia). A aspirina é a primeira escolha para os pacientes que não vinham em uso de nenhuma medicação antiplaquetária.[13]

**NOTA**

Em 2019, a American Stroke Association (ASA) reconheceu a importância da telemedicina como ferramenta efetiva para a indicação de tratamento trombolítico na fase aguda do AVEi.

- Trombectomia mecânica: a trombectomia mecânica (*stent retriever*) está indicada em pacientes com AVEi agudo, que apresentam oclusão de artéria carótida interna ou artéria cerebral média proximal com até ≥ 6 horas do início dos sintomas, idade ≥ 18 anos, pontuação ≥ 6 na Escala de AVE do NIH, tomografia de crânio com pontuação ≥ 6 na Escala ASPECTS e pontuação 0-1 na Escala de Rankin modificada antes do AVE atual.[14]
- Tratamento de suporte
  - Cuidados com vias aéreas e ventilação: a manutenção de uma adequada oxigenação é um dado importante no atendimento na emergência. A hipóxia induz ao metabolismo anaeróbio e depressão dos estoques de energia celular e, assim, pode aumentar a área de lesão cerebral e piorar o prognóstico. As causas mais comuns de hipóxia são a obstrução parcial das vias aéreas, hipoventilação, pneumonia de aspiração e atelectasias. As primeiras medidas no paciente com depressão do nível de consciência (Glasgow < 9) são a proteção da via aérea (intubação orotraqueal) e a correção dos distúrbios ventilatórios (oxigenoterapia/ventilação mecânica).[7,10]
  - Monitoração cardíaca: o paciente deve ter monitoração cardíaca contínua pelo menos durante as primeiras 24 horas após o início dos sintomas. A literatura descreve prevalência de 5% a 10% de alterações no eletrocardiograma e de 2% a 3% de infarto agudo do miocárdio nos AVE.[7,10]
  - Controle da temperatura corporal: a hipertermia mostrou-se deletéria ao tecido cerebral isquêmico em estudos experimentais. Viu-se que cada grau centígrado de elevação da temperatura cerebral aumentava em muito a área final do infarto do tecido neurológico. A febre deve ser tratada com antitérmicos. Não há dados clínicos definidos sobre a utilidade da hipotermia no tratamento do AVEi.[7,10]
  - Controle metabólico: alguns estudos correlacionam hiperglicemia à evolução pobre após um AVE. A hiperglicemia é responsável por um maior dano celular na região isquêmica ("penumbra"). Os elevados níveis de glicemia devem ser prontamente corrigidos. A administração de soluções com glicose deve ser evitada na fase aguda do infarto. A hipoglicemia também determina maior extensão da área de infarto. A recomendação é manter normoglicemia.[7,10]
  - Controle hídrico: a reposição de volume tem como objetivo corrigir a desidratação. Esta pode determinar hemoconcentração e, assim, piora do fluxo sanguíneo cerebral. A solução fisiológica a 0,9% é a mais utilizada. A hemodiluição não é uma terapia atualmente recomendada. Alguns trabalhos testaram a hemodiluição hipervolêmica, sugerindo piora do prognóstico devido ao aumento do edema cerebral. O objetivo é a euvolemia.[7,10]
  - Abordagem da pressão arterial na fase aguda do AVEi: hipertensão arterial é um achado frequente após o AVE. A pressão elevada pode resultar de estresse, dor, da resposta fisiológica à hipóxia cerebral, do aumento da pressão intracraniana, da retenção urinária ou devido à hipertensão prévia. A pressão arterial pode ser reduzida com o controle desses fatores. O manejo da pressão arterial no AVEi agudo é bastante controverso. É recomendado não tratar a hipertensão leve ou moderada durante as primeiras horas do AVE. As regiões isquêmicas do cérebro têm perda

parcial ou completa do mecanismo de autorregulação e o fluxo sanguíneo depende da pressão arterial para manter a perfusão cerebral. Logo, a redução da pressão arterial para níveis de normotensão em pacientes em fase aguda pode exacerbar a lesão cerebral e piorar o prognóstico, principalmente nos pacientes previamente hipertensos.[7]

## Assistência de enfermagem

Segundo o Ministério da Saúde,[9] Miller e colaboradores[15] e Miranda,[8] existe a assistência de enfermagem direcionada para a fase aguda do AVE, como é descrita no Quadro 16.2. Assim como a assistência de enfermagem voltada ao período de reabilitação, abordada mais à frente neste capítulo (item 16.4.1).

Quadro 16.2 – Assistência de enfermagem na fase aguda e durante internação por AVEi[8,10,15]

| Assistência de enfermagem | Justificativa |
|---|---|
| Manter oxigenação adequada. Se necessário, aspirar secreções. | Evitar a hipóxia, que aumenta a área de lesão cerebral e piora o prognóstico. |
| Monitorar oximetria digital e manter a saturação de oxigênio superior a 95% | Manter oxigenação tecidual preferencialmente da maneira menos invasiva possível (cateter nasal, máscara, CPAP ou Bipap). |
| Realizar monitoramento contínuo não invasivo de pressão arterial e eletrocardiograma e comunicar alterações. | O aumento da PA ocorre na fase aguda do AVEi em mais de 90% dos pacientes e geralmente é transitória. A redução dos níveis pressóricos pode ser deletéria na fase aguda, podendo aumentar a área infartada. Nos pacientes não submetidos a tratamento de recanalização, a hipertensão arterial não deve ser reduzida, salvo nos casos com níveis pressóricos extremamente elevados (pressão sistólica > 220 mmHg ou pressão diastólica > 120 mmHg), ou nos pacientes nos quais coexiste alguma condição clínica aguda merecedora de redução pressórica (isquemia miocárdica, insuficiência renal, insuficiência cardíaca descompensada e dissecção de aorta). Os pacientes com AVEi submetidos a tratamento de recanalização devem ser mantidos com pressão arterial > 180/105 mmHg nas primeiras 24 horas após o tratamento. |
| Encaminhar paciente para exames sempre com monitor cardíaco e mala de emergência com medicamentos e materiais para atender eventuais necessidades de instabilização hemodinâmica. | Garantir a continuidade do cuidado e da segurança do paciente. |
| Checar possíveis causas de elevação pressórica nos pacientes com AVEi agudo, incluindo ansiedade, dor e distensão vesical. | Controlar possíveis causas de elevação pressórica. |
| Realizar monitoramento frequente do nível glicêmico capilar, a cada 4 horas nas primeiras 24 horas. Se duas medidas consecutivas, com intervalo de 60 minutos, forem maiores do que 180 mg/dL, realizar controle glicêmico intensivo, com glicemia capilar de hora em hora, conforme prescrição médica. | A hiperglicemia persistente agrava a lesão vascular aguda. Manter a glicemia entre 140-180 mg/dL, evitando também hipoglicemia. |
| Administrar, conforme prescrição médica, infusão intravenosa de 40 mL de solução glicosada a 50% se hipoglicemia (glicemia < 60 mg/dL). | Tratar hipoglicemia (glicemia < 60 mg/dL) através da infusão intravenosa de 40 mL de solução glicosada a 50%. |
| Puncionar dois acessos venosos, sendo um para medicações e outro para realização de angiotomografia e trombólise, porém evitar a manutenção de acessos venosos no membro parético. Os acessos devem possuir calibre superior a 18 Gauge (G). | Prevenir lesões no membro. |
| Manter o equilíbrio hidroeletrolítico, conforme prescrição médica. | Objetivando sempre a euvolemia e corrigindo a desidratação. |
| Administrar fármacos, como as aminas vasoativas (dopamina ou noradrenalina); trombolítico alteplase (em infusão contínua por 60 minutos, sendo 10% da dose administrada em bólus intravenoso durante um minuto), nitroprussiato de sódio (iniciar infusão IV contínua na dose de 0,5 mcg/kg/minuto), conforme prescrição médica. | Garantir o efeito desejado da cobertura medicamentosa, principalmente quanto à meia vida dos medicamentos. |
| Monitorar temperatura e comunicar se maior do que 37,8 °C. | O aumento da temperatura é fator de pior prognóstico, devendo a mesma ser mantida até o valor de 37,8 °C. |

| Assistência de enfermagem | Justificativa |
|---|---|
| Checar glicemia capilar antes da administração de trombolítico. | O valor da glicemia é relevante para a avaliação do trombolítico. |
| Avaliar o paciente quanto à Escala de Coma de Glasgow. Nos pacientes submetidos a tratamento trombolítico intravenoso (rTPA) ou trombectomia, deve ser aplicada e registrada a cada 30 minutos nas primeiras 2 horas, depois a cada hora até 6 horas e, posteriormente, a cada 2 horas até 24 horas. No segundo dia após o evento, deve ser aplicada a cada 4 horas. | Monitorar evolução do quadro. |
| Monitorar sinais de hemorragia cerebral pós-trombolítico, incluindo rebaixamento da consciência, piora do déficit neurológico, aumento expressivo da pressão arterial, cefaleia e vômitos. | Hemorragia cerebral sintomática deve ser suspeitada na presença de novos sinais e sintomas neurológicos, iniciados durante a infusão da alteplase ou dentro das próximas 24 horas. |
| Monitorar angioedema orolingual e comunicar ao enfermeiro se ocorrer. | O trombolítico alteplase pode ocasionar esse efeito em uma parcela de pacientes. |
| Instalar crioprecipitado, ácido tranexâmico ou épsilon aminocapróico após avaliação hematológica e do neurocirurgião. | Em casos de sangramento cerebral pós-trombolítico, podem ser prescritos hemotransfusão com crioprecipitado ou as medicações descritas. |
| Manter o paciente em jejum até que o diagnóstico seja definido e a situação neurológica estabilizada. | A liberação para alimentação oral deverá ocorrer apenas após avaliação da capacidade de deglutição. |
| Manter decúbito elevado a 30 graus. | Decisão individual quanto ao melhor decúbito deve ser analisada posteriormente. |
| Se houver vômitos, manter o paciente em posição de decúbito lateralizado. | Evitar aspiração de conteúdos gástricos. |
| Realizar mudanças de decúbito, a cada 2 horas, mobilizando inclusive o lado afetado pelo AVEi. | Medida de prevenção das lesões por pressão. |
| Controlar a eliminação urinária. | Verificar a possibilidade de retenção urinária na necessidade de utilização de sonda vesical. |
| Estabelecer sempre a comunicação com o paciente, mesmo ele estando afásico. | O paciente pode estar afásico, porém pode estar ouvindo sua voz. |
| Realizar preparo cirúrgico (conforme protocolo hospitalar). | Evitar complicações, como infecção. |
| Encaminhar paciente para realização de tomografia de crânio controle 24 horas após a administração do rTPA. | Avaliar resultado da terapêutica. |
| Aplicar meias elásticas, conforme prescrição médica ou do enfermeiro. | Prevenir trombose venosa profunda. |

**NOTA**

Controle dos níveis pressóricos após tratamento trombolítico intravenoso:
- nas primeiras 2 horas aferir PA a cada 15 minutos;
- entre 2 e 6 horas aferir PA cada 30 minutos;
- entre 6 e 24 horas aferir PA a cada hora.

Quadro 16.3 – Manejo da pressão arterial após tratamento trombolítico[8]

| Pressão arterial | Medicamento | Intervalo para verificação |
|---|---|---|
| PAS >180 mmHg e ou PAD > 105 mmHg | Betabloqueador ou nitroprussiato de sódio | 5 minutos |
| PAS >180 mmHg e ou PAD > 105 mmHg sem resposta ao betabloqueador | Nitroprussiato de sódio | 5 minutos |
| PAD >140 mmHg | Nitroprussiato de sódio | 5 minutos |

# 16.3 ACIDENTE VASCULAR ENCEFÁLICO DO TIPO HEMORRÁGICO

O acidente vascular encefálico hemorrágico (AVEh) caracteriza-se pelo sangramento em uma parte do cérebro, em consequência do rompimento de um vaso sanguíneo. Pode ocorrer para dentro do cérebro ou tronco cerebral (acidente vascular cerebral hemorrágico intraparenquimatoso) ou para dentro das meninges, caracterizando a hemorragia subaracnóidea (HSA). O AVEh é uma das principais causas de mortalidade em todo o mundo sendo responsável por 10% a 15% de todos os casos de AVE. É considerado mais debilitante e grave quando comparado ao AVEi, sendo que 34% dos casos resultam em óbito dentro de 30 dias.[7]

## Descrição da fisiopatologia

Envolve a ruptura de uma artéria intracerebral e por consequente um derramamento de sangue, formando um hematoma. Alguns danos cerebrais envolvem a morte de células que foram privadas de oxigênio e nutrientes. Inicia-se, então, um processo degenerativo que elimina progressivamente neurônios e astrócitos da região aonde ocorreu o AVEh dentro de 24 horas. Células vizinhas também podem morrer dentro das semanas subsequentes. A fase secundária envolve uma resposta inflamatória do tecido encefálico que causa edema, constrição de vasos, citotoxicidade e acidose. A hemorragia intracerebral primária ocorre devido à ruptura espontânea causada pela hipertensão descontrolada, sendo uma das formas mais letais do AVEh. Contudo, a localização e o volume do hematoma são fortes preditores para se definir um bom prognóstico. A expansão do hematoma acontece em 30% dos pacientes, o que significa piora do quadro, porém pode ser evitada. A hemorragia intracerebral secundária está associada a malformações arteriovenosas, aneurismas intracranianos e medicamentos. No entanto, também pode ser provocada por outros fatores, como hemofilia ou outros distúrbios coagulação do sangue, ferimentos na cabeça ou cervical, tratamento com radiação para câncer no pescoço ou cérebro, arritmias cardíacas, doenças das válvulas cardíacas, defeitos cardíacos congênitos, vasculite (inflamação dos vasos sanguíneos – que pode ser provocada por infecções a partir de doenças como sífilis, doença de Lyme, tuberculose, insuficiência cardíaca e infarto agudo do miocárdio).

A hemorragia subaracnóide (HSA) é considerada um caso de urgência médica com altas taxas de morbidade e mortalidade.[6,7]

## Diagnóstico

A abordagem diagnóstica deve envolver:

- Avaliação clínica: a história clínica deve ser obtida com o paciente ou familiares, especialmente quanto à forma de instalação, aos sintomas e aos sinais associados, à doença pregressa e à presença de fatores de risco e causas para o AVEi. Essas informações são de fundamental importância no esclarecimento diagnóstico, bem como na tentativa de estabelecer o tipo clínico do distúrbio circulatório.
- Avaliação laboratorial: avaliação da glicemia deve ser imediata à admissão no serviço de emergência, hemograma completo, bioquímica sérica (eletrólitos, ureia e creatinina), coagulograma, marcadores de necrose miocárdica devido à associação de doença cerebrovascular com doença coronariana.
- Exames de imagem: a TCC de crânio é exame fundamental na abordagem ao AVEh. Deve ser realizada o quanto antes, por identificar precocemente a localização e extensão do sangramento, e avaliar a presença de complicações, como hemorragia intraventricular, edema cerebral, hidrocefalia, hipertensão intracraniana. A TCC deve ser realizada com urgência (<60 minutos), principalmente quando existe suspeita de hemorragia cerebral, a terapia trombolítica é planejada ou os sintomas neurológicos progridem (Figura 16.7). Angiografia cerebral é o método padrão ouro na avaliação da doença cerebrovascular, podendo ser realizada para confirmar o diagnóstico e para intervenção terapêutica por técnicas endovasculares, porém métodos não invasivos como angiotomografia cerebral pode ser considerada em pacientes com AVEh para identificar o risco de expansão do hematoma. RNM de crânio é uma opção à TCC de crânio com sensibilidade e especificidade semelhantes para hemorragia intracraniana. A RM é mais sensível na identificação de AVEh, sendo sua sensibilidade maior para hemorragias inferiores e sangramento meníngeo. Quando esses exames apresentarem resultados negativos, recomenda-se a realização de uma punção lombar. Radiografia de tórax deve ser solicitada como parâmetro basal.[10]
- Eletrocardiograma: pesquisa de cardiopatias e, principalmente, fibrilação atrial (AVEh pode advir de um AVE inicialmente isquêmico com degeneração hemorrágica).[7]

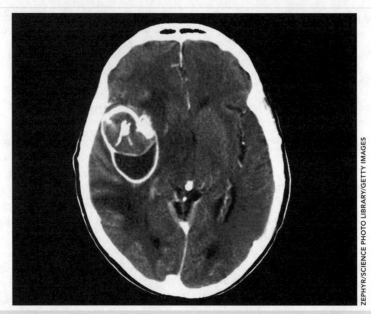

Figura 16.7 – Tomografia computadorizada mostrando aneurisma à esquerda.

## Manifestações clínicas

As manifestações clínicas ocorrem de acordo com o local do SNC comprometido. A seguir, apresentaremos a descrição das manifestações clínicas do AVEH, indicando local acometido e repercussão clínica.[1,7]

- Núcleos da base: hemiparesia contralateral, fala incompreensível, paresia dos braços e pernas e desvio dos olhos para longe do lado da hemiparesia. Em casos mais agressivos, ocorre sonolência, coma, respiração profunda, pupila ipsolateral dilatada.
- Tálamo: hemiplegia ou hemiparesia contralateral; afasia, apraxia ou mutismo, defeito dos campos visuais homônimos; desvio dos olhos para baixo e para dentro, pupilas anisocóricas com ausência de reação fotomotora, nistagmo de retração.
- Ponte: coma profundo com tetraplegia em questão de minutos; hiperpneia, hipertensão arterial grave e hiperidrose.
- Cerebelo: cefaleia occipital, vômitos repetidos e ataxia da marcha, tontura e vertigem proeminentes.

## Tratamento

As medidas terapêuticas gerais não diferem, de forma geral, daquelas dispensadas ao paciente com AVEi. Uma das preocupações mais importantes em caso de AVEh é evitar o ressangramento. O paciente deve ser transferido para unidade de cuidados intensivos, de forma a realizar repouso absoluto. Recomenda-se o uso de nimopidina, 60 mg, de 4/4 horas, a fim de evitar o vasoespasmo. Apesar de não existir estudos controlados sobre o benefício da hidantalização nesse grupo de pacientes, ela pode ser considerada como profilaxia de crises epiléticas, as quais causam risco de ressangramento.

A conduta recomendada é manter o paciente normotenso ou pouco hipertenso, tolerando uma PAS de até 150 mmHg. Nessa situação, deve-se sempre equilibrar o risco de ressangramento, isquemia cerebral e manutenção da pressão de perfusão cerebral. Havendo vasoespasmo sintomático, tolera-se uma hipertensão de até 160 mmHg. Deve-se ser evitada uma redução da PAS para níveis <140 mmHg, pelo risco de pior prognóstico.

A medida terapêutica definitiva para aneurismas é a oclusão do aneurisma cerebral por meio da colocação de um clipe cirúrgico ou de embolização do aneurisma pela técnica endovascular. Os pacientes com AVCh secundário à alteração da coagulação devem ser tratados com a correção da hemostasia por meio da transfusão de hemocomponentes.

### Terapia hemostática

- HIP e uso de varfarina: complexo protrombínico de 4 fatores (II, VII, XI e X) na dose de 25-50 UI/kg IV ou 500 UI (dose única) IV, ou plasma fresco congelado na dose de 5-10 mL/kg IV; e vitamina K na dose de 1-2 mg IV, buscando alcançar razão normatizada internacional (RNI) <1,3. Essas medidas devem ser tomadas mesmo antes do resultado dos exames laboratoriais de coagulação.[16]
- HIP e uso de heparina: dar sulfato de protamina 0,01 mg/UI de heparina IV.
- HIP e uso dos novos anticoagulantes: dabigatrana, rivaroxabana e apixabana.[17,18]

## Assistência de enfermagem

**Quadro 16.4** – Assistência de enfermagem ao paciente com AVEh[9,15,19]

| Assistência de enfermagem | Justificativa |
|---|---|
| Avaliar nível de consciência pela Escala de Coma de Glasgow (GCS). Se paciente estiver sob sedação utilizar a escala de Ramsay ou SAS. | Monitorar evolução clínica. |
| Comunicar à enfermeira qualquer alteração do estado neurológico (alterações na pontuação da Escala Glasgow ou escala de sedação), convulsões, agitação psicomotora, hipertensão arterial exagerada). | Detectar precocemente alterações no quadro clínico, intervindo precocemente. |
| Manter a saturação de oxigênio superior a 95% da maneira menos invasiva possível (cateter nasal, máscara, CPAP ou Bipap). | Considerar intubação orotraqueal (IOT) para proteção de vias aéreas em pacientes com rebaixamento do nível de consciência ou disfunção bulbar que traga risco de broncoaspiração. |
| Monitorizar a PIC. | Pacientes em coma (GCS < 8) e hipertensão intracraniana podem se beneficiar do monitoramento da PIC, com intuito de manter a pressão de perfusão cerebral (PPC) > 70 mmHg. |
| Manter controle da pressão arterial, temperatura, padrão respiratório e glicemia e comunicar à enfermeira alterações nos valores. | Prevenir o surgimento de possíveis complicações e piora no prognóstico do paciente. A temperatura deve ser mantida abaixo de 38 °C, pois a hipertermia pode ser deletéria ao tecido cerebral lesado. |
| Realizar monitoramento frequente do nível glicêmico capilar, a cada 4 horas nas primeiras 24 horas. Se 2 medidas consecutivas, com intervalo de 60 minutos, forem maiores que 180 mg/dL, realizar controle glicêmico intensivo, com glicemia capilar de hora em hora, conforme prescrição médica. | O valor glicêmico é extremamente relevante no quadro de AVEh, devendo ser monitorado para ser corrigido, caso necessário. |
| Administrar antipiréticos, conforme prescrição médica. | Manter a temperatura corpórea < 38 °C. |
| Relacionar os valores de PIC com os procedimentos realizados com os pacientes. Comunicar à enfermeira se PIC maior do que 20 mmHg e/ou PPC menor do que 70 mmHg. | Considerar: posicionamento adequado, período de agitação psicomotora, alterações hemodinâmicas importantes, estímulo doloroso, fisioterapia respiratória. |
| Manter decúbito elevado a 30 graus, administrar analgésicos e sedação, doses moderadas de manitol a 20%, solução salina hipertônica, e hiperventilação (manter PaCO2 entre 28 mmHg e 32 mmHg), conforme prescrição médica. | São medidas para controle da PIC. |
| Administrar, conforme prescrição médica HIP, varfarina ou outro. | Essas medicações representam o tratamento hemostático. |
| Verificar presença de diurese espontânea. | Verificar a possibilidade de retenção urinária e a necessidade de utilização de sonda vesical. |
| Administrar fenitoína IV conforme prescrição médica (infusão em 1 hora, com acesso venoso seguro). | A fenitoína pode é prescrita para controlar as convulsões, que podem piorar o quadro se ocorrerem. A fenitoína, se extravazada do vaso, causa necrose de partes moles. |
| Realizar a mudança de decúbito a cada 2 horas, promovendo conforto com travesseiros. | Evitar o surgimento de lesões por pressão. |
| Realizar aplicação de hidratantes a base de óleo de girassol ou outro disponível na instituição diariamente. | Promover o conforto e a integridade da pele do paciente, evitando lesões por pressão. |
| Aplicar dispositivos de compressão pneumática de membros inferiores, conforme prescrição médica ou do enfermeiro. | Prevenir a trombose venosa profunda. O uso de anticoagulantes só pode ser feito após documentação da cessação da hemorragia. |
| Promover meio de comunicação (seja por meio da escrita, mímica ou lousa de alfabeto) para pacientes afásicos. | Inserir o paciente no seu cuidado. |
| Após neurocirurgia manter oxigenação adequada, evitar aspirações traqueais prolongadas, controlar a sedação, examinar pupilas a cada hora. | Detectar complicações o mais precocemente possível. |

Orientações devem ser fornecidas ao longo da internação com informações sobre a doença, sua prevenção visando auxiliar na prevenção secundária e no trabalho de reabilitação, de preferência com entrega pelo enfermeiro e equipe interdisciplinar de informações por escrito. O seguimento desse paciente deve ocorrer em diferentes períodos (intrahospitalar, 30 dias após o evento, 90 dias após o evento, e anualmente até completar 5 anos).[20]

## 16.4 REABILITAÇÃO DO PACIENTE PÓS AVE

Recomenda-se que a reabilitação da pessoa com AVE aconteça de forma precoce e em toda sua integralidade. A pessoa com alterações decorrentes desse acidente pode apresentar diversas limitações em consequência do evento, e a recuperação é diferente em cada caso.[9]

Assim, dependendo do quadro apresentado pelo paciente, pode ser recomendada a introdução de via alternativa de alimentação para pacientes pós AVE com quadros graves de disfagia, em risco nutricional e de complicações pulmonares. O objetivo da reabilitação será retomar a dieta via oral com manutenção do estado nutricional, buscando evitar as complicações pulmonares e, principalmente, o risco de pneumonia aspirativa.

Além disso, a paralisia facial é uma manifestação frequentemente observada no paciente pós-AVE. Caracteriza-se pela diminuição dos movimentos faciais na hemiface acometida, podendo resultar nas alterações da mímica facial, das funções de deglutição e fonação, com consequente impacto estético e funcional. A reabilitação desse acometimento visa minimizar os efeitos da paralisia/paresia da musculatura facial, nas funções de mímica facial, fala e mastigação, além de manter aparência, melhora do aspecto social e emocional.[8,9,15]

Vale salientar que, um ano após o primeiro AVE, a independência física (para 66% dos sobreviventes) e a ocupação (para 75% dos sobreviventes) são os domínios mais afetados. Há a necessidade de atuação da equipe de reabilitação, a qual tem por objetivo reduzir as consequências da doença no funcionamento diário, fazendo uso inclusive das tecnologias assistivas para o desenvolvimento das atividades de vida diária.[8,9]

As lesões cerebrais decorrentes do AVE, dependendo da área de comprometimento, podem gerar sequelas relativas à linguagem oral e escrita (afasias), distúrbios auditivos, planejamento (apraxia oral e verbal) e execução da fonoarticulação (disartrias/disartrofonias), visto que o Sistema Nervoso Central se apresenta como um sistema funcional complexo, hierarquicamente organizado e de funcionamento integrado. Todos esses eventos, isolados ou em conjunto, podem trazer ao paciente uma dificuldade em comunicar-se, que pode implicar em isolamento social que, por sua vez, pode desencadear ou agravar quadros depressivos. Dessa forma, algumas condutas devem ser adotadas visando minimizar esses danos, como: garantir que a atividade esteja dentro das necessidades e das capacidades apresentadas pelo paciente; não realizar abordagens infantilizadas, tratando o adulto como tal; falar de frente para o paciente, com redução da velocidade de fala; usar repetição e redundância; apresentar uma tarefa de cada vez; e saber esperar pela resposta do paciente.[9,15]

O ato de reabilitar um indivíduo implica em promoção da saúde à medida que o reeduca, potencializando e aprimorando as habilidades que ainda lhe restam, alvitrando adaptação e reflexão diante da nova condição existencial. Busca melhorar a qualidade de vida, oferecendo condições mais favoráveis ao aproveitamento das funções preservadas por meio de estratégias compensatórias, aquisição de novas habilidades e adaptação às perdas permanentes. Nesse sentido, as pretensões específicas da reabilitação variam muito de uma pessoa para outra, bem como a mensuração dos objetivos delineados. Diante de tal perspectiva, o enfoque não deve estar somente nas incapacidades do sujeito, mas em toda a dinâmica que o envolve, levando em consideração o meio sociofamiliar em que está inserido e o impacto de ter um membro da família acometido por lesão cerebral com importantes sequelas. Com isso, a reeducação dos familiares e cuidadores também se faz de suma importância para o progresso do tratamento.[8,9]

## Assistência de enfermagem

A enfermagem de reabilitação é uma área de intervenção da enfermagem que tem por objetivo prevenir, recuperar e habilitar de novo as pessoas vítimas de doença súbita ou descompensação de processo crônico, que provoquem déficit funcional a nível cognitivo, sensorial, motor, cardiorrespiratório, da alimentação e da sexualidade, promovendo a maximização das capacidades funcionais da pessoa, potenciando seu rendimento e desenvolvimento pessoal.[21]

Assim, pode-se dizer que a enfermagem de reabilitação tem três objetivos principais: maximizar a autodeterminação, restaurar a função e otimizar escolhas de estilos de vida dos doentes.[22]

Dessa forma, no Quadro 16.4, são apresentadas as principais intervenções de enfermagem ao paciente em reabilitação pós-AVE, na qual está a compreensão do processo de neuroplasticidade, regeneração e reorganização do SNC.

**Quadro 16.4** – Assistência de enfermagem ao paciente em período de reabilitação pós-AVE[8,9,15]

| Assistência de enfermagem | Justificativa |
|---|---|
| Administrar dieta por sonda nasoenteral ou gastrostomia com paciente em decúbito de, no mínimo, 30 graus e lavar a sonda com água potável após cada dieta. | Nos casos graves com baixo nível de consciência e de atenção, o paciente pode necessitar de alimentação enteral. Deve-se manter cuidados para evitar obstrução da sonda. |
| Reduzir ao máximo outros estímulos durante as refeições, fracionar a alimentação e adequar consistência alimentar, podendo fazer uso de espessantes para os líquidos. | Melhorar a nutrição do paciente. Nos casos graves de disfagia, o paciente tem tendência a broncoaspiração. Caso não esteja em uso de dieta enteral, deve-se tomar precauções para evitar complicações. |
| Aconselhar sobre o uso de lupas para aumentar o tamanho do que está sendo visto, óculos antirreflexo ou sobreposições. | Nos casos de perda de visão central, visando reduzir o contraste excessivo de imagens e brilho. |
| Indicar o uso de válvula de fala. | Para favorecer a comunicação de pacientes traqueostomizados. |
| Promover meio de comunicação (seja por meio de escrita, mímica ou lousa de alfabeto) para pacientes afásicos. | Inserir o paciente no seu cuidado. |
| Promover uma higiene adequada, mantendo sempre a pele limpa, seca, hidratada e protegida, realizar mudança de decúbito de 2 em 2 horas. | Evitar o aparecimento de lesões por pressão, no caso de pacientes que ficaram acamados. |
| Promover autoestima e socialização. | O sucesso da reabilitação depende do grau de motivação e envolvimento por parte do paciente e da família neste processo. |

## NOTA

Tempos máximos recomendados na suspeita de AVE:
- Porta à avaliação médica inicial – 10 minutos.
- Porta ao início da neuroimagem – 25 minutos.
- Porta ao resultado da neuroimagem – 45 minutos.
- Porta ao início do trombolítico IV, se indicado – 60 minutos.
- Porta ao início da trombectomia, se indicada – 90 minutos.

## NESTE CAPÍTULO, VOCÊ...

... viu que o Brasil é um país com extenso território e nítido envelhecimento populacional. Como consequência, ocorre um incremento de muitas doenças crônico-degenerativas, sendo muitas delas de natureza neurológica, como as tratadas neste capítulo. Buscou-se ainda delinear não somente o atendimento inicial do AVE, mas também um pouco sobre a reabilitação da pessoa acometida por essa doença.

## EXERCITE

1. Sobre a trombólise endovenosa no AVE agudo, considere as seguintes afirmativas:
   I – A trombólise endovenosa deve ser primeira escolha de tratamento para qualquer isquemia, independentemente da localização.
   II – A trombólise endovenosa deve ser excluída se o paciente estiver sob tratamento antitrombótico
   III – A trombólise endovenosa aumenta o índice de transformação hemorrágica, portanto, devem-se excluir fontes cardioembólicas.
   IV – A trombólise endovenosa é tratamento de escolha mesmo diante de oclusão comprovada do tronco da artéria cerebral média.
   Assinale a alternativa correta:
   a) A afirmativa I está correta.
   b) As afirmativas II, III e IV estão corretas.
   c) As afirmativas I e IV estão corretas.
   d) As afirmativas II e III estão corretas.
   e) As afirmativas I, II, III e IV estão corretas.

2. Sobre isquemia e hemorragia cerebral, considere as seguintes afirmativas:
   I – Não há achados clínicos específicos para distinção entre AVE hemorrágico ou isquêmico, no entanto, sinais transitórios sugerem isquemia.
   II – A zona de penumbra é a responsável, nos casos isquêmicos, pela melhora dos déficits.
   III – A isquemia, diferente da hemorragia cerebral, é acompanhada de zona de penumbra.
   IV – Os déficits transitórios não apresentam alteração na neuroimagem se menores que 3 horas.
   Assinale a alternativa correta:
   a) A afirmativa I está correta.
   b) As afirmativas I e II estão corretas.
   c) As afirmativas III e IV estão corretas.
   d) As afirmativas I, II e IV estão corretas.
   e) As afirmativas I, II, III e IV estão corretas.

3. O local de fundamental importância para o aprendizado motor, em que são feitas as correções quando os movimentos resultantes falham com relação às expectativas é o:
a) Bulbo.
b) Córtex motor primário.
c) Núcleo da base.
d) Cerebelo.
e) Cérebro.

4. As áreas encefálicas controlam e desencadeiam determinadas respostas no organismo. Considerando essas respostas, relacione a primeira coluna com a segunda coluna da tabela.

1 – Ponte
2 – Córtex cerebral
3 – Mesencéfalo
4 – Córtex motor
5 – Hipotálamo

( ) Controla o pensamento e a linguagem.
( ) Controla a hiperventilação no exercício.
( ) Controla as alterações no débito cardíaco.
( ) Controla a temperatura do corpo.
( ) Controla a coordenação dos movimentos do músculo esquelético.

Assinale a alternativa que apresenta a sequência correta das áreas encefálicas indicadas na segunda coluna:
a) 1 – 4 – 5 – 2 – 3.
b) 2 – 1 – 3 – 5 – 4.
c) 3 – 2 – 1 – 5 – 4.
d) 4 – 3 – 2 – 1 – 5.
e) 5 – 4 – 1 – 2 – 3.

## PESQUISE

- Leia o artigo *Percurso da pessoa com acidente vascular encefálico: do evento à reabilitação*, disponível em: <http://www.scielo.br/pdf/reben/v70n3/pt_0034-7167-reben-70-03-0495.pdf>.
- Assista ao filme *O escafandro e a borboleta* e analise o impacto do acidente vascular encefálico na vida de uma pessoa.

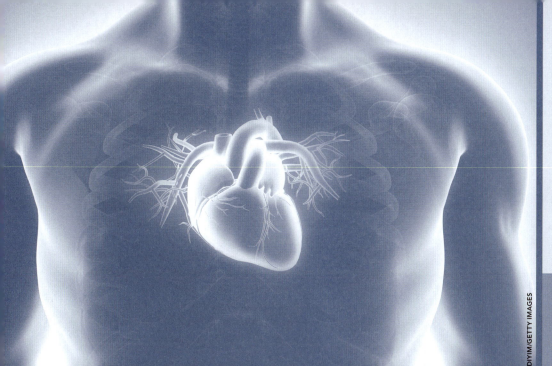

CAPÍTULO

17

COLABORADORAS:
EDUARDA RIBEIRO DOS SANTOS
JULIANA FIGUEIREDO PEDREGOSA MIGUEL

# ASSISTÊNCIA AO ADULTO COM DOENÇA CARDIOVASCULAR

### NESTE CAPÍTULO, VOCÊ...

- ... revisará a anatomia e a fisiologia do sistema cardiovascular.
- ... compreenderá a epidemiologia, os fatores de risco, as manifestações clínicas, os exames diagnósticos e o tratamento das principais patologias que acometem o sistema cardiovascular.
- aprenderá sobre a assistência de enfermagem para as patologias descritas e sua justificativa.

### ASSUNTOS ABORDADOS

- Revisão de anatomia e fisiologia cardíacas.
- Hipertensão arterial sistêmica.
- Insuficiência cardíaca.
- Síndromes coronarianas agudas.

# ESTUDO DE CASO

Deu entrada na emergência de um hospital municipal o sr. M.N.O., 55 anos, empresário, com histórico de infarto do miocárdio há cinco anos, apresentando pressão arterial elevada. Esposa informou que ele é hipertenso de longa data e não faz uso regular dos medicamentos, nega alergias. Tabagista de um maço de cigarros por dia, reside em casa própria de alvenaria com água encanada e saneamento básico, tendo esposa e um filho de 25 anos, solteiro e estudante. PA: 200 × 110 mmHg, FC: 130 bpm, FR: 22 irpm, T: 36 °C; sons respiratórios normais, com presença de sopro em foco aórtico. Refere que se alimenta frequentemente com gorduras e carboidratos, IMC (Índice de Massa Corpórea) igual a 29.

## Após ler o caso, reflita e responda:

1. Avalie os fatores de risco para doenças cardiovasculares desse paciente.
2. Proponha ações que possam ser implementadas para melhorar a saúde do paciente.

## 17.1 ANATOMIA E FISIOLOGIA CARDÍACA[1,2]

O coração é um órgão oco, localizado no centro do tórax, posicionado um terço à esquerda do esterno. Ele ocupa o espaço entre os pulmões, conhecido como mediastino, e apoia-se no sobre o diafragma (Figura 17.1). Pesa cerca de 300 gramas e é recoberto por duas membranas de tecido fibroso: o pericárdio visceral e parietal, que envolvem o coração e contêm aproximadamente 50 mL de líquido. O pericárdio tem como função:

- fixação do coração;
- redução do atrito entre o coração e as estruturas vizinhas;
- barreira contra infecções.

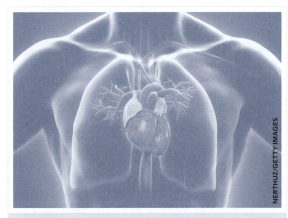

Figura 17.1 - Localização do coração.

É formado por quatro câmaras, divididas em átrio e ventrículo direitos e átrio e ventrículo esquerdos, separados pelos septos atrial, ventricular e atrioventricular.

As comunicações entre os átrios e os ventrículos são feitas pelas válvulas cardíacas. No lado direito do coração, a valva existente é denominada tricúspide, por ser formada por três cúspides. No lado esquerdo, denomina-se bicúspide ou mitral; o conjunto de ambas recebe o nome de válvulas atrioventriculares.

Na saída dos ventrículos localizam-se as válvulas semilunares, assim denominadas por terem o formato de meia-lua. Na saída do ventrículo direito fica a valva pulmonar, que separa essa câmara do pulmão. No lado esquerdo temos a valva aórtica, que separa o ventrículo esquerdo do sistema arterial, que leva o sangue oxigenado para o corpo.

O papel das válvulas é fazer com que o sangue siga em direção única, não permitindo que ele, quando impulsionado pelo coração, faça o caminho inverso.

A função cardíaca consiste em receber o sangue venoso proveniente de todo o corpo, através das veias cavas inferior e superior, e encaminhá-lo aos pulmões pela artéria pulmonar. A partir daí, passa das veias pulmonares para o átrio e o ventrículo esquerdos e, em seguida, para a artéria aórtica e novamente para a circulação sistêmica. O coração bombeia aproximadamente 5,5 litros de sangue por minuto (Figura 17.2).

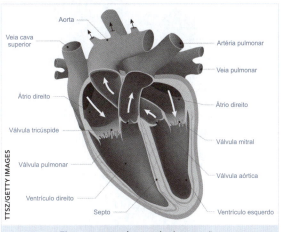

Figura 17.2 - Anatomia do coração.

O músculo cardíaco subdivide-se em três camadas. A camada mais interna do coração é o endocárdio e a espessa camada muscular média é chamada de miocárdio. Ela produz a contração muscular do coração. A camada mais externa é o epicárdio. O músculo do coração do lado esquerdo é muito mais espesso do que o músculo à direita, porque o lado esquerdo do coração deve gerar pressões mais elevadas para bombear o sangue para os tecidos orgânicos. O lado direito serve o sistema pulmonar, de menor resistência (Figura 17.2).

O coração possui automaticidade, pois ele é capaz de gerar seu próprio impulso elétrico, o qual é conduzido por fibras especializadas. Os impulsos se originam no nodo sinoatrial, depois seguem pelos feixes internodais até alcançarem o nodo atrioventricular e, a partir daí, seguem para o feixe de His e para dentro de seus ramos direito e esquerdo (Figura 17.3). O papel desse sistema elétrico de condução é causar a contração muscular e o movimento do bombeamento do sangue. Em condições normais, esse sistema faz com que o batimento cardíaco seja rítmico, com frequência cardíaca de 60 a 100 batimentos por minuto no adulto.

O nodo sinoatrial, ou nódulo sinusal, é a estrutura inicial do sistema elétrico cardíaco. Este é localizado na porção superior do átrio direito e funciona como um marca-passo natural do coração, determinando o ritmo e a frequência das contrações.

Do nódulo sinusal, o impulso elétrico viaja pelos átrios através dos feixes internodais e provoca sua contração, o que força a passagem do sangue para os ventrículos por meio das válvulas mitral e tricúspide.

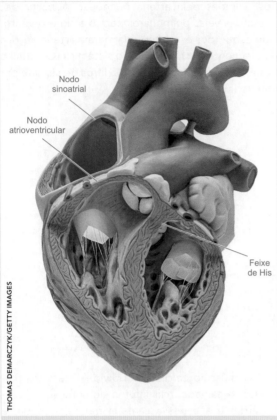

Figura 17.3 – Sistema elétrico de condução.

Para chegar aos ventrículos, o impulso elétrico deve passar por uma estrutura chamada nó atrioventricular (nó AV), localizada entre os átrios e os ventrículos e funciona como uma estação retransmissora de energia. Através dela, a corrente elétrica alcança um sistema especializado de fibras dos ventrículos, formado pelo feixe de His, ramos direito e esquerdo e pelas fibras de Purkinje, que se ramificam em redes cada vez menores até estimular o músculo e provocar a sua contração.[2]

Para seu funcionamento adequado, o coração depende do suprimento de sangue para o músculo cardíaco, que é feito pelas artérias coronárias direita e esquerda com seus múltiplos ramos, liberando sangue oxigenado para todas as camadas do coração e seu sistema elétrico de condução (Figura 17.4).[1]

## 17.2 HIPERTENSÃO ARTERIAL SISTÊMICA

A hipertensão é um dos principais agravos à saúde no Brasil. Eleva o custo médico-social, principalmente pelas suas complicações, como as doenças cerebrovascular, arterial coronariana e vascular de extremidades, além da insuficiência cardíaca e da insuficiência renal crônica.[3]

A hipertensão arterial ou pressão alta é uma condição de anormalidade dos pequenos vasos do sistema arterial, caracterizada por níveis elevados e sustentados da pressão do sangue que circula nesses vasos.[1]

A pressão sistólica, ou máxima, representa a pressão das artérias quando o coração se contrai e ejeta sangue para dentro delas. A pressão diastólica, ou mínima, ocorre quando o coração relaxa e representa a pressão mínima a que as artérias estão expostas antes da contração cardíaca subsequente.[1]

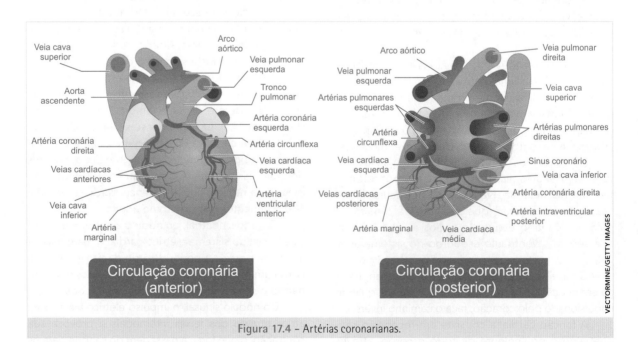

Figura 17.4 – Artérias coronarianas.

Em 95% dos casos não existe uma causa específica e, por isso, a hipertensão é chamada de "primária" ou "essencial". Os principais fatores de risco para a HAS são idade, sexo e etnia, excesso de peso e obesidade, ingestão de sal, ingestão de álcool, sedentarismo, fatores socioeconômicos e genética.[3]

Tabela 17.1 - Classificação da pressão arterial (> 18 anos)

| Classificação sistólica | Classificação diastólica |
|---|---|
| Normal ≤ 120 | ≤ 80 |
| Pré-hipertensão 121-139 | 81-89 |
| Hipertensão ||
| Estágio 1 – 140-159 | 90-99 |
| Estágio 2 – 160-179 | 100-109 |
| Estágio 3 – ≥ 180 | ≥ 110 |
| Sistólica isolada – ≥ 140 | < 90 |

Fonte: SBC.[3]

## Diagnóstico

O diagnóstico é feito por exame físico e anamnese e verificação da pressão arterial a intervalos regulares. Os estudos laboratoriais de rotina e complementares incluem: análise de urina, dosagens de ácido úrico, creatinina e potássio plasmáticos, albuminúria, ritmo de filtração glomerular, glicemia de jejum e hemoglobina glicada, colesterol total e frações, triglicérides plasmáticos, eletrocardiograma convencional, radiografia de tórax, ecocardiograma, ultrassom das carótidas, ultrassonografia renal, teste ergométrico e ressonância magnética do cérebro.

A HAS é invariavelmente diagnosticada pela identificação de níveis elevados e sustentados de pressão arterial (PA) pela medida casual. A medida da PA deve ser realizada em toda avaliação feita por profissionais da saúde habilitados.

O coração é avaliado por eletrocardiograma e ecocardiograma (ultrassonografia do coração) e esses exames podem demonstrar o espessamento (hipertrofia) das paredes do coração. A pressão alta sem controle pode levar à hipertrofia do coração e à insuficiência cardíaca. A radiografia do tórax é útil para avaliação do tamanho do coração e do acúmulo de líquido nos pulmões quando ocorre insuficiência cardíaca. Exames de sangue e urina ajudam a identificar o acometimento dos rins. O ultrassom das artérias do pescoço (duplex-scan de carótidas e vertebrais) é por vezes indicado para avaliar o risco de derrame cerebral, pois o acúmulo de gordura (aterosclerose) nesses vasos origina boa parte desses trágicos acidentes.

A monitorização ambulatorial da pressão arterial (MAPA) consiste na monitorização contínua da pressão arterial por um pequeno equipamento que, acoplado à cintura do paciente, acompanha-o por um período de 24 horas, durante suas atividades habituais, inclusive monitorando o período de sono noturno. Permite, dessa forma, o acompanhamento do comportamento da pressão arterial do indivíduo em um dia normal de sua vida.

## Procedimentos recomendados para a medida da pressão arterial (D)[3]

## Preparo do paciente

- Explicar o procedimento ao paciente e deixá-lo em repouso de 3 a 5 minutos em ambiente calmo. Deve ser instruído a não conversar durante a medição. Possíveis dúvidas devem ser esclarecidas antes ou depois do procedimento.
- Certificar-se de que o paciente não:
  - está com a bexiga cheia;
  - praticou exercícios físicos há pelo menos 60 minutos;
  - ingeriu bebidas alcoólicas, café ou alimentos;
  - fumou nos 30 minutos anteriores.
- Posicionamento:
  - o paciente deve estar sentado, com pernas descruzadas, pés apoiados no chão, dorso recostado na cadeira e relaxado;
  - o braço deve estar na altura do coração, apoiado, com a palma da mão voltada para cima e as roupas não devem garrotear o membro;
  - medir a PA na posição de pé, após 3 minutos, em diabéticos, idosos e em outras situações em que a hipotensão ortostática possa ser frequente ou suspeitada.

## Etapas para a realização da medição com técnica auscultatória[3]

- Determinar a circunferência do braço no ponto médio, entre acrômio e olecrano.
  - Selecionar o manguito de tamanho adequado ao braço (ver Quadro 17.2).

- Colocar o manguito, sem deixar folgas, 2 a 3 cm acima da fossa cubital.
- Centralizar o meio da parte compressiva do manguito sobre a artéria braquial.
- Estimar o nível da PAS pela palpação do pulso radial.
- Palpar a artéria braquial na fossa cubital e colocar a campânula ou o diafragma do estetoscópio sem compressão excessiva.
- Inflar rapidamente até ultrapassar 20 a 30 mmHg o nível estimado da PAS obtido pela palpação.
- Proceder à deflação lentamente (velocidade de 2 mmHg por segundo).
- Determinar a PAS pela ausculta do primeiro som (fase I de Korotkoff) e, depois, aumentar ligeiramente a velocidade de deflação.
- Determinar a PAD no desaparecimento dos sons (fase V de Korotkoff).
- Auscultar cerca de 20 a 30 mmHg abaixo do último som para confirmar seu desaparecimento e depois proceder à deflação rápida e completa.
- Se os batimentos persistirem até o nível zero, determinar a PAD no abafamento dos sons (fase IV de Korotkoff) e anotar valores da PAS/PAD/zero.
- Realizar pelo menos duas medições, com intervalo em torno de um minuto. Medições adicionais deverão ser realizadas se as duas primeiras forem muito diferentes.
- Medir a pressão em ambos os braços na primeira consulta e usar o valor do braço no qual foi obtida a maior pressão como referência.
- Informar o valor de PA obtido para o paciente.
- Anotar os valores exatos sem "arredondamentos" e o braço em que a PA foi medida.
- Reforça-se a necessidade do uso de equipamento validado e periodicamente calibrado.

## Tratamento

O tratamento tem como objetivo reduzir a pressão arterial a níveis normais ou próximos do normal, diminuindo as sequelas de longo prazo da doença.

Os medicamentos utilizados são os diuréticos, antagonistas adrenérgicos, antagonistas do canal de cálcio, bloqueadores do neurônio adrenérgico, vasodilatadores e bloqueadores ganglionares.

O programa de educação também é importante, com restrições dietéticas quanto ao sódio, gorduras saturadas e colesterol, realização de atividade física e estimulação para a perda de peso.

Entre os medicamentos mais utilizados encontram-se os diuréticos (basicamente, tiazídicos ou combinações) administrados em baixas doses, fazendo com que os vasos sanguíneos relaxem, consequentemente baixando a pressão. Os diuréticos também são comumente prescritos em associação com outros agentes em baixas doses, de modo que um potencializa a ação do outro, com menos efeitos colaterais do que quando cada droga é utilizada isoladamente em doses maiores.

Os betabloqueadores reduzem a força da contração cardíaca, consequentemente baixando a pressão. Na maioria das vezes, são bem tolerados, mas podem causar depressão, fadiga e, eventualmente, impotência sexual.

Os bloqueadores dos canais de cálcio relaxam a musculatura das artérias e podem diminuir a força de contração do coração.

Os inibidores da enzima conversora da angiotensina evitam a produção de um agente natural, a angiotensina II, um potente constritor dos vasos sanguíneos com consequente relaxamento dos vasos e queda da pressão.

Os inibidores dos receptores da angiotensina II são os mais novos armamentos do arsenal de drogas contra a hipertensão arterial. Seu mecanismo de ação é por bloqueio da ação da angiotensina II sobre os locais onde ela age, e não por inibição de sua produção. Por isso, sua ação é parecida com a dos inibidores da enzima conversora da angiotensina, mas são excepcionalmente bem tolerados.

Existem outras classes de medicamentos, como os vasodilatadores, alfa-bloqueadores, alfa-agonistas centrais e os novos bloqueadores dos receptores imidazolínicos.

Quadro 17.1 – Assistência de enfermagem ao paciente com hipertensão arterial[4,5]

| Assistência de enfermagem | Justificativa |
| --- | --- |
| Evitar situações de estresse emocional para o cliente. | Reduzir a estimulação, promovendo o relaxamento. |
| Manter o ambiente calmo e tranquilo, com restrições de atividade e períodos de repouso. | Reduzir a estimulação, o estresse físico e a tensão, promovendo o relaxamento. |
| Proporcionar medidas de conforto como massagem nas costas e no pescoço, elevação do pescoço. | Diminuir o desconforto e reduzir a estimulação que eleva a pressão arterial. |
| Monitorar a PA, mensurando em ambos os braços/coxas três vezes, enquanto o paciente está em repouso, depois sentado e em pé. | A comparação das pressões proporciona um quadro mais completo sobre a amplitude do problema. |

| Assistência de enfermagem | Justificativa |
|---|---|
| Utilizar manguito de tamanho correto e técnica precisa. | O uso de manguito inadequado leva a valores imprecisos da pressão arterial. |
| Monitorar as respostas aos medicamentos para controlar a pressão arterial. | Para que haja ajustes dos medicamentos em decorrência do comportamento da pressão arterial. |
| Antes de aferir a PA, certificar-se de que o cliente não praticou atividade física, não está de bexiga cheia, nem fumou, ingeriu bebidas estimulantes como café, chá ou bebidas com cola. | São situações ou alimentos estimulantes do coração, que levam ao aumento da PA. |
| Atentar para sinais de confusão mental, irritabilidade, cefaleia, desorientação, náuseas e vômitos; epistaxe. | Envolve a detecção precoce de complicações referentes à hipertensão arterial. |
| Evitar utilizar o termo PA "normal" e, sim, "bem controlada" para referir-se à PA do cliente. | Como a hipertensão arterial é uma doença crônica, estabelece a ideia de "controle" e favorece a adesão do cliente ao tratamento. |
| Observar o controle da ingestão de dieta hipossódica. | O uso excessivo de sódio leva à retenção hídrica, podendo prejudicar os rins e agravar a hipertensão. |

A hipertensão geralmente é tratada no ambiente comunitário, mas para os estágios III e IV, com sintomas de complicação/comprometimentos, pode precisar de cuidado com a internação.

**NOTA**

Utilize manguito de tamanho correto para evitar valores imprecisos da pressão arterial:
- Circunferência do braço ≤6 (recém-nascido): largura de 3 cm e comprimento da bolsa de 6 cm.
- Circunferência do braço 6 a 15 (criança): largura de 5 cm e comprimento da bolsa de 15 cm.
- Circunferência do braço 16 a 21 (infantil): largura de 8 cm e comprimento da bolsa de 21 cm.
- Circunferência do braço 22 a 26 (adulto pequeno): largura de 10 cm e comprimento da bolsa de 24 cm.
- Circunferência do braço 27 a 34 (adulto): largura de 13 cm e comprimento da bolsa de 30 cm.
- Circunferência do braço 35 a 44 (adulto grande): largura de 16 cm e comprimento da bolsa de 38 cm.
- Circunferência do braço 45 a 52 (coxa): largura de 20 cm e comprimento da bolsa de 42 cm.

Fonte: SBC.[3]

## 17.3 INSUFICIÊNCIA CARDÍACA

A insuficiência das câmaras cardíacas direita e esquerda resulta em uma diminuição da quantidade de sangue bombeada pelo coração, provocando congestão vascular pulmonar e/ou sistêmica e incapacidade de atender às necessidades de oxigênio e de nutrientes dos tecidos. Essa afecção é denominada insuficiência cardíaca (IC).[1,2]

Inicialmente, a insuficiência cardíaca pode atingir apenas um lado do coração, direito ou esquerdo, podendo tornar-se global posteriormente. Se ocorrer somente do lado esquerdo do coração, ele estará insuficiente para mandar o sangue pela aorta e daí para o corpo, fazendo o caminho inverso e se acumulando nos pulmões, levando a um edema pulmonar.[1,2]

Quadro 17.2 - Manifestações clínicas da insuficiência cardíaca

| |
|---|
| • Dispneia, ortopneia, dispneia paroxística noturna (DPN) |
| • Fadiga |
| • Tosse, hemoptise |
| • Edema, anorexia, náuseas, ascite, oligúria, estase jugular (característicos de insuficiência direita) |
| • Má perfusão periférica |

A insuficiência cardíaca pode ter diversas causas, entre elas insuficiência coronariana, distúrbios no sistema de circulação sanguínea, problemas nas válvulas cardíacas (como os provocados pela sífilis ou pela febre reumática), lesões decorrentes da doença de Chagas ou, o que é mais comum, provocada por hipertensão arterial.[1,2]

Sabe-se que, atualmente no mundo, há mais de 23 milhões de pessoas afetadas pela IC e a maioria delas é de faixas etárias mais elevadas. São pacientes que têm custo de vida elevado não só para a sociedade, como também para as instituições nas quais são internados.[6,7]

Nos Estados Unidos, cada tratamento custa entre US$ 6 mil e US$ 12 mil e, em média, 20% a 50% destes são reinternados a cada 90 dias. No Brasil, a má aderência terapêutica ao tratamento da IC é a principal causa de re-hospitalizações. Nosso país ainda apresenta controle inadequado de hipertensão arterial e diabetes, e a persistência de doenças negligenciadas, está entre as causas frequentes de IC.[6,7]

A mortalidade desses pacientes pode chegar a 50% ao ano, e algumas opções para o manuseio da ICC como a terapêutica medicamentosa, o transplante cardíaco e algumas técnicas de assistência circulatória (coração artificial) são as mais adequadas.[6]

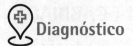

## Diagnóstico

Uma radiografia torácica pode revelar aumento do coração e o acúmulo de líquido nos pulmões. O desempenho cardíaco é avaliado por outros exames, como a ecocardiografia, que utiliza ondas sonoras para gerar uma imagem do coração e revelar aumento nas dimensões da câmara, alterações nas funções/estrutura valvular e diminuição da força de contração cardíaca, e a eletrocardiografia, a qual examina a atividade elétrica do coração e pode evidenciar arritmias.

Outros exames de imagem podem ser utilizados no diagnóstico da IC e, atualmente, também existem os biomarcadores. O uso dos peptídeos natriuréticos auxilia na definição do diagnóstico de IC, principalmente para excluir o diagnóstico quando esse é incerto.

## Tratamento

Diagnosticada a insuficiência cardíaca, o tratamento dessa doença tem por objetivo:

- a melhora e o alívio dos sintomas, visando à qualidade de vida do paciente;
- impedir a progressão da doença;
- melhorar o prognóstico de vida, pois o tratamento adequado pode reduzir acentuadamente a mortalidade a médio e longo prazos. Portanto, seguir rigorosamente as instruções da equipe multiprofissional é fundamental para o sucesso do tratamento e para atingir os objetivos descritos anteriormente.

O tratamento farmacológico dessa doença está sempre evoluindo, particularmente nos últimos anos, melhorando a função do coração, aumentando a sobrevida e a capacidade ao exercício, proporcionando melhora na qualidade de vida. Os medicamentos mais utilizados para o tratamento da insuficiência cardíaca são os digitálicos, diuréticos, inibidores da enzima conversora, os nitratos e os betabloqueadores, particularmente os de última geração, como carvedilol.

A mudança dos hábitos de vida depende basicamente da gravidade da doença, classificada em quatro graus (I, II, III e IV). Não consumir drogas, evitar bebidas e cigarros e manter uma dieta adequada são cuidados certamente fundamentais. A educação dos pacientes e dos cuidadores, a conscientização e o autocuidado são essenciais para o sucesso do tratamento.

Quadro 17.3 – Assistência de enfermagem ao paciente com insuficiência cardíaca[4,5]

| Assistência de enfermagem | Justificativa |
|---|---|
| Monitorizar a pressão arterial. | A pressão arterial pode estar aumentada na fase inicial da IC e diminuída em fase avançada da doença. |
| Ajudar o paciente a evitar situações estressantes, proporcionando ambiente silencioso e calmo que favoreça o ciclo sono-vigília. | O repouso psicológico ajuda na redução do estresse emocional, que piora a função cardíaca. |
| Supervisionar repouso, observando na prescrição o grau de atividade a que ele pode ser submetido. | A atividade física exige maior esforço cardíaco. |
| Incentivar a mudança de decúbito. | Diminui o risco de integridade da pele prejudicada decorrente do edema, comprometimento da circulação, déficit nutricional, imobilidade no leito e imposição de repouso. |
| Manter a cama em posição de Fowler. | Essa posição ajuda a diminuir a congestão pulmonar, melhorando o padrão respiratório. |
| Pesar o paciente diariamente e anotar o volume de líquidos ingeridos e eliminados. | Na IC, pode haver acúmulo de líquido corporal devido à diminuição da perfusão renal, levando a aumento do peso corporal. Em contrapartida, o uso de diuréticos pode resultar em variação de líquido e perda de peso. |
| Anotar alterações como anorexia, náusea, constipação e distensão abdominal. | A congestão no sistema digestório pode alterar a função gástrica e/ou intestinal. |
| Verificar pulso, frequência cardíaca e pressão arterial antes de administrar cada dose dos medicamentos. | Para acompanhar a resposta fisiológica do cliente aos medicamentos relacionados ao tratamento da IC. |

## 17.4 SÍNDROMES CORONARIANAS AGUDAS

Angina ou *angina pectoris* é uma dor localizada tipicamente no centro do peito (Figura 17.5). As pessoas a descrevem como um peso, um aperto, uma queimação ou, ainda, como uma pressão geralmente localizada atrás do osso esterno. Algumas vezes, ela pode se estender para braços, pescoço, queixo, região epigástrica ou costas.[8]

A dor é provocada pelo fluxo inadequado de sangue para o miocárdio, em decorrência de uma ou mais obstruções nas artérias coronárias, reduzindo a oferta de oxigênio às celulas. Ocorre frequentemente durante os exercícios ou estresse emocional, pois nessas situações a frequência cardíaca e a pressão arterial aumentam e o coração necessita de mais oxigênio.[8]

A angina se apresenta em três formas principais:

- Estável: precipitada pelo esforço, de curta duração e de fácil alívio com repouso e/ou nitrato.
- Instável: dura por mais tempo, mais severa, sem alívio com repouso e/ou nitrato.
- Variável: dor torácica em repouso com alteração transitória de eletrocardiograma.

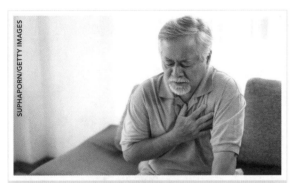

Figura 17.5 – Dor torácica em paciente com angina.

Na angina, o suprimento de sangue para o músculo cardíaco é reduzido temporariamente; já no infarto, há acentuada redução/perda de fluxo sanguíneo por meio de uma ou mais artérias coronárias, resultando em isquemia do músculo cardíaco e necrose (Figuras 17.6 e 17.7).[2]

A dor provocada pela necrose miocárdica começa espontaneamente e persiste por horas ou dias e não é aliviada pelo repouso nem pelo uso de nitrato. As contrações cardíacas podem tornar-se muito rápidas, irregulares e fracas. O indivíduo com oclusão grave pode apresentar sinais de choque, com palidez, sudorese intensa, hipotensão arterial, ansiedade, inquietação, dispneia, náuseas e vômitos.[1]

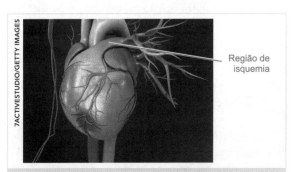

Figura 17.6 – Desenho esquemático mostrando isquemia do músculo cardíaco.

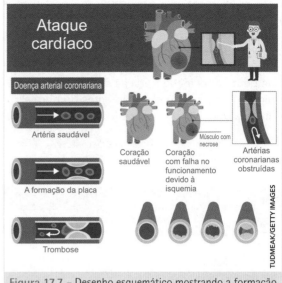

Figura 17.7 – Desenho esquemático mostrando a formação da placa de ateroma e obstrução coronariana, ocasionando a isquemia do músculo cardíaco.

Alguns pacientes com infarto agudo do miocárdio podem não apresentar sintomatologia clínica, sendo diagnosticado somente por exames específicos.

## Diagnóstico

O diagnóstico de angina é feito pela descrição dos sintomas e da história clínica, tendo sua confirmação através de alguns exames. Algumas vezes, apesar do diagnóstico de angina, o eletrocardiograma de repouso é normal, por isso, o teste de esforço pode ser solicitado para confirmação diagnóstica. Nesse teste, é feito exercício em bicicleta ou esteira para aumentar as necessidades do músculo cardíaco de sangue e oxigênio e avaliar conjuntamente o eletrocardiograma.[8]

Exames como uma cintilografia miocárdica podem ser necessários para avaliação de áreas isquêmicas e necróticas. Para o conhecimento da anatomia das coronárias, o método mais acurado para diagnóstico de lesões coronarianas é o cateterismo cardíaco.[9]

Cateterismo é o método em que se punciona ou disseca uma veia ou artéria periférica e introduz-se um tubo fino e flexível, chamado cateter, até os grandes vasos e este alcança o coração, com a finalidade de analisar dados fisiológicos, funcionais e anatômicos (com a ajuda de injeção de contraste). O cateterismo cardíaco é usado para obter a maior quantidade de informações possíveis com o objetivo de conseguir um diagnóstico exato e, assim, escolher o tratamento mais adequado.[1]

A dosagem dos marcadores de necrose miocárdica como CPK, CK-MB, CK-MB massa, mioglobina e troponinas, que são substâncias liberadas no sangue periférico após a necrose, é necessária para avaliação da injúria miocárdica. A escolha dos exames a serem realizados depende de alguns fatores, como gravidade dos sintomas e dos exames prévios, idade e patologias associadas.[9] Todos os marcadores possuem um tempo de alteração inicial que permite ser identificada na dosagem sérica, seguida de um pico de elevação antes de normalizar (Quadro 17.4).[8]

Quadro 17.4 – Marcadores de necrose miocárdica com tempo de alteração inicial, pico de elevação e tempo de normalização

| Marcador | Tempo de alteração inicial | Tempo de pico de elevação | Tempo de retorno ao normal |
|---|---|---|---|
| CK-MB (isoenzima MB da creatina quinase) | 4-8 horas | 12-24 horas | 72-96 horas |
| Mioglobina | 2-4 horas | 8-10 horas | 24 horas |
| Troponina I | 4-6 horas | 12 horas | 3-10 dias |
| Troponina T | 4-6 horas | 12-48 horas | 7-10 dias |

## Tratamento

Existem três formas de tratamento: o tratamento clínico, a angioplastia coronária e a cirurgia de revascularização miocárdica. O tratamento clínico consiste no uso de certas medicações antianginosas como vasodilatadores, reduzindo a frequência e a gravidade do ataque, betabloqueadores, minimizando a sobrecarga do coração, analgésicos, incluindo os narcóticos, como a morfina, e antagonistas do canal de cálcio.

Se as crises de angina persistirem, apesar da medicação, ou se as obstruções nas artérias coronárias forem muito graves, podem ser indicadas a angioplastia coronariana, colocação de stent ou a cirurgia de revascularização miocárdica.

A angioplastia coronária é uma técnica não cirúrgica para tratamento de doenças arteriais, consistindo em insuflar temporariamente um cateter balão no interior do vaso para corrigir um estreitamento, permitindo a adequada passagem do sangue para o leito distal arterial (Figura 17.8).

O stent coronário é formado por molas ou malhas, na maioria das vezes de aço inoxidável, que, colocadas nas artérias coronárias nos locais onde existem lesões, servem para manter as paredes do vaso afastadas entre si e a placa de gordura aderida à parede. Sua introdução na artéria se faz com um cateter balão, ao qual ele é sobreposto. Ao nível da lesão, insufla-se o balão distendendo o stent. Após a desinsuflação do balão, retira-se o cateter, ficando o stent devidamente posicionado.

Figura 17.8 – Angioplastia coronariana.

Na cirurgia de revascularização miocárdica, uma veia é retirada da perna ou do baço e é colocada sobre a artéria obstruída, ultrapassando o local do bloqueio. Outra opção de *bypass* pode ser feito utilizando uma artéria chamada mamária interna ou radial.

## Assistência de enfermagem[4,5]

A assistência de enfermagem será dividida em três tópicos: paciente em tratamento clínico, pós-angioplastia ou colocação de stent, e cirurgia de revascularização do miocárdio.

**Quadro 17.5 –** Assistência de enfermagem ao paciente em tratamento clínico

| Assistência de enfermagem | Justificativa |
|---|---|
| Instruir o paciente para notificar a enfermeira imediatamente quando a dor torácica com irradiação para mandíbula, pescoço, costas, ombro e braço acontecer. | Favorece a avaliação precoce da evolução do evento isquêmico. |
| Observar sintomas associados: dispneia, náusea, vômito, tontura e palpitação. | O débito cardíaco diminuído relacionado ao evento isquêmico pode levar a uma série de eventos. |
| Monitorar sinais vitais: pressão arterial, frequência cardíaca e ritmo e dor. | A taquicardia pode estar presente devido à dor e à ansiedade. A pressão arterial pode estar elevada ou diminuída em razão das respostas da função cardíaca. Por conta da isquemia, as arritmias podem estar presentes. |
| Manter ambiente calmo, silencioso e confortável. | O estresse emocional leva a mais trabalho cardíaco, portanto, piora a função cardíaca. |
| Supervisionar repouso no leito em episódios agudos. | Colabora na redução da necessidade de oxigênio pelo miocárdio, diminuindo o risco de piora da lesão. |
| Ajudar a realizar as atividades de autocuidado, conforme indicado. | Colabora na redução da necessidade de oxigênio pelo miocárdio, diminuindo o risco de piora da lesão. |
| Elevar a cabeceira do leito se o paciente estiver dispneico. | Facilita a troca gasosa. |
| Permanecer com o paciente que está vivenciando dor ou parece ansioso e manter atitude confiante. | A presença de um profissional pode reduzir os sentimentos de medo e desamparo. |

**Quadro 17.6 –** Assistência de enfermagem ao paciente pós-angioplastia e colocação de stent

| Assistência de enfermagem | Justificativa |
|---|---|
| Observar sinais de sangramento e/ou hematoma em local de punção arterial. | Em decorrência da punção arterial, do uso de anticoagulante ou tempo de compressão local insuficiente, há o risco de sangramento. |
| Supervisionar repouso absoluto no leito conforme indicado. | Após o procedimento, o cliente deve ficar em repouso com o membro onde foi realizada a punção estendido. O tempo será determinado pelo tamanho do cateter e o protocolo institucional. |
| Registrar balanço hídrico. | O uso de constrate iodado pode levar à desidratação e alteração da função renal. |
| Monitorar coloração, temperatura e pulso no membro puncionado. | Devido ao procedimento, existe o risco de formação de trombo na artéria puncionada, o que pode levar à diminuição de perfusão do membro. |
| Monitorar sinais vitais: FC, ritmo e PA. | É um procedimento invasivo que pode levar a complicações cardíacas e a alterações dos sinais vitais, como arritmia, hipotensão, entre outras. |

**Quadro 17.7 –** Assistência de enfermagem ao paciente em pós-operatório de revascularização do miocárdio

| Assistência de enfermagem | Justificativa |
|---|---|
| Ajudar nas atividades de autocuidado, conforme necessário. | A dor e a presença de cateteres, drenos e sondas podem limitar a movimentação. |
| Monitorar/registrar as tendências na frequência cardíaca e na pressão arterial. | A dor pode levar à instabilidade dos sinais vitais. |
| Medir/registrar balanço hídrico. | Oferece controle da infusão de líquidos e eliminação urinária, bem como de drenos, fornecendo dados de déficit ou excesso de volume de líquidos. |

ASSISTÊNCIA AO ADULTO COM DOENÇA CARDIOVASCULAR

| Assistência de enfermagem | Justificativa |
|---|---|
| Observar o tipo e a localização da incisão, bem como suas características. | O tamanho e a localização da incisão dependem do procedimento. Deve-se monitorar sinais flogísticos e presença de secreção na incisão. |
| Atentar e comunicar queixas de dor, ou sinais como ansiedade, irritabilidade, choro e insônia. | Esses dados podem indicar a presença/grau de dor vivenciada pelo cliente. |
| Identificar/promover posição e medidas de conforto, como massagem e mudança de decúbito. | Promove o relaxamento. |
| Anotar débito de drenos e comunicar drenagem excessiva. | A drenagem excessiva dos drenos pleural e de mediastino pode demonstrar a necessidade de revisão cirúrgica. |

## NESTE CAPÍTULO, VOCÊ...

... compreendeu que as doenças cardiovasculares englobam uma série de diversas doenças que acometem o coração e os vasos sanguíneos. Abordou-se ainda a hipertensão arterial sistêmica, as síndromes coronarianas agudas e a insuficiência cardíaca.

... viu que o tratamento medicamentoso de diabetes, hipertensão e hiperlipidemia pode ser necessário para reduzir os riscos cardiovasculares. Políticas de saúde que criem ambientes propícios para escolhas saudáveis acessíveis também são essenciais para motivar as pessoas a adotarem e manterem comportamentos saudáveis.

## EXERCITE

1. Quais são as membranas que recobrem o coração e quais são as suas funções?
2. Onde fica localizado o coração?
3. Qual é o papel das válvulas cardíacas?
4. Qual é a função do sistema elétrico do coração?
5. O que é hipertensão arterial?
6. Qual é a causa da dor na angina e no infarto agudo do miocárdio?
7. Por que devemos nos preocupar em usar o manguito do tamanho adequado para aferição da pressão arterial?

## PESQUISE

Sugerimos a leitura do artigo Enfermagem em cardiologia: estado da arte e fronteiras do conhecimento, disponível no link: <http://www.scielo.br/pdf/reben/v70n3/pt_0034-7167-reben-70-03-0451.pdf>.

O artigo traz o cenário atual da enfermagem na área da cardiologia, destacando a magnitude das afecções cardíacas na população e a atuação do enfermeiro junto a esses pacientes, bem como os desafios da área. O artigo ressalta a necessidade de aprimoramento profissional constante para a equipe de enfermagem frente aos avanços tecnológicos do setor e os desafios da realidade assistencial, que deve integrar o cuidado de enfermagem nos diferentes níveis de assistência.

Após a leitura do artigo, reflita:

- Você concorda com os pontos abordados?
- Você pode verificar essa realidade na rede assistencial de saúde do seu município, do serviço de saúde onde você trabalha, ou é usuário?

Sugerimos a leitura do artigo Diagnósticos de Enfermagem validados em Cardiologia no Brasil: revisão integrativa de literatura, disponível em: <http://www.scielo.br/pdf/ape/v25nspe1/pt_24.pdf>.

O artigo trata do desenvolvimento da enfermagem na área da cardiologia, o processo de enfermagem e os diagnósticos de enfermagem (DE), destacando a importância destes na proposta de intervenções de enfermagem, visando aos melhores resultados. O estudo teve como objetivo identificar na literatura os DEs atualmente constantes na taxonomia II da NANDA-I validados na área de Cardiologia no Brasil.

Após a leitura do artigo, responda:

- Quais diagnósticos de enfermagem os autores encontraram validados na área de Cardiologia no Brasil?
- Qual é a importância da utilização das classificações de enfermagem?

CAPÍTULO

18

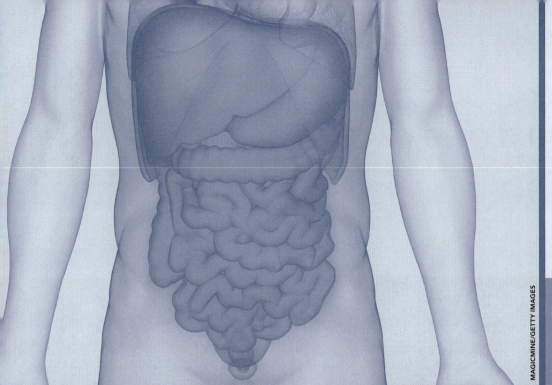

ANDREA BEZERRA RODRIGUES
PATRÍCIA PERES DE OLIVEIRA

COLABORADORA:
CECÍLIA BARRETO HOLZMANN DE VASCONCELOS

# ASSISTÊNCIA AO ADULTO COM DOENÇA GASTROENTEROLÓGICA

### NESTE CAPÍTULO, VOCÊ...

- ... revisará a anatomia e a fisiologia do sistema gastrintestinal.
- ... estudará a epidemiologia, os fatores de risco, as manifestações clínicas, os exames diagnósticos e o tratamento das principais patologias que acometem o sistema gastrintestinal.
- ... aprenderá sobre a assistência de enfermagem para as patologias descritas e sua justificativa.

### ASSUNTOS ABORDADOS

- Revisão da anatomia e da fisiologia do sistema gastrintestinal.
- Doenças do sistema gastrointestinal (apendicite, doença diverticular, doenças inflamatórias intestinais, hemorragias digestivas, cirrose hepática e colecistite).
- Estomias de eliminação (ileostomia e colostomia).
- Procedimentos técnicos relacionados ao sistema gastrointestinal (técnica de administração de enema e técnica de administração de enema com solução salina hipertônica).

# ESTUDO DE CASO

M.C.V., 68 anos, cursou Ensino Médio e trabalhou como cozinheira. Atualmente, é aposentada, viúva, não possui filhos, reside sozinha em casa própria de alvenaria, com água encanada e saneamento básico. Deu entrada na emergência de um hospital municipal, com dor intensa abdominal de grau 8 na escala analógica numérica de dor e diarreia mucossanguinolenta. Foi constatada, após exames, colite ulcerativa. Estava consciente, contactuante, eupneica, apresentava palidez cutaneomucosa (+++/4+), turgor da pele diminuído. Abdome distendido, com flatulência, sem visceromegalias e muito doloroso em todos os quadrantes. Referia estar com náusea e mal-estar, ter apresentado vários episódios de diarreia, sendo oito episódios nas últimas 12 horas. Região perianal com dermatite. Hábitos de vida: tabagista de um maço de cigarros por dia, etilista de bebida destilada, três a quatro vezes na semana, alimenta-se praticamente de alimentos ultraprocessados.

## Após ler o caso, reflita e responda:

1. O que o técnico de enfermagem poderia fazer em relação aos sintomas apresentados pela paciente?
2. Quais orientações poderiam ser fornecidas para a continuidade do tratamento em domicílio, levando-se em consideração os hábitos de vida?

# 18.1 ANATOMIA E FISIOLOGIA DO SISTEMA GASTRINTESTINAL

O sistema gastrintestinal é responsável pela ingestão, digestão, absorção dos nutrientes e pela eliminação dos resíduos da digestão. É formado pelo trato digestivo (tubo contínuo que começa na boca e termina no ânus) e pelos órgãos acessórios (fígado, vesícula biliar e pâncreas), que ajudam no processo digestório, mas não fazem parte do canal alimentar (Figura 18.1).

A seguir, apresentaremos uma breve revisão desses órgãos.

## 18.1.1 Boca

Início do sistema digestório, servindo de local para a mastigação com auxílio dos dentes (32 na dentição completa). No processo de mastigação, é importante ressaltar a função de músculos como masseter, temporal e pterigoideos (músculos que movimentam a mandíbula), além do músculo bucinador, que forma as bochechas e mantém o alimento dentro da cavidade bucal.

Na boca, o alimento é misturado à saliva, que é resultante da produção de enzimas pelas glândulas salivares (anexas ao sistema): parótidas, submandibulares e sublinguais. Por meio do movimento da língua, o alimento passa para a orofaringe/hipofaringe e vai para o esôfago.

## 18.1.2 Faringe

Esse órgão faz parte tanto do aparelho digestivo quanto do respiratório, e divide-se em nasofaringe, orofaringe e laringofaringe. A orofaringe e a laringofaringe ficam localizadas na região cervical (pescoço) e servem de via de passagem de ar (que segue para a laringe) e alimentos (que seguem para o esôfago). A nasofaringe serve exclusivamente para passagem de ar e está ligada ao sistema respiratório.

## 18.1.3 Esôfago

Órgão tubular de aproximadamente 25 cm a 30 cm que liga a faringe ao estômago. Inicia-se na região cervical (pescoço), segue para sua porção torácica e entra no abdome por meio de um pequeno espaço no diafragma (hiato esofágico). Serve de passagem para o bolo alimentar, da faringe para o estômago. No esôfago, o alimento é impulsionado por meio de movimentos peristálticos até o estômago.

## 18.1.4 Estômago

O estômago é um órgão móvel e bastante distensível com capacidade de um a dois litros, em média. É dividido em três porções: fundo, corpo e antro. Possui duas aberturas: cárdia (entrada) e piloro (saída). Serve de câmara de armazenamento e mistura dos alimentos, que sofrem a ação do suco gástrico e da pepsina, e seguem para o duodeno.[1,2]

## 18.1.5 Intestino delgado

A maior parte da absorção de todos os nutrientes do corpo ocorre no intestino delgado, ao longo das três subdivisões: duodeno, jejuno e íleo. Representa uma área de absorção de nutrientes específicos, como ferro e vitamina B12.

- Duodeno: recebe em sua segunda porção o suco pancreático e a bile, que são essenciais no processo de digestão.
- Jejuno: tem função primordial na absorção dos nutrientes para o organismo humano.
- Íleo: a região do jejuno/íleo possui células especializadas para realizar a absorção dos nutrientes, ou seja, resgatar dos alimentos ingeridos as substâncias necessárias ao organismo.

## 18.1.6 Intestino grosso

É dividido em sete porções: ceco, cólon ascendente, cólon transverso, cólon descendente, cólon sigmoide, reto e canal anal. O intestino grosso é o local de formação de fezes, ou seja, aquilo que não foi absorvido pelo intestino delgado. O lado direito do intestino grosso (ceco, cólon ascendente e parte do transverso) é responsável principalmente pela absorção de água das fezes, tornando-as consistentes. Já o cólon esquerdo (parte esquerda do transverso, descendente e sigmoide) serve de trajeto das fezes até sua chegada ao reto. Possui grande quantidade de bactérias que, a priori, não causam prejuízo ao organismo e ajudam na absorção de certos elementos e na formação do bolo fecal.

## 18.1.7 Fígado

É a maior glândula do organismo humano. Órgão maciço, grande, avermelhado, localizado na porção superior direita do abdome, algumas vezes pode ocupar todo um terço superior do abdome. Anatomicamente, é dividido em dois lobos (direito, que é o maior, e o esquerdo). Pesa cerca de 1 kg a 3 kg no adulto. Possui várias funções como a produção de elementos da coagulação sanguínea, síntese de proteínas, reservatório de glicose, produz a bile (essencial na digestão de gorduras), entre outras.

Funcionalmente, o fígado é dividido em lobos e segmentos, cada qual com seu próprio suprimento sanguíneo. O sangue que entra no fígado contém nutrientes e outros produtos que são excretados e processados. Próximo à sua superfície, encontra-se a vesícula biliar, que é um órgão localizado no meio do trajeto entre as vias biliares até o duodeno. Tem diversas funções, como produção de fatores de coagulação, produção da bile, metabolismo de glicose, proteínas e hormônios, entre outros.[1,2]

## 18.1.8 Pâncreas

Situado na porção superior do abdome, próximo à coluna vertebral. Divide-se em cabeça, corpo e cauda. A cabeça fica à direita do organismo (encaixada no duodeno) e a cauda à esquerda (próximo ao baço). O pâncreas é subdividido em pequenos lobos, com ductos que penetram em ductos principais. Adiante com o ducto biliar, o ducto pancreático penetra no intestino delgado para liberar o suco pancreático. Esse suco contém enzimas (tripsina, lípase, amilase, quimiotripsina, calicreína, elastase etc.) capazes de digerir todos os tipos de alimento – proteínas, gorduras e carboidratos. Tais enzimas são ativadas no intestino delgado, quando necessárias. O suco pancreático é altamente alcalino e ajuda a neutralizar a acidez do alimento que acabou de deixar o estômago. Vários hormônios são também produzidos no pâncreas. Isso ocorre devido a um grupo especializado de células (ilhotas de Langerhans) dispersas através do tecido. Os dois principais hormônios são insulina e glucagon, que regulam o metabolismo dos carboidratos. Pode ocorrer em qualquer faixa etária, com maior incidência na segunda década de vida, sendo relativamente rara nos extremos.[1,2]

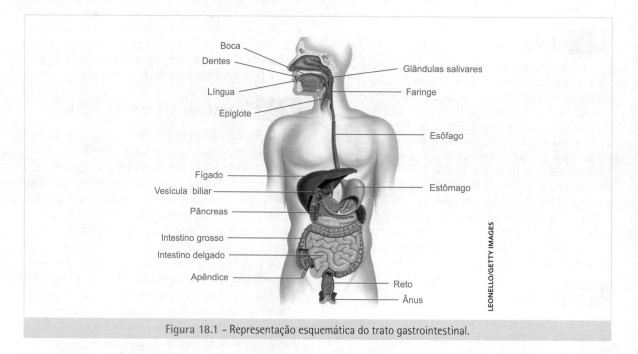

Figura 18.1 - Representação esquemática do trato gastrointestinal.

## 18.2 APENDICITE

O apêndice é um pequeno anexo localizado logo abaixo da válvula ileocecal, que mede aproximadamente 10 cm. A apendicite aguda é a causa mais comum de dor abdominal aguda e necessita de intervenção cirúrgica. A hiperplasia linfoide é o fator mais comum encontrado em pacientes menores de 20 anos, enquanto a obstrução por fecalito é mais comum em idosos.[3]

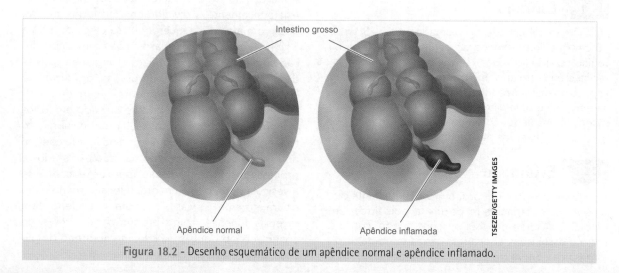

Figura 18.2 - Desenho esquemático de um apêndice normal e apêndice inflamado.

## Descrição da fisiopatologia

O apêndice torna-se inflamado e edemaciado, e o processo inflamatório aumenta a pressão no interior do mesmo e, por consequência, surge quadro de dor intensa e generalizada na região abdominal, que, em poucas horas, passa a ser localizada no quadrante inferior direito do abdome. Como principal complicação, pode ocorrer a perfuração do apêndice, levando ao surgimento de peritonite ou abscesso. A perfuração do apêndice pode ocorrer após 24 horas do início do quadro de dor.

## Manifestações clínicas

A seguir são apresentadas as manifestações clínicas dos distúrbios inflamatórios agudos:[4]
- dor inicialmente descrita como cólica, que, depois, concentra-se no quadrante inferior direito e região periumbilical;
- febre;
- náuseas;
- vômitos;
- distensão abdominal (apêndice rompido);
- constipação ou diarreia (às vezes);
- dor à evacuação (devido à extremidade do apêndice quando encostado no reto).

## Diagnóstico

Os tópicos a seguir apresentam os procedimentos adotados para o diagnóstico:
- Exame físico.
- Hemograma completo (mostra leucocitose).
- Ultrassonografia: possui sensibilidade de 80% a 94%, especificidade de 89% a 95%, e acurácia de 87% a 96% no diagnóstico de apendicite aguda. As taxas de erro no diagnóstico clínico de apendicite em mulheres entre 20 e 40 anos de idade podem ser excessivamente altas, porque condições ginecológicas – especialmente a doença inflamatória pélvica aguda e ruptura ou torção de cisto ovariano – comumente mimetizam a apendicite aguda.
- Tomografia computadorizada na apendicite aguda: excelente método para o diagnóstico e o estadiamento da apendicite aguda, inclusive na presença de perfuração e na localização atípica do apêndice. A tomografia helicoidal tem sensibilidade descrita por volta de 95% a 97%, e acurácia de 90% a 98%.[4]

## Tratamento

A seguir, é indicado o tratamento recomendado para a doença em estudo:
- cirurgia (por laparotomia ou laparoscopia);
- antibioticoterapia;
- analgesia;
- hidratação venosa.[4]

**Quadro 18.1** - Assistência de enfermagem no pré-operatório[4]

| Assistência de enfermagem | Justificativa |
|---|---|
| Comunicar a presença de febre, vômitos, diarreia, aumento da dor e presença de distensão abdominal. | Evidenciar complicações inerentes à patologia ou fornecer informações para ampliar possibilidades de outros diagnósticos. |
| Realizar preparo cirúrgico (conforme protocolo hospitalar, como jejum, retirada de adornos e próteses, banho com clorexidina degermante, preparo intestinal, entre outros). | O preparo cirúrgico pré-operatório visa garantir a segurança do paciente, evitando complicações, como infecções, queimaduras por bisturi elétrico, entre outras. |

**Quadro 18.2** - Assistência de enfermagem no pós-operatório[5]

| Assistência de enfermagem | Justificativa |
|---|---|
| Deixar paciente em posição semi-Fowler. | Reduzir a tensão da musculatura abdominal. |
| Questionar quanto à presença de queixas álgicas, bem como a intensidade da dor, utilizando escalas de avaliação preconizadas na instituição. | Detectar precocemente possíveis complicações, necessidade de analgésicos adequados e promoção de conforto. |
| Monitorar e registrar a característica da eliminação urinária (volume, cor, odor). | Verificar a possibilidade de retenção urinária devido ao ato anestésico-cirúrgico e detectar precocemente sinais de desidratação. |
| Verificar a eliminação intestinal. | Conforme abordagem cirúrgica, pode haver manipulação excessiva do intestino, interferindo nos movimentos peristálticos, causando possível constipação. |

| Assistência de enfermagem | Justificativa |
|---|---|
| Administrar antibióticos em horários pré-determinados conforme prescrição médica. | Garantir o efeito desejado da cobertura antibiótica, principalmente quanto à meia vida do antibiótico. |
| Realizar curativo da incisão cirúrgica conforme protocolo institucional e observar a presença de secreção purulenta (com pus), edema, vermelhidão e dor. | Prevenir infecção da ferida operatória e detectar precocemente possíveis complicações infecciosas. |
| Descrever a característica do volume drenado, cor e odor das secreções, onde houver drenos. | Detectar precocemente possíveis complicações infecciosas e registrar um parâmetro de volume para retirada do dreno pelo médico ou enfermeiro. |
| Oferecer alimentação via oral conforme prescrição médica e aceitação pelo paciente e registrar em prontuário. | A liberação de dieta e líquidos ocorre na ausência de náuseas e vômitos, e é feita gradualmente. |

## 18.3 DIVERTICULOSE E DIVERTICULITE

É importante a correta definição dos termos diverticulose e doença diverticular (DD). O primeiro refere-se à ocorrência de divertículos, independentemente da presença de sintomas, geralmente associada a alterações parietais do cólon, como deposição de elastina, espessamento do músculo liso, encurtamento das tênias e consequente redução da luz intestinal. Já a doença diverticular refere-se à presença dos divertículos associada a sintomas importantes, constituindo quadros como a diverticulite aguda ou associada a condições crônicas.[6]

Divertículo é uma protrusão sacular da mucosa através da parede muscular do cólon. A protrusão ocorre em áreas de fragilidade da parede intestinal na qual vasos sanguíneos podem penetrar. Tipicamente, mede entre 5-10 mm. O mecanismo de desenvolvimento da diverticulite está centrado na perfuração do divertículo, seja ela micro ou macroscópica.

Classifica-se em:
- Simples: 75%; não têm complicações.
- Complicadas: 25%; apresentam abscessos, fístulas, obstruções, peritonite ou sepse.

A DD é muito mais frequente em pessoas mais velhas, com apenas 2% a 5% dos casos ocorrendo antes dos 40 anos. Em homens, ocorre mais comumente antes dos 50 anos. Já em mulheres, acima dos 70 anos.

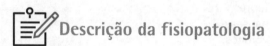

### Descrição da fisiopatologia

A falta de fibras na dieta é descrita como um fator etiológico no desenvolvimento da DD e relaciona-se com as fibras insolúveis, que causam a formação de fezes mais volumosas, levando a uma efetividade reduzida nos movimentos de segmentação do cólon. O resultado disso é que a pressão intraluminal permanece próxima a normal durante a peristalse do cólon. A região colônica de maior acometimento é o cólon sigmoide, provavelmente devido ao seu menor calibre.[7]

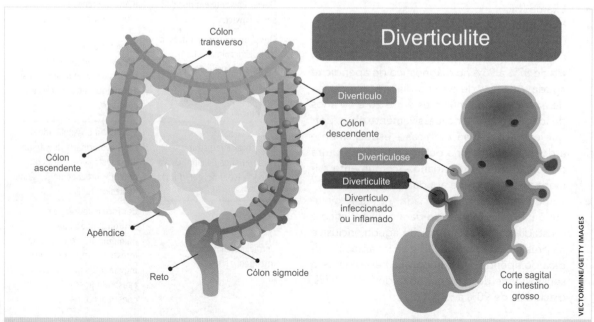

Figura 18.3 – Diverticulose e diverticulite.

## Manifestações clínicas

A seguir são apresentadas as manifestações clínicas da doença diverticular:[7]
- constipação frequente (durante processo de desenvolvimento da diverticulose);
- irregularidade intestinal com intervalos de diarreia;
- dor súbita em região abdominal (quadrante inferior esquerdo);
- febre;
- náuseas;
- anorexia;
- distensão abdominal;
- fezes finas e aumento da constipação (processos inflamatórios repetitivos)
- sangramento (geralmente abrupto, ocorrendo em cerca de 15% dos pacientes).

## Diagnóstico

Os procedimentos adotados para o diagnóstico são apresentados a seguir:
- Exame físico.
- Hemograma completo (pode mostrar leucocitose).
- Radiografia simples de abdome na diverticulite aguda: o exame deve incluir as cúpulas diafragmáticas, para detecção de possível pneumoperitônio. Os achados mais comuns incluem: dilatação dos intestinos grosso e delgado ou íleo paralítico, obstrução intestinal, densidades em tecidos moles sugestivas de abscessos.
- Ultrassonografia na diverticulite aguda: pode ser um método importante para o diagnóstico de diverticulite aguda, com estudos apontando sensibilidade e especificidade de 84% e 80%, respectivamente. Alguns consideram que a ultrassonografia permanece como uma opção de segunda linha, principalmente pelo fato de ser dependente de interpretação pessoal.
- Tomografia computadorizada na diverticulite aguda: método de escolha para estabelecer o diagnóstico, fornecer o estadiamento da doença e orientar o tratamento. Os achados tomográficos mais observados na diverticulite aguda são: espessamento da parede intestinal, gordura mesentérica raiada, abscesso associado. A obstrução colônica completa causada pela doença diverticular é relativamente rara, sendo responsável por apenas cerca de 10% das obstruções do órgão. A suboclusão é mais comum, resultado de uma combinação de edema, espasmo do cólon e processo inflamatório crônico.[8]

## Tratamento

O tratamento para pacientes assintomáticos com divertículos é acrescentar fibras à dieta (20 g a 30 g), aumentar ingestão de líquidos, orientar sobre a realização de exercícios físicos, evitar força para evacuar e atender prontamente aos estímulos de defecação.

Já nos casos de diverticulite, o tratamento pode se dividir em clínico ou cirúrgico, conforme discriminado a seguir:
- Tratamento clínico ambulatorial: para pacientes com dor ou desconforto leve, inclui dieta com poucos resíduos a curto prazo, analgesia e antibióticos por 7 a 14 dias (amoxicilina/ácido clavulânico, sulfametoxazol-trimetoprima ou quinolona+metronidazol por 7 a 10 dias). Se não houver melhora em 48 a 72 horas, investigar a possibilidade de coleção intra-abdominal.
- Tratamento clínico intra-hospitalar: para pacientes com sinais e sintomas severos (1% a 2% dos casos): repouso intestinal, antibioticoterapia endovenosa (com cobertura para gram negativos e anaeróbios) por 7 a 10 dias, hidratação endovenosa, analgesia.
- Tratamento cirúrgico: a intervenção cirúrgica urgente é mandatória se surgirem complicações, como perfuração livre com peritonite generalizada, obstrução, abscesso não controlado por drenagem percutânea, fístulas, deterioração clínica ou ausência de melhora com tratamento conservador. Em geral, pacientes em que haja falha no tratamento clínico, pacientes com mais de 50 anos que apresentem mais de dois episódios agudos, ou pacientes em que haja suspeita de associação com câncer colônico também possuem indicação cirúrgica.[8,9]

## Assistência de enfermagem

Quadro 18.3 – Assistência de enfermagem no tratamento clínico[5]

| Assistência de enfermagem | Justificativa |
|---|---|
| Administrar líquidos por via oral (caso não haja restrições). | Ajudar na função intestinal e prevenir/melhorar quadros de desidratação devido à diarreia. |
| Monitorar, registrar e comunicar ao enfermeiro a presença de febre. | Detectar complicações e a necessidade de antitérmicos. |
| Oferecer alimentação rica em fibras (conforme a prescrição médica) e registrar aceitação da dieta. | Melhorar a função intestinal e manter registro sobre ingestão alimentar. |

| Assistência de enfermagem | Justificativa |
|---|---|
| Administrar emolientes por via oral conforme prescrição médica. | Auxiliar a eliminação das fezes: no período de constipação o emoliente fará com que as fezes deslizem mais facilmente pela porção inferior do intestino. |
| Monitorar o funcionamento intestinal (episódios de evacuação, características das fezes, presença de sangue nas fezes). | Detectar anormalidades que indiquem piora ou agravamento do quadro. |
| Questionar quanto a presença de náusea, vômitos e queixas álgicas. | Detectar precocemente possíveis complicações, necessidade de antieméticos e analgésicos adequados e promoção de conforto. Se houver vômitos, procurar quantificar e comunicar. |

## 18.4 DOENÇAS INFLAMATÓRIAS INTESTINAIS

A doença inflamatória intestinal (DII) representa um grupo de afecções intestinais inflamatórias crônicas idiopáticas. As duas principais categorias de doenças são a doença de Crohn (DC) e a colite ulcerativa (CU), que apresentam algumas características clínico-patológicas sobrepostas, e outras bem diferentes.

Desde a metade da década de 1990, a DC tem superado, em geral, a CU em taxas de incidência. O pico da idade de incidência da DC ocorre na terceira década da vida, e a taxa de incidência vai diminuindo com a idade. A taxa de incidência da CU é bastante estável entre a terceira e sétima décadas de vida.[9]

### 18.4.1 Doença de Crohn

A Doença de Crohn (DC) é uma doença inflamatória intestinal caracterizada pelo acometimento focal, assimétrico e transmural (acomete todas as paredes) de qualquer porção do tubo digestivo, da boca ao ânus. Apresenta-se sob três formas principais: inflamatória, fistulosa e fibroestenosante. Os segmentos do tubo digestivo mais acometidos são íleo, cólon e região perianal.

Além das manifestações no sistema digestório, a DC pode ter manifestações extraintestinais, sendo as mais frequentes as oftalmológicas, as dermatológicas e as reumatológicas. A DC não é curável clínica ou cirurgicamente, e sua história natural é marcada por agudizações e remissões.

A identificação da doença em seu estágio inicial e o encaminhamento ágil e adequado para o atendimento especializado dão à Atenção Básica um caráter essencial para um melhor resultado terapêutico e prognóstico dos casos.[10,11]

## Descrição da fisiopatologia

A patogênese da DC está ligada a alterações do sistema imunológico digestivo, que desencadeia respostas inflamatórias inadequadas, graves e prolongadas em indivíduos geneticamente predispostos. Mediante a presença de inflamação crônica, as paredes intestinais tornam-se mais espessas e sofrem estreitamento.[10]

## Manifestações clínicas

A seguir são apresentadas as manifestações clínicas da DC:[10,11]
- dor abdominal (70% dos casos);
- diarreia (sintoma mais comum) com sangramento (40% a 50% dos casos), com ou sem anemia;
- perda de peso (devido à diminuição da alimentação; 60% dos casos);
- desnutrição (prevalência de desnutrição fica em torno de 23% dos pacientes ambulatoriais e 85% dos hospitalizados);
- febre;
- eliminação de muco nas fezes;
- estenose (complicação);
- formação de abscessos e fístulas (complicação);
- as manifestações extraintestinais incluem condições musculoesqueléticas (artropatia periférica ou axial), condições cutâneas (eritema nodoso, pioderma gangrenoso), afecções oculares (esclerite, episclerite, uveíte), e condições hepatobiliares.

### 18.4.2 Retocolite ulcerativa

Caracteriza-se por ulcerações múltiplas, inflamações difusas e descamação do epitélio colônico, ocorrendo sangramento das ulcerações (Figura 18.4).

## Descrição da fisiopatologia

As lesões desenvolvem-se continuamente, surgindo preferencialmente no reto, e acometem todo o cólon. O intestino pode ficar mais estreito e curto devido ao processo de tentativa cicatricial, havendo aumento da musculatura e depósito de gordura.

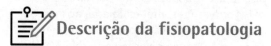

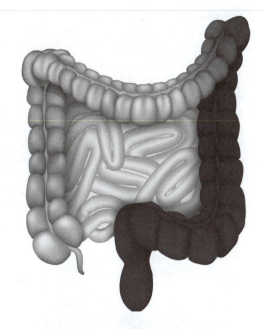

Figura 18.4 – Desenho esquemático de retocolite ulcerativa.

## Manifestações clínicas

A seguir são apresentadas as manifestações clínicas da colite ulcerativa:[9]
- dor abdominal;
- diarreia com presença de muco ou sangue;
- constipação pode ocorrer na CU que acomete somente reto;
- perda de peso;
- anorexia e desnutrição;
- febre;
- vômitos;
- desidratação;
- anemia;
- urgência para defecar e tenesmo;
- megacólon (complicações);
- perfuração intestinal (complicações) ou estenose.

As manifestações extraintestinais ocorrem em 20% a 30% dos casos (exemplo: artralgia, artrite, sacroileíte, aftas orais, eritema nodoso, episclerite, pioderma gangrenoso).[9]

## Diagnóstico das doenças inflamatórias intestinais

A seguir são apresentados os procedimentos adotados para o diagnóstico:
- Endoscopia (colonoscopia): na DC, mostra tipicamente lesões ulceradas, entremeadas de áreas com mucosa normal, acometimento focal, assimétrico e descontínuo, podendo também ser útil para a coleta de material para análise histopatológica.
- Radiografia simples de abdômen: pode estabelecer se há colite e, em certos casos, qual é sua extensão, usado quando obstrução intestinal ou perfuração é esperada, exclui o megacólon tóxico.
- Exames coprológicos e coproculturas de rotina: para eliminar causas de diarreia bacterianas virais ou parasitárias. Calprotectina (um teste simples, confiável e muito disponível para medir a atividade da DII).
- Pesquisas de anticorpos contra Saccharomyces cerevisiae, CBir1 (anticorpo antiflagelina de bactérias encontradas no intestino e que, especificamente, evoluem para doença de Crohn, nomeadamente doentes com doença complicada por fibroestenose e fístulas penetrantes internas, particularmente no intestino Delgado), OmpC (anticorpos contra *E. coli outer membrane protein* C) não revelam resultados suficientemente sensíveis ou específicos para definir o diagnóstico.
- Tomografia computadorizada (CT), ressonância magnética (inclusive enterografia CT e enterografia MRI): ajuda a determinar a extensão e a gravidade da doença, bem como avaliar as complicações de perfuração da DC. É preferível utilizar ecografia e IMRN, pois os pacientes frequentemente são jovens e é provável que, com o passar do tempo, precisem repetir os exames de imagem. A ecografia possui alto nível de precisão.
- Hemograma: pode mostrar anemia e leucocitose.
- Ferritina sérica, cianocobalamina sérica, eletrólitos, proteína C reativa, albuminemia, enzimas hepáticas, teste do vírus da imunodeficiência humana (HIV), hepatite B e C, e varicela zoster.[9,11]

## Tratamento das doenças inflamatórias intestinais

Os objetivos do tratamento são: melhorar e manter o bem-estar geral dos pacientes (otimizar a qualidade de vida, do ponto de vista do paciente), tratar a doença aguda, eliminar os sintomas e minimizar os efeitos colaterais e adversos a longo prazo, reduzir a inflamação intestinal e, se possível, fazer cicatrizar a mucosa, manter as remissões livres de corticoides (diminuir a frequência e a severidade das recorrências e a dependência dos corticoides), evitar hospitalizações e cirurgia por complicações e manter um bom estado nutricional.[9]

■ Terapia nutricional: o cuidado nutricional é de extrema importância, já que a perda de peso é recorrente, principalmente entre pacientes hospitalizados, podendo levar a complicações como desnutrição e deficiências alimentares, tanto de micronutrientes quanto de macronutrientes. A terapia nutricional pode ser oral, e, em alguns casos (DC em atividade, pré-operatório, baixa ingestão alimentar para recuperação nutricional na RCU),[12] pode ser necessária terapia nutricional enteral (TNE). A TNE exclusiva fornecida pela sonda pode ser mantida pelo período de 6 a 8 semanas, embora em pacientes adultos, os consensos europeus e estadunidenses não indiquem a NE na DC como terapia primária, mas sim, em casos em que o paciente se recusa a receber terapia medicamentosa ou como forma de complementar a alimentação.[13,14] Na impossibilidade de uso de TNE, como em casos de obstrução intestinal, síndrome do intestino curto, dismotilidade grave, fístulas intestinais de alto débito, anastomoses cirúrgicas com risco de deiscência ou no jejum pré-operatório, está indicada a nutrição parenteral.[15] Durante o aumento da atividade da doença, é apropriado diminuir a quantidade de fibra. Os produtos lácteos podem ser mantidos, a menos que sejam mal tolerados. Uma dieta pobre em resíduos pode diminuir a frequência das evacuações. Uma dieta rica em resíduos poder ser indicada nos casos de proctite ulcerativa (doença limitada ao reto, onde a constipação pode ser um problema mais importante do que a diarreia).

■ Terapia farmacológica: o tratamento clínico da DC é feito com aminossalicilatos (sulfassalazina), corticosteroides, e imunossupressores (hidrocortisona, prednisona, metilprednisolona, azatioprina, ciclosporina, metotrexato, infliximabe), e objetiva a indução da remissão clínica, a melhora da qualidade de vida e, depois, a manutenção da remissão.

A sulfassalazina (SSZ) é desdobrada no cólon, por ação da enzima azoredutase bacteriana, em sulfapiridina e ácido 5-aminossalicílico (5-ASA), sendo este último o princípio ativo do medicamento, que age de forma tópica. Entre os vários mecanismos de ação do 5-ASA estão a modulação da secreção de citocinas pró-inflamatórias,

a inibição da produção de leucotrienos e prostaglandinas, as capacidades de assimilação de radicais livres e de diminuição do estresse oxidativo, a redução da atividade do fator nuclear-kapa B (NF-kB), a inibição da proliferação celular e a promoção da apoptose.[16]

Pacientes com doença moderada a grave devem ser tratados com corticosteroides (prednisona, na dose de 40-60 mg/dia, até a resolução dos sintomas e a cessação da perda de peso, ou hidrocortisona).

Imunossupressores, como a azatioprina (2-2,5 mg/kg/dia, em dose única diária) também são eficazes em induzir a remissão da DC, bem como 6-mercaptopurina ou metrotexato (MTX).

Para pacientes que tenham obtido remissão, deve-se considerar o tratamento de manutenção. É improvável que um paciente que tenha necessitado de corticosteroides para induzir a remissão permaneça assintomático por mais de um ano sem tratamento de manutenção. Para prevenção de recorrências, pode-se iniciar com azatioprina (2-2,5 mg/kg/dia). Não há benefício da manutenção de sulfassalazina como profilaxia de reagudizações após remissão clínica.

Corticosteroides não devem ser usados como terapia de manutenção. Para os pacientes que entraram em remissão com o uso de metotrexato, pode-se manter esse fármaco.[11]

Terapia biológica como o infliximabe, anticorpo monoclonal anti-fator de necrose tumoral (TNF) quimérico, 75% humano, e o adalimumabe (anti-TNF – 100% humano). A terapia biológica vem sendo utilizada cada vez mais no tratamento de RCU e DC; no entanto, ainda deve ser reservada para casos moderados ou graves e refratários a outros tratamentos. O uso de anti-TNF é eficaz e está indicado no tratamento das fístulas complexas da DC que não respondem ao tratamento inicial, sendo atualmente o tratamento mais eficaz para as fístulas anais e/ou perianais, com índices de 70-80% de melhora clínica e 40-50% de fechamento completo da fístula.[17,18,19]

Medicamentos sintomáticos são indicados, como os antidiarreicos, sulfato ferroso nos casos de anemia, antibióticos, suplementação de vitamina B12 (pacientes com DC e atividade inflamatória no íleo terminal, submetidos à retirada cirúrgica dessa porção intestinal, costumam apresentar deficiência de vitamina B12), magnésio, folato, cálcio e vitamina D (a osteoporose atinge mais de 50% dos pacientes com DC e está relacionada à deficiência de cálcio).[10]

■ Tratamento cirúrgico: é necessário para tratar obstruções, complicações supurativas e doença refratária ao tratamento medicamentoso. Na doença de Crohn, em torno de 80% a 90% dos pacientes necessitarão de pelo menos uma cirurgia ao longo da vida. Destes, aproximadamente 50% necessitarão de uma segunda operação e, dos 50% que foram operados pela segunda vez, metade (25% do total) necessitará de uma terceira cirurgia. Já na retocolite ulcerativa, cerca de 20% a 30% dos pacientes necessitam de cirurgia.

- colectomia total (retirada de todo o cólon) com confecção de ileostomia;
- colectomia segmental (retirada de um segmento do cólon);
- colectomia subtotal (remoção de quase todo o cólon) com ligação do íleo e reto;
- colectomia total com ileostomia continente;
- colectomia total com preservação do esfíncter anal.

Também é motivo para indicação cirúrgica a presença de fístulas entéricas – que, de maneira geral, não respondem bem ao tratamento clínico –, principalmente quando há fistulização para vias urinárias.

O paciente deve ser orientado pelo médico e estomaterapeuta sobre a possibilidade de confecção de uma estomia no ato cirúrgico. A demarcação do local da estomia deve ser feito antes, levando-se em consideração as atividades de vida diária, hábitos e condições anatômicas do paciente, bem como as orientações pertinentes já devem ser iniciadas.[5]

## Assistência de enfermagem

Quadro 18.4 – Assistência de enfermagem no tratamento clínico[5,20,21]

| Assistência de enfermagem | Justificativa |
|---|---|
| Administrar medicações prescritas pelo médico no horário correto. Atentar para que medicações, como o metotrexato (MTX), devem ser administrados por enfermeiro capacitado. | Algumas medicações, como o MTX e terapia biológica necessitam de conhecimento sobre protocolos de segurança do paciente na administração de medicamentos, uma vez que se trata de medicamentos especiais. |
| Monitorar dor abdominal, mucosite, náusea, vômitos, anorexia, cefaleia. | A medicação sulfassalazina e o MTX podem causar esses efeitos colaterais. |
| Monitorar sinais e sintomas de infecção e orientar o paciente medidas de evitá-las, como não permanecer em ambientes algomerados e fechados, evitar contato com pessoas com doenças contagiosas. | As medicações imunossupressoras como a 6-mercaptopurina e o MTX causam mielossupressão, ocasionando risco para infecções. |
| Orientar a manter boa rotina de higiene oral com escova dental de cerdas macias. | Para prevenir e reduzir os sintomas da mucosite oral decorrente do uso de MTX. |
| Monitorar reações à infusão, infecções de vias aéreas superiores, bronquite, faringite, febre, cefaleia, náuseas, dor abdominal. | Podem ocorrer com administração de terapia biológica (infliximabe e adalimumabe). |
| Verificar junto ao enfermeiro a realização de PPD e raio X de tórax antes da infusão de infliximabe e adalimumabe, em casos apropriados. | A reativação da tuberculose pode ocorrer após uso de anti-fator de necrose tumoral (anti-TNF) (infliximabe e adalimumabe). |
| Monitorar e registrar eliminação intestinal (frequência, características das fezes, sangramento). | Monitorar evolução da doença. |
| Manter registro da aceitação alimentar por via oral. | Avaliar situações de baixa aceitação, para comunicar ao médico e enfermeiro. |
| Administrar dieta enteral quando prescrito regularmente no horário, atentando para posicionamento do paciente (decúbito, no mínimo a 30 graus), temperatura da dieta (deve ser a temperatura ambiente), infusão controlada em bomba de infusão, conforme protocolo institucional. | Evitar complicações como broncoaspiração, diarreia, náuseas e vômitos. |
| Pesar regularmente conforme prescrição médica ou de enfermagem. | Manter registro para futuras intervenções de ajustes nutricionais. |

Quadro 18.5 – Assistência de enfermagem no tratamento cirúrgico[5]

| Assistência de enfermagem | Justificativa |
|---|---|
| Pesar diariamente, conforme prescrição médica ou do enfermeiro. | Detectar precocemente perda de peso corporal para possíveis ajustes nutricionais. |
| Administrar líquidos por via oral (caso não haja restrições). | Restabelecer quadro de possível desidratação e auxiliar no bom funcionamento intestinal. |
| Oferecer alimentação pobre em resíduos. | Diminuir padrão de inflação das alças intestinais e auxiliar no funcionamento adequado dos desvios intestinais (se houver). |
| Verificar o funcionamento intestinal. | Detectar precocemente complicações, especialmente em casos de obstrução intestinal. |
| Questionar quanto à presença de queixas álgicas e intensidade conforme escalas padronizadas na instituição. | Detectar precocemente possíveis complicações, necessidade de analgésicos adequados e promoção de conforto. |
| Manter cuidados na prevenção de lesões por pressão (hidratação da pele, mudança de decúbito, aplicação de colchões especiais, como pneumático etc.). | Evitar o surgimento de lesões devido ao possível quadro de desidratação e desnutrição. |
| Manter cuidados no manuseio da bolsa de estomia, de acordo com prescrição do enfermeiro (ver tópico sobre estomias intestinais). | Caso haja a realização de algum tipo de desvio intestinal, serão necessários cuidados específicos. |
| Orientar sobre a importância da cessação do tabagismo. | O tabagismo é um dos principais fatores de risco para a recorrência da doença pós-operatória. |

**NOTA**

Após 8 anos do diagnóstico da CU, e com atividade da doença não controlada, existe aumento significativo do risco de câncer de cólon. Na DC, existe risco semelhante, quando há envolvimento de uma área importante do cólon. O risco aumenta paralelamente com a duração e a instalação da doença, a uma idade precoce e se houver histórico familiar de câncer colorretal esporádico. Embora as taxas gerais de câncer colorretal na CU tenham diminuído (possivelmente devido à otimização da vigilância), é recomendada a colonoscopia de 8 a 10 após o diagnóstico.[9,22]

## 18.5 ESTOMIAS

Estoma refere-se a uma abertura (estoma) realizada em alguma parte do corpo. Quando é feita no estômago, chama-se gastrostomia e tem a função de servir como via para administração de nutrientes; já a jejunostomia é feita no jejuno e tem a mesma função que a gastrostomia.

Já quando o estoma é confeccionado no íleo, chama-se ileostomia, e tem a finalidade de eliminar fezes. Já quando é confeccionada no cólon, chama-se colostomia, permitindo a drenagem de fezes para fora do corpo.

As estomias para eliminação de fezes podem ser confeccionadas em diversas circunstâncias, como câncer de cólon ou reto, doenças inflamatórias intestinais, proteção de anastomoses cirúrgicas, síndrome de Fournier, entre outras. De acordo com a localização do estoma no intestino, tem-se fezes com características distintas, conforme descrito a seguir:

- Ileostomia: **fezes líquidas.**
- Colostomia ascendente: **fezes líquidas.**
- Colostomia transversa: **fezes semilíquidas.**
- Colostomia descendente: **fezes formadas.**
- Colostomia sigmoide: **fezes firmes e sólidas.**

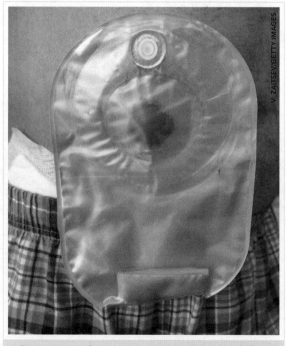

Figura 18.5 – Colostomia à direita com bolsa aplicada.

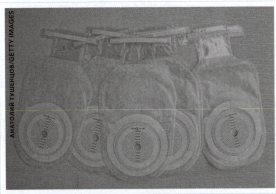

Figura 18.6 – Bolsas de estomia intestinal do tipo sistema de uma peça.

## Assistência de enfermagem

Tanto na ileostomia quanto na colostomia, o conteúdo das fezes será coletado em bolsa externa ao abdome (Figuras 18.5 e 18.6), que deve ser esvaziada e/ou trocada conforme a necessidade. Para tanto, alguns cuidados devem ser tomados:

Quadro 18.6 – Assistência de enfermagem ao paciente com estomias intestinais[5]

| Assistência de enfermagem | Justificativa |
| --- | --- |
| Inspecionar o estoma regularmente e atentar para coloração, umidade e características, como presença de sangramento, protusão ou retração. | Detectar precocemente possíveis complicações do estoma. O estoma deve ser vermelho ou róseo avermelhado, úmido, sem sangramentos, discretamente protuso em relação ao nível da pele (ileostomias possuem uma protusão normal maior). |
| Examinar a pele ao redor do estoma (periestomal) a busca de sinais de irritação. | Atentar para a pele ao redor de ileostomia e colostomias à direita, que tendem a desenvolver mais dermatite devido à característica do efluente que sai nesses locais. |
| Realizar limpeza da bolsa de estomia, com água e sabão neutro. Lembrar de esvaziar a bolsa antes de atingir 2/3 de sua capacidade. | Manter higiene e evitar irritação da pele periestomal. Garantir maior durabilidade da bolsa. |
| Evitar contato de fezes com a pele íntegra ao redor do estoma. Para isso, deve ser garantido que o enfermeiro, ao realizar a troca da bolsa, realize o corte adequado da bolsa. | Prevenir irritação da pele periestomal (dermatite periestomal). |
| Monitorar aceitação da dieta e líquidos. | Garantir nutrição e hidratação adequada. Nas estomias à direita (ileostomia e colostomia à direita), a perda de líquidos é mais considerável. |
| Manter ambiente bem ventilado e desodorizado, se necessário. | Melhorar o conforto do paciente. |
| Descrever e anotar aspecto das fezes eliminadas, bem como eliminação de gases. | Detectar funcionamento adequado do intestino e auxiliar na adaptação da dieta. |

## 18.6 HEMORRAGIA DIGESTIVA

A hemorragia digestiva é um problema comum e uma grande causa de morbidade e mortalidade. Pode ser classificada em hemorragia digestiva alta (HDA) e hemorragia digestiva baixa (HDB), especificadas a seguir:

- Hemorragia digestiva alta (HDA): qualquer sangramento próximo à flexura duodenojejunal (ângulo de Treitz). As principais causas desse tipo de hemorragia são: úlceras pépticas, câncer gástrico, síndrome de Mallory-Weiss, que são causas ditas não varicosas, e varizes esofágicas (consequentes à hipertensão portal, que ocorre em casos de cirrose hepática).
- Hemorragia digestiva baixa (HDB): qualquer sangramento com origem abaixo do ângulo de Treitz, embora sangramento alto maciço possa apresentar-se clinicamente como enterorragia. São possíveis causas: câncer colorretal, hemorroidas, entre outros.

## Manifestações clínicas

A seguir são apresentadas as manifestações clínicas de hemorragias digestivas:
- Melena: eliminação de fezes escuras (sangue digerido) e de odor fétido (HDA).
- Hematêmese: vômito de sangue vivo ou aspecto "borra de café" (HDA).
- Hematoquezia: presença de sangue vivo nas fezes (HAD e HDB).
- Sangue oculto nas fezes (HDB).

## Diagnóstico

A seguir são apresentados os procedimentos adotados para o diagnóstico:
- endoscopia digestiva alta (EDA) e/ou colonoscopia;
- radiografia de abdome e tórax;
- angiografia.

## Tratamento

O tratamento deve envolver a causa do sangramento, além de medidas para conter a hemorragia e suas complicações hemodinâmicas.
- Clínico: reposição de volume, sonda nasogástrica, monitorização cardíaca, suporte de oxigênio, drogas vasoativas (exemplo: terlipressina, somatostatina ou octreotida), transfusão de concentrado de hemácias, se valor de hemoglobina for inferior a 7 g/dL, ou em casos com valores de Hb superiores a 7 g/dL que tenham comorbidades, como doença cardiovascular isquêmica, ou se houver descompensação hemodinâmica. Considerando que infecções bacterianas, como pneumonia por aspiração, são comuns naqueles casos de sangramento por varizes esofágicas, indica-se antibioticoprofilaxia com ceftriaxona ou quinolona. Ainda nos casos de varizes esofágicas, são prescritos beta bloqueadores (propranolol ou nadolol).[23]
- Endoscopia digestiva alta (EDA): deve ser realizada precocemente, após a ressuscitação volêmica, em período inferior a 24 horas. Neste exame, pode ser feita injeção de epinefrina, hemostasia térmica (eletrocoagulação), hemostasia mecânica (ligaduras elásticas ou clips), ou hemostasia esclerosante. Na endoscopia, também deve ser feito o teste para a bactéria *Helicobacter pylori*.
  - Os inibidores intravenosos da bomba de prótons (exemplo: omeprazol, pantoprazol) devem ser feitos em altas doses (bólus intravenoso, seguido de infusão contínua) em pacientes aguardando endoscopia digestiva alta.
- Cirúrgico: laparoscopia, laparotomia para correção da causa do sangramento.
  - A European Society of Gastrointestinal Endoscopy (ESGE) não recomenda o uso rotineiro de aspiração nasogástrica ou orogástrica em pacientes que apresentam HDA.[24]

## Assistência de enfermagem

Quadro 18.7 – Assistência de enfermagem nas hemorragias digestivas[5,24]

| Assistência de enfermagem | Justificativa |
|---|---|
| Orientar paciente sobre os procedimentos necessários. | Evitar ansiedade e desconforto. |
| Orientar sobre importância de manter jejum. | Devido ao sangramento no esôfago. |
| Monitorar sinais vitais e pressão venosa central PVC (se possível); observar presença de palidez e sudorese intensa. | Detectar precocemente comprometimentos hemodinâmicos (choque). |
| Puncionar um ou dois acessos venosos periféricos (de acordo com as alterações hemodinâmicas do paciente) com dispositivo de maior calibre. | Manter vias para administração de volume conforme prescrição médica. |
| Descrever características das fezes (cor, quantidade, odor). | Detectar sangramentos vigentes ou pregressos. |
| Manter decúbito elevado e observar sinais de alteração do nível de consciência. | Auxiliar na melhor oxigenação cerebral que pode ser comprometida devido ao volume do sangramento e evitar comprometimento pulmonar por broncoaspiração. |
| Fornecer higiene oral após episódio de vômito com sangue. | Promover o conforto. |
| Monitorar saturação de oxigênio e comunicar se houver queda progressiva ou saturação < 90%. | Avaliar oxigenação periférica que pode estar comprometida pelo sangramento. |
| Preparar material para intubação endotraqueal antes da endoscopia, conforme orientação do enfermeiro, em pacientes com hematêmese ativa em andamento, encefalopatia ou agitação. | A intubação visa proteger as vias aéreas do paciente da aspiração potencial de sangue. |

## 18.7 CIRROSE HEPÁTICA

A cirrose hepática surge devido ao processo crônico e progressivo de inflamações, fibrose e, por fim, formação de múltiplos nódulos, que caracterizam a cirrose.

### Descrição da fisiopatologia

As células hepáticas (hepatócitos) destruídas são gradualmente substituídas por tecido cicatricial, que acaba por exceder a quantidade de tecido hepático funcionante. Daí o surgimento de fibrose e nódulos, danificando a função dos hepatócitos.

Uma série de condições podem causar cirrose hepática. São elas: hepatite viral crônica B e C, hepatopatia alcoólica, esteato-hepatite não alcoólica, hepatite autoimune, hemocromatose, doenças biliares, colangite esclerosante, doença de Wilson, doença celíaca, deficiência de alfa-1 antitripsina, insuficiência cardíaca direita, infecções e parasitoses (exemplo: sífilis, esquistossomose); hepatopatia medicamentosa (exemplo: isoniazida, metotrexato), doenças hepáticas primárias (fibrose portal idiopática, doença hepática granulomatosa).[25]

### Manifestações clínicas

Os sinais e sintomas aumentam conforme a doença progride, e estes encontram-se descritos a seguir:
- icterícia;
- inapetência;
- fadiga;
- náusea;
- edema de membros inferiores;
- ascite;
- prurido;
- alterações do nível de consciência (encefalopatia hepática);
- urina colúrica;
- hepatomegalia e esplenomegalia;
- telangesctasias ("aranhas vasculares");
- ginecomastia (crescimento das mamas);
- *flapping* (movimentos assincrônicos das mãos como "asas de borboleta" desencadeados por sua dorsiflexão), que geralmente acompanha o quadro de insuficiência/encefalopatia hepática;
- hemorragia digestiva alta (rompimento de varizes esofágicas);
- sangramentos devido a alterações nos fatores de coagulação;
- sinais e sintomas de insuficiência renal aguda.

### Diagnóstico

A seguir são apresentados os procedimentos adotados para o diagnóstico:
- Manifestações clínicas e análise de fatores de risco para cirrose.
- Exames laboratoriais: enzimas hepáticas, aspartato transaminase e alaninatransferase (AST, ALT), gamaglutamiltransferase (gama-GT), bilirrubinas, testes de coagulação, testes sorológicos para identificar possíveis infecções virais.
- Biópsia hepática (para determinar gravidade, extensão e causa da cirrose).
- Tomografia computadorizada ou ressonância magnética do abdome.[25]

### Tratamento

O tratamento para cirrose varia de acordo com a causa, podendo ser feito com a suspensão do medicamento ou álcool, por exemplo. Paralelamente, deve-se controlar os sinais e os sintomas e buscar a atenuação da progressão da cirrose.

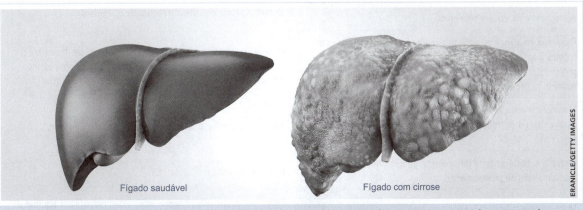

Figura 18.7 - Figura mostrando aspecto de um fígado saudável (à esquerda) e fígado com cirrose (com nódulos).

- Clínico: alívio da ascite com paracentese, administração de albumina, diuréticos. Em caso de encefalopatia hepática, uma complicação da cirrose, alguns laxantes podem ser prescritos, como a lactulose. A dieta é parte importante do tratamento e deve constituir-se em dieta hipossódica e hipoproteica.
- Transplante hepático: na doença hepática em fase terminal, pode haver a necessidade de realização do transplante hepático.[25]

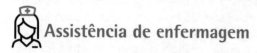

## Assistência de enfermagem

Quadro 18.8 – Assistência de enfermagem a pacientes com cirrose[5,25]

| Assistência de enfermagem | Justificativa |
|---|---|
| Monitorar PA e PVC (se possível). | Detectar precocemente comprometimentos hemodinâmicos (especialmente nos casos de cirrose descompensada). |
| Monitorar temperatura corporal e comunicar se alterações. | O paciente cirrótico tem risco aumentado para infecções. |
| Monitorar nível de consciência e eliminação intestinal. | Monitorar complicações (principalmente neurológicas – encefalopatia hepática) pela não eliminação de amônia e outros metabólitos. |
| Pesar diariamente ou conforme prescrição do enfermeiro. | Auxiliar no controle da progressão da ascite e edema. |
| Realizar balanço hídrico e seguir recomendação médica de restrição hídrica, quando houver. | Monitorar a progressão da ascite e edema. |
| Verificar a presença de náuseas e vômitos. | São sintomas comuns na cirrose e precisam ser comunicados ao médico e/ou enfermeiro para determinar condutas para seu controle. |
| Administrar diuréticos, albumina, antieméticos e analgésicos conforme prescrito. | Promover a diurese com redução do edema e excesso de líquidos corporais, melhorar a náusea e vômito e dor, promovendo conforto. |
| Avaliar o nível de tolerância à atividade e auxiliar nas atividades de higiene e alimentação, quando necessário. | Como o paciente cirrótico apresenta graus variados de fadiga, torna-se necessário monitorar a capacidade para o autocuidado e auxiliar nas atividades que o paciente não consegue realizar. |
| Questionar quanto à presença de queixas álgicas. | Detectar precocemente possíveis complicações, necessidade de analgésicos adequados e promoção de conforto. |
| Fornecer higiene oral antes das refeições e um ambiente agradável para as refeições no horário da alimentação, bem como manter decúbito elevado (semi-Fowler). | Promover melhor aceitação alimentar. |
| Estimular aceitação alimentar adequada, visando diminuição da ingestão de sal. | Evitar/controlar surgimento de ascite (especialmente em casos de cirrose descompensada). |
| Verificar e comunicar ao enfermeiro o surgimento de hematomas, equimoses e petéquias pelo corpo. | Detectar precocemente alterações de coagulação. |
| Promover mudança de decúbito, manter a pele hidratada com cremes à base de ácidos graxos essenciais (AGE) ou outro preconizado pela instituição, aplicar colchão tipo pneumático ou outro para prevenção de lesões por pressão (LPP). | O paciente cirrótico apresenta diversos fatores de risco para o desenvolvimento de LPP, como pele ressecada e com prurido, edema, desnutrição muitas vezes associada, entre outros. |
| Monitorar evolução do prurido, manter unhas curtas e aplicar emolientes ou outra solução tópica para o prurido conforme prescrito. | Melhorar o conforto do paciente e evitar lesões de pele. |
| Preparar o paciente para paracentese quando indicado, orientando a urinar antes do procedimento. | Evitar lesão vesical inadvertida. |
| Manter prevenção contra sangramentos. | Evitar quedas, manter higiene oral cuidadosa, utilizar agulhas de menor calibre quando necessário utilização da via parenteral. |

# 18.8 DISTÚRBIOS BILIARES: COLELITÍASE E COLECISTITE

A colecistite é uma inflamação aguda ou crônica da vesícula, na maioria dos casos associada à presença de cálculos biliares (colelitíase), que obstrui algum ramo da via biliar. A obstrução do ducto biliar por um cálculo, em 90% dos casos, leva à inflamação aguda da vesícula na maioria dos casos. Causas mais raras de obstrução incluem a infecção parasitária por *Ascaris* lumbricoides.

A colelitíase é uma doença de elevada prevalência, podendo ser assintomática ou sintomática. Na maioria dos portadores de colelitíase é assintomática e espera-se que 20% desses pacientes apresentem sintomas biliares típicos ao longo da vida.[26] Os fatores de risco para o surgimento dos cálculos são obesidade, diabetes *mellitus*, estrogênio, gravidez, doença hemolítica e cirrose.[27]

## Descrição da fisiopatologia

Na presença de obstrução de algum ramo da via biliar, a bile permanece na vesícula biliar que passa a ficar edemaciada e, consequentemente, há a compressão dos vasos sanguíneos, acarretando um possível quadro de isquemia da vesícula. Existe a possibilidade de perfuração da vesícula ou infecção por bactérias. A colecistite não calculosa pode ocorrer por infecções bacterianas, traumas ou após procedimentos cirúrgicos.

## Manifestações clínicas

A seguir são apresentadas as manifestações clínicas dos distúrbios biliares:[26]
- dor aguda (designada como cólica biliar) tipicamente no hipocôndrio direito, epigastro e região dorsal direita. na colecistite aguda a dor passa a ser mais intensa e duradoura (superior a 6 horas);
- sensibilidade no quadrante superior direito;
- náuseas;
- vômitos;
- pode haver febre;
- distensão abdominal;
- pode haver icterícia, com colúria e acolia fecal.

## Diagnóstico

A seguir são apresentados os procedimentos adotados para o diagnóstico:

- Manifestações clínicas: citadas anteriormente, associadas a dor à palpação do hipocôndrio direito com defesa voluntária nessa região. Outro teste clínico (sinal de Murphy) que pode ser encontrado, demonstra comprometimento visceral e parietal do peritônio. Esse sinal é definido como dor intensa quando o examinador, com a mão no ponto vesicular, solicita que o paciente respire profundamente, mobilizando a vesícula doente em direção a sua mão e piorando o quadro álgico.
- Ultrassonografia de vias biliares: é o exame "ouro", sendo a alteração mais sugestiva de colecistite aguda o espessamento da parede vesicular.
- Colangiopancreatografia endoscópica retrógrada (CPRE): é um exame de parte do sistema digestivo, que inclui a vesícula biliar, o pâncreas e os canais que drenam esses órgãos, bem como o fígado. Todos esses ductos são observados, radiologicamente, após introdução de um contraste através da papila de Vater, canulada com um endoscópio de visão lateral, chamado duodenoscópio.
- Tomografia: ajuda na identificação de alterações mal diagnosticadas pelo ultrassom. Ela permite a identificação de coleções ou gás na parede ou no interior da vesícula e a presença de pneumoperitônio, que não são detectados pelo ultrassom, e que sempre requerem tratamento de emergência. Se há mais de um sinal de gravidade, a TC é obrigatória para identificar a colecistite complicada e para indicar cirurgia de urgência.
- Exames laboratoriais (hemograma para avaliar presença de leucocitose que indica infecção associada), bilirrubinas, transaminases, fosfatase alcalina e amilase. A hiperamilasemia pode ocorrer devido à obstrução do ducto pancreático levando à pancreatite concomitante.[27]

## Tratamento

Hoje em dia, é consenso que a colelitíase sintomática possui indicação cirúrgica, desde que o paciente não possua contraindicação clínica para ser operado. No entanto, não existem estudos comparando colecistectomia *versus* não colecistectomia em doentes com litíase vesicular assintomática. Algumas recomendações para a cirurgia são: pacientes imunossuprimidos, pacientes com antecedentes familiares de neoplasia do trato digestivo, pacientes com doença hemolítica crônica, moradores em localidades muito distantes de atendimento médico, pacientes muito jovens, portadores de cálculos muito grandes (> 2,5 cm) ou muito pequenos (< 0,5 cm), pacientes que serão submetidos a algum procedimento cirúrgico no abdome.[28]

- Cirúrgico (colecistectomia): a literatura médica tem levado alguns cirurgiões a retardarem a indicação cirúrgica, entretanto, novos trabalhos, inclusive com análise de medicina baseada em evidências, têm demonstrado que a intervenção na primeira semana do início do quadro é a melhor conduta.[29] Esta pode ser feita de duas formas:
    - convencional (via laparotomia = incisão abdominal);
    - laparoscópica: a cirurgia videolaparoscópica veio mudar o manuseio e a evolução dos pacientes, tornando o pós-operatório mais curto e menos doloroso.
- Não cirúrgico: litotripsia por onda de choque extracorpórea.

Outra medidas são: jejum oral, acesso venoso periférico para hidratação e analgesia.[27]

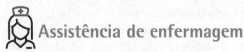

## Assistência de enfermagem

Quadro 18.9 - Assistência de enfermagem pré-cirúrgica[5]

| Assistência de enfermagem | Justificativa |
|---|---|
| Monitorar a dor conforme escalas padronizadas na instituição. | Manter registro de dor para seu melhor controle. |
| Administrar medicações conforme prescrição médica (analgésicos, antieméticos etc.). | Manter controle de sintomas e conforto do paciente. |
| Realizar preparo cirúrgico conforme protocolo hospitalar (jejum, retirada de adornos e próteses, banho com clorexidina degermante etc.). | Promover a segurança do paciente, evitando os riscos associados como broncoaspiração, infecções e queimaduras por bisturi elétrico. |

Quadro 18.10 - Assistência de enfermagem pós-cirúrgica[5]

| Assistência de enfermagem | Justificativa |
|---|---|
| Descrever e anotar débito de drenos, se houver. | Manter registro para avaliar a retirada do dreno pelo médico ou enfermeiro. |
| Auxiliar no curativo da incisão cirúrgica (conforme protocolo institucional) e observar a presença de secreção, edema, vermelhidão e dor intensa. | Detectar precocemente possíveis complicações. |

| Assistência de enfermagem | Justificativa |
|---|---|
| Monitorar dor e sua intensidade conforme escalas padronizadas na instituição, comunicando enfermeiro quando houver necessidade de administração de analgésicos. | Promover controle adequado da dor. |
| Promover deambulação precoce, conforme prescrito, facilitando eliminação de flatos intestinais. | A cirurgia laparoscópica causa muito acúmulo de flatos, ocasionando dor. |
| Monitorar aceitação alimentar, quando for liberada a dieta pelo médico. | Manter registro sobre ingestão alimentar, direcionando a progressão da dieta e evolução do quadro clínico. |

## 18.9 ADMINISTRAÇÃO DE ENEMA

O enema consiste na introdução no reto, através do ânus, de solução glicerinada com finalidade purgativa, utilizado como tratamento, preparo para procedimentos médicos, exame diagnóstico. É também conhecido como enema de limpeza.

### Materiais

- Dois pares de luvas de procedimento.
- Kit para enema (frasco de administração ou recipiente próprio com sonda retal, protetor plástico para roupa de cama, embalagem de lubrificante hidrossolúvel).
- Solução para enema (para adultos, 750 a 1.000 mL; para crianças, até 350 mL; para bebês, até 250 mL).
- Termômetro para banho.
- Comadre.
- Protetor de roupa de cama.
- Bacia com água morna.
- Sabão.
- Compressas.
- Toalha.
- Desodorizador de ar.

### Procedimentos

- Higienizar as mãos.
- Explicar o procedimento ao paciente, informando que pode causar leve desconforto.

- Preparar a solução, certificando-se de que sua temperatura esteja morna (cerca de 36 °C a 36,5 °C).
- Preencher o equipo com o líquido e fechar a pinça; colocar o frasco no suporte de soro à beira do leito.
- Baixar o suporte de soro de modo que a solução para enema fique a uma altura não superior a 45-60 cm em relação às nádegas; no caso de bebês e crianças, não além de 10-20 cm acima do ânus.
- Proporcionar privacidade, cobrindo o paciente, deixando apenas as nádegas expostas.
- Colocar protetor de lençol sob as nádegas.
- Colocar o paciente em posição de Sims (decúbito lateral esquerdo com membro inferior esquerdo [MIE] estendido e o membro inferior direito [MID] fletido), cama baixa e sem travesseiro.
- Usar luvas.
- Lubrificar 10-12 cm da ponta da sonda.
- Colocar a comadre sobre a cama, ao alcance das mãos.
- Erguer a grade da cama que está diante do rosto do paciente.
- Afastar as nádegas com a mão não dominante.
- Orientar o paciente para que respire lenta e profundamente pela boca.
- Com a mão dominante, inserir sonda retal no reto (na direção do umbigo) cerca de 7,5 cm a 10 cm e mantê-lo no local com a mão dominante (2,5 cm a 3 cm em bebês; 5 cm a 7,5 cm em crianças).
- Soltar a pinça do equipo.
- Administrar toda a solução ou o tanto que o paciente conseguir tolerar.
- Fechar a pinça do equipo e retirar a sonda retal quando terminar a infusão da solução.
- Solicitar ao paciente que respire profundamente para reter a solução pelo maior tempo que ele conseguir, para melhor efeito.
- Ajudar o paciente a ir ao banheiro ou oferecer a comadre, elevando a cabeceira do leito (se não houver contraindicação).
- Ajudar o paciente na higiene e a se trocar, deixá-lo confortável e o ambiente limpo e em ordem.
- Borrifar desodorizador de ambiente após a evacuação.
- Desprezar o material descartável no lixo do expurgo.
- Proceder à limpeza e desinfecção do material.
- Retirar as luvas de procedimento.
- Lavar as mãos.
- Anotar os efeitos, queixas do paciente, eliminação de flatos/fezes e características das fezes no relatório de enfermagem.

### 18.9.1 Administração de enema com solução salina hipertônica

O enema consiste na introdução no reto, através do ânus, de solução salina hipertônica com finalidade purgativa, utilizado como tratamento, preparo para procedimentos médicos e exame diagnóstico.

### Materiais

- Um par de luvas de procedimento.
- Enema (frasco de administração).
- Comadre.
- Protetor de roupa de cama.
- Compressas.

### Procedimentos

- Aquecer o recipiente com a solução salina na pia ou em uma bacia com água quente, caso seja normalmente frio.
- Auxiliar o paciente a ficar na posição de Sims ou na posição genupeitoral.
- Lavar as mãos e colocar as luvas.
- Explicar o procedimento ao paciente.
- Colocar protetor de lençol sob as nádegas.
- Usar luvas.
- Retirar a tampa da extremidade pré-lubrificada.
- Cobrir a extremidade com mais lubrificante.
- Inverter o recipiente.
- Inserir toda a extremidade no reto.
- Suavemente, aplicar pressão firme sobre o recipiente com a solução por 1 a 2 minutos ou até que ela tenha sido completamente administrada.
- Comprimir o recipiente à medida que instila a solução.
- Limpar o paciente e colocá-lo em posição confortável.
- Jogar fora o recipiente.
- Tirar as luvas e lavar as mãos.
- Anotar o procedimento no prontuário: queixas do paciente, eliminação de flatos/fezes e características das fezes.

### NESTE CAPÍTULO, VOCÊ...

... conheceu as diversas enfermidades gastrointestinais que podem acometer um indivíduo (como apendicite, doença diverticular, doenças inflamatórias intestinais, hemorragias digestivas, cirrose hepática, colecistite, entre outras). O profissional de enfermagem deve estar apto a compreender os mecanismos que levam a essas doenças, bem como a assistência de enfermagem pautada em princípios científicos.

### EXERCITE

### PESQUISE

Leia o artigo científico indicado a seguir e discuta sobre as intervenções de enfermagem ao paciente com cirrose hepática.
GIMENES, F. R. E.; MOTTA, A. P. G.; SILVA, P. C. S.; GOBBO, A. F. F.; ATILA, E.; CARVALHO, E. C. Identificação de intervenções de enfermagem associadas à acurácia dos diagnósticos de enfermagem para pacientes com cirrose hepática. Rev. Latino-Am. Enfermagem, 2017, v. 25, e2933. Disponível em: <http://www.scielo.br/scielo.php?script=sci_arttext&pid=S0104-11692017000100373&lng=pt>.

1. Paciente do sexo feminino em acompanhamento de cirrose em estágio inicial causada por doença biliar. São manifestações clínicas que ela pode apresentar:
   a) Ascite e confusão mental, pois são os primeiros sinais e sintomas esperados nesta fase.
   b) Icterícia, ascite e anorexia.
   c) Dor abdominal em região epigástrica, epistaxe inesperada, hepatoesplenomegalia podem ser manifestações clínicas que caracterizam essa fase inicial.
   d) Edema de membros inferiores, flapping e alteração do nível de consciência.
   e) Diarreia profusa.

2. Os cuidados com os diversos tipos de estomias possui uma grande importância para o bem-estar do paciente. De acordo com isso, classifique as afirmativas em verdadeiras (V) ou falsas (F):
   (   ) Inspeciona-se o estoma regularmente, atentando para a coloração, umidade e características como presença de sangramento, protusão ou retração, pois assim pode-se detectar precocemente possíveis complicações do estoma.
   (   ) O estoma deve ser vermelho escuro, não úmido e discretamente protuso em relação ao nível da pele.
   (   ) Deve-se esperar a bolsa de ileostomia/colostomia estar completamente cheia para ser feito a troca, com o intuito de aumentar a durabilidade da bolsa e diminuir a manipulação no paciente.
   (   ) É importante descrever e anotar aspecto das fezes eliminadas para detectar o funcionamento adequado do intestino.

3. A colostomia é um procedimento cirúrgico que tem como objetivo:
   a) diminuir a pressão da artéria portal.
   b) favorecer a nutrição enteral.
   c) diminuir a inflamação no intestino.
   d) correção de hérnia abdominal.
   e) eliminação de fezes.

CAPÍTULO 19

ANDREA BEZERRA RODRIGUES

COLABORADORA:
LÍVIA DANTAS LOPES

# ASSISTÊNCIA AO ADULTO COM DOENÇA ENDÓCRINA

### NESTE CAPÍTULO, VOCÊ...
- ... revisará a anatomia e a fisiologia do sistema endócrino.
- ... aprenderá sobre a epidemiologia, os fatores de risco, as manifestações clínicas, os exames diagnósticos e o tratamento das principais patologias que acometem o sistema endócrino.
- ... reconhecerá a assistência de enfermagem para as patologias descritas e sua justificativa.

### ASSUNTOS ABORDADOS
- Revisão da anatomia e fisiologia do sistema endócrino.
- Doenças do sistema endócrino: diabetes *mellitus*, hipertireoidismo e hipotireoidismo.

# ESTUDO DE CASO

J.B., sexo masculino, casado, aposentado, 64 anos, diagnosticado com diabetes *mellitus* tipo 2 há 10 anos, foi encaminhado para tratar descompensação do diabetes. Em uso de insulina NPH e regular e hipoglicemiante oral. Nega queixas. Apresentou exames laboratoriais em que constavam dislipidemia e HbA1c = 7,2%.

Em seu prontuário constava: PA = 134 × 90 mmHg, glicemia capilar = 386 mg/dL, tendo se alimentado há 3 horas, peso = 96 kg, altura = 170 cm.

Durante a consulta de enfermagem, foi observado controle glicêmico diário com períodos de hiperglicemia e hipoglicemia em vários horários. Além disso, uso de calçado inadequado, expondo totalmente os pés. Observado calos em ambos os pés e diminuição de sensibilidade com monofilamento de 10 g em ambos os membros inferiores.

### Após ler o caso, reflita e responda:

1. Qual é a razão de a HbA1c estar dentro dos padrões aceitáveis e o sr. J.B. estar descompensado?
2. Que tipos de orientações o enfermeiro deve fazer?

# 19.1 ANATOMIA E FISIOLOGIA ENDÓCRINA

Neste capítulo, inicialmente, será apresentada uma breve revisão da anatomia e fisiologia endócrinas para melhor compreensão do conteúdo abordado.

## 19.1.1 Pâncreas

O pâncreas é uma glândula retroperitoneal, lobulada, com peso entre 60 g e 170 g, medindo de 12 a 25 cm e dividido em três partes: cabeça (proximal), corpo e cauda (distal). A primeira parte encontra-se em íntimo contato com o duodeno, enquanto a última, com o hilo esplênico e flexura cólica esquerda (Figura 19.1).[1]

É formado por dois tipos principais de tecidos: os ácinos, que secretam o suco digestivo no duodeno; e as ilhotas de Langerhans, que secretam a insulina e o glucagon diretamente no sangue, apresentando cerca de 1 a 2 milhões de ilhotas no pâncreas organizadas em torno de pequenos capilares nos quais suas células secretam seus hormônios.[1]

Essas ilhotas contêm três tipos principais de células:[2]

- Células alfa: correspondem a cerca de 15-20% das células das ilhotas e localizam-se em sua periferia. Sintetizam e secretam glucagon, glicentina, GRPP (peptídeo pancreático relacionado com glicentina), GLP 1 e GLP 2 (peptídeo tipo glucagon 1 e 2).
- Células beta: mais numerosas, correspondem a 70-80% das células das ilhotas pancreáticas, localizando-se no centro da ilhota e responsáveis pela síntese e pela secreção, principalmente, da insulina e peptídeo C. Em menor escala, produzem amilina (IAPP-polipeptídeo amiloide das ilhotas), que é um antagonista insulínico, dentre outros peptídeos.
- Células delta: representam 5-10% das células. Produzem principalmente somatostatina, supressor da secreção de insulina, glucagon e hormônio de crescimento.

As ilhotas são ricamente inervadas por fibras provenientes do sistema nervoso autônomo, simpáticas e parassimpáticas, as quais desempenham papel fundamental na modulação da secreção hormonal por meio de neurotransmissores e neuropeptídios, a saber:[2]

- Neurotransmissores provenientes de fibras parassimpáticas:
    - Acetilcolina: estimula liberação de insulina, glucagon e polipeptídeo pancreático. Sua ação se inicia após a ligação no receptor muscarínico da célula beta, aumentando a concentração de cálcio intracelular.
    - Polipeptídeo Intestinal Vasoativo (VIP): distribuído nas fibras parassimpáticas que inervam as ilhotas pancreáticas e o trato gastrointestinal, parece aumentar a concentração de cálcio intracelular.

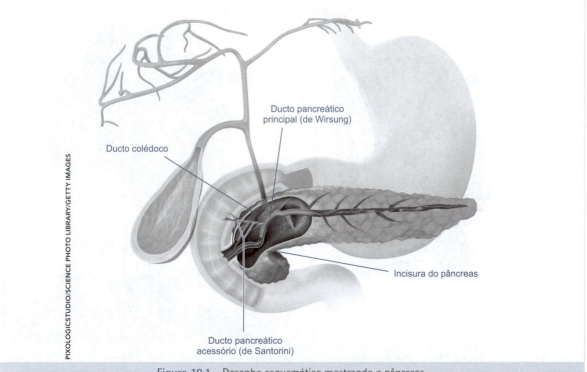

Figura 19.1 – Desenho esquemático mostrando o pâncreas.

- Polipeptídeo liberador de gastrina (GRP): é abundante nas fibras parassimpáticas do pâncreas, liberado sob estimulação vagal. Estimula a secreção de insulina, glucagon, somatostatina e polipeptídeo pancreático, aumentando a concentração de cálcio intracelular.
■ Neurotransmissores provenientes de fibras simpáticas:
    - Noradrenalina: inibe a secreção de insulina, diminuindo a concentração da enzima AMPc e de cálcio intracelular. Estimula a secreção do glucagon.
    - Galanina: presente tanto nas fibras simpáticas que inervam as ilhotas, como no pâncreas exócrino. Inibe a secreção basal de insulina e a secreção a estimulada.
    - Neuropeptídeo Y: presente tanto na porção endócrina, quanto exócrina do pâncreas. Inibe a secreção de insulina basal e estimulada.

## 19.1.2 Tireoide

A tireoide está localizada abaixo da laringe, ocupando as regiões laterais e anterior da traqueia (Figura 19.2). É uma das maiores glândulas endócrinas, pesando entre 15 g a 20 g em adultos. Essa glândula é composta por grande número de folículos fechados, preenchidos por uma substância secretora (coloide), revestidos por células epiteliais cuboides, os quais secretam seus produtos no interior dos folículos. O coloide é constituído principalmente pela tireoglobulina, na qual contém os hormônios tireoidianos.[1]

Essa glândula secreta dois principais hormônios: a tiroxina (T4) e triiodotironina (T3), que participam intensamente do metabolismo do nosso organismo. A secreção tireoidiana é controlada, principalmente, pelo hormônio estimulante da tireoide (TSH), secretado pela hipófise.[1]

A glândula tireoide secreta predominantemente tiroxina (T4) da qual deriva, por desiodação, a maior parte do T3 circulante. Dessa forma, para a manutenção da atividade normal dos tecidos-alvo, níveis intracelulares adequados de T3 devem ser garantidos, o que está na dependência não só da atividade tireoidiana, como também da geração intracelular desse hormônio, processos que dependem, respectivamente, da integridade do eixo hipotálamo-hipófise-tireoide e da atividade de enzimas específicas, as desiodases.[3,4]

A função tireoidiana é regulada pelo hormônio liberador de tireotrofina (TRH), produzido no hipotálamo que, por meio do sistema porta hipotálamo hipofisário, dirige-se à adeno-hipófise, ligando-se em receptores específicos no tireotrofo e induzindo a síntese e secreção de hormônio tireotrófico (TSH). Este, por sua vez, interage com receptores presentes na membrana da célula folicular tireoidiana induzindo a expressão de proteínas envolvidas na biossíntese de hormônios tireoidianos, aumentando a atividade da célula tireoidiana e estimulando a secreção hormonal.[3,4]

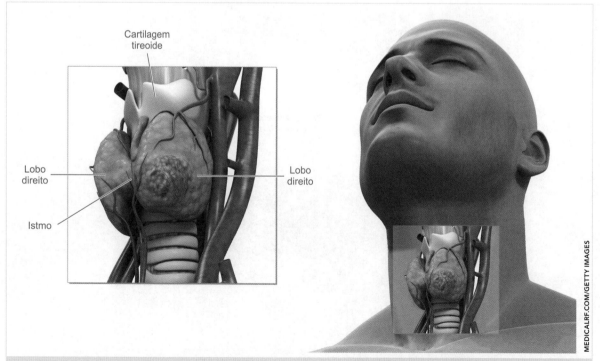

Figura 19.2 – Desenho esquemático da glândula tireoide e suas relações anatômicas.

# 19.2 DIABETES *MELLITUS*

O diabetes *mellitus* (DM) é uma doença metabólica caracterizada por hiperglicemia persistente, causada pela deficiência na produção de insulina ou em sua ação, ou em ambos os mecanismos, ocasionando complicações micro e macrovasculares em longo prazo, aumento de morbidade, redução da qualidade de vida e elevação da taxa de mortalidade. Existem três principais tipos de diabetes *mellitus*, sendo: I, II e gestacional.[5]

## Descrição da fisiopatologia

A *diabetes mellitus* pode ser classificada em três tipos: diabetes *mellitus* tipo 1, diabetes mellitus tipo 2 e diabetes gestacional. Será feita a seguir uma breve descrição da fisiopatologia desses dois tipos.

- Diabetes *mellitus* tipo 1 (DM1): decorre da destruição das células beta pancreáticas, ocasionando a incapacidade do pâncreas em produzir insulina. Características específicas: mais frequente na infância e na adolescência, mas pode ser diagnosticado em adultos; de início geralmente abrupto, podendo ser a cetoacidose diabética a primeira manifestação da doença. A maioria dos pacientes tem peso normal, mas a presença de sobrepeso e obesidade não exclui o diagnóstico da doença. Há pouca ou nenhuma produção de insulina, sendo necessária a reposição de insulina exógena.[5,6]
- Diabetes *mellitus* tipo 2 (DM2): deficiência na síntese e na secreção de insulina pelas células betapancreáticas e resistência dos tecidos periféricos à ação da insulina. Características específicas: mais frequente em indivíduos depois dos 40 anos, podendo ocorrer em crianças e adolescentes; tem forte associação à herança familiar e hábitos de vida; início insidioso; sendo de 80% a 90% associados à obesidade; devido à produção e absorção prejudicada da insulina. Os medicamentos orais e/ou insulina podem ser necessários.[5,6]
- Diabetes gestacional (DMG): intolerância a carboidratos de gravidade variável, com início na gestação atual, sem prévio diagnóstico de DM. Características específicas: geralmente diagnosticado no segundo ou terceiro trimestres da gestação; sofre influência de fatores hereditários, obstétricos e hábitos de vida, que podem estar associados. Pode ser transitório ou persistir após o parto, e representa fator de risco independente para desenvolvimento de DM2.[5,6]

## Manifestações clínicas

As manifestações muitas vezes são mais evidentes em pacientes com DM1, devido à forma abrupta de como se inicia o quadro de diabetes.

A alta concentração de glicose no sangue (hiperglicemia) pode sobrecarregar os rins, havendo dificuldade na reabsorção da glicose filtrada, provocando sua eliminação pela urina (glicosúria).[5,6,7]

O excesso de perda de líquido pela urina (poliúria) provoca desidratação e sede excessiva no indivíduo (polidipsia). A deficiência na síntese e a absorção da insulina prejudica o metabolismo de proteínas e gorduras, causando a perda de peso e sensação de fadiga e fraqueza e, consequentemente, a necessidade de reposição calórica, induzindo o indivíduo ao aumento do apetite (polifagia).[1,5,6]

A seguir são apresentadas as manifestações clínicas clássicas do diabetes *mellitus*:[7]

- glicosúria;
- poliúria;
- polidipsia;
- perda de peso;
- fadiga e fraqueza;
- polifagia.

## Diagnóstico

Os níveis de glicose altos servem como critérios de diagnóstico. Atualmente, vários testes podem ser feitos:[6]

- glicemia plasmática em jejum (pelo menos 8 horas) ≥ 126 mg/dL;
- teste de tolerância à glicose (TOTG), contendo o equivalente a 75 g de glicose anidra dissolvida em água, após 2h ≥ 200 mg/dL;
- hemoglobina glicada (HbA1c) ≥ 6,5%;
- em um paciente com sintomas clássicos de hiperglicemia ou crise hiperglicêmica, uma glicose plasmática aleatória ≥ 200 mg/dL, com necessidade de repetir em outra ocasião ou de outro tipo de teste.

Para mulheres entre a 24ª a 28ª semanas de gestação, o diagnóstico pelo TOTG com pelo menos 8 horas de jejum é atingido ou excedido: jejum: 92 mg/dL; 1 h: 180 mg/dL; 2 h: 153 mg/dL.[6]

## Tratamento

O tratamento do diabetes *mellitus* tem como meta alcançar níveis glicêmicos tão próximos da normalidade quanto é possível alcançar na prática clínica, como tentativa de reduzir complicações micro e macrovasculares. Existem quatro componentes para o tratamento da diabetes:[1,5,6]

- Automonitoramento glicêmico: a monitorização da glicose sanguínea pode ser diária e quantas vezes necessária, principalmente para aqueles com DM1, e para os com DM2 que usem insulina, ou conforme orientação médica (Figuras 19.3 e 19.4).

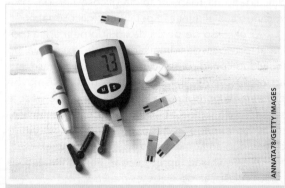

Figura 19.3 - Glicosímetro, fitas (acima do glicosímetro), lancetas (logo abaixo do glicosímetro) e caneta.

Figura 19.4 - Automonitorização da glicemia capilar.

- Dieta: as recomendações são semelhantes às da população em geral, além de ser individualizada. Inclui: controle da ingesta calórica, não deixar de fazer nenhuma refeição, controle e ingestão de carboidratos e gorduras de qualidade, ingestão de alimentos ricos em fibras e evitar ingestão de bebidas alcoólicas.
- Atividade física: os exercícios físicos colaboram para a manutenção ou a perda de peso, reduz a resistência à insulina, facilitando a utilização periférica de glicose, com consequente melhoria do controle glicêmico e sensação de bem-estar.
- Medicação: envolve os hipoglicemiantes orais e a insulina:[5]
  - Insulina: o tratamento com insulina traz inúmeros benefícios, mas exige muitos cuidados por ser classificado como potencialmente perigoso e por apresentar risco aumentado de danos significativos em decorrência de falhas de utilização.

Quadro 19.1 - Apresentação dos antidiabéticos orais com usas respectivas classes e comentários

| Antidiabéticos orais Classe/medicamentos | Comentários |
|---|---|
| Sulfonilureias: Glibenclamida Gliclazida Glimepirida Outros | Estimulam a produção endógena de insulina pelas células beta pancreáticas, promovendo secreção de insulina. Úteis para controle da glicemia em jejum e de 24 horas. |
| Biguanidas: Metformina | Agem diminuindo a produção hepática da glicose e, no músculo, aumentam a captação de glicose estimulando a glicogênese. |
| Inibidores da α-glicosidase: Acarbose Miglitol | Retardam a absorção intestinal de glicose. |
| Glinidas: Repaglinida Nateglinida | Estimulam a produção endógena de insulina pelas células beta pancreáticas, promovendo secreção de insulina. Úteis para pós-prandiais. |
| Tiazolidinedionas: Pioglitazonas Rosiglitazona | Aumentam a sensibilização da ação da insulina, diminuindo a resistência periférica. Ativam os receptores nucleares intracelulares que afetam o metabolismo glicídico e lipídico, responsáveis pela captação de glicose mediada por insulina nos tecidos periféricos e pela diferenciação de pré-adipócitos em adipócitos, entre outros efeitos. |
| Inibidores da DPP4 (DPP4-I): Vildagliptina Sitagliptina Saxagliptina Linagliptina Agonistas do receptor de GLP-1: Exenatida Liraglutida Dulaglutida | A inibição da enzima DPP-4 reduz a degradação do GLP-1, aumentando sua vida média, liberando insulina, reduzindo a velocidade do esvaziamento gástrico e inibição da secreção de glucagon. |
| Inibidores de SGLT2: Dapagliflozina Empagliflozina Canagliflozina | Compreende os inibidores do contratransporte sódio-glicose 2 nos túbulos proximais dos rins, reduzindo a glicemia via inibição da recaptação de glicose nos rins, promovendo glicosúria. |

O profissional de saúde, em geral o enfermeiro, deve saber manusear, orientar e capacitar o paciente e seus familiares quanto ao uso e manejo da insulina.

- **Locais de aplicação da insulina:** recomenda-se fazer rodízio nos locais de aplicação e o local da injeção deve estar livre de lipodistrofia (acúmulo de gordura subcutânea), edema, inflamação e infecção.[5,7]
  - Braços: face posterior, três a quatro dedos abaixo da axila e acima do cotovelo (considerar os dedos do indivíduo que receberá a injeção de insulina).
  - Nádegas: quadrante superior lateral externo.
  - Coxas: face anterior e lateral externa superior, quatro dedos abaixo da virilha e acima do joelho.
  - Abdome: regiões laterais direita e esquerda, com distância de três a quatro dedos da cicatriz umbilical (Figura 19.5).

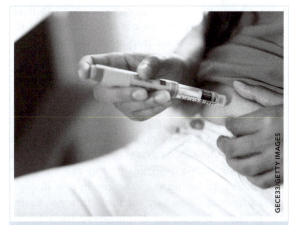

Figura 19.5 – Autoaplicação de insulina na região abdominal.

Quadro 19.2 – Recomendações sobre o uso apropriado de agulhas para aplicação de insulina por via subcutânea

| Agulha (comprimento em mm) | Indicação | Prega subcutânea | Ângulo de inserção da agulha | Observações importantes |
|---|---|---|---|---|
| 4 mm | Todos os indivíduos | Dispensável, exceto para crianças com menos de 6 anos | 90° | Realizar prega subcutânea em indivíduos com escassez de tecido subcutâneo nos locais de aplicação. |
| 5 mm | Todos os indivíduos | Dispensável, exceto para crianças com menos de 6 anos | 90° | Realizar prega subcutânea em indivíduos com escassez de tecido subcutâneo nos locais de aplicação. |
| 6 mm | Todos os indivíduos | Indispensável | 90° para adultos e 45° para crianças e adolescentes | Estabelecer ângulo de 45° em adultos com escassez de tecido subcutâneo nos locais de aplicação, para evitar aplicação IM. |
| 8 mm | Não indicada para crianças e adolescentes. Risco de aplicação IM. | Indispensável | 90° para adultos e 45° para crianças e adolescentes | Estabelecer ângulo de 45° em adultos com escassez de tecido subcutâneo nos locais de aplicação, para evitar aplicação IM. |
| 12 a 13 mm | Risco de aplicação IM em todos os indivíduos | Indispensável | 45° | Alto risco de aplicação IM em todos os indivíduos. |

* IM: intramuscular.

Quadro 19.3 – Tipos de insulina com início de ação, pico, duração e cuidados de enfermagem

| Insulina | Início | Pico | Duração | Cuidados de enfermagem |
|---|---|---|---|---|
| **Longa duração** | | | | |
| Glargina | 2 a 4 h | Nenhum | 20 a 24 h | |
| Detemir | 1 a 3 h | 6 a 8 h | 18 a 22 h | • Na associação de insulina na mesma seringa, utilizar seringa com agulha fixa, aspirar primeiro a de ação rápida e depois a de ação mais lenta.<br>• Verificar a escala de graduação das seringas, se par ou ímpar.<br>• Injetada a insulina, é preciso manter a agulha no tecido subcutâneo por, no mínimo, 10 segundos.<br>• Recomenda-se o descarte em local apropriado (próprio para perfurocortantes) após uso das seringas e agulhas.<br>• Não friccionar o local após aplicação. |
| Degludeca | 21 a 41 min | Nenhum | > 42 h | |
| **Ação intermediária** | | | | |
| NPH | 2 a 4 h | 4 a 10 h | 10 a 18 h | |
| **Ação rápida** | | | | |
| Regular | 0,5 a 1 h | 2 a 3 h | 5 a 8 h | |
| **Ação ultrarrápida** | | | | |
| Aspart | 5 a 15 min | 0,5 a 2 h | 3 a 5 h | |
| Lispro | 5 a 15 min | 0,5 a 2 h | 3 a 5 h | |
| Glulisina | 5 a 15 min | 0,5 a 2 h | 3 a 5 h | |
| **Pré-mistura (mais comum)** | | | | |
| 70/30 NPH/Regular | 0,5 a 1 h | 3 a 12 h | 10 a 16 h | |

* NPH: neutral protamina Hagedorn.

- **Complicações:** entre as complicações agudas, estão a hiperglicemia e a hipoglicemia. A hipoglicemia é mais frequente em indivíduos com DM1, podendo estar presente naqueles com DM2 tratados com insulina e, menos comumente, naqueles tratados com hipoglicemiantes orais. Os sintomas podem variar de leves e moderados (tremor, palpitação e fome) a graves (mudanças de comportamento, confusão mental, convulsões e coma). O tratamento para a hipoglicemia leve (50-70 mg/dL) ou grave (abaixo de 50 mg/dL) varia de 15 g a 30 g de carboidrato simples, respectivamente. É importante prevenir a hipoglicemia para reduzir o risco de declínio cognitivo e outros resultados adversos, principalmente em idosos.[5,7]

Outra complicação é a cetoacidose diabética (CAD), resultante da redução de insulina circulante, causando grave hiperglicemia e culminando em cetonemia e acidose metabólica. Apresenta-se em aproximadamente 25% dos pacientes no momento do diagnóstico do DM1, sendo a causa mais comum de morte entre crianças e adolescentes com DM1.[5,7]

Na ausência de insulina, há a redução de glicose celular e a produção e liberação de glicose pelo fígado (gliconeogênese) aumentam, levando à hiperglicemia. Para livrar o organismo do excesso de glicose, os rins excretam glicose, água e eletrólitos. Essa diurese osmótica é caracterizada pela poliúria e desidratação.[3] Além disso, ocorre a degradação de lipídios (lipólise) em ácidos graxos que são convertidos em corpos cetônicos pelo fígado se acumulando no sangue (cetose) e excretados pela urina (cetonúria).[1]

Erros na dose de insulina, infecções, estresse e cirurgias podem provocar a hiperglicemia e não havendo intervenção, poderá evoluir para a CAD. O quadro clínico pode envolver, além dos sintomas clássicos de hiperglicemia:[1]

- visão turva;
- fraqueza;
- cefaleia;
- perda de peso;
- náuseas;
- vômitos;
- sonolência;
- hiperpneia, podendo levar a respiração de Kussmaul (respiração rápida e profunda) e hálito cetônico na tentativa do organismo de exalar a acidose e dióxido de carbono;
- desidratação com pele seca e fria, língua seca;
- hipotonia dos globos oculares;
- extremidades frias;
- agitação;
- fácies hiperemiada;
- pulso rápido e pressão arterial variando de normal até choque hipovolêmico;
- coma.

O tratamento para a CAD inclui:[5]

- manutenção das vias respiratórias pérvias e, em caso de vômitos, indicação de sonda nasogástrica;
- correção da desidratação utilizando solução salina isotônica de cloreto de sódio (NaCl) 0,9%;
- correção de distúrbios eletrolíticos e acidobásicos;
- redução da hiperglicemia e da osmolaridade administrando insulina endovenosa em bomba de insulina;
- identificação e tratamento do fator precipitante.

As complicações do diabetes são categorizadas como distúrbios micro e macrovasculares, que resultam em retinopatia, nefropatia, neuropatia, doença coronariana, doença cerebrovascular e doença arterial periférica.[1]

A retinopatia diabética é a principal causa de cegueira em pessoas com diabetes, causada por alterações nos pequenos vasos sanguíneos que nutrem da retina. A prevenção envolve a implementação de um plano de cuidado, focando exames oftalmológicos regulares e controle glicêmico.[5,7]

A nefropatia diabética também é uma complicação comum no diabetes, resultante do extravasamento de proteínas sanguíneas na urina decorrente da hiperglicemia persistente, levando ao aumento da pressão nos vasos sanguíneos dos rins, ocasionando nessa complicação. Exames de urina para microalbuminúria e para níveis séricos de creatinina e ureia devem ser realizados anualmente.[5,7]

A patogenia da neuropatia diabética, comum no diabetes, pode ser atribuída ao espessamento da membrana basal capilar e fechamento capilar. Pode haver a desmielinização dos nervos. Os distúrbios dependem da localização das células nervosas afetadas, sendo a neuropatia de nervos periféricos mais acometida. Os sintomas são mais frequentes nos pés e podem incluir parestesias, dormência, diminuição da sensibilidade, o que pode aumentar o risco de lesão e ulceração da região afetada. Além disso, podem ocorrer alterações articulares nos pés, como articulações de Charcot (ou doença neuropática articular), que é consequência de lesões dos nervos, causados, entre outros, pela diabetes *mellitus*, que impedem a percepção da dor articular por parte da pessoa afetada. Por conseguinte, as lesões e as fraturas insignificantes e repetidas passam despercebidas, até que a deterioração acumulada acaba por destruir a articulação de forma permanente. Por isso, existe a necessidade de orientações e avaliação regular dos pés.[5,7,8] As doenças vasculares são comuns, principalmente no DM2. As paredes vasculares sofrem espessamento e esclerose. A oclusão de vasos sanguíneos pode provocar acidente vascular encefálico isquêmico (AVEi), insuficiência cardíaca (IC), doença arterial obstrutiva periférica (DAOP). A prevenção envolve acompanhamento médico e diminuição dos fatores de risco para a aterosclerose.[1,5]

Quadro 19.4 – Assistência de enfermagem ao paciente com diabetes *mellitus* e justificativa[5]

| Assistência de enfermagem | Justificativa |
|---|---|
| Orientar sobre plano nutricional balanceado prescrito pelo nutricionista. | Favorecer o controle glicêmico. |
| Orientar e incentivar exercícios físicos. | Manter níveis glicêmicos controlados. |
| Orientar automonitorização e metas glicêmicas. | Evitar a hipoglicemia e hiperglicemia. |
| Incentivar a manter consultas periódicas com equipe de saúde. | Monitoramento da diabetes e prevenção de complicações secundárias. |
| Fazer refeições e lanches em horários regulares e evitar pular refeições | Evitar hipoglicemia. |
| Orientar paciente a verificar glicemia e ingerir carboidratos, se necessário, antes de atividades físicas. | Evitar hipoglicemia. |
| Orientar medicações para o diabetes: quando e como utilizar (orais ou injetáveis) e seu manejo. | Evitar hipoglicemia e hiperglicemias; evitar erros no manejo do preparo e aplicação da insulina. Evitar lipodistrofia no local de aplicação. |
| Orientar, reconhecer e tratar sinais de hiperglicemia e hipoglicemia. Na suspeita, realizar glicemia capilar | Evitar complicações agudas. |
| Orientar quanto aos cuidados com os pés: uso de calçados adequados (preferível sapato cano alto, couro macio que permita a transpiração do pé, alargamento da lateral para acomodar as deformidades como artelhos em garra e hálux valgus e caso tenha salto que seja estilo anabela); hidratação; corte adequado das unhas (corte reto ou quadrado); inspeção diária dos pés. | Evitar complicações secundárias como o "pé diabético*". |

\* Pé diabético: é o conjunto de alterações neurológicas e vários graus de doença vascular periférica associado à presença de infecção, ulceração e/ou destruição de tecidos profundos [8].

## 19.3 HIPERTIREOIDISMO

O hipertireoidismo é um distúrbio endócrino na qual a glândula tireoide é hiperativa e produz excesso de hormônios tireoidianos. Se não tratado, o hipertireoidismo pode levar à perda de peso, osteoporose, fibrilação atrial, eventos embólicos, fraqueza muscular, tremor, sintomas neuropsiquiátricos e raramente colapso cardiovascular e morte. Afeta mais as mulheres do que os homens.[1,9]

### Descrição da fisiopatologia

A ação dos hormônios tireoidianos é estimuladora e seu excesso produz hipermetabolismo, aumentando a atividade do sistema nervoso simpático. Com a estimulação do sistema cardíaco, o aumento do número de receptores beta adrenérgicos provoca taquicardia e insuficiência cardíaca. Além disso, aumenta a termogênese tecidual e a taxa metabólica basal e reduz os níveis séricos de colesterol e a resistência vascular sistêmica.[9]

### Manifestações clínicas

As manifestações clínicas do hipertireodismo envolvem vários sistemas orgânicos, como o coração, o sistema nervosos, entre outros.

A seguir serão apresentadas as principais manifestações clínicas do hipertireoidismo:[10]
- nervosismo;
- irritabilidade;
- sudorese aumentada;
- palpitações cardíacas;
- tremores nas mãos;
- ansiedade;
- dificuldade para dormir;
- afinamento da pele;
- cabelos finos e quebradiços;
- fraqueza nos músculos – especialmente nos braços e nas coxas;
- evacuações mais frequentes, diarreia é incomum;
- perda de peso apesar do bom apetite;
- fluxo menstrual reduzido ou irregular;
- na doença de Graves (forma mais comum de hipertireoidismo): os olhos podem parecer aumentados devido à elevação das pálpebras superiores. Edema em um ou ambos os olhos (exoftalmia);
- bócio (aumento da região cervical anterior devido ao aumento da glândula tireoide): é macio, podendo pulsar e apresentar frêmito.

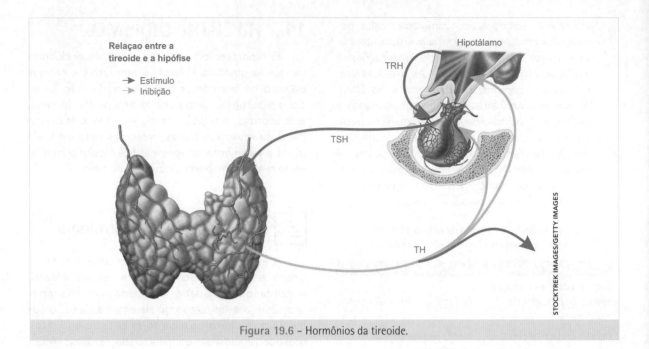

Figura 19.6 – Hormônios da tireoide.

## Diagnóstico

O diagnóstico é feito a partir de exame físico e clínico e confirmado por exames laboratoriais em que a quantidade de hormônios tireoidianos – tiroxina (T4) e triiodotironina (T3) – estão elevados, e o hormônio estimulante da tireoide (TSH) no sangue, baixo (Figura 19.6).[1,9]

Para determinar o tipo de hipertireoidismo, pode ser solicitado um exame de captação de iodo radioativo e uma imagem da tireoide para ver a forma, tamanho e se existem nódulos (Figura 19.7).[1,9]

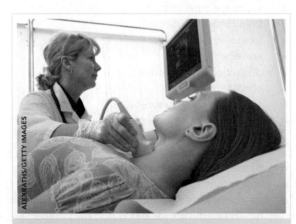

Figura 19.7 – Ultrassom da tireoide.

## Tratamento

Como tratamentos mais comuns,[9,11] destacam-se:
- Medicamentos antitireoidianos: a droga preferida é o metimazol. Para as mulheres grávidas ou lactantes, o propiltiouracil (PTU) pode ser o de melhor escolha.
- Iodo radioativo: esse tratamento pode tratar o problema do hipertireoidismo. Mais frequentemente, o hipotireoidismo (uma tireoide com hipoatividade) ocorre após alguns meses e dura a vida toda, exigindo tratamento. A glândula tireoide capta praticamente todo o iodo presente no sangue. Após tireoidectomia, quando uma dose de iodo radioativo, conhecida como I-131, é administrada, podem-se eliminar resíduos microscópicos em leito tireoidiano e/ou lesões metastáticas, diminuindo recorrências e mortalidade, especialmente em pacientes de alto risco, com pouco ou nenhum efeito colateral para o corpo. A iodoterapia é amplamente indicada para pacientes com câncer de tireoide papilífero ou folicular (câncer diferenciado da tireoide). Mas não é indicada para tratar carcinomas anaplásicos e medulares da tireoide, uma vez que estes tipos de câncer não captam iodo.[12]
- Cirurgia: a remoção cirúrgica da tireoide (tireoidectomia) é uma solução permanente. Como todo procedimento cirúrgico envolve riscos, e entre eles o risco de danos às glândulas paratireoides (que controlam os níveis de cálcio no organismo) e aos nervos da laringe que inervam as cordas vocais. Nos casos de tireoidectomia total, o paciente necessitará de reposição dos hormônios tireoidianos.
- Betabloqueadores: essas drogas podem ser úteis para diminuir a frequência cardíaca e reduzir os sintomas de palpitações, tremores e nervosismo. O propranolol, o atenolol e o metoprolol são alguns desses medicamentos.

Quadro 19.5 – Assistência de enfermagem ao paciente com hipertireoidismo[1,13]

| Assistência de enfermagem | Justificativa |
| --- | --- |
| *Assistência de enfermagem clínica* | |
| • Orientar cuidado e proteção dos olhos, caso necessário. | Evitar úlcera de córnea em casos de exoftalmia. |
| • Monitorar sinais vitais e comunicar alterações ao enfermeiro. | No hipertireoidismo, ocorre aumento do metabolismo e de parâmetros basais dos sinais vitais. |
| • Monitorar a ingestão, registrando o conteúdo nutricional e as calorias consumidas.<br>• Pesar o paciente em intervalos adequados.<br>• Determinar, junto ao nutricionista, conforme apropriado, a quantidade de calorias e o tipo de nutrientes necessários para atender às exigências nutricionais do paciente, como evitar alimentos muito condimentados e estimulantes.<br>• Oferecer informações adequadas sobre as necessidades nutricionais e a forma de satisfazê-los. | Controle do estado nutricional; evitar diarreia; evitar perda de peso devido ao hipermetabolismo. |
| • Criar um ambiente calmo e de apoio.<br>• Usar uma abordagem calma e tranquila. Proporcionar uma atmosfera de aceitação.<br>• Oferecer informações reais a respeito do diagnóstico, tratamento e prognóstico.<br>• Encorajar o envolvimento da família, conforme apropriado.<br>• Reforçar os pontos positivos pessoais identificados pelo paciente. Proporcionar experiências que aumentem a autonomia do paciente, conforme apropriado.<br>• Transmitir confiança na capacidade do paciente para lidar com a situação.<br>• Facilitar um ambiente e atividades que aumentem a autoestima. | Melhora do enfrentamento e autoestima. |
| • Ajustar a temperatura do quarto como mais confortável para o indivíduo, se possível.<br>• Oferecer ou retirar cobertores para promover conforto da temperatura, conforme indicação. | Manutenção da temperatura corporal normal, que tende a aumentar devido a taxa metabólica aumentada. |
| *Assistência de enfermagem no pós-operatório de tireoidectomia* | |
| • Monitorar sintomas de parestesias e câimbras e, se houver, administrar cálcio, conforme prescrição médica. Orientar o paciente para comunicar caso apresente esses sintomas. | Essas alterações podem ser decorrentes de lesão da glândula paratireoide e necessitam de intervenção imediata. |
| • Monitorar alterações na voz, como rouquidão. | Essas alterações podem ser decorrentes da intubação no ato anestésico-cirúrgico, mas também podem revelar lesões do nervo laríngeo. |
| • Monitorar dor (intensidade) de acordo com escalas padronizadas na instituição. | Manter registro da dor para uma analgesia eficaz. |
| • Monitorar sangramentos na incisão cirúrgica e comunicar. | A região cervical possui irrigação sanguínea considerável. Identificar precocemente complicações. |
| • Manter cuidados com drenos (avaliar com frequência o volume e aspecto da drenagem; manter pressão negativa nos drenos de sucção a vácuo (portovac ou Jackson Pratt).<br>• Registrar débito do dreno e características (sero-hemático, seroso, hemático) e comunicar ao médico em caso de volume excessivo. | Podem ser utilizados drenos como os laminares (penrose) ou de sucção (portovac ou Jackson Pratt).<br>O registro do volume do débito do dreno e suas características é relevante para que o médico avalie a necessidade de retirada do mesmo. |

## 19.4 HIPOTIREOIDISMO

No hipotireoidismo, a glândula tireoide não consegue produzir hormônio tireoidiano suficiente para manter o corpo funcionando normalmente, resultado do pouco hormônio tireoidiano no sangue. Essa deficiência pode afetar todas as funções orgânicas com formas leves até o mixedema, que é a forma mais avançada.[1]

### Descrição da fisiopatologia

Pode haver muitas razões pelas quais as células da glândula tireoide não possam produzir hormônio tireoidiano suficiente:[13]

■ Doença autoimune: destruição das células da glândula tireoide, não havendo células tireoidianas e enzimas suficientes para produzir

hormônio tireoidiano suficiente. As formas mais comuns são tireoidite de Hashimoto e tireoidite atrófica.

■ Remoção cirúrgica da glândula tireoide: sua remoção por nódulos tireoidianos, câncer de tireoide ou doença de Graves podem provocar hipotireoidismo.

■ Tratamento com radiação: algumas pessoas com doença de Graves, bócio nodular, câncer de tireoide ou outros tipos de câncer são tratadas com iodo radioativo a fim de destruir a glândula tireoide, podendo perder parte ou toda a função tireoidiana.

■ Hipotireoidismo congênito: células da tireoide ou suas enzimas não funcionam de maneira eficaz devido à má formação tireoidiana.

■ Medicamentos: medicamentos como amiodarona, lítio, interferon alfa e interleucina-2 podem impedir a glândula tireoide de produzir hormônios normalmente.

■ Deficiência de iodo: a glândula tireoide deve ter iodo para produzir o hormônio tireoidiano. Manter a produção de hormônios tireoidianos em equilíbrio requer a quantidade certa de iodo.

■ Danos à glândula pituitária: quando a hipófise é danificada por tumor, radiação ou cirurgia, podendo causar disfunção tireoidiana e produção insuficiente de hormônio.

■ Distúrbios raros: algumas doenças depositam substâncias anormais na tireoide e prejudicam sua capacidade de funcionar. Por exemplo, a amiloidose pode depositar proteína amiloide, a sarcoidose pode depositar granulomas e a hemocromatose pode depositar ferro.

## Manifestações clínicas

As manifestações clínicas do hipotireodismo envolvem vários sistemas orgânicos, como o coração, o sistema nervosos, entre outros. A seguir encontram-se listadas essas manifestações:[13]

■ sensibilidade ao frio;
■ fadiga;
■ letargia;
■ pele seca, inelástica;
■ unhas quebradiças;
■ dormência e formigamento nas mãos;
■ cabelo fino e seco, podendo ocorrer alopecia;
■ esquecimento;
■ depressão;
■ ganho de peso;
■ constipação
■ dispneia;
■ distúrbios menstruais;

■ mixedema: hipotireoidismo grave, resultando em acúmulo de mucopolissacarídeos no tecido subcutâneo e em outros tecidos intersticiais. Está associado à hiperlipidemia e à proteinemia. Pode-se observar ainda o espessamento da pele, alterações da personalidade e cognitivas, e aumento da sensibilidade ao frio;

■ coma mixedematoso: estado em que o paciente pode exibir sinais de depressão, diminuição do estado cognitivo, sonolência e letargia evoluindo para o estupor. Ocorre hipoventilação alveolar, podendo levar a acidose metabólica, hipotermia e hipotensão.

## Diagnóstico

■ Histórico médico clínico, histórico familiar e exame físico sugestivo[4] – colocar a cabeça do paciente em ligeira hiperextensão com boa luz cruzada caindo sobre a região cervical anterior e depois solicitar ao paciente para deglutir. O contorno da glândula tireoide em indivíduos magros pode ser observado com frequência como uma protuberância em ambos os lados da traqueia, movendo-se em sentido cefálico em apenas 2 cm abaixo da crista da cartilagem tireoide. Busque por aumento anormal, contorno, assimetria e massas, enquanto o paciente deglute repetidamente. O pescoço também deve ser inspecionado quanto a massas anormais e pulsações proeminentes.

■ Níveis séricos de tiroxina (T4) e tri iodotironina (T3) diminuídos.

■ Níveis séricos de TSH aumentados.

## Tratamento

Tem como objetivo restaurar o estado metabólico normal da glândula por meio da reposição hormonal.

A reposição de T4 pode restaurar os níveis de hormônio tireoidiano. Pílulas de tiroxina sintética (levotiroxina de sódio) fazem esse papel. Todos os pacientes com hipotireoidismo, exceto aqueles com mixedema grave (hipotireoidismo com risco de vida), podem ser tratados como pacientes ambulatoriais. Poucos pacientes precisam de complementação do tratamento com a levotiroxina de sódio, adicionando a liotironina de sódio.[13]

As doses hormonais devem ser administradas com cautela, principalmente para pacientes com histórico de hipercolesterolemia, aterosclerose e doença arterial coronariana, a fim de prevenir disfunção cardíaca.[1,13,14]

**Quadro 19.6** – Assistência de enfermagem ao paciente com hipotireoidismo[13,14]

| Assistência de enfermagem | Justificativa |
|---|---|
| • Orientar dieta hipocalórica, rica em fibras e aumento da ingesta hídrica. | Controlar o peso e diminuir a constipação intestinal. |
| • Fornecer ambiente confortável e aquecido. Proteger contra a exposição ao frio e correntes de ar. | O hipotireoidismo deixa o metabolismo lento e o paciente pode sentir frio. |
| • Avaliar frequência e padrão respiratório, nível de consciência e oximetria de pulso.<br>• Orientar o paciente quanto ao tempo, lugar, data e eventos ao entorno dele. | O hipotireoidismo pode provocar depressão respiratória e alteração da consciência, devido ao mixedema. |
| • Orientar sobre esquema terapêutico. | Facilitar a adesão ao tratamento. |
| • Encorajar o envolvimento da família, conforme apropriado.<br>• Reforçar os pontos positivos pessoais identificados pelo paciente. Proporcionar experiências que aumentem a autonomia do paciente, conforme apropriado. | Melhora do enfrentamento e autoestima. |

## NOTA

Observar a validade da insulina antes de abrir e após aberta (em geral, de 4 a 8 semanas, de acordo com o fabricante). Em geladeira doméstica, deve ser conservada entre 2 °C e 8 °C, nas prateleiras do meio e nunca deve ser congelada; não guardar a caneta recarregável em geladeira. O transporte doméstico pode ser feito em embalagem comum, caso utilizada embalagem térmica ou isopor. Tomar precauções para que a insulina não entre em contato direto com gelo ou similar; evitar locais muitos quentes e incidência solar.[5]

## NESTE CAPÍTULO, VOCÊ...

... aprendeu que o envelhecimento da população, a crescente prevalência da obesidade e sedentarismo são considerados fatores relevantes e responsáveis pelo aumento da incidência e prevalência do diabetes *mellitus*. Dessa forma, é premente a necessidade de mudanças comportamentais como estratégia para prevenção e controle da doença e suas complicações.

... entendeu que os sintomas de alterações na tireoide são considerados vagos e inespecíficos. Assim, é relevante que o profissional de saúde esteja atento às queixas das pessoas sob seus cuidados, de forma a identificar precocemente alterações tireoidianas.

## EXERCITE

1. Quais são os sintomas clássicos do hipotireoidismo?
2. Qual condição endócrina um indivíduo fica após realizar tireoidectomia total e qual medicação fará uso?

Assinale a alternativa que preencha as lacunas a seguir: No diabetes *mellitus* tipo 1, o sistema imune do paciente ataca as células _____ do pâncreas. Como consequência, pouca(o) _____ é liberada e os níveis de glicose no sangue aumentam.
   a) Alfa e glucagon.
   b) Beta e glucagon.
   c) Alfa e insulina.
   d) Beta e insulina.
   e) Alfa e beta.

3. De acordo com a definição das emergências diabéticas, assinale a alternativa correta:
   a) A cetoacidose diabética caracteriza-se pelo quadro clínico de hiperglicemia, desidratação, cetose, decorrente da deficiência de insulina. Devido à acidose metabólica, a respiração passa a ser hipoventilada, causando bradipneia.
   b) No coma hiperosmolar não cetótico, ocorre intensa hipoglicemia, causando alteração da consciência.
   c) A cetoacidose diabética provoca acidose metabólica, a respiração passa a ser hiperventilada (respiração de Kussmaul) e ocorre desidratação, cetose, poliúria e hiperglicemia.
   d) No coma hipoglicêmico, uma das medidas de socorro é a insulinoterapia.
   e) A cetoacidose diabética provoca alcalose metabólica, com uma bradipneia associada.
4. Cite cinco complicações tardias do diabetes.

##  PESQUISE

Um dos grandes desafios no controle do diabetes é a relutância do paciente em aceitar a doença e a falta de adesão ao tratamento.

A empresa AstraZeneca, em parceria com a Sociedade de Cardiologia do Estado de São Paulo, realizou em 2017 um evento em formato de peça de teatro com o objetivo de mostrar os desafios do tratamento do diabetes, passando por todas as etapas da doença, desde o diagnóstico às principais sensações do paciente e, também, o relacionamento entre médico e paciente.

- Pensando nessa iniciativa, desenvolva uma simulação realística com a seguinte situação: um homem, N.L.P., 55 anos, com diabetes *mellitus* tipo 2 diagnosticada há 5 anos, tabagista de 1 maço por dia, com complicações de pé diabético e neuropatia periférica, chega a um ambulatório especializado em diabetes, que possui os seguintes profissionais atuantes: enfermeiro, técnico de enfermagem, médico endocrinologista e assistente social. O paciente chega com um curativo no pé esquerdo feito no domicílio pela sua esposa e diz que há aproximadamente 1 semana usou um chinelo que machucou seu pé e, por isso, está com esse curativo. A esposa de N.L.P. refere que ele é diabético, mas não toma a medicação (hipoglicemiante oral) regularmente. Da mesma forma, também não adere à alimentação prescrita pelo médico que fazia seu acompanhamento em outra instituição. A esposa mostra-se muito preocupada com a situação de seu marido e refere que prepara alimentos saudáveis, porém que não são bem aceitos por ele.

- Durante a simulação realística, desenvolva as atividades que deveriam ser realizadas pela equipe de enfermagem no ambulatório com o senhor N.L.P.

# CAPÍTULO 20

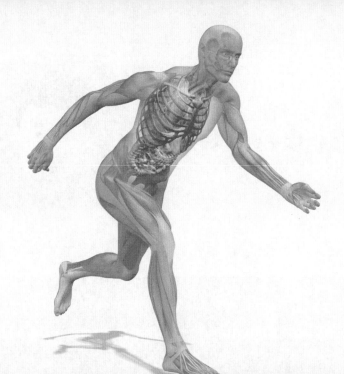

MARIA ISIS FREIRE DE AGUIAR

COLABORADORES:
JÊNIFA CAVALCANTE DOS SANTOS SANTIAGO
KADJA NARA VASCONCELOS FREIRE
RAPHAEL COSTA MARINHO

# ASSISTÊNCIA AO ADULTO COM LESÃO ORTOPÉDICA E TRAUMATOLÓGICA

### NESTE CAPÍTULO, VOCÊ...

- ... revisará a anatomia e a fisiologia do sistema musculoesquelético.
- ... discutirá os principais tipos de lesões ortopédicas, suas manifestações clínicas e os tratamentos indicados.
- ... compreenderá a assistência de enfermagem ao paciente com lesões traumato-ortopédicas em situação clínica e cirúrgica.

### ASSUNTOS ABORDADOS

- Anatomia e fisiologia do sistema musculoesquelético.
- Avaliação primária e secundária no trauma.
- Principais traumas musculoesqueléticos.
- Tratamentos de lesões traumato-ortopédicas.
- Assistência de enfermagem ao paciente com lesões traumato-ortopédicas.

# ESTUDO DE CASO

Uma viatura do Serviço de Atendimento Móvel de Urgência (SAMU) foi acionada pela Central de Regulação Médica para atender a uma ocorrência de acidente automobilístico, envolvendo colisão entre um veículo automotor de passeio e uma moto. O motorista do veículo ligou e informou para a Central de Regulação que estava bem, mas a vítima que conduzia a moto foi lançada ao solo, apresentava escoriações, não conseguia se levantar e reclamava de dor na perna direita. Após atendimento inicial e imobilização da perna direita, a vítima foi transportada a um hospital de trauma no qual realizou raio X e identificou fratura no terço medial da tíbia, sem desvio, sendo liberado após realizada imobilização gessada.

**Após ler o caso, reflita e responda:**

1. Qual é a sequência inicial da avaliação primária da vítima no local do acidente?
2. Quais são os cuidados de enfermagem na imobilização gessada?

## 20.1 INTRODUÇÃO

A enfermagem traumato-ortopédica é uma especialidade relacionada à assistência em situações de doenças, processos congênitos e desenvolvimento, traumas, distúrbios metabólicos, doenças degenerativas, infecções e outros comprometimentos que atingem o sistema musculoesquelético, articular e o tecido conjuntivo de suporte, que envolve problemas de saúde clínicos, cirúrgicos e de reabilitação, incluindo prevenção, cuidado e reabilitação.[1]

O trauma vem se destacando nos últimos anos em frequência, tornando-se um importante problema de saúde, estando entre as principais causas de morbimortalidade entre pessoas jovens, na faixa etária do zero aos 40 anos, sendo ainda responsável pela perda do maior número de anos de vida do que qualquer outra afecção. Além disso, o trauma ortopédico pode comprometer a função do indivíduo, sua integração familiar, e sua participação socioeconômica na sociedade.[2,3]

O aumento do número de indivíduos idosos na população mundial é outro fator importante, pois os dados nacionais indicam que 30% dos idosos caem pelo menos uma vez por ano e, de todas as quedas, 5% resultam em fratura.[4]

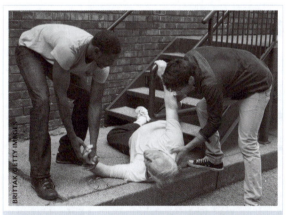

Figura 20.1– Trauma em idoso por queda.

O trauma ortopédico é decorrente de diferentes mecanismos, como quedas, acidentes de trabalho, lesões de impacto durante esportes, agressões, acidentes de trânsito, entre outros. Contudo, os acidentes de trânsito ocupam lugar de destaque pela alta prevalência de lesões, que resultam em internações hospitalares e altos custos, pois exigem atendimento especializado, além de extensos períodos de reabilitação após a alta hospitalar.[3]

A atenção ao trauma tem exigido dos serviços e dos profissionais de saúde práticas diferenciadas para atender quadros de alta complexidade e gravidade de vítimas de violências e acidentes, que requerem intervenções de saúde específicas. Os enfermeiros que atuam nas unidades de urgência e emergência traumáticas têm assumido cuidados aos pacientes mais graves e os procedimentos de maior complexidade, além das atividades de gerenciamento de recursos do serviço, que requerem habilidades técnicas e conhecimento científico, manejo tecnológico, competências relacionais e gerenciais.[5]

## 20.2 ANATOMIA E FISIOLOGIA DO APARELHO MUSCULOESQUELÉTICO

Nesta sessão, foi realizada uma breve revisão sobre a anatomia e fisiologia do aparelho musculoesquelético, com abordagem do sistema esquelético e sua classificação, músculos, articulação e suas estruturas.

### 20.2.1 Sistema esquelético

O osso é um tecido vivo. Pode-se considerar cada osso como um órgão composto por: osso, cartilagem, tecidos conectivos densos, epitélio, tecido hematopoiético, tecido adiposo e tecido nervoso. O conjunto de ossos e suas cartilagens constitui o chamado sistema esquelético.[6]

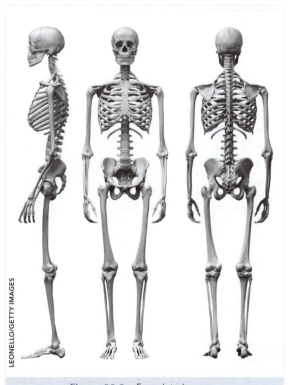

Figura 20.2 – Esqueleto humano.

O esqueleto adulto é composto por 206 ossos, sendo dividido em: esqueleto axial, formado pelos ossos da parte central do corpo; e esqueleto apendicular, composto pelos ossos da extremidade superior e inferior.

O sistema esquelético tem variadas funções no organismo; a principal é a de sustentação – fornecendo apoio para os tecidos moles e proporcionando fixação para os tendões nos músculos esqueléticos. No entanto, também fornece proteção a órgãos vitais, como o esterno, que protege o coração; as costelas, que protegem os pulmões, fígado e baço; e a coluna vertebral, que protege o canal medular. O sistema esquelético contribui ainda para a homeostasia mineral, uma vez que armazena e libera minerais como fósforo e cálcio no organismo, de acordo com a necessidade, mantendo o equilíbrio de eletrólitos no organismo. Também auxilia com a produção de eritrócitos, pois no interior de ossos longos, como fêmur e úmero, há uma estrutura chamada medula óssea vermelha, que produz eritrócitos, leucócitos e plaquetas. Por último, contém medula óssea amarela, que armazena triglicerídeos (gorduras), uma fonte potencial de energia química.[6]

## 20.2.2 Tipos de ossos

Quanto à sua forma, os ossos podem ser classificados em:[6,7]

- Longo: possuem comprimento maior do que a largura. Exemplos: fêmur, fíbula e tíbia (perna); úmero (braço); rádio e ulna (antebraço).
- Curto: geralmente são cuboides, com largura e comprimento aproximados. Exemplos: ossos carpais e tarsais.
- Plano: geralmente achatados ou finos, com o objetivo de fornecer proteção e fixação muscular. Exemplos: escápulas, ossos do crânio, esterno, costelas.
- Sutural: localizados entre as articulações de ossos cranianos.
- Irregular: são ossos com formas irregulares, sem padrão morfológico, portanto não passíveis de classificação nas categorias anteriores. Exemplos: vértebras e alguns ossos faciais.
- Sesamoide: ossos localizados no interior de tendões. Exemplos: patela.

A estrutura de um osso pode ser bem representada por um osso longo. Entre elas, é importante e facilmente identificada a:
- Diáfise: é a parte longa do osso.
- Epífises: são as partes distal e proximal do osso.

## 20.2.3 Músculos

Os músculos também compõem o aparelho musculoesquelético. O corpo humano tem cerca de 650 músculos, classificados em esqueléticos, que movimentam o sistema esquelético de forma voluntária; músculo estriado cardíaco, que apresenta contração involuntária; e músculo liso, também involuntário, controlado pelo sistema nervoso autônomo.[6,7]

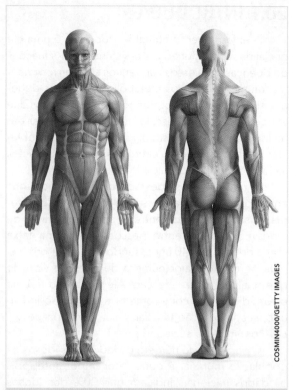

Figura 20.3 – Sistema muscular.

## 20.2.4 Articulação e suas estruturas

A articulação consiste na junção entre duas ou mais estruturas rígidas (ossos, cartilagem) com a função de estabilização e realização de movimento. As articulações podem ser classificadas em:
- fibrosas (sinartroses) ou imóveis, como ocorre nas suturas cranianas;
- cartilagíneas (anfiartroses), na qual os ossos estão unidos por uma cartilagem hialina ou fibrosa, a exemplo da sínfise púbica, que apresentam movimentos limitados;
- sinoviais (diartroses), na qual a superfície articular é recoberta por cartilagem, formada ainda por cápsula articular, cavidade articular e o líquido sinovial, unidas por ligamentos revestidos por membrana sinovial, permitindo amplos movimentos, a exemplo da articulação do joelho.

Algumas articulações possuem ainda discos (ombro) e meniscos (joelho), que são responsáveis por absorver e amortecer o impacto.[6]
- O profissional também precisa reconhecer claramente os conceitos de tendão e ligamento. Mas qual é a diferença entre eles?
- Tendão: é uma faixa de tecido fibroso, inelástico e rígido que liga os ossos aos músculos.
- Ligamento: é uma faixa de tecido fibroso, inelástico e rígido que liga um osso ao outro osso.

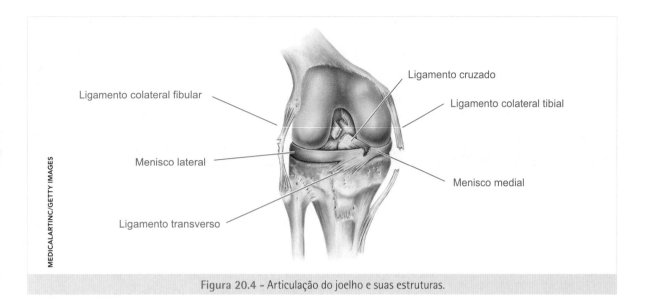

Figura 20.4 – Articulação do joelho e suas estruturas.

## 20.3 AVALIAÇÕES PRIMÁRIA E SECUNDÁRIA NO TRAUMA

A avaliação do profissional de enfermagem diante de uma cena com trauma ortopédico precisa ser sistematizada. Essa sistematização precisa ser baseada no XABCDE – um mnemônico que ajuda os profissionais de saúde a realizarem a primeira avaliação de forma rápida e objetiva, ou seja, a avaliação primária.

Veja no Quadro 20.1 o que significa cada letra do mnemônico.

Quadro 20.1 – Mnemônico da avaliação primária[8]

| | O que avaliar? | O que pode ser feito? |
|---|---|---|
| X | Hemorragia exsanguinante | Torniquete, pressão direta, curativo compressivo. |
| A | Abertura de vias aéreas e estabilização da coluna cervical | Abertura de via aérea, aspiração de conteúdo, imobilização cervical (manual ou com dispositivos). |
| B | Respiração (ventilação e oxigenação) | Avaliar ventilação, oxigênio suplementar, ventilação total ou assistida (caso necessário). |
| C | Circulação (perfusão e outras hemorragias) | Avaliar perfusão, pele, pulso, pressão arterial. |
| D | Deficiência | Avaliar nível de consciência, usar Escala de Coma de Glasgow com resposta pupilar (ECG-P). |
| E | Exposição/ambiente | Remoção de roupas para avaliação de outras lesões, aquecimento. |

Chama-se atenção ao segundo tópico do mnemônico, o "A".

Será mesmo que todo paciente com trauma deve fazer uso de um colar cervical? A resposta é não! Hoje, não há evidências para o uso rotineiro e indiscriminado do colar cervical no politraumatizado. Seu uso está relacionado a diversas lesões, incluindo: inefetividade, seja pela colocação ou tamanho inadequado; lesões por pressão; dor; ansiedade; desconforto respiratório; broncoaspirações; complicações no manejo da via aérea; compressão das veias jugulares com piora da pressão intracraniana em pacientes com Trauma Cranioencefálico (TCE) grave. Assim, deve-se lançar mão de critérios bem definidos para indicação de restrição do movimento da coluna, como a utilização do colar cervical e imobilização completa.[9]

Após a avaliação primária e as condutas realizadas mediante a necessidade encontrada, realiza-se a avaliação secundária. Qual é a importância dessa avaliação na assistência de enfermagem no trauma? É nessa avaliação que o profissional complementará sua avaliação. Pode ser utilizado o histórico SAMPLE: S (sinais e sintomas), A (alergia), M (medicação), P (passado médico, gravidez), L (líquidos e alimentos) e E (evento e cena do acidente). O exame mais detalhado das extremidades ocorre nesse segundo momento: o paciente é questionado sobre a presença de dor nas extremidades, pois a dor é comum em traumas musculoesqueléticos, a não ser que tenha ocorrido lesão na medula espinhal. São realizadas também a observação e a palpação das extremidades em busca de deformidades que podem significar fraturas ou luxações. Crepitações podem ser percebidas, o que sugere fratura – estas nada mais são do que dois ossos se friccionando. Mediante isso, a enfermagem precisa ter cuidado, pois a evidência de crepitação pode gerar ou aumentar um trauma já instalado.[7]

O paciente pode morrer devido uma fratura de osso? Sim! A principal causa de morte no pré-hospitalar são as hemorragias e osso fraturado pode sangrar muito.

Quadro 20.2 – Estimativa de perda interna de sangue associada a fraturas[7]

| Osso fraturado | Perda interna de sangue por fratura |
|---|---|
| Arco costal | 125 |
| Rádio ou ulna | 250 – 500 |
| Úmero | 500 – 750 |
| Tíbia ou fíbula | 500 – 1.000 |
| Fêmur | 1.000 – 2.000 |
| Pelve | 1.000 – maciça |

## 20.4 PRINCIPAIS TRAUMAS MUSCULOESQUELÉTICOS

A seguir são apresentados os tipos de trauma musculoesquelético, os quais envolvem fraturas, luxações e entorses, apresentando definição, sinais e sintomas e recomendações específicas.

### 20.4.1 Fraturas

As fraturas são lesões ósseas de origem traumática, produzidas por trauma direto ou indireto, de alta ou baixa energia. Podem ser classificadas em fratura aberta ou fechada.

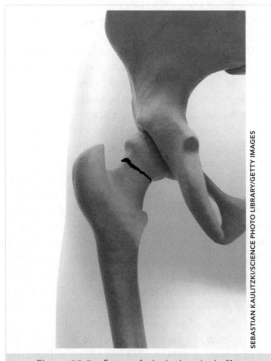

Figura 20.5 – Fratura fechada de colo do fêmur.

A fratura fechada é uma lesão no qual o osso está fraturado, no entanto, a pele do doente está integra, ou seja, não foi rompida. Nesse tipo de lesão, observa-se dor, sensibilidade, edemas, hematomas, deformidades, crepitações e impotência funcional.

A fratura aberta, também chamada de fratura exposta, é quando um osso fraturado lacera a pele, podendo este ficar exposto ou não. É uma lesão preocupante, pois, além do risco de hemorragia pelo trauma em si, o paciente está exposto a infecção, inclusive osteomielite.[7]

**NOTA**

Jamais peça para a vítima mover o membro fraturado. Isso pode fazer com que uma fratura fechada evolua para uma fratura exposta.

### 20.4.2 Luxações e entorses

Outros traumas de gravidade variável são as luxações e entorses.

A luxação envolve deformidade e perda de congruência da harmonia de movimento da articulação, com comprometimento da cápsula articular e ligamentos. Pode-se observar forte dor na articulação, edema, deformidade e limitação funcional com instabilidade do segmento anatômico acometido, apresentando-se com encurtamento ou alongamento. Também podem estar associadas a fraturas.[7]

Entorse é a lesão na qual ocorre distensão abrupta da articulação além de sua amplitude normal, gerando lesões nos ligamentos. Comumente, pode ser observado também forte dor na articulação, edema, hematoma e limitação funcional com instabilidade do segmento anatômico acometido.

Figura 20.6 – Entorse de tornozelo.

### NOTA

Externamente, uma entorse pode parecer uma fratura ou luxação, sendo a radiografia o exame que vai diferenciar uma lesão da outra. Portanto, recomenda-se a imobilização com tala, pois uma suspeita de entorse pode ser, na verdade, uma luxação ou uma fratura.[7]

É importante salientar que, dependendo do tipo de trauma, da localização e das características, pode ser realizada a imobilização utilizando a melhor ferramenta possível: talas moldáveis, talas de tração, talas à vácuo, talas de madeira, colar cervical (em suspeita de lesão cervical).

Algumas recomendações[7,10]

- Fraturas proximais umerais: o tratamento da fratura do úmero depende da sua localização e do seu deslocamento. As fraturas sem desvio poderão ser tratadas de forma conservadora, com uso de aparelho gessado, imobilizador de ombro ou tipoia Velpeau.
- Fraturas diafisárias umerais: estabilização com tala para avaliação radiográfica. O tratamento convencional é realizado com uso de gesso.
- Fraturas de cotovelo: abordagem cirúrgica com fixação de fios de Kirschner e cerclagem.
- Fraturas diafisárias de ossos do antebraço: em crianças, geralmente é tratamento conservador, realizando alinhamento da fratura e mantendo imobilização por atadura gessada. Em adultos, o tratamento é cirúrgico utilizando parafusos, placas.
- Fraturas de fêmur: tratamento cirúrgico, dependendo da localização (proximal, diafisária, distais), pode necessitar de fixação interna ou externa.
- Fratura de tíbia: tratamento geralmente é cirúrgico, no entanto, nas fraturas a nível proximal sem desvio pode ser feito tratamento conservador com imobilização por 6 a 8 semanas.

## 20.5 TRATAMENTOS DE LESÕES TRAUMATO-ORTOPÉDICAS

No tratamento das lesões traumáticas musculoesqueléticas, são consideradas as seguintes condutas, isoladas ou combinadas: imobilização, redução de fratura por meio de tração ou fixação e reabilitação cirúrgica.

A escolha do tratamento de uma fratura é realizada pelo médico e envolve muitos fatores a serem avaliados, como o estado da pele, a idade do paciente, o grau de deslocamento do osso e as chances de cooperação do paciente quanto ao tratamento. Uma vez implementado o tratamento, cabe à equipe de enfermagem sua manutenção com vistas a minimizar as potenciais complicações associadas.

### 20.5.1 Imobilização gessada

Atualmente, o gesso é considerado o melhor material constituinte de imobilizadores. É utilizado para manter a posição de repouso ou redução, no caso das fraturas, para que o osso fraturado não se mova. As ataduras de gesso constituem-se de um tecido de ondulações abertas, recoberto com pó de sulfato de cálcio. Esse material é poroso e permite que o membro "respire". Apresenta como desvantagem a desintegração causada pela umidade e a necessidade de um período de espera de 24 a 48 horas para endurecer o suficiente para suportar o peso do corpo do paciente.[11]

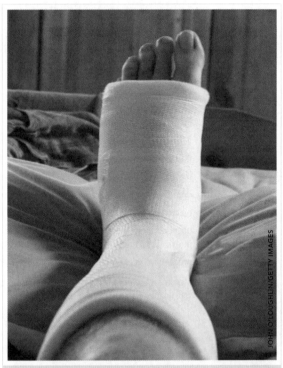

Figura 20.7 – Imobilização gessada.

A Resolução Cofen n° 422/2012 normatiza a atuação dos profissionais de enfermagem nos cuidados ortopédicos e procedimentos de imobilização ortopédica, devendo estes possuir capacitação comprovada na área. Portanto, o técnico de enfermagem devidamente capacitado pode realizar aplicação e retirada de aparelho gessado, após prescrição médica, e pode ser supervisionado pelo enfermeiro.[12]

A aplicação da imobilização gessada deve ser antecedida por um preparo e uma avaliação da pele da região, removendo sujidades, verificando a presença de lesões e avaliando a necessidade de tricotomia. Deve-se ainda proteger a pele contra possíveis lesões posteriores, utilizando-se malha tubular e algodão ortopédico para revestir a região. Merece atenção especial a região de proeminência óssea pelo risco de compressão. As bordas do gesso também podem oferecer risco ao paciente caso fiquem pontiagudas, por isso devem ser checadas e curvadas, se necessário. Após aplicação do gesso, é importante avaliar a circulação periférica, evidenciada por sensibilidade e coloração normais. Em caso de anormalidade, o gesso poderá ser removido para reaplicação.[13]

## 20.5.2 Tração esquelética

A tração esquelética é uma técnica utilizada para minimizar espasmos musculares, reduzir, alinhar e imobilizar fraturas. Essa força é aplicada aos pinos e transmitida através dos ossos. Um fio metálico é passado na extremidade distal do osso e pode suportar uma força bastante elevada. Essa conduta ajuda a diminuir a dor decorrente da fratura de um osso longo, pois preserva a integridade dos tecidos próximos. A conduta pode, inclusive, ser utilizada no pré-operatório de fixação de fraturas, enquanto o paciente faz uso de antibioticoterapia. Uma das principais complicações desse tipo de conduta é o aparecimento de lesões de pele, as quais estão condicionadas ao estado nutricional e à idade avançada. Além disso, há o risco de infecção no sítio de inserção dos pinos, por isso a necessidade de a equipe de enfermagem estar sempre verificando sinais flogísticos e mantendo cobertura limpa e seca.[11,14]

O Quadro 20.3 resume as principais intervenções que a equipe de enfermagem pode implementar de acordo com o tipo de tratamento de lesão traumática musculoesquelética.

Quadro 20.3 – Tipos de tratamento das lesões traumáticas musculoesqueléticas e intervenções de enfermagem[13,14]

| Tipo de tratamento | Intervenções |
| --- | --- |
| Imobilização gessada | • Evitar umidade na região de aplicação do gesso para que não altere sua moldagem;<br>• evitar compressão sobre a peça de gesso;<br>• em imobilização gessada de membros, as extremidades devem ser mantidas elevadas para favorecer o retorno circulatório e evitar edema;<br>• verificar se as bordas do gesso oferecem risco de lesão de pele;<br>• deixar aparelho gessado descoberto;<br>• realizar mudança de decúbito periódica, quando possível;<br>• orientar o paciente para não usar objetos pontiagudos para coçar o membro engessado;<br>• observar perfusão periférica e pulso distal;<br>• observar e orientar o paciente que comunique se verificar sinais de cianose, palidez, diminuição de sensibilidade e motricidade, edemas e formigamento;<br>• proporcionar leito confortável para o paciente que está usando o aparelho gessado. |
| Tração esquelética | • Monitorar e comunicar sinais e sintomas de comprometimento neurovascular (cianose, palidez, diminuição da sensibilidade, edema e formigamento);<br>• garantir que a tração seja mantida eficaz (membro alinhado, força contínua, livre de atritos);<br>• evitar empecilhos em cordas e roldanas;<br>• orientar familiares e visitantes para não se apoiarem nos pesos ou apoiá-los;<br>• avaliar a pele, especialmente proeminências ósseas, para o risco de lesão por pressão, aplicando coxins quando necessário;<br>• observar e comunicar sinais de infecção ao redor da inserção de pinos e fios;<br>• oferecer condições de conforto no leito e para que o paciente se movimente, considerando suas limitações. |

## 20.5.3 Tratamento cirúrgico

O tratamento cirúrgico das lesões ortopédicas é indicado para correção de doenças e deformidades de ossos, músculos, tendões, ligamentos, articulações e demais estruturas envolvidas, enquanto a cirurgia traumatológica é direcionada para tratamento e restauração de lesões traumáticas, como fraturas, luxações e entorses.

Existe uma variedade de técnicas cirúrgicas indicadas para cada tipo de situação e com finalidades específicas, que podem contar com a utilização de diferentes recursos, como placas, parafusos, fios de Kirschner, haste medular, fixadores externos, próteses ósseas.

Nas fraturas instáveis do braço e antebraço (úmero, rádio) com desvio, expostas e/ou próximas a articulação com luxação-fratura, há necessidade de correção cirúrgica, sendo comum a fixação interna com utilização de placas, parafusos e fios de Kirschner.[10]

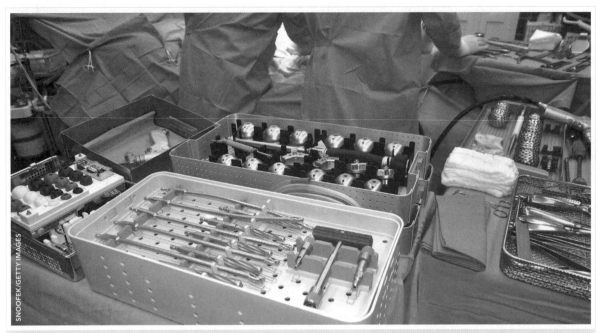

Figura 20.8 - Mesa de instrumentais de cirurgia traumatológica.

A artrodese é a fusão cirúrgica de uma articulação, indicada em casos de doença degenerativa do disco associada ou não à hérnia discal, espondilolistese, escoliose, traumas, entre outros. Normalmente, é realizada pela remoção da cartilagem articular hialina e a adição de enxerto ósseo em toda superfície da articulação. Esse procedimento é indicado apenas quando as superfícies articulares estão gravemente danificadas ou infectadas para permitir substituição articular ou houver falha na cirurgia reconstrutiva. A artrodese alivia a dor e proporciona uma articulação estável, mas imóvel. São utilizados materiais de fixação, como parafuso de titânio ou espaçadores, para aumentar os índices de sucesso da fusão óssea.[15]

A artroplastia do quadril tem como principal indicação o alívio significativo da dor e a melhora da função em situações como osteoartrose, osteoartrite, artrite reumatoide e fraturas. Os implantes muitas vezes são "cimentados" com polimetilmetacrilato, que se liga ao osso. Com determinado tempo, os componentes femorais podem afrouxar ou deslocar-se. Devido a esse risco, as artroplastias de quadril cimentadas são recomendadas para pacientes idosos menos ativos, com comprometimento da densidade óssea. Os pacientes mais jovens recebem artroplastias "não cimentadas" em um esforço para prolongar a vida útil da prótese.[15]

As lesões das estruturas do joelho podem necessitar de tratamento cirúrgico. A artroplastia total do joelho é indicada quando a dor é incessante, associada à deterioração destrutiva grave da articulação do joelho. A presença de osteoporose pode exigir um enxerto ósseo para aumentar os defeitos e corrigir as deficiências ósseas. A articulação do joelho pode ser substituída por uma prótese de metal e plástico. Um curativo compressivo é utilizado para imobilizar o joelho em extensão após o procedimento cirúrgico e será removido antes da alta, podendo ser substituído por um imobilizador ou uma tala plástica posterior, que será mantido durante a deambulação e o repouso por cerca de 4 semanas.[15]

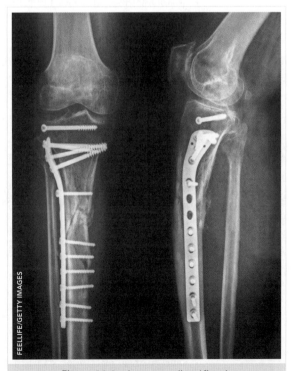

Figura 20.9 - Imagem radiográfica de colocação de placa e parafusos na tíbia.

As principais cirurgias de pé e tornozelo são realizadas em clientes com uma grande variedade de acometimentos, incluindo neuromas, deformidades congênitas ou adquiridas (pé em garra, joanetes, artelho em martelo), traumatismos, doença vascular periférica, doenças degenerativas, entre outros.[16] O enfermeiro deve avaliar a capacidade de deambulação, o equilíbrio do cliente e o estado neurovascular do pé antes da cirurgia, bem como a disponibilidade de assistência e no planejamento de cuidados nos primeiros dias de pós-operatório.[17]

O Quadro 20.4 resume as principais intervenções que a equipe de enfermagem pode implementar de acordo com o tipo de tratamento cirúrgico.

Quadro 20.4 – Tipos de tratamentos cirúrgicos e intervenções de enfermagem no pré e pós-operatório[3,15,16]

| Tipo de tratamento | Intervenções |
| --- | --- |
| Cuidados gerais pré e pós-operatórios | • Informar ao paciente o tipo de imobilização e dispositivo de apoio que serão utilizados e as limitações às atividades que são esperadas após a cirurgia;<br>• verificar no prontuário todos os exames pré-operatórios e o risco cirúrgico com registro deles;<br>• prevenir lesões por pressão;<br>• orientar sobre escala de dor;<br>• programar mudança de decúbito em bloco (quando indicado), observando limitações;<br>• oferecer suporte emocional;<br>• preparar adequadamente a pele para o procedimento (remoção de detritos e pelos para reduzir a possibilidade de infecção, banho pré-operatório);<br>• realizar exame físico céfalo-podal, observando: acesso venoso, curativo, membro operado, dreno e sonda vesical de demora;<br>• manter membro operado imobilizado com curativo compressivo;<br>• monitorar sinais vitais de acordo com condições clínicas do paciente;<br>• atentar para complicações anestésicas;<br>• verificar perfusão periférica;<br>• observar e registrar volume e características do exsudato no dreno;<br>• observar presença de sangramento ativo pelo curativo;<br>• observar condições das extremidades do membro operado, visando detectar algum sinal de complicação (cianose, calor, edema, rubor, hematoma e dor intensa);<br>• orientar aumento da atividade do paciente, conforme tolerado;<br>• orientar sobre alimentação adequada para otimizar cicatrização e manter alta ingestão de líquidos, dieta rica em fibras e alimentos integrais para prevenção da constipação;<br>• avaliar hipotensão ortostática, trombose venosa profunda (TVP) e embolia pulmonar;<br>• inspecionar áreas expostas da pele regularmente, locais de pinos e sinais de infecções (quando forem utilizadas tipoias com tração). |
| Cirurgia da coluna | • Posicionar paciente em posição confortável no leito, de acordo com orientação médica;<br>• evitar flexão, inclinação lateral e rotação da coluna nos primeiros dias após a cirurgia;<br>• monitorar o estado neurológico;<br>• iniciar deambulação precoce e fisioterapia para melhorar a mobilidade, a força muscular e reduzir risco de tromboembolismo;<br>• monitorar diariamente o estado de coagulação do paciente quando estiver em uso de varfarina;<br>• avaliar e registrar características da dor;<br>• controlar analgesia;<br>• trocar curativo cirúrgico e descrever o aspecto da ferida e exsudato;<br>• atentar para sinais de infecção. |
| Cirurgia do quadril | • Avaliar se o cliente apresenta grau de risco para o desenvolvimento de lesões por pressão e realizar prevenção;<br>• avaliar grau de dor no pós-operatório imediato e comunicar a equipe de enfermagem para administrar a medicação prescrita;<br>• orientar quanto ao uso do triângulo abdutor entre os membros inferiores para evitar luxação da prótese;<br>• realizar troca de curativo com técnica asséptica;<br>• observar o aspecto de ferida operatória e sinais de infecção. |
| Cirurgia do pé/tornozelo | • Realizar avaliação neurovascular para avaliar a função dos nervos e estado circulatório;<br>• encorajar deambulação precoce para evitar as complicações de imobilidade;<br>• observar e registrar condições do membro operado, visando detectar sinais de complicação;<br>• atentar para uso de muletas, quando necessário, para deambular;<br>• auxiliar na higiene corporal e mobilização, quando necessário. |
| Cirurgia do braço/mão | • Manter membro operado elevado com tipoia ou apoio;<br>• observar e registrar condições da extremidade do membro operado, visando detectar sinal de complicação (edema, cianose, alteração de sensibilidade e dor);<br>• observar e registrar a presença, o volume e a intensidade de sangramento pela ferida operatória;<br>• observar condições da imobilização ou gesso;<br>• observar e registrar quantidade e características da secreção, no caso de utilização de dreno;<br>• realizar curativo com técnica asséptica e registrar condição da ferida. |

## 20.5.4 Fixador externo

Não obstante, a fixação externa pode ser necessária. É um método de fixação óssea ou de fragmentos ósseos utilizando pinos ou fios transfixantes, que penetram perpendicularmente ao osso e são ligados por uma armação ou cavalete.

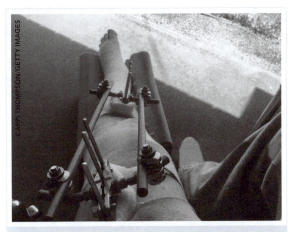

Figura 20.10 - Fixador externo.

As vantagens da fixação externa é que ela pode ser utilizada por pacientes que apresentam perda de pele ou infecção e a posição dos fragmentos pode ser ajustada de modo fácil e prático. Existem ainda os fixadores em anel, os quais utilizam pinos maleáveis e estreitos trespassados, que se fixam a um anel circular e são conhecidos como fixadores Ilizarov. A rápida colocação de um fixador externo o torna útil no tratamento de fraturas em situação de urgência e emergência, de forma percutânea. Entretanto, quando usado por longos períodos, apresentam altos índices de infecção nos trajetos dos pinos, retardo na consolidação e até necessidade de enxertia óssea.[11,14,18]

Quadro 20.5 - Intervenções de enfermagem no uso de fixador externo[18]

| Tipo de tratamento | Intervenções |
|---|---|
| Fixador externo | • Observar perfusão periférica, pulso distal, cianose, diminuição de sensibilidade e motricidade, edemas e formigamento;<br>• observar saída de exsudato nos pontos de inserção dos pinos e sua característica quanto a odor, coloração, composição e quantidade;<br>• realizar e orientar higienização e cuidado diários do fixador;<br>• manter membro em uso do fixador elevado para minimizar o risco de edema. |

### NESTE CAPÍTULO, VOCÊ...

... aprendeu que a assistência de enfermagem ao paciente com lesão ortopédica deve ser individualizada e sistematizada, considerando as necessidades e a condição de cada paciente, visando à reintegração à sua rotina de vida pessoal, familiar e social.

... compreendeu que o processo de reabilitação das lesões traumato-ortopédicas envolve cuidados complexos. Assim, ressalta-se a importância do envolvimento da equipe interdisciplinar, sendo necessário o acompanhamento médico, de enfermagem e fisioterápico para otimizar a recuperação do movimento e fortalecimento musculatura, além de apoio psicológico em algumas situações de estresse vivenciadas. É imprescindível ainda o suporte familiar para assegurar a continuidade dos cuidados planejados e prevenir possíveis complicações. O enfermeiro exerce um papel de fundamental importância, não somente na assistência hospitalar, como também no preparo do paciente e familiares para a alta hospitalar.

### EXERCITE

1. Um paciente com uma fratura de úmero contusa estável causada por traumatismo no braço utiliza uma tala temporária com estofamento volumoso aplicada com uma bandagem elástica. A enfermeira suspeita de síndrome compartimental e notifica o médico quando o paciente experimenta:
   a) aumento do edema do membro.
   b) espasmos dos músculos do antebraço.
   c) uma recuperação do pulso no local da fratura.
   d) dor ao estender passivamente os dedos.

2. Um paciente com artrite reumatoide está agendado para ser submetido à uma artroplastia total do quadril. O enfermeiro explica que a finalidade desse procedimento é:
   a) fundir a articulação.
   b) substituir a articulação.
   c) prevenir danos mais graves.
   d) diminuir a quantidade de destruição articular.

3. Assinale o item que corresponde ao tipo de tratamento para lesão traumática musculoesquelética que pode ser utilizado em pacientes que apresentam perda de pele ou infecção:
   a) Imobilização gessada.
   b) Fixador externo.
   c) Tração cutânea.
   d) Tração esquelética.

4. São cuidados de enfermagem ao paciente em uso de tração esquelética:
   a) Monitorar e comunicar sinais e sintomas de comprometimento neurovascular.
   b) Manter membro alinhado, com força contínua e livre de atritos.
   c) Oferecer conforto ao paciente, considerando posicionamento no leito e pressão em região de proeminências ósseas.
   d) Todos os itens anteriores estão corretos.

## PESQUISE

Recomenda-se a leitura do artigo a seguir, visando aprofundar os conhecimentos sobre os cuidados de enfermagem após cirurgias ortopédicas.
SANTANA, V. M.; SANTOS, J. A. A.; SILVA, P. C. V. Sistematização da assistência de enfermagem no pós-operatório imediato de cirurgias ortopédicas. Rev Enferm UFPE, out. 2017, v. 11, Supl. 10, p. 4004-4010. Disponível em: <http://j.mp/2Mt0UV7>. Acesso em: 18 out. 2019.

# CAPÍTULO 21

ANDREA BEZERRA RODRIGUES
PATRÍCIA PERES DE OLIVEIRA

COLABORADORAS:
ANA RACHEL ALMEIDA ROCHA
ANDRESSA CARNEIRO FRANÇA
MARCELA MARIA DE MELO PERDIGÃO

# ASSISTÊNCIA AO ADULTO COM DOENÇA ONCOLÓGICA

## NESTE CAPÍTULO, VOCÊ...

- ... aprenderá sobre a epidemiologia do câncer de mama, pulmão e próstata.
- ... revisará a anatomia e a fisiologia das mamas, do pulmão e da próstata.
- ... refletirá sobre fatores de risco, manifestações clínicas, diagnóstico e tratamento do câncer de mama, do pulmão e da próstata.
- ... discutirá a assistência de enfermagem como integrante da equipe multidisciplinar ao paciente com câncer de mama, do pulmão e da próstata.

## ASSUNTOS ABORDADOS

- Revisão de anatomia e fisiologia das mamas, do pulmão e da próstata.
- Fatores de risco do câncer de mama, do pulmão e da próstata.
- Manifestações clínicas, diagnóstico e tratamento do câncer de mama, pulmão e da próstata.
- Assistência de enfermagem a pessoas com câncer de mama, pulmão e da próstata.

# ESTUDO DE CASO

V.S.F., 73 anos, sexo masculino, negro, casado, arquiteto aposentado. Portador de hipertensão arterial sistêmica (HAS). Realizava acompanhamento dessa comorbidade e dosagem de PSA de 3 em 3 anos com urologista por história familiar positiva para adenocarcinoma de próstata (avô e tio). Foi encaminhado a serviço médico para check-up de próstata. Na ocasião da consulta, o exame retal revelou nódulo endurecido e PSA de 220 (Gleason 4+3). Foi, então, submetido a cirurgia de retirada da próstata (prostatectomia radical) e continuou em seguimento com o urologista. Dois anos após a cirurgia, passou a apresentar elevação de níveis de PSA em exames de rotina e queixas urinárias. Foi diagnosticado com recidiva da doença e que esta se encontrava em estádio avançado, e iniciou tratamento para redução dos níveis de andrógenos via castração cirúrgica (orquiectomia bilateral). Atualmente, começou tratamento de castração química via hormonioterapia (privação de andrógenios) usando goserelina, estando em uso também de bicalutamida 150 mg/dia, além das medicações captopril 50 mg/dia e ácido acetilsalicílico 100 mg/dia. Peso = 99 kg e altura 1,59 m.

## Após ler o caso, reflita e responda:

1. Avalie os fatores de risco para o câncer de próstata que afetam a saúde desse paciente. Esses fatores podem ser modificados?
2. Cite cinco cuidados com esse paciente em relação ao tratamento hormonioterápico.

## 21.1 INTRODUÇÃO

A International Agency for Research on Cancer (IARC)[1] estimou 18,1 milhões de novos casos de câncer em todo o mundo, e 9,6 milhões de mortes em 2018. Afirmou, ainda, que um em cinco homens, e uma em cada seis mulheres em todo o mundo desenvolverão câncer durante a sua vida, e um em cada oito homens e uma em cada 11 mulheres morrerão em decorrência da doença. Esses dados mostram a magnitude do problema e a necessidade de os profissionais da saúde estarem preparados para tal.

O aumento da carga de câncer deve-se a vários fatores, incluindo o crescimento e o envelhecimento populacional, além de fatores como obesidade, infecções e determinados hábitos de vida (tabagismo e etilismo, por exemplo). A obesidade tem sido relacionada a alguns tipos de câncer, como o de mama, principalmente no período pós-menopausa, colo de útero, cólon, bexiga, rins, entre outros.[2] Entre os agentes infecciosos, estão a bactéria *Helicobacter pylori*, o papilomavírus humano (HPV), e os vírus da hepatite B e C.[3]

Os cânceres mais incidentes mundialmente são os de pulmão e de mama.[1] O câncer de pulmão é o câncer mais comumente diagnosticado nos homens mundialmente (14,5% do total de casos em homens) e é a principal causa de morte por câncer em homens devido ao seu mal prognóstico. É seguido pelo câncer de próstata e colorretal.

O câncer de pulmão é a principal causa de mortalidade por câncer no Brasil,[4] onde se estimam, para cada ano do triênio 2020-2022, 17.760 casos novos de câncer de pulmão em homens e 12.440 em mulheres. Esses valores correspondem a um risco estimado de 16,99 casos novos a cada 100 mil homens e 11,56 para cada 100 mil mulheres.[5] A sobrevida média em 5 anos varia entre 13% e 20% em países desenvolvidos e 12% nos países em desenvolvimento.[6] Em 90% dos casos diagnosticados está associado ao consumo de derivados de tabaco.[7] A principal forma de redução da ocorrência para essa neoplasia é o controle do tabaco.[5]

Já o câncer de mama é o mais comumente diagnosticado nas mulheres mundialmente (24,2%), ou seja, um em cada quatro de todos os novos casos de câncer diagnosticado em mulheres. É o mais comum em 154 países de 185 países incluídos na plataforma do Observatório Global de Câncer – Global Cancer Observatory (Globocan).[8]

No que se refere especificamente ao Brasil, o câncer de próstata é o mais incidente nos homens, excetuando-se os cânceres de pele não melanoma. Estimam-se 65.840 casos novos de câncer de próstata para cada ano do triênio 2020-2022. Esse valor corresponde a um risco estimado de 62,95 casos novos a cada 100 mil homens.[5]

Em relação ao câncer de mama, no Brasil, estimam-se que 66.280 novos casos para cada ano do triênio 2020-2022, o que corresponde a um risco estimado de 61,61 casos novos a cada 100 mil mulheres.[5] Existem diferenças entre as regiões, e do número total de casos, 70% (759.000) ocorrem nos países em desenvolvimento.[8] Já no Brasil, é o mais incidente, representando 33,7% do total de cânceres diagnosticados.[9]

## 21.2 ANATOMIA E FISIOLOGIA

Inicialmente, será apresentada uma breve revisão da anatomia e fisiologia das mamas, dos pulmões e da próstata, para, em seguida, discorrer sobre os cânceres de mama, pulmão e próstata propriamente ditos.

### 21.2.1 Anatomia e fisiologia das mamas

As mamas são constituídas por glândulas mamárias, pele e tecido conjuntivo associado. Na mulher fora da lactação, o principal componente das mamas é a gordura, enquanto nas mulheres lactantes, o tecido glandular é o mais abundante.[10] Localizam-se verticalmente, entre a segunda ou terceira e a sexta ou sétima costela sobre o músculo peitoral maior e o músculo serrátil anterior e horizontalmente entre a borda esternal e a linha axilar média. Cada mama possui um mamilo, localizado na posição central, circundado pela aréola, a qual é mais escura do que o tecido adjacente.[11]

Aproximadamente 75% da drenagem linfática da mama é feita por meio dos vasos linfáticos, que drenam lateral e superiormente para os linfonodos axilares.[10] Nos homens, a mama possui um mamilo, a aréola e, na maior parte, tecido plano margeando a parede torácica (Figura 21.1).[11]

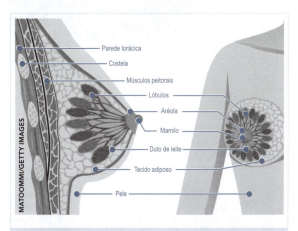

Figura 21.1 – Anatomia da mama feminina.

Nas mamas, temos a atuação dos hormônios sexuais ovarianos: estrogênio e progesterona. Os estrogênios estimulam o crescimento da glândula mamária e a deposição de gordura; já a progesterona está relacionada ao desenvolvimento dos lóbulos e dos alvéolos das mamas, determinando a proliferação e o aumento das células alveolares a fim de terem sua função secretora.[12]

## 21.2.2 Anatomia e fisiologia dos pulmões

Os pulmões são órgãos responsáveis pela respiração e situam-se a cada lado do mediastino. O ar entra nos pulmões e sai deles através dos brônquios principais, que são ramos da traqueia.[10]

O pulmão direito é maior e possui três lobos: superior, médio e inferior. O pulmão esquerdo é menor e tem um lobo superior e um inferior. O espaço da caixa torácica é dividido para pulmões, coração e os grandes vasos sanguíneos, traqueia, esôfago e brônquios. Cada pulmão é revestido pela pleura visceral. Já a pleura parietal reveste todas as áreas da cavidade torácica que entram em contato com os pulmões. Entre as duas camadas da pleura tem uma pequena quantidade de líquido para preencher o espaço entre elas, chamado líquido pleural. Ele permite que as duas camadas da pleura deslizem uma sobre a outra quando o tórax se expande e se contrai (Figura 21.2).[11]

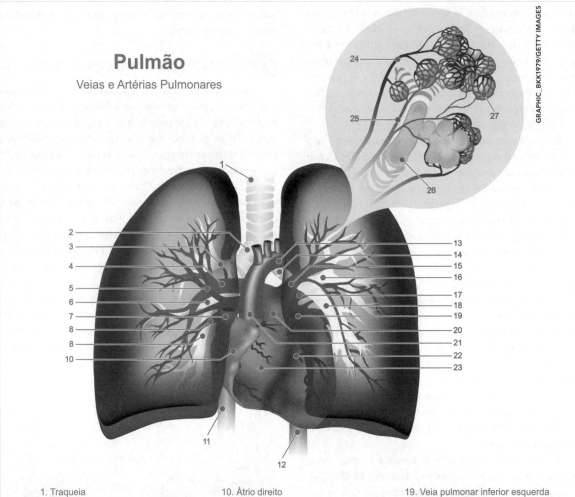

1. Traqueia
2. Brônquio direito principal
3. Brônquio lobar superior direito
4. Artéria pulmonar direita
5. Veia pulmonar superior direita
6. Brônquio médio lobar
7. Veia cava superior
8. Veia pulmonar inferior direita
9. Brônquio lobar inferior direito
10. Átrio direito
11. Veia cava inferior
12. Aorta
13. Arco qórtico
14. Brônquio principal esquerdo
15. Artéria pulmonar esquerda
16. Brônquio lobar superior esquerdo
17. Veia pulmonar superior esquerda
18. Brônquio lobar inferior esquerdo
19. Veia pulmonar inferior esquerda
20. Troncos pulmonares
21. Aorta ascendente
22. Ventrículo esquerdo
23. Ventrículo direito
24. Veia
25. Artéria
26. Brônquio
27. Alvéolos

Figura 21.2 – Anatomia dos pulmões.

## 21.2.3 Anatomia e fisiologia da próstata

O sistema genital masculino é composto pelos testículos (gônadas masculinas), um sistema de ductos (ducto deferente, ejaculatório e uretra), as glândulas sexuais acessórias (próstata, glândula bulbouretral e vesículas seminais) e diversas estruturas de suporte, incluindo o escroto e o pênis.

Os testículos produzem esperma e secretam hormônios (testosterona). O sistema de ductos transporta e armazena o esperma, auxiliando na maturação e o conduz para o exterior. O sêmen contém esperma mais as secreções das glândulas sexuais acessórias.[12,13]

A próstata é uma glândula exócrina localizada em frente à bexiga e atrás do reto. Seu tamanho pode variar com a idade. Em homens jovens, tem aproximadamente as dimensões de uma noz, podendo ser muito maior em homens idosos. Ela envolve a uretra logo abaixo da bexiga urinária e é revestida pelos músculos do assoalho pélvico, que se contraem durante o processo ejaculatório.[14,15] Logo atrás da próstata estão localizadas as vesículas seminais (Figura 21.3).

A próstata não é um órgão essencial para a vida, no entanto, é fundamental na reprodução masculina, pois é responsável pelo armazenamento de fluido claro levemente alcalino (pH 7,29), que constitui 10-30% do volume do fluido seminal, o qual, junto aos espermatozoides, constitui o sêmen. O fluido seminal remanescente é produzido pelas vesículas seminais.[16,17]

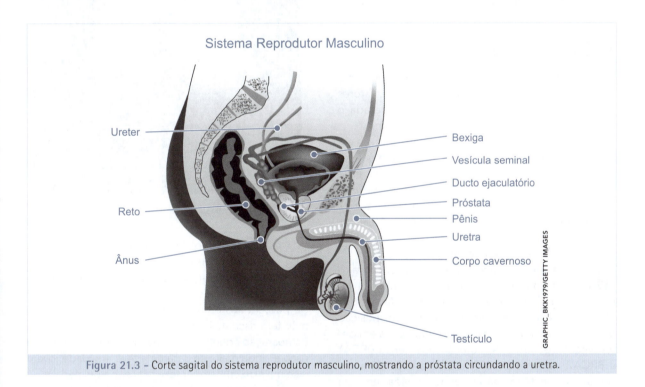

Figura 21.3 – Corte sagital do sistema reprodutor masculino, mostrando a próstata circundando a uretra.

O sêmen saudável oferta o ambiente e a consistência ideais para o trânsito e a sobrevida dos espermatozoides para que haja a fertilização. A próstata secreta substâncias descritas a seguir:
- Antígeno Prostático Específico (PSA): enzima responsável por manter o esperma mais líquido, fluindo adequadamente e para ajudar no movimento adequado dos espermatozoides. Sua dosagem é utilizada na pesquisa de câncer de próstata.[17]
- Cálcio.
- Zinco.
- Ácido cítrico.
- Albumina.
- Frutose.

Os demais componentes, com exceção do antígeno prostático específico (PSA), ofertam suporte energético para a migração dos espermatozoides até os testículos.[18,19]

O sêmen ajuda a neutralizar a acidez do trato vaginal, prolongando o tempo de vida e mobilidade dos espermatozoides. Para além da função de transporte, esse fluido mantém a nutrição necessária do esperma para sua sobrevivência.[20] Seu desenvolvimento, seu crescimento e sua manutenção estrutural ocorrem em resposta hormonal, que influenciará em seu potencial de diferenciação e crescimento.[21,22,23,24]

O crescimento da próstata ocorre na adolescência, sob o controle dos hormônios andrógenos, que são esteroides que promovem diferenciação e maturação das características reprodutivas masculinas, bem como as características sexuais secundárias. Esses hormônios são a testosterona e seu subproduto, a diidrotestosterona (DHT).[25] São ambos produzidos nos testículos e nas glândulas suprarrenais. A próstata pode ser dividida de dois modos distintos: por zona ou por lobo.

## 21.3 FATORES DE RISCO

Neste tópico serão abordados os fatores de risco para os cânceres de mama, pulmão e próstata.

O câncer de mama possui diversos componentes etiológicos, incluindo hereditários e ambientais. Os fatores de risco para o câncer de mama serão detalhados a seguir.

### 21.3.1 Câncer de mama

Os principais fatores de risco conhecidos para o câncer de mama têm relação com idade, fatores genéticos e endócrinos. A idade é considerada o principal fator de risco para o câncer de mama.[6]

Os fatores endócrinos dizem muito sobre o estímulo estrogênico, com o aumento do risco quanto maior for o tempo de exposição. Incluem-se esse risco aumentado as mulheres com história de menarca precoce (primeira menstruação antes dos 12 anos de idade), menopausa tardia (após os 50 anos), primeira gravidez após os 30 anos, nuliparidade e terapia de reposição hormonal.[26]

Outros importantes fatores de risco para o câncer de mama estão relacionados à história familiar e à idade precoce ao diagnóstico (antes dos 50 anos), os quais podem indicar a predisposição genética associada à presença de mutações em determinados genes.[26] A mutação dos genes BRCA1 e BRCA2 aumenta de 60% a 85% o risco de apresentar câncer de mama ao longo da vida, embora apenas 3% a 4% dos casos de câncer de mama se associam à mutação desses genes.[26a]

Além desses, destacamos a exposição a radiações ionizantes, mesmo em baixas doses, principalmente durante a puberdade, a ingestão regular de álcool, a obesidade e o sedentarismo. A amamentação, a prática de atividade física, a alimentação saudável e a manutenção do peso corporal são considerados fatores protetores.[6-26]

### 21.3.2 Câncer de pulmão

O tabagismo é o maior fator de risco para o câncer de pulmão. Cerca de 90% dos tumores pulmonares são decorrentes do uso do tabaco. O risco de desenvolver a doença é duplicado para os fumantes em comparação aos não fumantes, o qual está relacionado à quantidade de cigarros consumida, duração do hábito e idade em que iniciou o tabagismo. A cessação do tabagismo, a qualquer tempo, resulta na diminuição do risco de desenvolver câncer de pulmão, entretanto, o risco é mais alto em ex-fumante do que naqueles que nunca fumaram. O fumante passivo apresenta maior risco para câncer de pulmão, contudo, esse risco está relacionado de acordo com a exposição. Mulheres fumantes têm mais adenocarcinoma do que os homens fumantes (Figura 21.4).[7,28,29]

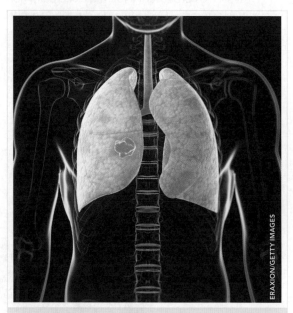

Figura 21.4 – Ilustração de câncer no pulmão direito.

O aparecimento do câncer é mais favorável de surgir à medida que se envelhece. Metade das pessoas que foram diagnosticadas com câncer de pulmão tinham 70 anos ou mais. Aqueles com histórico de pais, irmãos ou filhos que tiveram câncer de pulmão tem risco mais alto de ter câncer de pulmão em comparação àqueles que não tem histórico familiar. O risco é ainda maior se o parente teve em idade jovem e se mais de um familiar teve câncer de pulmão.[28]

As exposições ambiental e ocupacional também representam fatores de risco. A exposição ao radônio em trabalhadores de minas de urânio e de carvão mineral, alcatrão, arsênio, asbesto, sílica, berílio, cádmio, cromo, hidrocarbonetos aromáticos são exemplos dessas substâncias. Doença pulmonar obstrutiva crônica (DPOC) e fibrose pulmonar são doenças associadas ao aumento do risco.[7,29]

### Câncer de próstata

O fator de risco mais bem elucidado para câncer de próstata é a idade. Cerca de 68,4% (749.972) dos casos no mundo ocorrem em homens com 65 anos ou mais.[8] Além da idade avançada, a história familiar positiva representa em torno de 13% a 26% de todos os casos quando se comparam homens com e sem essa condição, influenciando em 2 a 3 vezes maior risco de desenvolver doença (Figura 21.5).[30,31]

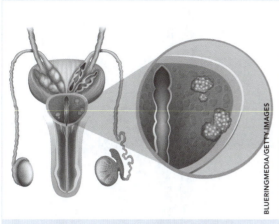

Figura 21.5 – Ilustração do câncer de próstata.

A etnia também representa elemento-chave, no qual as taxas da doença na população negra, sobretudo em afroamericanos, elevam o risco de câncer de próstata em 60%.[30,31] As razões para essas diferenças raciais são multifatoriais e, entre elas, apontam-se barreiras como o medo do diagnóstico, desconfiança no sistema de saúde e socioeconômicas, bem como uma aparente maior suscetibilidade genética aos efeitos dos hormônios andrógenos nessa população, segundo os estudos.[32-37] Esses fatores indicam suscetibilidade individual, e, quando esta interage com os hábitos de vida, exerce papel importante na determinação do câncer de próstata.

Entre esses hábitos estão o uso de tabaco e álcool, a falta de atividade física e a alimentação não saudável.[38] A obesidade e as dietas com alto teor de gordura animal, carne vermelha e baixa ingestão de vitaminas D e E, selênio e isoflavonas têm sido associados com a progressão de câncer de próstata latente para clinicamente significativo.[31-39]

## Manifestações clínicas dos cânceres de mama, pulmão e próstata

A seguir são apresentadas as manifestações clínicas do câncer de mama:
- nódulo persistente na mama;
- nódulo na axila;
- abaulamento ou retração da pele das mamas;
- eritema mamário;
- edema persistente na mama;
- mudanças no formato da mama;
- presença de secreção espontânea pelos mamilos.

Figura 21.6 – Manifestações clínicas do câncer de mama.

Os principais sítios de metástase do câncer de mama são ossos, pulmões, pleura e fígado.

Veja as manifestações clínicas do câncer de pulmão:
- dor no peito;
- dispneia;
- perda de peso;
- hemoptise;
- pneumonias de repetição;
- rouquidão persistente (quando há envolvimento do nervo laríngeo);
- dor no ombro (quando há envolvimento no nervo frênico).

Os principais sítios de metástases do câncer de pulmão são cérebro, glândula suprarrenal e ossos.

A seguir apresentaremos as manifestações clínicas do câncer de próstata. Ressalta-se que as manifestações clínicas do câncer de próstata são muito similares à da hiperplasia prostática benigna (HPB). Portanto, a confirmação diagnóstica necessita da biópsia.
- polaciúria;
- nictúria;
- gotejamento;
- redução do jato urinário;
- necessidade de fazer força para iniciar o jato urinário;
- hematuria;
- disúria;
- dor pélvica, edema dos membros inferiores e sangramento retal (causados por invasão de estruturas anatômicas vizinhas);
- tosse, dispneia e dor no quadril, lombar e/ou joelhos (casos metastáticos).

Os principais sítios de metástase do câncer de próstata são suprarrenais, pulmão e ossos.

##  Diagnóstico

### Diagnóstico do câncer de mama

O câncer de mama, ao ser diagnosticado e tratado precocemente, apresenta bom prognóstico. Nesse sentido, reforça-se a necessidade de realizar estratégias a fim de ser diagnosticado em estágios iniciais, além da ampla difusão de informações à população, para que tenham conhecimento acerca da importância do rastreamento. As ações de prevenção primária traçam estratégias voltadas para evitar a ocorrência da doença e reduzir a exposição aos fatores de risco. Na prevenção secundária, a detecção precoce visa identificar a doença em estágios iniciais, momento em que pode ter melhor prognóstico.[40]

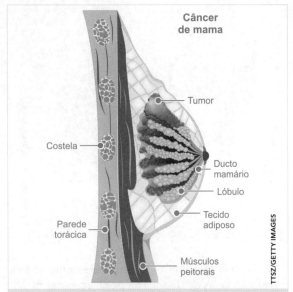

Figura 21.7 – Corte sagital de mama normal mostrando as estrutras anatômicas.

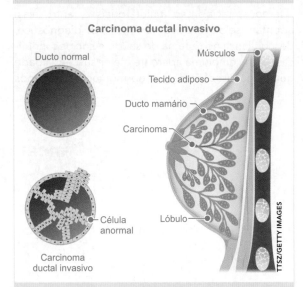

Figura 21.8 – Corte sagital de mama com carcinoma ductal invasivo.

No Brasil, a mamografia é o exame de imagem utilizado para rastreamento do câncer de mama[27] (Figuras 21.9 e 21.10). O exame clínico das mamas é tido tanto como um método de diagnóstico quanto de rastreamento, devendo ser feito por um profissional capacitado para realizar o diagnóstico diferencial de lesões palpáveis da mama. Para o rastreamento, é utilizado como exame de rotina, realizado por um profissional de saúde, normalmente médico ou enfermeiro, em mulheres saudáveis, sem sinais e sintomas suspeitos de câncer de mama.[41]

A ultrassonografia é aliada à mamografia como método de imagem na investigação diagnóstica de alterações mamárias suspeitas. Para as mulheres com menos de 35 anos, é o método de escolha para avaliação de lesões palpáveis, visto que a mamografia apresenta baixa sensibilidade em mulheres com mamas densas.[40]

O Ministério da Saúde recomenda que todas as mulheres entre 50 e 69 anos de idade façam exames de mamografia pelo menos uma vez a cada dois anos. Para as mulheres entre 40 e 49 anos, traz-se como recomendação o exame clínico anual e mamografia em caso de resultado alterado, além de iniciar o rastreamento aos 35 anos com exame clínico das mamas e mamografia anuais nas mulheres com risco elevado.[26-40]

O diagnóstico final é feito por meio do achado histopatológico por meio de punção aspirativa por agulha fina (PAAF) no caso citológico; e para o histológico, o material da punção é obtido pela punção por agulha grossa (PAG) ou biópsia cirúrgica.[26]

Deve ser realizado o exame imuno-histoquímico, pois os índices de falso-positivo e falso-negativos são altos. Antes de iniciar o tratamento, é necessário que todas as pacientes tenham a determinação dos receptores hormonais de estrógeno e progesterona e do HER-2 (fator de crescimento epidérmico 2).[42]

Figura 21.9 – Mulher realizando exame de mamografia.

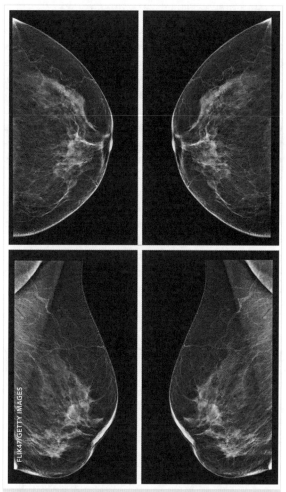
Figura 21.10 – Resultado de exame de mamografia mostrando imagem de câncer de mama.

## Mamografia

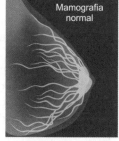
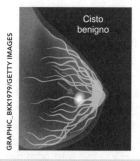
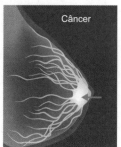
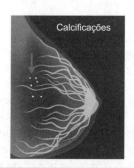
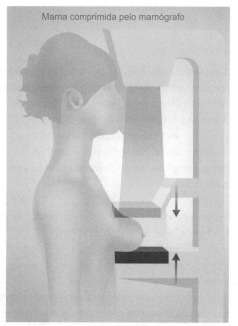

Figura 21.11 – Imagens ilustrativas de mamografia (à esquerda) e mulher realizando exame de mamografia (à direita).

ASSISTÊNCIA AO ADULTO COM DOENÇA ONCOLÓGICA

## Diagnóstico do câncer de pulmão

O câncer de pulmão compreende os seguintes tipos histológicos: carcinoma de pequenas células (CPPC), também chamado *oat cell* (célula em grão de aveia, devido ao formato visualizado na histologia), carcinoma epidermoide, adenocarcinoma, carcinoma de grandes células, carcinoma adenoescamoso e carcinoma indiferenciado, classificados para fins terapêuticos e prognóstico em dois grupos – o carcinoma de pequenas células (CPPC) e os carcinomas de células não pequenas (CPCNP).[29]

Além do diagnóstico da doença, o médico deve solicitar exames para realizar seu estadiamento, ou seja, o grau de comprometimento da doença no organismo como um todo. Esses exames são direcionados a identificar possíveis metástases e são solicitados, em geral, de acordo com o local de predileção de metástase pelo câncer em questão (Quadro 21.1).

Quadro 21.1 – Exames para estadiamento do câncer de pulmão[42]

| Câncer de pulmão | Exames |
| --- | --- |
| Carcinomas de células não pequenas | Hemograma, desidrogenase láctica (DHL), fosfatase alcalina, enzimas hepáticas, bilirrubinas totais e frações, creatinina e cálcio sérico, ressonância nuclear magnétina (RNM) de cérebro e tomografia computadorizada por emissão de pósitrons (PET-TC). |
| Carcinoma de pequenas células | Hemograma, função hepática, desidrogenase láctica (DHL), creatinina, sódio, tomografia computadorizada (TC) de tórax, abdome e pelve, mapeamento ósseo e RNM do cérebro. |

## Diagnóstico do câncer de próstata

O diagnóstico do câncer de próstata envolve exame clínico, exames laboratoriais e exames de imagem, porém o exame confirmatório é a biópsia prostática. Os exames encontram-se descritos a seguir:

- Toque retal: exame realizado pelo médico, inserindo um dedo no reto, para percepção de nódulos, crescimento anormal ou outras alterações na próstata.
- Antígeno Prostático Específico (PSA): exame que mensura essa proteína e é utilizado como marcador de alterações prostáticas.
- Ultrassom transretal da próstata: um aparelho de ultrassom é inserido no reto. Usualmente, é realizado para viabilizar a biópsia.
- Biópsia prostática: é coletada uma amostra de tecido da próstata por meio de agulha inserida através do reto.[7] Os patologistas classificam o câncer de próstata de acordo com o sistema de Gleason com base nas características das

células cancerígenas em comparação com as células do tecido normal da próstata. Esse sistema atribui uma pontuação com base enquanto as células do tecido canceroso se parecem com o tecido normal da próstata. Como os cânceres de próstata muitas vezes têm áreas com diferentes graus, um grau é atribuído às duas áreas que compõem a maior parte do tumor. Essas duas notas são somadas para produzir a pontuação de Gleason, que pode ser entre 2 e 10, mas a maioria é pelo menos 6. Quanto maior for a pontuação de Gleason, maior será a probabilidade de o tumor crescer e disseminar-se rapidamente. Além dessa pontuação, a classificação do câncer às vezes é expressa usando outros termos:

- cânceres com pontuação de Gleason até 6 são frequentemente chamados de bem diferenciados ou de baixo grau;
- cânceres com pontuação de Gleason igual a 7 são denominados moderadamente diferenciados ou de grau intermediário;
- cânceres com pontuações de Gleason de 8 a 10 podem ser chamados pouco diferenciados ou de alto grau.[43]

## Tratamento do câncer

A quimioterapia antineoplásica (QT) é uma modalidade de tratamento sistêmica, a qual envolve a utilização de agentes químicos isolados ou em combinação com o objetivo de tratar as neoplasias malignas, dentre outras doenças. Quanto à sua finalidade pode ser classificada em:

- curativa: quando o tratamento sistêmico é o tratamento definitivo;
- adjuvante: tem por objetivo aumentar a chance de cura após o tratamento principal;
- neoadjuvante: quando o tratamento sistêmico é utilizado antes do tratamento curativo, visando reduzir a radicalidade no procedimento cirúrgico e o risco de doença a distância;
- paliativa: o objetivo não é a cura, mas a paliação das consequências da doença.

A maioria dos agentes antineoplásicos atua de forma inespecífica, atingindo tanto as células normais quanto as cancerígenas. Os efeitos colaterais decorrentes dessa não especificidade são ocasionados de acordo com a classe quimioterápica, a dose e o intervalo do ciclo, entre outros fatores.[7,44]

Outro tratamento largamente utilizado para tratamento dos cânceres é a radioterapia (RT), que se utiliza de radiação ionizante com finalidade terapêutica, tendo por objetivo atingir as células malignas a fim de impedir sua multiplicação e/ou determinando a morte celular. O principal objetivo da radioterapia é destruir o tecido patológico e, ao mesmo tempo, preservar o tecido normal adjacente. Na oncologia, é empregada com intenção radical e curativa, isoladamente ou associada a QT ou cirurgia, como consolidação a um tratamento cirúrgico ou QT (terapia adjuvante) ou mesmo como método paliativo (hemostática, descompressiva e antiálgica). Os efeitos colaterais decorrentes da RT durante ou depois de um ciclo de RT são determinados pela área anatômica e as particularidades do tratamento, como dose cumulativa, dose por fração, proximidade de tecidos e órgãos e efeito de outros tratamentos para o câncer, como cirurgia e QT.[7,44]

No cenário da oncologia, 60% dos pacientes com câncer são tratados, primariamente, com a cirurgia, mesmo diante do progresso das outras modalidades terapêuticas, como QT e RT. O papel da cirurgia é o tratamento localizado da doença, contudo, muitas vezes, ele não é suficiente. Assim, salvo algumas exceções, a cirurgia é parte de um tratamento que envolve outras modalidades terapêuticas. As cirurgias oncológicas podem ter por finalidade intenção curativa, a qual tem por objetivo a cura do paciente. Ela tem papel primordial como tratamento definitivo do sítio primário. Naquelas com intenção paliativa, o objetivo é melhorar a qualidade de vida dos pacientes por meio do alívio de sintomas e dos efeitos colaterais da neoplasia, como dor, sangramento, odor e obstruções em diversos sistemas do corpo. As cirurgias podem ter também a finalidade profilática; são aquelas que têm por objetivo a remoção de um órgão ou de uma estrutura sem tumor, mas com risco sabidamente muito elevado para desenvolvimento do câncer. As cirurgias podem ser realizadas em situações de emergência oncológica.[6]

A hormonioterapia no tratamento do câncer tem por base a observação clínica de que determinados tumores apresentam crescimento hormônio-dependente e de que sua evolução pode ser controlada mediante manipulação hormonal. É uma modalidade de tratamento sistêmico apresentando menor toxicidade do que a QT, no qual é possível determinar receptores hormonais no tecido tumoral. Os três principais tecidos hormônio-dependente são a mama, o endométrio e o tecido prostático. Atualmente, alguns dos agentes hormonais utilizados são estrógenos e antiestrogênios, antiandrogênios, progestágenos, análogos do hormônio liberador de gonadotrofina (LHR) e inibidores de aromatase.[44]

# ℞ Tratamento do câncer de mama

É importante que a doença seja tratada em um contexto interdisciplinar. Duas são as frentes de tratamento: local, por meio de cirurgia e radioterapia, e sistêmica, com uso de quimioterapia antineoplásica, hormonioterapia e terapia biológica. Quando a doença é localmente avançada, recomenda-se primeiramente o tratamento sistêmico e, após resposta adequada de redução do tumor, a realização do procedimento cirúrgico.

Em contrapartida, havendo metástase à distância, o tratamento cirúrgico tem restrição de indicação, preferindo-se o tratamento sistêmico. A decisão terapêutica deve buscar o equilíbrio entre a resposta tumoral e o possível prolongamento da sobrevida do paciente, levando-se em consideração comorbidades e efeitos colaterais relativos ao tratamento.[27]

O tratamento conservador consiste na retirada do segmento ou setor mamário onde está localizado o tumor, com margens de tecido mamário microscopicamente sadio, considerado como tratamento-padrão para as pacientes em estádios precoces.[26,27,42]

Para as mulheres que foram submetidas à cirurgia conservadora, a radioterapia adjuvante é indicada demonstrando benefícios na diminuição do risco de recorrência locorregional ou sistêmica. Nas mulheres com tumores localmente avançados, tratadas inicialmente com QT, seguidas de mastectomia, a princípio, é indicada a radioterapia adjuvante com o intuito de minimizar o risco locorregional e aumentar a sobrevida global.[26,27,42]

Para determinar o tratamento sistêmico, é necessário avaliar o risco de recorrência (idade da paciente, comprometimento linfonodal, tamanho tumoral, grau de diferenciação) e as características do tumor. A terapia adequada será norteada na mensuração dos receptores hormonais (estrogênio e progesterona) e no HER-2 indicado para a terapia biológica anti-HER-2.[27,42] Os tumores que expressam HER2 apresentam um comportamento biológico mais agressivo. Com o surgimento do transtuzumabe, um anticorpo monoclonal humanizado, a sobrevida das mulheres que possuem esse tipo de tumor aumentou significativamente. Com relação ao tempo de início da quimioterapia antineoplásica adjuvante, ou seja, realizada após o procedimento cirúrgico, não está muito bem definida, contudo, estudos recentes trazem que se deve iniciar tão logo seja possível, em especial, nas situações de maior risco de recorrência (estágio mais avançado, tumores HER-2 positivo ou triplo-negativo).[26,72]

A hormonioterapia adjuvante tem grande impacto na sobrevida global em pacientes com receptores hormonais positivos. Fármacos bloqueadores de hormônios interferem na atuação do estrogênio e da progesterona. Eles podem ser utilizados associados com a quimioterapia quando as células cancerosas têm receptores, por isso, é importante que o status hormonal de todos os carcinomas mamários sejam avaliadores por meio do exame imunohistoquímico.

O tamoxifeno é a medicação mais estudada e conhecida como tratamento hormonal em mulheres com receptor de estrogênio positivo na pré-menopausa. O tempo de uso mínimo é de 5 anos em pacientes com baixo risco de recorrência. Os inibidores de aromatase (letrozol, anastrozol e exemestano) são drogas que inibem a aromatase e podem reduzir a produção de estrogênio, prescritos para as mulheres na pós-menopausa, por um período de uso de 5 anos.[7,26,42,45]

Um fator a ser considerado na doença com receptor hormonal positivo é que as recorrências tendem a acontecer de forma tardia (após os 5 anos iniciais) e, dependendo da avaliação do risco inicial, é recomendado discutir os riscos com a paciente e, se for o caso, estender o tratamento por um período de 10 anos, em especial nas pacientes de risco alto.[42]

Entre 20% a 30% das pacientes recidivam com doença metastática mesmo com toda evolução no rastreio, no diagnóstico e no tratamento do câncer de mama. O tratamento tem por objetivo nesses casos de prolongar a vida, controlar os sintomas e melhorar a qualidade de vida.[26,27]

# Tratamento do câncer de pulmão

A escolha do tratamento se dará de acordo com o estadiamento clínico da doença (classificação TNM, em que T = tumor, N = linfonodos, M = metástase), capacidade funcional (avaliada pelas escalas ECOG ou Zubrod), condições clínicas e preferências do paciente.[29]

O tratamento cirúrgico para o câncer pulmonar de células pequenas (CPPC) não é recomendado devido ao seu comportamento biológico de propensão precoce a originar metástases à distância. O paciente deve receber tratamento sistêmico compatível com o estadiamento da doença. A irradiação torácica é comumente indicada tendo um aumento na sobrevida dos pacientes com CPPC.[29]

No CPPC, a QT aumenta a sobrevida dos pacientes, sendo indicada em associação com a radioterapia para pacientes com doença localizada (QT prévia) e isoladamente para pacientes com doença avançada ou metastática (QT paliativa). Na maioria dos pacientes, o tumor responde à QT inicialmente, mas recidiva, em geral, no primeiro ano após o início do tratamento.[29] Deve ser iniciada o mais breve possível, devido ao tempo de duplicação rápido e à alta fração de crescimento que o tumor apresenta.

É importante que seja feita a determinação da extensão da doença, pois pacientes com doença limitada, ou seja, com tumor limitado a um hemitórax e linfonodos regionais que podem ser envolvidos em campo de radioterapia, são tratados com intuito curativo e de modo agressivo. Já aqueles com doença extensa, ou seja, o tumor se estende além dos limites da doença limitada, são tratados com intuito paliativo.[27,42]

Para o câncer pulmonar de células não pequenas (CPCNP), tem-se a cirurgia com a modalidade terapêutica de maior potencial curativo. A radioterapia é indicada em qualquer estágio tumoral de CPCNP, com finalidade curativa e em uso associado ou combinado com a cirurgia ou a QT.[29] Para indicação de QT, é necessário avaliar o estadiamento da doença. A QT adjuvante pode ser considerada em pacientes com tumor ≥ 4 cm, mesmo que não tenha comprometimento linfonodal.[42]

Os pacientes que são fumantes devem ser encorajados a parar de fumar.[27,29]

# Tratamento do câncer de próstata

As modalidades terapêuticas para o câncer de próstata consistem em:

- Cirurgia (prostatectomia): a próstata é removida com o objetivo de extrair todas as células com câncer. A remoção da próstata pode ser feita por via abdominal ou transretal. Em alguns casos, pode ser feita orquiectomia (remoção dos testículos) para bloquear a ação hormonal dos andrógenos no crescimento das céulas da próstata. Esse procedimento chama-se castração cirúrgica.
- Radioterapia externa ou convencional: a radiação ionizante é utilizada visando destruir ou inibir o crescimento das células neoplásicas.
- Radioterapia interna ou braquiterapia: enquanto a radioterapia externa é emitida por uma máquina, na braquiterapia, a fonte de radiação é colocada dentro ou bem próxima ao tumor. Nesse caso, são realizados implantes de sementes radioativas usadas para esse fim, ofertando maiores doses de radiação, com menos dano aos tecidos próximos.
- Terapia hormonal: o crescimento e a diferenciação das células da próstata são influenciados por resposta hormonal. Esse tipo de tratamento ajuda a bloquear esse processo. Quando utilizados medicamentos antiandrógenos, denomina-se castração química. Esses medicamentos podem agir bloqueando diretamente os receptores de andrógenos na próstata (antiandrógenos periféricos), atuar na liberação do hormônio liberador de hormônio luteinizante (LHRH) ou antagonizar o LHRH. Na primeira classe (antiandrógenos periféricos) estão a flutamida, a bicalutamida e a nilutamida, que são administradas via oral diariamente. Os medicamentos da classe LHRH são injetados ou colocados em pequenos implantes sob a pele e incluem leuprolide, goserelina, triptorrelina e histrelina. Outra classe engloba os antagonistas de LHRH, e um dos medicamentos pertencentes

a essa classe é o degarelix, utilizado para casos de câncer de próstata avançado. Este é administrado como uma injeção sob a pele, mensalmente, e rapidamente reduz o nível da testosterona. Os efeitos colaterais mais comuns são dor, vermelhidão ou edema no local da aplicação e aumento dos níveis de enzimas hepáticas. Outros efeitos que podem ocorrer com o uso de terapia hormonal são: diminuição ou ausência da libido, impotência, ondas de calor, diminuição dos testículos e do pênis, sensibilidade e crescimento do tecido mamário, osteoporose, anemia, perda de massa muscular, ganho de peso, fadiga, aumento do colesterol e depressão.

- **Quimioterapia:** geralmente indicada para auxiliar no combate à disseminação do câncer. Alguns fármacos utilizados no combate ao câncer de próstata são o docetaxel, o cabazitaxel e a mitoxantrona.
- **Observação vigilante:** em alguns casos, o câncer de próstata pode crescer de forma lenta. Então, médico e paciente podem, juntos, decidir pela realização de exames periódicos e aguardar para tratar o câncer de forma mais agressiva, caso o crescimento ou o comportamento do tumor mudem durante o acompanhamento.[46]

## Assistência de enfermagem

Neste tópico será abordada a assistência de enfermagem para os cânceres estudados neste capítulo, reforçando que o cuidado de enfermagem deve ser individualizado para cada paciente, de acordo com suas necessidades.

Ressalta-se que alguns efeitos colaterais do tratamento quimioterápico são comuns aos três tipos de cânceres estudados (câncer de mama, pulmão e próstata), como é o caso de risco para infecção e sangramentos relacionado ao período de nadir (período pós-quimioterapia em que o paciente apresenta a menor contagem nos valores das células sanguíneas, vistas no hemograma), mucosite, fadiga, náuseas e vômitos.

O tratamento radioterápico, independentemente da área de tratamento (tórax, abdome ou pelve) ocasiona efeitos efeitos colaterais gerais, como é o caso da radiodermatite e da fadiga. Efeitos colaterais específicos podem ocorrer de acordo com a área tratada.

Aquelas intervenções de enfermagem específicas a cada tipo de câncer serão discutidas separadamente.

Quadro 21.2 – Assistência de enfermagem ao paciente com câncer de mama[6,7,44,47,48,52]

| Assistência de enfermagem | Justificativa |
|---|---|
| Assistência frente ao tratamento clínico do paciente com câncer de mama ||
| Estimular pequenas refeições intercaladas ao longo do dia, preferindo alimentos de alto valor proteico e calórico. | Proporcionar ao paciente manter um plano alimentar ao longo do dia, evitando refeições em grandes quantidades e espaços longos entre uma refeição e outra, reduzindo a chance de ter náusea e vômito e mantendo bom aporte nutricional. |
| Orientar a evitar alimentos gordurosos, condimentados, muito quentes, duros e doces. Orientar também a evitar o tabagismo e a ingestão de álcool.[49] | Orienta-se evitar esse tipo de alimentos, pois, normalmente, estão associados à náusea e o vômito. Alimentos muito condimentados e duros, tabagismo e uso de álcool também podem influenciar negativamente no surgimento de mucosite oral, um dos efeitos possíveis do tratamento quimioterápico. |
| Restringir ao mínimo necessário o uso de próteses dentárias.[49] | O uso contínuo de próteses dentárias pode influenciar negativamente no surgimento de mucosite oral, um dos efeitos possíveis do tratamento quimioterápico. |
| Orientar a ficar sentado ou com cabeceira elevada após as refeições. | Minimizar o refluxo ou a sensação de pirose, e as náuseas e os vômitos. |
| Proporcionar um ambiente agradável, limpo e tranquilo, sem odores e iluminação exagerada. | Proporcionar uma refeição agradável e para experimentar melhor os sabores dos alimentos, evitando as náuseas e os vômitos. |
| Administrar antieméticos, conforme prescrição médica. | A terapia farmacológica ajuda a combater os episódios de náuseas e vômitos após administração da QT. |
| Utilizar músicas calmas e relaxantes durante a administração da QT. | A música é uma terapia não farmacológica que pode reduzir a náusea e o vômito.[50] |
| Manutenção de uma boa higiene oral com utilização de escova dental de cerdas macias e uso de fio dental (exceto em casos de risco acentuado de sangramento); e caso o paciente possua prótese dentária, devem ser removidas e escovadas.[51] | Remover resíduos alimentares após episódios de vômito, proporcionar higiene depois das refeições para melhorar sensação de náusea. Uma boa higiene oral é o meio mais adequado para prevenção da mucosite oral relacionada ao tratamento antineoplásico quimioterápico. |

| Assistência de enfermagem | Justificativa |
|---|---|
| Oferecer goma de mascar sem açúcar para estimular a salivação, quando apropriado. | Evitar xerostomia, que contribui para piora da mucosite oral e interfere na ingestão alimentar. |
| Orientar paciente a procurar ingerir alimentos com preparações a base de molhos. | Aumentar o aporte calórico e melhorar a ingestão nutricional que pode estar prejudicada devido à xerostomia. |
| Manter lábios hidratados. | Para evitar fissuras nos lábios. |
| Incentivar a ingestão de líquidos, exceto em casos onde haja contra indicação. | Garantir uma hidratação adequada para evitar a desidratação. |
| Orientar ao paciente que apresente diarreia, após evacuação, lavar a região intima com água e sabão. | A fricção constante, nos casos de diarreia, devido ao uso do papel higiênico pode desenvolver lesões na região perianal, representando uma porta de entrada para micro-organismos. |
| Estimular a prática de exercícios e atividades dentro dos limites individuais, desde que haja liberação do médico. | A deambulação ajuda na estimulação dos movimentos peristálticos do sistema gastrointestinal, nos casos de constipação, além de melhorar a fadiga decorrente do tratamento.[52] |
| Assegurar privacidade e uma rotina de horários para evacuar. | A constipação pode ocorrer devido ao uso de alguns quimioterápicos, mas também às medicações antieméticas, como o ondansentron. Essa medida pode facilitar a evacuação quando o paciente está com dificuldade de evacuar. |
| Avaliar os sinais vitais. | Os sinais vitais são indicadores de possível quadro de infecção, em especial, quando há queda na imunidade pós-quimioterapia (neutropenia). |
| Reforçar a higienização das mãos tanto para os profissionais quanto para o paciente e cuidadores. | As mãos são fontes de infecção por estarem alojados diversos microorganismos. |
| Instruir paciente e familiares para não ter visitantes portadores ou recentemente curados de doenças infectocontagiosas. | Pacientes que realizam QT tendem a ter a imunidade baixa sendo mais propensos a infecção. |
| Trocar cateter venoso e dispositivos venosos conforme rotina da instituição. | Os acessos venosos e seus dispositivos podem ser portas de infecção de corrente sanguínea. |
| Monitorar sangramentos em locais de inserção de drenos e cateteres, bem como epistaxe, gengivorragias e sangramentos ocultos. | O paciente submetido à quimioterapia antineoplásica pode apresentar plaquetopenia pós-quimioterapia. |
| Informar ao paciente e familiares que a fadiga é ocorrência comum no decorrer da doença e seu tratamento. | A fadiga pode ocorrer em decorrência dos tratamentos e é relativamente comum. Quanto mais o paciente e os familiares compreendem os processos que estão enfrentando, menor será a angústia gerada pelo tratamento. |
| Encorajar o paciente e seus familiares a abordar a fadiga e seu impacto em atividades diárias. | Para que o paciente tenha ciência do que está acontecendo em seu corpo e reforçar o vínculo familiar no dia a dia dele. |
| Avaliar a intensidade da fadiga utilizando escala analógica numérica, em que 0 representa sem fadiga e 10, fadiga insuportável. | Avaliar o grau de fadiga permite determinar com melhor precisão o quanto de fadiga o paciente está apresentado e avaliar se as intervenções aplicadas estão surtindo efeito. |
| Proporcionar ambiente tranquilo para o sono. | A higiene do sono é uma terapia não farmacológica para minimizar a fadiga. |
| Orientar sobre um programa de exercícios após liberação médica e preferencialmente, sob supervisão de profissional qualificado. | A prática de exercícios físicos é uma terapia não farmacológica para minimizar a fadiga. |
| Orientar paciente a não tomar banho com água muito quente, utilizar sabonete suave (para crianças) na área irradiada, secar suavemente, não aplicar cremes ou loções, a não ser aquelas indicadas pelos profissionais de saúde da unidade de radioterapia, não expor a área ao sol e aplicar protetor solar de FPS, no mínimo 30, não coçar ou arranhar a região irradiada, ingerir de 2 a 3 litros de líquidos por dia, não utilizar roupas de tecido sintético no local irradiado. | A radioterapia, independente da área de tratamento, pode ocasionar radiodermatite e essas medidas são essenciais para sua prevenção. |
| Orientar sobre a importância da assiduidade ao serviço de radioterapia. | A radioterapia externa (teleterapia) é realizada de segunda a sexta-feira, que, apesar de ser desgastante para o paciente, é muito importante para garantir o sucesso do tratamento. |
| Monitorar edema na mama e no braço do lado acometido. | Esses efeitos podem surgir durante o processo da radioterapia. |

| Assistência de enfermagem | Justificativa |
|---|---|
| Orientar a mulher sobre a utilização de lubrificantes hidrossolúveis. | Em razão do ressecamento do canal vaginal nos casos em que a paciente for submetida à terapêutica hormonal. |
| Apresentar o paciente a pessoas que tenham superado com sucesso problemas semelhantes. | A mulher pode estar tendo dificuldade em organizar sua vida em decorrência das alterações sofridas pelo tratamento e conversar com alguém que já experimentou essa situação pode ajudar no enfrentamento dessa mulher e organização da sua vida em diante. |
| Assistência frente ao tratamento cirúrgico do paciente com câncer de mama | |
| Atentar para os sinais de pesar ou de depressão grave ou prolongada. | A retirada da mama pode ser para a mulher uma grande perda e causar alterações importantes em sua autoestima. |
| Utilizar uma escala de graduação da dor apropriada à idade e à condição do paciente. | A dor pode estar presente após o procedimento cirúrgico. |
| Manter cuidados com drenos, como esvaziar a secreção sempre que o coletor não esteja mais realizando a sucção (nos casos de drenos com pressão negativa, como o portovac ou Jackson Pratt), realizar curativo no local de inserção do dreno, orientar paciente a ter cuidado com a extensão do dreno para não pinçar ou tracionar ao se movimentar, além de mensurar débito da secreção e suas características. | Os drenos são dispositivos muito utilizados no período pós-operatório, porém representam fonte de risco para infecção. Os cuidados descritos também garantem uma sucção adequada da secreção sem complicações ao paciente. Anotar o débito e as características é importante para que o médico possa avaliar a necessidade de sua retirada. |
| Não puncionar o membro onde foi realizada a mastectomia, bem como não aferir pressão arterial ou aplicar medicações parenterais. Orientar esse cuidado à paciente. | O membro onde foi realizada a mastectomia fica com a circulação linfática prejudicada devido à linfadenectomia, causando risco aumentado para edema e infecções. |
| Monitorar e registrar sinais vitais. Comunicar ao enfermeiro qualquer alteração. | Os sinais vitais representam indicadores de complicações, com as infecciosas ou outras. |
| Orientar à paciente a não utilizar alicates para fazer as unhas, evitar produtos químicos agressivos como solventes (se necessário, usar luvas emborrachadas), carregar bolsas ou sacolas pesadas e utilizar filtro solar no braço do lado operado (mastectomia). | Manter integridade da pele, evitando lesões que podem evoluir para quadros infecciosos. O membro do lado operado também tende a edemaciar. |

Quadro 21.3 – Assistência de enfermagem ao paciente com câncer de pulmão[6,7,44,47,53,54]

| Assistência de enfermagem | Justificativa |
|---|---|
| Assistência frente ao tratamento clínico do paciente com câncer de pulmão | |
| Monitorar dispneia, oximetria digital, observar uso de músculos acessórios, expansibilidade pulmonar e retração muscular. | Monitorar e identificar precocemente sinais e sintomas decorrentes da doença e/ou complicações do tratamento. |
| Auxiliar em atividades da vida diária, conforme necessidade do paciente. | Com a progressão da doença ou pós-realização dos tratamentos, o paciente pode apresentar cansaço e necessitar de auxílio nas atividades de vida diária, como banho, alimentação, entre outros. |
| Explicar os procedimentos, inclusive sensações que o paciente pode ter. | O paciente pode estar ansioso devido à sua situação de adoecimento e as manipulações podem causar ainda mais sensações de ansiedade. |
| Orientar que pode apresentar náuseas, vômitos, inapetência e mucosite no esôfago podem ocasionar dor à deglutição. Nesse sentido, pode-se orientar para adaptação para uma dieta pastosa com alto valor proteico e calórico para evitar a perda de peso, que já costuma ocorrer nesses pacientes. | A irradiação (radioterapia) na região torácica pode ocasionar esses efeitos adversos) por atingir estruturas do sistema gastrointestinal. |
| Assistência frente ao tratamento cirúrgico do paciente com câncer de pulmão | |
| Manter a cabeceira do leito elevada. | Melhora a expansibilidade pulmonar e facilita a drenagem caso o paciente possua um dreno de tórax, muito comuns no pós-operatório das cirurgias torácicas (Figura 21.5). |
| Sempre que for manipular o dreno, lavar as mãos antes. | Garantir a segurança do paciente no que se refere a evitar infecções. |

ASSISTÊNCIA AO ADULTO COM DOENÇA ONCOLÓGICA

| Assistência de enfermagem | Justificativa |
|---|---|
| Manter o selo d'água com 300-500 mL de água destilada e trocá-lo a cada 24 horas. Posicioná-lo no piso, com suporte próprio ou sustentado em local adequado. Nunca o elevar acima do tórax sem que esteja clampeado (fechado). | Garantir vedação do sistema, evitando pneumotórax e outras complicações. |
| Mensurar o débito do dreno a cada 6 horas, ou menos, caso haja drenagem superior a 100 mL/h. Colocar uma fita adesiva ao lado da graduação do frasco. Sempre registrar o aspecto do líquido (seroso, sero-hemático, hemático, purulento). | O registro do débito é importante para que o médico avalie a necessidade de remoção do dreno e a característica para garantir que a evolução do paciente se encontre dentro do esperado clinicamente. |
| Realizar inspeção do curativo que deve ser oclusivo e garantir fixação do dreno junto ao tórax do paciente (meso) ou outro protocolo institucional. | Detectar necessidade de troca do curativo do local de inserção e evitar trações do tubo. |
| Atentar para a presença de bolhas no frasco de drenagem. | Pode ser indicativo de fístula aérea. |
| Verificar a oscilação na coluna líquida: deve subir na inspiração, e descer na expiração. | Caso não haja esse movimento espontâneo, pode haver obstrução do tubo. |
| Manter atenção na transferência do paciente entre macas. | Garantir a segurança do paciente, evitando que o dreno fique preso e/ou seja arrancado. |

Ressalta-se que em algumas instituições é utilizado o sistema de drenagem com válvula de Heimilich, que é um sistema unidirecional seguro de drenagem torácica e mediastinal, projetado para substituir garrafas subaquáticas em drenagem torácica. Composto por conjunto de tubo transparente selado, a válvula estabelece um caminho de fluxo unidirecional para o ar. A válvula apresenta uma extremidade azul para ser ligado ao cateter do paciente e uma extremidade transparente para ser ligado a uma bolsa de drenagem.[54]

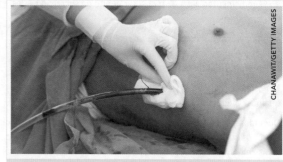

Figura 21.12 - Colocação de dreno intercostal.

Quadro 21.4 - Assistência de enfermagem ao paciente com câncer de próstata[6,7,44,47,55,56]

| Assistência de enfermagem | Justificativa |
|---|---|
| **Assistência ao paciente com câncer de próstata em tratamento clínico** ||
| Orientar que pode ocorrer diarreia durante o tratamento radioterápico, e que essa é transitória, desaparecendo após o término do tratamento. Caso ocorra, aumentar a ingestão de líquidos (a menos que haja contra indicação) e evitar ingerir fibras. | A diarreia é um efeito adverso que pode ocorrer quando o abdome é irradiado. |
| Orientar a aguardar o término da radioterapia para manter relações sexuais. Caso venha ter dificuldades sexuais que não melhoram com o tempo, conversar com o médico. | Para permitir que os efeitos de qualquer inflamação na região regridam totalmente. |
| Monitorar eliminações urinárias, bem como disúria. | Podem ocorrer alterações na micção. |
| **Assistência de enfermagem ao paciente no período pós-operatório de prostatectomia** ||
| Supervisionar padrão de ingestão nutricional e hídrica, após liberação da dieta pelo médico. | O padrão alimentar do paciente pode mudar por ansiedade, náuseas e vômitos decorrentes da anestesia ou analgésicos, entre outros fatores. |
| Manter o sistema da sonda vesical de 3 vias (*three way*) estéril, avaliar sítio de inserção da sonda quanto à edema, vermelhidão e secreção; fazer uso de técnica asséptica à manipulação; prover higiene adequada do meato uretral com água e sabonete; manter fixação da sonda na região inguinal; manter coletor de urina abaixo do nível da bexiga; e monitorar parâmetros vitais. | A sonda vesical de 3 vias é usualmente instalada na cirurgia de porstatectomia, com vistas a evitar obstrução do fluxo de urina por coágulos. Essas medidas auxiliam na prevenção e na identificação precoce de sinais de infecção relacionadas à sonda. |
| Manter controle da irrigação vesical, colocando soro conforme prescrito pelo médico, e registrando o volume infundido e o drenado, bem como suas características (sero-hemático, hemático, seroso). | A irrigação vesical é prescrita no pós-operatório visando evitar a obstrução por formação de coágulos. |

| Assistência de enfermagem | Justificativa |
|---|---|
| Administrar antibióticos conforme indicado pelo médico | Podem ser utilizados de forma profilática ou terapêutica pelo risco aumentado de infecção na prostatectomia. |
| Manter hidratação venosa conforme prescrito pelo médico e estimular ingestão de líquidos de 2.000-3.000 mL/dia quando liberada a dieta (exceto se o paciente apresenta contra indicações). | Garantir eliminação urinária adequada e minimizar a chance de complicações urinárias, como infecção e formação de coágulos. |
| Questionar regular e sistematicamente quanto à ocorrência de dor, aplicando escalas padronizadas na instituição para mensuração de sua intensidade, e orientar quanto à terapia prescrita. | A dor pode ocorrer no período pós-operatório e deve ser monitorada a intervalos frequentes para garantir analgesia adequada. |
| Assistência de enfermagem no paciente sob terapia hormonal ||
| Monitorar os efeitos secundários ao tratamento como diminuição ou ausência da libido, impotência, ondas de calor, diminuição dos testículos e do pênis, sensibilidade e crescimento do tecido mamário, osteoporose, anemia, perda de massa muscular, ganho de peso, fadiga, depressão. | Esses são efeitos colaterais do tratamento hormonal e devem ser orientados ao paciente. |
| Orientar ao paciente que pergunte ao seu médico as medidas para controle dos efeitos colaterais, caso venha a apresentar algum deles. | As ondas de calor e a depressão podem ser tratados com determinados antidepressivos ou outros medicamentos, a radioterapia das mamas pode ajudar a prevenir a hipertrofia, assim como vários medicamentos estão disponíveis para prevenir e tratar a osteoporose. Os exercícios ajudam a reduzir os efeitos de fadiga, ganho de peso e a perda de massa óssea e muscular, podendo ser indicados, desde que se tenha liberação do médico. Portanto, a conversa com o médico é essencial para melhora na qualidade de vida relacionada aos efeitos colaterais. |
| A goserelina deve ser administrada pelo enfermeiro, porém o técnico de enfermagem deve saber reconhecer as possíveis complicações. Assim, atentar para pacientes que fazem uso de anticoagulantes, os quais podem sangrar. Monitorar o paciente para sinais ou sintomas de hemorragia na região da aplicação (parte inferior do abdome). | Prevenir lesões ao paciente, garantindo a segurança de seu tratamento. |

## NOTA

O rastreamento do câncer de próstata, como qualquer intervenção em saúde, pode trazer benefícios e malefícios que devem ser analisados e comparados antes da incorporação na prática clínica e como programa de saúde pública. O benefício esperado é a redução na mortalidade pelo câncer de próstata. Os possíveis malefícios incluem resultados falso-positivos, infecções e sangramentos resultantes de biópsias, ansiedade associada ao sobrediagnóstico (*overdiagnosis*) de câncer e danos resultantes do sobretratamento (*overtreatment*) de cânceres que nunca iriam evoluir clinicamente. Por existirem evidências científicas de boa qualidade de que o rastreamento do câncer de próstata produz mais dano do que benefício, o Instituto Nacional de Câncer (INCA) mantém a recomendação de que não se organizem programas de rastreamento para o câncer da próstata e que homens que demandam espontaneamente a realização de exames de rastreamento sejam informados por seus médicos sobre os riscos e benefícios associados a essa prática.
INSTITUTO NACIONAL DO CÂNCER (INCA). Documento de rastreamento do câncer de próstata. 2013. Disponível em: <https://www.inca.gov.br/sites/ufu.sti.inca.local/files//media/document//rastreamento-prostata-2013.pdf>. Acesso em: 5 jan. 2020.

## NESTE CAPÍTULO, VOCÊ...

... entendeu que, ao receber o diagnóstico de câncer, uma pessoa inicia um processo de enfrentamento a uma doença com representações sociais de perda, luto e sofrimento. Paralelamente, mudanças na rotina, além de todo o estresse frente ao tratamento e os efeitos colaterais decorrentes deles.

... viu que a equipe de enfermagem e o técnico de enfermagem, dentro desse contexto, possuem papel fundamental no enfrentamento das alterações físicas, psíquicas e sociais dessas pessoas.

## EXERCITE

1. Quais são os fatores de risco modificáveis no câncer de mama?
2. Pense na seguinte situação: senhora de 60 anos, casada, nunca teve filhos, menopausa aos 55 anos de idade e sua irmã já teve um câncer de mama. Ela nunca fez nenhum tipo de exame de detecção precoce. Qual orientação você daria para ela?

3. Mulher, 45 anos, casada, 3 filhos, católica, Ensino Superior completo, professora. Durante consulta com sua ginecologista, foi percebido pela médica um nódulo na mama direita, para a qual foi solicitada uma mamografia. Ao receber o exame de imagem, foi constatado um nódulo, tendo sido, então, encaminhada para realizar uma biópsia, constatando o diagnóstico de câncer de mama. Por ter sido detectado em estágio precoce, optou-se por realizar a cirurgia conservadora inicialmente e, então, seguir para a quimioterapia antineoplásica e realizar a radioterapia, além de avaliar a hormonioterapia *a posteriori*. No momento, em realização de quimioterapia antineoplásica, tendo apresentado queda do cabelo, náuseas, falta de apetite e indisposição. Diante dessa situação, quais cuidados de enfermagem podemos prestar a essa paciente?

4. O câncer de pulmão é uma das principais causas de morte evitável em todo o mundo. É considerada a principal causa de mortalidade por câncer no Brasil. Acerca desse câncer, leia as afirmativas a seguir e classifique-as em verdadeiras (V) ou falsas (F):
   ( ) O tabagismo é o maior fator de risco para o câncer de pulmão.
   ( ) Parar de fumar diminui o risco de desenvolver câncer de pulmão.
   ( ) Exposição ambiental ou ocupacional, por exemplo, ao asbesto ou arsênio não se configuram como fatores de risco ao câncer de pulmão.
   ( ) O sintoma mais comum no câncer de pulmão é a tosse.
   ( ) O controle do tabagismo é a principal forma de redução da ocorrência do câncer de pulmão.
   ( ) Ao paciente que foi diagnosticado com câncer de pulmão e tem o hábito de fumar orienta-se que poderá continuar fumando sem ocasionar prejuízos ao tratamento.
   ( ) A doença é geralmente detectada em estádios iniciais, uma vez que a sintomatologia se manifesta precocemente.
   ( ) Os principais sítios de metástase são cérebro e coração.
   ( ) O tratamento do câncer de pulmão pode ser por meio de cirurgia, quimioterapia antineoplásica ou radioterapia, de acordo com o tipo de câncer pulmonar e estadiamento da doença.

5. K.A.F., 69 anos, foi admitido em uma clínica cirúrgica para realização de prostatectomia total. Está internado, em 1º PO, em uso de sonda Foley de 3 vias (*three way*), queixando-se de dor intensa em incisão cirúrgica.
   a) Indique cinco sinais e sintomas de um paciente com câncer de próstata.
   b) Indique quatro cuidados de enfermagem que devem ser oferecidos a esse paciente quando o mesmo chega ao posto de internação com previsão de realizar a cirurgia.
   c) Descreva cinco cuidados de enfermagem específicos no pós-operatório de prostatectomia.
   d) Como é realizado o diagnóstico do câncer de próstata?

 **PESQUISE**

Leia o artigo de VIEIRA, E. M.; SANTOS, D. B.; SANTOS, M. A.; GIAMI, A. intitulado Experience of sexuality after breast cancer: a qualitative study with women in rehabilitation. Revista Latino-Americana de Enfermagem, 2014, v. 22, n. 3, p. 408-414. Disponível em: <https://doi.org/10.1590/0104-1169.3258.2431>.
Compreenda as repercussões psicossociais e culturais do câncer de mama e seus tratamentos na sexualidade de mulheres.

# CAPÍTULO 22

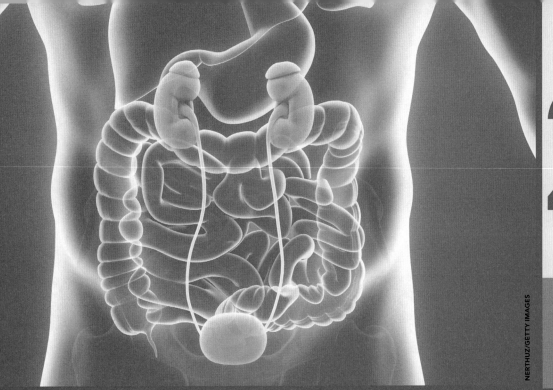

COLABORADORAS:
GEÓRGIA ALCÂNTARA ALENCAR MELO
JOSELANY ÁFIO CAETANO

# ASSISTÊNCIA AO ADULTO COM DOENÇA UROLÓGICA

### NESTE CAPÍTULO, VOCÊ...

- ... revisará a anatomia e a fisiologia do sistema urinário.
- ... compreenderá a epidemiologia, os fatores de risco, as manifestações clínicas e o tratamento das principais patologias que acometem o sistema urológico.
- ... entenderá a assistência de enfermagem para as patologias estudadas e sua justificativa.

### ASSUNTOS ABORDADOS

- Revisão da anatomia e fisiologia do sistema urinário.
- Insuficiência renal aguda (IRA).
- Insuficiência renal crônica (IRC).
- Hemodiálise.
- Urolitíase.

# ESTUDO DE CASO

M.V.L., paciente renal crônico dialítico, faz hemodiálise três vezes por semana, possui fístula arteriovenosa (FAV) distal em membro superior esquerdo há cinco anos. Não tem boa adesão ao regime terapêutico nutricional, excedendo-se na ingesta hídrica e calórica. Ao exame físico: icterícia (3+/4+), edema (2+/4+), abdome doloroso à palpação, sons intestinais aumentados, pele ressecada e com prurido, refere não ter urinado nas últimas 24 horas e prurido intenso. Alterações laboratoriais:

- bioquímica do sangue com elevação da taxa de ureia (200 mg/dL);
- creatinina (8,1 mg/dL);
- potássio (6,10 mg/dL);
- glicose (280 mg/dL);
- hipoalbuminemia (2,8 mg/dL);
- hipocalcemia (5,0 mg/dL);
- hemograma – hemoglobina diminuída (6,7 g/dL); hematócrito diminuído (28%); linfócitos típicos diminuídos (500/mm$^3$); plaquetopenia (27.000/mm$^3$).

## Após ler o caso, reflita e responda:

1. Quais cuidados o técnico de enfermagem deve ter com a fístula arteriovenosa?
2. Quais sinais clínicos indicam não adesão ao regime terapêutico?
3. Qual assistência o profissional de enfermagem deve prestar ao paciente durante a sessão de hemodiálise?
4. Que cuidados de enfermagem o técnico de enfermagem deve ter em relação à pele ressecada e ao prurido?

## 22.1 ANATOMIA E FISIOLOGIA DO SISTEMA URINÁRIO

O sistema urinário é composto por um par de rins, um par de ureteres, a bexiga e a uretra. Esse aparelho pode ser dividido em órgãos secretores – que produzem a urina – e órgãos excretores – que são encarregados de processar a drenagem da urina para fora do corpo (Figura 22.1).[1,2]

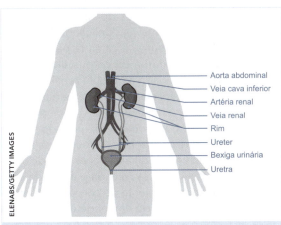

Figura 22.1 – Sistema urinário.

### 22.1.1 Rins

É o principal órgão que compõe o sistema excretor e osmorregulador, responsável por filtrar dejetos presentes no sangue e excretá-los juntamente com água.

Nos humanos, os rins ficam localizados na região posterior do abdome, atrás do peritônio, sendo, por isso, chamados de órgãos retroperitoniais. Há um rim em cada lado da coluna vertebral sobre o músculo psoas maior, sendo que o direito está localizado logo abaixo do fígado e o esquerdo abaixo do baço, situando-se ligeiramente abaixo do rim esquerdo devido ao posicionamento do fígado. Sua localização estende-se entre a 11ª vértebra torácica até a 3ª vértebra lombar.[1,2]

Macroscopicamente, nos adultos, esse órgão mede entre 11 cm a 13 cm de comprimento, com 5 cm a 7,5 cm de largura e 2,5 cm a 3 cm de espessura, pesando cerca de 125 g a 170 g no homem e 115 g a 155 g na mulher.[1,2]

Os rins são órgãos glandulares com formato de feijão, tendo uma borda convexa e outra côncava, na qual se encontra o hilo renal, de onde saem e entram o ureter, os nervos e os vasos sanguíneos. O hilo possui também dois ou três cálices, que se reúnem para originar a pelve renal, parte superior, dilatada, do ureter.

A irrigação sanguínea dos rins é feita pelas artérias renais, que são grandes vasos originados em ângulo reto da aorta. A artéria renal direita passa atrás da veia cava inferior. Cada artéria divide-se próximo ao hilo em cinco artérias segmentares, correspondendo aos segmentos renais, que são supridos por uma artéria segmentar que vai dar nas artérias interlobares. A drenagem do sangue ocorre por intermédio de várias veias que formarão a veia renal, que deságua na cava inferior.

A secção do rim revela que seu parênquima se compõe de uma parte mais externa, denominada zona cortical (camada mais externa e pálida), e a zona medular (zona mais interna e escura).

Acima de cada rim encontra-se a glândula adrenal ou suprarrenal. As glândulas suprarrenais estão localizadas entre as faces superomediais dos rins e o diafragma. Cada glândula suprarrenal, envolvida por uma cápsula fibrosa e um coxim de gordura, possui duas partes: o córtex e a medula suprarrenal, ambas produzindo diferentes hormônios.[1-5]

### Anatomia

Em um corte frontal através do rim (Figura 22.2), são reveladas duas regiões distintas: uma área avermelhada de textura lisa, chamada córtex renal, e uma área marrom-avermelhada profunda, denominada medula renal. A medula consiste em 8-18 estruturas cuneiformes, as pirâmides renais. A base (extremidade mais larga) de cada pirâmide direciona para o córtex e seu ápice (extremidade mais estreita), chamada papila renal, aponta para o hilo renal. As partes do córtex renal que se estendem entre as pirâmides renais são chamadas colunas renais[1-5].

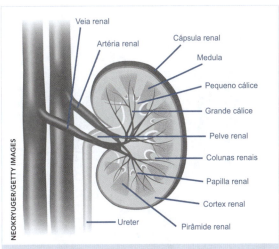

Figura 22.2 – Anatomia renal.

Juntos, o córtex e as pirâmides renais da medula renal constituem a parte funcional ou parênquima do rim. No parênquima estão as unidades funcionais dos rins, o néfron.

O néfron compõe-se de glomérulo, túbulos contornados (proximal e distal), alça de Henle e tubo coletor. Cada rim é constituído por 1 a 4 milhões de néfrons. O rim é constituído por uma região dilatada, denominada corpúsculo renal ou de Malpighi (composto pelo glomérulo e pela cápsula de Bowman), pelo túbulo contorcido proximal, pelas regiões delgada e espessada da alça de Henle, pelo túbulo contorcido distal e pelos túbulos e ductos coletores (Figura 22.3).[1-6]

Os ductos drenam para estruturas chamadas cálices renais menor e maior. Cada rim tem 8 a 18 cálices menores e 2 a 3 cálices maiores. A urina, formada pelos néfrons, drena para os grandes ductos papilares, que se estendem ao longo das papilas renais das pirâmides. O cálice renal menor recebe urina dos ductos papilares de uma papila renal e a transporta até um cálice renal maior. Do cálice renal maior, a urina drena para a grande cavidade chamada pelve renal e depois para fora, pelo ureter, até a bexiga urinária.[2]

Os rins são subdivididos em lóbulos, sendo que cada lóbulo renal é composto por uma pirâmide e pelo tecido cortical que recobre suas bases e seus lados. Um lóbulo é formado por um raio medular e pelo tecido cortical encontrado em sua periferia, delimitado pelas arteríolas interlobulares.[6]

O corpúsculo renal, também denominado corpúsculo de Malpighi, é formado por uma rede de vasos capilares (glomérulo) e encontra-se rodeado por uma membrana dupla com forma de funil (cápsula de Bowman), diretamente ligada ao túbulo renal.[2,3]

O glomérulo renal é uma aglomeração de finos capilares, por meio dos quais o sangue circula até ser filtrado, proveniente de uma ramificação de uma artéria interlobular (arteríola aferente), que vai até ao corpúsculo renal, subdividindo-se no seu interior em inúmeros capilares que formam uma grande rede. Esses capilares voltam a unir-se de forma a conceberem uma arteríola eferente, que sai do corpúsculo renal. A parede dos capilares, composta por uma única camada de células pavimentosas, conta com inúmeros poros minúsculos, através dos quais filtra líquidos e pequenas moléculas provenientes do sangue.[2,3]

A cápsula de Bowman é uma fina membrana formada por duas camadas: uma delas, a camada visceral, reveste os capilares do glomérulo de tal forma que quase os envolve, duplicando-se em seguida para formar a outra, a camada parietal, que constitui a parede externa do corpúsculo e se encontra diretamente ligada ao túbulo renal. Entre as duas camadas da cápsula existe uma pequena fenda, o espaço urinário ou de Bowman, onde desagua o produto filtrado nos glomérulos, uma espécie de urina primária, que circula até ao túbulo renal.[6]

Túbulo renal é um canal de finas paredes que constitui a continuação da camada parietal da cápsula de Bowman, proveniente do corpúsculo renal e inserindo-se na medula do rim, onde descreve uma curva de forma a ascender ao córtex. Esta fica novamente em contato com o corpúsculo, desaguando, por fim, em outro canal, denominado tubo coletor. É possível distinguir vários segmentos no túbulo renal, cada um dos quais com a sua missão específica, de modo a produzir a urina definitiva a partir do produto filtrado no glomérulo.[3]

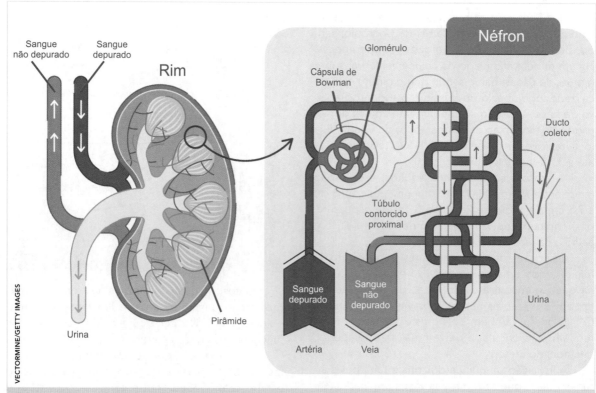

Figura 22.3 - Anatomia do néfron.

A primeira parte descreve um trajeto sinuoso, com várias curvas, denominando-se tubo contornado proximal. Em seguida, surge a alça de Henle, um canal em forma de U, que penetra na medula renal e regressa ao córtex, apresentando na sua composição duas porções: a primeira corresponde à porção descendente, que descreve uma curva de 180° e prossegue na segunda, correspondendo esta à porção ascendente. Por fim, o canal volta a descrever uma série de curvas, constituindo o tubo contorcido distal, que desagua no tubo coletor.[3]

Cada tubo coletor é um canal no qual desaguam inúmeros túbulos renais de outros néfrons, que arrastam no seu interior a urina já formada. Os tubos coletores atravessam a medula renal até chegarem ao vértice das pirâmides, cuja superfície apresenta vários orifícios correspondentes às entradas destes canais. Através desses orifícios, a urina desagua no interior do rim e passa pelos pequenos e grandes cálices até ao bacinete, de forma a continuar seu caminho através das vias urinárias até o exterior do organismo humano.[1,2]

Por meio das estruturas descritas, ocorre a formação da urina, que se dá por meio de três fases:[5]

- filtração glomerular: cerca de 180 litros de sangue/24 horas;
- reabsorção tubular;
- secreção tubular.

Essas funções se dão a nível glomerular, onde cada porção do néfron desempenha uma função para a formação da urina.

## Fisiologia

As principais funções do rim no organismo[5] são:

- Eliminar toxinas:[6,7] os rins trabalham para conservar o corpo livre de toxinas. O sangue entra nos rins através da artéria renal. Uma vez que o sangue chega aos rins, as toxinas são filtradas para a urina. O sangue filtrado volta ao coração por uma veia renal.

Os rins são responsáveis pela eliminação de líquidos, solutos e produtos indesejáveis do metabolismo, como ureia, ácido úrico, sulfatos e fosfatos. Quando em repouso, cada rim de um indivíduo adulto recebe cerca de 20% do débito cardíaco, correspondendo a aproximadamente 400 mL/100 g de tecido por minuto. Dessa enorme quantidade de sangue que adentra os rins (1.440 litros/dia), aproximadamente 180 litros são filtrados nas 24 horas e destes, apenas 1% (1,4 litro) é eliminado na forma de urina. Esse processo de formação de urina requer um trabalho em série, envolvendo filtração, reabsorção e secreção tubular.

- Regular a produção de hemácias pela síntese de eritropoetina:[5,6] os rins liberam o hormônio eritropoetina, que ajuda na maturação dos glóbulos vermelhos do sangue e da medula óssea. A falta desse hormônio pode causar anemia.

- Síntese da vitamina D para forma ativa (regulação do metabolismo mineral: cálcio, fósforo e magnésio):[5,6] os rins afetam a formação dos ossos porque regularizam as concentrações de cálcio e de fósforo no sangue e produzem uma forma ativa da vitamina D.

- Manter a homeostasia do organismo regulando minuciosamente os líquidos e eletrólitos:[8-10] função por meio da qual os rins mantêm constante a quantidade de água do organismo em cerca de 60% a 70% do peso (58% adulto jovem). Quando ocorre falência renal, há tendência de acúmulo excessivo de água no organismo, com consequente hiper-hidratação, hipervolemia, edema e hipertensão arterial.

A hipertensão arterial pode ser a causa ou também o resultado da enfermidade renal. O controle da pressão arterial sanguínea é uma das funções dos rins. Esses órgãos controlam as concentrações de sódio e a quantidade de líquido no corpo. Quando os rins falham e não cumprem essas funções vitais, a pressão sanguínea pode elevar-se e ocasionar edema. Os rins também secretam uma substância que se chama renina, a qual estimula a produção de um hormônio que eleva a pressão sanguínea. Quando os rins não funcionam bem, a renina é produzida em excesso, o que pode resultar em hipertensão. A hipertensão prolongada danifica os vasos sanguíneos, causando falha renal.

Os eletrólitos são mantidos dentro de uma faixa de normalidade no líquido extracelular. Alguns desses eletrólitos são: sódio, potássio, fósforo, cálcio, magnésio. Quando ocorre a falência renal, torna-se recorrente as variações excessivas desses eletrólitos, que são os responsáveis pelos principais sintomas da doença renal e podem tornar inviável a manutenção da vida do paciente.

Quando os rins não funcionam apropriadamente, as toxinas se acumulam no sangue, resultando em uma condição conhecida como uremia. Os sintomas da uremia incluem náuseas, debilidade, fadiga, desorientação, dispneia e edema nos braços e pernas. Há toxinas que se acumulam no sangue e podem ser usadas para avaliar a gravidade do problema. As mais comumente usadas para esse propósito denominam-se ureia e creatinina. A enfermidade dos rins é associada frequentemente aos níveis elevados de ureia e de creatinina.

- Manter o equilíbrio ácido-básico:[6,7] assim como os pulmões, os rins são os responsáveis pela manutenção do pH do líquido intracelular, extracelular e fluídos biológicos dentro dos níveis normais, que variam no sangue de: 7.35 a 7.45. Variações do pH fora dessa faixa podem levar o funcionamento do organismo ao colapso.

## 22.1.2 Ureteres

São dois tubos que transportam a urina dos rins para a bexiga. Órgãos pouco calibrosos, os ureteres têm menos de 6 mm de diâmetro e 25 a 30 cm de comprimento.

Descendo obliquamente e medialmente, o ureter percorre por diante da parede posterior do abdome, penetrando em seguida na cavidade pélvica, abrindo-se no óstio do ureter situado no assoalho da bexiga urinária.

Em virtude desse seu trajeto, distinguem-se duas partes do ureter: abdominal e pélvica. Os ureteres são capazes de realizar contrações rítmicas, o peristaltismo. A urina se move ao longo dos ureteres em resposta à gravidade e ao peristaltismo.[2,3]

## 22.1.3 Bexiga

A bexiga urinária funciona como um reservatório temporário para o armazenamento da urina. A forma, o tamanho e a posição da bexiga variam de acordo com a idade, o sexo e a quantidade de urina que ela contém. Quando vazia, a bexiga localiza-se inferiormente ao peritônio e atrás da sínfise púbica. Quando cheia, ela se eleva para a cavidade abdominal e pode ser facilmente palpada e percutida.

É um órgão muscular oco, elástico que, nos homens, situa-se diretamente anterior ao reto e, nas mulheres, está à frente da vagina e abaixo do útero.

Quando a bexiga está cheia, sua superfície interna fica lisa. Uma área triangular na superfície posterior da bexiga não exibe rugas. Essa área é chamada trígono da bexiga e é sempre lisa. Esse trígono é limitado por três vértices: os pontos de entrada dos dois ureteres e o ponto de saída da uretra. O trígono é clinicamente importante, pois as infecções tendem a persistir nessa área.

Na saída da bexiga urinária está o músculo esfíncter interno, que se contrai involuntariamente, prevenindo o esvaziamento da urina. Inferiormente ao músculo esfíncter, envolvendo a parte superior da uretra, está o esfíncter externo, que é controlado voluntariamente e permite a resistência à necessidade de urinar.

A capacidade média da bexiga urinária é de 700 a 800 mL. É menor nas mulheres porque o útero ocupa o espaço imediatamente acima da bexiga.[2,3]

## 22.1.4 Uretra

A uretra é um tubo fibromuscular que dá passagem à urina da bexiga para o meio externo. A uretra masculina possui 20 cm de comprimento e a feminina, 4 cm. No homem, a uretra se exterioriza no pênis e, na mulher, logo acima da vagina.[6]

# 22.2 PATOLOGIAS RENAIS

A seguir serão apresentadas as principais patologias que acometem os rins. São elas: injúria renal aguda e doença renal crônica.

## 22.2.1 Injúria renal aguda

Injúria renal aguda (IRA) é caracterizada pela redução abrupta da taxa de filtração glomerular (TGF), que persiste ao longo de horas ou dias e manifesta-se clinicamente como o aumento na creatinina sérica e a redução da eliminação de urina, resultando na inabilidade dos rins para exercer as funções de excreção, manter o equilíbrio ácido básico e a homeostase hidroeletrolítica do organismo.[11]

## Descrição da fisiopatologia

Cada tipo de injúria renal aguda tem uma causa diferente, a depender da área em que ocorreu a lesão renal. Assim, são divididas tipicamente em pré-renal (ocasionada devido à diminuição do fluxo sanguíneo), renal ou intrínseca (devido a danos no parênquima renal) e pós-renal (devido a obstrução do trato urinário).[12]

A IRA pré-renal é qualquer processo que produza uma diminuição na pressão arterial média renal e, consequentemente, uma diminuição da pressão da perfusão glomerular. Ao produzir uma diminuição do volume intravascular, o rim sofre isquemia, o fluxo renal fica seriamente afetado, há uma queda na filtração glomerular e, com esta redução, aumentam os níveis dos produtos residuais do organismo, com aumento dos níveis séricos de ureia e creatinina.[13]

Outra consequência da diminuição do fluxo renal é a redução do aporte de oxigênio e outros nutrientes vitais para o metabolismo celular. Lesões pré-renais ocorrem em resposta às condições como hipovolemia, que acontece, por exemplo, em hemorragias, desidratação por perdas gastrintestinais, queimaduras, débito cardíaco diminuído e sobrecarga de diuréticos.[14,15]

IRA renal ocorre em razão da alteração dos glomérulos dos túbulos, do interstício e dos vasos intrarrenais. Uma das formas mais comuns é a necrose tubular aguda (NTA), que representa 70-75% do total.[16] Os dois mecanismos principais que originam a NTA são: isquemia renal (IRA pré-renal prolongada) e a lesão tóxica renal direta por substâncias exógenas e endógenas.

IRA pós-renal ou obstrutiva é ocasionada por um aumento na pressão retrógrada, fazendo diminuir o filtrado glomerular. A obstrução pode se originar de qualquer nível das vias urinárias, desde o começo do sistema coletor até o final da uretra, e pode estar originada por várias causas como litíase, neoplasia ou fibrose retroperitoneal.[17]

## Manifestações clínicas

A seguir são apresentadas as manifestações clínicas da IRA:
- IRA pré-renal: diminuição do turgor cutâneo com ressecamento das mucosas, perda de peso, hipotensão arterial, oligúria ou anúria e taquicardia.
- IRA renal intrarrenal ou parenquimatosa: alterações no volume urinário.
- IRA pós-renal: edema, anorexia, astenia e hipertensão arterial.

### Avaliação

É comum os pacientes relatarem febre, calafrios, problemas gastrointestinais, como anorexia, náuseas, vômitos, diarreia, constipação e alterações no nível de consciência. Nos estágios avançados da doença, pode haver convulsões e coma. Quanto ao débito urinário, pode estar na faixa oligúrica (abaixo de 400 mL/24 horas) ou anúrica (abaixo de 100 mL/24 horas).[16]

Ao exame, podemos detectar na inspeção sinais de distúrbios hemorrágicos como petéquias e equimoses. A pele pode apresentar seca e pruriginosa e, é possível sentir o hálito urêmico. As mucosas podem estar hipoidratadas. No caso de hiperpotassemia, pode haver fraqueza muscular.[16]

A palpação e a percussão podem evidenciar dor abdominal e edema.

## Diagnóstico

Entre os exames que fazem o diagnóstico da injúria renal aguda estão:
- Exames de sangue: níveis séricos de ureia, creatinina, sódio e potássio, pH sanguíneo, bicarbonato, hematócrito e hemoglobina.[16]
- Exame de urina: sumário e urina de 24 horas (clearence, microalbuminúria e proteinúria).
- Exames de imagem: ultrassonografia e tomografia computadorizada dos rins.
- Biópsia renal.

## Tratamento

As medidas de suporte incluem: dieta com restrição de proteína, sódio e potássio; monitorização dos eletrólitos; e, a depender do tipo de IRA, restrição hídrica.[16] Pode ser indicada hemodiálise.

Quadro 22.2 - Assistência de enfermagem ao paciente com IRA e sua justificativa

| Assistência de enfermagem | Justificativa |
|---|---|
| Pesar diariamente em jejum e comunicar alterações significativas de peso. | Avaliar a retenção de líquidos que o paciente possa apresentar. |
| Monitorar PA, P, FR e padrão respiratório e comunicar alterações. | Avaliar a retenção de líquidos e possível acidose metabólica que pode ocorrer no paciente com IRA. |
| Monitorar nível de consciência. | A ureia é tóxica para o Sistema Nervoso Central. |
| Manter prevenção contra quedas. | A ureia é tóxica para o Sistema Nervoso Central, podendo causar alteração do nível de consciência. Além disso, o paciente com IRA pode desenvolver anemia, o que representa um risco para quedas. |
| Aplicar hidratante corporal ou ácido graxo essencial no corpo após o banho, se necessário. | A pele do paciente com IRA tende a ser seca e descamativa devido ao acúmulo de ureia. |
| Manter unhas do paciente curtas e orientar a não coçar a pele. | A ureia é tóxica para a pele, podendo ocasionar prurido. |
| Monitorar presença de sinais flogísticos (rubor, calor e exsudato) e comunicar; Proteger o curativo do CVC durante o banho com plástico se este for feito com gaze e micropore. | Evitar infecção no sítio de inserção do cateter e identificar precocemente sinais de infecção. |
| Realizar balanço hídrico e registrar em impresso próprio ou prontuário eletrônico. | Avaliar a retenção de líquidos. |
| Observar e comunicar aceitação da dieta. | Pacientes com IRA muitas vezes experimentam problemas com equilíbrio eletrolítico, de fluidos e desnutrição resultando em desafios nutricionais. |

Fonte: Melo.[18]

## 22.2.2 Doença renal crônica

A doença renal crônica (DRC) consiste na lesão renal com perda progressiva e irreversível da função dos rins (glomerular, tubular e endócrina), de tal modo que, em suas fases mais avançadas, chama de doença renal crônica terminal (DRCT). Nessa fase, os rins não conseguem mais manter a normalidade do meio interno do paciente. Ocorre de forma silenciosa, e acarreta o acúmulo de resíduos no sangue, com posterior apresentação de sintomas.[19]

### Descrição da fisiopatologia

O consenso da National Kidney Foundation define a doença renal como uma ocorrência de queda progressiva da taxa de filtração glomerular (TFG), abaixo de 60 mL/min/1,73 m², persistindo por mais de três meses; ou alterações estruturais e funcionais renais, ou ambos, independentemente da causa subjacente.[20,21]

Nos pacientes com DRC, o estágio deve ser determinado com base no nível da função renal e TFG do paciente. Assim, é dividida em cinco estágios, de acordo com o grau da função renal. Os estágios de 1-3 (≥ 90 a 30 mL/min/1,73 m²) são fases não dialíticas, em que se tem uma redução de leve a grave da função. O estágio 4 (15-29 mL/min/1,73 m²) é considerado pré-dialítico, e já se identifica a insuficiência renal. O estágio 5 é denominado doença renal crônica terminal (DRCT) e divide-se em não dialítico (< 15 mL/min/1,73 m²) e dialítico (quando os níveis de TFG são < 10 mL).[22]

As opções terapêuticas para pacientes com DRCT são a terapia de reposição renal na forma de diálise (hemodiálise ou diálise peritoneal) ou transplante renal.[23] A hemodiálise consiste na extração das substâncias nitrogenadas tóxicas do sangue e na remoção de 1 a 4 litros de fluídos durante 3 a 4 horas de terapia, que são realizadas três vezes por semana.[24]

As causas da DRC variam universalmente. Diabetes e hipertensão são as principais causas em todos os países de alta e média rendas, e muitos países de baixa renda.[25] Outras causas também podem ser identificadas em menor proporção, como uropatia obstrutiva (9,2%), glomerulonefrite (6,7%), rins policísticos (2,2%), nefropatia tóxica (2,1%), causas desconhecidas (9,4%);[26] litíase renal, doença estrutural do trato urinário, doença cardiovascular, hipertrofia prostática, lúpus e doença renal hereditária.[1] No Brasil, as principais causas são hipertensão, com 34%, e diabetes, com 30% das doenças de base associadas.[27]

### Manifestações clínicas[19,28-30]

Nas fases iniciais, o paciente pode não apresentar sinais e sintomas, porém, a perda progressiva da função desencadeia múltiplos sinais e sintomas dada a complexa relação estabelecida entre os rins e o funcionamento do corpo humano, tornando premente a possibilidade de a DRC comprometer diferentes sistemas orgânicos, como respiratório, circulatório, hematológico e ósseo.[28]

Quadro 22.3 – Manifestações clínicas da DRC

| Sistema | Sinais e sintomas |
|---|---|
| Neurológico central | Irritabilidade, tremores, dificuldade de concentração, redução de memória, sonolência, confusão mental, convulsões e coma |
| Neurológico periférico | Polineuropatia urêmica, formigamento e queimação de membros inferiores, redução de reflexos patelares, soluço, síndrome da perna inquieta, fraqueza muscular – câimbras |
| Gastrointestinal | Hálito urêmico, inapetência, estomatite, gengivite, anorexia, náuseas, vômitos, gastrites, pancreatite, diarreia, úlceras gastrintestinais |
| Cardiovascular e pulmonar | Edema, dispneia, fadiga, hipertensão arterial, pericardite, insuficiência cardíaca, anasarca, edema agudo de pulmão, dor precordial, derrame pleural, tamponamento cardíaco |
| Hematológico | Anemia, sangramentos, redução da função linfocitária, alteração dos neutrófilos |
| Endócrino | Hiperglicemia, hiperinsulinemia, distúrbios da função sexual, amenorreia, menorragia, infertilidade, galactorreia, diminuição da libido |
| Metabólico | Perda de peso, fraqueza, osteodistrofia renal, hipercalemia |
| Dermatológico | Prurido, pele seca, conjuntivite, equimoses, calcificações, despigmentações |

# Diagnóstico

O diagnóstico[22] da DRC acontece com base na investigação de:
- Taxa de filtração glomerular (TFG): faz-se clearance de creatinina pela análise da urina de 24 horas.
- Proteinúria de 24 horas: a proteína na urina está aumentada em muitas patologias, como glomerulonefrite, abuso de anti-inflamatórios não esteroides e diabetes *mellitus*.
- Dosagem da creatinina e ureia séricas.
- Gasometria venosa: acidose pode ocorrer pela incapacidade de o rim excretar as cargas aumentadas de ácidos e/ou reabsorver as bases ($HCO_3$).
- Hemograma: anemia pode ocorrer pela produção inadequada de eritropoetina, do curto espectro de vida dos eritrócitos, decorrente da uremia, das deficiências nutricionais e das tendências ao sangramento, principalmente a partir do trato gastrointestinal.
- Dosagem de cálcio e fósforo: devido à diminuição da filtração glomerular, ocorre aumento dos níveis séricos de fosfato e diminuição inversa do nível sérico de cálcio, o que aumenta a secreção de paratormônio a partir das glândulas paratireoides.
- Dosagem de potássio ($K^+$), sódio ($Na^{++}$), cloro ($Cl^-$), magnésio ($Mg^{+4}$): detecta desequilíbrios, principalmente hiponatremia dilucional, hiperpotassemia e hipercloremia.
- Exames de imagem: ultrassonografia e tomografia computadorizada dos rins.
- Biópsia renal.

# Tratamento

O tratamento conservador consiste em todas as medidas clínicas (remédios, modificações na dieta e estilo de vida) que podem ser utilizadas para retardar a piora da função renal, bem como reduzir os sintomas e prevenir complicações associadas à doença renal crônica. Apesar dessas medidas, a DRC é progressiva e irreversível. Porém, com o tratamento conservador, é possível reduzir a velocidade dessa progressão ou estabilizar a doença. É iniciado no momento do diagnóstico e mantido a longo prazo, tendo um impacto positivo na sobrevida e na qualidade de vida desses pacientes. Quanto mais precocemente se começar o tratamento conservador, maiores são as chances de preservação da função renal.[22]

O profissional indicado para conduzir esse tratamento é o médico nefrologista, que iniciará o tratamento, determinará a frequência de avaliações para confirmar a eficácia das medidas implementadas e orientará o paciente para a busca de uma equipe multiprofissional de acordo com a necessidade de cada um.

Algumas dessas medidas serão usadas em todos os pacientes, enquanto outras serão individualizadas. As principais estratégias usadas no tratamento conservador são:
- Controle adequado da pressão arterial: essa é uma medida fundamental para retardar a progressão da doença renal crônica. O ideal geralmente é que a pressão seja mantida abaixo de 130 × 80 mmHg. A restrição de sal (sódio) é muito importante, para isso evitar utilizar temperos prontos, alimentos enlatados, sucos em pó, salames, queijos.[31]
- Controle adequado da glicemia: para os pacientes diabéticos é recomendado manter a hemoglobina glicada (HbA1c) menor que 7% e a glicemia de jejum abaixo de 100 mg/dL. Uma dieta adequada com redução de carboidratos (massas, batata, arroz), preferindo alimentos integrais.[31]
- Interrupção do tabagismo: atualmente, existem várias formas de tratamento para parar de fumar, incluindo tratamento psicológico e medicamentos. Parar de fumar traz benefícios não só para os rins, mas também para o sistema cardiocirculatório.
- Tratamento da dislipidemia: reduzir os níveis de colesterol apresenta benefícios não apenas para os rins, mas também para o sistema cardiocirculatório. Evitar frituras, molhos e carnes gordurosos.
- Medicações que reduzam a perda proteica pelos rins (proteinúria): a proteinúria significa que os rins têm alguma lesão, então, reduzir a perda de proteínas é fundamental para desacelerar a progressão da doença renal crônica.
- Medicações sintomáticas: no caso de edema, como medicações diuréticas.
- Tratamento da anemia: anemia é a diminuição da quantidade de glóbulos vermelhos no sangue. Os glóbulos vermelhos (hemácias) são responsáveis pelo transporte de oxigênio para todas as células do nosso corpo. Quando o paciente tem anemia severa ele pode sentir desânimo, falta de apetite, fraqueza nas pernas, sonolência, dispneia.
- Tratamento dos distúrbios ósseos e minerais associados à DRC: é comum ocorrer uma queda dos níveis de cálcio, de vitamina D e/ou um aumento do fósforo e do hormônio produzido pelas glândulas paratireoidianas (paratormônio-PTH). Para cada uma dessas combinações existe um tratamento específico a ser instituído.[28]

Para que o nosso organismo funcione corretamente, o cálcio deve estar em níveis adequados para formação saudável do osso, bem como para que ocorra a contração de qualquer musculatura do corpo, inclusive a do coração. No entanto, ele só é absorvido com a presença da vitamina D ativa (calcitriol). Assim, pacientes com DRC podem ter cálcio baixo no sangue.[32]

O excesso de fósforo é eliminado pelos rins. Nos pacientes com DRC ele tende a se acumular no sangue. O fósforo elevado causa prurido (coceira) e estimula a produção do paratormônio (PTH). O tratamento é o quelante de fósforo que deve ser utilizada com as refeições que têm alimentos ricos em fósforo.[32]

O hiperparatireoidismo é a doença que ocorre devido ao estímulo contínuo das paratireoides pelo cálcio baixo e fósforo alto. Os níveis altos do PTH no sangue levam a uma inflamação e destruição progressiva dos ossos.

Tratamento da acidose metabólica acidose é a condição de acidez que se desenvolve no sangue porque os rins não conseguem colocar para fora o excesso de ácido que se forma continuamente com o funcionamento do organismo. É necessário o uso do bicarbonato de sódio para corrigir essa situação. A acidose pode contribuir para a hipercalemia (aumento do potássio no sangue).[32]

Tratamento da hipercalemia: o potássio é um mineral que tem como fontes principais as frutas e os vegetais. Na DRC, ele tende a se acumular no sangue, pois o rim deixa de eliminá-lo. Quando os níveis de potássio no sangue ficam muito altos, pode ocorrer fraqueza muscular intensa, arritmias e até parada cardíaca. A principal forma de tratamento conservador é pela dieta, evitando alimentos ricos em potássio como abacate, banana-nanica, banana-prata, figo, laranja, maracujá, melão, tangerina, uva, mamão, goiaba, kiwi, feijão, chocolate, extrato de tomate. Outras formas de ajudar no tratamento é uso de quelante de potássio (Sorcal®).[32]

Não existe uma dieta única adequada a todos os pacientes. Cada paciente deverá ser avaliado de forma individual e ter sua dieta elaborada com o auxílio do nutricionista. Em geral, a restrição alimentar aumenta à medida em que a doença progride e os medicamentos não são capazes de manter os níveis de potássio, fósforo e ácidos nos limites da normalidade.[33]

Quando, mesmo com todos os cuidados do tratamento conservador, a DRC progride até estágios avançados, o paciente é preparado da melhor forma possível para o tratamento de diálise ou transplante. Essa fase inicia-se quando o paciente apresenta em torno de 20% da sua função renal e depende da velocidade com que a sua doença progride. À medida que a função renal se aproxima de 15% o paciente se prepara para o início do tratamento de substituição da função renal.

Quadro 22.4 – Assistência de enfermagem ao paciente com DRC e sua justificativa

| Assistência de enfermagem | Justificativa |
| --- | --- |
| Pesar diariamente em jejum e comunicar alterações significativas de peso. | Avaliar a retenção de líquidos que o paciente possa apresentar. |
| Monitorar PA, P, FR e padrão respiratório e comunicar alterações. | Avaliar a retenção de líquidos e possível acidose metabólica que pode ocorrer no paciente com IRC. |
| Avaliar edema e medir circunferência maleolar. | Avaliar a retenção de líquidos que o paciente possa apresentar. |
| Monitorar nível de consciência. | A ureia é tóxica para o Sistema Nervoso Central. |
| Manter prevenção contra quedas. | A ureia é tóxica para o Sistema Nervoso Central, podendo causar alteração do nível de consciência. Além disso, o paciente com IRC pode desenvolver anemia, o que representa um risco para quedas. |
| Aplicar hidratante corporal ou ácido graxo essencial no corpo após o banho, se necessário. | A pele do paciente com IRC tende a ser seca e descamativa devido ao acúmulo de ureia. |
| Manter unhas do paciente curtas e orientar a não coçar a pele. | A ureia é tóxica para a pele, podendo ocasionar prurido. |
| Realizar balanço hídrico e registrar em impresso próprio ou prontuário eletrônico. | Avaliar a retenção de líquidos. |
| Observar e comunicar aceitação da dieta e instituir restrição hídrica, se prescrito pelo médico | Após a avaliação dos exames laboratoriais, realizar modificações na dieta visando menor progressão da DRC. |

Fonte: Melo.[18]

## 22.3 HEMODIÁLISE

Hemodiálise é o procedimento por meio do qual uma máquina limpa e filtra o sangue. O procedimento libera o corpo dos resíduos prejudiciais à saúde, como o excesso de sal e de líquidos. Também controla a pressão arterial e ajuda o corpo a manter o equilíbrio de substâncias como sódio, potássio, ureia e creatinina. As sessões de hemodiálise são realizadas geralmente em clínicas especializadas ou hospitais.[34]

Na hemodiálise, a máquina recebe o sangue do paciente por um acesso vascular, que pode ser um cateter ou uma fístula arteriovenosa, e depois é impulsionado por uma bomba até o filtro de diálise (dialisador). No dialisador, o sangue é exposto à solução de diálise (dialisato) através de uma membrana semipermeável, que retira o líquido e as toxinas em excesso e devolve o sangue limpo para o paciente pelo acesso vascular.[34]

A indicação do tratamento hemodialítico é atribuída principalmente a pacientes com IRA e DRC.[235]

Na injúria renal aguda, atribui-se a casos em que haja:
- Uremia marcada: níveis crescentes e elevados de ureia e creatinina sérica.
- Hipervolemia: não controlável com métodos clínicos usuais (e como consequência hipertensão arterial, insuficiência cardíaca, edema agudo de pulmão e pulmão de choque).
- Hiperpotassemia: não controlável clinicamente e com valores superiores a 7 mEq/L.
- Acidose metabólica grave refratária a tratamento.

Na doença renal crônica, o tratamento é indicado quando há
- Uremia marcada: níveis elevados e irreversíveis de ureia sérica, em geral superiores a 150 mg/dL.
- Creatinina sérica: valores acima de 10 mg/dL, o que corresponde a valores de depuração renal residual (clearence) inferiores a 10 mL/min em adulto.
- Pericardite urêmica.
- Hipervolemia: não controlável com métodos clínicos usuais. Suas consequências são hipertensão arterial, insuficiência cardíaca, edema agudo de pulmão e pulmão de choque.
- Hiperpotassemia: não controlável clinicamente e com valores superiores a 7 mEq/L.
- Acidose metabólica grave.
- Coagulopatia.

Outras situações em que se utiliza a hemodiálise com boa resposta clínica:
- Intoxicações exógenas: principalmente nas intoxicações barbitúricas.
- Distúrbios eletrolíticos: hipernatremia (sódio acima de 160 mEq/L), hipercalcemias e hiperpotassemias refratárias ao tratamento clínico.
- Distúrbios hídricos: intoxicação hídrica com sódio extremamente baixo.
- Alterações metabólicas: hiperuricemia grave (pós tratamento antineoplásico).

## 22.3.1 Princípios de funcionamento da hemodiálise[36]

Uma máquina de hemodiálise (Figura 22.4) é constituída por uma bomba que promove a circulação sanguínea extracorpórea e de um sistema paralelo de fluxo com a solução de diálise (dialisato).

O sangue cheio de toxinas passa através das linhas arteriais para a porção superior do capilar. Em contracorrente, o dialisato, com líquido de diálise limpo, entra pelo conector de Hansen venoso e entra em contato com as fibras.

Trocas acontecem dentro do capilar aonde todos os eletrólitos presentes no sangue passam por osmose para o líquido do dialisato, até manterem a mesma concentração nos dois lados, sangue e dialisato.

Ao mesmo tempo, para não causar hipotermia, a solução de diálise que chega ao dialisador deve estar pré-aquecida. As máquinas atuais permitem o ajuste preciso da temperatura. Temperaturas mais elevadas podem favorecer a vasodilatação e queda da pressão intradialítica. Por outro lado, a redução da temperatura da solução de diálise, com por exemplo, para 35 °C, pode ser usada para melhorar a instabilidade hemodinâmica durante a diálise em pacientes pré-dispostos à hipotensão.

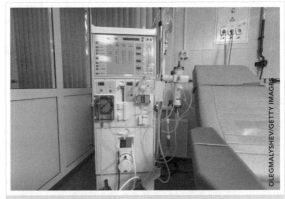

Figura 22.4 - Máquina de hemodiálise.

## 22.3.2 Controle da ultrafiltração

O controle da ultrafiltração é feito a partir do ajuste da pressão no compartimento da solução de diálise.

O controle do gradiente de pressão entre os dois compartimentos determina a velocidade de ultrafiltração. Um sistema integrado, denominado câmara de equilíbrio, por onde passam lado a lado a solução que vai e a que retorna do dialisador, assegura que os volumes na entrada e saída do dialisador sejam semelhantes. A precisão da ultrafiltração assegura a previsibilidade do peso de saída do paciente e minimiza os riscos de complicações intradialíticas, como hipotensão e câimbras.

## 22.3.3 Parâmetros de acompanhamento das pressões exercidas pelo acesso venoso[36]

Vários parâmetros podem ser utilizados para acompanhamento das pressões exercidas pelo acesso venoso, a saber: pressão arterial, pressão venosa, pressão transmembrana, menu de sódio, temperatura do banho e Kt/V (adequação da dose de diálise).

### Pressão arterial

Durante a sessão de hemodiálise, é necessário monitorar a pressão exercida pelo sangue que passa pela linha arterial. Para isso, a linha arterial possui uma saída para essa medição na máquina de hemodiálise.

A leitura da pressão arterial da fístula arteriovenosa para hemodiálise é realizada pré-bomba, por meio da conexão de uma parte da linha arterial, específica para esse fim, e o isolador de pressão arterial conectado a máquina de hemodiálise. A pressão arterial pré-bomba é um valor negativo e deve oscilar até no máximo -200 mmHg.

Uma pressão arterial além de -200 mmHg com uma bomba de sangue abaixo de 400 mL/min, em uma agulha que suporte altos fluxos, pode significar problemas com o acesso venoso para hemodiálise e indica necessidade de avaliação do vascular.

Após conectar o paciente na máquina, deve-se aumentar a bomba até verificar a marcação do LED da máquina em -200 mmHg na região que descreve a leitura da pressão arterial.

### Pressão venosa

A leitura da pressão venosa determina a resistência do sangue no acesso para hemodiálise. Após puncionar o paciente e conectá-lo à máquina, a pressão venosa deve ficar em torno de 100 mmHg com bomba de sangue de até 200 mL/min.

A leitura é realizada após a passagem do sangue pelo capilar, sendo que a linha de leitura da pressão venosa sai do catabolha e liga-se à máquina.

Valores de pressão venosa superiores a 400 mmHg representam que existe uma resistência do sangue para sua passagem para o paciente. Deve-se observar nesses casos quais motivos poderiam levar ao aumento da resistência à passagem do sangue. Pode estar relacionado a heparinização insuficiente, o que leva a formação de trombos na região do catabolhas e da linha venosa conjuntamente e coagulação do lúmen venoso do cateter ou trombose da agulha venosa da fístula. Entretanto, o aumento abrupto da pressão venosa pode estar relacionado a saída da agulha venosa do interior da veia e possível transfixação para o tecido com formação de hematoma.

A queda insistente da pressão venosa no decorrer da sessão de hemodiálise deve estar relacionada à presença de trombos na região do capilar, necessitando da troca do mesmo para normalização do sistema.

### Pressão transmembrana

Relaciona a pressão existente entre o dialisato e o sangue no compartimento do capilar. O aumento da pressão transmembrana além de 400 mmHg pode levar ao rompimento das fibras e perda de sangue do paciente para o dialisato.

### Menu de sódio

As máquinas possuem em seu menu a possibilidade do controle do sódio que será entregue pelo dialisato ao paciente, além da leitura em tempo real do sódio plasmático.

A base de sódio do banho já vem ajustada para 138 mEq/L e esse valor equivale aos níveis normais de sódio no sangue.

Pacientes com hipotensão durante a sessão de hemodiálise podem se beneficiar com o aumento do sódio no dialisato para níveis até 142 mEq/L. A infusão de sódio para o corpo do paciente é acompanhada pela infusão de água e manutenção/melhora dos níveis pressóricos.

Assim, pacientes com hipertensão arterial podem ser beneficiados pela redução nos níveis de sódio do banho para em torno de 136 mEq/L. A origem da hipertensão do paciente renal crônico tem contribuição da retenção de sódio no sangue e o acúmulo de líquido no espaço intravascular.

Assim, diminuir os níveis de sódio no banho levará a uma saída de grandes quantidades de sódio do sangue do paciente em direção ao dialisato, levando água conjuntamente e reduzindo os níveis pressóricos do paciente.

Então, com a saída do sódio e a perca de água consegue-se reduzir a volemia do paciente e consequentemente a pressão arterial.

### Temperatura do banho

O dialisato é composto pela água deionizada que diluirá as soluções ácida e básica para hemodiálise. Antes de entrar em contato com o capilar, o banho é aquecido para a temperatura de 37 °C para não causar hipotermia no paciente.

Pacientes com hipotensão podem ser beneficiados com a diminuição da temperatura à 36,5 a 36 °C. A diminuição da temperatura causa vasoconstricção periferia que, por sua vez, redistribui volume para nível central, aumentando a volemia e melhorando a pressão.

### Kt/V (adequação da dose de diálise)

É oferecer uma quantidade de diálise, que resulte em ausência de sinais e sintomas de uremia e presença de suficiente ingesta proteica.

Lembrando que a ureia é proveniente do metabolismo da proteína. Assim, o Kt/V mede a eficiência da hemodiálise através da remoção da ureia.

A eficácia do tratamento hemodialítico está relacionada por quatro fatores:
- a retirada da ureia obtida pelo dialisador;
- o fluxo efetivo obtido pela bomba de sangue;
- o tempo efetivo;
- a taxa de fluxo do dialisato.

## 22.3.4 Acessos vasculares para hemodiálise

Para realizar hemodiálise, é necessário um acesso vascular, que pode ser pela fístula arteriovenosa, uso de acesso vascular de curta permanência (via subclávia, jugular interna e femoral) e acesso vascular de longa permanência (Permcath).

### Fístula arteriovenosa

As fístulas arteriovenosas (FAV) (Figura 22.5) são anastomoses que envolvem a utilização de enxertos, como a veia safena autóloga, enxertos heterólogos ou material sintético. São uma conexão realizada cirurgicamente entre uma artéria e uma veia com os seguintes objetivos:
- tornar a veia forte para tolerar as punções necessárias para hemodiálise (a parede de uma veia normal é fina e frágil, não suportando punções repetidas na mesma região);
- gerar um alto fluxo pela veia permitindo um menor tempo de hemodiálise (o fluxo venoso natural é lento e inadequado para a realização do tratamento dialítico).[37,38]

Tal técnica eleva o fluxo sanguíneo venoso para cerca de 250-300 mL/min, velocidade de fluxo ideal para se obter o clearence de ureia adequado após 4 horas de hemodiálise. A preferência por sua utilização se deve ao maior tempo de funcionamento dessas comunicações arteriovenosas e ao fácil tratamento de suas complicações.[37,38]

Pode ser feita com as próprias veias ou com materiais sintéticos. É preparada por uma pequena cirurgia no braço ou perna. É realizada uma ligação entre uma pequena artéria e uma pequena veia, com a intenção de tornar a veia mais grossa e resistente, para que as punções com as agulhas de hemodiálise possam ocorrer sem complicações. A cirurgia é feita com anestesia local. A fístula deve ser feita, preferencialmente, dois a três meses antes de se começar a fazer hemodiálise.

Um acesso vascular adequado deve:
- oferecer um fluxo sanguíneo satisfatório;
- ter meia-vida longa;
- apresentar baixo índice de complicação – a FAV é a que melhor preenche esses critérios.

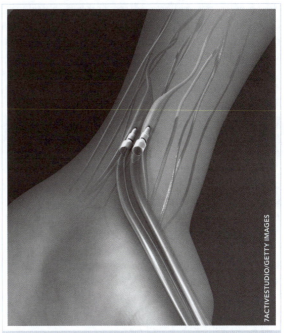

Figura 22.5 - Desenho esquemático de uma fístula arteriovenosa (FAV) puncionada.

As vantagens da fístula arteriovenosa em relação aos cateteres para hemodiálise são:
- menor risco de infecção e oclusão da fístula por coágulo de sangue;
- maior durabilidade;
- maior fluxo de sangue, permitindo uma hemodiálise rápida e eficaz.

Vale ressaltar que uma fístula arteriovenosa leva, em média, oito semanas para maturar. Até lá, os pacientes com indicação de hemodiálise devem ter uma via de acesso vascular temporário disponível. Assim, os cateteres para hemodiálise implantados em veias profundas (veias jugulares internas, subclávias ou femorais) desempenham um papel muito importante neste período.[37,38]

Sempre que possível, é importante considerar a confecção do acesso distalmente nas extremidades superiores. Opta-se pela confecção de FAV, seguido por enxertos protéticos se a confecção de fístula não é possível. Prefere-se evitar os cateteres, usando-os somente quando outras opções não estão disponíveis.

A ordem de preferência para a colocação de fístulas é pulso (FAV rádio-cefálica), cotovelo (FAV braquiocefálica), braço (transposição braquial da veia basílica), utilização de próteses (enxertos sintéticos) no braço ou na coxa como os de politetrafluoretileno por apresentarem maior resistência à infecção, tolerarem bem punções repetidas em sua superfície e serem passíveis de trombectomia (retirada de trombos) em caso de obstrução.[37,38]

Naturalmente, após a construção da FAV, a assistência de enfermagem deve estar relacionada ao desenvolvimento de comportamentos de autocuidado, e direcionam-se para a aquisição de habilidades pela pessoa para evitar ou detectar precocemente a trombose. Dessa forma, essa dimensão corresponde ao tempo, desde a construção da FAV até às 48 horas após sua construção.

A pessoa deve ser orientada a manter o membro da FAV elevado quando estiver em repouso, para favorecer a circulação de retorno e evitar dor e edema.

Quando caminha e/ou deambula, o paciente deve manter o membro em extensão, e mobilizar suavemente o membro da FAV (braço e mão) nas primeiras 24-48 horas para favorecer a circulação de retorno e evitar movimentos bruscos que originem hemorragia ou dificultem o retorno venoso. Deve-se sentir o frêmito através da palpação, utilizando a seguinte técnica: colocar levemente a mão sobre na área da anastomose, em busca de uma sensação de zumbido, e verificar regularmente (três vezes por dia) a funcionalidade da FAV.

É importante compreender que o edema e a dor são sintomas frequentes no pós-operatório, que podem permanecer por até duas semanas. Se o edema não cessar, é sinal de alerta de disfunção e deve ser comunicado ao enfermeiro para avaliação do funcionamento da fístula.

Deve-se informar sobre a manutenção do curativo para proteção do membro da FAV de situações que podem originar infecção ou danificar o acesso, e reconhecer sinais e sintomas de infecção (calor, rubor, edema e dor) a nível da FAV e comunicá-los imediatamente à equipe de saúde.

No que concerne ao desenvolvimento de comportamentos de autocuidado para a conservação da funcionalidade da FAV, deve-se orientar a não verificação da pressão arterial, evitar as venopunções e traumatismos no membro da FAV; não usar acessórios que comprimam a extremidade e/ou dificultem o retorno venoso (pulseiras, relógios, braceletes, luvas, punhos apertados); evitar o uso de drogas intravenosas; e a não efetuar tricotomia do membro do acesso, evitando "arranhar" a pele ao longo do trajeto da FAV; não carregar pesos; não adotar posições que dificultem o retorno venoso, como dormir e/ou apoiar-se sobre o membro da FAV; e evitar diferenças de temperatura bruscas, assim como o uso de roupas apertadas pelo risco de hipoperfusão distal.[37,38]

Desde a realização da FAV até à decisão de punção ocorrem alterações na rede vascular, nomeadamente a dilatação, aumento do calibre e engrossamento das paredes das veias, em virtude do fenômeno de arterialização. Esse período é designado como o período de maturação da FAV. Assim, essa dimensão corresponde ao período desde às 48h até à primeira punção.

## NOTA

Deve-se atentar para as orientações de autocuidado que deve fornecer aos pacientes renais crônicos, e tratar como prioridade a assistência voltada para o acesso venoso do paciente. São orientações para cuidados com a FAV:[37]

- preservar o braço não dominante, evitando coletas de sangue e verificação de pressão arterial;
- verificar, diariamente, o funcionamento da fístula, pela palpação do frêmito;
- realizar exercícios de compressão manual – abrir e fechar a mão contra objeto macio, após a realização da fístula, para seu melhor desenvolvimento;
- evitar o uso de roupas, relógios ou pulseiras apertadas, bem como deitar sobre ou carregar peso com o braço da fístula;
- procurar imediatamente a equipe de nefrologia, no caso de observar qualquer anormalidade com a fístula;
- proteger a fístula de traumas;
- lavar o braço da fístula com água e sabão neutro ou antisséptico, na unidade de hemodiálise, imediatamente antes de sua punção;
- retirar os curativos dos locais das punções, após quatro a seis horas do término da sessão de hemodiálise.

Nessa fase, deve-se empoderar o paciente a efetuar um conjunto de ações e cuidados destinados a favorecer o desenvolvimento e maturação da FAV.

Na maturação os cuidados são: higienização e sinais isquêmicos, com mudança de coloração e dor. A partir do terceiro dia após a construção da FAV, deve-se encorajar a realização de exercícios e manobras para favorecer a dilatação venosa, utilizando a seguinte técnica: abrir e fechar a mão em uma bola, tendo em conta a extensão dos dedos deverá ser completa e lenta para favorecer a perfusão distal e sua oxigenação.

## Assistência de enfermagem para punção da fístula arteriovenos

- Fazer antissepsia do local a ser puncionado com gaze estéril e solução antisséptica, prevenindo infecções.
- Puncionar o ramo arterial a pelo menos 3 cm de distância da anastomose e alternar os locais de punção evitará a trombose e a formação de aneurismas.
- Afastar pelo menos 5 cm a punção arterial da venosa e puncionar preferencialmente na mesma direção, sendo que a venosa deve seguir o curso do retorno venoso evitando a recirculação do sangue.

- As agulhas devem ser bem fixadas, após as punções, evitando a saída acidental que poderia ocasionar sangramento e entrada de ar no sistema de diálise.
- Após a retirada das agulhas, fazer uma leve compressão com gaze estéril, por aproximadamente 5 minutos, ou até visualizar a hemostasia completa. Se a fístula for recente, a compressão deve ser em torno de 15 minutos.
- Os curativos levemente compressivos e não circulares, com gaze estéril, após a hemostasia completa, evitam o comprometimento do retorno venoso e trombose da fístula.
- É importante não puncionar prematuramente a fístula, aguardando seu desenvolvimento, que leva cerca de 45 a 60 dias.
- Não deverá ser realizada a verificação de pressão arterial e a aplicação de injeções endovenosa e intramuscular onde se encontra, prevenindo hematomas e trombose do acesso.
- O garroteamento prolongado desse braço, mesmo quando for puncionada para hemodiálise causa extravasamento de sangue e hematomas.
- Em caso de sangramento, realizar curativo compressivo não-circular somente no local do sangramento.
- Aplicar compressas frias, frequentes, durante as 24 horas que sucedem a hemodiálise, quando ocorre a formação de hematoma, para reduzir o extravasamento de sangue.
- Aplicar compressas mornas, frequentes, após as 2-4 horas que sucedem a hemodiálise, quando ocorre a formação de hematomas, para auxiliar na sua absorção.

### Acesso vascular de curta permanência

Os cateteres utilizados como acesso vascular temporário (Figura 22.6) podem ser implantados nas veias subclávias, jugulares internas e femorais. Há vários modelos disponíveis, com dupla ou tripla luz, em variados tamanhos, calibres e com material mais maleável, que se molda à anatomia quando em contato com a temperatura do corpo humano.[37]

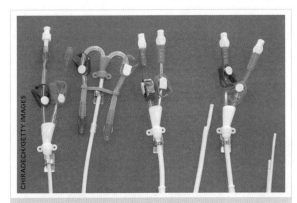

**Figura 22.6** – Cateteres venosos centrais para uso em hemodiálise.

Os principais problemas relacionados ao uso do cateter são a obstrução e a infecção, o que muitas vezes obriga a retirada e o implante de um novo cateter para continuidade do tratamento.

Os cateteres temporários são utilizados principalmente nos pacientes com indicação de diálise de urgência e que não tiveram um acesso definitivo confeccionado previamente. O acesso pela veia femoral, descrito como de curta permanência (2 a 4 dias), é reservado aos pacientes acamados, graças à segurança e facilidade de punção que oferece, e tem sido cada vez mais utilizado em caráter ambulatorial e com tempo de permanência mais prolongado. Os cateteres de longa permanência são implantados quando o paciente não tem condições de realizar FAV.[37]

Frequentemente, a permanência do cateter por tempo prolongado está associada à trombose venosa, infecção e complicações que obrigam a obtenção de um novo acesso ou que medidas para que sua preservação ocorra.

Os pacientes em tratamento dialítico são mais suscetíveis a processos infecciosos em razão das punções e da colocação de cateteres e próteses. É mais frequente em pacientes com DRC, constituindo a principal causa de hospitalização e a segunda causa de morte nessa população.

Para que os cateteres constituam uma arma na luta contra a doença, a prática assistencial no serviço de terapia renal deve estar apoiada em um conjunto de atividades criteriosamente estabelecidas, entre elas a vigilância epidemiológica dessas infecções.

Dentre as complicações que podem ocorrer no ato da implantação do CDL, destaca-se:[37]

- Hematoma: em todos os sítios de implantação.
- Pneumotórax: perfuração da pleura parietal levando ao acúmulo de ar entre o pulmão e a parede do tórax, que pode ocorrer nas punções de jugular e subclávia.
- Hematoma retro peritoneal: derrame de sangue no espaço existente entre o dorso e as estruturas abdominais, que pode ocorrer nas punções de veias femoral.
- Infecção: pode ser aguda, nas primeiras 48 horas, ou crônica se manifestada dias após.
- Oclusão dos ramos: coagulação do sangue dentro dos ramos impedindo a circulação do sangue. Mal posicionamento do cateter de subclávia. Ao invés do trajeto desembocar na veia cava superior ou átrio direito ele pode cruzar para a subclávia contralateral ou subir em direção a jugular homolateral.
- Arritmia cardíaca: nas punções de jugular e subclávia após a punção passa-se um guia metálico que, ao entrar em contato com os tecidos cardíacos, pode acarretar distúrbios do ritmo.

### Acesso vascular de longa permanência

O Permcath é um cateter de longa permanência implantado em veia central, geralmente a veia jugular no pescoço. Pode também ser introduzido em outras veias como a subclávia, que fica no tórax embaixo da clavícula, ou na femoral, que fica na virilha. Este cateter apresenta um túnel subcutâneo longo, com saída em um local diferente do que foi implantado, causando mais conforto ao paciente e menor índice de infecções.

O implante do cateter de Permcath é feito no centro cirúrgico com a aplicação de anestesia local. Utilizando aparelho de radioscopia digital, o procedimento é realizado de forma rápida e segura. Geralmente, o paciente recebe alta no mesmo dia e pode realizar hemodiálise pelo cateter assim que este é implantado.[37]

### Cuidados com o cateter[37]

- O curativo deve ser feito com técnica asséptica.
- O cateter e o sítio de implantação devem ser realizados com clorexidine.
- Preferencialmente, não deixar molhar o local de implantação e o cateter (óstio).
- Após o uso, os ramos devem ser heparinizados para evitar oclusão, bem como, a heparina contida nos ramos deve ser aspirada antes do início do processo de hemodiálise.
- Febre e calafrios devem ser imediatamente comunicados ao nefrologista.
- Nas primeiras 48 horas após o implante do CDL, dificuldade de respirar, dor intensa no peito, queda de pressão e/ou desmaios devem ser comunicados à equipe de hemodiálise.

### Procedimentos de hemodiálise

Depois de estabelecido o acesso vascular, conecta-se o paciente ao circuito extracorpóreo. O sangue começa a fluir, auxiliado pela bomba sanguínea. A parte do circuito descartável antes do dialisador denomina-se linha arterial, tanto para diferenciar o sangue em seu interior quanto o sangue que não alcançou o dialisador. A agulha arterial é colocada próxima à anastomose AV em um enxerto ou fístula a fim de maximizar o fluxo sanguíneo. O sangue flui para dentro do compartimento sanguíneo do dialisador, no qual se realiza o intercâmbio de líquidos e produtos residuais. O sangue que deixa o dialisador passa através de um detector de ar e espuma que se abre e interrompe a bomba de sangue se for detectado ar no sistema. O sangue volta para o paciente através da linha pós-dialisador ou "venosa".[36]

### Frequência e duração da terapia dialítica

Em média, três sessões semanais com duração de quatro horas são suficientes para evitar complicações clínicas urêmicas em pacientes com DRC. A frequência e duração da HD em pacientes com IRA é variável, pois depende da condição clínica e da necessidade de cada paciente.[36]

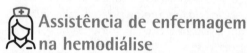

### Assistência de enfermagem na hemodiálise

O papel do enfermeiro no cuidado ao paciente com IRA é a gestão da terapia renal substitutiva (TRS), já que é o profissional reponsável por início, monitoramento, avaliação, interrupção e/ou finalização da terapia.

As prinicipais ações de enfermagem na gestão da TRS incluem: manutenção do fluxo sanguíneo adequado, evitar interrupções desnecessárias, manter coagulação adequada, evitar complicações e embolia gasosa, administrar drogas, checar eletrólitos e manter equilíbrio metabólico, controlar estabilidade hemodinâmica, regular a temperatura, controlar a infecção e manter a nutrição adequada.

Quadro 22.3 – Assistência de enfermagem na hemodiálise

| Assistência de enfermagem | Justificativa |
| --- | --- |
| Monitorar a permeabilidade da FAV. Palpar frêmito distal. | O frêmito é causado pela turbulência do fluxo sanguíneo. |
| Notificar o médico e/ou enfermeiro relatos de dor, dormência/formigamento; observar edema de extremidade distal ao acesso. | Indicam suplemento sanguíneo inadequado. |
| Examinar e comunicar alterações na pele, no local da incisão cirúrgica e punção arterial e venosa, observando vermelhidão, edema, calor local, exsudato, sensibilidade. | Sinais de infecção local, que podem progredir para sepse se não tratados. |
| Evitar contaminação no local de acesso, utilizando técnica asséptica quando aplicar/trocar curativos. | Evita a introdução de micro-organismos que podem causar infecção. |

| Assistência de enfermagem | Justificativa |
|---|---|
| Monitorizar a temperatura corporal. Observar a presença de febre, calafrios e hipotensão arterial. | Sinais de infecção/sepse exigem imediata intervenção clínica. |
| Realizar balanço hídrico e registrar em impresso próprio ou prontuário eletrônico. | O débito urinário é uma avaliação precisa da função renal. |
| Pesar diariamente antes e após o tratamento dialítico. | Serve para avaliar a ultrafiltração precisa. |
| Monitorizar pressão arterial e pulso durante a diálise. | A hipotensão ou taquicardia sugerem depleção de volume. |
| Observar e comunicar a presença de edema periférico. | O excesso de volume de líquido devido à ingesta excessiva ou diálise ineficiente. |
| Colocar o paciente em posição de Trendelenburg, conforme necessário. | Potencializa o retorno venoso se a hipotensão arterial acontece. |
| Providenciar cuidados com o cateter ou fístula. | Manter fluxo sanguíneo adequado por meio do cateter duplo lúmen para hemodiálise. |
| Evitar interrupções desnecessárias. | Preservar a meia vida de um circuito e maximizar a eficácia da terapia. |
| Remover todo o ar antes de ligar o paciente e iniciar o tratamento: solução *priming*. | Evita embolia gasosa. Solução salina é utilizada para executar este procedimento e é útil como um fluido 'recirculação' antes da ligação. |
| Não administrar drogas na TRS. | A TRS pode remover algumas drogas através do filtro, como antibióticos. |
| Monitorizar líquidos, eletrólitos, ácidos e bases. | Como a TRS remove fluidos, é importante monitorar e substituir eletrólitos nas câmaras de substituição de ultrafiltração. |
| Controlar estabilidade hemodinâmica. | Imprecisões na gestão de fluido podem resultar em sub ou super-hidratação do paciente e isto pode levar a hipovolemia e posterior hipotensão ou hipervolemia pela sobrecarga de líquidos. |
| Regular temperatura. | Visto que o circuito extracorpóreo contém 110-200 mL de sangue, a retirada desse volume para o circuito extracorpóreo em um paciente hedinamicamente instável pode causar hipotermia. Utilizar sistemas de controle de temperatura como mantas de ar. A hipotermia apresenta efeitos potencialmente adversos como a perda de energia, calafrios, aumento da demanda de $O_2$, vasoconstricção, imunossupressão, arritmias e diminuição da contractibilidade cardíaca, hipóxia tissular e alterações na coagulação. |
| Controlar infecção. | Quaisquer manipulações para o circuito devem ser feitas utilizando técnica asséptica; uso dos equipamentos de proteção individual (EPIs) (luvas, aventais, máscaras, óculos de proteção e viseiras), durante todos os procedimentos para assegurar que eles estejam protegidos do risco de exposição ao sangue e outros fluidos corporais, e para reduzir as possibilidades de transmissão de micro-organismos da equipe ao paciente. O acesso venoso deve ser usado unicamente para a terapia dialítica. |

Fonte: Melo.[18]

Principais intercorrências durante as sessões de diálise:

- hipovolemia com consequente hipotensão;
- hipervolemia com consequente hipertensão;
- desequilíbrios eletrolíticos.

## 22.3.5 Protocolo da terapia dialítica[18]

### Conectando o circuito

- O procedimento de conexão deve ser feito com luvas estéreis, de forma asséptica e, de preferência, com um profissional auxiliar;

- a enfermeira tem a responsabilidade de manter o campo esterilizado e de conectar os lúmens arterial e venoso ao circuito extracorpóreo após a limpeza do cateter com uma solução de clorexidina alcoólica;
- o profissional auxiliar 'entregará' as linhas de circuito de sangue à enfermeira e interagir com a máquina para iniciar o procedimento da hemodiálise.

### Pré-checklist

- Realizar uma lista de verificação de pré-tratamento para confirmar parâmetros de alarme da máquina, parâmetros de fluxo de sangue e de dialisato, perda de fluidos, nível de sangue venoso e câmara de bolhas;

- verificar se o soro fisiológico 0,9% está ligado ao circuito de emergência para o retorno do sangue ao paciente;
- verificar se a infusão de anticoagulante está com a dose correta.

### Começando o tratamento

- Conectar o circuito extracorpóreo para terapia de substituição renal no paciente crítico pode ser associado com instabilidade hemodinâmica;
- se a estabilidade hemodinâmica do paciente pode ser alcançada antes do início do tratamento, esta deve ser tentada;
- a bomba de sangue deve ser iniciada lentamente e o aumento na velocidade com incrementos de 20-50 mL/min até que o fluxo de sangue operacional completo seja alcançado, que é geralmente 200 mL/min. Isso pode levar cerca de 5 minutos e, só então, deve dar início à troca de fluidos para que o tratamento seja iniciado eficazmente.

### Tratamento

- Verificar as configurações de fluido e repetir a verificação das ligações do circuito;
- monitorar os pacientes para qualquer alteração dos sinais vitais;
- medir as pressões do circuito para refletir a correta função;
- verificar necessidade de reposição de glicose e potássio;
- verificar se as saídas de drenagem estão adequadas e disponíveis;
- anotar os parâmetros do paciente nas horas sequenciais (1, 2, 3, 4 etc.);
- atentar para todas as possíveis complicações potenciais.

### Finalizando o tratamento

- A desconexão da máquina e circuito pode ocorrer temporariamente para diagnósticos, como tomografia computadorizada ou procedimentos operatórios, ou quando o tratamento é interrompido por alguma coagulação no sistema.
- o objetivo do procedimento de desconexão é devolver o volume de sangue no circuito extracorporal ao paciente (aproximadamente 120 mL).
- para iniciar o procedimento de desconexão, qualquer anticoagulação a ser infundida no circuito deve ser interrompida.;
- ao final, recolher todos os resíduos em sacos plásticos destinados a material infectante.

### Procedimento de desconexão

- Desligue a linha arterial do acesso vascular e prenda a saída dos lúmens do cateter de acesso ou linha de sangue arterial adjacente ao cateter de acesso;

- abra o flush da linha salina e, com uma bomba de sangue reduzida, na velocidade 100 mL/min, o sangue dever ser devolvido para o paciente;
- quando todo o sangue dessa linha tiver sido devolvido, desligar a bomba;
- uma vez que o circuito extracorpóreo tenha sido desligado usando uma técnica estéril, os lúmens vasculares do acesso devem ser lavados com solução salina normal (cerca de 10 mL) e, em seguida, preencher o espaço residual do cateter com anticoagulante para prevenir a obstrução. Os lúmens devem ser tampados com uma tampa estéril. O local de acesso vascular deve ser avaliado para sinais de infecção e inspecionados para manter a cobertura oclusiva.

## 22.3.6 Intercorrências dialíticas[12]

Várias intercorrências dialíticas podem acontecer, dentre as quais: desequilíbrio hidroeletrolítico, infecção, hemorragia, náuseas, vômitos, hemorragia e trombose.

### Desequilíbrio hidroeletrolítico

- Detectar sinais e sintomas de hiperpotassemia: transtornos cardíacos por meio da monitorização e controle de ECG; transtornos neurológicos por meio de irritabilidade, ansiedade, debilidade muscular, hiporreflexia, intumescimento e formigamento; transtornos gastrointestinais que pode ser visto por meio de náuseas e vômitos.
- Detectar sinais e sintomas de alterações iônicas associadas ao cálcio, fósforo, sódio e potássio. As manifestações clínicas da hipocalcemia incluem: irritabilidade, tetania muscular, sinal de Chvostek, sinal de Trousseau, entumescimento e formigamento periférico, câimbras musculares, convulsões, alucinações, confusão, diminuição do gasto cardíaco e hemorragias; as manifestações de hiperfosfatemia são: sensação de formigamento, anorexia, náuseas, vômitos e debilidade muscular; as de hiponatremia são: confusão mental, delírio, letargia, coma, convulsões, debilidade muscular, hiperreflexia, pele quente e úmida.
- Administrar medicamentos para correção de níveis séricos de outros íons.
- Controlar o tratamento dietético para a conservação do equilíbrio iônico (controle da hiponatremia com dieta hipossódica e restrição de líquidos).
- Realizar terapia renal substitutiva segundo prescrição e protocolos estabelecidos.
- Realizar medidas clínicas para correção da acidose metabólica.

### Infecção secundária a alterações do sistema imunológico ou procedimentos invasivos

- Aplicar medidas assépticas, pois elas são favorecidas pela ruptura das barreiras mucocutâneas (cateter intravenoso, intubação traqueal, sonda vesical) e alterações da imunidade associadas à uremia. O tratamento consiste na prevenção mediante assepsia nos cuidados realizados e a prevenção de outros pacientes.
- Identificar sinais e sintomas de infecção (controle regular da temperatura, identificação de manifestações de infecção localizada nos pontos de inserção das vias invasivas e feridas, nas vias respiratórias e nas vias urinárias.
- Identificar manifestações das infecções sistêmicas.
- Registrar temperaturas e estado hemodinâmico do paciente, valorizando sinais de bacteremia.
- Extrair culturas.

### Hemorragia secundária a alterações na agregação e adesividade plaquetária e/ou tratamento anticoagulante

- Determinar precocemente os sinais e sintomas de hemorragia, presença de hematomas, epistaxe, sangramento de gengivas, hematúria, hemoptise, sangramento gástrico, cefaleia intensa ou alterações neurológicas, fezes melênicas, palidez de pele e mucosas, aumento do débito hemático em drenos; controle hemodinâmico para identificação de taquicardia, hipertensão e diminuição das pressões endocavitárias; detectar as manifestações próprias de choque hemorrágico: hipotensão severa, pulso rápido e filiforme, taquipneia, diaforese, inquietação, pele fria e sudoreica, sensação de morte iminente; controle analítico de níveis de hemoglobina, hematócrito e provas de coagulação.
- Administrar medicamentos para a prevenção de hemorragias, como fármacos de proteção gástrica e protamina.

### Desnutrição secundária à náuseas, vômitos, inapetência ou restrição dietética

- Detectar precocemente de sinais e sintomas de desnutrição.
- Avaliar peso diariamente.
- Determinar junto ao nutricionista o número de calorias e o tipo de nutrientes necessários para satisfazer as exigências de alimentação, ingerindo um aporte calórico de 30-50 kcal/kg/dia, para evitar o catabolismo e a cetoacidose.
- Administrar dietas por via enteral ou parenteral, verificando diariamente a sua tolerância.
- Administrar antieméticos em casos de náuseas e vômitos.

### Transtornos hídricos secundários às terapias de substituição renal

- Detectar de sinais e sintomas de sobrecarga hídrica ou desidratação, aos registro de entradas e saídas mediante balanço hídrico diário, assim como o controle do peso do paciente.

### Trombose secundária ao cateter

- Detectar sinais e sintomas indicativos de trombose por meio do controle da permeabilidade do cateter e da valorização neurovascular da extremidade onde se encontra inserido o cateter: pulsos distais, calor, temperatura, sensibilidade e mobilidade.

## 22.4 UROLITÍASE OU CÁLCULO RENAL

A urolitíase ou cálculo renal (pedra no rim) desenvolve-se quando o sal e as substâncias minerais contidas na urina formam cristais, os quais se aderem uns aos outros crescendo em tamanho. Estes cristais usualmente são removidos do corpo pelo fluxo natural da urina, mas, em certas situações, aderem ao tecido renal ou localizam-se, em áreas de onde não conseguem ser removidos.[1]

Esses cristais podem crescer variando desde o tamanho de um grão de arroz até o tamanho de um caroço de azeitona. A maior parte dos cálculos inicia sua formação dentro do rim, mas alguns podem deslocar-se para outras partes do sistema urinário, como o ureter ou a bexiga e lá crescerem. A Figura 22.7 demonstra a localização que os cálculos podem se encontrar.[1]

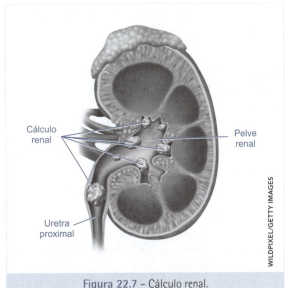

Figura 22.7 – Cálculo renal.

## Descrição da fisiopatologia

Estima-se que 12% dos homens e 5% das mulheres terão sintomas de cálculos renais pelo menos uma vez durante suas vidas. Como são geralmente múltiplos e tem uma tendência a recorrerem após a passagem espontânea ou remoção cirúrgica, o tratamento efetivo depende da determinação da causa específica que levou à formação do cálculo.

A formação de um cálculo renal geralmente resulta de múltiplos fatores atuando conjuntamente em um indivíduo suscetível. Os seguintes fatores predispõem ao problema: idade (mais comum durante idade média), sexo (três vezes mais comum em homens do que em mulheres), atividade (imobilização ou perda excessiva de líquidos através do suor), climas quentes ou durante os meses de verão, diminuição da ingestão de água, distúrbios genéticos (gota, cistinúria, hiperoxalúria primária), distúrbios metabólicos (problemas renais, endócrinos e intestinais que aumentam a quantidade de cálcio e oxalato no sangue e na urina), dieta (alimentos que contém quantidades excessivas de oxalato e cálcio podem aumentar a tendência de formação em cálculos em pessoas suscetíveis), uso incorreto de medicações, infecção urinária e urina estagnada resultante de algum bloqueio do aparelho urinário pode promover a chance de cristais se agregarem e crescerem.[2,3]

Embora se saiba muito sobre as circunstâncias de formação de cálculos, os mecanismos ainda permanecem obscuros. Por exemplo, a urina normalmente contém substâncias químicas que inibem a formação de cristais, mas ninguém sabe porque esses inibidores não funcionam para todos. Tampouco se sabe porque se formam em alguns indivíduos e não em outros com as mesmas condições pré-disponentes.[2,3]

## Manifestações clínicas

A presença de urina com odor fétido, febre, calafrios e fraqueza podem indicar uma infecção associada, a qual pode resultar em uma enfermidade mais séria.

A urolitíase pode predispor à doença renal, quando não tratada, de forma que os cálculos podem impedir a passagem da urina através dos cálices menores, maiores e pelve renal. O acúmulo da urina no rim pode causar hidronefrose, predispor infecções e até lesões nos rins.

A seguir apresentamos as manifestações clínicas da urolitíase:
- hematúria;
- infecção urinária persistente;
- dor intensa;
- náuseas e vômitos;
- piúria;
- febre com calafrios.

## Diagnóstico

Uma radiografia simples de abdome pode detectar cálculos rádio-opacos (pela presença de cálcio) e uma ecografia renal são exames suficientes para diagnosticar sua localização e seu tamanho. Cálculos associados com obstrução ou infecção crônica do aparelho urinário devem ser removidos para evitar lesão do rim.[4]

Quando o diagnóstico for feito, as amostras de sangue e urina do paciente serão examinadas na busca de anormalidades que justifiquem a causa da formação dos cálculos. Os pacientes devem ser questionados sobre suas dietas, uso de medicações, hábitos de vida e história familiar para se conhecer fatores que estejam contribuindo para a formação dos cálculos.

Os cálculos variam em composição, tamanho e dissolubilidade. Existem seis tipos predominantes: oxalato de cálcio, fosfato de cálcio, ácido úrico, cistina, estruvita (infectado) e cálculos de tipos mistos.

## Tratamento

Os cálculos que não passam através do ureter podem ser removidos por meio de cateteres especiais ou da desintegração com ultrassom. Em ambos os casos, o médico coloca um aparelho na bexiga (cistoscópio) ou no ureter (ureteroscópio) para facilitar a remoção.

Cálculos de ácido úrico, cistina e estruvita podem ser dissolvidos alternando-se a acidez ou a alcalinidade da urina e usando-se medicamentos capazes de diminuir a concentração dessas substâncias na urina. Cálculos que contenham cálcio habitualmente não podem ser dissolvidos por medicamentos, como os citados. A maior parte pode ser tratada conservadoramente, com a ingestão elevada de líquido, eliminação de excessos dietéticos e medicação.[4] Os medicamentos utilizados para diminuir a probabilidade de cálculos são específicos para reduzir as substâncias na urina que estão em excesso e aumentar a capacidade da urina em manter essas substâncias em solução.

Quando precisam ser removidos por cirurgia existem várias alternativas. Um procedimento percutâneo pode ser feito no qual uma agulha é introduzida pelas costas até o rim e, por meio desta, o médico passa um aparelho (nefroscópio) com o qual ele remove o cálculo ou pode fragmentá-lo e remover seus fragmentos. Se esse procedimento for bem-sucedido, a hospitalização é curta e o restabelecimento é mais rápido que uma cirurgia convencional.[2-4]

Quando existe uma infecção associada, os cálculos devem ser removidos completamente para impedir o crescimento futuro e a manutenção da infecção. Por algumas vezes, o uso prolongado de antibióticos é necessário após a remoção de um cálculo.[1-4]

Quadro 22.5 – Assistência de enfermagem ao paciente com urolitíase

| Assistência de enfermagem | Justificativa |
|---|---|
| Avaliar a dor em relação à intensidade a intervalos regulares, utilizando escalas preconizadas na instituição. | Manter registro sobre a dor e a eficácia do tratamento. |
| Administrar analgésicos conforme prescrito pelo médico. | Manter controle da dor. |
| Promover banhos quentes ou aplicação de calor úmido na região do flanco. | Alivia a dor e a tensão muscular associada. |
| Promover a ingestão elevada de líquidos. | Os cálculos se formam mais facilmente em uma urina concentrada. |
| Encorajar a seguir um regime para evitar a formação de outros cálculos, evitando alimentos ricos em cálcio (a depender do tipo de cálculo formado). | Alimentos como leite e seus derivados, gema de ovo, vísceras e alguns vegetais, como a beterraba, espinafre e ervilhas são ricos em cálcio. |

## NESTE CAPÍTULO, VOCÊ...

... estudou a revisão da anatomia e fisiologia do sistema urinário, fatores de risco e as principais patologias que acometem o sistema urológico, além das manifestações clínicas, tratamento e cuidados de enfermagem. Conheceu, também, o processo de hemodiálise, uso de cateteres e fístula arteriovenosa, e os cuidados de enfermagem, bem como a necessidade de construção de políticas institucionais que priorizem estratégias de capacitação do cuidado ao paciente com distúrbios renais.

## EXERCITE

1. Os rins possuem várias funções. Dentre elas, podemos citar a filtração de substâncias tóxicas do sangue, no qual o resultando é a urina. Qual célula presente no rim é responsável por essa função?
   a) Neurônio.
   b) Glomérulo.
   c) Miócito.
   d) Pericárdio.
   e) Néfron.

2. Dentre as várias funções desempenhadas pelos rins, podemos citar a de manutenção da eritropoiese e a ausência da produção desse hormônio leva a uma anemia crônica, que é típica do paciente que perdeu a função renal. A qual hormônio produzido pelos rins o texto se refere?
   a) Vitamina D.
   b) Eritropoetina.
   c) Hemaglutinina.
   d) Transfusão sanguínea.
   e) Insulina.

3. A bomba de sangue leva o sangue do acesso do paciente até o capilar para ser filtrado. Sobre a bomba de sangue, assinale a opção correta:
   a) Não interfere na qualidade da diálise.
   b) Quanto maior for o valor da bomba, mais sangue passará pelo capilar e mais sangue será limpo por minuto.
   c) Todos os acessos possuem alto fluxo e consegue-se obter de forma constante bombas de sangue maiores de 400 mL/min.
   d) O valor da bomba de sangue é dado de forma arbitrária.
   e) Bombas acima de 400 mL/min influenciam negativamente a diálise do paciente.

4. A heparina sódica é uma medicação frequentemente utilizada em hemodiálise. Qual é a sua função no organismo?
   a) Anti-hipertensivo.
   b) Cicatrizante.
   c) Hipotensivo.
   d) Anticoagulante.
   e) Diurético.

ASSISTÊNCIA AO ADULTO COM DOENÇA UROLÓGICA

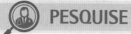

## PESQUISE

Leia o artigo a seguir, que buscou compreender a assistência de enfermagem ao paciente renal crônico em hemodiálise.

FRAZÃO, C. M. F. Q.; DELGADO, M. F.; ARAÚJO, M. G. A.; LIMA E SILVA, F. B. B.; SÁ, J. D.; LIRA, A. L. B. C. Cuidados de enfermagem ao paciente renal crônico em hemodiálise. Rev Rene, v. 15, jul.-ago. 2014. Disponível em: <http://www.redalyc.org/articulo.oa?id=324032212018>. Acesso em: 27 maio 2019.

Leia e reflita:

- Qual é a assistência de enfermagem ao paciente com doença renal crônica em hemodiálise?

# CAPÍTULO 23

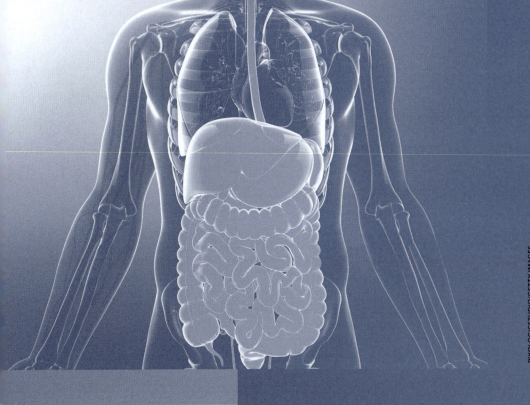

SOLANGE SPANGHERO MASCARENHAS CHAGAS

COLABORADORA:
GLAUTEICE FREITAS GUEDES

# PROCEDIMENTOS RELACIONADOS ÀS ELIMINAÇÕES

### NESTE CAPÍTULO, VOCÊ...

- ... conhecerá a estrutura e a função do sistema urinário e gastrointestinal.
- ... compreenderá o processo de micção e evacuação.
- ... listará as alterações nos padrões normais de eliminação.
- ... descreverá os fatores que podem alterar a eliminação normal do cliente.
- ... aprenderá os procedimentos de enfermagem necessários ao cuidado dos problemas apresentados nas eliminações urinárias e intestinais.

### ASSUNTOS ABORDADOS

- Padrão normal de eliminação urinária.
- Infecções do trato urinário (ITU) e assistência de enfermagem ao paciente com ITU.
- Procedimentos de enfermagem na eliminação vesical, sondagem vesical de alívio (SVA), sondagem vesical de demora (SVD) e irrigação vesical.
- Eliminação intestinal e procedimentos de enfermagem utilizados para atendimento de pacientes com função intestinal alterada.
- Enemas e cuidados com ostomias.

# ESTUDO DE CASO

J.P.G; 18 anos, 15 dia de internação (DI). Encontra-se em uma unidade de internação depois de um acidente de motocicleta. Manteve uma sonda de Folley por uma semana, drenando grande quantidade de urina. Há um dia, a urina encontra-se mais turva e, ao verificar os sinais vitais, apresentou temperatura de 37,8 °C.

**Após ler o caso, reflita e responda:**

1. Diante dos fatos relatados, identifique os fatores de risco que poderiam alterar a função urinária de J.P.G. e qual é a alteração da função urinária é sugerida pelos dados.
2. Considere quais dados são importantes para identificar se o paciente está urinando da maneira adequada depois da remoção da sonda.

## 23.1 FUNÇÃO DO SISTEMA URINÁRIO

O sistema urinário compreende os órgãos de secreção e eliminação da urina. É constituído por duas glândulas (os rins) e por vias excretoras: cálices renais, pelves renais e ureteres, que terminam no reservatório da urina, a bexiga, na qual se inicia o segmento terminal, a uretra, como demonstra a Figura 23.1.[1]

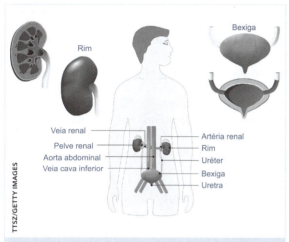

Figura 23.1 – Vias urinárias e corte sagital de um rim.

### 23.1.1 Controle do balanço químico e de líquido do corpo

Quando os rins não funcionam apropriadamente, as toxinas se acumulam no sangue, resultando em uma condição muito séria conhecida como uremia. Os sintomas da uremia incluem náuseas, debilidade, fadiga, desorientação, dispneia e edema nos braços e pernas. Há toxinas que se acumulam no sangue e podem ser usadas para avaliar a gravidade do problema. As principais substâncias mais comumente usadas para esse propósito denominam-se ureia e creatinina. A enfermidade dos rins é associada frequentemente aos níveis elevados de ureia e de creatinina.[4,5]

### 23.1.2 Características da urina normal

As características comuns da urina são: volume, coloração, transparência e odor. Muitos fatores podem produzir variações normais para diferentes pessoas e em diferentes momentos para a mesma pessoa.[1-3]

- Volume: nos adultos, a quantidade média de urina por micção é de aproximadamente 250 a 400 mL. O débito urinário pode variar dependendo da ingestão e de outras perdas de líquido.[1]
- Cor: a coloração da urina varia desde amarelo leve, amarelo escuro até amarelo acastanhado intenso. O estado de hidratação da pessoa afeta a coloração, pode estar incolor se estiver muito diluída, indicando ingesta elevada de líquido e âmbar escuro, indicando alta concentração e ingesta inadequada de líquido.[1,2]
- Transparência: normalmente, a urina é transparente, sem sedimentos.[1]
- Odor: o odor da urina recém-eliminada é definido como aromático. Quanto mais diluída for a urina, mais suave será o odor, e quanto mais concentrada, mais intensa será essa característica. A urina coletada que se depositou durante um longo período pode apresentar um odor forte de amônia. Medicamentos e alimentação também podem alterar o odor da urina. É preciso estar sempre atento à alteração de odor, pois podem indicar infecção.[1-3]

Quadro 23.1 – Faixas normais para o débito urinário diário durante o ciclo vital

| Idade (anos) | Débito (mL) |
|---|---|
| Neonato – 2 anos | 500 – 600 |
| 2 anos – 5 anos | 500 – 800 |
| 5 anos – 8 anos | 600 – 1.200 |
| 8 anos – 14 anos | 1.000 – 1.500 |
| 14 anos e mais | 1.500 |

### 23.1.3 Padrão normal de eliminação urinária

Muitas pessoas possuem um padrão rotineiro de eliminação urinaria. A quantidade total de urina eliminada durante um período de 24 horas varia entre 1.200 e 1.500 mL. Cada micção deve conter aproximadamente 200 mL e, no máximo, 500 mL.[1,2]

Quadro 23.2 – Fatores que influenciam os padrões urinários

- Ingesta de líquidos;
- perdas de líquidos orgânicos;
- nutrição;
- posição corporal;
- fatores psicológicos;
- obstrução do fluxo urinário (cálculo renal, aumento da próstata, tumores, anormalidades estruturais);

- infecção;
- hipotensão;
- lesão neurológica;
- tônus muscular diminuído;
- envelhecimento;
- múltiplas gestações;
- obesidade;
- gravidez;
- cirurgia;
- anestesia;
- edema;
- imobilidade;
- medicamentos;
- desvios urinários.

## 23.2 INFECÇÕES DO TRATO URINÁRIO (ITU)

As infecções do trato urinário (ITUs) são causadas por micro-organismos patogênicos (o trato urinário acima da uretra é estéril). Em geral, as ITUs são classificadas conforme o item seguinte.[4]

### 23.2.1 Classificação das infecções do trato urinário (ITU)

As ITUs são classificadas de acordo com sua localização:
- ITU inferior (inclui a bexiga e estruturas localizadas abaixo dela):
  - cistite;
  - uretrite.
- ITU superior (inclui os rins e os ureteres):
  - pielonefrite aguda;
  - pielonefrite crônica.

Podem ainda ser classificadas em complicadas e não complicadas.
- ITU não complicada;
- infecção adquirida na comunidade (comum em mulheres jovens);
- ITU complicada.

Frequentemente adquirida em hospital e relacionada ao cateterismo vesical, ocorrendo em pacientes com anormalidades urológicas, gestação, imunossupressão, diabetes *mellitus*, obstruções urinárias (por exemplo: litíase urinária e hiperplasia prostática).[4]

### 23.2.2 Infecções do trato urinário inferior

A esterilidade da bexiga é mantida por diversos mecanismos:
- barreira fisiológica da uretra;
- fluxo urinário;
- competência da junção uretrovesical;
- enzimas e anticorpos antibacterianos;
- efeitos antiaderentes mediados pelas células da mucosa da bexiga.

As anormalidades ou as disfunções desses mecanismos contribuem para as ITUs.[4]

## Manifestações clínicas

Diversos sinais e sintomas estão associados à ITU. Cerca de metade dos pacientes com bacteriúria não apresentam sintomas. Os sinais e os sintomas mais frequentes são:
- dor e queimação na micção;
- polaciúria;
- urgência miccional;
- nictúria;
- incontinência urinária;
- hematúria e dor lombar;
- febre e calafrios;
- náuseas e vômitos;
- cefaleia;
- indisposição;
- dor e sensibilidade na área dos ângulos costovertebrais (ACV), que são formados em cada lado do corpo pela última costela do gradil costal e coluna vertebral.

Nas ITUs complicadas, os sintomas variam desde a bacteriúria assintomática até uma sepse com choque. Essas ITUs se devem a um espectro de micro-organismos mais amplo, apresentam menor taxa de resposta ao tratamento e tendem a reincidir.[4,5]

## Diagnóstico

Vários exames ajudam a confirmar o diagnóstico de ITU, como:
- Urinálise (urina tipo I): contagem de colônias no mínimo $10^5$/mL de urina em uma amostra de jato intermediário. Achados celulares:
  - hematúria microscópica (> 4 eritrócitos/campo);
  - piúria (> 4 leucócitos/campo).
- Culturas de urina: podem identificar o micro-organismo específico existente. Os grupos de pacientes que devem ter cultura de urina na presença de bacteriúria são:
  - todos os homens (devido à probabilidade de anormalidades estruturais ou funcionais);
  - todas as crianças;
  - mulheres com história de função imune comprometida ou problemas renais;
  - pacientes com diabetes *mellitus*;

- pacientes que sofreram instrumentação recente (cateterismo) do trato urinário;
- pacientes que estiveram hospitalizados recentemente;
- pacientes com sintomas prolongados ou persistentes;
- pacientes com três ou mais ITUs no último ano;
- mulheres grávidas.[5]

##  Assistência de enfermagem ao paciente com infecção do trato urinário inferior

A identificação precoce dos sintomas e os cuidados necessários para a manter os dispositivos livres de contaminação são de fundamental importância para o sucesso do tratamento. A assistência de enfermagem adequada é descrita a seguir.

Quadro 23.3 – Assistência de enfermagem ao paciente com ITU inferior

| Assistência de enfermagem | Justificativa |
|---|---|
| Estimular a ingesta de líquidos à vontade (preferencialmente água). | Promove o fluxo sanguíneo renal e lava as bactérias do trato urinário. |
| Evitar ingestão de café, chás, frutas cítricas, condimentos, refrigerantes do tipo cola e álcool. | São irritantes do trato urinário. |
| Encorajar micções frequentes (a cada 2 a 3 horas), esvaziando a bexiga por completo. | Diminui significativamente a contagem das bactérias na urina, reduz a estase urinária e evita a reinfecção. |

### 23.2.3 Indicadores importantes visando à prevenção de ITU ligados a sondagem vesical

As infecções, do trato urinário (ITU), causam grande impacto e tem importante participação nas infecções hospitalares. Corresponde à 40% de todas as infecções. Para manter a segurança do paciente e uma assistência de qualidade, precisa-se conhecer os principais indicadores que podem contribuir com a infecção do trato urinário.
- Indicadores de estrutura:
  - materiais adequados, de boa qualidade e disponíveis;
  - estrutura adequada para higiene de mãos;
  - estrutura de treinamento para toda equipe.
- Indicadores de processo:
  - rotinas descritas e disponíveis para equipe (sabem localizar o material);
  - % de conformidade na passagem da SV;
  - % de adesão à higienização das mãos.

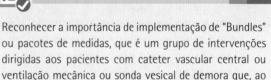

**NOTA**

Reconhecer a importância de implementação de "Bundles" ou pacotes de medidas, que é um grupo de intervenções dirigidas aos pacientes com cateter vascular central ou ventilação mecânica ou sonda vesical de demora que, ao serem implementadas todas juntas, obtém melhor resultado que quando implementadas individualmente.

O pacote de medidas para a prevenção de ITU associadas a sonda vesical é embasado em quatro práticas descritas na literatura:
- evitar cateter urinário desnecessário – indicação criteriosa;
- inserção da sonda vesical com técnica asséptica (recomenda-se o acompanhamento com *checklist*);
- manutenção do sistema segundo recomendações;
- revisão diária da indicação da sonda vesical.[1]

## 23.3 SONDAGEM VESICAL DE ALÍVIO

A passagem da sonda vesical de alívio e de demora é procedimento invasivo. Caso não sejam obedecidos os procedimentos necessários para a prevenção de contaminação do material, o risco de levar infecção ao trato urinário é muito grande. A técnica adequada é demonstrada a seguir.

###  Materiais

- Material para higiene íntima: jarro com água morna, comadre, toalha, um par de luvas de procedimento, compressas de banho e sabão líquido ou sabonete do paciente, hamper.
- Pacote de cateterismo vesical estéril com cuba rim, cuba redonda, pinça Cherron, bolas de algodão.
- Sonda uretral de calibre adequado.
- Um par de luvas estéreis.
- PVPI tópico ou clorexidina.
- Xilocaína gel (tubo novo).
- Uma agulha 40 × 12.
- Biombo (se necessário).
- Cálice graduado.

- Saco plástico para lixo.
- Frasco estéril para coleta de urina (se necessário).[1-3]

## Descrição da técnica

- Avaliar o calibre da sonda de acordo com o meato uretral do paciente.
- Promover um ambiente bem iluminado e privativo (utilizar o biombo, se necessário). Cercar a cama com biombo e explicar o procedimento ao paciente.
- Lavar as mãos.
- Fixar o saco plástico à cama ou à mesa auxiliar.
- Sempre realizar higiene íntima para ambos os sexos.
- Desprezar as luvas de procedimento.
- Lavar as mãos.
- Prender o saco plástico próximo à cama.
- Posicionar o paciente em decúbito dorsal e, conforme o sexo:
  - Para homens: pernas afastadas.
  - Para mulheres: pernas afastadas com os joelhos flexionados.
- Abrir com técnica asséptica o pacote de cateterismo sobre a cama entre as pernas do paciente.
- Colocar na cuba redonda o antisséptico.
- Abrir a xilocaína gel com uma agulha 40 × 12 e colocar um pouco dentro da cuba rim.
- Abrir o invólucro da sonda, colocando-a dentro do campo estéril.
- Após ter aberto todo o material, calçar a luva estéril.
- Realizar a antissepsia conforme o sexo do paciente. Manter a mão não dominante expondo o meato uretral.
- Com a mão dominante, lubrificar a sonda com a xilocaína gel e inserir a sonda até o refluxo de urina (cerca de 5 cm nas mulheres e 15 cm a 20 cm nos homens).
- Após a drenagem completa da urina, retirar a sonda. Após a drenagem completa da urina, retirar a sonda.

### NOTA

Se o objetivo for coletar urina para exame, coletar aproximadamente 20 mL de urina no recipiente estéril, identificando-o com nome do paciente, leito, número de registro, data e horário da coleta e encaminhar ao laboratório.

- Medir o volume da urina drenada em um cálice graduado.
- Recolher todo o material e retirar as luvas, deixando a unidade em ordem.
- Lavar as mãos.
- Registrar o procedimento no prontuário do paciente, anotando volume drenado, aspecto, cor e odor da urina.[1-3]

## 23.4 SONDAGEM VESICAL DE DEMORA (SVD)

### Materiais

- Material para higiene íntima: jarro com água, comadre, toalha, um par de luvas de procedimento, compressas de banho e sabão líquido ou sabonete do paciente, hamper.

Figura 23.2 – Material para higiene íntima.

- Pacote de cateterismo vesical estéril com cuba rim, cuba redonda, pinça Cherron, bolas de algodão.
- Sonda vesical de demora Folley de duas ou três vias (caso esteja prescrita a irrigação vesical, a sonda deve ser de três vias, chamada *three-way*).[1-3]

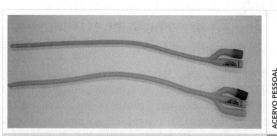

Figura 23.3 – Sonda Folley de duas e de três vias (*three-way*).

- Um par de luvas estéreis.
- PVPI tópico ou clorexidina.
- Xilocaína gel (tubo novo).
- Seringa de 20 mL.
- Ampolas de água destilada, dependendo do volume descrito na sonda de Folley para enchimento do balão.

- Duas agulhas 40 × 12.
- Bola de algodão embebida em álcool 70%.
- Biombo (se necessário).
- Coletor de urina estéril.
- Micropore.
- Saco plástico para lixo.

## Procedimentos

- Avaliar o calibre da sonda de acordo com:
  - indicação da sondagem (para irrigação vesical, o calibre deve ser maior);
  - meato uretral do paciente.
- Promover um ambiente bem iluminado e privativo (utilizar o biombo, se necessário).
- Cercar a cama com biombo e explicar o procedimento ao paciente.
- Lavar as mãos.
- Fixar o saco plástico à cama ou à mesa auxiliar.
- Sempre realizar higiene íntima para ambos os sexos.
- Desprezar as luvas de procedimento.
- Lavar as mãos.
- Posicionar o paciente em decúbito dorsal e, conforme o sexo:
  - Para homens: pernas afastadas.
  - Para mulheres: pernas afastadas com os joelhos flexionados.
- Abrir com técnica asséptica o pacote de cateterismo sobre a cama entre as pernas do paciente.

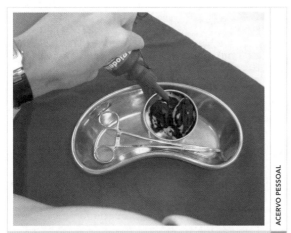

Figura 23.4 - Antisséptico desprezado sobre as bolas de algodão na cuba redonda.

- Colocar na cuba redonda o antisséptico.
- Abrir a xilocaína gel com uma agulha 40 × 12 e colocar um pouco dentro da cuba rim.
- Abrir o invólucro da sonda, colocando-a dentro do campo estéril.[1-3]

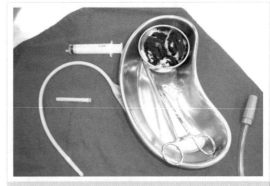

Figura 23.5 - Pacote de cateterismo vesical com sonda Folley.

- Abrir a seringa e a agulha 40 × 12 dentro do campo estéril. Abrir o coletor estéril, deixando a extensão do coletor dentro do campo estéril.
- Abrir a ampola de água destilada após realizar a desinfecção com a bola de algodão embebida em álcool a 70%.

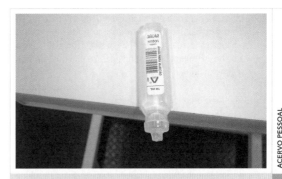

Figura 23.6 - Deixar a ampola de água destilada aberta.

- Após ter aberto todo o material, calçar a luva estéril.

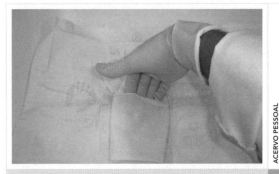

Figura 23.7 - Procedimento para calçar a luva estéril.

- Pegar a seringa do campo estéril, conectar à agulha 40 × 12 e aspirar a água destilada, tendo o cuidado de não encostar as mãos enluvadas em nenhum local que não seja estéril.
- Desconectar a seringa da agulha e testar o balão da sonda.

PROCEDIMENTOS RELACIONADOS ÀS ELIMINAÇÕES

- Realizar a antissepsia conforme o sexo. Veja o Quadro 23.4.
- Lubrificar a ponta da sonda com a xilocaína gel. Após a passagem da sonda até sua bifurcação, o balão deve ser insuflado.
- Puxar a sonda até sentir uma resistência.
- Conectar a sonda na extensão do coletor de sistema fechado e prendê-la na cama, tendo o cuidado de não prender na grade da cama.
- Fixar a sonda com micropore na parte interna da coxa da paciente (para mulheres) e na região inguinal do paciente (para homens), com cuidado para não tracionar o pênis.
- Recolher todo o material e retirar as luvas, deixando a unidade em ordem.
- Lavar as mãos.
- Registrar o procedimento no prontuário do paciente, anotando volume drenado, aspecto e cor da urina.[1-3]

### NOTA

A higiene íntima deve ser realizada periodicamente (a cada 6 horas) em todo paciente com sonda vesical de demora, para minimizar o risco de infecção ascendente do trato urinário.

Quadro 23.4 – Descrição da técnica de assepsia antes da sondagem vesical

| | Técnica | Observações |
|---|---|---|
| Nas mulheres | • Afastar os grandes lábios com o dedo indicador e o polegar da mão não dominante, e com a mão dominante fazer a antissepsia utilizando as 5 bolas de algodão embebidas na solução antisséptica com o auxílio da pinça Cherron.<br>• Manter a mão não dominante expondo o meato uretral.<br>• Com a mão dominante, introduzir a sonda lubrificada com a xilocaína (cerca de 10 cm) até a sua bifurcação, deixando a outra extremidade da sonda dentro da cuba rim para receber a urina drenada. | • Fazer a antissepsia no sentido da vagina para o ânus, sem retornar ao ponto anterior, da seguinte forma: primeiramente os grandes lábios, depois os pequenos lábios e, por último, o meato uretral.<br>• Para facilitar a visualização do meato uretral.<br>• Considere a mão que separou os lábios contaminada.<br>• Segurar a sonda a uma distância de 7 cm a 10 cm da extremidade para introduzi-la. |
| Nos homens | • Afastar o prepúcio com o polegar e o indicador da mão não dominante e realizar a antissepsia com as 5 bolas de algodão embebidas na solução antisséptica.<br>• Manter a mão não dominante retraindo o prepúcio.<br>• Com a mão dominante introduzir a sonda lubrificada (cerca de 15 cm a 18 cm) até a sua bifurcação, até a drenagem da urina, deixando a outra extremidade da sonda na cuba rim para receber a urina drenada. | • Fazer a antissepsia ao redor do prepúcio em direção à base do pênis.<br>• Para facilitar a visualização do meato uretral.<br>• Para introduzir, segurar o pênis elevado em angulação de 90 graus.<br>• Segurar a sonda a uma distância de 7 cm a 10 cm da extremidade para introduzi-la. |

## 23.5 IRRIGAÇÃO VESICAL

 Materiais

- Soro fisiológico (SF 0,9%) 1.000 ou 2.000 mL.
- Um equipo macrogotas.
- Um suporte de soro.
- Luvas de procedimento.
- Impresso próprio para controle de irrigação vesical.

Procedimentos [1,2,3]

- Avaliar o calibre da sonda de acordo com:
  - indicação da sondagem (para irrigação vesical, o calibre deve ser maior);
  - meato uretral do paciente.
- Promover um ambiente bem iluminado e privativo (utilizar o biombo, se necessário).
- Cercar a cama com biombo e explicar o procedimento ao paciente.
- Lavar as mãos.
- Fixar o saco plástico à cama ou à mesa auxiliar.
- Sempre realizar higiene íntima para ambos os sexos.
- Desprezar as luvas de procedimento.
- Lavar as mãos.
- Posicionar o paciente em decúbito dorsal e, conforme o sexo:
  - Para homens: pernas afastadas.
  - Para mulheres: pernas afastadas com os joelhos flexionados.
- Abrir com técnica asséptica o pacote de cateterismo sobre a cama entre as pernas do paciente.

- Colocar na cuba redonda o antisséptico.
- Abrir a xilocaína gel com uma agulha 40 × 12 e colocar um pouco dentro da cuba rim.
- Abrir o invólucro da sonda, colocando-a dentro do campo

**NOTA**

O paciente deve estar com uma sonda três vias.

- Controlar o volume infundido e o volume drenado no coletor de urina, registrando em um impresso próprio para controle de irrigação vesical.

**NOTA**

Observar aspecto do líquido drenado e nunca deixar o Sistema com frasco de SF 0,9% vazio, pois a irrigação deve ser contínua

## 23.6 ELIMINAÇÃO INTESTINAL

Eliminação de resíduos a partir do intestino é uma função orgânica essencial. A defecação é o processo pelo qual os produtos residuais sólidos da digestão são eliminados pelo intestino. As principais ações do enfermeiro associados a eliminação, incluem:
- avaliação da função intestinal;
- promover a saúde intestinal normal;
- intervir para controlar as alterações da função intestinal.[1,2]

### 23.6.1 Função intestinal normal

Para maior compreensão do procedimento, precisamos conhecer as estruturas do trato intestinal, para proporcionar maior segurança ao desenvolver os procedimentos.

Estruturas do trato gastrointestinal normal

A formação final das fezes ocorre no intestino grosso, porém, o tipo e a quantidade de alimentos e líquidos ingeridos possuem efeito sobre a quantidade e a consistência do resíduo que será produzido. O alimento, ao entrar na boca, é misturado às enzimas salivares, iniciando o processo de digestão. O bolo alimentar é impulsionado para a faringe, esôfago e para dentro do estomago. No estomago, juntam-se as secreções digerem os alimentos. A partir do estomago, o alimento entra no intestino delgado, que apresenta três divisões anatômicas: duodeno, jejuno e íleo.

De 3 a 10 horas, o conteúdo deixa o intestino delgado e entra no intestino grosso, o qual compreende ceco, cólon, reto e ânus.

Na junção do íleo com o ceco está a válvula ileocecal, que retarda o movimento do alimento semidigerido para dentro do intestino grosso, permitindo maior tempo de absorção de nutrientes pelo intestino delgado e para evitar refluxo do conteúdo fecal do intestino grosso para o delgado.[1]

- Colón: principal porção do intestino grosso e divide-se em: ascendente, transverso, descendente e colón sigmoide. O reto, normalmente vazio, é capaz de expandir para acomodar as fezes. O ânus, porção final do intestino grosso, possui o esfíncter interno e o externo. Ambos os esfíncteres normalmente estão na posição contraída.

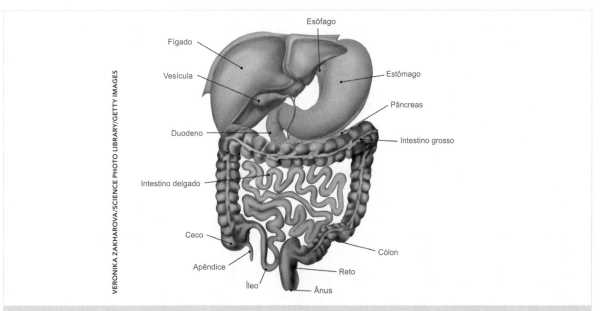

Figura 23.8 – Sistema gastrointestinal.

- Função do intestino:
  - motilidade;
  - absorção;
  - defecação.

**Quadro 23.5 – Fatores que afetam a eliminação intestinal**

- Nutrição;
- ingestão de líquidos;
- atividade e exercício;
- posição corporal;
- ignorar a vontade de defecar;
- estilo de vida;
- gravidez;
- medicamentos;
- procedimentos diagnósticos;
- cirurgia;
- desvio fecal – ileostomia, colostomia transversa (alça), colostomia sigmoide.

## 23.6.2 Manifestações da função intestinal alterada

As manifestações clínicas apresentadas indicam comprometimento das funções intestinais normais, por esse motivo, o reconhecimento precoce das alterações contribui para um tratamento precoce, podendo contribuir com a diminuição dos efeitos indesejáveis. As principais manifestações são:

- Constipação: eliminação infrequente, muitas vezes dolorosas, de fezes endurecidas e secas. As fezes se movem muito lentamente pelo intestino grosso muito longo.

  Fatores que contribuem para a constipação:
  - ingesta inadequada de fibras;
  - grande ingestão de alimentos refinados ou com pouco resíduo;
  - pouca ingesta de líquidos;
  - retardo constante da eliminação intestinal;
  - atividade física diminuída;
  - estresse crônico;
  - uso contínuo de laxativos;
  - medicamentos que diminuem a atividade gastrointestinal;
  - motilidade mais lenta.

- Impactação fecal: acúmulo de fezes endurecidas no reto. A pessoa é incapaz de evacuar voluntariamente. Normalmente, consiste na constipação não tratada e não aliviada.[1,2]

- Diarreia: evacuação frequente de fezes aquosas, em geral, associada à motilidade gastrointestinal aumentada, ou seja, uma passagem rápida do conteúdo fecal através do trato gastrointestinal inferior. Além da grande quantidade de água, as fezes diarreicas podem apresentar muco aumentado.[1,2]

- Incontinência fecal: eliminação involuntária do conteúdo intestinal, muito frequente estar associada a comprometimento neurológico, mentais ou emocionais. A diarreia pode predispor uma pessoa à incontinência fecal devido ao volume das evacuações serem muito elevados.[1,2]

- Flatulência: é o acúmulo de gás no trato gastrointestinal, pois esse entra no local por meio de três fontes:
  - ar deglutido;
  - ação bacteriana no intestino grosso;
  - difusão a partir do sangue.

- Distensão: é o acúmulo de quantidade excessiva de flato ou conteúdo intestinal líquida ou sólido. A pessoa queixa-se de plenitude ou desconforto abdominal e da incapacidade de eliminar flatos ou fezes.[1,2]

A enfermagem pode contribuir para a melhora e bem-estar dos pacientes realizando com destreza os procedimentos prescritos que trazem alivio a sintomatologia apresentada.

Procedimento de enfermagem utilizado para função intestinal alterada:
  - uso de medicamentos;
  - laxativos;
  - agentes antidiarreicos;
  - agentes antiflatulência;
  - enemas.

## 23.7 ENEMAS[1,2,3]

É a limpeza de uma porção do intestino grosso por meio de inserção de líquido via retal. Os enemas podem ser:

- pequeno volume contendo medicamento laxativo (aproximadamente 150 mL);
- grande volume contendo apenas líquido (soro fisiológico morno). O grande volume de líquido instilado dentro do intestino provoca distensão e estimula o reflexo de defecação.

Procedimento de administração de enema

- Frasco do enema com equipo de tamanho apropriado;
- possíveis soluções;
- luvas descartáveis e lubrificante hidrossolúvel;
- protetor de leito impermeável;
- comadre ou cadeira higiênica.

Quadro 23.6 – Procedimentos de enfermagem na administração de enemas

| Assistência de enfermagem | Justificativa |
|---|---|
| Reunir o material necessário e propiciar privacidade ao cliente. | A preparação adequada do material agiliza o atendimento. Proporcionar privacidade reduz a ansiedade e contribui para um maior relaxamento. |
| Identifique o cliente. Posicione em decúbito lateral esquerdo (posição de Sims). | A posição de Sims melhora a retenção do enema ao permitir que a solução flua ao longo da curvatura natural ao colón sigmoide. |
| Calce as luvas descartáveis e coloque a toalha impermeável sob as nádegas do cliente. | Evitar sujar as roupas de cama e mantém o controle da infecção. |
| Cubra o cliente com o lençol, expondo apenas o reto. | O lençol proporciona privacidade e calor e aumenta o relaxamento. |
| Pegue a solução no volume prescrito. A solução deve estar morna. Verifique a temperatura na face interna do seu punho. | A mucosa intestinal pode ser lesionada quando a solução estiver muito quente. As soluções frias são mais difíceis de serem retidas e podem causar cólicas abdominais. |
| Abra o clamp do equipo e permita que a solução flua equipo para remover o ar. Feche novamente. | O ar no reto pode causar desconforto. |
| Lubrifique 5 cm a 7,5 cm de extremidade da sonda retal com o lubrificante hidrossolúvel. | O trauma é minimizado com a lubrificação. |
| Separe as nádegas para visualizar o ânus. Observe se há lesões ou alterações, como hemorroidas externas. Peça ao cliente para empreender uma respiração lenta e profunda. Introduza lentamente a sonda retal, direcionando a extremidade na direção da cicatriz umbilical (adulto de 7 cm a 10 cm). | Evita lesão na mucosa intestinal ao direcionar a sonda ao longo da curvatura intestinal natural. |
| Mantenha a sonda no reto e com a outra mão abra o clamp, permitindo que a solução seja introduzida lentamente. Eleve o recipiente 45 cm acima do ânus, permitindo que a solução flua durante 5 a 10 minutos. | A introdução lenta da solução reduz o desconforto causado pela distensão intestinal e cólicas. |
| Clampeie o equipo quando a quantidade prescrita for infundida. | O clampeamento evita que o ar entre no reto. |
| Remova a sonda suavemente e faça com que o cliente contraia as nádegas firmemente durante alguns minutos. | A urgência em defecar pode ser diminuída se os esfíncteres forem contraídos. |
| Oriente ao cliente a segurar a solução o maior tempo possível. | A retenção por mais tempo estimula a peristalse e a evacuação do conteúdo intestinal. |
| Assista o cliente e proporcione privacidade até que a solução seja expelida. No banheiro, cadeira higiênica ou comadre. Coloque a campainha ao seu lado. | Aumenta o conforto e a segurança do paciente. |
| Inspecione visualmente o aspecto das fezes e quantidade. | É essencial avaliar a solução expelida quanto ao material fecal. |
| Coloque o cliente em posição confortável e auxilie na limpeza e higiene quando necessário. | A disseminação de micro-organismos é evitada e o conforto do cliente é aumentado. |

**NOTA**

Deve-se ter cuidado de não introduzir muito profundamente o equipo nem de avançar o equipo de modo forçado, porque isso poderia lesionar a mucosa ou, em situações extremas, perfurar o intestino. Nunca administre sucessivamente mais de três enemas de grande volume com água. A absorção excessiva de solução hipotônica pela mucosa colônica leva a distúrbios hidroeletrolíticos.

## Cuidados com ostomias[1-3]

As ostomias necessitam de uma atenção especial para que o procedimento inadequado não cause lesão ao paciente.

 Materiais

- Bolsa drenável limpa e clamp, barreira cutânea e luvas descartáveis.

- Água morna, sabão neutro, toalhas ou compressas.
- Saco plástico para descarte da bolsa antiga.

## Procedimentos

- Avaliação exata do débito.
- Proteção da pele periostomial contra lesões.
- Proporcionar visualização correta do estoma.

**Quadro 23.7** - Procedimentos de enfermagem nos cuidados com ostomias

| Procedimento de enfermagem | Justificativa |
|---|---|
| Identificação do cliente, lave as mãos e calce as luvas descartáveis. Proporcionar privacidade. | Evita a transmissão de microrganismos e identificação correta do cliente. |
| Remover delicadamente o dispositivo antigo e desprezar caso seja descartável. | Manter a integridade cutânea. |
| Lave a pele por complete ao redor do estoma com água e sabão ou antisséptico local. | As bactérias contidas nas fezes podem provocar infecção na área incisional e irritar a pele. |
| Enxague a pele por complete e seque delicadamente. | O resíduo de sabão pode intervir na aderência da bolsa e resultar em extravasamento de secreções. |
| Observação rigorosa da pele ao redor do estoma. Oriente ao cliente a fazer essa avaliação diária. | Monitorar complicações. |
| Meça o estoma e faça um círculo 0,3 cm maior do que o estoma sobre o fundo do papel adesivo. Corte o padrão do estoma | Evita o risco de o papel cortar o estoma e garante vedação firme. |
| Prepare a barreira cutânea: corte o orifício da barreira com o mesmo tamanho do estoma e com as bordas arredondadas | Evita que a secreção fecal entre em contato com a pele e cause irritação. |
| Aplique a barreira cutânea protetora. A. Retire o papel do fundo do adesivo e centralize o estoma no orifício. B. Coloque sobre o abdome pressionando sobre todas as áreas de barreira para promover a adesão | Evita o extravasamento de secreções. |
| Prenda a bolsa descartável a barreira cutânea de acordo com o modelo da bolsa utilizada. | Se não tiver rigorosamente fixada, o extravasamento pode acontecer. |
| Prenda toda a borda da placa frontal com adesivo antialérgico, se necessário | Fornecer reforço para que a bolsa não se separe. |
| Dobre a borda inferior da bolsa e clampeie. | Evita o extravasamento das fezes. |
| Descarte o dispositivo antigo. Limpe e guarde qualquer dispositivo que seja reutilizável e lave as mãos. | Manter o padrão do controle de infecção. |
| Documente as observações percebidas. | Comunicação eficaz com os membros da equipe. |

## NESTE CAPÍTULO, VOCÊ...

... verificou que é possível identificar que a assistência direta ao paciente portador de problemas relacionados à eliminação vesical e intestinal é de extrema importância para a qualidade de vida dessas pessoas. Na maioria das vezes, o cliente é quem gerencia a disfunção, principalmente as condições crônicas com a assistência e apoio de sua família.

... entendeu que ao reconhecer os sintomas de infecção e recebendo informações claras e esclarecedoras, o paciente supera suas dificuldades e consegue reduzir os índices de complicações relacionadas ao tratamento. Para que isso aconteça, o enfermeiro precisa desenvolver seu papel de educador, preparando o seu cliente para desenvolver as técnicas necessárias, contribuindo para o seu bem-estar e melhor qualidade de vida.

## EXERCITE

1. Classifique as alternativas a seguir em verdadeiras (V) ou falsas (F):
   ( ) Um acesso vascular adequado deve oferecer um fluxo sanguíneo satisfatório, ter meia vida curta e apresentar baixo índice de complicação.
   ( ) A IRA é uma síndrome que pode ser definida como uma diminuição abrupta e sustentada da função renal, por um período de horas a dias.
   ( ) Diálise peritoneal ambulatorial contínua é um método que utiliza o filtro dialisador como membrana semipermeável.

( ) Assistência de enfermagem ao paciente com infecção do trato urinário inferior: aplicar calor local; estimular a ingesta de líquidos à vontade (preferencialmente água); aumentar a ingestão de café, chás, frutas cítricas, condimentos, refrigerantes do tipo cola e álcool e encorajar micções frequentes (a cada 2 a 3 horas), esvaziando a bexiga por completo.

( ) Assistência de enfermagem a pacientes com IRA: mensurar e registrar toda ingestão e excreção de líquidos; estimular ingesta hídrica (3 a 4 litros/dia), verificar SSVV a cada quatro horas; administrar antitérmicos, conforme prescrição médica; e realizar higiene perineal adequada.

2. Idoso, internado na unidade de internação pelo período de 30 dias. Ao realizar o exame físico apresenta-se confuso, desorientado no tempo e espaço. Diferente do dia anterior que estava orientado. Possui SVD com débito de 200 mL/24 h de urina âmbar escuro com sedimento muito turvo. O que suspeita que está acontecendo? Como procederia?

3. Você retira uma SVD que permaneceu 10 dias no paciente. Orienta o paciente a controlar o débito urinário e que informe quando apresentar diurese. Seis horas depois, ele elimina 100 mL de urina amarelo clara e transparente. Como avalia a sua micção após a retirada do cateter?

4. Elabore uma lista de sugestões criadas para promover uma eliminação intestinal saudável.

## PESQUISE

Leia o artigo e trace um plano de alta para pacientes com ostomias intestinais.

AZEVEDO, C.; FALEIRO, J. C.; FERREIRA, M. A.; OLIVEIRA, S. P.; MATA, L. R. F.; CARVALHO, E. C. Intervenções de enfermagem para alta de paciente com estomia intestinal: revisão integrativa. Rev Cubana Enferm, 2015, v. 30, n. 2. Disponível em: <https://bit.ly/2uMmxJZ>. Acesso em: 5 jan. 2020.

# CAPÍTULO 24

ANTONIO DIAZ/GETTY IMAGES

MARIA ISIS FREIRE DE AGUIAR

COLABORADORAS:
ARIADNE FREIRE DE AGUIAR MARTINS
EMILIA SOARES CHAVES ROUBERTE
ISAURA LETÍCIA TAVARES PALMEIRA ROLIM
NAIANA PACÍFICO ALVES
VIVIANE MAMEDE VASCONCELOS CAVALCANTE

# ASSISTÊNCIA PERIOPERATÓRIA

## NESTE CAPÍTULO, VOCÊ...

- ... entenderá as atividades desenvolvidas, os fluxo de materiais e as funções da equipe de enfermagem no Centro de Material e Esterilização (CME).
- ... aprenderá sobre os materiais ou artigos, segundo o risco de transmissão de infecção; riscos ocupacionais e uso dos Equipamentos de Proteção Individual (EPIs) no CME.
- ... descreverá os processos de limpeza, preparo, desinfecção, esterilização, e controle e validação dos processos realizados no CME.
- ... conhecerá as funções da equipe de enfermagem no Centro Cirúrgico (CC) e os principais cuidados ao paciente no CC, seguindo o protocolo de cirurgia segura.
- ... compreenderá o planejamento físico e recursos humanos na Sala de Recuperação Anestésica (SRPA).
- ... discutirá sobre a assistência de enfermagem no período pós-operatório imediato na SRPA.
- ... identificará os cuidados de enfermagem nos principais desconfortos e complicações do paciente em recuperação pós-anestésica.

## ASSUNTOS ABORDADOS

- Classificação de materiais ou artigos.
- Áreas que compõem o CME (fluxo de materiais, riscos ocupacionais e segurança do trabalhador) e a equipe e suas atribuições.
- Processo de limpeza dos produtos para saúde, desinfecção e esterilização.
- Preparo dos produtos para a saúde.
- Assistência de enfermagem perioperatória.
- Atribuições dos profissionais de enfermagem.
- Admissão do paciente no CC.
- Protocolo de cirurgia segura.
- Principais cuidados de enfermagem ao paciente no CC.
- Transporte do paciente para Sala de Recuperação Pós-Anestésica (SRPA).
- Definição de período pós-operatório e recuperação anestésica.
- Planejamento físico e equipamentos da SRPA.
- Recursos humanos na recuperação anestésica.
- Assistência de enfermagem na SRPA.
- Principais desconfortos e intervenções de enfermagem no período pós-operatório imediato.
- Complicações no período pós-operatório imediato.
- Alta na SRPA.

# ESTUDO DE CASO

O responsável pelo Centro de Controle de Infecção Hospitalar (CCIH) identificou que a taxa de infecção na instituição hospitalar estava acima dos valores esperados e resolveu fazer uma visita ao Centro de Material e Esterilização (CME) para identificar como estava sendo realizado o processamento dos produtos para a saúde na instituição.

**Após ler o caso, reflita e responda:**

1. Descreva o papel da equipe de enfermagem no Centro de Material e Esterilização.
2. Diferencie limpeza, desinfecção e esterilização.
3. Cite dois métodos utilizados para limpeza, desinfecção e esterilização.

# 24.1 CENTRO DE MATERIAL E ESTERILIZAÇÃO

O Centro de Material e Esterilização (CME) é o local destinado a prover os serviços de produtos para a saúde processados, de forma a garantir a quantidade adequada com qualidade para a segurança daqueles que usarão os produtos.[1] A Resolução da Diretoria Colegiada (RDC) n° 307, de 14 de novembro de 2002, considera-o como unidade de apoio técnico para fornecimento de materiais processados.[2]

Segundo Ministério da Saúde, o CME tem atividades específicas, dentre as quais estão: receber, lavar os materiais ou produtos, desinfetar e separar os materiais ou produtos, receber roupas limpas vindas da lavanderia, realizar o empacotamento, esterilizar materiais ou produtos, entre outros.[3]

A localização do CME pode ser fora ou dentro do Centro Cirúrgico (CC), priorizando o espaço físico necessário ao desenvolvimento de seus processos, contando com sistemas de comunicação e transporte de produtos ágeis para facilitar o acesso às unidades consumidoras e para o devido atendimento das unidades. O CME deve existir na instituição sempre que o serviço de saúde contar com CC, centro obstétrico e/ou ambulatorial, hemodinâmica, emergência de alta complexidade e urgência.[1,4]

## 24.1.1 Classificação dos materiais ou artigos

Os artigos podem ser classificados segundo seu potencial de contaminação em:

- artigos críticos: são aqueles com alto risco de aquisição de infecção, pois entram em contato com tecidos subepiteliais e outros órgãos isentos de flora microbiana própria, como os instrumentais cirúrgicos, e devem ser submetidos ao processo de esterilização, após a limpeza e demais etapas do processo;
- artigos semicríticos: são aqueles que entram em contato com mucosa íntegra ou pele não íntegra, como endoscópios, tubos endotraqueais, entre outros, e devem ser indicados, no mínimo, ao processo de desinfecção de alto nível, após a limpeza;
- artigos não críticos: são aqueles que entram em contato com a pele íntegra e/ou não entram em contato direto com o paciente, como termômetros, comadres, entre outros, e devem ser submetidos à desinfecção de baixo nível.[1,5]

## 24.1.2 Áreas que compõem o CME

O CME deve dispor de ambientes essenciais, o que inclui área de recepção e limpeza (descontaminação, separação e lavagem de materiais), área de desinfecção química (se utilizada), área para recepção de roupa limpa, área para preparo de materiais e roupa limpa, área para esterilização (adequada ao processo utilizado) e área para armazenamento e distribuição de materiais e roupas esterilizadas, atendendo às recomendações da RDC n° 307/2002 e n° 15/2012.[1,2]

O processamento de produtos deve seguir um fluxo unidirecional, sempre da área suja para a área limpa. É considerada "área suja" aquela que se destina ao recebimento de material, onde se realiza limpeza, desinfecção, secagem; e área limpa é aquela onde será destinada a separação dos instrumentos limpos/desinfetados e empacotamento, área estéril e área de guarda e distribuição do material.[1,2]

Considerando as áreas que compõem o CME e as atividades realizadas, esse ambiente envolve riscos de diferentes naturezas:

- ergonômicos: aqueles relacionados ao risco psicofisiológico do trabalhador;
- físicos: relacionado ao agente físico, como frio, calor, vibração;
- químicos: relacionados ao contato direto ou não com substâncias químicas;
- biológicos: relacionados ao agente de risco biológico como bactéria, fungos etc.[6]

O trabalhador do CME está exposto especialmente aos riscos químicos, físicos e biológicos. Em estudo realizado com profissionais do CME em hospitais do Piauí, evidenciou-se que 24% dos profissionais já haviam sofrido algum tipo de acidente no trabalho, destacando-se 58% acidentes com materiais perfurocortantes, 20% sofreram queimaduras e 8% tiveram problemas com soluções químicas.[7]

O uso dos Equipamentos de Proteção Individual (EPIs) é uma forma importante de prevenção e sua correta utilização diminui os riscos de o trabalhador afastar-se de suas atividades.[8] No CME, recomenda-se o uso de acordo com os riscos de cada ambiente:

- área de recepção: óculos de proteção, máscara, luvas, avental, calçado impermeável e antiderrapante;
- área de limpeza: óculos de proteção, máscara, luvas de borracha cano longo, avental impermeável manga longa, protetor auricular e calçado impermeável e antiderrapante;
- área de preparo, acondicionamento e inspeção: máscara, luvas simples, protetor auricular (se necessário) e calçado fechado;
- sala de desinfecção química: óculos de proteção e máscara compatível com a toxicidade do desinfetante (respirador semifacial na utilização de desinfetantes a base de aldeídos), luvas preferencialmente nitrílica ou butílica, avental impermeável manga longa e calçado impermeável e antiderrapante;
- área de esterilização: luvas de proteção térmica e protetor auricular.[1,4]

ASSISTÊNCIA PERIOPERATÓRIA

## 24.1.3 Equipe e atribuições no CME

O CME é composto por profissionais da equipe de enfermagem, que exercem várias funções para prestar uma assistência de qualidade. O gerenciamento é realizado por um enfermeiro, por conhecer os detalhes, as necessidades e os usos dos artigos médico-cirúrgicos, amparado pela Resolução nº 424/2012, do Conselho Federal de Enfermagem (Cofen), a qual afirma que ao enfermeiro do CME compete exercer atribuições necessárias para planejar, coordenar, executar, supervisionar e avaliar todas as etapas relacionadas ao processamento de produtos para a saúde, como limpeza, desinfecção, preparo, esterilização e armazenamento dos artigos médico-hospitalares.[9-10]

O CME conta com uma equipe composta por enfermeiro, técnico de enfermagem/auxiliar de enfermagem e auxiliares administrativos, cujas funções estão descritas nas práticas recomendadas da Associação Brasileira de Enfermeiros de Centro Cirúrgico, Recuperação Anestésica e Centro de Material e Esterilização (SOBECC).[4,11]

- **Enfermeiro gestor:** coordena todas as atividades relacionadas ao processamento de produtos para saúde (PPS), avalia etapas do processo de trabalho, avalia as empresas terceirizadas, coordena processo de capacitação e educação continuada, propõe indicadores de controle de qualidade para o processamento, participa do dimensionamento de pessoal e orienta as unidades usuárias dos PPS.
- **Enfermeiro assistencial:** supervisiona e orienta as atividades realizadas; participa da definição da escala de trabalho; acompanha a execução das atividades; acompanha a realização de testes com produtos; confirma a programação diária das cirurgias para verificação da disponibilidade dos materiais e roupas estéreis; acompanha e controla o estoque de materiais e roupas estéreis; participa da compra dos materiais, equipamentos e insumos; participa da avaliação do desempenho dos funcionários, entre outros.
- **Técnico de enfermagem e auxiliar de enfermagem:** sob a orientação e supervisão de um enfermeiro, recebe e confere material, prepara solução de limpeza, monta cestos com instrumentos para limpeza automatizada, limpeza manual de material, introdução e retiradas de materiais nos equipamentos, desinfecção química de materiais, secagem manual de materiais, inspeção dos materiais lavados e desinfetados, confere e entrega os materiais consignados a serem esterilizados, aplica testes de funcionalidade, monta caixas e kits, realização de testes de monitorização, montagem de carga de autoclave, leitura e registro dos indicadores biológicos, distribuição e registro dos kits, entre outros.
- **Auxiliar administrativo:** efetua pedidos de produtos; digita comunicados, escalas, listagens de caixas cirúrgicas, rotinas, relatórios, entre outros.

## 24.1.4 Processo de limpeza dos produtos para a saúde

Limpeza é definida como a remoção de toda sujidade do material, reduzindo a carga microbiana. Uma limpeza bem realizada favorece o processo de desinfecção e esterilização. É fundamental a utilização de escovas para a retirada de micro-organismos que se aderem ao material. A água quente deve ser usada para dissolver sujidades como gorduras e outros resíduos, enquanto a água fria é indicada para limpeza de resíduos de sangue.[2,9] Além disso, a qualidade da água deve atender aos padrões de potabilidade para evitar contaminação, oxidação e desgaste dos produtos processados. Recomenda-se que o enxágue final de materiais críticos que entram em contato com corrente sanguínea, tecido ósseo, ocular ou neurológico deva ser realizado com água de osmose reversa ou destilada, enquanto indica-se para o enxágue de produtos semicríticos a utilização de água potável e mole ou tratada.[4,12]

A limpeza pode ser manual ou automatizada. As soluções utilizadas no processo de limpeza são recomendadas pelo Ministério da Saúde e devem ter registro na Agência Nacional de Vigilância Sanitária (Anvisa). A seguir, apresentam-se as características de alguns detergentes:[12]

- **Aniônicos:** na dissociação em solução aquosa, liberam íon com carga negativa; o mais utilizado é o alquil benzeno sulfonato de sódio (ABS).
- **Catiônicos:** na dissociação em solução aquosa, liberam íon com carga positiva. Aqui se enquadram germicidas de superfícies fixas, como pisos e tetos; o mais utilizado é o quaternário de amônio.
- **Não iônicos:** aqui os tensoativos não se dissociam em solução aquosa; os mais utilizados são o alquil fenóis etoxilados e os álcoois graxos etoxilados.
- **Anfotéricos:** aqui os tensoativos não se dissociam em solução aquosa e, na molécula, são empregados em conjuntos com os aniônicos.
- **Enzimáticos:** cujo mecanismo se dá pelo princípio ativo de enzimas, que facilita a quebra da matéria orgânica. É a preferência de muitas unidades, em virtude de suas características.
- **Enzimáticas:** não ser irritante, ter ação rápida, não ser corrosivo, eliminar odores biológicos, ser biodegradável, entre outros.

- Alcalinos: removem matéria orgânica, mineral e vegetal. São usados amônia ($NH_3$), carbonato de sódio ($Na_2CO_3$), fosfatos, silicatos e hidróxidos de sódio (NaOH) e potássio (KOH).
- Detergentes com propriedade desinfetante: recomendados para limpeza e pré-desinfecção de artigos. O pH deve ser neutro. Não utilizar em instrumentais compostos como zinco, latão, cobre e ferro, pois podem oxidar o material.

A limpeza automatizada é realizada por meio de equipamentos. Estão disponíveis métodos que realizam processo de limpeza e que envolvem também desinfecção (exemplo: termodesinfectadoras e lavadoras de descarga).

As lavadoras de jato de água sob pressão realizam diferentes etapas, incluindo pré-lavagem, ciclo de lavagem com uso de solução detergente, desinfeção térmica, enxágue e secagem com jatos de ar quente. As lavadoras de descarga são indicadas para limpeza e desinfecção em nível intermediário de materiais de uso específico, como comadres, papagaios e frascos de drenagem, realizando a remoção inicial de dejetos.[4] Já as lavadoras ultrassônicas realizam o processo de cavitação ou vacuolização, em que ondas de energia acústica propagadas em solução aquosa rompem os elos que fixam a partícula de sujidade à superfície do produto.[1] Precedida de limpeza manual, seu uso é recomendado para a limpeza de produtos de conformação complexa, como materiais que possuem lúmens estreitos, espaços internos de difícil acesso, reentrâncias, encaixes, articulações e válvulas (exemplo: endoscópios).[4]

A limpeza dos produtos para saúde, seja manual ou automatizada, deve ser avaliada por meio da inspeção visual, com o auxílio de lentes intensificadoras de imagem de, no mínimo, oito vezes de aumento. Quando indicado, deve ser complementada por testes químicos que identificam resíduos de sujidade, visando validar a eficácia do processo de limpeza, a exemplo do teste de resíduo Soil Test® e teste de resíduo de proteína, indicados para avaliação da limpeza na termodesinfetadora.[1,13]

**NOTA**

A limpeza automatizada utiliza equipamentos que tornam o processo rápido, uniforme e reduz a exposição do profissional aos riscos biológicos, por isso, deve ser indicada sempre que possível.

## 24.1.5 Desinfecção

A próxima etapa no processamento de produtos para a saúde é a desinfecção, que envolve a eliminação dos micro-organismos patogênicos na forma vegetativa, com exceção de alto número de esporos bacterianos, mediante a aplicação de agentes físicos, químicos ou físico-químicos.[5]

Pode ser utilizado como processo final para artigos semicríticos, mas também é utilizado como processo preliminar do preparo do material para esterilização, reduzindo a carga microbiana presente nos artigos e garantindo manuseio seguro por parte dos profissionais.

O processo de desinfecção pode ser classificado em três níveis de acordo com a capacidade de destruição, que determina o método utilizado, conforme Quadro 24.1.

A desinfecção pode ser realizada por métodos físicos, que utiliza ação térmica (como pasteurização e termodesinfecção), por métodos químicos (soluções desinfetantes) ou físico-químicos com a combinação de dois processos, conforme classificação e características dos artigos a serem processados.

Quadro 24.1 – Classificação da desinfecção, ação, indicação e agentes desinfetantes[1,4]

| Nível de desinfecção | Espectro de ação | Indicação | Agentes |
|---|---|---|---|
| Alto | Elimina a maioria dos micro-organismos presentes nos artigos, incluindo todos em forma vegetativa, microbactérias e fungos, e alguns esporos bacterianos. | Artigos semicríticos (exemplo: endoscópios). | Aldeídos (exemplo: ortoftaldeído), ácido peracético, peróxido de hidrogênio. Termodesinfectadora. |
| Intermediário | Destrói micro-organismos patogênicos na forma vegetativa, microbactérias (exemplo: tuberculose), a maioria dos vírus e dos fungos. | Objetos inanimados e superfícies (exemplo: equipamentos, mobiliários). | Soluções cloradas, fenóis sintéticos e álcool etílico ou isopropílico. |
| Baixo | Elimina a maioria das bactérias vegetativas, vírus lipídicos (HBV, HVC, HIV) e alguns vírus não-lipídicos e alguns fungos. | Objetos inanimados e superfícies (exemplo: mobílias, bancadas). | Quaternário de amônia, biguaninas, soluções cloradas (em menor concentração) e iodóforos. |

## Desinfecção física

É um método preferencial em razão da possibilidade de realização de desinfecção de alto nível e de forma automatizada, permitindo padronização, reprodutibilidade, monitorização, documentação e maior controle do processo, minimizando o risco de falhas humanas. Além disso, os métodos automatizados também proporcionam mais segurança aos profissionais que atuam nas áreas de limpeza e desinfecção e ao meio ambiente, pois evitam o contato direto com soluções e artigos contaminados.

Os principais representantes são as lavadoras termodesinfectadoras e as lavadoras de descarga, disponíveis no Brasil, além da pasteurizadoras, utilizadas em outros países.

As lavadoras termodesinfetadoras envolvem equipamentos indicados para lavagem, desinfecção e secagem automática de materiais termorresistentes. Podem ser utilizadas para processamento de uma grande variedade de produtos para a saúde, incluindo instrumentais cirúrgicos, utensílios, recipientes diversos (bacias, cubas-rim), vidrarias de laboratório, tubos e acessórios para anestesia, tubos de sucção, caixas e contêineres reutilizáveis, entre outros.[4]

Os equipamentos devem seguir as Normas HTM 2030 e ISO 15883, validadas pela Associação Brasileira de Normas Técnicas (ABNT), além de atender aos requisitos necessários das regulamentações da Agência Nacional de Vigilância Sanitária (Anvisa) e das normas específicas.[13,14]

Os parâmetros de funcionamento adequado, tempo de exposição, pressão e temperatura devem obedecer às recomendações do fabricante, havendo variações de temperatura na literatura em torno de 35 a 94 °C.

Em estudo realizado no Canadá, três tipos de bacias reutilizáveis foram inoculados com fezes humanas estéreis contendo esporos de 1 × 107 UFC/mL de *Clostridium difficile* e uma suspensão de 0,3 mL de esporos fecais foi inoculada em criotubos selados. Esses itens foram reprocessados em lavadora termodesinfectadora usando o ciclo de lavagem mais longo em 9 unidades clínicas, e testados para esporos residuais de *C. difficile*. O ciclo durou 11 minutos e consistiu em um enxágue de água fria de 5 segundos, seguido de enxágue com água morna por 5 segundos, lavagem com água quente circulada por 5 minutos com detergente, lavagem com água quente por 15 segundos, terminando com desinfecção térmica via vapor a 91 °C durante 1 minuto. Quarenta e três (96%) das 45 bacias não tinham esporos viáveis, contudo, foram isolados esporos viáveis de todos os 9 criotubos.[15]

Os autores destacaram que o treinamento apropriado da equipe, a manutenção das máquinas e as especificações quanto às operações apropriadas são relevantes para apoiar as práticas seguras de reprocessamento e controle de infecção.

A pasteurização alcança desinfecção térmica de alto nível. A programação do ciclo, os parâmetros do processo e a colocação dentro da câmara devem seguir as instruções do fabricante, incluindo as etapas de lavagem, enxágue e ciclos de pasteurização. O ciclo de lavagem é realizado por método de agitação horizontal ou rotação vertical, usando água morna e solução detergente. Após ciclo de lavagem e enxágue, o tanque esvazia automaticamente em preparação para o ciclo de pasteurização. A pasteurização é alcançada por imersão em água aquecida a 60 a 100 °C (140 a 212 °F) e mantido por 30 minutos. Todo ciclo pode ficar gravado, favorecendo o registro.[16]

## Desinfecção química

A desinfecção química pode ser realizada de forma manual, por meio da imersão dos artigos e dos produtos em um germicida químico, ou de forma automatizada. As características dos principais desinfetantes são apresentadas no Quadro 24.2.[5]

**Quadro 24.2** – Síntese de vantagens e desvantagens dos desinfetantes[5]

| Desinfetante | Vantagens | Desvantagens |
|---|---|---|
| Álcool | • Bactericida, tuberculocida, fungicida, virucida<br>• Ação rápida<br>• Não corrosivo<br>• Não corante<br>• Usado para desinfetar pequenas superfícies (tampas de frascos de medicação)<br>• Nenhum resíduo tóxico | • Não esporicida<br>• Afetado por matéria orgânica<br>• Ação lenta contra vírus não lipídicos (por exemplo, norovírus)<br>• Sem detergente ou propriedades de limpeza<br>• Não registrado<br>• Danifica alguns instrumentos (por exemplo, endurece a borracha, deteriora a cola)<br>• Inflamável<br>• Evapora rapidamente, dificultando a conformidade com o tempo de contato<br>• Não recomendado para uso em grandes superfícies<br>• Surtos atribuídos ao álcool contaminado |

| Desinfetante | Vantagens | Desvantagens |
| --- | --- | --- |
| Hipoclorito de sódio | • Bactericida, tuberculocida, fungicida, virucida<br>• Esporicida<br>• Ação rápida<br>• Barato (de forma diluível)<br>• Não inflamável<br>• Não afetado pela dureza da água<br>• Reduz biofilmes em superfícies<br>• Relativamente estável (por exemplo, redução de 50% no cloro concentração em 30 d)<br>• Usado como desinfetante no tratamento de água<br>• Registro em agência de proteção ambiental | • Risco de reação com ácidos e amônias<br>• Deixa o resíduo de sal<br>• Corrosivo para metais (alguns produtos prontos para uso podem ser formulados com inibidores de corrosão)<br>• Ativos instáveis (alguns produtos prontos para uso podem ser formulados com estabilizadores para alcançar maior prazo de validade)<br>• Afetado por matéria orgânica<br>• Descolorações e manchas em tecidos<br>• Perigo potencial pela produção de trihalometano<br>• Odor (alguns produtos prontos para uso podem ser formulados com inibidor de odor) pode ser irritante em altas concentrações |
| Peróxido de hidrogênio concentrado | • Bactericida, tuberculocida, fungicida, virucida<br>• Eficácia rápida<br>• Conformidade fácil com tempos de contato úmidos<br>• Seguro para trabalhadores (categoria mais baixa de toxicidade)<br>• Benigno para o meio ambiente<br>• Compatível com superfície<br>• Não corante<br>• Registro em agência de proteção ambiental<br>• Não inflamável | • Mais caro que a maioria dos outros ativos desinfetantes<br>• Não esporicida em baixas concentrações |
| Iodóforos | • Bactericida, micobactericida, virucida<br>• Não inflamável<br>• Usado para desinfetar o frasco de hemocultura | • Não esporicida<br>• Degradar cateteres de silicone<br>• Requer contato prolongado para matar fungos<br>• Manchas em superfícies<br>• Usado principalmente como um antisséptico, em vez de desinfetante |
| Fenólicos | • Bactericida, tuberculocida, fungicida, virucida<br>• Barato (na forma diluível)<br>• Não corante<br>• Não inflamável<br>• Registro em agência de proteção ambiental | • Não esporicida<br>• Absorvido por materiais porosos e irrita tecidos<br>• Despigmentação da pele causada por certos fenólicos<br>• Hiperbilirrubinemia em lactentes quando fenólicos não preparados conforme recomendado |
| Compostos de amônio quaternário | • Bactericida, fungicida, virucida contra vírus lipídicos (por exemplo, HIV)<br>• Bons agentes de limpeza<br>• Registro em agência de proteção ambiental<br>• Compatível com superfície<br>• Atividade antimicrobiana persistente quando não alterado<br>• Barato (na forma diluível) | • Não esporicida<br>• Em geral, não tuberculocida e virucida contra vírus não lipídicos<br>• Alta dureza da água e gaze de algodão podem produzir menos microbicida<br>• Alguns relatórios documentaram asma como resultado da exposição<br>• cloreto de benzalcônio<br>• Afetado por matéria orgânica<br>• Vários surtos atribuídos ao cloreto de benzalcônio contaminado |
| Ácido peracético e peróxido de hidrogênio | • Bactericida, fungicida, virucida e esporicida (por exemplo, *Clostridium difficile*)<br>• Ativo na presença de material orgânico<br>• Subprodutos ambientalmente inofensivos (ácido acético, $O^2$, $H^2O$)<br>• Registro em agência de proteção ambiental<br>• Compatível com superfície | • Falta de estabilidade<br>• Potencial de incompatibilidade com material (por exemplo, latão, cobre)<br>• Mais caro que a maioria dos outros ativos desinfetantes |

Todos os desinfetantes devem ser registrados na Anvisa e atender as Resoluções RDC n° 35/2010 e n° 31/2011. A aplicação do processo de desinfecção química, como concentração da solução, diluição, tempo de exposição, validade, entre outros, são determinados de acordo com as recomendações do fabricante, sendo necessária checagem atenta às instruções para evitar falhas no método.[4]

Como controle da desinfecção, recomenda-se monitorização e registro de todo processo, seja por método automatizado físico ou químico, incluindo equipamento utilizado, carga, temperatura, início e fim do ciclo, solução utilizada e nome do profissional; ou método químico manual, incluindo desinfetante utilizado, tempo de uso da solução, tempo de imersão, teste de monitoramento da concentração e nome do profissional executor. É recomendada ainda a monitorização dos parâmetros indicadores de efetividade dos desinfetantes reutilizáveis, como concentração, pH ou outros, no mínimo uma vez ao dia, antes do início das atividades. Os registros devem permanecer arquivados por, no mínimo, cinco anos.[1,4]

## 24.1.6 Preparo dos produtos para a saúde

A área de preparo de materiais deve ter iluminação adequada (luz natural com artificial), mobiliário adequado com mesas largas e cadeiras giratórias de altura regulável, lentes para a intensificação das imagens, entre outros. Os artigos devem ser inspecionados quanto à função, limpeza e integridade.[12]

Os sistemas de barreira estéril (embalagens) devem proteger os materiais desde o transporte até o momento do uso, garantindo a integridade dos conteúdos esterilizados. As embalagens podem ser de tecido de algodão, tecido não tecido (manta de polipropileno), papel crepado, grau cirúrgico, Tyvec® e containers rígidos.[4]

O tecido de algodão pode apresentar alguns problemas, como baixa vida útil por desgastes, não resistência à umidade e baixo grau de eficiência contra barreira microbiana.[12] As embalagens não devem ser reparadas com remendos ou cerzidas. Além disso, tem entrado em desuso devido ainda à dificuldade em controlar o número de reprocessamentos ou reutilizações (lavagem e autoclavação), que não deve exceder 65 vezes.[17]

A manta de polipropileno, ou *spunbonded/meltblown/spunbonded* (SMS), é um sistema de barreira descartável bastante utilizado por ser eficaz, disponível em diferentes tamanhos, impermeável e moldável; contudo, tem desvantagens como impossibilidade de visualização do material, baixa resistência a rasgos e abrasão, e dificuldade de identificação de perda da integridade devido ao aspecto poroso.[4]

O papel crepado também é descartável e apresenta como principais desvantagens a impossibilidade de visualização do material, alto efeito de memória e pouca resistência a rasgos e abrasão em comparação a outras embalagens. Na utilização da manta ou do papel crepado, é recomendada embalagem dupla para caixas de instrumentais pesados e materiais pontiagudos.[4,12]

O papel grau cirúrgico é permeável ao agente esterilizante e impermeável aos micro-organismos, descartável, contém indicador químico de exposição, permite visualização do material e é compatível com a maioria dos métodos de esterilização, sendo necessária a termosselagem. Para fazer a avaliação, deve-se verificar a selagem para dobras, queimaduras, produtos "presos", abrir algumas selagens e verificar o bom funcionamento para não rasgar ou delaminar e verificar presença de furos.[4,12]

As embalagens papel grau cirúrgico/filme ou tecido não-tecido ou papel crepado estão indicadas para os processos de esterilização por vapor saturado sob pressão, óxido de etileno e vapor a baixa temperatura e formaldeído gasoso (VBTF).[12]

O Tyvek® é uma embalagem descartável, à base de polietileno de alta densidade, termossensível, excelente barreira microbiana, com alta resistência à tração e perfuração, permite visualização do conteúdo, além de conter indicador químico impregnado. Exige termosselagem em seladora apropriada. É recomendada para esterilização por plasma de peróxido de hidrogênio, no qual pode ser utilizado também a manta de polipropileno.[4]

O sistema de contêiner rígido pode ser caixa de metal de aço inox, plástico termorresistente ou recipiente de alumínio anodizado. São permanentes, apresentando maior duração, economiza espaço, tem maior vida útil, proporciona agilidade e organização. Devem possuir áreas perfuradas para entrada do agente esterilizante e saída do ar, protegidas por filtro específicos.[12]

Recomenda-se que o tamanho dos pacotes autoclavados não excedam a medida de 25 × 25 × 40 cm ou 5 kg de peso.[17]

Na utilização de embalagens do tipo tecido, não tecido e papel crepado, os materiais devem ser acondicionados com dobradura adequada (técnica tipo pacote ou envelope), e as embalagens devem ser fechadas com colocação de fitas adesivas de qualidade e adição de um indicador químico de exposição tipo 1. Os pacotes devem ser identificados com rótulo, contendo nome do artigo, número do lote, data da esterilização, data da validade da embalagem e nome do funcionário responsável, além do tipo de processamento a que foi submetido.[4,12]

A armazenagem deve ser feita em local limpo, seco, com temperatura e umidade controladas, e com acesso restrito. Devem ser evitadas práticas ou eventos que interfiram na integridade da embalagem, como amassar, prender com elásticos, posicionar de forma a comprimi-las ou apertá-las, resguardando mínima manipulação necessária.[4]

## 24.1.7 Esterilização

A esterilização é um processo de destruição de micro-organismos de todas as formas de vida microbiana (vegetativa e esporulada), eliminando-os a tal ponto que não seja mais possível detectá-los em meio de cultura padrão, no qual previamente se proliferaram.[4,18]

Atualmente, existem no Brasil os métodos de esterilização físicos (radiação ionizante e vapor saturado sob pressão) e físico-químicos (combinação de meio físico e uma agente esterilizante em um equipamento).

A esterilização química de produtos para saúde por imersão está proibida no Brasil desde 2009, devido ao risco de falhas, segundo RDC nº 8, de 27 de fevereiro de 2009.[19]

### Vapor saturado sob pressão (autoclave)

É o principal método de esterilização por ser automatizado, seguro, rápido, eficiente e abrangente, estando indicado para a maior parte dos materiais, incluindo instrumentais cirúrgicos, tecidos, borracha, silicone, líquido e vidro. Todavia, é contraindicado para materiais termossensíveis, sendo adequado, nesses casos, o uso de métodos físico-químicos. A esterilização acontece por termocoagulação das proteínas dos micro-organismos, levando à sua morte (Figura 24.1).[4]

O ciclo de esterilização padrão por calor úmido é dividido em três etapas: acondicionamento, na qual ocorre a remoção de ar da câmara interna da máquina e o pré-aquecimento da carga; exposição ou esterilização, em que ocorre o contato do vapor com o material em condições controladas de pressão e temperatura, para promover a eliminação ou a inativação dos micro-organismos viáveis; e secagem, na qual ocorre remoção do vapor e condensado de vapor do interior da carga.[18,20]

As diretrizes da SOBECC apresentam alguns cuidados recomendados para sua utilização adequada:

- para autoclaves com capacidade superior a 100 litros, é obrigatório sistema de remoção de ar (pré-vácuo);
- esterilização de líquidos (caso necessário) em ciclos próprio, eliminando fase de pré-vácuo e de secagem;
- preenchimento da câmara do equipamento até 80% da capacidade interna, sem que os instrumentais encostem nas paredes do aparelho (propicia circulação do vapor e remoção do ar dos pacotes);
- obedecer aos limites de tamanho e peso, dispondo materiais côncavo-convexos (bacias, cubas) em posição vertical, e materiais que contém boca (frascos, cálice) com abertura para baixo;
- seguir os tempos de exposição e temperatura recomendados e validados no momento de qualificação de carga. Os parâmetros são programados de acordo com instruções do fabricante. Em geral, a temperatura varia de 121 a 134 °C, com tempo de 3,5 a 30 minutos.[4]

Figura 24.1 – Esterilização por calor úmido sob pressão (autoclave).

### Radiação ionizante

A esterilização por radiação ionizante tem crescido na indústria médica nas últimas décadas, sobretudo na esterilização de itens médicos descartáveis. As fontes de radiação utilizadas nesse processo podem envolver: raios gama de uma fonte de 60 Co ou feixes de elétrons de alta energia, gerados em aceleradores de partículas.[21]

Por proporcionar esterilização "a frio", é compatível com grande variedade de materiais (termoplásticos, borrachas, têxteis, metais, pigmentos, vidros, adesivos e tintas), podendo ser utilizado na esterilização de produtos para a saúde, como seringas descartáveis, agulhas, cateteres, luvas e kits cirúrgicos, suturas, implantes, proteínas, unidades para hemodiálise, pinças, reagentes, cosméticos etc.[21]

A esterilização de produtos para saúde por radiação ionizante deve atender aos requisitos das normatizações nacionais e internacionais, como a ABNT NBR ISO 11137.[21]

### Vapor e plasma de peróxido de hidrogênio

O peróxido de hidrogênio funciona produzindo radicais livres destrutivos, que podem atacar os lipídeos de membrana, o DNA e outros componentes celulares essenciais. O gás plasma, considerado o quarto estado da matéria, é gerado em uma câmara fechada sob vácuo, usando a frequência de rádio ou energia de micro-ondas para excitar as moléculas de gás e produzir partículas, muitas das quais estão na forma de radicais livres.[22]

O processo se dá por vácuo, injeção de vapor, difusão, plasma e ventilação. A câmara de esterilização é evacuada e a solução de peróxido de hidrogênio é injetada a partir de um cassete e é vaporizado na câmara de esterilização. O vapor de peróxido de hidrogênio se difunde através da câmara, expõe todas as superfícies da carga ao esterilizante e inicia a inativação de micro-organismos. O campo elétrico criado por uma frequência de rádio é aplicado à câmara para criar um plasma de gás e radicais livres. O excesso de gás é removido e, no estágio final do processo, a câmara de esterilização é retornada para a pressão atmosférica pela introdução de ar filtrado de alta eficiência. Os subprodutos do ciclo (por exemplo, vapor de água e oxigênio) não são tóxicos e eliminam a necessidade de aeração. Assim, os materiais esterilizados podem ser manuseados com segurança.[22]

A *Advanced Sterilization Products*, da Johnson & Johnson, foi pioneira no uso dessa tecnologia, com lançamento do Sterrad®, hoje disponível em diferentes modelos, que variam em parâmetros de funcionamento. O Sterrad®100S opera com ciclo curto de 55 minutos e longo de 72 minutos; o Sterrad®NX oferece ciclo padrão de 28 minutos e ciclo avançado de 38 minutos; o Sterrad®100NX All Clear oferece quatro tipos de ciclos: Standard (47 minutos), Flex (42 minutos), Duo (60 minutos) e Express (24 minutos).[23] As principais vantagens do método são baixa temperatura (até 55 °C, indicado para materiais termossensíveis), segurança, ausência de resíduos tóxicos, agilidade e compatibilidade com a maioria dos dispositivos médicos. Como desvantagem, apresenta incompatibilidade com celulose (papel), lençóis e líquidos; restrições de endoscópios ou dispositivos médicos com base no diâmetro interno do lúmen e comprimento; e requer embalagens sintéticas (envoltórios de polipropileno, bolsas de poliolefina) e bandeja especial para contêineres.[5]

Atualmente, já existem outros fabricantes com tecnologia semelhante, que utilizam gás plasma e vapor de peróxido de hidrogênio como método de esterilização.

### Óxido de etileno

O óxido de etileno (ETO) é um gás incolor, inflamável, explosivo e tóxico, disponibilizado por empresas terceirizadas, que deve atender às disposições da Portaria Interministerial MS n° 482/1999. Os quatro parâmetros essenciais do processo são: concentração de gás (450 a 1.200 mg/L), temperatura (37 a 63 °C), umidade relativa (40 a 80%) e tempo de exposição (1 a 6 horas). O ciclo básico de esterilização ETO consiste em cinco etapas (pré-condicionamento e umidificação, introdução, exposição, evacuação e lavagens de ar), com tempo de aeração estabelecido para a segurança de 8 a 12 horas à temperatura de 60 a 50 °C, respectivamente.[22]

A principal vantagem é a difusibilidade, sendo indicado para esterilização de materiais com lúmens longos, estreitos e de fundo cego, além de funcionar a temperatura mais baixa que autoclave, podendo ser utilizado para produtos termossensíveis. As principais desvantagens associadas ao ETO são o longo tempo de ciclo e de aeração, o custo e seu potencial perigoso para pacientes e profissionais, com efeito irritante, carcinogênico e teratogênico.[5]

### Vapor a Baixa Temperatura e Formaldeído Gasoso (VBTF)

É um método para artigos termossensíveis, que utiliza o formaldeído, um gás incolor, gerado a partir da formalina a 37% (estado líquido) ou por pastilhas de paraformaldeído (sólido), com formação de resíduos tóxicos e carcinogênicos. A duração do ciclo é por volta de 5 horas e a aeração é realizada dentro do ciclo no próprio equipamento, pode ser alocado no próprio CME.[4]

Desde 2008, o uso isolado de produtos que contenham paraformaldeído ou formaldeído para desinfecção e esterilização foi proibido pela Anvisa, sendo permitida sua utilização somente por meio de equipamentos, de acordo com a RDC n° 91/2008.[24]

### Controle dos processos de esterilização

O controle do processo de esterilização envolve todas as etapas, desde a qualificação dos equipamentos, a monitorização da limpeza, o acondicionamento com embalagens compatível ao método, o carregamento e descarregamento, o transporte e armazenamento adequado. Deve-se ter evidência documentada de cada processo de esterilização. Os protocolos para avaliação devem informar e predizer os procedimentos, os resultados esperados e as justificativas.

A aplicação de testes de monitorização químicos e biológicos é essencial para garantir a segurança no processo, a saber:[4]

### Indicadores químicos (IQ):

■ Tipo I: indicador de processo – utiliza tintas termocrômicas impregnadas em fitas adesivas e tem o objetivo de indicar os produtos que foram expostos aos agentes esterilizantes. Devem ser fixados externamente, recomentados em pacotes e caixas de instrumental. Todos os pacotes devem ter esse indicador. Algumas embalagens já vêm com indicador na lateral (grau cirúrgico, Tyvek®).

■ Tipo II: na autoclave, o teste Bowie-Dick verifica a presença de gases não condensáveis. A recomendação é diária, antes da primeira carga.

■ Tipo III: indicadores para parâmetro único, como temperatura. Na prática, não é utilizado.

■ Tipo IV: indicadores para mais de um parâmetro, como temperatura e pressão, pré-definidos. É dispensável, recomendando-se a utilização do tipo 5 ou 6.

■ Tipo V: são indicadores integradores designados para reagir com todos os parâmetros críticos de um ciclo (temperatura, tempo de exposição e qualidade do vapor). São posicionados dentro das caixas de instrumentais, produtos para implante etc.

- Tipo VI: são indicadores simuladores designados para reagir com todos os parâmetros críticos de um ciclo específico, com reação quando 95% do ciclo estiver concluído. Os integradores ou simuladores são posicionados dentro das caixas de instrumentais, produtos para implante etc. e como parte integrante do pacote-desafio.
- Indicadores biológicos (IB): são preparações padronizadas de esporos bacterianos comprovadamente resistentes ao método que será avaliado. São disponibilizadas três gerações:
  - Primeira geração: são tiras de papel empregada com esporos. Estas são colocadas em um ciclo de esterilização e enviadas para um laboratório, com leitura em até 7 dias.
  - Segunda geração: autocontidos, condicionados em um fundo de um frasco, separado do meio de cultura. Após a esterilização, a ampola é quebrada e o meio de cultura entra em contato com o suporte. É incubado por 48 horas à 37 ou 56 °C de temperatura.
  - Terceira geração: também autocontidos, mas se diferenciam por sua leitura ser baseada na interação da enzima alfa-D-glicosidase, estando associada à germinação de um esporo. Após a esterilização, é colocada em uma incubadora específica e o resultado ocorre por fluorescência, com tempo de leitura mais rápido (variando entre as marcas de 10 minutos a 3 horas). O monitoramento do processo de esterilização com IB é recomendado diariamente, em pacotes-desafio, disponível comercialmente ou construído pelo CME. Em caso de produtos para saúde implantáveis, deve ser adicionado IB a cada carga e liberada somente após leitura negativa do teste.

## 24.2 CENTRO CIRÚRGICO

O Centro Cirúrgico (CC) é uma parte do ambiente hospitalar onde são realizados procedimentos anestésico-cirúrgicos, diagnósticos e terapêuticos, tanto de caráter eletivo quanto emergencial. Esse ambiente apresenta uma dinâmica específica de assistência devido à variedade de situações e realização de intervenções invasivas com o uso de tecnologias especializadas. O trabalho realizado nesse ambiente envolve práticas complexas, multidisciplinares e interdisciplinares, com necessidade do trabalho em equipe em condições, muitas vezes, de tensão e estresse.[25]

### 24.2.1 Assistência de enfermagem perioperatória: transoperatório

O período perioperatório consiste em três fases, que começam e terminam em um ponto específico na sequência de eventos na experiência cirúrgica. A fase pré-operatória começa quando a decisão para proceder à intervenção cirúrgica é tomada e termina com o encaminhamento do paciente para o CC.[26] O período transoperatório tem início desde o momento em que o paciente é recebido na unidade de CC até sua saída da sala de operação. A fase intraoperatória envolve o início e o término do procedimento anestésico-cirúrgico. A fase pós-operatória começa com a admissão do paciente na Sala de Recuperação Pós-Anestésica (SRPA) e termina com uma avaliação de acompanhamento no ambiente clínico ou domiciliar.

Como parte da equipe multidisciplinar, a equipe de enfermagem, no ambiente cirúrgico, assume um caráter diferenciado, voltado para uma assistência especializada, personalizada e individualizada. Essa assistência tem por objetivo prevenir complicações no ato anestésico-cirúrgico, garantir a segurança e diminuir o estresse, contribuindo para o bem-estar do paciente.[27]

Dessa forma, a assistência de enfermagem perioperatória foi construída com base na assistência integral de forma continuada, individualizada, documentada e avaliada em todas as fases do período perioperatório. Esse processo é denominado Sistematização de Assistência de Enfermagem Perioperatória (SAEP). A SAEP busca a realização de um serviço de qualidade, além da satisfação do paciente.[4]

Esse é o modelo mais difundido no Brasil e é desenvolvido com base no Processo de Enfermagem, que compreende cinco fases: avaliação pré-operatória (coleta de dados e visita pré-operatória), identificação de problemas, planejamento da assistência perioperatória, implementação da assistência e avaliação da assistência a partir das visitas pós-operatórias.[28]

**NOTA**

Todo cuidado de enfermagem prestado deve ser organizado e sistematizado levando em consideração o Processo de Enfermagem. Em CC, como em qualquer ambiente de cuidado, deve-se estar atento a isso!

## 24.2.2 Atribuições dos profissionais de enfermagem

O Art. 6° da Resolução Cofen n° 543/2017 versa sobre o referencial mínimo para o quadro dos profissionais de enfermagem em CC, considera a classificação da cirurgia, as horas de assistência segundo o porte cirúrgico, o tempo de limpeza das salas e o tempo de espera das cirurgias. Para efeito de cálculo devem ser considerados: relação de um enfermeiro para cada três salas cirúrgicas (eletivas), enfermeiro exclusivo nas salas de cirurgias eletivas e de urgência/emergência de acordo com o grau de complexidade e porte cirúrgico, relação de um profissional técnico/auxiliar de enfermagem para cada sala como circulante (de acordo com o porte cirúrgico), e relação de um profissional técnico/auxiliar de enfermagem para a instrumentação (de acordo com o porte cirúrgico).[29]

A seguir, serão descritas algumas atribuições de cada membro da equipe de enfermagem em CC:[4]

- Enfermeiro: recomenda-se que seja especialista na área e, a depender da organização da instituição, pode-se ter o enfermeiro coordenador e o enfermeiro assistencial – será dado destaque ao enfermeiro assistencial, cujas principais funções são: realizar plano de cuidados e supervisionar a continuidade da assistência prestada; prever recursos humanos necessários nas salas operatórias; checar previamente a programação cirúrgica e fazer a escala diária de atividades dos funcionários; verificar a disponibilidade, o funcionamento e a limpeza de materiais, equipamentos e dispositivos necessários ao ato anestésico-cirúrgico; verificar disponibilidade de reserva de hemoderivados e outros itens específicos para atender as necessidades do paciente no período intraoperatório; recepcionar o paciente no CC, certificando-se do preenchimento correto de impressos, prontuário, pulseira de identificação e apresentação dos exames; efetuar cateterismo vesical de demora, se necessário; realizar curativo cirúrgico ou ajudar a equipe; fazer anotações e evolução de enfermagem; encaminhar o paciente para a SRPA e informar condições clínicas do paciente para o enfermeiro da SRPA.

- Técnico de enfermagem: atentar para a escala diária de atividades, estando ciente das cirurgias a serem realizadas na sala operatória pela qual é responsável; prover as salas operatórias com materiais, equipamentos e instrumental cirúrgico adequados; checar o funcionamento de gases medicinais e equipamentos, e verificar o funcionamento da iluminação da sala operatória; receber o paciente no CC quando necessário; auxiliar a equipe na transferência do paciente da maca para a mesa cirúrgica, certificando-se da correta colocação e permeabilidade de cateteres, sondas e drenos após a transferência; realizar a colocação dos dispositivos de monitoramento e da placa de retorno do bisturi elétrico; notificar possíveis intercorrências ao enfermeiro responsável e preencher adequadamente os impressos pertinentes ao prontuário; controlar e conferir materiais, compressas e gazes como fator de segurança para o paciente; auxiliar a equipe cirúrgica durante a paramentação; encaminhar peças, exames e outros pedidos realizados no decorrer da cirurgia; ao término do procedimento e após autorização da equipe, realizar a retirada de dispositivos e equipamentos que estiverem no paciente; ajudar na transferência do paciente da mesa cirúrgica para a maca; desmontar a sala operatória e encaminhar adequadamente cada material e instrumental para seu destino.

## 24.2.3 Admissão do paciente no centro cirúrgico

Ao chegar ao CC, o paciente será admitido pelo enfermeiro, que nem sempre é o mesmo que realizou a visita pré-operatória. Esse profissional deverá saber o procedimento que será realizado para prover os recursos e os equipamentos necessários para segurança e eficácia no procedimento. Ressalta-se que a SAEP deve ser continuada, visando ao cuidado individual e integral.

Deve-se, ao receber o paciente no CC, verificar pulseira de identificação, prontuário, prescrição e exames; confirmar informações sobre jejum, alergias, uso de medicações e doenças anteriores; verificar sinais vitais e realizar exame físico simplificado; encaminhar o paciente para a sala cirúrgica em maca e com grades elevadas; monitorar o paciente; realizar *checklist* cirúrgico antes da indução anestésica; e manter o paciente aquecido.[27]

Ressalta-se que o CC, por ser uma área crítica e restrita, cheia de equipamentos, materiais e tecnologia, caracteriza-se como um ambiente despersonalizado e indiferente. Assim, deve-se lembrar sempre a importância e a necessidade da humanização referente à assistência voltada às demandas do paciente, da família e da equipe de saúde. Para tanto, essa humanização deve partir da própria equipe que trabalha no setor e deve estar presente desde a entrada do paciente no Centro Cirúrgico até sua transferência da SRPA para a unidade de origem.

## 24.2.4 Protocolo de cirurgia segura

O centro cirúrgico é uma unidade com alto grau de complexidade e elevado número de procedimentos. Portanto, a atuação dos profissionais nesse setor deve preconizar pela prestação de cuidados com qualidade e segurança. Vários esforços, nesse sentido, têm sido empreendidos pelas organizações internacionais, como o Centers for Disease Control and Prevention (CDC), que elabora e revisa constantemente protocolos para prevenção de infecções, e a Organização Mundial de Saúde (OMS),

a qual elaborou um *checklist*[1] para ser aplicado em três momentos cirúrgicos: antes da indução anestésica, antes da incisão cirúrgica e antes do paciente sair da sala de operação. O objetivo é assegurar que ações importantes de segurança sejam incorporadas dentro do CC.[4] A Figura 24.2 apresenta a lista de verificação para cirurgia segura.[30]

## Lista de Verificação de Segurança Cirúrgica

### Antes da indução anestésica

(Na presença de, pelo menos, membro da equipe de enfermagem e do anestesiologista)

O paciente confirmou a sua identidade, o local da cirurgia, o procedimento e seu consentimento?
☐ Sim

O sítio está demarcado?
☐ Sim
☐ Não se aplica

Foi concluída a verificação do equipamento de anestesiologia e da medicação?
☐ Sim

O oxímetro de pulso está colocado no paciente e funcionando corretamente?
☐ Sim

O paciente possui:

**Alergia conhecida?**
☐ Não
☐ Sim

**Complicações nas vias aéreas ou risco de aspiração?**
☐ Não
☐ Sim, e equipamentos/assistência disponíveis

**Risco de perda sanguínea > 500 mL (7 mL/kg em crianças)?**
☐ Não
☐ Sim, e 2 acessos intravenosos/ou 1 acesso central e fluidos previstos

### Antes da incisão cirúrgica

(Na presença da equipe de enfermagem, do anestesiologista e do cirurgião)

☐ Confirmar que todos os membros se apresentaram, indicando seu nome e sua função

☐ Confirmar o nome do paciente, o procedimento e onde será aplicada a incisão

A profilaxia antimicrobiana foi administrada nos últimos 60 minutos?
☐ Sim
☐ Não se aplica

Prevenção de Eventos Críticos

**Para o Cirurgião:**
☐ Quais são as etapas críticas ou inesper
☐ Qual a duração da operação?
☐ Qual a quantidade de perda sanguínea prevista?

**Para o Anestesiologista:**
☐ Há alguma preocupação especificamente relacionada ao paciente?

**Para a Equipe de Enfermagem:**
☐ Foi confirmada a esterilização (incluindo os resultados dos indicadores)?
☐ Há alguma preocupação ou problema com relação aos equipamentos?

As imagens essenciais estão visíveis?
☐ Sim
☐ Não se aplica

### Antes da saída do paciente da sala cirúrgica

(Na presença do membro da equipe de enfermagem, do anestesiologista e do cirurgião)

O membro da enfermagem confirma verbalmente:
☐ O nome do procedimento
☐ A conclusão da contagem de instrumentos, compressas e agulhas
☐ A identificação das amostras (ler os rótulos das amostras em voz alta, inclusive o nome do paciente)
☐ Se há quaisquer problemas com os equipamentos a serem resolvidos

Para o Cirurgião, o Anestesiologista e a Equipe de Enfermagem:
☐ Quais são as principais preocupações para a recuperação e manejo do paciente?

**Figura 24.2** – Lista de verificação de segurança cirúrgica.
Fonte: Anvisa (2015).

## 24.2.5 Principais cuidados de enfermagem ao paciente no Centro Cirúrgico

Os cuidados de enfermagem na Unidade de Centro Cirúrgico (CC) envolvem desde os cuidados gerenciais até cuidados diretos ao paciente no período intraoperatório, realização de procedimentos técnicos e registro das atividades. A seguir são apresentados os principais cuidados específicos, incluindo posicionamento adequado do paciente, preparo da pele para prevenção de infecção, cuidados no uso do bisturi elétrico e transporte do paciente para Sala de Recuperação Pós-Anestésica (SRPA).

### Posicionamento do paciente e prevenção de lesão por pressão

A posição adequada do paciente para realização da cirurgia é um fator primordial no desempenho de um procedimento seguro e eficiente, e sua escolha requer conhecimentos anatomofisiológicos sobre o tipo e o tempo da cirurgia a qual o paciente será submetido, e o tipo de superfície de suporte necessária/disponível para manter o paciente na posição adequada.[4]

Todos os profissionais da equipe cirúrgica têm responsabilidade sobre o posicionamento correto do paciente e devem avaliar se o paciente está seguro, se não há proeminências ósseas sendo

---

1 AGÊNCIA NACIONAL DE VIGILÂNCIA SANITÁRIA (ANVISA). Manual de Implementação. Lista de verificação de segurança cirúrgica da OMS 2009. 8 maio 2015. Disponível em: <https://www20.anvisa.gov.br/segurancadopaciente/index.php/publicacoes/item/manual-de-implementacao-lista-de-verificacao-de-seguranca-cirurgica-da-oms>. Acesso em: 11 set. 2019.

pressionadas, se não há dispositivos que possam estar fazendo pressões desnecessárias e se todas as partes do corpo estão protegidas, idade, peso, uso de medicamentos, avaliação das condições da pele, nível de consciência, percepção da dor e mobilidade.

Há disponível na literatura escalas preditoras de lesão por pressão e, especificamente, para ser utilizada no CC tem-se a Escala de Avaliação de Risco para o Desenvolvimento de Lesões Decorrentes do Posicionamento Cirúrgico do Paciente (ELPO), que foi desenvolvida para avaliar o risco dos pacientes cirúrgicos.[31]

A ELPO engloba sete itens, descritos no Quadro 24.3. Cada um deles organizado com cinco subitens que indicam da menor à maior situação de risco, de forma que o escore da ELPO varia de 7 a 35 e quanto maior for o escore, maior será o risco de o paciente desenvolver complicações decorrentes do posicionamento cirúrgico, que tem 19 como nota de corte, ou seja, pacientes com escore acima de 19 estão em uma situação de maior risco para desenvolverem Lesão por Pressão (LP).[31] A partir da avaliação e da definição do escore, a equipe de enfermagem pode se utilizar de precauções adicionais a fim de prevenir ou reduzir as complicações pós-operatórias.

**Quadro 24.3 –** Escala de avaliação de risco para o desenvolvimento de lesões decorrentes do posicionamento cirúrgico[31]

| Itens/escore | 5 | 4 | 3 | 2 | 1 |
|---|---|---|---|---|---|
| Tipo de posição cirúrgica | Litotômica | Prona | Trendelemburg | Lateral | Supina |
| Tempo de cirurgia | Acima de 6h | Acima de 4h | Entre 2h e 4h | Entre 1h e 2h | Até 1h |
| Tipo de anestesia | Geral + regional | Geral | Regional | Sedação | Local |
| Superfície de suporte | Sem uso de superfície de suporte ou suportes rígidos sem acolchoamento ou perneiras estreitas | Colchão da mesa cirúrgica de espuma (convencional) + coxins feitos de campos de algodão | Colchão da mesa cirúrgica de espuma (convencional) + coxins de espuma | Colchão da mesa cirúrgica de espuma (convencional) + coxins de viscoelástico | Colchão da mesa cirúrgica de viscoelástico + coxins de viscoelástico |
| Posições dos membros | Elevação dos joelhos > 90° e abertura dos membros inferiores > 90° ou abertura dos membros inferiores > 90° | Elevação dos joelhos > 90° ou abertura dos membros inferiores > 90° | Elevação dos joelhos < 90° e abertura dos membros inferiores < 90° ou pescoço sem alinhamento esternal | Abertura dos membros inferiores < 90° | Posição anatômica |
| Comorbidades | Úlcera por pressão ou neuropatia previamente diagnosticada ou trombose venosa profunda | Obesidade ou desnutrição | Diabetes *mellitus* | Doença vascular | Sem comorbidades |
| Idade do paciente | > 80 anos | Entre 70 e 79 anos | Entre 60 e 69 anos | Entre 40 e 59 anos | Entre 18 e 39 anos |

A partir da avaliação de risco, são utilizados, pela equipe de enfermagem, alguns recursos de proteção para posicionar o paciente, como: colchão da mesa cirúrgica; travesseiros; suporte de pernas e braços; almofadas; coxins de diferentes tamanhos, formatos e materiais (espuma, borracha, polímero); rodílias, manta e colhão térmico; prolongadores; cintas fixadoras de membros inferiores, superiores ou corpo; além de ataduras de crepe ou esparadrapo, entre outros recursos.[32]

Outra estratégia de proteção é a utilização de tecnologias, como curativos, dentre os quais: creme barreira, filme transparente, hidrocoloides, telas de silicone, além de curativos que contém espuma e adesivos de silicone, entre outros tipos disponíveis no mercado que auxiliam na prevenção de lesão por pressão, seja com objetivo de proteção e/ou redução da pressão.

O cenário ideal para o posicionamento mais seguro, eficiente e eficaz dos pacientes é o planejamento antecipado e a avaliação de riscos muito antes de o paciente chegar para a cirurgia. Infelizmente, isso não é universalmente praticado. Assim, o uso de protocolos e conhecimento dos recursos para posicionamento são de extrema importância para posicionar adequadamente o paciente a depender do tipo de cirurgia, conforme será descrito no Quadro 24.4,[4,27] considerando que o posicionamento pode afetar diferentes sistemas do corpo do paciente, como respiratório e circulatório.

**Quadro 24.4** – Tipos de posições cirúrgicas, descrição, recomendações e cirurgia indicada[4,27]

| Posição | Descrição | Recomendações | Cirurgia indicada | Imagem* |
|---|---|---|---|---|
| Supina | Paciente posiciona-se deitado de costas, com os membros inferiores estendidos, pés ligeiramente separados e braços estendidos ao longo do corpo ou apoiados em braçadeiras, mãos voltadas para cima em um ângulo máximo de 80° a 90° com o corpo. | Um coxim abaixo da cabeça permite o relaxamento do músculo trapézio e previne a distensão do pescoço. Para redistribuir a pressão na região sacra, deve-se colocar um travesseiro logo abaixo do joelho e, quando possível, um apoio abaixo da panturrilha, a fim de manter os calcâneos flutuantes. | Cardiotorácicas e vasculares, cirurgia geral, plástica, ortopedia, transplantes. | |
| Ventral ou prona | Paciente mantém-se deitado com abdome para baixo (em contato com a mesa cirúrgica), com os braços estendidos para frente apoiando os membros superiores com ângulo máximo de 90° entre o braço e antebraço, com as palmas voltadas para baixo, em braçadeiras acolchoadas localizadas alinhadas ou abaixo do tronco. | Alguns cuidados são necessários: proteger testa, nariz e queixo; usar apoio da cabeça específico para esse fim. | Cirurgia da coluna cervical, região occipital, dorso, lombar, sacrococcígea, retal e extremidades inferiores. | |
| Trendelenburg | Variação do decúbito dorsal, em que a parte superior do dorso é abaixada e os pés são elevados. | Se a inclinação for maior que 5°, devem ser usadas braçadeiras acolchoadas para os ombros e faixas de contenção ou cintas de segurança em região vascularizada de membros inferiores, evitando que o paciente deslize. | Cirurgias laparoscópicas de abdome inferior e pelve. | |
| Trendelenburg reversa | É o oposto da Trendelenburg; também variação da posição supina, em que a parte superior do dorso é elevada e os pés são abaixados. | Os braços podem ser colocados ao longo do corpo ou abertos em braçadeiras, sempre protegidos, tendo-se o cuidado de não hiperestendê-los ou posicioná-los com muita amplitude. | Cirurgias de ombro, neurocirurgias de fossa posterior, cabeça e pescoço, plásticas na face e nariz. | |
| Litotômica ou ginecológica | Paciente é colocado em decúbito dorsal. As pernas são elevadas e abduzidas para expor a região perineal. | As pernas devem ser abaixadas ou apoiadas em estribos, dando-se apoio às articulações acima e abaixo, a fim de evitar tensão na musculatura lombo-sacra. Não se deve deixar o peso do corpo ser suportado pelos joelhos. | Cirurgias abdominais, perineais, pélvicas e geniturinárias. | |

IMAGENS: ACERVO PESSOAL

| Posição | Descrição | Recomendações | Cirurgia indicada | Imagem* |
|---|---|---|---|---|
| Fowler | Paciente é colocado em posição supina e é feita a elevação do dorso da mesa, permitindo que o paciente fique sentado em ângulos que variam de 30° a 90°, em relação ao plano horizontal. | A cabeça do paciente deve ser apoiada em suporte próprio. É necessário colocar apoio nas costas. Os braços devem estar apoiados em braçadeiras, em ângulo máximo de 80° a 90° com o antebraço. Os membros e o tronco do paciente podem ser fixados com faixas elásticas firmes. | Neurocirurgias, cirurgias de ombro e articulações. | |
| Lateral ou Sims | O paciente é anestesiado na posição supina e é posicionado sobre o lado não afetado, dando acesso à parte superior do tórax, à região dos rins e à parte superior do ureter. O quadril pode ser fletido para elevar a região que se deseja visualizar. | O braço inferior deve ser apoiado em braçadeira em ângulo de 80° a 90° com a mesa operatória e o braço superior deve ficar apoiado em acessório específico paralelo à braçadeira inferior ou em travesseiro desalinhado com o braço inferior, evitando a compressão deste. Após posicionar, deve-se colocar faixas largas para fixação do paciente na região do quadril e da coxa. | Cirurgias renais. | |

*Observação: as imagens representam somente o posicionamento, sendo necessária a utilização de suportes de apoio e de segurança, conforme descrição de cada posição.

Crédito: Acervo pessoal

É pertinente ressaltar que são necessários alguns cuidados no posicionamento do paciente ao final do procedimento cirúrgico, considerando que este ainda está sob efeito anestésico. Deve ser manipulado lentamente, retirando as pernas e os braços, respectivamente, das perneiras e braçadeiras, se for o caso, sempre observando as reações do paciente e mantendo-o monitorizado, a fim de identificar quaisquer intercorrências. É preciso, ainda, conforme citado anteriormente, de acordo com o *checklist* de cirurgia segura, avaliar condições da pele pós-procedimento, com o propósito de identificar possíveis lesões em decorrência do procedimento cirúrgico.

A equipe de enfermagem deve estar atenta às condições da pele do paciente antes, durante e após um procedimento perioperatório, podendo levar à prevenção ou detecção precoce de lesão por pressão. Essa consciência se estende durante a recuperação e pode ser otimizada com uma boa comunicação entre o cirurgião e outros profissionais que trabalham com paciente além do ambiente cirúrgico.

### Prevenção de infecção no sítio cirúrgico: preparo da pele

Após devidamente posicionado, recomenda-se o preparo da pele do paciente, mais especificamente, do sítio cirúrgico e, em algumas situações, é necessária a remoção dos pelos (tricotomia). Porém, considerando o risco de causar microlesões, com consequente infecção do tecido, a Association of periOperative Registered Nurses (AORN) recomenda que tal procedimento deve ser realizado com uso de um tricotomizador, em um período mais próximo possível da incisão cirúrgica e em ambiente externo à sala de operação.[32]

Ressalta-se que na fase pré-operatória o paciente já deve ter sido orientado a realizar o banho com sabonete ou solução antisséptica, conforme determina a OMS.[33]

Uma revisão foi realizada a fim de identificar evidência relacionada ao banho pré-operatório com antissépticos para prevenir infecções de sítio operatório adquiridas no hospital (nosocomiais). Nesse estudo, foram selecionados ensaios clínicos randomizados que compararam o uso de qualquer produto antisséptico em banhos de imersão ou de chuveiro no período pré-operatório *versus* o uso de produtos não antissépticas em pessoas que seriam submetidas à cirurgia. Após análise dos resultados, a revisão apontou que não há evidências claras a favor do banho pré-operatório com clorexidina quando comparado ao banho com outros produtos.[34]

O sítio cirúrgico deve estar livre de sujidade aparente, óleos e cosméticos; assim, além do banho pré-operatório já mencionado, deve ser feita a degermação e a antissepsia da pele. As soluções utilizadas devem atender a alguns requisitos mínimos, como: velocidade de ação na redução da microbiota, inabsorção pela pele e pela mucosa, efeito prolongado, ser estável, não corrosivo, baixa toxicidade, odor agradável e boa aceitação pelo usuário.[27]

Para realização da antissepsia da pele, é recomendado o uso de gluconato de clorexidina alcoólica ou iodopovidona (PVP-I) à base de álcool.[4] De acordo com a AORN, tal procedimento deve ser realizado por um membro externo aos cirurgiões ou instrumentador (enfermeiro perioperatório, circulante de sala), usando técnica asséptica.[32]

### Cuidados com bisturi elétrico

A eletrocirurgia é uma prática rotineira no ambiente cirúrgico. Trata-se da utilização de corrente elétrica para efeitos de incisões e hemóstase. A energia é aplicada em dois eletrodos, de forma que um deles é dispersivo, geralmente uma placa condutiva de maior área de contato, cuja função é estabelecer um circuito de circulação de corrente elétrica e ao mesmo tempo fazer a energia voltar do paciente ao gerador.[4]

Alguns cuidados de enfermagem são necessários para a colocação da placa de dispersão: só deve ser colocada após o término do posicionamento cirúrgico; a embalagem deve ser aberta o mais próximo possível da aplicação; a face adesiva deve ser posicionada em área limpa, seca, maior que a superfície do dispositivo, de musculatura bem perfundida e mais próxima possível do sítio cirúrgico; longe de proeminências ósseas, tecidos lesionados ou sobre áreas metálicas, tatuagens e com pelos; em locais que haja pelos, deve-se realizar a tricotomia previamente, e em caso de haver substâncias hidratantes e/ou antissépticas, estas também devem ser removidas; deve ser mantido seco e protegido de respingo de líquidos; não é recomendada a aplicação de esparadrapo sobre a placa dispersiva.[35]

Analisar evidências científicas sobre a utilização do bisturi elétrico e os cuidados de enfermagem relacionados ao uso desse equipamento é de suma importância, pois são medidas de segurança para evitar possíveis eventos adversos e consequente dano aos pacientes.

### 24.2.6 Transporte do paciente para Sala de Recuperação Pós-Anestésica (SRPA)

Próximo ao término da cirurgia, o enfermeiro deve avisar à equipe da SRPA sobre a transferência do paciente para que o leito possa ser preparado, assim como o material necessário para a assistência adequada.

Após o fim do procedimento anestésico-cirúrgico, o paciente é transferido da sala operatória para a SRPA. A responsabilidade pela transferência é do anestesiologista e de um membro da equipe cirúrgica ou de enfermagem. Esse transporte requer considerações específicas a depender do local da incisão, às potenciais alterações respiratórias e vasculares e à exposição.[4]

O paciente deve ser passado, cuidadosamente, da mesa cirúrgica para a maca, coberto, com grades laterais elevadas e com cintos de segurança, se necessário. Antes de efetivar a transferência, o enfermeiro deverá avaliar condições gerais do paciente: parâmetros de monitorização cardíaca e oximetria; posicionamento adequado na maca; avaliar nível de consciência; verificar necessidade de desobstrução de vias aéreas; condições de curativos, drenos, sondas e infusões venosas; e verificar perfusão periférica. Além disso, o prontuário deve ser conferido a fim de checar se todas as anotações de enfermagem foram adequadamente registradas e se todos os impressos obrigatórios (ficha de anestesia, descrição da cirurgia e prescrição médica) foram incluídos.[27]

Durante todo o transporte, a equipe deve observar as reações do paciente a fim de detectar alterações que precisem de intervenções imediatas.

## 24.3 RECUPERAÇÃO ANESTÉSICA

A assistência de enfermagem na SRPA tem por finalidades proporcionar a recuperação dos pacientes e prevenir ou detectar complicações relacionadas ao procedimento anestésico-cirúrgico. Nesse ambiente, o paciente submetido ao procedimento anestésico-cirúrgico permanece sob observação, cuidados e assistência constantes da equipe de enfermagem até que haja recuperação da consciência, estabilidade dos sinais vitais e prevenção das intercorrências do período pós-anestésico.[36]

### 24.3.1 Período pós-operatório e recuperação anestésica

O período pós-operatório é dividido em diferentes momentos: imediato (primeiras 24 horas após a intervenção anestésico-cirúrgica), mediato (inicia-se após as primeiras 24 horas da cirurgia e se estende até a alta hospitalar) e tardio (acompanhamento em ambulatório ou domicílio). A recuperação anestésica é compreendida do momento que o paciente é admitido após procedimento anestésico-cirúrgico até o momento em que o paciente recebe alta da SRPA.

ASSISTÊNCIA PERIOPERATÓRIA 445

O paciente segue na SRPA sob os cuidados da equipe de enfermagem até que tenha se recuperado dos efeitos da anestesia, retomado as funções motoras e sensoriais, esteja orientado, com sinais vitais estáveis e não demonstre nenhuma evidência de hemorragia, náusea ou vômito. Esse período é considerado crítico, pois muitas vezes os pacientes se encontram inconscientes, entorpecidos e com diminuição dos reflexos protetores, encontrando-se sob risco permanente de eventos adversos indesejáveis e prejudiciais à sua integridade. É de suma importância antecipar ocorrências na SRPA, podendo ser detectadas precocemente por meio da avaliação dos sinais e sintomas, monitoração e prevenção de complicações.[4]

## 24.3.2 Planejamento físico e equipamentos SRPA

No Brasil, a Resolução nº 1.363/93, do Conselho Federal de Medicina (CFM), determinou que todo paciente após a cirurgia deveria ser removido para a Sala de Recuperação Pós-Anestésica, porém a obrigatoriedade da SRPA surgiu em 1994, com a Portaria MS nº 1884/94, de 11 de novembro de 1994, que revogou a Portaria MS nº 400/1977, a qual já previa sua necessidade.[4,37] Segundo a Resolução MS nº 50/2002, essa área pertence à planta física da Unidade de Centro Cirúrgico e possui as mesmas características arquitetônicas relacionadas ao tipo de piso, paredes e instalações elétricas.[3]

Para realizar os cuidados pós-anestésico-cirúrgicos são necessários recursos técnicos e recursos humanos especializados. O planejamento da planta física deve ser feito de modo a permitir a observação constante de todos os pacientes pelas equipes médicas e de enfermagem, sendo o estilo "aberto" o que mais bem atende a esses critérios.[38] Deve atender a localização, planta física, número de funcionários, dinâmica da unidade e quantidade de leitos, proporcionando segurança e redução de riscos anestésicos cirúrgicos. O tempo de permanência do paciente em média é de 2 a 3 horas. O número de leitos deve ser igual ao número de salas de operação mais um leito e, nos casos de cirurgias complexas, a recuperação é direcionada a Unidade de Terapia Intensiva Pós-operatória (UTI-PO).[39]

Os requisitos ambientais indispensáveis a SRPA são: temperatura entre 20 e 24 °C; ventilação que promova troca de ar e iluminação adequadas; piso refratário à condutibilidade elétrica; facilidades de limpeza; espaço suficiente; leitos dispostos de tal forma que os pacientes possam ser vistos de qualquer ângulo do recinto; portas amplas que permitam a entrada de aparelhos transportáveis como raio x, aparelho de anestesia, aspiradores, fonte de oxigênio permanente; estantes e armários amplos para depósito de medicamentos; materiais cirúrgicos e aparelhos.[4,38]

A sala de recuperação deve ter equipamentos em perfeitas condições de uso para atender aos pacientes em qualquer situação, inclusive em emergências. Eles são divididos em equipamentos básicos, equipamentos e materiais de suporte respiratório, equipamentos e materiais de suporte cardiovascular e geral, conforme Quadro 24.5.[4]

Quadro 24.5 – Equipamentos e materiais necessários na SRPA[4]

| Equipamentos e materiais | |
|---|---|
| Básicos | Geralmente fixados à parede, incluem saídas de oxigênio com fluxômetro, saída de ar comprimido, fonte de aspiração a vácuo, foco de luz, tomadas elétricas, monitor cardíaco, oxímetro de pulso, esfigmomanômetro e estetoscópio. |
| Suporte respiratório | Ventiladores mecânicos, máscaras e cateteres para oxigênio, sondas para aspiração, carrinho de emergência com material completo para intubação orotraqueal e ventilação manual. |
| Suporte cardiovascular e geral | Equipos de soro e transfusão, cateteres, seringas e agulhas, equipos para medida de pressão venosa central e pressão arterial invasiva, soluções venosas, fármacos e outros para reanimação cardiovascular, bandeja de cateterismo vesical, sondas vesicais, sistema de drenagem vesical, pacotes de curativos, bolsas coletoras, gazes, termômetros, frascos e tubos esterilizados para coleta de sangue, medicamentos e soros, travesseiros, almofadas, cobertores e talas etc. |

## 24.3.3 Recursos humanos na recuperação anestésica

Para realização dos cuidados assistenciais são necessários recursos tecnológicos, materiais e humanos especializados, experientes e altamente habilitados. A segurança do paciente depende não apenas de equipamentos e recursos tecnológicos, mas de recursos humanos, procedimentos e intervenções de enfermagem, respaldados no conhecimento técnico-científico e sedimentados em comportamentos, atitudes e práticas seguras na execução dos mesmos, evitando, assim, a ocorrência de eventos adversos e, consequentemente, de complicações.[40]

A equipe multiprofissional tem como objetivo oferecer suporte ao paciente no período de recuperação da anestesia, promover estabilidade cardiorrespiratória e hemodinâmica, prevenir ou tratar possíveis complicações e estabelecer medidas para aliviar desconfortos pós-operatórios.[39] A equipe de SRPA é composta por médico anestesiologista, enfermeiro e técnico de enfermagem. Em relação à atuação do enfermeiro em SRPA, compete a este a implementação de medidas eficazes no controle das complicações, prestação de assistência segura, racional e individualizada e suporte ao paciente durante seu retorno ao estado fisiológico normal após a anestesia.[36]

Para o dimensionamento de recursos humanos, propõe-se um cálculo proporcional do número de profissionais de enfermagem em relação ao número de pacientes, tendo a finalidade de oferecer uma intervenção de enfermagem individualizada, pelo grau de dependência em que se encontra o paciente, ou seja, compatível com as alterações e as necessidades básicas afetadas.[39]

A Resolução Cofen nº 543/2017 preconiza que o dimensionamento do quadro de profissionais de enfermagem deve basear-se em características relativas: ao serviço de saúde, ao serviço de enfermagem e ao paciente (grau de dependência em relação à equipe de enfermagem). Considerando que assistência aos pacientes em pós-operatório imediato envolve desde cuidados intermediários a semi-intensivos (na unidade de recuperação pós-anestésica) e cuidados intensivos (na Unidade de Terapia Intensiva Pós-operatória), o referencial mínimo para o quadro de profissionais de enfermagem, para as 24 horas de cada unidade de internação, deverá considerar, para efeito de cálculo, o sistema de classificação de pacientes (SCP) segundo as variáveis:

- Horas de assistência de enfermagem: 10 horas de enfermagem, por paciente, no cuidado semi-intensivo; e 18 horas de enfermagem, por paciente, no cuidado intensivo.

- Distribuição percentual do total de profissionais de enfermagem nas seguintes proporções mínimas: 42% enfermeiros e os demais técnicos de enfermagem, para cuidado semi-intensivo, e 52% enfermeiros e os demais técnicos de enfermagem, para cuidado intensivo.

- Proporção profissional/paciente nos diferentes turnos de trabalho: 1 profissional de enfermagem para 2,4 cuidado em semi-intensivo e 1 profissional de enfermagem para 1,33 no cuidado intensivo.[29]

Com relação ao técnico de enfermagem, a Lei nº 7.498, de 25 de junho de 1986, regulamentada pelo Decreto nº 94.406, de 8 de junho de 1987, refere-se ao trabalho de enfermagem em grau auxiliar, cabendo-lhe participar de planejamento, programação, orientação e supervisão das atividades de assistência de enfermagem, conforme planejamento e supervisão do enfermeiro.[41] Na SRPA, os cuidados incluem: participar da admissão do paciente; organizar o leito de modo a oferecer segurança, agilidade e conforto; verificar a funcionalidade dos equipamentos e repor material de consumo;

observar, reconhecer e descrever sinais e sintomas; prestar cuidados de higiene e conforto ao paciente; instalar monitorização; aplicar escala de Aldrete e Kroulik modificada, notificar o enfermeiro sobre condições do paciente; administrar medicamentos prescritos; realizar balanço hídrico; garantir a segurança do paciente em suas ações e realizar registros de enfermagem.[4]

Para que a RA atinja sua finalidade, deve-se garantir uma equipe treinada e habilitada para prestar cuidados individualizados e de alta complexidade, atentando para a educação permanente desses profissionais.

## 24.3.4 Assistência de enfermagem na SRPA

Após a intervenção anestésico-cirúrgico, o paciente é encaminhado para a SRPA pelo anestesiologista e enfermeiro, técnico ou auxiliar de enfermagem. Ao admitir o paciente, o profissional de enfermagem deve receber as informações referentes ao período intraoperatório, como identificação do paciente, tipo de cirurgia, tipo de anestesia e anestésicos utilizados, intercorrências, perdas hídricas ou sanguíneas, condições clínicas e dispositivos de apoio. A coleta de dados sobre o período intraoperatório e a avaliação inicial do paciente possibilitam a prestação de uma assistência sistematizada e individualizada. No momento da admissão do paciente na SRPA, o profissional deve avaliar:

- perviedade de vias aéreas;
- nível de consciência;
- respiração (padrão e frequência respiratória);
- estado cardiovascular (frequência e ritmo cardíacos, pressão arterial);
- motricidade e sensibilidade;
- temperatura;
- integridade da pele;
- dor e desconfortos;
- dispositivos invasivos (cateteres, sondas, drenos);
- sítio cirúrgico;
- débito urinário;
- necessidades psicoespirituais.

O profissional de enfermagem deve instalar monitor multiparamétrico, com oxímetro de pulso para verificação da saturação de oxigênio ($SpO_2$), instalar os eletrodos para monitorização eletrocardiográfica e conexões para mensurar a pressão arterial e temperatura. A avaliação dos sinais vitais deve ser realizada a cada 15 minutos na primeira hora; a cada 30 minutos na segunda hora e, a partir daí, de hora em hora, observando a rotina da instituição. Caso o paciente esteja instável, os intervalos devem ser reduzidos.[42]

Os pacientes podem ser admitidos na RA muito sonolentos e sem responder aos estímulos verbais.

ASSISTÊNCIA PERIOPERATÓRIA | 447

Nesses casos, podem ocorrer alterações respiratórias importantes se não forem implementadas estratégias para estimular o paciente a acordar e a respirar de forma eficaz. Quando os estímulos verbais e táteis não forem suficientes para proporcionar inspiração e expiração adequadas para atender às necessidades do organismo, podem ser necessárias a avaliação do anestesiologista e a administração de drogas antagonistas (para reverter a ação dos agentes anestésicos), para que o paciente consiga suprir as necessidades fisiológicas de oxigênio.[43]

Pacientes agitados ou com diminuição do nível de consciência e consequente redução das respostas a estímulos devem ser posicionados de forma confortável, para impedir lesões resultantes do mau posicionamento, e em um leito com grades elevadas, a fim de prevenir quedas. Em alguns casos, pode ser necessária a contenção de membros superiores e inferiores. O paciente deve ser mantido em posição confortável, para evitar comprometimento do sítio cirúrgico, promover ventilação adequada e prevenir lesões por pressão.

## Cuidados com drenos

Os drenos possibilitam a eliminação de líquidos que poderiam ser meio de cultura para micro-organismos. Os principais tipos de drenos incluem os drenos de Penrose, de sucção (exemplo: Hemovac®, Jackson Pratt, Blake), dreno de tórax ou de mediastino e túbulo-laminar.

É importante observar o tipo, o local de inserção do dreno, a presença de sinais flogísticos e registrar diariamente as características das secreções drenadas: aspecto/coloração, odor, quantidade. Espera-se a evolução de secreção sanguinolenta para serosanguinolenta e, por último, serosa. Quantidades excessivas de drenagem e mudanças no tipo de efluente em um sistema de drenagem ou no curativo devem ser comunicadas a equipe médica.

**NOTA**

É importante que o profissional atente para o esvaziamento do dreno quando estiver preenchido com mais da metade de sua capacidade ou sempre que necessário.

O profissional deve verificar a forma de fixação à pele, a presença de obstruções no sistema de drenagem, a integridade do dreno e o curativo. Deve-se realizar o curativo do dreno diariamente e aumentar a frequência de realização de curativo sempre que identificar que as gazes estão saturadas.

O dreno de Penrose é utilizado em cirurgias que implicam em possíveis acúmulos no local da ferida operatória, a fim de evitar a deposição de secreções. Esse tipo de dreno deve ser avaliado e mobilizado em intervalos de 12 horas, ou seja, tracionado a cada curativo, exceto quando houver contraindicação médica, e seguindo os protocolos e a rotina da instituição.[44] Além disso, deve-se: observar a drenagem e a formação de fibrina ao redor do dreno, fazer a limpeza com técnica estéril, verificar fixação externa do dreno com a pele, e utilizar bolsa coletora estéril nos casos em que haja drenagem de grande quantidade de líquidos. Os cuidados com os drenos são da equipe de enfermagem e sua retirada compete exclusivamente ao enfermeiro desde que prescritos pelo médico.[45]

Os drenos de sucção, como Hemovac® e Jackson-Pratt, são sistemas de sucção conectados ao tudo de drenagem para remover e coletar exsudato. O Hemovac® é usado para grandes quantidades de exsudato, enquanto o dreno de Jackson-Pratt é utilizado quando se espera pequenas quantidades de drenagem.[46] Para esvaziar esses drenos, o profissional deve manter a técnica asséptica ao abrir o orifício do reservatório, apertar lentamente o dreno, inclinando-o e depositando o líquido no cálice graduado ou coletor disponível na unidade. Para evitar contaminação, é necessário realizar a limpeza do orifício e da tampa com gaze umedecida com álcool ou clorexidina alcoólica, mantendo o dreno comprimido com uma mão, e fechá-la imediatamente. Ao final do procedimento, deve-se observar o reestabelecimento do vácuo, a permeabilidade do sistema de drenagem, a ausência de tração no sistema de drenagem, realizar a anotação de enfermagem quanto às características e o volume da drenagem e descartar no expurgo.

O dreno de tórax é indicado para pacientes com hemotórax, pneumotórax, derrame pleural ou traumas. A equipe de enfermagem deve verificar se os tubos e conexões estão bem conectados e sem obstruções ou vazamentos (borbulhamento constante), além de sempre checar se o selo d'água está no nível adequado. O sistema do dreno de tórax não deve ser pinçado ao realizar o transporte do paciente, pois o líquido pode retornar à cavidade torácica.[25] É papel da equipe de enfermagem orientar o paciente quanto à importância de manter o sistema de drenagem abaixo do local de inserção do dreno.[46]

### Índice de Aldrete e Kroulik

Para a avaliação do estado fisiológico dos pacientes submetidos ao procedimento anestésico-cirúrgico, tem-se utilizado o Índice de Aldrete e Kroulik. Esse índice é baseado na análise dos sistemas cardiovascular, respiratório, nervoso central e muscular. Cada resposta, referente a cada item, recebe uma pontuação que varia de 0 a 2, na qual o zero (0) indica condições de maior gravidade, a pontuação um (1) corresponde a um nível intermediário e, a dois (2) representa as funções restabelecidas. Ao final da avaliação, os valores são somados. Um total de 10 pontos indica que o paciente está em ótimas condições. Os parâmetros podem ser aplicados no momento da admissão e para determinar o melhor momento de alta dos pacientes em RA, auxiliando na avaliação de enfermagem. O nível de consciência e a capacidade de sensopercepção do paciente podem variar de acordo com o tipo e a quantidade de fármacos utilizados durante o procedimento anestésico-cirúrgico.[4,47]

Quadro 24.6 – Índice de Aldrete e Kroulik modificado[47]

| Parâmetro | Resposta | Pontuação |
|---|---|---|
| Atividade | Capaz de mover os quatro membros voluntariamente ou sob comando | 2 |
| | Capaz de mover somente dois membros voluntariamente ou sob comando | 1 |
| | Incapaz de mover os membros voluntariamente ou sob comando | 0 |
| Respiração | Capaz de respirar profundamente e tossir livremente | 2 |
| | Dispneia ou limitação da respiração | 1 |
| | Apneia | 0 |
| Circulação | Pressão arterial em 20% do nível pré-anestésico | 2 |
| | Pressão arterial em 20 a 49% do nível pré-anestésico | 1 |
| | Pressão arterial em 50% do nível pré-anestésico | 0 |
| Consciência | Lúcido, orientado no tempo e espaço | 2 |
| | Desperta se solicitado | 1 |
| | Não responde | 0 |
| Saturação | Capaz de manter saturação de $O_2$ > 92% respirando ar | 2 |
| | Necessita de $O_2$ suplementar para manter saturação de $O_2$ > 90% | 1 |
| | Saturação de $O_2$ < 90% mesmo com $O_2$ suplementar | 0 |

## Escala de sedação de Ramsay

A escala de Ramsay é um tipo de escala subjetiva que avalia o nível de consciência de pacientes em uso de sedativos a partir de valores de 0 a 6.[48] Mais utilizada em pacientes em sedação profunda, portanto, não se recomenda sua utilização para pacientes pós-cirúrgicos que estão em boa recuperação anestésica.[4]

Quadro 24.7 – Escala de Sedação de Ramsay[48]

| Nível clínico | Grau de sedação atingido |
|---|---|
| 1 | Ansioso, agitado ou inquieto |
| 2 | Cooperativo, aceitando ventilação, orientado e tranquilo |
| 3 | Dormindo, com resposta discreta a estímulo tátil ou auditivo |
| 4 | Dormindo, com resposta mínima a estímulo tátil ou auditivo |
| 5 | Sem resposta a estímulo tátil ou auditivo; porém, com resposta à dor |
| 6 | Sem resposta a estímulo doloroso |

## 24.3.5 Principais desconfortos e cuidados de enfermagem na RA

No período pós-operatório, o paciente fica vulnerável a alterações nos sistemas respiratório, cardiovascular, termorregulador, tegumentar, sensorial, locomotor, urinário, digestório e imunológico.

### Controle e manejo da dor

A dor aguda é caracterizada pelo início súbito ou lento, de intensidade leve a intensa, com término antecipado ou previsível.[49] A dor no período pós-operatório pode ser causada por fatores fisiológicos e psicológicos.[50]

O profissional deve considerar a queixa de dor do paciente e realizar uma avaliação por meio da observação de indicadores de dor, do uso de escalas de dor e da coleta de informações quanto a: localização, intensidade, descrição da dor, duração, tipo de dor, frequência, fatores desencadeantes e atenuantes. Na avaliação da dor, é importante identificar expressão facial e corporal, agitação, distúrbios no sono, ansiedade, irritabilidade, alterações cutâneas e cardiopulmonares.

A dor envolve reações fisiológicas e psicológicas que podem causar imunossupressão, diminuição da perfusão tissular, aumento do consumo de oxigênio, alterações cardiovasculares e ventilatórias, espasmo muscular e liberação de adrenalina e cortisol.[51] É responsabilidade da equipe de enfermagem realizar o controle adequado da dor em pacientes submetidos a cirurgias, promovendo conforto e segurança dos pacientes e evitando complicações no pós-operatório.

Dentro das classes de medicamentos usados no controle da dor pós-operatória, os mais usados são analgésicos, anti-inflamatórios não esteroidais (AINES), opiáceos e analgesia controlada por cateter peridural. A dose utilizada é aumentada conforme a intensidade da dor (leve, moderada, intensa, ou intensa não controlada).[52] A Figura 24.3 mostra a escada de dor da OMS modificada, que tem sido utilizada para o tratamento farmacológico da dor de acordo com sua intensidade.[53]

ASSISTÊNCIA PERIOPERATÓRIA

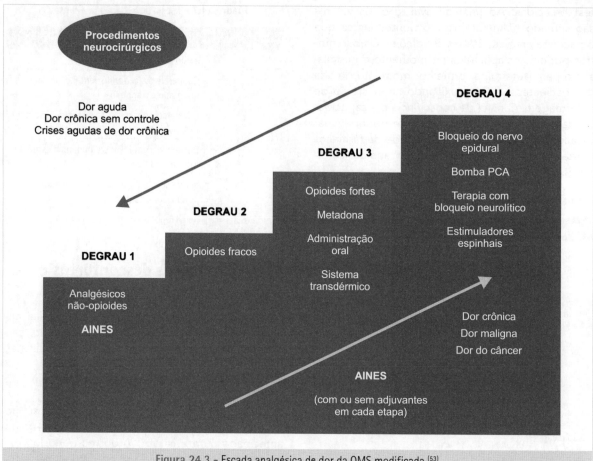

Figura 24.3 – Escada analgésica de dor da OMS modificada.[53]
PCA – analgesia controlada pelo paciente.

Os analgésicos não opioides mais comuns incluem acetaminofeno, utilizado para dores leves; aspirina e ibuprofeno, utilizadas para dores leves a moderadas. Dentre os analgésicos opioides, tem-se codeína, morfina, fentanil e oxicodona. Os opioides são utilizados para dores mais severas e podem causar depressão respiratória.[46]

Antes de administrar qualquer medicamento prescrito para dor, deve-se verificar se o paciente não possui alergias/reação adversa ao medicamento, se possui tolerância a opioide ou opiáceo e se utiliza outros medicamentos que podem causar incompatibilidade medicamentosa. Além disso, destaca-se que o profissional deve seguir os nove certos quanto à administração de medicamentos do protocolo de segurança do paciente: paciente certo, medicamento certo, via certa, hora certa, dose certa, registro certo, ação certa, forma certa e resposta certa.[54]

## Hipotermia

Procedimentos cirúrgicos e administração de anestésicos podem aumentar o risco de hipotermia. É importante verificar a temperatura do paciente com frequência a fim de detectar perdas excessivas de calor e evitar complicações pós-operatórias.

Os métodos de aquecimento podem ser ativos ou passivos. Métodos passivos são os cobertores de algodão, campos cirúrgicos aquecidos, cobertores isotérmicos, aumento da temperatura do bloco operatório, entre outros. Como métodos ativos são comuns: sistema de ar forçado, cobertores de aquecimento, colchões e vestuário com circulação de água quente, irradiação de calor, fluidos intravenosos e de irrigação aquecidos, gases anestésicos quentes e umidificados.[55]

Para os pacientes normotérmicos em período de RA, recomenda-se a utilização de métodos de aquecimento passivos, manutenção da temperatura ambiente acima de 24 °C e observação de sinais vitais. Para os pacientes com hipotermia em período de RA, recomenda-se aplicar o sistema de aquecimento de ar forçado e considerar medidas adjuvantes como a infusão venosa aquecida, o oxigênio umidificado aquecido e avaliação da temperatura a cada 15 minutos até a normotermia.[56]

## Náuseas e vômitos

Diversos fatores contribuem para a ocorrência de náuseas e vômitos no período pós-operatório. Entre os fatores intrínsecos destacam-se: idade, sexo, obesidade, estado emocional alterado, condições que aumentam o tempo de esvaziamento gástrico, condições clínicas que reduzem a motilidade, esvaziamento gástrico e estômago cheio. Entre os fatores extrínsecos destacam-se: procedimentos cirúrgicos (maior incidência de náuseas e vômitos em cirurgias abdominais e pélvicas, envolvidas com técnicas laparoscópicas), drogas anestésicas (o óxido nitroso é comumente relacionado à ocorrência de náuseas e vômitos), drogas associadas à anestesia (relaxantes musculares e analgésicos opioides) e técnica anestésica (maior incidência em anestesia geral do que em anestesia regional).

A profilaxia antiemética deve ser iniciada já no período intraoperatório. Caso na RA, o paciente ainda apresente náuseas e vômitos, é preciso solicitar a avaliação do anestesiologista e ser instituído um novo plano terapêutico para controlar esses desconfortos e evitar aspiração de conteúdo gástrico.

## Distensão abdominal

Pode ocorrer acúmulo de líquidos e gases no estômago e no intestino após procedimento cirúrgico, uma vez que há diminuição dos movimentos peristálticos devido à analgesia. Deve-se auscultar o abdome para determinar a presença e a localização dos ruídos hidroaéreos que geralmente retornam em média de 6 a 12 horas após a cirurgia.[57]

A prevenção de problemas gastrointestinais inclui estimulação da deambulação precoce, mudança de decúbito e alimentação adequada após liberação de dieta. Deve-se orientar o paciente para que se alimente conforme a dieta prescrita e com a cabeceira elevada, se não houver contraindicação. A equipe de enfermagem também é responsável por monitorar a eliminação de secreção gástrica caso haja presença de sonda e realizar balanço hídrico.

## Retenção urinária

É recomendado avaliar e comparar o volume de líquidos recebido pelo paciente com o volume urinário eliminado, observar sinais de retenção urinária (dor, desconforto e abaulamento na região suprapúbica) e estimular a micção espontânea. A maioria dos pacientes urina em 6 a 8 horas após a cirurgia; caso não ocorra a micção, pode-se realizar alguns métodos como mudança de posição do paciente, promover privacidade, estimular deambulação e colocar água morna sobre o períneo.[50] Se mesmo com as medidas não houver micção, deve-se verificar a necessidade de cateterismo vesical.

## Bradipneia

A presença da bradipneia está relacionada ao efeito residual da anestesia, à presença de dor e ao medo associado à realização de inspiração devido à dor e à hipotermia, podendo gerar complicações, como a hipoventilação e a hipoxemia.[36]

# 24.3.6 Complicações no período pós-operatório imediato e intervenções de enfermagem

A ocorrência de complicações no paciente em SRPA está diretamente associada às condições clínicas pré-operatórias, à extensão e ao tipo de cirurgia, às intercorrências cirúrgicas e anestésicas, e à eficácia das medidas terapêuticas aplicadas.[36]

## Complicações pulmonares e respiratórias

As complicações pulmonares e respiratórias (CPR) são comumente observadas no período pós-operatório e as mais frequentes são: atelectasia, obstrução das vias aéreas superiores, hipoventilação, apneia, pneumotórax, hemotórax, hemopneumotórax e aspiração do conteúdo gástrico. Podem decorrer da ação dos anestésicos, dos equipamentos utilizados na anestesia, da falha humana na condução da anestesia e de alterações fisiológicas do paciente.[4]

A hipoxemia, na maioria das vezes, está relacionada à anestesia. O paciente pode apresentar depressão respiratória pela ação residual de opioides e bloqueadores neuromusculares, pela perda de reflexos vasoconstritores, pelo aumento de consumo de oxigênio e pelos tremores musculares, fato que pode ocasionar, entre outros, sonolência, e aumentar o tempo para recuperação e alta da SRPA.[36]

A saturação de $O_2$ abaixo de 90% sugere problemas relacionados à troca gasosa. Nesse caso, é necessário iniciar a nebulização com oxigênio, com o objetivo de umidificar as vias aéreas, a fim de facilitar a expectoração de secreções e fornecer oxigênio suplementar.

A aspiração de conteúdo gástrico consiste no perigo de entrada de secreções gastrintestinais ou orofaríngeas nas vias traqueobrônquicas, provocando irritação e destruição da mucosa traqueal e pneumonia. Para evitar essa complicação, recomenda-se que o paciente, sempre que não houver contraindicação, mantenha a cabeceira do leito elevada entre 30 e 45 °C. O paciente deve ser orientado a lateralizar a cabeça, caso sinta náusea ou apresente vômitos.

## Complicações cardiovasculares

As principais complicações cardiovasculares estão relacionadas às alterações de volemia e pressão arterial. O profissional de enfermagem deve controlar rigorosamente o gotejamento das soluções, observar e registrar o débito e as características da urina (ressalta-se que o volume urinário considerado normal em pacientes adultos com sonda vesical de demora é de no mínimo, 30 mL/h), avaliar a pressão arterial e a frequência cardíaca. Tubos, drenos e sondas devem ser avaliados e o débito registrado, considerando seu aspecto.

ASSISTÊNCIA PERIOPERATÓRIA

O choque hipovolêmico, caracterizado por uma insuficiência circulatória aguda grave, associada à redução significativa do fluxo de sangue para órgãos vitais, tem como manifestações clínicas básicas a hipotensão (manifestação tardia), taquicardia (manifestação precoce), pele fria, pálida e úmida e oligúria (sinal de hipoperfusão renal).

A hipotensão pode resultar da perda de sangue e plasma, hipoventilação, mudanças de posição, acúmulo de sangue nas extremidades ou efeitos colaterais de fármacos e anestésicos.[25]

Os fatores que contribuem para a hipotensão arterial podem estar associados à hidratação inadequada durante o período anestésico-cirúrgico e aos efeitos da anestesia, bem como às disfunções cardíacas, como infarto do miocárdio, tamponamento, embolia ou medicação.[36]

A hipertensão arterial sistêmica no período pós-operatório imediato é definida como um aumento maior que 20% quando comparado com o valor da pressão arterial no período pré-operatório. Esse aumento dos níveis pressóricos na RA pode ser causado por ansiedade, dor, hipoventilação e hipotermia.

## 24.3.7 Alta da SRPA

Para que o paciente possa receber alta da sala de recuperação pós-anestésica, o profissional de enfermagem deve avaliar as condições clínicas gerais, o nível de consciência e o resultado do índice de Aldrete e Kroulik modificado.[4] Para receber alta o paciente deve apresentar:

- sinais vitais estáveis;
- saturação de $O_2$ > 90%;
- náuseas e vômitos ausentes ou sob controle;
- dor mínima ou ausente;
- índice de Aldrete e Kroulik modificado entre 8 e 10 pontos;
- débito urinário > 30 mL/h;
- drenagem da ferida operatória e drenos dentro do volume esperado;
- motricidade e sensibilidade ativa.

## NESTE CAPÍTULO, VOCÊ...

... entendeu que a unidade de CME é um local importante na unidade hospitalar, responsável por todo processamento dos materiais para garantir seu uso seguro, sendo fundamental para prevenir infecções hospitalares. Para evitar ocorrência de falhas nos processos realizados no CME, os profissionais necessitam rever suas práticas e participar de intervenções educacionais continuadas para a melhoria da qualidade. As referidas recomendações incluem incrementos positivos nas normas e rotinas nos CMEs, o uso de EPIs e o uso correto dos equipamentos, respeitando as recomendações dos fabricantes. É relevante o treinamento para todos os trabalhadores do CME, a fim de mantê-los com práticas atualizadas em relação ao processamento de equipamentos médicos e cirúrgicos, garantindo o fornecimento de um material estéril de qualidade.

... aprendeu que o CC é um ambiente de alta complexidade e requer cuidados específicos, sendo de primordial importância que os profissionais da equipe de enfermagem conheçam todas as nuances que contemplam o ambiente e a cirurgia propriamente dita. Também é necessário conhecer as atribuições e os cuidados de enfermagem que são responsabilidade de cada membro dentro da equipe de saúde, a fim de que todas as funções sejam executadas com esmero e garantam a segurança do paciente e a qualidade da assistência prestada.

... compreendeu que a assistência de enfermagem ao paciente cirúrgico deve ser iniciada desde o primeiro contato do enfermeiro com o paciente, seja no ambulatório ou no momento da admissão hospitalar, e que ela se estenderá até a recuperação e sua alta do serviço de saúde. As intervenções de enfermagem no pós-operatório abrangem desde a garantia de um ambiente seguro até a completa recuperação anestésica e cirúrgica, tendo como foco principal o restabelecimento do equilíbrio fisiológico do paciente e a prevenção de complicações. A assistência de enfermagem envolve a avaliação contínua do estado de saúde do paciente; alívio da dor e dos demais desconfortos comuns no período pós-operatório; cuidados com a ferida cirúrgica, as sondas e os drenos; seguimento de protocolos para a prevenção de infecções; monitoramento da dieta adequada; estímulo à atividade; além do ensino do paciente para o autocuidado, buscando garantir a otimização da recuperação do paciente e retorno às suas atividades com o máximo de conforto possível.

# EXERCITE

1. A limpeza de produtos para a saúde envolve métodos manuais ou automatizados, selecionados de acordo com o tipo de materiais, a conformação, a resistência e os riscos envolvidos. A limpeza manual envolve o uso de soluções. Qual opção é uma solução de limpeza?
   a) Detergente enzimático.
   b) Detergente doméstico.
   c) Hipoclorito de sódio.
   d) Ácido peracético.

2. A desinfecção de produtos para a saúde pode ser realizada por métodos físicos, químicos e físico-químicos. São exemplos de métodos de desinfecção físicos:
   a) Ultrassônica e Sterrad.
   b) Lavadoras de descarga e óxido de etileno.
   c) Autoclave e termodesinfectadora.
   d) Pasteurizadora e lavadora termodesinfectadora.

3. Dentre as soluções para desinfecção, qual foi proibida pela Agência Nacional de Vigilância Sanitária (Anvisa), na forma líquida e sólida, em decorrência da alta toxicidade para os profissionais?
   a) Formaldeído.
   b) Soluções cloradas.
   c) Quaternário de amônia.
   a) Peróxido de hidrogênio.

4. O preparo adequado da pele é um importante cuidado de enfermagem para evitar o risco de infecção de sítio cirúrgico. Sobre essa etapa, assinale a alternativa correta:
   a) A degermação da área operatória deve ser feita com clorexidina aquosa.
   b) A antissepsia das mucosas da área operatória deve ser feita com clorexidina degermante.
   c) O banho pré-operatório com clorexidina dispensa a degermação e antissepsia do sítio cirúrgico.
   d) A antissepsia da pele da área operatória deve ser feita com clorexidina alcóolica.

5. A Lista de Verificação de Segurança Cirúrgica, da Organização Mundial de Saúde (OMS), abrange atividades de segurança em três momentos: antes de indução anestésica, antes da incisão cirúrgica e antes de o paciente sair da sala de operação. Qual dos cuidados deve ser checado no momento "antes da incisão cirúrgica"?
   a) Consentimento assinado.
   b) Risco de perda sanguínea.
   c) Profilaxia antimicrobiana.
   d) Contagem de compressas e instrumentais.

6. Com relação ao posicionamento cirúrgico de acordo com o tipo de cirurgia, assinale a alternativa correta:
   a) A posição dorsal recumbente é indicada para cirurgias da coluna e neurológicas.
   b) A posição de Sims é indicada para cirurgias ginecológicas e retais.
   c) A posição ventral ou prona é indicada para cirurgias torácicas anteriores, cirurgias videolaparoscópicas e pélvicas.
   d) A posição de Tredelenburg reversa está indicada para cirurgias nas mamas e neurológicas.

7. Sobre os períodos da experiência cirúrgica, associe as afirmativas a seguir:
   (1) Período de 24 horas antes do procedimento anestésico-cirúrgico, estendendo-se até o encaminhamento do paciente ao Centro Cirúrgico.
   (2) Começa no início do procedimento anestésico-cirúrgico e vai até seu término.
   (3) Compreende as primeiras 24 horas após a intervenção anestésico-cirúrgica.
   (4) Compreende a chegada do paciente da sala de operação até sua alta para a unidade de origem.
   (5) nicia-se após as primeiras 24 horas que seguem à cirurgia e estende-se até a alta do paciente ou mesmo após seu retorno ao domicílio.
   ( ) Pós-operatório imediato 3.
   ( ) Pré-operatório imediato 1.
   ( ) Recuperação pós-anestésica 4.
   ( ) Pós-operatório mediato 5.
   ( ) Intraoperatório 2.

   Assinale a alternativa que representa a sequência correta:
   a) 5 – 1 – 4 – 3 – 2.
   b) 5 – 1 – 3 – 2 – 4.
   c) 3 – 1 – 4 – 5 – 2.
   d) 3 – 1 – 5 – 4 – 2.

8. Dentre os desconfortos pós-operatórios, é comum a presença de retenção urinária em pacientes submetidos à anestesia raquimedular. Dentre os cuidados apresentados, indique a intervenção que deverá ser realizada inicialmente para aliviar a retenção:
   a) Avaliar o volume de líquidos recebido pelo paciente com o volume urinário eliminado.
   b) Realizar cateterismo vesical de demora.
   c) Realizar cateterismo vesical de alívio.
   d) Aplicar meios físicos para estimular à micção.

9. Com relação à avaliação da paciente para receber alta da sala de recuperação pós-anestésica e transferência para enfermaria, os seguintes critérios devem ser atendidos, exceto:
   a) Curativos com pouca ou mínima drenagem.
   b) Pontuação acima de 6 na Escala de Aldrete.
   c) Controle de dor.
   d) Controle de náuseas e vômitos.

## PESQUISE

- Recomenda-se leitura do artigo para reflexão sobre avaliação do processamento dos produtos para a saúde: GRAZIANO, K. U.; LACERDA, R. A.; TURRINI, R. T. N.; BRUNA, C. Q. M.; SILVA, C. P. R.; SCHMITT, C. *et al.* Indicadores de avaliação do processamento de artigos odonto-médico-hospitalares: elaboração e validação. Rev Esc Enferm USP. dez. 2009, v. 43, spe2, p. 1174-1180. Disponível em: <http://dx.doi.org/10.1590/S0080-62342009000600005>.

- Busque realizar uma visita técnica ao Centro Cirúrgico da instituição em que você trabalha ou estuda para verificar como é feita a aplicação da Lista de Verificação de Segurança Cirúrgica. Observe também se a instituição fez alguma adequação no protocolo para atender as necessidades locais. Caso não seja possível realizar a visita, tente aplicar o *checklist* com alguém próximo e tire suas dúvidas sobre a conferência das informações durante a leitura do capítulo.

- Recomenda-se leitura do artigo para aprofundar o conteúdo sobre cuidados após a cirurgia: GENTIL, L. L. S.; SILVA, R. M.; BENAVENTE, S. B. T.; COSTA, A. L. S. Manual educativo de cuidados no pós-operatório de revascularização miocárdica: uma ferramenta para pacientes e familiares. Rev Eletr Enf, 2017, p. 19-38. Disponível em: <http://dx.doi.org/10.5216/ree.v19.43068>.

# ANEXO A

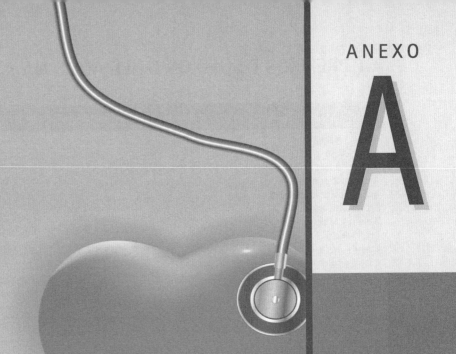

ANDREA BEZERRA RODRIGUES
PATRÍCIA PERES DE OLIVEIRA

COLABORADORAS:
CÁSSIA MARIA DIAS
DEBORAH FRANSCIELLE DA FONSECA
PATRÍCIA FARIA OLIVEIRA
ROSILENE APARECIDA COSTA AMARAL

# TERMINOLOGIAS ESSENCIAIS

**NESTE CAPÍTULO, VOCÊ...**

- ... aprenderá os principais prefixos e sufixos utilizados nas terminologias científicas da área da saúde.
- aprenderá alguns termos técnicos da área da saúde.

# A.1 PREFIXOS E SUFIXOS UTILIZADOS NA ÁREA DE SAÚDE

| Prefixos | Sufixos | Outros |
|---|---|---|
| Adeno – glândulas | Algia – dor | A – ausência |
| Angio – vaso | Cele – hérnia | Exemplo: anúria (ausência de urina) |
| Antero – antes, na frente | Centese – punção | Dis – dificuldade |
| Anti – contrário | Clise – fechamento | Exemplo: dispneico |
| Apo – separação, derivação | Dese – imobilização | (dificuldade para respirar) |
| Artro – articulação | Drose – suor | Eu – normal |
| Blefaro – pálpebra | Ectomia – remoção ou extirpação total ou | Exemplo: eupneico (respiração normal) |
| Bradi – lento | parcial de um órgão | Ex – retirada/saída/extração |
| Braqui – breve, curto | Ite – inflamação | Exemplo: exodontia (extração do dente) |
| Cisto – bexiga | Lise – dissolução, liberação | Fagia – aparelho digestivo |
| Cole – vias biliares | Ostomia – abertura de um órgão para | Faring – faringe |
| Colo – intestino grosso/cólon | formar um orifício | Fasia/fonia – fala |
| Colpo – vagina | Otomia – abertura da, das, do | Intra – dentro |
| Derma – pele | Paresia – diminuição de motricidade | Exemplo: intradérmico (dentro da derme) |
| Dipsia – sede | Penia – escassez, pobreza | Poli – vários, excesso |
| Dis – dificuldade | Pexia – fixação de um órgão | Exemplo: polidipsia (sede excessiva) |
| Ecto – fora de, exterior | Plastia – reconstrução de | Rreia – excesso |
| Emese – vômitos | Plegia – perda de motricidade | Exemplo: sialorreia (salivação excessiva) |
| Endo – dentro, interno | Pneia – aparelho respiratório | Sialo – salivação |
| Entero – intestino | Ráfia – suturar, reparar | Uria – aparelho urinário |
| Epi – sobre | Síntese – composição | |
| Esofag – referente ao esôfago | Stasia – detenção, parada | |
| Esplen – baço | Scopia – olhar o interior | |

| Exceções |
|---|
| Anastomose – comunicação cirúrgica entre dois vasos sanguíneos ou vísceras |
| Artrodese – imobilização cirúrgica de articulação |
| Circuncisão ou postectomia – excisão do prepúcio para facilitar a exposição a glande |
| Paracentese – punção de um espaço cheio de líquidos com a finalidade de aspirar esse líquido |
| Toracentese – punção/aspiração do espaço intrapleural para remoção de líquidos anômalos |

Estase – parada, lentidão da circulação
Flebo – veia
Gastro – estômago
Glico – relativo a açúcar
Hemi – metade de hemo
Hemo – sangue
Hepato – fígado
Hiper – aumento, excesso
Hipo – diminuição, posição abaixo
Histero – útero
Laparo – parede abdominal
Lito – cálculo
Meta – mudança, sucessão
Nefro – rim
Neo – novo
Pio – pus
Odontia – dentes
Oftalmo – olho
Oóforo – ovário
Oligo – pouco
Orqui/orquideo – testículos
Ósteo – osso
Oto – ouvido
Orto – reto, direito
Pan – todo
Para – proximidade
Parestesia – redução da sensibilidade
Pen – escassez
Pielo – pelve renal
Poli – muito
Pro – anterioridade
Procto – reto, ânus
Raqui – tem relação com coluna vertebral
Rino – nariz
Salpingo – trompas
Taqui – aumento
Traqueo – traqueia

Stomia – abertura
Tomia – abertura de algum órgão
Tripsia – esmagamento

# A.2 ALGUNS TERMOS TÉCNICOS UTILIZADOS NA ÁREA DE SAÚDE

| | |
|---|---|
| Anastomose | Comunicação cirúrgica entre dois vasos sanguíneos ou vísceras |
| Artrodese | Imobilização cirúrgica de articulação |
| Circuncisão ou postectomia | Excisão do prepúcio para facilitar a exposição a glande |
| Paracentese | Punção de um espaço cheio de líquidos com a finalidade de aspirar esse líquido |
| Toracentese | Punção/aspiração do espaço intrapleural para remoção de líquidos anômalos |

# MINICURRÍCULO DOS COLABORADORES

| Colaborador | Minicurrículo |
|---|---|
| Alana do Nascimento Azevedo | Enfermeira graduada pela Faculdade de Tecnologia e Ciência de Itabuna (FTC, 2008). Curso de extensão em Cardiologia pela Universidade Gama Filho (2009). Pós-graduada em Gestão em Saúde Pública pela Universidade Estadual de Santa Cruz (UESC, 2014). Mestre em Desenvolvimento Regional e Meio Ambiente pela UESC (2012/2014). Colaboradora do Laboratório de Infectologia do Núcleo de Estudo, Pesquisa e Extensão em Metodologias na Enfermagem (Nepemenf) da UESC. Tutora e secretária executiva da Comissão de Residência Multiprofissional do Programa Saúde da Família (Coremu) da UESC. Atuou como enfermeira coordenadora do Serviço de Gerenciamento de Resíduos, Núcleo de Segurança do Paciente e Comissão de Avaliação de Óbitos no Hospital de Base do município de Itabuna/BA. |
| Alexandre Ernesto Silva | Graduado em Enfermagem pela Universidade Federal de Alfenas (2000). Especialista em Saúde Mental pela Universidade Estadual de Minas Gerais (UEMG) e em Gestão Hospitalar pela FIJ/FGV. Mestre em Educação, cultura e organizações sociais – na linha de saúde coletiva (Cuidados paliativos) pela UEMG. Doutor em Enfermagem, na linha de Educação e Enfermagem pela Universidade Federal de Minas Gerais com sanduíche na Universidade Católica Portuguesa – Lisboa/Portugal (Cuidados paliativos). Atualmente, é professor adjunto da Universidade Federal de São João Del-Rei (UFSJ) nos cursos de Enfermagem e Medicina. Membro e pesquisador voluntário do Grupo de Estudo e Pesquisa em Cuidados Paliativos da Escola Nacional de Saúde Pública da Fundação Oswaldo Cruz (Fiocruz). Autor do livro *Cuidados paliativos na atenção primária à saúde*. Membro do Observatório português em cuidados paliativos. Membro da Câmara Técnica Gerencial e Assistencial e da Comissão de Controle Social e Representações do Coren-MG. Desenvolve atividades de ensino, pesquisa e extensão, atuando nos seguintes temas: cuidados paliativos, humanização da assistência em saúde, atenção domiciliar, comunicação em saúde, organização e gestão dos serviços de saúde. |
| Ana Rachel Almeida Rocha | Enfermeira. Especialista em Enfermagem do Trabalho pela Universidade Estadual do Ceará (UECE). Tem experiência clínica em Unidade de Terapia Intensiva, Hemodinâmica e Emergência. Enfermeira do credenciamento médico da operadora de saúde Hapvida na área de quimioterapia. |
| Andressa Carneiro França | Enfermeira graduada pela Universidade Federal do Ceará (UFC, 2014). Especialista na modalidade Residência pelo programa de Residência Integrada em Saúde com ênfase em Cancerologia, promovido pela Escola de Saúde Pública do Ceará (ESP) e pelo Hospital Haroldo Juaçaba, do Instituto do Câncer do Ceará – HHJ/ICC (2017). Vivência profissional no Instituto Oncológico da Suíça Italiana (IOSI/EOC). Membro-fundadora do Grupo de Estudos Multidisciplinares em Oncologia do Ceará (GEMOC). Tem experiência em enfermagem, atuando principalmente nos seguintes temas: Oncologia, Sistematização da Assistência de Enfermagem, Saúde Cardiovascular, Desenvolvimento de protocolos em saúde e segurança do paciente. Linha de pesquisa em manejo de sintomas relacionados à quimioterapia. |
| Ângela Maria Alves e Souza | Doutora em Enfermagem. Professora associada do Departamento de Enfermagem da Universidade Federal do Ceará (UFC). Coordenadora do grupo terapêutico de apoio ao luto PLUS+ Transformação. Coordenadora do Projeto de Pesquisa e Extensão e Perdas, Luto e Separação PLUS DENF-UFC. |
| Ariadne Freire de Aguiar Martins | Enfermeira. Especialista em Saúde Pública pela Escola de Saúde Pública do Ceará e Urgência e Emergência pela 4SABERES. Mestranda do curso de Mestrado Profissional Ensino na Saúde (CMEPES) na Universidade Estadual do Ceará (UECE). Gestora da Unidade de Atenção Primária à Saúde Anastácio Magalhães, em Fortaleza/CE. Conselheira e membro da Comissão de Ética do Conselho Regional de Enfermagem (Coren/CE). |
| Cássia Maria Dias | Enfermeira. Mestranda no Programa de Pós-graduação Mestrado Acadêmico em Enfermagem na Universidade Federal de São João del Rei (UFSJ). Membro do grupo de Estudo Pesquisa Oncologia ao Longo do ciclo de Vida. Lotada na Instituição UPA 24h Padre Roberto Cordeiro. Tem experiência na área de enfermagem, com ênfase em Enfermagem em Saúde da Mulher, Urgência e Emergência, Saúde Mental, Saúde do Adulto e Idoso, Saúde e Segurança do Trabalho. |
| Cecília Barreto Holzmann de Vasconcelos | Enfermeira graduada pela Universidade Federal do Ceará (UFC). Residente em Oncologia no Instituto do Câncer do Ceará (ICC). |
| Daniela Mendonça Sacchi | Acadêmica de enfermagem na Universidade Federal de São João del-Rei (UFSJ) – *campus* Centro-Oeste Dona Lindu. |
| Deborah Franscielle da Fonseca | Doutoranda em Ciências da Saúde (UFSJ/CCO, 2019). Mestre em Enfermagem pela UFSJ/CCO (2018). Especialista em Enfermagem na Atenção Básica/Saúde da Família pela UFSJ/CCO (2017). Graduada em Enfermagem pela Universidade do Estado de Minas Gerais (UEMG, 2014). Membro do grupo de pesquisa: Oncologia ao longo do ciclo de vida. Professora substituta com atuação no curso de graduação em Enfermagem pelo GAD Saúde do Adulto e do Idoso na UFSJ/CCO. Possui habilidades nas áreas de Fundamentos de Enfermagem, Saúde Coletiva, Sistematização da Assistência de Enfermagem, Cuidados com Lesões de pele e Oncologia. |
| Eduarda Ribeiro dos Santos | Enfermeira. Especialista em Enfermagem Cardiovascular pelo Instituto Dante Pazzanese de Cardiologia. Mestre e doutora em Ciências pela Universidade Federal de São Paulo. Docente da graduação em Enfermagem e em Medicina e do mestrado profissional da Faculdade Israelita de Ciências da Saúde Albert Einstein. Coordenadora dos cursos pós-graduação em Enfermagem em Terapia Intensiva e Enfermagem em Nefrologia e Urologia na mesma instituição. Advogada, graduada em Direito pelas Faculdades Metropolitanas Unidas (FMU). Membro da Diretoria do Conselho Regional de Enfermagem de São Paulo (Coren-SP) como primeira secretária, no triênio de 2018-2020. Professional Member of the European Society of Cardiology. |

| Colaborador | Minicurrículo |
|---|---|
| Eduardo Rodrigues Mota | Enfermeiro graduado pela Universidade Federal do Ceará (2018). Mestrando do Programa de Pós-graduação em Enfermagem da Universidade Federal do Ceará. Pós-graduado em Enfermagem Cardiovascular e Hemodinâmica pela Universidade Estadual do Ceará (2019). Atualmente, atua como Coordenador de Pesquisa Clínica em Oncologia no Centro Regional Integrado de Oncologia. Possui experiência como coordenador da Comissão de Controle de Infecção Hospitalar e Enfermeiro Assistência na Unidade de Emergência e Sala de Parada do Hospital Distrital Dr. Evandro Ayres de Moura. Coorientador e membro-fundador do Núcleo de Urgência e Emergência Pré-hospitalar atuando no projeto desde 2016. |
| Eliete Albano Azevedo Guimarães | Professora da Universidade Federal de São João Del-Rei (UFSJ) e integra o Grupo de Atuação Docente em Saúde Coletiva. Doutora em Ciências da Saúde pelo Instituto René Rachou (Fiocruz Minas). Mestre em Ciências da Saúde pela Universidade Federal de Minas Gerais (UFMG). Pós-doutora no Programa de Pós-graduação em Saúde Coletiva (Fiocruz Minas), com estágio de pós-doutoramento no Instituto de Medicina Tropical da Universidade Nova de Lisboa (IHMT-UNL). Atualmente, é coordenadora do Programa de Pós-graduação em Enfermagem (PGENF-UFSJ), coordenadora do Laboratório de Saúde Coletiva (LABSCO-UFSJ), líder do Núcleo de Estudos e Pesquisas em Avaliação e Gestão de Serviços de Saúde (NEPAG-UFSJ) e membro do Grupo de Pesquisa Organização de Serviço e avaliação em saúde (Fiocruz). Tem liderado pesquisas na área de Enfermagem em Saúde Coletiva, com ênfase na Gestão e Gerenciamento, atuando principalmente nos seguintes temas: Avaliação de serviços de saúde; Sistemas de informação em saúde; Programas de imunização; vacinas. |
| Emilia Soares Chaves Rouberte | Enfermeira. Mestre e doutora em Enfermagem pela Universidade Federal do Ceará (UFC). Professor adjunto da Universidade da Integração Internacional da Lusofonia Afro-Brasileira (Unilab). Docente do mestrado profissional em Saúde da Família (MPSF/RENASF) e do mestrado em Enfermagem da Unilab. |
| Geórgia Alcântara Alencar Melo | Enfermeira graduada pela Universidade Regional do Cariri (URCA, 2008). Especialista em Nefrologia pela Universidade Federal de São Paulo (Unifesp, 2010). Mestre em Enfermagem pela Universidade Federal do Ceará (UFC, 2017). Doutoranda em Enfermagem em Promoção da Saúde pela UFC com concentração em Enfermagem na Promoção da Saúde e área temática: Intervenções de enfermagem no cuidado do adulto em situação crítica. Foi bolsista da CAPES da UFC durante o mestrado em Enfermagem e da Funcap durante o doutorado. Enfermeira assistencial. Membro do grupo de pesquisa GEPASC e da Liga Acadêmica de Enfermagem em Nefrologia (LAEN), realizando pesquisas na área da nefrologia e demais situações de adultos em condições críticas. Realiza estudos e pesquisas com teorias de enfermagem, adaptação transcultural e validação psicométricas de instrumentos de medidas, enfermagem em nefrologia, intervenções de enfermagem, cuidados de enfermagem, doenças crônicas, conforto, cuidados holísticos, práticas integrativas, acupuntura, musicoterapia e injúria renal. |
| Gisleide Lima Silva | Enfermeira graduada pela Universidade Estadual de Santa Cruz (1993). Mestre em Família na Sociedade Contemporânea pela Universidade Católica do Salvador (2012). Atualmente, é membro da diretoria do Sindicato dos Enfermeiros do Estado da Bahia; conselheira municipal de Saúde de Itabuna; pesquisadora no Núcleo de Estudos, Pesquisa e Extensão em Metodologias na Enfermagem (Nepemenf); coordenadora do Laboratório da Saúde da Criança; e docente assistente da Universidade Estadual de Santa Cruz, na Bahia. Tem experiência na área de Saúde Coletiva, com ênfase em Programas Comunitários, atuando principalmente nos seguintes temas: Gestão em Saúde, Sistema de Informação em Saúde, Acidentes de Trabalho, Saúde da Criança, Saúde da Mulher, Controle Social, Família (subjetividade) e Aleitamento Materno. Coordenadora do Colegiado do Curso de Enfermagem da Universidade Estadual de Santa Cruz - Bahia. |
| Glauteice Freitas Guedes | Enfermeira. Mestre em Ciências da Saúde pela Universidade Federal de São Paulo (Unifesp). Especialista em Administração Hospitalar, Emergência e Educação em Saúde. Docente da Universidade Cruzeiro do Sul (Unicsul). |
| Isabel Cristina Bueno Palumbo | Doutora em Ciência da Religião pela Pontifícia Universidade Católica (PUC-SP). Mestre em Bioética pela Universidade São Camilo. Especialista em emergência e gerenciamento da assistência de enfermagem pela Universidade Federal de São Paulo (Unifesp). Enfermeira graduada pela Fundação Hermínio Ometto (Araras). Docente da Universidade Cruzeiro do Sul (Unicsul). |
| Isaura Letícia Tavares Palmeira Rolim | Enfermeira. Mestre e doutora em Enfermagem pela Universidade Federal do Ceará (UFC). Professora associada da Universidade Federal do Maranhão (UFMA). Docente do mestrado profissional em Saúde da Família (MPSF/RENASF) e do mestrado em Enfermagem da UFMA. |
| Jamine Borges de Morais | Doutora em Saúde Coletiva. Enfermeira do Departamento de Enfermagem da Universidade Federal do Ceará (UFC). |
| Jênifa Cavalcante dos Santos Santiago | Enfermeira. Doutora em Cuidados Clínicos pela Universidade Estadual do Ceará (UECE). Especialista em Enfermagem em Centro de Terapia Intensiva pela UECE. Pesquisadora do Núcleo de Pesquisa, Ensino e Extensão em Gestão e Cuidado e Saúde (NUGESC) da Universidade Federal do Ceará (UFC). Coordenadora das Ligas de Enfermagem Cardiovascular (LECV) e Acadêmica de Enfermagem em Nefrologia (LAEN) da UFC. Docente Adjunta do Curso de Graduação em Enfermagem da UFC. |
| João Luis Almeida da Silva | Enfermeiro graduado em Enfermagem pela Universidade Federal do Rio Grande do Sul (UFRGS, 2001). Mestre em Enfermagem pela UFRGS (2004). Doutorando em Ciências da Saúde pela Universidade Federal de São Paulo (Unifesp, 2016). Atualmente, é professor assistente na Universidade Estadual de Santa Cruz (UESC) na área de Saúde Coletiva, Saúde do Idoso e Terapias Complementares. Coordenador do Laboratório de Práticas Integrativas e Complementares do Núcleo de Estudo, Pesquisa e Extensão em Metodologias na Enfermagem (Nepemenf) da UESC. Atuou como vice-diretor do Departamento Ciências da Saúde da UESC. |
| João Pedro Rodrigues Vieira | Acadêmico de enfermagem na Universidade Federal de São João del Rei (UFSJ), *campus* Centro-Oeste Dona Lindu. |

MINICURRÍCULO DOS COLABORADORES   461

| Colaborador | Minicurrículo |
|---|---|
| Joselany Áfio Caetano | Enfermeira graduada pela Universidade Federal do Ceará (UFC, 1994). Especialista em Enfermagem em Clínico-Cirúrgica pela UFC (1996), em Ativação de Processos de Mudança na formação superior pela Fiocruz (2006) e em Controle de Infecção Hospitalar pela UFC (2007). Mestre em Enfermagem PPGENF-UFC (1999). Doutora em Enfermagem pela Universidade Federal do Ceará (PPGENF-UFC). Fellow Faimer Brasil 2014. Bolsista de produtividade em pesquisa do Conselho Nacional de Desenvolvimento Científico e Tecnológico. Atualmente, é professora associada da UFC e desenvolve atividades de ensino, pesquisa e extensão nos cursos de graduação e de pós-graduação em Enfermagem na mesma instituição. Coordenadora do grupo de estudo e pesquisa na Promoção da Saúde do Adulto em Situação Crítica (GEPASC). Vice-coordenadora da Liga de Enfermagem em Nefrologia. Coordenadora do projeto de extensão Segurança do Paciente no Contexto Hospitalar. Membro da Rede Brasileira de Segurança do Paciente Rebraensp – núcleo Ceará. Coordenadora do curso de graduação da UFC. Tem experiência na área de Enfermagem com ênfase em Saúde do Adulto, atuando principalmente nos seguintes temas de investigação: Enfermagem, Saúde Ocular, Cuidados de Enfermagem, Unidade de Terapia Intensiva, Infecção Hospitalar, Tecnologias Educacionais, Segurança do Paciente, Pacientes Críticos e Promoção da Saúde. |
| José Oriano da Mota | Enfermeiro. Membro do Núcleo de Urgência e Emergência Pré-Hospitalar (NUEMPH) da Universidade Federal do Ceará (UFC). Membro efetivo do Corpo de Saúde do Exército Brasileiro. |
| Juliana Figueiredo Pedregosa Miguel | Enfermeira graduada pela Faculdade de Medicina de São José do Rio Preto (Famerp, 2007). Especialista em Enfermagem em Cardiologia e Hemodinâmica pela Famerp (2009). Mestre em Ciências pela Universidade Federal de São Paulo (Unifesp, 2012). Membro do Grupo de Estudo, Pesquisa e Assistência Sistematização da Assistência de Enfermagem (Gepasae/Unifesp/EPE). Atua como enfermeira na Universidade Federal de São Paulo (UNIFESP) e como docente em cursos de pós-graduação em Enfermagem. Tem experiência em assistência de enfermagem nas áreas de Atenção Básica à Saúde e Atenção Hospitalar às Cardiopatias. |
| Juliana Gimenez Amaral | Enfermeira. Doutora em Patologia experimental pela Universidade de São Paulo (Unip). Mestre em Enfermagem pela Universidade de Guarulhos (UnG). Especialista em Oncologia (EEUSP/Ribeirão Preto) e em Educação em Saúde (Fiocruz). Docência da Unip – *campus* Alphaville e da Especialização de Gestão em Saúde EaD no Centro Universitário Senac – Santo Amaro. |
| Julyana Gomes Freitas | Enfermeira. Especialista em Urgência e Emergência pela Escola de Saúde Pública (ESP) e em Linhas de Cuidado em Enfermagem (Urgência e Emergência) pela Universidade de Santa Catarina (UFSC). Mestre e doutora em Enfermagem pela Universidade Federal do Ceará (UFC). Professora Assistente IV da Universidade de Fortaleza (UNIFOR) e do Mestrado Profissional em Tecnologia e Inovação em Enfermagem (MPTIE/UNIFOR). Pesquisadora/orientadora no Laboratório de Tecnologia em Enfermagem (LABTENF)/UNIFOR. |
| Kadja Nara Vasconcelos Freire | Enfermeira pela Universidade de Fortaleza (UNIFOR). Especialista em Terapia Intensiva pelo Centro Universitário Farias Brito. Pós-graduanda em Dermoestética pelo Centro Universitário Fametro. |
| Kerlly Taynara Santos Andrade | Graduada em Enfermagem pela Universidade Estadual de Santa Cruz (2018). Pós-graduanda em Saúde Hospitalar do Adulto pela Faculdade Venda Nova do Imigrante. Colaboradora do "Teias do Adolescer" do Núcleo Jovem Bom de Vida (UESC) e do Laboratório de Infectologia do Núcleo de Estudo, Pesquisa e Extensão em Metodologias na Enfermagem (Nepemenf) da UESC. Enfermeira assistente no Hospital Nelson Moura Ferreira do município de Itapebi/BA. Discente do Programa de pós-graduação em Enfermagem, modalidade mestrado profissional da UESC. Atua principalmente nos seguintes temas: Saúde Hospitalar, Gestão da Saúde, Sistemas de Informação e Saúde do Adolescente. |
| Liana Mara Rocha Teles | Doutora em Enfermagem. Professora adjunta do Departamento de Enfermagem da Universidade Federal do Ceará (UFC). |
| Lívia Dantas Lopes | Enfermeira graduada pela Universidade Federal do Ceará (2013). Especialista em Assistência em Diabetes pela Residência Integrada Multiprofissional (RESMULTI/HUWC) pela Universidade Federal do Ceará (UFC, 2016). Educadora em Diabetes (IDF/ADJ Diabetes Brasil/SBD). Mestre em Promoção da Saúde pelo Programa de Pós-graduação em Enfermagem da UFC. Membro do Projeto de Pesquisa: Cuidado educativo do adolescente para prevenção de DST/HIV - avaliação do efeito da intervenção. Tem experiência na área de Enfermagem, com ênfase em cuidados a pacientes diabéticos e Educação em Saúde. |
| Maira Di Ciero Miranda | Doutora em Enfermagem. Professora associada do Departamento de Enfermagem da Universidade Federal do Ceará (UFC). Colaboradora do Projeto de Pesquisa e Extensão em Perdas, Luto e Separação PLUS DENF-UFC. |
| Marcela Maria de Melo Perdigão | Enfermeira graduada pela Faculdade Metropolitana da Grande Fortaleza (2015). Especialista (modalidade residência) em Onco-hematologia pelo Hospital Universitário Walter Cantídio - Universidade Federal do Ceará (2018). Mestranda do Programa de Pós-graduação Cuidados Clínicos em Enfermagem e Saúde da Universidade Estadual do Ceará (UFC). Atua como enfermeira no Instituto do Câncer do Ceará - Hospital Haroldo Juaçaba. Participa como colaboradora da Liga Acadêmica de Oncologia (LAON), da Universidade Federal do Ceará, e do Grupo de Pesquisa em Enfermagem Clínica e Cirúrgica (GEPECC) na UFC. |
| Márcia Wanderley de Moraes | Mestre em Enfermagem pela Universidade de São Paulo (2001). Especialista em Saúde Pública pela Universidade de São Paulo (USP) e em Administração Hospitalar pela Universidade de Ribeirão Preto (Unaerp). Graduada em Enfermagem pela Universidade de Guarulhos (UnG, 1991). Docente das disciplinas de Enfermagem Oncológica, Saúde Coletiva da Faculdade Israelita de Ciências da Saúde Albert Einstein (FICSAE). Coordenadora dos livros: *Oncologia Multiprofissional - bases para a assistência* e *Oncologia Multiprofissional - patologias, assistência e gerenciamento*, da Editora Manole (2016). Autora de mais de 30 capítulos de livros sobre temas relacionados à enfermagem, principalmente oncologia (câncer de mama, ginecológico e transplante de medula óssea). Linhas de pesquisa: assistência de enfermagem na saúde do adulto com doenças crônicas não transmissíveis e em saúde coletiva, educação em saúde. |

| Colaborador | Minicurrículo |
|---|---|
| Maria Adelaide Januário de Campos | Acadêmica de Enfermagem na Universidade Federal de São João Del-Rei (UFSJ), *campus* Centro-Oeste Dona Lindu. |
| Maria de Fátima Corrêa Paula | Enfermeira. Doutora em Ciências pela Escola Paulista de Enfermagem da Universidade Federal de São Paulo (Unifesp). Mestre em Gerontologia pela Pontifícia Universidade Católica de São Paulo (PUC-SP). Especialista em Enfermagem em Terapia Intensiva pela Escola de Enfermagem da Universidade de São Paulo (USP). Coordenadora de estágios curriculares do curso de Graduação em Enfermagem da Faculdade Israelita de Ciências da Saúde a Albert Einstein (FICSAE). Coordenadora do curso de pós-graduação em Enfermagem Clínica e Cirúrgica da FICSAE. Docente dos cursos de graduação e pós-graduação em Enfermagem da FICSAE. |
| Mariana Alves Firmeza | Enfermeira graduada pela Universidade Federal do Ceará (UFC). Especialista em Cancerologia pela Escola de Saúde Pública do Ceará. Mestranda em Enfermagem com ênfase em promoção da saúde na UFC. |
| Meiriane Lopes Ximenes | Cursa graduação em Enfermagem na Universidade Federal do Ceará (UFC). Foi membro da Liga Acadêmica de Oncologia (LAON/UFC). Enfermeira graduada pela Universidade Federal do Ceará (UFC). Residente em Cancerologia pela Escola de Saúde Pública do Ceará. |
| Michell Ângelo Marques Araújo | Doutor em Enfermagem. Professor adjunto do Departamento de Enfermagem da Universidade Federal do Ceará (UFC). Coordenador da Liga Acadêmica de Cuidado Espiritual (LACES-UFC). |
| Naiana Pacífico Alves | Enfermeira. Residente do Programa de Residência Integrada Multiprofissional em Atenção Hospitalar à Saúde – área assistência em Transplante/Hospital Universitário Walter Cantídio (HUWC/UFC). |
| Natiane Carvalho Silva | Enfermeira graduada pela Universidade Estadual de Santa Cruz (UESC). Mestre em Desenvolvimento Regional e Meio Ambiente. Especialista em Enfermagem Médico-cirúrgica. Docente do Departamento de Ciências da Saúde da UESC. Coordenadora do Núcleo de Estudo, Pesquisa e Extensão em Metodologias na Enfermagem (Nepemenf), tendo sob sua responsabilidade o Laboratório de Vigilância à Saúde. |
| Patrícia Faria Oliveira | Mestranda no Programa de Pós-Graduação Mestrado Acadêmico em Enfermagem na Universidade Federal de São João Del Rei (UFSJ). Membro do grupo de Estudo Pesquisa Oncologia ao Longo do ciclo de Vida. Especialista em Trauma e Emergência pela Faculdade de Ciências Médicas (FCM/MG, 2007). Especialista MBA em Auditoria em Saúde (2016). Possui graduação em Enfermagem pelo Centro Universitário de Formiga (2004). Atualmente, é docente e preceptora de estágio do Centro Universitário UNA Bom Despacho-MG; auxiliar do Núcleo de Iniciação Científica e Extensão do Centro Universitário UNA Bom Despacho-MG; e auditora técnica do IPSEMG. Tem experiência na área de Enfermagem, atuando principalmente nos seguintes temas: enfermagem, oncologia, urgência e emergência, saúde do adulto e auditoria em saúde. |
| Rachel Gabriel Bastos Barbosa | Doutora em Ciências Médicas. Professora adjunta do Departamento de Enfermagem da Universidade Federal do Ceará (UFC). |
| Raphael Costa Marinho | Enfermeiro. Especialista em Saúde do Adulto e Idoso na modalidade Residência Multiprofissional pelo Hospital Universitário Presidente Dutra/Universidade Federal do Maranhão (HUUFMA). Preceptor da Residência Multiprofissional em Atenção Cardiovascular/HUUFMA. Titulado em Terapia Intensiva Adulto pela Associação Brasileira de Enfermagem em Terapia Intensiva (ABENTI). Mestre em Ciências da Saúde pela UFMA. Atua na UTI Cardiológica do Hospital Universitário Presidente Dutra (HUUFMA). Diretor executivo do Instituto Enfermagem Avançada. |
| Ricardo Matos Santana | Enfermeiro graduado pela Universidade Estadual de Santa Cruz (1994). Doutor em Ciências no Programa de Enfermagem em Saúde Pública da Universidade de São Paulo de Ribeirão Preto. Mestrado em Enfermagem pela Universidade Federal da Bahia (2001). Especialização em Saúde Pública pela Escola Nacional de Saúde Pública (Fiocruz, 1997) e em Auditoria de Sistema de Saúde pela Universidade Estácio de Sá (2006). Atualmente, é professor adjunto da Universidade Estadual de Santa Cruz, com ênfase em Administração dos Serviços de Saúde e de Enfermagem, articulando o ensino, a pesquisa e a extensão, nos processos de trabalho assistencial, administrativo, educacional e de pesquisa, sistematizados pelo processo de enfermagem, por meio do Núcleo de Estudo, Pesquisa e Extensão em Metodologias na Enfermagem (NEPEMENF) da UESC. Editor-gerente da *Revista Brasileira de Ciências em Saúde (Rebracisa)*. Tem experiência, também, nos serviços de saúde do âmbito hospitalar e coletivo, atuando principalmente nas funções administrativa, educacional e assistencial. Docente do Programa de Pós-graduação em Enfermagem, modalidade Mestrado Profissional da UESC. |
| Roberta Meneses Oliveira | Doutora em Cuidados Clínicos em Enfermagem e Saúde. Professora adjunta do Departamento de Enfermagem da Universidade Federal do Ceará (UFC). |
| Rosilene Aparecida Costa Amaral | Mestranda no Programa de Pós-Graduação Mestrado Acadêmico em Enfermagem na Universidade Federal de São João Del Rei (UFSJ). Membro do grupo de Estudo Pesquisa Oncologia ao Longo do ciclo de Vida. Especialista em Enfermagem Oncológica (2015), em Docência para o Ensino Superior (2015) e em Enfermagem em Geriatria e Gerontologia (2018). Possui graduação em Enfermagem pela Universidade Presidente Antônio Carlos (2014). Atualmente, é enfermeira supervisora do Hospital São João de Deus. Membro do Grupo de Pesquisa: Oncologia ao Longo do Ciclo de Vida (UFSJ/CNPq). Tem experiência na área de Enfermagem, com ênfase em Saúde do Adulto e Oncologia. |
| Sâmila Guedes Pinheiro | Enfermeira graduada pela Universidade de Fortaleza (UNIFOR). Pós-graduanda em Enfermagem em Terapia Intensiva da Universidade de Quixeramobim (UNIQ). Preceptora da Escola Técnica Profissionalizante Elite. |

| Colaborador | Minicurrículo |
|---|---|
| Selma Maria da Fonseca Viegas | Enfermeira. Pós-doutora em Enfermagem pelo Programa de Pós-Graduação em Enfermagem da Universidade Federal de Santa Catarina (PEN/UFSC), área Filosofia e Cuidado em Saúde e Enfermagem (2019). Doutora em Enfermagem pela Escola de Enfermagem da Universidade Federal de Minas Gerais (UFMG), área Saúde e Enfermagem (2010). Mestre em Enfermagem pela Escola de Enfermagem da UFMG, área Cuidar em Saúde e na Enfermagem (2005). Graduada pela Universidade Federal dos Vales do Jequitinhonha e Mucuri (2001). Docente adjunto IV da Universidade Federal de São João Del-Rei, *campus* Centro-Oeste (UFSJ/CCO), em Divinópolis/MG. Docente do Programa de Pós-Graduação *Stricto Sensu* Mestrado Acadêmico em Enfermagem UFSJ/CCO. Docente do Programa de Pós-Graduação *Lato Sensu* Residência em Enfermagem na Atenção Básica/Saúde da Família UFSJ/CCO. Coordenadora do Programa de Pós-Graduação *Lato Sensu* Residência em Enfermagem na Atenção Básica/Saúde da Família UFSJ/CCO (2013-2015). Atua na área de Enfermagem em Saúde Coletiva no ensino, na pesquisa e na extensão, com ênfase na abordagem dos temas: Atenção Primária à Saúde; Estratégia Saúde da Família; Integralidade em Saúde; Acesso aos Serviços de Saúde; Organização dos Serviços de Saúde; Cotidiano em Saúde. Membro efetivo do Núcleo de Pesquisa em Cotidiano, Cultura, Educação e Saúde (NUPCCES UFMG). Membro efetivo do Núcleo de Estudos e Pesquisas em Avaliação e Gestão em Saúde da UFSJ/CCO. Membro efetivo do Núcleo de Pesquisa NUPESQUISFAM SC (Laboratório de Pesquisa, Tecnologia e Inovação em Enfermagem, Quotidiano, Imaginário, Saúde e Família de Santa Catarina). |
| Talita Hevilyn Ramos da Cruz Almeida | Enfermeira graduada pela Universidade Estadual de Santa Cruz (UESC). Especialista em Cuidados Intensivos pela União Metropolitana de Educação e Cultura (Unime). Colaboradora do Laboratório de Infectologia do Núcleo de Estudo, Pesquisa e Extensão em Metodologias na Enfermagem (Nepemenf) da UESC. Docente da graduação em Enfermagem na Universidade Paulista (Unip). Atuou como enfermeira assistente na Lifecoop, cooperativa de assistência em cuidados domiciliares. |
| Valéria Conceição de Oliveira | Graduada em Enfermagem pela Universidade Federal de Minas Gerais (1992). Mestre em Enfermagem pela Universidade Federal de Minas Gerais (2003). Doutora em Enfermagem em Saúde Pública pela Universidade de São Paulo (2012), com doutorado sanduíche na Universidad Autonoma de Madrid. Atualmente, é professora adjunto II da Universidade Federal de São João Del-Rei. Tem experiência na área de Enfermagem, com ênfase em Enfermagem em saúde coletiva, atuando principalmente nos seguintes temas: vacinas, vacinação, avaliação de serviços de saúde, enfermagem e vacina. Membro efetivo do Núcleo de Estudos e Pesquisas em Avaliação e Gestão em Saúde (NEPAG) da UFSJ/CCO e do Grupo de Altos Estudos de Avaliação de Processos e Práticas da Atenção Primária à Saúde e Enfermagem (GAAPS) da EERP/USP. |
| Vânia Aparecida da Costa Oliveira | Enfermeira pela Universidade Federal de Minas Gerais (UFMG). Especialista em Saúde da Família (UFMG), em Ativadores de Processos de Mudança na Formação Superior de Profissionais de Saúde (Fiocruz). E em Enfermagem Obstétrica (UFMG). Mestre em Educação, Cultura e Organizações Sociais, com linha de pesquisa em Saúde Coletiva (UEMG). Doutora em Enfermagem (UFMG). Compõe o banco de avaliadores do Sistema Nacional de Avaliação da Educação Superior (BASis/INEP/MEC). Professora efetiva da Universidade Federal de São João del-Rei (UFSJ). Orientadora do curso de especialização em Gestão da Saúde – modalidade de EaD/UFSJ. Docente do Programa de Residência Multiprofissional em Saúde do Adolescente da UFSJ/CCO. Docente do Programa de Residência em Saúde da Família da UFSJ. Vice-coordenadora do curso de graduação em Enfermagem. Tem experiência na área de Enfermagem Materno Infantil, Saúde Coletiva, Educação em Saúde, Ensino de Enfermagem e Currículo. |
| Vicente de Paulo da Silva Lopes | Enfermeiro. Membro do Laboratório de Tecnologia em Enfermagem (LABTENF/UNIFOR). Atua na Emergência do Hospital Municipal Dr. Argeu Braga Herbster, em Maraguape (CE). Pós-graduando em Enfermagem em Terapia Intensiva pela Universidade de Fortaleza (UNIFOR). |
| Virgínia Junqueira Oliveira | Doutora em Enfermagem pela Escola de Enfermagem da UFMG (2016). Mestrado em Enfermagem pela UFMG (2008). Graduada em Enfermagem pela Universidade Federal de Alfenas (1997). Especialização em Enfermagem Obstétrica pela UFMG (2001). Professora das disciplinas Processo de Cuidar em Enfermagem e da Prática de Integração Ensino Serviço e Comunidade (PIESC) do curso de graduação em Enfermagem da UFSJ, *campus* Centro-Oeste. Membro efetivo do Comitê Municipal de Prevenção da Mortalidade Materna e Infantil de Divinópolis. Tem experiência na área de assistência, ensino, extensão e pesquisa em Enfermagem, com ênfase em saúde da mulher e da criança. |
| Vívien Cunha Alves de Freitas | Enfermeira. Mestranda do Programa de Pós-graduação em Enfermagem da Universidade Federal do Ceará (UFC). Coorientadora e membro-fundadora do Núcleo de Urgência e Emergência Pré-hospitalar (NUEMPH/UFC). |
| Viviane Mamede Vasconcelos Cavalcante | Enfermeira. Doutora em Enfermagem pela Universidade Federal do Ceará (UFC). Mestre em Saúde Coletiva pela Universidade de Fortaleza (Unifor). Especialista em Enfermagem em Estomaterapia e Saúde da Família. Professora adjunta do Departamento de Enfermagem da UFC. Coordenadora da Liga de Enfermagem em Estomaterapia/UFC. |
| Walquíria Jesusmara dos Santos | Enfermeira. Especialista em Enfermagem Obstétrica e Saúde da Família, doutora e mestre em Enfermagem pela Universidade Federal de Minas Gerais (UFMG). Docente do curso de Enfermagem da Universidade Federal de São João del-Rei, *campus* Centro Oeste-Dona Lindu, em Divinópolis (MG). Tem experiência na área de Enfermagem, atuando nos seguintes temas: saúde da mulher e obstetrícia, HIV/Aids, saúde coletiva e saúde da família. |

# BIBLIOGRAFIA

## CAPÍTULO 1 – HISTÓRIA, ÉTICA E PROCESSO DE TRABALHO

(1) PADILHA, M. I. C. de S.; MANCIA, J. R. Florence Nightingale e as irmãs de caridade: revisitando a história. **Revista Brasileira de Enfermagem**: REBEn, [s. l.], v. 58, n. 6, p. 723-6, nov.-dez. 2005. Disponível em: <http://www.scielo.br/pdf/reben/v58n6/a18v58n6.pdf>. Acesso em: 1 mar. 2019.

(2) RAVAGNANI, A. C. **História da Enfermagem**. Rio de Janeiro: SESES, 2015.

(3) RODRIGUES, R. M. Enfermagem compreendida como vocação e sua relação com as atitudes dos enfermeiros frente às condições de trabalho. **Rev. Latino-am. Enfermagem**, [s. l.], v. 9, n. 6, p. 76-82, nov.-dez. 2001. Disponível em: <http://www.scielo.br/pdf/rlae/v9n6/7830.pdf>. Acesso em: 1 mar. 2019.

(4) LOPES, L. M. M.; SANTOS, S. M. P. dos. Florence Nightingale: apontamentos sobre a fundadora da enfermagem moderna. **Revista de Enfermagem Referência**, [s. l.], v. 3, n. 2, p. 181-9, dez. 2010. Disponível em: <http://www.index-f.com/referencia/2010pdf/32-181.pdf>. Acesso em: 2 mar. 2019.

(5) ESPÍRITO SANTO, F. H. do; PORTO, I. S. De Florence Nightingale às perspectivas atuais sobre o cuidado de enfermagem: a evolução de um saber/fazer. **Esc. Anna Nery R. Enferm.**, [s. l.], v. 10, n. 3, p. 539-46, dez. 2006. Disponível em: <http://www.scielo.br/pdf/ean/v10n3/v10n3a25.pdf>. Acesso em: 2 mar. 2019.

(6) FORMIGA, J. M. M.; GERMANO, R. M. Por dentro da História: o ensino de Administração em Enfermagem. **Rev. Bras. Enferm.**, Brasília [DF], v. 58, n. 2, p. 222-6, mar.-abr. 2005. Disponível em: <https://j.mp/2wTm1v0>. Acesso em: 3 mar. 2019.

(7) GEORGE, J. B. **Teorias de Enfermagem**: os fundamentos para a prática profissional. 2. ed. Porto Alegre: Artmed, 2000.

(8) FREITAS, G. F. de; OGUISSO, T.; FERNANDES, M. de F. P. Fundamentos éticos e morais na prática de enfermagem. **Enfermagem em Foco**, [s. l.], v. 1, n. 3, p. 104-8, out. 2010. Disponível em: <https://j.mp/2ROAT51>. Acesso em: 4 mar. 2019.

(9) KOERICH, M. S.; MACHADO, R. R.; COSTA, E. Ética e bioética: para dar início à reflexão. **Texto Contexto Enferm.**, [s. l.], v. 14, n. 1, p. 106-10, jan.-mar. 2005. Disponível em: <http://www.scielo.br/pdf/tce/v14n1/a14v14n1>. Acesso em: 4 mar. 2019.

(10) CONSELHO FEDERAL DE ENFERMAGEM. Resolução Cofen n° 564/2017. **Novo código de ética da Enfermagem**. Disponível em: <http://www.cofen.gov.br/resolucao-cofen-no-5642017_59145.html>. Acesso em: 5 mar. 2019.

(11) BRASIL. Lei n° 7.497 de 25 de junho de 1986. Dispõe sobre a regulamentação do exercício profissional da Enfermagem e dá outras providências. **Diário Oficial da União**: seção 1, Brasília, DF, p. 9273-5, 25 jun. 1986. Disponível em: <http://www.cofen.gov.br/lei-n-749886-de-25-de-junho-de-1986_4161.html>. Acesso em: 6 mar. 2019.

(12) MARX, K. **O capital**: livro I: o processo de produção do capital. 7. ed. São Paulo: DIFEL, 1982.

(13) BRAVERMAN, H. **Trabalho e capital monopolista**: a degradação do trabalho no século XX. 3. ed. Rio de Janeiro: Guanabara Koogan, 1987.

(14) PINHO, D. L. M.; ABRAHÃO, J. I.; FERREIRA, M. C. As estratégias operatórias e a gestão da informação no trabalho de enfermagem, no contexto hospitalar. **Rev. Latino-am. Enfermagem**, [s. l.], v. 11, n. 2, p. 168-76, mar.-abr. 2003. Disponível em: <http://www.scielo.br/pdf/rlae/v11n2/v11n2a05.pdf>. Acesso em: 7 mar. 2019.

(15) ALMEIDA, M. C. P. de; ROCHA, S. M. M. **O trabalho de enfermagem**. São Paulo: Cortez, 1997.

(16) GEOVANINI, T. *et al.* **História da Enfermagem**: versões e interpretações. 3. ed. Rio de Janeiro: Revinter, 2010.

(17) OLIVEIRA, M. I. R. de; FERRAZ, N. M. F. A ABEn na criação, implantação e desenvolvimento dos conselhos de enfermagem. **Rev. Bras. Enferm.**, Brasília, DF, v. 54, n. 2, p. 208-12, abr.-jun. 2001. Disponível em: <http://dx.doi.org/10.1590/S0034-71672001000200006>. Acesso em: 21 dez. 2018.

(18) KLETEMBERG, D. F. *et al.* O processo de Enfermagem e a Lei do Exercício Profissional. **Revista Brasileira de Enfermagem**: REBEn, [s. l.], v. 63, n. 1, p. 26-32, jan.-fev. 2010. Disponível em: <http://www.scielo.br/pdf/reben/v63n1/v63n1a05.pdf>. Acesso em: 22 dez. 2019.

(19) CONGRESSO BRASILEIRO DE ENFERMAGEM, 60. 2013, Rio de Janeiro. **Anais** [...]. Rio de Janeiro, RJ: CEBEn, 2013. A organização sindical da saúde e a enfermagem: uma (re)análise oportuna. Disponível em: <http://www.abeneventos.com.br/68cben/anais/edicoes-anteriores.htm>. Acesso em: 22 dez. 2019.

(20) GOMES, M. L. B.; BAPTISTA, S. S.; SILVA, I. C. M. **A luta pela politização das enfermeiras:** sindicalismo no Rio de Janeiro: 1978-1984. Rio de Janeiro: EEAN/UFRJ, 1999.

## CAPÍTULO 2 – BIOSSEGURANÇA NA ENFERMAGEM

(1) CÉLINE, L. F. **A vida e a obra de Semmelweis**. São Paulo: Companhia das Letras, 1998.

(2) BRASIL. Agência Nacional de Vigilância Sanitária. **Segurança do paciente em serviços de saúde**: higienização das mãos. Brasília, DF: Anvisa, 2009.

(3) OLIVEIRA, H. M. de; SILVA, C. P. R.; LACERDA, R. A. Políticas de controle e prevenção de infecções relacionadas à assistência à saúde no Brasil: análise conceitual. **Rev. Esc. Enferm. USP**, São Paulo, v. 50, n. 3, p. 505-11, maio-jun. 2016.

(4) FERNANDES, A. T. **Infecção hospitalar e suas interfaces na área da saúde**. São Paulo: Atheneu, 2000.

(5) MEDEIROS, E. A. S.; WEY, S. B.; GUERRA, C. M. Diretrizes para a prevenção e o controle de infecções relacionadas a assistência à saúde. **Comissão de epidemiologia hospitalar, Hospital São Paulo, Universidade Federal de São Paulo**. São Paulo: UNIFESP, 2007.

(6) BRASIL. Ministério da Saúde. Portaria n° 2.616 de 12 de maio de 1998. Regulamenta as ações de controle de infecção hospitalar no país. **Diário Oficial da União**: seção 1, Brasília, DF, maio 1998.

(7) GOMES, M. F.; MOARES, V. L. O programa de controle de infecção relacionada à assistência à saúde em meio ambiente hospitalar e o dever de fiscalização da Agência Nacional de Vigilância Sanitária. **R. Dir. Sanit.**, São Paulo, v. 18, n. 3, p. 43-61, nov. 2017-fev. 2018.

(8) BRASIL. Agência Nacional de Vigilância Sanitária. **Critérios diagnósticos de infecção relacionada à assistência à saúde**. Brasília, DF: Anvisa, 2017.

(9) BRASIL. Agência Nacional de Vigilância Sanitária. **Medidas de prevenção de infecção relacionada à assistência à saúde**. Brasília, DF: Anvisa, 2017.

(10) RODRIGUES, A. B. *et al.* **O guia da enfermagem**: fundamentos para assistência. 2. ed. São Paulo: Iátria, 2011.

(11) ASSOCIAÇÃO PAULISTA DE ESTUDOS E CONTROLE DE INFECÇÃO HOSPITALAR. **Infecção relacionada ao uso de cateteres vasculares**. São Paulo: APECIH, 2005.

(12) ASSOCIAÇÃO PAULISTA DE ESTUDOS E CONTROLE DE INFECÇÃO HOSPITALAR. Prevenção das infecções hospitalares do trato respiratório: nosocomial pneumonia. *In*; MAYHALL, G. **Hospital Epidemiology and Infection Control**. [*S. l.*]: APECIH, 1999.

(13) CARDOSO, A. P. *et al.* Consenso brasileiro de pneumonias em indivíduos adultos imunocompetentes. **Jornal de Pneumologia**. São Paulo, v. 27, suplemento 1, p. S1-S21, 2001.

(14) CHAVES, N. M. de O.; MORAES, C. L. K. Controle de infecção em cateterismo vesical de demora em Unidade de Terapia Intensiva. **Revista de Enfermagem do Centro Oeste Mineiro**. [*s. l.*], v. 5, n. 2, p. 1650-7, maio-ago. 2015.

(15) OLIVEIRA, A. C. de; GAMA, C. S. Avaliação da adesão às medidas para a prevenção de infecções do sítio cirúrgico pela equipe cirúrgica. **Rev. Esc. Enferm. USP**. São Paulo, v. 49, n. 5, p. 767-74, 2015.

(16) ASSOCIAÇÃO PAULISTA DE ESTUDOS E CONTROLE DE INFECÇÃO HOSPITALAR. **Prevenção da infecção de sítio cirúrgico**. São Paulo: APECIH, 2001.

(17) RODRIGUES, E. A. C.; RICHTMANN, R. **IRAS: Infecção Relacionada à Assistência à Saúde**: orientações práticas. São Paulo: Sarvier, 2008.

(18) BELELA-ANACLETO, A. S. C.; PETERLINI, M. A. S.; PEDREIRA, M. da L. G. Higienização das mãos como prática do cuidar: reflexão acerca da responsabilidade profissional. **Revista Brasileira de Enfermagem**. [*s. l.*], v. 70, n. 2, p. 461-4, mar.-abr. 2017.

(19) BRASIL. Agência Nacional de Vigilância Sanitária. **Nota técnica n° 01/2018**: GVIMS/GGTES/ANVISA. Orientações gerais para higiene das mãos em serviços de saúde. Brasília, DF: Anvisa, 2018.

(20) FERREIRA, L. A. *et al.* Adesão às precauções padrão em um hospital de ensino. **Revista Brasileira de Enfermagem**. [*s. l.*], v. 70, n. 1, p. 96-103, jan.-fev. 2017.

(21) VALIM, M. D.; PINTO, P. A.; MARZIALE, M. H. P. Questionário de conhecimento sobre as precauções-padrão: estudo de validação para utilização por enfermeiros brasileiros. **Texto & Contexto**: Enfermagem. Florianópolis, SC, v. 26, n. 3, p. 1-8, 2017.

(22) GUIDELINES for environmental infection control in health-care facilities. **MMWR**, [*s. l.*], v. 52, n. 10, 2003.

(23) BRASIL. Agência Nacional de Vigilância Sanitária. Resolução da Diretoria Colegiada: RDC n° 222, de 28 de março de 2018. Regulamenta as boas práticas de gerenciamento dos resíduos de serviços de saúde e dá outras providências. **Diário Oficial da União**: Brasília, DF, n. 61, 29 mar. 2018. Disponível em: <https://bit.ly/2Vhgsjm>. Acesso em: 9 fev. 2019.

(24) BRASIL. Agência Nacional de Vigilância Sanitária. Resolução RDC n° 306, de 7 de dezembro de 2004. Dispõe sobre o Regulamento Técnico para o gerenciamento de resíduos de serviços de saúde. **Diário Oficial da União**: Brasília, DF, 7 dez. 2004. Disponível em: <https://j.mp/2Vlhfss>. Acesso em: 9 fev. 2019.

(25) ASSOCIAÇÃO BRASILEIRA DE NORMAS TÉCNICAS (ABNT). **ABNT NBR 10004**: resíduos sólidos: classificação. Rio de Janeiro: ABNT, 2004.

(26) ASSOCIAÇÃO BRASILEIRA DE NORMAS TÉCNICAS (ABNT). **ABNT NBR 12808**: resíduos de serviços de saúde. Rio de Janeiro: ABNT, 2016.

(27) ASSOCIAÇÃO BRASILEIRA DE NORMAS TÉCNICAS (ABNT). **ABNT NBR 12807**: resíduos de serviços de saúde. Rio de Janeiro: ABNT, 2013.

(28) BRASIL. Lei nº 12.305, de 2 de agosto de 2010. Institui a Política Nacional de Resíduos Sólidos; altera a Lei nº 9.605, de 12 de fevereiro de 1998; e dá outras providências. **Diário Oficial da União**, Brasília, DF, p. 2, 3 ago. 2010. Disponível em: <http://www2.mma.gov.br/port/conama/legiabre.cfm?codlegi=636>. Acesso em: 8 fev. 2019.

(29) BRASIL. Ministério do Meio Ambiente. **Resolução nº 430, de 13 de maio de 2011**. Dispõe sobre as condições e padrões de lançamento de efluentes, complementa e altera a Resolução nº 357, de 17 de março de 2005, do Conselho Nacional do Meio Ambiente – CONAMA. Brasília, DF: 13 maio 2011. Disponível em: <http://www2.mma.gov.br/port/conama/legiabre.cfm?codlegi=646>. Acesso em: 8 fev. 2019.

(30) ASSOCIAÇÃO BRASILEIRA DE NORMAS TÉCNICAS (ABNT). **ABNT NBR 12809**: resíduos de serviços de saúde: gerenciamento de resíduos de serviços de saúde intraestabelecimento. Rio de Janeiro: ABNT, 2013.

(31) BRASIL. Comissão Nacional de Energia Nuclear. Norma CNEN NN 8.01: gerência de rejeitos radioativos de baixo e médio níveis de radiação. **Diário Oficial da União**, Brasília, DF, 2014. Disponível em: <http://appasp.cnen.gov.br/seguranca/normas/pdf/Nrm801.pdf>. Acesso em: 11 fev. 2019.

(32) ASSOCIAÇÃO BRASILEIRA DE NORMAS TÉCNICAS (ABNT). **ABNT NBR 15051**: laboratório clínico: gerenciamento de resíduos. Rio de Janeiro: ABNT, 2004.

(33) BRASIL. Conselho Nacional de Meio Ambiente. Resolução Conama nº 237, de 19 de dezembro de 1997. Dispõe sobre a revisão e complementação dos procedimentos e critérios utilizados para o licenciamento ambiental. **Diário Oficial da União**, Brasília, DF, seção 1, n. 247, p. 30841-3, 19 dez. 1997. Disponível em: <http://www2.mma.gov.br/port/conama/legislacao/CONAMA_RES_CONS_1997_237.pdf>. Acesso em: 11 fev. 2019.

(34) BRASIL. Ministério do Meio Ambiente. Lei nº 6.938, de 31 de agosto de 1981. Dispõe sobre a Política Nacional do Meio Ambiente, seus fins e mecanismos de formulação e aplicação, e dá outras providências. **Diário Oficial da União**, Brasília, DF, p. 16509, 31 ago. 1981. Disponível em: <http://www2.mma.gov.br/port/conama/legiabre.cfm?codlegi=313>. Acesso em: 11 fev. 2019.

(35) BRASIL. Instituto Brasileiro do Meio Ambiente e dos Recursos Naturais Renováveis. **Lei da vida**: lei dos crimes ambientais: Lei nº 9.605, de 12 de fevereiro de 1998 e Decreto nº 6.514, de 22 de julho de 2008. 2. ed., rev. e atual. Brasília, DF: Ibama, 2014. Disponível em: <https://www.ibama.gov.br/sophia/cnia/livros/ALeiCrimesAmbientais.pdf>. Acesso em: 10 fev. 2019.


CAPÍTULO 3 – GESTÃO EM ENFERMAGEM


(1) MOTTA, P. R. **Gestão contemporânea**: a ciência e a arte de ser dirigente. 8. ed. Rio de Janeiro: Record, 1995.

(2) MAXIMIANO, A. C. A. **Introdução à Administração**. 6. ed. São Paulo: Atlas, 2004.

(3) SILVA, R. O. da. **Teorias da Administração**. São Paulo: Pearson Prentice Hall, 2008.

(4) DRUCKER, P. F. **Management**. New York, NY: HarperCollins Publishers, 2008.

(5) VALERIANO, D. L. **Moderno gerenciamento de projetos**. 2. ed. São Paulo: Pearson Education do Brasil, 2015.

(6) CASTEJON, R. *et al.* **Fundamentos teóricos da gestão**. São Paulo: Pearson Prentice Hall, 2010.

(7) GOMES, E. M.; MORGADO, A. **Compêndio de Administração**. Rio de Janeiro: Elsevier, 2012.

(8) DUARTE, G. **Dicionário de administração e negócios**. Petrópolis, RJ: KBR, 2011.

(9) BRASIL. Ministério da Saúde. Secretaria de Atenção à Saúde. **Implantação das redes de atenção à saúde e outras estratégias da SAS**. Brasília, DF: Ministério da Saúde, 2014.

(10) BRASIL. Ministério da Saúde. Portaria nº 2.022, de 7 de agosto de 2017. Altera o Cadastro Nacional de Estabelecimentos de Saúde (CNES), no que se refere à metodologia de cadastramento e atualização cadastral, no quesito Tipo de Estabelecimentos de Saúde. **Diário Oficial da União**, Brasília, DF, ano 156, n. 42, 2017.

(11) CHERIE, A.; GEBREKIDAN, A. B. **Nursing leadership and management**. Washington, DC: USAID Cooperative Agreement, 2005.

(12) BRASIL. Ministério da Saúde. Portaria nº 2.436, de 21 de setembro de 2017. Aprova a Política Nacional de Atenção Básica (PNAB), estabelecendo a revisão de diretrizes para a organização da atenção básica, no âmbito do Sistema Único de Saúde (SUS). **Diário Oficial da União**, Brasília, DF, ano 183, n. 68, 2017.

(13) BRASIL. Ministério da Saúde. Portaria nº 3.390, de 30 de dezembro de 2013. Institui a Política Nacional de Atenção Hospitalar (PNHOSP) no âmbito do Sistema Único de Saúde (SUS), estabelecendo as diretrizes para a organização do componente hospitalar da Rede de Atenção à Saúde (RAS). **Diário Oficial da União**, Brasília, DF, 2013.

(14) BRASIL. Agência Nacional de Vigilância Sanitária. Resolução de oDiretoria Colegiada RDC n° 283, de 26 de setembro de 2005. **Diário Oficial da União**, Brasília, DF, ano 185, 2005.

(15) TRIGUEIRO, F. M. C.; MARQUES, N. de A. **Teorias da Administração** I. Florianópolis, SC: UFSC; Brasília, DF: CAPES: UAB, 2014.

(16) SOUZA, V. L. *et al.* **Gestão de desempenho**. 2. ed. Rio de Janeiro: FGV, 2009.

(17) REZENDE, A. M. de; BIANCHET, S. B. **Dicionário do latim essencial**. 2. ed. Belo Horizonte, MG: Autêntica Editora, 2014.

(18) SCALLY, G.; DONALDSON, L. J. The NHS's 50 anniversary: clinical governance and the drive for quality improvement in the new NHS in England. **BMJ**, [s. l.], v. 317, n. 7150, p. 61-5, july 1998. Disponível em: <http://www.ncbi.nlm.nih.gov/pubmed/9651278>.

(19) WEBERG, D. *et al.* **Leadership in nursing practice**: changing the landscape of health care. 3. ed. Burlington, MA, USA: Jones & Bartlett Learning, 2019.

(20) MCGRATH, J.; BATES, B. **The little book of big management theories**: and how to use them. 2. ed. Harlow, United Kingdom: Pearson, 2017.

(21) BRASIL. Ministério da Saúde. Conselho Nacional de Secretários de Saúde. **Legislação estruturante do SUS**. Brasília, DF: CONASS, 2011.

(22) OLIVEIRA, N. S. *et al.* **As teorias administrativas e a Enfermagem**. Ilhéus, BA: UESC, 2007.

(23) CHIAVENATO, I. **Introdução à teoria geral da Administração**. 9. ed. Barueri, SP: Manole, 2014.

(24) FAVA, R. **Caminhos da Administração**. São Paulo: Pioneira Thompson Learning, 2003.

(25) QUINN, R. E. *et al.* **Becoming a master manager**: a competing values approach. 6. ed. Hoboken, New Jersey, USA: John Wiley & Sons, 2015.

(26) PAIVA, S. M. A. de *et al.* Teorias administrativas na saúde. **Rev. Enferm. UERJ**, Rio de Janeiro, v. 18, n. 2, p. 311-6, abr.-jun. 2010. Disponível em: <http://www.facenf.uerj.br/v18n2/v18n2a24.pdf>. Acesso em: 18 abr. 2020.

(27) KURCGANT, P. As teorias de administração e os serviços de enfermagem. *In*: _____. (ed.). **Administração em Enfermagem**. São Paulo: EPU, 1991, p. 3-13.

(28) COLTRE, S. M. **Fundamentos da Administração**: um olhar transversal. Curitiba: Intersaberes, 2014.

(29) METCALF, H. C.; URWICK, L. **Dynamic administration**: the collected papers of Mary Parker Follett. London, England: Routledge, 2003.

(30) BARNARD, C. I. **Organization and management**: selected papers. London, England: Routledge, 2003.

(31) MAYO, E. **The human problems of an industrial civilization**. London, England: Routledge, 2003.

(32) ETZIONI, A. **Organizações modernas**. 2. ed. São Paulo: Livraria Pioneira Editora, 1972.

(33) DAFT, R. L. **Management**. 9. ed. Mason, Ohio, USA: Cengage Learning, 2010.

(34) SANTANA, R. M. **O cuidado colaborativo como dispositivo de promoção da integralidade da atenção à saúde**. 2014. Tese (Doutorado em Ciências) – Escola de Enfermagem de Ribeirão Preto, Universidade de São Paulo, São Paulo, 2014.

(35) SANTANA, R. M.; TAHARA, A. T. S. **Planejamento em Enfermagem**: aplicação do processo de Enfermagem na prática administrativa. Ilhéus, BA: Editus, 2008.

(36) HENWOOD, S. **Pratical leadership in nursing and health care**. New York, USA: CRC Press, 2014.

(37) YUKL, G. A. **Leadership in organizations**. 8. ed. Upper Saddle River, New Jersey, USA: Prentice Hall, 2014.

(38) KOTTER, J. P. **A force for change**: how leadership differs from management. New York, USA: Free Press, 1990.

(39) GLAZER, G.; FITZPATRICK, J. J. **Nursing leadership from the outside in**. New York, USA: Springer Publishing Company, 2013.

(40) NORTHOUSE, P. G. **Leadership**: theory and practice. 7. ed. Thousand Oaks, California, USA: Sage, 2016.

(41) KELLY, P. **Essentials of nursing leadership & management**. 2. ed. Clifton Park, New York, USA: Cengage Learning, 2010.

(42) CROWELL, D. M. **Complexity leadership**: nursing's role in health care delivery. Philadelphia, Pennsylvania, USA: F. A. Davis Company, 2011.

(43) GROSSMAN, S. C.; VALIGA, T. M. **The new leadership challenge**: creating the future of nursing. 3. ed. Philadelphia, Pennsylvania, USA: F. A. Davis Company, 2009.

(44) DAFT, R. L. **Organization theory and design**. Mason, Ohio, USA: Cengage Learning, 2010.

(45) CURY, A. **Organização e métodos**: uma visão holística. 9. ed. São Paulo: Atlas, 2017.

(46) JONES, G. R. **Organizational theory, design, and change**. 7. ed. Boston, USA: Pearson, 2013.

(47) MARQUIS, B. L.; HUSTON, C. J. **Leadership roles and management functions in nursing**: theory and application. 8. ed. Philadelphia, Pennsylvania, USA: Lippincott Williams & Wilkins, 2014.

(48) MASSAROLLO, M. C. K. B. Estrutura organizacional e os serviços de Enfermagem. *In*: KURCGANT, P. (ed.). **Administração em Enfermagem**. São Paulo: EPU, 1991.

(49) BARTMANN, M.; TÚLIO, R.; KRAUSER, L. T. **Administração na saúde e na Enfermagem**. Rio de Janeiro: Senac Nacional, 2006.

(50) CHINELATO FILHO, J. **O & M integrado à informática**: uma obra de alto impacto na modernidade das organizações. Rio de Janeiro: LTC, 2011.

(51) OLIVEIRA, D. de P. R. de. **Sistemas, organização e métodos**: uma abordagem gerencial. 21. ed. São Paulo: Atlas, 2013.

(52) SANTANA, R. M. *et al.* **Mapeamento de processos em Enfermagem**: fluxogramação. Ilhéus, BA: UESC, 2007.

(53) DESSLER, G. **Human resource management**. 15. ed. Boston, USA: Pearson, 2017.

(54) CONSELHO FEDERAL DE ENFERMAGEM. **Resolução Cofen 0543/2017**. Atualiza e estabelece parâmetros para o dimensionamento do quadro de profissionais de Enfermagem nos serviços/locais em que são realizadas atividades de enfermagem. Brasília, DF: Cofen, 2017.

(55) SULLIVAN, E. J. **Effective leadership and management in nursing**. 8. ed. Boston, USA: Pearson, 2012.

(56) WORKMAN, L. L. Staff recruitment and retention. In: HUBER, D. L. (ed.). **Leadership and nursing care management**. 4. ed. Maryland Heights, Missouri, USA: Saunders Elsevier, 2010. p. 597-621.

(57) CHIAVENATO, I. **Gestão de pessoas**: o novo papel dos recursos humanos nas organizações. 4. ed. Barueri, SP: Manole, 2014.

(58) PICKARD, B.; BIRMINGHAM, S. A. E. Staffing and scheduling. In: HUBER, D. L. (ed.). **Leadership and nursing care management**. 4. ed. Maryland Heights, Missouri, USA: Saunders Elsevier, 2010. p. 623-46.

(59) MASSAROLLO, M. C. K. B. Escalas de distribuição de pessoal de enfermagem. *In*: KURCGANT, P. (ed.). **Administração em Enfermagem**. São Paulo: EPU, 1991. p. 107-15.

(60) HUBER, D. L. **Leadership and nursing care management**. 4. ed. Maryland Heights, Missouri, USA: Saunders Elsevier, 2010.

(61) VASCONCELOS, I. F. G. de; MASCARENHAS. A. O. **Organizações em aprendizagem**. São Paulo: Thomson Learning, 2007. (Coleção debates em Administração).

(62) SENGE, P. M. **A quinta disciplina**: a arte e a prática da organização que aprende. 29. ed. Rio de Janeiro: Best Seller, 2018.

(63) CECCIM, R. B.; FERLA, A. A. Educação permanente em saúde. *In*: PEREIRA, I. B.; LIMA, J. C. F. (ed.). **Dicionário da educação profissional em saúde**. 2. ed. Rio de Janeiro: EPSJV, 2008. p. 162-8.

(64) BERBEL, N. A. N. **A metodologia da problematização com o arco de Maguerez**: uma reflexão teórico-epistemológica. Londrina, PR: EDUEL, 2012.

(65) FERREIRA, S. M. I. L. **Administração de recursos materiais em instituições de saúde**. Ilhéus, BA: UESC, 2009.

(66) BARBIERI, J. C.; MACHINE, C. **Logística hospitalar**: teoria e prática. 2. ed. São Paulo: Saraiva, 2009.

(67) CASTILHO, V.; MIRA, V. L.; LIMA, A. F. C. Gerenciamento de recursos materiais. *In*: KURCGANT, P. (ed.). **Gerenciamento em Enfermagem**. 3. ed. Rio de Janeiro: Guanabara Koogan, 2016.

(68) FELLI, V. E. A.; PEDUZZI, M.; LEONELLO, V. M. Trabalho gerencial em Enfermagem. *In*: **Gerenciamento em Enfermagem**. 3. ed. Rio de Janeiro: Guanabara Koogan, 2016.

(69) BACKES, D. S. *et al.* Concepções de cuidado: uma análise das teses apresentadas para um programa de pós-graduação em Enfermagem. **Texto Contexto Enferm.**, [s. l.], v. 15, p. 71-8, 2006.

(70) PALADINI, E. P. **Gestão da qualidade no processo**: a qualidade na produção de bens e serviços. São Paulo: Atlas, 1995.

(71) PEREIRA, R. C. J.; GALPARIM, M. R. O. Cuidando-ensinando-pesquisando. In: WALDOW, V. R.; LOPES, M. J. M.; MEYER, D. E. (ed.). **Maneiras de cuidar, maneiras de ensinar**: a Enfermagem entre a escola e a prática profissional. Porto Alegre: Artes Médicas, 1995. p. 189-203.

(72) KLETEMBERG, D. F. **A metodologia da assistência de Enfermagem no Brasil**: uma visão histórica. Tese – Mestrado em Ciências da Ciência. Universidade Federal do Paraná. Curitiba, 2004.

(73) ALFARO-LEFEVRE, R. **Aplicação do processo de Enfermagem**: fundamentos para o raciocínio clínico. 8. ed. Porto Alegre: Artmed, 2014.

(74) SANTANA, R. M. *et al.* **Design instrucional sobre o processo de enfermagem**: metodologia do cuidado profissional. Ilhéus, BA: UESC/NEPEMENF, 2019.

(75) MATUS, C. **Política, planejamento e governo**. Brasília, DF: IPEA, 1993.

(76) SANTANA, R. M.; SILVA, V. G. da. **Auditoria em Enfermagem**: uma proposta metodológica. Ilhéus, BA: Editus, 2009.

(77) BITENCOURT, A. de O. M.; SANTANA, R. M.; GUERREIRO, K. B. de C. **Educação na saúde buscando competências e habilidades do e enfermeiro educador**. Ilhéus, BA: UESC/DCS, 2018.

(78) LEOPARDI, M. T. **Teoria e método em assistência de Enfermagem**. 2. ed. Florianópolis, SC: Soldasoft, 2006.

(79) ANTUNES, M. J. M.; GUEDES, M. V. C. Integralidade nos processos assistenciais na atenção básica. *In*: GARCIA, T. R.; EGRY, E. Y. (ed.). **Integralidade da atenção no SUS e sistematização da assistência de enfermagem**. Porto Alegre: Artmed, 2010. p. 19-28.

(80) SANTOS, A. M. dos; ASSIS, M. M. A. Da fragmentação à integralidade: construindo e (des)construindo a prática de saúde bucal no Programa de Saúde da Família (PSF) de Alagoinhas, BA. **Cien. Saude Colet.**, [s. l.], v. 11, n. 1, p. 53-61, 2006.

(81) WILKINSON, J. M. **Nursing process in action**: a critical thinking approach. Redwood City, California, USA: Addison-Wesley, 1992.

(82) CIAMPONE, M. H. T. Metodologia do planejamento na Enfermagem. *In*: KURCGANT, P. (ed.). **Administração em Enfermagem**. São Paulo: EPU, 1991. p. 41-58.

(83) PAUL, C.; REEVES, J. S.; THORELL, A. M. V. Visão geral do processo de Enfermagem. In: GEORGE, J. B. (ed.). **Teorias de Enfermagem: os fundamentos à prática profissional**. 4. ed. Porto Alegre: Artmed, 2000. p. 21-32.

(84) HORTA, W. de A. **Processo de Enfermagem**. Rio de Janeiro: Guanabara Koogan, 2011.

(85) MERHY, E. E.; FRANCO, T. B. Trabalho em saúde. *In*: PEREIRA, I. B. (ed.). **Dicionário da educação profissional em saúde**. 2. ed. Rio de Janeiro: EPSJV, 2008. p. 427-32.

(86) MERHY, E. E. **Saúde**: a cartografia do trabalho vivo. 2. ed. São Paulo: Hucitec, 2005.

(87) MERHY, E. E. Um ensaio sobre o médico e suas valises tecnológicas: contribuições para compreender as reestruturações produtivas do setor saúde. **Interface: Comun. Saúde, Educ.**, [s. l.], v. 4, n. 6, p. 109-16, 2000.

(88) MERHY, E. E. *et al*. Em busca de ferramentas analisadoras das tecnologias em saúde: a informação e o dia a dia de um serviço, interrogando e gerindo trabalho em saúde. *In*: MERHY, E. E.; ONOCHO, R. (ed.). **Agir em saúde**: um desafio para o público. São Paulo: Hucitec, 2006. p. 113-50.

(89) PEREIRA, M. J. B. **O trabalho da enfermeira no serviço de assistência domiciliar**: potência para (re)construção da prática de saúde e de enfermagem. 2001. Tese (Doutorado) – Escola de Enfermagem de Ribeirão Preto, Universidade de São Paulo. Ribeirão Preto, SP, 2001.

(90) POTTER, P. A. *et al*. **Fundamentos de Enfermagem**. 8. ed. Rio de Janeiro: Elsevier, 2014.

(91) FEKETE, M. C. A qualidade na prestação do cuidado em saúde. *In*: **Organização do cuidado a partir do problema**: uma alternativa metodológica para atuação da equipe de saúde da família. Brasília, DF: OPAS, 2000.

(92) BRASIL. Ministério da Saúde. Secretaria de Atenção à Saúde. **Clínica ampliada, equipe de referência e projeto terapêutico singular**. 2. ed. Brasília, DF: Ministério da Saúde, 2007.

## CAPÍTULO 4 – APOIO DIAGNÓSTICO

(1) BARROS, A. L. B. L. de. **Anamnese e exame físico, avaliação diagnóstica de enfermagem no adulto**. 3. ed. São Paulo: Artmed, 2015.

(2) DUNCAN, H. A. **Dicionário Andrei para enfermeiros e outros profissionais da saúde**. São Paulo: Andrei, 1995.

(3) FISCHBACH, F.; DUNNING III, M. B. **Manual de enfermagem em exames laboratoriais e diagnósticos**. 9. ed. Rio de Janeiro: Guanabara Koogan, 2015.

(4) PAGANA, K. D.; PAGANA, T. J. **Guia de exames laboratoriais & de imagem para a enfermagem**. 11. ed. Rio de Janeiro: Elsevier, 2015.

(5) POTTER, P. A. **Fundamentos de Enfermagem**. 9. ed. Rio de Janeiro: Elsevier, 2018.

(6) TIMBY, B. K. **Conceitos e habilidades fundamentais no atendimento de** enfermagem. 10. ed. Porto Alegre: Artmed, 2014.

(7) WILSON, D.; HOCKENBERRY, M. J. **Wong**: fundamentos de Enfermagem pediátrica. 9. ed. Rio de Janeiro: Guanabara Koogan, 2014.

## CAPÍTULO 5 – NUTRIÇÃO APLICADA À ENFERMAGEM

(1) UNIVERSDADE DE BRASÍLIA. **Nutrição humana**. Brasília, DF: UnB, 2014. Disponível em: <https://ideiasnamesa.unb.br/upload/biblioteca/292/Livro%20NHS.pdf>. Acesso em: 25 dez. 2018.

(2) CEARÁ (Estado). Secretaria da Educação. **Nutrição humana**. Fortaleza: Secretaria da Educação, 2013. Disponível em: <https://efivest.com.br/wp-content/uploads/2017/12/nutricao_e_dietetica_nutricao_humana.pdf>. Acesso em: 25 dez. 2018.

(3) MARTINS, C. **Introdução à avaliação do estado nutricional**. [s. l.]: Instituto Cristina Martins, 2009. Disponível em: <https://j.mp/2ypAkrs>. Acesso em: 20 dez. 2018.

(4) SOCIEDADE BRASILEIRA DE DIABETES. **Manual de nutrição**: profissional da saúde. São Paulo: Departamento de Nutrição e Metabologia da SBD, 2009. Disponível em: <https://www.diabetes.org.br/profissionais/images/pdf/manual-nutricao.pdf>. Acesso em: 26 dez. 2018.

(5) NETTINA, S. M. **Prática de Enfermagem**. 9. ed. Rio de Janeiro: Guanabara Koogan, 2014. v. 2.

(6) UNIMED. **Manual de alimentação saudável**. [s. l.]: UNIMED, 2008. Disponível em: <https://docente.ifrn.edu.br/irapuanmedeiros/disciplinas/qualidade-de-vida-e-trabalho/manual-da-alimentacao-saudavel>. Acesso em: 26 dez. 2018.

(7) HERMANN, A. P.; CRUZ, E. D. de A. **Enfermagem em nutrição enteral**: investigação do conhecimento e da prática assistencial em hospital de ensino. **Cogitare Enferm**, [s. l.], v. 13, n. 4, p. 520-5, out.-dez. 2008. Disponível em: <https://revistas.ufpr.br/cogitare/article/viewFile/13111/8869>. Acesso em: 27 dez. 2018.

(8) SANTOS, D. M. V. dos; CERIBELLI, M. I. P. de F. Enfermeiros especialistas em terapia nutricional no Brasil: onde e como atuam. **Revista Brasileira de Enfermagem**, [s. l.], v. 59, n. 6, p. 757-61, nov.-dez. 2006. Disponível em: <http://www.scielo.br/pdf/reben/v59n6/a07.pdf>. Acesso em: 27 dez. 2018.

(9) BRASIL. Ministério da Saúde. **Profissionalização de auxiliares de enfermagem**: cadernos do aluno. 2. ed. ver. Brasília, DF: Secretaria de Gestão de Investimentos em Saúde, 2002. Disponível em: <http://bibliotecadigital.puc-campinas.edu.br/services/e-books/139086por.pdf>. Acesso em: 26 dez. 2018.

(10) BRASIL. Ministério da Saúde. **Obesidade**. Brasília, DF: Secretaria de Atenção à Saúde, 2006. Cadernos de Atenção Básica, 12). Disponível em: <http://189.28.128.100/dab/docs/publicacoes/cadernos_ab/abcad12.pdf>. Acesso em: 27 jan. 2019.

(11) LIMA, G. E. S.; SILVA, B. Y. da C. Ferramentas de triagem nutricional: um estudo comparativo. **BRASPEN**, [s. l.], v. 32, n. 1, p. 20-4, 2017. Disponível em: <http://www.braspen.com.br/home/wp-content/uploads/2017/04/04-AO-Ferramentas-de-triagem.pdf>. Acesso em: 2 jan. 2019.

(12) CARVALHO, A. P. P. F. et al. **Protocolo de terapia nutricional enteral e parenteral da comissão de suporte nutricional**. Goiânia, GO: Hospital das Clínicas da Universidade Federal de Goiás, 2014. Disponível em: <https://j.mp/2VjZ1ic>. Acesso em: 30 jan. 2019.

(13) FIDELIX, M. S. P. (org.). **Manual orientativo**: sistematização do cuidado de nutrição. São Paulo: Associação Brasileira de Nutrição, 2014. Disponível em: <http://www.asbran.org.br/arquivos/PRONUTRI-SICNUT-VD.pdf>. Acesso em: 2 jan. 2019.

(14) SAMPAIO, L. R. (org.). **Avaliação nutricional**. Salvador: EDUFBA, 2012. (Sala de aula, 9). Disponível em: <https://repositorio.ufba.br/ri/bitstream/ri/16873/1/avaliacao-nutricional.pdf>. Acesso em: 27 dez. 2018.

(15) CARUSO, L. Triagem e avaliação nutricional em adultos. In: CARUSO, L.; SOUSA, A. B. de (org.). **Manual da equipe multidisciplinar de terapia nutricional (EMTN)**. São Paulo: HU/USP, 2014. p. 15-21. Disponível em: <https://j.mp/3eH8KH0>. Acesso em: 2 jan. 2019.

(16) BRASIL. Ministério da Saúde. **Manual de terapia nutricional na atenção especializada hospitalar no âmbito do Sistema Único de Saúde – SUS**. Brasília, DF: Secretaria de Atenção à Saúde, 2016. Disponível em: <https://bvsms.saude.gov.br/bvs/publicacoes/manual_terapia_nutricional_atencao_especializada.pdf>. Acesso em: 27 dez. 2018.

(17) FUNDAÇÃO ABRINQ PELOS DIREITOS DA CRIANÇA E DO ADOLESCENTE. **Saúde e nutrição na primeira infância**: uma conversa com famílias e profissionais sobre atenção à saúde e nutrição da criança de 0 a 6 anos. Recife: Fundação Abrinq, 2013. v. 3. Disponível em: <https://j.mp/2XSmg4F>. Acesso em: 27 jan. 2019.

(18) BRASIL. Ministério da Saúde. **Atenção ao pré-natal de baixo risco**. Brasília, DF: Secretaria de Atenção à Saúde, 2012. (Cadernos de atenção básica, 32). Disponível em: <https://bit.ly/2wNQF8T>. Acesso: 28 jan. 2019.

(19) TEIXEIRA, C. S. S.; CABRAL, A. C. V. Avaliação nutricional de gestantes sob acompanhamento em serviços de pré-natal distintos: a região metropolitana e o ambiente rural. **Rev. Bras. Ginec. Obst.**, Rio de Janeiro, v. 38, n. 1, p. 27-34, 2016. Disponível em: <https://j.mp/2zbYaHG>. Acesso em: 31 jan. 2019.

(20) PEREIRA, B. A. *et al.* A importância da nutrição nas diferentes fases da vida. **Revista F@pciência**, Apucarana, PR, v. 8, n. 3, p. 16-28, 2011. Disponível em: <http://www.cesuap.edu.br/fap-ciencia/edicao_2011/003.pdf>. Acesso em: 28 jan. 2019.

(21) CARVALHO, A. P. P. F. *et al.* **Protocolo de atendimento nutricional do paciente hospitalizado**: adulto/idoso. Goiânia: UFG, 2016. v. 2. Disponível em: <https://j.mp/34Mpacl>. Acesso em: 27 dez. 2018.

(22) SILVA, M. T. G. da; OLIVEIRA, M. M. A importância da terapia nutricional nas Unidades de Terapia Intensiva. **BRASPEN**, [s. l.], v. 31, n. 4, p. 347-56, 2016. Disponível em: <https://j.mp/2XGYt7A>. Acesso em: 29 jan. 2019.

(23) COLAÇO, A. D.; NASCIMENTO, E. R. P. do. Bundle de intervenções de enfermagem em nutrição enteral na terapia intensiva: uma construção coletiva. **Rev. Esc. Enferm. USP**, [São Paulo], v. 48, n. 5, p. 844-50, 2014. Disponível em: <https://j.mp/3cv91ec>. Acesso em: 27 dez. 2018.

(24) DUARTE, A. *et al.* Risco nutricional em pacientes hospitalizados durante o período de internação. **Nutr. Clín. Diet. Hosp.**, [s. l.], v. 36, n. 3, p. 146-52, 2016. Disponível em: <http://revista.nutricion.org/PDF/duarte.pdf>. Acesso em: 30 jan. 2019.

(25) ALFARO-LEFEVRE, R. **Aplicação do processo de Enfermagem**: fundamentos para o raciocínio clínico. 8. ed. Porto Alegre: Artmed, 2014.

(26) HERDMAN, T. H.; KAMITSURU, S. **Diagnósticos de Enfermagem da NANDA**: definições e classificação: 2015-2017. Porto Alegre: Artmed, 2015.

(27) MOORHEAD, S. *et al.* **Classificação dos resultados de Enfermagem**. 5. ed. [S. l.]: Elsevier, 2016.

(28) BULECHEK, G. M.; BUTCHER, H. K. **Classificação das intervenções de Enfermagem (NIC)**. [S. l.]: Elsevier, 2016.

(29) CONSELHO FEDERAL DE ENFERMAGEM. **Anexo**: norma técnica para atuação da equipe de Enfermagem em Terapia Nutricional. [S. l.]. Brasília: Cofen, 2010. Disponível em: <http://www.cofen.gov.br/wp-content/uploads/2014/01/Resolucao_453-14_Anexo.pdf>. Acesso em: 27 dez. 2018.

(30) CARUSO, L.; SOUSA, A. B. de. (org.). **Manual da equipe multidisciplinar de terapia nutricional (EMTN) do Hospital Universitário da Universidade de São Paulo – HU/USP**. São Carlos, SP: Cubo, 2014. Disponível em: <https://j.mp/2XJPhiD>. Acesso em: 29 jan. 2019.

(31) SILVEIRA, G. C.; ROMEIRO, F. G. **Passagem de sonda enteral**: manual operacional Hospital Irmandade de Misericórdia do Jahu. Botucatu, SP: UNESP, 2018. Disponível em: <http://www.hcfmb.unesp.br/wp-content/uploads/2018/04/PassagemSondaEnteral-1.pdf>. Acesso em: 30 jan. 2019.

(32) FERREIRA NETO, C. J. B. *et al..* Intervenções farmacêuticas em medicamentos prescritos para administração via sondas enterais em hospital universitário. **Rev. Latino-Am. Enfermagem**, [s. l.], v. 24, n. 2696, 2016. Disponível em: <https://bit.ly/34SqM4r>. Acesso em: 26 dez. 2018.

(33) MOREIRA, M. A. de J. *et al.* Perfil dos medicamentos utilizados via oral e por sonda gastroenteral em um Serviço de Pronto Atendimento. **Rev. Esc. Enferm. USP**, [São Paulo], v. 52, n. 03385, p. 1-8, 2018. Disponível em: <http://www.scielo.br/pdf/reeusp/v52/pt_1980-220X-reeusp-52-e03385.pdf>. Acesso em: 26 dez. 2018.

(34) MONTENEGRO, S. Proteína e cicatrização de feridas. **Revista Nutrícias**, [s. l.], v. 14, p. 27-30, 2012. Disponível em: <http://www.scielo.mec.pt/pdf/nut/n14/n14a07.pdf>. Acesso em: 25 mar. 2019.

(35) MENDES, D. C. *et al.* A importância da nutrição no processo de cicatrização de feridas. **Revista Científica Univiçosa**, Viçosa, MG, v. 9, n. 1, p. 68-75, jan.-dez. 2017. Disponível em: <https://academico.univicosa.com.br/revista/index.php/RevistaSimpac/article/view/814/1116>. Acesso em: 25 mar. 2019.

(36) AZEVEDO, R. S. P. L. F. **Interacções fármaco-nutriente no doente com nutrição artificial**. Porto, Portugal: Universidade do Porto, 1998. Disponível em: <https://repositorio-aberto.up.pt/bitstream/10216/64258/5/67551_98-07T_TL_01_P.pdf>. Acesso em: 25 mar. 2019.

(37) LEAL, M. M. F. V.; SILVA JÚNIOR, J. J. da. Interações fármaco nutriente: caracterização e métodos inovadores de avaliação. **Revista Rios Saúde**, [s. l.], v. 1, n. 4, p. 38-48, 2018. Disponível em: <https://j.mp/2xvJGC8>. Acesso em: 25 mar. 2019.

CAPÍTULO 6 – CUIDADOS PALIATIVOS

(1)   VAMOS falar de cuidados paliativos. [S. l.]: SBGG, c2015. Disponível em: <https://j.mp/3ajr0mj>. Acesso em: 15 maio 2019.

(2)   SILVA, R. S. da; AMARAL, J. B. do; MALAGUTTI, W. **Enfermagem em cuidados paliativos**: cuidando para uma boa morte. 2. ed. São Paulo: Martinaria, 2019.

(3)   SANTOS, F. S. (ed.). **Cuidados paliativos**: diretrizes, humanização e alívio de sintomas. São Paulo: Atheneu, 2011.SÃO PAULO (Estado). Conselho Regional de Enfermagem de São Paulo. **Parecer Coren-SP nº 031/2014**. Punção e administração de fluidos na hipodermóclise. Disponível em: <https://bit.ly/3evtvoQ>. Acesso em: 7 jun. 2019.

(4)   ACADEMIA NACIONAL DE CUIDADOS PALIATIVOS. **Manual de cuidados paliativos**. Rio de Janeiro: ANCP, 2012.

(5)   MARTINELLI, J. P. O. **A ortotanásia e o direito penal brasileiro. Instituto Brasileiro de Ciências Criminais**, [s. l.], 2014. Disponível em: <https://j.mp/2Vkf7rY>. Acesso em:> 18 abr. 2020.

(6)   BATISTA, R. S.; SCHRAMM, F. R. Conversations on the "good death": the bioethical debate on euthanasia. **Cad. Saúde Pública**, Rio de Janeiro, v. 21, n. 1, p. 111-119, jan.-fev. 2005.

(7)   MARCUCCI, F. C. et al. Identification and characteristics of patients with palliative care needs in Brazilian primary care. **BMC Palliative Care**, [s. l.], v. 15, n. 51, 2016.

(8)   NEVES, S. A. et al. Estudo da fadiga na perspectiva dos cuidados paliativos. **Rev. Movimenta**, [s. l.], v. 10, n. 2, p. 221-9, 2017.

(9)   WATERKEMPER, R.; REIBNITZ, K. S. Cuidados paliativos: a avaliação da dor na percepção de enfermeiras. **Rev. Gaúcha Enferm.**, Porto Alegre, RS, v. 31, n. 1, p. 84-91, 2010.

(10)  COLUZZI, F. et al. Orientação para boa prática clínica para opioides no tratamento da dor: os três "ts"-titulação (teste), ajuste (individualização), transição (redução gradual). **Rev. Bras. Anestesiol.**, [s. l.], v. 66, n. 3, p. 310-7, 2016.

(11)  AZEVEDO, D. L. (org.). **O uso da via subcutânea em geriatria e cuidados paliativos**. Rio de Janeiro: SBGG, 2016.

(12)  BRASIL. Ministério da Saúde. Portaria SAS/MS nº 1.083, de 2 de outubro de 2012. Aprova o protocolo clínico e diretrizes terapêuticas da dor crônica. **Diário Oficial da União**, Brasília, DF, 2012.

(13)  ROCHA, A. F. P. et al. O alívio da dor oncológica: estratégias contadas por adolescentes com câncer. **Texto Contexto Enferm.**, Florianópolis, SC, v. 24, n. 1, p. 96-104, jan.-mar. 2015.

(14)  GODINHO, N. C.; SILVEIRA, L. V. **Manual de hipodermóclise**. Botucatu, SP: HCFMB, 2017.

(15)  CONSELHO FEDERAL DE ENFERMAGEM. **Resolução Cofen nº 564/2017, de 6 de dezembro de 2017**. Aprova o novo Código de Ética dos Profissionais da Enfermagem. Disponível em: <http://www.cofen.gov.br/resolucao-cofen-no-5642017_59145.html>. Acesso em: 7 jun. 2019.

(16)  CARVALHO, L. Tratamento sintomático em cuidados paliativos: prurido. **Rev. Port. Clin. Geral**, [s. l.], v. 19, p. 55-66, 2003.

(17)  SILVA, R. S. da et al. Atuação da equipe de enfermagem sob a ótica de familiares de pacientes em cuidados paliativos. **Rev. Min. de Enferm.**, [s. l.], v. 20, n. 938, 2016.

(18)  MAGDALENA, M. S. et al. Cuidados paliativos: um estudo de caso. **Salão de Ensino e de Extensão**: inovação na aprendizagem, Santa Cruz do Sul, RS, 2016. Disponível em: <http://online.unisc.br/acadnet/anais/index.php/salao_ensino_extensao/article/view/15141>.


CAPÍTULO 7 – PROCEDIMENTOS RELACIONADOS À VERIFICAÇÃO DOS SINAIS VITAIS

(1)   POTTER, P. A.; PERRY, A. G. **Fundamentos de Enfermagem**. 9. ed. Rio de Janeiro: Guanabara Koogan, 2018.

(2)   WHITE, L.; DUNCAN, G.; BAUMLE, W. **Fundamentos de Enfermagem básica**. 3. ed. São Paulo: Cengage Learning, 2012.

(3)   KROKOCSZ, D. V. C. Monitorização hemodinâmica não invasiva. In: PADILHA, K. G. et al. **Enfermagem em UTI**: cuidando do paciente crítico. Barueri, SP: Manole, [201-]. p. 284-305.

(4)   MALACHIAS, M. V. B. et al. 7ª Diretriz Brasileira de Hipertensão Arterial. **Revista Brasileira de Hipertensão**, [s. l.], v. 24, n. 1, p. 18-23, 2017.

(5)   SILVA, M. A. S.; GARCIA, D. M.; PIMENTA, C. A. M. Avaliação e controle da dor no paciente crítico. In: PADILHA, K. G. et al. **Enfermagem em UTI**: cuidando do paciente crítico. Barueri, SP: Manole, 2010. p. 840-74.

## CAPÍTULO 8 – PROCEDIMENTOS RELACIONADOS À ADMINISTRAÇÃO DE MEDICAMENTOS

(1) CARMAGNANI, M. I. S. *et al.* **Procedimentos de Enfermagem**: guia prático. 2. ed. Rio de Janeiro: Guanabara Koogan, 2017.

(2) GIOVANI, A. M. M. **Enfermagem**: cálculo e administração de medicamentos. 4. ed. São Paulo: Legnar, 2014.

(3) PAULA, M. de F. C. *et al.* **Semiotécnica**: fundamentos para a prática assistencial de Enfermagem. Rio de Janeiro: Elsevier, 2016.

(4) POTTER, P. A. **Fundamentos de Enfermagem**. 9. ed. Rio de Janeiro: Elsevier, 2018.

(5) TIMBY, B. K. **Conceitos e habilidades fundamentais no atendimento de Enfermagem**. 10. ed. Porto Alegre: Artmed, 2014.

(6) RODRIGUES, A. B. *et al.* **Semiotécnica**: manual para assistência de Enfermagem. 3. ed. São Paulo: Iátria, 2007.


## CAPÍTULO 9 – PROCEDIMENTOS RELACIONADOS À CURATIVOS

(1) PERES, G. R. P. *et al.* Feridas em UTI. *In*: PADILHA, K. G. *et al.* **Enfermagem em UTI**: cuidando do paciente crítico. Barueri, SP: Manole, 2016, p. 875-916.

(2) POTTER, P. A.; PERRY, A. G. **Fundamentos de Enfermagem**. 9. ed. Rio de Janeiro: Guanabara Koogan, 2018.

(3) WHITE, L.; DUNCAN, G.; BAUMLE, W. **Fundamentos de Enfermagem básica**. 3. ed. São Paulo: Cengage Learning, 2012.

(4) OTTO, C. *et al.* Fatores de risco para o desenvolvimento de lesão por pressão em pacientes críticos. **Enferm. Foco**, [*s. l.*], v. 10, n. 1, p. 7-11, 2019.

(5) VIEIRA, A. L. G. *et al.* Dressings used to prevent surgical site infection in the postoperative period of cardiac surgery: integrative review. **Rev. Esc. Enferm. USP**, São Paulo, v. 52, n. 03393, 2018.

(6) NOBRE, A. S. P.; MARTINS, M. D. S. Prevalência de flebite da venopunção periférica: fatores associados. **Rev. Enferm. Referência**, [*s. l.*], v. 16, n. 4, p. 127-38, 2018.

(7) MOTA, D. *et al.* Evidências na utilização de ácidos graxos essenciais no tratamento de feridas. **Cadernos de Graduação**, [*s. l.*], v. 2, n. 3, p. 55-64, 2015.

(8) FONTES, F. L. L.; OLIVEIRA, A. C. Competências do enfermeiro frente à avaliação e ao tratamento de feridas oncológicas. **Rev. Uningá**, [*s. l.*], v. 56, n. S2, p. 71-9, 2019.

(9) PINHEIRO, L. S.; BORGES, E. L.; DONOSO, M. T. V. Uso de hidrocoloide e alginato de cálcio no tratamento de lesões cutâneas. **Rev. Bras. Enferm.**, [*s. l.*], v. 66, n. 5, p. 760-70.

(10) TAVARES, A. S. *et al.* Uso da papaína em feridas por enfermeiros da área cirúrgica de um hospital universitário. **Rev. Enferm. Atual.**, [*s. l.*], v. 87, p. 1-7, 2019.

(11) SILVA, A. C. O. *et al.* As principais coberturas utilizadas pelo enfermeiro. **Rev. Uningá**, [Sorocaba, SP], v. 53, n. 2, p. 117-23, 2017.

(12) BERNARDES, L. O.; JURADO, S. R. Efeitos da laserterapia no tratamento de lesões por pressão: uma revisão sistemática. **Rev. Cuid.**, [*s. l.*], v. 9, n. 3, p. 2423-34, 2018.


## CAPÍTULO 10 – ASSISTÊNCIA EM SAÚDE COLETIVA

(1) DUARTE, D. C. *et al.* Acesso à vacinação na Atenção Primária na voz do usuário: sentidos e sentimentos frente ao atendimento. **Esc. Anna Nery**, Rio de Janeiro, v. 23, n. 1, 2019. Disponível em: <http://dx.doi.org/10.1590/2177-9465-ean-2018-0250>. Acesso em: 18 abr. 2020.

(2) BRASIL. Ministério da Saúde. **Programa Nacional de Imunizações**: 40 anos. Brasília, DF: Secretaria de Vigilância em Saúde, 2013.Disponível em: <http://bvsms.saude.gov.br/bvs/publicacoes/programa_nacional_imunizacoes_pni40.pdf>. Acesso em: 18 abr. 2020.

(3) BARRETO, M. L. *et al.* Successes and failures in the control of infectious diseases in Brazil: social and environmental context, policies, interventions, and research needs. **The Lancet**, v. 377, p. 1877-87, may. 2011. Disponível em: <https://j.mp/2XLus6p>. Acesso em: 18 abr. 2020.

(4) BRASIL. Ministério da Saúde. **Manual de normas e procedimentos para vacinação**. Brasília, DF: Secretaria de Vigilância em Saúde, 2014. Disponível em: <https://bit.ly/3aiTe0x>. Acesso em: 18 abr. 2020.

(5) ASHOK, A.; BRISON, M.; LETALLEC, Y. Improving cold chain systems: challenges and solutions. **Vaccine**, [*s. l.*], v. 35, n. 17, p. 2217-23.

(6)   VIEGAS, S. M. da F. *et al*. A vacinação e o saber do adolescente: educação em saúde e ações para a imunoprevenção. **Ciênc. Saúde Coletiva**, Rio de Janeiro, v. 24, n. 2, p. 351-60, fev. 2019. Disponível em: <https://j.mp/2Vk6myk>. Acesso em: 18 abr. 2020.

(7)   BRASIL. Ministério da Saúde. **Manual de rede de frio do Programa Nacional de Imunizações**. 5. ed. Brasília, DF: Secretaria de Vigilância em Saúde, 2017. Disponível em: <http://portalarquivos2.saude.gov.br/images/pdf/2017/dezembro/15/rede_frio_2017_web_VF.pdf>. Acesso em: 18 abr. 2020.

(8)   WORLD HEALTH ORGANIZATION. Council for International Organizations of Medical Sciences. **Definition and application of terms for vaccine pharmacovigilance**. Geneva: Working Group on Vaccine Pharmacovigilance, 2012.

(9)   BISETTO, L. H. L.; CIOSAK, S. I. Analysis of adverse events following immunization caused by immunization errors. **Rev. Bras. Enferm.**, [s. l.], v. 70, n. 1, p. 81-9, jan.-fev. 2017. Disponível em: <http://dx.doi.org/10.1590/0034-7167-2016-0034>. Acesso em: 18 abr. 2020.

(10)  BRASIL. Ministério da Saúde. **Manual de vigilância epidemiológica de eventos adversos pós-vacinação**. 3. ed. Brasília, DF: Secretaria de Vigilância em Saúde, 2014. Disponível em: <http://www.saude.pr.gov.br/arquivos/File/-01VACINA/manual_Eventos_adversos.pdf>. Acesso em: 20 nov. 2019.

(11)  BRASIL. Lei nº 8.080, de 19 de setembro de1990. Dispõe sobre as condições para a promoção, proteção e recuperação da saúde, organização e o funcionamento dos serviços correspondentes e dá providências. **Diário Oficial da União**, Brasília, DF, 1990.

(12)  PEREIRA, M. G. **Epidemiologia**: teoria e prática. Rio de Janeiro: Guanabara-Koogan, 2006.

(13)  BRASIL. Ministério da Saúde. **Guia de vigilância epidemiológica**. Brasília, DF: MS, 2009.

(14)  BRASIL. Ministério da Saúde. **CBVE**: curso básico de vigilância epidemiológica. Brasília, DF: Secretaria de Vigilância em Saúde, 2005. Disponível em: <http://bvsms.saude.gov.br/bvs/publicacoes/Curso_vigilancia_epidemio.pdf>. Acesso em: 18 abr. 2020.

(15)  BRASIL. Ministério da Saúde. Portaria nº 204, de 17 de fevereiro de 2016. Regulamenta o BRASIL. Ministério da Saúde. para as ações e os serviços de saúde. **Diário Oficial da União**, Brasília, DF, 2016.

(16)  OLIVEIRA, C. M.; CRUZ, M. M. Sistema de vigilância em saúde no Brasil: avanços e desafios. **Saúde Debate**, [s. l.], v. 39, n. 104, p. 255-67, 2015.


CAPÍTULO 11 – ASSISTÊNCIA AO PACIENTE EM SITUAÇÕES DE URGÊNCIA E EMERGÊNCIA

(1)   LIMA, D. S.; FRANCO FILHO, E. S.; DIAS, L. S. Como agir em situações de emergência. *In*: LIMA, D. S. (org.). **Emergência médica**: suporte imediato à vida. Fortaleza, CE: Unichristus, 2018. p. 101-113.

(2)   BRASIL. Portaria nº 2.048, de 5 de novembro de 2002. Dispõe sobre o regulamento técnico dos sistemas estaduais de urgência e emergência. **Diário Oficial da União**, 2002. Disponível em: <https://j.mp/3ewRxzl>. Acesso em: 25 mar. 2019.

(3)   SCARPELINI, S. A organização do atendimento às urgências e trauma. **Medicina**, Ribeirão Preto, SP, v. 40, n. 3, p. 315-20, jul.-set. 2007. Disponível em: <http://revista.fmrp.usp.br/2007/vol40n3/1_a_organiza_atendimento_urgencias_e_trauma.pdf>. Acesso em: 18 abr. 2020.

(4)   GENTIL, R. C.; MALVESTIO, M. A. A. Gerenciamento da assistência ao trauma. *In*: SOUSA, R. M. C. *et al*. (org.). **Atuação no trauma**: uma abordagem para a enfermagem. São Paulo: Atheneu, 2009.

(5)   NATIONAL ASSOCIATION OF EMERGENCY MEDICAL TECHNICIANS. **PHTLS**: atendimento pré-hospitalar ao traumatizado. 8. ed. Estados Unidos: Jones & Bartlett Learning, 2017.

(6)   NATIONAL ASSOCIATION OF EMERGENCY MEDICAL TECHNICIANS. **PHTLS**: Prehospital Trauma Life Support. 9. ed. United States of America: Jones & Bartlett Learning, 2018.

(7)   AMERICAN HEART ASSOCIATION. **Aspectos mais relevantes das diretrizes da American Heart Association sobre ressuscitação cardiopulmonar e atendimento cardiovascular de emergência**. [*S. l.*]: AHA, 2015.

(8)   AMERICAN COLLEGE OF SURGEONS. **Advanced Trauma Life Support (ATLS)**: student course manual. 10th. Chicago, United States of America: American College of Surgeons, 2018.

(9)   THOMAZ, M. C. A. Unidades 2 e 3 urgência e emergência I e II. *In*: **Urgência e emergência em Enfermagem**. Londrina, PR: Educacional, 2018. p. 47-97.

(10)  ARAÚJO, A. X. P. de; GOMES, W. dos S.; RIBEIRO, P. M. T. Qualidade de vida do paciente de lesão medular: uma revisão da literatura. **Revista Eletrônica Acervo Saúde**, [s. l.], v. 11, n. 1, p. 1-11, 2019. Disponível em: <https://doi.org/10.25248/reas.e178.2019>. Acesso em: 18 abr. 2020.

(11)  BRASIL. Ministério da Saúde. **Diretrizes de atenção à pessoa com lesão medular**. Brasília, DF: Secretaria de Atenção à Saúde, 2013.

(12)  DAMIANI, D. Uso rotineiro do colar cervical no politraumatizado: revisão crítica. **Rev. Soc. Bras. Clin. Med.**, [São Paulo], v. 15, n. 2, p. 131-6, abr.-jun. 2017. Disponível em: <http://www.sbcm.org.br/ojs3/index.php/rsbcm/article/view/277>. Acesso em: 18 abr. 2020.

(13) BRASIL. Ministério da Saúde. **Protocolos de intervenção para o SAMU 192**: Serviço de Atendimento Móvel de Urgência. Brasília, DF: Secretaria de Atenção à Saúde, 2016.

(14) PRUDENTE, M. C.; ARANHA, G. L. Trauma pélvico: classificação e diretrizes da Sociedade Mundial de Cirurgia de Urgência. **Journal of Pertoneum**, [s. l.], jan. 2018. Disponível em: <http://www.jperitoneum. org/index.php/joper/article/view/92>. Acesso em: 18 abr. 2020.

(15) PEREIRA, G. J. C. *et al.* Estudo epidemiológico das fraturas e lesões do anel pélvico. **Rev. Bras. Ortop.**, [s. l.], v. 52, n. 3, p. 260-9, 2017. Disponível em: <www.scielo.br/pdf/rbort/v52n3/pt_1982-4378-rbort-52-03-00260.pdf>. Acesso em: 18 abr. 2020.

(16) PIZANIS, A. *et al.* Emergency stabilization of the pelvic ring: clinical comparison between three different techniques. **Injury**, [s. l.], v. 44, n. 12, p. 1760-4, dec. 2013. Disponível em: <https://doi.org/10.1016/j.injury.2013.07.009>.

(17) BARBOSA NETO, J. O. *et al.* Ressuscitação hemostática no choque hemorrágico traumático: relato de caso. **Rev. Bras. Anestesiol**, [s. l.], v. 63, n. 1, p. 103-6, 2013. Disponível em: <http://www.scielo.br/scielo.phps?ript=sci_arttext&pid=S0034-70942013000100008&lng=en&nrm=iso>.

(18) HINKLE, J. L.; CHEEVER, K. H. **Brunner & Suddarth**: tratado de enfermagem médico-cirúrgica. 13. ed. Rio de Janeiro: Guanabara Koogan, 2016.

(19) FALUDI, A. A. *et al.* Atualização da diretriz brasileira de dislipidemias e prevenção da aterosclerose: 2017. **Sociedade Brasileira de Cardiologia**, Rio de Janeiro, v. 109, n. 2, supl. 1, ago. 2017. Disponível em: <http://publicacoes.cardiol.br/2014/diretrizes/2017/02_DIRETRIZ_DE_DISLIPIDEMIAS.pdf>.

(20) PIEGAS, L. S. *et al.* V diretriz da Sociedade Brasileira de Cardiologia sobre tratamento do infarto agudo do miocárdio com supradesnível do segmento ST. **Sociedade Brasileira de Cardiologia**, v. 105, n. 2, supl. 1, ago. 2015. Disponível em: <https://j.mp/2Khkbai>. Acesso em: 19 abr. 2020.

(21) SANTOS, E. C. L. *et al.* **Manual de cardiologia**: cardiopapers. Rio de Janeiro: Atheneu, 2013.


CAPÍTULO 12 – ASSISTÊNCIA À SAÚDE DA CRIANÇA E DO ADOLESCENTE

(1) KYLE, T. **Enfermagem pediátrica**. Rio de Janeiro: Guanabara Koogan, 2011.

(2) MARCONDES, E. *et al.* **Pediatria básica:** pediatria geral e neonatal. 9. ed. São Paulo: Sarvier, 2002. t. 1.

(3) HOCKENBERRY, M. **Wong's**: fundamentos de enfermagem pediátrica. 8 ed. Rio de Janeiro: Elsevier, 2011.

(4) WILSON, D.; HOCKENBERRY, M. J. **Wong**: manual clínico de Enfermagem pediátrica. 2. ed. Rio de Janeiro: Elsevier, 2012.

(5) BRASIL. Ministério da Saúde. **Brasil adota recomendação da OMS e reduz medida para microcefalia**. Brasília, DF: UNA-SUS, 2016. Disponível em: <https://j.mp/2S5u2o7>. Acesso em: 19 abr. 2020.

(6) BRASIL. Ministério da Saúde. **Saúde da criança**: crescimento e desenvolvimento. Brasília, DF: Secretaria de Atenção à Saúde, 2012.

(7) BRASIL. Ministério da Saúde. **Orientações para a coleta e análise de dados antropométricos em serviço de saúde**: normas técnicas de vigilância alimentar e nutricional. Brasília, DF: SISVAN, 2011.

(8) CLOHERTV, J. P. *et al.* **Manual de neonatologia**. 7. ed. Rio de Janeiro: Guanabara Koogan, 2015. E-book.

(9) BRASIL. Ministério da Saúde. Secretaria de Políticas de Saúde. **Atenção humanizada ao recém-nascido de baixo peso**: método mãe-canguru: manual do curso. Brasília, DF: MS, 2002.

(10) BRASIL. Ministério da Saúde. **Crescimento e desenvolvimento**. Brasília, DF: Ministério da Saúde, 20--. Disponível em: <http://www.saude. gov.br/programas/scriança/criança/crescimento.htm>. Acesso em: 20 jul. 2019.


CAPÍTULO 13 – ASSISTÊNCIA À SAÚDE DA MULHER

(1) BRASIL. Ministério da Saúde. **Política Nacional de atenção integral a saúde da mulher**. Brasília, DF: Ministério da Saúde, 2011.

(2) LIMA, C. T. *et al.* Análise das políticas públicas em saúde da mulher: uma revisão da literatura. **Revista Digital**, Buenos Aires, v. 19, n. 197, oct. 2014. Disponível em: <https://www.efdeportes.com/efd197/politicas-publicas-em-saude-da-mulher.htm>. Acesso em: 19 abr. 2020.

(3) BRASIL. Ministério da Saúde. Secretaria de Atenção à Saúde. Departamento de Ações Programáticas Estratégicas. Portaria n° 1.459, 24 de junho de 2011. Institui, no âmbito do Sistema Único de Saúde, a Rede Cegonha. **Diário Oficial da União**, seção 1, Brasília, DF, 2011.

(4) LANSKY, S. *et al.* Pesquisa Nascer no Brasil: perfil da mortalidade neonatal e avaliação da assistência à gestante e ao recém-nascido. **Cad. Saúde Pública**. Rio de Janeiro, v. 30, supl. 1, p. S192-S207, 2014. Disponível em: <http://dx.doi.org/10.1590/0102-311X00133213>. Acesso em: 19 abr. 2020.

(5) CONSELHO REGIONAL DE ENFERMAGEM DE MINAS GERAIS. **Legislação e normas**. Belo Horizonte, MG: CRE, 2016. v. 15, n. 1.

(6) ARAÚJO, L. A.; REIS, A. T. **Enfermagem na prática materno-neonatal**. Rio de Janeiro: Guanabara Koogan, 2012.

(7) DANGELO, J. G.; FATTINI, C. A. **Anatomia humana e segmentar**. 3. ed. São Paulo: Atheneu, 2007.

(8) LOWDERMILK, D. L. *et al.* **Saúde da mulher e enfermagem obstétrica**. Rio de Janeiro: [s. n.], 2012.

(9) BRASIL. Ministério da Saúde. **Saúde sexual e saúde reprodutiva**. Brasília, DF: Ministério da Saúde, 2013.

(10) ORGANIZAÇÃO MUNDIAL DE SAÚDE. **Planejamento familiar**: um manual global para profissionais e serviços de saúde: Projeto INFO. Genebra: OMS, 2007.

(11) BRASIL. Lei n° 9.263, de 12 de janeiro 1996. Regula o planejamento familiar. **Diário Oficial da União**, Brasília, DF, 1996.

(12) BRASIL. Ministério da Saúde. Secretaria de Atenção a Saúde. **Manual de atenção à mulher no climatério/menopausa**. Brasília, DF: MS, 2008.

(13) CORREA, M. D. **Noções práticas de obstetrícia**. 14. ed. São Paulo: Coopmed Editora Médica, 2014.

(14) BRASIL. Ministério da Saúde. **Atenção ao pré-natal de baixo risco**. Brasília, DF: Secretaria de Atenção à Saúde, 2012. (Cadernos de atenção básica, v. 32).

(15) BRASIL. Ministério da Saúde. **Atenção humanizada ao abortamento**: norma técnica. Brasília, DF: Ministério da Saúde, 2011.

(16) RODRIGUES, W. F. *et al.* Abortion: nursing assistance protocol: experience report. **Journal of nursing UFPE on line**, Recife, PE, v. 11, n. 8, p. 3171-5, ago. 2017. Disponível em: <https://j.mp/3amXsUI>. Acesso em: 19 abr. 2020.

## CAPÍTULO 14 – ASSISTÊNCIA À SAÚDE DO IDOSO

(1) CONFORTIN, S. C. *et al.* Condições de vida e saúde de idosos: resultados do estudo de coorte EpiFloripa Idoso. **Epidemiol. Serv. Saúde**, v. 26, n. 2, p. 305-17, 2017.

(2) ELIOPOULOS, C. **Enfermagem gerontológica**. 9. ed. Porto Alegre: Artmed, 2019.

(3) FREITAS, E. V. *et al.* **Tratado de geriatria e gerontologia**. 4. ed. Rio de Janeiro: Guanabara Koogan, 2016.

(4) HALL, J. E.; GUYTON, A. E. **Tratado de fisiologia médica**. 13. ed. Rio de Janeiro: Elsevier, 2017.

(5) HERDMAN, T. H.; KAMITSURU, S. **Diagnósticos de Enfermagem da NANDA**: definições e classificação: 2018-2020. 11. ed. Porto Alegre: Artmed, 2018.

(6) MARTINS, G. A. *et al.* Uso de medicamentos potencialmente inadequados entre idosos do Município de Viçosa, Minas Gerais, Brasil: um inquérito de base populacional. **Cad. Saúde Pública**, [s. l.], v. 31, p. 2401-12, 2015.

(7) PAPALÉO-NETTO, M. **Tratado de geriatria e gerontologia**. 4. ed. Rio de Janeiro: Guanabara Koogan, 2016.

(8) PAPALÉO-NETTO, M.; KITADAI, F. T. **A quarta idade**: o desafio da longevidade. Rio de Janeiro: Atheneu, 2015.

(9) PEREIRA, K. G. *et al.* Polifarmácia em idosos: um estudo de base populacional. **Rev. Bras. Epidemiol.**, [s. l.], v. 20, n. 2, p. 335-44, abr.-jun. 2017. Disponível em: <https://j.mp/3ak7HJu>. Acesso em: 19 abr. 2020.

(10) PASSOS, J. G.; GUIMARÃES, L. C.; VICTORIA, M. C. M. Evaluation of taste perception in the elderly for basic, sweet and salty tastes, compared to young adults. **J Health Sci. Inst.**, v. 34, n. 1, p. 29-32, 2016.

(11) PURVES, D. *et al.* **Neurociência**. 4. ed. Porto Alegre: Artmed, 2010.

(12) RAWLE, M. J. *et al.* Apolipoprotein-E (Apoe) ε4 and cognitive decline over the adult life course. **Psiquiatria Transl.**, v. 8, n. 1, p. 18, 2018.

(13) SILVEIRA, E. A.; DALASTRA, L.; PAGOTTO. V. Polypharmacy, chronic diseases and nutritional markers in community-dwelling older. **Rev. Bras. Epidemiol.**, v. 17, p. 818-29, 2014.

(14) SILVERTHORN, D. U. **Fisiologia humana**: uma abordagem integrada. 7. ed. Porto Alegre: Artmed, 2017.

(15) STEPHENS, C.; BREHENY, M.; MANSVELT, J. Healthy ageing from the perspective of older people: a capability approach to resilience. **Psychol. Health**, [s. l.], v. 30, n. 6, p. 715-31, 2015. Disponível em: <https://www.ncbi.nlm.nih.gov/pubmed/24678916>. Acesso em: 19 abr. 2020.

(16) WALLACK, E. M.; WISEMAN, H. D.; PLOUGHMAN, M. Healthy aging from the perspectives of 683 older people with multiple sclerosis. **Multiple Sclerosis International**, [s. l.],p. 1-10, 2016. Disponível em: <https://www.hindawi.com/journals/msi/2016/1845720/>. Acesso em: 19 abr. 2020.

(17) WANG, X. Subjective well-being associated with size of social network and social support of elderly. **J. Health Psychol.**, [s. l.], v. 21, n. 6, p. 1037-42, 2014. Disponível em: <https://www. ncbi.nlm.nih.gov/ pubmed/25104778>. Acesso em: 19 abr. 2020.

(18) WORLD HEALTH ORGANIZATION. **Global strategy and action plan on ageing and health (2016-2020)**. Geneva: WHO, 2016. Disponível em: <http://who.int/ageing/GSAPSummary-EN.pdf>. Acesso em: 19 abr. 2020.

(19) WORLD HEALTH ORGANIZATION. **World report on ageing and health**. Geneva: WHO, 2015. Disponível em: <https://j.mp/3cvZCTs>. Acesso em: 15 jun. 2017.

(20) ZIMMER, Z. *et al.* Spirituality, religiosity, aging and health in global perspective: a review. **SSM Popul. Health**, [s. l.], v. 2, p. 373-81, 2016. Disponível em: <https://j.mp/2RRtyBH>. Acesso em: 19 abr. 2020.


## CAPÍTULO 15 – ASSISTÊNCIA EM SAÚDE MENTAL E PSIQUIATRIA

(1) FOUCAULT, M. **História da loucura na idade clássica**. Tradução J. T. Coelho Neto. 9. ed. São Paulo: Perspectiva, 2010.

(2) BATISTA, M. D. G. Breve história da loucura, movimentos de contestação e reforma psiquiátrica na Itália, na França e no Brasil. **Revista de Ciências Sociais**, [s. l.], v. 1, n. 40, p. 391-404, 2014.

(3) AMARANTE, P.; TORRE, E. H. G. De volta à cidade, Sr. Cidadão! Reforma psiquiátrica e participação social: do isolamento institucional ao movimento antimanicomial. **Rev. Adm. Pública.**, [s. l.], v. 52, n. 6, p. 1090-1107, 2018.

(4) JORGE, M. A. S.; CARVALHO, M. C. A.; SILVA, P. R. F. Políticas e cuidado em saúde mental: contribuições para a prática profissional. *In*: JORGE, M. A. S.; CARVALHO, M. C. A.; SILVA, P. R. F. **Políticas e cuidado em saúde menta**: contribuições para a prática profissional. Rio de Janeiro: Fiocruz, 2014. p. 41-58.

(5) ESPERIDIÃO, E. *et al.* A Enfermagem psiquiátrica, a ABEn e o Departamento Científico de Enfermagem Psiquiátrica e Saúde Mental: avanços e desafios. **Rev. Bra. Enferm.**, [s. l.], v. 66, n. esp., p. 171-6, 2013.

(6) ARANTES, E. C.; STEFANELLI, M. C.; FUKUDA, I. M. K. Evolução histórica da Enfermagem em saúde mental e psiquiátrica. *In*: FUKUDA, I. M. K.; STEFANELLI, M. C.; ARANTES, E. C. (org.). **Enfermagem psiquiátrica em suas dimensões assistenciais**. 2. ed. São Paulo: Manole, 2017. p. 53-61.

(7) GUIMARÃES, J. C. S. *et al.* Eletroconvulsoterapia: construção histórica do cuidado de Enfermagem (1989-2002). **Rev. Bras. Enferm.**, [s. l.], v. 71, n. 6, p. 2743-50, 2018.

(8) BRASIL. Lei n° 10.216, de 6 de abril de 2001. Dispõe sobre a proteção e os direitos das pessoas portadoras de transtornos mentais e redireciona o modelo assistencial em saúde mental. **Diário Oficial da União**, Brasília, DF, 2001.

(9) BRASIL. Ministério da Saúde. Portaria n° 336, de 19 de fevereiro de 2002. **Diário Oficial da União**, Brasília, DF, 2002.

(10) BRASIL. Ministério da Saúde. Portaria n° 3.088, de 23 de dezembro de 2011. Institui a Rede de Atenção Psicossocial para pessoas com sofrimento ou transtorno mental e com necessidades decorrentes do uso de crack, álcool e outras drogas, no âmbito do Sistema Único de Saúde (SUS). **Diário Oficial da União**, Brasília, DF, 2011.

(11) PICAZO-ZAPPINO, J. Suicide among children and adolescents: a review. **Actas Españolas de Psiquiatría**, [s. l.], v. 42, n. 3, p. 125-32, 2014.

(12) OLIVEIRA, S. *et al.* Nursing team coping in care of psychotic patients. **Rev. Aten. Saúde.**, [s. l.], v. 15, n. 53, p. 50-6, 2017.

(13) SANT'ANA, A. B. *et al.* The mental health's network and the possibilities of the evaluation and crisis in intervention. **J. Nurs Health.**, [s. l.], v. 2, supl., p. S216-23, 2012.

(14) SOUZA, A. M. A. (org.).**Teoria e prática multiprofissional em saúde mental**. Fortaleza: Expressão Gráfica Editora, 2016.

(15) NÓBREGA, M. P. S. S.; FERNANDES, M. F. T.; SILVA, P. F. Application of the therapeutic relationship to people with common mental disorder. **Rev. Gaúcha Enferm.**, [s. l.], v. 38, n. 1, mar. 2017.

(16) ANDRADE, C. S. *et al.* Therapeutic communication: basic care instrument in hospitalized children. **Rev. Enferm. UFPE**, [s. l.], v. 9, n. 11, p. 9783-84, nov. 2015.

(17) PEPLAU, H. E. **Relaciones interpersonales en enfermería**: un marco de referência conceptual para la enfermería psicodinámica. [S. l.]: MassonSalvat, 1990.

(18) STEFANELLI, M. C. ; CARVALHO, E. C. **A comunicação nos diferentes contextos da Enfermagem**. Barueri, SP: Manole, 2005.

(19) SOUZA, A. M. A. (org.). **Coordenação de grupos**: teoria, prática e pesquisa. 2. ed. Fortaleza: Expressão Gráfica Editora, 2019.

(20) REBELO, S.; CARVALHO, J. C. Ansiedade: intervenções de Enfermagem. **Presencia Revista de Enfermeria de Salud Mental**, [s. l.], v. 10, n. 20, p. 1-7, 2014.

(21) AMERICAN PSYCHIATRIC ASSOCIATION. **Manual diagnóstico e estatístico de transtornos mentais**: DSM-5. Tradução M. I. C. Nascimento *et al*. 5. ed. Porto Alegre: Artmed, 2015.

(22) STUART, G. W.; LARAIA, M. T. **Enfermagem psiquiátrica**: enfermagem prática. Rio de Janeiro: Reichmann e Affonso, 2002.

(23) VIDEBECK, S. L. **Enfermagem em saúde mental e Psiquiatria**. Tradução D. R. Sales e R. M. Garcez. 5. ed. Porto Alegre: Artmed, 2012.

(24) DALGALARRONDO, P. **Psicopatologia e semiologia dos transtornos mentais**. 2. ed. Porto Alegre: Artmed, 2008.

(25) ORGANIZAÇÃO MUNDIAL DE SAÚDE. **Relatório mundial sobre a deficiência (world report on disability)**: The World Bank. Tradução Secretaria dos Direitos da Pessoa com Deficiência do Governo do Estado de São Paulo. [*S. l.: s. n.*], 2011. Disponível em: <https://bit.ly/3cxFmRk>. Acesso em: 10 mar. 2019.

(26) BULECHECK, G. M.; BUTCHER, H. K.; DOCHTERMAN, J. M. **Classificação das Intervenções de Enfermagem (NIC)**. 5. ed. Rio de Janeiro: Elsevier, 2010.

(27) ORGANIZAÇÃO MUNDIAL DE SAÚDE. **Relatório sobre a saúde do mundo 2001**: saúde mental: nova concepção, nova esperança. Genebra: OMS, 2001.

(28) SADOCK, B. J.; SADOCK, V. A.; RUIZ, P. **Compêndio de psiquiatria**: ciência do comportamento e psiquiatria clínica. Tradução M. A. Almeida *et al*. 11. ed. Porto Alegre: Artmed, 2017.

(29) BRASIL. Ministério da Saúde. **Guia estratégico para o cuidado de pessoas com necessidades relacionadas ao consumo de álcool e outras drogas**: guia AD. Brasília, DF: Secretaria de Atenção à Saúde, 2015.

(30) FERREIRA, P. B.; SANTOS, I. M. S.; FREITAS, R. M. Aspectos farmacológicos, efeitos anticonvulsivantes e neuroprotetores da buspirona. **Revista de Ciências Farmacêuticas Básica e Aplicada**, [*s. l.*], v. 33, n. 2, p. 171-9, 2012.

(31) QUEVEDO, J.; CARVALHO, A. F. **Emergências psiquiátricas**. 3. ed. Porto Alegre: Artmed, 2014.


## CAPÍTULO 16 – ASSISTÊNCIA AO ADULTO COM DOENÇA NEUROLÓGICA

(1) HALL, J. E.; GUYTON, A. E. **Tratado de fisiologia médica**. 13. ed. Rio de Janeiro: Elsevier, 2017.

(2) PURVES, D. *et al*. **Neurociência**. 4. ed. Porto Alegre: Artmed, 2010.

(3) SILVERTHORN, D. U. **Fisiologia humana**: uma abordagem integrada. 7. ed. Porto Alegre: Artmed, 2017.

(4) BERNE, R. M.; LEVY, M. N. **Tratado de fisiologia humana**. 7. ed. Rio de Janeiro: Elsevier, 2018.

(5) NETTER, F. H. **Atlas de anatomia humana**. 6. ed. Rio de Janeiro: Elsevier, 2015.

(6) CARDIOVASCULAR RESEARCH FOUNDATION. **Cerebral vascular accident**. France: Institute de France, 2017. Disponível em: <https://bit.ly/2VDCBaE>. Acesso em: 19 abr. 2020.

(7) SOCIEDADE BRASILEIRA DE DOENÇAS CEREBROVASCULARES. **Acidente vascular cerebral**. [*s. l.*]: SBDCV, 2017. Disponível em: <http://www.sbdcv.org.br/publica_avc.asp>.

(8) MIRANDA, R. C. A. N. **Diretriz de acidente vascular isquêmico do Hospital Israelita Albert Einstein**. [*S. l.*: Hospital Israelita Albert Einstein], 2015. Disponível em: <https://medicalsuite.einstein.br/pratica-medica/Paginas/diretrizes-assistenciais.aspx>. Acesso em: 19 abr. 2020.

(9) BRASIL. Ministério da Saúde. **Diretrizes de atenção à reabilitação da pessoa com acidente vascular cerebral**. Brasília, DF: Secretaria de Atenção à Saúde, 2013. Disponível em: <https://bit.ly/2xxMgrj>. Acesso em: 19 abr. 2020.

(10) BRASIL. Ministério da Saúde. **Manual de rotinas para atenção ao AVC**. Brasília, DF: Departamento de Atenção Especializada, 2013. Disponível em: <http://bvsms.saude.gov.br/bvs/publicacoes/manual_rotinas_para_atencao_avc.pdf>. Acesso em: 19 abr. 2020.

(11) SCHWAMM, L. H. *et al*. Intravenous thrombolysis in unwitnessed stroke onset: MR WITNESS trial results. **Annals of Neurology**, [*s. l.*], v. 83, n. 5, p. 980-93, may 2018. Disponível em:  <https://doi.org/10.1002/ana.25235>. Acesso em: 19 abr. 2020.

(12) THOMALLA, G. *et al*. MRI-Guided thrombolysis for stroke with unknown time of onset. **N. Engl. J. Med.**, [*s. l.*], v. 379, n. 7, p. 611-22, aug. 2018. Disponível em: <https://www.nejm.org/doi/10.1056/NEJMoa1804355>. Acesso em: 19 abr. 2020.

(13) EUROPEAN STROKE ORGANIZATION. Executive Committee. Guidelines for management of ischaemic stroke and transient ischaemic attack 2008. **Cerebrovasc. Dis.**, [*s. l.*], v. 25, n. 5, p. 457-507, may 2008. Disponível em: <https://doi.org/10.1159/000131083>. Acesso em: 19 abr. 2020.

(14) ALBERS, G. W. *et al*. Thrombectomy for Stroke at 6 to 16 Hours with Selection by Perfusion Imaging. **N. Engl. J. Med.**, [*s. l.*], v. 378, p. 708-18, 2018. Disponível em: <https://www.nejm.org/doi/full/10.1056/NEJMoa1713973>. Acesso em: 19 abr. 2020.

(15) MILLER, E. L. *et al.* Comprehensive overview of nursing and interdisciplinary rehabilitation care of the stroke patient: a scientific statement from the American Heart Association. **Stroke**, [s. l.], v. 41, n. 10, p. 2402-48, oct. 2010. Disponível em: <https://doi.org/10.1161/STR.0b013e3181e7512b>. Acesso em: 19 abr. 2020.

(16) CARCEL, C. *et al.* Degree and timing of intensive blood pressure lowering on hematoma growth in intracerebral hemorrhage: intensive blood pressure reduction in acute cerebral hemorrhage trial-2 results. **Stroke**, [s. l.], v. 47, n. 6, p. 1651-53, jun. 2016. Disponível em: <https://doi.org/10.1161/STROKEAHA.116.013326>. Acesso em: 19 abr. 2020.

(17) PONTES-NETO, O. M. *et al.* Diretrizes para o manejo de pacientes com hemorragia intraparenquimatosa cerebral espontânea. **Arq. Neuro-Psiquiatr.**, São Paulo, v. 67, n. 3b, p. 940-50, set. 2009. Disponível em: <http://dx.doi.org/10.1590/S0004-282X2009000500034>. Acesso em: 19 abr. 2020.

(18) HEMPHILL, J. C. *et al.* Guidelines for the management of spontaneous intracerebral hemorrhage. **Stroke**, [s. l.], v. 46, n. 7, p. 2032-60, 2015. Disponível em: <https://doi.org/10.1161/STR.0000000000000069>. Acesso em: 19 abr. 2020.

(19) TSIVGOULIS, G. *et al.* Intensive blood pressure reduction in acute intracerebral hemorrhage: a meta-analysis. **Neurology**, [s. l.], v. 83, n. 17, p. 1523-9, 2014. Disponível em: <https://doi.org/10.1212/WNL.0000000000000917>. Acesso em: 19 abr. 2020.

(20) POWERS, W. J. *et al.* 2018 guidelines for the early management of patients with acute ischemic stroke: a guideline for healthcare professionals from the American Heart Association/American Stroke Association. **Stroke**, [s. l.], v. 49, n. 3, p. e46-110, 2018. Disponível em: <https://doi.org/10.1161/STR.0000000000000158>. Acesso em: 19 abr. 2020.

(21) ORDEM DOS ENFERMEIROS. **Regulamento dos padrões de qualidade dos cuidados especializados em Enfermagem de reabilitação**. Disponível em: <https://www.ordemenfermeiros.pt/arquivo/colegios/Documents/PQCEEReabilitacao.pdf>. Acesso em: 19 abr. 2020.

(22) HOEMAN, S. P. **Enfermagem de reabilitação**: prevenção, intervenção e resultados esperados. 4. ed. Portugal, Loures: Lusodidacta, 2011.


## CAPÍTULO 17 – ASSISTÊNCIA AO ADULTO COM DOENÇA CARDIOVASCULAR

(1) GUYTON, A. C.; HALL, J. E. **Tratado de fisiologia médica**. 13. ed. Rio de Janeiro: Elsevier, [20--?].

(2) QUILICI, A. P. *et al.* **Enfermagem em cardiologia**. 2. ed. São Paulo: Atheneu, 2014.

(3) SOCIEDADE BRASILEIRA DE CARDIOLOGIA. 7ª Diretriz brasileira de hipertensão arterial. **Arq. Bras. Cardiol.**, [s. l.], v. 107, n. 3, supl. 3, p. 1-83, 2016.

(4) DOENGES, M. E.; MOORHOUSE, M. F.; GEISSLER, A. C. **Planos de cuidados de Enfermagem**: orientações para o cuidado individualizado do paciente. Rio de Janeiro: Guanabara Koogan, 2003.

(5) BULECHEK, G. M. *et al.* **NIC**: classificação das intervenções de Enfermagem. 6. ed. Rio de Janeiro: Elsevier, 2016.

(6) SOCIEDADE BRASILEIRA DE CARDIOLOGIA. Diretriz brasileira de insuficiência cardíaca crônica e aguda. **Arq. Bras. Cardiol.**, [s. l.], v. 111, n. 3, p. 436-539, 2018.

(7) ALBUQUERQUE, D. C. *et al.* I Registro Brasileiro de Insuficiência Cardíaca: aspectos clínicos, qualidade assistencial e desfechos hospitalares. **Arq. Bras. Cardiol.**, [s. l.], v. 104, n. 6, p. 433-42, 2015.

(8) SOCIEDADE BRASILEIRA DE CARDIOLOGIA. Diretriz de doença coronária estável. **Arq. Bras. Cardiol.**, [s. l.], v. 103, n. 2, supl. 2, p. 1-59, 2014.

(9) SOCIEDADE BRASILEIRA DE CARDIOLOGIA. V Diretriz da Sociedade Brasileira de Cardiologia sobre Tratamento do Infarto Agudo do Miocárdio com Supradesnível do Segmento ST. **Arq. Bras. Cardiol.**, [s. l.], v. 105, n. 2, supl. 1, p. 1-105, 2015.

(10) SOCIEDADE BRASILEIRA DE CARDIOLOGIA. Diretrizes da Sociedade Brasileira de Cardiologia sobre angina instável e infarto agudo do miocárdio sem supradesnível do segmento ST (II Edição, 2007): atualização 2013. **Arq. Bras. Cardiol.**, [s. l.], v. 102, n. 3, supl. 1, p. 1-61, 2014.


## CAPÍTULO 18 – ASSISTÊNCIA AO ADULTO COM DOENÇA GASTROENTEROLÓGICA

(1) HALL, J. E. **Guyton e Hall fundamentos de fisiologia**. Rio de Janeiro: Elsevier, 2017

(2) NETTER, F. H. **Atlas de anatomia humana**. Rio de Janeiro: Elsevier, 2015.

(3) SHOGILEV, D. J. *et al.* Diagnosing appendicitis: evidence-based review of the diagnostic approach in 2014. **West J. Emerg. Med.**, [s. l.], v. 15, n. 7, p. 859-71, 2014. Disponível em: <https://www.ncbi.nlm.nih.gov/pmc/articles/PMC4251237/>. Acesso em: 19 abr. 2020.

(4) MATOS, B. *et al.* Apendicite aguda. **Rev. Med. Minas Gerais**, Belo Horizonte, v. 21, n. 2, supl. 4, p. S1-113, 2011.

(5) BULECHEK, G. M. *et al.* **Nursing interventions classification**. Rio de Janeiro: Elsevier, 2016.

(6) FLOR, N. *et al.* The current role of radiologic and endoscopic imaging in the diagnosis and follow-up of colonic diverticular disease. **AJR Am. J. Roentgenol.**, [*s. l.*], v. 207, n. 1, p. 15-24, jul. 2016. Disponível em: <https://www.ncbi.nlm.nih.gov/pubmed/27082846>. Acesso em: 19 abr. 2020.

(7) MURPHY, T.; FRIED, M. **World gastroenterology organization practice guidelines**: doença diverticular. Disponível em: <http://www.worldgastroenterology.org/UserFiles/file/guidelines/diverticular-disease-portuguese-2007.pdf>. Acesso em: 19 abr. 2020.

(8) YOUNG-FADOK, T. M. *et al.* Colonic diverticular disease. **Curr. Probl. Surg.**, [*s. l.*], v. 37, n. 7, p. 457-514, jul. 2000. Disponível em: <https://www.ncbi.nlm.nih.gov/pubmed/10932672>. Acesso em: 19 abr. 2020.

(9) WORLD GASTROENTEROLOGY ORGANIZATION PRACTICE GUIDELINES. **Doença inflamatória intestinal**. [*S. l.*: *s. n.*], 2015. Disponível em: <http://www.worldgastroenterology.org/UserFiles/file/guidelines/inflammatory-bowel-disease-portuguese-2015.pdf>. Acesso em: 19 abr. 2020.

(10) SANTOS, L. A. A. *et al.* Terapia nutricional nas doenças inflamatórias intestinais: artigo de revisão. **Nutrire**, [*s. l.*], v. 40, n. 3, p. 383-96, dec. 2015. Disponível em: <http://sban.cloudpainel.com.br/files/revistas_publicacoes/486.pdf>. Acesso em: 19 abr. 2020.

(11) BRASIL. Ministério da Saúde. Portaria n° 996, de 2 de outubro de 2014. Aprova o protocolo clínico e diretrizes terapêuticas da doença de crohn. **Diário Oficial da União**: [2014]. Disponível em: <https://j.mp/2XOSiP0>. Acesso em: 19 abr. 2020.

(12) LOCHS, H. *et al.* ESPEN guidelines on enteral nutrition: gastroenterology. **Clin. Nutr.**, [*s. l.*], v. 25, n. 2, p. 260-74, apr. 2006. Disponível em: <https://www.ncbi.nlm.nih.gov/pubmed/16698129>. Acesso em: 19 abr. 2020.

(13) DIGNASS, A. *et al.* The second European evidence-based consensus on the diagnosis and management of Crohn's disease: current management. **J. Crohns Colitis.**, [*s. l.*], v. 4, n. 1, p. 28-62, feb. 2010. Disponível em: <https://www.ncbi.nlm.nih.gov/pubmed/21122489>. Acesso em: 19 abr. 2020.

(14) LICHTENSTEIN, G. R.; HANAUER, S. B.; SANDBORN, W. J. Management of crohn's disease in adults. **Am. J. Gastroenterol.**, [*s. l.*], v. 104, n. 2, p. 465-83, feb. 2009. Disponível em: <https://www.ncbi.nlm.nih.gov/pubmed/19174807>. Acesso em: 19 abr. 2020.

(15) SILVA, M. L. T.; VASCONCELOS, M. I. L. Nutrição na doença inflamatória intestinal. *In*: CARDOZO, C. P.; SOBRADO, C. W. (ed.). **Doença inflamatória intestinal**. Barueri, SP: Manole, 2012. p. 299-339.

(16) NG, S. C.; KAMM, M. A. Review article: new drug formulations, chemical entities and therapeutic approaches for the management of ulcerative colitis. **Aliment. Pharmacol. Ther.**, [*s. l.*], v. 28, n. 7, p. 815-29, oct. 2008. Disponível em: <https://www.ncbi.nlm.nih.gov/pubmed/18627362>. Acesso em: 19 abr. 2020.

(17) FELLEY, C. *et al.* Fistulizing crohn's disease. **Digestion**, [*s. l.*], v. 76, n. 2, p. 109-12, 2007. Disponível em: <https://www.ncbi.nlm.nih.gov/pubmed/18239401>.

(18) WEST, R. L. *et al.* Clinical and endosonographic effect of ciprofloxacin on the treatment of perianal fistulae in crohn's disease with infliximab: a double-blind placebo-controlled study. **Aliment. Pharmacol. Ther.**, [*s. l.*], v. 20, n. 11-12, p. 1329-36, dec. 2004. Disponível em: <https://www.ncbi.nlm.nih.gov/pubmed/15606395>. Acesso em: 19 abr. 2020.

(19) LICHTENSTEIN, G. R. *et al.* Infliximab maintenance treatment reduces hospitalizations, surgeries, and procedures in fistulizing Crohn's disease. **Gastroenterology**, 2005, v. 128, n. 4, p. 862-969. Disponível em: <https://www.ncbi.nlm.nih.gov/pubmed/15825070>. Acesso em: 19 abr. 2020.

(20) LICHTENSTEIN, G. R. *et al.* Serious infections and mortality in association with therapies for Crohn's disease: treat registry. **Clin Gastroenterol Hepatol**, 2006, v. 4, n. 5, p. 621-630. Available from: <https://www.ncbi.nlm.nih.gov/pubmed/16678077>. Acesso em: 19 abr. 2020.

(21) WINTHROP, K. L. Risk and prevention of tuberculosis and other serious opportunistic infections associated with the inhibition of tumor necrosis factor. **Nat. Clin. Pract. Rheumatol.**, [*s. l.*], v. 2, n. 11, p. 602-10, nov. 2006. Disponível em: <https://www.ncbi.nlm.nih.gov/pubmed/17075599>. Acesso em: 19 abr. 2020.

(22) BRAZILIAN STUDY GROUP OF INFLAMMATORY BOWEL DISEASES. Consensus guidelines for the management of inflammatory bowel disease. **Arq. Gastroenterol.**, São Paulo, v. 47, n. 3, p. 313-25, jul.-set. 2010. Disponível em: <https://j.mp/2xJYHA2>. Acesso em: 19 abr. 2020.

(23) DE FRANCHIS, R. Evolving consensus in portal hypertension: report of the Baveno IV Consensus Workshop on methodology of diagnosis and therapy in portal hypertension. **J. Hepatol.**, [*s. l.*], v. 43, n. 1, p. 167-76, jul. 2005. Disponível em: <https://www.ncbi.nlm.nih.gov/pubmed/15925423>. Acesso em: 19 abr. 2020.

(24) GRALNEK, I. M. *et al.* Nonvariceal upper gastrointestinal hemorrhage: diagnosis and management of nonvariceal upper gastrointestinal hemorrhage: European Society of Gastrointestinal Endoscopy (ESGE) guideline. **Endoscopy**, [*s. l.*], v. 47, p. a1-46, 2015. Disponível em: <https://www.esge.com/diagnosis-and-management-of-nonvariceal-upper-gastrointestinal-hemorrhage.html>.

(25) BITTENCOURT, P. L.; ZOLLINGER, C. C.; LOPES, E. P. A. **Manual de cuidados intensivos em hepatologia**. 2. ed. Barueri, SP: Manole, 2017.

(26) SALGADO JR, W.; SANTOS, J. S. Protocolo clínico e de regulação para litíase biliar e suas complicações. *In*: SANTOS, J. S. dos *et al*. **Protocolos clínicos e de regulação**: acesso à rede de saúde. Rio de Janeiro: Elsevier, 2012. p. 805-12.

(27) MAYA, M. C. A. *et al*. Colecistite aguda: diagnóstico e tratamento. **Revista do Hospital Universitário Pedro Ernesto (UERJ)**, [Rio de Janeiro], v. 8, n. 1, p. 52-60, jan.-jun. 2009. Disponível em: <http://revista.hupe.uerj.br/detalhe_artigo.asp?id=169>. Acesso em: 19 abr. 2020.

(28) GONZALEZ, M. *et al*. When should cholecystectomy be practiced? Not always an easy decision. **Rev. Med. Suisse.**, [*s. l.*], v. 2, n. 70, p. 1586-92, jun. 2006. Disponível em: <https://www.ncbi.nlm.nih.gov/pubmed/16838726>. Acesso em: 19 abr. 2020.

(29) SANKARANKUTTY, A. *et al*. Colecistite aguda não-complicada: colecistectomia laparoscópica precoce ou tardia? **Rev. Col. Bras. Cir.**, [*s. l.*], v. 39, n. 5, p. 436-40, 2012. Disponível em: <https://j.mp/34KX6pW>. Acesso em: 19 abr. 2020.


## CAPÍTULO 19 – ASSISTÊNCIA AO ADULTO COM DOENÇA ENDÓCRINA

(1) BRUNNER, L. S.; SUDDARTH, D. S.; SMELTZER, S. O. C. **Tratado de Enfermagem medico cirúrgica**. 12. ed. Rio de Janeiro: Guanabara Koogan, 2011.

(2) MONTENEGRO JR., R.; CHAVES, M.; FERNANDES, V. Fisiologia pacreática: pâncreas endócrino. *In*: ORIÁ, R. B.; BRITP, G. A. C. **Sistema digestório**: integração básico-clínica. São Paulo: Blucher, 2016. p. 52374.

(3) NUNES, M. T. Hormônios tireoideanos: mecanismo de ação e importância biológica. **Arq. Bras. Endocrinol. Metab.**, [*s. l.*], v. 47, n. 6, p. 639-43, 2003. Disponível em: <http://www.scielo.br/scielo.php?script=sci_arttext&pid=S0004273020030006000004&lng=en>. Acesso em: 19 abr. 2020.

(4) SMITH, T. J. Neck and thyroid examination. *In*: WALKER, H. K.; HALL, W. D.; HURST, J. W. (ed.). **Clinical methods**: the history, physical, and laboratory examinations. 3. ed. Boston, USA: Butterworths, 1990. Disponível em: <https://www.ncbi.nlm.nih.gov/books/NBK244/>. Acesso em: 19 abr. 2020.

(5) SOCIEDADE BRASILEIRA DE DIABETES. Diretrizes da Sociedade Brasileira de Diabetes: 2017-2018. São Paulo: Clannad, 2017. Disponível em: <https://www.diabetes.org.br/profissionais/images/2017/diretrizes/diretrizes-sbd-2017-2018.pdf>. Acesso em: 19 abr. 2020.

(6) AMERICAN DIABETES ASSOCIATION. Standards of medical care in diabetes: 2019. **Diabetes Care**, [*s. l.*], v. 42, n. 1, 2019. Disponível em: <http://care.diabetesjournals.org/content/diacare/suppl/2018/12/17/42.Supplement_1.DC1/DC_42_S1_Combined_FINAL.pdf>. Acesso em: 19 abr. 2020.

(7) BRASIL. Ministério da Saúde. **Estratégias para o cuidado da pessoa com doença crônica**: diabetes mellitus. Brasília, DF: Secretaria de Atenção à Saúde, 2013. (Cadernos de atenção básica, v. 36).

(8) BRASIL. Ministério da Saúde. **Manual do pé diabético**: estratégias para o cuidado da pessoa com doença crônica. Brasília, DF: Secretaria de Atenção à Saúde, 2016.

(9) AMERICAN THYROID ASSOCIATION. Professionals: thyroid information. **Hyperthyroidism**, [*s. l.*], 2019. Disponível em: <https://www.thyroid.org/hyperthyroidism/>. Acesso em: 19 abr. 2020.

(10) SOCIEDADE BRASILEIRA DE ENDOCRINOLOGIA E METABOLOGIA. Consenso brasileiro para o diagnóstico e tratamento do hipertireoidismo. 2013. **Arq Bras Endocrinol Metal**, v. 57, n. 3, p. 205-232. Disponível em: <https://bit.ly/34M0Qr2>. Acesso em: 19 abr. 2020.

(11) SOCIEDADE BRASILEIRA DE ENDOCRINOLOGIA E METABOLOGIA. **Câncer diferenciado da tireóide**: tratamento. [*S. l.*]: AMB-CFM, 2006. Disponível em: <https://bit.ly/2RN1VtG>. Acesso em: 19 abr. 2020.

(12) MAIA, A. L. *et al*. Consenso brasileiro para o diagnóstico e tratamento do hipertireoidismo: recomendações do Departamento de Tireoide da Sociedade Brasileira de Endocrinologia e Metabologia. **Arq. Bras. Endocrinol. Metab.**, São Paulo, v. 57, n. 3, p. 205-32, abr. 2013. Disponível em: <https://bit.ly/34M0Qr2>. Acesso em: 19 abr. 2020.

(13) SAPIENZA, M. T. *et al*. Radioiodoterapia do carcinoma diferenciado da tireoide: impacto radiológico da liberação hospitalar de pacientes com atividades entre 100 e 150 mCi de iodo-131. **Arq. Bras. Endocrinol. Metab.**, [*s. l.*], v. 53, n. 3, p. 318-25, 2009. Disponível em: <http://www.scielo.br/pdf/abem/v53n3/v53n3a04.pdf>.

(14) BRENTA, G. *et al*. Diretrizes clínicas práticas para o manejo do hipotireoidismo. **Arq. Bras. Endocrinol. Metab.**, [*s. l.*], v. 57, n. 4, p. 265-91, 2013. Disponível em: <http://www.scielo.br/scielo.php?script=sci_arttext&pid=S0004-27302013000400003&lng=en>. Acesso em: 19 abr. 2020.


## CAPÍTULO 20 – ASSISTÊNCIA AO ADULTO COM DOENÇA ORTOPÉDICA E TRAUMATOLÓGICA

(1) CAMERON, L. E.; ARAÚJO, S. T. de. Vision as an instrument of perception in trauma and orthopedic nursing care. **Rev. Esc. Enferm. USP**, [São Paulo], v. 45, n. 1, p. 93-7, 2011. Disponível em: <http://www.scielo.br/pdf/reeusp/v45n1/en_13.pdf>. Acesso em: 19 abr. 2020.

(2) SANTOS, L. F. S. *et al.* Estudo epidemiológico do trauma ortopédico em um serviço público de emergência. **Cad. Saúde Colet.**, Rio de Janeiro, v. 24, n. 4, p. 397-403, 2016. Disponível em: <http://www.scielo.br/pdf/cadsc/v24n4/1414-462X-cadsc-24-4-397.pdf>. Acesso em: 19 abr. 2020.

(3) SILVA, M. R. *et al.* Diagnósticos, resultados e intervenções de enfermagem para pessoas submetidas a cirurgias ortopédicas e traumatológicas. **Rev. Enferm. UFPE**, [Pernambuco, RE], v. 11, supl. 5, p. 2033-45, maio 2017. Disponível em: <https://doi.org/10.5205/1981-8963-v11i5a23357p2033-2045-2017>. Acesso em: 19 abr. 2020.

(4) DIAS, V. C. C. *et al.* Care for the elderly with two primary neoplasms and metastases reasoned in the theory of Callista Roy. **J. Nurs UFPE**, [Pernambuco, RE], v. 9, n. 6, 2015. Disponível em: <http://www.revista.ufpe.br/revistaenfermagem/index.php/revista/article/view/7648>. Acesso em: 19 abr. 2020.

(5) AZEVEDO, A. L. de C. S.; SCARPARO, A. F.; CHAVES, L. D. P. Nurses' care and management actions in emergency trauma cases. **Invest. Educ. Enferm.**, Medellín, Colômbia, v. 31, n. 1, p. 36-43, 2013. Disponível em: <http://www.scielo.org.co/scielo.php?script=sci_arttext&pid=S0120-53072013000100005&lng=en&nrm=iso>. Acesso em: 25 jun. 2019.

(6) TORTORA, G. J.; DERRICKSON, B. **Corpo humano**: fundamentos de anatomia e fisiologia. 10. ed. Porto Alegre: Artmed, 2017.

(7) NATIONAL ASSOCIATION OF EMERGENCY MEDICAL TECHNICIANS. **PHTLS**: atendimento pré-hospitalar ao traumatizado. 8. ed. Estados Unidos: Jones & Bartlett Learning, 2017.

(8) NATIONAL ASSOCIATION OF EMERGENCY MEDICAL TECHNICIANS. **PHTLS**: Prehospital Trauma Life Support. 9. ed. United States: Jones & Bartlett Learning, 2018.

(9) DAMIANI, D. Uso rotineiro do colar cervical no politraumatizado: revisão crítica. **Rev. Soc. Bras. Clin. Med.**, [s. l.], v. 15, n. 2, p. 131-6, abr.-jun. 2017.

(10) SANTOS, M. N. S.; SILVA, W. P. **Enfermagem no trauma**: atendimento pré e intra-hospitalar. Porto Alegre: Moriá, 2019.

(11) DANDY, D. J.; EDWARDS, D. J. Métodos e manejo do trauma. *In*: DANDY, D. J.; EDWARDS, D. J. (org.). **Fundamentos em ortopedia e traumatologia**: uma abordagem prática. 5. ed. Rio de Janeiro: Elsevier, 2011. p. 123-44.

(12) CONSELHO FEDERAL DE ENFERMAGEM. Resolução Cofen n° 422, de 11 de abril de 2012. Normatiza a atuação dos profissionais de enfermagem nos cuidados ortopédicos e procedimentos de imobilização ortopédica. **Diário Oficial da União**: seção 1, Brasília, DF, n. 70, abr. 2012.

(13) SOARES, M. A. M.; GERELLI, A. M.; AMORIM, A. S. **Enfermagem**: cuidados básicos ao indivíduo hospitalizado. Porto Alegre: Artmed, 2010.

(14) SOCIEDADE BRASILEIRA DE ORTOPEDIA E TRAUMATOLOGIA. **Manual de trauma ortopédico**. São Paulo: SBOT, 2011.

(15) LEWIS, S. L. *et al.* **Tratado de Enfermagem médico-cirúrgica**: avaliação e assistência dos problemas clínicos. 8. ed. Rio de Janeiro: Elsevier, 2013.

(16) INSTITUTO NACIONAL DE TRAUMATOLOGIA E ORTOPEDIA. **Caderno de Enfermagem em ortopedia**. Rio de Janeiro: INTO, 2009. v. 2.

(17) HINKLE, J. L.; CHEEVER, K. H. **Brunner & Suddarth**: tratado de enfermagem médico-cirúrgica. 13. ed. Rio de Janeiro: Guanabara Koogan, 2016.

(18) TORRES, K. M. S.; FREIRE, D. de A.; BRANDÃO, B. M. G. de M. Assistência de enfermagem aos pacientes que fazem uso do fixador externo de Ilizarov para reabilitação após trauma músculo esquelético. **Revista Saúde**, Guarulhos, SP, v. 10, n. 1 esp., p. 116, 2016. Disponível em: <http://revistas.ung.br/index.php/saude/article/view/2743>. Acesso em: 19 abr. 2020.


## CAPÍTULO 21 – ASSISTÊNCIA AO ADULTO COM DOENÇA ONCOLÓGICA

(1) INTERNATIONAL AGENCY FOR RESEARCH ON CANCER. **Cancer atributable to obesity**. Lyon, France: IARC, 2017. Disponível em: <http://gco.iarc.fr/causes/obesity/tools-pie>. Acesso em: 19 abr. 2020.

(2) INTERNATIONAL AGENCY FOR RESEARCH ON CANCER. **Cancer atributable to infections**. Lyon, France: IARC, 2019. Disponívl em: <https://j.mp/2ymzXOp>. Acesso em: 19 abr. 2020.

(3) ARAUJO, L. H. *et al.* Câncer de pulmão no Brasil. **J. Bras. Pneumol.**, [s. l.], v. 44, n. 1, p. 55-64, 2018. Disponível em: <https://j.mp/2RSUocO>. Acesso em: 19 abr. 2020.

(4) INSTITUTO NACIONAL DE CÂNCER. **Estimativa 2018**: incidência de câncer no Brasil. Rio de Janeiro: INCA, 2017.

(5) AMERICAN SOCIETY OF CLINICAL ONCOLOGY. Dental and oral health. **Cancer.Net**, [s. l.], 2019. Disponível em: <https://www.cancer.net/coping-with-cancer/physical-emotional-and-social-effects-cancer/managing-physical-side-effects/dental-and-oral-health>. Acesso em: 19 abr. 2020.

(6) RODRIGUES, A. B.; MARTIN, L. G. R.; MORAES, M. W. **Oncologia multiprofissional**: bases para assistência. Barueri, SP: Manole, 2016.

(7) RODRIGUES, A. B.; OLIVEIRA, P. P. **Oncologia para enfermagem**. Barueri, SP: Manole, 2016.

(8) INTERNATIONAL AGENCY FOR RESEARCH ON CANCER. **Press release n. 223, 12 december 2013**. Latest world cancer statistics: global cancer burden rises to 14.1 million new cases in 2012: marked increase in breast cancers must be addressed. Lyon, France: IARC, 2013. Disponível em: <http://www.iarc.fr/en/media-centre/pr/2013/pdfs/pr223_E.pdf>. Acesso em: 2 jan. 2019.

(9) INSTITUTO NACIONAL DE CÂNCER. **Estimativa 2014**: incidência de câncer no Brasil. Rio de Janeiro: INCA, 2014.

(10) DRAKE, R. L.; VOGL, W.; MITCHELL, A. W. M. **Gray's, anatomia clínica para estudantes**. Rio de Janeiro: Elsevier, 2005.

(11) COSENDEY, C. H. *et al.* **Semiologia**: bases para a prática assistencial. Rio de Janeiro: Guanabara Koogan, 2006.

(12) GUYTON, A. C.; HALL, J. E. **Tratado de fisiologia médica**. 10. ed. Rio de Janeiro: Guanabara Koogan, 2002.

(13) HALL, J. E.; GUYTON, A. C. **Guyton & Hall tratado de fisiologia médica**. 13. ed. Rio de Janeiro: Elsevier, 2017.

(14) NETTER, F. H. **Atlas de anatomia humana**. 6. ed. Rio de Janeiro: Elsevier, 2015.

(15) MCNEAL, J. E. Normal and pathologic anatomy of the prostate. **Urology**, [*s. l.*], v. 17, suppl., p. 11-6, [20--?].

(16) BRAWLEY, O. W. Seminar article hormonal prevention of prostate cancer. **Urologic oncology**: seminars and original investigations, [*s. l.*], v. 21, p. 67-72, 2003.

(17) PARTIN, A. W.; RODRIGUEZ, R. The molecular biology, endocrinology, and physiology of the prostate and seminal vesicles. *In*: WALSH, P. C. **Campbell's urology**. Philadelphia, USA: Editor Saunders, [20--?]. p. 1237-96.

(18) DIAMANDIS, E. P.; YU, H. Nonprostatic sources of prostate-specific antigen. **Urol. Clin. North Am.**, [*s. l.*], v. 24, n. 2, p. 275-82, 1997.

(19) ARMBRUSTER, D. A. Prostate-specific antigen: biochemistry, analytical methods, and clinical application. **Clin. Chem.**, [*s. l.*], v. 39, n. 2, p. 181-95, 1993.

(20) GANONG, W. **Review of medical physiology**. 18. ed. Stamford, Connecticut, USA: Appleton and Lange, [20--?].

(21) FUJIKAWA, S. *et al.* Natural history of human prostate gland: morphometric and histopathological analysis of japanese men. **Prostate**, [*s. l.*], v. 65, p. 355-64, 2005.

(22) GNANAPRAGASAM, V. J. *et al.* Insulin-like growth factor II and androgen receptor expression in the prostate. **BJU Int.**, [*s. l.*], v. 86, p. 731-5, 2000.

(23) MARKER, P. C. *et al.* Hormonal, cellular and molecular control of prostatic development. **Dev. Biol.**, [*s. l.*], v. 253, p. 165-74, 2003.

(24) LEE, C. H.; AKIN-OLUGBADE, O.; KIRSCHENBAUM, A. Overview of prostate anatomy, histology, and pathology. **Endocrinol. Metab. Clin. N. Am.**, [*s. l.*], v. 40, p. 565-75, 2011.

(25) BRAWER, M. K.; KIRBY, R. **Prostate specific antigen**. 2. ed. Oxford, UK: Health Press Limited, [20--?]. p. 7-14.

(26) BRASIL. Ministério da Saúde. **Controle dos cânceres do colo do útero e da mama**. 2. ed. Brasília, DF: Secretaria de Atenção à Saúde, 2013.

(27) SANTOS, M. *et al.* Diretrizes oncológicas. Rio de Janeiro: Elsevier, 2017.

(28) SHEAD, D. A. *et al.* **NCCN guidelines for patients**: lung cancer – non-small cell. Fort Washington, PA, USA: NCCN, 2018.

(29) BRASIL. Ministério da Saúde. Portaria n. 957, de 26 de setembro de 2014. Dispõe sobre a aprovação de diretrizes diagnósticas e terapêuticas do câncer de pulmão. **Diário Oficial da União**: 2014.

(30) ROHRMANN, S. *et al.* Smoking and risk of fatal prostate cancer in a prospective U.S. study. **Urology**, [*s. l.*], v. 69, p. 721-5, 2007.

(31) ROLISON, J. J.; HANOCH, Y.; MIRON-SHATZ, T. Smokers: at risk for prostate cancer but unlikely to screen. **Addictive Behaviors**, [*s. l.*], v. 37, p. 736-8, 2012.

(32) CRAWFORD, E. D. Epidemiology of prostate cancer. **Urology**, [*s. l.*], v. 62, suppl., p. 3, 2003.

(33) GASTON, K. E. *et al.* 3rd and Mohler JL: racial differences in androgen receptor protein expression in men with clinically localized prostate cancer. **J. Urol.**, [*s. l.*], v. 170, p. 990, 2003.

(34) HAAS, G. P.; SAKR, W. A. Epidemiology of prostate cancer. **CA Cancer J. Clin.**, [*s. l.*], v. 47, p. 273, 1997.

(35) LIU, L. *et al.* Changing relationship between socioeconomic status and prostate cancer incidence. **J. Natl. Cancer Inst.**, [*s. l.*], v. 93, p. 705, 2001.

(36) POWELL, I. P. *et al.* A successful recruitment process of African American men for early detection of prostate cancer. **Cancer**, [*s. l.*], v. 75, p. 1880, 1995.

(37) POWELL, I. P. *et al.* CYP3A4 genetic variant and disease-free survival among white and black men after radical prostatectomy. **J. Urol.**, [*s. l.*], v. 172, p. 1848, 2004.

(38) INSTITUTO NACIONAL DE CÂNCER. **A situação do câncer no Brasil**. Rio de Janeiro: INCA, 2006.

(39) AMLING, C. L. *et al.* Pathologic variables and recurrence rates as related to obesity and race in men with prostate cancer undergoing radical prostatectomy. **J. Clin. Oncol.**, [*s. l.*], v. 22, p. 439, 2004.

(40) INSTITUTO NACIONAL DE CÂNCER. **Diretrizes para a detecção precoce do câncer de mama no Brasil**. Rio de Janeiro: INCA, 2015.

(41) ETTINGER, D. S. *et al.* **Non-small cell lung cancer**: national comprehensive cancer network: version 3.2019. Fort Washington, PA, USA: NCCN, 2019.

(42) BUZAID, A. C.; MALUF, F. C. **Manual de oncologia clínica do Brasil**: tumores sólidos. 14. ed. São Paulo: Dendrix, 2016.

(43) CAMBRUZZI, E. *et al.* Relação entre escore de Gleason e fatores prognósticos no adenocarcinoma acinar de próstata. **J. Bras. Patol. Med. Lab.**, [*s. l.*], v. 46, n. 1, p. 61-8, fev. 2010. Disponível em: <http://www.scielo.br/pdf/jbpml/v46n1/v46n1a11.pdf>. Acesso em: 9 abr. 2019.

(44) BONASSA, E. M. A.; GATO, M. I. R. **Terapêutica oncológica para enfermeiros e farmacêuticos**. 4. ed. Rio de Janeiro: Atheneu, 2012.

(45) CENDOROGLO NETO, M. *et al.* **Guia de protocolos e medicamentos para tratamento em oncologia e hematologia**. São Paulo: Hospital Albert Einstein, 2013.

(46) MATULEWICZ, R. S.; WEINER, A. B.; SCHAEFFER, E. M. Active surveillance for prostate cancer. **JAMA**, [*s. l.*], v. 318, n. 21, p. 2152, 2017.

(47) DOENGES, M. E.; MOORHOUSE, M. F.; MURR, A. C. **Diagnósticos de Enfermagem**: intervenções, prioridade, fundamentos. Rio de Janeiro: Guanabara Koogan, 2012.

(48) INSTITUTO NACIONAL DE CÂNCER. Divisão de Comunicação Social. **Cuidados após cirurgia de mama com esvaziamento axilar**: orientações aos pacientes. Rio de Janeiro: INCA, 2012. Disponível em: <https://www.inca.gov.br/sites/ufu.sti.inca.local/files//media/document//cuidados-apos-cirurgia-de-mama-com-esvaziamento-axilar-2012.pdf>. Acesso em: 15 abr. 2019.

(49) SILVA, G. J. *et al.* Utilização de experiências musicais como terapia para sintomas de náusea e vômito em quimioterapia. **Rev. Bras. Enferm.**, [*s. l.*], v. 67, n. 4, p. 630-6, jul.-ago. 2014.

(50) LALLA, R. V. *et al.* Mucositis guidelines leadership group of the Multinational Association of Supportive Care in Cancer and International Society of Oral Oncology: MASCC/ISOO evidence based clinical practice guidelines for mucositis secondary to cancer therapy. **Cancer**, [*s. l.*], v. 120, p. 1453-61, 2014.

(51) CAMPOS, M. P. O. *et al.* Fadiga relacionada ao câncer: uma revisão. **Rev. Assoc. Med. Bras.**, [*s. l.*], v. 57, n. 2, p. 211-9, 2011. Disponível em: <http://www.scielo.br/pdf/ramb/v57n2/v57n2a21.pdf>. Acesso em: 4 abr. 2019.

(52) ALMEIDA, R. C. *et al.* Intervenção de enfermagem: cuidados com dreno torácico em adultos no pós-operatório. **Rev. Rene.**, [*s. l.*], v. 19, 2018. Disponível em: <http://periodicos.ufc.br/rene/article/viewFile/33381/pdf_1>. Acesso em: 14 abr. 2019.

(53) BEYTUTI, R. *et al.* Heimlich valve in the treatment of pneumothorax. **J. Bras. Pneumol.**, [*s. l.*], v. 28, n. 3, p. 115-9, 2002.

(54) ZOLADEX. **Acetato de goserelina**: bula do fabricante Astra Zeneca. Disponível em: <http://www.anvisa.gov.br/datavisa/fila_bula/frmVisualizarBula.asp?pNuTransacao=5171932015&pIdAnexo=2676975>. Acesso em: 10 abr. 2019.

(55) CONSELHO REGIONAL DE ENFERMAGEM. **Parecer Coren-SP 072/2011**. Administração de acetato de gosserrelina por enfermeiro. São Paulo: Coren-SP, 2013. Disponível em: <https://portal.coren-sp.gov.br/sites/default/files/parecer_coren_sp_2011_72.pdf>. Acesso em: 10 abr. 2019.

(56) INTERNATIONAL AGENCY FOR RESEARCH ON CANCER. **Latest global cancer data**: cancer burden rises to 18.1 million new cases and 9.6 million cancer deaths in 2018. Lyon, France: IARC, 2018. Disponível em: <https://www.iarc.fr/wp-content/uploads/2018/09/pr263_E.pdf>.

## CAPÍTULO 22 – ASSISTÊNCIA AO ADULTO COM DOENÇA UROLÓGICA

(1) JHONSON, R. J.; FEEHALLY, J.; FLOEGE, J. **Nefrologia clínica abordagem abrangente**. 5. ed. Rio de Janeiro: Elsevier, 2016.

(2) KRIZ, W.; KAISSLING, B. Structural organization of the mammalian kidney. *In*: SELDIN, D.; GIEBISCH, G. (ed.). **The kidney**. 3. ed. Philadelphia, USA: Lippincott Williams & Wilkins, 2000. p. 587-654.

(3) MINER, J. Renal basement membrane components. **Kidney Int.**, [*s. l.*], v. 56, n. 6, p. 2016-24, dec. 1999. Disponível em: <https://www.ncbi.nlm.nih.gov/pubmed/10594777>.

(4) BERNE, R. M.; LEVY, M. N. **Fisiologia**. 3. ed. Rio de Janeiro: Guanabara Koogan, 1996.

(5) GUYTON, A. C.; HALL, J. E. **Tratado de fisiologia médica**. 9. ed. Rio de Janeiro: Guanabara Koogan, 1997.

(6) KURTZ, A. Renin release: sites, mechanisms, and control. **Annu. Rev. Physiol.**, [*s. l.*], v. 73, p. 377-99, 2011. Disponível em: <https://www.ncbi.nlm.nih.gov/pubmed/20936939>. Acesso em: 19 abr. 2020.

(7) STEVENS, L. A.; LEVEY, A. S. Measurement of kidney function. **Med. Clin. North Am.**, [s. l.], v. 89, n. 3, p. 457-73, 2005. Disponível em: <https://www.ncbi.nlm.nih.gov/pubmed/15755462>. Acesso em: 19 abr. 2020.

(8) MOELLER, M.; TENTEN, V. Renal albumin filtration: alternative models to the standard physical barriers. **Nat. Rev. Nephrol.**, [s. l.], v. 9, n. 5, p. 266-77, may 2013. Disponível em: <https://www.ncbi.nlm.nih.gov/pubmed/23528417>. Acesso em: 19 abr. 2020.

(9) SCHNERMANN, J.; BRIGGS, J. Tubular control of renin synthesis and secretion. **Pflugers Arch.**, [s. l.], v. 465, n. 1, p. 39-51, jan. 2013. Disponível em: <https://www.ncbi.nlm.nih.gov/pubmed/22665048>. Acesso em: 19 abr. 2020.

(10) CUPPLES, W. A. Interactions contributing to kidney blood flow autoregulation. **Curr. Opin. Nephrol. Hypertens**, [s. l.], v. 16, n. 1, p. 39-45, jan. 2007. Disponível em: <https://www.ncbi.nlm.nih.gov/pubmed/17143070>. Acesso em: 19 abr. 2020.

(11) BOIM, M. A.; SCHOR, N. Fisiopatologia da lesão renal aguda. *In*: SCHOR, N.; DURÃO JUNIOR, M. S.; KIRSZTAJN, G. M. **Lesão renal aguda**: manual prático. São Paulo: Livraria Balieiro, 2017.

(12) PAKULA, A. M.; SKINNER, R. A. Acute kidney injury in the critically III patient: a current review of the literature. **Journal of Intensive Care Medicine**, [s. l.], v. 31, n. 5, p. 319-24, 2016. Disponível em: <https://doi.org/10.1177/0885066615575699>. Acesso em: 19 abr. 2020.

(13) GARCIA, M. R.; ARIZA, L. C.; HITO, P. D. Revisión de conocimientos sobre el fracaso renal agudo en el contexto del paciente crítico. **Enfermería intensiva** [s. l.], v. 24, n. 3, p. 120-30, July-Sept. 2013. Disponível em: <https://doi.org/10.1016/j.enfi.2013.02.001>. Acesso em: 19 abr. 2020.

(14) ABUELO, J. G. Normotensive ischemic acute renal failure. **N. England J. Med.**, [s. l.], v. 35, p. 797-805, 2007. Disponível em: <https://doi.org/10.1056/NEJMra064398>. Acesso em: 19 abr. 2020.

(15) BONVENTRE, J. V.; WEINBERG, J. M. Recent advances in the pathophysiology of ischemic acute renal failure. **J. Am. Soc. Nephrol.**, [s. l.], v. 14, n. 8, p. 2199-210, aug. 2003. Disponível em: <https://www.ncbi.nlm.nih.gov/pubmed/12874476>. Acesso em: 19 abr. 2020.

(16) LIAÑO, F.; TENORIO, M. T.; RODRIGUEZ, N. **Classificación, epidemiologia y diagnóstico de la insuficiência renal aguda**. Barcelona: Ars Medica, 2009.

(17) DAVIES, H.; LESLIE, G. Maintaining the CRRT circuit: non-anticoagulant alternatives. **Aust. Crit. Care**, [s. l.], v. 19, n. 4, p. 133-8, nov. 2006. Disponível em: <https://www.ncbi.nlm.nih.gov/pubmed/17165492>. Acesso em: 19 abr. 2020.

(18) MELO, G. A. A. **Conhecimento e prática de enfermeiros atuantes em unidades de terapia intensiva sobre injúria renal aguda**: avaliação diagnóstica. 2016. Dissertação (Mestrado em Enfermagem) – Universidade Federal do Ceará, Fortaleza, Ceará, 2016.

(19) NATIONAL KIDNEY FOUNDATION. **About chronic kidney disease**. New York: NKF, 2017. Disponível em: <https://www.kidney.org/atoz/content/about-chronic-kidney-disease>. Acesso em: 19 abr. 2020.

(20) KIDNEY DISEASE IMPROVING GLOBAL OUTCOMES. Clinical practice guideline for the evaluation and management of chronic kidney disease. **Kidney Int.**, [s. l.], suppl., p. 1-150, 2013. Disponível em: <https://kdigo.org/guidelines/ckd-evaluation-and-management/>. Acesso em: 19 abr. 2020.

(21) LEVEY, A. S. *et al*. The definition, classification, and prognosis of chronic kidney disease: a KDIGO Controversies Conference report. **Kidney International**, [s. l.], V. 80, n. 1, p. 17-28, 2011. Disponível em: <http://www.kidney-international.theisn.org/article/S0085-2538(15)54924-7/fulltext>. Acesso em: 19 abr. 2020.

(22) LEVEY, A. S.; BECKER, C.; INKER, L. A. Glomerular filtration rate and albuminuria for detection and staging of acute and chronic kidney disease in adults: a systematic review. **JAMA**, [s. l.], v. 313, n. 8, p. 837-46, feb. 2015. Disponível em: <https://www.ncbi.nlm.nih.gov/pubmed/25710660>. Acesso em: 19 abr. 2020.

(23) WEBSTER, A. C. *et al*. Chronic kidney disease. **The Lancet**, [s. l.], v. 389, n. 10075, p. 1238-52, mar. 2017. Disponível em: <https://j.mp/3amOZkC>. Acesso em: 19 abr. 2020.

(24) FRAZÃO, C. M. F. de Q. *et al*. Changes in the self-concept mode of women undergoing hemodialysis: a descriptive study. **Online Brazilian Journal of Nursing**, [s. l.], v. 13, n. 2, p. 219-26, 2014. Disponível em: <https://j.mp/3eCOW7I>. Acesso em: 19 abr. 2020.

(25) HILL, N. R. *et al*. Global prevalence of chronic kidney disease: a systematic review and meta-analysis. **Plos One**, [s. l.], v. 11, n. 7, p. 1-18, july 2016. Disponível em: <http://journals.plos.org/plosone/article/file?id=10.1371/journal.pone.0158765&type=printable>. Acesso em: 19 abr. 2020.

(26) SALMAN, M. *et al*. Attributable causes of chronic kidney disease in adults: a five-year retrospective study in a tertiary-care hospital in the northeast of the Malaysian Peninsula. **Sao Paulo Med. J.**, São Paulo, v. 133, n. 6, p. 502-9, nov.-dec. 2015. Disponível em: <https://dx.doi.org/10.1590/1516-3180.2015.005>. Acesso em: 19 abr. 2020.

(27) SOCIEDADE BRASILEIRA DE NEFROLOGIA. **Senso da hemodiálise**. [S. l.]: SBN, 2017. Disponível em: <https://sbn.org.br/publico/tratatamentos/hemodialise>. Acesso em: 19 abr. 2020.

(28) SILVA, F. S. *et al*. Avaliação da dor óssea em pacientes renais crônicos com distúrbio mineral. **Rev. de Enferm. da UFPE online**, [Pernambuco], v. 7, n. 5, p. 1406-11, 2013.

(29) SOCIEDADE BRASILEIRA DE NEFROLOGIA. **Doença renal**. [S. l.]: SBN, 2016. Disponível em: <https://sbn.org.br/publico/doencas-comuns/insuficiencia-renal-aguda/>. Acesso em: 19 abr. 2020.

(30) MARTÍNEZ-CASTELAO, A. *et al.* Baseline characteristics of patients with chronic kidney disease stage 3 and stage 4 in Spain: the MERENA observational cohort study. **BMC Nephrology**, [s. l.], v. 12, n. 53, p. 1-11, 2011. Disponível em: <https://www.ncbi.nlm.nih.gov/pmc/articles/PMC3203029/pdf/1471-2369-12-53.pdf>. Acesso em: 19 abr. 2020.

(31) HILL, N. R. *et al.* Global Prevalence of Chronic Kidney Disease – A Systematic Review and Meta-Analysis. **PLoS ONE**, 2016, v. 11, p. 7, e0158765. Disponível em: <http://journals.plos.org/plosone/article/file?id=10.1371/journal.pone.0158765&type=printable>. Acesso em: 19 abr. 2020.

(32) GREKA, A.; MUNDEL, P. Calcium regulates podocyte actin dynamics. **Semin. Nephrol.**, [s. l.], v. 32, n. 4, p. 319-26, july 2012. Disponível em: <https://www.ncbi.nlm.nih.gov/pubmed/22958486>. Acesso em: 19 abr. 2020.

(33) RIELLA, M. C.; MARTINS, C. **Nutrição e o rim**. 3. ed. Rio de Janeiro: Guanabara Koogan, 2001.

(34) KDIGO. Clinical practice guideline for the evaluation and management of chronic kidney disease. **Kidney Int. Suppl.**, [s. l.], 2013.

(35) LEVEY, A. S. *et al.* The definition, classification, and prognosis of chronic kidney disease: a KDIGO Controversies Conference report. **Kidney International**, 2011, v 80, n. 1, p 17-28. Disponível em: <http://www.kidney-international.theisn.org/article/S0085-2538(15)54924-7/fulltext>. Acesso em: 19 abr. 2020.

(36) DAUGIRDAS, J. T.; BLAKE, P. G.; ING, T. **Manual de diálise**. 4. ed. Rio de Janeiro: Guanabara Koogan, 2008.

(37) CHEEVER, K. H.; HINKLE, J. L. **Tratado de Enfermagem médico-cirúrgica**. 13. ed. Rio de Janeiro: Guanabara Koogan, 2015.

(38) BRASIL. Ministério da Saúde. Secretaria de Atenção à Saúde. **Diretrizes clínicas para o cuidado ao paciente com Doença Renal Crônica (DRC) no sistema único de saúde**. Brasília, DF: MS, 2014.

(39) VILLELA, N. B.; ROCHA, R. (org.). **Manual básico para atendimento ambulatorial em nutrição**. 2. ed. rev. ampl. Salvador, BA: EDUFBA, 2008. Disponível em: <http://books.scielo.org/id/sqj2s/pdf/villela-9788523208998.pdf>. Acesso em: 19 abr. 2020.


## CAPÍTULO 23 – PROCEDIMENTOS RELACIONADOS ÀS ELIMINAÇÕES

(1) CRAVEN, R. F.; HIRNLE, C. J. **Fundamentos de Enfermagem**: saúde e funções humanas. 4. ed. Rio de Janeiro: Guanabara Koogan, 2006.

(2) TIMBY, B. K. **Atendimento de Enfermagem**: conceitos e habilidades fundamentais. 10. ed. Porto Alegre: Artmed, 2014.

(3) POTTER, P. A.; PERRY, A. G. **Grande tratado de Enfermagem**: prática clínica e prática hospitalar. 9. ed. São Paulo: Elsevier, 2018.

(4) GUYTON, A. C.; HALL, J. F. **Tratado de fisiologia médica**. 10. ed. Rio de Janeiro: Guanabara Koogan, 2002.

(5) RUBEN, E.; FARHAR, J. L. **Patologia**. 3. ed. Rio de Janeiro: Guanabara Koogan, 2002.

(6) MOORE, K. L.; DALLEY, A. F. ANATOMIA: orientada para a clínica. 4. ed. Rio de Janeiro: Guanabara Koogan, 2001.


## CAPÍTULO 24 – ASSISTÊNCIA PERIOPERATÓRIA

(1) BRASIL. Agência Nacional de Vigilância Sanitária. **Resolução da Diretoria Colegiada (RDC) n° 15, de 12 de março de 2012**. Dispõe sobre o requisito de boas práticas para o processamento de produtos para a saúde e dá outras providências. Brasília, DF: ANVISA, 2012.

(2) BRASIL. Ministério da Saúde. **RDC n° 307, de 14 de novembro de 2002**. Dispõe para o regulamento técnico para planejamento, programação, elaboração e avaliação de projetos físicos de estabelecimentos assistenciais de saúde. Brasília, DF: ANVISA, 2002.

(3) BRASIL. Agência Nacional de Vigilância Sanitária. **RDC n° 50, de 21 de fevereiro de 2002**. Dispõe sobre o regulamento técnico destinado ao planejamento, programação, elaboração e avaliação de projetos físicos de estabelecimentos assistenciais de saúde. Brasília, DF: ANVISA, 2002.

(4) ASSOCIAÇÃO BRASILEIRA DE ENFERMEIROS DE CENTRO CIRÚRGICO, RECUPERAÇÃO ANESTÉSICA E CENTRO DE MATERIAL E ESTERILIZAÇÃO. **Diretrizes de práticas em Enfermagem cirúrgica e processamento de produtos para saúde**. 7. ed. rev. atual. Barueri, SP: Manole; São Paulo: SOBECC, 2017.

(5) RUTALA, W. A.; WEBER, D. J. Disinfection, sterilization, and antisepsis: an overview. **American Journal of Infection Control**, [s. l.], v. 44, n. 5, suppl., p. e1-6, may 2016. Disponível em: <http://dx.doi.org/10.1016/j.ajic.2015.10.038>. Acesso em: 19 abr. 2020.

(6) COMISSÃO INTERNA DE PREVENÇÃO DE ACIDENTES. Portaria n° 3.214, de 08 de junho de 1978. In: SEGURANÇA e medicina do trabalho. 29. ed. São Paulo: Atlas, 1995.

(7) SANTOS, I. B. da C. et al. Equipamentos de proteção individual utilizados por profissionais de enfermagem em centros de material e esterilização. **Rev. SOBECC**, São Paulo, v. 22, n. 1, p. 36-41, jan.-mar. 2017. Disponível em: <https://doi.org/10.5327/Z1414-4425201700010007>. Acesso em: 19 abr. 2020.

(8) STANGANELLI, N. C. et al. A utilização de equipamentos de proteção individual entre trabalhadores de enfermagem de um hospital público. **Cogitare Enferm.**, [s. l.], v. 20, n. 2, p. 345-51, abr.-jun. 2015. Disponível em: <http://dx.doi.org/10.5380/ce.v20i2.40118>. Acesso em: 19 abr. 2020.

(9) CONSELHO FEDERAL DE ENFERMAGEM. **Resolução Cofen n° 424/2012**. Normatiza as atribuições dos profissionais de enfermagem em Centro de Material e Esterilização (CME) e em empresas processadoras de produtos para a saúde. Brasília, DF: COFEN, 2012.

(10) SANCHEZ, M. L. et al. Estratégias que contribuem para a visibilidade do trabalho do enfermeiro na central de material e esterilização. **Texto Contexto Enferm.**, Florianópolis, SC, v. 27, n. 1, mar. 2018. Disponível em: <http://dx.doi.org/10.1590/0104-07072018006530015>. Acesso em: 19 abr. 2020.

(11) GIL, R. F.; CAMELO, S. H.; LAUS, A. M. Atividades do enfermeiro de centro de material e esterilização em instituições hospitalares. **Texto Contexto Enferm.**, Florianópolis, SC, v. 22, n. 4, p. 924-34, out.-dez. 2013. Disponível em: <http://dx.doi.org/10.1590/S0104-07072013000400008>. Acesso em: 19 abr. 2020.

(12) POSSARI, J. F. **Centro de material e esterilização**: planejamento, organização e gestão. 4. ed. São Paulo: Iátria, 2010.

(13) BERGO, M. do C. N. C. Avaliação do desempenho da limpeza e desinfecção das máquinas lavadoras desinfectadoras automáticas em programas com diferentes tempo e temperatura. **RLAE**, [s. l.], v. 14, n. 5, p. 735-41, 2006. Disponível em: <http://www.revistas.usp.br/rlae/article/view/2356>.

(14) ASSOCIAÇÃO BRASILEIRA DE NORMAS TÉCNICAS. **NBR ISO 15883**: lavadoras desinfetadoras: parte 1: requisitos gerais, termos, definições e ensaios. Rio de Janeiro: ABNT, 2013.

(15) MACDONALD, K. et al. Reproducible elimination of clostridium difficile spores using a clinical area washer disinfector in 3 different health care sites. **American Journal of Infection Control**, [s. l.], v. 44, n. 7, p. e107-11, july 2016. Disponível em: <http://dx.doi.org/10.1016/j.ajic.2016.01.024>.

(16) ASSOCIATION OF PERIOPERATIVE REGISTERED NURSES. **Guidelines for perioperative practice**. Denver, California, USA: AORN, 2016.

(17) GRAZIANO, K. U. et al. Indicadores de avaliação do processamento de artigos odonto-médico-hospitalares: elaboração e validação. **Rev. Esc. Enferm. USP**, São Paulo, v. 43, n. esp. 2, p. 1174-80, dez. 2009. Disponível em: <http://dx.doi.org/10.1590/S0080-62342009000600005>. Acesso em: 19 abr. 2020.

(18) SANTOS, N. B. F. de M. do; ACUNA, A. A.; SOUZA, C. S. Protocolo de avaliação de mudança para o processo de esterilização a vapor. **Rev. SOBECC**, São Paulo, v. 23, n. 2, p. 103-8, abr.-jun. 2018. Disponível em: <https://doi.org/10.5327/Z1414-4425201800020008>. Acesso em: 19 abr. 2020.

(19) BRASIL. Agência Nacional de Vigilância Sanitária. **RDC n° 8, de 27 de fevereiro de 2009**. Dispõe sobre as medidas para redução da ocorrência de infecções por Microbactérias de Crescimento Rápido (MCR) em serviços de saúde. Brasília, DF: ANVISA, 2009.

(20) MIGUEL, E. A.; LARANJEIRA. P. R. Validação e montagem de carga desafio: da teoria à prática. **Rev. SOBECC**, São Paulo, v. 21, n. 4, p. 213-6, dez. 2016. Disponível em: <https://doi.org/10.5327/Z1414-4425201600040007>.

(21) INSTITUTO DE PESQUISAS ENERGÉTICAS E NUCLEARES. **Radioesterilização**. São Paulo: IPEN, 2015. Disponível em: <https://www.ipen.br/portal_por/portal/interna.php?secao_id=741>.

(22) RUTALA, W. A.; WEBER, D. J. **Guideline for disinfection and and sterilization in healthcare facilities**. Atlanta, USA: CDC, 2008.

(23) GLOBAL MARKETING SERVICES. **Advanced sterilization products**: low temperature sterilization. Pakistan: GMS, 2015. Disponível em: <https://j.mp/3eymPq6>. Acesso em: 19 abr. 2020.

(24) BRASIL. Agência Nacional de Vigilância Sanitária. **RDC n° 91, de 28 de novembro de 2008**. Proíbe o uso isolado de produtos que contenham paraformaldeído ou formaldeído, para desinfecção e esterilização, regulamenta o uso de produtos que contenham tais substâncias em equipamentos de esterilização e dá outras providências. Brasília, DF: ANVISA, 2008.

(25) GUTIERRES, L. de S. et al. Good practices for patient safety in the operatin groom: nurses' recommendations. **Rev. Bras. Enferm.**, Brasília, DF, v. 71, suppl. 6, 2775-82, 2018. Disponível em: <http://dx.doi.org/10.1590/0034-7167-2018-0449>. Acesso em: 19 abr. 2020.

(26) HINKLE, J. L.; CHEEVER, K. H. **Brunner & Suddarth**: tratado de enfermagem médico-cirúrgica. 13. ed. Rio de Janeiro: Guanabara Koogan, 2016.

(27) MALAGUTTI, W.; BONFIM, I. M. **Enfermagem em centro cirúrgico**: atualidades e perspectivas no ambiente cirúrgico. 3. ed. São Paulo: Martinari, 2013.

(28) CASTELLANOS, B. E. P.; JOUCLAS, U. M. G. Assistência de Enfermagem perioperatória: um modelo conceitual. **Rev. Esc. Enferm. USP**, São Paulo, v. 24, n. 3, p. 359-70, 1990.

(29) CONSELHO FEDERAL DE ENFERMAGEM. **Resolução Cofen n° 543, 18 de abril de 2017**. Atualiza e estabelece parâmetros para o dimensionamento do quadro de profissionais de enfermagem nos serviços/locais em que são realizadas atividades de enfermagem. Brasília, DF: COFEN, 2017. Disponível em: <http://www.cofen.gov.br/resolucao-cofen-5432017_51440.html>.

(30) ORGANIZAÇÃO MUNDIAL DA SAÚDE. **Segundo desafio global para a segurança do paciente**: cirurgias seguras salvam vidas. Rio de Janeiro: OPAS; Ministério da Saúde; ANVISA, 2009.

(31) LOPES, C. M. de M. et al. Escala de avaliação de risco para lesões decorrentes do posicionamento cirúrgico. **Rev. Latino-Am. Enfermagem**, Ribeirão Preto, SP, v. 24, 2016. Disponível em: <http://dx.doi.org/10.1590/1518-8345.0644.2704>. Acesso em: 19 abr. 2020.

(32) ASSOCIATION OF PERIOPERATIVE REGISTERED NURSES. Recommended practices for high-level disinfection. **AORN J.**, [s. l.], v. 81, n. 2, p. 402-12, feb. 2005. Disponível em: <https://www.ncbi.nlm.nih.gov/pubmed/15770758>. Acesso em: 19 abr. 2020.

(33) WORLD HEALTH ORGANIZATION. **Global guidelines for prevention of surgical site infection**. Geneva: WHO, 2016.

(34) WEBSTER, J.; OSBORNE, S. Preoperative bathing or showering with skin antiseptics to prevent surgical site infection: review. **Cochrane Database of Systematic Reviews**, [s. l.], n. 2, CD004985, 2015. Disponível em: <https://doi.org/10.1002/14651858.CD004985.pub5>. Acesso em: 19 abr. 2020.

(35) BISINOTTO, F. M. B. et al. Queimaduras relacionadas à eletrocirurgia: relato de dois casos. **Rev. Bras. Anestesiol.**, [s. l.], v. 67, n. 5, p. 527-34, 2017. Disponível em: <http://dx.doi.org/10.1016/j.bjane.2015.08.018>. Acesso em: 19 abr. 2020.

(36) NUNES, F. G.; MATOS, S. S. de; MATTIA, A. L. de. Análise das complicações em pacientes no período de recuperação anestésica. **Rev. SOBECC**, São Paulo, v. 19, n. 3, p. 129-35, jul.-set. 2014. Disponível em: <http://sobecc.org.br/arquivos/artigos/2015/pdfs/site_sobecc_v19n3/03_sobecc.pdf>. Acesso em: 19 abr. 2020.

(37) CONSELHO FEDERAL DE MEDICINA. **Resolução n° 1.802, de 1 de novembro de 2006**. Dispõe sobre a prática do ato anestésico. Brasília, DF: CFM, 2006. Disponível em: <http://www.portalmedico.org.br/resolucoes/cfm/2006/1802_2006.htm>. Acesso em: 19 abr. 2020.

(38) PRADO, K. G. do et al. Centro de recuperação pós-anestésico: observação, análise e comparação. **Rev. Latino-Am. Enfermagem**, Ribeirão Preto, SP, v. 6, n. 3, p. 123-5, jul. 1998. Disponível em: <http://www.scielo.br/scielo.php?script=sci_arttext&pid=S0104-11691998000300015&lng=en>. Acesso em: 19 abr. 2020.

(39) POPOV, D. C. S.; PENICHE, A. de C. G. As intervenções do enfermeiro e as complicações em sala de recuperação pós-anestésica. **Rev. Esc. Enferm. USP**, São Paulo, v. 43, n. 4, p. 953-61, dez. 2009. Disponível em: <http://www.scielo.br/scielo.php?script=sci_arttext&pid=S0080-62342009000400030>. Acesso em: 19 abr. 2020.

(40) LOURENÇO, M. B.; PENICHE, A. de C. G.; COSTA, A. L. S. Unidades de recuperação pós-anestésica de hospitais brasileiros: aspectos organizacionais e assistenciais. **Rev. SOBECC**, São Paulo, v. 18, n. 2, p. 25-32, abr.-jun. 2013. Disponível em: <https://revista.sobecc.org.br/sobecc/article/view/141>. Acesso em: 19 abr. 2020.

(41) CONSELHO FEDERAL DE ENFERMAGEM. Lei n° 7.498, de 25 de junho de 1986. Dispõe sobre o exercício da Enfermagem e dá outras providências. **Diário Oficial da União**: Brasília, DF, 1986. Disponível em: <www.portalcofen.gov.br>. Acesso em: 19 abr. 2020.

(42) SOUZA, T. M. CARVALHO, R.; PALDINO, C. M. Diagnósticos, prognósticos e intervenções de enfermagem na sala de recuperação pós-anestésica. **Rev. SOBECC.**, [s. l.], v. 17, n. 4, p. 33-47, 2012.

(43) CARVALHO, R.; GALDEANO, L. E. Assistência a pacientes em tratamento cirúrgico no centro cirúrgico e na recuperação anestésica. In: RODRIGUES, A. B. et al. **O guia da Enfermagem**: fundamentos para a assistência. São Paulo: Iátria, 2008.

(44) CONSELHO REGIONAL DE ENFERMAGEM DA BAHIA. **Parecer Coren-BA n. 023/2014**. Troca de drenos e sondas por enfermeiro. Salvador, BA: Coren-BA, 2014. Disponível em: <http://ba.corens.portalcofen.gov.br/parecer-coren-ba-n%E2%81%B0-0232014_15608.html>. Acesso em: 19 abr. 2020.

(45) CONSELHO REGIONAL DE ENFERMAGEM DE SANTA CATARINA. **Parecer Coren-SC n° 007/CT/2015**. Realização da retirada ou o tracionamento dos drenos portovack e penrose. Florianópolis, SC: Coren-SC, 2015.

(46) POTTER, P. **Fundamentos de Enfermagem**. 8. ed. Rio de Janeiro: Elsevier, 2013.

(47) ALDRETE, J. A. The post-anesthesia recovery score revisited. **J. Clin. Anesth.**, [s. l.], v. 7, n. 1, p. 89-91, 1995.

(48) RAMSAY, M. A. et al. Controlled sedation with alphaxalone-alphadolone. **Br. Med. J.**, [s. l.], v. 2, n. 5920, p. 656-9, 1974.

(49) NANDA INTERNACIONAL. **Diagnósticos de Enfermagem da NANDA-I**: definições e classificação 2018-2020. 11. ed. Porto Alegre: Artmed, 2018.

(50) LEWIS, S. L. et al. **Tratado de Enfermagem médico-cirúrgica**: avaliação e assistência dos problemas. 8. ed. Rio de Janeiro: Elsevier, 2013.

(51) BASSANEZI, B. S. B.; OLIVEIRA FILHO, A. G. de. Analgesia pós-operatória. **Rev. Col. Bras. Cir.**, Rio de Janeiro, v. 33, n. 2, p. 116-22, mar.-abr. 2006. Disponível em: <http://www.scielo.br/scielo.php?script=sci_arttext&pid=S0100-69912006000200012>. Acesso em: 19 abr. 2020.

(52) SOUZA, V. S. de; CORGOZINHO, M. M. A enfermagem na avaliação e controle da dor pós-operatória. **Rev. Cient. Sena Aires**, [s. l.], v. 5, n. 1, p. 70-8, jan.-jun. 2016. Disponível em: <http://revistafacesa.senaaires.com.br/index.php/revisa/article/view/257>. Acesso em: 19 abr. 2020.

(53) VARGAS-SCHAFFER, G. Is the WHO analgesic ladder still valid? Twenty-four years of experience. **Canadian Family Physician**, Canada, v. 56, n. 6, p. 514-7, jun. 2010. Disponível em: <https://www.cfp.ca/content/56/6/514.long>. Acesso em: 19 abr. 2020.

(54) BRASIL. Ministério da Saúde. **Anexo 03**: protocolo de segurança na prescrição, uso e administração de medicamentos. Brasília, DF: Ministério da Saúde, 2013. Disponível em: <http://www20.anvisa.gov.br/segurancadopaciente/index.php/publicacoes/item/seguranca-na-prescricao-uso-e-administracao-de-medicamentos>. Acesso em: 19 abr. 2020.

(55) TOROSSIAN, A. Thermal management during anaesthesia and thermoregulation standards for the prevention of inadvertent perioperative hypothermia. **Best Practice & Research Clinical Anaesthesiology**, [s. l.], v. 22, n. 4, p. 659-68, dec. 2008. Disponível em: <https://www.sciencedirect.com/science/article/pii/S1521689608000621?via%3Dihub>. Acesso em: 19 abr. 2020.

(56) HOOPER, V. et al. ASPAN's evidence-based clinical practice guideline for the promotion of perioperative normothermia: second edition. **J. Perianesth Nurs.**, [s. l.], v. 25, n. 6, p. 346-65, 2010.

(57) FELIX, L. G.; SOARES, M. J. G. O.; NÓBREGA, M. M. L. da. Protocolo de assistência de enfermagem ao paciente em pré e pós-operatório de cirurgia bariátrica. **Rev. Bras. Enferm.**, Brasília, DF, v. 65, n. 1, p. 83-91, jan.-fev. 2012. Disponível em: <http://www.scielo.br/pdf/reben/v65n1/12.pdf>. Acesso em: 19 abr. 2020.


## ANEXO

(1) BARROS, A. L. B. L. **Anamnese e exame físico, avaliação diagnóstica de enfermagem no adulto**. 3. ed. São Paulo: Artmed, 2015.

(2) DORLAND. **Dorland's illustrated medical dictionary**. 32. ed. Amsterdan: Elsevier, 2011.

(3) POTTER, P. A. **Fundamentos de Enfermagem**. 9. ed. Rio de Janeiro: Elsevier, 2018.

(4) LYRA, C. R. et al. **Dicionário termos técnicos em saúde**. Rio de Janeiro: Águia Dourada, 2012.

(5) TIMBY, B. K. **Conceitos e habilidades fundamentais no atendimento de Enfermagem**. 10. ed. Porto Alegre: Artmed, 2014.

ÍNDICE REMISSIVO

# A

Abordagem dos valores concorrentes 69
Abortamento 233
Aborto 248
Acesso vascular 37
Acesso vascular de longa permanência 408
Acesso venoso periférico 98
Acidente vascular encefálico do tipo 304
Ácido lático 105
Ácidos graxos essenciais 179
Ações assistenciais 90
Ações de enfermagem 90
Ações de gestão 90
Ações de pesquisa 90
Ações de saúde 59
Ações educacionais 90
Acolhimento 189
Acondicionamento 50
Adaptação e inovação 67
Adesivo combinado 243
Administração 59, 61
Administração de medicamentos 128
Administração por objetivos 67
Administrador 59
Agência nacional de vigilância sanitária 188
Agregação 210
Albumina 98
Alça de henle 395
Alcalinos 433
Alcance dos objetivos 59
Aleitamento materno 121
Alginato de cálcio 179
Alocação 84
Alto escalão 78
Alzheimer 253
Ambiente 27, 64
Amenorreia 244
Amplitude de controle 74
Analgésicos 449
Ana neri 28
Anastrozol 386
Anatomia e fisiologia da próstata 379
Anatomia e fisiologia das mamas 377
Anatomia e fisiologia dos pulmões 378
Anfotéricos 432
Angina 325
Angina pectoris 324
Angioplastia coronariana 326
Angiorressonâncias 111

Angiotomografia 110
Aniônicos 432
Antiandrógenos periféricos 386
Anticoncepcionais orais 241
Anticorpos 187
Antiemética 451
Antígeno 187
Antígeno prostático específico (psa) 379, 384
Anti-inflamatórios 449
Antissepsia 445
Anúria 208
Apendicite 332
Apneia 451
Aprendizagem organizacional 85
Armazenamento externo 51
Armazenamento temporário 50
Arranjos organizativos 60
Artigos críticos 431
Artigos não críticos 431
Artigos semicríticos 431
Artroplastia 371
Assistência 38
Assistência de enfermagem 387
Assistolia 212
Associações 59
Ataque isquêmico transitório (ait) 305
Ataxia 293
Atelectasia 451
Atenção primária à saúde 187
Atendimento pré-hospitalar 199
Aterosclerose 210
Ativador do plasminogênio tecidual recombinante (rtpa) 307
Atividade elétrica sem pulso 212
Ato normativo 78
Autogestão 78
Automonitoramento glicêmico 354
Autonomia 257
Autonômica 202
Autônomo 366
Autoridade 73, 74
Avaliação 79
Avaliação de feridas 175
Azatioprina 338

# B

Bactericida 434
Baseada em relacionamentos 72
Betabloqueadores 322
Bicalutamida 386

Billings (muco cervical) 239
Biológicos 431
Biópsia prostática 384
Bradicardia 209
Bradipneia 451
Brca1 380
Brca2 380
Butílica 431

## C

Cadastro nacional de estabelecimentos de saúde 60
Cadeia de comando 74
Cadeia de frio 187
Cálculo renal 411
Calendário básico 187
Câmaras refrigeradas 188
Câncer de mama 377, 380, 381, 383
Câncer de próstata 381
Câncer de próstata 377, 382
Câncer de pulmão 377, 382
Capacidade funcional 258
Cápsula de bowman 396
Carcinoma de grandes células 384
Carcinoma de pequenas células (cppc) 384
Carcinoma epidermoide 384
Carcinomas de células não pequenas (cpcnp) 384
Cardioversão elétrica 212
Cargo 73
Caridade 23
Cartilagíneas 366
Carvão ativado 180
Categoria não graduável 179
Catiônicos 432
Cbir1 337
Cefaleia 286
Céfalo-podal 200
Cenestésica 288
Centralização 75
Centros de atenção psicossocial 280
Cerclagem 369
Cetoacidose diabética 356
Cetonúria 100, 356
Choque cardiogênico 208
Choque distributivo 208
Choque hipovolêmico 205
Choque neurogênico 209
Choque séptico 209
Cianose 205
Cicatrização da ferida 177

Ciclo gravídico-puerperal 233
Ciência da administração 59
Ciência da complexidade 72
Cinestésica 288
Cirrose hepática 343
Cisalhamento 206
Clampeamento 249
Classificação da pressão arterial 321
Classificação das feridas 176
Classificação das feridas 176
Clima inovador 67
Clima organizacional 65, 85
Climatério 233
Clitóris 236
Coagulação 98
Código de ave 306
Colaboração 64
Colaborativa 72
Colangiopancreatografia endoscópica retrógrada (cpre) 345
Colelitíase e colecistite 345
Coleta de dados 79
Coleta e transporte externos 51
Colírio 158
Colite ulcerativa 330
Colostomia 341
Colpocitológico 104
Colunas 80
Complacência 259
Comportamento organizacional 67
Computadorizada 106
Comunicação 60, 79
Comunicação terapêutica 282
Comunidades terapêuticas 279
Concussão 201
Condutas terapêuticas 92
Confiança 71
Contêiner rígido 436
Continuidade do cuidado 60
Contracepção de emergência 242
Controle 41, 61
Contuso 204
Coombs indireto 248
Coprocultura 102
Corrente sanguínea 37
Crepitação 367
Criatividade 63
Cricotireoidostomia 207
Critério geográfico 76
Cuidado com feridas 175

Cultura organizacional  85
Cumprimento das metas  59
Curativo de cateter venoso central  180

# D

Débito cardíaco  208
Degermação  445
Demências  253
Depleção nutricional  125
Derme  175
Descarte  41
Descentralização  75
Desenho organizacional  72
Desenvolvimento organizacional  67
Desfibrilação  210
Desinfecção  431
Desnutrição  122
Despersonalização  287
Desrealização  287
Desvio de rima labial  305
Diabetes gestacional (dmg)  353
Diabetes mellitus (dm)  353
Diabetes mellitus tipo 1 (dm1)  353
Diabetes mellitus tipo 2 (dm2)  353
Diáfise  366
Diafragma  240
Diagnósticos de enfermagem  72, 123
Dialisato  404
Diferenciação do trabalho  73
Diferenciação vertical  73
Difusibilidade  438
Digitálicos  324
Dimensionamento  82
Dinâmica de grupo  67
Direção  61
Disfagia  260
Disfunções da burocracia  65
Dislipidemia  210
Dispneia  205
Dispneia paroxística noturna  323
Disposição final  51
Dispositivo intrauterino  243
Dissociação  287
Distímico  290
Distribuída  72
Diuréticos  212, 322
Diverticulite  334
Diverticulose  334
Divisão do trabalho  65, 73

Doença de alzheimer  263
Doença de crohn  336, 339
Doença de graves  360
Doença diverticular  335
Doença pulmonar obstrutiva crônica  380
Doença renal crônica  400
Doenças imunopreveníveis  187
Doenças inflamatórias intestinais  336
Dosagem de gonadotrofina coriônica humana  248
Dreno de tórax  389
Drenos  389
Droga  155
Duodeno  331

# E

Ecopraxia  289
Edema  368
Edema pulmonar  323
Educação permanente  85
Efetiva  61
Efetividade  59, 61
Eficácia  59, 61
Eficiência  59, 61
Elpo  442
Emergência  199, 365, 431
Empalados  205
Empoderamento  71
Empreendedorismo  63
Empresas  59
Endocérvice  104
Endovenosa  156
Enema  346
Enfermagem traumato-ortopédica  365
Enfoque no elemento humano  66
Enfoques  64
Engenhosidade  63
Entidades  59
Entorpecente  155
Entorses  368
Envelhecimento  255
Enxertia óssea  373
Enzimáticos  432
Epidemia  201
Epiderme  175
Épifises  366
Episiorrafia  249
Equilíbrio ácido-básico  397
Equimose  201
Ergonômicos  431

Eritrócitos 98, 366

Eritrograma 98

Eritropoetina 397

Escala de cincinnati 305

Escala de coma de glasgow 200

Escalonamento de pessoal 84

Escarro 103

Escola comportamentalista 66

Escola das relações humanas 66

Escola neoclássica da administração 66

Escoliose 371

Esfigmomanômetro 446

Esôfago 331

Espaço subaracnoideo 105

Espondilolistese 371

Esporicida 435

Esporos 433

Esqueleto apendicular 365

Esqueleto axial 365

Esquizofrenia 288

Estágio i 178

Estágio ii 178

Estágio iii 178

Estágio iv 178

Esterilização 431

Estrutura 59, 64

Estrutura achatada 75

Estrutura aguda 75

Estrutura organizacional 72

Etapa granulocítica 177

Etapa macrofágica 177

Etapa trombocítica 177

Ética 28

Etilenodiaminotetracético 98

Evento adverso pós-vacinação 192

Eventos adversos 191

Exame citológico 104

Exemestano 386

Exsaguinantes 200

Exsanguinante 367

Extrínsecos 451

# F

Fadiga 387, 388

Falência múltipla 208

Farmacogeriatria 253

Farmacogeriatria 261

Fase aguda do avei 308

Fase de maturação 177

Fase de regeneração ou proliferativa 177

Fase embrionária 247

Fase fetal 247

Fase folicular 237

Fase germinativa 247

Fase inflamatória 177

Fatigabilidade 286

Fenômeno administrativo 64

Ferida 176

Ferida colonizada 177

Ferida contaminada 176

Ferida infectada 176

Ferida intencional 176

Ferida limpa 176

Ferida limpa-contaminada 176

Ferida não intencional 176

Ferida penetrante 176

Ferida perfurante 176

Feridas abertas 176

Feridas agudas 176

Feridas crônicas 176

Feridas fechadas 176

Ferida superficial 176

Fezes 102

Fibras de purkinje 320

Fibrilação ventricular 212

Fibrinogênio 98

Fibrinolítico 211

Fibrosas 366

Fígado 331

Finalidades lucrativas 59

Fios de kirschner 369

Físicos 431

Fístula arteriovenosa 405

Flexibilidade organizacional, 67

Flogísticos 448

Florence nightingale 26

Flutamida 386

Fluxo 79

Fluxograma 79

Fluxogramação 79

Fluxogramas global 80

Fluxogramas rotina 80

Folículo de graaf 237

Formaldeído 438

Formas de organismos públicos 59

Fotossensibilidade 293

Fowler 99

Fragilidade 256

Fraturas 368

Fraturas cranianas 201
Funções básicas da administração 60, 65
Fungicida 434

# G

Gálio 111
Gasometria 106
Gás plasma 437
Gastrostomia 127
Genupeitoral 99
Gerência 62, 63
Gerenciamento 49, 59
Gerenciamento da mudança 67
Gerente 59
Geriatria 255
Gerontologia 255
Gestação 248
Gestão 48, 59, 62
Gestão de estrutura 82
Gestão de recursos humanos 82
Gestão de recursos materiais 86
Gestão do cuidado profissional 64, 92
Gestão do desempenho 61
Gestão em enfermagem 63
Gestão estratégica 68, 85
Gestor de enfermagem 78
Gestores de saúde 63
Gestores do sus 63
Glândulas vestibulares maiores 236
Glândulas vestibulares menores 236
Gleason 384
Glicemia 98
Glicosúria 100
Glicosúria 102
Globo de pinard 249
Globulina 98
Glóbulos brancos 98
Glomérulo 395
Glutamina 105
Goserelina 386, 391
Governança 59, 61
Governança clínica 62
Governança corporativa 61
Governança em enfermagem 62
Gravidez 236

# H

Habilidade 63
Haste medular 370
Headblocks 200

Hematúria 100
Hematúria 206
Hemitórax 205
Hemodiálise 408
Hemodiálise 402
Hemodinâmica 431
Hemoglobina glicada 353
Hemoglobinúria 100
Hemorragia digestiva alta (hda) 341
Hemorragia digestiva baixa (hdb) 341
Hemorragias subaracnoides 305
Hemostático 207
Hemotórax 451
Heparina sódica 98
Her-2 (fator de crescimento epidérmico 2) 383
Hérnia discal 371
Hidrocoloides 179, 442
Hidrogel 179
Hierarquia 65, 74
Higiene das mãos 40
Higienização 38
Hiperglicemia 356
Hiperplasia prostática benigna (hpb) 382
Hipertensão arterial sistêmica 320
Hipertireoidismo 357
Hipervascularização gengival 247
Hipocalcemia 208
Hipoglicemia 208, 356
Hipoglicemiantes orais 354
Hipotensão 204, 452
Hipotermia 450
Hipotireoidismo 359
Hipotireoidismo congênito 360
Hipoventilação 451
Hipovolêmico 452
Hipóxia 211
Homeostase 260
Homeostasia mineral 366
Honestidade 71
Hormônio foliculestimulante 237
Hormônio liberador de hormônio luteinizante (lhrh) 386
Hormônio luteinizante 237
Hormônios tireoidianos 358
Hormonioterapia 385

# I

Identificação 50
Íleo 331
Ileostomia 339, 340

Ilhotas de langerhans 332

Ilizarov 373

Imediato 445

Implantes subcutâneos 242

Imunidade ativa 187

Imunidade passiva 187

Imunobiológico 187

Imunoglobulina anti-d 248

Imunoglobulinas 187

Independentes 87

Indução anestésica 441

Infecção respiratória 37

Infliximabe 338

Inibidores da enzima conversora da angiotensina 322

Inibidores de aromatase 386

Inibidores dos receptores da angiotensina 322

Injúria renal aguda 398

Inovação 63, 85

Insight 283

Instituições 59

Instrumentos organizacionais 78

Insuficiência cardíaca 323

Insulina 354

Integridade 71

Integridade cutânea 176

Integridade da pele 175

Intenção primária ou primeira intenção 177

Intenção secundária ou segunda intenção 177

Intenção terciária ou terceira intenção 177

Interação 78

Interdependência 69

Intervenções de enfermagem 123

Intestino grosso 331

Intradérmica 156

Intramuscular 156

Intraoperatória 439

Intravenosa 156

Introito vaginal (e hímen) 236

Iodo 111

Iodo radioativo 358

Ira pós-renal 399

Ira pré-renal 398

Ira renal 398

Iras 35, 36

Irrigação vesical 390

Isoimunização 248

## J

Jackson pratt 359, 389

Jejuno 331

## L

Laqueadura tubária 244

Laringofaringe 331

Laserterapia 180

Lavado brônquico 103

Lavadoras ultrassônicas 433

Lepra 279

Lesão por pressão 178

Lesões primárias 203

Lesões secundárias 203

Letrozol 386

Leucócitos 366

Leucograma 98

Levotiroxina de sódio 360

Liderança 67

Liderança 70

Liderança compartilhada 72

Liderança da complexidade 72

Liderança não-linear 72

Limpeza 431

Lipodistrofias 160, 355

Líquido cefalorraquidiano 104

Litotomia 99

Longevidade 257

Luxações 368

## M

Macronutrientes 117

Mamografia 382, 383

Manicômios 280

Má nutrição 117

Massa 325

Mastectomia 389

Matriz 77

Maturacional 294

Meato uretral 236

Mediato 445

Medicamento 155

Medicina nuclear 111

Melitúria 102

Menacme 237

Menarca 283

Menarca precoce 380

Menopausa 283

Menopausa tardia 380

Mentoniano 204

Método de ogino-knaus 238

Métodos contraceptivos 233

Métodos hormonais injetáveis 241

Método sintotérmico 239

Mioglobina 325

Miométrio 236

Mixedema 359, 360

Mnemônico 203

Modelagem de papéis 71

Modelagem organizacional 72

Modelo de meta racional 64

Modelo de processo interno 65

Modelo de relações humanas 66

Modelo de sistema aberto 67

Modelo integrado 70

Modelos de gestão 64

Momento de avaliação 92

Momento de diagnóstico 92

Momento de implementação 92

Momento de planejamento 92

Momento investigação 92

Monte pubiano 236

Moral 28

Motivação 67

Movimentação de pessoal 84

Mucosite 387

Multiparamétrico 447

## N

Não iônicos 432

Nasofaringe 331

Náuseas 387

Necrose miocárdica 325

Néfron 395

Nefropatia diabética 356

Neologismos 284

Neuroestimuladores 111

Neuromas 372

Neuropatia diabética 356

Nilutamida 386

Nitratos 324

Nitrílica 431

Níveis hierárquicos 73

Nodo atrioventricular 319

Nodo sinoatrial 319

Nódulo sinoatrial 260

Nódulo sinusal 319

Nosocomiais 444

Notificação compulsória 194

Notificação de receita 155

Nutrição enteral 125

Nutrição parenteral 127

Nutrientes 117

## O

Oat cell 384

Obesidade 123, 381

Obnubilação 262

Oligúria 208

Ompc 337

Opiáceos 449

Opioides 450

Ordem motora 202

Organização 59, 60

Organização centralizada 75

Organização de saúde 59

Organização descentralizada 75

Organização funcional 76

Organização informal 67

Organização matricial 77

Organização por cliente 77

Organização por equipes autogeridas 78

Organização territorial 76

Organograma 72, 79

Orofaringe 331

Ortopneia 323

Osmose 432

Osteoartrose 371

Osteoporose 253, 371

Otorreia 201

Ovários 236

Óvulo 237

Óxido de etileno 438

Oxigênioterapia hiperbárica 180

## P

Pancake 112

Pâncreas 332, 351

Papaína 179

Papanicolaou 104

Paresia 305

Parestesias 287

Parkinson 253

Parto 248

Pele 175

Película transparente 179

Pêndulo da saúde 91

Pensamento administrativo 63

Pequenos lábios 236

Perfil epidemiológico 187

Perfurocortantes 431

Peridural 449

Perimétrio 236

Período de dequitação  249
Período de dilatação  249
Período de greemberg  249
Período expulsivo  249
Perioperatório  439
Persecutório  288
Perspectiva clássica da administração  65
Perviedade  447
Piloro  331
Pílulas combinadas  241
Planejamento  59
Planejamento e programação local  69
Planejamento familiar  233
Planejamento reprodutivo  233
Plaquetária  210
Plaquetas  98, 366
Plumbíferos  108
Pneumonia  38
Pneumotórax  204, 451
Polifarmácia  261
Poliomielite  191
Polipropileno  436
Politrauma  204
Portovac  389
Pós-operatória  439
Potencial de contaminação  176
Prancha rígida  203
Precaução  38
Precordial  210
Pré-mórbida  283
Pré-natal  248
Pré-operatória  439
Presbiacusia  259
Presbiopia  259
Preservativo feminino  240
Preservativo masculino  239
Pressão diastólica  320
Pressão sistólica  320
Prevenção primária  187
Primeiros socorros  199
Princípios gerais da administração  65
Probe  107
Processo administrativo  59, 60
Processo de cicatrização  175
Processo de enfermagem  88, 120
Processo de trabalho  87
Processo organizacional  72
Processos  79
Processos administrativos  87
Processos assistenciais  87

Processos de pesquisa  87
Processos educacionais  87
Produto  155
Profissão  30
Programa nacional de imunizações  187
Projeto terapêutico singular  92
Prona  99
Próstata  379
Prostatectomia  386
Proteinúria  100, 401
Proteinúria de 24 horas  401
Psicoafetiva  202
Psicofármacos  282
Psicopatológicos  282
Psicotrópico  155
Psiquiatria  280
Puberdade  283
Punção aspirativa por agulha fina (paaf)  383
Punção por agulha grossa (pag)  383

## Q

Quartzo  107
Químicos  431
Quimioterapia antineoplásica  384

## R

Radiação ionizante  437
Radioablações  106, 110
Radiodermatite  387, 388
Radiofármaco  111
Radiologia (raios x)  106, 108
Radionuclídios  111
Rafia  249
Rastreamento do câncer de próstata  391
Reabilitação psicossocial  280
Realização de objetivos  59
Receita médica  155
Recém-nascido  248
Reciclar  49
Recrutamento  83
Recusar  49
Rede de serviços  59
Redes de atenção à saúde  60
Reduzir  48
Reforma psiquiátrica  279
Refratário  446
Regimento interno  78
Registros escritos  65
Religião  23

Remoção broncoscópica 103
Repensar 49
Resíduo infectante 191
Resíduos 40
Responsabilidade 71, 73
Responsabilidades 73
Respostas complexas 70
Ressonância 106
Resultados de enfermagem 123
Retenção 84
Retinopatia diabética 356
Reutilizar 48
Reversa ou destilada 432
Rinorreia 201
Risco nutricional 119
Riscos ocupacionais 429
Rodílias 442

## S

Sae 90
Sala de vacinação 188
Sal de rochelle 107
Sangue 98
Saúde 55
Segregação 50
Segurança 50
Seleção 84
Selo d'água 390
Semi-intensivos 447
Senectude 256
Senescência 256
Senilidade 257
Sensopercepção 449
Serosa 448
Serosanguinolenta 448
Serviço de apoio diagnóstico e terapêutico 106
Sexualidade 392
Sim 235
Sims 99
Sinais de certeza 248
Sinais de presunção 248
Sinais de probabilidade 248
Sinais vitais 97
Sinal de battle 201
Sinal de murphy 345
Síndromes coronarianas agudas 324
Sinergia 68
Sinoviais 366
Sistema 67
Sistema aberto 68

Sistema de informação da atenção básica 194
Sistema de informação de agravos de notificação 193
Sistema de informação do programa nacional de imunização 193
Sistema de informação sobre mortalidade 194
Sistema de informações hospitalares 194
Sistema de informações sobre nascidos vivos 194
Sistema digestório 331
Sistema do programa nacional de imunizações 189
Sistema esquelético 365
Sistema fechado 68
Sistematização das ações de enfermagem 90
Sítio cirúrgico 37
Situações complexas 70
Sociedades 59
Sonda 128
Sonda vesical de 3 vias 390
Spoting 244
Stent coronário 326
Subcutânea 156
Subsistemas 68, 73
Substância 155
Substâncias psicoativas 280
Sulfassalazina 338
Supervisão funcional 76
Supina 99
Suporte avançado de vida 199
Suporte básico de vida 199

## T

Tabagismo 380
Tálio 112
Taquicardia 205, 452
Taquicardia ventricular sem pulso 212
Taquipneia 208
Taquisfigmia 209
Tardio 445
Tarefa 64
Taxa de filtração glomerular 401
Taxonomia de intervenções de enfermagem 72
Tecnécio 112
Técnica 63
Técnica auscultatória 321
Técnica de curativos 180
Tecnologia 59, 64
Tecnologias duras 91
Tecnologias leve-duras 91
Tecnologias leves 91
Temperatura basal 239
Teoria administrativa 65

Teoria da administração científica 64
Teoria da cooperação 66
Teoria das contingências 67
Teoria de sistemas 67
Teoria do caos 72
Teorias administrativas 64
Teorias de transição 66
Terapia a vácuo 180
Terapia biológica 385
Terapia dialítica 409
Terapia hormonal 391
Terapia nutricional 125
Terapia trombolítica 306
Termodesinfectadoras 433
Termoestabilidade 188
Termossensíveis 438
Teste de tolerância à glicose 353
Teste imunológico de gravidez 248
Tetraviral 190
Tipoia velpeau 369
Tipos de cicatrização de feridas 177
Tipos de curativos 179
Tireoide 352
Tireoidectomia 358, 359
Tireoidite de hashimoto 360
Titanato de bário 107
Titanato de chumbo 107
Tnm 386
Tolerância 291
Tomada de decisões 78
Tomografia 106
Tomografia computadorizada cerebral 305
Toque retal 384
Torniquete 367
Toxigênico 102
Trabalho 29
Tração esquelética 370
Transdutores 107
Transfixantes 373
Transmutação 279
Transoperatório 439
Transporte interno 50
Transtorno bipolar 289
Trato urinário 37
Trauma cranioencefálico 201
Trauma ortopédico 365

Trendelemburg 99
Tricotomia 444
Trombectomia mecânica 308
Trombócitos 98
Troponinas 325
Tubas uterinas 236
Tuberculocida 434

## U

Ultrassom 106
Ultrassom transretal da próstata 384
Ultrassonografia 382
Uremia 397
Ureteres 398
Urgência 365, 431
Urina 100
Urolitíase 411
Uropatia obstrutiva 400
Útero 236

## V

Vacina bcg 190
Vacinação 187
Vacinação extramuro 189
Vacina contra poliomielite inativada 191
Vacina contra raiva humana 190
Vacina dtpa 187
Vacina rotavírus humano 191
Vacina tríplice viral 190
Vagina 236
Vapor saturado sob pressão 437
Vasectomia 244
Vasoconstrição 211
Vasoconstritores 451
Vasoespasmo 306
Vdrl 248
Velhice 257
Ventilação total ou assistida 367
Vertigem 209
Vestíbulo 236
Via intramuscular 190
Via subcutânea 190
Vigilância epidemiológica 187, 192
Virucida 434
Visão sistêmica da organização 62
Vômitos 387

503

# MARCAS REGISTRADAS

Arrow® é marca registrada da Arrow International Inc.

Broviac® e Hickman® são marcas registradas da Bard Access Systems.

Micropore® é marca registrada da 3M.

Sonda vesical Folley® é marca registrada da Well Lead Medical.

Todos os demais nomes registrados, marcas registradas ou direitos de uso citados neste livro pertencem aos seus respectivos proprietários.